CW01424617

ISBN 978-1-332-48038-8
PIBN 10327288

1 MONTH OF
FREE
READING

at

www.ForgottenBooks.com

By purchasing this book you are eligible for one month membership to ForgottenBooks.com, giving you unlimited access to our entire collection of over 700,000 titles via our web site and mobile apps.

To claim your free month visit:
www.forgottenbooks.com/free327288

English
Français
Deutsche
Italiano
Español
Português

www.forgottenbooks.com

Mythology Photography **Fiction**
Fishing Christianity **Art** Cooking
Essays Buddhism Freemasonry
Medicine **Biology** Music **Ancient
Egypt** Evolution Carpentry Physics
Dance Geology **Mathematics** Fitness
Shakespeare **Folklore** Yoga Marketing
Confidence Immortality Biographies
Poetry **Psychology** Witchcraft
Electronics Chemistry History **Law**
Accounting **Philosophy** Anthropology
Alchemy Drama Quantum Mechanics
Atheism Sexual Health **Ancient History**
Entrepreneurship Languages Sport
Paleontology Needlework Islam
Metaphysics Investment Archaeology
Parenting Statistics Criminology
Motivational

Die

Vegetation der Erde.

Sammlung

pflanzengeographischer Monographien

herausgegeben von

A. Engler   und   **O. Drude**

ord. Professor der Botanik und Direktor
des botan. Gartens in Berlin

ord. Professor der Botanik und Direktor
des bot. Gartens in Dresden

VI.

Der Hercynische Florenbezirk.

Grundzüge der Pflanzenverbreitung im mitteldeutschen Berg-
und Hügellande vom Harz bis zur Rhön, bis zur Lausitz
und dem Böhmer Walde,

von

Dr. Oscar Drude.

(Pflanzenverbreitung in Mitteleuropa nördlich der Alpen No. 1.)

Mit 5 Vollbildern, 16 Textfiguren und 1 Karte.

Leipzig

Verlag von Wilhelm Engelmann

1902.

Verlag von **Wilhelm Engelmann** in Leipzig.

Die Vegetation der Erde.

Sammlung pflanzengeographischer Monographien

herausgegeben von

A. Engler   und   O. Drude

ord. Professor der Botanik und Direktor
des botan. Gartens in Berlin

ord. Professor der Botanik und Direktor
des botan. Gartens in Dresden.

Bisher erschienen folgende Bände:

I. **Willkomm, Moritz,** Grundzüge der Pflanzenverbreitung auf der iberischen Halbinsel. Mit 21 Textfiguren, 2 Heliogravüren und 2 Karten. Lex.-8. 1896. geh. *M* 12.—; in Ganzleinen geb. *M* 13.50. Subscriptionspreis: geh. *M* 10.—; in Ganzleinen geb. *M* 11.50.

II. **Pax, F.,** Grundzüge der Pflanzenverbreitung in den Karpathen. I. Band. Mit 9 Textfiguren, 3 Heliogravüren und 1 Karte. Lex.-8. 1898. geh. *M* 11.—; in Ganzleinen geb. *M* 12.50. Subscriptionspreis: geh. *M* 9.—; in Ganzleinen geb. *M* 10.50.

III. **Radde, Gustav,** Grundzüge der Pflanzenverbreitung in den Kaukasus-ländern von der unteren Wolga über den Manytsch-Scheider bis zur Scheitelfläche Hocharmeniens. Mit 13 Textfiguren, 7 Heliogravüren und 3 Karten. Lex.-8. 1899. geh. *M* 23.—; in Ganzleinen geb. *M* 24.50. Subscriptionspreis: geh. *M* 19.—; in Ganzleinen geb. *M* 20.50.

IV. **Günther Ritter Beck von Mannagetta,** Die Vegetationsverhält-nisse der illyrischen Länder begreifend Südkroatien, die Quarnero-Inseln, Dalmatien, Bosnien und die Hercegovina, Montenegro, Nordalbanien, den Sandžak Novipazar und Serbien. Mit 6 Vollbildern, 18 Textfiguren und 2 Karten. Lex.-8. 1901. geh. *M* 30.—. in Ganzleinen geb. *M* 31.50. Subscriptionspreis: geh. *M* 20.—; in Ganz-leinen geb. *M* 21.50.

V. **Graebner, P.,** Die Heide Norddeutschlands und die sich anschliessenden Formationen in biologischer Betrachtung. Eine Schil-derung ihrer Vegetationsverhältnisse, ihrer Existenzbedingungen und ihrer Beziehungen zu den übrigen Pflanzenformationen, besonders zu Wald und Moor. (Formationen Mitteleuropas No. 1.) Mit einer Karte. Lex.-8. 1901. geh. *M* 20.—; in Ganzleinen geb. *M* 21.50. Subscriptionspreis: geh. *M* 16.—; in Ganzleinen geb. *M* 17.50.

VI. **Drude, Oscar,** Der Hercynische Florenbezirk. Grundzüge der Pflanzen-verbreitung im mitteldeutschen Berg- und Hügellande vom Harz bis zur Rhön, bis zur Lausitz und dem Böhmer Walde. (Pflanzenverbreitung in Mitteleuropa nördl. d. Alpen No. 1.) Mit 5 Vollbildern, 16 Textfiguren und 1 Karte. Lex.-8. 1902. geh. *M* 30.—; in Ganzleinen geb. *M* 31.50 Subscriptionspreis: *M* 20.—; in Ganzleinen geb. *M* 21.50.

══ Der Subscriptionspreis tritt ein bei Abnahme der ganzen Sammlung. ══

Die

Vegetation der Erde.

Sammlung

pflanzengeographischer Monographien

herausgegeben von

A. Engler   und   **O. Drude**

ord. Professor der Botanik und Direktor   ord. Professor der Botanik und Direktor
des botan. Gartens in Berlin   des botan. Gartens in Dresden.

VI.

Der Hercynische Florenbezirk

Grundzüge der Pflanzenverbreitung im mitteldeutschen Berg-
und Hügellande vom Harz bis zur Rhön, bis zur Lausitz
und dem Böhmer Walde,

von

Dr. Oscar Drude.

(Pflanzenverbreitung in Mitteleuropa nördl. d. Alpen No. 1.)

Leipzig

Verlag von Wilhelm Engelmann

1902.

Der

Hercynische Florenbezirk.

———

Grundzüge der Pflanzenverbreitung

im mitteldeutschen Berg- und Hügellande vom Harz
bis zur Rhön, bis zur Lausitz und dem Böhmer Walde,

von

Dr. Oscar Drude.

———

Mit 5 Vollbildern, 16 Textfiguren und 1 Karte.

Leipzig

Verlag von Wilhelm Engelmann

1902.

Vorwort.

Die »Vegetation der Erde« hat die Aufgabe, dass sie die Florenkunde, welche so lange Zeit von dem aufzählenden und beschreibenden Stil der systematischen Richtung allein beherrscht wurde, ergänze und erweitere durch Umarbeitung des riesigen Materials auf geographischer Grundlage, unter den Gesichtspunkten geologischer Entwicklung einerseits und harmonischer Anpassung an die zwingenden Verhältnisse der Gegenwart andererseits. Wenn man in früheren Jahrzehnten der botanischen Litteratur von einer gewissen gegensätzlichen Ausschließung der beiden Hauptrichtungen botanischer Betrachtungsweise, der morphologisch-systematischen und der physiologisch-biologischen, reden konnte, so darf man das heute nicht mehr; und gerade auf dem pflanzengeographischen Gebiete, wo sich in der Phylogenie jugendlicher Stämme und in der Untersuchung ihrer Epharmose schwerwiegende Fragen für die Entwickelungsgeschichte der organischen Reiche überhaupt vereinigen, herrscht das Bedürfnis, die beiden bezeichneten Hauptrichtungen vereinigt zum gleichen Ziele zu führen.

Um dieser Aufgabe mit größerer Sicherheit gerecht werden zu können, nahm die »Vegetation der Erde« in ihrem ersten 1893 veröffentlichten Programm eine Scheidung zwischen biologischen Formationsarbeiten und der Untersuchung floristischer Verbreitungsgesetze vor. Während für gewisse große Ländergebiete die Vereinigung beider Richtungen in einer einzigen Abhandlung mit der Bezeichnung »Vegetationsverhältnisse« als die einfachere Lösung erscheint, ist wenigstens für die am längsten durchforschten und am genauesten in ihren Einzelheiten bekannt gewordenen Länder Europas die Durchführung des Programms nach getrennten Gesichtspunkten beabsichtigt. Mit GRÄBNERs Abhandlung über die »norddeutschen Heiden« erschien die erste biologische Formationsstudie aus Mitteleuropa; die vorliegende über den hercynischen Florenbezirk soll die erste in dem für Mitteleuropa nördlich der Alpen gezogenen Rahmen der Abhandlungen floristischer Art sein, entworfen nach den von mir i. J. 1895 in »Deutschlands Pflanzengeographie« ausgesprochenen Grundsätzen, um die erdrückende Masse floristischer Einzelkenntnisse den größeren leitenden Gesichtspunkten der Pflanzengeographie unterzuordnen.

In diesen Abhandlungen specieller Pflanzengeographie und Floristik darf die Handhabung von Abbildungen und Karten etwas anders geleitet werden, als in den früheren Bänden von WILLKOMM, PAX, RADDE und V. BECK. Die führenden Species der Formationen können als allgemein bekannt oder in den Herbarien zugänglich gelten und bedürfen keiner Illustration; die Kartographie kann sich, um einer übermäßigen Kostenerhöhung in der Herstellung dieser Bände vorzubeugen, auf eine Territorialumgrenzung mit Beifügung der hauptsächlichsten Formationsscheiden und Arealgruppen beschränken, während im Texte einige in schwarzen Signaturen gedruckte Specialkarten die Bodenverhältnisse und die Ausbreitung maßgebender Formationen für einzelne ausgewählte Landschaften ergänzend darstellen. Die Hauptkarte wurde durch freundliches Entgegenkommen der kartographischen Anstalt von J. Perthes aus deren Kupferstichblättern für das Deutsche Reich durch Umdruck hergestellt, und es ist dadurch der Weg angebahnt, auch für die übrigen floristischen Monographien Mitteleuropas Anschlusskarten im gleichen Maßstabe von 1 : 1 500 000 zu erhalten. Im Texte sind so oft topographische Einzelheiten, Namen von Flüssen, Bergen, Städten, angeführt, dass es wünschenswert erschien, dem Leser diese Namen auch im Kartenbilde an die Hand zu geben.

So erscheint es nützlich, die besondere Form in Text und Illustrationen der einzelnen Bände der »Vegetation der Erde« dem besonderen Bedürfnis je nach Umfang des zu schildernden Gebietes anzupassen. Denn darin werden sich die Bände unseres gemeinsamen, von einer hochbedeutenden Verlagshandlung mit der von ihr bekannten Energie und Zuvorkommenheit gepflegten Unternehmens sehr stark unterscheiden, dass für diejenigen großen Ländergebiete, welche wie das tropische Afrika, Australien, Indien, oder auch Nordamerika vom Eismeer bis zu den Hochlanden Mexikos, noch einer einheitlichen, neueren pflanzengeographischen Darstellung entbehren, die in den Einzelbänden zu behandelnden Einheiten in viel größerem Umfange angelegt werden, als für die in ihrem Verhältnisse zu einander schon oftmals behandelten und besonders auch in der deutschsprachigen Litteratur seit GRISEBACHS 2-bändiger »Vegetation der Erde« vielfach vertretenen Länder Europas.

Diese letzteren verfügen auch über eine ganz andere Fülle von specieller Litteratur, welche nach Berücksichtigung verlangt; vielfach ist hier über einen einzelnen, nicht einmal topographisch bedeutenden Punkt — wie über den Seeberg bei Gotha — ein eigenes, reich ausgestattetes Buch erschienen. So rechtfertigt es sich, hier nur kleinere pflanzengeographische Einheiten, die Florenbezirke, zur Unterlage zu nehmen und an diesen die specielle Durchführung sowohl der entwickelungsgeschichtlich begründeten Arealverteilung als auch der vom lokalen Klima und den geognostischen Verhältnissen abhängigen Formationsbesiedelung in das Auge zu fassen. Indem sie vom Darsteller eine sehr genaue Kenntnis der seinen Florenbezirk zusammensetzenden Landschaften verlangen, sollen sie gerade auf das Eindringen pflanzengeographischer Lehren und Anschauungsweise in die breiten Kreise derjenigen Floristen hinwirken, welche ihre Heimat mit einer Exkursionsflora in der Tasche durchwandert haben. Das schöne Ziel, die bloße Formenkenntnis durch einen Einblick in die biologische Bedingtheit der Standorte und in den geographisch gesonderten Entwickelungsgang variabler Formenkreise zu ersetzen, soll durch Kenntnis des von der Vegetationsformation gebildeten natürlichen Rahmens näher gerückt und an die Stelle des Jagens nach »Seltenheiten« gesetzt werden; der Hinweis auf die Formationszugehörigkeit soll sich an Stelle der oft endlosen Anhäufung von Einzelstandorten in den Florenwerken einbürgern. Und ein Unternehmen deutscher Wissenschaft darf für die mitteleuropäische Flora eine ganz besondere Rücksicht entfalten.

Noch möchte die Erwartung ausgesprochen werden, dass die hier erfolgende Anführung so vieler Seltenheiten und besonders lehrreicher Standorte in der Flora kräftig zum Schutze derselben in unseren mit einer blühenden Kultur gesegneten Ländern von jeder dazu berufenen Seite hinführen werde. Mögen sich hierzu auch besonders die naturwissenschaftlichen Gesellschaften berufen fühlen, so wie im Vorjahre in Wien der eine bedeutsame Feier begehenden zoologisch-botanischen Gesellschaft unter anderem der Glückwunsch für ihre weitere Wirksamkeit dargeboten wurde, einzustehen nicht nur für die Durchforschung sondern auch für die möglichst reichhaltige Erhaltung der Naturschätze, welche dort in mannigfaltigem Reize zwischen Alpen und Böhmer Wald sich zusammen gefunden haben. Und dies gilt ebenso von unseren im Herzen Deutschlands gelegenen Gauen.

Es ist öfters der Umstand als den wissenschaftlichen Fortschritt in der Floristik erschwerend hervorgehoben, dass sorgsamer Fleiß in der Herbeischaffung von Einzelheiten sich ebenso sehr auf gleichgültige oder wenig bedeutungsvolle Dinge gerichtet hat wie auf solche, in denen ein größere Ländermassen verbindender Ausdruck von Gesetzmäßigkeit liegt. In der »Vegetation der Erde« soll der größere Gesichtspunkt gewahrt werden, und so sind auch in der vorliegenden Abhandlung sowohl die Formationen unter Anlegung des mitteleuropäischen Maßstabes gebildet, als auch die Verbreitungsgrenzen der sie bestimmenden Arten in Rücksicht auf ihr Gesamtareal geschildert. Trotz der Fülle vorhandener Litteratur, worüber der von BERNHARD SCHORLER bearbeitete I. Abschnitt Zeugnis ablegt, konnte doch eine solche Umarbeitung des floristischen Materials nur auf Grund eigener umfassender Einzelkenntnis im ganzen Gebiete stattfinden, welche ich seit meiner Studentenzeit in Göttingen erstrebt habe. Viele Reisen, durch 3 Jahrzehnte sich hinziehend, haben mich mit der hier zu schildernden Pflanzenwelt vertraut gemacht und sollen auch noch später in einer biologischen Flora von Sachsen und Thüringen weitere Verwendung finden. In dieser wird eine gleichmäßigere Behandlung aller die Flora bildenden Arten erfolgen und· es wird dort eine große Menge jener aus den Herbarien und Lokalfloren zu schöpfenden Einzelangaben zu finden sein, welche für die »Vegetation der Erde« als Belastung zu betrachten wären; denn es kostete schon so große Mühe, den Umfang dieses Buches trotz der den einzelnen Landschaften gewidmeten Schilderung in erträglichen Grenzen zu halten.

Die Durchforschung des gesamten hercynischen Bezirkes zur Klärung seiner
Formationen und Pflanzenverbreitungsverhältnisse erhielt in den späteren Jahren
eine strengere und planmäßige Handhabung, als i. J. 1888 das Königl.
Sächsische Ministerium des Kultus und öffentlichen Unterrichts der an die
Technische Hochschule überwiesenen botanischen Sammlung des Dresdner
naturhistorischen Kabinets die Übernahme der floristischen Landesdurchforschung
nach den Grundsätzen der Pflanzengeographie zuerkannte, mit der besonderen
Befugnis, die dazu gehörenden Sammlungen durch eigene Thätigkeit zusammen
zu bringen. Auch das hier vorliegende Buch ist demnach durch das hiesige
botanische Institut mächtig gefördert worden und hat als Rückhalt ein besonderes, aus ca. 24 000 Spannblättern (Gefäßpflanzen) bestehendes Lokalherbar
in systematischer Anordnung, ergänzt durch ein von mir daneben geführtes
Formationsherbar in größerem Umfange des Gebietes. Unter dem Einfluss
dieses bedeutenden, durch sorgfältig geführte Journale lebensfrisch wirkenden,
zu einem großen Teile von mir selbst gesammelten Materials ergab es sich
von selbst, dieses Buch in erster Linie darauf aufzubauen und die Litteratur
dann erst zur Ergänzung — besonders für die geordneten Verbreitungsgrenzen
und Standorte — heranzuziehen.

An den floristischen Aufnahmen haben sich seit d. J. 1888 die Assistenten
am Herbar Dr. K. REICHE, Dr. A. NAUMANN und seit d. J. 1893 Kustos
Dr. B. SCHORLER mit großer persönlicher Hingabe beteiligt; der letztere hat
die Zusammenstellung eines besonderen Kryptogamenherbars für die »Flora
Saxonica« übernommen, wobei ihn der Bibliothekar der Dresdner »Isis«
C. SCHILLER in uneigennützigster Weise unterstützte. So lag es nahe, dass
die besonderen, den Moosen, Flechten und auch in minderem Maße den Algen
gewidmeten Kapitel dieses Buches an Dr. SCHORLER zur Bearbeitung übertragen wurden, was an jeder Stelle in Anmerkung beigefügt ist. Mit gleichem
Danke soll auf die Herstellung der landschaftlichen Formationsbilder durch
Dr. A. NAUMANN, jetzt Assistenten am botanischen Garten, hingewiesen
werden. Noch wäre der freundlichen Beihilfe und Mitwirkung vieler Herren
an der Vervollständigung und Ordnung des der Flora gewidmeten Herbars,
besonders unter den Isis-Mitgliedern, zu gedenken, deren Namen größtenteils
in den Sitzungsberichten dieser Dresdner naturforschenden Gesellschaft unter
der botanischen Sektion genannt sind. Mögen alle diese Förderer der Arbeit
in der Verwendung, welche ihre Beiträge hier zur wissenschaftlichen Hebung
der »Scientia amabilis« in den heimischen Gefilden gefunden haben, einen
gewissen Entgelt finden, und nicht minder die zahlreichen Mitglieder anderer
naturforschender Vereine, welche mir ihre floristischen Beiträge sendeten, sowie die großen Gruppen der Gebirgsvereine vom Rhönklub durch Thüringen
und Sachsen bis zum deutschen Nordböhmen, deren gemeinnütziger, auf das
Erschließen der Heimat gerichteter Thätigkeit ich vieles verdanke. —

Zu einer Zeit, wo die zunehmende Zersplitterung in der botanischen
Nomenklatur, getragen von Neuerungssucht und dem Verkennen der Zweckmäßigkeit, das Bedauern aller Fachleute erregen muss, möchte auch über

diese Äußerlichkeiten einige Erklärungen folgen, so weit sie hierher gehören. Die hier verwendeten Namen beruhen auf einem zunächst als Manuskript zusammengestellten »Index Florae Saxonicae«, welchen ich mit B. SCHORLER unter Vergleich der einschlägigen Floren und ENGLER-PRANTLS »Natürlichen Pflanzenfamilien« in zwei Jahren ausarbeitete, als Grundlage des Herbariums. Die Umgrenzung und Benennung der Genera steht fast ausnahmslos in Übereinstimmung mit dem genannten hervorragenden Werke, dessen Monographen bei den meisten Familien mehr Urteil darüber als anderen Fachleuten eingeräumt werden darf.

Bei den Speciesnamen wurde unter Befolgung der »Berliner Regeln« und starker Anwendung der Bestimmung über das Verjähren von Namen, welche ein Halbjahrhundert in den großen Floren nicht zur Geltung gelangt sind, eine gemäßigt konservative Nomenklatur erstrebt, immer aber auf sachliche Momente ein weit größeres Gewicht als auf spitzfindige Überlegungen gelegt. So erkennen wir z. B. gern die von ASCHERSON und GRÄBNER bewirkte Umänderung des Namens Carex filiformis in lasiocarpa an, befinden uns aber bei manchen anderen Namen mit diesen Autoren in Widerspruch und halten die Rückrufung eines geradezu falschen Namens, wie Carex diandra, für eine Entstellung wissenschaftlicher Nomenklatur.

In den Formationstabellen ist in erster Linie eine biologische Rangordnung erstrebt, indem bei den Wäldern die Bäume und Sträucher, bei den Wiesen die Gräser u. s. w. voranstehen. Wo aber die systematische Reihenfolge in Betracht kommt, folgte dieselbe dem in »Deutschlands Pflanzengeographie« Bd. I schon verwendeten floristischen Systeme unter Voranstellung der Monokotyledonen und mit den Sporenpflanzen am Schluss. Diese Stellung der Monokotyledonen ist von mir schon in Schenks Handbuch der Botanik 1887 als den Forderungen natürlicher Systematik entsprechend verteidigt und erlaubt den korrekten Anschluss der Diclines-Apetalae nach unten an die Coniferen. Es ist aber außerdem als eine Verkennung der Zwecke des phylogenetisch entwickelten, theoretisch möglichst geklärten Systems zu bezeichnen, wenn man dasselbe auch floristischen Zwecken in gleicher Reihenfolge zu Grunde legen und hier mit einzelligen Pflanzen beginnen will, während fast überall die vornehmsten Träger der Formationen von den Blütenpflanzen verschiedener Klassen gebildet werden.

Dresden, im Juni 1902.

Dr. Oscar Drude.

Inhalt.

Fünfter Abschnitt.

Die hercynischen Florenelemente und Vegetationslinien.

Erster Abschnitt.

Geschichte und Litteratur der botanischen Forschung im Hercynischen Berg- und Hügellande.

Bearbeitet von Dr. B. SCHORLER.

Erstes Kapitel.

Geschichtliche Darstellung.

Die Geschichte der botanischen Erschließung des hercynischen Bezirkes reicht bis in das 16. Jahrhundert zurück. Ihr Anfang fällt zusammen mit dem Wiedererwachen wissenschaftlicher Forschung auf dem Gebiet der Naturwissenschaften und der Botanik überhaupt. Man reißt sich los von der Herrschaft des Altertums, hört auf nur die klassischen Autoren zu interpretieren und die mittelalterlichen Kräuterbücher zu übersetzen, löst allmählich auch das Dienstverhältnis mit der Medizin und treibt endlich die Botanik um ihrer selbst willen, untersucht die heimische Pflanzenwelt, um sie kennen zu lernen ohne Rücksicht auf ihre Heilkraft. Jene große Zeit wird besonders charakterisiert durch das Wirken von BRUNFELS, FUCHS und TRAGUS, von GESNER, DODONAEUS und CLUSIUS, in unserem hercynischen Gebiet aber durch die grundlegende Thätigkeit zweier Thüringer, durch VALERIUS CORDUS und JOHANNES THAL. Sie sind die ersten hercynischen Floristen. Mit der Floristik beginnt daher die Erforschung des hercynischen wie jedes anderen deutschen Florenbezirkes; erst viel später kommen neben ihr pflanzengeographische Ziele nebensächlich oder selbstbewusst zur Geltung.

1. Floristik.

a) Das sechzehnte Jahrhundert.

VALERIUS CORDUS[1]) wurde 1515 in Erfurt geboren. Er studierte in Marburg und Wittenberg, wo er auch später zu gleicher Zeit mit Melanchthon

---

1) s. IRMISCH: Über einige Botaniker des 16. Jahrhunderts, welche sich um die Erforschung der Flora Thüringens, des Harzes und der angrenzenden Gegenden verdient gemacht haben. — Sondershausen 1862. Progr.

Drude, Hercynischer Florenbezirk.

Vorlesungen über Dioscorides und Heilkunde hielt, und starb 1544 auf einer
botanischen Reise nach Rom erst 29 Jahre alt. Nicht zufällige und gelegent-
liche Beobachtungen auf Spaziergängen, sondern die Resultate gründlicher
Forschungen auf Exkursionen und großen botanischen Reisen, auf denen er
auch die Mineralien beachtet, sind in seinen hinterlassenen, erst von GESNER
herausgegebenen botanischen Schriften, besonders in den Kommentaren zum
Dioscorides und in seiner Pflanzengeschichte niedergelegt [1]). Sein eifriges
Streben, die Natur kennen zu lernen, führt ihn durch große Teile des hercynischen Bezirkes, von Wittenberg durch ganz Sachsen bis zum Erzgebirge
und Nordböhmen, westwärts bis zum Harz und in die braunschweigischen und
hannöverschen Lande. Über viele interessante hercynische Pflanzen macht er
die ersten sicheren Angaben, so über Aster Tripolium und die Salzflora von
Stassfurt und dem salzigen See, über Trientalis und Petasites albus (»Bechion
sylvestre«), die er im Erzgebirge fand, über Erica carnea und Polygala Chamaebuxus, welche er als »fruticulus exiguus, foliis myrtinis, duris, acuminatis,
perennibus, floribus papilionaceis fere« etc. beschrieb und bei Eger (Adorf?)
und in Bayern beobachtete. Die ersten Anfänge einer Lokalflora von Wittenberg, Leipzig, Halle und Jena sind auf ihn zurückzuführen. Wenn er auch
bei der ·Aufzählung der Pflanzen weder System noch Genus und Species
beachtet, so sind seine Beschreibungen doch ganz vortrefflich und deuten
auf eine scharfe Beobachtungsgabe. Er hatte auch schon von der geographischen Verbreitung der Pflanzen eine Ahnung, wie die Beschreibung der
verschiedenen Verbreitung der beiden Bryonia-Arten zeigt, unterschied Standortsvarietäten etc.

Verdanken wir CORDUS die ersten sicheren Nachrichten und Standortsangaben über hercynische Pflanzen, so lieferte sein Landsmann THAL die
erste Lokalflora aus dem Bezirk. JOHANNES THAL wurde wahrscheinlich 1542
oder 1543 ebenfalls in Erfurt geboren. Er studierte an der neu gegründeten
Universität Jena Medizin, lebte dann ständig am Südfuße des Harzes als Arzt
in Stolberg und Nordhausen und starb 1583 in Peseckendorf bei Oschersleben.
Seine Beschäftigung mit der Botanik brachte ihn mit seinem berühmten Zeitgenossen, dem Nürnberger Arzt JOACHIM CAMERARIUS in Beziehung und auf
dessen Anregung und Bitten hin schrieb er bereits 1577 seine »Sylva Hercynia«,
in der er die von ihm im Harz, in der Hainleite, im Thüringer Wald und in
Mittelthüringen, sogar im Vogtlande (Andromeda polifolia) gefundenen Pflanzen
in alphabetischer Reihenfolge mit genauen Standortsangaben und kurzen Beschreibungen aufzählt. Das Verzeichnis ist zwar nicht vollständig, doch sehr
reichhaltig. Von den interessanten Pflanzen auf den Gipsbergen des Südharzes
kennt er z. B. bereits Gypsophila repens. Von seinem gründlichen Forschen
und seinem scharfen Blick zeugt, dass er nahe verwandte Pflanzen, die erst

---

1) CORDUS, V.: Sylva observationum variarum etc. Argent. 1561.
—— Historia stirpium etc. Argent. 1561.
—— Annotationes etc. Argent. 1561.

nach der Zeit LINNÉs als eigene Arten erkannt wurden, bereits unterschied. Auch die allgemeine Ausrüstung der Leguminosen mit den Wurzelknöllchen war ihm nicht entgangen.

Wie die Aufzeichnungen des CORDUS ist auch diese älteste Flora unseres Bezirkes erst nach dem Tode ihres Verfassers und zwar von dem schon erwähnten CAMERARIUS dem Jüngeren 1588 herausgegeben worden, der sie mit vorzüglichen Holzschnitten schmückte und sie zugleich mit seinem eigenen Werke »Hortus medicus et philosophicus« veröffentlichte. In dem letztgenannten Werke finden sich übrigens gleichfalls einige Angaben über hercynische Pflanzen aus Sachsen und Thüringen, wie auch in dem MATTHIOLI'schen Kräuterbuche, das CAMERARIUS ebenfalls herausgegeben hat.

Nur noch ein Werk ist aus dem 16. Jahrhundert, aus der Zeit des ersten Aufblühens floristischer Forschungen in unserem Gebiete zu erwähnen, der »Hortus Lusatiae« des JOHANN FRANKE, der 1594 in Bautzen erschien. FRANKE war Stadtphysikus zuerst in Kamenz und später in Bautzen. In seinem Buche führt er nach OETTEL wildwachsende und Gartenpflanzen mit den lateinischen Benennungen des TABERNAEMONTANUS, LOBELIUS und Anderen in alphabetischer Ordnung auf und fügt ihnen die zu seiner Zeit in der Lausitz üblichen deutschen und wendischen Namen bei, von denen die letzteren äußerst verdorben sind. Nur von wenigen Pflanzen, z. B. Chaerophyllum aromaticum, welches er in der Oberlausitz zuerst fand, giebt er kurze Beschreibungen.

b) Das siebzehnte Jahrhundert.

Im 17. Jahrhundert breitet sich nun die Floristik weiter im Gebiete aus. Die Stürme des 30jährigen Krieges in der ersten Hälfte desselben sind zwar der Beschäftigung mit der Scientia amabilis hinderlich — waren es doch ausschließlich Ärzte, die sich mit ihr eingehender befassten — aber sofort nach Beendigung der kriegerischen Wirren tauchten auch in verschiedenen Territorien floristische Nachrichten und Lokalfloren auf. Den Anfang machte Braunschweig, wo 1648 ROVERS Beschreibung des Fürstl. Braunschw. Gartens erschien, die bis 1658 drei Auflagen erlebte. Im zweiten Kapitel des dritten Teiles spricht Verf.[1]) »von denen Kräutern, Blumen und Gewächsen, so die benachbarten Wälder, Berge, Gründe, Brüche und der Gaterschlebische See-Berg uns von sich selber gegeben. Als 1. der Fallstein, der große und kleine Heytes-Berg, Morass oder Bruch, Klotzberg, die alte Asseburg, der Hüe, der große und kleine Blocksberg, der Gaterschlebische See-Berg.« ROYER scheint durch sein Buch in seiner Heimat viel Anregung zu botanischer Thätigkeit gegeben zu haben, denn schon 1652 erschien der »Index plantarum circa Brunsvigam nascentium« von CHEMNITZ (CHEMNITIUS), einem Arzte, der 1610 in Braunschweig geboren wurde und daselbst 1651 starb. In dem Index sind aus der Umgebung Braunschweigs bereits 610 Pflanzen einschließlich der

---

1) s. SCHULZ, A.: Die floristische Litteratur für Nordthüringen etc. Halle 1888.

Kryptogamen, die auch berücksichtigt werden, aufgezählt. Eine weitere Lokalflora aus dem braunschweigischen Territorium erschien gegen das Ende des
17. Jahrhunderts. Im Jahre 1693 legte SCHELHAMMER (1649—1716) in seinem
»Catalogus« die Resultate seiner botanischen Durchforschung der Umgebung
von Helmstedt nieder.

Auch im Thüringer Becken und an der unteren Saale wird in der
zweiten Hälfte des 17. Jahrhunderts schon eifrig botanisiert. In dem ersten
Territorium ist es SCHENKIUS, der die einzelnen zerstreuten Angaben von
CORDUS, THAL und CAMERARIUS zusammenstellte und durch seine eigenen
Beobachtungen 1659 zu einem Standortsverzeichnis der Pflanzen um Jena er-
gänzte; im zweiten dagegen sind KARL SCHAEFFER[1]) (1613—1675) und
CHRISTOPH KNAUTH (1638—1694) die Nachfolger der oben erwähnten alten
Botaniker. SCHAEFFER giebt zwar nur eine alphabetische Aufzählung der
Pflanzen in der Umgebung von Halle, welche wegen der fehlenden Standorts-
angaben und der fehlerhaften Bestimmungen unbrauchbar ist; aber durch ihn
erhält sein Freund und späterer Nachfolger als Stadtphysikus KNAUTH, der
als der eigentliche Vater der hallischen Floristik betrachtet wird, seine erste
Anregung. KNAUTH machte sich mit der Flora der Umgebung seiner Vater-
stadt gründlich vertraut. In der zweiten Ausgabe seiner Flora, in dem
»Herbarium Hallense«, erwähnt er nicht weniger als 880 Arten, darunter auch
14 Farne, 4 Schachtelhalme, 2 Bärlapparten, 13 Moose und Flechten und
20 Pilze, die nach einem eigenen, dem Morison'schen und Ray'schen nach-
gebildeten Systeme zusammengestellt sind. Beschreibungen von Pflanzen sind
nur wenige vorhanden, Standorte besonders vom nördlichen und westlichen
Teile des Gebietes angegeben, darunter auch Funde, die bereits SCHAEFFER
gemacht hatte. Die beiden späteren Zusammenstellungen über die Halle'sche
Flora von REHFELDT und BUXBAUM fußen ganz auf KNAUTH und bringen nur
wenig Ergänzungen zu ihm, BUXBAUM besonders durch die Berücksichtigung
der Kryptogamen, von denen er 322 aus der Umgegend von Halle aufzählt.

Es ist merkwürdig, dass das 17. Jahrhundert der benachbarten Universitätsstadt Leipzig, in der doch Botaniker von Fach als Lehrer wirkten, durch die
auch KNAUTH seine botanische Ausbildung erhalten hatte, keine Lokalflora
brachte, obgleich bereits VALERIUS CORDUS verschiedene interessante Pflanzen
aus der Umgebung Leipzigs aufzählte. Weder die AMANN'schen dürftigen
Verzeichnisse der Pflanzen des Leipziger botanischen Gartens, der schon unter
Kurfürst Moritz (1521—1553) angelegt worden war, im 30jährigen Krieg aber
wieder unterging, noch die Aufzählungen von WELSCH, die beide vereinzelte
wildwachsende Pflanzen aus der Umgebung enthalten, haben in ihrer Lücken-
haftigkeit einen Einfluss auf die Entwicklung der lokalen Floristik ausgeübt.

Aus dem heutigen Sachsen ist im 17. Jahrhundert überhaupt nur eine
einzige größere Arbeit über die heimische Pflanzenwelt erschienen, nämlich

---

1) s. FITTING, H.: Geschichte der Hallischen Floristik. — Zeitschr. f. Naturw. Bd. 69.
Leipzig 1897.

der »historische Schauplatz derer natürlichen Merkwürdigkeiten in dem Ober-
ertzgebirge« des Pfarrers CH. LEHMANN (geb. 1611 in Königswalde, gest.
1688 in Annaberg), der das Gebiet von Annaberg, den Pöhlberg und das anschließende Erzgebirge botanisch durchforschte und in seinem Buche nicht
nur seine eigenen Beobachtungen, sondern auch die Aufzeichnungen des ersten
Annaberger Botanikers, des P. JAENISCH oder JENISIUS (geb. 1551 zu Annaberg, gest. 1612 als Hofprediger in Dresden) zu einem anziehenden Vege-
tationsbilde verarbeitete. Die 522 teilweise gut beschriebenen Pflanzen
des Gebietes werden nicht alphabetisch aufgezählt, sondern bei der Schilderung der Wälder, der Thalgehänge und Äcker in bunter Reihe eingeflochten.
Unter den angebauten Kulturpflanzen werden auch Hirse und Schwaden
(Glyceria fluitans) erwähnt. Wir erfahren ferner durch LEHMANN, bez. JENISIUS,
dass der Pöhlberg wegen seines reichen Pflanzenwuchses bei den alten Botanikern in hohem Ansehen stand, dass »Fremde und vornehme Medici als
Valerius Cordus, Dr. Bartholinus aus Dänemark, Dr. Salianus und andere auf
diesen Berg ‚herbatum‘ gegangen«, um seine Schätze zu sammeln.

c) Das achtzehnte Jahrhundert.

Im 18. Jahrhundert erfährt die Floristik des ganzen hercynischen Bezirkes
einen ersten mächtigen Aufschwung durch BERNHARD RUPP (geb. 1688 in
Gießen, gest. 1719 in Jena). Gleichwie VAL. CORDUS begnügt auch er sich
nicht mit der Erforschung der engen Umgebung seines Aufenthaltsortes. Sein
unermüdlicher Forschungsdrang treibt ihn hinaus zu größeren Reisen. Er
botanisiert mit DILLEN um Gießen, auf dem Vogelsberg und anderen Teilen
der Westhercynia, besucht den Harz und den Alten Stolberg, den Kyffhäuser
und den Meißner[1]), den Thüringer Wald und das Fichtel- und Erzgebirge,
durchsucht gründlich die Umgebung von Jena und die Thüringer Mulde, kommt
saalaufwärts bis Saalfeld und Schleiz und ostwärts durchs Vogtland über Weida,
Gera und Altenburg nach dem Elbthal und der Lausitz. Überall werden
Beobachtungen angestellt und Pflanzen gesammelt und die Resultate schließlich
in der »Flora Jenensis« niedergelegt, die durch ihre vielen vorzüglichen
Pflanzenbeschreibungen, richtigen Bestimmungen und ausführlichen Standortsangaben vor allen gleichzeitigen Floren sich auszeichnet. Sie wurde zum
ersten Male 1716 von SCHÜTTE ohne Wissen und Willen des Verfassers, ein
zweites Mal 1726 nach seinem Tode und zuletzt 1745 von HALLER herausgegeben. Man ersieht hieraus, wie eifrig RUPPs Werk gekauft wurde, welch
große Verbreitung es in der damaligen Zeit gehabt haben muss und schließlich
auch, welche Anregungen zu lokalfloristischen Beobachtungen und Studien
überall im Bezirk von RUPP und seinem Werke ausgingen. Für seinen Schüler
BUXBAUM (1693—1730) z. B. diente die Flora Jenensis als Muster zu seiner

---

1) Unter den auf dem Meißner gefundenen Pflanzen giebt RUPP auch Rubus Chamaemorus L.
(Rubus alpinus foliis ribes), den er wahrscheinlich mit Rubus saxatilis verwechselt hat, und Dryas
octopetala an.

Flora von Halle. Und die beiden Leipziger Floristen der ersten Hälfte des
18. Jahrhunderts, WIPACHER und BOEHMER (1723—1803), von denen namentlich der letztere durch seine scharfsinnigen Unterscheidungen neuer Pflanzenformen, die später als Arten galten, die Botanik förderten, sind sicher auch
durch RUPP beeinflusst; zählt dieser doch nicht weniger als 40 Arten aus der
Umgegend von Leipzig in seiner Flora auf.

Der zweite weit wirksamere Anstoß für das Aufblühen der Floristik auch
in unserem Bezirke geht von LINNÉ aus. Seine geniale Reform der Nomenklatur, die Beseitigung all der schwerfälligen Synonyma, die konsequente Durchführung von Gattungen und Arten und die dadurch erreichte Unzweideutigkeit in der Benennung, vor allem aber die durch die unvergleichlich kurze
und scharfe Diagnostik gebotene Möglichkeit einer leichten und sicheren Bestimmung aller unbekannten Pflanzen und ihre ungezwungene Einordnung in
ein einfaches System erweckten der Floristik zahllose begeisterte Jünger, die
die Umgebung ihrer Heimat durchforschten und eine große Zahl von Lokalfloren schufen. Wir sehen daher in der zweiten Hälfte des 18. Jahrhunderts
einen Wetteifer des Forschens und Entdeckens sich entwickeln wie nie zuvor.

Im Braunschweiger Territorium sind es FABRICIUS (1714—1774) und
CAPPEL (1759—1799), im Gebiete der Werra und Fulda aber HALLER (1708
—1777), ZINN (1727—1759), MURRAY (1740—1791), WEIS (geb. 1744), MOENCH
(1744—1805), WEBER (1752—1828), LIEBLEIN (1744—1810), LINK (1767—1851)
und PERSOON (1755—1837), die in den Dienst der heimischen Floristik traten.

Im Thüringer Becken botanisierten NONNE (1729—1772), BALDINGER
(1738—1804), PLANER (1743—1789), RUDOLPH und BATSCH (1761—1802); an
der unteren Saale dagegen LEYSSER (1731—1815), der ältere SCHREBER und
SCHOLLER (1718—1785). Unter diesen Thüringer Botanikern ist LEYSSER der
bedeutendste, welcher auch einen weit reichenden Einfluss ausübte. Er war
es, der zum ersten Male im hercynischen Bezirke die LINNÉ'sche Terminologie
und seine knappen scharfen Diagnosen in seiner »Flora Halensis« konsequent
durchführte, wodurch diese weit über ihr Gebiet hinaus Verbreitung fand und
Nacheiferung erweckte.

Im Territorium der Weißen Elster wirkt in gleicher Weise bahn-
brechend der berühmte Schüler LINNÉs, der jüngere SCHREBER (1739—1810),
welcher von seinem Vater und LEYSSER zur Beschäftigung mit der Botanik
angeregt nicht nur die Flora von Leipzig mit mehr als 100 Phanerogamen
und 150 Kryptogamen bereicherte, sondern auch eine ganze Anzahl neuer
Arten, besonders Kryptogamen, die im Systeme LINNÉs noch nicht enthalten
waren, beschrieb, sodass der Boden von Leipzig für viele namentlich krypto-
gamische Gewächse klassisch geworden ist. Die fehlerhaften Bestimmungen
in BOEHMERs Flora berichtigt er und führt ihre Pflanzennamen und Synonyme
auf die LINNÉsche Terminologie zurück. Seinen Spuren gehen, allerdings nicht
mit dem gleichen Erfolge, JAHN, BAUMGARTEN (1765—1843) und SCHWAEG-
RICHEN (1775—1853) nach. Außerhalb der Universitätsstadt entwickelt sich
die Floristik in dem Territorium recht langsam. Es ist hier nur der Thätigkeit

HOPPES zu gedenken, welcher die Flora der Umgebung von Gera seinen Zeitgenossen bekannt macht.

Auch die Landschaften an der Elbe tauchen jetzt allmählich aus dem Dunkel auf, das bisher nur durch die botanischen Reisen von CAMERARIUS und RUPP einige Streiflichter erhalten. Doch halten weder die dürftigen Pflanzenverzeichnisse der Dresdener Umgegend von SCHULZE (geb. 1730) und PURSCH (1774—1826)[1], noch die der Umgebung von Wittenberg von KAEHN-LEIN und FRENZEL (1740—1807) einen Vergleich mit den gleichzeitigen umfang-reichen Floren von Leipzig und Halle aus. Etwas ausführlicher ist das am Ende des Jahrhunderts erschienene Verzeichnis der in der Oberlausitz wild-wachsenden Pflanzen von OETTEL (1742—1819).

Von den Bergländern wird im 18. Jahrhundert am eingehendsten der Harz botanisch durchforscht. Hier folgen den Spuren THALS der große HALLER, ferner RITTER (1684—1755), GLEDITSCH (1714—1786) und RUELING (geb. 1741). Dahingegen werden die Pflanzenschätze des Thüringer Waldes nur durch die Synopsis von GRIMM (1737—1821) bekannt gemacht, während Erzgebirge und Böhmerwald um diese Zeit gar keine Bearbeiter finden.

d) Das neunzehnte Jahrhundert.

Die durch LINNÉ eingeleitete aufsteigende Entwicklungsperiode der Floristik hält auch während des 19. Jahrhunderts an, ja entfaltet sich in diesem erst zur vollen Blüte. Ein ganzes Heer von Botanikern und Liebhabern ist in den verschiedenen Territorien im Dienste der Erforschung der vaterländischen Flora thätig, sodass es in dieser kurzen geschichtlichen Übersicht nicht mehr möglich ist, auch nur die Namen dieser Forscher alle aufzuzählen. Es muss in dieser Beziehung auf das folgende Litteraturverzeichnis verwiesen werden, das aber auch nicht jede kleine publizierte wissenschaftliche Notiz enthalten soll.

Auch die bisher vernachlässigten Territorien, wie die Landschaften an der Weser und Mulde, das Vogtland und der Böhmerwald werden mit ihren botanischen Schätzen an das Licht gezogen. In der ersteren legen GUTHEIL, HOYER und ECHTERLING den Grund zu einer Flora, das Mulden-land wird in seiner botanischen Armseligkeit charakterisiert durch die Lokal-floren von Zwickau durch WÜNSCHE, von Chemnitz durch KRAMER und von Penig durch VOGEL. Das Vogtland erhält bereits 1812 durch ADLER seine erste Lokalflora vom Ziegenrücker Kreis an der Saale, die allerdings unvoll-endet geblieben ist und nur die elf ersten Klassen des LINNÉ'schen Systems umfasst. Später hat ARTZT unterstützt von einer Anzahl Mitarbeiter eine sehr sorgfältige Zusammenstellung aller im Vogtlande vorkommenden Phanerogamen gegeben, die bis in die neueste Zeit vervollständigt wird. Den anschließenden Frankenwald hat HANEMANN gründlich durchforscht, und das Fichtelgebirge

---

1) PRITZEL giebt 1794 als Geburtsjahr von PURSCH an. Das ist ein Druckfehler. PURSCH ist am 4. Februar 1774 zu Großenhain in Sachsen geboren (lt. Kirchenbuch daselbst), er schrieb sich später PURSH, auch in seiner Flora Americae septentrionalis, London 1814.

hat in MEYER und SCHMIDT zwei tüchtige Bearbeiter gefunden. Der Böhmer-wald aber ist namentlich durch die mustergültigen Arbeiten von SENDTNER berühmt geworden.

Will man auf Grund der vielen Einzelforschungen des letzten Jahr-hunderts sich mit dem floristischen Charakter der verschiedenen Landschaften bekannt machen, so hat man für die vier westlichen Territorien vor allem die Flora von Westfalen von BECKHAUS, BERTRAMS Flora von Braun-schweig, PETERS und Wigand-Meigens Flora von Hessen und Südhannover zu Rate zu ziehen, während die interessante Moos- und Flechtenwelt der Rhön durch GEHEEB und DANNENBERG eingehend geschildert worden ist, und eine Zusammenstellung der Flechten Westfalens LAHM gegeben hat.

Eine zusammenfassende neuere Phanerogamenflora, welche ganz Thüringen, also unsere Mittelhercynia begreift, fehlt zur Zeit noch, wenn man nicht das jetzt veraltete, seinerzeit aber vortreffliche SCHOENHEIT'sche Taschenbuch oder MÖLLERs Schulflora hierher zählen will. Dagegen ist für die Moose durch die mustergültigen Arbeiten von RÖLL und RÖSE aufs beste gesorgt. Für einzelne Teile des Gebietes aber haben wir zum Teil recht vortreffliche Führer, z. B. die Flora von Jena von BOGENHARD und die neueste von LEON-HARDT, ILSEs Flora von Mittelthüringen, LUTZEs Nordthüringen und MÖLLERs Nordwest-Thüringen, wo auch die Kryptogamen gebührend berücksichtigt werden; ferner für die untere Saale besonders GARCKEs Flora von Halle mit dem wichtigen Nachtrag von FITTIG, SCHULZ und WÜST, sodann SCHNEIDERs Flora von Magdeburg, für die Weiße Elster die Taschenflora von Leipzig von KUNTZE und die Flora der Umgebung von Gera von H. MÜLLER. Wichtige kleinere floristische Notizen über Thüringen finden sich in den Mitteilungen des Thüringischen botanischen Vereins zu Weimar.

Für das Gebiet des osthercynischen Gaues besitzen wir in den älteren Floren von REICHENBACH, HOLL & HEYNHOLD und RABENHORST, die auch zahlreiche Standorte aus Thüringen angeben, und aus neuerer Zeit in WÜNSCHE ausführliche Orientierungsmittel, während der besondere Charakter des Elbthals uns aus den Pflanzenverzeichnissen von HIPPE und SCHLIMPERT entgegentritt. Die Flora der Lausitz hat seit RABENHORSTs »Flora lusatica« und FECHNERs Flora der Oberlausitz keine neuere zusammenfassende Dar-stellung gefunden, doch sind die Beiträge von WAGNER und ROSTOCK wichtig.

Was den floristischen Charakter der Bergländer anbetrifft, so gilt für den Harz neben VOCKE und ANGELRODT noch immer als Fundamentalwerk HAMPES »Flora hercynica«, während die Lebermoose durch KNOLL und die Laubmoose durch WARNSTORF, WOCKOWITZ und LOESKE beschrieben wurden. Für den gesamten Thüringer Wald existiert keine Generalflora, doch sind in den Lokalfloren der angrenzenden Gebiete von METSCH, ORTMANN und BLIEDNER zahlreiche Standortsangaben aus dem Walde enthalten. Die Moose des Thüringer Waldes sind bei RÖSE einzusehen. Den floristischen Charakter des Erzgebirges erkennt man aus ISRAELs Flora von Annaberg, wenn diese

auch nur einen kleinen Teil des Erzgebirges berücksichtigt, und die Floren vom Fichtelgebirge und Böhmerwald sind bereits auf S. 8 erwähnt.
Wer sich endlich für die polymorphen Formenkreise unseres Bezirkes interessiert, der findet in SAGORSKIs Rosen von Naumburg 1885 und SCHLIMPERTs Rosenformen von Meißen 1899, in WOBSTs Brombeerflora von Sachsen 1890, in KÜKENTHALS Caricologischen Mitteilungen 1893 und in TORGEs Arbeiten über die Gattung Calamagrostis 1894 und 1895 wichtige und kritische Zusammenstellungen. Aber obgleich die Anfänge solcher Studien bis auf REICHENBACH (Aconitum und Scleranthus) zurückreichen, so fehlen uns doch noch immer Arbeiten wie WETTSTEINs Monographien von Euphrasia und Gentiana. Diesen am nächsten kommt eine kritische systematische Arbeit aus der allerjüngsten Zeit, nämlich WOLFs »Potentillen-Studien«, deren erstes Heft (1901) den sächsischen Potentillen und ihrer Verbreitung im Elbhügellande besonders gewidmet ist. In dieser Arbeit ist aber bei aller Unterscheidung der Form doch der Artbegriff im alten Sinne nicht zersplittert, was wir in unseren eigenen Systemumgrenzungen der »Flora Saxonica« durchaus ebenso erstreben.

2. Pflanzengeographie.

a) Einleitung.

Auf den vorhergehenden Seiten haben wir darzulegen versucht, wie in dem hercynischen Bezirk das vorhandene Pflanzenmaterial allmählich bekannt und in Florenlisten mit und ohne Diagnosen und Bestimmungsschlüsseln statistisch niedergelegt wurde. Das war bis in das 19. Jahrhundert hinein, und ist es leider heutigen Tages noch vielfach, die einzige Aufgabe, die sich die vaterländischen Floristen stellten. Diese Arbeiten sind gewiss unbedingt notwendig und als Grundlage für den weiteren Ausbau der Floristik außerordentlich verdienstlich, aber sie sind heute nicht mehr das Endziel. Das haben uns HUMBOLDT und WAHLENBERG, R. BROWN und P. und A. DE CANDOLLE, SENDTNER, GRISEBACH, DRUDE und ENGLER, WARMING und SCHIMPER gelehrt. Durch ihre bahnbrechenden Arbeiten sind auch der heimischen Floristik neue und höhere Ziele gesteckt worden. Nicht die Kenntnis der einzelnen Pflanzen, sondern die Erforschung der Beziehungen der Vegetation zur unorganischen und organischen Natur, zu Klima und Boden, zu Pflanzen und Tieren, die Aufhellung der Ursachen des Zusammenschließens der Pflanzen zu Genossenschaften und Formationen, die Verteilung derselben über die Erdoberfläche und ihre Ursachen, das sind heute die Ziele, an deren Erreichung die heimische Floristik auch mitzuarbeiten hat. Was ist nun bisher in dieser Beziehung im hercynischen Berg- und Hügellande geschehen?
In der ältesten Flora aus dem Bezirk, in THALS »Flora hercynica« sind bereits kurze Angaben über die Beschaffenheit des Standortes verschiedener Arten und über die Frequenz im Gebiet angegeben. Aus der Verschiedenheit

des Standortes zweier Pflanzen schließt THAL auch .auf die Verschiedenheit
der Arten. Der vielgereiste HALLER dagegen vermag schon bei einer
ganzen Anzahl von Harzpflanzen wichtige Angaben über deren weite Verbreitung auf den Gebirgen Europas zu machen. Er giebt auch in der Beschreibung seiner Harzreise die Bestandteile der Wälder an und erwähnt das
oft charakteristische Auftreten von Waldpflanzen, z. B. von Digitalis purpurea
auf den Waldblößen, »ubi arbores excisae sunt«. Die Beschreibungen der erzgebirgischen Waldungen durch LEHMANN gestatten übrigens einen interessanten
Vergleich der Physiognomie der Gebirgswälder am Anfange des 18. Jahrhunderts. RUPP und LEYSSER fügen zwar ihren Pflanzenbeschreibungen und
Diagnosen noch die Blütenzeiten zu, kommen aber sonst, wie überhaupt die
Floren aus dem 18. Jahrhundert, bezüglich der pflanzengeographischen Angaben
nicht über THAL hinaus. Es bedurfte eben, wie schon erwähnt, der neuen
Ideen führender Pflanzengeographen des 19. Jahrhunderts, um hier Wandel zu
schaffen.

Die ersten Anfänge einer pflanzengeographischen Behandlung des Gebietes
einer Lokalflora sind in dem Umstande zu erblicken, dass man dem eigentlichen Pflanzenkatalog einen allgemeinen Teil vorausschickte, in dem man die
oro- und hydrographischen und geognostischen Verhältnisse der Landschaft
beschrieb, Angaben über Temperaturen, namentlich mittlere Jahrestemperaturen
machte und eventuell physiognomische Schilderungen der Vegetation, besonders
der Wälder gab. Auf diesem Standpunkte stehen z. B. im Braunschweiger
Lande die Arbeiten von LÜDERSSEN 1812, die Bearbeitung der Schmalkaldischen
Flora von STRAUBE 1838, die Charakteristik der Vegetation von Kurhessen
durch WENDEROTH 1839 und die botanisch-topographischen Skizzen von EKART
über den Kyffhäuser 1843 und von HOFFMANN über den Vogelsberg 1851.

b) Beziehungen zum Boden.

Ferner wird der Verteilung der Pflanzen über die einzelnen geologischen
Formationen, der Frage, ob Kalk- ob Kieselpflanze, Beachtung geschenkt. Das
geschah bereits 1827 in recht eingehender Weise im ersten Bande der Flora
von Braunschweig durch LACHMANN, der auch die erste Besiedelung der verschiedenen Felsarten und Böden mit Flechten und Moosen beschrieb. In
neuerer Zeit sind diese Bodenfragen wohl am gründlichsten in Thüringen sowohl von PETRY als namentlich von A. SCHULZ untersucht und 1887 in
dessen Vegetationsverhältnissen von Halle veröffentlicht worden. Weiter
studierten den Einfluss der Gebirgsformationen auf die Vegetation FALLOU
1845 im Muldenlande, HOLLE 1871 in Hannover, SCHNEIDER 1877 im
Florengebiet von Magdeburg, PIETSCH 1893 in der Umgebung von Gera,
während EBELING 1872 eine Zusammenstellung der dem Alluvium von Magdeburg eigentümlichen Pflanzen gab. Wie die Kalkberge so haben auch die
kalkhaltigen Basaltkegel gegenüber dem Granit etc. ihre besondere Flora,
die von den Lausitzer Bergen WAGNER 1886 in seiner Flora des Löbauer
Berges zusammenstellte. LUDWIG konstatierte 1893, dass auch die Diabas-

berge des Vogtlandes gegenüber den sedimentären Gesteinen eine charakteristische Vegetation aufweisen. An den Standortsverhältnissen von Carex humilis in der Umgebung von Dresden zeigte DRUDE 1887, dass auch auf sehr kalkarmen Böden Pflanzen auftreten können, die anderwärts kalkstet sind, was sich dadurch erklärt, dass die chemischen Eigenschaften des Bodens in ihrer Wirkung auf die Pflanzen unter Umständen durch physikalische ersetzt werden können. Und wie endlich rein physikalische Änderungen des Bodens umbildend auf den Pflanzenbestand einwirken können, zeigt DRUDE in seiner Arbeit über das gemischte Auftreten von Heide- und Wiesenvegetation 1876.

Großes Interesse hat von jeher, schon seit den Zeiten von CORDUS und THAL, die Salzflora im Bezirk erweckt. Mehr oder minder ausführliche Beschreibungen dieser Flora haben im Braunschweiger Territorium ASCHERSON 1857, in Nordthüringen EHRHART 1843, SGHULZ 1887 und PETRY 1889 geliefert[1]. Auch bei einigen Arbeiten über Kryptogamen sind diese Beziehungen zum Substrat gebührend berücksichtigt, so schon durch ULOTH 1861 in seiner Laubmoos- und Flechtenflora von Hessen, wo er auch dem Einflusse nachspürt, welchen diese niederen Pflanzen auf die Zerstörung des Gesteins und die Bildung der Dammerde ausüben; dann durch EGELING 1881 und 1884 in seiner Flechtenflora von Cassel, besonders aber in der Dissertation von LOTSY über die Biologie der Flechtenflora des Hainberges bei Göttingen 1890, welche die Ursachen der Flechtenverteilung festzustellen sucht und auch wichtige Ergebnisse über die Abhängigkeit der Baumflechten von der Beschaffenheit der Rinde, der Feuchtigkeit und der Insolation enthält.

c) Gliederung durch Vegetationslinien.

Vertikale Gliederung. Eine ganze Reihe von pflanzengeographischen Arbeiten geht aber in der Feststellung der Beziehungen einen Schritt weiter, indem sie neben dem Einflusse des Substrates auch den der verschiedenen Höhenlage auf die Verbreitung der Pflanzen untersuchen. Dabei ergeben sich für viele Arten obere und untere Grenzlinien des Vorkommens, überhaupt regionale Gliederungen des Bestandes. Hierher können im Anschluss an die zuletzt aufgezählten Arbeiten gestellt werden: die wichtige Pflanzengeographie der westfälischen Moose von H. MÜLLER 1861, der oberfränkischen von WALTHER und MOLENDO 1868, der thüringischen von RÖSE 1868—1877 und von RÖLL 1876. Die Verteilung der phanerogamischen Harzpflanzen nach der Höhe ist zum erstenmal von METZGER 1851 beschrieben worden.

Florenkontraste. Recht nahe lag bei solchen Untersuchungen der Vergleich mit ähnlichen Örtlichkeiten anderer Gegenden und so entwickeln sich die Beziehungen zu den Nachbarfloren etc., kurz alles das, was SENDTNER als

---

1) Neuerdings hat A. SCHULZ eine außerordentlich gründliche Monographie über die Salzflora geschrieben unter dem Titel: Die Verbreitung der halophilen Phanerogamen in Mitteleuropa nördlich der Alpen. — Forsch. z. deutsch. Landes- u. Volkskunde von A. KIRCHHOFF. XIII. H. 4. Stuttgart 1901.

Florenkontraste bezeichnet. Anfänglich spielen hier die quantitativen Verhältnisse der Arten eine größere Rolle als die qualitativen. Man vergleicht
die Zahl der gefundenen Blütenpflanzen mit der anderer Gebiete und sucht
aus diesen Verhältniszahlen Kontraste zu konstatieren. Diese auf A. v. HUM-
BOLDT zurückzuführende Zahlenstatistik hat z. B. nach dem Vorbilde von SCHNIZ-
LEIN und FRICKHINGER bereits BOGENHARD 1850 in seiner Flora von Jena angewendet und spätere Lokalfloren, welche auch auf die Vegetationsverhältnisse
ihr Augenmerk richten, folgen seinem Beispiel. Sehr genau hat z. B. KÖNIG
diese Zahlenverhältnisse in der Flora von Sachsen ermittelt. Nicht der gleichen
Berücksichtigung erfreut sich die Zahl der Individuen an den einzelnen Standorten, die Abundanz, obgleich diese für die Feststellung der Kontraste doch
auch von Wichtigkeit ist, ganz abgesehen von der Auskunft, die sie über die
Beschaffenheit des Areals einer Pflanze giebt. Auch in dieser Beziehung hatte
zuerst BOGENHARD, wiederum SCHNIZLEIN und FRICKHINGER folgend, ein
allerdings wenig übersichtliches Verfahren, Frequenz und Abundanz durch
Zahlen auszudrücken, angewandt. Später hat SENDTNER dieses Verfahren ver-
bessert, und neuerdings zeigte DRUDE, dass Abundanzbezeichnungen nur in
Beziehung auf bestimmte Formationen anzuwenden sind, so aber auch hohen
wissenschaftlichen Wert haben. In den Florenwerken, selbst den neuesten,
wird die Abundanz meist vernachlässigt. Eine Ausnahme macht KOHL in
seiner Flora von Mitteldeutschland 1896, der aber die Verbindung mit den
Formationen vermissen lässt.

Später kommen dann auch die qualitativen Kontraste zu ihrem Rechte.
Hier verdienen in erster Linie als Muster SENDTNERs Vegetationsverhältnisse
des Bayerischen Waldes genannt zu werden. Doch haben auch WILLKOMM
(Vegetationsverhältnisse von Tharandt 1866), SCHNEIDER (Boden- und Vegetationsverhältnisse von Magdeburg 1884), REICHE (Flora von Leipzig 1886) und
E. NAUMANN (Flora von Gera 1890 und 1892) die Florenkontraste mehr oder
weniger eingehend berücksichtigt.

Horizontale Gliederung. Auf den Florenkontrasten, quantitativen wie
qualitativen, bauen sich schließlich horizontale Gliederungen des Bezirkes auf
und Bestrebungen, die Lokalfloren natürlich abzugrenzen. Solche sind gemacht
worden von BECKHAUS in seiner Flora von Westfalen 1893, von SCHULZ[1]) in der
Entwicklungsgeschichte der Pflanzenwelt Mitteleuropas 1894 und von DRUDE
in den Resultaten der floristischen Reisen in Sachsen und Thüringen 1898.
Diese letzteren sind auch in den folgenden Kapiteln angewandt und hier des
weiteren begründet worden. —

In den älteren pflanzengeographischen Arbeiten finden sich nur sehr kurze
Angaben über das Klima. Man begnügte sich meist mit der Feststellung
der mittleren Jahres- und Monatstemperaturen, der Maxima und Minima, der

---

1) Siehe auch REGELs Thüringen II, 1: Pflanzen- und Tierverbreitung, wo sich S. 23 nach
SCHULZ eine Karte des »Saalebezirks« mit seinen Unterbezirken und S. 29 nach RÖSE eine Skizze
der regionalen Verteilung der Laubmoose in Thüringen findet.

hauptsächlichsten Winde und der Regenmengen. Die Beziehungen aber der klimatischen Faktoren zu der Pflanzenwelt und ihr Einfluss auf diese sind erst in der zweiten Hälfte des 19. Jahrhunderts eingehender untersucht worden. Grundlegend waren die Arbeiten von GRISEBACH, der bereits 1838 eine Abhandlung über den Einfluss des Klimas auf die Begrenzung der natürlichen Floren schrieb und 1847 in seiner Arbeit über die Vegetationslinien des nordwestlichen Deutschlands die Grenzlinien der Areale gewisser Pflanzen, die er, sofern sie den Vegetationscharakter der Gegend ausdrücken, als Vegetationslinien bezeichnet, durch die klimatischen Faktoren erklärt. Allerdings giebt GRISEBACH bereits an, dass es auch andere Vegetationslinien giebt, welche nicht klimatischer Natur sind, sondern von der Entstehungsgeschichte organischer Naturkörper auf dem Erdboden Zeugnis ablegen. Diese entwicklungsgeschichtlichen Momente betont besonders A. SCHULZ stark bei der Erklärung der Verbreitungsgrenzen, deren er in seiner Arbeit über die Vegetationsverhältnisse von Halle wie auch in seinen Grundzügen einer Entwicklungsgeschichte der Pflanzenwelt Mitteleuropas eine ganze Reihe festlegt. Eingehende Studien über Areale und Vegetationslinien gewisser Gruppen von Pflanzen haben GERNDT 1876 in seiner Gliederung der deutschen Flora, ferner DRUDE 1885 und DRUDE und SCHORLER 1895 in den östlichen Pflanzengenossenschaften, endlich R. BECK 1899 in seiner Verbreitung der Hauptholzarten im Königreich Sachsen für den hercynischen Bezirk geliefert.

d) Phänologie.

Die Erforschung der Beziehungen des Klimas zu den periodischen Entwicklungsphasen der Pflanzenwelt, der Phänologie, hat in den letzten 50 Jahren auch im hercynischen Berg- und Hügellande zahlreiche Kräfte in Anspruch genommen. Die phänologischen Arbeiten sind in dem folgenden Litteraturverzeichnis nicht einzeln aufgeführt, da bereits IHNE[1]) ganz ausführliche Zusammenstellungen dieser Litteratur gemacht hat. Doch sei daran erinnert, dass schon in den vierziger Jahren SACHSE auf diesem Gebiete im Elbthale mit Erfolg thätig war, dass TOEPFER und KOEPERT wertvolle Beobachtungsreihen für Thüringen in der Irmischia zu Sondershausen und in den Mitteil. d. Ver. f. Erdkunde zu Halle publizierten und dass die Resultate der in jüngster Zeit von DRUDE eingeleiteten und noch heute andauernden phänologischen Beobachtungen in Sachsen und Thüringen in einer Isis-Abhandlung 1891 und in dem letzten Abschnitt von »Deutschlands Pflanzengeographie«

---

1) IHNE, E.: Geschichte der pflanzenphänologischen Beobachtungen in Europa. Gießen
    1884.
    —— Die ältesten pflanzenphänologischen Beobachtungen in Deutschland. — 28. Ber.
    der oberhess. Ges. f. Natur- u. Heilkunde. Hier auch die neue Litteratur in den
    folgenden Berichten.
    Ferner ist die wichtigste, auch für unseren Bezirk geltende phänologische Litteratur in
    DRUDE, Deutschlands Pflanzengeographie Bd. I. S. 425—427 zusammengestellt.

niedergelegt wurden. Eine weitere Nutzbarmachung der gewonnenen phänologischen Daten liegt in DRUDEs Einteilung Sachsens in verschiedene Kulturzonen vor.

e) Formationen.

Allgemeines und territoriale Arbeiten. — Es erübrigt nun noch der Arbeiten
zu gedenken, welche sich mit dem Zusammenleben der Pflanzen in größeren
oder kleineren Gemeinschaften beschäftigen, die entweder bedingt sind durch
den Standort in besonderer Modifikation des allgemeinen Klimas durch den
Boden, oder durch entwicklungsgeschichtliche Momente. Für die ersteren
Gemeinschaften, welche den physiognomischen Charakter einer Landschaft
schärfer auszudrücken imstande sind als einzelne Pflanzen, hatte GRISEBACH 1838
den Begriff der pflanzengeographischen Formation aufgestellt und
wissenschaftlich begründet. Dieser Begriff wurde später schärfer gefasst, überhaupt die Lehre von den Formationen weiter ausgebildet durch DRUDE, und
zwar durch Studien, die der Verfasser in der Hauptsache im hercynischen
Bezirk auf zahlreichen Reisen und Exkursionen machte. Die in den botanischen
Jahrbüchern 1889 aufgestellten allgemeinen Prinzipien in der Unterscheidung
von Vegetationsformationen sind in den Isis-Abhandlungen von 1888 angewendet bei der Gliederung der Flora Saxonica nach Formationen, welche 1898
ebenda in größere Formationsgruppen zusammengefasst sind.

Das Bedürfnis, die in einem Gebiete vorhandenen Pflanzen nach gemeinsamen Standorten zu gruppieren, tritt schon sehr frühzeitig hervor. So hatte
bereits 1699 LEHMANN in seinen Merkwürdigkeiten des oberen Erzgebirges die
aufgefundenen Pflanzen nach solchen Standortsgruppen, wie Wälder, Thalgehänge, Kulturpflanzen etc. zusammengefasst. In LACHMANNs Flora von
Braunschweig 1827 und in BOGENHARDS Flora von Jena 1850 sind diese
Gruppen schon recht natürlich abgegrenzt und in der ersteren auch die
Vegetationsformen der einzelnen Gruppen berücksichtigt. Sehr ausführlich hat
dann SENFT 1865 in seinen Vegetationsverhältnissen von Eisenach die Formationen beschrieben. Und in neuester Zeit haben verschiedene, wenn auch
leider noch nicht sehr zahlreiche Bearbeiter von Lokalfloren die in ihrem
Gebiete vorkommenden Formationen in ihrer Zusammensetzung und Ausbreitung dargestellt. So hat KÖHLER 1889 die ältere treffliche pflanzengeographische Bearbeitung des Erzgebirges von SACHSE (1855) durch die
Beschreibung der Formationen erweitert. So haben VOIGTLÄNDER-TETZNER
1895 nach DRUDEs Prinzipien die Vegetation des Brockens, BENSEMANN 1896
die zwischen Köthen und der Elbe, FRISCH 1897 die des Pöhlbergs bearbeitet, während ZEISKE 1897 eine Beschreibung der Trift- und Felsformationen
des Ringgaues und 1900 eine Gliederung der Flora von Hessen und Nassau
nach Formationen im Anschluss an WIGANDs Flora gab. Unsere Kenntnisse
über die Waldformationen aber und über die Verbreitung unserer Waldbäume
überhaupt sind durch die norddeutschen Arbeiten von HÖCK sehr gefördert
worden. Die Ausdehnung der Waldungen im Gebiet selbst, ihre klimatischen

und forstwirtschaftlichen Verhältnisse haben BALDENECKER und FEVE 1891 für
Lippe, REGEL 1892 für den Thüringer Wald, VON RAESFELDT 1894 für den
Bayerischen Wald und GEBAUER 1895 und 1896 für das Königreich Sachsen
festgestellt. Eine höchst anziehende und eingehende Schilderung der Urwälder
des Böhmerwaldes hat GÖPPERT schon 1868 verfasst, das schönste, was als
ein deutsches Waldbild nördlich der Alpen überhaupt geschrieben ist.

Monographien. Untersuchungen über die Ökologie und Biologie der Formationen sind noch wenig in Angriff genommen worden. Die morphologischen und anatomischen Ausrüstungen der Formationsglieder, ihre besondere
Organisation für einen bestimmten Standort in Bezug auf Wasserversorgung,
Schutz gegen Transpiration und Insolation behandeln ALTENKIRCHs Studien
über die Verdunstungsschutz-Einrichtungen in der trockenen Geröllflora
Sachsens 1894 und SCHLEICHERTs Beiträge zur Biologie einiger Xerophyten
der Muschelkalkhänge bei Jena 1900. MEIGEN dagegen verfolgt die Entwicklung einzelner Formationen auf nacktem Boden und ihre allmählichen Veränderungen, wie seine Abhandlungen über die Formationsbildung an der
Werra 1895, über die Besiedelung der Reblausherde in der Provinz Sachsen 1896
und über die Formationsfolge bei Freyburg an der Unstrut 1895 beweisen.
Eine ältere aber recht ausführliche Beschreibung der allmählichen Umwandlung
des mit blauen und gelben Stiefmütterchen geschmückten Brachfeldes in eine
erzgebirgische Bergwiese findet sich in STÖSSNERs Vegetationsverhältnissen
von Annaberg 1859. Und VON RAESFELDT macht 1894 wichtige Angaben
über Veränderungen der Waldformationen des Bayerischen Waldes unter dem
Einflusse des Menschen, über die Entstehung von Sekundärformationen und
ihre Ursachen. Das Verdrängen der Laub- und Mischwälder durch Nadelholz
im Harze während des 14. Jahrhunderts hat 1844 VON BERG nachgewiesen,
während MEICHE 1900 denselben Vorgang in der Sächsischen Schweiz während
des 16. Jahrhunderts feststellte, gestützt auf eigene und RUGEs archivalische
Forschungen.

Zwar nicht über die Veränderung ganzer Formationen, sondern nur über
das Kommen und Verschwinden einzelner Formationsglieder berichten WOBST
1880, FRENKEL 1883 und LUTZE 1882, und zwar die beiden ersteren über
Veränderungen in der Flora des Elbthales, der letztere in der Flora. von
Sondershausen. Auch die Arbeit von WÜNSCHE aus dem Jahre 1893 über
die an der Crossener Industriebahn vorkommenden Adventivpflanzen gehört
hierher. Und neuerdings (1900) hat HÖCK die Ankömmlinge in der Pflanzenwelt Mitteleuropas sorgfältig zusammengestellt und in seiner Arbeit auch viele
Standorte aus unserem Bezirke registriert.

f) Entwicklungsgeschichte.

Nur wenig ist bisher die entwicklungsgeschichtliche Richtung in der Pflanzengeographie des Bezirks gepflegt worden, wenn wir von den Arbeiten über
fossile Pflanzen absehen. Als eifrigster Vertreter dieser Richtung ist A. SCHULZ-
Halle zu nennen, der schon 1887 in seinen Vegetationsverhältnissen von

Halle die Florenentwicklungsgeschichte dieses Gebietes seit der Eiszeit aufzu-
klären suchte. Seine Ideen über Pflanzenwanderungen und Eiszeiten, die allerdings nicht ohne Widerspruch geblieben sind, wie z. B. die Bemerkungen
DRUDEs über die Florenentwicklung im Gebiet von Halle 1891 zeigen, führte
er in seinen späteren Schriften, besonders in der Entwicklungsgeschichte
Mitteleuropas 1894 und des Saalebezirkes 1898 weiter aus. Auch PETRY zieht
1889 aus der Verbreitung der Kyffhäuser-Pflanzen, aus dem Verlauf ihrer
Vegetationslinien und dem Vergleich mit den Nachbarfloren seine Schlüsse auf
die wahrscheinliche Entwicklungsgeschichte seines Gebietes. Den interessanten
Glacialrelikten auf den Gipsbergen am Südfuße des Harzes, Salix hastata,
Gypsophila repens, Arabis alpina und Arabis petraea, die SCHULZ sehr eingehend nach Herkommen und Verbreitung untersucht, fügt SOLMS-LAUBACH
eine ähnliche einheitliche Genossenschaft arcto-alpiner Lebermoose hinzu, be-
stehend aus den Marchantiaceen-Arten *Clevea hyalina, Fimbriaria fragrans,
Grimaldia fragrans, Reboulia hemisphaerica und Preissia commutata. Und
nach QUELLE nimmt unter den Laubmoosen Plagiobryum Zierii dieselbe Stellung wie die vorgenannten Arten ein. Von den Glacialrelikten in der Flora
der Sächsischen Schweiz handelt eine Arbeit von R. SCHMIDT 1896.
Ferner sei auf eine Arbeit von E. KRAUSE über die Steppenfrage 1894 hingewiesen, die sich zwar nicht speziell auf den hercynischen Bezirk, sondern
auf ganz Mitteleuropa bezieht, die aber eine Karte enthält, auf der die Moränen-
und Lößzonen und die in diese fallenden Hauptgebiete der Steppen- und
Salzflora zwischen Elbe und Harz dargestellt sind.

g) Kartographie.

Im Anschluss an das Letzte sei noch kurz auf die floristische Karto-
graphie hingewiesen. Spezielle kartographische Darstellungen aus unserem
Bezirke sind selten. Wir haben zwar in verschiedenen älteren und neueren
Floren Kartenbeigaben, auf diesen sind aber nur die oro- und hydrographischen Verhältnisse des Gebietes ohne irgend welche Beziehung zur
Pflanzenwelt dargestellt. Sie sollen nur das Auffinden der Pflanzen erleichtern.
Die erste Karte, welche floristische und pflanzengeographische Verhältnisse
speziell aus dem hercynischen Berg- und Hügellande zur Anschauung bringt,
erschien 1868 in Petermanns Mitteilungen, wo RÖSE die regionale Moosver-
teilung im Thüringerwalde darstellt. Weitere Karten veröffentlichte 1887
A. SCHULZ, auf welchen er die Ergebnisse seiner Untersuchungen über die
Verbreitung der Pflanzen um Halle und deren Vegetationslinien niederlegte.
Die später auf ganz Thüringen ausgedehnten Untersuchungen über Pflanzenverbreitung führten zu einem Kärtchen in REGELs Thüringen, auf dem der
»Saalebezirk« mit seinen Unterbezirken dargestellt ist. KRAUSEs Florenkarte
von Norddeutschland für das 12.—15. Jahrhundert und namentlich die vier
Karten in DRUDEs Pflanzengeographie von Deutschland enthalten auch für
den hercynischen Bezirk wichtige pflanzengeographische Zusammenfassungen.
Die für ausführende topographische Kartographie maßgebenden Prinzipien hat

DRUDE in einem Isis-Vortrage 1900 kurz dargelegt. Außerdem sind in den Jahren von 1891—1900 noch einige Waldkarten erschienen, darstellend den Bestand der Wälder in Lippe von BALDENECKER und FEYE, im Thüringer Wald von REGEL und neuerdings von GERBING, welche Schriftstellerin die frühere Verteilung von Laub- und Nadelwald kartographisch niederlegt, und in Sachsen von GEBAUER.

3. Beschreibende Floren.

Am Schlusse der vorhergehenden Übersicht und vor der stummen Aufzählung der wichtigeren einschlägigen Litteratur sind wohl einige Worte angebracht über die augenblicklich dem sammelnden Floristen in den drei hercynischen Gauen zu Gebote stehenden besten Florenwerke, welche ausführliche Standortsangaben mit Diagnosen der Arten enthalten. Als solche wären mit kurzem Titel zu nennen:

BECKHAUS, Flora von Westfalen,

BERTRAM, Flora von Braunschweig (und dem Harz),

PETER, Flora von Süd-Hannover,

LUTZE, Flora von Nord-Thüringen,

SCHNEIDER, Flora von Magdeburg, Bernburg, Zerbst.

WÜNSCHE, Flora von Sachsen,

PRANTL, Flora von Bayern (für den Bayer. Wald und auch brauchbar für das Gebiet von der Rhön bis zum Südhange des Thüringer Waldes).

ČELAKOVSKYS Prodromus der Flora von Böhmen ist ein zu bedeutendes Florenwerk, als dass es nicht für die schmalen Grenzgebiete der Lausitz und des Böhmer Waldes, die hier in Betracht kommen, unbedingt genannt werden müsste. (In der Artumgrenzung sind wir im Herbar der Flora Saxonica der Technischen Hochschule keiner Flora lieber gefolgt, als diesem »Prodromus«, dessen bescheidener Titel zu dem Reichtum seines Inhalts im stärksten Gegensatz steht.)

ASCHERSON & GRÄBNERs Flora des nordostdeutschen Flachlandes berührt in ähnlicher Weise die Grenzgebiete der ostelbischen Niederung und ist als kritisches Florenwerk von hoher Bedeutung. Erfreulich ist auch hier die Zusammenfassung von Subspecies zu größeren Artkreisen. [DRUDE.]

Zweites Kapitel.

Litteratur-Verzeichnis.

Zu dem nachfolgenden Litteraturverzeichnis, das nach Landschaften und innerhalb dieser chronologisch geordnet ist, sei erwähnt, dass über einzelne Territorien bereits zusammenfassende Litteraturverzeichnisse vorhanden sind, die in unserer Zusammenstellung natürlich berücksichtigt wurden. Abgesehen von den vielen Floren beigefügten Litteraturangaben sind hier die folgenden noch besonders zu nennen:

1. ACKERMANN, K.: Bibliotheca Hassiaca. — Ver. f. Naturkunde zu Kassel 1884.
2. Verzeichnis der auf die Landeskunde des Herzogtums Braunschweig bezüglichen Litteratur. IV. 5: Pflanzenwelt von W. BERTRAM. — 6. Jahresber. d. Ver. für Naturwissenschaften zu Braunschweig. S. 284—292. Braunschweig 1891.
3. REGEL, F.: Litteratur zur Flora Thüringens. — Mitt. d. Geogr. Ges. zu Jena. Bd. 2. 1884. S. 32—55[1]).
4. Die landeskundliche Litteratur für Nordthüringen, den Harz und den provinzialsächsischen wie anhaltischen Teil an der norddeutschen Tiefebene. Herausgegeben vom Verein f. Erdkunde zu Halle. — Halle a. d. S. 1884. 174 S.
5. SCHULZ, A.: Die floristische Litteratur für Nordthüringen, den Harz und den provinzialsächsischen wie anhaltischen Teil an der norddeutschen Tiefebene. Halle a. d. S. 1888. 108 S. 2. Aufl. 1891.
6. AUERBACH, H. A.: Bibliotheca Rutheana. — 32.—35. Jahresber. d. Ges. v. Freunden der Naturw. in Gera. Gera 1892. S. 126—224.
7. REICHE, K.: Litteratur zur Flora des Königreichs Sachsen aus dem 19. Jahrhundert. — Ges. Isis in Dresden 1888. Abh. 7. 8 S.

A. Arbeiten, die sich auf den gesamten hercynischen Bezirk beziehen.

1. GRISEBACH, A.: Über die Vegetationslinien des nordwestlichen Deutschlands. Göttingen 1847.
2. SCHMIDT, J. A.: Beobachtungen über die Verbreitung und Verteilung phanerogamischer Pflanzen Deutschlands und der Schweiz. Göttingen 1850. Diss.
3. ASCHERSON, P.: Studiorum phytographicorum de Marchia Brandenburgensi specimen. Continens florae marchicae cum adjacentibus comparationem. Halis 1854 bis 1859.
4. DRUDE, O.: Die Anwendung physiologischer Gesetze zur Erklärung der Vegetationslinien. Göttingen 1876.
5. —— Über die Principien in der Untersuchung von Vegetationsformationen, erläutert an der centraleuropäischen Flora. — Englers Botan. Jahrb. XI. 1890.
6. KRAUSE, E.: Florenkarte von Norddeutschland für das 12.—15. jahrhundert. — Petermanns Mitteil. 1892. H. 10.
7. HÖCK, F.: Begleitpflanzen der Buche. — Bot. Centralbl. L. 1892.
8. —— Nadelwaldflora Norddeutschlands. Stuttgart 1893.
9. —— Begleitpflanzen der Kiefer in Norddeutschland. — Ber. d. bot. Ges. 1893.
10. SCHULZ, A.: Grundzüge der Entwicklungsgeschichte der Pflanzenwelt Mitteleuropas. Jena 1894.

---

[1]) Derselbe Verf. hat die floristische Litteratur Thüringens in kürzerer und übersichtlicher Weise in seinem geographischen Handbuche »Thüringen«, Teil II. 119—128, zusammengestellt; viele dort genannte kleinere Beiträge entheben uns der Notwendigkeit, ihren Nachweis hier zu wiederholen.

11. KRAUSE, E.: Die Steppenfrage. — Globus 1894.
12. HÖCK, F.: Über Tannenbegleiter. — Österr. bot. Zeit. 1896.
13. —— Laubwaldflora Norddeutschlands. Stuttgart 1896.
14. DRUDE, O.: Deutschlands Pflanzengeographie. T. I. Stuttgart 1896.
15. HÖCK, F.: Pflanzen der Schwarzerlenbestände Norddeutschlands. — Englers Bot. Jahrb. XXII. 1897.
16. —— Ankömmlinge in der Pflanzenwelt Mitteleuropas während des letzten halben jahrhunderts. — Bot. Centralbl. IX. 1900.
17. SCHULZ, A.: Die Verbreitung der halophilen Phanerogamen in Mitteleuropa nördlich der Alpen. Forschungen z. deutsch. Landes- u. Volksk. XIII. Hft. 4, Stuttgart 1901.

Außerdem sind als Quellenwerke für die Standortsverteilung zu vergleichen die größeren Florenwerke von Deutschland, bez. Mitteldeutschland; so auch für die Kryptogamen die älteren und jüngeren Ausgaben von RABENHORST, etc.

B. Arbeiten, die sich auf die Westhercynia beziehen.
(Territorium 1—3.)

1. EHRHART, F.: Beiträge zur Naturkunde und den damit verwandten Wissenschaften, besonders der Botanik etc. Hannover und Osnabrück 1787—1792.
2. MEYER, G. F. W.: Chloris Hanoverana. Göttingen 1836. Nachträge von IRMISCH in Linnaea XII. 1838.
3. —— Flora des Königreichs Hannover. Göttingen 1842—1854.
4. —— Flora Hanoverana excursoria. Göttingen 1849.
5. BRANDES, W.: Flora der Provinz Hannover. — Naturhist. Ges. Hannover 1897.
6. PETER, A.: Flora von Südhannover nebst den angrenzenden Gebieten. 2 Teile und eine Karte. Göttingen 1901.

1. Weserland.

1. GUTHEIL, H. E.: Beschreibung der Wesergegend von Höxter und Holzminden. Nebst Aufzählung der daselbst wildwachsenden phanerogamischen Pflanzen. Holzminden 1837.
2. HOYER, K.: Flora der Grafschaft Schaumburg und der Umgegend. Rinteln 1838.
3. ECHTERLING, J.: Verzeichnis der im Fürstentum Lippe wildwachsenden und überall angebaut werdenden phanerogamischen Pflanzen. Detmold 1846.
4. JÜNGST, L. V.: Flora Westphalens. Bielefeld 1852. 4. Aufl. 1884.
5. KARSCH, A.: Phanerogamen-Flora der Provinz Westfalen incl. angrenz. Länder mit Rücksicht auf Kryptogamie und Entomologie. Münster 1853. Nachträge dazu von H. MÜLLER. 5. Aufl. Münster 1889.
6. PFLÜMER, CHR. F.: Verzeichnis der bei Hameln und in der Umgegend wild wachsenden Pflanzen. — 11. Jahresber. d. Naturhist. Ges. Hannover 1862.
7. HOLLE, G. VON: Flora von Hannover. 1862. (Unvollendet.)
8. —— Verbreitung der Pflanzen Hannovers über die geognostischen Formationen. — Naturhist. Ges. Hannover 1863. Nachtrag von MEJER ebenda 1871.
9. MÖLLER, H.: Geographie der in Westfalen beobachteten Laubmoose. — Verh. d. nat. Ver. f. Rheinl. u. Westfalen. XXI. 1864.
10. DAUBER, L.: Verzeichnis der in der Umgegend von Holzminden ohne künstliche Pflege und Veranstaltung wachsenden Phanerogamen und Filicoideen. — Holzminden 1865. Progr. Nachträge Holzminden 1887 Progr. und Marburg 1887 Progr.
11. HINÜBER, VON: Verzeichnis der im Sollinge wachsenden Gefäßpflanzen. Mit Nachtrag. Zeitschr. d. hannov. pomolog. Ver. 1868.

12. MEJER, L.: Veränderungeu in dem Bestande der Hannoverschen Flora seit Ehrhart. Hannover
    1868. Progr.
13. —— Moosflora des Gebietes der Stadt Hannover und des südlichen Teiles von Calenberg
    bis Hameln. — Naturhist. Ges. Hannover 1869.
14. FRICKEN, W. VON: Exkursionsflora Westfalens und der angrenzenden Länder. Arnsberg 1871.
15. ANDRÉE, A.: Verzeichnis der um Münden wachsenden Pflanzen. — Jahresber. d. Naturhistor.
    Ges. z. Hannover 1874.
16. MEJER, L.: Flora von Hannover. 1875. Nachträge im 40. u. 41. Ber. d. naturh. Ges.
    Hannover 1891.
17. WESSEL: Grundriss der Lippischen Flora. 1877.
18. LAHM, G.: Zusammenstellung der in Westfalen beobachteten Flechten. Münster 1885.
19. KUMMER, P.: Die Moosflora der Umgegend von Hannövrisch-Münden. — Bot. Centralbl. 1889.
20. BALDENECKER und FEYE: Die Waldungen des Fürstentums Lippe. — Deutsche geographische
    Blätter. XIV. 1891.
21. BECKHAUS, H.: Flora von Westfalen. Münster 1893.
22. GREBE, C.: Neuheiten aus der Laubmoosflora des westfälischen Berglandes. — Allg. bot.
    Monatsschr. 1897.

2. Braunschweiger Land.

1. ROYER, J.: Beschreibung des ganzen Fürstl. Braunschw. Gartens zu Hessen. — Braunschweig
   1. Aufl. 1648. 2. Aufl. 1651. 3. Aufl. 1658.
2. CHEMNITIUS, J.: Index plantarum circa Brunsvigam trium fere milliarium circuitu nascentium.
   Brunsvigae 1652.
3. SCHELHAMMER, G. CHR.: Catalogus plantarum circa Helmstadium sponte nascentium. Helmst.
   1693.
4. FABRICIUS, P. C.: Florae Helmstadiensis rariores et utiliores plantae. Helmst. 1750.
5. SCHNECKER, J. D.: Verzeichnis der um Hildesheim wildwachsenden Pflanzen. — Hildesh.
   Wochenbl. 1781 u. 1782.
6. CAPPEL, J. F. L.: Verzeichnis der um Helmstedt wildwachsenden Pflanzen. Dessau 1784. 196 S.
7. CRAMER, J. A.: Physische Briefe über Hildesheim und dessen Gegend. Hildesheim 1792.
   Hierin auch ein Verzeichnis der um Hildesheim wachsenden Pflanzen, das 1798 ebenda
   von WAGNER und GRUBER vervollständigt wurde.
8. LÜDERSSEN: Beiträge zur Topographie unseres Landes in Beziehung auf Geographie und
   Botanik. — Braunschw. Magazin 1812. (Zählt auch die wichtigsten Pflanzen der einzelnen Formationen auf).
9. LACHMANN, H. W. L.: Flora Brunsvicensis. Braunschweig 1827—28.
10. SCHATZ, W.: Flora Halberstadensis excursoria. Halberstadt 1839.
11. —— Flora von Halberstadt oder die Phanerogamen und Farren des Bode- und Ilsegebietes
    mit besonderer Berücksichtigung der Flora Magdeburgs. Halberstadt 1854.
12. BERTRAM, W.: Flora von Braunschweig. Braunschweig 1. Aufl. 1876. 4. Aufl. 1894 unter
    dem Titel: Exkursionsflora des Herzogtums Braunschweig mit Einschluss des ganzen
    Harzes, herausgegeben von F. KRETZER.
13. MATZ, A.: Beitrag zur Flora der nordöstlichen Altmark mit besonderer Berücksichtigung der
    Umgegend von Seehausen. — Bot. Ver. Brandenburg 1877.
14. DAUBER: Flora der Umgegend von Helmstedt. — Helmstedt 1892 Progr.
15. KRETZER, F.: Die Flora des nördlichen Hauptteils von Braunschweig. — Festschr. d. Naturf.
    Vers. 1897.

3. Werra- und Fuldaland mit der Rhön.

1. HALLER, A.: Enumeratio plantarum horti regii et agri Gottingensis. Gottingae 1753. 424 S.
2. ZINN, J. G.: Catalogus plantarum horti academici et agri Gottingensis. Gottingae 1757. 441 S.
3. WEIS, F. W.: Plantae cryptogamicae florae Gottingensis. Gottingae 1769. 333 S.

4. MURRAY, J. A.: Prodromus designationis stirpium Gottingensium. Gottingae 1770. 252 S.
5. MOENCH, C.: Enumeratio plantarum Hassiae, praesertim inferioris. Casselis 1777. 268 S. (Nur Teil I ersch.)
6. WEBER, G. H.: Spicilegium florae Gottingensis, plantas inprimis cryptogamicas Hercyniae illustrans. Gothae 1778. 288 S.
7. LIEBLEIN, F. C.: Flora Fuldensis. — Frankfurt a. M. 1784. 482 S.
8. LINK, H. F.: Florae Gottingensis specimen, sistens vegetabilia saxo calcareo propria. Gotting, 1789. 43 S. Diss. Nachträge in Usteri Annalen d. Botanik 1795. XIV. p. 1—17.
9. PERSOON, CH. H.: Verzeichnis der am Meißner beobachteten Pflanzen. — Anhang zu Schaubs Beschreibung des Meißner. Kassel 1799.
10. LONDES, F. W.: Verzeichnis der um Göttingen wildwachsenden Pflanzen. Göttingen 1805.
11. WENDEROTH, G. W. F.: Beiträge zur Flora von Hessen. — Ges. z. Beförderung der Naturw. z. Marburg. I. 1823.
12. HEPP, PH.: Lichenenflora von Würzburg. — Mainz 1824. (Enthält die Flechten der Rhön.)
13. PICKEL, F. J.: Fuldae genera et species plantarum Orchidearum. Wirceburgi 1825.
14. STRAUBE, J. G.: Allgemeine Einleitung und Beschreibung der vorz. in der Herrsch. Schmalkalden und Umgebung wildwachsenden Pflanzen. Schmalkalden 1838.
15. WENDEROTH, G. W. F.: Versuch einer Charakteristik der Vegetation von Kurhessen. 155 S. — Ges. z. Beförd. d. Naturw. z. Marburg. Bd. IV. 1839.
16. SCHNEIDER: Beschreibung des hohen Rhöngebirges. 1840.
17. PFEIFFER, L., und CASSEBEER, J. H.: Übersicht der bisher in Kurhessen beobachteten Pflanzen. Kassel 1844.
18. PFEIFFER, L.: Einige Worte über die subalpine Flora des Meißners. Kassel 1844. 16 S.
19. METSCH, J. C.: Flora Hennebergica. Schleusingen 1845. 390 S. Auch Standortsangaben vom Thüringer Wald. Ergänz. von Ludwig in Bot. Ver. Brandenburg 1873.
20. WENDEROTH, G. W. F.: Flora Hassiaca. Phanerogamen 1846. 402 S.
21. PFEIFFER, L.: Flora von Nieder-Hessen und Münden. Kassel. Bd. I. Dicotylen 1847. Bd. II. Monocotylen 1855.
22. EMMRICH, H.: Über die Vegetationsverhältnisse von Meiningen. Meiningen 1851. Progr.
23. HOFFMANN, H.: Der Vogelsberg, eine geographisch-botanische Skizze. — Deutsch. Museum 1851.
24. KRESS, J. K.: Die Laubmoose Unterfrankens und des angrenzenden oberfränkischen Steigerwaldes. — Verh. d. Würzburger phys. med. Ges. VII. 1856.
25. WIGAND, A.: Flora von Kurhessen und Nassau. 1. Aufl. Marburg 1859. 3. Aufl. Kassel 1879.
26. ULOTH, W.: Beiträge zur Flora der Laubmoose und Flechten von Kurhessen. Flora 1861.
27. G. E. (Anonym): Exkursions-Taschenbuch der Flora von Göttingen. Göttingen 1868.
28. GEHEEB, A.: Floristische Notizen aus dem Rhöngebirge. Flora 1870, 1871, 1872, 1876 und 1884. Nachträge hierzu in der Allgem. bot. Monatsschr. 1898.
29. DANNENBERG, E.: Verzeichnis der in der Umgebung von Fulda vorkommenden Phanerogamen. Gefäßkryptogamen und Laubmoose. — Jahresber. d. Ver. f. Naturk. in Fulda 1870 Nachträge ebenda 1874 und von DENNER 1898.
30. —— Verzeichnis der Flechten der Umgebung von Fulda. — Ver. f. Naturk. Fulda 1875.
31. GRIMME, F. W.: Übersicht der bei Heiligenstadt beobachteten Phanerogamen, Gefäß-Kryptogamen und Laubmoose. Heiligenstadt 1875. Festschr. d. Kg. Gymnasiums.
32. DRUDE, O.: Über das gemischte Auftreten von Heide- und Wiesenvegetation in der Göttinger Gegend. 1876.
33. EISENACH, RIESS und WIGAND: Übersicht der bisher in der Umgegend von Kassel beobachteten Pilze. Kassel 1878. 36 S. Nachträge von SCHLITZBERGER im 32. Ber. d. Ver. f. Naturkunde z. Kassel 1886.
34. SANDBERGER: Zur Naturgeschichte der Rhön. — Gemeinnützige Wochenschr. Würzburg 1881.
·35. EGELING, G.: Übersicht der bisher in der Umgebung von Kassel beobachteten Lichenen. — Ver. f. Naturk. Kassel 1881 u. 1884.
36. BOTTLER: Exkursionsflora von Unterfranken. 1882.

37. EICHLER: Flora der Umgegend von Eschwege. Eschwege 1883. Progr.
38. NÖLDEKE, C.: Flora Goettingensis. Celle 1886.
39. EISENACH: Systematische Übersicht der bis jetzt in dem Kreise Rothenburg a. F. wild-
     wachsenden und häufig kultivierten phanerogamischen wie kryptogamischen Pflanzen. —
     Wetterauische Ges. f. Naturk. Hanau 1887.
40. ORTMANN, A.: Flora Hennebergica. Weimar 1887. 151 S.
41. LAHM, W.: Flora der Umgebung von Laubach (Oberhessen), enthaltend die Gefäßpflanzen
     nebst pflanzengeograph. Betrachtungen. Grünberg 1887. Diss. 106 S. (Flora des
     Vogelsberges.)
42. KÖNIG, F.: Beitrag zur Algenflora von Kassel. — Deutsche bot. Monatsschr. VI. 1888.
43. LOTSY, J. P.: Beiträge zur Biologie der Flechtenflora des Hainbergs bei Göttingen. Göttingen
     1890. Diss. 47 S.
44. WIGAND, A., und MEIGEN, F.: Flora von Hessen und Nassau. Marburg 1891.
45. MEIGEN, F.: Formationsbildung am ›Eingefallenen Berg‹ bei Themar an der Werra. Deutsche
     bot. Monatsschr. XIII. 1895.
46. GEHEEB, A.: Die Verteilung der hauptsächlichsten Pflanzen im Rhöngebirge in SCHNEIDERS
     Führer durch die Rhön. 5. Aufl. 1896.
47. KOHL, F. G.: Exkursionsflora für Mitteldeutschland. Leipzig 1896. (Umfasst zwar ein größeres
     Gebiet, enthält jedoch die Gegend von Rhön und Vogelsberg bis Kassel.)
48. ZEISKE, M.: Die Trift- und Felsformationen des Ringgaus. — Ver. f. Naturk. Kassel 1897.
49. —— Über die Gliederung der Flora von Hessen und Nassau. — Ver. f. Naturk. Kassel
     XLIII. 1900.
50. —— Die Pflanzenformationen in Hessen und Nassau. — Ver. f. Naturk. Kassel XLV. 1900.
51. GOLDSCHMIDT, M.: Die Flora des Rhöngebirges. — Allg. bot. Monatsschr. 1900 und 1901.
52. GEHEEB, A.: Die Milseburg im Rhöngebirge und ihre Moosflora. — Festschr. z. 25jähr.
     Jubiläum des Rhönclubs, Fulda 1901 (66 S.).

Bemerkung. Die Flora des Meininger Landes und des zu Sachsen-Weimar-Eisenach gehörigen
     Anteils der Rhön wird in den allgemeinen Floren Thüringens (siehe Abtlg. 4) mit
     behandelt.

C. Arbeiten, die sich auf die Mittelhercynia beziehen.
(Territorium 4—6.)

1. ECKART, TH. PH.: Die Jungermannieen Coburgs. Coburg 1820.
2. OTTO, K.: Die vorzüglichsten in Thüringen wildwachsenden Giftpflanzen. Rudolstadt. 1. Aufl.
     1834. 2. Aufl. 1842.
3. ZENKER, J. K., und SCHENK: Flora von Thüringen und der angrenzenden Provinzen. Fort-
     gesetzt von SCHLECHTENDAL & LANGETHAL. Jena 1836—1848. Nur wenige Standorts-
     angaben.
4. SCHWABE, S. H.: Flora Anhaltina. Berlin 1838 und 1839.
5. SCHOENHEIT, F. C. H.: Taschenbuch der Flora Thüringens. Rudolstadt 1850. 562 S. 2. Ausg.
     1857. Ergänzungen dazu in Linnaea. Bd. 33. 1864 und 1865.
6. BRÜCKNER, G.: Landeskunde des Herzogt. Meiningen. 1. Teil. Meiningen 1851. S. 212—251.
     Die Pflanzenwelt.
7. SCHRADER, W.: Die Thüringer Flora zum Schulgebrauche zusammengestellt. Erfurt 1852.
     (Fundortsangaben sehr spärlich.)
8. RÖSE, A.: Taxus baccata L. in Thüringen. — Bot. Zeit. 1864.
9. —— Über die Verbreitung der Laubmoose in Thüringen und die Bedeutung der Moose für
     die Pflanzengeographie überhaupt. — Petermanns geogr. Mitt. 1868.
10. HAUSSKNECHT, C.: Beiträge zur Flora von Thüringen. — Bot. Ver. Brandenburg 1871.
11. ROTTENBACH, H.: Zur Flora Thüringens, insbesondere des Meininger Landes. Meiningen: I.
     1872. II. 1877. III. 1880. IV. 1882. V. 1883. VI. 1884. VII. 1885. VIII. 1889.
     Progr.

12. MÖLLER, L., und GRAF, B.: Flora von Thüringen und den angrenzenden Gegenden. 1. T. Phanerogamen. Leipzig 1874. (Schulflora.)
13. VOGEL, H.: Flora von Thüringen. Leipzig 1875. 220 S. Nur Standortsverzeichnis, nicht ganz zuverlässig.
14. RÖLL, J.: Die Thüringer Laubmoose und ihre geographische Verbreitung. — Ber. über d. Senckenberg. naturf. Ges. 1874—75 (1876). Nachträge ebendas. 1883—88 u. 1890—92. Ferner D. bot. Mon. V—X (1887—1892).
15. RÖSE, A.: 1. Geographie der Laubmoose Thüringens. 2. System. statist. Übersicht d. Thür. Laubmoose. — Jenaische Zeitschr. f. Naturw. Bd. XI. 1877.
16. RUHMER, G.: Die in Thüringen beobachteten und wichtigeren kultivierten Pflanzenbastarde. — Jahrb. d. Kg. bot. Gartens etc. z. Berlin. Bd. I. 1881.
17. SCHLIEPHACKE: Die Torfmoose der thüringischen Flora. — Irmischia. II. 1882.
18. RÖLL, J.; Die Torfmoose der Thüringischen Flora. — Irmischia. Sondershausen 1883.
19. OERTEL, G.: Beiträge zur Flora d. Rost- u. Brandpilze (Uredineen u. Ustilagineen) Thüringens. Deutsche bot. Mon. 1883—1887.
20. KÜKENTHAL und BRÜCKNER: Beiträge zur Flora d. Herzogt. Coburg. 1. Ber. d. Pflanzen- u. Tierschutzver. Coburg 1888.
21. HAUSSKNECHT, C.: Pflanzengeschichtliche systematische und floristische Besprechungen und Beiträge. — Thür. bot. Ver. N. F. H. 2. 1892. In diesen Heften auch weitere Beiträge zur Thüringer Flora von APPEL, HAUSSKNECHT, KÜKENTHAL, LUTZE, ROTTENBACH, SAGORSKY, SCHULZE, TORGES und anderen.
22. REGEL, F.: Thüringen. II. Teil. 1. Buch: Pflanzen- u. Tierverbreitung. Jena 1894.
23. TORGES, E.: Zur Gattung Calamagrostis. — Thür. bot. Ver. N. F. H. 6—8. 1894 u. 1895.
24. KOCH, E.: Beiträge zur Kenntnis der thüringischen Pflanzenwelt. — Thür. bot. Ver. H. 9. 1896. (Ergänzungen zu SCHÖNHEIT und ROTTENBACH.)

4. Thüringer Becken.

1. SCHENCKIUS, J. TH.: Catalogus plantarum horti medici Jenensis, earumque quae in vicinia proveniunt. Jenae 1659.
2. RUPP, H. B.: Flora Jenensis sive enumeratio plantarum, tam sponte circa Jenam, et in locis vicinis nascentium etc. Edit. I. 1718. Francf. et Lips. Ed. II. 1726.
3. HALLER, A.: Flora Jenensis Henrici Bernhardi Ruppii ex postumis auctoris schedis et propriis observationibus aucta et emendata. Jenae 1745.
4. NONNE, J. PH.: Flora in territorio Erfordensi indigena. Erfordiae 1763.
5. BALDINGER, E. G.: Index plantarum horti et agri Jenensis. Gottingae 1773.
6. RUDOLPH, J. H.: Florae Jenensis plantae ad Polyandriam Monogyniam Linnaei pertinentes. Jenae 1781.
7. BATSCH, A. J. G. K.: Dispositio generum plantarum Jenensium secundum Linnaeum et familias naturales. Jenae 1786. 65 S.
8. PLANER, J. J.: Index plantarum, quas in agro Erfurtensi sponte provenientes olim D. J. R. Nonne, deinde D. J. J. Planer collegerunt. Gotha 1788. 284 S.
9. —— Indici plantarum Erfurtensium fungos et plantas quasdam nuper collectas addit. Prog. Erfordiae 1788. 44 S.
10. DENNSTEDT, A. W.: Weimars Flora. Jena 1800 362 S.
11. BERNHARDI, J. J.: Systematisches Verzeichnis der Pflanzen, welche in der Gegend um Erfurt gefunden werden. Erfurt 1800.
12. GRAUMÜLLER, J. CH. F.: Systematisches Verzeichnis wilder Pflanzen, die in der Nähe und umliegenden Gegend von Jena wild wachsen. Jena 1803. 430 S. Nachtrag dazu 1803. 240 S.
13. —— Flora pharmaceutica Jenensis. Jena 1815. 4.
14. —— Flora Jenensis. Eisenberg 1824. Unvollständig. Kl. I—V. 450 S.
15. NICOLAI: Flora von Arnstadt. — Festschr. 1815 u. Progr. d. Gymnas. z. Arnstadt. 1828.

16. DIETRICH, F. D.: Flora Jenensis. jena 1826. 716 S.

17. —— Filices Jenenses. jena 1827.

18. NICOLAI, E. A.: Verzeichnis der in der Umgegend von Arnstadt wildwachsenden und wichtigeren kultivierten Pflanzen. Arnstadt. 1. Aufl. 1836. 2. Aufl. 1872.

19. ZENKER, J. K.: Flora Jenensis. Jena 1836 (S. 258—286 des historisch-topogr. Taschenbuchs von Jena).

20. EKART: Botanisch-topographische Skizze zur Charakteristik. des Kyffhäuser Gebirges in Thüringen. — Flora 1843. (Auch die Vegetationsverh. des Harzes und die Salzflora von Naumburg und Artern sind berücksichtigt.)

21. RICHTER, R.: Die Flora von Saalfeld. Saalfeld 1846. Progr. 4⁰. 16 S.

22. IRMISCH, TH.: Systemat. Verzeichnis der in dem unterherrschaftlichen Teile der Schwarzburgischen Fürstentümer wildwachsenden phanerogamischen Pflanzen. — Beiträge z. Naturgesch. Nordthüringens. H. 1. Sondershausen 1846. 76 S. — Ergänzungen und Nachträge in: Progr. d. fürstl. Schwarzburgschen Gymnas. z. Sondershausen 1849 Zeitschr. f. d. ges. Naturw. 1857, 1858, 1867, 1868, 1870; Botan. Zeit. 1847, 1854, 1861; Regierungs- und Nachrichtsblatt f. d. Fürstentum Schwarzburg-Sondershausen. 1873, 1875 u. 1877.

23. —— Über das Vorkommen des Eibenbaumes im nördlichen Thüringen. — Bot. Zeit. 1847

24. GEORGES, A.: Die Flora der Umgegend von Gotha. — Flora 1850.

25. BOGENHARD, C.: Taschenbuch der Flora von Jena nebst einer Darstellung der Vegetations-Verhältnisse der bunten Sandstein-, Muschelkalk- und Keuperformation. Leipzig 1850. 483 S.

26. BORNEMANN, J. G, und SCHMIDT, M.: Flora Mulhusana. Phanerogamen und Kryptogamen. — Zeitschr. f. d. ges. Naturw. 1856. — Nachträge von IRMISCH, SCHMIDT und L. MÖLLER in Zeitschr. f. d. ges. Naturw. 1856, 1862 und 1865.

27. LOREY-GOULLON: Flora von Weimar und seiner Umgebung. — Apolda 1857.

28. STERZING, F.: Systematisches Verzeichnis der um Sondershausen Vorkommenden vollkommneren Pilze. Sondershausen 1860. Progr. — Ergänzungen von IRMISCH in Zeitschr. f. d. ges. Naturw. 1867.

29. RICHTER, R.: Seltene Pflanzen um Saalfeld. 1866. 16 S.

30. ILSE, H.: Flora von Mittelthüringen. Erfurt 1866. 361 S.

31. ERFURTH, CH. B.: Flora von Weimar mit Berücksichtigung der Kulturpflanzen. 1. Aufl. 1867. 2. Aufl. 1882.

32. SONDERMANN: Flora und Fauna des Soolgrabens zu Artern. — Archiv der Pharmacie 1869. — Zeitschr. f. d. ges. Naturw. 1867. — Irmischia 1883.

33. LUCAS, H.: Verzeichnis der in der Umgegend von Arnstadt gesammelten Laub- und Lebermoose. Arnstadt 1870.

34. MÜHLEFELD, J. CH.: Gattungen der im einstündigen Umkreise von Erfurt wildwachsenden und häufig kultivierten Gefäß-Pflanzen. Erfurt 1870. (Eine Vollständige Flora von Erfurt nach d. LINNÉ'schen Sk.)

35. MÖLLER, L.: Flora von Nordwest-Thüringen. Mühlhausen 1873. (Phanerogamen 212 S. und Kryptogamen 111 S.)

36. IRMISCH, TH.: Die kryptogamischen Gefäßpflanzen: Schachtelhalme, Bärlappe und Farnkräuter der Flora von Sondershausen. — Regierungs- u. Nachrichtsbl. f. d. Fürstent. Schwarzburg-Sondershausen 1873. Hier auch (1877) Bemerkungen über Veränderungen im Pflanzenbestand und über das Orchideenflora.

37. THOMAS, O.: Pflanzengeographisches Bild des Seeberges bei Gotha. — Zeitschr. f. d. ges. Natur. 1876. Ebenda 1877 Ergänzungen von BURBACH und in Irmischia 1882 solche von GEORGES.

38. DORE, J.: Die Blutbuche im Klappenthale bei Sondershausen. — Ver. f. Beförderung der Landwirtsch. z. Sondershausen 1876/77. Vergl. hierzu LUTZE in Mitt. Thür. Bot. Ver. N. F. II. 1892.

39. KÜTZING: Die Algenflora von Nordhausen und Umgegend. Nordhausen 1878. Progr.

40. GEORGES, A.: Flora des Herzogtums Gotha. Irmischia zu Sondershausen 1882.
41. OERTEL, G.: Beiträge zur Moosflora der Vorderen Thüringer Mulde. — Irmischia. Sonders-
    hausen 1882.
42. LUTZE, G.: Über Veränderungen in der Flora von Sondershausen. Sondershausen 1882. Progr.
43. PROLLIUS, F.: Beobachtungen über die Diatomaceen der Umgebung von Jena. 1882. Diss.
44. DUFFT, C.: Beiträge zur Flora von Thüringen (Umgegend von Rudolstadt). — Irmischia 1882.
    D. bot. Monatsschr. 1883.
45. SPEERSCHNEIDER, J.: Beitrag zur Kenntnis der Flora des mittleren Saalthalgebietes. Rudol-
    stadt 1883. Progr. (Enthält nur Ranunculaceen — Lineen.)
·46. MÜLLER, W. O.: Beiträge zur Kryptogamenflora von Südost-Thüringen. — Irmischia 1883 und
    1884. (Moose.)
47. BUDDENSIEG, F.: Systematisches Verzeichnis der in der Umgegend von Tennstedt wild-
    wachsenden und kultivierten phanerog. Pflanzen nebst einigen Kryptogamen. — Irmischia
    1884 und 1885.
48. SAGORSKI, E.: Die Rosen der Flora von Naumburg a. S. nebst den in Thüringen bisher
    beobachteten Formen. Naumburg 1885. Progr. 48 S. und 4 Tafeln. — Ergänzungen
    in der Deutsch. bot. M. IV. 1886.
49. MEURER: Flora von Rudolstadt und Saalfeld. — Irmischia 1885 und 1886. (Unvollendet.)
50. SCHULZE, M.: Jenas wilde Rosen. — Bot. Ver. f. Gesamtthüringen 1886.
51. VOCKE, A., und ANGELRODT, C.: Flora von Nordhausen und der weiteren Umgegend. Berlin
    1886. 332 S.
52. SCHULZE, M.: Die Orchideen der Flora von Jena. — Bot. Ver. f. Gesamtthüringen. VIII. 1887.
    Ergänzungen in Verh. bot. Ver. Brandenburg 1888 u. Mitteil. Thür. bot. Ver. 1889, 1891.
53. PETRY, A.: Die Vegetation des Kyffhäusergebirges. Nordhausen 1889. Progr. und Halle 1889.
54. LUTZE, G.: Flora von Nord-Thüringen. Sondershausen 1892. 398 S.
55. —— Die Vegetation Nord-Thüringens in ihrer Beziehung zu Boden und Klima. Sonders-
    hausen 1893. Progr. 26 S.
56. MEIGEN, FR.: Beobachtungen über Formationsfolge bei Freyburg a. d. Unstrut. — Deutsche
    bot. Mon. XIII. 1895.
57. —— Die erste Pflanzenansiedelung auf den Reblausherden bei Freyburg a. d. Unstrut. —
    Ebenda.
58. —— Über die Besiedelung der Reblausherde in der Provinz Sachsen. Englers Bot. Jahrb.
    XX. 1896.
59. LEONHARDT, C.: Flora von Jena. Jena 1900. 311 S.
60. SCHLEICHERT, F.: Beiträge zur Biologie einiger Xerophyten der Muschelkalkhänge bei Jena.
    Naturw. Wochenschr. 1900. Sonder-Abdr. in Naturw. Abhandlungen Heft 27. Berlin
    1901.
61. ZAHN, G., und KERN, M.: Die Pflanzenwelt des Seebergs. — Festschr. d. Naturw. Ver. zu
    Gotha. Gotha 1901. S. 69—110.

5. Unteres Saale-Land.

1. SCHAEFFER, C.: Deliciae botanicae Hallenses. Hallae Saxonum 1662.
2. KNAUTH, Ch.: Enumeratio plantarum circa Halam Saxonum et in ejus vicinia, ad trium fere
   milliarium spatium, sponte provenientium. Lipsiae 1687. Edit. II. 1689 unter dem Titel:
   Herbarium Hallense.
3. REHFELDT, A.: Hodegus botanicus menstruus. Halae Magdeburgicae 1717. (Aufzählung der
   vom Verf. und von KNAUTH bei Halle beobachteten wildwachs. u. kultiv. Gewächse,
   nach den Aufblühzeiten geordnet.)
4. BUXBAUM, J. Ch.: Enumeratio plantarum accuratior in agro Hallensi locisque vicinis crescentium. Halae Magdeb. 1721. (1699 Arten u. Var., darunter 322 Kryptog. u. 400 Gartenpflanzen, alphabet.)

5. LEYSSER, FR. W. v.: Flora Halensis exhibens plantas circa Halam Salicum crescentes secundum
Systema sexuale Linnaeanum distributas. Halae 1761. Edit. II. 1783. Nachträge in
d. Abh. der Hallischen Naturf. Ges. 1783, von ROTH in NoVa acta phys.-med. Acad.
Leop. Carol. Nat. 1783 und in WOHLLEBENS: Supplementi ad Leysseri Floram Halensem.
Halae 1796. 44 S. m. 1 Tafel.
6. SCHREBER, D. G.: Ökonomische Beschreibung der Wiesengewächse b. Halle. Halle 1765.
7. SCHOLLER, F. A.: Flora Barbiensis. Lipsiae 1775. 310 S. — Suppl. v. BOSSART. Barbii 1787. 56 S.
8. LEYSSER, F. W. v.: Pflanzen der hallischen Flora, so in dem Linné'schen Pflanzensystem nicht
Vorkommen. Abh. d. Hallischen Naturf. Ges. 1783.
9. SPRENGEL, C.: Florae Halensis tentamen noVum. 420 S. u. 12 Tafeln. Halae Saxonum 1806.
Nachträge hierzu in Mantissa prima florae Halensis. 31 S. Halae 1807, und in Observationes botanicae in floram Halensem. Mantissa secunda. Halae 1811. — Edit. II.
Halae 1832.
10. WALLROTH, F. W.: Annus botanicus, siVe supplementum tertium ad Curtii Sprengelii floram
Hallensem. Halae 1815. 199 S. u. 6 Tafeln Chara-Abbildungen.
11. —— Schedulae criticae de plantis florae Halensis selectis. I. Phanerogamia. Halae 1822.
516 S. u. 5 Tafeln.
12. SPRENGEL, A.: Anleitung zur Kenntnis aller in der Umgegend von Halle wildwachsenden
phanerogamischen Gewächse. Halle 1848. (Nur eine Übersetzung der Flora Halensis
von C. Sprengel.)
13. GARCKE, A.: Flora von Halle. 1. Teil. Phanerogamen. Halle 1848. 595 S. 2. Teil. Kryptogamen. Berlin 1856. 276 S.
14. BERTRAM, C.: Beitrag zur Flora der Gegend um Magdeburg. — Naturw. Ver. Halle 1852.
15. GROSSE, E.: Flora von Aschersleben. Aschersleben 1861. Progr. Ergänzungen von HORNUNG
in Bot. Zeit. 1861.
16. ROTHER, W.: Flora von Barby u. Zerbst. — Bot. Ver. Brandenburg 1865. 40 S.
17. SCHNEIDER, L.: Wanderungen im Magdeburger Florengebiet. — Bot. Ver. Brandenburg 1868
u. 1869. — Naturw. Ver. Magdeburg 1874.
18. GROSSE, E.: Über die Vegetationsverhältnisse der Umgebung von Aschersleben. Aschersleben 1869. Progr.
19. EBELING. W.: Charakterpflanzen des AlluViums im Magdeburger Florengebiete. — Naturw.
Ver. Magdeburg 1872.
20. SCHNEIDER, L.: Flora von Magdeburg mit Einschluss der Florengebiete von Bernburg u.
Zerbst. 1. Aufl. Berlin 1877. 2. Aufl. Magdeburg 1891. Nachträge von P. KAYSER
zur Flora von Schönbeck in Deutsche bot. Mon. X. 1892, von H. ZSCHACKE zur Flora
von Sandersleben, Giersleben u. Hecklingen ebenda 1893—1896.
21. —— Übersicht der Boden- und Vegetationsverhältnisse des Magdeburger Florengebietes. —
Magdeb. Festschr. f. d. Mitglieder d. 57. Vers. deutsch. Naturf. u. Ärzte. Magdeburg 1884, S. 106 u. flg.
22. STARKE, K.: Botanischer Wegweiser f. d. Umgegend von Weißenfels. — Weißenfels 1886. 122 S.
23. SCHULZ, A.: Die Vegetationsverhältnisse der Umgebung von Halle. — Mittlg. des Ver. f.
Erdk. Halle a/S. 1887. S. 30—127.
24. EGGERS, H.: Verzeichnis der in der Umgegend von Eisleben beobachteten wildwachsenden
Gefäßpflanzen. Eisleben 1888. (Lückenhaft) 103 S.
25. OTTO: Die Vegetationsverhältnisse der Umgebung von Eisleben. Eisleben 1888. Progr. (Lehnt
sich in Form und Inhalt eng an SCHULZ an.)
26. DRUDE, O.: Bemerkungen über die Florenentwicklung im Gebiet von Halle. — Verh. d. Ges.
d. Naturf. u. Ärzte. Halle 1891.
27. HINTZMANN, E.: Flora der Blütenpflanzen der Magdeburger Gegend. Magdeburg 1892.
28. BENSEMANN, H.: Die Vegetation des Gebietes zwischen Cöthen u. d. Elbe. Cöthen 1896. Progr.
29. KAISER, P.: Beiträge zur Kryptogamenflora von Schönebeck a. E. Schönebeck 1896. Progr.
30. EGGERS, H.: Zur Flora des früheren Salzsees, des jetzigen Seebeckens und des süßen Sees
in der Provinz Sachsen. — Allgem. bot. Monatsschr. 1897.

31. —— Über die Haldenflora der Grafschaft Mansfeld. — Allgem. bot. Monatschr. 1898.
32. SCHULZ, A.: Entwicklungsgeschichte der phanerogamen Pflanzendecke des Saalebezirkes. Halle 1898.
33. BEICHE, E.: Die im Saalkreise und in den angrenzenden Landesteilen wildwachsenden u. kultivierten Pflanzen. Halle 1899. (Sehr unzuverlässig.)
34. FITTIG, SCHULZ u. WÜST: Nachtrag zu A. GARCKES Flora von Halle. — Bot. V. Brandenburg 1899.
35. ZSCHACKE, H.: Zur Flora von Bernburg. — Deutsche bot. Monatsschr. 1899.

6. Weiße Elster-Land.

1. AMMAN, P.: Suppellex botanica, h. e. enumeratio plantarum quae non solum in horto medico Academiae Lipsiensis sed etiam in aliis circa urbem viridariis, pratis ac sylvis progerminare solent. Lipsiae 1675.
2. WELSCH, CH. L.: Basis botanica, sive brevis ad rem herbariam manuductio, cum onomastico plantarum in climate Lipsiensi crescentium. Lipsiae 1697.
3. WIPPACHER, D.: Flora Lipsiensis bipartita. 1726.
4. BOEHMER, G. R.: Flora Lipsiae indigena. Lips. 1750. (715 Phanerog. 170 Kryptog.) 340 S.
5. SCHREBER, J. C. D.: Specilegium florae Lipsicae. Lips. 1771. 148 S.
6. JAHN, A. G. E.: Epistola gratulatoria, continens plantas circa Lipsiam nuper inventas. Lips. 1774.
7. HOPPE, T. C.: Geraische Flora, herausgegeben von Walch. Jena 1774. 224 S.
8. BAUMGARTEN, J. C. G.: Flora Lipsiensis 1790. 741 S. u. 3 bunte Tafeln. (Flüchtige Zusammenstellung der Funde seiner Vorläufer und Zeitgenossen.)
9. SCHWAEGRICHEN, CH. F.: Topographiae botanicae Lipsiensis specimen. I—V. Lips. 1799—1819.
10. REICHENBACH, L.: Florae Lipsiensis pharmaceuticae specimen. Lipsiae 1817. Diss.
11. —— Flora Lipsiensis pharmaceutica. Lipsiae 1817.
12. PAPPE, L.: Synopsis plantarum phanerogamarum agro Lipsiensi indigenarum. Lips. 1828. 85 S.
13. KLETT & RICHTER: Flora der phanerogamischen Gewächse d. Umgegend v. Leipzig. 1830. 816 S.
14. PETERMANN, W. L.: Flora Lipsiensis excursoria. Lipsiae 1838. 707 S.
15. —— Flora des Bienitz u. seiner Umgebungen. Leipzig 1841. 171 S.
16. —— Analytischer Pflanzenschlüssel für botan. Exkursionen in der Umgegend von Leipzig. Leipz. 1846.
17. SCHMIDT & MÜLLER: Flora von Gera. — Ges. v. Freunden d. Naturw. in Gera. 1857. Nachträge 1858—1866.
18. SCHMIDT, R., u. MÜLLER, O.: Kryptogamenflora von Gera. 1. Hälfte. — Zeitschr. f. d. ges. Naturw. Bd. 11. 1858.
19. SCHMIDT, R.: Die Hutschwämme hiesiger Gegend. Ein Beitrag zur Flora von Gera. — 5. Jahresber. d. Ges. v. Freunden d. Naturw. Gera 1862. Nachträge 1869 u. ff.
20. LEOPOLD, J. H.: Flora von Meerane. — Chronik u. Beschreibung d. Fabrik- u. Handelsstadt Meerane. 1863.
21. KUNTZE, O.: Taschenflora von Leipzig. 1867. 298 S.
22. MÜLLER, H.: Flora der Umgebung von Gera. 18.—20. Ber. d. Ges. v. Freunden d. Naturw. in Gera 1875—77.
23. WOLFRAM, R.: Flora von Borna 1878. (Standortsverzeichnis.)
24. REICHE, K.: Die Flora von Leipzig. — Ges. Isis. Dresden 1886.
25. HÜTTIG: Aufzählung der um Zeitz vorkommenden Phanerogamen u. Gefäßkryptogamen. Zeitz 1886 und 1890. Progr.
26. LEIBLING, O.: Flora von Crimmitschau und Umgebung. Progr. Crimmitschau 1887.
27. STOY, R.: Phanerogamenflora um Altenburg. Zusammengestellt von A. SCHULZE. — Mitteilungen aus d. Osterlande. 1888. 16 S.
28. REICHERT: Zur Flora von Leipzig. — D. B. M. 1889. Nr. 5 u. 6.
29. DIETEL, P.: Verzeichnis der in der Umgebung von Leipzig beobachteten Uredineen. — Naturf. Ges. Leipzig 1888/89. 16 S.

30. NAUMANN, F.: Beitrag zur westlichen Grenzflora d. Kg. Sachsen. — Ges. Isis. Dresden 1896.
31. —— Zur Flora von Gera. 32.—35. Ber. d. Ges. v. Freunden d. Naturw. in Gera 1889—1892.
32. GUMPRECHT, O.: Die geographische Verbreitung einiger Charakterpflanzen der Flora von Leipzig. Progr. Leipzig 1893.
33. PIETSCH, F. M.: Die Vegetationsverhältnisse d. Phanerogamen-Flora von Gera. Diss. Halle 1893. 64 S.
34. SCHMIDT, R.: Beiträge zur Flora von Leipzig. — Naturf. Ges. Leipzig 1896.
35. SCHORLER, B.: Die Phanerogamen-Vegetation in der Verunreinigten Elster und Luppe. — Zeitschr. f. Fischerei. 1896.
36. REICHELT, H.: Bacillariaceen d. Umgegend von Leipzig. — Naturf. Ges. Leipzig 1897.
37. MARSSON, M.: Planktologische Mitteilungen. — Zeitschr. f. angew. Mikroskopie. 1898.

D. Arbeiten, die sich auf die Osthercynia beziehen.
(Territorium 7—9.)

1. RÜCKERT, E. F.: Beschreibung der am häufigsten wildwachsenden u. kultivierten phanerogam. Gewächse und Farnkräuter Sachsens. Leipzig 1840. 2 Bände: 608 S. Titelauflage: Flora von Sachsen. Grimma 1844.
2. REICHENBACH, L.: Flora Saxonica. Dresden u. Leipzig 1842 (als 2. Bd. des »Deutschen Botanikers«). 2. u. selbständ. Ausg. 1844. — Umfasst auch Thüringen mit. 503 S.
3. HOLL, F., und HEYNHOLD, G.: Flora von Sachsen. Dresden 1842. (Sachsen u. Thüringen.) 862 S.
4. REICHENBACH, L., und GEINITZ, BR.: Gaea von Sachsen. Dresden u. Leipzig 1843. (Enthält die Vegetationsverhältnisse Sachsens, besonders auch eine Charakteristik der Flora der einzelnen Distrikte.)
5. HÜBNER, F. W.: Die Laubmoose Sachsens, besonders der Umgegend von Dresden. Dresden 1846.
6. RABENHORST, L.: Die Bacillarien Sachsens. Ein Beitrag zur Fauna von Sachsen. Dresden u. Leipzig 1849.
7. —— Flora des Königreichs Sachsen. Dresden 1859. 346 S.
8. —— Kryptogamenflora von Sachsen, der Oberlausitz, Thüringen u. Nordböhmen. 1. Bd. Leipzig 1863 (Algen u. Moose). 653 S. 2. Bd. 1870 (Flechten). 406 S.
9. WÜNSCHE, O.: Exkursionsflora für das Königreich Sachsen. Leipzig. 1. Aufl. 1869. 8. Aufl. unter dem Titel: Die Pflanzen des Königreichs Sachsen. 1899.
10. —— Filices Saxonicae. Die Gefäßkryptogamen des Königreichs Sachsen und der angrenzenden Gegenden. Leipzig. 1. Aufl. 1871 31 S. 2. Aufl. 1878.
11. GERNDT, O.: Die Gliederung der deutschen Flora mit besonderer Berücksichtigung Sachsens. Zwickau 1877. Prgr.
12. POSCHARSKY u. WOBST: Beiträge zur Pilzflora des Königreichs Sachsen. — Isis Dresden 1887.
13. DRUDE, O.: Die Vegetationsformationen und Charakterarten im Bereich der Flora Saxonica. Isis Dresden 1888. 23 S.
14. WOBST, K.: Beitrag zur Brombeerflora des Königreichs Sachsen. — Isis Dresden 1890.
15. DRUDE u. KÖNIG: Über das Vorkommen von Alnus viridis in Sachsen. — Isis Dresden 1891.
16. DRUDE, O., u. NAUMANN, A.: Die Ergebnisse der in Sachsen seit dem Jahre 1882 nach gemeinsamem Plane angestellten pflanzenphänologischen Beobachtungen. — Ges. Isis in Dresden 1891 u. 1892.
17. DRUDE, O.: Die Kulturzonen Sachsens. — Mitt. d. ökonom. Ges. in Sachsen 1891—92. (Mit Karte.)
18. NAUMANN, A.: Mitteilungen über die sächsischen Exemplare des Botrychium rutifolium. Isis Dresden 1892.
19. DRUDE, O.: Bereicherungen der Flora Saxonica. — Isis Dresden 1892.
20. KÖNIG, C.: Die Zahl der im Königreiche Sachsen heimischen und angebauten Blütenpflanzen. Dresden 1892. Progr.
21. SCHORLER, B.: Bereicherungen der Flora Saxonica. — Isis Dresden 1893—1898.

22. ALTENKIRCH, G.: Beiträge über die Verdunstungsschutzeinrichtungen in der trockenen Geröll-flora Sachsens. Englers botan. Jahrb. XVIII. 1894.

23. GEBAUER, H.: Die Waldungen des Königreichs Sachsen. — Deutsche geogr. Blätter. XVIII u. XIX. 1895 u. 1896.

24. HOFMANN, H.: Beiträge zur Flora Saxonica. — Isis Dresden 1897.

25. DRUDE, O.: Resultate der floristischen Reisen in Sachsen und Thüringen. — Isis Dresden 1898.

26. ZACHARIAS, O.: Planktonforschungen an sächsischen Fischteichen. — Schrift. d. sächs. Fischereivereins 1899.

27. LEMMERMANN, E.: Das Phytoplankton sächsischer Teiche. — Plöner Ber. VII. 1899.

28. BECK, R.: Die Verbreitung der Hauptholzarten im Königreich Sachsen. — Tharandter Jahrb. 49. 1899.

29. DRUDE, O.: Vorläufige Bemerkungen über die floristische Kartographie von Sachsen. — Isis Dresden 1900.

7. Muldenland.

1. FALLOU, T. A.: Die Gebirgsformationen zwischen Mittweida und Rochlitz, der Zschopau und den beiden Mulden und ihr Einfluss auf die Vegetation. Leipzig 1845.

2. WÜNSCHE, O.: Vorarbeiten zu einer Flora von Zwickau. Progr. Zwickau 1874. Nachträge hierzu in Ver. f. Naturk. Zwickau von KESSNER 1874 u. 1875, von BERGE 1877, 1878, 1879 u. 1881, von WÜNSCHE 1886, 1888 u. 1889.

3. KRAMER, F.: Phanerogamenflora von Chemnitz und Umgegend. Progr. Chemnitz 1875. Ergänzungen in d. Sitzungsber. d. naturw. Ges. Chemnitz 1878. (Hier auch die Gefäßkrypt.)

4. HEMPEL: Algenflora von Chemnitz. — Naturw. Ges. Chemnitz. VI u. VII. 1875—1880.

5. VOGEL, H.: Flora von Penig und Umgegend. — Bot. Ver. Brandenburg. XIX. 1877.

6. —— Gefäßkryptogamen, Laub- u. Lebermoose d. Umgebung von Penig. Ver. f. Naturk. Zwickau 1877.

7. REHDER, A.: Beiträge zur Flora des Muldenthals. — Ver. f. Naturk. Zwickau 1885. (Behandelt die Umgebung von Waldenburg.)

8. WÜNSCHE, O.: Die an der Crossener Industriebahn im Jahre 1893 beobachteten Pflanzen. — Ver. f. Naturk. Zwickau 1893. 7 S.

8. Elbhügelland.

1. KAEHNLEIN, U.: Verzeichnis einiger um Wittenberg befindlichen Kräuter. Wittenberg 1763.

2. SCHULZE, C. F.: Nachrichten von dem ohnweit Dresden befindlichen Zschonergrund und von den darinnen vorhandenen Schönheiten der Natur. — Neues Hamburgisches Magazin VII. 1770. (Es werden hier 50 Species aufgeführt.)

3. —— Nachricht von verschiedenen in der Dresdner Gegend befindlichen Kräutergewächsen. — Ebenda XIII. 1773. (Hier einige 80 Arten mit LINNÉ'schen u. BAUHIN'schen Benennungen.)

4. —— Flora von Dresden. — Handschrift d. Kg. Bibl. z. Dresden ca. 1780. Veröffentl. von A. WOBST in Ges. Isis Dresden 1881. Abh. 8. (500 Phanerogamen u. 100 Kryptogamen mit LINNÉ'scher Nomenclatur, alphabetisch geordnet, mit genauen Standortsangaben.)

5. FRENZEL, J. S. F.: Verzeichnis wildwachsender Pflanzen und ihres Standortes in der Nähe um Wittenberg, für Kräutersammler. Wittenberg 1799.

6. PURSCH, F. T.: Verzeichnis der im Plauenschen Grunde und den zunächst angrenzenden Gegenden wildwachsenden Pflanzen. — In W. G. BECKER: Der Plauensche Grund bei Dresden mit Hinsicht auf Naturgeschichte und schöne Gartenkunst. 1799. (800 Spez. u. Var. nach LINNÉS System.)

7. WÜNSCHE, J. G.: Enumeratio plantarum circa Vitebergam in aquis, locis paludosis et humidis praecipuarum nec non officinalium sponte crescentium. Wittenbergae 1804. 101 S.
8. BUCHER, C. T.: Florae Dresdensis Nomenclator. Dresden 1806. 236 S. (ca. 1000 Arten u. Var. mit genauen Standortsangaben.)
9. FICINUS, H.: Botanisches Taschenbuch od. Flora der Gegend um Dresden. Dresden 1807 bis 1808. 430 S. 2. Aufl. Dresden 1821—1823: 1. Teil Phanerogamen. 1821. 542 S. 2. Teil Kryptogamen von K. SCHUBERT. 466 S. 3. Aufl. von FICINUS u. HEYNHOLD. Dresden 1838. 1. Teil Phanerogamen. 300 S.
10. REICHEL, F. D.: Standorte der selteneren und ausgezeichneten Pflanzen in der Umgegend von Dresden. 1837. 80 S. Die Pflanzen werden nach Standorten gruppiert.
11. VOGEL, E.: Übersicht der Standorte seltener Pflanzen im Königreich Sachsen und den angrenzenden Gegenden. 1. Reg. Bez. Dresden. 1848.
12. SACHSE, F.: Witterungs- u. Vegetationsverhältnisse des Dresdner Elbthals 1847—52. — Jahresber. d. Ges. f. Natur- u. Heilkunde. Dresden 1853.
13. LEHMANN, A.: Übersicht der Flora von Torgau. Torgau 1869. Progr.
14. VOGEL, E.: Botanischer Begleiter durch den Regierungsbezirk Dresden. 1869.
15. WOBST, R. A.: Veränderungen in der Flora von Dresden und seiner Umgebungen. — Progr. d. Annenrealschule z. Dresden. 1880.
16. FRENKEL, TH.: Die Vegetationsverhältnisse von Pirna. — Progr. d. Realschule Pirna. 1883.
17. DRUDE, O.: Die Verteilung und Zusammensetzung östlicher Pflanzengenossenschaften in der Umgebung von Dresden. — Festschr. d. Isis in Dresden. 1885.
18. —— Über die Standortsverhältnisse von Carex humilis bei Dresden, als Beitrag zur Frage der Bodenstetigkeit. — Ber. d. D. bot. Ges. 1887.
19. SCHLIMPERT, A. M.: Flora von Meißen. Deutsche bot. Monatsschr. X—XII. 1892—1894.
20. PARTHEIL, G.: Die Pflanzenformationen und -genossenschaften des südwestlichen Flämings. — Ver. f. Erdk. Halle 1893. S. 39—78.
21. DRUDE u. SCHORLER: Die Verteilung östlicher Pflanzengenossenschaften in der sächsischen Elbthalflora und besonders in dem Meißner Hügellande. — Isis Dresden 1895. Abh. 4.
22. SCHORLER, B.: Die Vegetation der Elbe bei Dresden und ihre Bedeutung für die Selbstreinigung des Stromes. — Zeitschr. f. Gewässerkunde. 1898. H. 1 u. 2.
23. —— Das Plankton der Elbe bei Dresden. — Zeitschr. f. Gewässerkunde. 1900.
24. SCHLIMPERT, A. M.: Rosenformen der Umgebung von Meißen. — Isis Dresden. 1899. Abh. 1.

9—10. Die Lausitz (9. Hügelland, 10. Bergland einschl. des Elbsandstein-Gebirges)[1]).

1. FRANKE, J.: Hortus Lusatiae. — Budissinae 1594. 24 S.
2. OETTEL, K. CHR.: Systematisches Verzeichnis der in der Oberlausitz wildwachsenden Pflanzen. Görlitz 1799. 88 S. — Zusätze von OETTEL in SCHRADERS Botanischem Taschenbuch. I. Göttingen 1801. S. 35—65, von SCHMIDT in HOPPES Botanischem Taschenbuch 22. Regensburg 1811, von KÖLBING im Neuen Lausitzer Magazin. VIII. Görlitz 1829. S. 103—123.
3. —— Anzeige von Farnkräutern, welche in der Oberlausitz wachsen. — Lausitzische Monatsschrift 1800. S. 124—193.
4. —— Die Riedgräser in der Oberlausitz. — Ebenda 1805. I. S. 306—318.
5. ALBERTINI, J. B. DE, et SCHWEINITZ, L. D.: Conspectus fungorum in Lusatiae superioris agro Niskiensi crescentium. Lipsiae 1805. 376 S. mit 12 bunten Tafeln. (Hierin auch die Umgebung von Herrnhut, die Löbauer und Sohlander Berge.)

1) Aus Zweckmäßigkeitsgründen verbietet sich in diesen beiden Territorien die Trennung der Litteratur.

6. ALBERTINI, J. B. VON: Verzeichnis der in der Oberlausitz und in den angrenzenden Teilen Schlesiens und Böhmens wildwachsenden Farnkräuter, Orchideen und Asperifoliaceen. Laus. Magazin. 1824 S. 62—74, 1826 S. 509—515, 1828 S. 356—360.

7. BURCKHARDT, F.: Prodromus florae Lusatiae. — Abh. naturf. Ges. Görlitz. Bd. I. 1827. H. I. S. 41—83, H. II. S. 61—82. Bd. II. 1836. H. I. S. 1—38. Zusätze in Flora XVII. Regensburg 1834. S. 689—699.

8. KÖLBING, F. W.: Flora der Oberlausitz. Görlitz 1828. 118 S. — Nachträge in Flora XXV. Regensburg 1841. S. 186—192 und von R. KÖLBING in Abh. naturf. Ges. Görlitz III, 2. 1842. S. 17—24.

9. RABENHORST, L.: Flora lusatica oder Beschreibung der in der Ober- u. Niederlausitz wildwachsenden und häufig kultivierten Pflanzen. I. Phanerogamen. Leipzig 1839. 336 S. II. Kryptogamen. Leipzig 1840 507 S. — Ergänzungen im Botan. Centralblatt. I. Leipzig 1846.

10. FECHNER, C. A.: Flora der Oberlausitz. Görlitz 1849. 198 S. — Zusätze von RABENHORST in d. Botan. Zeit. IX. Leipzig 1851. S. 173—177.

11. PECK, R.: Verzeichnis seltener Pflanzen auf der Landskrone. — N. Laus. Mag. XXVI. Görlitz 1849.

12. —— Beiträge zur Flora der Oberlausitz. — Abh. naturf. Ges. Görlitz VI, IX, XII, XV. 1851—1875.

13. BURCKHARDT, F.: Die Veränderungen unserer Flora seit einer Reihe von Jahren durch eingewanderte und einheimisch gewordene Pflanzen. — Abh. naturf. Ges. Gorlitz IV. 1853. S. 55—59.

14. CANTIENY, G.: Verzeichnis der in der Umgegend von Zittau wildwachsenden offenblütigen Pflanzen. Zittau 1854. Progr. (Alphabetisches Verzeichnis.) — Nachträge von MATZ in den Verh. d. Bot. Ver. Brandenburg XVII. 1875. S. 25—34.

15. RABENAU, B. C. A. H. VON: Gefäßkryptogamen, Gymnospermen und Monocotylen der preußischen Oberlausitz. Halle 1874. Diss. 100 S.

16. HIPPE, E.: Verzeichnis der Phanerogamen und Gefäßkryptogamen der Sächsischen Schweiz. Pirna 1878. 117 S.

17. DRUDE, O.: Über das spontane Vorkommen der Riesengebirgsrasse von Pinus montana in der sächsischen Oberlausitz. — Isis Dresden 1881.

18. BARBER, E.: Nachtrag zur Flora der Oberlausitz. — Abh. naturf. Ges. Görlitz. Bd. 18. 1884. Bd. 19. 1887.

19. SCHILLER, K.: Hymenophyllum wieder aufgefunden! — Isis in Dresden 1885, Bmk. S. 23.

20. WAGNER, R.: Flora des Löbauer Berges nebst Vorarbeiten zu einer Flora der Umgegend von Löbau. Löbau 1886. Progr. 87 S.

21. ROSTOCK, M.: Phanerogamenflora von Bautzen und Umgegend nebst einem Anhang: Verzeichnis Oberlausitzer Kryptogamen. — Isis Dresden 1889.

22. LORENZ, B.: Die Holzpflanzen der Südlausitz und des nördlichen Böhmens mit Berücksichtigung der Ziergehölze in den Anlagen von Zittau. — Zittau 1891 u. 1894. Progr.

23. KÖNIG, CL.: Pinus montana Mill. in der sächsisch-böhmischen Oberlausitz nicht spontan. — Isis Dresden 1891.

24. MATOUSCHEK, F.: Bryologisch-floristische Beiträge aus Böhmen. — Mitt. Ver. f. Naturfr. in Reichenberg 1896. (Moosflora vom Jeschken.)

25. SCHMIDT, R.: Glacialrelikte in der Flora der Sächsischen Schweiz. — Naturf. Ges. Leipzig 1896. S. 157—193.

E. Arbeiten, die sich auf die hercynischen Bergländer allein beziehen.
(Territorium 11—15.)

11. Harz.

1. THAL, J.: Sylva Hercynia, sive catalogus plantarum sponte nascentium in montibus, et locis vicinis Hercyniae, quae respicit Saxoniam, conscriptus singulari studio. Francofurti ad Moenum 1588.

2. HALLER, A.: Observationes botanicae ex itinere in sylvam Hercyniam anno 1738 suscepto. Gottingae 1740 (1749). Die uns zur Verfügung stehende Ausgabe führt nur den Titel: ALBERTI HALLER: Iter helveticum et iter hercynicum. Gottingae 1740.

3. RITTER, A.: Relatio historico-curiosa de iterato itinere in Hercyniae montem famosissimum Bructerum. Helmstedt 1740. Deutsche Übersetzung Magdeburg 1744. (Verzeichnis der Brockenpflanzen.)

4. SILBERSCHLAG, J. E.: Physikalisch-mathematische Beschreibung des Brockenberges. — Beschäft. d. berlin. Ges. naturf. Freunde. 1779. (Enthält ein alphabet. von GLEDITSCH zusammengestelltes Verzeichnis der »Vornehmsten« Harzgewächse, Phanerogamen und Kryptogamen.)

5. RUELING, J. PH.: Verzeichnis der an und auf dem Harz wildwachsenden Bäume, Gesträuche uud Kräuter, zugleich mit GATTERERs Anleitung, den Harz zu bereisen. Göttingen 1786. S. 186—247.

6. WÄCHTER: Über die Torfmoore des Harzes, ein Beitrag zur physischen Kenntnis desselben. — Holzmanns Hercynisches Archiv. Halle 1805. Hierin auch einige allgemeine Bemerkungen über die Flora des Harzes. (Verbreitung der Fichte und die Art ihres Vorkommens im Harz, ferner Aufzählung charakteristischer Pflanzen der Moore, Vorzüglich des Brockengipfels, der Fichtenwälder, Laubwälder und Wiesen.)

7. HAMPE, E.: Prodromus florae Hercyniae. — Halle 1836. Ergänzungen und Nachträge in Linnaea 1837—1843 u. in Ber. d. naturw. Ver. d. Harzes zu Blankenburg für 1840/41, 1845/46, 1846/47, 1855/56, 1859/60.

8. WALLROTH, K. F. W.: Scholion zu Hampes Prodromus Florae Hercyniae. Linnaea 1840.

9. BERG, E. VON: Das Verdrängen der Laubwälder durch Nadelholz, besonders Fichte und Kiefer, auf dem Harze. Darmstadt 1844.

10. LANG, O. F.: Caricetum Hercynicum. — Flora 1847.

11. HAGEN, VON: Vortrag zur Beantwortung der Frage, ob die jetzt baumleere Höhe des Brockens vormals bewaldet gewesen ist. — Harzer ForstVerein Jahrg. 1849—1852.

12. METZGER, A.: Physiognomie und Verteilung der Vegetation am Harz. — Klausthaler naturw. Ver. Maja. 1851. (Verteilung d. Pfl. nach der Höhe.)

13. WEICHSEL, L. H. A.: Über die in den Torflagern des Brockengebirges eingeschlossenen Hölzer und die frühere Wald-Vegetation daselbst. — Naturw. Ver. d. Harzes f. d. Jahre 1857/58. (1859).

14. HAMPE, E.: Einige Betrachtungen über die Vegetation des Harzgebietes. — Naturw. Ver. des Harzes für 1861/62 und 1863/64.

15. ZINCKEN, C.: Verzeichnis der im Selkethale vorkommenden Pflanzen. — Zeitschr. f. d. ges. Naturw. 1863.

16. SPORLEDER, F. W.: Zur Flora des Harzes. — Naturw. Ver. d. Harzes 1863/64.

17. —— Verzeichnis der in der Grafschaft Wernigerode uud der nächsten Umgebung wildwachsenden Phanerogamen und Gefäßkryptogamen. 1. Aufl. 1868. 2. Aufl. 1882. (Hier auch die Laubmoose.)

18. HAMPE, E.: Flora Hercynica. Halle 1873. 383 S. Nachträge in Bot. Ver. Brandenburg 1875.

19. ANDRÉE, A.: Die Flora des Harzes und des östlichen Vorlandes bis zur Saale. Archiv f. Pharmacie. 1874. (Pflanzengeogr. Betrachtungen üb. d. erwähnten Gegenden.)

20. JACOBS, E.: Der Brocken in Geschichte und Sage. — Neujahrsblätter d. hist. Commiss. d. Prov. Sachsen. Halle 1879. (Charakterist. Pfl. d. Brockengipfels u. Waldverhältnisse des Brockens in fruherer u. jetziger Zeit.)
21. WARNSTORE, C.: Ausflüge im Unterharze. — Hedwigia 1880. Botan. Centralbl. 1880.
22. —— Beiträge zur Moosflora des Oberharzes. — Hedwigia 1883. Naturw. V. d. Harzes. 1894 u. 1895.
23. BELING, TH.: Beiträge zur Pflanzenkunde des Harzes und seiner nächsten nordwestlichen Vorberge. Deutsche bot. Monatsschr. 1883—1891.
24. REINECKE, W.: Exkursionsflora des Harzes. Quedlinburg 1886. 245 S.
25. WOCKOWITZ, E.: Beiträge zur Laubmoosflora der Grafschaft Wernigerode. — Naturw. V. d. Harzes in Wernigerode. 1886. (Ergänzungen zu SPORLEDERS Verzeichnis.)
26. HAMPE, E.: Brockenflora in der Westentasche. Harzburg 1888.
27. SCHULZE, E.: Florae hercynicae Pteridophyta. — Naturw. V. d. Harzes V. 12 S.
28. DRUDE, O.: Über das heterogene Vorkommen von Parnassia palustris in der Kalktriftformation. — Ges. Isis Dresden. 1890. Abh. XI.
29. KNOLL, M.: Verzeichnis der im Harz, insbesondere in der Grafschaft Wernigerode bis jetzt aufgefundenen Lebermoose. — Naturw. Ver. d. Harzes zu Wernigerode 1890. Zusätze dazu von WARNSTORF ebenda 1891.
30. VOIGTLÄNDER-TETZNER, W.: Pflanzengeographische Beschreibung des Brockengebietes. — Naturw. Ver. d. Harzes in Wernigerode. 1895.
31. KNOLL, M.: Die Diatomeen des Harzes, insbesondere der Grafschaft Wernigerode. — Naturw. Ver. des Harzes in Wernigerode. 1895.
32. LOESKE, L.: Zur Moosflora des Harzes. — Naturw. Ver. d. Harzes in Wernigerode. 1896.
33. BECKER, W.: Floristisches aus der Umgebung von Sangerhausen am Harz, nebst einigen Angaben zur Flora Nordthüringens und des Südharzes. — Deutsche bot. Monatsschr. 1896, 1897, 1898.
34. BLEY, F.: Die Flora des Brockens gemalt und beschrieben. 2. Aufl. 1898.
35. SOLMS-LAUBACH, H. Graf zu: Die Marchantiaceae Cleveideae und ihre Verbreitung. — Bot. Zeitschr. 57. 1899. (Reliktenflora von Lebermoosen aus der Eiszeit an den Gypsbergen des Südharzes.)
36. QUELLE, F.: Ein Beitrag zur Kenntnis der Moosflora des Harzes. — Bot. Centralbl. 1900. S. 402—410.

12. Thüringer Wald.

1. GRIMM, J. F. C.: Synopsis methodica stirpium agri Isenacensis consignata. — NoVA Acta phys. med. Acad. Leopoldino-Carol. tom. III—V. 1767—1770.
2. HOFF, K. E. A. VON, u. JACOBS, C. W.: Der Thüringer Wald. 1. Teil Nordwestl. Hälfte. Gotha 1807. (Pflanzenregister S. 130—144, neben d. Phanerogamen sind auch d. Gefäßkrypt. u. Moose berücksichtigt.)
3. HERZOG, C.: Taschenbuch für Reisende durch den Thüringerwald. Magdeburg 1832. (S. 65—84 eine Liste der im Walde beobachteten Phanerogamen von KOCH.)
4. VÖLKER, H. L. W.: Das Thüringer Waldgebirge. Weimar 1836. (S. 51—54 Aufzählung derjenigen Phanerogamen u. Kryptogamen, die für den Thüringerwald charakteristisch sind im Gegensatz zu dem benachbarten Franken u. Thüringen.)
5. MÜLLER, C.: Ein Ausflug in den Thüringer Wald. — Bot. Zeit. 1851. (Hier auch ein Vergleich der Phanerogamen- u. Moosflora d. Thür. Waldes u. d. Harzes.)
6. RÖSE, A.: Über die Moose Thüringens, insbesondere des Thüringer Waldes. — Bot. Zeit. 1852.
7. ILSE: Forstbotanische Wanderungen im Thüringer Walde. — Bot. Ver. Brandenburg 1864. (Schilderung der Vegetation.)
8. SENFT, F.: Die Vegetationsverhältnisse der Umgebung von Eisenach. Eisenach 1865. 67 S.
9. HALLIER, E.: Flora der Wartburg und der Umgegend von Eisenach. Jena 1879.
10. SENFT, F.: Gaea, Flora und Fauna der Umgegend Eisenachs, 1882. (Festschrift zur 85. Vers. Deutsch. Naturf. u. Ärzte zu Eisenach, 1882. (S. 1—121.)

Drude, Hercynischer Florenbezirk.

11. Osswald, L.: Verzeichnis seltener Pflanzen der Umgegend Eisenachs, Kreuzburgs u. des Werrathales. Irmischia 1882 u. 1883.

12. Bliedner, A.: Flora von Eisenach. Eisenach 1892. 293 S.

13. Regel, Fr.: Der Thüringer Wald und seine Forstwirtschaft. — Deutsche geographische Blätter XV. 1892.

14. Gerbing, R.: Einige Notizen über die Flora des Inselsberges im Thüringer Walde. — Deutsche bot. Monatsschr. 1896.

15. Grimm, A.: Die Laubmoose der Umgebung Eisenachs. — Hedwigia 38. 1899.

16. Gerbing, L.: Die frühere Verteilung von Laub- und Nadelwald im Thüringerwald. (Mit 1 Karte.) Mitt. d. Ver. f. Erdkunde zu Halle 1900.

13. Das Vogtland mit dem Frankenwald und Fichtelgebirge.

1. Adler, W.: Flora des Ziegenrücker Kreises und der umliegenden Gegenden. Neustadt 1819. 334 S. Unvollendet, nur die ersten 11 Linnéschen Klassen.

2. Ortmann, A.: Flora Carlsbadensis, in L. Fleckles, Karlsbad. Stuttgart 1838. S. 185—266.

3. —— Flore cryptogamique de Carlsbad, in Carros Almanach X. 1840. S. 126—154.

4. —— Flora des Elbogner Kreises im Königreich Böhmen, in Glückselig, der Elbogner Kreis. Carlsbad 1842. S. 72—106.

5. Meyer, J. C., u. Schmidt, F.: Flora des Fichtelgebirges. Augsburg 1854. 160 S.

6. Müller, W. O.: Flora der reußischen Länder und deren nächster Umgebungen. Gera u. Leipzig 1863.

7. Köhler, E.: Beiträge zur Flora des Vogtlandes. — Mitt. d. vogtl. Ver. f. Naturkunde z. Reichenbach 1. u. 2. H. 1866 u. 1870.

8. Walther & Molendo: Die Laubmoose Oberfrankens. Leipzig 1868.

9. Artzt, A.: Vorarbeiten zur Phanerogamenflora des sächsischen Vogtlandes. — Jahresber. d. Ver. f. Naturk. z. Zwickau 1875. 50 S. Nachtrag 1876. 24 S.

10. Wiefel, C.: Flora des Sormitzgebietes. — D. bot. Monatsschr. 1883 u. 1887.

11. Artzt, A.: Zusammenstellung der Phanerogamenflora d. sächs. Vogtlandes. — Ges. Isis in Dresden 1894. Abh. 6. 1896. Abh. 1.

12. Ludwig, F.: Ida-Waldhaus und die naturhistor. Eigentümlichkeiten seiner Umgebung. — Geogr. Ges. f. Thür. Bd. IV. Jena 1886. Nachträge dazu in D. bot. Monatsschr. 1890.

13. Ludwig, F.: Die Farnpflanzen des reußischen Vogtlandes. — Verh. bot. Ver. Brandenburg XXIX. 1887.

14. Leonhardt, O.: Zusammenstellung der bei Pausa vorkommenden Phanerogamen mit Einschluss der wichtigsten Nutz- und Zierpflanzen. — In R. Hiller: Die Stadt Pausa und ihre nächste Umgebung. Pausa 1890. S. 376—394.

15. Ludwig, F.: Vorarbeiten zu einer Kryptogamenflora des Fürstentums Reuß ä. L. 1. Pilze. — Thür. bot. Ver. N. F. H. 3—5. 1893.

16. —— Die Flora der Diabasinseln von Zeulenroda nebst einigen weiteren Beiträgen zur Flora des Fürstentums Reuß ä. L. — Ver. d. Naturfr. Greiz 1893.

17. Schorler, B.: Die Flora der oberen Saale und des Frankenwaldes. — Ges. Isis in Dresden. 1894. Abh. 6.

18. Zimmermann, E.: Zur Flora der Umgebung von Ebersdorf (Reuß) in Ostthüringen. — D. bot. Monatsschr. 1895. Nr. 12.

19. Hanemann, J.: Die Flora des Frankenwaldes, besonders in ihrem Verhältnis zur Fichtelgebirgsflora. — Deutsche bot. Monatsschr. 1898—1900.

14. Erzgebirge.

1. Lehmann, Chr.: Historischer Schauplatz derer natürlichen Merkwürdigkeiten in dem Meißnischen Ober-Erzgebirge. 1699 (100 Wald-, 211 Thal- und Ackerpflanzen, 199 Arten kultiv. Phanerogamen u. 12 Arten Kryptogamen). Siehe hierzu auch Ruhsam in »Glück auf« 1886.

2. BINDER, C. H.: Über Pinus obliqua Sauter in Bezug auf die Torfbildung des Ober-Erz-
gebirges. — Allg. deutsche naturf. Zeitung (Isis) 1846. Hierin auch andere kleinere
Aufsätze, z. B. von WELCKER etc.

3. STÖSSNER, A.: Flora der nächsten Umgebung von Annaberg. 1850.

4. SACHSE, C. T.: Zur Pflanzengeographie des Erzgebirges. Dresden 1855. Progr. d. Kreutzgymn.

5. STÖSSNER, A.: Vegetationsverhältnisse von Annaberg u. Umgebung. Annaberg 1859. Progr.

6. ISRAEL, A.: Schlüssel zum Bestimmen der in und um Annaberg und Buchholz wildwachsenden
Phanerogamen u. Gefäßkryptogamen. 1. Aufl. 1863. 3. Aufl. 1888 (von RUHSAM).

7. WILLKOMM, M.: Vegetationsverhältnisse der Umgegend von Tharandt etc. — Thar. Jahrb.
1866. 152 S.

8. RUHSAM, J.: Verzeichnis der in und um Annaberg, Buchholz u. Umgegend wildwachsenden
Pflanzen. — 2. Jahresber. d. Annaberg-Buchholzer Ver. f. Naturk. 1870. 20 S.

9. STEPHANI, F.: Verzeichnis der in der Umgegend von Zschopau im Erzgebirge beobachteten
Leber- und Laubmoose. — Annaberg-Buchholzer Ver. f. Naturk. 1876. 7 S.

10. SEIDEL, O. M.: Exkursionsflora für Anfänger im Pflanzenbestimmen. Ein Taschenbuch der in
und um Zschopau wildwachsenden und häufiger gebauten Pflanzen. Zschopau 1880.
298 S.

11. ARTZT, A.: Beiträge zur Flora des Königreichs Sachsen (Marienberg). — 5. Jahresber. d.
Annab.-Buchholzer Ver. f. Naturk. 1880. 17 S.

12. TROMMER, E. E.: Die Vegetationsverhältnisse im Gebiet der oberen Freiberger Mulde. —
Freiberg 1881. Progr.

13. KELL, R.: Vergleich der erzgebirgischen Flora mit der des Riesengebirges. Isis in Dresden
1883.

14. MYLIUS, C.: Flora des Gebietes der oberen Freiberger Mulde. Deutsche bot. Monatsschr.
1884 u. 1885.

15. KÖHLER, E.: Beiträge zur Flora des westlichen Erzgebirges. — Mitt. d. wissensch. Ver. f.
Schneeberg. H. 2. Schneeberg 1885.

16. FREYN, J.: Ein kleiner Beitrag zur Flora des Erzgebirges. — Deutsche bot. Mon. IV. 1886.

17. WIESBAUER: Neue Rosen vom östlichen Erzgebirge. — Österr. bot. Zeitschr. 1886. H. 10.

18. KÖHLER, F.: Die pflanzengeographischen Verhältnisse des Erzgebirges. Schneeberg 1889. Progr.

19. KOSMAHL: Die Flora von Gottleuba. — Verwaltungsber. d. Stadt Gottleuba 1890.

20. BAUER, E.: Beiträge zur Moosflora Westböhmens und des Erzgebirges. — Lotos 1893. Nachträge hierzu in Öst. bot. Zeitschr. 1895 u. 1896, Deutsche bot. Monatsschr. 1896—98.

21. MÄNNEL: Die Moore des Erzgebirges und ihre forstwirtschaftliche und nationalökonomische
Bedeutung mit bes. Berücksichtigung d. sächs. Anteiles. — Forstl. naturw. Zeitschr. 1896.

22. FRISCH, A.: Die Vegetationsverhältnisse und die Flora des Pöhlberg-Gebietes. — Annaberg
1897. Diss.

15. Böhmer Wald, Kaiser- und Bayerischer Wald.

1. HEIDLER: Flora Marienbadensis oder Pflanzen und Gebirgsarten von Marienbad, gesammelt
und beschrieben von dem PRINZREGENTEN VON SACHSEN u. J. W. v. GOETHE. Prag 1837.

2. GÜMBEL, TH.: Beitrag zur Moosflora d. bayerischen Waldes. — Flora 1854. Regensburg. 7 S.

3. KREMPELHUBER, A. v.: Lichenologische Beobachtungen auf einer Wanderung durch d. bayerisch.
Wald. — Flora 1854. Regensburg. 25 S.

4. PANNEWITZ, J. v.: Über die Urwälder Böhmens. — Verh. d. schles. Forstver. 1856.

5. SENDTNER, O.: Die Vegetationsverhältnisse des Bayerischen Waldes. — München 1860. 505 S.

6. GÖPPERT, H. R.: Skizzen zur Kenntnis der Urwälder Schlesiens und Böhmens. — Nova Act.
Ac. Leop. 1868.

7. SCHARRER u. KEISS: Standorte einiger Pflanzen. — VII u. VIII. Ber. d. naturhist. Ver. Passau
1869.

8. MAYENBERG: Aufzählung der in und um Passau vorkommenden Gefäßpflanzen. — X. Ber. des
naturh. Ver. Passau 1875.

3*

9. MOLENDO, L.: Bayerns Laubmoose. Leipzig 1875. 278 S. (Ausführliche Standortsangaben über den bayerischen Wald und das Fichtelgebirge.)
10. WAGENSOHN u. MEINDL: Flora des Amtsgerichtsbezirkes Mitterfels. 72 S. — VIII. Ber. d. bot. Ver. Landshut. 1882. (Hierin Ergänzungen und Berichtigungen zu SENDTNERS Bayerischem Wald.)
11. PROGEL, A.: Flora des Amtsbezirkes Waldmünchen. 76 S. — VIII. Ber. d. bot. Ver. Landshut 1882.
12. FISCHER, F.: Flora Mettensis. Metten 1883—1885. Progr.
13. PETER, A.: Ein Beitrag zur Flora des bayerisch-böhmischen Waldgebiiges. — Österr. bot. Zeitschr. 1886.
14. PROGEL, A.: Einige Beiträge zur Flora des oberbayerischen und Böhmerwaldes. — Deutsche bot. Monatsschr. 1886.
15. LICKLEDER: Die Moosflora der Umgegend von Metten. — Metten 1889/90 u. 1890/91. Progr. (Hierin Verbreitung der Moose im bayerischen Walde.) — Nachträge in bot. Ver. Landshut. XIII. 1894. S. 115—124: Lebermoose der Umgegend von Metten.
16. SCHOTT, A.: Verzeichnis der im Böhmerwald beobachteten Pflanzenarten. Lotos 1893. Sehr unzuVerlässig. — Ergänzungen und Nachträge hierzu in Deutsche bot. Monatsschr. 1897 u. 1898.
17. VON RAESFELDT: Der Wald in Niederbayern nach seinen natürlichen Standorts-Verhältnissen. I. Teil: Der bayerische Wald. — XIII. Ber. bot. Ver. Landshut 1894, S. 18—112, mit 5 Tabellen (Meteorologie und Forststatistik).
18. MALY, G. W.: Beiträge zur Diatomeenkunde Böhmens. I. Böhmerwald. Wien 1895.
19. POLAK, K.: Die Flora des Schwarzen Sees und des Teufelsees und ihrer Umgebung. — Archiv d. naturw. Landesdurchf. Böhmens. X. 1897. Hierin auch eine Aufzählung der Algen des Schwarzen Sees von HANSGIRG und der Diatomeen von STEINICH.
20. BREHM, V.: Beiträge zur Flora des Kaiserwaldes in Böhmen und des Egerlandes. — Deutsche bot. Monatsschr. 1897.
21. PETZI, F.: Floristische Notizen aus dem bayerischen Walde. — Kg. bot. Ges. Regensburg 1898.

Zweiter Abschnitt.
Geographischer, klimatologischer und floristischer Überblick.

Erstes Kapitel.
Geographischer Charakter und Gliederung des Landes.

1. Einleitung.

Wo das über Mitteldeutschland zerstreute Bergland in seinen Buchten und breiten Lücken, durchnagt von den großen zur Ostsee und Nordsee strömenden Flüssen, die letzten Hügellandschaften vor sich hingesetzt hat und sich Urfelsabhänge oder Kålkgeschiebe in der Sommersonne mächtig erwärmen können; wo die breiten Kuppen dieses weitläufigen Berglandes, im Norden bis zum Brocken vorgeschoben, einen wetterumtobten Wall gegen die mit Mooren, Heiden und Sandfluren erfüllten Niederungen von Hannover bis Schlesien bilden: da ist die schärfste Scheide zwischen der norddeutschen Flora und dem mannigfaltigeren Bilde, welches der Wechsel von Berg und Thal, von Kalk, Granit, Schiefer und Sandsteinen in Zusammenwirkung mit Bodenbenetzung und Sonnenglut, Regenfülle und Bergnebeln hervorrufen können; da haben die hauptsächlich um die Alpenkette gescharten Pflanzenmassen aus deren niederen und mittleren Höhenstufen zahlreiche Plätze zur Besiedelung gefunden; da mischen sich mit ihnen die Reste aus einer Zeit, wo der Norden Europas unter Eisdecke erstarrt seine eigenen Pflanzenbürger südwärts ausgesendet hatte.

Wie die norddeutsche Niederung im Osten und Westen, in der Mark, in Holstein und in Friesland, ein sehr verschiedenes Antlitz in ihrem Pflanzenteppich aufweist, so ist auch der Charakter des sie südlich scheidenden Berglandes nicht unbedeutend verschieden, und mit vielen Abstufungen überbrückt sich der Ost zu West und umgekehrt. Doch lassen sich drei Hauptkerne in der Verteilung der Pflanzen leicht herausfinden: das sudetische Bergland im Osten enthält am meisten Pflanzen des baltisch-nordischen wie auch des alpinen und karpathischen Elements, weil hier auch am höchsten die Bergzinnen über den Waldgürtel emporragen. Das rheinische Bergland im Westen ist das mildeste; die Pflanzen des Südwestens aus der jurassischen Zone und aus

dem französischen Berglande konnten hier am Thalgehänge des mächtigen von
Süden nach Norden und Nordwest fließenden Alpenstromes am weitesten
gegen die Niederung hin sich verbreiten.   Das hercynische Bergland
bildet die mittlere Gruppe, vereinigt in seinen nicht unbedeutend sich erhebenden Gebirgen vieles von den Eigenschaften des östlichen wie westlichen
Nachbars und setzt aus diesen Mischlingseigenschaften eine neue Selbständig-
keit zusammen, die besonders in der Pflanzengeographie des Harzes und des
Thüringer Beckens reich ist an Beziehungen mannigfaltiger Art; seine Eck-
punkte bilden der Teutoburger Wald und die Rhön im Westen, das Lausitzer
Bergland im Osten, der Böhmer Wald im Süden.

Der allgemeine Charakter des hercynischen Berglandes kennzeichnet sich durch eine gleichmäßige Eintönigkeit in der Hauptmasse seiner
mit Wäldern bedeckten Fläche; die über die Waldgrenze hinausragenden
Erhebungen sind zu unbedeutend, als dass es zur eigentlichen Entfaltung von
Hochgebirgsformationen hätte kommen können, wie in den Sudeten. Gewisse
Genossenschaften kehren im Verein mit der Fichte überall wieder, schließen
aber zahlreiche Bestandteile ein, welche Norddeutschland, auch dem preußischen Seengebiete, völlig fehlen und mit der Bergwaldregion der Alpen gemeinsam sind.

Umgrenzung. Von der Weser im Westen und von der mittleren Elbe
im Osten durchströmt, die Görlitzer Neiße als östlichen Grenzfluss, umfasst
der ganze hercynische Bezirk etwa 1500 geogr. Quadratmeilen Landes im
Herzen von Deutschland; 50 geogr. Meilen misst er von West zu Ost, von
der Eder in Hessen bis zur Neiße bei Görlitz; 40 Meilen misst eine Schräg-
linie vom Fichtelgebirge bis zur Nordgrenze unterhalb von Braunschweig, und
an jenes setzt sich nach SO noch der Böhmer Wald an.   Alle sächsischen
Lande und thüringischen Fürstentümer, Hessen-Kassel, das südliche Hannover,
ferner Braunschweig, Anhalt und das Magdeburger Land sind in diesem Florenbezirke eingeschlossen.   Von Berglandschaften umfasst derselbe den Harz
im Norden und die im Gebirgsknoten des Fichtelgebirges in langen Zügen
zusammenstoßenden, zwischen 900 und 1450 m Höhe erreichenden Mittelgebirge, welche sich wie ein Keil zwischen die Landschaften der mittleren
norddeutschen Niederung und die mit reicherer Auswahl südöstlicher und
südwestlicher Florenelemente versehenen fränkischen und böhmischen Gaue
zwischenschieben.   Diese Berglandschaften haben als gemeinsamen »hercynischen« Charakter das fast völlige Fehlen eigener montan-endemischer Art-
Varietäten, das Überwiegen gemeiner nordischer Pflanzen, welchen gewisse
bedeutungsvolle Pflanzen arktischen Areales zugefügt sind, und eine gleichmäßig verteilte Armut an Pflanzenarten aus der Hochgebirgsregion der deutschen
Alpen; diese Berglandschaften haben daher in der eiszeitlichen Entwickelungs-
periode als Wanderungswege der nordischen Pflanzen nach dem Süden anscheinend mehr als in umgekehrter Richtung gedient.

Diese hercynischen Bergländer stehen in ihren unteren Höhenstufen im
innigsten Zusammenhange mit reich gegliederten Hügellandschaften, deren

warme Lage oft noch einmal eine Wiederkehr südlicherer Pflanzenareale im Herzen Deutschlands erlaubt, bis über den 52° N. hinaus. Das ausgedehnte Flussgebiet der thüringischen Saale, welches die mittleren Territorien unseres hercynischen Hügellandes vom Fichtelgebirge her durchzieht, zeigt in seinen einzelnen Teilen die reichste Entfaltung dieser südlicheren Areale im Zusammentreffen von südwestlichen und südöstlichen Arten; an der Werra dagegen überwiegen die westlichen (fränkisch-rheinischen), an der mittleren Elbe die östlichen (mährisch-westpontischen) Arten als Beigemisch zu den allgemeinen Formationsgliedern der warmen Felsgehänge, Triften und Laubwaldungen. Die äußersten Zungen dieser bevorzugten Landschaften lehnen sich im Flussgebiet der Leine, Unstrut und der letzten westlichen Zuflüsse zur Saale (Wipper, Bode) unmittelbar an den Harz an; diesem ist als letztes schwaches Abbild desselben Charakters an seinem Nordfuß noch ein ähnliches, wellig gebautes Land für das Auslaufen mancher südlicheren Areale auf Kalkrücken vorgelagert. In seinem Norden beginnt sogleich mit aller Entschiedenheit der norddeutsche Niederungscharakter, zwischen Weser- und Elbe-Unterlauf mit der Lüneburger Heide, zwischen Elbe und Neiße mit der Niederlausitz. Das westliche Vorland der hercynischen Hügellandschaften hat demnach ausgesprochenen atlantischen Charakter, das östliche Vorland nicht mehr, da der Niederlausitz die Mehrzahl der nordatlantischen Arten (wie Ulex, Narthecium, Myrica) fehlt. Es macht sich also hier die Erstreckung des ganzen Gebietes durch reichlich 6 Längengrade fühlbar, wie zugleich der Umstand, dass die Nordgrenze des hercynischen Hügellandes zwischen 6° 30′ und 9° 30′ ö. L. ziemlich geradlinig von West nach Ost verläuft, dann aber zwischen 9° 30′ und 12° 50′ ö. L. steil nach Südosten abfällt und sogar eine tiefe Einbuchtung durch einen bis nördlich von Dresden vorgeschobenen niederlausitzer Strich erhält.

2. Gliederung der Hercynia.

Die wesentlichste Einteilung der den gesamten hercynischen Bezirk zusammensetzenden Landschaften hat nach der Höhenstufe von circa 400—500 m zu erfolgen, welche die Hügel- und Berglandschaften von einander sondert. Die ersteren gehören nach der in Deutschlands Pflanzengeographie (Bd. I. S. 9) gemachten Einteilung zu der Vegetationsregion III, die letzteren zu Reg. IV. Es ist im Folgenden die Gliederung so getroffen, dass zunächst diejenigen Landschaften, von NW anfangend, zusammengestellt sind, die ausschließlich oder hauptsächlich zum Hügellande gehören, denen dann die Berglandschaften folgen.

Terr. 1. Das Weserland (Wsr.) zwischen Hannov. Münden und dem Wesergebirge bei Minden.

» 2. Das Braunschweiger Hügelland (Bsch.), als nördliches Vorland des Harzes zwischen den Städten Hildesheim, Braunschweig und Halberstadt.

Terr. 3. Das Fulda- und Werraland (F. & W.) mit der Rhön (Rh.)

» 4. Das Thüringer Becken (Th. B.), zwischen dem Harze im Norden und dem Thüringer Walde im Süden, Mühlhausen im Westen und Naumburg im Osten.

» 5. Das Land der unteren Saale (U. Sl.), östlich vom Harz mit den östlichsten Städten Magdeburg, Dessau, Halle und Weißenfels.

» 6. Das Land der Weißen Elster (El. L.), zwischen Gera, Altenburg und Leipzig.

» 7. Das Muldenland (Mld.), an der nördlichen Abdachung des Erzgebirges in dem Dreieck der Städte Eilenburg-Zwickau-Freiberg.

» 8. Das Hügelland der mittleren Elbe (Elb.), mit seinem floristischen Centrum um Dresden und Meißen, ausgedehnt nach NW über Torgau und Wittenberg bis gegen Magdeburg hin.

» 9. Das Lausitzer Hügelland (O. Lz.), im Bereich der Städte Großenhain—Bautzen—Görlitz. Bildet mit 10. die Oberlausitz.

» 10. Das Lausitzer Bergland (Lz. B.), direkt an die vorige Landschaft als erstes der Bergländer anschließend.

» 11. Der Ober- und Unterharz (Hz.).

» 12. Der Thüringer Wald (Th. W.).

» 13. Das Vogtland (Vgt.), der Frankenwald und das Fichtelgebirge (Fchg.)

» 14. Das Erzgebirge (Ezg.)

» 15. Der Kaiserwald, Oberpfälzer Wald, Böhmer- und Bayerische Wald (Bh. W.)

Die Landschaften 1—3 bilden den westhercynischen (oder hessischsüdhannöverschen) Gau mit der Abkürzungssignatur **wh.**

Die Landschaften 4—6 bilden den mittelhercynischen oder thüringischen Gau mit der Signatur **mh.**

Die Landschaften 7—9 bilden den osthercynischen oder sächsischen (obersächsischen) Gau mit der Signatur **oh.**

Die Landschaften 10—15 bilden in ihrer Gesamtheit das hercynische Bergland, in sich selbst nach Westen (Harz), Mitte (Thüringer Wald, Fichtelgebirge), Osten (Erzgebirge, Lausitzer Gebirge) und Süden (Böhmer Wald) gegliedert. Die zusammenfassende Signatur ist **h mont.** (= *hercynisch montan.*)

Die einzelnen Territorien sind nach geographischen Grundlagen abgegrenzt, aber die Abgrenzung ihrer ‚Flora ist gemeint. Es giebt floristisch reiche und arme Landschaften; letztere (wie z. B. 7. das Muldenland) entbehren dann eigener Charaktere und fügen dem Grundbestande hercynischer Arten keine neuen mehr hinzu. Als Landschaften mit besonders hervortretenden Formationen und einem besonderen Gemisch aus dem Grundbestande an Arten durften sie aber doch nicht als unselbständig fortgelassen und den reicheren Nachbarlandschaften angegliedert werden, wenn nicht der besondere Charakter der letzteren verwischt werden sollte. So schwächt Terr. 6 gerade so den reichen Florencharakter Thüringens gen O ab, wie Terr. 7 den ostsächsischen gen W; das Braunschweiger Land verschmilzt in sich mancherlei Züge von Terr. 1 und 5, in welche sich die Formationen daselbst teilen.

Ich würde es nicht für zweckmäßig halten, die Landschaftsgrenzen zu eng an die Verbreitungslinien einzelner Arten oder Artgenossenschaften anzuschließen, und so ist das auch nicht geschehen. Es bleiben sonst ungleichwertige Stücke übrig, und oft schneiden sich auch verschiedene Grenzen in derselben Landschaft, wie z. B. die Tannen-Nordgrenze mit den Hauptarealen pontischer Steppenpflanzen bei Dresden. In derartigen Mischungen, Combinationen verschiedener Formationen und Associationen, drückt sich gerade der floristische Charakter der einzelnen Landschaften aus, die auf Grund eingehender Studien auf botanischen Excursionen so abgegrenzt sind, wie sie auf der Karte stehen, und in deren Wesen der Abschnitt IV einführen soll. Dazu kommt, dass orographisch und geognostisch begründete Scheidelinien weniger Schwankungen ausgesetzt sind, als wenn man solche auf die Verbreitung einzelner recht bezeichnender Arten entwirft, wenn sich nur der floristische Kern jedes Territoriums in bestimmten, klaren Grundzügen von herrschenden Formationen und in diesen von bestimmten Arealgenossenschaften ausdrücken lässt. Zu solchem Zweck sind die 15 Landschaften unterschieden; sie modulieren den hercynischen Grundcharakter in der mannigfachsten Weise. Die Zerstreutheit der mannigfaltigen Berglandschaften bringt es mit sich, dass Charakter und Name der sich an diese anschließenden Hügellandschaften so oft mit einem Flusslauf zu verbinden war.

Über die Zugehörigkeit vom Harz, Thüringer Wald, Erzgebirge und Fichtelgebirge zu den vor- und zwischengelagerten Hügellandschaften als Gesamtbegriff der »Hercynia« ist jede Bemerkung unnötig; das Lausitzer Bergland verbindet dieselbe nach den Sudeten hin, die Rhön nach den rheinischen Bergländern hin, beides notwendige Eckpfeiler zum Verständnis montaner Verbreitungen. Nur der Anschluss des Böhmer Waldes an das hercynische Bergland bedarf einer besonderen Erläuterung, zumal unser Florenbezirk durch ihn so weit gen SSO ausgedehnt wird und sich an dieses Bergland keine hercynischen Hügellandschaften mehr anschließen. Der Böhmer Wald zeigt naturgemäß einige Besiedelung von Arten der nördlichen Kalkalpen, die sich hier mit der allgemeinen hercynischen Bergflora mischen. Dennoch bleibt sein Hauptcharakter durchaus hercynisch und es sind hier z. B. die am weitesten im deutschen Gebirgslande nach S vorgeschobenen Moore mit gemeiner Vegetation von Empetrum, Betula carpathica und Massen von Betula nana zu finden, während die accessorischen Bestandteile der alpinen Hochgebirgsflora doch trotz der Nähe der Alpen spärlich sind, und auch die den Wald überragenden subalpinen Bergkuppen nicht entfernt mit dem Reichtum der Sudeten sich vergleichen lassen. Dies bestimmt dazu, die mittlere und obere Region des böhmisch-bayerischen Grenzgebirges von etwa 5—700 m aufwärts für pflanzengeographische Studien dem hercynischen Berglande anzuschließen, wie das schon SENDTNER in seinen Arbeiten über den bayrischen Wald begrifflich aufgestellt und erläutert hat. So setze ich die äußerste

Südostgrenze dieser das 15. Territorium bildenden Zunge in geographischem Sinne nahe der oberösterreichischen Grenze in der Linie Aigen—Höritz—Kramau zwischen Mühlbach und oberer Moldau fest.

In früheren Abhandlungen, namentlich in der »Anleitung zur deutschen Landes- und Volks-forschung«, Pflanzenverbreitung S. 214, sowie in den »Abhandlungen der Ges. Isis zu Dresden« 1888 Abb. 6 habe ich das hercynische Bergland in einem weiteren Sinne umgrenzt, indem ich dabei SENDTNERs ursprünglichem Vorschlage folgte und die Sudeten mit einbezog. Die hier getroffenen Abänderungen halte ich für richtiger, obwohl damit die floristische Verwandtschaft zwischen dem osthercynischen Gau und den Sudetenländern nicht abgewiesen sein soll.

3. Übersicht der Höhenstufen auf geognostischer Unterlage.

Nachdem wir die einzelnen Landschaften des ganzen hercynischen Bezirkes kennen gelernt und uns dabei die wichtigsten geographischen Bezeichnungen seiner Einteilung geläufig gemacht haben, müssen wir nun das ganze Gebiet noch einmal zur Feststellung seines geognostischen Aufbaues und der in ihm beruhenden Regionen, besser gesagt Höhenstufen, vergleichend betrachten. Denn der Vegetationscharakter der genannten 15 verschiedenen Landschaften hängt auf das innigste mit den durch die Bodenunterlage geschaffenen Be-dingungen zusammen, und jene ist ungemein verschiedenartig.

a) Vegetationsregionen.

Von den in »Deutschlands Pflanzengeographie«[1]) unterschiedenen 5 Haupt- und 2 Anhangs-Vegetationsregionen für das mittlere Europa schließen zwei das hercynische Hügel- und Bergland beinahe vollständig ein:

Region III. des *mittel- und süddeutschen Hügellandes* einschl. des unteren Berglandes;

Region IV. des *oberen Berglandes und der subalpinen Formationen* (bis zur oberen Waldgrenze.)

Einige Vorposten allerdings entsendet Reg. II (südbaltische Niederung) von der Mark her vorgeschoben in das niedere Lausitzer Hügelland; es sind nur Enclaven, um welche die auf der Karte I in »Deutschlands Pflanzengeographie« gezeichnete Grenze zwischen den beiden Regionen II und III nicht zu ändern wäre, Flecken vom niederlausitzer Typus, die nur einige wenige Pflanzenarten dem sonstigen hercynischen Bestande zufügen. Wichtiger aber sind die Ergänzungen, welche die knapp zugemessenen Räume der Region V: *alpin-karpathische Hochgebirgsformationen*, in das hercynische Bergland bringen, nämlich die die Waldgrenze übersteigenden Gipfelhöhen im Harz und im Böhmer Walde. Hier befindet sich nicht nur die subalpine Bergheide (Deutsch-lands Pflanzengeographie I. S. 336), sondern auch ein Krummholzgürtel (ebenda S. 337), und in Gestalt von Borstgrasmatten das schwächste Glied der kurz-rasigen Alpenmatten (ebenda S. 350); kaum kann man das unterste Glied der

1) Bd. I. S. 9.

alpinen Fels- und Geröllformation (ebenda S. 395) als überhaupt im hercynischen Berglande vorkommend bezeichnen, da fast alle Standorte mit solchen
Pflanzen vielmehr der präalpinen Fels- und Geröllformation angehören.

In ihrem ganzen Aufbau neigen alle höheren Bergzüge des hercynischen
Systems zu sanft gerundeten Hochgipfeln, Kämmen und Rücken, nicht zu
Felsschroffen, und sie gehören daher zu den »Wald- und Mattengebirgen« im
Sinne PENCKS. Ihre Höhen kann man nach folgenden Angaben beurteilen:

a) Basalt vorherrschend oder Basalt mit krystallinischen Gesteinen vereinigt.

Werra-Bergland, Meißner 750 m (Basalt). [Muschelkalkberge bis 566 m
ansteigend.]

Rhön, zahlreiche Kegel 700—900 m, Wasserkuppe 950 m (Basalt.)

Lausitzer Bergland, zahlreiche Kegel 700—800 m (Basalt), Jeschken
bei Reichenberg 1010 m (krystallinisch).

b) Krystallinische Gesteine vorherrschend oder allein die Berge
bildend; Granit, Gneiß, Glimmerschiefer und Porphyre.

Thüringer Wald, Gipfelhöhen 700—900 m; Großer Beerberg 983 m.

Fichtelgebirge, Gipfelhöhen 800—1000 m; Ochsenkopf 1023 m, Schneeberg 1054 m.

Harz, gipfelnd im Brockengebirge mit 1142 m.

Erzgebirge, Basaltberge 800—1000 m hoch vereinzelt, krystallinische
Hauptmasse mit zahlreichen Gipfeln 900—1100 m, Fichtelberg 1213 m,
Keilberg 1244 m.

Böhmer Wald, zahlreiche Gipfel 950—1350 m, Rachel 1450 m, Lusen
1372 m, Großer Arber 1453 m.

Boden. Hügel- und Bergland der oben genannten deutschen Vegetationsregionen mit Heranstreifen an Formationen des Hochgebirges füllen demnach
den Rahmen, der den hercynischen Bezirk umspannt, und die anmutigen oder
finster aufragenden, durch Kulturflächen entblößten oder noch jetzt mit fast
urwüchsigen Wald- und Moorflächen bedeckten Landschaften mit ihrem Höhen-
relief von 100—1460 m ü. d. M. sind dabei aufgebaut aus dem Bodenmaterial
aller geologischen Formationen, von Graniten und Gneißen durch alle Stufen
der paläozoischen, mesozoischen und tertiären Perioden hindurch bis zu den
erratischen Geschieben der Eiszeit und dem späteren Diluvium herauf. Alle
möglichen Sorten von Gesteinsunterlagen, Kalke, Basalte, Thonschiefer, Kieselschiefer, Porphyre, Syenite und Diabase, harte und weiche Sandsteine, selbst
Serpentin mit seinem direkten Einfluss auf gewisse Species, bieten sich als
nackte Felsen und Gerölle der Pflanzenbesiedelung dar und erzeugen vom
zähen Kalkthon bis zum fetten Lehm, groben Kies und feinen Sand alle
möglichen Sorten von Detritus, von dysgeogenen wie eugeogenen Böden.
Wir wollen versuchen, aus dieser Mannigfaltigkeit die wichtigsten Charakterzüge herauszugreifen.

b) Hercynische Höhenstufen.

Die Vegetationsregionen des mitteldeutschen Hügel- und Berglandes sind durch Höhengrenzen von einander geschieden, die durch die Ablösung von Charakterformationen bestimmt werden. An anderem Orte[1]) habe ich für das deutsche Bergland derartige Höhenstufen in mittlerem Zahlenmaß vorgeschlagen, nämlich:

    I. Niederung von 0—150 m (entspricht Region I und II in Deutschlands Pflanzengeographie).

    II. Hügelland von 150—500 m (entspricht Region III in Deutschlands Pflanzengeographie);
      a) untere Stufe, Erhaltungsgebiet der wärmeren Genossenschaften, 150—300 m;
      b) obere Stufe (niederstes Vorkommen montaner Arten), (300—500 m).

    III. Bergland von 500—1300 m (entspricht Region IV in Deutschlands Pflanzengeographie);
      a) untere Waldstufe (Buche und Weißtanne), 500—800 m,
      b) obere Waldstufe, Fichtenwald in voller Ausdehnung, 800—1100 m,
      c) Übergangsstufe zur Hochgebirgsregion, wechselnde Waldbestände und subalpine Matten, Heiden, Strauchbestände, 1100—1300 m.

    IV. Hochgebirge (Untere Stufe der Hochgebirgsformationen: von 1300 m bis zur Grenze der Legföhrenbestände).

Andere Schriftsteller, welche sich mit solchen Höhenabstufungen im Gebiet beschäftigten, z. B. REGEL für Thüringen, haben an den Höhenziffern herumdeuten wollen, deren schwankende Werte aus ihrer Bezeichnung als Mittel selbstverständlich sind. Wir werden oft erfahren, wie stark die Schwankung schon innerhalb des hercynischen Berglandes ist, dagegen erscheint die Einhaltung der von einander unterschiedenen Stufen selbst wohl geeignet.

Eine Niederung, welche wie im norddeutschen Flachlande in breiten Flächen Heide und Sandflora in sich aufzunehmen im Stande wäre, existiert naturgemäß im hercynischen Bezirk nicht und die ganze Südgrenze verläuft überhaupt höher als 300 m. Doch ist es nicht ohne Bedeutung, dass der nördliche Teil des unteren Saale-Landes und auch des Braunschweiger Landes in weiter Ausdehnung an der Elbe zwischen Torgau und Magdeburg tiefer als 80 m liegt, und dass der nächst folgende Gürtel von 80—160 m den gesamten nordöstlichen Harz umringt und im Stromgebiet der Saale die breite Niederung von Halle—Merseburg—Leipzig und von da ostwärts bis zur Elbe bei Meißen einnimmt, südlich bis Weißenfels, Zeitz und Altenburg an der Saale, Elster und Pleiße.

Für die Jetztzeit sind durch diese Terrainverhältnisse weite Korn- und Rübenfeldflächen geschaffen, zwischen denen die ursprüngliche Vegetation nur noch ein schattenhaftes Dasein führt; aber für die Besiedelungsgeschichte der Vergangenheit war diese Niederung gewiss von hoher Bedeutung, da die Geschiebe der I. Eiszeit hier, gerade um Leipzig herum in weitester Ausdehnung und südwärts bis Altenburg vordringend, in einer ungefähr gleichen Begrenzungslinie das geognostische Substrat bilden und ringsum von jüngeren

---

1) Anleitung zur deutschen Landes- u. Volksforschung, Stuttgart 1889; Abschn. Pflanzen-Verbreitung, S. 231.

diluvialen Geschieben umgeben und durchsetzt sind, bis diesen von den festen Gesteinen des Harzes, der Thüringer Triasformation, im Osten von den Porphyren des Muldenthales, Schranken gezogen werden.

Das Hügelland nimmt bei weitem den größten Teil des hercynischen Bezirkes ein und zwar ist die untere Stufe von 150—300 m stärker dabei beteiligt als die obere Stufe von 300—500 m. Hier treten nun wichtige Verschiedenheiten in den einzelnen Landschaften auf: *während im Westen die Triasformation vorherrscht, fehlt dieselbe im Osten vollständig.* Die Grenze liegt in der Hauptsache bei Gera an der Weißen Elster; östlich von deren Thalzug tritt die Trias nur in unbedeutenden Flecken im Altenburger Lande zwischen Tertiärablagerungen auf. Der Westen, also besonders die Landschaften der Rhön—Werra, auch noch das Braunschweiger Land, dann das gesamte Thüringer Becken nebst einem Teile des Weißen Elster-Landes, besitzt demnach in dem Wechsel zwischen Buntsandstein und Muschelkalk ein auszeichnendes Gepräge und fast überall genügenden Raum für kalkholde xerophile Formationen, denen vielfach die mergelreichen Einlagerungen im bunten Sandstein genügen. Im Osten, hauptsächlich also im Königreich Sachsen, ist das Hügelland aus Urgesteinen, hauptsächlich aus Glimmerschiefer, Gneiß, Granit und Porphyren aufgebaut, zu denen sich in den hier in Betracht kommenden Höhenlagen auch noch die der Kreideformation zugehörigen Quadersandsteine gesellen; alle diese stehen entweder in festen Hügelkuppen an, oder sie bedecken als diluviale Geschiebe die weiten, zwischen den Felsufern der Flüsse sich erhebenden wellenförmigen Flächen, und aus denselben Gesteinsarten entstammen auch die Alluvien der Hauptthäler. Demnach herrschen im Muldenland, Vogtland, Elbhügellande und in der Lausitz durchaus kalkarme Gesteine, entweder dysgeogen von bedeutender Härte, oder perpsammitisch (THURMAN) beim Zerfall der weichen Quadersandsteinschichten. Kalke werden hier nur von Mergeln des Kreidesystems (Turon) oder von paläozoischen, sehr harten und krystallinischen Schichten geliefert; sie sind nur in kleinem Maßstabe vertreten und bewirken merkwürdigerweise da, wo sie auftreten, keinen im Reichtum an Kalkpflanzen bemerkbaren Wechsel der Vegetation. An Quellen und Bächen sind aber die aus den Urgesteinen gebildeten Hügellandschaften des Ostens sehr viel reicher, als besonders die Muschelkalkhöhen des Westens.

Dies äußert nun auch seinen Einfluss auf die Höhenstufen der Formationen dahin, dass dieselben im westlichen Muschelkalkgebiet mit weit höheren Ziffern auftreten als im östlichen Silikatgebiet; dies wirkt um so bedeutender, als ja der geologischen Reihenfolge nach bei Combination von Buntsandstein und Muschelkalk der letztere die Kuppen der Berge bildet, ersterer im allgemeinen die Sockel. Während demnach in Sachsen bei 300 m schon die wärmsten Hügelformationen aufzuhören pflegen und auf den Bergwiesen sich der erste Staudenwechsel (z. B. im Auftreten von Meum athamanticum als richtig montaner Art) schon von 400 m an, allgemein aber sicher von 500 m an zu vollziehen pflegt, ist die Stufenfolge im Westen ziffernmäßig eine andere

und da, wo etwa Basaltberge von Muschelkalk- und Buntsandsteinmänteln
umgeben auftreten, um rund 200 m höher anzusetzen.   Die untere Hügelregion
reicht daher im Rhön-Werra-Thüringer Gebiet bis zu 500 m, die obere bis
zu 700 m.   Erst bei 700 m Höhe beginnt daher an den warmen Basalten die
Bergregion mit ausgesprochen montanen Waldstauden.   Wie sich die Höhenstufen weiter nach oben hin verschieben würden, kann man nur daraus vermuten, dass auf den gegen 950 m erreichenden Kuppen der Rhön (Kreuzberg!) die Grenze des reinen oder gemischten Buchenwaldes jedenfalls noch
nicht erreicht ist.   Alle höheren Berge bauen sich aus Urfels auf.

Wo sich Basalte über quellenreichen Sandsteingründen als Steilgipfel erheben, wie das im Lausitzer Berglande etwas Gewöhnliches ist, lässt sich die
Elevation der Höhenstufen durch den Basalt allein auch im Osten unseres
hercynischen Berglandes beobachten.   Während in den Thälern bei 450—
500 m Blechnum Spicant mit Equisetum silvaticum die Wasserläufe
begleiten und Fichte mit Tanne über die Buche vorherrscht, ringt sich letztere
von 600—700 m meist zur Alleinherrschaft durch und trotzt zusammen mit der
Weißtanne auch den Stürmen auf Gipfeln über 700 m; in diesen gleichen
Höhen von 700—750 m gedeiht dort oben an den Südhängen die Hügelformation von Origanum, Clinopodium, Inula salicina mit submontanen
Arten wie Digitalis ambigua und Lilium Martagon, lauter Arten, die
in den Thalgründen nirgends zu finden sind.

Es können sich also die oben als Norm festgesetzten Höhengrenzen im
Hügellande auf besonders trockenem oder zur Erwärmung geneigtem Boden
bis zu 200 m erhöhen[1]).   Es steht aber als Ausgleich zum Mittel dieser Erhöhung der wärmeren Hügelformationen eine in den feuchten Thalschluchten
und an den Nordgehängen der Berge in weitem Maßstabe stattfindende Er-
niedrigung der untersten, feuchtkühlen Bergwaldformationen gegenüber;
Schwankungen finden auf beiden Seiten statt. —

Das Bergland in Höhen von im Mittel mehr als 500 m bildet im Süden
unseres hercynischen Bezirkes ein dreistrahliges Rückgrat, an welches sich die
Hügellandschaften nordwärts anlehnen, dann nochmals eine breite Fläche im
Norden, nämlich im Harze, sonst aber nur vielfach vom Südwesten bis zur
östlichsten Lausitz zerstreute Flecken und Höhenpunkte.

Die westlichen und östlichen Eckpfeiler des hercynischen Berglandes an
seinen gegen den Main hin und gegen den böhmischen Kessel hin gerichteten
Rändern bauen sich in allen ihren obersten Kuppen aus den wechselnden Formen
der Basalte auf: im Westen, in der langen oder hohen Rhön zu weitgedehnten
und rasenbedeckten, sanft geneigten Schwellen und Rücken verbunden oder
in vielgipfelig und dann meist waldbedeckten Bergen neben einander gestellt;
im Osten dagegen in kegelförmigen, spitzen oder schön gerundeten Formen

---

1) Weitere Belege sind bei der Schilderung der Formationsanordnung in den einzelnen
Landschaften zu suchen; siehe besonders die Höhengrenzen in der Rhön, ferner diejenigen
der Muschelkalke in den Werrabergen, z. B. Goburg bis 566 m und Heldrastein am Nordhange
des Ringgaues 500 m hoch, ferner auf den Kleis am Südrande des Lausitzer Berglandes.

der Lausitzer Basalte, Berg neben Berg entlang der ganzen Südgrenze, bis dann als äußerster Posten im Osten der Jeschken als höchster Berg des ganzen Systems aus Urfels aufgebaut mit seinem 1010 m hohen und spitzen Steilgipfel auftritt. Den breiten Unterbau dieser Basaltberge liefert im Westen, zwischen Rhön und Vogelsgebirge, ebenso weiter nordwärts in den geringeren Erhebungen des Knüll und Meißner, wiederum die Triasformation mit überwiegendem Buntsandstein, im Osten aber der Quadersandstein, bis im nördlichen, niederen und kaum noch als zusammenhängendes Bergland zu bezeichnenden Lausitzer Zuge ein felsenharter Granit das Material zu den Kuppen und häufig auch zu den die Flanken in mächtigen Blöcken bedeckenden Trümmergesteinen liefert. So ist es an den Flügeln des hercynischen Berglandes. Ganz anders beschaffen ist das dreiarmige Rückgrat: im zusammenhängenden Erhebungszuge zwischen dem Elbedurchbruch durch den Quadersandstein einerseits und der flacheren, im Buntsandstein des Meininger Landes gezogenen Thalfurche der Werra andrerseits verknüpft sich hier das Erzgebirge durch das vogtländische Bergland mit dem Fichtelgebirge, dieses durch den Frankenwald mit dem Thüringer Walde, und reiht sich endlich als dritter und mächtigster Arm, rechtwinklig vom Kamm des Erzgebirges nach Südosten ausgereckt, der Böhmer Wald an den Gebirgsknoten des Fichtelgebirges an. Zwar sind diese Gebirge von einander durch wohl ausgebildete Senken geschieden, in denen die Haupteisenbahnlinien für den menschlichen Verkehr sorgen, und die langgestreckten Gebirgszüge selbst verlaufen nicht gleichförmig; aber es bleibt von Bergland zu Bergland ein nicht unter die 500 m-Grenze sinkender Verbindungsrücken, der, jetzt von relativ mildem Charakter, einst gewiss von großer Bedeutung für das Platzgreifen gemeinsamer Formationen war. So liegen z. B. an den Berührungspunkten von Erz- und Fichtelgebirge mit dem Böhmer Walde die beiden Städte Eger und Waldsaßen in den Thalsenken der Eger und Wondreb 450 und 470 m hoch, und hier, im Quellgebiet der Wondreb, erhebt sich der Tillenberg als nördlichster Aussichtspunkt des Böhmer Waldes gegenüber dem Kaiserwalde schon zu 915 m Höhe.

Glimmerschiefer, Gneiß und Granit in Verbindung mit den Grauwacken, Thon- und Kieselschiefern des Silurs oder der Carbonformation, dazu eine weitgedehnte Porphyrmasse im Thüringer Walde, seltener Diabase, Diorite, Gabbro: das sind die wesentlich zu Silikatböden Veranlassung gebenden, überall in diesem Gebirgsdreiarm zwischen Elbe, Moldau und Werra herrschenden Gesteine, und fügen wir sogleich hinzu: ebenfalls im Harze, dessen scharfe geologische und floristische Südgrenze ein meistens Kalk und Gyps führender Zechsteingürtel bildet, während sein Nordhang zwischen riesigen diluvialen Schottermassen in niedere Höhen der mesozoischen Periode von der Trias bis zur Kreide abfällt. Aber diese letzteren gehören alle der warmen Hügelregion an; alle Gebirgskämme, Flanken und Gipfel der genannten hercynischen Gebirgssysteme werden durchaus von granitischen und Grauwackengesteinen gebildet, wobei es für die Verteilung der Pflanzen nicht viel

Unterschied macht, ob, wie in den höchsten Erhebungen des Erzgebirges, der
Hauptstock mit Fichtel- und Keilberg aus Glimmerschiefer besteht, der nordöstliche Flügel aus Gneiß und der südwestliche aus Granit mit Silur, oder ob
Kieselschiefer und massige Grauwacken vorherrschen. Gewiss sind die anstehenden Felsen recht verschiedenartig geeignet für Besiedelung; die Ritzen
in den hochragenden Glimmerschieferfelsen des Ossers im Böhmer Wald
machen diesen nur 1283 m hohen Berg gewiss geeigneter für Besiedelung mit
Juncus trifidus als manchen höheren Gipfel im Arberstock; aber es führt dies
zu keiner Veränderung im Grundton der Formationen.   GÜMBEL hat im
Böhmer Walde an Böden, welche dem Gesteinscharakter unmittelbar entsprechen, unterschieden: Granitsand oder Granitgrus, Granit-Thonboden,
Glimmer-Thonboden, Gneißlehmboden (in Mulden); dazu würden hauptsächlich
noch die harten und sterilen Porphyrböden als andere Modifikation treten,
auch Kupferschiefer und Grünsteine erzeugen noch eigene Gemische; aber
alles in allem begünstigen alle diese Böden ausgedehnte kieselholde Formationen, und so muss der Wanderer auf den Höhenzügen aller dieser Gebirge
tagelang die ungeheure Verbreitung der Heide, noch mehr der Vaccinium-
Arten (Myrtillus, Vitis idaea), die Grashalden von Calamagrostis Halleriana und Carex leporina vor Augen haben, findet auch überall dieselbe
Neigung zur Vermoorung mit Cariceten, die Wiesen gern in kleine Arnica-
Heiden mit Carex pilulifera übergehend[1]).
     Auch in den benachbarten Sudeten herrscht noch dieselbe Gebirgs- und
Bodenbildung; aber hier sind aus gleichartigen Gesteinen ganz andere Berge
geformt, hier erreichen sie Höhen, die den Wald unter sich lassen, und hier
wird also die Mannigfaltigkeit des Pflanzenteppichs durch den Wechsel von
Hochgipfeln mit tief zu Schluchten verengten Thälern in ganz anderer Weise
bedingt. Denn das ist ja nun der gemeinsame hercynische Bergcharakter: die Höhenstufe des Waldes wird nur an vereinzelten Stellen
überschritten; selbst diejenigen Flächen, welche bei ihrer Lage nahe unterhalb
der Waldgrenze aus örtlichen Gründen durch Versumpfung und Moorbildung,
oder als wetterumtobte Steilspitzen des Waldkleides entbehren müssen, sind
nicht weit ausgedehnt; es fehlt an massig aufgetürmten Felsabstürzen in den
Höhen, wo notwendiger Weise eine subalpine Flora zur Besiedelung und Erhaltung hätte kommen müssen, und die Mehrzahl der Berghänge mit dem bei
Granit gewohnten riesigen Blockgeröll ist trotzdem von Wald und Farnkraut
überwuchert. So sind denn von den oben (S. 44) unterschiedenen Höhenstufen des Berglandes die untere und obere Waldstufe mit Buche und mit
Fichte reichlich in ewig frischen und mit urwüchsigem Grün die Berge

---

1) Es ändert an diesem gemeinsamen Grundton auch nichts, dass im Erzgebirge zwischen
Annaberg und Joachimsthal eine Reihe von Basaltgipfeln aus dem Gneiß und Glimmerschiefer
aufragt; sie sind zu isoliert und in zu rauher Lage und Umgebung, als dass sie einen wesentlichen
Einfluss auf die Flora ausüben könnten, bilden auch nicht die Hauptmassive. Doch steigen am
1027 m hohen Pless-Berge zwischen Joachimsthal und Abertham einige nieder-montane Arten
(Lilium Martagon) zu sonst nicht gekannten Höhen auf.

einkleidenden Beständen überall zu schauen; aber schon die dritte, die Übergangsstufe zum Hochgebirge, fehlt dem Thüringer Walde fast ganz, ist im
Harze nur um den Brockengipfel weit ausgedehnt, im Erzgebirge nur auf dem
centralen Glimmerschieferstock ähnlich breit und pflanzenreich entwickelt und
ist endlich nur im Böhmer Walde, dank dessen bedeutenderer Erhebung vom
Rachel bis zu den Moldau-Mooren, in wirklich mächtiger Ausdehnung vorhanden.

Die Höhenstufen des Berglandes halten sich wiederum nur im ungefähren Mittel in den oben (S. 44) dafür angegebenen Höhenlinien, wechseln
aber nicht allein je nach der Lage gegen die Sonnen- oder Wetterseite stark,
sondern. zeigen eine gleichmäßig von Norden nach Süden aufsteigende Tendenz,
so dass der Harz die niedersten und der Böhmer Wald die höchsten Erhebungen der verschiedenen Baumgürtel besitzt, das Erzgebirge ungefähr die
Mitte hält.	Von den hoch hinaufgehenden Buchengrenzen in der Rhön wurde
schon oben gesprochen; dort würde wahrscheinlich die untere Höhenstufe des
Berglandes (bis zur Grenze der regelmäßig fruchtenden Buche in freistehenden
Beständen) bis weit über 1000 m hinaus reichen.

Diese untere Stufe ist im Mittel auf die Höhen 500—800 m angesetzt;
sie bleibt aber im Harze darunter.	Am Nordhange beginnt die ausgesprochene
untere Montanflora bei 350—400 m, und verhältnismäßig schnell wird in ihr
die Buche von der Fichte abgelöst.	Wenn allerdings neuere Bücher als obere
allgemeine Grenze des Buchenwaldes 480—525 m, im Mittel also 500 m angeben[1]), so richten sich dieselben wohl zu sehr nach dem Zustande der
jetzigen Forstkultur, welche die Fichte der Buche vorzieht und erstere daher
in Lagen bringt, wo ursprünglich wahrscheinlich Mengwald oder gar über-
wiegender Laubwald stand.	Nach eigenen Messungen ist jene Grenze im Mittel
auf 650 m anzusetzen.	Dann folgt die obere Waldstufe mit der unumschränkten
Herrschaft der Fichte; während GÜNTHER[2]) diese Waldstufe nur bis 820 m
rechnet, muss man nach meinen rings den Brockengipfel umkreisenden
Messungen auch die obersten, allerdings mit Sturm und Schneebruch hart
kämpfenden und unregelmäßig fruchtenden Bestände bis im Mittel zu 1000 m
mit hineinziehen.	Die obere Waldstufe reicht also von 650—1000 m, die zer-
streuten Vorposten der Fichte als Baum noch 10—40 m höher.	Nun folgt
schließlich die Übergangsstufe zur Hochgebirgsregion mit strauchender Fichte
in den zwergigen Kampfformen von 1000—1100 m oder noch etwas höher,
endlich der Gipfel (1142 m) mit seiner etwa 30 m herabreichenden subalpinen
Heideformation, welche also auf dem Brocken in einer Höhe über 1100 m
anstatt über 1300 m beginnt.

Im Erzgebirge macht sich ein sehr starker Unterschied zwischen dem
schwach geneigten Nordhange mit tief gegen die Elbe zu eingefurchten Thalzügen und dem bis zur Eger abfallenden Südhange geltend; der Unterschied

---

1) Siehe F. GÜNTHER, Der Harz (Hannover 1888), S. 529 flgd.
2) a. a. O., S. 536.

Drude, Hercynischer Florenbezirk.

beträgt 200—270 m. Während nämlich die warmen Hügelformationen an den
nach Norden gerichteten Lehnen bei etwa 350—400 m aufhören, und während
in deren Nachbarschaft in engen Thalschluchten die Arten der unteren Bergwaldformationen noch tiefer herabsteigen, manche Charakterarten (wie Ranunculus aconitifolius und Thalictrum aquilegifolium mit Lunaria rediviva) hier noch im Bereich der kühlen Feuchtigkeit des engen Felsthales in
geringerer Höhe als entsprechende Arten am Nordhang des Harzes gefunden
werden, so steigen hingegen dieselben warmen Hügelformationen am steilen
Südhange zumal im Bereich des hier die Eger mit umsäumenden Basaltes bis
600 m, stellenweise und in verarmten Genossenschaften bis 650, ja 670 m auf.
Erst von dieser Höhe an, welche im Harze schon das Ende der Buche bedeutet, tritt diese als herrschender Formationsbestandteil der Bergwälder mit
montanen Arten (Festuca silvatica, Melampyrum silvaticum etc.) auf
und macht allen früheren Genossenschaften ein Ende.

Ein ähnlicher Unterschied beherrscht die obere Buchengrenze; sie liegt in
der Gegend von Reitzenhain, Johanngeorgenstadt etc.. beim Aufstieg von
Norden her oder auch in den nach W oder O offenen Mulden bei etwa
700—750 m, während beim Aufstieg aus dem Egerthal zum Keilbergmassiv
hinan in Höhen von 980 m noch kräftige und reichlich in Früchten stehende
Buchengruppen angetroffen werden, die allerletzten zwischen Fichten erst bei
1010 m am Fuß der Wirbelsteine; die Durchschnittshöhe am Südhange dürfte
mit 950 m nicht zu hoch bemessen sein. Hiernach darf es nicht Wunder
nehmen, dass die allgemeine obere Fichtengrenze im Erzgebirge erst oberhalb
1250 m zu suchen sein würde, so dass also die Übergangsstufe zur Hochgebirgsregion, welche um Gottesgab auf dem Gebirgskamm bei 1100 m und in Lehnen
zwischen den beiden höchsten Gipfeln des Gebirges wirklich vorhanden ist, an
diesen Stellen örtlichen Einflüssen, besonders der Windesgewalt und der Länge
der Schneebedeckung, zuzuschreiben ist.

Die untere Buchenwaldgrenze mit montanen Arten und die obere Hügel-
formationsgrenze gehen im südlichen Böhmer Walde (z. B. am Kubany, Haine bei
Ober-Moldau über 800 m) so sehr in einander über, dass örtliche Einflüsse je nach
der Bodenunterlage jedenfalls stark mitsprechen und eine Mittelnahme aus geringerer Beobachtungszahl schwierig erscheint; jedenfalls übersteigen aber noch
Gemische von Hügel- und Bergwaldpflanzen die Höhe von 750 m, während an
anderen Stellen der Bergwald viel tiefer herabreicht. Im breiten Gebirgsstock
des Arbers kann man die Grenze der reichlich beigemischten, starken und gut
fruchtenden Buchen (mit Bergahorn) bei 1100 m ansetzen; einzelne Messungen
von mir i. J. 1888 und 1897 ergaben dafür sogar 1180 und an der Südlehne
sogar eine höchste, durchaus normale Baumgruppe in 1200 m Höhe. Die
äußerste Grenze der letzten stämmigen und zapfentragenden Fichten setze ich
am Arber nach gleichzeitigen Messungen an vier verschiedenen Lehnen zu
1375, 1385, 1395 und 1400 m, im Mittel also zu 1390 m an, die allgemeine
Grenze dagegen zu 1360 m; die Übergangszone bis zum herrschenden Krummholzgürtel rechne ich von 1230—1390 m.

Aus diesen Proben, welche dadurch Wert besitzen, dass sie an mit bestimmter Absicht ausgewählten Örtlichkeiten durchgemessen sind, kann man die starke Veränderlichkeit der Höhenstufen auch auf gleichem oder in seiner Wirkung gleichartigem Gestein im Bereich der hercynischen Bergländer ersehen. Die wichtigsten Resultate lassen sich in folgender, den allgemeinen Durchschnitt von S. 44 ergänzender Tabelle vereinigen:

	Harz	N. — Erzgebirge — S.	Böhmer Wald
II^b Hügelformationen enden bei ca.	400 m	350/400 m ←→ 600/650 m	600–750 m
III^a untere Waldstufe	350/400–650 »	(300)–700 ←→ 600–950 »	(500)–1100 »
III^b obere Waldstufe	650–1000 »	(theoretisch bis 1250 »)	1100–1360 »
III^c Übergangsstufe	1000–1110 »	örtlich von 1100–1200 »	1230–1390 »
IV subalp.Formationen	1110–1142 »	. . . .	1390–1458 »

Es ergiebt sich vor allem aus dem Gesagten, dass in jedem einzelnen Gebirge schon eine Mannigfaltigkeit der Verhältnisse herrscht, welche durchaus scharfe Grenzbestimmungen vereitelt; umsoweniger also kann man feste Zahlen für mehrere Gebirge erwarten, deren klimatische Lage schon erheblich voneinander abweicht. Nach den gegebenen Zahlen, denen man REGELs Betrachtungen für Thüringen zufügen kann, wird sich jeder die wichtigsten Grundlagen der Höhenstufen im gegebenen Einzelfall zurechtlegen, so dass es unnötig erscheint, auf dieselben allzu oft in den späteren Schilderungen zurückzukommen.

c) Die Thalzüge.

Die Flussläufe in Bezug auf den Formationswechsel, welchen ihre Uferhöhen bis zum Austritt aus den hercynischen Bergen und Hügeln durchmachen, kennen zu lernen gehört ebenfalls zu den pflanzengeographischen Grundlagen. Dazu zwingt schon die Rücksicht, dass in den Flussthälern, an den die Gehänge bildenden Steilfelsen oder in den dort meist in einer gewissen Ursprünglichkeit erhalten gebliebenen Schluchtenwäldern, die Flora ihre der Landschaft zukommenden besonderen Merkmale am reichhaltigsten zeigt. Im ganzen hercynischen Hügellande sind die Rücken zwischen den Wasserläufen einförmiger, zudem auch vielfach von dem Anbau der Feldfrüchte stark beansprucht; an den Thalgehängen lässt es sich lohnend botanisieren, mit den Flussläufen groß und klein muss sich der der auf eigene Suche ausgehende Florist vertraut machen. Erst an den Quellbächen unserer Flüsse im mittleren und oberen Gebirge tritt hierin eine Änderung ein: dort sind die kleinen Thalmulden von nicht größerer Bedeutung als die Flanken, Lehnen und Gipfel der Berge überhaupt, und sie stehen oft an Bedeutung zurück hinter den Becken, welche zur Hochmoorbildung Veranlassung gegeben haben. Freilich sprudeln ja im oberen Gebirge die Bäche auch überall hervor, aus der Sumpfwiese wie aus dem Walde, und jede Berglehne führt nach unten in ein Bachthal.

Unser ganzes Gebiet wird durch die beiden Stromsysteme der Elbe und
Weser entwässert; nur der Südwesthang des Fichtelgebirges und Böhmer
Waldes mit den Quellbächen des Mains, der Raab und des Regens gehören
dem west- und süddeutschen Stromsystem an. Aber diese Bergflüsse hören
schon beim Verlassen der Bergregion auf, hercynischen Charakter an ihren
Ufern zu tragen, und werden vielmehr fränkisch. Unser Augenmerk richtet
sich demnach auf die aus unseren Gebirgen nach Norden eilenden Bergbäche,
welche als wasserreiche Flüsse und Ströme endlich aus den hercynischen Landschaften in das norddeutsche Flachland eintreten und bis dahin schon die
ganze Stufenleiter von Formationswechseln in ihren Fluten abspiegelten, welche
die abfallenden Höhenstufen und der Wechsel der geognostischen Formationen
von den Granithäuptern bis zu diluvialen Geschieben hin mit sich bringen.

Der Lauf der Saale. (Hierzu Fig. 1.) Wohl keiner der hercynischen
Flüsse beansprucht so sehr das pflanzengeographische Interesse, als die
Thüringer Saale. Am Westabfall des wichtigsten, nach Süden abschließenden
Gebirgsknotens geboren bleibt sie von den vier nach allen Himmelsgegenden
hin von den runden Kuppen des Fichtelgebirges abfließenden Strömen allein
dem hercynischen Florenbezirk in ihrem ganzen Laufe treu, und sie überträgt
scheinbar noch den Charakter ihres Unterlaufes auf ein Stück der Elbe von
ihrer Mündung an abwärts, nahe den Nordgrenzen des hercynischen Hügellandes, welches sich hier an die letzten Höhen aus festen Gesteinen bei
Magdeburg bindet. Nach Osten hin ist die Saale ferner der letzte Strom,
welcher eine lange Strecke seines Mittellaufes umschlossen von den Steilmauern der Buntsandsteinschichten und den Geröllbänken des Muschelkalkes
über- oder nebeneinander darbietet, und damit wie mit der geologischen
Vergangenheit an seinem Unterlaufe sind die Bedingungen gegeben, welche
die Gehänge dieses Stromes zu einer so bedeutenden Vegetationsscheide
zwischen den hercynischen Landschaften nach mehreren Richtungen hin gemacht haben.

Die Saale entspringt in 728 m Meereshöhe an der Südwestflanke des
Waldsteins, der seine mit prächtigem Fichtenwald bekleidete Mauer noch
150 m höher emporreckt und mit seinem Granitwall die nördlichste Umrahmung
des Fichtelgebirgsmassivs bildet. Durch Gneiß und Glimmerschiefer bahnt sie
sich ihr Bett als Gebirgsbach, umringt von Höhen, welche die gewöhnlichen
unteren hercynischen Waldformationen mit Calamagrostis Halleriana oben
und C. arundinacea weiter abwärts tragen; manche Pflanze dieser Gruppe
nimmt sie nordwärts mit auf den zweiten Teil ihres Oberlaufes, den sie oberhalb Hof mit 500 m Höhe beginnt und dann in den Schiefern des Cambriums,
Silurs, Devons und Carbons zwischen Steilfelsen eingeengt vollführt. Hier folgen
nach der breiteren Hochfläche von Hof die landschaftlichen Schönheiten von
Blankenstein mit der Mündung des Selbitzthales aus dem Frankenwalde (»die
Hölle«), Saalburg, Schloss Burgk auf hoher, bewaldeter und rings von der
Saale umspülter Felshöhe, und das im engen Thale zwischen Strom und
Felsen aufgebaute Städtchen Ziegenrück. Hier begegnen sich montane Arten,

Die
Thüringer
Saale.

E
Ohre
Nordgrenze d.
S. Ö. Gen. Mbg.
Formationen der
Bode
(50m.)
Elbe
Elb-
Niederung.

Z
Zechstein.

m
n
Trias.

b
Diluvium.

B

P

HALLE
Elster
Msb.

Geograph. Namen:

E. Elbe.
Mbg. Magdeburg.
Msb. Merseburg.
Z. Ziegenrück.
H. Hof.
B. Bernburg.

N. montanen
Unstrut
q² S.
V W
Carbon.
Devon.
Silur.
Cambrium.

(100m.)
b¹

n

1:1500000.

Z

Zusätze
zu den Erklärungen:

b¹²
I Eiszeit.

Z. (300m.)
N. G. von Lonicera nigra.
Digitalis
Untere montane und
oberste Hügelformation.

N. G. = Nordgrenze.
S. Ö. = Hauptarten
der südöst-
lichen Ge-
nossenschaft.

H
(500m.)
und
Por-
phyr
P
q² S
V. W.
728m.
G
Fichtel-
gebirge
G
X y G

(Geognostische Be-
zeichnungen nach
Lepsius' Karte.)

Glimmerschiefer,
Gneis u. Granit.
obere
Bergwald-Formationen.

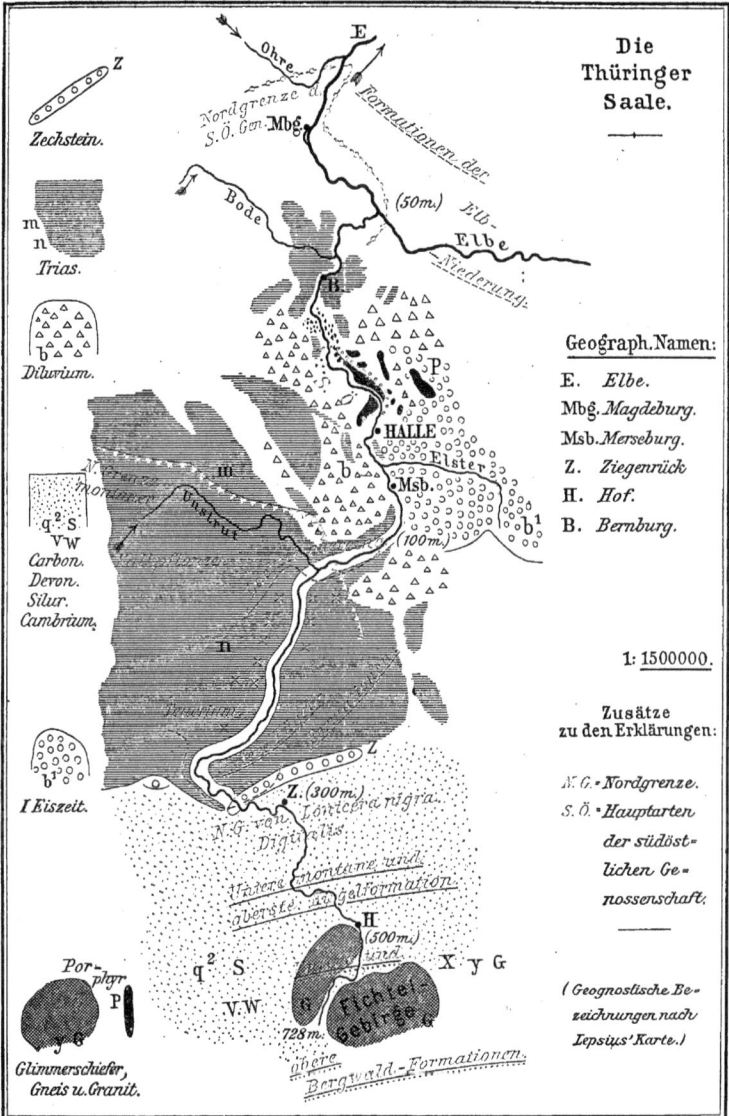

Figur 1. Der Lauf der Saale vom Fichtelgebirge bis zu ihrer Einmündung in die Elbe und
das angrenzende Elbgebiet bei Magdeburg, mit geognostischem Untergrunde, dem Wechsel der
Hauptformationen und Vegetationsgrenzen einzelner wichtiger Pflanzenarten (in Rot).

wie Lonicera nigra, Digitalis ambigua und die dem Thüringer Walde entsprungene Digitalis purpurea, auch die östlich vom Saale-Unterlauf ganz fehlende Geisbart-Staude: Aruncus silvester, mit seltenen Felsbewohnern der Berg- und Hügelregion, wie besonders Woodsia ilvensis und Dianthus caesius; Sedum rupestre mit Anthemis tinctoria bekleidet alle Felsabhänge, Cytisus nigricans durchsetzt die Waldränder. Wer von Ziegenrück aus dem Saalethal mit 300 m Niveau nordwestlich über den 500 m hohen Bergrücken hinüber nach Orlamünde wandert, wo er die Saale in einem Niveau von 170 m in breiten Thalwiesen umgeben von Bundsandsteinmauern wiederfindet, traut seinen Augen kaum ob des veränderten Bildes, welches die Stromufer ihm bieten:

Keine Bergpflanze mehr zu sehen, Conyza ist an den Felshängen neben der Anthemis herrschend geworden, Dianthus Carthusianorum glänzt mit seinem die Hügelformationen der östlichen Hercynia bezeichnenden Rot, Isatis tinctoria streckt seine klappernden Fruchtrispen aus. Um den Bergstock, welchen wir über Ranis und Pößneck überquerten, herum hat die Saale einen mächtigen, nach W, N und NO gerichteten Bogen gemacht, hat bei Saalfeld die Engpässe der paläozoischen Formationen verlassen und ist mit Durchbrechung eines Zechsteinbandes in die Triasformation eingetreten, die nun bis über Weißenfels hinaus ihr Begleiter bleibt. Auf diesen Zechsteinkalken treten mit Clematis Vitalba, Hippocrepis, Anthericum ramosum, Sesleria und Cotoneaster schon die Charakterpflanzen auf, die dann auf den Muschelkalken an der Saale immerfort zu finden sind und über Orlamünde schon auf Steppenhügeln mit Melica ciliata und Teucrium Chamaedrys, Bupleurum falcatum und den vorhin genannten Arten prächtige Bilder von unteren Hügelformationen geben. So führt der bei Saalfeld beginnende Mittellauf bis zur Mündung der Unstrut gegenüber Naumburg, ausgezeichnet durch Teucrium-Bestände (-Chamaedrys, -montanum, -Botrys).

Dann kommt ein neues Moment hinzu. In die Hügelformationen mischen sich — unter Abminderung zahlreicher Glieder der Kalkflora — mit dem Überhandnehmen der Diluvialgeschiebe an Stelle anstehender Trias und mit dem Ersatz derselben durch die Porphyrhöhen um Halle und mit den roten Hügelketten weiter stromabwärts zwischen Wettin und Rothenburg neue, einer südöstlichen Steppengenossenschaft angehörige Arten, welche später genauer zur Besprechung gelangen. Zwischen der Unstrut-Mündung und Merseburg findet dadurch ein Gebietswechsel an der Saale statt: ihr Mittellauf in der Trias gehörte dem Thüringer Becken an, ihr Unterlauf der nach ihr benannten besonderen Landschaft, die von der Elbe bis zum Ostharz reicht. Lactuca quercina mag nach A. SCHULZ als eine der am ersten auftretenden Pflanzen dieser Genossenschaft an der Unstrut (auch an der Weißen Elster) genannt werden; ein Ausflug in das Unstrutthal selbst hinein bis zur Sachsenburg, wo Lavatera thuringiaca häufig ist und wo die Kalkflora zugleich noch das schönste Gepräge zeigt, verlohnt um so mehr, als hier bei Artern auch zugleich eine Gesellschaft interessanter Salzpflanzen angetroffen wird, zu denen sich auf

Steppenboden die pontische Artemisia gesellt; weit wehende Bestände der Stipa capillata zeigen die Besiedelung durch östliche Genossenschaften an. Die Mitglieder derselben häufen sich an der Saale besonders nördlich von Halle (s.ö. auf der Skizze) mit Alyssum montanum, Oxytropis pilosa, Astragalus exscapus, Seseli Hippomarathrum u. a. A., während Waldpflanzen wie Orobus vernus nördlich von Merseburg in den Hügelgebüschen aufhören und selbst Oxalis Acetosella zu fehlen beginnt. Nördlich von Rothenburg beginnt diese Genossenschaft gegen die Elbe hin abzunehmen, doch bleiben — wiederum nach A. SCHULZ' verdienstvollen Untersuchungen [1]) — über die Saalemündung hinaus bis zur Einmündung der Ohre in die Elbe noch in Ranunculus illyricus und Carex nutans einige bedeutungsvolle Repräsentanten der östlichen Genossenschaft erhalten. Der Unterlauf der Saale beginnt nahezu mit dem Niveau von 100 m zwischen Höhen, welche nunmehr mit den Gipfeln kaum noch an 250 m heranreichen (Petersberg); ihre Einmündung in die Elbe liegt bei nur noch 50 m Meereshöhe.

Zwei Nebenflüsse der Saale teilen deren Charakter, sich aus Gebirgsbächen zu Flüssen mit Uferhöhen voll südöstlicher Genossenschaften zu entwickeln, wenn diese auch nirgends den Reichtum und die Mannigfaltigkeit erreichen wie die Saale bei Halle; es sind die Bode und Elster. Die Bode entspringt mitten im Oberharz am Südhange des Brockens, aber schon weit unterhalb der subalpinen Formationen; nach kurzem Lauf in den oberen Fichtenwäldern bildet sie ein vielgeschlungenes Felsenthal im Unterharz mit 450 m mittlerer Plateauhöhe und durchbricht endlich in einem schluchtenartig engen Thale mit starkem Gefälle das Granitgebiet des 575 m hohen Ramberges; jähe Felswände türmen sich hier zu mehr als 200 m Höhe über dem schäumend wirbelnden Fluss empor, geschmückt mit zahlreichen Polstern der Saxifraga decipiens; dies großartige Thor bildet ihren Austritt aus dem Gebirge. Und an eben dieser Stelle schon zeigen sich in den Gesteinsspalten mancherlei östliche Bürger: die Genossenschaft der unteren Saale begrüßt die Bode auf ihrem Unterlaufe durch das niedere Hügelland.

Die Weiße Elster entspringt im südlichsten Vogtlande inmitten niederer Gebirgshöhen (Gipfel des Kapellenberges 750 m), ausgezeichnet durch das Auftreten von Erica carnea und Polygala Chamaebuxus in den aus Fichten mit Kiefern und Tannen zusammengesetzten Wäldern, und sie richtet ihren Lauf nordwärts auf Plauen und Greiz, wo eine aus unteren Bergwald- und oberen Hügelpflanzen zusammengesetzte Flora ihre anmutigen Uferhöhen schmückt. Unweit Berga und Weida verwandeln sich diese in trockenheiße Hügel, welche um Gera eine reiche xerophile Formation bergen, in der Pflanzen wie Lactuca quercina neben dem fränkischen Lithospermum purpureo-coeruleum vertreten sind und auf den Zechsteinkalken im Gebüsch die Clematis Vitalba ihre Guirlanden ausbreitet. Aber bald werden auf ihrem Unterlauf gen Leipzig die Ufer flach und in eintönigem Geschiebelande mit Wiesen und Auen-

---

1) Mitt. des Ver. f. Erdk. Halle 1887, Karte Nr. 3.

wäldern bei 100 m Niveau erreicht sie die Saale mit stark westwärts gerichtetem Laufe.

Die Unstrut, uns schon bekannt durch das Auftreten der südöstlichen
Genossenschaft an ihrer Mündung in die Saale, ist nur ein Fluss der Hügelformationen; sie sammelt in dem weiten Thüringer Triasbecken, unterstützt
durch Bergbäche vom Thüringer Walde, ihre Wasser und führt sie ostwärts
der Saale zu. —

Westlich von der Saale gehören die hercynischen Landschaften zu der
Weser mit ihren beiden Quellflüssen, der Werra und Fulda, östlich von der
Saale dagegen zur Mulde bis zu ihrer Einmündung in die Elbe und dann zu
diesem Strome selbst. Nur die östliche Lausitz enthält noch die Quellbäche
der Spree und entsendet vom Jeschkenzuge her einige Bäche in die an seinem
Nordosthang strömende Görlitzer Neiße, durch diese also zur Oder.

Die *Werra* entspringt in 824 m Meereshöhe im südöstlichen Thüringer
Walde am Zeupelsberge und tritt alsbald aus dem Schiefergebirge in die
Buntsandsteinformation über; in raschem Fall auf die Höhe von 400 m tritt
sie schon vor Hildburghausen aus dem Gebirge und fließt durch das anmutige
Meininger Land, dessen Muschelkalke die fränkische Flora nordwärts leiten,
dann wieder durch Buntsandstein in scharfen Winkeln um den nordwestlichen
Thüringer Wald herum bis in die Nähe von Eisenach, von wo der Hörselbach
zu ihr stößt. Ihr Oberlauf ist durch nichts Besonderes ausgezeichnet, wie ja
überhaupt die Bergwaldflora Thüringens in den hercynischen Gebirgen die
dürftigste ist. Erst im Nordwesten von Eisenach, wo steile Muschelkalke sich
500 m hoch aufbauen, während das Werrathal unter 200 m sinkt, beginnt
zwischen den Bergen des Ringgaues links und dem Hainich rechts eine reizvolle
Landschaft, in der große Waldflächen auf langgestreckten Buntsandstein-
Rücken und steil aufgerichtete Kalkwände mit weißen, streckenweise ganz
vegetationslosen Abstürzen an den Rändern buchenwaldbedeckter Hochflächen
abwechseln; hier liegt die Stadt Treffurt. Aber weiter nordwärts, gegenüber
der hessischen Stadt Allendorf, wird die Werra auf der Westseite von
Schieferfelsen des Devon und Zechsteins eingeengt, über denen die als großer
Bergrücken durchgebrochene Basaltmasse des Meißner hoch emporragt; auf
der Ostseite aber liegt die Triasformation, unten Buntsandstein mit Weinbergen, oben Muschelkalk bis 566 m hoch als mächtiger Bergstock mit einem
tief eingeschnittenen Thalkessel. Dies rechtsseitige, sehr pflanzenreiche Hügelland wird als Goburg bezeichnet und nur noch einmal weiter stromab, nämlich gegenüber Witzenhausen, kommen Gehänge von ähnlichem botanischen
Interesse wieder; zwischen Wäldern mit Digitalis purpurea auf Buntsandstein erreicht der Strom in Münden die Vereinigungstelle mit der Fulda.

Diese entspringt in 855 m Höhe südöstlich der Wasserkuppe, also nahe
der höchsten Erhebung der Rhön. Aber wie dieses Bergland überhaupt keine
zusammenhängenden Bergwaldformationen zur Entwickelung bringt, eilt auch
die junge Fulda als munterer Wiesenbach schnell zu Thale und, schon unter
500 m Niveau angekommen, bricht sie in grünendem, westwärts gerichtetem

Thale alsbald aus dem Gebirge, dessen Westhang sie in großem, nach N. gewendeten Bogen umspült. Hier weilen in Aconitum-Arten mit Campanula latifolia und Centaurea montana seltnere montane Genossenschaften auf bewaldeten Gipfeln. Nach diesem kurzen Oberlauf fließt die Fulda fast unausgesetzt im Buntsandstein-Hügellande, ein anmutiges, gut bebautes Wiesenthal mit der gewöhnlichen unteren Waldformation. Erst näher an Cassel bewirkt die Zechsteinformation einige Veränderungen, dann folgen Basalte über tertiären Durchbrüchen etwa in der Breite des Meißners, und so steigern sich die Bergformen zu größeren Massen, dem Habichts- und Kaufunger Wald mit starker Bewaldung, in deren Umkreis die Fulda bei Münden sich mit der Werra vereinigt.

Das *Weserthal*, an dieser Stelle 117 m hoch gelegen, vereinigt nun bis zu seinem Austritt in das Flachland bei Minden in gewissem Grade die landschaftlichen Eigenheiten der Werra und Fulda, indem auf der Ostseite die letzten Basaltberge (Bramburg b. Uslar) und ein mächtiges Waldgebirge, der 515 m Höhe erreichende Solling auf Buntsandstein mit einem hercynischen Bergmoor, dagegen auf der Westseite des Stromes zunächst der Reinhardswald mit dem 468 m hohen Staufenberge mit großen Formen das eingeengte Thal umgeben und die Waldflora nochmals zu üppiger Entwickelung bringen; dann aber fällt links, gegenüber dem Sollinger Wald, bei Höxter im Ziegenberge 220 m hoch über der Weser ein steiler Kalkhang gegen den Strom ab, welcher in Siler trilobum eine höchst bezeichnende Dolde üppig wachsend birgt. Die Weser selbst hat hier 90 m Meereshöhe. Nun folgen auch nördlich vom Solling auf dem rechten Stromufer neue Kalkberge, der Hils und Ith zwischen Holzminden an der Weser und dem von Göttingen sich herunterziehenden Leinethal nahe Hildesheim, und in solchem abwechslungsreichen Hügellande erreicht der Strom die »Porta westphalica«.

Die *Mulde* kennzeichnet in der Flora ihrer Thalzüge so recht eigentlich das untere Erzgebirge mit seinem Übergange in Hügelformationen auf Graniten und Porphyren. Der westliche und der östliche Quellarm, die Zwickauer und Freiberger Mulde, umklammern ein so bedeutendes Stück Landes, fast die ganze Länge des Erzgebirges, dass der Zwischenraum noch einem ebenso bedeutenden Quellarm, der Zschopau mit der Flöha, als Sammelbecken dient. Alle diese Gebirgsbäche bilden, unter sich fast gleichwertig und mit analogen Thalformationen ausgestattet, die vereinigte Mulde, welche erst oberhalb von Grimma fertig gebildet aus den Felsthälern tritt, die auf dem Mittellaufe alle ihre Arme einengten. Floristisch und landschaftlich zeichnen sich unter diesen besonders die Zschopau und der Mittellauf der Zwickauer Mulde aus. Die Zschopau entspringt am Nordhange des 1213 m hohen Fichtelberges nahe Ober-Wiesenthal in ca. 950 m Höhe; ihr Oberlauf ist der eines oberen Waldbaches: finstere Fichten mit Coralliorhiza innata und Pirola uniflora, Trientalis und Luzula silvatica decken bevorzugte Blößen, die gewöhnlichen Farne schmücken die humusreichen Ufer. Bei der kleinen Bergstadt Zschopau hat ihr Niveau schon 320 m erreicht; hier erweitert sich das Thal, Hügelpflanzen

verdrängen die Aruncus-Formation von den felsigen Steilufern, und bald
darauf nimmt der Fluss aus einem östlichen Nebenthal die Flöha auf, mit
welcher vereint er auf Frankenberg nordwärts fließt. Hier streben die durch
die Harras-Sage berühmten Steilfelsen mauergleich in die Höhe; in den Laubwaldungen dieser Felshöhen wächst schon Sanicula, Geranium phaeum
und Phyteuma nigrum schmücken die Wiesen: wir befinden uns in den
durch keine besonderen floristischen Reichtümer ausgezeichneten Beständen
des »Muldenlandes«.

Die Zwickauer Mulde entspringt im Elstergebirge, das ist also an der
Grenze des Erzgebirges und des Vogtlandes im »Schönecker Walde«, aus
mehreren Quellen, deren höchste bei 780 m liegt; sie verlässt das Bergland
zwischen Schneeberg (Aue) und Zwickau, und nachdem sie hier eine Thal-
erweiterung durchströmt hat, tritt sie bei Waldenburg in ein durch die steilen
Uferbildungen von Granit, Gneis, Porphyr und silurischen Silicaten charaktervoll ausgestattetes Thal, dessen schönste Teile zwischen Rochsburg und Rochlitz
liegen. Hier giebt es einzelne floristische Seltenheiten; die Hauptformation
aber ist die des niederen Laubwaldes, der noch einige Vertreter der untersten
Bergwälder beigemischt enthält. Die Freiberger Mulde tritt nach ihrem
Oberlauf im Bergwaldgebiet unterhalb Freiberg in das Hügelland ein, bildet
ein ähnlich charaktervoll, aber sonniger und wärmer ausgestaltetes Felsthal
mit den alten Städten Nossen, Döbeln, Leisnig, nimmt zwischen Döbeln und
Leisnig vom Süden her die Zschopau auf und vereinigt sich selbst kurz hernach
mit dem von Zwickau kommenden Westfluss. Nur niedere Hügel begleiten
den vereinigten Strom bis zur Elbe, und hier fließen die Formationen mit
denen des Saalegebietes in Anhalt und denen der Elbe selbst zusammen.

Die *Elbe* gehört dem hercynischen Florenbezirke nur mit einem Hauptteile ihres Mittellaufes an, auf dem ihr Niveau von 130 m auf 50 m Meereshöhe thalwärts geht. Ihr Oberlauf ist sudetisch, nur auf kurze Strecke ist sie
Gebirgsfluss; schon vor der Aufnahme der beiden Adler hat sie das böhmische
Hügelland erreicht und vollführt in ihm den ersten Teil ihres Mittellaufes,
welcher sie nach dem Zusammenfluss mit der Moldau und Eger in das von
artenreichen Hügelformationen besetzte und landschaftlich in großartigen Zügen
aus Phonolithmassiven und Basaltkegeln mit Basalttuffen aufgebaute »Böhmische
Mittelgebirge« mitten hineinführt. Bei Tetschen betritt sie im Elbsandsteingebirge den osthercynischen Gau, und es ist den hier sogleich den Strom
einengenden, zum Turon des Kreidesystems gehörenden Sandsteinmauern zuzuschreiben, dass sich von den warmen Hügelformationen des Böhmerlandes
verhältnismäßig wenig in das sächsische Elbthal hinein verbreitet hat. Denn
die Sandsteinfelsen und ihr Detritus bilden für jene eine abschließende Sperre
und haben im Gegenteil einer nieder-montanen Waldflora (Aruncus!) mit
einigen subalpinen Beimengungen zur Ansiedelung gedient. Bis Pirna bleibt
der Quadersandstein-Charakter des Strombettes erhalten; dann weitet sich das
Thal und die Granite des Lausitzer Gebirgssystems, welche nördlich vom
Elbsandsteingebirge manchen Bergbach erzeugten, dessen tiefe Rinne dann

schluchtartig durch den Sandstein sich zur Elbe durchnagte, bilden am Nord-
ufer ein schön gewölbtes Hügelland bis über Meißen hinaus, während am
Südufer abwechselnd Porphyre, Schichten des Silur und Rotliegenden mit
Mergeln des Turon ähnliche, aber vom Strome weiter abgerückte Hügel am
Nordsaume des Erzgebirges bilden. Diese Höhen beiderseits haben bis Riesa
hin einer erneuten warmen und artenreichen Hügelflora Aufnahme geboten,
schwächer zwar entwickelt als jene an der unteren Saale, aber dieser in vielen
Punkten vergleichbar. Mit dem Austritt aus diesem Hügellande bei Riesa mit
dem Niveau von 90 m hat die Elbe ihren Mittellauf beendet; von nun an begleiten den Strom zunächst Uferhöhen von Diluvium und Alt-Alluvium,
das Interesse, welches bis dahin gerade die dem Strom zugewendeten Gehänge
und kleine Schluchten darin darboten, erlischt. Dass die hercynische Nordgrenze trotzdem nördlich der Elbe weitergeführt wird, geschieht mit Rücksicht
auf Standorte von mancherlei Pflanzen in dem Gelände, wo nunmehr erst die
Mulde bei Dessau, dann die Saale bei Barby zur Elbe geht, und außerdem
treten bei Magdeburg nordöstlich der Vorberge des Harzes noch einmal
mannigfaltige Hügel fester Gesteine an das linke Elbufer heran, so dass dessen
ganzer Charakter hier mit dem des östlichen Harzlandes zusammenfällt und
bei den genannten Städten noch wichtige, durchaus unserem Gau zugehörige
Standorte sich darbieten. Die Gesteine des Magdeburger Florenumkreises bestehen aus Porphyr, aus Grauwacke, Rotliegendem, Zechstein, Buntsandstein
und Muschelkalk (bei Bernburg); zwischen eben diesen Gesteinen hat auch die
früher geschilderte Bode ihren Lauf zur unteren Saale gefunden. Am Nordufer der Elbe fehlen alle älteren Schichten, aber der hier ziehende, wesentlich
aus Diluvium aufgebaute Fläming besitzt trotzdem an dem der Elbe zugewendeten Hange die floristischen Merkmale osthercynischer Zugehörigkeit, gemischt mit Brandenburger und Lausitzer Anklängen.

Wie aus den Schilderungen hervorgeht, wechselt die Flora an den hercynischen Flüssen vom Ober- zum Mittel- und Unterlauf entsprechend der
Senkung des Landes und dem Wechsel geognostischer Formationen. Die
rechten und linken Uferhöhen haben im allgemeinen gleichartige Flora; nur
selten tritt ein Flussthal als Grenze bestimmter Areale auf, wie solches z. B.
SENDTNER von der bayerischen Donau häufiger angiebt.

d) Durchquerung der hercynischen Landschaften.

Dem Wechsel der Formationen, sowohl derer im geognostischen Aufbau
als derer im Pflanzenkleide, können wir an den hercynischen Strömen und
auf den Gipfeln ihrer Wasserscheiden folgen, um im raschen Wechsel von
Excursionen dies lebensvolle Bild mitteldeutscher Flora in uns aufzunehmen.
Der lehrreichste Schnitt durch das ganze Gebiet erfolgt mitten hindurch in der
Richtung Nordwest-Südost. Wir beginnen die Wanderung im Braunschweiger Hügellande und folgen stromauf dem Ockerthal zum Nordfuß
des Harzes, dann an der eilenden Ecker hin in das Gebirge und steigen

hinauf zum Brocken; südlich vom Gipfel im Brockenfeld empfängt uns der
Bodequell und die stark gewordene Bode führt durch ihre Engpässe hinaus
aus dem Harze, an dessen Nordostrande wir hinabsteigen zur unteren Saale.
Und nun nach Rothenburg, nach Wettin und Halle zu Sammelexcursionen an
den Uferhöhen dieses Stromes, dessen Thal stromauf um Dornburg, Camburg,
Jena an Großartigkeit gewinnt und bei Saalfeld den Charakter wechselt; hinein
in die schluchtenreichen Engpässe seines Oberlaufes, bis die Saale als munterer
Bach unter den Granitquadern des Fichtelgebirges entspringt. Dann über
dies Gebirge hinab in das Egerland, über die Wondreb hinüber zu den nördlichsten Vorbergen des Böhmer Waldes, dessen nach Südost langgedehnte
blaue Kette das Ziel der nächsten Wandertage ist. Von Cham führt uns der
Regen stromauf mitten in das hier imposant aufgetürmte Gebirge hinein, links
grüßt der Osser, vor uns steht der Arberstock; von seinem Gipfel sehen
wir die östliche Hauptkette des Böhmer Waldes durch tiefe Schluchten geschieden weiterziehen, und wir überqueren auch diese, um wieder aufsteigend
zum Rachel und Lusen die weiten Hochflächen mit ihren sumpfigen Filzen zu
gewinnen, aus denen die Moldau ihre Wasser sammelt. In den niedersten
Filzen, nur noch 700 m über dem Meere, stehen wir über den Ufern des
schnell mit braunem Wasser dahinschießenden Stromes an der Südmarke
unserer Wanderung; manches gemahnt uns trotz des gleichmäßig erhaltenen
Grundtones an die Nähe der Alpen, deren Schneegipfel bei aufgehender
Sonne zum Arber herüberblinkten. — Nun soll uns eine zweite Wanderung
durch den westlichen, eine dritte durch den östlichen Gau hindurchführen,
und wir treten die zweite wiederum im Norden bei Hildesheim an.
Zwischen buchenbedeckten Kalkbergen gelangen wir über die Wasserscheide
der Leine und der stattlichen Weser im Ith und Hils; wir gewinnen das
Weserthal und durchstreifen, schon auf westfälischem Boden, sein westliches
Gehänge bei Höxter gegenüber dem Sollinger Wald. Wir kehren südostwärts
auf die schmale Wasserscheide zwischen Weser und Leine zurück und treffen
in der Bramburg zwischen Sollinger Wald und Göttingen den nördlichsten
Basaltberg; weiter geht es südwärts nach Münden, wo die Weser ihren Namen
erhält. Wir lassen die Fulda und folgen dem von Thüringens Grenzen
kommenden Strome, folgen der Werra dorthin, wo dieselbe im imposanten
Zusammenwirken von Triasformation und Basalt den Meißner westlich, die
Goburg östlich bei Allendorf zu ihrer Durchgangspforte gewählt hat, und dort-
hin, wo in dem scharfen Knie des kurz zuvor vom Thüringer Walde nach
Westen gedrängten Stromes die Muschelkalkmauern des Ringgaues ihn nach
Osten zurückwerfen; dort, vom Heldrastein, in dem hier das Weimarische Land
nach Norden endet, bieten sich die Stromschlingen bei Treffurt und Wanfried
wie auf der Karte liegend dar, lockt die Flora zum mühsamen Absuchen der
Steilhänge. Wir verlassen die Werra zu einem Ausflug auf den Thüringer
Wald und erreichen über Eisenach den Inselsberg, steigen hinab in das
Meininger Land und finden die Werra bei 300 m Höhe wieder, lenken jetzt aber
hinüber nach Westen, wo die Rücken der Hohen Rhön aufragen und hinter

ihrem Walle die Schwester der Werra als sprudelnde Quelle bergen. Den Osthang der Rhön ersteigen wir auf dem nördlichsten Flecken bayerischen Bodens zwischen reicher Kalkflora und steigen über die mit ununterbrochener Grasdecke bedeckten Schwellen in 900 m Höhe hinab zur Fuldaquelle am Südhange der Wasserkuppe; dem eilenden Laufes nach Gersfeld strömenden Bergbach folgend können wir von hier in neuem Aufstieg von 450 m zum Kreuzberge in den fränkischen Gau hinabschauen, dessen Gewässer eine andere Saale zum Main hin nach Süden führt.

Die dritte Durchquerung führt uns von Magdeburg elbaufwärts nach Barby und Dessau; das Muldenthal reizt uns nicht, wir eilen durch eintönige Landschaften nach Riesa und von da in das Meißner Land, entlang an den granitischen Uferhöhen mit Weinbergen und Geröllen, auf denen Andropogon Ischaemum, Clematis recta, Centaurea maculosa, Anthericum Liliago und Salvia silvestris zwischen dichten Rudeln der Scabiosa ochroleuca wachsen und im Frühling Pulsatilla pratensis mit Carex humilis blüht. Bis Pirna folgen wir dem Stromlauf aufwärts und kehren über den Cottaër Spitzberg nach Dresden zurück, um von hier nordwärts der Elbe bei Radeburg noch die Sumpfflora kennen zu lernen, deren Standorte schon ein Nebenfluss der Schwarzen Elster nach NW entwässert. Dann aber zurück zur Elbe und aufwärts im engen Thal der Weißeritz zu den Schwellen des Erzgebirges, wo uns in den Thalpforten schon eine fröhlich blühende Gesellschaft von Bergstauden empfängt, wo die Buche und Tanne die Thalgehänge bei Tharandt mit dichtem Waldkleide schmückt. An der runden Basaltkuppe des Geising finden wir Bergwiesen mit Dianthus Seguieri, Anfang Juni blüht hier Orchis globosa; südwestwärts dem Gebirgskamm folgend gelangen wir in wechselvollem Wege bergab, bergauf zu den Hochmooren und zu den Gipfeln des Fichtel- und Keilberges mit ihren blumengeschmückten Lehnen und Sweertia-Wiesen. Hier steil hinabsteigend treffen wir die Eger ostwärts unserer ersten Wanderung wieder, wie sie in romantischem Thale bei Klösterle zwischen Erzgebirge und Tepler Gebirge durchbricht. Am Südhange des Erzgebirges eilen wir zurück zur Elbe und besuchen ihren großartigen Durchbruch durch das Quadersandsteingebirge mit seinen engschluchtigen Nebenthälern, in deren einem zwischen feuchtem Moos Hymenophyllum tunbridgense nur Wenigen findbar wächst. Wir ziehen nun hinaus über die vom basaltischen Rosenberg hoch überragten Sandsteinkuppen des Sachsen- und Böhmerlandes, an burgartigen Steilmauern vorbei nach Osten in das Lausitzer Bergland. Hier umfängt uns noch einmal wieder die Stille der dichten Buchen-, Tannen- und Fichtenwälder mit Prenanthes, Aruncus, Dentaria und Blechnum, hier ersteigen wir den spitzen Kleis und pflücken auf seinen Basaltschroffen Aster alpinus; wir besteigen den höchsten Basaltkegel, die Lausche, und wenden uns südostwärts zum Jeschken. Hier, wo die die Kuppe umgebenden feuchten Fichtenwälder noch zahlreiche Homogyne bergen, wo Streptopus in Gesteinsschlucht blüht, werden wir noch einmal an den Böhmer Wald und an das oberste Erzgebirge erinnert. Und hinüber-

schauend nach Nordost über das Thal der Neiße winken uns die höheren
Kuppen des Isergebirges als Eckpfeiler des sudetischen Gebirgssystemes entgegen, welches aus der Fülle seiner montanen Pflanzen vielleicht auch diese
beiden Arten zum Jeschken entsendet hat. Südwestwärts schauend aber ge-
wahren wir die Basaltkuppen des böhmischen Mittelgebirges um Hirschberg und Leipa, des reichsten Gaues, den am Fuße der hercynischen Bergketten südöstliche Genossenschaften in starker Formationsbildung besetzt
halten. —

Mit diesen drei, sich an die Thäler der Weser und Werra, Saale und
Elbe anschließenden Durchquerungen des Gebiets würde in einer Reihenfolge
planmäßig angelegter botanischer Excursionen alles Wichtige an verschiedenen
Beständen und fast alle dem Gebiete zugehörenden Arten mit Ausnahme der
an einzelne zerstreute Fundstellen gebundenen anzutreffen sein. In der später
folgenden Schilderung der einzelnen Formationen und Landschaften wird, der
wissenschaftlichen Disposition zufolge, das örtlich Zusammengefügte vielfach
zergliedert und getrennt; daher sollte hier ein Überblick über den Zusammenhang der von Nord zu Süd und von Nordwest zu Südost staffelweise an
einander gefügten Landschaften gegeben werden. Zu schönen und den
Floristen mit mitteldeutschen Erwartungen reich belohnenden Excursionen
enthält diese Übersicht eine kurze Anleitung; aber freilich, um solche Wanderungen in botanischer Thätigkeit zu vollführen, gehört eine nicht kleine Anzahl
von Tagen und Wochen.

e) Die pflanzenreichsten Landschaften.

Den geschilderten Wanderungen, welche das ganze Gebiet in seinen
wichtigsten Verteilungsweisen erschließen sollen, reihen sich noch kurze Einblicke an in diejenigen Berg- und Hügellandschaften, welche die größten
Artenreichtümer, mehr als 1000 Arten Gefäßpflanzen auf verhältnismäßig
kleinem Raume von 70—80 ☐ Meilen Größe, aufzuweisen haben.

Dieser Artenreichtum findet sich schon auf 4 mal kleinerer Fläche in demjenigen Umkreise um Halle vereinigt, den A. SCHULZ seiner ersten, so
nützlichen geographischen Darstellung dieser Flora zu Grunde gelegt hat (1887);
sein Gebiet von ca. 1000 qkm führt nach seinen Listen (S. 64) 1095 Gefäßpflanzen,
allerdings einschließlich Unkräuter und Einschleppungen, aber ohne Arten-
zersplitterung. Das genannte kleine Gebiet kann als das reichste in der Hercynia gelten und, was seinen Reichtum besonders auszeichnet, es ist ein ganz
einheitliches im Bereich der unteren Saalelandschaft (Terr. 5), eingeschlossen von einer Merseburg, den salzigen See, Rothenburg a./Saale und
Schkeuditz verbindenden Linie, ein niederes und warmes Hügelland mit
steppenartigen Abhangsformationen.

Eine zweite so günstige Stelle für das Zusammenvorkommen vieler Arten
auf kleinem Raume findet sich im hercynischen Florenbezirke nirgends,
nicht einmal in den sonst am ähnlichsten reichlich ausgestatteten Gebieten

der Kyffhäuser Flora und der sich um das Werrathal gruppierenden Flora vom Meißner und der Goburg bei Allendorf und Eschwege. Es bedarf vielmehr des Aneinandergrenzens verschiedenartiger Landschaften mit jeweilig gut ausgestatteten Formationen, um auf 70—80 ☐ Meilen Fläche eine gleiche oder noch größere Artenzahl zu vereinigen, am ehesten also da, wo Gebirgsformationen einem reich ausgestatteten Hügellande sehr nahe kommen. Und dies ist im wesentlichen nur an zwei Stellen der Fall: einmal da, wo der nordöstliche Erzgebirgsabhang mit dem sich anschließenden Lausitzer Berglande dem Elbhügellande nahe kommt, und zweitens an der südlichen Abdachung des Harzes gegen das warme nordthüringische Hügelland.

Im Mittelpunkte der genannten erzgebirgischen Abdachung liegt Dresden, und durch besondere Umstände ist hier, wenn auch mit z. T. weit zerstreuten Standorten, eine prächtig mannigfaltige Flora vereinigt. Auf einem Rechteck von etwa 9 Meilen Seitenlänge von W nach O und 8 Meilen von S nach N, welches diagonal von SO nach NW durch das Elbthal durchschnitten wird und vom Mittelpunkte aus nach jeder Richtung noch in Tagesexcursionen durchforscht werden kann, ist die Hauptmasse der Flora von ganz Sachsen vereinigt. Dies rührt daher, dass hier 4 Landschaften zusammenstoßen: a) das nordöstliche Erzgebirge und b) das westliche Lausitzer Bergland mit der zwischengeschobenen Sächsischen Schweiz. Von hier aus gehen im Norden die charakteristischen Vegetationslinien von Aruncus und Prenanthes, Euphorbia dulcis, Thalictrum aquilegifolium, Cirsium heterophyllum, welche den Norden des Rechteckes zwischen Meißen—Radeburg— Kamenz ausschließen; hier sind die Scheiden von Meum und Thlaspi alpestre gegen den Osten, von Viola biflora, Ledum und Dentaria enneaphylla gegen den Westen im Berglande, dazu die zahlreichen Standorte größerer Seltenheiten wie Dianthus Seguieri, Orchis globosa, Rosa alpina. — c) Nachdem die Elbe die Quadersandsteine der sächsisch-böhmischen Schweiz durchbrochen hat, begleiten ihre Ufer niedere Höhen sehr verschiedener Gesteine; soweit diese nicht von Diluvialsanden überschüttet sind, bergen sie die durch Andropogon Ischaemum und Carex humilis mit Pulsatilla pratensis gekennzeichneten trocknen Rasen, sind auf ihnen beide Anthericum, Peucedanum, Verbascum Lychnitis, Cytisus nigricans und Centaurea maculosa angesiedelt, blüht neben anderen Hagedornen die Rosa Jundzilliana, auf trockneren Wiesen Salvia pratensis. Alle diese Arten haben Vegetationslinien parallel dem Elblaufe gegen SW und NO, und ihnen schließen sich die vielen später aufzuzählenden Seltenheiten an. — d) Nordwärts wird diese Elbhügelflora abgelöst durch Kiefernheiden, Sanddünen von gewöhnlicher diluvialer Bildung und von Teiche umlagernden Mooren, in denen Erica Tetralix und die Rhynchospora-Arten, Naumburgia thyrsiflora, Hydrocharis, Carex lasiocarpa und Drosera intermedia kennzeichnende Rollen spielen; sehr häufig ist hier Hydrocotyle, auf dem Sande Teesdalia und Corynephorus mit Helichrysum. Alle diese gehen über die sandigen Schotter der Elbhöhen nach S nicht hinaus und bilden die Grundzüge einer speziellen Kartographie für die Flora der Umgebung Dresdens.

Aus dem Harze und seiner Umgebung lässt sich endlich das dritte, höchst pflanzenreiche Rechteck von etwa 75 ☐ Meilen Fläche herausschneiden; seine Westgrenze bildet eine Linie aus dem Oberharz bei Altenau nach dem Rande des Eichsfeldes bei Bleicherode, seine Ostgrenze die Linie Aschersleben—Mansfeld am Ostharze; Sondershausen und Frankenhausen liegen am Südrande, Wernigerode und Quedlinburg am Nordrande des Rechteckes; Nordhausen hat in seinen floristischen Bearbeitungen ein gutes Stück seiner reichen Flora vereinigt gefunden. Welcher Wechsel in ihm von der subalpinen Brockenheide mit Pulsatilla und Hieracium alpinum bis zu den Zechsteinrändern des Südharzes mit den später genauer zu schildernden Glacialrelikten, und von da wenige Meilen zu den kahlen Gypshöhen mit Adonis vernalis und beiden Stipa-Arten! Im Süden läuft die Thüringer Trias aus, Muschelkalkhöhen und das Diluvium der unteren Saale bilden den Ostrand bis zu den niederen Bergformationen, welche im Ostharz auf Grauwackengestein vom Silur, Devon und Carbon ausgebreitet sind. Und hier finden wir, was ganz Sachsen fehlt, eine reiche Halophytenflora am Kyffhäuser.

Auch hier würde man für specielle floristische Kartographie z. T. die oben unter Dresdner Flora genannten Arten auswählen können, doch noch häufiger zu anderen greifen müssen. So für die hercynische Bergflora Alsine verna, Digitalis purpurea, Trichophorum caespitosum und Saxifraga decipiens neben Empetrum, Trollius, Meum; für Nordthüringen die Massenbestände von Sesleria coerulea, Carex montana, Hippocrepis comosa und Anemone silvestris neben Seltenheiten wie Arabis brassiciformis; für den Ostharz (Unteres Saale-Gebiet) Seseli Hippomarathrum, Silene Otites, Lavatera thuringiaca und andere auch westwärts häufige wie Achillea nobilis, die Teucrium-Arten, Dictamnus. Solche specielle Aufgaben können in diesen »Grundzügen der Verbreitung« nur angedeutet werden.

Zweites Kapitel.

Das hercynische Klima.

Es kann hier nicht Aufgabe sein, eine eingehende Schilderung der klimatischen Faktoren in unseren verschiedenen Gauen zu entwerfen, sondern nur zum Zweck eines leichteren Vergleiches mit anderen Landschaften des mitteleuropäischen Florengebietes die Grundzüge mitzuteilen, insofern sie auf das Pflanzenleben Bezug nehmen, und die Frage nach der inneren klimatischen Verschiedenheit der westlichen und östlichen Hügel- wie Berglandschaften zu streifen. Zunächst soll eine Auswahl derjenigen *Litteratur* genannt werden, welche für allgemeine und specielle Klimatologie unseres Gebietes am meisten in Betracht kommen konnte und für die folgenden Darstellungen neben anderer Speciallitteratur benutzt ist.

J. Hann, Handbuch der Klimatologie (Geogr. Handbücher, Stuttgart) 2. Auflage 1897. Bd. III.
R. Assmann, Einfluss der Gebirge auf das Klima von Mitteldeutschland. (Forschungen zur
    deutschen Landes- und Volkskunde. Bd. I. Heft 6, Stuttgart 1886.)
A. Supan, Temperaturkarten von Europa. (Geograph. Mitteilungen 1887, Taf. 10.)   ·
P. Elfert, Die Bewölkung in Mitteleuropa. (Geograph. Mitteilungen 1890, S. 137, Taf. 11.)
P. Schreiber, Das Klima des Königreiches Sachsen; 4 Hefte, Chemnitz 1892—1897, besonders
    Heft II und IV; ferner Klimatographie des Königr. Sachsen. (Forschungen zur deutschen
    Landes- und Volkskunde, Bd. VIII, Heft 1, Stuttgart 1893.)
F. Regel, Thüringen. Erster Teil: Das Land (Jena 1892), Abschn. IV. Das Klima (S. 313
    bis 372); Phänologische Beobachtungen (S. 372—396).
Mitteilungen des Vereins für Erdkunde zu Halle a/S. (enthalten in ihren Jahrgängen be-
    sonders 1883 u. flgd. wichtige Abhandlungen über specielle Klimatographie Thüringens etc.).
Klages, Klima von Braunschweig (Festschrift der LXIX. Vers. deutscher Naturf. und Ärzte
    i. J. 1897, S. 131.).
Neubert, Beob. der meterol. Station zu Dresden 1848—1888 (Isis in Dresden 1888, S. 37).
F. Wolf, Die klimatischen Verhältnisse der Stadt Meißen (1890).
P. Thiele, Deutschlands landwirtschaftliche Klimatographie (Bonn 1895).
Ältere Temperaturtafeln nach R° Graden in H. W. Doves bekannter »Klimatologie von Nord-
    deutschland 1848—1870«, I. Luftwärme; ferner Abtlg. II Regenhöhe 1848—1870, in
    Preußischer Statistik XV, Berlin 1868 nnd 1870.
Über den Zusammenhang von Klima und Pflanzenleben vergl. Drude, Deutschlands Pflanzen-
    geographie, Bd. I, S. 453.
Die Litteratur über Phänologie siehe Abschn. I, S. 13 u. flgd. Litteratur-Verzeichnis.

1. Meteorologische Beobachtungen.

Um den Zusammenhang zwischen den Temperaturen, wie sie uns von den meteorologischen Stationen als nackte Zahlen überliefert werden, und den mittleren Bedürfnissen der Pflanzenwelt nach Vegetationswärme in einfachster Form zu einem klaren Ausdruck zu bringen, drückt man die Wärmesphäre in der *Andauer bestimmter hoher Temperaturen*, bezw. in der Andauer von vegetationsfeindlichen Zeiten aus, und hält sich dabei an die Grenzwerte von 0°, 10° C. und 20° C. Ein Blick auf die Temperaturkarten, welche nach diesem Gesichtspunkte für Europa von SUPAN entworfen sind, zeigt, dass das mittlere Deutschland stärkere Gegensätze auch in den niederen Zonen nur für die Dauer der Frostperiode unter 0° C. zeigt, wo vom Grenzwerte: kein ganzer Monat, bis zur Andauer von mindestens 3 Monaten die Gaue des Weserlandes und Braunschweiger Hügellandes bis zur Oberlausitz in ausgebuchteten Meridionallinien gestreift und durchschnitten werden. [Diese Linien sind auch auf Karte 4 in Deutschlands Pflanzengeographie (Bd. I) eingetragen]. Dagegen herrscht in den niederen Höhenstufen Nord- und Mitteldeutschlands eine viel größere Gleichmäßigkeit in der Andauer der »warmen Periode«, welche vom Rhein bis nach Westpreußen zu dem breiten Landgürtel mit 6 Monaten über 10° C. Temperaturmitteln gehört, während die »heiße Periode« in dem Sinne, dass wenigstens 1 Monat eine über 20° C. hinausgehende Mitteltemperatur in regelmäßiger Wiederkehr zeigt, Mitteldeutschland gar nicht berührt, sondern nur am Mittelrhein und in Niederösterreich kleine Enclaven heißeren Klimas aufweist.

Von größtem Interesse ist natürlich der Verfolg jener zwei Temperaturgrenzen im höheren Hügellande und hercynischen Berglande bis zur Baumgrenze, wofür sich allerdings allgemein gültige Normen noch nicht einmal nach
den von SUPAN benutzten Näherungswerten der Monatsmittel gewinnen lassen.
Auf unserer Karte ist das Bergland von 400, bezw. 500 m Höhe an je nach
Nord- oder Südexposition vom Hügellande gesondert: schon an dieser auf
der Karte genauer zu verfolgenden Linie ist die Dauer der warmen Periode
mit Tagesmitteln $>$ 10° C. auf die Zeitdauer von $4^1/_2$ bis höchstens 5 Monaten
gesunken, so dass nur die weitere Hügellandsregion in der Hercynia außerhalb
der durch grünes Flächencolorit bezeichneten Gelände der Karte eine warme
Periode von $4^1/_2$ bis 6 Monaten besitzt, selbst in den wärmsten Lagen kaum
darüber. So finde ich z. B. in den von REGEL (a. a. O. S. 330) genannten
Orten Thüringens Jena, Rudolstadt, Sondershausen, Erfurt und Arnstadt mit
ihren von 160 m auf 280 m steigenden Höhen die Länge der warmen Periode
nur zu bezw. 176, 152, 166, 163 und 165 Tagen angegeben, also sämtlich
unter 6 Monaten.

Für dieselbe Demarkationslinie des oberen Hügel- und Berglandes bei
400—500 m Höhe ist ferner die durchschnittliche Annahme einer mittleren
Frostdauer von mindestens $2^1/_2$ bis 3 Monaten zulässig, welche in der öst-
l' en Hercynia sich um etwa $^1/_2$ bis 1 Monat steigert. Für die weiteren Erhebungen hält man sich am besten an die in Abschnitt III ausführlich zu
schildernden Formationen der unteren Bergwaldungen (mit Buche und Tanne)
und der oberen Fichtenwaldungen einschließlich der montanen Hochmoore,
deren Demarkationslinie vom Harz bis zum Böhmer Wald von ca. 700 m auf
mehr als 1000 m steigt. An der Grenzscheide des unteren und oberen
Berglandes darf man nach annähernder Schätzung die Andauer der
warmen Periode noch zu $3^1/_2$ bis höchstens 4 Monaten ansetzen (meist
100—110 Tage); die Frostdauer dagegen, welche sich wiederum von Westen
nach Osten etwas steigert, übertrifft in dieser Höhenlage schon die Länge der
warmen Periode und beträgt 4 bis 5 Monate, so dass meistens schon die
5 Monate November—März mit Monatsmitteln unter Null auftreten!

Die hier berührten klimatischen Werte zu vertiefen muss der Floristik und
der Forst- wie landwirtschaftlichen Meteorologie gleichmäßig am Herzen liegen.
Die meteorologischen Beobachter veröffentlichen großenteils Mittelwerte und
deren Schwankungen in kleinen Zeiträumen, indem sie mit vollem Rechte an
ihre eigenen Aufgaben denken; aber die Leistungen der Meteorologie sind
damit noch nicht erschöpft. Leider sind die Veröffentlichungen in freierer Form
spärlich und oft nicht unter einander vergleichbar, so dass zunächst noch
manche Schwierigkeiten bestehen, um die für die pflanzengeographischen Verhältnisse in Betracht kommenden Werte mit genügender Schärfe zu finden;
es müssen da zunächst noch mancherlei Notbehelfe eintreten.

Winterfröste. In »Deutschlands Pflanzengeographie« (Bd. I. S. 453) habe
ich eine Hülfsmethode angegeben, um das winterliche Klima vom November
bis März schärfer zu kennzeichnen. Es handelt sich darum, aus 20jährigen

Stadt im Osten an der Neiße dagegen — 2° C.; die Lausitz steht also schon
unter dem Einflusse des ostdeutschen Klimas mit strengen Winterkälten. Den
Durchschnitt der Januar-Temperaturmittel innerhalb des Umkreises der genannten Stationen sucht die Ziffernreihe am rechten Rande der Figur, gleichfalls den Höhen entsprechend, darzustellen. Die niederen Niveaus unter 100 m
sind mit — 0,8° angesetzt, weil Magdeburg — 0,9° C. und Braunschweig
— 1,0° C. besitzen, was erst von Hannover an westwärts sich ausgleicht. Auch
sonst sind Ausgleiche, besonders zwischen Harz und Erzgebirge, getroffen, so
dass die Ziffern sich an keine einheitliche meteorologische Veröffentlichung
anschließen konnten.

Sommerwärme. Auch von den Sommermonaten könnten zur Erläuterung
der Beziehungen zwischen Klima und Pflanzenleben derartige Berechnungen
angestellt werden, zumal Zählungsvergleiche der Hitzewahrscheinlichkeit an
einzelnen Tagen (über 25° C.) oder der sommerheißen Monate (mit Monats-
mitten von 20° C. und mehr). So besitzt Frankenhausen (132 m) nur 25 heiße
Sommertage, Braunschweig (86 m) 38 nach älteren Beobachtungen und 27 nach
dem letzten Jahrzehnt, Magdeburg (55 m) 38, Cassel (200 m) dagegen 44 solche
Tage im Jahresdurchschnitt. Allein alle diese Angaben sind noch nicht genügend verarbeitungsfähig, und es scheint einstweilen die aus genauen Monatsmitteln ableitbare Wärmesumme für die 5 Monate Mai—September,
in der die Anzahl der heißen Tage durch deren Werterhöhung ebenfalls mit
darin steckt, als der beste Ausdruck, um die Leistungen des sommerlichen
Klimas für die Pflanzenwelt nach Berg- und Hügelland in Vergleich zu bringen.
Sowohl der April als auch der Oktober halten sich mit ihren Temperaturmitteln selbst bei 100 m Niveau noch 1—2 Grade unter dem Grenzwert von
10° C., und daher werden sie aus dieser Summenberechnung fortgelassen;
richtiger wäre es, dieselbe nach der Zeit vom 15. April—15. Oktober vorzunehmen, wofür aber die meteorologischen Veröffentlichungen nicht die geeignete Form darbieten. Also, die Summen der 5 genannten Monatsmittel
mit 30 multipliziert ergeben für ausgewählte Beispiele folgende Zahlen (mittlere
Schattentemperaturen):

1. Cassel	= 204 m, 2379° C.		7. Görlitz	= 200 m, 2289° C.
2. Braunschweig	= 86 m, 2409°		8. Freiberg	= 403 m, 2223°
3. Magdeburg	= 55 m, 2382°		9. Annaberg	= 611 m, 2070°
4. Frankenhausen	= 132 m, 2484°		10. Reitzenhain	= 778 m, 1788°
5. Halle a/S.	= 110 m, 2448°		11. Oberwiesenthal	= 927 m, 1767°
6. Dresden	= 128 m, 2493°		12. Brocken	= 1145 m, 1293°

Es ergiebt sich daraus eine ziemlich gleichmäßige Wärmeleistung der Vege-
tationsmonate im niederen hercynischen Hügellande und die dann erfolgende
bedeutende Abnahme im Berglande; Freiberg steht an der alleruntersten Stufe
des eigentlichen Berglandes, Annaberg mitten darin, Reitzenhain und Oberwiesenthal liegen in der oberen Fichtenwaldregion (erstere Station mit nur

780 m besitzt eine verhältnismäßig rauhe Lage), der Brockengipfel liegt über
der Baumgrenze[1]).

Wärmste Tagestemperatur-Mittel. Bekanntlich liegt für pflanzengeographische Zwecke eine Minderwertigkeit der meteorologischen Tafeln darin begründet, dass dieselben ganz allgemein nur die Schattentemperaturen und
Tagesmittel ihren Berechnungen zu Grunde legen, während die Unterschiede
der Vegetationsformationen vielmehr mit der Kenntnis von Sonnen- und
Waldschatten-Temperaturen, befreit von den ausgleichenden nächtlichen Depressionen, rechnen. Dieser Mangel wird am ehesten beseitigt durch Angabe von
Mitteln, welche aus dem Werte der 2^h Nachm.-Beobachtungen abgeleitet
sind; denn bei heiterem Klima erhöht sich die Nachmittagstemperatur auch
im Schatten bedeutend mehr gegenüber dem Tagesmittel, als unter wolkigem
Himmel. Es stellt sich daher auch die Differenz von Monatsmitteln an Orten
der Niederung und im oberen Berglande zu Gunsten der ersteren durchgängig
größer, wenn die Nachmittagsbeobachtungen zu Grunde gelegt werden, als
sie sich aus den Tagesdurchschnitten ergiebt; z. B. nach SCHREIBER's Tabellen
für Sachsen: Differenz zwischen 100 m und 1200 m Höhe durchschnittlich
während der Vegetationszeit 7° C. aus Tagesdurchschnitten, dagegen 8° C. aus
den Nachmittags 2^h-Beobachtungen. Zur Erlauterung des hercynischen Klimas
werden daher diese letzteren in der gedrängten Übersicht mitgeteilt, welche
ihnen SCHREIBER in seinen Klimatafeln für das Königreich Sachsen gegeben
hat, übertragen in die graphische Darstellung; aus dieser wird sich besonders
deutlich ergeben, welche Abschnitte des Jahres im mittleren Maß in den verschiedenen Niveaus über die sommerliche Schwelltemperatur von
10° C. fallen, sowie dass die »heißen« Temperaturen über 20° C. bei 500 m
Höhe nur noch in einem einzigen Monatsmittel gestreift werden. Die
warmen Temperaturen — wohl gemerkt nur unter Berücksichtigung der
Nachmittagsablesungen, welche für die Vegetation die wesentlichen sind —
herrschen demnach in der untersten Stufe der Hügelregion von Anfang April
bis gegen Ende Oktober, fast 7 Monate lang; in den subalpinen Höhen besitzt dagegen außer den drei Sommermonaten nur noch der Schluss des Mai
und der größere Teil des Septembers warme Tagestemperaturen, und diese
erstrecken sich daher nur über 4 Monate. In dieser Verkürzung und in der
damit zusammenhängenden Verringerung der entwickelten totalen Wärmesumme über 10° C. liegt der zwingende Unterschied der dargestellten Höhenstufen und ein neuer formaler Ausdruck für die allgemeinen Prinzipien, nach
welchen SUPAN seine Temperaturkarten von Europa entwarf. Berücksichtigen
wir für die Wärmesumme nur die über 10° C. liegenden Teile der 2^h Nach-
mittagskurven, so verhält sich dieselbe in der Höhenstufe 1200 m zu der in
100 m wie 1 : 4,4.

---

[1] Einzelheiten über das Klima des Brockens sind im speciellen Theil unter Kap. 11 (Harz)
nachzusehen.

Extremtemperaturen. Eine kurze Erwähnung verdienen noch die höchsten und tiefsten· Temperaturen im Sommer und Winter, weil sie anzeigen, was die Vegetation im gegebenen Falle auszuhalten hat. Aber hier sind die Unterschiede zwischen den verschiedenen Höhenstufen durchaus nicht so bedeutend, als man es vielleicht erwarten sollte. In den höchsten abgelesenen

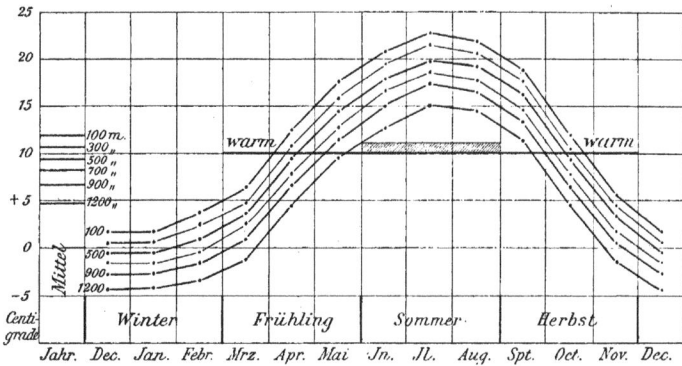

Figur 3. Mittlere Temperaturkurven um 2ʰ Nachmittags im Kgr. Sachsen, sowie die Jahresmittel derselben für 6 Höhenstufen.

Temperaturen der niedersten Hügelregion und des oberen Berglandes in Sachsen und Thüringen zeigen sich Unterschiede von noch nicht 10° C., also nicht mehr als in den sommerlichen Nachmittags-Temperaturmitteln, wie folgender Auszug aus den Beobachtungen 1864/90 ergiebt:

	April	Mai	Juni	Juli	August	Sept.	
			Absolute Maxima				[Gesamte absolute Wärmeschwankung beträgt 61,3° C.]
1. Halle (110 m)	26,9	31,9	34,2	35,8	35,5	33,2	
2. Dresden (128 m). . . .	27,0	31,6	32,4	37,1	34,7	32,2	[» 64,7° C.]
3. Jena (160 m)	28,3	36,0	34,1	37,0	34,3	32,0	
4. Zittau (254 m)	24,3	30,3	36,2	35,7	33,8	30,0	
5. Annaberg (611 m) . . .	23,7	29,0	29,8	32,4	31,0	29,5	
6. Großbreitenbach (630 m) (Thüringer Wald)	—	—	—	31,3	—	—	[Gesamte absolute Wärmeschwankung noch 56,1° C.]
7. Forsth. Rabenstein (676 m) (Bayer. Wald, v. RAESFELDT)	—	—	—	33	—	—	[» 54° C.]
8. Reitzenhain (778 m) . .	20,9	26,3	27,2	30,1	28,7	26,0	[» 60,2° C.]
9. Inselsberg (906 m) . . . (Thüringer Wald)	—	—	—	27,5	—	—	[Gesamte absolute Wärmeschwankung noch 48,7° C.]
10. Oberwiesenthal (927 m).	21,2	26,4	28,0	29,2	28,5	27,0	[» 55,5° C.]

Die absoluten tiefsten Temperaturen sind aber keineswegs an das obere Bergland gebunden, treten vielmehr im niederen Hügellande während der drei Wintermonate in derselben Weise auf wie dort und erreichen ihren tiefsten Stand überhaupt in kalten Gebirgsthälern von mittlerer Höhe. Darüber folgende Beispiele (aus dem Zeitraum 1864—1890):

1. Braunschweig . . . . . —23,7[1]	7. Freiberg . . . . —24,5
(86 m, Niederung)	(403 m, unteres Erzgebirge)
2. Magdeburg . . . . . . —21,1[2]	8. Elster . . . . —34,1
(54 m, Elbniederung)	(500 m, oberes Elsterthal)
3. Halle. . . . . —25,5	9. Großbreitenbach . . . . —24,8
(110 m, Saaleniederung)	(630 m, am Thür. Wald)
4. Dresden . . . . —27,6	10. Reitzenhain. . . . . . . —30,1
(128 m, Elbhügel)	(778 m, Erzgebirge)
5. Frankenhausen . . . . —24,6	11. Oberwiesenthal . . . . . —26,3
(130 m, Goldene Aue)	(927 m, Erzgebirge)
6. Langensalza. . . . . . —28,8	12. Brocken . . . . —28,0
(201 m, Helbe-Unstrut-Niederung)	(1145 m, Harz).

Also auf dem Brocken erreichen die winterlichen Minima keinen tieferen Stand als in Dresden und werden auch für den Thüringer Inselsberg bei 906 m mit — 21.2° C. nicht tiefer angegeben als für Magdeburg; diese tiefen Temperaturen sind im oberen Berglande schon aus dem Grunde für die Vegetation weniger gefährlich, weil dort mit einer hohen Schneeschutzschicht stets sicher zu rechnen ist, während in der niederen Hügelregion strenge Fröste auch ganz ohne Schneebedeckung auftreten können. Oft genug wird bei strengen Winterkälten im Vergleich der Fröste auf Bergen und in den Thälern eine »Umkehr der Temperaturen« beobachtet, also ein Ansteigen der Temperatur nach oben. Hierfür liefert aus dem harten Dezember d. J. 1879 die Darstellung von ASSMANN (a. a. O. Karte Nr. 4) ein besonders lehrreiches Beispiel, indem das Frostmaximum des Landes zwischen Weser und Mulde nicht im Oberharze, sondern südlich desselben im Unstrut-Gebiete, in einem Hügellande von ca. 200 m Niveau lag.

Niederschläge und Bewölkung. Die gesamten hercynischen Landschaften liegen in einer Regenzone von 50—120 cm Höhe im Jahresdurchschnitt, allerdings mit bedeutenden Verschiedenheiten nach Berg und Thal.

. Die herrschende allgemeine Regenverteilung braucht hier nicht ausführlich wiedergegeben zu werden; man vergleiche darüber HANN a. a. O., Bd. III, S. 157—159 und 162, besonders aber SUPANs Karten über die jahreszeitliche Verteilung der Niederschläge in Europa[3]). Nach diesen ist der Winter mit 10—20 % die niederschlagsärmste Zeit, Frühling und Herbst halten mit der nächsten Stufe von je 20—30 % die Mitte, und der Sommer ist mit 30—40 % der

---

1) Seit 1868.   2) Seit 1881.   3) Geograph. Mitteilungen 1890, Taf. 21.

Gesamtniederschlagsmenge die regenreichste Jahreszeit. Im Winter liegt aber ein niederschlagsreicheres Gebiet (mit 20—30%) im Nordwesten der central-hercynischen Bergländer und beeinflusst alle um den Harz gelegenen Gaue sowie den Harz selbst sehr stark; im Sommer liegen dagegen kleinere, noch regenreichere Gebiete (mit 40—50 %) im Osten. und Südosten vom Königreich Sachsen.

Ferner fällt fast das ganze Gebiet in die Abstufungen von 60—70 % Bewölkungsziffer nach ELFERTs Kartographie der mitteleuropäischen Isonephen, wobei allerdings auch wiederum für kleine Gebietsstrecken Ausnahmen hervor-treten. Die in den Niederschlags- und Bewölkungsziffern bestehende innere Verschiedenheit macht aber erst in Verbindung mit den Temperaturen die Vegetationsbedingungen unseres Gebietes so verschiedenartig als sie sind.

Zunächst sind die Gebirge sämtlich niederschlagsreicher als die Hügel-region, am niederschlagsreichsten von allen ist der Harz. Während Erzgebirge und Thüringer Wald auf ihren Kämmen 100—120 cm Niederschlagshöhe haben, besitzt das Brockengebiet 140—170 cm und darüber hinaus; diesen Schnee- und Regenhöhen entsprechen dann·Bewölkungsziffern von 70—75 % und mehr. Auch im bayrischen Walde scheint die Niederschlagssumme eine bedeutendere zu sein als im Thüringer Wald und Erzgebirge, da v. RAESFELDT nach 10jährigen Beobachtungen des Forsthauses Rabenstein schon für 676 m Höhe den jährlichen Niederschlag zu 115 cm angibt. Für Sachsen hat SCHREIBER eine Verteilungsübersicht der Niederschlagsmengen nach Höhen-stufen gegeben, welche hier im Auszuge folgt:

Höhe	3 Wintermonate	3 Sommermonate	Jahr
100 m	9,3 cm	21,5 cm·	57,2 cm
300 »	12,3 »	23,9 »	67,8 »
500 »	15,1 »	26,3 »	78,1 »
700 »	18,1 »	28,6 »	88,6 »
900 »	21,0 »	30,9 »	99,0 »
1200 »	25,3 »	34,5 »	114,6 »

Diese Durchschnittstabelle ist in jüngster Zeit durch eine treffliche karto-graphische Darstellung der jährlichen Niederschlagsmengen in Sachsen durch GRAVELIUS ergänzt[1]), woselbst der Verlauf der Kurven von 90 cm um die höchsten Erhebungen des Erzgebirges an 3 Strecken, wo sich zugleich mon-tane Hochmoore befinden, und dann der Verlauf der Kurven von 80—70 und 60 cm durchaus der Gebirgsabdachung folgt. Für Thüringen, welches wie der Oberharz regenreicher als Sachsen ist, findet sich eine kleine Skizze des Landes bei REGEL (a. a. O., Bd. I, S. 343), nach welcher die gesamte centrale, über 800 m Höhe liegende Gebirgsmasse schon mehr als 100 cm jährlicher Niederschlagshöhe besitzt. Beispiele:

---

1) Zeitschr. für Gewässerkunde, herausgeg. von GRAVELIUS in Dresden, III. 27 (s. bes. S. 48) mit farbiger Karte.

Station	3 Wintermonate	3 Sommermonate	Jahr
Neuhaus am Rennsteig (806 m)	28,5 cm	28,7 cm	107,4 cm
Schmücke am Schneekopf (911 m)	21,7 »	37,7 »	120,1 »
Inselsberg (906 m)	24,0 »	38,8 »	120,7 »

Während wir hier in der mit dem Gebirgsanstieg steigenden Niederschlagshöhe ein ganz allgemein in den deutschen Bergländern herrschendes Gesetz
wiederfinden, von dem uns nur der Grad interessiert, in welchem die einzelnen
Gebirge an der Steigerung der Niederschläge Anteil nehmen, so ist von
anderweitem besonderen Interesse die Kenntnis der niederschlagsärmsten
Gebiete in der Hügelregion, deren Lage selbstverständlich ebenso von dem
ganzen orographischen Aufbau der hercynischen Gaue abhängt. In dieser
Beziehung das Verständnis im einzelnen herbeigeführt zu haben ist das Verdienst von ASSMANNs oben genannter Abhandlung, deren Inhalt vom meteorologischen Gesichtspunkte betrachtet aus dem kurzen Referat von SUPAN[1])
zu entnehmen ist. Die Gebirge beeinflussen das lokale Klima auf weitere
Entfernungen hinaus besonders durch ihre Lage gegenüber den herrschenden
Winden, und die Niederschlagshöhen sind an ihrer Windseite anders verteilt
als an der von der Hauptwindrichtung abgewendeten, sogen. »Leeseite«. Die
Temperaturmaxima sind auf der Leeseite höher und die Minima niedriger
als auf der Windseite; auf der Leeseite treten ferner abgeschlossene Gebiete
von verhältnismäßig geringer Bewölkung auf und die allerdings nicht
seltenen Niederschläge sind schwächer. Aus dem Zusammenwirken dieser
Faktoren erklärt sich nicht nur manches, was oben in dem Ansteigen der
Vegetationsregionen auf die hercynischen Gebirge nach NW und SO gesagt
wurde, sondern besonders ist ihm durch die Lage des Thüringer Waldes und
Harzes zuzuschreiben, dass im Thüringer Becken ein Gebiet von kon-
tinentalem Klimacharakter entstanden ist, rings umgeben von feuchteren
Klimaten und nach dem östlichen Harzvorlande hin etwas allmählicher verlaufend. Von großem Interesse hierfür ist ASSMANNs Karte Nr. 7 mit Nieder-
schlagsgebieten in 8 Stufen von 45—170 cm; die niederschlagsärmsten Landstriche von 45—50 cm Höhe[2]) in den Gauen von Salzwedel im N bis Coburg
im S, Cassel im W und Leipzig im O liegen im Gebiete der Unstrut und
Helme, von den Mansfelder Seen rings um den als Finne bezeichneten Bergzug mit nordwestlicher Erstreckung über den Kyffhäuser bis zur Hainleite:
an dieser Stelle, wo bei Auleben die trockenen Gypshöhen mit Adonis
vernalis und Hutchinsia petraea auffallende physiognomische Erscheinungen bilden, enden thatsächlich gewisse Steppengenossenschaften gegen NW,
und ähnlich liegen die Verhältnisse in dem kleineren Landstrich mit 45—
50 cm Niederschlagshöhe, welcher den Unterlauf der Bode zwischen Quedlinburg und dem sich anschließenden Stückchen Saalethal nördlich von Bernburg umfasst. Zwischen beiden niederschlagsarmen Gebieten erhebt sich dann

---

1) Geograph. Mitteilungen, Jahrg. 1886, Litteraturber. Nr. 496.
2) Siehe unsere Kartenerklärung am Schluss von Abschn. V.

mit vom Unterharz her zwischengeschobener breiter Zunge von 60—80 cm
Regengebiet der Oberharz, in raschen Curven von 80 zu 100, 120 und 140 cm
ansteigend und im Brockengebiet selbst 170 cm überschreitend, also die
größten Gegensätze auf einer Strecke Brocken-Kyffhäuser von nur 8 Meilen
(60 km) Entfernung! An dieser Strecke der Verteilung der Niederschläge über
das Jahr, der Insolation, der Bewölkung, der Zahl der Nachtfröste und Regen-
tage in den kritischen Monaten März—April nachzuspüren und in der Wirkung
auf die Vegetation vergleichend zu beobachten ist eine weitere, höchst dank-
bare Aufgabe, von welcher bis jetzt nur die Grundzüge bearbeitet sind und
uns eine Erklärung der Erhaltung von Steppenformationen im Thüringer
Becken geliefert haben.

Es schaffen sich also die regenreichen hercynischen Gebirge selbst in
ihrer Nachbarschaft die Bedingungen zu ganz anders zusammengesetzten Vegetationsformationen, und wenn sich auf diese Weise Verschiedenartiges in geographisch nahe gelegenen Räumen mischt, so muss man sagen: es gehört
zusammen, das Mannigfaltige bildet die Einheit, neben den hercynischen Gebirgsformationen stehen die mit südöstlichen Genossenschaften erfüllten trocknen
Niederungen als etwas ebenfalls an die hercynische Orographie Gebundenes
da; so, wie sie jetzt sind, mussten sich diese Landschaften im engen Anschluss
an einander entwickeln.

Und wie sich am Harze auf wenige Meilen Entfernung solche floristische
Gegensätze vorfinden, so auch an vielen anderen Stellen im hercynischen
Bezirke in schwächerem Maße da, wo die Natur des Bodens im Zusammenhang mit dem örtlichen Klima in Temperatur und Niederschlagsverteilung
ähnlich verschiedenartige Bedingungen geschaffen hat. Das muss immer von
neuem betont werden, dass die Zusammenwirkung von Bodenbeschaffenheit, Temperatur und Feuchtigkeit den Schlüssel zu der
Vegetationsanordnung geben, dass die Änderung eines Faktors im Zusammen-
spiel sogleich das ganze Bild umzustoßen im stande wäre. So ist der Lößlehm
nur in seiner staubig-trocknen Beschaffenheit unter rasch im Frühling trock-
nenden Sonnenstrahlen, kurzer Schneebedeckung und intermittirender sommerlicher Durchfeuchtung fähig, Steppenpflanzen zu erhalten; die Quadersandsteine
an der Elbe erzeugen auf den Hochflächen dürre Kiefernheiden, aber da, wo
ihre senkrechten Felsabstürze das Rinnsal eines murmelnden Baches vor Aus-
trocknung schützen, wo die Feuchtigkeit eben dieses Rinnsales die Wirkung
der Sommerwärme abschwächt und Moospolster an den Felswänden Platz
greifen lässt, da grünt ein üppiger Wald mit montanen Genossenschaften.
Diese lokalen Modifikationen sind auf der Grundlage des allgemeinen Klimas
immer noch nicht genügend gewürdigt und noch nicht genügend durchforscht;
sie sind es, welche auch die Wasserverteilung zu einem so wichtigen Faktor
machen, dass WARMING diese zur Grundlage seiner ökologischen Bestandesein-
teilung erheben konnte, und sie sind es, welche sich dem Klimatologen am
besten durch die Vegetation und deren phänologische Erscheinungen verraten,
während umgekehrt der Pflanzengeograph der Klimatologie die festen und

großen Grundlagen verdankt, um den äußeren Einflüssen im Gepräge der gesamten Vegetationsphysiognomie gerecht zu werden.

Klima der Gebirgsthäler. Von besonderer Bedeutung für die hercynischen Gebirge ist die Thatsache, dass die den Hochbergen nahe gelegenen Thäler unter besonderen Umständen die Eigenschaften eines rauhen Klimas in unseren, doch immerhin nicht bedeutenden Höhen in stärkerem Maße verraten, als die höher gelegenen Rücken und breiten Gipfel. Dies zeigt die Vegetation ebenso wie auch unter günstiger Verteilung der Stationen die Meteorologie. Von den sächsischen Erzgebirgsstationen sind die Thalstationen Rehefeld und Georgengrün verhältnismäßig recht kalt, noch mehr Elster[1]) in dem nach Norden hin gerichteten Thalzuge, welcher aus niederem Gebirge im Anschluss an das Fichtelgebirge ausgeschnitten ist. Einen besonders lehrreichen Fall hat ASSMANN in der thüringischen Station Katzhütte behandelt, welche 434 m hoch, eingekeilt zwischen hohen und steilen Bergen, im oberen Schwarzathale liegt, und zwar an einem Zusammenfluss mehrerer tiefer Thäler, in welchen die nächtlich an den Berggehängen erkaltete Luft zusammenströmt und einen atmosphärischen »Eissee« bildet, da Abfluss und Ventilation erschwert ist. Im SW, S und SO liegen an dieser Stelle die höchsten Erhebungen des Gebirgskammes (Wurzelberg 866 m). Diese Höhen schließen die Besonnung des Thales für beträchtliche Zeit aus, selbst die gegenüberliegende nördliche Thalwand bleibt bei tiefstem Sonnenstande noch im Schatten. Während dieser Zeit sinkt die Temperatur durch Ausstrahlung nicht allein während der Nacht, so dass die mittleren Minima der 5 Wintermonate November—März in Katzhütte nahezu — 5° C. erreichen, dagegen auf der um 360 m höher gelegenen Station Neuhaus am Rennsteig nur — 3,6° C. Schon an der Dauerhaftigkeit des Schnees in den Frühjahrsmonaten kann man solche lokale Kälteherde erkennen, gerade wie nördlich vom Brockengipfel das »Schneeloch« einen solchen bildet, oder wie der Schnee nicht etwa zuletzt auf dem Keilberge im Erzgebirge abschmilzt, sondern in dem etwa 300 m tiefer gelegenen »Zechgrunde« an der Straße von Oberwiesenthal nach Gottesgab, wo um Johannis der letzte Spätschnee verschwindet und 8—14 Tage später die Heidelbeere erblüht.

Schneedecke und Rauhfrost. Dies führt uns noch einmal zu den das Gebirgsklima auszeichnenden Erscheinungen des Winters zurück, welche die oben besprochene Frostwahrscheinlichkeit ergänzen. Die Schneedecke lindert einerseits die Wirkungen der Fröste auf die Vegetation, andererseits verzögert sie den Einzug des Frühlings und sorgt auf diese Weise indirekt dafür, dass die Übergangszeiten vom Winter zum Frühling im Gebirge viel sicherer und gefahrloser vorübergehen, als wenn die Vegetation wie im warmen Hügellande der häufigen Abwechselung von Schnee, Barfrösten oder Thauwetter ausgesetzt wäre.

---

1) Siehe oben S. 72, Tabelle der absoluten Minima.

SCHREIBERS übersichtliche Tabellen geben für Sachsen folgende

Anzahl der Tage mit Schneedecke:

Höhe	Dez.—Febr.	März—Mai	Jun./Aug.	Sept.—Nov.	Jahres-summe
100 m	11 + 14 + 20	12 + 0 + 0	0	0 + 0 + 1	58
300 »	15 + 18 + 23	17 + 2 + 0		0 + 1 + 4	80
500 »	18 + 22 + 26	21 + 6 + 1		0 + 2 + 7	103
700 »	22 + 26 + 28	26 + 10 + 1		0 + 3 + 10	126
900 »	26 + 30 + 28	30 + 14 + 2		0 + 5 + 13	148
1200 »	31 + 31 + 28	31 + 20 + 2	8	0 + 7 + 17	167

Diese Tabelle zeigt, dass von 700 m an erst mit dem April als beginnendem Thaumonat zu rechnen ist, und oft genug fällt in diesen Höhen auf dem Erzgebirge Anfang April ein Neuschnee, der das Gebirge noch für viele Wochen unwegsam macht und in den Wäldern bis zum Mai überdauert. Die Wiesen, selbst die Moore, sind viel früher schneefrei.

Der Rauhreif ist eine fast nur im Gebirge bekannte Form des Niederschlages, welche aus überkalteten, durch den Wind angetriebenen Wassertröpfchen entsteht, wenn .sie auf ihrer Haftfläche sofort zu zierlichen Eiskrystallen zusammen frieren; dabei bilden sich oft erheblich wachsende Massen, deren Glanz später im hervorbrechenden Sonnenlichte an den Fichten und blattlosen Zweigen der Laubbäume die prachtvollsten Winterbilder erzeugt. Eine andere Form von Eisbildung aus der Atmosphäre ist die, dass nicht überkaltete, kleine Regentropfen durch gewöhnlich sehr heftigen Sturm an Zweige etc. angetrieben, dort gefrieren und in der gegen den Wind stehenden Richtung dabei dicke Eisschichten bilden, auf denen sich später richtiger Rauhreif in krystallinischer Form bildet. Beide Formen habe ich noch im April bei 600—700 m sowohl im Harze als im Erzgebirge wiederholt, im tiefen Winter häufiger auch in niederen Regionen als eine Erscheinung beobachtet, welche den Bäumen außerordentliche Ertragungsfähigkeit zumutet. Im Fichtenwald erfolgen Astbrüche; noch schlimmer sieht es auf den Heerstraßen aus, wo die Ebereschen und Bergahorne mit einer mächtigen Eisschicht an den feinsten Zweigen unbehülflich im Sturme schwanken. Nach SCHREIBERS Tabellen für Sachsen entfallen dort im Durchschnitt 3 Tage mit Rauhfrost auf die Hügelregion bei 100 m, 9 Tage bei 300 m, 15 Tage bei 500 m, 21 Tage bei 700 m, 29 Tage bei 900 m und 39 Tage bei 1200 m, welche sich auf die 5 Wintermonate mit dem Maximum im Dezember und Januar verteilen.

Zusammenfassung. Aus den mitgeteilten Grundzügen der hercynischen Temperatur- und Niederschlags-Verteilung wird sich ein Gesamtbild der die Flora beherrschenden klimatischen Einflüsse, aus den einzelnen Bemerkungen der Hinweis auf die Wichtigkeit örtlicher Veränderungen dieser Grundlagen ergeben haben. Wir sehen, dass im allgemeinen die Winter von Westen nach Osten an Schärfe zunehmen (Cassel—Görlitz), während nicht in gleichem Maße die sommerliche Insolation zunimmt. Hierfür sind im Gegenteil die Bewölkungs- und Niederschlagsverhältnisse bestimmend, welche sich an die Lage und Höhe der

Gebirge anknüpfen und im Windschatten relativ trockne Gebiete erzeugen. Das Gebirgsklima zeigt sich überall der Höhe entsprechend, nur ist der Harz durch besonderen Reichtum an Niederschlägen und durch eine besondere zeitliche Verteilung derselben ausgezeichnet.

Wenn diese Erwägungen THIELE veranlasst haben, das Erzgebirge und die Oberlausitz kurzweg an sein »ostkontinentales oder sarmatisches Gebiet« anzuschließen, so erscheint dies viel zu weitgehend, wenngleich bei den allmählichen Übergängen vom westdeutschen zum ostdeutschen Klima stets eine gewisse Willkür erlaubt ist. Mir erscheint es richtiger, den von ASSMANN unterschiedenen Haupt-Klimaabteilungen des Gebietes bis zur Pleiße noch 4 östliche hinzuzufügen, so dass dieselben lauten würden: Werraland, westliches Harzvorland, nördliches Harzvorland und Braunschweiger Niederung, Thüringer Becken, Magdeburger Börde, Muldenland, Erzgebirgsabdachung, Elbhügelland, Oberlausitz. Diese Abteilungen entsprechen, wie der Vergleich lehrt, genau den 3 hercynischen, in je 3 floristische Landschaften zerfallenden Gauen. Dabei sind die Gebirgskämme mit ihren starken Niederschlägen und niederen Temperaturmitteln nicht besonders genannt, deshalb auch der Böhmer Wald mit seiner anderen westlich und östlich von seinem Kamme liegenden Klimasphäre nicht aufgeführt. Hercynisch ist dies ganze weite Land insofern, als die Lage und Höhe von Mittelgebirgen bestimmten Charakters über die einzelnen Gaue entscheidet und vielerlei Modifikationen durch sie und die von ihnen ausgehenden Thalzüge geschaffen werden.

2. Phänologische Beobachtungen.

Nachdem über die genaueren phänologischen Beobachtungen jüngeren Datums sowohl für Sachsen in den Abhandlungen der Isis i. J. 1891—92 von mir selbst als auch für Thüringen in REGELS »Thüringen« [1]) neben vielen vorn genannten Einzelschriften berichtet ist, mag es hier genügen, diejenigen allgemeinen Resultate darzulegen, welche die phänologische Stellung der Hercynia im Rahmen von HOFFMANNS bekannter phänologischer Karte [2]) und dessen späteren von IHNE vervollständigten Angaben über die Zeit des Frühlingseinzuges charakterisieren. Diese Resultate sind hier neu berechnet, befolgen aber die in Deutschl. Pflanzengeographie Bd. I, Abschn. 5 auseinandergesetzte Methode. Dieselbe legt ein Hauptgewicht auf den Vergleich der Frühlings-Hauptphase, welche sich in der Region III (mittel- und süddeutsches Hügelland) berechnet aus dem Eintritt der 1. Blüte bei Prunus Padus, Pirus communis und Malus silvestris, ferner aus dem Eintritt von Fagus silvatica in die mittlere Belaubung (Fol. I—II). Wo im unteren Berglande die Verzögerung der ersten Apfelblüte gegenüber der mittleren Belaubungszeit der Buche ein gewisses Maß von Tagen überschreitet, soll der Eintritt in die Frühlingshauptphase hergeleitet werden aus der 1. Blüte von

---

1) Bd. I. S. 385.   2) Peterm. geogr. Mittlgn. 1881, S. 19, Taf. 2.

Prunus Padus und Sorbus aucuparia, dazu aus der Belaubung von Buche und Birke (Fol. II)[1]), und diese letztere Berechnungsart scheint nach meinen jetzigen Erfahrungen in den hercynischen Gebirgen oberhalb 400 — 500 m bis zur Buchengrenze die beste.

Die Angaben sind in Tageszahlen gemacht, bei denen der 21. Dezember als Nullpunkt dient und mithin der 1. April der 101 Tag ist; in diesen Zahlen ausgedrückt fällt nach den 1891/92 veröffentlichten, damals achtjährigen Mitteln (für Sachsen) das Datum dieser bevorzugten Phasen in den Meeres-höhen von 100—600 m folgendermaßen:

Prunus Padus e. Bl.	129—165		Sorbus aucuparia e. Bl.	143—163
Pirus communis e. Bl.	124—155		Fagus silvatica Fol. I—II.	125—141
Malus silvestris e. Bl.	130—158		Betula alba Fol. II.	120—144

Etwa 20 bis 30 Tage gebraucht demnach der Frühling an Zeit, um in Sachsen diese zu seiner Norm erwählten Phasen auf rund 500 m Höhen-differenz zu durchlaufen; die Frühlingshauptphase fällt demnach im Elbthal und in der Weißen Elster-Niederung zu Ende April und hat erst 3—4 Wochen später die Erzgebirgshöhen bei Annaberg und unterhalb Altenberg erreicht.

Den früheren Beobachtungen sind nun das letzte Jahrzehnt hindurch andere nachgefolgt, bei denen ich mich wiederum der willigen Beihülfe vieler Mitglieder unserer sächsisch-thüringischen Vereine erfreute, und aus diesen kann schon jetzt wenigstens ein kurzer Auszug mitgeteilt werden.

Es kommt hauptsächlich jetzt darauf an, das Verhältnis von Sachsen und Thüringen zu einander festzustellen. Bekanntlich liegt am Rhein das früheste phänologische Frühlingsstadium, in Mecklenburg—Ostpreußen das späteste, so dass sich hiernach ein allgemeiner von SW nach NO gerichteter Gang des Frühlingseinzuges herausstellt. Gilt derselbe nun auch für die Hercynia so, dass das Thüringer Becken vor Sachsen bevorzugt erscheint?

Um dies zu entscheiden, verglich ich zunächst die bei REGEL aus der Periode 1880—90 mitgeteilten Beobachtungen in Thüringen mit den sächsi-schen Daten. Erstere betreffen besonders Halle, dann 3 dicht beisammen am Kyffhäuser gelegene Stationen Bendeleben, Sondershausen und Großfurra, welche ich zu einem gemeinsamen Mittel für die Sondershäuser Gegend von 160—250 m Höhe zusammengezogen habe. Hiermit sollen verglichen werden die vogtländischen Stationen Greiz und Plauen, die allerdings um mehr als 100 m höher liegen; von Greiz war schon früher gezeigt[2]), dass diese Station einen nur wenig gegen Dresden im Elbthal zurückstehenden Frühjahrsgang habe. Ferner sollen damit verglichen werden die Stationen Meißen und Dresden, von denen die erstere einzelne wertvolle Phasen inzwischen durch WOLF veröffentlicht hat[3]), und das Mittel zweier verschiedener Beobachtungs-reihen von Pirna, alle aus 110—140 m Höhe.

---

1) Vergl. »Isis« 1892, Abh. 13.
2) »Aufruf zur Anstellung neuer phän. Beob.« in Isis 1892, Abh. 14: Schlussanhang.
3) Dr. FRANZ WOLF, Die klimatischen Verhältnisse der Stadt Meißen; 1890. (S. 51 u. flgd.)

Auszug aus den Beobachtungen 1880—1890.

	Halle	Sondershausen	Vogtland	Elbthal Meißen, Dresden	Pirna
Frühlingshauptphase .	122	130	135	130	129
Cornus mas, e. Bl.	93	97	101	96	94
Betula alba, Fol. I	121	123	123	117	122
Ribes rubrum, e. Bl. . .	112	123	122	118	118
Prunus spinosa » » . .	114	124	125	124	124
Sorbus aucuparia » » . .	140	145	151	144	143
Crataegus Oxyac. » » . .	138	145	152	147	146
Sambucus nigra » » . .	158	164	168	162	159
Tilia grandifolia » » . .	184	182	189	186	183

Hiernach ist also Halle a. S. dem wärmsten Teile des sächsischen Elbthales um etwa eine Woche in der Zeit des Frühlingseinzuges voraus, und
auch die auf die Frühlingshauptphase folgenden Phasen behaupten noch einen
ähnlichen Vorzug, der erst zur Zeit der Fliederblüte und Lindenblüte ausgeglichen wird. Die Umgebung von Sondershausen in 160—250 m Höhe hält
sich mit dem Elbthal bei Dresden-Meißen in 110—130 m Höhe fast ganz
gleich, würde also, da 50—120 m Höhendifferenz schon etwas in Betracht
kommen, an sich bevorzugt sein. Dies zeigt sich deutlicher bei Herausgreifen
der nur 160 m hoch liegenden Station Bendeleben allein: deren Frühlingshauptphase fällt auf den 127. Tag, also 3 Tage früher als Dresden,
Crataegus blüht 5 Tage früher, Cornus 3 Tage früher, selbst die Linde wird
noch 6 Tage früher erblühend angegeben. Also selbst der Umkreis des Kyffhäusers ist im Frühlingseinzuge bei annähernd gleicher Meereshöhe dem Elbthale Pirna—Meißen überlegen.

Diese Frage ist nun noch in den Beobachtungen 1893—1900 weiter verfolgt, aus denen für eine Reihe wichtiger thüringisch-sächsischer Stationen
ziemlich vollständige Vergleiche vorlagen. In Dresden fiel auch in der Periode
1891—1900 die Frühlingshauptphase, welche im Folgenden allein zum Vergleich
verwendet werden soll, auf den 130,4. Tag (also zwischen 30. April und 1. Mai),
schwankend zwischen dem 18. April als frühestem und dem 6. Mai als
spätestem Termin.

Es ordnen sich die gut beobachteten Stationen aus dieser Periode nach
dem Termin der Frühlingshauptphase in folgender Reihe:

Gera (200 m Höhe) . . . Tag 127.
Halle (87 m) . . . . 128[1]).
Sondershausen (200 m) . . . 130.
Bad Sulza (Saale, 134 m) . . 130,5.

Erfurt und Gotha (200—300 m) 133.
Leutenberg (Schwarzburg-Rudol-
stadt, 302 m) . . . . . . 137.
Schleiz (434 m) . . . . . . 139.
Pausa (Vogtland, 433 m) . . . 147.

In Dresden (115 m Höhe) von 1893—1900: Tag 129.

1) Die Beobachtungen lassen eine Berechnung der Hauptphase nur auf 4 Jahre zu, unter
denen sie zweimal mit Dresden zusammenfiel.

Bedauerlicher Weise stehen brauchbare Vergleichszahlen für den genannten Zeitraum aus dem Werrathal zwischen Treffurt—Eschwege und Witzenhausen, sowie aus dem Leinethal von Göttingen nordwärts nicht zur Verfügung; es lässt sich erwarten, dass die genannten Werra-Gegenden sich den günstigsten Thallagen an der Saale und Weißen Elster gleich verhalten oder dieselben noch überflügeln. Weniger das Leinethal, soweit mir darüber nach eigenen früheren, fragmentarisch gebliebenen Beobachtungen ein Urteil zusteht[1]).

Von diesen Landstrichen abgesehen darf man daher für die hercynische Niederung und Hügelregion als die durch die früheste Frühlingshauptphase ausgezeichneten Gegenden ansehen: das Thal der Weißen Elster bei Gera und das Saalethal bei Halle; von hier verbreitet sich der Frühlingseinzug wenige Tage später in die Gegend von Leipzig ostwärts und — voraussichtlich demselben Frühlingsstrome von der Werra her entgegenkommend — südlich vom Harze zum Kyffhäuser westwärts. Schon etwas früher hat der Frühling im wärmsten Teile des Elbthales bei Pirna seinen Einzug gehalten und geht rasch stromab in die Thalweitung nach Dresden und Meißen.

Von diesen tiefen Thälern aus zieht der Frühling auf die Hochflächen, so besonders in das Thüringer Becken etwa 1 Woche später als in Gera; noch später zieht er in die Vorberge der genannten großen Ströme (Greiz ca. 7 Tage nach Gera Schleiz 12 Tage nach Gera), und schon verhältnismäßig niedere Stufen des Berglandes, wie z. B. Pausa im Vogtlande noch nicht 250 m höher als Gera, können schon 20 Tage Verspätung zeigen. Die an der Buchenwaldgrenze im Erzgebirge gelegenen Stationen (Reitzenhain, Altenberg etc.) zeigen im allgemeinen eine Verspätung der Frühlingshauptphase gegenüber Gera um nicht mehr als 25 Tage (nach Obstblüte berechnet allerdings einige Tage mehr, ca. 4 Wochen). An anderer Stelle (Kulturzonen Sachsens) ist auseinandergesetzt worden, in wie fern diese doch immer noch nicht so sehr bedeutende Verspätung entscheidend ist für die gesamte Formationsentwickelung und Kulturfähigkeit des Landes. Je mehr die Hauptphase gegen Ende des Monats Mai fällt, desto mehr wird die Hauptzeit für Reifung der Früchte und ebenso die Vollendung des Jahresringes auf die Zeiten nach dem Sommersolstitium verschoben, in denen die Tage wiederum kürzer und die Nächte kühler werden. Muss doch in diesen Umständen die entschiedene Höhengrenze unserer Laubbäume als begründet angesehen werden, wozu die Phänologie die Handhabe bieten will.

---

1) Siehe Tageblatt der 51. Vers. deutsch. Naturf. u. Ärzte. Cassel 1878. S. 84—85.

Drittes Kapitel.

Die hercynische Flora in ihren Beziehungen zu den benachbarten Florenbezirken.

1. Statistik und Florenkontraste.

Gesamtzahlen. In den 14 hercynischen Landschaften kommen nach meiner Zählung 1564 wildwachsende Gefäßpflanzen vor, nämlich 366 Monokotyledonen, 1138 Dikotyledonen, 6 Gymnospermen (Coniferen), 54 Gefäß-Sporenpflanzen, zusammen also die reichliche Hälfte der Flora im ganzen deutschen Gebiete, sowie dasselbe in »Deutschlands Pflanzengeographie« Bd. I, S. 272—274 nach seinem Artenreichtum abgeschätzt worden ist. Solche Abschätzungen sind allerdings in dreifacher Hinsicht schwierig und unsicher; einmal ist der Speciesbegriff bei verschiedenen Autoren sehr schwankend, zweitens giebt es außer dem eigentlichen und sicheren Hauptbestande von Arten solche, welche aus benachbarten Gauen herüberkommend nur der einen oder anderen Landschaft durch ihre Gegenwart einen Sondercharakter verleihen; endlich auch sind die Ansichten über das Mitzählen neu eingebürgerter Arten, welche dem Florengebiet ursprünglich durchaus fehlten, verschieden. Daher mag bemerkt werden, dass ich den Artbegriff nach früher dargelegten Prinzipien weiter gefasst habe, als es in vielen neueren Floren wenigstens mit Rubus, Rosa, Euphrasia, Thymus zu geschehen pflegt, etwa in der Handhabung wie CELAKOVSKY im »Prodomus der Flora von Böhmen«. Ferner sind alle deutschen Arten mitgezählt, welche in auch nur einer hercynischen Landschaft sichere und ursprüngliche Standorte besitzen. Endlich sind die dauernden Besiedler unserer Feldkultur-Flächen, der sogen. Kulturformationen, und diejenigen fremdländischen Gewächse, welche sich (wie Oenothera, Mimulus, Rudbeckia) dauernde Plätze in den altangesessenen Formationen erworben haben, gleichfalls mitgezählt; unsichere Ansiedler und Gartenflüchtlinge der jüngsten Zeit, wie eine größere Zahl nordamerikanischer Aster-Arten, aber sind fortgelassen. — Die Zahl der Moose und Lebermoose beträgt nach SCHORLERs statistischen Tabellen 645 Species; diejenige der Thallophyten ist noch nicht genauer festgestellt und beträgt in den floristisch wichtigen Arten vielleicht 2000.

Es ist also eine stattliche Anzahl von Arten hier im Herzen von Deutschland zusammengekommen, eine mannigfaltige Flora, welche sich auf das Zusammenströmen mannigfacher baltischer Elemente mit nordalpinen stützt, und in der auch nordatlantische wie arktisch-circumpolare Bürger nicht fehlen. Trotzdem bringt der hercynische Bezirk in die deutsche Flora nur einzelne schwache Arten hinein, welche in keinem anderen Nachbarbezirke vorhanden sind, und nur wenige Arten haben hier in einzelnen Gauen ein stärkstes, fast wie Entwickelungsherd aussehendes Vorkommen. Die schwächeren Arten können dagegen als hier entstanden betrachtet werden, so besonders die

Armeria *Halleri als Unterart von A. elongata und das Hieracium
*bructerum des Oberharzes[1]).

Die Untersuchungen auf diesem Gebiete können aber zur Zeit noch nicht
als abgeschlossen gelten, da die phylogenetische Arbeitsmethode für die syste-
matisch-geographische Richtung überhaupt noch sehr jung und schwierig ist;
jedenfalls sind die Sudeten an solchen jüngeren Subspecies polymorpher
Formenkreise viel reicher, als die hercynischen Bergländer.

Florenkontraste gegen die benachbarten Florenbezirke. Die Hercynia gehört
zum Bereich der nordalpinen Florenbezirke, d. h. zu denjenigen Landschaften,
welche in der Hauptsache von den aus den nördlichen Alpenländern her-
stammenden oder unter ihrer Obhut vorgedrungenen Pflanzengenossenschaften
besetzt gehalten werden; diese Genossenschaften verteilen sich in die entsprechenden Höhenstufen des Geländes, und hochalpine fanden überhaupt auf
den hercynischen Gebirgen keine Stätte.   Die montanen Genossenschaften aber
endigen im mittleren Deutschland gerade in diesen Berglanden als auf den
letzten Standorten, die ihnen ein breites Ansiedelungsfeld boten.   Die norddeutsche Niederung ist dagegen von baltischen, bez. von nordatlantischen
Genossenschaften aus dem Osten bez. Westen her besetzt, zeichnet sich außerdem durch littorale Formationen aus, die nur wenig weit vom Strande ab-
gehen, und diese Genossenschaften branden gewissermaßen an dem Grenzwall,
welchen die Hügelgelände und Gebirge Mitteldeutschlands ihnen entgegen gesetzt haben.   Unter den Wirkungen der Eiszeit haben diese Mittelgebirge,
voran der Harz, während gewisser Perioden dem Austausch arktischer und
alpiner Genossenschaften gedient und haben von ersteren nicht nur vieles
weiter nach Süden befördert, sondern haben auch mancherlei Arten für sich
behalten, welche nun den Alpen fehlen, dagegen im oberen hercynischen
Berglande zu Mischbeständen verwendet sind.   Auch die norddeutsche Niederung hat in ihren Formationen die Spuren dieser Durchzüge vom Norden nach
Süden und umgekehrt aufbewahrt, doch wegen der mangelnden Besiedelungs-
plätze in minderem Maße.   Gewiss ist dafür der orographische Aufbau in erster
Linie entscheidend gewesen; immerhin zeigt sich eine gewisse Verwandtschaft
zwischen Norddeutschland und dem hercynischen Bezirke.

Aber im allgemeinen muss nach dem Gesagten der hercynische Bezirk
sich ähnlicher zu den rings um ihn nach O, S und W liegenden Berg- und
Hügellandschaften bis zum Fuße der Alpen verhalten, als zu den norddeutschen
Niederungslandschaften, wenn er auch zwischen allen diesen vermittelt.

So ist es denn auch in der That; der stärkste Florenkontrast[2]) besteht
zwischen den hercynischen Landschaften und denen des nordwestlichen Deutschlands, der sogen. nordatlantischen Niederung; ein schon viel geringerer Kontrast
scheidet dann die südbaltischen Landschaften, welche von Preußen und
Pommern nach Brandenburg hin ausstrahlen, von unserem Bezirk, was man

---

1) Schwache Arten oder Subspecies werden durch dem Namen vorgesetzten * Stern bezeichnet.
2) Vergl. Deutschlands Pflanzengeogr. I. S. 11.

auch orographisch und geognostisch leicht aus dem Vorhandensein gegliederter Hügellandschaften mit bald kalkigen, bald lehmigen oder sandigen Böden im baltischen Nordosten verstehen kann.

Sowohl dem Nordwesten, als auch dem Norden und Nordosten gegenüber bewahrt das hercynische Hügelland wie das höhere Bergland in vielen Formationsbildern seinen eigenen Charakter, der hier gegen Norden endet. Hier enden die von der Edeltanne und dem Bergahorn durchsetzten Bergwälder, in denen überall Sambucus racemosa seine roten Fruchttrispen reift neben der schwarzbeerigen Lonicera, in denen die Tollkirsche die Lichtungen besiedelt, der rote Fingerhut Waldschläge erfüllt, und Senecio nemorensis auf weite Strecken hin zur allein herrschenden Staude wird; hier enden die Bergtriften in dem oberen Fichtengürtel mit den massenhaft im Winde wehenden Halmen von Calamagrostis Halleriana[1]). Aber diese Grenzen sind durchschnittlich alle schärfer gegen den Nordwesten als gegen den Nordosten; das baltische Seenland hat im Gegenteil einer Reihe von Arten noch einmal Wohnstätten geboten, die man sonst nur im mitteldeutschen Berglande von den Alpen ausgehend zu sehen gewohnt ist.

Die nordatlantische Niederung grenzt nordwärts an das Weserland und an das Braunschweiger Hügelland an. In diesem pflanzenarmen Bezirke, welcher von den charakteristischen Vegetationslinien der Myrica Gale und des Narthecium ossifragum umschlossen ist, fehlen rund 600 hercynische Arten von Gefäßpflanzen der oben gemachten Zählung, bez. sind hervorragende Arten der hercynischen Formationen dort nur als Seltenheiten an wenigen Stellen zu finden.

Viel mehr Verbindungsglieder mit der Hercynia zeigen die zum südbaltischen Bezirke gehörigen deutschen Provinzen Brandenburg, Pommern und Preußen, wie schon aus einem Vergleich der von GRAEBNER (V. d. E. Heft 5, Die Heide) jüngst veröffentlichten Listen und den auf der Karte angegebenen Vegetationslinien von Scorzonera purpurea, Cytisus nigricans, Ledum hervorgeht. Es lassen sich leicht über 100 wirklich charakteristische Arten wie Lilium Martagon, Ribes alpinum, Daphne, Actaea, Peucedanum Cervaria und Oreoselinum, Inula hirta, Astragaleen etc. aufzählen, welche alle von der Hercynia in das nordöstliche, nicht aber in das nordwestliche Deutschland übertreten.

2. Die Arealformen der in der hercynischen Flora vorkommenden Arten.

Die Schärfe pflanzengeographischer Betrachtung liegt hinsichtlich des floristischen (nicht biologischen) Teiles in der Kenntnis der Areale; man möge

---

[1]) Diese Art scheint nur schwierig von der als Bastard geltenden C. Hartmanniana als baltischer Art zu trennen. Für die russ. Ostseeprovinzen hat vor kurzem KUPFER die betreffenden Verbesserungen gemacht, nicht unwichtig bei der Schwierigkeit der Calamagrostis-Diagnosen. (Korrespondenzblatt d. Naturforscher-Ver. zu Riga, 1898, Bd. XL., S. 54.

eingedenk bleiben, dass die Überschrift über dieser ganzen Abteilung von Abhandlungen zur »Vegetation der Erde« als Grundzüge der Pflanzenverbreitung gefasst ist. Eine vertiefte Arealkenntnis bis in alle Einzelheiten hinein zu geben würde hier zu viel Raum beanspruchen; eine gute Flora wie die von GARCKE muss oftmals stillschweigend als Ergänzung vorausgesetzt werden. Vielfache Hinweise sind in Deutschlands Pflanzengeographie Bd. I gegeben, und weitergehende werden ebenda in Bd. II folgen. Jedoch ist es nötig, kurz eine daselbst weiter auszuführende Einteilungsmethode zu berühren, welche uns in den Stand setzen soll, die Areale hinsichtlich ihres Gesamtverhaltens in Deutschlands Flora zu bezeichnen, eine Methode, welche zuerst im Anschluss an eine Vortragsskizze über die hercynische Pflanzengeographie veröffentlicht wurde[1]).

Die Areale der die deutsche Flora zusammensetzenden Arten sind sehr verschieden gestaltet; für viele bildet Mitteleuropa den Kernpunkt, eine große Zahl liegt nur in den Alpenländern, andere berühren Deutschland nur von einer Seite oder zeichnen seine Flora mit zerstreuten Flecken eng umschränkter Standorte, während ihre zusammenhängende Fläche in ganz anderen Teilen Europas liegt. Auch ist an den Zusammenhang solcher Areale mit außereuropäischen Gebieten, besonders mit dem westlichen Sibirien oder dem von Grönland bis Spitzbergen reichenden atlantischen Teil der arktischen Flora zu denken. Die weiteste Verbreitung ohne besondere einseitige Bedeutung bezeichne ich mit der Signatur **Euras.** (eurasiatisch), wie z. B. für Populus tremula. Nach der Form und Lage engerer Areale unterscheide ich 24 Haupt- und einige Nebentypen in der Pflanzengeographie des ganzen Gebietes von den Alpen bis nach Holland und den baltischen Provinzen, welche zur leichteren Kennzeichnung mit abgekürzten Signaturen versehen werden. In diesen bedeuten die Buchstaben:

E. Europa, bez. der europäische Anteil borealer Areale.

H. Hochgebirge (Alpen, Karpathen, ausstrahlend auf die Mittelgebirge).

M. Mitteleuropa (im Sinne des zu Beginn des nächsten Abschnittes erklärten Florengebietes).

B. Boreal, d. h. von weiter nördlicher Verbreitung.

U. Uralisch, d. h. für Europa besonders in den zu beiden Seiten des Ural gelegenen nördlichen Distrikten zusammenhängend verbreitet.

Po. Pontisch, d. h. mit dem Hauptareal in den südrussischen Steppen liegend.

P. Pontisch im weiteren Sinne, d. h. mit dem Hauptareal auf das untere Donaugebiet (östlich von den Karpathen beginnend bis zum Balkan und zu den nördlichen Gebirgen Macedoniens) fallend.

Atl. Atlantisch, d. h. mit dem Hauptareal in den westlichen Mittelmeerländern ausgebreitet.

---

1) Abhandlg. der naturwiss. Ges. »Isis« zu Dresden, Jahrg. 1898. Nr. V.

NAtl. Nordatlantisch, das Hauptgebiet liegt am Atlantischen Ocean nördlich der Pyrenäen und erstreckt sich jenseits Dänemarks oft in nördliche Breiten.

W. Westeuropäisch in der Bergregion von den Pyrenäen durch Frankreich
  bis zum Rhein und weiter ostwärts in das hercynische Gebiet.

A. Arktisch, d. h. in Island-Grönland-Spitzbergen vorkommend.

Die Ziffern 1—5 bezeichnen engere und weitere Arealausdehnung;
m = montan.

Von den nach solchen Gesichtspunkten in der deutschen Pflanzengeographie unterschiedenen Arealtypen kommen 7 im hercynischen Berg- und
Hügellande nicht vor; dies sind außer den Endemismen der Alpen und Karpathen die südeuropäische und die auf Serbien etc. bis Ostalpen beschränkte
Gruppe, ferner gewisse Formen von Arealen, welche wie die Zirbelkiefer und
Pedicularis sudetica deutsche Bergländer mit dem Norden verbinden und durch
weite Länderräume geschieden als »disjunct« erscheinen.

Die vorkommenden Arealtypen können durch ein Beispiel kurz erläutert
werden:

ME^1 *Fagus silvatica:* engeres Mitteleuropa (welches den kontinentalen Osten
  ausschließt).

ME^2 *Alnus glutinosa:* erweitertes Gebiet von Mitteleuropa.

√ **Mm** *Abies pectinata, Acer Pseudoplatanus:* engeres montanes Areal von dem
  den Alpen vorgelagerten Teile Mitteleuropas.

√ **Mb^1** *Picea excelsa:* erweitertes mitteleuropäisch-boreales Areal.

MbA *Vaccinium Vitis idaea:* das Areal der Fichte bis zum arktischen Gebiet erweiternd.

H^3 *Pulsatilla alpina, Homogyne:* alpin-karpathische, auch sonst weiter in den
  Mittelgebirgen des Areales Mm verbreitete, den Harz in ihrem Areal
  nach Norden nicht überschreitende Arten.

H^4 *Sweertia perennis:* dem vorigen Areal gesellen sich noch sporadische
  Standorte im Bereich des früheren nordischen Landeises in der Niederung zu.

H^5 *Ranunculus aconitifolius:* das Areal wie unter H^3 ist auf Skandinavien
  ausgedehnt, wo die Montanarten in tieferen Regionen wiederkehren.

AH *Salix hastata:* ein der Hauptsache nach arktisch-cirkumpolares Areal
  ist gleichzeitig auf die in H^3 bezeichneten Gebirge ausgedehnt. (Die
  Mehrzahl der hierher gehörigen Arten berührt aber die Gebirge der
  Hercynia nicht, z. B. Dryas octopetala, Saxifraga nivalis, oppositifolia etc.)

AE^1 *Carex rigida* (noch besseres Beispiel *Pedicularis sudetica*, welche nicht
  hercynisch ist): ein arktisches Areal hat, durch weite Länderräume getrennt und daher sehr disjunct, in den mitteldeutschen Gebirgen (bis
  zu den Karpathen) beschränkte Standorte und erstreckt sich nicht auf
  die Alpen.

AE² *Betula nana:* ein arktisches Areal von in Nordeuropa zusammenhängender Fläche durchsetzt mit nach Süden an Zahl abnehmenden
sporadischen Standorten die baltische und mitteldeutsche Flora bis zu
den Alpen.

BU² *Pleurospermum austriacum:* nordische, in Europa uralische Hauptareale
durchsetzen Mitteleuropa von den Alpen und Karpathen sporadisch
weiter gen Westen.

WMm *Digitalis purpurea:* westeuropäische Bergareale, welche von den
Pyrenäen, bez. Central-Frankreich an über die den Rhein begleitenden
Bergländer bis in die hercynischen Berge ausgedehnt sind und welche
die Alpen nur berühren oder gänzlich ausschließen.

Atl *Ilex Aquifolium:* Areale des ganzen südwestlichen Europas.

NAtl *Erica Tetralix, Myrica Gale:* Areale von der oben erklärten Form.

Po¹ *Jurinea cyanoides:* pontische Areale von enger Ausbreitung nach West.

Po² *Stipa pennata, capillata:* pontische Areale von weiter Ausbreitung nach
West, zugleich auch auf die nördliche Mediterranregion ausgedehnt.

PM² *Cytisus nigricans:* weite Areale des westpontischen Bezirkes, deren
Hauptfigur vom südwestlichen Russland bis zum östlichen Deutschland
reicht und die russischen Steppen am Don ausschließt.

Außer diesen Hauptformen kommen noch einige Zwischenstufen vor von
Arealen, welche einseitig eine breitere Ausdehnung angenommen haben, z. B.
AE³ für Areale wie *Empetrum, Listera cordata* (im Süden nur montan-alpin!),
ferner **OMm** (an Stelle der östlichen H³) für Areale wie *Senecio crispatus*, end-
lich **PM³** als Zwischenstufe zwischen PM² und Mm, bez. ME² für Areale wie
Trifolium ochroleucum und *rubens*.

Wie die Zusammenfassung eines Formationscharakters nach solchen Arealtypen sich ausführen lässt, ist in der genannten Abhandlung der »Isis« beispielsweise erörtert und im Abschnitt III unseres Buches wird davon vielfache
Anwendung gemacht werden.   Natürlich ist die Unterscheidung jener Typen
im großen Sinne gemeint, so dass also über die innere Verschiedenheit
der hercynischen Gaue durch sie nichts besagt wird.   Doch ist es auch in
dieser Beziehung selbstverständlich, dass die Areale von der Form Po¹ und
Po² hauptsächlich in den mit Böhmen und der Oder in offener Verbindung
stehenden Niederungen an der Elbe und unteren Saale zu suchen sind,
während solche Areale, wie sie die Bezeichnung Atl ergiebt, vom Nordwesten
her unser Gebiet berühren, und die ein voranstehendes A oder H führenden
Areale nur die obersten Formationen des hercynischen Berglandes auszeichnen
können.

Beziehung der Areale zur Hercynia.   Die vorstehende Areal-Unterscheidung
soll den Blick aus der Hercynia heraus auf die Herkunft ihrer Flora im
Rahmen mitteleuropäischer Entwickelung lenken.

In den beiden folgenden Abschnitten sollen aber die Charakterarten und
ihr Vorkommen nach den beiden Gesichtspunkten ihrer Anteilnahme an

bestimmten Formationen und ihrer Kennzeichnung bestimmter
Landschaften des Hügellandes oder der Gebirge aufgeführt werden, um
daraus schließlich eine summarische Zusammenstellung der wichtigsten Arealformen nach dem Gesichtspunkte der Besiedelungswege in verschiedenartigen
Perioden der Florenentwickelung herzuleiten. Die verschiedene Arealform
bildet daher auch für die specielle Pflanzengeographie eines kleineren Gebietes
einen wesentlichen Gesichtspunkt, indem sie auch noch ihren Ausdruck in
denjenigen Formationen findet, die bald dieser bald jener Landschaft ihren
besonderen floristischen Reiz verleihen.

Daher mag, um auf die inneren hercynischen Verhältnisse zurückzugehen,
Folgendes vorausgeschickt werden. Wir sind gezwungen, die bemerkenswerten
Grenzlinien im Gebiet nach Arten vorzunehmen, welche entweder ganze zu-
sammenhängende Landschaften bevölkern und für die Faciesbildung ihrer
Formationen geradezu maßgebend sind, oder welche nur an einzelnen ausgezeichneten Standorten vorkommen, denen durch sie eine höhere Bedeutung
zufällt. Ersteres ist z. B. mit Aruncus in den östlichen Bergländern und mit
Sesleria auf den westlichen Kalkhügeln der Fall, letzteres mit Dianthus
Seguieri oder mit Coronilla vaginalis in denselben Landschaften, oder
mit Pulsatilla alpina in der subalpinen Heide des Harzes. Das erstere
mag als mehr oder weniger »zusammenhängende Verbreitung«, das letztere als »sporadisches Vorkommen« bezeichnet und unterschieden werden.

Von den Arealen der ersten Kategorie sind gewisse von besonderer
Bedeutung, welche die hercynischen Gaue mit charakteristischen Grenzlinien
durchziehen und dabei besonders eine nach wh. — mh. — oh. (siehe vorn)
gerichtete Verschiedenheit zeigen. Solche Areale werden in den For-
mationsaufzählungen mit einem ° Zeichen versehen.

Die Areale der zweiten Kategorie werden mit Rücksicht auf das Vorkommen solcher Arten im mittleren Deutschland als »disjunct« bezeichnet; die
zusammenhängende Verbreitung solcher Arten liegt meistens in einem ganz
anderen Florendistrikt oder gar Florengebiet, und solche Arten stellen meistens
Relikte aus einer früheren Florenperiode dar. Hierüber handelt dann zu-
sammenfassend Abschnitt V.

Von der Mehrzahl der bei uns zu unterscheidenden Besiedelungselemente
giebt es sowohl Arten der ersten als auch der zweiten Kategorie. Nur ist zu
berücksichtigen, dass das obere hercynische Bergland, welches unsere Karte
über 400—500 m Höhe in gemeinsamer Farbengebung darstellt, in den Höhen
über 700—800 m aus zerstreuten Inseln besteht; und wenn daher Areale wie
die von Empetrum und Andromeda auf diesen Inseln ein regelmäßiges
Vorkommen zeigen, so gilt natürlich ihre hercynische Verbreitung als
»geschlossen« und erhält den oben erklärten kurzen Ausdruck h mont.
(= hercynisch montan). Nur diejenigen Arten des Berglandes, welche weit
aus dem Zusammenhange herausgerissen und weite Strecken ähnlichen
Berglandes überspringend bei uns auftreten, gelten als sporadisch verbreitet
mit disjunctem Areal, und dafür sind folgende Arten typische Beispiele:

Hymenophyllum tunbridgense im Elbsandsteingebirge (Terr. 10). **Atl.**
Salix hastata mit anderen Glacialrelikten am Südharz (Terr. 11). **AH.**
Allium strictum auf dem Bilstein im Höllenthal (Terr. 3). **BU².**
Linnaea borealis (**AE²**), Pulsatilla alpina auf dem Brocken (Terr. 11). **H³.**
Artemisia laciniata u. a. A. im Stassfurt-Arterner Salzgebiet (Terr. 4—5). **Po¹.**
  Ferner folgende Doldengewächse mit ganz verschiedenartigem Areal:
Peucedanum alsaticum in Thüringen bei Arnstadt (Terr. 4). **Po².**
Angelica (Archangelica) *littoralis am Nordharz und in Braunschweig (Terr. 2
  und 11). **AE¹.**
Siler trilobum im Weserlande bei Höxter etc. (Terr. 1). **BU².**
Pleurospermum austriacum in der Rhön und in Thüringen (Terr. 3, 4). **BU².**
  Es geht aus diesen Beispielen zur Genüge hervor, dass sich die disjuncten
Standorte sowohl in den Hügellandschaften der verschiedensten Gaue als im
mittleren wie im obersten Gebirgslande der Hercynia finden, und dass die be-
treffenden Arten sehr verschiedenen Verbreitungskategorien angehören. Dieser
Gesichtspunkt wird in den folgenden Abschnitten weiter entwickelt und es
wird dabei von der Arealfigur in den vorstehend angegebenen Signaturen so
weit als notwendig Gebrauch gemacht werden.

Dritter Abschnitt.

Die hercynischen Vegetations-Formationen in ihrer Ausprägung und Gliederung.

Erstes Kapitel.

Unterscheidung und Gruppenbildung der Formationen.

Allgemeines.

Wenn die Pflanzenbestände der Hügel- und oberen Bergregion durchaus verschieden wären, so würde es am naturgemäßesten sein, die Schilderung hiernach anzuordnen. Aber diese Teilung würde erkünstelt sein nicht nur durch die Verbindung, welche die Bergwälder in mittlerer Höhe bieten, sondern noch mehr durch den gleichartigen Gräserbestand auf vielen Wiesen beider Regionen und durch die Gleichartigkeit der Moorformationen. Hier bildet die obere Bergregion zwar sehr charakteristische Züge aus, aber sie prägt kein durchaus verschiedenes Gesamtbild.

In den vorläufigen Abhandlungen über diesen Gegenstand vom Jahre 1888 und 1889 (Botan. Jahrbücher und Isis-Abh., siehe Litt. S. 18 u. 28) ist eine Einteilung getroffen, welche nach den hauptsächlich bestandbildenden Pflanzenformen oder (in den Fels- und Wasserpflanzen-Formationen) nach den äußeren bedingenden Faktoren des Substrates die Gliederung des gesamten Vegetationsteppichs unseres Gebietes erkennen und gewissermaßen bestimmen lassen sollte; jene Anordnung gleicht einer analytischen Tabelle. In Deutschlands Pflanzengeographie I, Abschn. IV (S. 281 u. ff.) handelte es sich um ähnliche Zwecke, ausgedehnt über ein weit größeres Gebiet mit stärkerer Mannigfaltigkeit der Bestände, weshalb auch dort eine ähnlich klassenbildende Einteilung durchgeführt wurde. Dieselbe unverändert hier anzuwenden und der Reihe nach vorzutragen, welche deutschen Formationen auch im hercynischen Florenbezirke vorkommen und wie sie ausgeprägt sind, würde mir selbst mangelhaft erscheinen und zu solchem Zwecke ist auch der betreffende Abschnitt in Deutschlands Pflanzengeographie nie geschrieben worden. In einem kleineren Gebiete, bei der Möglichkeit eingehender Schilderung der Einzelheiten, ist es naturgemäß, das in der Natur am meisten Verbundene auch in der Beschreibung zu verbinden und demnach die Vielzahl der Formationen zu natürlichen Gruppen aneinander zu reihen [1]). Welche Umstände dafür maßgebend sind, habe ich ebenfalls schon früher (D. Pflzgeogr. I, 284) hervorgehoben, indem ich an einem aus der Thüringer Hügelflora aufgenommenen Beispiele die Übermächtigkeit des Standortes über die Trennung prinzipiell verschiedener Bestände nachwies, welche Bestände eben dadurch zu einer höheren Einheit verbunden erscheinen. Auf diesen Zusammenhang ist auch hier um so mehr hinzuweisen, als in der Pflanzengeographie die Lehre von den Formationen noch nach festeren Prinzipien sucht, um sich wissenschaftlich entfalten zu können; denn sie soll die Grundlagen abgeben sowohl auf dem biologischen (ökologischen), als auf dem florenentwickelungsgeschichtlichen Gebiete hinsichtlich der von den Arten erworbenen Areale.

Der Zusammenhang bezieht sich in unserem Florenbezirk hauptsächlich auf die Verbindung des Waldes einerseits mit den steppenartigen Hügelformationen, anderseits mit den oft in Heide übergehenden Sandfluren, ferner auf die Verbindung der aus Heidegesträuchen, mancherlei Riedgräsern und psammitisch-torfige Bodenarten liebenden Kräutern zusammengesetzten »Niederungsheiden« mit den »langhalmigen Bergtrift- und Riedgrasfluren« und mit der »subalpinen Bergheide«; endlich auf die Verbindung zwischen den subalpinen Quellfluren und torfigen Wiesengründen mit den schattigen Waldbachgründen.

Wälder. Es liegt zwar nahe, die aus geselligen Holzpflanzen gebildeten Bestände sämtlich in eine einheitliche Formationsgruppe zusammenzufassen; allein wenn wir uns einen lichten, von Laubhölzern gebildeten Hain vorstellen, zwischen dessen locker gestellten Stämmen und Sträuchern Pflanzen wie Melittis, Orchis purpurea und tridentata, Laserpitium und Libanotis wachsen, oder über dessen Strauchwerk die Clematis Vitalba weithin ihre Schlingstämme ausbreitet; wenn wir anderseits dann uns das Bild eines Kiefernhaines vergegenwärtigen, der von Vaccinien und Calluna durchwachsen zwischen sich große Strecken mit geselligem Sarothamnus offen lässt und an Begleitpflanzen Helichrysum, Teesdalia oder auch Carex leporina zeigt, so ist der Unterschied ein gewaltiger. Aber mehr als das: die begleitenden Arten, welche sich in beiden Fällen so gut wie völlig gegenseitig ausschließen, sind gar nicht streng an den Wald selbst gebunden, sondern können vom Walde losgelöst selbständig in andere Formationen übertreten: die erste Gruppe in Hügelabhänge mit lockerem Graswuchs oder gar trockenem Gesteinsgeröll, die zweite Gruppe in offene Heiden und Sandfluren. Es giebt also gewisse, dem Walde entsprechende Bestände, in denen die Übermacht der im Substrat liegenden Vegetationsbedingungen das Eigentümliche des Waldcharakters selbst

---

1) Ich verweise in dieser Beziehung auch auf die freie Auffassung und Zusammenstellung der Formationen, welche Dr. R. GRADMANN 1898 in seinem vortrefflichen »Pflanzenleben der Schwäbischen Alb« gegeben hat; die Verschiedenartigkeit dort und hier darf nicht befremden.

überwältigt hat; denn dessen Eigentümlichkeiten liegen in der Erzeugung einer
ausgleichenden Humusdecke mit gleichbleibender Feuchtigkeit, und in Er-.
zeugung eines kühlen Schattens.

In den hier besprochenen Fällen aber treten die Bäume nur unter den
gleichen Bodenbedingungen wie ihre Begleitpflanzen auf; die Buche, Hainbuche, der Feldahorn und die Linde passen zu dem sonnigen Geröll und dem
Bergabhang von hartem Fels oder Kalkgestein, die Kiefer passt zu dem
lockeren Sande. Die waldartigen Bestände also, welche nur von den Substrat-
bedingungen ihrer Begleitpflanzen beherrscht werden, zählen in der hier folgenden
neuen Gruppenbildung zu den Hügelformationen, Heiden, Sandfluren.

Heiden. Der Begriff dieser Formation ist in »Deutschlands Pflanzengeographie« I, 331, 335 enger an die geselligen Ericaceen, zumal Calluna,
geknüpft; er ist aber mit geringen Umänderungen einer natürlichen Erweiterung fähig, indem besonders die sogenannte »langhalmige Bergtrift und
Riedgrasflur« (ebenda S. 349) den Heiden im weiteren Sinne zugezählt wird.
In ihr haben wir nämlich auf Silikatboden ein Gemisch von Calluna,
Vaccinium Myrtillus und Vitis idaea, von Sträuchern wie Salix aurita
und S. repens mit Riedgräsern wie Carex leporina, canescens, flava,
mit Juncus squarrosus und Luzula nemorosa, und in diesem Gemisch
herrschen bei größerer Höhe über dem Meere dann bestimmte montane
Arten, besonders Calamagrostis Halleriana, zuweilen sogar schon Empetrum und Trientalis im grasigen Grunde. So wie auch die Niederungsheiden im Lüneburgischen leicht in Torf- und Sumpfbestände übergehen, so
ist auch hier im Berglande von dieser langhalmigen Bergtrift zu den Torfwiesen eine naheliegende Verbindung. Aber nicht zu diesen hin soll ihre
Vermittelung gerichtet sein: dieselbe bezieht sich auf die Verknüpfung der
Niederungsheiden mit den »subalpinen Bergheiden«, wie sie auf den Kämmen
und Gipfeln unserer Mittelgebirge von 11—1450 m ausgebreitet sind. Und
in dieser Beziehung ist es von großem Interesse, aus der durchgehenden
Standortsverbreitung einiger Arten die Natürlichkeit solcher Verknüpfung zu
erkennen; dahin gehören nicht nur alle vorhin genannten Arten selbst außer
Calamagrostis Halleriana sondern auch Gräser wie Nardus von unge-
beurer Standortsausdehnung, Seggen wie Carex pilulifera, Sträucher wie
Juniperus communis. Eine solche Erweiterung des Begriffes der »Heide«
erscheint mir naturgemäß; diese Bergtrift ist von den Grasflurbeständen zu
trennen [1]).

Waldbäche und Bergmatten. Der Botaniker, der seine Exkursionen von
den Städten aufwärts zum Gebirge richtet, ist oftmals überrascht, die ihm aus
den tiefer gelegenen, feuchten Thalschluchten bekannten Pflanzen im oberen
Berglande auf Wiesen oder an Berggehängen ganz frei vom Walde wieder-

---

1) Vergl. damit auch die von P. GRÄBNER betonten Verbindungen der norddeutschen Heiden
mit anderen Formationen in Heft 5 der V. d. E. (1901). Diese Arbeit gelangte erst lange nach
Abschluss meiner eigenen Formationseinteilung zur Veröffentlichung.

zufinden. Chaerophyllum hirsutum bietet dafür das allgemeinste Beispiel; Ranunculus aconitifolius, Arabis Halleri u. a. gesellen sich
dazu. Ganz allgemein gehen Pflanzen der oberen feuchten, quelligen Wiesen
und Borstgrasmatten mehr oder weniger tief entlang den Bachläufen im
Schutze des Waldes zu niederen Niveaus herab und verleihen dadurch dem
Walde an solchen Stellen ein besonderes Bild. Manche Arten folgen auch
den Bächen, ohne des Waldschutzes zu bedürfen, z. B. Peucedanum (*Imperatoria) Ostruthium. Vom entwickelungsgeschichtlichen Standpunkte
unserer Flora aus können wir mit gutem Rechte die Standorte solcher Arten
in tiefer gelegenen Schluchten und Bergthälern als sekundär, ihre Vergesell-
schaftung im oberen Berglande als primär ansehen. Während der Eiszeit
müssen solche Formationen, wie wir sie jetzt in den subalpinen Wiesen und
Quellfluren beobachten, weit in unserem Lande verbreitet gewesen sein; sie
haben sich in ihrer Ursprünglichkeit nach den Bergen zurückgezogen, in den
Thalschluchten finden viele Arten eine Standorts-Erweiterung. Dieselbe wird
daher neben den der Waldregion allein zugehörigen Arten gewürdigt, doch
wird ihr kein zu großes Gewicht beigelegt und das Areal solcher Arten als
ursprünglich hoch-montan oder subalpin betrachtet.

Hauptgruppen.

Aus diesen Auseinandersetzungen wird sich von selbst ergeben haben,
wie die Zusammenfassung der Einzelformationen zu größeren, von einer höheren
Gemeinsamkeit der Grundbedingungen beherrschten Gruppen gemeint sein soll.
So nützlich es ist, die Formationen nach ihren herrschenden Vegetationsformen
in ein zur Definition geeignetes Schema zu bringen, so sehr ist es geboten,
dieses Schema fallen zu lassen da, wo die Natur natürliche Verknüpfungen
anderer Art geliefert hat, welche zugleich das kausale Abhängigkeitsverhältnis
von äußeren Bedingungen erläutern.

Es folgt daher zunächst eine Übersicht dieser Hauptgruppen, dann die
unter ihnen unterschiedenen 32 einzelnen Formationen nebst ihren wichtigsten
Charakterarten. Die in der früheren Litteratur (1888—1895) von mir ange-
wandten Namen werden, soweit es noch heute angängig erscheint, weiterhin
unverändert beibehalten.

Die Anordnung der 32 Formationen wird durch folgende Übersicht
gekennzeichnet:

A. Formationen auf natürlicher Unterlage und größtenteils nur aus
    einheimischen Arten zusammengesetzt.
    a) Formationen des nicht unter Wasser stehenden Erdbodens,
       oder der Felsen und Gerölle.
       1. Geschlossene Bestände von Holzpflanzen (3 Gruppen) . F. 1—11.
       2. Offene Bestände gemischter Art auf Sandboden . . . F. 12—14.
       3. Offene Bestände gemischter Art auf Felsboden . . . F. 15—18.
       4. Geschlossene Bestände von Gräsern vorwiegend . . . F. 19—21.

94   Dritter Abschnitt.

5. Geschlossene Bestände gemischter Art auf nassem Torfboden   . . . . F. 22—23.
6. Gemischte Bestände nahe an und über der Baumgrenze F. 24—25.
b) Formationen des unter Wasser gesetzten Erdbodens und
   des tiefen Wassers.
7. Formationen des süßen Wassers und der Wasserufer . F. 26—29.
8. Formationen des salzigen Wassers und Wasserufers . . F. 30.
B. Formationen im Anschluss an menschliche Kultur, großenteils
   aus durch diese eingeführten Arten zusammengesetzt . . . F. 31—32.

Liste der hercynischen Formationen und ihre Merkmale.

Gruppe I. Wälder der Niederung und Hügel, obere Grenze ca.
500 m (im Süden höher); Boden weder lockerer Sand noch Sumpf oder Bruch.
Vorherrschend die ♭♭ Fagus, Quercus, Carpinus; accessorisch Ulmus, Tilia,
Acer platanoides und campestre.

Formation 1. Gemischte Laubwälder und Buschgehölze auf Ur-
gestein und Kalkboden, humusreich. (Übergänge an steileren Hängen zu F. 15.)
Viele Sträucher (Cornus, Caprifoliaceen, Rosaceen) beigemischt; zahlreiche
Stauden mit wenig Lichtbedürfnis, z. B. Stachys silvatica, Lathyrus niger,
Galeopsis versicolor.

Formation 2. Geschlossene Laubwälder: Buchenhochwald, unterer
Berg-Laubwald. Fruchtbarer Boden auf Ca oder Si-Unterlage[1]); humosen
Schatten suchende Stauden, besonders Oxalis Acetosella, Dryopteris, und
Saprophyten wie Neottia. (Übergänge zu F. 7 auf Basaltbergen.)

Formation 3. Hercynische Laub- und Nadel-Mengwälder in den
unteren Bergstufen von ca. 200—700 m; Boden feucht, frisch. Vorherrschend
die ♭♭ Fagus, Acer Pseudoplatanus, Pinus silvestris, Picea, Abies; acc. Ulmus
montana. Gesträuch von Sambucus racemosa, Rubus hirtus u. Verw., Vaccinium Myrtillus. (Übergänge zu F. 9 auf Urgebirge. Diese Formation ist auch
besonders durch Zusammenkommen zahlreicher Farne ausgezeichnet, welche
in F. 1 fehlen und in F. 2 spärlich sind; cop. ist Equisetum silvaticum.)

Formation 4. Kiefern- und Birkenwald auf felsigem, humusreichen
Boden. Fagus und Picea selten und nur accessorisch. Sarothamnus und
Vaccinien bilden Untergestrüpp. Von Farnen fast ausschließlich Pteridium; im
Berglande auch andere Arten. (Übergänge zu F. 13 im Bereich nordhercyni-
scher Formationen.)

Gruppe II. Wälder der nassen Niederung und Thalverbreite-
rungen, obere Grenze ca. 500 m; Boden im Inundationsgebiet der Flüsse,
oder dauernd sumpfig-bruchig. Fagus fehlt!, vorherrschend die ♭♭ Alnus,

---

1) Ca = Boden für kalkholde, Si = Boden für kieselholde Formationen.

Betula, Populus tremula; Fraxinus, Quercus und Carpinus sind social bei Mangel von torfig-bruchiger Beschaffenheit. — Charakterstrauch: Rhamnus Frangula; bezeichnende Staude: Angelica silvestris.

Formation 5. Auenwälder; Laubwaldungen auf periodisch überschwemmtem oder undurchlässig-thonigem Untergrunde. Alle Nadelhölzer, besonders aber Fichte und Tanne sind ausgeschlossen! Meist ausgedehnte Bestände von Quercus, Carpinus, Alnus, Betula, Populus, Fraxinus; Prunus avium. Nassen Boden liebende Waldgräser bilden Unterbestände an Stelle der Vaccinien.

Formation 6. Bruchwälder und Waldmoore; Boden dauernd nass durch Sumpf- und Torfbildungen, die sich durch Sumpfmoose kennzeichnen. Gesellig oft nur Populus tremula mit Betula, Alnus glutinosa. Eine andere Facies vergesellschaftet sich mit Pinus silvestris und Picea excelsa (aber ohne Fagus silvatica). Häufiger Strauch: Salix aurita; Vaccinium nicht ausgeschlossen. Moorstauden wie Calla palustris und Nephrodium Thelypteris mischen sich ein.

Gruppe III. Bergwälder bis zur Baumgrenze (1100—1360 m), in feuchten Thälern bis 400 m herabsteigend, an sonnigen Gehängen der Gebirge erst von 600 m an allgemein. — Diese Gruppe, welche sich an I. Formation 3 anlehnt, zerfällt durch die oberen Grenzen von Buche und Tanne in 2 Abteilungen. Der Charakter tritt häufig nur scharf an den Waldbächen (Formation 10 und 11) hervor, an denen Bergstauden die tiefsten Standorte erreichen. — Häufige, die Gruppe auszeichnende Staude: Luzula silvatica; Hauptverbreitung von Senecio nemorensis, Circaea alpina, Polygonatum verticillatum, Blechnum Spicant, Polystichum spinulosum und P. montanum. Bezeichnendes Moos: Plagiothecium undulatum.

Formation 7. Laubwälder der mittleren Bergstufen mit Tanne und Fichte. Fruchtbarer Boden auf Basalt oder auf Urgestein. (Die Bergwälder auf Muschelkalk gehören im hercyn. Bezirke zu F. 2.) Vorherrschend Gemisch von Fagus silvatica, Acer Pseudoplatanus, Abies pectinata[1]) (nördl. vom Thüringer Wald fehlend!), Picea excelsa. Obere Grenze von Ulmus montana. Die Liliaceen der Paris-Smilacina-Gruppe, ferner Neottia, Coralliorhiza sind hier allgemein verbreitet. Untere Grenzen der bei Gruppe III allgemein genannten Arten.

Formation 8. Fichten-Auwald der Bergregion (sumpfige Fichtenwaldformation in früherer Bezeichnung). Picea excelsa vorherrschend oder in reinem Bestande, bei felsigem Grunde Fagus und Abies nicht ausgeschlossen. Eingestreute Torfmoos-Polster häufig oder den Boden gesellig bedeckend, in

---

1) Reiner Tannenwald gehört nicht zu den hercynischen Waldformations-Bildungen; die Tanne nimmt im Gebiet nach S zu und bildet als »Tannenmengwald« eine ausgezeichnete Facies dieser Formation 7.

ihnen neben Luzula silvatica, Calamagrostis Halleriana u. a. ♃ die seltnere Charakterart Listera cordata. — Wenig umfangreiche Formation der hercyn. Gebirge.

Formation 9. Obere hercynische Fichtenwälder (»Hochwald« bei RAESFELDT l. c.). Picea excelsa in reinem Bestande bis zur Baumgrenze, an den Berührungsstellen mit F. 7 und F. 8 die höchsten Einzelstandorte von Laub-bäumen umschließend. Sorbus aucuparia auf Felsen häufig eingemischt. Calamagrostis Halleriana, montane Farne und die gewöhnlichen Vaccinien mit Oxalis Acetosella, Pirola uniflora und Melampyrum silvaticum bilden häufig die einzigen Beigemische zum gleichförmigen Waldkleide, dessen Reichtum: nur durch F. 11 an den nassen Stellen verstärkt zu werden pflegt; hier Mulgedium alpinum.

Facies A. Untere Stufe. Nephrodium spinulosum mit Athyrium Filix femina und gewöhnlichen Arten von Bergfarnen herrscht vor. Der Baumbestand ist stämmig und geschlossen.

Facies B. Obere Stufe (subalpiner Fichtenwald). Athyrium alpestre mit Arten der oberen Quellfluren tritt in die Lichtungen der lückigen, langsam-wüchsigen Fichtenbestände.

Formation 10. Untere montane Waldbach- und Quellflur-For-mation. An den im Hügellande fließenden Bächen sind hochwüchsige Stauden wie Ulmaria palustris, Impatiens, Festuca gigantea, Geranium palustre, auch Crepis paludosa u. a. A. in Masse angesiedelt und bewirken an den Ver-breiterungen der Bäche eigene sumpfige Bestände, welche den Auwaldungen (F. 5) ähneln. In dieser Formation sind meistens gemeine deutsche Arten vertreten, während die den hercynischen Bezirk nach N gegen die nord-deutschen Gaue auszeichnenden Arten zur folgenden F. 11 gehören; die beiderlei Arten mischen sich in den Höhenlagen 300—500 m. Hercynisch seltnere Arten, wie Equisetum Telmateja (maximum) und einige Farne, gehören ihr allein an.

Formation 11. Obere hercynische Waldbach- und Quellflur-For-mation. Dieselbe enthält Arten von demselben Areal-Charakter wie F. 9 und schmückt mit ihnen die Bäche bereits in F. 3, wie z. B. Blechnum Spicant, Calamagrostis arundinacea, Polygonatum verticillatum; auf den Steinen Thamnium alopecurum u. a. quellige Moose. Die Formation ist aber als »hercynische« arm an Arten mit alpinen Arealen; bezeichnend sind für ihre obere Stufe Ranunculus aconitifolius und Mulgedium alpinum; dazu die ge-meineren Arten Chrysosplenium oppositifolium, Chaerophyllum hirsutum, Petasites albus, mit denen diese Formation aus der Höhe in die tief gelegenen Waldthäler ausstrahlt und sich in die untere Waldbachformation F. 10 mischt. (Vergl. das S. 92—93 darüber Gesagte. —) Wenn nahe der Baumgrenze bei 1000—1200 m in den lückigen Wald subalpine Stauden wie Homogyne oder

Willemetia eintreten, ist diese Facies der Quellflur an den dortigen Wasser-
rinnsalen als ein Gemisch zu betrachten aus F. 8×9×11×24, ein Übergang zwischen dem obersten Walde und den untersten subalpinen Matten
oder Heiden.

Gruppe IV. Sandfluren und Heiden der Niederung bis zu den unteren
Bergstufen hinauf. Boden eugeogen-psammitisch oder (im Berglande) dys-
geogen-psammitisch, aus Sand, Sandsteinen oder Kies von Urgesteinen gebildet,
im letzteren Falle leicht torfig. Vorherrschend Calluna, Vaccinium Myrtillus
und Vitis idaea, oder aber Sandgräser. — Formationsgruppe ohne besondere
hercynische Charakter-Ausprägung.

Formation 12. Sandgras-Fluren der Niederung und des Hügellandes. Bezeichnendes Gras: Corynephorus canescens. Bezeichnende Staude:
Helichrysum arenarium. Auf dysgeogenem Boden im Hügellande Jasione
montana, Hieracium Pilosella.

Formation 13. Heiden der Niederung und des Hügellandes auf
trockenem, humusarmen Boden. Zu Calluna und Vaccinium treten höhere
Holzpflanzen, besonders Sarothamnus scoparius, häufig Juniperus communis;
fast nie fehlen Betula *verrucosa und Pinus silvestris, so dass hier ein inniger
Anschluss an Gruppe I, Formation 4 entsteht.

Facies: Geschlossener Kiefern-Heidewald mit soc. Pinus silvestris und cop.
Betula *verrucosa.

Formation 14. Riedgrasflur und Zwergsträucher führende Bergtrift, vom oberen Hügellande bis zu mittleren Höhen des Berglandes auf
kiesig-feuchtem Boden. Zu Calluna und den Vaccinien treten als Gräser und
Riede: Carex leporina cop.-soc., Juncus conglomeratus und effusus greg.,
Molinia cop., Nardus cop. [An der oberen Grenze dieser Formation tritt
Calamagrostis Halleriana auf: Anschluss an Gruppe VIII, Form. 24.] Im Berglande fehlt Pinus silvestris und wird auch im Hügellande meist durch Betula
*pubescens ersetzt; von Sträuchern häufig Salix aurita.

Gruppe V. Sonnige Hügelformationen bis zu den unteren Bergstufen hinauf (150—500 m), die dysgeogenen Geröllabhänge und pelitischen
Gesteinsböden mit den Buschwäldern einerseits, mit den trockenen Graswiesen
andererseits verbindend. Eine ausgezeichnete, an seltenen Arten (aus pontischer
oder süddeutscher Verbreitungssphäre) im Gebiete reiche Formationsgruppe,
in welcher im Gegensatze zu Wald und Wiese eine gemischte, offene
Pflanzendecke von wenig Bäumen, viel Sträuchern, Gras, Stauden, einjährigen
Arten und Felsspalten besiedelnden Rasen herrscht, in welcher die Neigung des
Bodens und seine Gesteinsbildung über allen anderen äußeren Bedingungen
den Ausschlag giebt. (Vergl. S. 91.) Daher zerfällt auch jede der hier
stehenden Formationen in eine artenreiche kalkholde (**Ca**) und in eine artenarme kieselholde (**Si**) Facies, als deren extreme Unterlagen Muschelkalk und
Kieselschiefer gelten.

Formation 15. Lichte Haine und offene Buschgehölze mit zahlreichen, den steinigen Boden bedeckenden Stauden (ohne Farne.) Von F. 1
und 3 durch Zerstreuung der ♄♄ (hauptsächlich Carpinus, Tilia, Quercus
sessiliflora, Acer campestre, in der Si-Facies besonders Betula verrucosa und
Pinus silvestris) unterschieden; Ersatz durch massenhafte Sträucherbestände
von Rosaceen (Crataegus, Prunus spinosa, Rosa-Arten, dazu Sorbus torminalis),
in der Si-Facies dazu Sarothamnus, Genista germanica und überall Corylus
Avellana. Viele in lichtem Schatten wachsende Stauden: Origanum, Clinopodium, Trifolium medium und alpestre etc. vereinigen sich mit zerstreuten
Gruppen aus F. 16 und 17.

Formation 16. Triftgrasfluren mit Rasendecke gesellig wachsender,
xerophiler Gräser und Seggen: Brachypodium pinnatum, Koeleria cristata,
Festuca ovina, Avena-Arten, Carex verna und Schreberi, Luzula campestris etc.
Diese Formation vertritt die Wiesen im Hügelgelände auf felsigem, stark ge-
neigtem Boden und ergänzt sich durch vielerlei Arten aus der folgenden
Formation.

Formation 17. Trockene Fels- und Geröllformation im Hügellande. Die Steilwände der Höhen sind mit einer zerstreuten, bunt gemischten Vegetation bedeckt, welche entweder im Geröllboden wurzelt:
Anthericum, Peucedanum Cervaria, Cynanchum, oder'in den Felsspalten nistet:
Arten von Sedum, Asplenium Trichomanes und septentrionale (Si). Auch
Rasen von Gräsern und Seggen von F. 16 besiedeln in zerstreuter Anordnung
und abwechselnd mit den Stauden das blanke Gestein: Sesleria coerulea (Ca)
und Carex humilis. — Zahlreiche Halbsträucher: Teucrium- und Thymus-
Arten; Helianthemum!

Formation 18. Trockne Fels- und Geröllformation im Bereich
der Bergwälder, 400—800 m. Durch gewisse montan-präalpine Arten ausgezeichnete Formation, in welcher viele Arten der Hügelregion fehlen, aufsteigend auf Basalt bis zu sonst im hercynischen Bezirk ungewohnten Höhen.
Beisp.: Saxifraga decipiens, Dianthus-Arten, Woodsia ilvensis.

Gruppe VI. Wiesen mit dauernder Durchfeuchtung des Bodens und
einer geschlossenen Bodendecke (Grasnarbe) hygrophiler Poaceen, Cyperaceen,
Juncaceen. Höhenerstreckung 100—1000 m, bis zu den subalpinen Borstgras-
Matten.

Formation 19. Langhalmige Auwiesen, Niederungs- und Thalwiesen, 100—400 m. Gemisch von hohen süßen Gräsern, unter diesen
Dactylis, Phleum, Avena elatior, Festuca elatior und arundinacea. Lange
Vegetationsdauer und daher successive Ablösung vieler beigemischter Stauden
von Gagea pratensis bis Colchicum autumnale. Gemeine bezeichnende Arten:
Crepis biennis, Cirsium oleraceum, Geranium pratense, Heracleum Sphondylium;
seltener Silaus pratensis.

Bemerkung. Die im Gebiet in geringer Ausdehnung vertretenen Salzwiesen werden
später mit F. 28 zusammengefasst.

Formation 20. Kurzhalmige Bergwiesen, 400—1000 m; über 600 m tritt eine Abnahme des Gräserbestandes ein und die Kennzeichen der Formation treten schärfer hervor. Im Grasrasen sind Anthoxanthum und Festuca rubra überwiegend, Avena pratensis fehlt nicht, beide Deschampsia-Arten neben Luzula *erecta und nemorosa. Kurze Vegetationsdauer, weshalb die Blütezeit der Stauden (Primula elatior, officinalis bis Compositae) enger zusammenrückt (Mitte Juni—Mitte August). Gemeine bezeichnende Arten: Crepis succisifolia, Cirsium heterophyllum (osthercynisch), Geranium silvaticum, Meum athamanticum; an Bächen Chaerophyllum hirsutum.

Formation 21. Moorwiesen mit Grasnarbe geselliger Poaceen und Cyperaceen, Juncaceen, 100—500 m. (In größeren Höhen entstehen nur besondere Faciesbildungen der Bergwiesen oder subalpinen Matten.) Im Grasrasen sind Holcus, Anthoxanthum und Agrostis canina überwiegend, alle Avena-Arten fehlen, mit Deschampsia caespitosa treten Nardus, Molinia, sehr viele Carex-Arten (s. unten!) und truppweise Juncus filiformis auf. Durch die Bodennässe wird eine kürzere Vegetationsdauer als in F. 19 erzeugt; die Blütenfülle beigemischter Stauden ist gering. Gemeine bezeichnende Arten: Crepis paludosa, Cirsium palustre, Parnassia palustris, Angelica silvestris. — (Hydrocotyle in Verbindung zu F. 22.)

Gruppe VII. Moore auf Unterlage von Torf. Gebirgsfacies nur Hochmoor oder Moosmoor, in der Niederungs-Facies ein Wechsel zwischen sogenanntem »Grünmoor« oder »Grasmoor«, dessen Bestand vorzugsweise ein Junceto-Caricetum mit Nardus und Molinia ist, und zwischen »Heidemoor« oder »Hochmoor«, Moosmoor«, dessen Bestand wesentlich aus Sphagneten mit darin eingebetteten Drosera, Cyperaceen und dazwischen wuchernden Zwerggesträuchen (Ericaceen) und Zwergbäumen ist. Während diese Faciesbildung ungeeignet erscheint, eigene Formationen auf sie zu begründen, ist dieselbe mehr berechtigt nach den Arealen der in den Sphagneten eingestreuten »Leitpflanzen« [1]; nämlich:

Formation 22. Niederungsmoore in der Umgebung von Teichen, oder aus solchen entstanden. Arten mit atlantischen Arealen treten als Leitpflanzen auf, besonders Hydrocotyle, Rhynchospora, Gentiana Pneumonanthe, Drosera intermedia.

Formation 23. Gebirgs-Moosmoore (600—1100 m, im BhW. bis 1350 m) auf tiefen Torflagern, in flachen Mulden zwischen höheren Rücken ausgedehnt und an Bergwiesen oder Fichtenwald grenzend. Arten mit alpinen oder arktisch-boreal-uralischen Arealen treten als Leitpflanzen auf, besonders Pinus montana, Betula *carpathica und nana, Carex pauciflora. Gemeinste Charakterarten der Formation außerdem: Eriophorum vaginatum, Vaccinium uliginosum.

---

[1] Diese Unterscheidung gilt aber zunächst nur für den hercynischen Bezirk.

Gruppe VIII. Subalpine hercynische Bergformationen, 900—
1450 m. Im Bereich der Baumgrenze nehmen die Heiden, Wiesen und Fels-
bekleidungen einen anderen Charakter an durch Aufnahme alpin-nordischer
Arten, deren Zahl aber im hercynischen Berglande beschränkt ist. Die hier
entwickelten Bestände haben alle Urgestein zur Grundlage, da die Basalte die
notwendige Meereshöhe nicht erreichen. An geeigneten Hängen erstreckt sich
der subalpine Charakter zwischen der obersten Waldformation 9 B und den
Bergwiesen abwärts bis 900 m herab. Der Anschluss an F. 11 ist ein inniger.

Formation 24. Subalpine. Bergheide und Borstgrasmatte. Gesellige Bodendecke aus Nardus, Calamagrostis Halleriana, Anthoxanthum,
Deschampsia etc. mit Luzula *sudetica, Carices, zahlreichen Zwerggesträuchen
von Calluna, Vaccinium mit Empetrum nigrum und anderen Arten gleichen
Areales. Charakterpflanze: Lycopodium alpinum.

Formation 25. Subalpine Fels- und Geröllformation. Ersatz für
F. 18 im oberen Berglande, ausgezeichnet durch wenige in Felsritzen
wurzelnde Blütenpflanzen (Juncus trifidus) und viele, die Felsblöcke bedeckende
Sporenpflanzen: Lycopodium Selago, Andreaea, Gyrophora.

F. 25B. Legföhren- oder Krummholz-Formation. — Am Arber im Böhmer
Walde ist Pinus montana* pumilio als die Felsen deckende, die subalpine Bergheide mächtig überragende Formation entwickelt; dieselbe
ist im übrigen nicht hercynisch.

———

Gruppe IX. Formationen der Binnengewässer, einschl. Salzsümpfe. — Die von den Sumpf- und Wasserpflanzen gebildeten Bestände
sind im Gebiete wenig ausgezeichnet und stehen an Mannigfaltigkeit den norddeutschen nach. Im Berglande jedoch entwickeln die Bäche besondere, zumal
durch Algen ausgezeichnete Standorte, in denen das phanerogame Pflanzenleben nur noch eine unbedeutende Rolle spielt.

Formation 26. Wasserpflanzen-Bestände der stehenden oder langsam flutenden Gewässer, zusammengesetzt aus den beiden biologischen Gruppen
der Gewächse mit Schwimmblättern und der untergetauchten Gewächse; Beispiele: Nymphaea, Hydrocharis, Utricularia. (In dieser Formation kommen
wurzellose Schwimmpflanzen vor.)

Formation 27. Schilf- und Röhricht-Bestände der stehenden Gewässer, Teichufer. Gesellige Monokotyledonen und seltener eingestreute Dikotyledonen von hohem, rohrartigem Wuchs mit vom Wasser bedeckten Wurzel-
stöcken, oder niedere Bestände auf stets durchfeuchtetem nassen Sand und
Schlamm. Hiernach sind 3 biologisch und physiognomisch gut getrennte
Facies zu unterscheiden:

Facies A. *Typha*-Bestand. Hohe, rohrartige und in dichtem Wuchs beisammen stehende Gewächse, die auch in tiefere Teiche eindringen
können und die letzte Grenze der Strandvegetation gegenüber den
Schwimm- und Tauchbeständen bilden.

Facies B. *Heleocharis*-Bestand. Niedere, durch Ausläufer oder gebüschelte Stengel in dichteren Mengen aus flachem Wasser hervorragende Gewächse.

Facies C. *Littorella*-Bestand. Niedere, den Rand der Gewässer umsäumende und den nassen oder schlammigen Sandboden locker bedeckende Gewächse.

Formation 28. Weidengebüsche und Uferbestände der Flüsse und Bäche im Hügellande und in der Thalniederung. Salix triandra, viminalis u. a. abwechselnd mit kleinen Röhrichten von Phalaris arundinacea, auch Glyceria fluitans und manchen Pflanzen der F. 27, Facies A, aber ärmer an Arten. — Aufwärts im Berglande löst sich diese Formation in die Bestände an Wald- und Wiesenbächen, bez. Moorbächen, auf, deren Arten unter jenen Formationen aufgeführt sind.

Formation 29. Montane Wasserpflanzen in Bergbächen, in außerhalb der Moore gelegenen Sümpfen und Quellen. Blütenpflanzen gering an Zahl (Callitriche bis 750 m, Montia bis 1000 m), stets bewurzelte Schwimmer; Moose und Algen reichhaltig mit besonderen montanen Gattungen und Arten (Cinclidotus, Hydrurus, Batrachospermum, Lemanea).

Formation 30. Salzsümpfe, Salzwiesen, Salzbäche und deren Ufer. Bestände von halophilen Arten. Diese in der Hercynia zwischen Werra und Saale, südlich und nördlich vom Harz im Bereich der Triasformation etc. an vielen Stellen entwickelte Formation würde sich bei weiterer Ausdehnung nach halophiler Steppe, Wiese und Sumpf wie Salzbach gliedern; sie bleibt hier zusammengehalten, da die Standorte aller Halophyten sich auf enge Räume zusammendrängen und miteinander mischen.

Facies A. *Ruppia rostellata, Zannichellia pedicellata:* Salzbäche und Salzquellen.

Facies B. *Triglochin maritimum, Aster Tripolium:* Röhrichte an Salzgräben.

Facies C. *Salicornia herbacea, Atriplex (Obione) pedunculatus:* Lehmigthonige Salzsümpfe.

Facies D. *Atropis distans, Samolus Valerandi:* Salzwiesen.

Gruppe X. Kulturformationen, in ihrer Artenzusammensetzung direkt oder indirekt durch menschliche Thätigkeit hervorgerufen.

Formation 31. Ruderalpflanzen auf dem Schutt und Abraum der Städte und Dörfer, an Gräben, Böschungen u. dergl. Die Arten pflanzen sich selbständig fort. Beispiel: Chenopodiaceen, Solanaceen, Lepidium ruderale.

Formation 32. Ackerunkräuter zwischen künstlich erhaltenen Beständen von Kulturpflanzen, welche großenteils nur mit diesen fortdauernd gesäet werden. Beispiel: Centaurea Cyanus, Agrostemma Githago, Neslea paniculata.

Übersicht der Verbreitung der For-
[† schwach vertreten, †† artenreich, ††† kräftig

Formation	Hessisch-südhannöv. Gau			Thüringer Gau		
	1. Weser	2. Braunschw.	3. Werra und Rhön	4. Triasbecken	5. U. Saale	6. W. Elster
1. Gemischte Laub- und Buschwälder	†††	†††	†††	†††	†††	†††
2. Geschlossene Laubwälder (−500m)	††	††	†††	†††	†††	†††
3. Untere hercynische Mengwälder	†	††	.	††	.	†
4. Kiefern- und Birkenwälder.....	†	†	††	†	††	††
5. Auenwälder des Hügellandes...	†	††	†	.	†††	†††
6. Bruchwälder und Waldmoore...	.	††	.	.	††	††
7. Berg-Laubwälder m.Tanne,Fichte	†††	.	Rhön †††	††	.	Südgrenze
8. Fichten-Auwälder des Berglandes	.	.	.	.	.	.
9. Obere hercynische Fichtenwälder	†	.	.	.	.	.
10. Untere Waldbach- u. Quellflur-F.	††	†	†††	†††	†	††
11. Obere Waldbach- u. Quellflur-F.	.	.	.	.	.	.
12. Sandgras-Fluren.............	†	††	†	†	†††	††
13. Heiden und Kiefernheidewälder.	†††	††	††	††	†††	†††
14. Riedgrasflur u. Bergtrift m. Heide	.	.	†	.	.	.
15. Lichte Haine u. offene Gebüsche	†††	††	†††	†††	†††	†††
16. Trockene Triftgras-Fluren......	††	††	†††	†††	†††	††
17. Trockene Felsen und Gerölle..	†††	††	†††	†††	†††	†††
18. Montane Felsen und Gerölle...	.	.	Rhön †††	†	.	.
19. Langhalmige Auwiesen........	††	††	†††	†††	†††	†††
20. Kurzhalmige Bergwiesen.......	†††	.	Meißner, Rhön	††	.	.
21. Moorwiesen, 100—500 m	†	††	††	†	††	†††
22. Niederungs-Torfmoore........	†	††	†	†	††	†
23. Gebirgs-Torfmoore...........	Solling	.	Rhön	.	.	.
24. Subalpine Heiden und Matten..	.	.	.	.	.	.
25. Subalpine Felsen und Gerölle..	.	.	.	.	.	.
26. Wasserpflanzen stehend. Gewässer	†	†	†††	††	†††	†††
27. Röhrichte stehender Gewässer..	†	††	††	††	†††	†††
28. Weidengebüsche und Bachufer.	†	††	†††	††	†††	†††
29. Montane Bäche, Quellen, Sümpfe	Solling	.	Rhön	†	.	.
30. Salzsümpfe, Salzwiesen........	†	††	††	†††	†††	†
31. Ruderal-Bestände.	††	††	†††	†††	†††	††
32. Unkräuter auf Feldanbau	††	††	†††	†††	†††	††

mationen in den hercynischen Gauen.
entwickelt und mit besonderen fehlenden Arten.]

Obersächsischer Gau			Hercynisches Gebirgsland					
7. Mulde	8. M. Elbe	9. u. 10. Ober-Lausitz	11. Harz	12. Thüringer Wald	13. Vogtland u. Fichtelgeb.	14. Erzgebirge	15. Böhmer Wald	
†††	†††	†	.	††	†	†	.	1.
††	††	†	.	†††	.	†	.	2.
†††	††	††	††	†††	†††	††	††	3.
†††	†††	††	.	††	†††	†	††	4.
†	††	††	.	.	.	.	.	5.
†	†	†††	.	†	††	.	.	6.
††	Südgrenze	†††	†††	†††	†††	††	†††	7.
.	.	.	††	†	†	††	†††	8.
.	.	Jeschken	†††	††	Fchg. ††	†††	†††	9.
†††	†††	†††	††	†††	†††	†††	.	10.
.	.	†	††	†	Fchg. ††	†††	†††	11.
†	†††	††	.	.	.	.	.	12.
††	†††	††	.	.	††	.	.	13.
.	.	†	††	††	†††	††	††	14.
†	†††	††	Süd-Harz	.	†	.	.	15.
†	†††	††	Süd-Harz	.	.	.	.	16.
†	†††	††	Süd-Harz	.	†	.	.	17.
.	.	†††	†††	†	†††	††	†††	18.
††	†††	†††	††	††	†††	†	.	19.
.	Südgrenze	††	†††	††	†††	†††	†††	20.
†	†	†††	†	†	†††	†	††	21.
.	.	†††	.	.	.	.	.	22.
.	.	.	†††	†	Fchg. ††	†††	†††	23.
.	.	.	†††	.	.	†††	†††	24.
.	.	(Jeschken)	†††	.	†	†	†††	25.
†	††	†††	†	†	†††	†	†††	26.
†	†††	††	.	†	††	.	.	27.
†	††	†††	†	†	††	†	††	28.
.	.	††	††	††	†††	††	†††	29.
.	.	.	.	.	.	.	.	30.
†	†††	††	†	†	†	†	.	31.
††	††	††	†	†	††	†	.	32.

Zweites Kapitel.
Die hercynischen Waldformationen.
(Gruppe I—III.)

Nachdem im Vorhergehenden (S. 94—96) die 11 Formationen, welche in unserem Bezirke als waldbildend anerkannt wurden, in ihren unterscheidenden Merkmalen gekennzeichnet sind, bleibt jetzt noch eine Schilderung ihrer gemeinsamen physiognomischen Züge im Landschaftsbilde, die Hervorhebung ihres pflanzengeographischen Charakters mit Rücksicht auf die allgemeine Arealverteilung in Deutschland und weiter in Mittel- und Nordeuropa nach Gebühr zu erläutern. Die große Menge von Einzelheiten welche sich eingehender Schilderung gegenüber zu spröde erweisen, bleibt mehreren für alle 11 Formationen gemeinsamen Listen vorbehalten, welche sich auch auf die Moose erstrecken. Die niederen Sporenpflanzen können eine solche eingehende Berücksichtigung zur Zeit noch nicht erfahren. Es ist zu hoffen, dass in Zukunft immer mehr sich das vertiefte Studium auch den Zellenpflanzen zuwende und dass in den sie bergenden Herbarien die Etikettierung genau genug gemacht werde, um pflanzengeographische Arbeiten mit ihnen zu ermöglichen.

1. Ursprünglichkeit der Formationen.

Eine allgemein verbreitete Annahme geht dahin, dass das ganze Deutschland, zumal aber die sich an den Harz anschließenden Berg und Hügelländer, in grauer Vorzeit von einem einzigen finstern, fast ununterbrochenen Waldkleide bedeckt gewesen seien[1]). Für die Berglandschaften, so wie wir sie im Oberharz und im Böhmer Walde noch heute vor uns sehen, gilt diese Annahme mit vollem Rechte; aber auch hier giebt es neben den verschiedenen Waldformen Heidestrecken, Moore, Sumpfwiesen und grasige Berglehnen innerhalb der Baumgrenze, welche ganz am natürlichen Orte zu bestehen scheinen und z. T. mit Gewissheit seit Jahrtausenden an gleicher Stelle bestanden haben; der Beweis lässt sich allerdings nur für die Moore erbringen. Für die Hügelregion gilt aber wohl die gelegentlich von A. NEHRING gemachte Äußerung, dass man im allgemeinen eine zu starke Meinung von dem ununterbrochenen Waldkleide im alten Deutschland habe, eine Äußerung, die sich sogleich auf naturwissenschaftliche Grundlagen zurückführen lässt durch die Erwägung, dass auch die alten Germanen Reiter waren, dass das Pferd zu den von altersher wilden Tieren Deutschlands gehörte, und dass solche Tiere große Weideflächen zu ihrer Lebenshaltung beanspruchen. Schon jetzt mag

---

1) Die jetzige Größe der Waldbestände im Gebiete lässt sich nach einzelnen monographischen Arbeiten beurteilen, von denen hervorzuheben sind diejenigen über den Thüringer Wald in »Deutsche Geographische Blätter« Bd. XV (1892), und über das Königreich Sachsen, ebendort Bd. XVIII (1895) bearbeitet von H. GEBAUER.

auf die später folgende, stattliche Pflanzenliste der fünften Formationsgruppe
hingewiesen werden, in der gerade ein besonderer auszeichnender Charakter
auch für die Hercynia enthalten ist, und welche ausgedehnte Erhaltungsplätze
für ihre Arten zu allen Zeiten seit der Waldwiederkehr voraussetzt. Ähnliches lässt sich auch für die übrigen Formationsgruppen geltend machen.

Ebenso wie ich nun annehmen zu sollen glaube, dass die heutige Formationsanordnung bei uns auf geeignetem Gelände noch immer verraten
kann, wie es in dieser Beziehung in der prähistorischen Zeit aussah, so nehme
ich auch an, dass trotz aller Forstkultur die unterschiedenen Waldformationen
nicht etwa deren Kunstprodukt sind, sondern dass sie in ihrer allgemeinen
Umschreibung von altersher bestanden und nur in ihrer örtlichen Verteilung
und Ausprägung der »Facies« starke Veränderungen erlitten haben. An vielen
Orten mag der Wald noch jetzt ein zwar geordnetes und vom alten Lager-
holze befreites Aussehen, aber doch ein in seinem Pflanzenbestande ziemlich
ursprüngliches Gewand tragen. Vielfach ist es urkundlich festgestellt, dass
bei Einführung forstlicher Betriebspläne diejenigen Baumarten, welche man
wildwachsend vorfand, als die am meisten Nutzen versprechenden zur Anpflanzung und Hegung empfohlen wurden, und erst später kam man dazu,
bei dem erhöhten Werte des Fichtenholzes große Laubholzreviere gänzlich
umzuforsten und durch Nadelwald zu ersetzen, wie z. B. in gewissen Wald-
distrikten des Königreichs Sachsen und jetzt auch im Bereich des westhercynischen Gaues sogar in der Rhön.

Die Wälder einheitlichen Schlages sind gewiss früher ebenso selten gewesen, wie sie jetzt von der Forstkultur bevorzugt werden, und es sind daher
auch diese Wälder gar nicht als eigene Formationen, sondern nur als unter
bestimmten Verhältnissen auch in ursprünglicher Natürlichkeit vorkommende
Facies aufgeführt. Nur drei reine Baumschläge lassen sich mit größter Bestimmtheit als unter bestimmten äußeren Bedingungen regelmäßig in der
Natur wiederkehrend hinstellen; auf reichem Kalkhumus in der warmen Hügelregion und auf fruchtbarem Basaltboden der unteren Bergregion: reiner Buchenwald; auf lockerem, tiefgründigem Sandboden derselben Hügelregion: reiner
Kiefernwald (bezw. Kiefer mit Birke gemischt); auf dem feuchten und oft
etwas zur Torfbildung neigenden Urgesteinsboden der hercynischen Gebirge in
der über dem Gedeihen der Buche liegenden Höhenstufe: reiner Fichtenwald.
Schon vom Standpunkte dieser letzteren, ganz allgemein sich bewahrheitenden
Ableitung ist es schwer zu verstehen, wie HAMPE zu seiner sonderbaren Auffassung von der Einführung der Fichte am Oberharz durch die Forstkultur
früherer Jahrhunderte und zur Annahme einer Verdrängung von Laubhölzern
kommen konnte, einer Auffassung, die jeder unbefangenen Formations-
vergleichung geradeaus widerspricht[1]).

Auf anderen Böden und Höhenstufen mögen wohl oft genug einzelne
Baumarten ein bedeutendes Übergewicht besessen und Wälder von nahezu

---

1) Siehe in Abschn. IV Kap. 11: Oberharz.

einheitlichem Schlage erzeugt haben; doch erscheint deren Vorhandensein
nicht so zwingend. Buschgehölze, in welchen bald die Hainbuche, bald die
Eiche überwiegt, mögen in den Hügelketten des Elbthales, der unteren Saale,
im Vorlande des Harzes, in Hessen an den Gehängen vorgeherrscht haben,
während in den von Bächen bewässerten Gründen, wie noch heute, Eschen
standen und am Bache selbst Erlen mit Weiden. Wie es auf den breit gedehnten welligen Flächen zwischen diesen Hügelketten ausgesehen haben mag,
wie in der Magdeburger Börde, in der Leipziger Ebene und anderen weiten,
jetzt ganz als Ackerland dienenden Flächen, davon kann man sich allerdings
schwerlich eine irgendwie berechtigte Vorstellung machen. Wohl aber kann
man für andere Waldformationen noch heute die besonders beanlagten Landschaften nennen, so für den Buchenhochwald die weit gedehnten Muschelkalkberge Thüringens, Südhannovers und auch andere geognostische Substrate
im Westen, für den Birken- und Kiefernwald die nördlichen Striche der
Lausitz, für den Auenwald die breiten Überschwemmungs-Niederungen der
Pleiße und unteren Elster an der sächsisch-thüringischen Grenze, für den Berglaubwald die basaltischen Kuppen der Rhön, in Hessen und in dem Lausitzer
Berglande, und selbstverständlich für den oberen hercynischen Fichtenwald
die oberen Höhenstufen im Harz, Erzgebirge und Böhmer Wald. Sieht man
in den genannten Landschaften noch heute die Grundbedingungen für einen
fest geschlossenen Waldmantel weit und breit gegeben, so ist anderseits wohl
klar, dass in früheren kulturlosen Zeiten immer neben dem richtigen geschlossenen Walde auch sehr viele Mischungen von Wald mit Gebüschen und
Triften, mit Heiden und trockenen oder nassen Wiesen bestanden, wie wir
sie ja jetzt auch schließlich noch in beschränkterer Ausdehnung beobachten.
Hier konnten sich damals vielleicht auch unsere Waldsträucher freier und
selbständiger zu eigenen kleinen Beständen entwickeln, als es heute der Fall
ist; denn außer den Sträuchern der Hain- und Trift-Formationsgruppe, der
Heide und Filze nehme ich keine Strauchformationen als selbständig bei uns
an, sondern zähle die übrigen als Nebenbestandteile des lichteren Waldes.
Hier ist allerdings auf eine besondere Schwierigkeit aufmerksam zu machen,
welche über die gewohnten Verbindungspflanzen verschiedener Formationen
hinausgeht; das ist die Scheidung der lichten Buschgehölze (Form. 1) von den
unter Gruppe V, weniger unter Gruppe IV später aufzuführenden Nebenbestandteilen der lichten Haine. Pflanzen wie Clematis Vitalba, Laserpitium
latifolium, Melittis Melissophyllum fliehen im allgemeinen den finstern
Wald und vergesellschaften sich häufig mit Arten wie Trifolium alpestre,
medium, montanum oder mit Orchideen wie Ophrys muscifera und
Orchis tridentata, welche letztere den trocknen Grastriften und Geröllfluren im Anschluss an trockne Hügelwaldungen (»lichte Haine«) zugezählt
werden. Auf solchen Standorten begegnen sich nach meiner Anschauung
zwei verschiedene Formationen: eine Humus und Schatten liebende und eine
andere xerophile, die an bestimmte Gesteinsunterlage mit raschem Wasser-
abfluss angewiesen ist. Ob eine Art also zu der einen oder zu der anderen

Gruppe gehört, ist aus ihrem Verhalten an nicht gemeinsamen Standorten zu entscheiden.

In den höheren Bergländern bei uns lassen sich die ursprünglichen Waldformationen noch recht gut nach dem heutigen Zustande beurteilen, besonders im Böhmer Walde. Diese Landschaft ist auch noch durch den Besitz von »Urwäldern« ausgezeichnet. Sie hat hinsichtlich des Waldes im Freiherrn VON RAESFELDT (Litt. S. 36 Nr. 17) einen ausgezeichneten Monographen gefunden, welcher sein reiches forstmännisches Wissen in der Richtung pflanzengeographischer Formationslehre verwendete, nachdem SENDTNERs großartige frühere Arbeit über den Bayerischen Wald den Anstoß dazu gab. So ist diese Landschaft geradezu berufen, eine Lehrmeisterin auch für die Unterscheidung der hercynischen Waldformationen zu sein, und es ist von RAESFELDT vortrefflich auseinandergesetzt, wie durch Kultur und auch durch forstliche Fehlgriffe und Misserfolge ganz bestimmte künstliche Waldfacies entstehen, so besonders die »Birkenberge« (s. a. a. O., Abth. I. 1894, S. 99).

2. Formationsliste A. der hercynischen Waldbäume.

Coniferen.

1. Picea excelsa Link. — F. 3! 7! 8! 9! 10—11: d G.[1]) — Areal M b[1]
2. Abies pectinata DC. (= A. alba Mill.) — F. 3, 7! (8—9), 10—11: h mont. außer Hz. — Areal M m.
3. Pinus silvestris L. — F. (1), 3! 4! (6) : h R III. — Areal Euras.
4. Taxus baccata L. — F (1) (2) (3) (7) : spor. d G. — Areal M E[2]

Amentaceen.

5. Fagus silvatica L. — F. 1, 2! 3! 7! (9), 10 : d G. — Areal M E[1]
6. Quercus Robur L., *pèdunculata Ehrh. — F. 1, (3), 5! : h R III. — Areal M E[2]
7. —— —— *sessiliflora Sm. — F. 1, (2), (7) : h R III. — Areal M E[1]
8. Carpinus Betulus L. — F. 1! 2, 3, 5! 10 : h R III. — Areal M E[1]
9. Betula alba L., *verrucosa Ehrh. — F. 1, 3, 4! 5, 6 : h R III. — Areal M E[2]
10. —— —— *odorata Bechst. (var. pubescens Ehrh.) — F. 1, 3, 5, 6, 8, 9 : d G. — Areal M b A.
11. Alnus glutinosa Gärtn. — F. 5! 6! 10 : h R III. — Areal M E[2]
12. —— incana DC. — F. 6, 8, 10—11 : oh mont. — Areal M b A.
13. Populus tremula L. — F. 1, 3, 4, 5, 6! 7 : d G. — Areal Euras.

Ulmus, Rosaceen, Tilia, Acer, Fraxinus.

14. Ulmus campestris L. — F. 1, 3, 5 : h R III. — Areal M E[1]
15. —— *montana With. — F. 1, 2, 3! 7! : d G. — Areal M E[2]
16. —— effusa Willd. — F. 1, 3 : spor. d G. — Areal P M[3]

---

1) dG. = durch das ganze Gebiet, Hügel- und Bergregion; erstere allein wird mit h R III. (hercynische Hügelregion), letztere mit h mont. (hercynisch montan) bezeichnet; ! hebt hervor.

17. **Prunus avium** L. — F. 1! 2! : **h R III.** — Areal **ME**[1]
18. **Sorbus torminalis** Crantz. — F. 1! 2! : **h R III.** — Areal **ME**[2]
     Die Elsbeere ist seltener mittelhoher Baum, als sie als Großstrauch vorkommt.
19. —— **domestica** L. — F. 1—2 : **m h.** (Speierling, zweifelhaft bezüglich seines ursprünglichen hercynischen Areals). — Areal **Mm.**
20. —— **aucuparia** L. — F. 1, 3, 4, 5, 6, 8, 9! : **d G.** — Areal **Mb**[1]
21. **Tilia grandifolia** Ehrh. (platyphyllos Scop.) — F. 1, 2!, 3, 7 : **d G.** — Areal **ME**[2]
22. —— **parvifolia** Ehrh. — F. 1, 2, 3, 5! : **h R III.** — Areal **ME**[2]
23. **Acer campestre** L. — F. 1, (2), 5 : **h R III.** — Areal **ME**[1]
24. —— **platanoides** L. — F. 1, 2, 3, (7) : **h R III.** — Areal **ME**[2]
25. —— **Pseudoplatanus** L. — F. 1, 2, 3! (5), 7! (9) : **d G.** — Areal **Mm.**
26. **Fraxinus excelsior** L. — F. 1, 3, 5! 6, (7), 10 : **h R III.** — Areal **ME**[2].

Vergleichen wir die Verteilung in den einzelnen Formationen, so erscheint als die reichste F. 1 mit ungefähr 4/5 aller Baumarten, welche im Bezirke wild sind; von dieser ist F. 3 nur wenig im Artenreichtum verschieden, indem die seltneren Bäume lichterer Haine mit reicher trockner Hügelflora, wie z. B. Sorbus torminalis, hier ausgeschlossen sind, während Fichte und Kiefer in ihre Rechte eintreten. Wenige Arten gehören zu den bodennassen Formationen. 6 und 8, und endlich treten in die oberen hercynischen Fichtenwälder außer dem tonangebenden Baume nur noch Eberesche und Birke mit normalen Standorten, drei andere Arten der F. 7 dagegen nur noch mit ihren vereinzelten oberen Grenzstandorten ein (Spec. 2, 5 und 25). Diese Verteilungsangaben stützen sich auf eigene Excursionsnotizen ohne Berücksichtigung ganz vereinzelter Ausnahmen, welche die gewünschte Klarheit des Bildes stören. Was die Verteilung im hercynischen Bezirk anbetrifft, so sind die häufigsten Signaturen **d G.** 10 mal und **h R III.** 12 mal, die letztere dann, wenn das normale Vorkommen der Arten nicht mehr die obere Bergregion durchschneidet; mit einschränkenden Signaturen versehen sind nur die Edeltanne, die Grauerle und der Speierling. Über diese Arten folgen deshalb zunächst die näheren Erläuterungen. —

3. Specielle Verbreitungsverhältnisse der Waldbäume.

Abies pectinata. Die Tanne ist in pflanzengeographischer Hinsicht der die meiste Aufmerksamkeit beanspruchende Waldbaum in unserem Bezirke und es ist höchst bedauerlich, dass seine natürliche Vegetationsgrenze nicht mehr kartographiert werden kann auf Beobachtungen gestützt, welche sich frei von den Einflüssen der Forstwirtschaft gehalten haben. Der allgemeine Verlauf der Tannengrenze durch das mittlere Deutschland ist bereits in Deutschlands Pflanzengeographie« I. 265 gekennzeichnet. Um hier in genauere Einzelheiten einzugehen, sei unsere Territorialeinteilung zu Grunde gelegt, nach welcher die Edeltanne im 1. Weserlande, 2. Braunschweiger Lande, wahrscheinlich auch im 4. Thüringer Becken (abgesehen von dessen südlichem Übergange zum Thüringer Walde), ferner im 5. unteren Saale-Lande und 6. im niederen Weißen Elster-Lande, endlich auch 11. im gesamten Harze fehlt. Sie ist mächtig entwickelt in den südlichen Bergländern: 14. Böhmer Wald!, wo sie (nach SENDTNER) bei 1100 m ihre allerhöchsten Bestände und bei 1200 m ihre allerletzten nach oben vorgeschobenen Einzelstandorte findet; noch ist sie in herrlichen Beständen im Fichtelgebirge, im 12. Thüringer Walde und 13. Erzgebirge zahlreich zerstreut, aber nicht gerade bestandbildend; schöner entwickelt und ebenbürtig mit Fichte und Buche gemischt findet sie sich im 10. Lausitzer Berglande (besonders auch im Elbsandsteingebirge!), im ganzen bergigen 13. Vogtlande und dort besonders schön auf den bis 700 m ansteigenden südlichen Höhen desselben, endlich auch in der zu Terr. 3 gerechneten südlichen Rhön. In allen diesen Landschaften ist an der Ursprünglichkeit der Tanne so wenig zu zweifeln wie an der ihrer waldbildenden Genossen; ihre Nordgrenze ist danach auf der Karte[1]) als eine vermutete eingetragen. — Da der schöne Baum vereinzelt gern zur Anpflanzung benutzt wird, sind die genaueren Festlegungen zur Zeit nicht mehr möglich, wenn sie sich nicht durch forstliche Aufzeichnungen historischer Art ermöglichen lassen. Aus dem hessischen Berglande nennt die Flora von WIGAND (Nr. 1403) die zum hercynischen Bezirke gehörigen Standorte: »Kellerwald« nordwestlich von der Fulda bei Hersfeld, 673 m hoch ansteigend im Flussgebiet der Schwalm, ferner auf dem Herzberg zwischen Alsfeld und der Fulda bei Hersfeld, südlicher und niedriger als der vorige Standort, endlich noch auf dem Vogelsberge. In der Rhön ist die Tanne jedenfalls viel mehr verbreitet, als aus WIGANDs kurzen Angaben hervorgeht. Die Zuverlässigkeit von WIGANDs Angaben vorausgesetzt würde also die Nordgrenze der Tanne im Fuldalande etwa unter 51° n. Br. liegen, und dieselbe Breite wird sie bei Eisenach am Nordfuße des Thüringer Waldes haben, da keine Anzeichen für das wilde Vorkommen der Edeltanne im Werragebirge (Ringgau—Goburg—Meißner) bestehen. Der Thüringer Wald besitzt besonders in der Umgebung seiner höheren Berge ebenfalls schöne Tannen im Fichtenbestande, z. B. zwischen Zella St. Blasii und dem Schneekopf; auf große Strecken aber fehlt die Tanne oder ist durch die jetzigen, ihr ungünstigen Forstkulturverhältnisse selten geworden. So hält sich ihre Vegetationslinie denn auch sehr nahe an das eigentliche, 500 m überragende Bergland in Thüringen, während die floristisch anderweit so ausgezeichneten Kalkgegenden, wie z. B. um Arnstadt, sogar die Fichte ausschließen. Auch auf den Buntsandsteinflächen, wie z. B. Orlamünde—Pößneck, scheint die Tanne nicht ursprünglich und nicht einmal anpflanzungsfähig zu sein. — Auf die schwache Senkung in Thüringen nach Südosten folgt nunmehr eine erneute Hebung von Saalfeld—Weida entlang der Nordgrenze des Vogtlandes; im engen Saalethal Lobenstein—Ziegenrück

---

1) Grüne Linie mit Signatur A—A; diese Darstellung versucht diejenige von HÖCK (Nadelwaldflora Norddeutschlands, 1893, Karte) nach neuen Beobachtungen zu verbessern.

ist die Tanne auf Urfels und paläozoischen Schiefern sicher urwüchsig. Wahrscheinlich besitzt das ganze Gebiet des Weiße Elster-Landes nur in dem Winkel, wo es mit dem Mulden- und Erzgebirgslande zusammenstößt (um Werdau) Tannen, dann aber verbreiten sich dieselben in dem ganzen Muldenlande weiter gen Norden; der Rochlitzer Berg nördlich 51° n. Br. hat prächtige alte Tannen. Weniger sicher erscheint dagegen, ob die Tanne auch noch weiter nordwärts bis gegen Grimma in den feuchten Bergwaldungen an der Mulde ursprünglich ist.

War schon von Ziegenrück an der Saale weiter nach Osten hin die Regel eingetreten, dass die Tanne sich etwa 20—25 km nordwärts von der 500 m-Linie der zusammenhängenden Bergketten des Vogtlandes und des Erzgebirges weiter in die Hügelwaldungen hinein erstreckt, so bleibt dieses Verhältnis auch für das Elb-Hügelland und die Lausitz bestehen, ja in letzterer nimmt die Tanne entschieden an Bedeutung zu. Von dem Zellwalde zwischen Freiberg und Nossen an der Mulde, wo sie schöne Bestände hat, geht sie in das Hügelland um Dresden und überschreitet nördlich dieser Stadt die Elbhöhen, um durch die »Dresdner Heide« — einen Wald vom echten Lausitzer Charakter — zu dem südlich der kleinen Stadt Königsbrück gelegenen Keulenberge nach N bis 51° 15′ aufzusteigen; sie hält sich dann fast in dieser Breite auf dem im Sibyllenstein bei Pulsnitz gipfelnden Bergzuge, fehlt aber schon auf den Höhen um Kamenz, und es geht dann die Nordgrenze der Tanne zurück auf die südlich von Bautzen sich erstreckenden Höhenzüge, um besonders zwischen Löbau und Reichenberg auf den dortigen Basaltbergen (Rotstein!) noch in schönen Stämmen die bunt gemischten Bergwaldungen zu durchsetzen und so südlich von Görlitz in die sudetischen Gaue überzutreten. — In diesem ganzen Bereich bezeichnet das Vorkommen der Tanne eine Flora des Vorgebirges, meistens ärmlich und je nach dem Gau bald von Digitalis purpurea von Prenanthes purpurea durchsetzt; Senecio nemorensis und Waldfarne sind dabei noch häufig gemeinsame Begleiter. Es ist möglich, dass von diesem Waldcharakter auch noch ein weit im Norden gelegenes Waldgebiet getragen wird und ursprüngliche Standorte der Edeltanne bietet, nämlich nördlich von Wittenberg der Fläming an der hercynischen NO-Grenze. PARTHEIL hat in seiner gründlichen Schilderung der Pflanzenformationen des Flämings (siehe Absch. IV, Kap. 8) das Vorkommen von Abies pectinata mit Picea excelsa im Buchenwalde erwähnt, wodurch die F. z des geschlossenen Laubwaldes »den Charakter des unteren hercynischen Nadelwaldes« [besser »Mengwaldes«] annimmt. Diese Wälder besitzen Circaea alpina, Senecio nemorensis *Fuchsii, Actaea und Lycopodium complanatum, so dass also ihr Charakter dem Auftreten hercynischer Nadelbäume nicht fremd gegenüber stände. Aber über die Ursprünglichkeit der Tanne an dieser Stelle möchten noch weitere Ermittelungen gewonnen werden, ehe der Fläming als eine weit vorgeschobene, gewissermaßen Relikten-Insel ihres Areals bezeichnet wird.

Dagegen tritt in der nördlichen Lausitz ein anderes neues, sehr eigentümliches und ursprüngliches Gebiet der Tanne auf, welches nicht mehr zu ihrem Charakter als Baum des Berglandes gehört und deshalb auf unserer Karte getrennt gehalten ist. Schon Höck erwähnt (a. a. O.: Forschungen z. Deutsch. Landes- und Volksk. VII, 335) eine zweifelhafte westliche Ausbuchtung bei Mückenberg nordw. von Kamenz und zeichnet die Tannengrenze in der Niederlausitz von Spremberg bis Sorau. Für unser Gebiet hat nur ein kleines Stück dieser ersten, etwa von Senftenberg, Spremberg und Hoyerswerda umschlossenen Insel Interesse, nämlich der nahe der preußisch-sächsischen Grenze bei Straßgräbchen gelegene Kamenzer Stadtwald und einzelne Bestände auf Rittergut Weißig, sehr ähnlich solchen der Schwarzcollmer Forst bei Hoyerswerda. Auf diese in Sachsen nördlichsten Standorte bin ich erst kürzlich aufmerksam gemacht worden [1]) und habe gefunden, dass die Tanne entgegen ihrer Gewohnheit hier auf dem feuchteren Torfboden mit der Fichte und Eiche vergesellschaftet lebt, während die Buche fehlt und nur die Hainbuche horstweise auftritt. Keine kennzeichnenden Bergwaldpflanzen finden sich in diesen Beständen; Nephrodium montanum ist schon durch Pteridium, Athyrium und Aspidium

Figur 4. Edeltanne zwischen Fichten am Kleis in dem südlichen Lausitzer Berglande, 700 m hoch und etwa 50 m unter dem Gipfel auf Phonolith. Die Tanne hat hier am Berge ihre durch die freie Lage bedingte obere Grenze; die kahlsten Stellen der Stämme schauen nach NW, Zapfen wurden nicht bemerkt. Die Aufnahme bezieht sich auf eine isoliert an einer Bestandesecke stehende Tanne; die nebenstehende Fichte hat gegabelten Stamm, unten am Fuß standen einzelne Birken und Eichen, dazu Gebüsch fruchtender Sorbus aucuparia mit Digitalis ambigua. (Originalaufnahme von Dr. A. Naumann.)

Filix mas vertreten, Sambucus racemosa durch Rhamnus Frangula. In der Umgebung dieser nahe an ausgedehnten Teichen üppig wachsenden

---

1) Vergl. R. Beck, Litteratur-Verzeichnis, S. 29, Nr. 28.

Bestände sind noch kleine Erhebungen mit offen daliegendem Grauwackengestein, aber diese besitzen den gewöhnlichen dürren Kiefernwald der weitgedehnten Heidestrecken ringsum. Somit ist die Tanne selbst hier eine der
merkwürdigsten Arten, welche hier schon im Bereich der Ledum-Vegetations-
linie das Lausitzer Bergland mit der Niederlausitzer Teichlandschaft verbinden.
Erst im eigentlichen Lausitzer Berglande nimmt die Tanne einen hervorragenden Anteil an der Waldvegetation und steigt hier bis zu 700 m Höhe. ·

In diesem ganzen Gebiete fehlt es nicht an ehrwürdigen Stämmen, an
herrlichen Bestandesgruppen von Tannen und die schönsten sind im Fichtel-
gebirge, im Elbsandstein- und Lausitzer Gebirge, besonders aber im ganzen
Böhmer Walde. Auch sonst giebt es vereinzelte Beispiele großer Tannen: in
Auerbach im sächsischen Vogtlande wurde im letzten Winter (1899) eine der
ältesten gefällt mit einem Stammdurchmesser von 1,60 m und 28 m Höhe.
Von besonderer Höhe sind einige alte Riesen um Eisenstein im Böhmer
Walde, die, z. T. absterbend, zu den Sehenswürdigkeiten der Ausflüge gehören.
Nirgends aber im Gebiete kommen ausgedehnte reine Tannenbestände vor,
wie sie unter den deutschen Mittelgebirgen den Schwarzwald auszeichnen. Die
Frage nach den Ursachen der Bestandesreinheit ist wohl erst sekundär von
geographischer Bedeutung.

Alnus incana. Die ursprüngliche Verbreitung der Grauerle, welche
zumal in Strauchform sich zur raschen Anpflanzung eignet und viel seltener
im Gebiet als in der Schwarzerle ebenbürtiger Baum auftritt, festzustellen
bereitet noch größere Schwierigkeiten als bei der Tanne, und ältere Angaben
widersprechen sich ohne genauere Begründung ihrer Meinungen. WILLKOMMS
»Forstliche Flora« (1886, S. 352) unterscheidet in Europa einen nördlichen und
südlichen Verbreitungsbezirk; ersterer soll im nordöstlichen Preußen abschließen,
der letztere die Karpathen und Alpen umfassen. Danach wäre das Vorkommen im hercynischen Bezirke gar nicht spontan; ich halte aber dafür,
dass das osthercynische Vorkommen ein ursprüngliches ist und sich als Verbindungsglied einschaltet. JESSEN[1]) fügt unter A. incana eine Verbreitungskarte bei, nach der diese im mittleren Deutschland von der Rheinprovinz durch
Westfalen und Südhannover zum Harz gehen soll; Hessen, Thüringen und
Sachsen erscheinen ausgeschlossen, Böhmen eingeschlossen in das Areal.

Das Vorkommen im Böhmer Walde erscheint auch durchaus spontan;
von den Moldau-Niederungen mit Mooren bei 700 m bis zum Czerkow, wo
sie an Waldbächen in etwa gleicher Meereshöhe neben Ulmus montana üppig
wächst, habe ich sie an vielen Standorten ohne Zeichen von Anpflanzung
gesehen und ähnliche Standorte im vogtländischen Berglande und im niederen
Erzgebirge 300—600 m hoch beobachtet, welchen sich Standorte im Muldenlande anschließen. Weiter westwärts scheint sie nicht vorzudringen und so
nehme ich für sie ein Vorkommen in Terr. 13 (Vogtland), 10 (Lausitzer Bergland), 14 (Erzgebirge) und 15 (Fichtelgeb., Böhmer Wald) an und bezeichne

---

1) JESSEN, Excursionsflora von Deutschland, S. 447.

die Grauerle als osthercynisch-montan. In denselben Landschaften kommt auch
der Bastard A. glutinosa-incana (pubescens Tausch) nicht zu selten vor.
Sorbus domestica. Der Speierling (Spierapfel), ein Verwandter der
Eberesche und dieselbe an Größe wie Festigkeit des Holzes übertreffend, hat
ein entschieden wildes Vorkommen von Österreich bis zum Elsass und geht
dann am Rhein nordwärts. WIGAND nennt ihn im Fundorts-Verzeichnis von
Hessen und Nassau nicht. Dagegen führen ihn die thüringischen Floren seit
alter Zeit an und es ist an sich kein Grund gegen die Annahme, dass er hier
ursprünglich sei; er würde sich dann solchen Arealen wie von Ruta graveolens,
Coronilla vaginalis oder auch Amelanchier vulgaris anschließen. Die Flora
von SCHÖNHEIT nennt (S. 151) mehrere Standorte mit großer Bestimmtheit,
nämlich auf der Grenze Thüringens und des Südharzes bei Steigerthal, ferner
Heringen, Rossleben, Frankenhausen, Großmonnra; dann subspontan (Weinberge) bei Freyburg a. Unstrut, bei Rossbach und Heilingen.

Verbreitungsnotizen über die übrigen Waldbäume. 1. Die Fichte scheint
ursprünglich sowohl den geschlossenen Laubwäldern auf Kalk im Hügellande,
als auch den Auwaldungen der Niederung, welche besonders im Elster- und
Pleißegebiete zwischen Borna und Merseburg stark entwickelt sind, gefehlt zu
haben. Die Fichtenwälder, welche man dort jetzt findet, lassen sich mit größerer
oder geringerer Sicherheit als angepflanzt nachweisen, und sie bedürfen im
Auwaldgebiete der Elster sogar künstlicher Dammschüttungen, hinter denen
sie dann heranwachsen. Die Harth südlich von Leipzig ist ein großer, aus
niedergelegten Laubwäldern hervorgegangener Nadelwald von Kiefer und Fichte.
So komme ich zu der auf der Karte niedergelegten Überzeugung, dass die
Fichte in der vom Unterlauf der Weißen Elster, Thüringer Saale und Bode,
Mulde, und von der Elbe zwischen Mühlberg und Magdeburg durchströmten
Niederung ursprünglich gefehlt habe und dass dort auch noch heute die mit
der Fichte rechnende Waldformation F. 3 nicht vorhanden sei. Dies würde
den wichtigsten Charakterzug des Hauptteiles von Terr. 5 mit den trockensten
Stellen der Hercynia sowie des Nordteiles von Terr. 8 ausmachen, welche
ihren hercynischen Anschluss ganz anderen Entwickelungsmomenten verdanken.

Im Gebirge tritt die Fichte dagegen überall, auch üppig und gesellig auf
versumpftem und mit Torfmoos in lockerem Wuchs bedecktem Boden auf, wie
z. B. mächtige Bestände am Oderteich im Oberharz, einem Standort der
Listera cordata daselbst, bis vor ihrer Abholzung zeigten. Aus dem Böhmer
Walde schildert V. RAESFELDT (I, 77) die Bildung des »Auwaldes« von Fichten
im Übergang zu den »Filzen« mit Pinus montana. Die obere thermische
Fichtengrenze wird im Gebiet nur am Brocken und auf dem Hauptkamm wie
am Arberstock des Böhmer Waldes überschritten.

3. Die Kiefer wird gewöhnlich als Charakterbaum des Heidewaldes betrachtet und dort herrscht sie auch mit der Birke allein, geht dann auch im
lockeren Bestande in die IV. Formationsgruppe über. Aber in den hercynischen
Wäldern hat sie ein weit größeres Areal auf dem Granit- und Gneisboden des

Hügellandes in F. 3, und sie scheut auch nicht den trockenen Muschelkalk,
auf dessen kahle Höhen sie in der V. Formationsgruppe nicht selten niedere,
zerstreute Bäumchen entsendet. Es scheint, als ob sie in der Hercynia die
verhältnismäßig größte Häufigkeit im Osten besäße, also in dem Lausitzer
Hügellande und von da bis zum Muldenlande, vielleicht wegen der dort vorherrschend granitischen Böden. Im Berglande schwindet sie durchschnittlich
bei 500 m, doch ist ihre Höhengrenze eine sehr unregelmäßige; so giebt
SENDTNER ihr höchstes Vorkommen im Böhmer Walde auf 950 m an, aber
an einem Standorte, welcher schon an ihre in den Alpen zu beobachtende
obere Vermengung mit hochstämmiger Pinus montana erinnert. v. RAESFELDT
bezeichnet ihr Vorkommen im Bayr. Wald auf den »Granitsandböden« GÜMBELS
als vollkommen standortsgemäß, hält aber ihre weitere Ausbreitung auf Kosten
der Fichte, Tanne und Buche für ein Zeichen des Niederganges der ursprünglichen Vegetation.

4. Die Eibe kommt im ganzen Gebiete nur als seltener, zerstreut im
Walde lebender Baum vor. Ihrer Verbreitung hat nach CONWENTZ' Arbeiten
in neuerer Zeit KORSCHELT eine auf unser Gebiet bezügliche Studie[1]) ge-
widmet. Im Boden scheint sie nicht wählerisch, da ich sie sowohl vom
trockenen Muschelkalkboden (Leinegebiet bei Göttingen, 300 m) und den harten
Dolomitriffen des Süntels (Weserbergland), als vom feuchtesten Urgebirgs-
Waldboden kenne; hier erreicht sie bei ca. 1000 m Höhe am Südhange des
Rachels, vermischt mit der Bergulme, die größte mir bekannt gewordene
Höhe und soll nach Angabe des Forstmeisters LEITHÄUSER dort früher häufiger
gewesen sein. Es bestätigt sich demnach ihr bodenvager Charakter[2]).

5. Die Buche ist entschieden im hercynischen Florenbezirk mehr ein
Baum des Westens als des Ostens und würde noch mehr als solcher erscheinen, wenn nicht die Basaltberge des Lausitzer Landes und die weiten
Höhen des Böhmer Waldes die Verbreitung wieder etwas ausglichen; auch
auf den Nordabhängen des Harzes wie des Erzgebirges finden sich von 200—
600 m herauf ausgedehnte Laubwaldbestände von fast reiner Buche. Von da an
werden sie am Nordgehänge seltener; die absolut erreichten Buchenbestandes-
Grenzen siehe weiter unten. — Ihre früheste Belaubung geschieht im Westen
in der 2. Aprilwoche, im Osten war der von mir im Bergwalde (300 m)
beobachtete absolut früheste Termin der 17. April; die Regel aber lautet gegen
Ende April, und gegen Ende Mai wachsen die Fruchtbecher nach dem Abfall der männlichen Kätzchen überall rasch heran, ohne bedeutenden Unterschied der Höhenlage innerhalb 200—500 m. — Einzelne berühmte Buchen
stehen oft bei größerer Höhe im Berglande, wie z. B. die »Wendelbuche« bei

---

1) Über die Eibe und deutsche Eibenstandorte; Wiss. Beilage z. Jahresber. des k. Real-
gymnas. Zittau 1897. — Dieses Citat gilt zugleich als Nachtrag zu Litt.-Verz. A. S. 18; die vortreffliche Arbeit sammelt sowohl Litteratur als eigene Beobachtungen.

2) RÖSE gab nach seinen Beobachtungen in Thüringen (Bot. Ztg. 1864) an, dass die Eibe
das Urgebirge meide. Die Unrichtigkeit dieser Verallgemeinerung ist schon von CONWENTZ wie
von KORSCHELT widerlegt worden.

650 m an der Milseburg in der Rhön. Auf tiefem Humus der Kalkberge ist die Buche fast der allein herrschende Baum und so bedeckt sie auch die trocknen Kalkplateaus bei 500 m (s. Vegetationsbild vom Heldrastein Fig. 9) mit 6—8 m hohen, knorrig gewachsenen und doch reichlich fruchtenden Stämmen als Buschwald. — In unserem Gebiete findet sich auch ein Wildling der F. silvatica, var. atropurpurea Ait., nämlich die berühmte Blutbuche im Walde von Oberspier bei Sondershausen, ein hoher und edel geformter Hochstamm, umgeben von einem Kranze grünlaubiger Schwestern. Bei einem Ausflug dorthin am 18. Mai 1894 fand ich unter den zahlreichen jungen Sämlingspflanzen der Blutbuche sowohl solche mit dunkelbraunen, als solche mit grünen Blättern in allen Übergängen.

In dem oberen Berglande spielt die Buche in der Rhön die Hauptrolle; im Böhmer Walde nimmt sie einen sehr bedeutenden, im Erzgebirge am Südhange einen bedeutenderen Anteil an der Waldbildung als am Nordhange. Während sie im Harz schon oberhalb 600 m selten wird, besitzt mein Herbar als die obersten Funde fruchtender Buchen mit kräftigem, knorrigem Hochstamm ein Exemplar aus nahezu 1000 m Höhe vom Schneeberg im Fichtelgebirge und aus 1200 m Höhe vom Südhange des Arber (nach Bodenmais zu); am Fichtelberge im Erzgebirge fand ich zwar noch 1050 m hoch buschartig gewachsene Stämmchen, doch die höchste kräftige Buchengruppe fruchtender Stämme beobachtete ich am Südhange (Wirbelstein) in 980 m Höhe, und noch 30 m höher hinauf eingesprengt im Fichtenwalde vereinzelte, nicht mehr kräftige Bäume. Ihr Laub ist dunkel und lederig, härter als das aus niederen Höhen.

6. u. 7. Die beiden Eichen zeigen durch mannigfache Formenübergänge auch im Gebiete ihre sehr nahe Verwandtschaft, welcher A. DE CANDOLLE systematischen Ausdruck gegeben hat (durch Einziehung der EHRHARDT'schen Species). Besonders auf sonnigen Höhen, 400—600 m hoch auf Kalk und Phonolith, erscheint nicht selten im Niederwalde eine Form vom Blattschnitt der Qu. *sessiliflora, deren kurze Fruchtstiele sie jedoch zur *pedunculata weisen, eine unentschiedene Mittelform. Wegen der nahen Verwandtschaft beider ist es daher nicht leicht, ihre Verbreitungssphären zu trennen; doch scheint Qu. *sessiliflora im trockenen Hügellande, an Felsabhängen, verhältnismäßig häufiger und steigt (steril) beispielsweise bis zu 760 m Höhe auf den Phonolithhöhen des Lausitzer Berglandes (Kleis) an, während die Stieleiche vereinzelt noch höher geht. In der Niederung bildet aber wohl diese letztere allein die mächtigen Stämme, die das charakteristisch-knorrige Gepräge in den Auwäldern (z. B. im Elstergebiet um Leipzig!) darbieten und unter denen einzelne Stämme von gegen 40 m Höhe und 2 m Stammdurchmesser (in Brusthöhe) bei 6—700 Jahre Alter bekannt sind.

Während somit die Stieleiche stets maßgebend bleibt als Charakterbaum für Auwaldungen ohne Buche, erscheint sie unzweifelhaft mit dieser zusammen häufiger im Westen unseres Bezirkes; hier kann als Regel gelten, dass im niederen Hügellande (z. B. um Braunschweig) auf trockenem Muschelkalkboden zwar die Buche allein den natürlichen Bestand bildet, dass aber auf

feuchterem thonigen Untergrunde von jurassischen und Kreideformationen
mächtige Eichen mit üppigen Buchen um die Vorherrschaft streiten.

[Qu. pubescens wird von Jena angegeben, wo sich einige Sträucher
finden sollen (siehe Abschn. IV, Kap. 4, Saalethal); ihr Vorkommen darf
höchstens zu den Hügelgeröllfluren bezogen werden. Dem Gebiete am
nächsten finden sich Hügelgebüsche dieser Art bei Leitmeritz im Böhmischen•
Mittelgebirge.]

8. Die Hainbuche, so gemein sie ist, hat doch stets ihre bestimmt
bevorzugten Plätze und hält sich dabei stets an die Hügelregion. Es zeigt
sich also auch bei dieser Art das in der Verbreitung mittel- und nord-
europäischer Bäume auffallende Verhalten, dass diejenigen Arten weiter nach
Norden gehen, welche unter südlicheren Breiten sich auf die niedere Höhe
beschränken, eine Regel, die für die Buche im Vergleich mit der Eiche, Hainbuche und Erle gilt, unter den Nadelhölzern für den Vergleich von Fichte mit
Kiefer, viel mehr aber für den von Buche mit Kiefer.

Die Standorte der Hainbuche sind bald feucht mit stagnierendem Grundwasser, bald gerade umgekehrt sehr trocken und sonnig-heiß, und auf beiden
Standorten ist sie als schöner Baum mit starker Stammbildung berufen, die
Rotbuche zu ersetzen, wenn sie es auch zu so üppiger Entfaltung von
Stamm und Krone wie diese nicht zu bringen vermag. Wo Rot- und Hainbuche im Gemisch vorkommen, pflegt die letztere einen dürftigen Eindruck
zu machen.

Die feuchten Standorte werden besonders in den Auwäldern dargeboten,
wo die Hainbuche die große Masse des Gehölzes bildet, aus dem einzelne
Eichen mächtig hervorragen. In dichtem Schluss stehen hier die schwärz-
lichen, niemals drehrunden größeren Stämme mit dem buschartigen jungen
Nachwuchs. Auf sonnigen Hügeln dagegen mischt sich die Hainbuche mit
Ulme, Linde und Birke, wiederum ohne dass eine einzige Rotbuche zwischen
ganzen Beständen steht. Aber diese sonnigen Hügel sind dann nicht aus
Muschelkalk gebildet, sondern aus Silikatgestein, sonst ist die Rotbuche auch
auf ihnen übermächtig. Die letztere macht sogleich ihre Rechte geltend, wo
sich eine feuchtere Schlucht gegen den sonnigen Abhang öffnet und mit der
Rotbuche auch die Tanne einziehen lässt.

Es liegt nach den jetzt noch erhaltenen Beständen von natürlichem Aussehen die Wahrscheinlichkeit vor, dass die Hainbuche für sich, oder so wie
an den geschilderten sonnigen Abhängen gemischt, einstmals weitgedehnte
Bestände gebildet hat, die jetzt von zusammenhängenden Feldflächen eingenommen sind, nämlich auf dem für Steppenformen günstigen Lößboden und
auf allen nur von dünner Erdschicht überdeckten Flächen des Rotliegenden,
der Kupferschiefer u. dergl., wie sie besonders in der unteren Saalelandschaft
so häufig sich finden. Auf Geröllböden steigt sie auch am höchsten, so nach
R. BECK in Sachsen auf Basalt (Postelwitz) bis 530 m! Eine fast gleiche Höhe
mag sie (nach einem Beleg meines Herbars) am Auerberg im Unterharz
erreichen.

9 u. 10. Die Birken sind bei ihrer innigen systematischen Verwandtschaft gemeinsam zu behandeln. Wie sehr sie für den Forstmann als eine
einheitliche Art gelten, geht z. B. daraus hervor, dass trotz WILLKOMMs
»Forstlicher Flora«, R. BECK in seiner Verarbeitung forstlicher Angaben nicht
einmal den Versuch machen konnte, die Höhenverbreitung von B. *verrucosa und *odorata, var. pubescens zu trennen. (Die zu letzterer Unterart
gehörige Form *carpathica folgt später unter Hochmoor-Formation.)

Beide Birken sind in unserem Bezirk reichlich verbreitet und zeigen dessen
nordischen Charakter, z. B. im Vergleich mit den Alpen, deutlich an. Die B.
verrucosa (»mitteleuropäische Birke) findet sich am häufigsten als Begleiterin
der Kiefer auf Sandboden, ferner der Hainbuche und Ulme auf trocknen,
sonnigen granitischen Berghängen und zeichnet hier das Hügelland mit einer
etwa auf 500 m zu schätzenden Grenzlinie gegen das Bergland aus, in welchem
die B. odorata (»nordische Birke«) die Höhen 500—1000 m allein beherrscht.
Zuweilen finden sich auch auf Bergkuppen in 200—400 m Höhe kleinere
Bestände von B. verrucosa allein, hell und licht, die schlanken Zweige hängend,
mit einer schön grünen Grasnarbe auf dem Boden und Charaktergesträuchen
wie Genista germanica oder tinctoria, sofern nicht Heide dazu kommt; diese
Bestände gehen dann leicht in die offenen Hügelformationen über, an denen
diese Birkenart starken Anteil nimmt.

Die B. odorata bildet auch ähnliche Haine, und zwar dann meistens in
der Form var. rhombifolia Rgl. = glutinosa Wallr. in bedeutenderer Höhe;
so z. B. bei 820 m auf dem Böhmer Wald bei Kuschwarda, wo Cytisus nigricans
und Rubus saxatilis in ihrem Gefolge so hoch hinaufgehen. Die Form var.
pubescens Ehrh. ist dagegen sehr viel mehr in den Niederungen auf Sumpf-
boden verbreitet, zusammen mit Espe und Erle, wo dann der Boden ganz
anders auszusehen und mit Sphagneten, mit Polytrichum, sumpfigen Cariceten
oder auch wohl Hydrocotyle und Lysimachia vulgaris bedeckt zu sein pflegt.
So vereinigt zwar die Sammelart B. alba recht verschiedene Formationen unter
ihrem Vegetationsbereich, aber die verschiedenen Rassen sind darin doch
eigenartig verteilt, und dies bedürfte in Zukunft noch näherer Untersuchung.

Für die ganze Landschaft sind die Birken als erste grüne Bäume bei
Frühlingsanbruch höchst anziehend und belebend. Zuerst beginnt die B.
verrucosa im sonnigen Hügelgelände, dort im hercynischen Durchschnitt
gegen Mitte April schon die Blattknospen öffnend und grünend; wenige Tage
später verstäubt sie die männlichen Kätzchen im Sonnenschein. Kurz darauf
folgt die B. odorata mit einer Verspätung, welche wohl der geänderte Standort
selbst bedingt, und deren Ergrünen und Stäuben zur Eröffnung des Frühlings
zieht sich in das Bergland bei 800 m bis zur Mitte Mai.

11. Die Verbreitung der Schwarzerle folgt der allgemein in »Deutschlands Pflanzengeogr.« I. 248 angegebenen Richtschnur ohne nennenswerte
Einzelheiten für unsern Bezirk (Höhengrenzen s. unten). Die Landschaft, in
welcher sie sich wahrscheinlich am zahlreichsten vorfindet und breite Flächen
als Mischwald mit Birke und Espe deckt, ist das nördliche Teich-Hügelland

der Oberlausitz. Sonst ist sie hauptsächlich auf sumpfige Thäler und Bach-
ränder im welligen Gelände hingewiesen und zeigt sich nahe ihrer oberen
Grenze auch frei an Lehnen und Berghängen stehend. Im Erzgebirge bei
Reitzenhain hat sich noch ein reiner Erlenbestand bei 755 m Höhe erhalten
lassen. — [12. Grauerle, Alnus incana, s. oben S. 112.]

13. Während sich für das spontane Auftreten der Schwarzpappel nur
in unseren Flussauen Anzeichen finden, ist die Espe (Zitterpappel, Populus
tremula) durch das ganze Gebiet häufig, wenn auch in verschieden starker
Verteilung. Wie sie von den deutschen Waldbäumen die weiteste Verbreitung
hat, vom algerischen Kabylien durch Europa bis nach Ostasien, so schreckt
sie auch vor keiner Bodenart zurück, ist im westlichen Triaslande und im
östlichen Granitlande Begleiterin aller möglichen Waldformationen, steigt im
Gebirge häufig bis über 600 m, wird dann selten und verschwindet bei 800—
900 m im Erzgebirge, bei 1000—1090 m im Böhmer Walde, bildet aber
nirgends solche imposanten Bestände, wie sie sich von Ostpreußen bis zur Düna
hin erstrecken und in ihr einen hauptsächlichen Nutzholz-Waldbaum finden.
Nur Andeutungen solcher Entwickelung zeigt sie im sumpfigen Niederungs-
gebiet, sehr gut z. B. in der nördlichen Oberlausitz an der hercynischen
Grenze. Im Verein mit Hainbuche und mitteleuropäischer Birke besiedelt sie,
gleichfalls häufiger auf Kiesel- als Kalkboden, Berggehänge, auf denen das
Felsgestein einen dichten Waldschluss nicht zulässt. Noch bei 600 m in den
Granitgebirgen bildet sie kleine Haine, in denen der Haselstrauch als Unterholz auftritt. Sie fehlt aber als lichtbedürftiger Baum überall da, wo dicht
geschlossener Laub- oder Nadelwald einer oder weniger geselliger Baumarten
den Boden bedeckt, da sie in der Hercynia nirgends mit diesen, und am
wenigsten mit der Buche, den Kampf auszuhalten vermag.

Biologisch ist sie durch ihre noch vor die Erlen fallende frühe Blüte
der aus dicken Knospen hervorbrechenden Kätzchen bemerkenswert und
bildet somit den ersten blühenden Waldbaum, je nach der Witterung im
armen Hügellande schon Ende Februar bis März, bei 600 m im Gebirge
um Mitte April.

14. 15. Die beiden nahe verwandten Ulmen- oder Rüster-Arten müssen
hier um so mehr zusammengefasst werden, als auch die botanische Nomenclatur dafür gesorgt hat, die Schwierigkeiten ihrer Auseinanderhaltung zu ver-
größern. Denn gegenüber der seit KOCH üblich gewordenen Namengebung
heißt jetzt bei den Anhängern moderner Änderungen die Bergulme (Art. 15)
U. campestris, die südlicher verbreitete Feldulme (Art. 14) dagegen U.
glabra. In dem Herbar der »Flora Saxonica« haben wir uns dieser Änderung
nicht angeschlossen. — Aus den bei WILLKOMM[1]) angegebenen allgemeineren
Verbreitungsverhältnissen geht hervor, dass im natürlichen Waldzustande U.
montana die größere Rolle bei uns spielt, dass sie sogar von den Bergen
in die Auenwaldungen an Saale und Elster herabsteigt. In den Bergen und

---

[1]) Forstl. Kulturgewächse Deutschlands, 2. Aufl., S. 553.

in den feuchten Bachthälern der Gebirge scheint sie bei 500—700 m allein vorzukommen und erreicht wahrscheinlich zwischen 800—900 m im Böhmer Walde das Maximum ihrer Höhenverbreitung (am Plattenhausen!) Bei 700 m fand ich am Czerkov (b. Furth) noch herrliche Stämme breit schattender Bergulmen an Bächen mit Grauerlen; erst etwas höher begann Ranunculus platanifolius aufzutreten. Ebenso besiedelt die Bergulme trockene Laubwaldungen auf Muschelkalk und zeigt sich dort wiederum besonders schön entwickelt in Südhannover und Thüringen. — U. campestris (= glabra) erscheint dagegen, abgesehen von den vielen nicht ursprünglichen Vorkommnissen nahe den Ortschaften, als der häufigere Baum in den Flussauen und über deren Niveau liegenden niederen Laubwaldungen.

16. Die Flatterulme, U. effusa (= pedunculata Foug.), ist bei weitem die seltenste Ulmenart, steigt in das Gebirge gar nicht hinauf und nimmt vereinzelt an der Zusammensetzung von Buschgehölzen in der sonnigen Hügelregion bei 200—300 m Teil, meist als kleiner Baum oder schon in Strauchform blühend.

17. Die Vogelkirsche oder wilde Süßkirsche, Prunus avium, von welcher einige Autoren das Heimatrecht im mittleren Europa überhaupt leugnen wollen, nimmt an der Zusammensetzung mancher Hügelwaldungen gemischter Art, in Form von Großsträuchern, kleinen oder stattlichen Bäumen, so eigenartig Anteil, dass nach den jetzt vorliegenden Erscheinungen sowie nach älteren Quellen kaum ein Zweifel an ihrem ursprünglichen Indigenat bestehen kann. Dies betrifft alle Gaue, in Sachsen z. B. am Fuß von Basaltbergen 300 m hoch in Terr. 8, in Thüringens und Südhannovers Wäldern auf Kalkboden, und so weiter bis zur Nordgrenze des Gebietes. Als Busch ist P. avium auch in den Hügelformationen oft zu finden.

18. Der Elsbeerbaum, Sorbus torminalis, kommt immer nur als seltenere Erscheinung in denjenigen Landschaften vor, welche sich zugleich durch den Besitz gut entwickelter Hügelformationen (Gruppe V.) auszeichnen. Entweder steckt er als niederer, kaum jemals fruchtender Busch mit unter den dort vorkommenden »lichten Hainen«, oder aber er besiedelt als niederer bis mittelhoher Baum die sich an solche Haine anschließenden Laubwaldungen zumal von Buche, Linde und auch Wintereiche, in diesem Falle zuweilen in reichem Blütenschmuck prangend. Solche voll entwickelte Bäume sind am häufigsten im Werra-, Leine- und Thüringer Unstrut-Gebiet oder an den Saalegehängen, selten schon im Hügellande der Elbe.

[Sorbus Aria, Mespilus, Amelanchier u. a. Pomaceen siehe unter Gruppe V; 19. Sorbus domestica s. oben S. 113.]

20. Die Eberesche oder der Vogelbeerbaum, Sorbus aucuparia, bildet im Gegensatz zu der Seltenheit seiner Gattungsgenossen den in der Höhenverbreitung gleichzeitig mit der horizontalen Erstreckung am meisten anpassungsfähigen Baum. Nicht nur, dass er in allen möglichen Buschwaldungen untermischt vorkommt und sich einzeln auf sonnige Klippen der niederen Berge — allerdings auf Silikatboden — herauswagt, sondern er bildet

auch mit Espe und Erle die Zusammensetzung von Moore und Sümpfe umrandenden Wäldern im Lausitzer Hügellande und geht in Strauchform bis
über die Fichtengrenze der höheren hercynischen Gebirge. Hier zeichnet er
den Brocken gerade so aus wie die nackten Wirbelsteine nahe dem Keilberge,
den Lusen und Arber. Seine Blütezeit verschiebt sich dabei von Mitte Mai
im warmen Hügellande auf die erste Junidekade an Basaltfelsen bei 700—800 m
und auf die erste Julidekade auf Granit und Gneisfels an der oberen Waldgrenze. Merkwürdig rasch reifen dabei seine Früchte im mittleren Gebirgslande, wo man diesen Baum mit dem Bergahorn zusammen so vielfach an
den Landstraßen anpflanzt: Ende Juli röten sich auch hier schon die Stein-
beeren, nur 2—3 Wochen später als in dem warmen Hügellande.

21 u. 22. Die beiden Linden treten vielfach zerstreut durch den ganzen
hercynischen Bezirk auf; die Sommerlinde, Tilia grandifolia, ist aber um
deswillen die bemerkenswertere Art, weil sie erstens höher im Gebirge ansteigt (bis über 900 m im Bayr. Walde, 600 m im Erzgebirge), und zweitens
auf den hercynischen Bergen noch ihre natürliche Verbreitung besitzt, während
sie nördlich unserer Bezirksgrenze aller Wahrscheinlichkeit nach nur angepflanzt
vorkommt. Wenngleich diese Linde, wie alle unsere Waldbäume, nicht auf
bestimmte Gesteinsböden angewiesen ist, so scheint sie bei uns doch eine
größere Verbreitung auf den Kalken und Basalten zu haben. So fand ich
ausgedehnte Linden-Mischwälder besonders in Thüringen (Hainleite!) und auf
den Dolomitklippen des Weserlandes (Ith, Selter und Süntel), und es sollen
noch jetzt horstweise aus Mittelwald hervorgegangene reine Bestände bei uns
vorkommen.

Die Winterlinde, T. parvifolia, dagegen, die bekanntlich ein mehr
nordost-europäischer Baum ist und ausgedehnte Waldungen in Russland bildet,
steigt im Berglande wohl nur 400—500 m hoch an (SENDTNER giebt als
höchstes Vorkommen im Bayr. Walde 614 m an), und findet sich ihrer allgemeinen Verbreitung entsprechend häufiger im osthercynischen Gau unter anscheinend natürlichen Bedingungen. So bildet sie mit der Hainbuche gemischte
Bestände im Hügellande an der Elbe auf Felsabhängen, bekleidet ebenso
sonnige Thonschieferhügel im Weißen Elsterlande in 200—300 m Höhe, und
geht in gleicher Höhe auch in die Vorgebirgsthäler.

23. Der Feldahorn ist durchaus auf das Hügelland beschränkt und
findet sich am zahlreichsten in Buschform in sonnigen Hainen, erwächst dagegen am ehesten zu stattlicher Höhe in den Auwaldungen (z. B. im Niede-
rungsgebiet der W. Elster und Elbe). Während er allen hercynischen Bergländern durchaus fehlt, scheint auch sein natürliches Vorkommen in manchen
niederen Landschaften zweifelhaft, wie z. B. in der Lausitz. Einzeln stehende
alte Stämme besitzen die westlichen Muschelkalk-Gebiete.

24 u. 25. Von den beiden übrigen Ahornarten entspricht der Spitzahorn, Acer platanoides, in seiner Verbreitung der Winterlinde, der
Bergahorn, A. Pseudoplatanus, dagegen der im mitteldeutschen Berglande
die Nordgrenze ihrer Verbreitung findenden Sommerlinde. Auch dieser hat

wahrscheinlich südlich von 52° n. Br. seine natürliche Verbreitungsgrenze in Deutschland, steigt dagegen in dem Berglande viel höher an, als der mehr in den Au- und Hügelwaldungen der Flussthäler und Niederungen (z. B. in den Auwäldern der Weißen Elster) als Waldbaum verbreitete Spitzahorn. — Der Bergahorn schmückt alle hercynischen Gebirge, begleitet auf ihnen die Buche und steigt über deren Höhenlinie oft noch hinaus, erreicht so im Harze fast 800 m, im Erzgebirge (wo noch bei 800 m reine Bestände sich finden!) 900 m und im Bayr. Walde, wo er im obersten Berglaubwald sehr häufig ist, sogar 1300 m[1]). Der Spitzahorn hält sich im allgemeinen unterhalb 400 bis 500 m, erreicht nur in seltenen Fällen Höhen von 720—750 m (Lausitzer Bergland nach BECK) und fehlt auf weite Strecken in den zusammenhängenden Bergwäldern.

26. Die Esche ist zwar im ganzen Gebiete bis zu 600—700 m Bergeshöhe eingestreut an vielen Stellen auf feuchtem oder sogar nassem Boden zu finden, doch tritt dieser Baum nirgends in der Häufigkeit auf, die er beispielsweise in Ostpreußen zeigt. Aber entsprechend dem dortigen Vorkommen besiedelt die Esche auch in Mitteldeutschland am meisten die Auwaldungen, findet sich demnach wiederum häufig im Weißen Elsterlande u. s. w., gedeiht aber auch in den Vorbergen um 300—500 m üppig an feucht humosen Abhängen und an kleinen Bächen. Die hercynischen Bergländer werden von ihr nur an ihrer unteren Grenze berührt.

Das höchste Vorkommen reiner Bestände der wichtigsten Waldbäume in Sachsen.

Das Erzgebirge kann als mittleres Maß der Höhenerstreckung unserer Baumbestände im hercynischen Deutschland betrachtet werden, da der Harz diese Höhen um ebensoviel herabdrückt, als der Böhmer Wald sie hebt. Für das Erzgebirge hat R. BECK in seiner mehrfach erwähnten Abhandlung das höchste Bestandesvorkommen der einzelnen Baumarten graphisch (Taf. II) zusammengestellt. Während die Fichte auch im Erzgebirge ihre Höhengrenze nur durch lokale Depressionen findet, bewegen sich die Bestandesgrenzen der übrigen Bäume daselbst in folgenden Höhen:

Birke 930—970 m, im östlichen Gebirgsteil 750—700 m, stets die *odorata in niederer Form.

Buche meist 850 m, ansteigend bis gegen 870 m, im westlichsten und östlichen Gebirgsteile weit unter 800 m sinkend.

Tanne schwankend zwischen 700 und 860 m, durchschnittlich etwa 760 m.

Bergahorn schwankend zwischen 600 und 780 m, im westlichen Erzgebirge über 700 m.

Kiefer zwischen 700 und 810 m, im Mittel etwa bis 740 m, also ziemlich hochgehend.

Stieleiche zwischen 600 und 630 m, im östlichen Gebirgsteile niedriger.

Schwarzerle zwischen 400 und 570 m, im Mittel etwa bis 500 m gehend.

Hainbuche nur bis 300 m in reinen Beständen. im Gemisch kaum über 400 m.

---

1) Dieses Vorkommen ist jedenfalls ein ausnahmsweise hohes; meine eigenen Beobachtungen im Böhmer Walde zeigten vom Bergahorn bis 1200 m starke, gut fruchtende Stämme.

Alle diese Baumgrenzen sind im Elbsandstein- und Zittauer (Lausitzer) Gebirge nach den Aufzeichnungen derselben Tafel von BECK sehr stark erniedrigt und bewegen sich, von der Fichtengrenze abgesehen, bei den eben genannten Baumarten in Höhen von 750 m (Buche) und 660 m (Tanne) und 580 m (Kiefer), als Maximis, und 470 m, 400 m und 300 m bei denselben Baumbeständen als Minimis. Diese Zahlen haben aber bei der zerrissenen Form des Gebirges nur lokalen Wert und entsprechen nicht etwa klimatischen Grenzen, wie meine eigenen Aufzeichnungen aus der Oberlausitz vom Kleis bei Haida zeigen. Es ist aber lehrreich hier zu sehen, wie weit die klimatischen Licenzen durch lokale Ausprägungen der Orographie verdunkelt werden können.

Über diese Bestandeshöhen gehen naturgemäß die Höhenerstreckungen der einzelnen Holzarten in Mischung ziemlich weit hinaus, und zwar sind die von BECK aus dem Erzgebirge mitgeteilten Höhen folgende:

Tanne und Birke 1060 m.	Bergahorn 970 m.
Kiefer fast 1040 m (!).	Esche bis 860 m.
Buche bis 1020 m[1]).	Schwarzerle etwas höher als 800 m.
	Stieleiche 800 m.

Alle diese Höhen liegen im mittleren, die höchsten Berge umschließenden Teile des Erzgebirges oder in dessen westlichem Teile.

Sowohl die ersteren Zahlen für die reinen Bestände als die letzteren für die vereinzelten Bäume sind starkem Wechsel unterworfen je nach ihren Standorten auf Hochflächen oder an den gegen die Richtungen der Windrose hin geneigten Abhängen. Um hier die Größe der Schwankungen nach einem einzelnen Beispiel beurteilen zu können, sei die von R. BECK zusammengestellte Tabelle über den Einfluss der Exposition auf die Höhengrenze der Buche als wichtigster Fall wiedergegeben:

	N	NO	O	SO	S	SW	W	NW
Mittel für das Vorkommen reiner Bestände (696 m)	626	696	705	745	757	772	610	658
Abweichungen vom allgemeinen Mittel . .	—70	0	+9	+49	+61	+76	—86	—38
Maxima der Höhe reiner Bestände (833 m)	860	850	850	785	800	850	820	850

Hiermit lässt sich die von SENDTNER (Bayr. Wald S. 332) berechnete Höhe der allgemeinen Buchengrenze im oberen Böhmer Wald vergleichen, deren Zahlen naturgemäß höher liegen, weil nicht ausdrücklich reine Buchenbestände beobachtet wurden:

	N	NO	O	SO	S	SW	W	NW
Mittel 1222 m	1178	1163	1262	1284	1250	1247	1240	1166
	—44	—59	+40	+62	+28	+25	+18	—56

Sämtliche Zahlen liegen im Böhmer Walde demnach, auch beim Absehen von der Forderung reiner Bestände, bedeutend höher (vielleicht 200 m?); während aber im Erzgebirge die S- und SW-Exposition am günstigsten wirkt,

---

1) Diese Angabe erscheint demnach etwas höher als die auf meine eigenen Beobachtungen gestützte oben, s. S. 116.

thut dies im Böhmer Walde die nach SO. — Zum Verständnis des thatsächlichen Verhaltens ist aber noch zu bemerken, dass BECKs Tabelle aus sächsischen Angaben berechnet ist, und dass diese den warmen böhmischen Südhang mit besonders hoch gehenden südöstlichen Lagen nicht mitenthalten.
Um so deutlicher treten die Depressionen an der kalten Nordseite des Gebirges hervor.

4. Formationsliste B. der hercynischen Waldsträucher.

Vorbemerkung. Unter dieser Gruppe sind nur die gewohnheitsmäßig im Schatten der
Bäume und in dem Buschwalde bestandbildenden Straucharten und die Schösslingssträucher der
Rosaceen zusammengefasst. Die interessanteren Arten von hercynischen Sträuchern finden sich
aber hauptsächlich in der Gruppe V unter den lichten Hainen, denen alle dem Voralpenwalde
entsprechenden Arten (wie z. B. Sorbus Aria und Viburnum Lantana) zugezählt sind, ebenso
wie alle Hagedorne außer Rosa alpina und die übrigen Dornsträucher der Rosaceen, welche
für sich eigene Bestände bilden. Sehr schwierig ist die Scheidung in dieser Beziehung bei den
Brombeeren; es sind von den Sammelarten, welche allein hier zur Namhaftmachung gelangen,
nur die 3 Gruppen von Rubus suberectus, Radula und Bellardii als Waldbewohner im
engeren Sinne betrachtet und die übrigen zu Gruppe V verwiesen. — Die Verbreitung wird im
Folgenden kurz zusammengefasst.

Amentaceen.

1. Corylus Avellana L. — **dG.** in den meisten Laubwaldungen, fehlend
im Nadelwald. Berührt die Gebirgswälder nur im unteren Grenzgebiet
bis ca. 550 m; Standorte 700—900 m sind selten [1]).

2. Salix Caprea L. — **dG.** in Laub-, Meng- und Nadelwaldungen. Tritt
nahe der oberen Fichtenwaldgrenze auf felsigen Orten in das Freie,
z. B. Erzgebirge 1000 m.

3. —— cinerea L. — **hRIII.** zumeist auf feuchtem oder sumpfigem Boden.
(Über das eingebürgerte Vorkommen der Grünerle aus dem Voralpenwalde siehe Abschn. IV., Oberlausitz.)

Discifloren — Calycifloren.

4. Daphne Mezereum L. — **hRIII.** und außerdem in den Mittelstufen der
Gebirge häufig in der Berglaubwald-Formation, zumal auf Basalten
bis über 800 m. Bevorzugt die Formationen 2, 3 und 7; fehlt im
Kiefernwalde und auf Moorboden. Ein wesentlicher mitteldeutscher
Charakterstrauch, dessen Nordgrenze hier um so bedeutungsvoller ist,
als derselbe in dem nordatlantischen und im nordelbischen Gau fast
ganz fehlt.

5. Evonymus europaea L. — **hRIII.** gemein und überall verbreitet.

---

1) Die Verbreitung des Haselstrauchs verdient noch eingehender beobachtet zu werden.
In den Bergwaldungen selbst hat er eine niedere Grenze, als auf lichten Höhen oder Felsen.
So notierte ich an der Milseburg, Rhön, in 810 m Höhe dichte Haselgebüsche mit gutem Frucht-
ansatz auf sonnigem Phonolithboden ganz frei vom Walde, fast in gleichen Höhen auch auf
Lausitzer Basalten. Den absolut höchsten Stand fand ich an der grasigen Kuppe des Hohen
Bogens im Böhmer Walde bei 960 m.

6. Rhamnus Frangula L. (= Frangula Alnus Mill.) — hRIII. und an den Grenzen der Bergwaldungen aufhörend; am häufigsten in den Bruch- und nassen Auwaldungen, daselbst soc.

7. —— cathartica L. — hRIII. in den meisten Busch- und Auwaldungen der Flussniederung, sodann in denjenigen Hügelwald-Formationen, welche sich an die selbständigen Bestände sonniger Dorngebüsche an- schließen, da diese Rh. cathartica ebenfalls in sich aufnehmen. Die beiden Rhamnusarten schließen sich demnach in vielen Wäldern völlig aus.

8. Ilex Aquifolium L. — wh. nur im westlichsten Grenzgebiet (siehe Abschn. IV., 1. Wesergebirge) und dort als seltner Bestandteil in Buchenwaldungen.

9. Prunus Padus L. — dG. aber nicht allgemein verbreitet. Am häufigsten in den Auwäldern der Flussniederungen, außerdem zerstreut im Berg- lande, wild bis ca. 800 m.

10. Rosa alpina L. — hmont. nur an wenigen Stellen des Erzgebirges und dann verbreitet im centralen Böhmer Walde; Höhenerstreckung ca. 400—1200 m.

11. Rubus idaeus L. — dG. in allen Waldformationen, den trockenen wie feuchten, von der Flussniederung bis in die subalpine Bergheide.

12. —— suberectus Ands. — hRIII. Verbreitet an feuchten Waldlichtungen.

13. —— plicatus W. & N. — ebenso.

14. —— nitidus W. & N. — hRIII., im Westen häufiger, an Bachufern und in Bruchwäldern.

15. —— sulcatus Vest. — hRIII., aber oh., selten. Eine im Flachlande fast fehlende Art!

16. —— Menkei W. & N. — ⎫ Beides westhercynische Arten: R. Menkei in
17. —— vestitus W. & N. — ⎬ Bergwäldern des Wesergebirges, vestitus
⎭ weiter verbreitet. wh.

18. —— Radula Whe. — hRIII., in Sachsen nicht häufig. (Verbreitet im Flachlande.)

19. —— rudis W. & N. — hRIII. mit vom Westen nach Osten abnehmender Häufigkeit.

20. —— pallidus W. & N. — wh. und mh. an quelligen Waldstellen, in Sachsen fehlend. (Vom lübischen bis zum rheinischen Gau und Thüringen verbreitet.)

21. —— Koehleri W. & N. — hmont. Diese die hercynischen Bergwälder auszeichnende Art steigt auch in die Hügelregion (Elbhügelland, untere Lausitz) herab.

22. —— Schleicheri W. & N. — dG. sowohl im Hügel- als unteren Berg- lande; gehört mit zu den besonders in Mitteldeutschland verbreiteten Arten.

23. —— Bellardii W. & N. — dG. und wohl häufiger im niederen Berg- als im Hügellande, der unteren hercynischen Waldformation besonders angehörend.

24. Rubus hirtus W. & K. — hmont. in mancherlei Formen, und die Höhenstufen von Senecio nemorensis bis zur Buchengrenze besonders auszeichnend.

25. Ribes nigrum L. — dG.? Anscheinend durchaus ursprünglich wh.
(Braunschweiger Land!) und oh., da im Lausitzer Hügellande sichere
Standorte angegeben werden; ob auch im unteren Erzgebirge?

26. —— rubrum L. darf vielleicht nicht als im Bezirk ursprünglich angesehen
werden; doch fand ich Ex. im anscheinend wilden Zustande im Höllenthal am Meißner, ferner bei Leipzig u. s. w.

27. Cornus sanguinea L. — hRIII. sehr verbreitet bis zu den Bergwaldungen
in allen Waldformationen, an welche sich lichte Haine (Gruppe V)
anschließen können.

28. Hedera Helix L. — wh. gemein, mh. seltener, oh. im Laubwalde nicht
häufig und immer unfruchtbar, dagegen noch im Elbhügellande nicht
selten an beschatteten granitischen Felswänden hoch emporsteigend
und reichlich fruchtend.

Sympetalen.

29. Lonicera Xylosteum L. — hRIII., am häufigsten auf Kalk, an der
Grenze der Bergwälder im sächsischen Gau aufhörend und durch
Nr. 30 ersetzt, im Westen auch hmont.

30. —— nigra L. — hmont. vom Thüringer Walde (selten) zum Fichtelgebirge (sehr häufig!), Vogtlande, Erzgebirge, Lausitzer Bergland,
Kaiserwald und Böhmer Wald.

31. Sambucus nigra L. — hRIII. in feuchten Au- und Hügelwaldungen;
ist im wilden Zustande weniger häufig als angepflanzt.

32. — racemosa L. — dG. und eine die Hercynia sehr scharf gegen die
norddeutsche Niederung bezeichnende Art, steigt bis zur Lausitzer
Niederung (selten) herab, in den Höhen 300—600 m am häufigsten
und stellenweise gemein.

33. Viburnum Opulus L. — hRIII. in Buschwäldern und der unteren bercy-
nischen Waldformation.

Zusätze und Erläuterungen.

Die wesentlichsten Punkte für die Verbreitung der hier aufgeführten
33 Arten betreffen erstens die Auszeichnung des hercynischen Berglandes
gegenüber den norddeutschen (und am schärfsten gegenüber den nordwestdeutschen) Gauen, und zweitens die innere Gliederung, welche die hercynischen
Gaue selbst durch die verschiedenartige Verbreitung vieler der genannten
Straucharten erhalten, besonders auch durch Hervorkehrung des Unterschiedes
von sonnigem Hügelland und feuchtkühlem Bergland. Der hercynische Charakter prägt sich gegenüber dem norddeutschen besonders in folgenden Arten
aus: Nr. 4 und 10 (selten), Nr. 15—17, 21—24, 30 und 32. Naturgemäß
sind diese Arten fast nur solche der Bergwälder (Formation 3! 7! und 10!),

verbinden dabei aber vielfach die oberen Hügelstufen mit denen des unteren Gebirges, indem sie in ersteren die darnach benannte »untere hercynische Waldformation« bilden; selbst Rosa alpina ist im Erzgebirge an den wenigen Stellen ihres Vorkommens an diese, nicht etwa an die obere hercynische Fichtenwaldformation gebunden. Dagegen muss man mit Ausschluss des Harzes´ als allgemeiner wenigstens vom Thüringer Walde an ostwärts verbreiteten Bergstrauch, der die Hügelwaldungen meidet, die Lonicera nigra nennen.

Von nicht zu unterschätzender Bedeutung ist auch die Verbreitung der Brombeersträucher im Gebiete. Das durch Zwischen- und Bastardformen aller Gruppen so sehr erschwerte Studium dieser Gattung erkämpft sich erst seine besonderen Resultate dadurch, dass die Territorialabgrenzung durch deren Einzelformen bestimmter gemacht wird, und es sind gewisse Arbeiten zu bezeichnen, welche gerade in dieser Hinsicht Licht verbreiten sollen[1]). Geht schon der bedeutsame Unterschied zwischen west- und osthercynischen Brombeerformen aus einigen der genannten 12 Sammelarten hervor, so würde er sich noch durch Zurückgreifen auf die stärkeren Varietäten, welche die meisten Floren ebenfalls als »Arten« bezeichnen, verstärken lassen. Der zu den »Glandulosi« gehörige, mit R. Bellardii nächst verwandte R. serpens ist eine südwestliche Form, welche am Valtenberge im Lausitzer Berglande ihre nordöstliche Grenze erreicht (Wobst, l. c. S. 58). R. lusaticus (Rostock) aus der R. hirtus-Gruppe, eine mit R. Bayeri des Böhmer Waldes nahe verwandte Form, ist über die niederen Waldhöhen des Lausitzer Berglandes (Löbau-Stolpen) verbreitet. Der durch seine dunklen Schösslinge, dunkelroten Drüsen und roten Griffel ausgezeichnete R. Guentheri aus derselben Gruppe bewohnt den Böhmer Wald und die Oberlausitz. Der zur Radula-Gruppe (die in Sachsen sehr schwach vertreten ist) gehörige R. thyrsiflorus teilt die Verbreitung des R. pallidus vom Westen her bis nach Thüringen. Hingegen findet der zu den »Candicantes« gehörige R. silesiacus von Posen und Schlesien her seine westliche Grenze in einer von Nossen an der Mulde nach Meißen an der Elbe verlaufenden Linie (Wobst). Im Gebirge steigen die Brombeeren bis etwa zu 1000 m, und zwar sind es von 600—1000 m an ausschließlich die Formenkreise der Glandulosi-Gruppe, die noch im oberen hercynischen Laubbergwalde und gelegentlich auch in der hercynischen Fichtenwaldformation die Gattung vertreten, zugleich in den schönsten Formen des mit dreizähligen Blättern weithin den Boden deckenden dunklen Grüns. Hier ist also die unumstrittene Heimat des R. Koehleri-, serpens- und hirtus-Formenkreises, von letzterem besonders Kaltenbachii, Bayeri und Guentheri, die im Oberpfälzer Wald (am Czerkov!) bis 900 m, am Arber bis 1000 m hoch ansteigen. Im Erzgebirge steigen diese wohl nur bis 800 m, im Harze noch weniger hoch an, und das bunteste Gemisch von ihnen allen, zusammen mit

1) Besonders K. Wobst, Beitr. z. Brombeerfl. d. Königr. Sachsen, in Abhandl. der Isis, Dresden 1890, S. 50—72.

den schon im unteren hercynischen Mengwalde auf niederen Höhenstufen häufigen R. Bellardii und Schleicheri, herrscht von 300—600 m in allen hercynischen Bergländern einschließlich der Lausitz und der Elbsandsteinthäler, während im Weserberglande in diesen Höhen neben den allgemein verbreiteten Arten mehr die R. vestitus-Gruppe vertreten ist.

Außer Rubus sind hinsichtlich der Gliederung, welche die hercynischen Landschaften selbst durch die Verbreitung einiger Sträucher erhalten, noch von Straucharten zu nennen:

Ilex Aquifolium nur im Westen, ein rheinischer und atlantischer Strauch, der dem hercynischen Gebiete eigentlich fremd gegenüber steht.

Rosa alpina nur in den osthercynischen Gebirgen, aber nicht in der Lausitz.

Lonicera nigra im ganzen osthercynischen Berglande und Thüringen, aber nicht im Harz.

Es bleiben nun unter Nr. 34—42 noch einige Zwerggesträuche und accessorische Mittelsträucher zu erwähnen übrig. Von diesen ist die Loranthacee Viscum album parasitär auf vielerlei Waldbäumen, der Loranthus europaeus aber berührt nur im südlichen Elbhügellande unser Gebiet, auf Eichen nahe Pirna. Die sich selbständig ernährenden Zwerggesträuche aus der Ordnung der Ericaceen: Vaccinium Myrtillus, Vitis idaea und uliginosum, sind ganz gemein und geradezu Unterbestände bildend in manchen Waldungen, nämlich die beiden ersteren in Formation 4 und zuweilen selbst im Buchenhochwalde auf Sandsteinboden, auch im Berglaubwalde, und dann wieder gemein im oberen hercynischen Nadelwalde; Vacc. uliginosum aber tritt in die Fichten-Auwaldungen des Gebirges ein und verbindet dort die Moor- und Waldformationen, besonders im Harze, im Fichtel- und Erzgebirge, auch in den Wäldern der Filzregion des Böhmer Waldes oberhalb 1000 m. Ebenso wie Heidel- und Preißelbeere verhält sich auf sandigem und granitisch-dysgeogenem Boden der zu den Heideformationen speciell zu rechnende Besenstrauch, Nr. 39 Sarothamnus scoparius, maßgebend für Form. 4. Den Formationen 5 und 6 gehört endlich 40. Salix aurita an. Dagegen sind zwei Zwergsträucher (Nr. 41. 42) nur von territorialer Bedeutung: der erste ist !!°Erica carnea mit dem Areal H³, der zweite °Ledum palustre mit dem Areal BU². Die Heide ist eine der wenigen Voralpenpflanzen, deren Reliktenstandorte im hercynischen Bezirk nicht auf Kalk, sondern auf Urgestein liegen, und zwar nur in dem an das Fichtelgebirge und den Kaiserwald angeschlossenen südlichen Vogtlande. Hier bildet sie bei 400—600 m Höhe zerstreut liegende, dichte Unterbestände in meistens aus Kiefern mit Tannen und auch Buchen gebildeten, mäßig schattigen Wäldern, in einer Bergfacies von F. 4 und 7 im Übergang. — Eine ganz andere, nämlich die hercynische Nordostgrenze berührende Bedeutung hat das Auftreten des Sumpfporstes, °Ledum palustre. Derselbe besiedelt von der Mittelelbe an einzelne Bestände der F. 6 in den nördlichsten, niedersten Teichlandschaften der Lausitz, und tritt dann weiter südlich in gewisse Mittelformen zwischen F. 4 und der

hercynischen unteren Bergwaldung (F. 3), sowohl an Kiefer und Heide als an
die Tanne angeschlossen, immer an Sandstein als Bodenunterlage gebunden,
ein. Diese Standorte haben bei der Bedeutung, welche der westl. Vegetationsgrenze von Ledum zukommt, großes Interesse und sind daher auf GRÄBNERs
Karte der Heideformationen mit eingetragen[1]). (Einzelheiten vergleiche in
Abschn. IV, Kap. 9 und 10.)

5. Zusammenstellung C. der die verschiedenen hercynischen Wald-formationen hauptsächlich kennzeichnenden blühenden Stauden und Kräuter.

Für die zahlreichen mono- und dikotyledonen krautartigen Waldpflanzen,
welche den in Deutschl. Pflanzengeogr. I, Abschn. 2, unterschiedenen biologischen Klassen der perennierenden und rediviven Stauden und Rasenbildner,
der 1- und 2jährigen Blütenpflanzen sowie der Parasiten (nur Lathraea) und
Saprophyten (Orchideen! Monotropa) angehören, sollen nun im Folgenden
Auszugslisten über die wichtigeren Arten, diese nach den verschiedenen Formationen 1—11 getrennt, aufgestellt werden. Gemeine Arten ohne bestimmte
Verbreitungsmerkmale (wie z. B. Anemone nemorosa, Stachys silvatica
u. ähnl.) werden fortgelassen und sind in der Hauptsache schon in Deutschl.
Pflanzengeogr. I, Abschn. 3, nach Familien aufgezählt worden. Für diese
Stauden ist vielfach nur die obere Grenze im Berglande von einigem Interesse;
dieser Gesichtspunkt hinsichtlich der Scheidung von Hügelwald und Bergwald
ist aber auch von um so höherer Bedeutung, als ja solche Arten von Bäumen
und Sträuchern, welche wirklich eine schärfere Scheidung der Gebirgsstufen
zulassen, nur in beschränkter Zahl vorhanden sind; daher muss auf die Begleitpflanzen ein um so höheres Gewicht gelegt werden. Nach den Begleitpflanzen der Mono- und Dikotylen sowie der höheren Sporenpflanzen zusammen mit dem Gemisch von Bäumen und Sträuchern ist überhaupt der
besondere Charakter jeder der 11 Waldformationen zu beurteilen. Und so
mag eine Zusammenstellung der die Formationen 1—6 von denjenigen unter
7—9 und 11 hauptsächlich trennenden Arten hier vorangehen.

Dabei ist noch eine andere Frage von allgemeinem Interesse, nämlich die
nach dem Fehlen oder der Wiederkehr von Arten im deutschen Flachlande.
Während fast alle hercynischen Waldpflanzen südwärts bis zu den Alpen verbreitet sind und viele dort ihr Centrum haben, fehlt eine sehr bedeutende
Zahl von Arten der Bergwaldformationen im Nordwesten, eine weniger bedeutende Zahl im Nordosten des hercynischen Bezirks. Nicht wenige Arten sind
in den hercynischen Gauen durchaus montan und auf die Gebirge Harz—Lausitz—Böhmer Wald beschränkt, kehren aber nach Überspringung großer Strecken
in Norddeutschland näher der Küste wieder, hauptsächlich in Pommern, West-
und Ostpreußen; Beispiele: Listera cordata und Poa sudetica (= Chaixi).

---

1) V. d. E. Bd. V (1901).

Die nordöstlich der sich in Preußen ablösenden Buchen- und Fichtengrenze im Balticum anzutreffenden Formationen können aber überhaupt nicht mehr im gewöhnlichen Sinne als solche der »deutschen Niederung« gelten, stellen im Gegenteil eine neue Ausprägung niederen Bergwaldes mit wenig alpinen Arten vor und können also immerhin eine ziemliche Anzahl Bergwaldstauden mit der Hercynia gemeinsam haben. Es wird eine interessante Aufgabe für die Bearbeitung der preußischen Flora sein, diese Beziehungen unter Vergleich der jetzt hier folgenden Listen näher auszuführen; jedenfalls sind jene sehr wechselvoll. Um ein Beispiel anzuführen, fehlt Chrysosplenium oppositifolium im südlichen Balticum (Ost- und Westpreußen), steigt aber aus dem hercynischen Berglande, die hercynischen trockeneren Hügellandschaften überspringend, in die mittleren Gaue Norddeutschlands herab; Circaea alpina dagegen, in der Hercynia viel strenger auf das Bergland beschränkt, hat das ganze Norddeutschland besiedelt und ist häufig in Preußen; ebenso ist Geranium silvaticum daselbst eine nicht seltene Art, schließt sich aber sonst mit den Bergwäldern und oberen hercynischen Wiesen gegen den norddeutschen Westen ab, so dass diese Art nur noch als Seltenheit in Mecklenburg und Brandenburg auftritt.

a) Einige durch ihr Vorkommen wichtige oder allgemein charakteristische Arten der unteren hercynischen Waldungen, bes. der Formationen 1, 2, 5 mit Grenze in der Bergregion meist unter 500 m.

Arten von besonders hervorragender Bedeutung für die Formation sind gesperrt gedruckt.

Arten, deren allgemeine Verbreitung nach N endet, erhalten vor dem Speciesnamen ein ✕ vorgesetzt.

Arten, welche nur bestimmte hercynische Gaue auszeichnen, sind mit ° Zeichen versehen.

1. ✕Chaerophyllum aureum L. mit Nordgrenze um den Harz.

2. ✕°Sambucus Ebulus L. im hercyn. Bezirk selbst nur Vereinzelt bes. im SO.

3. ✕Atropa Belladonna L. überschreitet die 500 m Grenze in Formation 7; allgemein verbreitet.

4. ✕Vinca minor L. allgemein im hercyn. Hügellande und hier die wahrscheinliche Nordgrenze in Deutschland erreichend.

5. °Geranium lucidum L.: wh.—mh. (mit einem merkwürdig lückenhaften ME²-Areal) ist in der westlichen Hercynia immerhin häufiger als z. B. im bayr. Hügellande und durch seine Ostgrenze gegen Sachsen bemerkenswert.
   Bmk.: Hypericum montanum L. und hirsutum L. sind bei uns montan, im Süden dagegen präalpin bis 1000 m, nördlich der hercynischen Grenze nur sporadisch.

6. ✕Ranunculus nemorosus DC. mit Ausnahme eines Standortes in Oldenburg Nordgrenze, bis Formation 7 aufsteigend.

7. ✕°Helleborus viridis L. vom Westen nach mh. abnehmend mit östlichstem Standort an der Elbe bei Dresden.

8. Aquilegia vulgaris L., wie viele andere Arten in der Hercynia, besonders auf Ca verbreitet, während sie nordwärts nur sehr selten sind und spor. auf Rügen etc. wiederkehren.

9. ✗°Bupleurum longifolium L. mit Wiederkehr in Prov. Preußen nordöstlich der hercynischen Grenze, im Gebiete nur w h. und m h. mit Nordgrenze an der Leine bei Alfeld und das ganze Königr. Sachsen ausschließend, aber vom Böhm. Mittelgebirge her auf basaltische Höhen des östl. und südl. Erzgebirges Vorgeschoben. Für die Hochgebirgsstandorte in den Sudeten finden sich keine hercynischen Analogien. — Arealfigur M m.

10. ✗°Stachys alpina L. weiterhin nach SO im sudetisch-karpathischen Gau höhere Gebirgspflanze, in der Hercynia nur sporadisch (Sachsen, Südhannover, Hessen).

11. ✗°Cynoglossum germanicum Jacq., seltene von SW her über die Rhön bis zum niederen Harze und zum Weserlande bei Hameln als nördlichster deutscher Station Verbreitete Art.

12. ✗°Arabis brassiciformis Wallr. (= pauciflora) auf Ca selten w h.—m h., Werraland und Thüringer Becken. — Areal M m. auf Kalk.

13. °Galium rotundifolium L. von der Lausitz nach dem Unterharze hin abnehmend, in Norddeutschland nur sporadisch.

14. °Myosotis sparsiflora Mik.: o h. und m h. bis Dessau, Ostharz, Sondershausen, Jena etc. in Thüringen. — Areal PM².

15. °Omphalodes scorpioides Schrk.: o h. und m h. bis Unterharz und Magdeburg, am häufigsten im Lausitzer und Elbhügellande, fehlt in den süddeutschen Gauen und im Westen. — Areal PM².

16. ✗°Symphytum tuberosum L. ist als südöstliche Art nur o h. bis Sachsen im südlichen Elbhügellande Verbreitet und erreicht hier die Nordwestgrenze ihres PM²-Areals (außerdem West-Europa).

b) Arten der hercynischen Bergwaldungen.

Dieselben sind entweder besonders in der Formation 7 500—800 m hoch verbreitet und gehen mit unterer Verbreitung nach Formation 3 herab, enden nach oben in Formation 9, oder sie sind hauptsächlich in Formation 8 und 9 verbreitet und treten von dort in die subalpine Bergheide über. Die letzteren Arten haben zwei !! vorgesetzt erhalten; montane Arten von Formation 7—9 nur ein ! Die anderen Zeichen wie in Liste a.

17. ✗°Anthriscus nitida Hzl. (= A. silvestris *alpestris W. Gr.): Areal H³.; w h. in der Rhön, dort stellenweise cop., sonst selten und nur bis zum Harze an wenigen Stellen.

18. !!✗°Soldanella montana W.: Areal H³. mit Nordgrenze im centralen B h W. Dort erscheint sie als eigene, sehr sicher von S. alpina Verschiedene Art.

19. !!✗°Homogyne alpina Cass.: Areal H³. mit Nordgrenze auf dem Erzgebirge-Jeschken-Isergebirge, Westgrenze am Schneeberge im Fichtelgebirge, massenhaft im B h W.

20. !!✗°Willemetia apargioides Less. (= W. hieracioides Monn.): Areal H³ mit Nordgrenze im B h W., selten. Fehlt den Sudeten und dem Westen.

21. !✗°Doronicum austriacum Jacq.: Areal H³. mit Nordgrenze im centralen B h W. und südl. Sudeten, nur dort Verbreitet und eine Ausbuchtung des montanen Gebietes Asturien—Siebenbürgen bildend.

22. !!✗°Senecio subalpinus Kch. (= Cineraria alpina Whlenbg.): Areal H³. mit Nordgrenze B h W., selten (montane Art der östlichen Hochgebirge).

23. !!✗Rumex *arifolius All.: Areal H³. Unter dieser Form tritt R. Acetosa in der obersten Fichtenregion vom Brocken bis zum Böhmer Walde auf; auch diejenige des obersten Erzgebirges ist hierher zu rechnen.

24. !!✗Calamagrostis Halleriana DC.: Areal H⁴., aber nördl. Standorte erst in Russland. Charaktergras für alle hercynischen Gebirge vom Brocken bis Schneekopf, Keilberg, Jeschken und Arber.

25. !✗Luzula silvatica Gaud.: Areal H⁴., in Deutschland montan; teilt die Verbreitung der Calamagrostis und dient als Anzeichen höherer hercyn. Gebirgsvegetation.

26. !✕Arabis Halleri L.: Areal H[4]., Bergwiesenpflanze, aber an Bachufern im schattigen Walde weit in die Tiefe verbreitet, bes. an der Mulde und den Harzbächen nacb N. So sind die Standorte der Niederung doch alle an die mitteldeutschen Gebirge angeschlossen, und die Nordgrenze von Bedeutung.

27. ✕Aconitum Stoerkianum Rchb. und variegatum L.: Areal H[5]., bez. H[4]. (mit nächstem Standort in Preußen), im hercyn. Bezirke stets in niederen Höhen auftretend als Napellus und in den 4 Bergländern etwas häufiger verbreitet.

28. !!✕—— Napellus L.: Areal H[5]. (die südlichsten Standorte des skandinav. Areales liegen in Holstein, Mecklenburg), im BhW. häufig, in allen übrigen hercyn. Gebirgen selten und auf weite Strecken fehlend.

29. !!✕Ranunculus aconitifolius *platanifolius L.: Areal H[5]. von allgemein höchst bezeichnender Verbreitung BhW.-Ezg.-ThW.-Rhön-Hz.

30. !!✕Mulgedium alpinum Cass.: Areal H[5]. mit ausgedehnter Nordgrenze für Deutschland auf den hercynischen Gebirgen, vom Vogelsberge und Rhön (selten!) nordostwärts zum Harze (cop.!) und südostwärts zur Oberlausitz, cop. im Ezg. und BhW.

31. !°Digitalis purpurea L.: Areal WMm. mit sporadischen Standorten im nord-atlantischen Gaue, im westlichen Berglande bes. um und im Harze verbreitet, cop.!, dann südostwärts selten und die Grenze in Sachsen (Elbsandsteingebirge an mehreren Stellen) erreichend.

32. !!✕°Senecio crispatus DC. (= Cineraria crispa Jacq., Senecio Sect. Tephroseris, var. crocea und rivularis): Areal OMm. verbreitet von Siebenbürgen über die Sudeten bis Lz., Ezg., BhW. und ThW.

33. ✕°Dentaria enneaphylla L.: Areal OMm. (zugleich allerdings in den Nordalpen bis Bayern verbreitet); daher nur oh. und von der Lausitz westwärts bis Fichtelgebirge immer seltener werdend.

34. !Chrysosplenium oppositifolium L.: Areal ME[1]., in den Gebirgen über die Buchen-grenze weit hinausgehend. Verbreitet im ganzen hercyn. Bezirke.

35. !Petasites albus Gärtn.: Areal ME[1]. mit starker Lücke zwischen den niedersten Bergwaldungen der Hercynia und den zerstreuten norddeutschen Standorten. Häufig in allen Gauen.

36. Veronica montana L.: Areal ME[1]., eine der im Areal und Standorten wie wenige andere die Buche begleitenden Arten, nur im Osten etwas weiter gehend; fehlt in den untersten hercynischen Hügelwaldungen.

37. Festuca silvatica Vill.: Areal ME[2]. mit weit zerstreuten Standorten in den mittleren und höheren hercynischen Bergwaldungen, zwischen denen bis zu den norddeutschen sel-tenen Standorten eine breite Lücke bestehen bleibt.

38. ✕Lunaria rediviva L.: Areal ME[2]. (mit Verbr. bis Südschweden), in Preußen (Elbing-Eylau) am russischen Gebiet Teil nehmend, aber bis zu diesem Punkte in Nord-deutschland fehlend und daher montan.

39. !°Thalictrum aquilegifolium L.: Areal ME[2]., aber von Preußen, Pommern und Mecklen-burg über Thüringen nach Württemberg-Schweiz mit scharfer Südwestlinie die ganze nordwestliche Hälfte Deutschlands ausschließend. An dieser Linie nimmt der hercy-nische Bezirk Teil; die immer montanen Standorte sind im Ezg., BhW. etc. zahl-reich, werden im Fichtelgebirge und ThW. selten.

40. Poa sudetica Hke. (= Chaixi Vill., silvatica Chaix.): Areal Mb[1]., hercynisch montan und nicht häufig, in gleicher Weise im nördlichen Küstenstriche Deutschlands zerstreut.

41. Polygonatum verticillatum All.: Areal Mb[1]., aber trotz der weiten europäischen Ver-breitung doch in der Hercynia fast nur montan, so dass an der Nordgrenze der herc. Bergwaldungen eine Lücke bis zu den von Hannover bis Ostpreußen verstreuten Niederungsstandorten bestehen bleibt.

42. Circaea alpina L.: Areal Mb[1]., im hercyn. Bezirke aber stets montan, so dass wie bei Polygonatum Vert. und Poa sudetica die norddeutschen von den hercyn. Standorten getrennt sind.

43. Campanula latifolia L.: Diese dem Fichtenareale Mb[1]. entsprechend in Europa verbreitete Art ist im ganzen hercynischen Bezirke nur selten und ohne bestimmte Regel zerstreut; montane Laubwaldungen.

44. Melampyrum silvaticum L.: Areal Mb[1]. (selten in Norddeutschland, Schleswig-Holstein etc. Preußen), gemeine Begleitpflanze der Fichte in allen oberen hercyn. Bergwäldern, auch im niederen aus Kiefern, Birken oder Buchen bestehenden Bergwalde.

45. !×°Astrantia major L.: Areal Mm. (über die Tanne nach NO weiter vorgeschoben und von Preußen bis Mittelrussland sich erstreckend). Im Bezirke umgekehrt wie Pleurospermum die östlichen Bergländer, bes. das östl. Ezg. etc. bis zum östl. Harze und Thüringer Walde mit zerstreuten Standorten besetzend.

46. !×Chaerophyllum hirsutum L.: Areal Mm., verbreitet über die ganzen hercynischen Waldungen von den tiefsten Bergschluchten am Wasser bis zu den auf den obersten Bergen gelegenen Quellfluren; einige Standorte im nordöstl. Deutschland verhindern die Signatur der Nordgrenze gegenüber der Niederung nicht.

47. ×°Knautia silvatica Dub.: Areal Mm. Nur die südlichen Gebirge als Seltenheit bewohnend, cop. im BhW., vereinzelt Elbsandsteingeb. und Thüringen, häufiger in der Rhön.

48. Senecio nemorensis L. und !×Fuchsii Gmel.: Areal wahrscheinlich Mm., die 2 Unterarten in der Hercynia vielfältig gemischt, die schmalblättrige Form in der mittleren Stufe der Bergwaldungen am häufigsten und eigene Unterbestände bildend.

49. ×°Carduus Personata Jacq.: Areal Mm. Seltenheit der südlichen Gebirge, niemals in bedeutenden Höhen.

50. !×°Prenanthes purpurea L.: Areal Mm., und der Tannengrenze entsprechend im osthercynischen Gaue tiefer im Hügellande herabsteigend (Lausitz) und allgemeiner verbreitet, cop. Ezg., Lz., BhW.

51. !×°Aruncus silvester Kostl.: Areal Mm., eine wichtige, bes. oh. verbreitete Art, welche den sämtlichen nordwestlichen Landschaften einschließlich des Harzes gänzlich fehlt. Begrenzung ähnlich der Nr. 50 und wie diese von 300—1200 m verbreitet.

52. ×°Aconitum Lycoctonum L.: Areal Mm. auf Kalk. Diese am weitesten in Deutschland nordwärts der Alpen verbreitete Art ist im Westen auf den Kalken häufig, schließt aber sowohl die höheren Gebirge als den ganzen sächsischen Gau aus.

53. ×°Pleurospermum austriacum Hoffm.: Areal BU[2]. (und demgemäß mit sporadischen Standorten in Preußen). Als Seltenheit in Thüringen (300—500 m) und Rhön (600—800 m), kommt aber in keinem der hercynischen Hauptgebirge vor, so dass diese Art nur wegen ihres sonstigen Areals an dieser Stelle aufgeführt wird.

54. ×°Polemonium coeruleum L.: Areal BU[2]., wonach es von Preußen westwärts bis Mecklenburg sporadisch vorkommt und dann in großem Sprunge die niedere Region um den Harz herum ebenso besetzt hat, sonst nicht hercynisch.

55. !Geranium silvaticum L.: Areal MbA., in der Hercynia aber nur ausnahmsweise in die Hügelwaldungen herabsteigend und nordwärts nur in dem südlichen Balticum häufig, daher relative Nordgrenze!

56. !Listera cordata R. Br.: Areal AE., im hercyn. Bezirke als Seltenheit höherer Gebirge und nur im BhW. häufig zwischen Arber und Rachel. (Norddeutsche Standorte zerstreut.)

57. ×°Viola biflora L.: Areal AH. Sehr seltene Art und nur oh., nämlich in Schluchten des Lausitzer Berglandes, bez. Elbsandsteingeb., woselbst merkwürdig tiefe Standorte (ähnlich wie von Streptopus) erreicht werden.

58. !!×°Streptopus amplexifolius DC.: Areal AH., als Ausnahme im Elbsandsteingeb. in niedere Höhen herabsteigend, sonst in der obersten Waldregion vom Ezg., LzB. und BhW., im letzteren häufiger.

Die letztere der beiden Staudenlisten mit den Nrn. 17—58 ist streng nach der schon oben (S. 86) erklärten Arealbezeichnung der Species mit Rücksicht auf allgemeine Verbreitungsverhältnisse in Europa geordnet; wenngleich die daraus zu ziehenden Schlüsse erst in Abschn. V kurz zusammengestellt werden sollen, ist es doch lehrreich, das Bild der Formation unter diesem Gesichtspunkte für sich zu betrachten. Da tritt zunächst hervor, dass in der Liste a) allerdings noch Areale östlicher Arten mit Herkunft aus dem westpontischen Florengebiete (PM²) enthalten sind, nämlich die 3 Boragineen Nr. 14—16.

Diese fehlen in der Liste b) durchaus und werden in ihren interessantesten Arten ersetzt durch die montan-alpinen, ja arktisch-alpinen Verbreitungsgruppen. Dazu ist noch zu bemerken, dass die Waldformationen 1 und 2, welche allein für die Species Nr. 14—16 in Betracht kommen, sich an die »lichten Haine« der Hügelformationen so anschließen, dass in der Zurechnung der einen oder anderen Art hierhin oder dorthin eine gewisse Willkür nicht auszuschließen ist. Diese hat hier bewirkt, möglichst viele Arten sowohl der Steppen- als Voralpengebüsche zu Gruppe V zu rechnen; es ist also in dieser Gruppe I nur ein sehr kleiner Teil solcher Arten mitgezählt. Aber für Gruppe III (also Liste b mit Nr. 17—58) würde keine solche Art existieren; es treten dafür einige wenige östliche Gebirgsareale OMm. Nr. 32—33 auf, denen ein westlich-montanes Areal (Nr. 31) in Digitalis purpurea gegenüber steht. In der Hauptsache bestehen die interessanteren Verbreitungen der hercynischen Bergwaldstauden aus den von den südlichen Hochgebirgen gelieferten Arten Nr. 17—30, die entweder mit dem Harze ihre absolute N-Grenze erreichen oder sporadische Standorte im östlichen Balticum oder erst in Skandinavien haben. Zu den ersteren gehört außer Homogyne besonders die subalpine Böhmer Wald-Gruppe, von weit verbreiteten hercynischen Arten nur Rumex arifolius; zu den letzteren gehören die am besten die oberste hercynische Waldzone kennzeichnenden Arten Aconitum (27, 28), Ranunculus und Mulgedium. Es folgt dann eine Reihe gleichgültigerer Areale mit den Signaturen ME¹⁻² und Mb¹, welche also Verbreitungsanschluss an Buche, Bergahorn und Fichte zeigen. Von diesen ist hauptsächlich der Umstand bemerkenswert, dass die betreffenden Arten in dem hercynischen Berglande allgemein eine höhere Region einnehmen, als ihr häufiges Vorkommen in ·der norddeutschen Niederung von Ostfriesland—Holstein—Pommern erwarten ließe, und dass gewöhnlich zwischen ihren nördlichen hercynischen Bergstandorten (wo sie zahlreich sind) und den weiter im N folgenden Standorten nordatlantischer und südbaltischer Art eine breite, kaum von einzelnen sporadischen Punkten durchbrochene Lücke sich eingeschoben findet, welche die hercynische Grenzlinie noch immerhin bemerkenswert erscheinen lässt. Nur an einer Stelle pflegt häufiger eine Verbindungsbrücke geschlagen zu sein, nämlich in der Lausitz. Wie wir oben die Verbreitung der Tanne vom Lausitzer Berglande nordwärts in die Spremberger Niederung sich wiederholen sahen, giebt es zwischen diesen Landschaften auch sonst mancherlei gemeinsame Beziehungen, ohne dass sich aber wirklich irgendwo die Standorte der Bergthäler mit Chaerophyllum hirsutum, Aruncus, Senecio nemorensis u. s. w. formationsmäßig wiederholten, die noch das niederste Bachthal z. B. im Elbsandsteingebirge aufweist.

So sind unter den 58 zusammengestellten Arten 39, welche mit einer hercynischen Nordgrenze gegen die norddeutschen Landschaften abschneiden.

Eine große Zahl von Arten führt dann die Signatur **Mm** und lehnt sich damit mehr oder weniger eng an die zwischen dem Tannenareal und demjenigen von Senecio nemorensis liegenden Grenzgebiete an.

Dass die Signatur **Mm** dabei recht Verschiedenartiges zusammenfasst, z. B. Aruncus silvester und Aconitum Lycoctonum, die erstere Art in Sachsen gemein und die letztere hier fehlend, darf nicht Anstoß erregen, da die von geognostischem Substrat u. s. w. unabhängigen Gesamt-Verbreitungsverhältnisse zur Anschauung gebracht werden sollen. — Von besonderem Interesse sind dann noch die letzten Areale Nr. 53—58, sibirisch-uralische und arktische Verbreitungen recht verschiedener Art enthaltend. Nur Geranium silvaticum, welches vielleicht einer anderen Gruppe anzuschließen wäre, ist von ihnen allgemein hercynisch, Listera cordata selten, die anderen höchst selten. Merkwürdigerweise kommen Nr. 53, 54, 57 in tiefen Waldzonen von ca. 300—400 m vor und sind in Rücksicht auf ihre sudetisch-alpinen Standorte der Liste b) zugerechnet; auch von Streptopus liegt ein Teil der wenigen Standorte ähnlich tief. Die Kürze des Raumes erlaubt nicht, noch weiter auf die Einzelheiten der Verbreitung dieser interessanten Arten einzugehen, und es muss zur Ergänzung auf die Florenwerke verwiesen werden.

c) Listen der für die einzelnen Waldformationen 1—11 in Gruppe I—III besonders bezeichnenden Stauden und Kräuter.

Zeichen wie bei Liste a).

Während im vorhergehenden der allgemeine pflanzengeographische Charakter für den ganzen hercynischen Wald behandelt wurde, soll im folgenden das Artengemisch zur genaueren Unterscheidung der Einzelformationen genannt werden. Schon nach einer kleinen Zahl von Stauden und Kräutern ist der Charakter der betreffenden Waldformation ziemlich gut zu erkennen und als solche sind hauptsächlich zu nennen:

Cephalanthera pallens	Chaerophyllum hirsutum	Lunaria rediviva
Melampyrum nemorosum	Chrysosplenium oppositif.	Luzula silvatica
Astragalus glycyphyllus	Circaea lutetiana	Calamagrostis Halleriana
Lysimachia nemorum	—— alpina	Pirola uniflora
Veronica montana	Angelica silvestris	Arnica montana
Asarum europaeum	Crepis paludosa	Melampyrum silvaticum
Adoxa moschatellina	Lilium Martagon	Ranunculus aconitifolius
Festuca gigantea	Hordeum silvaticum	Mulgedium alpinum.

Die hier folgenden Zusammenstellungen sollen besonders die auf den vorhergehenden Seiten 94—97 gemachten kurzen Bemerkungen über die begleitenden Stauden vervollständigen.

Formation 1. *Gemischte Laubhölzer und Buschgehölze.*

Gräser und Seggen: Brachypodium silvaticum, Carex silvatica [1]).

Knollen oder Zwiebeln tragende Frühlingsgewächse: Gagea lutea, °spathacea. Corydalis cava, °pumila (mh.), auch fabacea (ansteigend bis 500 m).

Leguminosen, z. Tl. im Gebüsche hochrankend: Astragalus glycyphyllus, Lathyrus niger (auch in F. 2 eintretend).

Vicia sepium, silvatica, ✕dumetorum; ✕V.pisiformis zugleich in GruppeV.

Gesellige Arten an den Lichtungen und Rändern: Stellaria Holostea, Galeopsis versicolor, Melampyrum nemorosum (wird nach W selten und ist z. B. im Weserberglande nur noch spor.!). — Humulus Lupulus durchrankt die Büsche.

Hochstauden auf feuchterem Boden: Geum urbanum; Aegopodium Podagraria, Pimpinella magna, Heracleum Sphondylium (Waldform), Anthriscus silvestris, Torilis Anthriscus, Chaerophyllum temulum; Campanula Trachelium; Lamium maculatum.

Seltnere, in F. 2 übertretende Stauden: Hypericum montanum, hirsutum; selten die wh. Art °H. pulchrum; Dianthus superbus; Agrimonia odorata u. s. w.

Sehr oft steht diese Formation in inniger Verbindung mit F. 10 an Bachläufen.

Formation 2. *Buchenhochwald und unterer Berglaubwald.*

Humuspflanzen: Neottia Nidus avis, selten Epipogon aphyllus, Epipactis microphylla (*sessilifolia Peterm.) auf Ca!, Monotropa *Hypophegea.

Parasit: Lathraea Squamaria.

Schattenliebende Orchideen: Cephalanthera pallens, rubra, ensifolia (r.); Orchis purpurea; Listera ovata und Platanthera 2 spec. (zugleich Bergwiesen-Arten). Cypripedium (r.).

Immergrüne Stauden: Pirola rotundifolia, minor. Vinca minor! ✕Asarum europaeum, verbreitet, aber in einzelnen hercyn. Landschaften höchst selten, am häufigsten 300—400 m hoch; kehrt in Preußen wieder.

Gräser und Seggen: Hordeum silvaticum (= Elymus europaeus), steigt von hier zu F. 7 auf. Bromus asper. Hauptstandorte von Milium effusum, Melica uniflora und nutans. Carex montana auf Basalt und Muschelkalk, C. digitata; selten: ✕°C. umbrosa, ✕°pilosa.

Perenne und redivive Stauden: Polygonatum multiflorum; Paris quadrifolia; Arum. Sanicula europaea. Asperula odorata. ✕Atropa Belladonna. Anemone Hepatica. ✕Ranunculus nemorosus, polyanthemus und lanuginosus; Aquilegia.

Untere Grenzen der in F. 7 weiter verbreiteten Stauden: ✕Lilium Martagon, Lysimachia nemorum, Veronica montana, Cardamine silvatica, ✕Aconitum Lycoctonum, Actaea spicata.

---

1) Nicht selten auch die wie eine andere hohe Rohrart erscheinende Form von Molinia coerulea (M. Varia) var. altissima.\

Standorte der seltneren und nicht nach F. 7 übertretenden Stauden: ×°Pleuro-
spermum austriacum (siehe oben, Liste S. 132 Nr. 53), ×Chaerophyllum
aureum, ×°Bupleurum longifolium (siehe oben, Liste S. 130 Nr. 9);
°Laserpitium latifolium siehe unter Gruppe V; °Omphalodes scorpioides
(Liste Nr. 15); °Symphytum tuberosum (nimmt in Böhmen auch an
F. 7 Teil, in Sachsen nicht); ×°Euphorbia amygdaloides (nur **wh.** bis
zum Harze, kehrt aber in Böhmen wieder); ×Geranium phaeum und
(selten) ×°G. divaricatum (**oh.**) wie das westliche ×°G. lucidum;
°Viola mirabilis (fehlt in Sachsen); ×°Arabis brassiciformis (s. Liste
Nr. 12); ×°Helleborus viridis (bis 450 m und fast nur auf **Ca**; Liste
Nr. 7).

Formation 3. *Untere hercynische Laub- und Nadel-Mengwälder.*

Diese Formation hat wenig eigene Charaktere, da sie die Vorstufe der in
F. 7—9 kräftig entwickelten Bergwälder auf Urgebirge darstellt, die in den
Höhenlagen weniger empfindlichen Pflanzen in sich vereinigt und in engen
Thälern und feuchten Schluchten durch Anschluss von F. 11 allein einen
größeren Reichtum von montanen Arten erhält. So sind sogar die tiefsten
Standorte von ×°Streptopus im Elbsandsteingebirge an sie angeschlossen,
auch solche von ×°Astrantia, ×Calamagrostis Halleriana, Polygonatum verti-
cillatum u. a. A. Die Bestandteile wechseln auch je nach der Bildung des
Waldbestandes überwiegend aus Laubbäumen mit Fichten oder Tannen, oder
Kiefern, oder Fichten mit einzelnen anderen Bäumen.

Gräser: Hauptverbreitung von Calamagrostis arundinacea.

Pirola minor, secunda; von 350 m an P. uniflora.

Hauptstandorte der perennen und rediviven Stauden: Epipactis latifolia,
Lathyrus vernus, Epilobium montanum; seltener einzelne Stauden aus
F. 2: ×Asarum und Anemone Hepatica.

Massenhaftes Vorkommen von Melampyrum pratense.

Untere Grenzen der die hercynischen Bergwaldungen mit ihren Vegetationslinien durchschneidenden °Galium rotundifolium (**oh.**, **mh.**, **BhW.**
bis 800 m), ×°Prenanthes purpurea (s. Liste Nr. 50), °Euphorbia
dulcis (**oh.**, **mh.**, im Gebirge bis 600 m), ×°Aruncus silvester
(s. Liste Nr. 51) und °Thalictrum aquilegifolium (s. Liste Nr. 39); alle
diese im Osten zwischen Lausitz und Böhmer Wald bis Vogtländisches
Bergland und Thüringer Wald verbreitete Arten, dagegen °Digitalis
purpurea als westeuropäische Montanart.

Seltene Standorte von ×Aconitum Stoerkianum, bez. ×variegatum (s. Liste
Nr. 27).

Formation 4. *Kiefern- und Birkenwald (mit Sarothamnus und 2 Vaccinien).*

Hauptverbreitung von Luzula nemorosa im Hügellande; häufig Calamagrostis epigeios. An Lichtungen Senecio silvaticus; Gnaphalium silvaticum (setzt sich im Gebirge in F. 9 fort), Selinum Carvifolia.

Niederste Waldstandorte von Arnica montana im Hügellande.
Formation für die nach Westen in Zunahme begriffenen Standorte von
⁰Juncus tenuis (Lausitz!). Von Pirolaceen am häufigsten P.
secunda, in der montanen Facies dieser Formation (400—500 m Vogtland) P.
chlorantha, als Seltenheit Chimaphila umbellata; im Schatten Monotropa Hypopitys gemein.

Formation 5. *Auenwälder (ohne Ericaceen und Sarothamnus).*
Im Bereiche von Bachniederungen bei F. 1 und 2 entstehen kleine Bilder dieser Formation.
Gräser, Binsen und Seggen: Festuca gigantea, Milium effusum, Carex silvatica,
C. remota, auf große Strecken.
Monokotyle Stauden: Leucojum vernum, Gagea lutea, Allium ursinum,
Polygonatum multiflorum, Arum maculatum.
Dikotyle Stauden: Massenwuchs nach den Jahreszeiten abwechselnd von
Adoxa moschatellina, Geum urbanum, Circaea lutetiana,
Galeopsis versicolor u. s. w.
Häufige Cruciferen: Alliaria officinalis, Cardamine Impatiens und silvatica.
Häufige Alsineen: Stellaria Holostea und nemorum, Möhringia trinervis.
Hochstauden: Die unter F. 1 genannte Gruppe von Aegopodium Podagraria u.s.w.,
Valeriana officinalis, Stachys silvatica.
Es fehlt an Arten, welche sich durch montanes Areal auszeichnen, schon
Hypericum hirsutum u. ähnl. sind relative Seltenheiten; es fehlt an Daphne,
Hepatica, Lathyrus montanus.

Formation 6. *Bruchwälder und Waldmoore (mit Salix aurita und Rhamnus Frangula).*
Moorgräser wie Molinia coerulea und hohe Binsen treten ein; im Osten
noch cop. Carex brizoides von den Waldseggen.
Orchideen: Epipactis latifolia und besonders Orchis maculata, letztere in
Höhenlagen.
Calla palustris an seltneren Stellen cop.
An der hercynischen Nordgrenze massenhaftes Eintreten von Hydrocotyle
vulgaris bis 350 m Höhe.
Sommerliches Gemisch von buschig durcheinander wachsenden Hochstauden:
Angelica silvestris, Lysimachia vulgaris, Lycopus europaeus, Polygonum Hydropiper, dazu stellenweise Crepis paludosa mit Malachium
aquaticum und Möhringia.
a) Niederungsfacies ausgezeichnet durch sporadisches Eintreten von ⁰Ledum
palustre und Vaccinium uliginosum mit Salix repens *rosmarinifolia.
b) Bergfacies (aus Kiefer- und Birkenbeständen bei 600 m im Fichtelgebirge
gebildet) ausgezeichnet durch Eintreten von ⁰Coralliorrhiza innata mit
massenhaften Pirola secunda, P. minor und ebenfalls häufig Vaccinium
uliginosum.

Formation 7. *Berglaubwald mit Tanne und Fichte.*
Von den Bergwaldungen ist diese Formation die reichste, da sie gewisse
seltnere montane Arten der Liste b) mit den oberen Standorten vieler unter

F. 2 genannter Arten vereinigt. Da alle hercynischen Bergländer aus Basalt, Porphyr, Granit, Gneis und archäischen Grauwacken oder Thonschiefern bestehen, so hat sich die Kalkflora auf die F. 2 zu beschränken, und es fehlt an dem Reichtume präalpiner Stauden, wie ihn die Bergwälder der Kalkalpen in entsprechenden Höhen aufweisen. — Folgende Arten sind für F. 7 noch charakteristisch mit ihren oberen Grenzlinien, während sie schon F. 8 und 9 meiden (vergl. die Liste S. 129 für F. 2):

Neottia Nidus avis L.

✕Asarum europaeum L. (bis 800 m).

Hordeum silvaticum Huds. auf Basalt!

Bromus asper Murr. auf Basalt!

Milium effusum L.

Paris quadrifolia L. cop. auf Basalt!

Sanicula europaea L. auf Basalt!

Asperula odorata L., häufig bis 800 m.

✕Atropa Belladonna L. mit den gen. Gräsern.

✕Ranunculus nemorosus DC.

Veronica montana L.

✕Lilium Martagon L. auf Basalt bis 1000 m

Lysimachia nemorum L. (in Norddeutschl. selten!)

Veronica montana L.

Dentaria bulbifera L.

Cardamine hirsuta (L.) T. p.

✕⁰Aconitum Lycoctonum L. auf Basalt (Rhön!

Lactuca muralis Fres.

Allium ursinum L. auf quelligen Waldplätzen unter Buchen bis 700 m greg.

Mercurialis perennis L. frq. und greg.

Actaea spicata L., besonders häufig, diese letzte Art aber auch zur F. 9 übertretend.

Von Humuspflanzen ist Coralliorrhiza noch zu nennen, von 400—1000 m mit seltenen Standorten zerstreut; Monotropa ist noch gemein; von den Pirola-Arten ist die seltene P. media dieser Formation angehörig, am häufigsten aber P. minor.

Von anderen Monokotyledonen sind die Convallarieen besonders häufig, und neben den Scharen von Smilacina bifolia und Paris das stolze Polygonatum verticillatum anzuführen, welches in die unteren hercyn. Wälder nur selten herabsteigt, in dieser Formation aber durch alle Gaue vorkommt. Den Waldgräsern gesellt sich hier Festuca silvatica zu, aufsteigend am Kubany im Luckenurwalde bis 1020 m, im Erzgebirge häufig in den obersten Buchenbeständen u. s. w., aber viel seltener nur in die untersten montanen Wälder auf den Kalkbergen sich verlierend, obwohl die Art in Norddeutschland vorkommt.

✕Luzula silvatica hat hier ihre untere Grenze und wird bei 700 m häufiger. Von charakteristischen Dikotyledonen sind folgende zu nennen:

Circaea alpina sehr häufig bis 1000 m und in dieser Formation allein stark verbreitet (Liste S. 131 Nr. 42).

Campanula latifolia nicht häufig, aber von der Rhön bis Harz und Lausitz zerstreut (Liste S. 132 Nr. 43). Es ist bei der Seltenheit ihrer Standorte befremdend, dass sie auch norddeutsche Standorte besitzt.

✕Senecio nemorensis *Fuchsii hat hier und in F. 9 seine Hauptverbreitung und bildet auch gerade in den obersten Buchenwaldungen hohe und dichte, im Juli—August in gelben Blüten prangende Unterbestände.

Lunaria rediviva häufig auf Basaltbergen, geht in die granitischen Flussthäler bis ca. 350 m herab und findet sich auch in F. 2 auf Dolomit im Wesergebirge bei ca. 300 m; obere Grenze zwischen 700 und 800 m.

$\times$ Ranunculus *platanifolius, die allein in der Hercynia vorkommende Form des T. p. R. aconitifolius (siehe Liste S. 131 Nr. 29), besetzt in dieser Formation seltener diejenigen Gebirge, in denen — wie in der Rhön! — die F. 8 und 9 nicht entwickelt ist.

Die folgenden letzten Charakterarten haben nur seltenere Standorte und durchschneiden die hercyn. Bergländer mit ihren Vegetationslinien:

$\times^0$ Anthriscus nitida (s. Liste S. 130 Nr. 17). Die Art macht in Vorkommen und Tracht durchaus den Eindruck einer gut abgegrenzten Species.

$\times^0$ Astrantia major (s. Liste S. 132 Nr. 45) in F. 7 viel seltener als in der untersten F. 11.

$\times^0$ Knautia silvatica (s. Liste S. 132 Nr. 47) scheint in dieser Formation ihre einzigen Standorte zu besitzen.

$\times^0$ Carduus Personata (s. Liste S. 132 Nr. 49) als Seltenheit in der Rhön, an der Saale, im Kaiserwalde und Lausitz.

$\times^0$ Dentaria enneaphylla auf den Lausitzer Basalten verbreitet, von da an nach Westen hin selten.

$\times^0$ Thalictrum aquilegifolium (s. Liste S. 131 Nr. 39) in dieser Formation bis zu 1000 m Höhe.

Formation 8. *Fichten-Auwald der Bergregion. (Mit Sphagneten und Vaccinium uliginosum.)*

Charakteristische Arten sind besonders die in den Torfmoospolstern üppig wachsende, aber in den meisten hercyn. Gebirgen sehr seltene Listera cordata, der sich zuweilen Carex pauciflora zugesellt. An anderen Stellen wächst üppig Coralliorrhiza innata; die gemeinste Orchidee dieser Formation ist Orchis maculata.

Von Gräsern und Verw. treten $\times$ Calamagrostis Halleriana und $\times$ Luzula silvatica üppig auf; die Luzula, deren unterste Grenze (im Weserberglande bei 400 m!) unter F. 7 erwähnt wurde, liebt nasse Plätze um so mehr, in je tiefere Baumzonen sie herab steigt.

Aus der oberen Quellflur siedeln sich hier noch besonders $\times$ Chaerophyllum hirsutum und Crepis paludosa in Menge an.

Formation 9. *Oberer hercynischer Fichtenwald.*

Von Gräsern und Verw. treten neue Arten nicht mehr auf, sondern hier liegen die Hauptstandorte von $\times$ Calamagrostis Halleriana und $\times$ Luzula silvatica neben einem sehr starken Vorkommen von Luzula nemorosa und besonders deren Form rubella.

Folgende früher schon genannte Arten sind noch häufig und gehen meistens bis in die subalpine Heide:

Monotropa Hypopitys L.	Polygonatum Verticillatum All.
Pirola uniflora L.! P. minor L.	Smilacina bifolia Dsf. (= Majanthemum.)
Epipactis latifolia All.	Epilobium montanum L. (bis über 1200 m).

Phyteuma spicatum L.

Arnica montana L.

Solidago Virga aurea L.

Gnaphalium silvaticum L.

✕Senecio nemorensis *Fuchsii Gmel.

Melampyrum silvaticum L., pratense L.

Myosotis silvatica L. (obeie Grenze).

Oxalis Acetosella L. (cop. bis 1300 m).

Geranium silvaticum L. von F. 7 an.

Actaea spicata L., nicht selten bis 1200 m.

Silene inflata Sm. in einer Form mit rotem Kelche.

Dazu kommen die eigentlichen Charakterarten von montan-alpinem Areale, deren Verbreitung oben (s. Liste b S. 130) besprochen wurde, und welche großenteils in die vom Fichtenwalde freien quelligen Matten der höchsten Standorte in den hercynischen Gebirgen übertreten:

✕Ranunculus aconitifolius *platanifolius in allen höheren Bergländern, z. T. häufig.

✕Rumex Acetosella *arifolius ebenso, die Form des Erzgebirges weniger ausgeprägt.

''Digitalis purpurea wh. und mh. vom Harze bis zum Thüringer Walde, nicht Ezg. und BhW., selten soweit es diese Formation anbetrifft.

✕°Prenanthes purpurea (s. Liste S. 132 Nr. 50).

✕°Homogyne alpina Jeschken, Ezg., Fchg. (r.), BhW. (häufig, zugleich in d. subalp. Heide).

✕°Soldanella montana und ✕°Doronicum austriacum nur BhW. (häufig und hauptsächlich Waldpflanzen).

Anhang. Bachthäler und Quellfluren.

Formation 10. *Untere montane Waldbachthäler.*

Facies der Laubwaldungen, in der Mehrzahl gemein, überall verbreitete Arten:

Brachypodium silvaticum R. & Sch.

Carex remota L., gemein, dazu

—— pendula Huds. und °strigosa Huds., selten.

Festuca gigantea Vill.

Ulmaria palustris Mnch.

Chaerophyllum bulbosum L.

✕°Chaerophyllum aromaticum L. o h.! mit wichtiger Grenzlinie.

Valeriana officinalis L.

Impatiens Noli tangere L. und (†) I. parviflora DC. Verwildert.

Geranium palustre L.

Stellaria nemorum L., aquatica Scop.

Facies der unteren hercynischen Nadel- und Mengwälder:

Chrysosplenium alternifolium und von 250 m an auch oppositifolium; erstere Art beginnt schon Mitte März in Blüte zu treten und geht bis 700 m Höhe: letztere blüht später.

Chaerophyllum hirsutum (vergl. Liste S. 132 Nr. 46).

Dazu häufig Epipactis latifolia, Polygonatum verticillatum (hier tiefste Standorte!)

Eupatorium cannabinum. [Unterste Standorte des ✕Ranunculus *platanifolius u. a. A. der F. 11.]

Dazu in den osthercynischen Gauen °Thalictrum aquilegifolium, ferner bis in das Land der Weißen Elster oh. und mh. ✕°Aruncus silvester.

Endlich im Gebiete der vom Harze, dem unteren Erzgebirge, dem Elbsandsteingebirge kommenden Bäche ✕Arabis Halleri.

Dabei werden die vorigen Gräser in der Regel ersetzt durch Calamagrostis arundinacea, indem überhaupt diese Facies in niedersten Höhen den Ausdruck der folgenden Formation bildet.

Formation 11. *Obere Waldbachthäler und hochmontane Quellfluren.*

Die unter F. 10 genannte Facies der Laubwaldungen ist gänzlich verschwunden, während die Arten der hercynischen Nadelwaldfacies sich fortsetzen und mit neuen Charakterpflanzen mischen; Aruncus und Thalictrum bleiben übrigens im Walde bei 1000—1250 m (Ezg.—BhW.) zurück.

✕ Calamagrostis Halleriana mit C. arundinacea in Vertretung.

Crepis paludosa in allen oberen Gebirgen sehr häufig.

Petasites albus von den unteren Grenzen der Formation bis zu der Baumgrenze.

✕ Mulgedium alpinum in Rudeln von 600 m Höhe an.

✕ Ranunculus aconitifolius *platanifolius viel allgemeiner als vorige Art verbreitet.

Dazu folgende seltnere und nur in einem Teile der hercynischen Gebirge vorkommende Arten:

✕⁰ Senecio crispatus (Liste S. 131, Nr. 32).   ✕⁰ Senecio subalpinus (Liste Nr. 22).
✕ Aconitum Napellus (Liste Nr. 28).   ✕⁰ Willemetia apargioides (Liste Nr. 20).
✕⁰ Streptopus amplexifolius (Liste Nr. 58).

Figur 5. Hercynische Quellflur in einem Fichtenwalde des Erzgebirges bei Zweibach (Georgengrün) in 800 m Höhe. Die üppige Farnvegetation, deren Arten auf den folgenden Seiten genannt werden (Nephrodium!) beherrscht den Vordergrund der Landschaft durchaus; nach hinten schließt sich Petasites albus an. (Nach einer Originalaufnahme von Dr. A. NAUMANN.)

6. Die Sporenpflanzen der hercynischen Wälder.

Die hohe Bedeutung einiger Klassen von Sporenpflanzen für die Waldformationen muss Veranlassung bieten, auf diese näher einzugehen, soweit es
der jetzige Zustand der Forschung erlaubt. Diese hat die Gefäßkryptogamen
auf gleichen Rang mit den Stauden der Mono- und Dikotyledonen erhoben
und für die Moose wenigstens die sicheren Grundlagen geographischer Floristik geliefert. Unter den Flechten sind nur wenige Sippen für diese Formationsgruppe von maßgebender Bedeutung[1]), besonders die Peltideaceen;
aber die Arten von Peltigera sind »in ihren Grenzen zu schwer zu bestimmen
und scheinen in ihrer äußeren Form mehr als andere Flechten vom Standorte, von der Witterung und von ihrem Alter abzuhängen« (KÖRBER), als dass
ihre geographische Verbreitung es zu einer besonderen, bestimmte Formationen
auszeichnenden Erkenntniss hätte bringen können. Und nun das Heer der
saprophytischen Hymenomyceten, Gasteromyceten und Discomy-
ceten, welche alle im Walde ihre Standorte haben! Es ist gar nicht daran
zu zweifeln, dass viele von diesen Arten ebensowohl die Höhenstufen des
Gebirgslandes als bestimmte, an den Untergrund gebundene Formationstypen
des Hügel- und Auwaldes in den Thalniederungen kennzeichnen; aber leider
fehlt es bisher noch durchaus an Arbeiten, welche aus der Masse von Beobachtungen heraus irgend welche klare Grundlinien für die Pilzverbreitung
geliefert hätten. Die großen Pilzwerke verhalten sich in ihren Angaben so
unbestimmt, wie es meistens auch die älteren Florenwerke hinsichtlich der
Standorte von Blütenpflanzen thaten, und die kleineren Lokalfloren pflegen
bei den Farnen abzubrechen. So ist einstweilen nur auf eine Lücke in den
Beobachtungen hinzuweisen, die bisher auch noch nicht durch die planmäßige
pflanzengeographische Durchforschung Sachsens von unserer Seite ausgefüllt
werden konnte, obgleich gerade hier RABENHORSTs vortreffliche und gründliche
Arbeiten ihren Ursprung genommen haben.

§ 1. Liste D der Schachtelhalme, Bärlappe, Farne.

Eine Gesamtzahl von 23 Arten[2]), nämlich 4 Equiseten, 3 Lycopodien und
16 Filices besiedelt die hercynischen Wälder; von den Farnen treten hier die
Gattungen Pteridium (1), Aspidium (2), Nephrodium (5), Struthiopteris (1),
Athyrium (2), Scolopendrium (1), Blechnum (1), Polypodium (1), Osmunda (1)
und Hymenophyllum (1) auf.

Gegenüber der nordatlantischen und südbaltischen deutschen Niederung
sind nur 3 Farne des Hügellandes und niederen Berglandes zu nennen, welche
die hercynische Flora auszeichnen, nämlich:

✕Aspidium Braunii Spenn., selten im Lausitzer Berglande (auch Meißner?)
in F. 3 und 7;

---

1) Solorina und Sticta scheinen die Bergwaldungen unterer und oberer Stufe auszuzeichnen.
2) Einschließlich der Moorfarne Nephrodium cristatum und Thelypteris 25 Arten.

✕⁰ Scolopendrium vulgare Sm., als Seltenheit in F. 2 und F. 3 an nicht ganz wenigen Standorten durch die ganze Hercynia verstreut, aber im Westen entschieden häufiger (besonders in den feuchten Laubwaldungen der die Grenze gegen das Braunschweiger Land bildenden Dolomitberge des Weserlandes); dann im Ostharze, und weiter ostwärts als große Seltenheit in Quadersandstein-Schluchten des Elbgebietes.

✕⁰ Hymenophyllum tunbridgense Sm., die interessanteste Pflanze und größte Seltenheit im westlichen Elbsandsteingebirge (Uttewalder Grund), deren Standort in Abschn. IV. Kap. 10 ausführlicher geschildert werden wird.

Zu diesen 3 Arten gesellt sich dann noch eine der obersten Bergwaldstufe, nämlich das in seiner Verbreitung sehr wichtige ✕⁰ Athyrium alpestre NyZ., die hier ihre Nordgrenze erreicht, und zwar mit dem Areale H⁵.

Außerdem ist das hercynische niedere und obere Bergland noch ausgezeichnet durch die größte Massenhaftigkeit folgender Arten, welche in Norddeutschland in dieser Weise nirgends an der Formationszusammensetzung Teil nehmen und z. T. sogar dort recht selten sind:

Equisetum silvaticum L., soc. in F. 10—11!, cop. und greg. in F. 6! 7—9!

Lycopodium annotinum L., cop. in F. 9 und viel seltener in F. 3 (auch 8), daher mit der Hauptmasse seiner Standorte h mont., wie ja vielfach Arten, welche auch in Norddeutschland vorkommen und sogar dem Lüneburger Heidegebiete nicht fehlen, in ihren hercynischen Standorten montan bleiben.

Aspidium aculeatum *lobatum Sw., spor. in F. 3!, an vielen Stellen von niederen Berggehängen und feuchteren Schluchten, aber nirgends gemein.

Nephrodium spinulosum Desv., u. Var. dilatatum Sw., vorherrschend in den oberen Formationen der Bergwälder und neben der Hauptform tief herabgehend, F. 10—11!

Nephrodium montanum Bak.: h mont. von F. 3 an bis zu F. 7! und endlich in F. 9 verschwindend, häufig und gelegentlich greg.-cop.³ von 250—1300 m!

Blechnum Spicant Rth.: h mont. von F. 11! an ihren niedersten Vorstufen innerhalb der F. 3 bis zu cop.-greg. Verbreitung in F. 8! und F. 9! —

Besondere Verbreitungsverhältnisse der Schachtelhalme und Farne.

Um noch einen Blick auf die Waldformationen des Hügellandes zu werfen, in denen etwa die Hälfte der 23 Arten ihre hauptsächlichsten Standorte hat, so gliedern sich dieselben hinsichtlich ihres Besitzes an Gefäßkryptogamen hauptsächlich als Bachthäler und nasse Gehänge, Heidewald, Bruchwald und den gesamten niederen Bergwald bis 400 m Höhe. — In den Bachthälern sind alle 4 Equisetum-Arten zu Hause, nämlich außer E. silvaticum an seinen unteren Standorten auch die so sehr viel selteneren Arten E. Telmateja (maximum), umbrosum und hiemale, letzteres auf Si-Boden. Prächtig ist an vereinzelten Stellen der Riesenschachtelhalm Telmataja mit seinen bleichen Hohlstengeln und der Masse grüner Quirläste entwickelt; er bedeckt am Ith weite Abhangsstellen im lichten Laubwalde viel üppiger, als es die zierlichen Quirläste von E. silvaticum vermögen, aber seine Standorte sind nicht so zahlreich und liegen meist weit voneinander entfernt. — Hier finden sich dann die beiden gemeinsten Farne als tonangebende, **Athyrium Filix femina** und **Nephrodium Filix mas**, daneben seltener N. spinulosum, und · wenn über dem Wasser freie Steinblöcke liegen — von den Nephrodien besonders N. Phegopteris. Der seltenste Farn dieser Formation ist die **Struthiopteris** mit sehr weit entlegenen Standorten am Harze, an der Bramburg im Solling (Weser), an einzelnen Stellen in Thüringen und Sachsen; aber dieser Farn ist in der südbaltischen Region von Hadersleben bis Memel ebenso zerstreut. Wo Sandsteinfelsen im Wàldesschatten lagern, bekleidet zwischen Hypnen kriechend gern **Polypodium vulgare** deren Steilwände und findet sich auch sonst in allen Gauen; aber es mag nicht unerwähnt bleiben, dass gerade in den mit der reichsten Hügelflora versehenen, von allen Seltenheiten strotzenden Kalkgebieten Thüringens dieses Farnkraut zu den größten Seltenheiten gehört.

Der **Heidewald** besitzt für sich **Lycopodium clavatum** (seltener L. complanatum) und in weithin leuchtenden, gleichsam hohe Gebüsche bildenden Wedeln **Pteridium aquilinum**. Während der gemeine Bärlapp bis in die subalpine Bergheide emporsteigt, bleibt der Adlerfarn in der Hügelregion mit einzelnen Ausnahmen; seine allgemeine Verbreitungsgrenze nach oben bleibt noch festzustellen (Böhmer Wald bis über 800 m.) — Die **Waldbrüche** haben in **Osmunda regalis** ihre eigenste Seltenheit; überall nur an vereinzelten, durch weite Entfernungen getrennten Standorten hält sie sich in den die Bergländer umsäumenden Niederungen und scheint allein in der Oberlausitz nahe der Lausche in das untere Gebirge einzutreten. **Nephrodium spinulosum** tritt auch an solchen Standorten häufig auf, und· aus den Mooren schalten sich zuweilen die seltenen Farne N. cristatum und Thelypteris ein.

Im niederen **Bergwalde**, besonders also in den Formationen 2 und 3, tritt mit seltneren Standorten **Lycopodium complanatum** (sowohl *anceps Wallr. als auch *Chamaecyparissus A. Br.) aüf. **Blechnum Spicant** findet hier seine ersten, tiefsten Standorte inmitten üppiger **Nephrodium Filix mas** und **Athyr. Filix femina** mit den seltenen **Aspidium *lobatum** und **Scolopendrium**. Aber hier ist die reichste Entwickelung von **Nephrodium Dryopteris**: es bedeckt die humosen Felsspalten oder erhebt seine zierlichen Wedel wie kleine ausgebreitete Schirme über dem modernden Laube. Hier beginnt auch das Auftreten von N. montanum (Aspidium Oreopteris) und ebenso von **Lycopodium annotinum**. —

Die **oberen Bergwaldungen**. Die Charakterarten, welche sich hier zusammenfinden und schon oben hinsichtlich ihrer Verbreitung kurz genannt wurden, sind folgende:

Equisetum silvaticum L.
(—— pratense Ehrh.: obere Grenze).
Lycopodium annotinum L.
(—— complanatum: obere Grenze).
Nephrodium spinulosum DesV. einschl. var.
    dilatatum Sw.
—— Filix mas Rich.

Nephrodium montanum Bak.
—— Phegopteris Baumg. (bis 1100 m BhW.)
—— Dryopteris Mchx. (in F. 9 endend.)
Athyrium Filix femina Rth.
°—— alpestre Nyl.!!
Blechnum Spicant Rth.

Manche Arten, wie besonders A. Filix mas und A. Filix femina,
gehen in ihrer Verbreitungsstärke fast unverändert von ihren unteren Wald-
standorten bis zur Waldgrenze hindurch; bei anderen aber tritt ein ent-
schiedenes Zu- und Abnehmen in bestimmter Richtung hervor, so dass sich
aus dem Farngemische ein Rückschluss auf die Gebirgsstufe machen lässt. Auf
den unteren Stufen begegnen uns am häufigsten neben den genannten ständigen
Arten die Rudel von Dryopteris, welche so lange in voller Macht anhalten,
als der Wald von Buchen gebildet ist oder durchsetzt wird, neben diesen
Rudeln ist auch Phegopteris nicht selten zu finden. Blechnum begleitet
vielmehr die Tannen und Fichten und nimmt demnach in dem Maße nach
oben zu, als Dryopteris abnimmt. Nephrodium montanum ist dagegen
sowohl mit Dryopteris im Berglaubwalde als mit Blechnum vergesellschaftet
und nimmt bis zu der Grenze der Berglaubwaldungen gegen die obere hercynische Fichtenwaldung zu, so dass auf dieser Stufe ein buntes Gemisch der
gemeinen Aspidien mit den Nephrodien und Blechnum besteht. Nunmehr, in
F. 9, nimmt gegen die subalpine Baumgrenze hin besonders Nephrodium
spinulosum an Masse zu, welches N. montanum zurückdrängt. Dann aber
tritt mit zunehmender Höhe auf den Hauptgebirgen der Hercynia Athyrium
alpestre auf und verleiht, am häufigsten von den zwei vorigen und Athyr. Filix
femina nebst Blechnum begleitet, dem Walde einen entschiedenen, neuen
Charakter.

Die Verbreitung dieses, äußerlich dem Athyr. Filix femina recht ähnlichen
Rosettenfarns im Gebiete ist folgende: Im Norden der Hercynia ist er auf dem
Brocken recht häufig, aber weniger im obersten Fichtenwalde als in der Bergheide; selten geht er in einige tiefer gelegene Felsschluchten des Gebirges
herab. Im Thüringer Walde ist er ungemein sparsam und fast nur am Gr.
Beerberg und Schneekopf zusammen mit Nephrodium montanum zu finden,
so dass er in diesem Gebirge den geringsten Anteil an der Formationsbildung
nimmt. Im Erzgebirge schmückt er die höchsten Höhen (über 1100 m) reichlich in dem lückigen Fichtenwalde am Fichtel- und Keilberge, geht auch im
östlichen Gebirgsteile bis zum Hassberge bei Sebastiansberg zu 900 m Höhe
herab. Seine größte Verbreitung aber erreicht er im centralen Böhmerwalde,
wo er von 1200 m an im Fichtenwalde maßgebend wird und diese Formation
bis zu ihrem Aufhören im Krummholzgürtel des Arbers so reichlich durchsetzt, dass man an vielen Stellen den ganzen, tief humosen Untergrund von
seinen großen Rosetten überdeckt findet. Den niederen Höhen aber fehlt
Athyrium alpestre gänzlich; nur vom Fichtelgebirge noch wird es angegeben,
und auch im Böhmer Walde reicht es nicht über den Enzianrücken und die
Seewände (südlich vom Osser) nordwärts hinaus.

§ 2. Die Moose.
(Bearbeitet von Dr. B. SCHORLER.)

Vorbemerkungen. Von den Moosen sind in der folgenden Liste nur die
für den hercynischen Wald charakteristischen exklusiven Arten aufgezählt, die

also der nordatlantischen und südbaltischen Niederung entweder ganz fehlen
oder dort selten sind, während sie in unserem Bezirke durch ihre Massenhaftigkeit auffallen. Nur wenige der ersteren erreichen mit dem Aufhören des
Berg- und Hügellandes auch ihre nördliche Verbreitungsgrenze; die meisten
kehren auf den Gebirgen der nordischen Länder wieder, einige auch schon
in West- und Ostpreußen. Eine Verteilung der Moose auf die oben geschilderten 11 Waldformationen oder auch nur ihre Gruppierung nach oberem und
unterem Bergwalde ist heutigen Tages noch nicht allgemein durchführbar, da
die Höhengrenzen der Moose in den deutschen Mittelgebirgen bisher noch zu
wenig beachtet worden sind, unsere eigenen Beobachtungen in den einzelnen
Territorien aber noch nicht hinreichen, um sichere Schlüsse auf die allgemeine
Verbreitung zu gestatten. Ohne Zwang aber lassen sich aus der vorhandenen
Litteratur die Moose nach ihren Standorten in Fels- und Bodenmoose, und
erstere in kalk- und kieselholde, letztere in Bewohner des trockenen und
nassen Waldbodens gruppieren, wie es in der folgenden Liste auch geschehen
ist. Da Kalkfelsen im hercynischen Bezirke nirgends im eigentlichen Berglande
auftreten, so führen die sämtlichen Waldmoose auf Kalkunterlage die Bezeichnung hR$^{III.}$, sofern sie nicht auch auf Silikatgestein vorkommen, und gehören
zum größten Teile nach Formation 2. Dagegen haben die unter a) und b)
aufgeführten Moose ihre Hauptverbreitung in den Formationen 7 und 9,
während die Gruppe d) den Formationen 6, 8, 10 und 11 angehört, und die
Epiphyten die Formationen 7—11 bevorzugen.

Noch sei darauf hingewiesen, dass die Moosvegetation der Kiefernheide
mit ihren Decken von Hypnum Schreberi, Dicranum scoparium und Sclero-
podium purum, wie sie LOESKE[1]) für die Mark Brandenburg beschrieb, nicht
nur in der Kiefernheide des hercynischen Hügellandes wiederkehrt, sondern
auch in gleicher Üppigkeit in den unteren Bergwald eintritt und erst im oberen
Fichtenwalde ihre dominierende Stellung an montane Arten abgiebt. Die Mooswelt des oberen Waldes aber, der in seinen feuchten Bachthälern mit überrieselten Felsen und sumpfigen Quellfluren oder an den trockneren Hängen
mit sonnigen und schattigen Blöcken die größte Individuen- und Formenfülle
aufweist, ist in einzelnen Beispielen in Abschnitt IV geschildert.

Liste E. der Waldmoose[2]).

a) *Moose auf humosem Waldboden.*

✕⁰ Tortella caespitosa Limpr. hR$^{III.}$ Kleine Räschen auf Humus und Sandboden mit Kalk-
    unterlage, nur in der Rh. und hier ihre nördliche Verbreitungsgrenze erreichend.
✕ Webera gracilis De Not. h mont. Nur Hz. u. BhW., im ersteren Gebirge von 750 m auf-
    wärts Massenvegetationen an schattigen Straßenrändern bildend. Die Art fehlt dem
    Riesengebirge.
✕⁰ Webera lutescens Limpr. Diese von LIMPRICHT neu aufgestellte Species ist bisher aus dem
    Bezirke nur von Eisenach bekannt geworden.

---

1) LOESKE, L.: Die Moosvereine im Gebiete der Flora von Berlin. — Bot. Ver. Brandenburg 1900. XLII. S. 75—164.   2) Erklärung der Zeichen siehe S. 129.

Mnium riparium Mitt. hR$^{III.}$ Nur in der Rh. und oh. (Dresden.)
>< —— spinulosum B. & Sch. h mont. Rh., ThW. u. BhW., mit nördlicher Verbreitungsgrenze
im Gebiete.
>< —— spinosum Schwägr. hR$^{III.}$ Vom Hz. u. Ezg. noch nicht angegeben.
>< Oligotrichum hercynicum Lam. & DC. h mont. Hz.—BhW. Im Hz. schon bei 400 m.
Heterocladium dimorphum B. & Sch. hR$^{III.}$ Vom ThW. u. Frankenwalde sind noch keine Stand-
orte bekannt. In der Tiefebene sehr selten.
Plagiothecium undulatum B. & Sch. h mont. Hat seine größte Massenentfaltung im oberen
Fichtenwalde, wo seine breiten flachen Zweige auf und zwischen den Fichtennadeln
kriechen und oft □Meter große, hellgrüne glänzende Decken bilden. Es steigt im
Elbsandsteingebirge am tiefsten herab (bis 183 m).
Hylocomium loreum B. & Sch. h mont. Hauptverbreitung wie vorige Art im oberen Walde, nur
sind seine Decken viel ausgedehnter, so dass sie oft auf weite Strecken in reinem Be-
stande das Gelände ausschließlich beherrschen.

Scapania nemorosa Dum. hR$^{III.}$ wh.—oh. Olivengrüne, flache Decken, die oft große Flächen
einnehmen.
—— umbrosa Dum. h mont. Hz.—BhW.
Jungermannia exsecta Schmid. hR$^{III.}$-h mont. Hz.—BhW.
—— *nana N. v. E. h mont. Bildet im Hz., LzB., Fchg. auf dem Boden kleine lockere Räschen
oder zarte dunkelgrüne Teppiche.
>< —— orcadensis Hook. h mont. Hz., Ezg., LzB., Fchg. Meist einzeln zwischen anderen
Moosen auch Sphagnen; an schattigen Felsen ebenfalls.
—— lycopodioides Wallr. h mont. Hz., Fchg., BhW. und oh. Hohe lockere Decken bildend
oder über andere Moose hinwegkriechend, auch an schattigen Felsen.
—— curvifolia Dicks. h mont. Hz.—BhW. An faulen Stöcken und Stämmen dünne und dicht
anliegende Überzüge bildend.
Liochlaena lanceolata N. v. E. hR$^{III.}$ Die großen, dicht-verwebten, dunkelgrünen Decken finden
sich durchs ganze Hügelland zerstreut.
Harpanthus scutatus Spruce hR$^{III.}$ Von wh.—oh. zerstreut.
Aneura palmata Dum. hR$^{III.}$ auch auf faulen Baumstöcken und feuchten Felsen.
• Pellia Neesiana Gottsche. h mont. Ezg. über 500 m. (Wahrscheinlich weiter verbreitet.)

b) *Moose auf schattigem Silikatfelsen.*

Dicranoweisia crispula Lindb. h mont. Hz.—BhW., auch wh.
Rhabdoweisia fugax B. & Sch. h mont. Hz.—BhW., einzelne Standorte auch in wh.—oh.
Cynodontium fallax Limpr. h mont. Ezg. und Elbsandsteingebirge.
—— polycarpum Schmp. hR$^{III.}$ wh.—oh.
Oreoweisia Bruntoni Milde. hR$^{III.}$, auch im Berglande.
Dicranella subulata Schimp. hR$^{III.}$ — h mont.
Dicranum fuscescens Turn. h mont. Rh.—BhW., auch an faulen Baumstämmen. In der Tiefebene
sehr selten und nur steril.
>< —— fulvum Hook. h mont. Nur Rh., wh. u. BhW. Fehlt der ganzen nordatlantischen und
südbaltischen Niederung, tritt aber in Ostpreußen wieder auf.
—— montanum Hedw. hR$^{III.}$ doch auch in der Bergregion, wh.—oh., ebenso an faulen Stämmen.
>< —— elongatum Schleich. h mont. Nur BhW.
—— longifolium Ehrh. h mont., Rh.—BhW., große Blöcke mit sammetartigen Rasen überziehend,
auch im Hügellande zerstreut, doch hier nicht die üppigen Massenvegetationen bildend.
>< Campylopus subulatus Schmp. h mont. ThW., Frankenwald u. BhW.
Dicranodontium longirostre B. & Sch. h mont., doch auch in das Hügelland und in die Tiefebene
herabsteigend, Hz.—BhW. und wh.—oh.

10*

✕⁰Dicranodontium aristatum Schimp. h mont. Nur in einer feuchten Schlucht des Elbsandstein-
      gebirges bei ca. 180 m Höhe.   .
!✕Brachydontium trichodes Bruch. h mont. Rh.—BhW. auch wh. Erreicht im Gebiete seine
      nördliche Verbreitungsgrenze.
Campylostelium saxicola Br. & Sch. h mont., Rh.—BhW., auch im Hügellande von wh.—oh.
✕Trichostomum cylindricum Müll. h mont. ThW. und Elbsandsteingeb., auch wh.
Grimmia Doniana Smith. h mont. Rh.—BhW. und wh.
—— oVata W. & M. h mont. Rh.—BhW., auch im Hügellande von wh.—oh.
✕⁰ —— elatior Bruch. h mont. Nur Hz.: Bodegebirge.
—— montana B. & Sch. h mont., auch in dem Hügellande, jedoch im Ezg., LzB. und oh. noch
      nicht nachgewiesen.
Dryptodon patens Brid. h mont. Rh.—BhW.
—— Hartmanii Limpr. h mont. Wahrscheinlich Rh.—BhW.
✕Racomitrium microcarpum Brid. h mont. Rh.—BhW. Tritt in Westpreußen wieder auf.
✕ —— sudeticum B. & Sch. h mont. Rh.—BhW. Vom Ezg. und LzB. sind noch keine Fundorte
      angegeben. Überzieht im oberen Walde die feuchten und nassen Blöcke mit □Meter
      großen, schwärzlich grünen Rasen.
—— fasciculare Brid. h mont. Rh.—BhW.
✕Amphidium Mougeotii Schimp. h mont. Rh.—BhW.
✕Ulota americana Mitten. h mont. Rh.—BhW.
✕Orthotrichum urnigerum Myr. h mont. Nur Rh. und Hz.
—— cupulatum Hoffm. hR III. wh.—oh.
—— rupestre Schleich. hR III. wh.—oh.
—— * Sturmii Hornsch. hR III. wh.—oh.
Encalypta ciliata Hoffm. hR III., auch in der Bergregion Verbreitet.
✕Tetrodontium Brownianum Schwägr. h mont. Hz.—BhW.
Schistostega osmundacea Mohr. h mont. Rh.—BhW. auch im Hügellande.
✕Bryum obconicum Hornsch. hR III. Nur Hz. und Fchg.
—— Mildeanum Jur. h mont. Rh., ThW., auch Frankenwald und Fchg.
—— alpinum Huds. h mont. Rh.—BhW., doch auch ins Hügelland u. in d. Ebene herabsteigend.
Bartramia Halleriana Hedw. h mont. Rh.—BhW.
Plagiopus Oederi Limpr. h mont. Hz.—BhW.
✕⁰Timmia baVarica Hessl. h mont. Nur in dem Gemäuer der Burgruine auf dem Waldsteine des
      Fichtelgebirges (800 m).
✕⁰ —— austriaca Hedw. h mont. Nur Hz.: Bodethal.
✕Polytrichum alpinum L. h mont. Rh.—BhW. Kommt in Westpreußen auf Torf vor.
✕Neckera turgida Jur. h mont. Rh., ThW., Fchg. — Scheint dem Riesengebirge zu fehlen.
✕Anomodon apiculatus B. & Sch. h mont. Rh., Vogelsberg, ThW. und BhW.
✕Ptychodium plicatum Schimp. h mont. Rh. und Hz.
✕Pseudoleskea atrovirens B. & Sch. h mont. Rh., ThW., Frankenwald und BhW.
✕Heterocladium heteropterum B. & Sch. h mont. Rh.—BhW.
Isothecium myosuroides Brid. h mont. Rh.—BhW.
!✕Brachythecium Geheebii Milde. h mont. Nur Rh. und BhW. Erreicht in der Rh. die Nord-
      grenze seiner Verbreitung.
Eurhynchium crassinervium Br. & Sch. h mont. Im Ezg. und LzB. noch nicht aufgefunden.
✕⁰Rhynchostegium hercynicum Limpr. hR III. Nur Hz. bei Blankenburg. Einziges endemisches
      Moos des hercynischen Bezirkes, es steht jedoch dem Rhynchostegium confertum so
      nahe, dass sein Artcharakter noch zweifelhaft ist.
Plagiothecium depressum Dix. hR III. wh.—oh.
Hypnum uncinatum Hedw. h mont. Rh.—BhW., auch im Hügellande.
✕Hylocomium umbratum B. & Sch. h mont. Rh.—BhW., auch auf dem Meißner. Kehrt nach
      Überspringung der südbaltischen Tiefebene in Ostpreußen wieder.
✕⁰ —— pyrenaicum Lindb. h mont. Nur Rh.: auf dem Basalt des Kreuzberges.

Jungermannia albicans L. h mont. Rh.—BhW., doch auch im Hügellande. Überzieht in den feuchten Schluchten der sächs. Schweiz die Sandsteinfelsen mit □Meter großen Rasen meist in Verbindung mit J. Taylori.

—— minuta Crtz. h mont. Hz.—BhW.

—— Taylori Hook. h mont. Hz.—BhW., in großen bräunlichgrünen Rasen.

✕—— pumila With. h mont. Hz.

✕⁰—— julacea Lightf. h mont. Nur vom Ezg. angegeben.

Madotheca laevigata Dmrt. h mont. Hz. und Ezg.

—— Porella N. v. E. h mont. Hz., ThW., Elbsandsteingeb.

Lejeunia serpyllifolia Lib. h mont. Rh.—BhW., auch wh.

✕⁰Frullania fragilifolia Taylor. h mont. Hz.: Bodethal.

c) Moose auf schattigem Kalkfelsen.

✕Seligeria Doniana C. Müll. hR$^{III.}$ wh. und mh.

✕—— tristicha Brid. hR$^{III.}$ wh. und mh. Fehlt Sachsen und Schlesien. Scheint im Gebiete ihre nordöstliche Verbreitungsgrenze zu erreichen.

Ditrichum flexicaule Hampe. hR$^{III.}$ wh.—oh. In der Tiefebene auch auf Heidesand.

Distichium capillaceum B. & Sch. hR$^{III.}$ wh. und mh. Auch auf Gips.

✕Trichostomum pallidisetum H. Müll. hR$^{III.}$ wh. und mh. Limpricht giebt außer den hercynischen nur einen Standort aus der Schweiz für dieses Moos an.

✕⁰—— crispulum Bruch. hR$^{III.}$ Nur wh.

✕⁰—— mutabile Bruch. hR$^{III.}$ Nur wh. und hier seine nordöstliche Verbreitungsgrenze erreichend. (Aus Skandinavien bekannt.)

!✕Barbula reflexa Brid. hR$^{III.}$ wh.—oh.

—— paludosa Schleich. hR$^{III.}$ Nur auf dem Meißner, der Hz. als Standort fraglich. Auch diese südliche Art scheint am Meißner ihren nördlichsten Standort zu haben.

Aloina ambigua Limpr. hR$^{III.}$ wh.—oh., auch auf lehmigen Boden.

—— aloides Kindb. hR$^{III.}$ wh.—mh.

✕Encalypta rhabdocarpa Schwägr. hR$^{III.}$ In niederen Höhen des Hz. und Fchg. Wird auch vom Arbergipfel angegeben, wo es in Gneißspalten wachsen soll.

Mnium orthorrhynchum Brid. hR$^{III.}$, mh. und Unterharz, auch auf d. ThW.

✕Orthothecium intricatum B. & Sch. hR$^{III.}$ wh. und mh.

!✕⁰Homalothecium Philippeanum B. & Sch. hR$^{III.}$ Nur oh. Eine südliche Art, die in Sachsen ihre nördliche Verbreitungsgrenze erreicht, jedoch in Ostpreußen noch einen vereinzelten Standort aufweist.

✕⁰Eurhynchium striatulum B. & Sch. hR$^{III.}$ Nur Rh. und wh.

✕—— Tommasinii Ruthe. hR$^{III.}$; wh. und mh., jedoch auch im Erzgebirge bei 1230 m.

✕Amblystegium Sprucei B. & Sch. hR$^{III.}$ Unterer Hz. und Frankenwald.

✕—— confervoides B. & Sch. hR$^{III.}$ wh.—oh.

✕Hypnum Halleri Sw. hR$^{III.}$ Nur im unteren Hz. und wh.

———

Plagiochila interrupta N. v. E. hR$^{III.}$ Geht auf kalkhaltigem Gesteine auch in das Bergland, Fundorte werden aus dem Hz., Ezg., LzB. und Fchg. angegeben.

Scapania aequiloba Dum. hR$^{III.}$ Auf den Gipsblocken des Unterharzes, jedoch auch Hz. u. Ezg.

Jungermannia Mülleri N. v. E. hR$^{III.}$ Im Bodethale und an den Gipshöhen des Unterharzes.

✕Lejeunia calcarea Lib. hR$^{III.}$ Unterharz.

Metzgeria pubescens Raddi. hR$^{III.}$ Unterer Hz., Fchg. und BhW.

d) Moose auf berieseltem Fels und sumpfigen Quellfluren.

✕Eucladium verticillatum B. & Sch. hR$^{III.}$ wh.—oh. Bevorzugt nasse Kalkfelsen.

✕Rhabdoweisia denticulata B. & Sch. h mont. Rh.—BhW., nur im Ezg. noch nicht gefunden. Bewohnt meist nasse Felsspalten.

✕°Fissidens rufulus B. & Sch. hR$^{III.}$ Nur Hz.: Bodethal auf überfluteten Kalkfelsen. Scheint
   hier seine nördliche, resp. nordöstliche Verbreitungsgrenze zu erreichen.
Racomitrium aciculare Brid. h mont. Rh.—BhW., auch im Hügellande von wh.—oh.
—— protensum Braun. h mont. Rh.—BhW.
✕Plagiobryum Zierii Lindb. hR$^{III.}$ An nassen Schiefer- und Gipsfelsen des Bodethales bei 250 m
   und des Unterharzes bei 300 m, sonst nur noch im Fchg. bei 400 m.
✕Bryum pallescens Schleich. h mont. Rh.—BhW.
Mnium medium B. & Sch. h mont. Rh., Hz., Fchg. und BhW., steigt auch tief herab. In Quell-
   fluren.
—— cinclidioides Hüben. h mont. Quellfluren. Rh., Hz., Ezg. und BhW. Ist in den nordischen
   Ländern sehr häufig und wird nach Süden immer seltener, erreicht aber im Bezirk
   noch nicht seine südliche Verbreitungsgrenze.
Pterygophyllum lucens Brid. h mont. Rh.—BhW. In Quellfluren, geht auch in das Hügelland
   und selbst in die Tiefebene herab, scheint aber im Berglande erst seine üppigste
   Entwickelung zu finden.
Thamnium alopecurum B. & Sch. hR$^{III.}$ Ist auch in der Tiefebene nicht selten, bildet aber erst
   im unteren Berglande auf nassen Felsen bis mehrere ☐ Meter große Rasen. Scheint
   im Bezirke nicht sehr hoch zu gehen.

Sarcoscyphus emarginatus Spruce. h mont. Hz., Ezg., LzB., Fchg., auch oh.
✕ —— adustus Spruce. h mont. Hz. und Fchg.
✕Scapania Bartlingii N. v. E. hR$^{III.}$ Nur im Unterharze. — Fehlt auch dem Riesengebirge.
✕Jungermannia riparia Taylor. hR$^{III.}$ Hz.: Bodethal. — Fehlt ebenfalls dem Riesengebirge.
—— sphaerocarpa Hook. h mont. Hz., ThW., Elbs., Fchg., auch auf Quellfluren.
—— *tersa N. v. E. h mont. Hz. und Ezg., auch auf Quellfluren.
✕° —— cordifolia Hook. h mont. Hz.: Meineckenberg und Bodethal, hier herdenweise in
   Quellfluren.
✕° —— obovata N. v. E. h mont. Hz.
Mastigobryum deflexum N. v. E. h mont. Hz.—BhW.
Madotheca rivularis N. v. E. h mont, Hz., ThW., BhW. Auch in Westpreußen an einigen Standorten.

e) *Die Epiphyten des Waldes.*

✕Dicranum Sauteri Schimp. h mont. Nur BhW. und Frankenwald, fehlt den übrigen Bergländern
   der Hercynia und auch den Sudeten.
✕°Ulota Drummondii Brid. h mont. Nur im Hz. und Fchg. Die Art fehlt den Alpen und
   Pyrenäen vollständig, ist dagegen in den südlichen Teilen von Norwegen und Finnland
   verbreitet. Ihre südliche Verbreitungsgrenze, die von Island nach Schottland nach den
   Vogesen und der Rheinpfalz verläuft, das Fichtel- und Riesengebirge umfasst und
   endlich nach der Tatra sich wendet, durchschneidet also den hercynischen Bezirk.
✕°Clasmatodon parvulus Sulliv. Diese im südlichen Nordamerika heimische Pflanze ist bisher
   in Europa nur bei Düben in der Provinz Sachsen aufgefunden worden, zeichnet also
   Terr. 8 vor allen anderen des Bezirkes aus.
Leskea nervosa Myr. h mont. Rh.—BhW. Steigt auch in das Hügelland und selbst in die Tief-
   ebene herab.
Pterigynandrum filiforme Hedw. h mont. Rh.—BhW. Im Hügellande und in der Tiefebene
   zerstreut.
Brachythecium Starkei Br. & Sch. h mont. Hz.—BhW. Die von dieser Art in der Ebene an-
   gegebenen Standorte sollen nach LIMPRICHT dem B. curtum Lindb. angehören.
—— reflexum Br. & Sch. h mont. Rh.—BhW., auch im Hügellande von wh.—oh.
✕°Eurhynchium germanicum Grebe. hR$^{III.}$ Bisher nur in der Rh. und wh., auch auf schattigen
   Felsen.

!✕°Hypnum fertile Sendtn. h mont. Nur im BhW. Diese in den Alpen verbreitete Art fehlt auch dem Riesengebirge. Ihre nördliche Verbreitungsgrenze verläuft vom Schwarzwalde nach dem fränkischen Jura, BhW. und Gesenke, sie kehrt jedoch in Westpreußen noch einmal wieder.

✕—— pallescens Br. & Sch. h mont. Hz.—BhW. Fehlt der ganzen nordatlantischen und süd-baltischen Niederung, hat aber wieder Standorte in Ostpreußen und Schweden.

—— reptile Rich. h mont. ThW., Ezg., BhW., auch in der Hügelregion von mh.

Drittes Kapitel.
Sandfluren und Heiden.
(Gruppe IV.)

Verbreitung und Charakter der Formationsgruppe.

Während in den nordatlantischen und südbaltischen Gauen Deutschlands die von Calluna überdeckten Heiden und die dürren, zumeist Corynephorus führenden Sandfluren oder feuchtere Sandfluren mit Carex arenaria in der physiognomischen Beurteilung der Landschaft sogleich hinter den Wäldern stehen und zugleich reich an Arten mit irgendwie für die deutsche Flora ausgezeichneten Arealen sind, spielt diese Formationsgruppe im hercynischen Bezirke eine mäßige Rolle und enthält wenig Bemerkenswertes. Auszeichnende Areale, wie z. B. die von Astragalus arenarius und Dianthus arenarius, umgehen die nördlichen Landschaften und machen am ersten noch einen Vorsprung in das Lausitzer Hügelland hinein, wie Helianthemum guttatum mit Atl.-Areal von Elsterwerda bis Zeithain in sandigen Kiefernwäldern einige seltene Standorte hat. Astragalus arenarius, der Nordsachsen in einem einzigen Standorte östlich von Ortrand, in einem Kiefernwäldchen an der Straße nach Kamenz, berührt, erscheint sogar südlich der Lausitz im nördlichen Böhmen bei Hirschberg wieder, ohne einen der reichlich vorhandenen günstigen Standorte des Quadersandsteins an der Elbe besiedelt zu haben. So macht man häufig beim Vergleiche des felsigen und sandigen Bodens im niederen hercynischen Lande die Beobachtung, wie der erstere bevorzugt und der letztere verschmäht wird. Erst in den nördlichen Ausläufern der Saale- und Elblandschaften siedeln sich einzelne Arten, wie Dianthus Carthusianorum und Asperula cynanchica, auf Sandhügeln an, die sie südlicher, wo sie felsige Höhen zu Standorten erwählt haben, streng meiden. Die größere Zahl solcher Arten, welche GRÄBNER in seiner, allerdings für eine einzelne Formationsgruppe überhaupt zu weit ausgreifenden Liste der Heidepflanzen[1]) mit anführt, und zwar fast stets nur für das östliche Norddeutsch-

---

1) ENGLERs bot. Jahrb. XX (1895) S. 546—627. — Bei Abschluss dieser Arbeit liegt die viel umfassendere Arbeit von GRÄBNER in Bd. V der Veget. der Erde vor.

land, lässt erkennen, wie hier ein ganz neuer Formationsbestand zu-
sammengeschlossen wird. —

Das eben Gesagte bezieht sich auf die niederen Landschaften im Bereiche
der diluvialen und alluvialen Geschiebe, oftmals der Heide selbst entbehrend
und also F. 12 angehörig. Aber im felsigen Hügellande und niederen Berglande von 300, 400 bis 800 m Höhe sind weite, die Silikatgesteine überziehende Bestände von Calluna und den sie hier begleitenden Vaccinium
Myrtillus und Vitis idaea nicht selten, und sie bilden dann, wenn die größere
Bergeshöhe den Boden torfig erscheinen lässt und mit geselligen Riedgräsern
und Binsen zwischen den Zwergsträuchern besetzt, den Hauptbestand von
F. 14. Doch auch diese Bestände entbehren in der Hercynia eines eigenen,
durch Artgenossenschaften mit beschränkten Arealen ausgezeichneten Charakters. Im Weserberglande erscheint wohl an solchen Stellen gesellig in der
Heide auf Buntsandstein und Keupersandstein an offenen Berggehängen
°Teucrium Scorodonia, und die Abnahme von dieser atlantischen, richtiger
mit dem Areal WMm. zu belegenden Art nach Osten hin ist jedenfalls ein
bemerkenswerter Zug für diese Formation[1]. Nach Osten hin erfolgt aber
dafür kein eigener Ersatz durch andere, sich richtig an die Heide anschließende
Arten, sondern wo Seltenheiten auftreten, gehören diese nach dem Wesen
ihrer Artgenossenschaft zu der folgenden Gruppe V der Hügelformationen.
So tritt schon im Egerberglande, an den östlichen Gehängen des Fichtelgebirges in 400—500 m Höhe Cytisus nigricans in der üppigen Calluna-
Heide auf, eine Charakterpflanze der lichten Haine für den osthercynischen
Gau. Gehen wir noch weiter nach Osten über die Südgrenze des Lausitzer
Berglandes hinaus, so treffen wir in Nordböhmen am Abhange des Rollberges
bei Niemes eine merkwürdige Formation. Die unterste Stufe dieses Basalt-
kegels ist von harten Sandsteinen gebildet, und am Fuße solcher Felsen
findet sich in Calluna-Heide neben Peucedanum Oreoselinum die der
Hercynia ganz fehlende Geisklee-Art Cytisus ratisbonensis. Das sind
zwei bemerkenswerte Arten östlicher Hügelformationen! Und sogar präalpine
Arten können an einzelnen Stellen in die Heide aufgenommen werden und
zeigen dadurch eine Verbindung von F. 13 mit F. 18 des mittleren Berglandes: am nördlichsten Abhange des Böhmerwaldes (Tillenberg!) wie in der
Umrandung des Fichtelgebirges bei Weißenstadt tritt in 600—700 m Höhe
Polygala Chamaebuxus mit Thesium pratense gemischt in Calluna-
Heiden sporadisch auf, eine der seltensten in die südlichen hercynischen
Landschaften vorgeschobenen präalpinen Arten.

Diese eben genannten selteneren Pflanzen stellen nur accessorische Bestandteile der Heideformationen am — gewisser Maßen — ungehörigen Orte

[1] In Sachsen ist Teucrium Scorodonia höchst selten. Außer um Leipzig werden ihre
Standorte nur im Bereiche der nördlichen Lausitz zwischen Königsbrück und Kamenz angegeben;
das ist derselbe Landstrich, welcher bei Helianthemum guttatum und auch Astragalus arenarius
genannt wurde.

dar, zeigen die größere Anpassungsfähigkeit mancher Arten (was A. SCHULZ in seinen entwickelungsgeschichtlichen Studien als deren »Formen« bezeichnet), können aber, da dieselben Arten in viel reicherer Entwickelung anderer Formationen angehören, der Heide- und Sandgruppe keine besonderen Züge .verleihen. Solche Vorkommnisse hängen damit zusammen, dass nicht überall nur die dysgeogenen Felsen und besonders die Kalke zur Erhaltung seltnerer Reliktenarten gedient haben, sondern dass öfters auch dazu in sandigen Detritus zerfallende krystallinische Felsarten und Sandsteine dienen konnten, welche bei dem Ausschlusse so vieler anderer Arten zugleich in der Hauptsache den Zwerggesträuchen Heide, Heidelbeere und Preißelbeere zur Ansiedelung gedient haben.

Dafür können auch die beiden im Elbhügellande nur auf Sandfluren vorkommenden Androsace-Arten als Beispiele dienen: A. elongata ist die südlichere beider Arten mit Arealsignatur PM^2, A. septentrionalis die nördlichere mit Arealsignatur BU^2. In Böhmen leben beide auf Felsen und Mergelsand in der Nähe der Elbe; es ist wohl kein Zweifel, dass ihre weitere Verbreitung an der Elbe von Dresden bis Mühlberg und Magdeburg hier ihre Quelle gehabt hat, während die Standorte der A. elongata bei Erfurt, Tennstedt, Halle den vielen Vorkommnissen südöstlicher (böhmischer) Arten im Thüringer Hügellande entsprechen. So sind die beiden Androsace auch bei Dresden nur da auf Sandfluren, wo die entscheidenden Artgenossenschaften für die Besiedelung aus dem felsigen Hügellande (Böhmens) sprechen, und wo zugleich Arten von solcher Unzweideutigkeit im Areale, wie Biscutella laevigata und Pulsatilla pratensis, diesen Standort teilen. Für das nordöstliche Deutschland haben die Sandfluren und Heiden hinsichtlich der Aufnahme pontischer Arten eine erhöhte Bedeutung; in den hercynischen Gauen muss man fast alle auffallenden Artverbreitungen in ihrem Bereiche der folgenden Formationsgruppe zuteilen, wo diese Standorte auf die psammitische Facies der dysgeogenen Gesteine oder der Flussgeschiebe zurückzuführen sind.

Es wird damit der wichtige Grundsatz ausgesprochen, dass auch bei den zunächst nach bestimmten Wachstumsformen gebildeten Vegetationsformationen die Artgenossenschaft, bezw. der Arealcharakter bestimmter Arten, mit in das Auge zu fassen ist, um die Übergänge von der einen zur anderen Formation für die topographische Pflanzengeographie eines bestimmten Landstriches richtig zu deuten. Die Sandfluren mit Helichrysum und Corynephorus in den Heidestrichen der nördlichen Lausitz bei Kamenz—Bautzen sind andere, als ihre schwachen Vertreter an der Elbe mit den beiden Androsace, und sind topographisch zu trennen.

Es bleiben immer noch weite Flächen übrig, in denen die reinen Heide- und Sandflurbestände auch in den hercynischen Gauen herrschen, selbstverständlich im innigen Anschlusse an den geognostischen Bodencharakter[1]. Am

---

1) Gegen die allgemeine Regel habe ich an einer merkwürdigen Stelle, nämlich an Gipsbrüchen bei Stadtoldendorf im Weserlande (220 m Höhe), auf rein weißem, in thonige Massen

weitesten ausgedehnt erscheinen die Heidebestände im Lausitzer Hügellande
auf diluvialen Kiesen und Sanden, wo die Stellen der sonnigen Hügelformationen der nächsten Gruppe V wie Inseln von den Kiefernheiden umschlossen
sind. Aber auch auf den trocknen Hochflächen der Quadersandsteine, Buntsandsteine und Keupersandsteine erscheinen die Heiden in ihrer, der norddeutschen Heide entsprechenden Dürftigkeit an Arten wieder, während deren
steile Abhänge auf festem Fels ein ganz anderes Gepräge zeigen können
(z. B. Besiedelung von Farnen der Asplenium-Gruppe) und in den von Bächen
durchströmten Schluchten der untere Bergwald üppig grünt. Endlich sind in
den mittleren Bergeshöhen auf den Trümmerfeldern der Kieselschiefer, Granite
und Gneiße die Riedgrasfluren und Bergtriften mit Heide gleichfalls weit ausgedehnt, bis diese dann an der Baumgrenze abgelöst werden durch die subalpinen Bergheiden, welche — einer ganz anderen Formationsgruppe angehörig — wiederum die Eigenartigkeit des hercynischen Charakters gegenüber
dem Flachlande und in mancher Beziehung auch gegenüber den südlicheren
Hochgebirgen zeigen.

Jetzt mögen die Charakterarten der drei diese Gruppe bildenden Formationen kurz zusammengestellt werden.

Formation 12. Sandgrasfluren der Niederung und des Hügellandes.

Die bezeichnenden Arten der Formation bestehen aus Gräsern, welche
sich nie zu einer geschlossenen Grasnarbe anordnen, sondern entweder in zerstreuten Büscheln auftreten oder vereinzelt kleine Haufen bilden. Ersteres
geschieht mit dem gemeinsten dieser Charaktergräser, Corynephorus canescens (= Weingaertneria), welches die »Silbergrasfluren« bildet. So gemein
dasselbe auch in den nördlichen hercynischen Strichen, welche an die norddeutschen Heidestriche grenzen, ist, so eng hält es sich an die Sandböden des
Hügellandes und meidet das Gebirge. Die Südgrenze der Silbergrasfluren
gegen den geschlossenen Grenzwall des Thüringer Waldes—Fichtelgebirges—
Erzgebirges—Lausitzer Berglandes erscheint daher für unser Gebiet nicht ohne
Interesse und hat kartographischen Wert; auch im Harze hält sich Corynephorus an die Vorberge und wird hier hauptsächlich aus der Sandsteinformation des Nordostens angegeben (Regenstein, Hoppelnberg, Teufelsmauer bei
Blankenburg u.s.w.), welche zugleich der Ansiedelung östlicher Steppenpflanzen
dient: auch hier demnach Gemisch dieser Formation mit der unter F. 17 zu
beschreibenden Felsformation.

Die wichtigsten übrigen Charaktergräser und Seggen sind, abgesehen von
den ubiquitären Agrostis-Arten, Deschampsia flexuosa u. s. w., die
noch mehr die dysgeogenen Silikatböden lieben, folgende:

zerfallendem kalkhaltigen Gesteine nur Bestandteile der reinen Heideformation von Calluna mit
Campanula rotundifolia, Luzula nemorosa und Galium silvestre gefunden, ohne irgend welche
Beimischung von sonst die kalkreichen Hügelabhänge besetzenden Arten.

Aira caryophyllea und praecox, greg. im Bereich der Corynephorus-Bestande.
Triodia decumbens, cop. und viel höher in die unteren Bergheiden sich erstreckend.
Festuca sciuroides und Myurus, spor.! und nicht häufig, vielleicht ebenso oft die
Silikatgeschiebe im Bereich der Felsformation F. 17 aufsuchend als Sandfelder.
Carex hirta, ericetorum, pilulifera, verna und andere Arten[1]).

Von den Kräutern ist schon oben hervorgehoben, dass die interessanteren
Arten an der hercynischen Nordgrenze anhalten mit vereinzelten, in das Gebiet
vorgeschobenen Standorten; dahin gehören Illecebrum, Corrigiola, Potentilla supina und norvegica; Astragalus arenarius siehe oben. °Helian-
themum guttatum nur rr.! in Lz. — Ornithopus perpusillus hält sich nur
im Bereich der Silbergrasfluren, meistens auch Helichrysum arenarium.
Aber schon diese letztere, reizvolle Immortelle zeigt durch ihr Vordringen in
die granitischen Höhen an der Elbe (Bosel!) mit der südöstlichen Hügel-
genossenschaft das merkwürdige Verhältniss, dass notorisch kalkholde Arten
wie Anthericum Liliago und Carex humilis den Standort dieser Sandpflanze
teilen, und dasselbe ist der Fall mit Spergula pentandra *Morisonii. Stauden
wie Potentilla argentea sind überdies beiderlei Formationen gemeinsam
und auch Silene Otites, die als hercynische Art zu F. 17 gehört, tritt
gelegentlich auf Sandfluren vom Corynephorus-Charakter über, gleichsam als
wollte sie sich an ihre baltischen Niederungsstandorte gewöhnen.

Pflanzen wie Anchusa officinalis und Berteroa incana, welche in
dem norddeutschen Sandgebiet als gemein zu betrachten sind, haben in den
hercynischen Gauen durchaus nicht so zahlreiche Standorte und halten sich
fern von der Berührung mit montanen Formationen, schieben sich daher nur
an passenden Stellen zwischen die Hügelformationen auf psammitischem Boden
ein, wo sie dann auch massenweise auf einzelnen Flecken vorkommen, und
schließen sich durchaus ab von den montanen Facies der Heideformationen
(F. 14.) Überall gemein, vom Sandacker bis zur Heide, sind Trifolium
arvense und Teesdalia nudicaulis neben Filago-Arten und Scleranthus
annuus, während Scleranthus perennis (zu F. 17 gehörig) die dysgeogenen Felsspalten mit großen Rosetten schmückt.

Formation 13. Heiden der Niederung und des Hügellandes.

Niedere Sträucher und Zwerggesträuche bilden hier im Verein mit wenigen
Stauden und eingestreuten Gräsern oder Kräutern der vorher besprochenen
Formation den maßgebenden physiognomischen Charakter, dessen Mannigfaltigkeit zu schildern den pflanzengeographischen Monographien der norddeutschen Gaue überlassen bleibt. Überall ist Calluna vulgaris an
häufigsten ganze Bestände bildende Gesträuch und blüht in der Hauptsache
im August, etwas später als die in subalpinen Höhen lebenden Pflanzen derselben Art. Eine innige Verbindung findet zwischen dieser Formation und

---

1) Über das massenhafte Auftreten von Carex ligerica in der nordhercynischen Elbniederung vergl. unter Abschn. IV, Kap. 8.

dem oben (Kap. 2. S. 136) besprochenen Kiefern- und Birkenwalde statt, so
sehr, dass das Auftreten dieser Bäume allein ebensowenig bestimmend sein
kann, den betreffenden Bestand dem Walde zuzurechnen, wie das Auftreten
knorriger Kiefern und niederer Eichenbüsche auf hartem Fels die sonnigen
Hügelpflanzen stört, ihre physiognomisch ausgezeichneten Plätze einzunehmen.
Die Grenze der beiden Formationen 4 und 13 muss in der Geschlossenheit
der Bestände und in den Begleitpflanzen gesucht werden, die im Walde
schatten- und humusliebend, in der Haide lichtbedürftig sind.

Allerdings kann diese Kennzeichnung die beiden gemeinsten Zwergstrauch-
Begleiter unserer Calluna nicht treffen; Vaccinium Myrtillus und Vitis
idaea haben ein so weitgehendes Anpassungsvermögen, dass schwer zu entscheiden ist, ob sie bei uns mehr als Waldbewohner (F. 4) oder Pflanzen der
lichten Heiden zu betrachten sind. In dieser Beziehung ist ein Vergleich ihres
Vorkommens an den Südgrenzen mitteleuropäischer Formationen nicht ohne
Interesse: so giebt POSPICHAL in seiner Flora des österreichischen Küsten-
landes die Standorte von Myrtillus nur in Nadelwäldern des nördlichen Berglandes und besonders im Tarnovaner Walde an, ebenso Vitis idaea (selten!)
nur im Tarnovaner Walde, dort auf den Gipfeln. In unserem Florenbezirk
werden solche Standorte ebenfalls dort bevorzugt, wo in der Nähe trockne
Hügelformationen auftreten und überhaupt die sommerliche Hitze und Trockenheit stärker wirkt. Auf den Bergeshöhen dagegen über 600 m und ebenso
in den nördlichen, durch zahlreiche Seen feuchteren Landstrichen treten die
beiden Vaccinien gern in das Freie, finden dort auch die genügende Bodenfeuchtigkeit. Aus solchem Verhalten dürfte der Rückschluss zu machen sein,
dass die starke Anteilnahme derselben Charakterart an verschieden beanlagten
Formationen eine verschiedenartige Anpassung an ein oberes, versteckt
liegendes ökologisches Bedürfnis darstellt.

Als Seltenheit der Formation ist °Arctostaphylus Uva ursi zu erwähnen, deren südliche Vegetationslinie als Niederungspflanze unser Gebiet
im Lausitzer Hügellande schneidet: von der bottnischen Vegetationsregion her
nach Deutschland hinein in großem Areal über die Heiden von Brandenburg
und westwärts bis gegen Ülzen verbreitet reichen seine letzten Standorte
(selten!) bis nahe an das Elbhügelland heran (Dresdner Heide bei Klotzsche,
noch näher an die Hügelformationen (mit Cotoneaster!) herantretend nordwestlich von Dresden bei Wahnsdorf und Lößnitz; weiter nördlich bei Königsbrück).
Bekanntlich tritt dann dieser schöne Zwergstrauch in den Gratformationen der
Alpen über der Waldgrenze massenhaft auf, nicht aber in den hercynischen
Bergheiden.

Die nächsten Zwergstrauch-Begleiter werden von den Leguminosen
gestellt, nämlich Ulex, Sarothamnus und Genista-Arten. — Die Standorte,
welche ich von Ulex europaeus in den hercynischen Gauen kenne, besonders
der am Kohlberge bei Pirna, erregen durchaus den Verdacht nicht ursprünglich
zu sein, um so mehr, als sie nicht zu den Braunschweiger oder Lausitzer
Heiden gehören, wo allein solche Arten zu suchen wären. Auch jetzt werden

wieder zahlreiche Anpflanzungsversuche mit dem Stechginster gemacht, die zu gelegentlichen Verwilderungen oder, besser gesagt, anscheinend wilden Überresten an solchen Standorten führen. — Sarothamnus scoparius teilt seine Standorte zwischen der Waldformation 4, den Heiden mit zerstreutem Baumwuchs, und auch den lichten Hainen (F. 15) auf streng silikathaltigem, dysgeogenem bis eugeogenem Boden, und er geht auf letzterem höher hinauf, über die Grenzen des Hügellandes bis ca. 500, 600 m. Nirgends aber nimmt er Anteil an der montanen Heideformation 14 mit torfigem Boden.

Von den Ginstern sind 3 Arten für diese Formation von Interesse: Genista germanica, zerstreut und nicht die Grenzen des Hügellandes nach oben überschreitend; G. pilosa verbindet die Niederungs- und Berglandsheiden (F. 13 und 14); °G. anglica (r : wh!) dagegen schneidet mit südlich vorgeschobenen Standorten nur schwach in unseren Nordwesten hinein.

G. pilosa ist im Nordwesten der Hercynia ziemlich selten, häufiger im Nordosten (z. B. Dresdner Heide), hält sich hier aber durchaus nördlich der Elbe; diese Beschränkung vom Gebirge ist um so bemerkenswerter, als die Art so gut wie ganz in Böhmen fehlt. Im Harze aber steigt sie in der höchsten montanen Facies von F. 14 im Gebiet des Brockens empor.

G. anglica hat wenige Standorte vom Nordwesten her bis zu den nördlichen Vorbergen des Harzes. Ein reichlicher Standort dieser nordatlantischen Art liegt nahe den Ostgrenzen des Weserlandes bei Stadtoldendorf, wo westlich der Homburg in 250 m Höhe auf sandigem Hilsgebiet die Heide des »Odfeldes« ausgedehnt liegt, besetzt von Calluna und großen Rudeln dieses Ginstergesträuchs mit Arnica montana.

Auch Juniperus communis, der bei eurytopischer Verbreitung doch seine hauptsächlichsten Standorte in dieser Formation hat, geht im Berglande bis über 600 m Höhe zu F. 14. Von Thymus Serpyllum bleibt aber der ausgezeichnete Formenkreis des Th. *angustifolius auf die Sandheiden der Niederung beschränkt, ebenso Potentilla verna und Hypericum humifusum; weniger ist dies der Fall mit Antennaria dioica und Lycopodium clavatum, die sich auch schließlich in der subalpinen Bergheide wiederfinden. Eine besondere, von Vertorfung und sauren Gräsern freie Facies zeigt Lathyrus montanus an; seine Verbreitung geht von den niederen Heiden bei 200 m bis zu seinem Maximum in ca. 400—600 m Höhe in denjenigen Landschaften, welche Heideformationen mit kurzgrasigen Bergwiesen gemischt auf Silikatböden, zumal Granit aber auch auf Basalt, entfalten. Die obere Grenze dieser Art, welche gewisse gleichartige Facies von F. 13 und 14 vereinigt, erscheint nicht unwichtig; ihre Gesamtverbreitung ist weniger bedeutungsvoll im Gebiet, da sie auch in der Lüneburger Heide nicht selten ist.

Formation 14. Riedgrasflur und Zwergsträucher führende Bergtrift.

Die hercynischen Gebirge zeigen, wie im schwächeren Maße Alpen und Karpathen, zwischen den artenreichen Vorstufen und denjenigen Höhen, in

denen die reizvollen Standorte der alpin-arktischen Areale verstreut zu sein
pflegen, jene monotone Zwischenstufe von Wald und Heide, in welcher die
öfters hervorgehobene hercynische Armut an bemerkenswerten Arten besonders
deutlich sich aufdrängt. Dieser Zwischenstufe gehören die Riedgrasfluren und
heidigen Bergtriften an, in denen Begleitpflanzen wie Teesdalia und Genista
germanica nicht mehr, Empetrum nigrum und Calamagrostis Halleriana noch
nicht aufzutreten pflegen. Die beiden letztgenannten Arten der später zu
schildernden subalpinen Bergheide reichen am weitesten aus den Centren ihrer
jetzigen Berghöhen herab (im Harze bis ca. 600 m) und bezeichnen damit die
mittlere Grenze von F. 14. Das wesentlichste Merkmal derselben besteht darin,
dass an Stelle der sonst den Heiden häufig beigemengten Sandgräser der
Corynephorus-Gruppe nunmehr gemeine Binsen auftreten, dass noch häufiger
als das Heidekraut selbst die Heidel- und Preißelbeeren mit Borstgras
(Nardus stricta) und Molinia gemischt große Bestände bilden, dass alle
dem Hügellande eigentümlichen Arten zurückgeblieben sind und dass dementsprechend an Stelle der Ginster und anderen Leguminosen besonders kleine
Gesträuche von Salix aurita eingestreut sind. Voraussichtlich findet auch
ein Wechsel in der Bodenbedeckung durch Cladoniaceen und andere ter-
restrische Lichenen statt; derselbe bleibt aber noch näher festzustellen. — Von
allen Carex-Arten ist C. leporina die gemeinste, neben ihr wird auch C. pilulifera aus den niederen Höhen übernommen. Der durch die Gebirgslage und
die Wirkung des Silikatgesteins zur Vertorfung neigende, aber nicht mit Torfmoospolstern besetzte Boden führt daneben auch einige Arten, welche in der
Tiefe an nasse Torfwiesen gebunden sind; so besonders Carex canescens
und Juncus squarrosus(!) neben der überall auftretenden Luzula nemorosa.
Von Stauden sind wohl keine häufiger zu finden als die ausgebreiteten, dunkelgrünen Flachpolster von Galium hercynicum (= saxatile) und die hoch aufgerichteten Silberstengel von Gnaphalium silvaticum.

Durch diese Mischung gemeiner Arten ist die Formation gekennzeichnet.
Obgleich die letztgenannten wohl hier ihre hauptsächlichsten Standorte haben
und in so fern etwas zu äußerer Eigentümlichkeit beitragen, ist doch keine Art
zu nennen, die auf F. 14 recht eigentlich beschränkt wäre; im Gegenteil erstrecken sich ihre Arten sowohl nach F. 13 herab als zu F. 24 hinauf. Es
ist demnach wohl angebracht, mit einem letzten Rückblick auf die hercynischen
Heiden der unteren und mittleren Höhenstufen deren allgemeine Artenarmut
festzustellen gegenüber der nächsten Formationsgruppe, welche die artenreichste
der ganzen Flora ist. Um so viel reicher, als die Hügelformationen im Vergleich mit den Heideniederungen sind, um ebenso viel übertrifft die montane
Fels- und Geröllflur (F. 18) die bis zu ziemlich gleicher Höhe aufsteigenden
Bergtriften (F. 14). Und an dieser allgemeinen Thatsache ändern auch die
wenigen Einzelfälle kaum etwas, die oben (S. 152) besprochen wurden und
zeigen sollten, dass zuweilen auch die Heiden zur Aufnahme von Arten mit
anderen Standortsansprüchen gedient haben.

Viertes Kapitel.

Die trocknen Hügelformationen.

(Gruppe V.)

1. Physiognomie, Bodenwirkung, Areale der Steppen- und Voralpen-Pflanzen. .

Standorte. Wenn wir die Formationen nach dem ihnen gebotenen Wasser-vorrat in hygrophile und xerophile einteilen, so steht die Gruppe V auf der extrem-xerophilen Seite, die Gruppe IX auf der extrem-hygrophilen, die Wälder und Wiesen halten zwischen beiden die Mitte. Während die letzteren in ihrem geselligen Pflanzenkleide je eine bestimmte Vegetationsform an die Spitze stellen, kommt in den extrem-xerophilen wie hygrophilen Formationen ein buntes Gemisch von vielen Pflanzenordnungen in allerlei Vegetationsformen zur Geltung, und nirgends bunter, als in der xerophilen Gruppe. Indem die Wirkung von Fels und Abhang mit den Abspülungen durch Regen und Fortwehen durch Sturm einen Kampf um den Standort veranlasst, in welchem hier diese, dort jene Pflanzenform die Oberhand behalten kann, oft aber das kahle Gestein oder der nackte Schotterboden über alle Vegetation triumphiert, wird der Wechsel einer »*offenen Pflanzenbesiedelung*« erzeugt mit den anmutig wechseln-den Bildern lichter Haine, welche die humusreichen Wälder in das trockne Hügelland hinein fortsetzen, trockner Grastriften, welche ebenso den An-schluss an die feuchteren Wiesen auf geneigtem Boden bilden, und endlich der eigentlichen Geröll- und Felspflanzen, welche entweder im mehr oder weniger losen Detritus des anstehenden Gesteins, oder aber in den Spalten der Felsen selbst wurzeln. Nirgends kann demnach auch die Wirkung des Bodens so auffällig hervortreten wie hier, und die Unterscheidung von kiesel- und kalkholden Facies[1] ist hier notwendig. Auch der Basalt macht seine Eigentümlichkeiten geltend; dabei ist aber zu berücksichtigen, dass die her-cynischen Basaltberge in der Regel die niedere Hügelregion überragen und demnach schon aus klimatischen Rücksichten im Umkreise von Wäldern der oberen Laub- und Tannenwaldungen einer montanen Fels- und Geröll-formation (F. 18) Ansiedelung bieten, die wegen des warmen Charakters der dunklen Basaltwände gleichzeitig die höchsten Stationen für viele Niederungs-Hügelpflanzen bildet. So finden wir es im SW auf der Rhön, am Südhange

---

1) Es liegt keine Veranlassung vor, die Wirkungen des Bodens hier theoretisch und allge-mein zu besprechen; ich kann dafür auf meine Darlegung in Deutschl. Pflzgeogr. I. 378 u. flgd. verweisen. In SCHIMPERS Pflanzengeographie (1899) ist inzwischen die erneute Vertretung einer extrem-chemischen Anschauung veröffentlicht, welcher ich in der dort ausgesprochenen Strenge nicht beitreten kann. Siehe Geogr. Jahrb. XXIV, Gotha 1902.

des Erzgebirges gegen Böhmen, und im SO auf den den Übergang zum
böhmischen Mittelgebirge bildenden Basaltkuppen des Lausitzer Berglandes.
Verbreitung der Formation. Vor Einzug der menschlichen Kultur mag
diese Formationsgruppe besonders in ihren lichten Hainen und trocknen Grastriften eine weite Ausdehnung zwischen den eigentlichen Wäldern und Wiesen
gehabt haben; jetzt sind ihre Plätze auf trockne Hügelspitzen mit anstehendem
Gestein und besonders auf die Flussthalgehänge in den Höhen von 100—500 m
(F. 15. 16. 17.) beschränkt. Hier haben sie sich aber in allem Reichtum der
aus sehr verschiedenen Arealen zusammengekommenen Arten erhalten und
mengen nunmehr auf engstem Raume die Haine, Grastriften, Gerölle und
Felsen so innig unter einander, dass ihre Vereinigung unter den Begriff ge-
meinschaftlicher »Hügelformationen« notwendig wird. Der Innigkeit ihrer
Verbindung kann auch auf andere Weise kein kartographischer Ausdruck gegeben werden. Es würde selbst auf topographischen Karten in 1 : 25000 kaum
möglich sein, die 3 genannten Formationen räumlich auseinander zu halten,
obwohl die zu der einen oder anderen gehörigen Arten sich in der Regel sehr
gut erkennen lassen.   In den drei bedeutendsten Flussthälern der Werra, der Thüringer
Saale und der Elbe zwischen Pirna und Mühlberg hat die Gruppe hinsichtlich F. 15. 16. 17 ihren bedeutendsten Artenreichtum entfaltet und zeigt
dabei wesentliche, auf die Besiedelungsgeschichte hinweisende floristische Verschiedenheiten trotz des gemeinsamen Grundtones, welchen auch seltnere
Arten wie Anthericum Liliago und ramosum, Peucedanum Cervaria,
Carex humilis ihr verleihen. Bei der Schilderung dieser Landschaften wird
demnach die Gruppe von Hügelformationen den wichtigsten Platz einnehmen,
da in ihr die wesentlichsten Züge des hercynischen Hügellandes in seinem
Unterschiede gegen Norddeutschland, und umgekehrt die deutlichsten Ver-
längerungen süddeutschen Charakters in das Herz Mitteldeutschlands hinein
liegen. Die Nebenflüsse der genannten Ströme und andere Flüsse in den zugehörigen Territorien fallen, außer im Thüringer Triasbecken, in ihrem Laufe
oft zu sehr in die niedere Bergregion, um die trocknen Hügelformationen
außer an ihrem Durchbruchsgebiet zum Hauptfluss zur reichen Entfaltung zu
bringen. Besonders gilt dies von den Nebenflüssen zur Elbe. Dagegen ist
der Lauf der Unstrut in seiner ganzen unteren Hälfte von den prächtigsten
Hügelformationen ähnlichen Charakters wie im Muschelkalkgebiet der Saale
begleitet, und das Werraland setzt sich über die Vereinigungsstelle mit der
Fulda in einem ganz ähnlichen, nur abgeschwächten Charakter in das obere
Leinethal hinein fort. Werra und Leine entfalten ihre Felsformationen auf
Muschelkalk, die Saale bis zur Unstrutmündung ebenso und weiter stromabwärts auf wechselndem Gestein mit vorwiegendem Porphyr, die Elbe auf
Syenit und Granit mit zuweilen hinzutretenden Plänerkalken; diese letzteren
aber bergen merkwürdiger Weise nicht so viele sonst als kalkhold oder »kalkstet« bekannte Arten an ihren Abhängen, wie die granitischen Höhen mit
direkten Steilgehängen gegen den Strom. Überall in diesen Stromthälern

zeichnen sich einzelne, den Strom zu einem Bogen veranlassende Steilberge durch besonderen Reichtum an Arten aus, vom Ziegenberg bei Höxter an der Weser bis zur Bosel an der Elbe bei Meißen, und überall hat im hercynischen Hügellande der Weinbau im Bereich dieser Formation seine nördlichsten gedeihlichen Kulturareale gefunden.

Figur 6. Kamm des Boselabhanges an der Elbe bei Meißen. Eichengebüsch (Quercus sessiliflora) krönt die Felsen; weiter am Rande eine kleine Betula *verrucosa in der niedrigen Hügelform, und unten junge Sträucher von Prunus avium und Rosa Jundzilliana; Lactuca perennis, Anthericum Liliago, Peucedanum Cervaria und Potentilla verna bilden die wichtigsten Stauden an dieser Stelle. (Originalaufnahme von Dr. A. NAUMANN 1899.)

Beziehungen zum Boden. Schon mehrfach wurde auf die Bedeutung der Felsunterlage für diese Formationsgruppe hingewiesen. Tritt dieselbe selbst in Norddeutschland · auf den Geschiebeböden stark hervor und lässt vielfach Kalkpflanzen nochmals an isolierten Stellen wiederkehren, so ist das in unserem

Drude, Hercynischer Florenbezirk.   II

Bezirk sehr viel mehr der Fall, wo der reine Fels mit den ausgesprochenen
Eigenschaften seines Zerfalles, seiner Wärme- und Wassercapacität, seiner Durchlässigkeit und chemischen Ernährungseigenschaft überall zu Tage tritt. Bekanntlich liefert ein und dasselbe Gestein recht verschiedene Bodenarten je
nach den Umständen, unter denen sein Zerfall in feinere Bestandteile sich
rascher oder langsamer, unter Mitwirkung von Wasser oder im Trocknen
vollzieht, und so wechselt demnach auch in gleichen geologischen Schichten
das Aussehen der sie bekleidenden Vegetationsformation nicht unerheblich.
Es ist aber für die ganze Formationsgruppe bezeichnend, dass überall die
Beziehungen der Pflanzenwelt zur Bodenunterlage hervortreten. Dadurch unterscheidet sich F. 15 (»Lichte Haine«) von den sich oft an sie anschließenden
Waldformationen 1—4, und ebenso F. 16 (»Triftgrasfluren«) von den Wiesen,
dass nicht ein tiefer, feuchter Humus den Boden überzieht, sondern dass die
Pflanzen direkt in dem Schotter oder Geröll und Felsspalten wurzeln und in
diesen mit wenig Humus, oft mit 'gar keinem, sich begnügen. Dem entsprechend fehlt es auch besonders in den lichten Hainen, wo man noch einen
Teil der Laubgehölze von F. 1 und 2 nebst der Kiefer wiederfindet, an den
zahlreichen Waldmoosen, und überhaupt kommen in dieser Formationsgruppe
nur einige Felsbewohner von Moosen und xerophil ausgerüstete Arten wie
Polytrichum piliferum vor.

Die Unterlage der hier zu besprechenden Bestände bilden demgemäß entweder reine Felsen, die in ihren Spalten selbst große Sträucher zur Bewurzelung bringen können, oder Steinböden, oder auf den Hügeln selbst lagernde,
feste und im Sommer meistens sehr harte Thonböden, außerdem noch weite
Streifen von Lößlehm, welche staubig und trocken an Abhängen lagern.
Als Steinböden bezeichnet man bekanntlich solche, bei denen die gar nicht
oder nur wenig zersetzten Felsbrocken und gröberen Fragmente so gut wie
allein die zur Bewurzelung dienende Krume bilden, und dieses sind meistens
Schotterböden im direkten Anschluss an den anstehenden Fels, seltener weiter
abliegende Geröllböden. Wenn ein solcher Steinboden aus Silikaten besteht,
besonders aus Sandstein oder feinkörnigem Granit, so zerfällt derselbe sehr
leicht in einen sandigen Detritus, und hier ist dann ein Eindringen der echten
Sandflora (F. 12, 14) in die Hügelformationen möglich. Dies sehen wir sowohl
an den Hügeln des Elbgeländes als auch auf sterilen Buntsandsteinen im Triasgebiet der westlichen Hercynia, wo Sandgräser wie Corynephorus und Sand-
stauden wie Helichrysum arenarium sich unmittelbar an die anstehenden
Felsen herangeben und ähnliche Verbindungen durch Hügelpflanzen wie
Potentilla cinerea geschaffen werden. Solchen dysgeogenen oder eugeogen-
psammitischen Silikatgesteinen stehen nun mit ganz anderen Vegetationsbedingungen die Kalkböden gegenüber, welche, größtenteils dysgeogen-
pelitisch oder sogar perpelitisch, besonders in der westlichen Hercynia und im
Thüringer Becken auf reich entfalteter Triasformation mit weiten Muschelkalk-
fluren von höchst pflanzenreichem Charakter auftreten. Davon wird die
Schilderung der Terr. 3—5 besonderes Zeugnis ablegen. — Die harten Dolo-

mite im Weserlande und die Plänerkalke Sachsens sind, wie schon erwähnt, viel weniger ausgezeichnet durch besondern Pflanzenreichtum, was besonders im Elbhügellande deswegen auffällt, weil hier kalkholde Arten auf kalkarmem Granitboden angesiedelt sind (DRUDE, Litt.-Verz. S. 30, Nr. 18). Noch erscheint eine physiologische Erklärung dafür nicht angebracht. Bekannt ist aber, dass die zum Elbhügellande gehörigen Plänerkalke starken Gehalt von Magnesiumcarbonat besitzen und daher auch für die landwirtschaftliche Kultur anders, nicht gerade günstig, beurteilt werden. Wie nun E. VON WOLFFs Untersuchungen über die Bodenbildung aus dolomitischem Muschelkalkstein gezeigt haben, tritt bei der Verwitterung desselben sehr rasch ein Überhandnehmen von Kieselerde zusammen mit Magnesiumcarbonat hervor, während das Calciumcarbonat rasch von 80 % auf 35 % sinkt, noch ehe das Gestein eine erdige Beschaffenheit angenommen hat. Auch die Dolomite im Wesergebirge sind ärmer in ihrer Flora als nahe gelegene Muschelkalkberge, und so könnte vielleicht eine für die Besiedelung solcher Dolomitkalke ungünstige Verwitterungserde neben anderen Ursachen mitgewirkt haben. — Auch Basalte verlieren rasch ihren Kalkgehalt und lassen eine an Thonerde stark angereicherte Erde entstehen.

Wenn nun viele Arten sich exclusiv gegenüber anderen Gesteinen verhalten, so

Figur 7. Granitfels des Boselabhanges an der Elbe. Die Grastrift der Hochfläche bricht hier jäh zu einer Fels- und Geröllflur ab. Zahlreiche Grasrasen (Festuca ovina, Deschampsia flexuosa, Corynephorus, Carex humilis) besiedeln zusammen mit Artemisia campestris und Centaurea maculosa den Kamm und Spalten im Gestein. Auf dem Schotterboden bilden Hieracium Pilosella und vereinzelte Schlehengesträuche die hauptsächliche Vegetation; hier auch accessorisch Helichrysum. (Originalaufnahme von Dr. A. Naumann 1899.)

bleibt doch die allgemeine Wahrnehmung bestehen: die Hügelformationen sind um so reicher an Arten, je mehr die Gesteinsunterlage zur Bildung von dysgeogen-pelitischen Böden (THURMANN) neigt; psammitische Böden erzeugen Armut.

11*

Biologisches. Seitdem man auf die besonderen Einrichtungen der Wasserversorgung als eines wesentlichsten biologischen Faktors aufmerksam geworden
ist, hat man diesen Verhältnissen im mitteldeutschen Hügellande, so wie sie
gerade an diesen sonnendurchglühten Hängen herrschen, mit besonderem
Eifer nachgespürt. Da es nicht in der Richtung dieser »Grundzüge der
Pflanzenverbreitung« liegt, biologische Themata, welche besonderen Abhandlungen überlassen bleiben, auszuführen, so soll hier nur auf die beiden interessanten Arbeiten hingewiesen werden, welche ALTENKIRCH aus dem Hügellande um Meißen und SCHLEICHERT aus den Muschelkalkhängen bei Jena
geliefert haben (siehe Litt. S. 25, Nr. 60; S. 29, Nr. 22).

Areale der Charakter-Species. In dem Grundstock gemeiner Arten, welche
diese Formationsgruppe überall leicht kenntlich machen, hebt sich eine recht
bedeutende Zahl durch ihr Areal ausgezeichneter Arten heraus, von denen
einige mit zu den größten Seltenheiten der hercynischen Flora gehören (Salvia
Aethiopis, Carex obtusata, Allium strictum.) Schon Arten wie Anthericum Liliago sind durchaus nicht in allen 10 Landschaften zu finden,
welche die Hügelformation entwickelt haben; viele davon fehlen z. B. im
Lausitzer Hügellande, während andere (seltnere) dort dafür eintreten. Im allgemeinen aber betrachte ich eine Art dieser Formationen 15—17 als »hercynisch gleichmäßig verteilt«, wenn sie sowohl wh. als mh. und oh. angesiedelt ist, wenn sie also ihre Standorte vom .Weser- oder Werralande bis
zur mittleren Elbe im Meißen-Dresdner-Gebiet ausgestreut hat. Das Braunschweiger Hügelland, das Vogtland, Muldenland und die Oberlausitz haben
eine zu schwache Entwickelung der gesamten Hügelformationen, oder dieselben
liegen schon in zu bedeutender Erhebung, als dass hier ein großer Reichtum
an sonnig warmen Fels- und Triftpflanzen zu erwarten wäre. Dabei haben
aber natürlich die uns unbekannten früheren Besiedelungsbedingungen einen
sehr starken, uns in seinen Einzelheiten nur nicht klar verständlichen Einfluss
behalten, und diesem sind in erster Linie die auffallenden Verschiedenheiten
zuzuschreiben, welche gerade diese Formationsgruppe westlich und östlich der
Thüringer Saale zeigt. Diese Verschiedenheit hat A. SCHULZ zu dem Aus-
spruche geführt, dass die Saale überhaupt in Deutschland die stärkste Florenscheide bilde[1]); aber sie betrifft auch in den Hügelpflanzen nur sehr selten
einen durchgreifenden Unterschied zwischen dem östlichen und westlichen
Hügellande Deutschlands, sondern am häufigsten eine Sonderstellung von
Sachsen mit oder ohne Schlesien. Es fehlen nämlich nicht wenige Arten im
Elbthalgelände, welche im Böhmischen Mittelgebirge ebenso wie westlich der
Saale verbreitet sind; ja in manchen Fällen (z. B. bei Bupleurum falcatum)
findet sich eine Art in der östlichen Lausitz, überspringt dann das übrige
Sachsen bis zu der Entwickelung von reicheren Hügelformationen auf den Zech-
steinkalken bei Gera im Weiße Elster-Gebiet, um von da an westwärts bis
Braunschweig oder Holzminden an der Weser nicht wieder aufzuhören.

---

[1]) Siehe die späteren Auseinandersetzungen in Abschn. V.

Die Areale dieser interessanteren Arten fallen unter verschiedene Genossen-schaften: sie sind pontisch im weitesten Sinne, oder sie sind präalpin im gleichfalls weitesten Sinne; daneben kommen noch seltnere westliche Ver-breitungen vor.

Die *pontischen Areale*, in meiner Bezeichnungsweise **Po** und **PM**, umfassen die »Steppenpflanzen«, wie man sie mit Fug und Recht unter Bezug auf unsere Anschauung von der Florenentwickelung Deutschlands nennt. Der Schwerpunkt ihres Areals liegt im Osten oder Südosten; sie gehen zumeist an den mittleren Alpen (in Oberbayern) gänzlich vorbei; wie weit sie nach Deutschland einge-drungen sind, bezw. noch jetzt hier Reliktenstandorte besitzen, hat von ihrer früheren Besiedelungskraft abgegangen. Einige berühren Bayern gar nicht (z. B. Pulsatilla pratensis); sie machen selten westlich von der Elbe, häufiger westlich von der Saale Halt, am häufigsten haben sie im hercynischen Bezirke einen besonders ausgezeichneten Verbreitungskreis (s. unsere Karte, Areale von Steppenpflanzen) mit Eisleben—Halle im Mittelpunkt und machen bei Halberstadt Halt; oder sie gehen auch noch über die hercynische Süd-westgrenze hinaus an den Rhein, zumal bis zu dem Mainzer Becken.

Ganz anders gestaltet sind die Areale der als *»präalpin«* bezeichneten Genossenschaft von Arten, welche sich an die Gebirge Mitteleuropas an-schließt und dabei entweder dem weiter gefassten Areal der Edeltanne folgt, oder welche in mehr lückenhafter Verbreitung außerhalb der Alpen den oben erklärten Arealsignaturen **H³** bis **H⁵** entspricht, oft aber auch mit einem weiteren mitteleuropäischen Areal (**ME²**) oder mit einem vom atlantischen Europa her tief in das kontinentale Bergland einschneidenden zusammenhängt. Die größte Mannigfaltigkeit von sich schneidenden und kreuzenden Grenz-linien kommt hier vor, die nach meiner Meinung nur dann in wenige Kate-gorien von Vegetationslinien zusammenzufassen ist, wenn man die nächsten Ausgangspunkte berücksichtigt.

Solche Arten haben in den nördlichen Kalkalpen zur Jetztzeit ein ganz besonders reiches Vorkommen, auch sind sie alle im fränkischen Jura weit stärker vertreten als im hercynischen Bezirk und können daher im floren-statistischen Sinne als Ausstrahlungen in diesem Bezirke gelten.

Dass auch von diesen Arten Sachsen so oft umgangen wird, obgleich die betreffenden Arten sehr reichlich im Böhmischen Mittelgebirge vertreten sind (Beisp.: Laserpitium latifolium), muss mit Erklärungsversuchen in die Vorgeschichte unserer Flora zurückverweisen. Wir sehen die betreffenden Arten in den nördlichen Kalkalpen »präalpin« in niederen Höhen der Buchen-region bis zur Krummhölzgrenze reichlich auftreten und zwar an Standorten, welche in Hinsicht auf Bodenbildung und zerstreute Einschaltung von Holz-gewächsen ganz an die »lichten Haine« unserer Formationsgruppe erinnern, aber im Klima eines Hochgebirges umgestaltet außerdem eine sehr viel mannigfaltigere Zusammensetzung der Flora tragen. Zur Zeit der glacialen Eisbedeckung musste diese Flora in wesentlich geringerer Meereshöhe leben. Ich betrachte die hercynischen Hügelgelände in 100—400 m Höhe als solche

Gegenden, in denen während und nach der größten Gletscherausdehnung eine
präalpine Flora geherrscht habe, wie wir sie jetzt in der obersten Wald- und
Krummholzregion der Alpen und Karpathen wiederfinden. Es ist nun der
Unterschied zwischen krystallinischen Gesteinen bezw. Schiefern und Jurakreide
oder Triaskalken auf die Entwickelung einer solchen Voralpenflora unverkenn-
bar. Der Vergleich des Böhmer Waldes mit dem um so viel niedrigeren
Schwäbischen Jura dient als Beleg: ersterer ist für die mehr nordischen hercynischen Formationen geeignet und ist mit Wäldern und Hochmooren bedeckt;
letzterer birgt trotz reicher Laubwaldbedeckung zahlreiche Relikte von Felsen-
bewohnern des Hochgebirges und bringt diese auf sonnigen Höhen in ein
inniges Gemisch mit Steppenpflanzen. Im Sinne dieser Verschiedenheit halte
ich die Meinung für berechtigt, dass in weiterer Fortsetzung der Jurakalke von
der Rauhen Alb das hercynische West- und Mittelgebiet zwischen Rhön,
Meißner (Werra) und dem südlichen Harze am Schlusse der Eiszeit einen reich
zusammengesetzten Voralpenwald auf Kalkgrund dargeboten hat, während in
Sachsen dieser Voralpenwald ein viel armseligeres Gepräge besaß. Die hier
vorhanden gewesenen präalpinen Arten zeigen sich besonders in den am
Fichtelgebirgsknoten in das Egerland und obere Elsterthal eingedrungenen
Erica carnea und Polygala Chamaebuxus: letztere allein bewohnt noch
jetzt hier sonnige Höhen in einer submontanen Facies, Erica carnea ist Bewohnerin des schattigen Waldes geworden. In diesem Sinne erscheint auch
das später (Abschn. IV Kap. 11) genauer zu schildernde Vorkommen der
glacialen Relikte am Südharze, wo Salix hastata Bewohnerin des Buchenwaldes geworden ist, kaum befremdlicher als die Erica carnea im Kiefern- und
Tannenwald des Vogtlandes, um so weniger als die merkwürdigen Marchantiaceen des Südharzes ganz zu dieser Vorstellung passen. Auch der meistens
in gar keine Verbindung dazu gebrachte Standort von Biscutella laevigata
bei Nordhausen und andere Vorkommnisse vervollständigen ebenfalls das Bild:
auch dieses ist eine Art, welche die ganze präalpine Verbreitung in den nördlichen Kalkalpen teilt, im hercynischen Bezirke aber recht seltener Relikt ist.
Und unter dieser Voraussetzung erscheinen Sorbus Aria und Viburnum
Lantana als Voralpensträucher im hercynischen Bezirke immer nur da, wo
auf dem Kalk diese Flora in vorvergangener Zeit sich breit entwickeln und
mit dem nötigen Nachdruck die große Zahl von zur Erhaltung durch Jahrtausende notwendigen Standorten besetzen konnte. Diese Dinge, welche im
Zusammenhange nach Abschnitt V gehören, mussten hier kurz erläutert werden,
um für unsere Hügelformationen den Ausdruck *präalpine Areale* zu erklären
und zu rechtfertigen. Schon hier sei aus diesem Grunde auch bemerkt, dass
diese meine durch Vergleich der Formationen in den betreffenden Gebieten
Deutschlands gewonnene Vorstellung, welcher ich zuerst i. j. 1891 auf der
Naturforscherversammlung in Halle Ausdruck gab, in der erfreulichsten Weise
Übereinstimmung findet mit vielen der von A. SCHULZ jüngst geäußerten Vorstellungen[1]) über die Herkunft eben dieser betreffenden Arten am Südharz

---

1) Entwickelungsgeschichte von Mitteleuropa u. s. w., siehe Litt. S. 15—18, 27, Nr. 32. In

oder im Gebiet der Saale; noch i. J. 1891 bestand eine solche Übereinstimmung in unseren Grundideen nicht. Wenn ich mich den vielfältigen Versuchen von SCHULZ, auch im einzelnen die hypothetischen Wanderungswege und -zeiten zu erklären, nicht anschließen kann und solche Versuche mindestens als verfrüht ansehen muss, so halte ich die sehr genauen Arealstudien über viele zu dieser Formationsgruppe gehörigen Arten für um so wertvoller und werde in den hier folgenden Listen vielfach darauf als Ergänzung verweisen.

2. Die herrschenden Vegetationsformen in den drei Hauptformationen des Hügellandes.

Es kommt zunächst darauf an, die oben (S. 98) gegebenen kurzen Unterschiede von Formation 15—18 ausführlicher zu begründen. Dieselben sind in so fern nicht gleichwertig, als die Formationen 15—17 im engen topographischen Zusammenschluss sich auf Reg. III erstrecken, von einander aber durch physiognomische Bestandesverschiedenheit getrennt werden. Formation 18 dagegen baut sich in Reg. IV, und zwar in deren unteren Stufen, über den drei vorhergehenden auf und ist als Einheit zusammengefasst, obwohl sich auch hier die physiognomische Verschiedenheit von Hain, Grasboden und Felsschotter geltend machen kann. Es geschieht dies aber in dieser oberen Formation zwischen 400 und 800 m (im Mittel) so wenig, es überwiegt vielmehr so sehr der Einfluss des Felsens, dass diese letztere nur als montane Fels- und Geröllformation bezeichnet werden darf. Zu ihr werden auch alle diejenigen selteneren Reliktarten gerechnet, welche (der geschilderten Florenentwickelung entsprechend) aus der Glacialperiode herrühren und zwar abnorm niedrige Standorte erhalten haben, dabei aber durch ihr allgemeines Areal sich der Formation 18 correkt anschließen.

Formation 15. Lichte Haine und Buschgehölze.

Während von den Waldbäumen sich einzelne Arten häufig mit niederem Wuchs und frühzeitiger Fructification in die Hügelformation verlieren (s. oben S. 98), sind hier die Großsträucher, und zumal Dorngesträuche, selbständig geworden. Einige dieser Arten, bes. Cornus sanguinea und Rhamnus cathartica, sind schon unter den Waldformationen aufgeführt worden (s. oben S. 125); eine viel größere Zahl aber tritt neben diesen wenigen neu in den Hügelformationen auf und besiedelt sowohl die Lücken zwischen Felsblöcken, als auch Schotterböden aller Art und endlich Felsspalten selbst, ohne dadurch eine schattige Vegetation auf Humus zu erzeugen. Zwischen Dorn- und

---

den Listen der Formation 15—18 wird kurz citiert die erste Abh. als SCHULZ Entw. I, die zweite Hauptarbeit (erschien in den Forschungen z. deutsch. Landes- u. Volkskunde, XI. Hft. 5, S. 229—447, Stuttg. 1899) als SCHULZ Entw. II.; die dritte als SCHULZ Saalebez. mit Seitenangabe.

Haselgesträuch mit einer Fülle von Rosen blühen vielmehr zahlreiche licht-
bedürftige Stauden, die den Waldschatten meiden; diese Vereinigung soll als
»Hain« bezeichnet werden und sie umringt im Hügellande häufig auch die
geschlossenen Wälder mit einem Gürtel von Dornhecken und Schlingsträuchern,
der nicht zu der eigentlichen Waldvegetation gehört. Die hervorragendsten
Pflanzenformen sind demnach hier die Großsträucher und dornigen Schösslingssträucher (Rosa, Rubus), und keine Ordnung ist für unsere Flora dabei so
bedeutungsvoll, so reich an Gattungen, Arten und Formen, als die der
Rosaceen.

Alle diese Gesträuche können auch ihren Anschluss aufgeben und zerstreut zwischen den Stauden der Felsschotterformation wachsen; ja einige
Formen weitverbreiteter Rosen der Hainbestände findet man fast nur in solchem
Felsschotter oder eingeklemmt in den Spalten des anstehenden Felsens. Dies
ist keine andere Sache, als dass die Waldbäume (Eiche! Birke und Kiefer)
ihre geschlossenen Bestände verlassen und in die lichten Haine übertreten.
Die Straucharten werden daher mit Ausnahme der eigentlichen, für F. 17—18
kennzeichnenden Felsgesträuche (Cotoneaster u. a.) sogleich hier zusammengefasst.

Rosaceen (im weiten Sinne).

1. Prunus spinosa L.: hR[III]., frq. cop.! Die Schlehe ist ein Charakterstrauch der
   Formation und bildet nicht selten für sich allein undurchdringliche Dickichte; unabhängig
   vom chem. Bodencharakter ist sie dennoch auf Ca. häufiger, daher in Sachsen viel weniger
   oft zu finden als in Thüringen. Auf den Granitgebirgen steigt sie bis 600 m, damit auch
   das Ende der ganzen Formation anzeigend. Ausgezeichnet durch ihre frühe Blüte (nach
   dem seltenen Cornus mas der frühest blühende ♄ in der Formation!) liebt sie keine Beschattung durch überstehende Bäume und wächst daher oft im heißen, trocknen Felsschotter
   so wie die Felssträucher der F. 18 im Berglande.

2. ✕°Prunus Chamaecerasus Jacq.[1]): mh., r. und spor. Areal Po[1]. — Die
   Zwergkirsche ist selten, an ihren Standorten aber setzt sie eigene Gebüsche von mehr als
   Manneshöhe zusammen. Trotz ihrer Häufigkeit im nördlichen Böhmen, wo sie den Südhang des Erzgebirges in der Basaltregion ersteigt, welcher nicht mehr zum hercynischen
   Bezirk gehört, fehlt sie in Sachsen und tritt erst wieder im Thüringer Becken (Jena, Seeberg bei Gotha cop.! Standort von Zabel aufgefunden und von mir besichtigt, u. s. w.) und
   im Saalelande von Halle bis zum Ostrande des Harzes (Grafschaft Mansfeld!) auf. Auch
   reich blühende Bestände scheinen oft den Fruchtansatz zu versagen.

3. Prunus avium L.: hR[III]., frq. cop. in dieser Formation als niederer Strauch,
   oft gesellig und schon bei geringer Größe reich fruchtend.

4. °Mespilus germanica L.: mh., r.! ist in ihrer Zugehörigkeit zum hercynischen
   Bezirk (wie auch zum Böhmischen Mittelgebirge) zweifelhaft, gilt aber an
   einigen Lokalitäten des Thüringer Beckens als wild.

---

1) Das Vorgesetzte Zeichen ✕ bedeutet bei F. 15—18 ein Steppenareal in Deutschland
mit Umgehung der präalpinen Formationen in Süddeutschland; der Sperrdruck bezeichnet präalpine Arten, deren Areal nach N mit dem hercynischen Bezirk abschließt; ° bedeutet, wie
immer, dass die Art nur einzelne hercyn. Territorien auszeichnet.

5. Crataegus Oxyacantha L.: hR$^{III.}$, frq. cop.! bis in die Ränder der Laubwaldungen hinein.

6. —— *monogyna Jacq.: hR$^{III.}$, seltener als vor. Unterart und meistens an
   bevorzugten Standorten auf sonnigen Berghöhen. Beide können neben
   einander wachsen, aber ich halte sie mit CELAKOVSKY (Prodr. Fl. Böhm.
   S. 608) für schwach unterschiedene Formen.

7. Sorbus torminalis Crntz.: hR$^{III.}$, spor. In der Hügelformation als niederer
   Strauch, der nicht häufig blüht und Früchte reift; ist meistens ein
   beachtenswerter Strauch.

8. °—— Aria Crntz.: wh. und mh. mit dem Areal **ME^2**, Sachsen überspringend, als Felsenstrauch in der Form der Hauptart mit dem Harz
   gegen Norddeutschland abgeschnitten, aber weiter im N wiederkehrend.
   Entsprechend ihrem Charakter als Voralpenstrauch (!) ist die Mehlbeere im hercyn. Bezirk
   am meisten bezeichnend für die basaltischen Höhen (Rhön! z. B. Milseburg 800—830 m).
   Aber eine viel weitere Verbreitung hat sie noch auf den Muschelkalken Thüringens und
   des Werralandes gefunden, wo sie die Steilwände in 350—500 m oft mit zahlreichen
   Büschen besetzt und aus den Klippen ebenso freudig hervorwächst wie aus dem dichten
   Buschwalde daneben. Am Nordrande des Harzes bei Kloster Michaëlstein und Blanken-
   burg liegen die nördlichsten Fundorte im Gebiete, weiter nördlich im Braunschweiger
   Lande fehlt die Art. Verbindet F. 15 mit 17 und 18!

9. °Sorbus hybrida L.: mh. mit dem Areal **WMm.**, eine vom Jura und
   von Central-Frankreich aus nach NO verbreitete Mischlingsart, besitzt in
   Thüringen Standorte (besondere Form S. thuringiaca Ilse).

10. Malus silvestris Mill.: hR$^{III.}$ spor. mit zweifelhaftem Indigenat.

11. Pirus communis L.: hR$^{III.}$ spor. wie vor. Spec., häufiger.

12. °Amelanchier vulgaris Mnch.: wh. (und mh.) an wenigen auserlesenen
    Standorten, welche das **Atl.**-Areal dieses von Spanien bis in die Balkan-
    halbinsel reichenden Strauches in Deutschland gen NO abschließen. Die
    »Felsenbirne« hat besonders im Werragebirge auf der Goburg nahe Allendorf einen starken
    Standort, wo sie das 500 m hohe, mit Buschwald bedeckte Hochplateau an seinen jähen
    Abstürzen im Kalkgeröll bekleidet; die Sträucher werden hier bis 3 m hoch und fruchten
    reichlich. Weiter nach Osten ist dann ein wichtiger Standort bei Bleicherode auf dem
    Muschelkalk des von 450—500 m aufsteigenden Crajaër Kopfes: diese Stelle bildet hier die
    Grenze des Leinegebietes gegen das Thüringer Becken. Der schöne, im Voralpenwalde
    von der Schweiz bis Österreich häufige Strauch besitzt demnach im hercynischen Bezirk
    höher gelegene Standorte von submontanem Charakter und nähert sich darin der F. 18;
    da sie aber zum Muschelkalk-Hügellande gehören, sind sie gleichfalls hier vermerkt.
    (Cotoneaster: siehe die unten folgende Liste der Felsenpflanzen.)

Rosa. Die Hagedornarten spielen in dieser Formation eine wichtige Rolle
und sind wohl von allen Gesträuchen diejenigen, welche sich hier durch
Formenreichtum und Individuenmenge am meisten vordrängen, mehr als die
Brombeeren. Alle Arten bis auf 2 (R. alpina, cinnamomea) gehören zu F. 15
und gehen auch natürlich ebenso oft in die Schotterböden der F. 17 und legen
sich am heißen Fels mit ihren Schösslingen empor. Auch haben sie ja in
neuerer Zeit die Aufmerksamkeit sorgfältiger Specialisten erregt und es giebt
mehrere recht beachtenswerte Arbeiten aus dem Gebiete (siehe bes. SAGORSKI,

SCHLIMPERT, WOBST im Litt.-Verz.). Wenn daraus auch hervorgeht, dass die
Rosa-Formen mit zu denen gehören, welche in der jetzigen Florenperiode in
Fort- und Umbildung begriffen mit besonderen : Varietäten kleinere Gebiete
auszuzeichnen im Stande sind, so sind doch entweder diese Formenkreise zu
schwach morphologisch begründet, um solchen Landschaften dadurch einen
leicht fasslichen »Endemismus« zu verleihen, oder bei stärker abweichenden
Formenkreisen ist das Areal derselben doch zu wenig scharf umgrenzt oder
es erhält durch Parallelformen zu unbestimmte Anhängsel, als dass wenigstens
zur Zeit viel pflanzengeographische Resultate sich erzielen ließen. Immerhin
aber verleiht die Häufigkeit der einen oder anderen Subspecies, welche
CELAKOVSKY noch i. J. 1867 nur als Varietäten der Hauptarten ansehen wollte
und welche seitdem von den Artspaltern als eigene Arten mit neuem Varietäten-
kreise aufgestellt wurden, bestimmten Landschaften einen besonderen Vorzug
oder selbst Charakter, was in Zukunft noch schärfer festzustellen sein wird.
In dieser Beziehung dürfte die Trachyphylla-Gruppe mit ihrer Jundzilliana
besondere Aufmerksamkeit verdienen und bildet Formenkreise, an denen das
von WETTSTEIN[1]) jüngst in fester Form dargelegte Princip der Verbindung
eines morphologischen Charakters mit einem geographischen für jüngere »Arten«
Gültigkeit zu erhalten scheint: dass wir nämlich aus dem gegenseitigen Ausschluss der Sippenareale bei großer morphologischer Ähnlichkeit und der
Existenz nicht-hybrider Zwischenformen auf Sippen schließen können, welche
aus gemeinsamen Stammformen in jüngster (postglacialer) Zeit entstanden sind.

13. °R. gallica *pumila L.: oh.! im Elbhügellande, mh.! vom Gebiet der
Weißen Elster (Gera, Leipzig) westwärts durch das Thüringer Becken;
Areal: **Mm.** Schneidet südlich vom Harze ab und fehlt in Norddeutschland durchaus,
daher wichtige Nordlinie! Während die Hauptart *gallica ein westliches Areal hat,
dehnt sich aber die im Gebiete allein vorkommende Unterart weiter nach O aus und hängt
mit dem der *austriaca zusammen. Die Form des sächsischen Hügellandes stimmt überein
mit der des Böhm. Mittelgebirges, hat aber nur wenige sichere Standorte, fast alle im
weiteren Umkreise von Meißen! und Lommatzsch! Hier lebt sie auf granitischen Abhängen
meist in Eichenhainen u. s. w., in Thüringen auf Muschelkalk ebenfalls in Hainen von verschiedenen Baumarten. Die großen roten Blüten erscheinen im merkwürdigen Gegensatz
zu den schwachen und niedrigen Schösslingen, die diese Rose hervorbringt.

14. °R. pimpinellifolia L.: mh. sehr selten im Übergangsgebiete Thüringens
und Frankens; wird auch vom Toitzberge bei Gera angegeben, von mir
vergeblich gesucht.

15. R. tomentosa Sm.: hR[III.], frq.! Niemals von der Häufigkeit der R. canina-Gruppe
und auf weite Strecken selten hat diese Art doch ein um so weiter gehendes zerstreutes
Vorkommen vom Weserlande bis zu den Hügeln, welche von Cambrium gebildet die nördlichsten Oasen dieser Formation zwischen der Lausitzer Teichniederung darstellen (hier an
var. Venusta herankommende Formen!). Im Felsschotter der Elbhügel ist besonders eine
kleine, zu var. mollissima (CELAKOVSKY Prodr. Fl. Böhm. S. 619) gehörende Form mit
großen Blüten und schmalen Blättern ausgezeichnet, im Wuchs wie R. Jundzilliana. Die
großen Sträucher der Normalform schließen sich zumeist wechselnd zusammengesetzten

---

1) Grundzüge der geogr.-morphol. Methode der Pflanzensystematik, Jena 1898, S. 37.

Hainen an; so ist das Plateau des Heldrasteins (500 m) im Ringgau von solchem Gebüsch eingenommen. Auch tritt diese Art in die Bergwaldungen ein, z. B. Eube in der Rhön mit Pleurospermum 800 m!

16. R. rubiginosa *genuina L. und *micrantha Sm.: hR$^{III.}$, frq.! Diese Art kann man als die am allgemeinsten die besseren Standorte der sonnigen Hügel im Bezirk bezeichnende ansehen, und sie ist auch von der Lausitz bis zum Vogtlande und hinauf zum Braunschweiger Lande mehr oder wenig häufig, nirgends häufiger als im hercynischen Triasgebiet sowohl auf Kalk als auf dem mergelführenden Buntsandstein. So erscheint sie auch noch auf dem Kalkdurchbruch des Klüversberges bei Fallersleben nördlich vom Braunschweiger Lande mit anderen Haingenossen, rings umgeben von den Sanden der Lüneburger Heide, wo sie fehlt! Es scheint, als ob die wenig unterschiedene Unterart *micrantha mit zu den Lokalformen gehörte, denn sie erscheint bisher nur als wh. und mh. zerstreut vom Weserlande bis Gera.

17. R. sepium *genuina Thuill. (= agrestis) und *elliptica Tausch.: hR$^{III.}$, spor. Diese zweite Artgruppe der Rubiginosae tritt weniger häufig als Nr. 16 auf. Nach meinen Funden scheint sie aber besonders in der Oberlausitzer Hügellandschaft, auf den Basalt- und granitischen Kuppen von ca. 300 m Höhe (Landeskrone, Hutberg, Spreeufer, westlich bis gegen Königsbrück), die echte R. rubiginosa als häufigere zu ersetzen und bildet dort mit Schlehen oft eigenartige Stachelgebüsche.

18. R. trachyphylla *genuina Rau (= flexuosa) und ╳*Jundzilliana Bess.: oh.! mh. spor. Nur die letztere Form, kleine Sträucher mit großen rosa Blüten bildend nicht unähnlich der R. gallica oder einer Mittelform zwischen dieser und R. canina, ist für den Bezirk von Bedeutung. Während die Hauptform ein Areal **WMm.** besitzt, hat die Jundzilliana **PM^a** vom südwestl. Russland und Österreich bis zur Schweiz. Demnach ist sie auch im böhm. Mittelgebirge und hat dann zahlreiche Standorte im Elbthalgelände bes. um Meißen! und Lommatzsch! im Bereich der östlichen Genossenschaft; CRÉPIN, der die Jundzilliana- formen sah, giebt an, dass das genannte Gebiet sich durch deren Reichtum besonders aus- zeichne. (Westgrenze vielleicht bei Sondershausen; vergl. Isis-Abh. 1895, Liste Nr. 75.) Hierher gehört auch die Form ╳Hampeana: mh.! spor., zuerst als Form von R. alpina aufgefasst nach ihrer Entdeckung an den Felsen des Bodethales (Rosstrappe) im Unterharz; sie soll auch in Thüringen vorkommen. Sie ist durch kräftige stachellose Schösslinge und die großen, scharf und tief gesägten, nach oben stark an Größe zunehmenden Blättchen ausgezeichnet, blüht wie Jundzilliana.

19. R. canina L. *genuina mit *glauca Vill. (= Reuteri Godet): hR$^{III.}$, frq. und cop.-soc.! Überall die gemeinste Art der Formation und in den mannigfaltigsten Formen auftretend, die zunächst keine geograph. Trennungen erkennen lassen. Auch nicht die viel seltenere *glauca.

20. R. dumetorum *genuina Thuill., *coriifolia Fr.: hR$^{III.}$ spor. und sehr viel seltener als die Caninae mit unbehaarten Blättern. Der Verbreitungskreis der *Rosa collina ist für Mitteldeutschland noch nicht festgestellt. Auch die westeurop. *R. tomentella wird von einigen Orten (Thüringen, Weiße Elster-Land u. s. w.) angegeben.

21. °R. repens Scop. (= arvensis Huds.): in der Hauptsache wh.! und nur spor.! als Ausläufer eines **Atl.**-Areales. Vom Rheine her mit Standorten im süd- westlichen Hannover und Braunschweig zwischen Weser und Harz, mit zerstreuten mh.- Standorten bis Zerbst und Jena hin; auch bei Lobenstein. Diese Rose schneidet also die hercynischen Gaue mit einer NW—SO gerichteten Standortslinie und trifft sich südlich vom Harze mit der vom Osten her nach Thüringen abnehmenden R. gallica *pumila.

Rubus. Folgende Brombeerarten (*Unterarten) kommen hauptsächlich für die Teilnahme an der Hügelformation im lichten Hain und Gebüsch in Betracht:

22. R. affinis Wh., & N.
23. —— Vulgaris Wh. & N.
24. —— thyrsoideus Wimm.
25. °—— silesiacus (oh.) Wh.
26. —— ulmifolius *bifrons Vest.
27. —— villicaulis Koehl.

28. ° R. tomentosus Borkh. (wh.! mh.)
29. —— Sprengelii Wh.
30. °—— infestus Wh. (wh.!)
31. —— caesius L.
32. —— dumetorum (T. p.).

Die Mehrzahl der Arten ist also ziemlich gleichförmig verbreitet und nur einige zeichnen sich durch besondere Verteilungsart aus. Wenn R. bifrons und tomentosus durch Sperrdruck hervorgehoben sind, so geschieht es mit Rücksicht auf ihre starke Verbreitung im südlichen und südwestlichen Deutschland, ohne dass diese Rubi etwa so wie Sorbus Aria präalpinen Charakter besäßen; denn auf sonnigen Höhen steigen sie nicht zu bedeutenden Höhen, auch in den hercynischen Bergen nicht, während die R. glandulosus-Gruppe bekanntlich im Bergwalde höher ansteigt. Von den hercynischen Arten ist die interessanteste durch ihre Verbreitung wohl R. tomentosus, welche von Mosel und Rhein nach Hessen, zur Rhön und Thüringen geht und dann mit Überspringung von Sachsen im böhmischen Mittelgebirge wiederkehrt; diese durch den grauen Sternfilz der Ober- und den angedrückten weißen Filz der Blattunterseite ausgezeichnete Art teilt also die Verbreitung vieler anderer Arten, z. B. von Laserpitium. — R. bifrons ist als wh. und mh. häufig, überspringt dann das Hügelland der Elbe und hat nicht wenige Standorte in O. Lz. um Bautzen. Dem R. infestus vom Wesergebiet—Harz—Braunschweig steht der R. silesiacus gegenüber, der im sächsischen Gau von Bautzen und Königsbrück im N bis zum Elbsandsteingebirge und zu den Abhängen des östlichen Erzgebirges bei Glashütte seine Standorte erstreckt.

Die beiden Arten, welche durch Menge der Formen und Gebüsche im sonnigen Hügellande am meisten hervorragen und darin auch gewisse eigenartige Bilder erzeugen, sind R. villicaulis und nächst ihm R. thyrsoideus.

Genisteae, Ribes, Cornus.

33. Sarothamnus scoparius Wimm.: hR$^{III.}$ frq. aber nur auf Si-Böden! Verbreitet in den Hainen mit Kiefer und Birke und dort in der Regel eine eigene Facies bildend, welche arm ist an anderen Charakterarten. Geht im Berglande bis 500, seltener 600 m noch gesellig, z. B. am Harze die sonnigen Abhänge der Schieferberge bekleidend und cop. auf den Sandsteinfelsen, ebenso im Elbsandsteingebirge dort, wo nicht der geschlossene Wald herrscht. Vergl. die Bmk. unter Formation 13.

34. Genista germanica L.: hR$^{III.}$ frq. häufig an Standorten ähnlich vor. Art.

35. ×°Cytisus nigricans L.: oh.! (frq.) und mh.! (selten werdend) mit Vegetationslinie gegen NW; Areal **PM²**. Für den sächsischen Gau Leitpflanze[1]) der südöstlichen Genossenschaft in der Hainformation. Die Vegetationslinie

---

1) Siehe meine Abh. in Isis 1885, Festschrift S. 88.

dieser schönen Gaisklee-Art[1]) ist von besonderer Wichtigkeit. Das südliche Elbhügelland nimmt noch an der Häufigkeit Teil, mit der C. nigricans im böhm. Mittelgebirge auftritt und von wo er sich an den südlichen Hängen des Erzgebirges bis 600—650 m Höhe frq. cop.! ausbreitet. Auch im Kaiserwalde (Tepler Gbg.) steigt er hoch, z. B. in lichten Hainen von Picea, Betula auf granitischem Humus mit Calluna, Myrtillus, Arnica bei Lauterbach (Elbogen) 750 m! Auch im Fichtelgebirge (Vorberge 500—600 m) besetzt er eine ähnliche Formation, welche eine montane Facies ohne andere Charakterarten dieser Gruppe darstellt, besetzt im Böhmer Walde lichte Haine (z. B. Obermoldau bei 820 m! mit Rubus saxatilis u. s. w.) und kehrt in ähnlichen Verhältnissen bei ca. 400 m Höhe an den nach N geöffneten Thälern des sächsischen Erzgebirges da wieder, wo der Hang einer wärmeren Hainbildung mit Rosa und Verbascum günstig ist. Aus diesem Vorlande der Gebirge steigt unser Cy. in die heiße Hügelregion mit zahlreich beigemischten Steppenpflanzen nieder, geht über die Oberlausitz hinaus zu den Senftenberger Weinbergen! (bis Spremberg—Kalau—Kottbus) und geht im Elbthale noch als häufige Pflanze bis in den Meißner Umkreis. Von dort durchsetzt seine Verbreitung das mittlere Muldenland (z. B. bei Grimma), umgeht dann die flachen Niederungen des Weiße Elsterlandes und strahlt aus dem Vogtlande und Fichtelgebirge westwärts aus zu dem Engthal der Saale (Ziegenrück cop.!) und zu dem Thüringer Schwarzathal, wo er 300 m hoch am Zusammenfluss der Lichte mit der Schwarza schon in der westlichen Gesellschaft von Teucrium Scorodonia wächst. Fast überall ist sein Vorkommen Granit, Thonschiefer, Grauwacke u. s. w., auf Kalk kenne ich ihn nur im Elbthalgebiet (Pläner bei Dohna!)

36. Ribes. alpinum L.: hR$^{III.}$ und aufsteigend bis R$^{IV.}$, spor. — Das Areal Mb^1 der felsbewohnenden Johannisbeere bringt bei weiter allgemeiner Verbreitung und zahlreichen norddeutschen Standorten (Preußen—Schleswig) für die Hercynia nur Standorte im Anschluss an Bergwaldungen mit sich und es sind solche selten, welche zugleich Charakterarten mit Steppenarealen enthalten. So liegt der Schwerpunkt ihrer Verbreitung überhaupt in F. 18, wohin z. B. solche wie auf der basaltischen Erzgebirgshöhe des Geising (800 m), im Harze bei Alexisbad, auf dem Meißner in Hessen u. a. gehören. In der wärmeren Hügelregion sucht sie mehr schattige Standorte mit Felsuntergrund, bald auf Muschelkalk (z. B. im Huywalde bei Halberstadt, 300 m hoch), bald auf Dolomitklippen (Wesergebirge 350—400 m, Ith auf sonnigen Klippen!) Ihr Auftreten gehört demnach zur montanen Facies der Formation.

37. R. Grossularia L.: hR$^{III.}$, spor. auf felsigen Standorten (Muschelkalk, Dolomit, Urgesteine aller Art), sonnig oder im Hain von 300—500 m.

38. Cornus sanguinea L.: hR$^{III.}$ frq. cop.! Vergl. oben (S. 125) unter Waldsträuchern.

39. °—— mas L.: nur wh. und mh.! spor. in Gebüschen mit Nordgrenze südlich vom Harze. Das spontane deutsche Vorkommen der »Herlitze« (Dürrlitze, Cornelkirsche) wird verschieden gedeutet; ihr Areal ist südeuropäisch mit Umgehung der Alpen. Während manche Floren Mitteldeutschland unter den spontanen Standorten ganz ausschließen, geben andere zu viel an, nennen z. B. unter diesen Sachsen (um Dresden). Soweit meine Anschauungen in der Flora reichen, sei Zweifel am natürlichen Vorkommen dieser Art im Werragebirge (Hörnekuppe b. Allendorf! 450 m), im Leinegebiet südöstlich Göttingens!, am südlichen Harzrande (Alter Stollberg!) und im Thüringer Becken, besonders auf der Schmücke (Monraburg! 400 m). Auf humosem Kalkgeröll liegen alle diese Standorte, alle sind im Anschluss an Buchenwald mit Liguster, auch Linde u. s. w. in freier Hainbildung an floristisch auch sonst sehr bemerkenswerten Stellen.

---

1) Dieselbe findet sich für unser Gebiet eingetragen auf der Karte zu GRÄBNERs Heideformation in Bd. V der V. d. E.

40. °Viburnum Lantana L.: nur wh.! und mh.! mit wichtiger Ostgrenze
an der Saale zwischen Halle und Jena, in dem Kalkgebiet des Westens
frq. und häufig cop. sowohl im Hain als Felsschotter. Areal dieses Strauches
Atl., aber mit weiterer südöstlicher Erweiterung, wie er auch nach Überspringung Sachsens im böhmischen Mittelgebirge schon wieder erscheint.

41. °Lonicera Periclymenum L.: wh.! und mh.! im sächsischen Gau wahrscheinlich nicht wild, da das Areal dieser Gaisblattart NAtl. (fehlt bereits
völlig in Böhmen). Ist in den westhercynischen Hainen sehr häufig und
tritt dort häufig, Baumstämme umschlingend, in den Wald ein.

42. °L. Caprifolium L.: nur mh.! im Weißen Elster-Lande auf den Hügeln
nördlich von Gera, an der Saale (Geb. von Jena) und an einzelnen Stellen
des Thüringer Beckens, selten. Manche Standorte hinsichtlich ihrer Ursprünglichkeit zweifelhaft. Fehlt im Alpengebiet Süddeutschlands, endet
aber mit deutscher N-Grenze südlich vom Harze.

43. Ligustrum vulgare L.: hR$^{III.}$ frq.! aber nicht allgemein, wirklich wild wohl
nur an vielen floristisch ausgezeichneten Stellen aller Gaue vom Weser-
bis Elbthale. Zeigt warme sonnige Lage an und geht nur im Muschelkalkgebiet über 400 m hinaus (Werragebirge!).

44. Rhamnus cathartica L.: hR$^{III.}$ frq.! cop.! ein Charakterstrauch der Formation und oft mit Schlehe, Hartriegel und Weißdorn dichte Gebüsche auf
trockenem Boden jeder Gesteinsart bildend.

45. Berberis vulgaris L.: hR$^{III.}$ frq.! spor. Der Sauerdorn erscheint fast seltener als
Nr. 43, obgleich sein europäisches Areal größeren Umfang besitzt und eine größere Accli-
matisation voraussetzen ließe. Besonders entspricht die niedere Höhengrenze im Gebiet
durchaus nicht der starken Verbreitung, welche dieser Strauch im Alpenvorlande zeigt; mir
ist kein spontaner Standort im hercynischen Berglande bekannt.

46. °Clematis Vitalba L.: nur wh.! und mh.! in diesen Gauen frq. cop. Fehlt
östlich der Zechsteinkalkhöhen an der Weißen Elster bei Gera, und die mit Sachsen beginnende Lücke im mitteldeutschen Areal dieses Schlingstrauches erstreckt sich auch über
Böhmen bis zur österr. Grenze. Gegenüber Norddeutschland ist daher die Nordgrenze
der Waldrebe von Wichtigkeit: Weserland! Braunschweiger Land (Höhen südlich
Hannover—Braunschweig—Helmstedt!) gemein noch auf Assel Huy!, dann senkt sich die
Grenze gen SO nach dem Gebiet von Halle. —

[47. Juniperus communis L.: hR$^{III.}$ — h mont., spor. cop. kommt auf den mannigfaltigsten Bodenarten vor, Muschelkalk, Buntsandstein, Schieferthone,
granitische Kiese.]

Formation 16. Trockene Grastriften und Rasenstreifen.

Den Wiesen entsprechen im Hügelgelände mit steil abschüssigem Boden
die Triften, und wenn auch einige Wiesengräser, besonders Anthoxanthum
und die Avena-Arten, der einen wie der anderen Formation angehören, so ist
doch die Hauptmasse an Rasenbildnern eine durchaus andere Zusammenstellung von Gräsern und Seggen. Ihre Hauptvertreter sind oben (S. 98) kurz

genannt. Es folgt nun hier die erweiterte Liste der ganzen in diese Formation eintretenden Arten, wobei auch diejenigen sogleich mit aufgeführt sind,
welche in den Spalten des anstehenden Gesteins zu wurzeln pflegen (z. B.
Festuca *glauca). Die Mehrzahl der Arten ist im Stande, zusammenhängende Rasenflächen unter einander gemischt zu bilden, und gleichzeitig
besiedeln fast immer dieselben Arten auch die Schotterböden dort, wo diese
nicht zu steile Gehänge bilden. Andere Arten nisten hauptsächlich auf dem
Felsen selbst, nicht ohne dass sie auf ihm schmale Streifen und Bänder bilden
oder freie Kuppen ganz mit ihrem Rasen bedecken könnten, in welchen dann
wie auf den Triften noch kleine Stauden oder besonders Halbsträucher
(Helianthemum, Thymus) eingestreut auftreten. Diese Rasenstreifen entsprechen also als letzte Miniaturbilder den breiteren Triften und bilden oft die
anziehendsten Ausprägungen dieser Formation.

Phänologisch eilen die Grastriften den feuchteren Wiesen weit voraus.
Zwar erscheinen sie nie in dem frischen, saftigen Grün wie letztere, weil die
Reste der abgestorbenen Blätter sich zwischen die jungen Triebe mit fahlem
Gelb mischen, und besonders im Hochsommer und Herbst machen die abge-
dorrten Halme und Blätter aller Charakterarten einen monotonen Eindruck.
Aber zeitig im März entwickeln sich die neuen Blätter der Grasrasen und die
meisten Carex-Arten treten schon mit Sesleria vom März bis Anfang Mai in
Blüte, während als letztes Gras Brachypodium im Juni schließt. Als Si-Gras
begann Phleum Böhmeri gleichfalls Anfang Mai seine Blüte und unterscheidet
sich dadurch wesentlich von dem gewöhnlichen Phleum der Wiesen.

Liste der rasenbildenden Arten[1]).

a) Gräser.

48. $\times^{\circ}$Andropogon Ischaemum L.: oh.! und mh.! mit dem Areal Po[2]. Das
»Bartgras« ist im Osten an manchen Stellen häufig; sein Areal bricht nach Westen ziemlich
jäh ab in einer vom Ostharze (Westerhausen, Steinholz, Aschersleben) westlich um das
Saaleland durch Thüringen (Kyffhäuser) auf Bamberg und Aschaffenburg zulaufenden Linie.
— Der sächsische Gau besitzt dieses schöne Gras nur im Elbhügellande, wo es in dem
auf unserer Karte angegebenen Hauptbezirk pontischer Arten von Pillnitz an nordwestwärts
viele Standorte aufweist und um Lommatzsch—Meißen eigene kleine Rasenflächen erzeugt,
auf denen erst im September die zierlichen violetten Ährendolden mit ihrem grauen Haarkleide sich wiegen. In der OLz. fehlt das Bartgras ebenso wie in Schlesien, kömmt dann
aber vom Weißen Elsterlande an (Gera bis Leipzig und Corbetha) wieder häufiger vor und
besetzt den zweiten Hauptbezirk pontischer Arten um Halle mit noch größerer Zahl von
Standorten. Dies ist zugleich die Grenze gegen den deutschen Nordosten. Die Bodenarten solcher kleiner Grassteppen sind Granit und Syenit, roter Porphyr, Rotliegendes,
Zechsteinkalke, Gyps, Buntsandstein mit Mergeln, Lößlehm.

---

1) Die Ziffern schließen an diejenigen der vorhergehenden Liste an. Sperrdruck und
$\times$Zeichen wie oben, so dass die präalpinen und Steppenareale in erster Linie hervorgehoben
werden. Auch sind die Arten nach diesem Gesichtspunkte sowie nach Bedeutung für die
Formation geordnet.

49. ✕°Stipa capillata L.: nur mh.! im Gebiet, trotz weiterer deutscher Verbreitung von dem Areal **Po**² aus, dort frq. und cop., an einzelnen Stellen
soc.! Diese Art des Pfriemengrases ist die gemeinere, höchst bezeichnend für viele Stellen
des Unteren Saalelandes und wenigere im Thüringer Becken bis nahe zur Werralandgrenze.
Sachsen wird übersprungen, während schon vom Weißen Elsterlande an (Gera—Halle) an
der Unteren Saale die zahlreichen Standorte mit denen in der Mark und an der Oder
einigermaßen zusammenhängen. An der Saale bei Wettin und Rothenburg, auf steilen
roten Felsen und trocknen Hügeln in 70—200 m Höhe sieht man oft die langen wehenden
Grannen dieses Grases, noch häufiger auf thonigem Lehm im Gebiet der Mansfelder Seen
(Ober-Röblingen!); ebenso bildet dieses Pfriemengras große und schon von weitem in die
Augen fallende, eigene Bestände an den Thalgehängen der Unstrut oberhalb von Freyburg,
bis zu den Höhen an der Sachsenburg (Hainleithe) hin. Dann wird es westwärts seltener,
mindestens mehr Vereinzelt, und hat den nördlichsten gegen den Südharz Vorgeschobenen
Standort auf den trocknen Gypshöhen bei Auleben am Kyffhäuser auf der dortigen Zechsteinformation, während es den Harz an der Nordostseite bis zum Regenstein von Magdeburg her besiedelt hat. Nach Überspringung des Werralandes kehrt es dann am Rhein
und an der Mosel wieder, hat also wie so viele interessante Arten eine sehr lückenhafte
Verbreitung. — Vergl. SCHULZ, Entw. der phaner. Pflanzen Mitteleuropas. (1899)
S. 335—342. —

50. ✕°Stipa pennata L.: oh. nur rr.!, mh. viel häufiger mit dem Areal **Po²**
und viel schärfer in Deutschland ausgesprochener Westgrenze, welche den
hercynischen Bezirk mit durchzieht. Im Lausitzer Hügellande existiert südl. Görlitz
ein Standort für diese Art; der bei Dresden im Plauenschen Grunde angegebene ist entweder unrichtig oder verloren[1]; aber von Wittenberg-Burg u. s. w. um den Harz herum,
im Norden bis Teufelsmauer und sogar im Innern des Gebirges bei Rübeland auf Urkalk,
im Süden bis zu der Kyffhäusergegend ziehen sich viel zahlreichere Standorte dieser
seltneren und schöneren Art durch den thüringischen Gau. Dieselbe ist in neuerer Zeit in
eine Zahl von Unterarten zersplittert; doch ist mir nicht bekannt, dass sich daraus gute
Beziehungen zwischen Form und Areal herausgestellt hätten. — Vergl. SCHULZ a. a. O.
S. 356. —

51. ✕Melica ciliata L.: hR^III. spor., im Thüringer Gau frq.; Areal **PM**² mit
im hercynischen Bezirke (am Harze) liegender Nordgrenze gegen die
deutsche Niederung! Das gewimperte Perlgras ist eine Zierde dieser Formation und
besiedelt mit dichten, im Sommer durch Seidenhaare weißschimmernden Blütenwalzen auf
hohen Halmen am liebsten felsige Plätze, mischt sich weniger gern zwischen andere Rasenbildner. Dies ist aber auch in Thüringen auf dem Muschelkalk der Fall, da wo das Perlgras seine größte Häufigkeit besitzt. So befand ich mich auf einem trocknen Kalkrücken
nahe Orlamünde in 360—400 m Höhe in einer solchen Trift, wo diese Melica in weiten
Flächen fast als einziges Gras auftrat, vergesellschaftet mit Thymian und Teucrium Chamaedrys; kleine Kiefernhaine mit Rosen und Wachholder unterbrachen diese reizvolle Grastrift. — Obwohl M. ciliata mit Signatur hR^III. bezeichnet ist, fehlt sie doch im äußersten
Osten und Westen unserer Hercynia und erscheint im Elbhügellande nur sehr spärlich an
vereinzelten Standorten; unter ihnen ist der 390 m hohe Cottaër Spitzberg, dessen Basalt-
spitze von einer kleinen Melica-Rasenfläche besetzt ist (ähnlich wie die böhmischen Basalte),
südlich Dresdens und die Felsen des Plauenschen Grundes fast die einzigen, dann
folgt erst in weiter Ferne nördlich von Meißen ein Felsstandort an der Elbe. Zwischen
Gera, Weida und Wettin a. d. Saale giebt es viele bis zur Rosstrappe am Harzrunde hin;
aber westlich vom Thüringer Becken folgen nur noch sehr vereinzelte Punkte (Bilstein

---

1) Vergl. Isis-Abh. (Festschrift) 1885. S. 81.

in Hessen u. s. w.) Nach Überspringung Westphalens kehrt die Art aber am Rhein wieder.

[Die Nummern 48—51 stellen die pontischen Charaktergräser der Formation vor, dazu noch 3 Carices].

52. °Sesleria coerulea Ard. (Subspec. varia nach WETTSTEINs Trennung): nur wh. und mh.! frq.! cop.-soc., aber nach Osten gegen Sachsen hin mit der Triasformation an der Saale abbrechend; Areal ME² von Spanien bis Skandinavien und Mittelrussland, aber innerhalb dieses weiten Areals für Deutschland bis auf die ostpreußischen Standorte scharfe Nordgrenze auf den hercynischen Ca-Schotterböden! — Schlesien und Sachsen entbehren gemeinsam der schönen, im frühesten Frühjahr schon von Mitte März bis Ende April ihre stahlblauen Kopfrispen entfaltenden Seslerie, voraussichtlich weil deren Wanderung die eines präalpinen Gewächses war und auf den Kalken vom Jura her in die Hügel der westlichen Triasformation erfolgte. Hier hat sich das Gras zu einer Leitpflanze der Formation für Ca-Höhen herausgebildet und bedeckt unzählige Gesimse auf den steilen Muschelkalkköpfen oder wurzelt zwischen fester liegenden Schottern, wird dann nach NW im Weserlande zwar seltener, gehört aber immerhin auf den Dolomiten des Ith, des Süntels (350 m hohe Felskuppe des Hohensteins!) noch zu den soc. Rasenbildnern und ist weiter südlich (Holzberg bei Holzminden, Ziegenberg b. Höxter u. s. w.) schon ganz ebenso gemein wie im Leine- und Werragebiete oder wie an der Saale im Bereich des Muschelkalkes. Bei dieser Bedeutung für die Formation gehört die Sesleria mit zu den wichtigsten Arten, welche die oft genannte Saalelinie zwischen Thüringen und Sachsen auszeichnen! Es ist mir im Gebiet auch kein Standort auf Basalt bekannt geworden, wohl aber bekleiden die Sesleriapolster im Kyffhäusergebiet die trocknen Zechsteingypse bei Auleben. Ihre Nordgrenze hält sich also an die nördlichen Landschaften der Hercynia, geht aber nicht soweit als ihre Kalkzüge an die Lüneburger Heide heranrücken: Die ganze südliche Partie des Fürstentums Lüneburg (s. NÖLDEKES Flora dieser Landschaft, Einl. S. 12) entbehrt der Sesleria bis nach Lauenstein—Eldagsen—Ith. Auch im Braunschweiger Lande fehlt sie (also auch auf der Asse) und zeigt sich erst auf den Zechsteinhöhen, die bei Ocker u. s. w. die Vorberge auch des nördlichen Harzes bilden. Erst vom Ost- und Südharze an wird sie gemein.

53. °Phleum Böhmeri Wib.: hauptsächlich oh.! und mh.! mit einer Nordgrenze bei Magdeburg und dem Ostharze, welche das ganze Braunschweiger Land und die nordatlantische Niederung ausschließt. Areal ME² wie vorige, aber in ganz anderer Verteilung besonders mit Rücksicht auf die Kalkalpen, vielleicht trotz seines heutigen Areales ein Gras des Südostens.

54. °Phleum asperum Vill.: wh. und mh., spor. und r. mit Nordgrenze südlich vom Harz und Ostgrenze gegen den sächsischen Gau; ein südliches, für unseren Bezirk SW-Gras.

55. °Calamagrostis varia Lk. (= montana Host.): nur wh.! und mh.! mit Nordgrenze am südlichen Harze, überall spor. und selten, fehlt im sächsischen Gau. An den Südabhängen des Erzgebirges tritt es schon auf und entspricht damit seinem Charakter als Voralpengras von starker Verbreitung in den Kalkalpen bis zur Baumgrenze. Areal H⁵. —

56. ✕°Poa alpina *collina Willk. = badensis Gmel.: Diese merkwürdige Subspecies der sonst nur in der Felsformation des Arbergipfels bei uns vorkommenden P. alpina ist nur mh.! mit seltenen Standorten im Muschelkalkgebiet Thüringens, besonders an der Hainleite (Sachsenburg!)

57. °Poa bulbosa L.: mh.! und oh.! spor. nicht häufig, fehlt am Nordharz und im Braunschweiger Lande.

58. ×°Agropyrum glaucum R. & Sch.: mh.! r.; Areal S. Diese ausgezeichnete Unterart des gewöhnlichen A. repens, welche auf heißen Abhängen im basaltischen Mittelgebirge Bohmens noch cop. vorkommt, erreicht im Unteren Saalelande mit sporadischem Standort ihre Nordgrenze. Auch im nördlichen Thüringen wächst dieselbe Form, sicher z. B. an der Hainleite (oberhalb Seehausen: LUTZE!). Vielleicht gehören auch Formen aus dem Werragebirge auf Muschelkalk (Badenstein!) hierher. — Sie scheint, nach ihrem Vorkommen in Bosnien (BECK!) und benachbarten Ländern beurteilt, das Ursprungsgebiet von Cytisus nigricans zu teilen.

Hiermit sind die Gräser von hervorragender Arealverteilung dieser Formation aufgezählt, und es folgen nunmehr solche von gleichmäßiger Bedeutung für das ganze hercynische Hügelland und großer Bedeutung für die Hügelformationen, bes. Nr. 59—62.

59. Brachypodium pinnatum P.B.: hR$^{III.}$, frq. cop.—soc.! Mit ihren hohen Halmen, auf denen die zweizeilig gestellten Ähren schwach nickend sich in der Sonne spreizen, bildet diese »Zwenke« einen höchst bezeichnenden Charakterzug mit Massenbeständen, welche auch oft in die Dorngebüsche eintreten. Dieses massenhafte Vorkommen endet mit den nördlichsten Höhen unserer Hercynia (z. B. Misburg unweit Hannover und Clüversberg b. Fallersleben, schon umringt von Heide); von da an nordwärts giebt es einzelne, oft weit zerstreute Standorte, die besonders Kalk aufsuchen. Auch in den hercynischen Gauen zeigt sich eine Vorliebe für Pläner- und Triaskalke, aber andere geognostische Substrate werden durchaus nicht gemieden; am ungünstigsten verhalten sich Granitschotter. Der Rasen dieser »Zwenke« ist breitblättrig, aber nicht dicht deckend.

60. Bromus erectus Huds.: hR$^{III.}$, frq. doch im sächsischen Gau vereinzelt.

61. —— inermis Leyss.: hR$^{III.}$, frq. greg. — Beide einander so ähnliche Trespen dienen als Kennzeichen der Hügeltrift, und die erstere bildet dabei teilweise gegen die deutsche Niederung eine Nordgrenze bis auf einzelne sporadisch vorgeschobene Standorte.

62. Koeleria cristata Pers.: hR$^{III.}$, frq. cop.—soc.! Gemeiner als die vorigen ist diese schöne Grasart doch bei uns sehr bezeichnend für die Formation, indem sie sich nur mit den Stauden oder Gräsern derselben mischt und nirgends auf feuchten Wiesen, im Gebiet auch nur ganz selten auf dem lockeren heidebedeckten Sande beobachtet. wird. Im übrigen auf allen Gesteinsböden, dysgeogen bevorzugend.

63. Festuca ovina L., var. vulgaris Aut.: hR$^{III.}$ frq. soc.! als gemeinstes Triftgras.

64. —— —— *duriuscula L. und deren var. glauca Schrad.: hR$^{III.}$, greg.! doch viel seltener. Dieser Schwingel bildet feste und dichte Rasen auf dysgeogenem Felsboden und geht kaum auf Schotterböden oder Gerölle über; er ist sehr häufig mit Scleranthus perennis in ausgezeichneter Felsform gemischt und steigt montan bis 800 m. Liebt Granit, Syenit, Grauwacke, Schiefer, Basalt und harte Kalkfelsen. Im Mai—Anfang Juni schon allerorts auf der heißen Unterlage kräftig blühend bemerkt man vom Juli an nur noch die dorrenden Halme.

65. Poa compressa L.: hR$^{III.}$ frq. cop.
Die nun folgenden Arten sind zwar noch häufige und sehr bezeichnende Rasenbildner in der Hügeltrift, leiten aber dennoch schon zu den Wiesenformationen (nächste Gruppe) über.

66. Trisetum flavescens P.B.⎫   Der Goldhafer wie die beiden Wiesenhafer-
                              ⎬ hR$^{III.}$
67. Avena pratensis L.   ⎪   arten erscheinen in der Natur ihres Stand-
                              ⎭ frq. greg.!
68. —— pubescens L.   ortes mehr beanlagt für die trockne Hügeltrift als für die feuchte Wiese und besiedeln letztere daher hauptsächlich auf steinigem Boden der Berge.

69. Holcus mollis L.: hR$^{III.}$ frq. cop. leitet zu Gebüsch- und Heideformation über.

70. Anthoxanthum odoratum L.: hR$^{III.}$ frq. cop.! Überall gemein, aber die trocknen Felsschotter doch in besonderer Form aufsuchend. ·Hier findet sich eine besonders früh blühende Form, die Anfang April an den sonnigen Gehängen von 100—300 m in Rispen steht und bald darauf stäubt; schon um Johannis sind die Samen gereift, die Blätter gilben und die Grasrasen stehen während des Restes des Hochsommers dürr da[1]).

b) Seggen und Hainsimsen.

Fünf der zunächst folgenden Arten haben ein bemerkenswertes Areal, teils pontisch, teils der präalpin-montanen Gruppe angehörig; die übrigen sind von weniger charakteristischer Bedeutung.

71. ⨯°Carex humilis Leyss.: oh.! frq., mh.! frq., wh. : r. mit Westgrenze; fehlt im Braunschweiger und Weserlande; Areal Po². An .ihren Standorten ist diese Art meist greg.—soc.! — ·Für die östliche Genossenschaft im Elbthal bildet diese Art mit der folgenden einen stets die Aufmerksamkeit auf bevorzugte Standorte erregenden Bestandteil der Rasen. Sie klemmt sich entweder in Felsspalten ein, oder bildet große, schon frühzeitig im März verborgen blühende gelbgrüne Rasen an den Gehängen, nie in sich zusammenhängend sondern durch Abstände zwischen den größeren Haufen Platz für Stauden bietend. Auf granitischem Schotterboden ist sie oft mit Polytrichum piliferum vergesellschaftet. Auf das Elbhügelland mit seinen vielen Standorten dieser Art von Pillnitz bis über Meißen weit hinaus folgen dann spärlichere im Weißen Elsterlande, wo besonders der klassische Standort des Bienitz auf diluvialem Geschiebe bei Leipzig durch sie ausgezeichnet wird. Zahlreiche Standorte liegen an der Saale und am Ostharz bis zum Huy, weniger im Thüringer Becken bis Duderstadt am Eichsfelde, und westwärts im Werra- und Leinegebiet giebt es außer einzelnen Angaben aus der Göttinger Flora besonders nur noch ihr häufiges Auftreten am Badenstein bei Witzenhausen, hier auf Muschelkalk.

72. ⨯°Carex Schreberi Schrk. (= praecox Schreb.): oh.! frq., mh.—wh. seltener werdend mit Westgrenze im Leinegebiete; fehlt vielleicht auch im Lausitzer Hügellande; erreicht eine relative Nordgrenze für den NW an dem Südrande der Asse bei Wolfsburg im Braunschweiger Hügellande. Areal Po². — Besonders im Elbhügellande bildet sie auf Granitschotter an Felswänden und auf Kiesgeröllen am Fuße solcher Berge weithin ausgedehnte Bänder und grüne Rasenstreifen, auf denen zu Ende April die zierlichen Blütenhalme frei von jedem Beigemisch in Masse beisammen stehen. Solche Gesellschaft scheint sie auf Muschelkalk weniger zu besitzen. ꓱ

73. ⨯°Carex supina Whlbg.: mh. spor.! und außerdem nur an einem, Böhmen nahe liegenden Standorte h mont. (Spitzberg bei Ölsen ca. 700 m); Areal PM². — Zerstreute, immerhin spärliche Standorte im Thüringer Becken von der Saale bei Jena bis Frankenhausen und im Unteren Saalelande zwischen Halle—Magdeburg und Aschersleben lassen diese Art als selteneren Formationsbestandteil erscheinen.

74. ⨯°Carex obtusata Lilja (= spicata Schk.): mh. rr.! nur am Bienitz bei Leipzig auf Diluvialkies. Areal erscheint zu BU¹ gehörig. Vergl. Isis-Abh. 1885. (Festschrift) S. 80.

---

1) Andere aus der Wiese spor. zutretende gemeine Arten brauchen hier nur angedeutet zu werden: Agrostis vulgaris, Poa pratensis, Bromus mollis und racemosus, Lolium perenne, auch Avena (Arrhenatherum) elatior u. a. A.

12*

75. °Carex ornithopoda W.: wh.—mh.! spor. aber an einzelnen Standorten greg.; Areal H⁵. Diese Art ist eine ausgezeichnet präalpine und folgt daher auch dem häufigsten Verlaufe der Ausbreitung von Ca-Untergrund liebenden Hügelpflanzen mit Ostgrenze gegen Sachsen—Schlesien. Ihr hercynisches Areal reicht von den Werra- und Leinekalkbergen bis zu den Zechsteinkalken bei Gera und umrandet den Südharz, bildet hier also die Nordgrenze ihres deutschen Bezirkes.

76. Carex digitata L.: hR^{III.} besonders häufig auf **Ca**! und hier in lichte Haine eintretend.

77. —— montana L.: hR^{III.} wie die vorige und ebenso den Ca! bevorzugend, selten außerhalb der Haine.

78. —— pilulifera L.: hR^{III.} tritt aus den Heidesanden in die kiesigen Standorte der Hügelformationen.

79. —— verna Vill. (= praecox Jacq.¹): hR^{III.} und überall auf den frischeren Triften gemein.

80. —— tomentosa L.: hR^{III.} selten, nasse Triften mit der Hügeltrift verbindend(?).

81. —— glauca Murr.: hR^{III.} frq. cop., ebenfalls neben trocknen nasse Standorte aufsuchend.

82. —— muricata L.: hR^{III.} frq. cop. im Schotter und häufig in lichte Haine eintretend.

83. Luzula campestris *vulgaris Gaud.: hR^{III.} frq. cop.—soc. überall auf Standorten wie Nr. 79.

84. —— nemorosa E. Mey.: hR^{III.} bis h mont.! und besonders auf den kahlen Felsen der niederen Bergregion cop.—soc., immer auf **Si**-Boden! Fehlt daher weithin an den bevorzugtesten Standorten des Thüringer Beckens und Werralandes im Bereich dieser Formation und zeigt von ihr eine besondere Facies an. (Anschluss an Heidesand und lichte Bergwaldungen).

Formation 17. Trockene Fels- und Geröllfluren.

(Kräuterbestand der Hügelformationen.)

Vegetationsformen. Während die beiden vorigen Formationen in den Holzgewächsen und monokotyledonen Rasenbildnern je einen Hauptbestand für sich allein haben, der einem besonderen physiognomischen Vegetationstypus entspricht, ist das bei dieser letzten der drei warmen Hügelformationen nicht mehr der Fall. Bunt durcheinander wachsen alle möglichen Familien und Pflanzenformen von verschiedener Dauer, und eben dieselben Arten, welche die Schotterböden besiedeln, sind nun auch im stande, sich bei gleicher Bodenbeschaffenheit in die Grastrift und den Hain einzumengen, während

---

1) Letzterer Name jetzt wegen Doppelanwendung besser zu vermeiden.

andere Arten derselben Wachstumsformen die Trift und den Hain ganz hauptsächlich mit bunten Blumen schmücken, ohne als regelmäßige Bewohner der
offenen Felsböden gelten zu können.

Den anstehenden Fels bewohnen auf scharfkantigen Vorsprüngen oder in
schmalen Rissen und engen Klüften einige Arten, welche nie im Hain oder
im Grasrasen vorkommen, ja welche nur zufällig in die Schotterböden sich
verlieren. Solcher eigentlichen Felsbewohner sind aber nur wenige, und an
ihrer Spitze sind wohl die wenigen Farne dieser Formationsgruppe zu nennen,
fast nur Asplenium-Arten. Einige seltene Dianthus schließen sich diesen
mit ihren dichten, der senkrecht abfallenden Felswand angeschmiegten und
immergrünen Polstern an. Sonst sind besonders die Fettgewächse als
solche zu nennen, die immer freien Boden und offenes Licht haben wollen
und dabei ebenso den kahlen Fels bekleiden, wie sie auch in dem fest liegenden
Schotter üppig gedeihen. Da die wenigen Sempervivum-Arten der hercynischen Flora der montanen Felsflora (F. 18) zugezählt werden, so bleiben
allerdings nur die mit dickfleischigen Blättern und dünnfädlichen Stengeln
oberirdisch ausdauernden Sedum-Arten übrig, die als tüchtige Vertreter
dieser echten Felsfacies gelten müssen, außer den beiden überall gemeinen
Arten auch das immer schon mehr bemerkenswerte S. rupestre und das noch
seltenere S. album. Von den übrigen Pflanzenformen sind immerhin noch
einige, die sich besonders an den Fels halten, z. B. Zwiebelgewächse der
Allium-Gruppe (besonders das mit kaum zur Zwiebel entwickeltem Wurzelstock in Felsspalten eingeklemmte A. *montanum (= fallax); aber auch diese
besiedeln gern den steinigen Boden selbst und mischen sich dort mit der
großen Zahl anderer Arten, die die verschiedensten Stellen der grob- und
feinkiesigen, schieferig-brüchigen, kalkig-thonigen oder sonstwie gearteten
Steinböden selbst besiedeln.

Unter ihnen ragt die Form der Halbsträucher hervor, mit Thymus
und Helianthemum als überall gemeiner, und mit Teucrium als bevorzugtere Orte auszeichnender Gattung. Die Hauptmasse der Arten aber bilden
die dikotyledonen Stauden mit den verschiedensten Einrichtungen zum
Ertragen sommerlicher Dürre und Hitze[1]). Viele besitzen einen mächtig entwickelten und tief in die weniger ausgedorrten Steinbodenschichten hinein-
gehenden Wurzelstock, auf dessen Spitze umhüllt von faserigen Blattresten
der frische Trieb steckt (Peucedanum Cervaria, Pulsatilla); viele besitzen einen
Holzkopf auf dem Rhizom, der frei über dem Steinboden aufragt und all-
jährlich neu seine dünnen Blütentriebe oft zu großer Höhe emporsendet
(Genista tinctoria, Artemisia); bei anderen endlich liegt das dünn-holzig ver-
zweigte Rhizom großenteils flach auf dem Schotter und entsendet jährlich noch
dünnere Stengeltriebe (Asperula cynanchica). Die Rosettenstauden vom
Typus des Hieracium Pilosella und Potentilla verna fehlen auch nicht und

---

[1]) Vergl. ALTENKIRCH, Litt.-Verz. S. 29, Nr. 22.

liefern ihre Beiträge zu einer schwachen Form immergrüner Vegetation; zwiebelartig-fleischige Wurzelstöcke bilden sich bei Liliaceen. Hier haben sie zum wichtigsten Repräsentanten die beiden Anthericum-Arten, und noch einige andere mit fleischigem Rhizom ausgestattete Monokotyledonen gesellen sich dazu.

Die Zahl der zweijährigen Kräuter ist nicht allzugroß, enthält aber gerade sehr wichtige Bestandteile der Formation, besonders die Verbascum- und viele Cirsium-, Carduus-Arten, Centaurea maculosa u. a.; sie entwickeln sich alle zu ansehnlichen Pflanzen mit großen Blütenständen und sie blühen alle vom Hochsommer bis zum Herbst.

Dagegen blühen die kleinen einjährigen Kräuter alle sehr früh im Jahre; viele, wie die Veronica-Arten, haben wahrscheinlich von diesen ihren ursprünglichen Standorten aus eine sekundäre Verbreitung in den Ruderal- und Kulturformationen angenommen. Und neben allen diesen autotrophen Gewächsen fehlt es auch nicht an Parasiten, da gerade deren artenreichste Gattung unseres Bezirkes: Orobanche, in dieser Formation ihre natürlichen Plätze besitzt. (Die Halbparasiten der Gattung Thesium schließen sich mehr an die Grastrift als an die Felsflur an.)

Facies-Bildungen. Es sei daran erinnert, dass die *Facies*-Bildungen physiognomisch oder durch besondere edaphische Momente ausgezeichnete Unterabteilungen der größeren Formationen darstellen, während wir die durch besondere Leitpflanzen der *Associationen* hervorgerufene floristische Kennzeichnung als ihre Gliederung bezeichnen. Soweit die Stauden und Kräuter nun physiognomisch dazu beitragen können, durch ihr häufiges und regelmäßiges Vorkommen bestimmte Bestände zu erzeugen oder zu charakterisieren, kommt dies viel mehr zur Unterscheidung der Formation 15—17 selbst in Betracht als zur Gliederung der F. 17. So zeichnen die Orchideen- und Trifolium-Arten (T. medium!) die lichten Haine und Gebüsche aus, die Orchideen (Ophrys u. a.) sogar am meisten eine Verbindung vom lichten Hain mit halboffener Grasflur. In den Grasfluren der Hügelgelände wachsen am häufigsten Zwiebelgewächse, niedere Stauden, wie Brunella, und Hochstauden, wie Peucedanum Oreoselinum, Scabiosa-Arten, Ulmaria Filipendula. Für die abschüssigen Schotterböden sind die oben erwähnten Arten am meisten charakteristisch.

Es wird daher im Folgenden bei dem Wechsel und der Verbindung mehrerer Formationen dieser Gruppe unter einander eine gemeinsame Liste der Stauden und Kräuter überliefert, in welcher diejenigen Arten, welche für eine dieser Formationen durch ihr geselliges Wachstum oder durch die große Anzahl ihrer die Formation gut kennzeichnenden Standorte von besonderer Bedeutung sind, in Fettdruck hervorgehoben werden. Das Übertreten in die benachbarte Formation wird durch Einfügung eines Striches mit Wiederholung der in Klammern stehenden fortlaufenden Ziffer angezeigt. Die Liste soll keinen Anspruch auf Vollständigkeit machen; sie fasst das wesentlichste zusammen, was aus meinen eigenen Sammlungen hervorgehen konnte. Aber von wichtigen Arten wird keine in ihr fehlen, obwohl mit Absicht gewisse einzelne, nur sporadisch in das Gebiet eintretende Arten hier fortgelassen sind und ihre Erwähnung der Landschaftsschilderung im Abschnitt IV überwiesen ist.

Die Faciesbildungen hängen in erster Linie vom Gestein ab, und danach sind überall wenigstens die 3 Hauptfacies geröllartiger Kalkböden, fest durch Thon und Mergel zusammengehaltener kalkreicher, glatter Böden, und endlich die in dysgeogene Bestandteile zerfallenden granitischen und Schieferböden zu unterscheiden, während die Sandsteinböden zu den Heideformationen überführen. Im übrigen hängt die Facies davon ab, welche »Leitpflanzen« der Formation an jedem Orte zusammenkommen konnten, weichen also hauptsächlich in ihrer wh., mh., oh.-Gliederung von einander ab. Daneben allerdings giebt es einige gemeine Arten, welche bei massenhaftem Wuchs zu einer Facies-Unterscheidung benutzt werden können; z. B.:

»*Hauhechel-Flur*« mit soc. Massen von Ononis spinosa, seltener repens.

»*Thymian - Flur*« mit überwiegendem Halbstrauchwuchs von Thymus Serpyllum.

Diese kann in Thüringen durch Teucrium Chamaedrys ersetzt werden.

»*Carlina acaulis-Trift*« eine Grasflur, die von den großen, leuchtend weißen Köpfen der genannten Composite ihre Physiognomie erhält (auf Kalk).

»*Triften von Armeria elongata, Cirsium acaule u. a. im feuchteren Rasen*«, Standorte von nieder-montanem Charakter und artenarm, im Vorgebirge nicht selten.

»*Haintriften mit Betonica, Erythraea, Galium verum*« in ähnlichen Lagen wie vorige.

»*Geröllflur mit Cynanchum Vincetoxicum*«, oft an Basalthängen die einzige Blütenpflanze, welche das dunkle Geröllfeld mit frischem Grün schmückt.

Liste der in die Hain-, Trift- und Felsformationen eintretenden Stauden und Kräuter.

F. 15. Lichte Haine und Gebüsche.	F. 16. Grasige Triften.	F. 17. Fels- und Geröllfluren.
°Ophrys muscifera Huds. (85)[1]	— (85) wh. mh.	
° » apifera Huds. !! (86)	— (86) » »	
° » aranifera Huds. !! (87)	— (87) » »	
°Himantoglossum hircinum Spr. !! (88)]		— (88) mh. !!
— (89)	Orchis tridentata Scop. (89)	— (89)
°Orchis militaris Jacq. (90)	— (90) wh. mh.	
— (91)		Epipactis rubiginosa Gaud. (91)
		Anthericum Liliago L. (92)
— (93)	— (93)	» ramosum L. (93)
		°Gagea saxatilis Kch. (94)
	Gagea arvensis Schult. (95)	— (95)
— (96)	» minima Schult. (96)	
	Ornithogalum nutans L. (97)	
°Muscari tenuiflorum Tausch. (98)	— (98) mh.	
° » comosum Mill., racemosum Mill.,]	— (99—101)	
botryoides Mill. (99—101)]		
Allium vineale L. (103)	— (103)	[°Allium *montanum Schmidt. (102)
» oleraceum L. (104)	— (104)	— (104)
° » rotundum L. (105a)	°Allium Scorodoprasum L. (105)	— (105) (105a)
		°Allium strictum Schrad. !! (106)
	— (107)	Asparagus officinalis L. (107)
— (108)		Polygonatum officinale All. (108)
°Iris nudicaulis Lmk. (109)	— (109) mh.	
— (110)	Genista tinctoria L. (110)	— (110)
°Genista sagittalis L. !! (111)		Ononis arvensis L., *spinosa
	— (113)	L. (112), *procurrens Wallr. (113)
	Anthyllis Vulneraria L. (114)	— (114)
	Medicago falcata L. (115)	— (115)
		Medicago minima Bartel. (116)
Trifolium medium L. (117)	— (117)	— (117)
» alpestre L. (118)	— (118)	— (118)
Trifolium rubens L. (119)		
° » ochroleucum L. (120)	— (120) oh. mh.	°Trifolium striatum L. (121) r.!
— (122)	Trifolium montanum L. (122)	
		°Trifolium parviflorum Ehrb.!!(123)
	» agrarium L. (125)	» arvense L. (124)
	» procumbens L.(126), minus Relh. (127)]	
	Lotus corniculatus L. (128)	— (128)
		°Astragalus exscapus L. !! (129)
	°Astragalus Cicer L. (130)	— (130) oh. mh.
	° » danicus Retz (131)	— (131) mh.
		°Oxytropis pilosa DC. !! (132) mh.
Coronilla varia L. (133)	— (133)	— (133)
° » montana Scop. (134)		°Coronilla vaginalis Lmk. !! (135)

1) Ziffer 85 schließt an Luzula nemorosa auf S. 180 an. Charakterarten von starker Verbreitung in Fettdruck, solche von sehr seltenem Vorkommen mit !! bezeichnet.

F. 15. Lichte Haine und Gebüsche.	F. 16. Grasige Triften.	F.17. Fels- und Geröllfluren.
	— (136) wh. mh.	°Hippocrepis comosa L. (136) Ca.
	°Onobrychis sativa Lmk. (137)	
Vicia lathyroides L. (138)		
» angustifolia Reich. (139)		
» Cracca L. (140), hirsuta Kch. u. a.]		
» tenuifolia Rth. (141)		
° » cassubica L. (142)	— (142)	— (142)
— (143)		Lathyrus silvester L. (143)
°Lathyrus heterophyllus L. (144)		— (144) mh.
» montanus Bernh. (145)	— (145)	
— (146)	Ulmaria Filipendula J. Hill. (146)	
Rubus saxatilis L. (147)		— (147)
Fragaria collina Ehrh. (148)	— (148)	— (148)
» elatior Ehrh. (149)	— (149)	— (149)
Potentilla alba L. (150)	[Potentilla reptans L.]	— (150)
° » Fragariastrum Ehrh. (151)	[» anserina L.]	— (151) wh. mh.)
— (152)	°Potentilla rupestris L. (152)	— (152) oh. mh.
— (153)		Potentilla recta L. (153)
		° » *pilosa W. !! (154) mh.
		° » canescens Bess. (155)
	— (156)	» argentea L. (156)
°Potentilla thuringiaca Bernh. !! (157)]		— (157) mh.
		Potentilla cinerea Chaix. (158) Si.
	Potentilla verna L. (159)	— (159)
Agrimonia Eupatoria L. (161)	— (161)	» *opaca L. (160)
	Sanguisorba minor Scop. (162)	— (162)
		Saxifraga tridactylites L. (163)
	Parnassia palustris L. (164)	— (164) mh.: Ca. !!
— (165)		Sedum maximum Sut. (165)
		° » *purpureum Lk. (166)
		° » album L. (167)
		° » rupestre L. (168)
		» acre L. (169), mite Gil. (170)
°Epilobium lanceolatum Seb. & Maur. (171)]		Epilobium collinum Gmel. (172)
» angustifolium L. (173)		— (173) h mont.
Bryonia dioica Jacq. (174)		— (174)
	Falcaria Rivini Host. (176)	°Eryngium campestre L. (175)
	Pimpinella Saxifraga L. (177)	— (176)
— (177)	— (178) wh. mh.	— (177)
— (178) wh. mh.	Seseli coloratum Ehrh. (179)	°Bupleurum falcatum L. (178)
		— (179)
		°Seseli Hippomarathrum L. !! (180)
— (181)		» Libanotis Kch. (181)
°Peucedanum officinale L. (182)	— (182) mh.	
	— (183) mh. !!	°Peucedanum alsaticum L. !! (183)
— (184)	Peucedanum Oreoselinum Mnch. (184)]	
	— (185)	» Cervaria Cuss. (185)
		°Tordylium maximum L. (186)
°Siler trilobum Scop. !! (187)		— 187) wh. !!
°Laserpitium latifolium L. (188)		— (188) wh. mh.
° » pruthenicum L. (189)	— (189) oh. mh.	

F. 15. Lichte Haine und Gebüsche.	F. 16. Grasige Triften.	F. 17. Fels- und Geröllfluren.
	Daucus Carota L. (190)	
		°Asperula glauca Bess. (191)
°Asperula tinctoria L. (192)		
	— (193)	» cyranchica L. (193)
	Galium Mollugo L. (194), Verum L. (195)]	
Galium Cruciata Scop. (198)	» *ochroleucum Wolff. (196),	Valeriana officinalis L. (199)
	silVestre Poll. (197)	im Nebenstandort
— (200)	Scabiosa Columbaria L. (200)	
— (201) oh. mh.	° » ochroleuca L. (201)	— (201)
— (202) » »	° » suaVeolens (202)	— (202)
		Tussilago Farfara L. (203)
— (204) mh. (oh.)		°Aster Linosyris Bernh. (204)
		° » Amellus L. (205)
Solidago Virga aurea L. (206)	Erigeron acer L. (207)	— (207)
Inula salicina L. (208)	— (208)	
— (209)		°Inula hirta L. (209)
		° » germanica L. !! (210)
Inula Conyza DC. (211)	— (211)	— (211)
		Filago germanica L. (212)
	im }	Si: Antennaria dioica Gärtn. (213)
	Nebenstandort }	» Helichrysum arenar. DC. (214)
	— (215)	Artemisia campestris L. (215)
		» Vulgaris L. (216), Absinth. L. (217)
		[° » rupestris L. !! (218)]
	(— 218 salzige Triften)	° » pontica L. !! (219)
		[° » laciniata W. !! (220)]
	(— 220 salzige Triften)	° » scoparia W. & K. !! (221)
		— (222) var. lanata.
— (222)	Achillea Millefolium L. (222)	Achillea *setacea W. & Kit. (223)
		° » nobilis L. (224)
	— (224)	Anthemis tinc oria L. (225)
— (225)	— (225)	[° » austriaca Jacq. †: oh. !! Elbufer]
Chrysanthemum corymbosum L. (226)]	Chrys. Leucanthemum L. (227) und vulgare Bernh. (228)]	
°Senecio campester DC. !! (229)		— (229) mh. !!
° » spathulifolius DC. !! (230)		— (230) wh. mh.
» erucifolius L. (231)	— (231)	
— (232)	Senecio Jacobaea L. (232)	— (232)
		Cirsium arVense Scop. (233)
		» lanceolatum Scop. (235)
	Cirsium acaule All. (234)	°Cirsium eriophorum Scop. (236)
		Carduus nutans L. (237)
		» acanthoides L. (238)
[°Carduus defloratus L.: siehe F.18, h mont.]		— (239) mh. cop.
	Carlina acaulis L. (239)	Carlina Vulgaris L. (240)
Serratula tinctoria L. (241)	— (241)	
	— (242) mh. — oh.	°Jurinea cyanoides Rchb. !! (242)
— (243)	[Centaurea Jacea L., ...Wiese], C. Scabiosa L. (243)]	
— (244) wh.	°Centaurea nigra L. (244)	°Centaurea Calcitrapa L. (245)
[°Centaur. montana: siehe F. 18, h mont.]		° » maculosa Lmk. (246) oh.-mh.
— (247)	Picris hieracioides L. (247)	Cichorium Intybus L. (248)

F. 15. Lichte Haine und
Gebüsche.

— (249)

— (254)

°Lactuca quercina L. !! (259)
— (260) oh. !!

°Crepis praemorsa Tsch. (262)

Hieracium murorum L. (272)
» vulgatum Fr. (273), rigidum Hartm. (274)]
» umbellatum L. (275), silvestre Tausch (276)]

— (278) Si

Campanula rapunculoides L. (280)
°   »   Rapunculus L. (281)
°   »   bononiensis L. !! (282)

»   Cervicaria L. (284)

F. 16. Grasige Triften.

Tragopogon pratensis Döll.
*minor Fr. (249)

Hypochaeris maculata L. (254)

[Crepis biennis L. access.]

— (265)

Hieracium pratense Tsch. (267)

— (270) {florentinum / magyaricum
»   floribundum W. & Gr. (271)

Campanula rotundifolia L. (279)
— (280)
— (281) wh. mh.
— (282) oh. mh.
»   glomerata L. (283)
— (284)
Armeria elongata Kch. (285)
Plantago major L. (288) [auch media
L. u. lanceolata L.]

Orobanche purpurea Jacq. (290)

»   lutea Baumg. (= rubens) (293)]
— (294) mh.
° » Cervariae Suard !! (= alsatica) (295) wh.! mh.!

° »   minor Sutt. (299) mh.

F. 17. Fels- und Geröllfluren.

Tr. major Jacq. (250)

°Scorzonera hispanica L. (251)
°   »   purpurea L. (252)
» (*Podospermum) laciniata L. (253)
— (254) h mont.
Chondrilla juncea L. (255)
°Lactuca saligna L. (256)
°   »   virosa L. !! (257)
»   Scariola L. (258)
— (259) oh. — mh. !!
°   »   viminea Prsl. !! (260)
°   »   perennis L. (261)
Crepis tectorum L. (263)
»   foetida L. (264)
Hieracium Pilosella L. (265)
°   » » *Peleterianum Mer. (266)
°   » cymosum L. (268)
°   » echioides Lumn. (269)

»   praealtum Vill. (270)
. . . . bis h mont. (271)
— (272) var.!

— (275) (276)
°   » auctumnale Grsb. (= sabaudum Aut.) !! (277)
Jasione montana L. (278)
— (279)
— (280)
— (281) wh. mh.

— (283) mh. wh. frq.
— (284)
°Androsace elongata L. (286) oh. mh.
°   » septentrionalis L. (287) oh.[1]

°Globularia vulgaris L. (289)

[°Orobanche arenaria Borkh. (291) oh.! mh.!
»   caryophyllacea Sm. (292)
— (293)
°   » elatior Sutt. (= major) (294)
wh.! mh.!]
°   » Epithymum DC. (296) mh.
°   » loricata Rchb. (297) mh.
°   » Picridis Schultz. (298) wh.
Verbascum Thapsus L. (300)
»   phlomoides L. (u. thapsi-
forme Schrad.) (301)

1) Vergl. Gruppe IV (Sandfluren) S. 153.

F. 15. Lichte Haine und Gebüsche.	F. 16. Grasige Triften.	F. 17. Fels- und Geröllfluren.
Verbascum nigrum L. (303)	— (303) h mont.	**Verbascum Lychnitis** L. (302)
	[°Verbascum Blattaria L. (305)]	° » phoeniceum L. (304)
		[Linaria Cymbalaria Mill. (306)]
		» vulgaris Mill. (307)
Digitalis ambigua Murr. (308)		— (308) h mont.!
— (309)	Veronica officinalis L. (309)	— (309)
— (310)	» *latifolia L. (310)	
°Veronica spuria L. !! (312)	° » *prostata L. (311)	
	» spicata L. (313)	— (313)
°Melampyrum cristatum L. (314)	— (314)	
	°Alectorolophus angustifolius Gmel. (315)]	
Euphrasia nemorosa (T. p.) (316)		
	°Odontites lutea Rchb. (317)	— (317)
	» rubra Pers. (318)	
Physalis Alkekengi L. (319)		— (319)
		°Salvia Aethiopis L. !! (320)
	Salvia pratensis L. (321)	— (321)
		° » silvestris L. (322)
	° » **verticillata** L. (323)	— (323)
Origanum vulgare L. (324)	— (324) h mont.	[Thymus Serpyllum °pannonicus All. (325)
	— (326)	» » *Chamaedrys Fr. (326)
Satureja Clinopodium L. (327)		Satureja Acinos Scheele (328)
		Nepeta Cataria L. (329)
°Melittis Melissophyllum L. (331)		° » nuda L. !! (330)
Galeopsis Ladanum L., Tetrahit L., pubescens Bess. (331.332.333)]		
		Stachys germanica L. (334)
— (335)		» recta L. (335)
— (338)	Stachys Betonica Bnth. (338)	» arvensis L., annua L. (336.337)
	°Brunella alba Pall. (340)	Marrubium vulgare L. (339)
	» grandiflora Jacq. (341)	— (341)
— (342)	Ajuga pyramidalis L., genevensis L. (342.343)]	
		°Ajuga Chamaepitys Schreb. (344)
°Teucrium Scorodonia L. (345)[1]	— (345) wh.!	Teucrium Botrys L. (346)
	— (347) mh.!	° » **Chamaedrys** L. (347)
		° » montanum L. !! (348)
		[Echinospermum Lappula Lhm. (349)
— (350)	— (350)	Cynoglossum officinale L. (350)
	— (351) mh.	°Nonnea pulla DC. (351)
°Pulmonaria angustifol. *azurea Bess. (352)]		
° » mollis Wolff. (353)	— (354) oh.!	°Cerinthe minor L. !! (354)
Lithospermum officinale L. (356)		Echium vulgare L. (355)
° » **purpureo-coeruleum** L. (357)		
	Myosotis intermedia Lk., versicolor	Sm., hispida Schlcht., arenaria Schrd. (358—361)
— (362)	Cuscuta Epithymum Murr. (362)	— (362)
Vinca minor L. (364)		[Cynanchum Vincetoxicum R. Br. (363)

---

1) Aus der Heideformation übertretend; vergl. oben S. 152.

F. 15. Lichte Haine und Gebüsche.	F. 16. Grasige Triften.	F. 17. Fels- und Geröllfluren.
— (365)	Gentiana cruciata L. (365)	— (365)
	° » ciliata L. (366)	— (366) wh. — mh.
Erythraea Centaurium Pers. (367)	— (367)	
— (368)	Polygala comosa Schk. (368)	— (368)
— (369) wh. mh.		°Polygala amara L. (369)
	Euphorbia Cyparissias L. (370)	—. (370)
	» Esula L. (371)	°Euphorbia Gerardiana Jacq. (372)
		°Ruta graveolens L. !! (373)
°Dictamnus albus L. (374)	Linum catharticum L. (375)	— (374) mh.
	Geranium sanguineum L. (377)	°Linum tenuifolium L. (376)
— (377)	» pyrenaicum L. (378)	— (377)
	» dissectum L. (379), columbinum L. (380)]	
	Erodium cicutarium L'Hér. (381)	°Lavatera thuringiaca L. !! (382)
		°Althaea hirsuta L. (383)
—• (384)		Malva Alcea L. (384)
		» moschata L. (385)
	Malva rotundifolia L. (386)	— (387)
	Hypericum perforatum L. (387)	°Hypericum elegans Steph. !! (388)
— (389)	Helianthemum vulgare Grtn. (389)	
	— (390)	[°Helianthemum oelandicum Whlbg. !! (390)
		» Fumana Mill. (391)
— (392. 393)	Viola hirta L. (392), *collina Bess. (393)]	
	— (394)	Reseda lutea L. (394)
		» Luteola L. (395)
		[°Erysimum crepidifolium Rchb. (396)
°Erysimum odoratum Ehrh. (397)		— (397)
		° » hieracifolium (T. p.) (398)
		» cheiranthoides L. (399)
	Ca! (400)	Conringia orientalis Andrj. (400)
Turritis glabra L. (401)		— (401)
— (402)	— (402)	Arabis hirsuta Scop. (402)
		[» *sagittata DC. (403), *Gerardi Bess. (404)
		° » auriculata Lmk. !! (405)
		» arenosa Scop. (406) (Si!)
		°Sisymbrium austriacum Jacq. (407)
		° » Loeselii L. (408)
		° » strictissimum L. (409)
		°Isatis tinctoria L. (410)
		°Erucastrum Pollichii Sch. Sp. (411)
	— (412) mh.	°Rapistrum perenne Berg (412)
	— (413)	Alyssum calycinum L. (413)
		» montanum L. (414)
		° » saxatile L. !! (415) oh.
		°Draba muralis L. (416)
		°Hutchinsia petraea R. Br. (417)
	— (418)	°Biscutella laevigata L. (418)
	— (419)	Thlaspi perfoliatum L. (419)
		° » montanum L. !! (420) mh.
		°Glaucium flavum Crtz. (421)

F. 15. Lichte Haine und Gebüsche.	F. 16. Grasige Triften.	F. 17. Fels- und Geröllfluren.
		°Glaucium corniculatum Curt.(422)
		[Corydalis lutea DC.: †subspontan]
°Clematis recta L. !! (423)	— (423) oh. !!	— (423) oh. !!
Thalictrum minus (T. p.) (424)	— (424)	— (424)
	°Thalictrum simplex L.(incl. *galioides Nestl.(425)]	
	Pulsatilla vulgaris Mill. (426)	— (426)
	° » pratensis Mill. (427)	— (427) oh. !! (mh.)
°Anemone silvestris L. (428)	— (428)	— (428)
— (429) mh. !!	— (429) mh. !!	°Adonis vernalis L. (429)
	°Ranunculus illyricus L. !! (430)	
°Helleborus foetidus L. !! (431)		
	Nigella arvensis L. (432)	— (432)
	— (433)	Dianthus Carthusianorum L.(433)
	Dianthus deltoides L. (434)	— (434) h mont.
Dianthus Armeria L. (435)	— (435)	
		Dianthus caesius Sm. (436)
	— (437)	Tunica prolifera Scop. (437)
	— (438) oh. !!	Silene inflata Sm. (439)
°Silene *nemoralis W.& Kit.!!(438)		» Otites Sm. (440)
		» nutans L. (441)
— (441)	— (441)	— (442) h mont.!
	°Viscaria vulgaris Roehl. (442)	°Gypsophila fastigiata L. !! (443)
		[Spergula pentandra Morisonii Bor.(444) Si.
		Alsine tenuifolia Whlbg. (445)
		° » viscosa Schreb. (446)
		Holosteum umbellatum L. (447)
	— (448)	Arenaria serpyllifolia L. (448)
		Moenchia erecta Fl. Wett. (449)
		[Cerastium brachypetalum Desp. (450)
		» semidecandrum L. (451)
		— (452)
	Cerastium arvense L. (452)	Scleranthus perennis L. (453)
		Rumex Acetosella L. (454)
Polygonum dumetorum L. (455)		
	°Thesium *montanum Ehrh. (456)	
	° » *intermedium Schr. (457)	
	[Thesium alpinum L., s.unt. Nr.479]	
90 Species	100 Species	183 Species.

Gesamtzahl: 373 Species (♃ ☉ ☉).
Gesamtzahl der Sträucher, Rasenbildner, Stauden und Kräuter einschließlich von 23 neu auftretenden Species in der montanen Felsformation F. 18:

480 Species von
Blütenpflanzen.

Hiernach stellt sich diese Gruppe von 4 nahe an einander anschließenden Formationen als die artenreichste unserer gesamten Flora dar: sie enthält unter Zuziehung einiger in der Liste nicht speciell aufgeführter bodenvager

Pflanzen rund ein Dritteil der Gesamtzahl von Blütenpflanzen. Aber noch bemerkenswerter ist sie durch die unverhältnismäßig hohe Zahl von Arten, welche den hercynischen Bezirk mit charakteristischen Vegetationslinien durchschneiden, oder welche nur je einem einzelnen Gau in weiterer oder engerer Verbreitung angehören; diese durch das !!- oder °-Zeichen hervorgehobenen Arten[1]) betragen 180 von 457 Arten der F. 15, 16 und 17. Die Zuzählung der 21 besonderen Species in F. 18 würde die Zahl von 180 bis über 200 vermehren; es geschieht aber deshalb nicht, weil sich nicht in jedem Gau eine gleichmäßige Verteilung der Standortsmöglichkeiten auf montanen Felsen vorfindet, während die drei Gaue des Hügellandes einen derartigen Vergleich erlauben. Es sind also rund zwei Fünftel der warmen Hügelformationsarten auf einen Teil des Regionsbezirkes beschränkt.

Verteilung der vorhergehenden Arten; Steppen- und präalpine Areale. Es hat demnach etwas lockendes, die genaueren Züge der Verbreitung seltener Arten in den Hügelformationen aufzudecken; doch zwingt die Knappheit des Textes zu einer mehr summarischen Behandlung des Stoffes als oben bei Sträuchern und Rasenbildnern.

Wie aus der Tabelle durch die beigefügten Signaturen ersichtlich, sind selbst die durch Fettdruck hervorgehobenen wichtigsten Charakterpflanzen nicht allgemein verteilt in dem west-, mittel- und osthercynischen Gau und führen dazu, dass auch die Leitpflanzen der Formation zum Teil wechseln, viel mehr als in den Waldformationen. Das Auftreten von Cytisus nigricans und Pulsatilla pratensis im Elbhügellande ist von derselben Bedeutung, wie dasjenige von Viburnum Lantana, Ophrys muscifera und Hippocrepis comosa in Thüringen; aber diese Leitpflanzen schließen sich aus und gelten demnach nur für je 1 oder wenige Landschaften der Hercynia. Daher werden die bezüglichen Leitpflanzen und ihre wichtigsten Begleiter in der Formation unter den betreffenden Kapiteln des nächsten Abschnittes IV zu ihrem besonderen Rechte gelangen. Einige sind von fast durchgehender Bedeutung, wie Peucedanum Cervaria und Oreoselinum[2]), sind aber doch in dem einen oder anderen Gau, dessen Artenschatz in den drei vorhergehenden Listen mitgezählt wird, mindestens sehr selten, oft fehlend. So sind fast alle PM und Po-Areale im Weserlande zu Ende, und das warme Hügelland der Oberlausitz hat von den meistens unter die Arealsignatur Mm fallenden präalpinen Arten so gut wie nichts, selbst verhältnismäßig wenig von pontischen oder westpontischen Arealen. Das Bild von der Verteilung aller hervorragenden Arten ist zu bunt und wechselvoll, als dass es gelingen könnte, alle mit darunter vorkommenden, oft nur launenhaft erscheinenden Einzelfälle von Bedeutung in zusammenhängender Schilderung zu bemeistern.

---

1) Nämlich 18 Strauchgewächse, 15 Rasenbildner und 147 Stauden, bez. ⊙ oder ⊙ Kräuter.
2) Vergl. ihre Verbreitung in meiner Abh. über die östl. Pflanzengenossenschaften bei Dresden in der Festschrift der »Isis« 1885, S. 92—93, Nr. 17—18.

So sind, um nur wenige Beispiele anzuführen, von den beiden bezeichnenden Hügel-Species Bupleurum falcatum und Lactuca quercina im
osthercynischen Gau Standorte nur in der östlichsten Lausitz vorhanden, indem
die Lactuca bei Bernstadt angegeben wird und das gelbe Bupleurum auf den
Neißehöhen bei Ostritz vorkommt; dann überspringen beide Arten das übrige
Sachsen und finden sich erst im Weißen Elsterlande wieder, die Lactuca nur
in dem hervorragenden, auf Karte I angegebenen Thüringer Steppenareal, das
Bupleurum bis vor die Thore von Braunschweig. Die beiden ebenfalls als
Charakterarten bezeichneten Anthericum-Arten verschwinden nach NW
schon an der Ostgrenze des Braunschweiger Hügellandes (Fallsteine, Magdeburger Grenzgebiet), sind im Werra-Weserlande auf Kalk sehr charakteristisch,
treten aber in Sachsen östlich des Elbhügellandes von Meißen bis nach Pirna
nicht mehr auf [1]). Alle diese Dinge lassen sich im einzelnen zwar registrieren,
sind aber einer Erklärung weder fähig noch bedürftig, da die allgemeine Erscheinung längst bekannt ist, dass nicht alle Standorte alle diejenigen Arten
in ihrer Besiedelung bekommen und dauernd erhalten haben, welche für eben
diese Arten noch in der Gegenwart geeignet sein würden.

Der allgemeine Wechsel in der Standortsmenge vieler Charakterarten von
West zu Ost und umgekehrt zeigt aber auch die Empfindlichkeit mancher
Arten gegen Einflüsse des Bodens und Klimas, die auf ein einfaches Moment
kaum zurückzuführen sind. Solche Arten, die sich gegenseitig ablösen, sind
z. B. Aster Amellus, Dianthus Carthusianorum [2]) und Viscaria vul-
garis, welche nur an ganz wenigen Standorten (z. B. Plauenscher Grund bei
Dresden) wirklich zusammenleben. Der genannte Aster hat an dem erwähnten
Orte seine einzige, osthercynische Station; die Karthäuser Nelke nimmt von
Ost zu West derartig ab, dass sie im nördlichen Werralande als Seltenheit
an vereinzelten Standorten auftritt, und beide gehen nicht in die Montanregion;
die Klebnelke zerstreut sich in Thüringen nach bedeutender osthercynischer
Häufigkeit; aber da, wo sie aufhört, wird sie montan (vergl. unter Form. 18).

Auf den grasigen Triften spielen die Scabiosa-Arten physiognomisch
eine hervorragende Rolle; so häufig im Westen S. Columbaria auftritt, so
vorherrschend ist im Osten S. *ochroleuca und in Thüringen schieben sich
beide durcheinander an meistens getrennten Standorten; nur ganz selten ist
S. suaveolens (canescens).

Naturgemäß nehmen alle PM- und Po-Areale in ihrer Standortshäufigkeit
entweder vom Elbhügellande bis zur Asse bei Braunschweig [3]), oder, wenn
sie Sachsen überspringen, aus dem Hauptsteppen-Areale Thüringens gegen
das Leine-Werraland hin ab, selbst wenn sie im Mainzer Becken oder anderorts
am Rhein wiederkehren. Die Mehrzahl solcher Arten ist im Alpenlande
Bayerns gar nicht zu finden und meidet auch immer das nordatlantische

---

1) Siehe die Verbreitung in Isis 1885 S. 103—104, Nr. 57, 58.
2) Siehe die Verbreitung in Isis 1885 S. 94, Nr. 21.
3) Vergl. DRUDE in Isis 1885, S. 78.

Deutschland, vielfach das ganze norddeutsche Flachland bis auf einzelne wenige Standorte. Dafür noch einige Beispiele: Stachys germanica endet nach S in Bayerns oberer Donau-Hochebene, nach N bei Fallersleben (nördlich vom Braunschweiger Lande auf einem isolierten Kalkhügel) und in Pommern-Mecklenburg; von oh. nach wh. werden ihre Standorte spärlicher. Asperula glauca ist nach S wie N hin beschränkter, erreicht ihre Nordgrenze über Schlesien zum Ostharz hin und dann durch das Werraland zum Rhein; dabei ist sie im hercynischen Hügellande häufiger als die Stachys; viel gemeiner und weiter verbreitet als sie ist aber A. cynanchica. Alyssum montanum ist in hercynischer Verbreitung sehr beschränkt und meidet fast ganz den Westgau, um dann am Rhein wieder mehr Standorte zu gewinnen; auch diese Art hat einen einzelnen gegen die Alpen vorgeschobenen Standort bei Oster-hofen in der Donau-Hochebene, sonst nur im Jura- und Maingebiet Bayerns. Und so ließen sich noch viele Arealfiguren schildern.

Nachdem nun in den ersten Listen der Arten Nr. 1—84 der Charakter als Steppenpflanzen mit Umgehung der Voralpen und derjenige als echter prä-alpiner Hain- und Felspflanzen durch ✕- Zeichen, bezw. Sperrdruck angegeben war, sollen im Folgenden von den Stauden und Kräutern dieselben Kategorien zusammengestellt werden, sofern die betreffenden Arten durch die °-Signatur ausgezeichnet sind.

a) °Steppenpflanzen unter den Nrn. 85—457.

Die Areale sind pontisch oder westpontisch. Beispiele: Po[1]-Areal gilt für Gypsophila fastigiata und Hypericum elegans; Po[2]-Areal für Brunella alba und Nepeta nuda; PM[2]-Areal für Ranunculus illyricus und Alyssum saxatile; PM[3]-Areal für Salvia verticillata und Achillea nobilis. Als Ausnahme besitzt Allium strictum ein BU[2]-Areal[1]). Die (Ziffer) bezieht sich auf die Nummer in der Vorhergehenden Formationshauptliste. Ein der Ziffer folgendes ✕ Zeichen bedeutet, dass die betreffende Art im osthercynischen Gau, d. h. fast stets im südlichen Teil des Elbhügellandes Pirna—Meißen, selten in OLz., vorkommt. Die Litteraturcitate von A. Schulz und meiner früheren, mit Schorler 1895 fortgesetzten Arbeit in der Isis-Festschrift 1885 sollen als Hinweise für längere Areal-Auseinandersetzung dienen.

(94)   Gagea saxatilis, spor. Hauptsächliches Auftreten an den Felsen der unteren Saale.

(98)   Muscari tenuiflorum auf Ca! mh. selten.

(105) ✕ Allium Scorodoprasum, im Gebiet mit W-Grenze, über dieselbe bis England verbr. — Schulz, Entw. I. 42. — Vergl. Isis 1885 S. 104, Nr. 60.

(106) —— strictum[1]) !! rr. Einziger Standort wh. am Bilstein (siehe Abschn. IV, Kap. 3).

(109) Iris nudicaulis; nur mh. und selten, bis zum Huy!

(120) ✕ Trifolium ochroleucum, Isis 1895 S. 52, Nr. 69. Wenige Standorte bis Thüringen, Harz, Hessen.

(123) —— parviflorum !!, Schulz, Saalebezirk, S. 61.

(129) Astragalus exscapus !!, Schulz, Saalebezirk, S. 65.

(130) ✕—— Cicer, Isis 1895 S. 53, Nr. 71; Schulz, Entw. I. 36.

(131) —— danicus (Hypoglottis), Schulz, Entw. I. 35, II. 360.

(132) Oxytropis pilosa, Schulz, Saalebezirk S. 66.

---

1) Ist vielleicht wegen seines Areales mit größerem Rechte zu der montanen Felsformation zu rechnen und würde sich dort an Rosa cinnamomea anschließen.

(142) $^\times$ Vicia cassubica, Isis 1885 S. 90, Nr. 7; Schulz, Entw. I. 40.

(154) Potentilla $^\times$ recta, Subspec. pilosa !! Seltene Form, Vorkommen südl. Thüringer Becken.

(155) $^\times$ —— canescens, ist in Abh. Isis 1895 S. 53 hinter Nr. 73 zu ergänzen.

(178) $^{(\times)}$ Bupleurum falcatum, Schulz, Entw. I. 56, II. 357. Anm. 2. Siehe oben S. 192.

(180) Seseli Hippomarathrum !!, Schulz, Entw. I. 26, II. 315—323.

(183) Peucedanum alsaticum !!, Schulz, Entw. I. 59. Sehr seltene Standorte südl. im Thüringer Becken.

(186) $^\times$ Tordylium maximum, Isis 1895 S. 55, Nr. 79.

(189) $^\times$ Laserpitium pruthenicum, spor. von der Oberlausitz bis Thüringen.

(191) $^\times$ Asperula glauca, Po^2-Areal weiten Umfanges; Isis 1885 S. 17, Nr. 34; Schulz, Entw. I. 59.

(201) $^\times$ Scabiosa Columbaria, Subsp. ochroleuca, Isis 1885 S. 98, Nr. 36.

(202) $^\times$ —— suaveolens, die seltenste Art. Gute Standorte am Ostharz!

(204) $^\times$ Aster Linosyris, in Sachsen nur bei Pirna—Königstein rr.! — Schulz, Entw. II. 363, 387.

(205) $^{(\times)}$ —— Amellus, wh. verbreitet, mh. häufig, aber oh. nur Plauenscher Grund bei Dresden!

(209) $^\times$ Inula hirta, Isis 1895 S. 61, Nr. 94; Schulz, Entw. II. 364.

(210) —— germanica, Schulz, Entw. I. 57.

(218) Artemisia rupestris !! Nur mh. — Ist eines der merkwürdigsten Areale.

(219) $^{(\times)}$ —— pontica !! Wird als einzige Art dieser Gruppe aus Sachsen (Grimma) angegeben.

(220) —— laciniata !! Sehr seltene Art: Thüringen (rr.), Anhalt (rr.), Insel Öland.

(221) $^\times$ —— scoparia !! (OLz.) Berührt das Gebiet nur auf der Landskrone bei Görlitz.

(224) Achillea nobilis. Von wh. (selten) bis mh. (häufig am Ostharz!).

(236) Cirsium eriophorum, Schulz, Entw. I. 60. Thüringen—Asse bei Braunschw. (In Sachsen adventiv am Scheibenberg, Ezg.)

(242) $^\times$ Jurinea cyanoides !! Überspringt das Elbthal in Sachsen bis Riesa—Mühlberg und kehrt bei Halle—Ostharz wieder.

(245) Centaurea Calcitrapa. Verbreitet im Gebiet der Mansfelder Seen.

(246) $^\times$ —— maculosa, Isis 1885 S. 100, Nr. 43.

(251) Scorzonera hispanica, mh. und wh. im Ca-Gebiete.

(252) —— purpurea, Schulz, Entw. I. 48.

(259) $^{(\times)}$ Lactuca quercina !!, Isis 1895 S. 61 Anm.; Schulz, Entw. II. 397.

(260) $^\times$ —— viminea !!, Isis 1895 S. 61, Nr. 91. Fehlt in Schlesien, Bayern, Thüringen—Ostharz.

(261) $^\times$ —— perennis, Isis 1885 S. 100, Nr. 44.

(262) Crepis praemorsa. Ca liebend, Thüringen bis Werraland spor.

(269) Hieracium echioides. Nach Westen bis Harz. Wird im Braunschweiger Lande vermisst (Bertram!).

(282) $^\times$ Campanula bononiensis, Isis 1895 S. 60, Nr. 92; Schulz Entw. I. 48.

(286) $^\times$ Androsace elongata. Elbthal bei Dresden (s. oben Sandformation), Saale von Giebichenstein—Aschersleben.

(287) $^\times$ —— septentrionalis. Im Elbthal mit Voriger. Dann erst wieder bei Magdeburg mit (286).

(291) $^\times$ Orobanche arenaria, Isis 1885 S. 102, Nr. 52.

(304) $^\times$ Verbascum phoeniceum, Isis 1895 S. 63, Nr. 101; Schulz, Entw. II. 362.

(311) $^\times$ Veronica prostrata, Isis 1895 S. 64, Nr. 103.

(312) —— spuria. Charakterpflanze um den Ostharz herum, aber nicht häufig.

(314) $^\times$ Melampyrum cristatum, Isis 1885 S. 101, Nr. 50; Schulz, Entw. I. 38, 41.

(317) $^\times$ Odontites lutea (= Euphrasia), Isis 1895 S. 64, Nr. 102.

(320) Salvia Aethiops !! Teilt den Standort von Nr. (106) am Bilstein.

(322) $^\times$ —— silvestris, Isis 1895 S. 62, Nr. 99.

(323) $^\times$ —— verticillata, nur mh. häufig, besonders im Saalegebiete.

(325) Thymus Subsp. Marschallianus erscheint als Seltenheit an der Unteren Saale.

(330) Nepeta nuda !! Seltenheit an 3 Standorten (bei Gotha, Blankenburg a/H. und Eisleben?).

(340) Brunella alba. Selten an mh. Standorten.

(344) Ajuga Chamaepitys. Sporadische mh. Standorte bis Ostharz (Westerhausen und Cattenstedt).

(357) Lithospermum purpureo-coeruleum, SCHULZ, Entw. I. 72. Zahlreiche wh.—mh. Standorte.

(372) ˣ Euphorbia Gerardiana, Isis 1895 S. 59; SCHULZ, Entw. I. 61, Saalebezirk S. 72.

.(374) Dictamnus albus. Wichtige Standorte spor. cop. in Thüringen, r. im Braunschweiger Lande vom Huy! bis Fallstein, Reitling, Asse!

(382) Lavatera thuringiaca !! Thüringen—Ostharz—Magdeburg; früher NW-Grenze bei Braunschweig (BERTRAM).

(383) Althaea hirsuta. Zerstreute und seltene Thüringer Standorte.

(388) Hypericum elegans !!, SCHULZ, Entw. I. 62.

(391) Helianthemum Fumana, SCHULZ, Entw. II. 392.

(396) ˣ Erysimum crepidifolium: in Sachsen nur sehr selten unmittelbar an der Elbe; ist demnach in Isis 1895 S. 56 hinter Nr. 81 zu ergänzen. — SCHULZ, Entw. I. 24, 71; II. 323—332.

(397) —— odoratum, bes. Ca liebend im südl. Thüringen.

(405) Arabis auriculata, Ca liebend in Thüringen—Südharz (Nordhausen).

(407) Sisymbrium austriacum; spor. mh. im Gebiet der Saale; dann wh. auf dem Hohnstein (Süntel, Weserbergland)..

(408) ˣ —— Loeselii (fast ruderales Auftreten); SCHULZ, Saalebezirk S. 84.

(409) ˣ —— strictissimum: Stromthalpflanze!, SCHULZ, Entw. II. 395.

(412) ˣ Rapistrum perenne, am häufigsten im Unteren Saale-Lande, am Huy NW-Grenze.

(415) ˣ Alyssum saxatile !!, Isis 1895 S. 57, Nr. 84. — Fehlt in Thüringen, Saaleland, Ostharz

(421) Glaucium flavum auf Steinschutt an mehreren mb. Standorten, rr. wh.

(423) ˣ Clematis recta !!, Isis 1885 S. 96, Nr. 30; SCHULZ, Entw. I. 47, II. 396.

(427) ˣ Pulsatilla pratensis, Isis 1885 S. 96, Nr. 29. Wichtige Süd- und Westgrenze.

(428) ⁽ˣ⁾ Anemone silvestris, Isis 1895 S. 58, Nr. 87. — wh.—mh. Charakterpfl., oh. fast fehlend.

(429) Ad   s vernalis, S HULZ, Ent . I. 47, II. 342—350.

(430) ˣ Ranunculus illyricus, Isis 1895 S. 58, Nr. 88; SCHULZ, Entw. I. 63, II. 359.

(443) Gypsophila fastigiata, SCHULZ, Entw. II. 359, Saalebezirk S. 69.

Diese 80 hier aufgezählten Steppenpflanzen erschöpfen nicht etwa den ganzen Reichtum hercynischer P-Areale im weiten Sinne, sondern umfassen nur die durch ihr sporadisches Auftreten oder Ausschluss weiter hercynischer Landschaften bemerkenswerten Arten. Von ihnen kommt mehr als die Hälfte, 41 Arten, im mittleren Elbhügellande oder an einigen anderen Stellen im osthercynischen Gau (Sachsen) vor, darunter einige Arten allerdings nur an einem einzelnen Standorte. Einige derselben werden nur durch diese sächsischen Landschaften in den Katalog hineingebracht (Nr. 260, 221 und 415). Ebenso bringt der eine Standort: Bilstein in Nordhessen, 2 eigene Arten hinein (Nr. 106, 320). Hinsichtlich ihrer Gesamtverbreitung und ihrer Standorte im hercyn. Bezirk sind unzweifelhaft die bemerkenswertesten Arten diejenigen der Astragalus-, Artemisia- und Lactuca-Gruppe.

b) °Präalpine Pflanzen unter den Nrn. 85—457.

Die Areale sind hauptsächlich mitteleuropäisch-montan (H³ bis Mm.), oder bei weiterer Ausdehnung wenigstens in Deutschland auf die kalkreichen sedimentären Höhenzüge beschränkt.

(85) Ophrys muscifera in charakteristisch, nicht seltener Verbreitung wh.—mh. mit Ostgrenze; Ca!

(86) —— apifera !!, SCHULZ, Saalebezirk S. 78. Sehr selten mh.; Ca!

(87) —— aranifera !!, SCHULZ, Entw. II. 408. Sehr selten mh.; Ca!

(88) Himantoglossum hircinum !!, SCHULZ, Saalebezirk S. 79. (Arealform abweichend.) rr., mh.; Ca!

(102) ˣ Allium *montanum, Isis 1885 S. 104, Nr. 59. (Bodenvage Verbreitung.)

(111) ˣ Genista sagittalis, sehr selten und an vereinzelten Standorten im Vogtlande, O. Lausitz, Untere Saale.

(134) Coronilla montana, SCHULZ, Entw. II. 412. Viele Standorte wh.—mh.; Ca!

(135) —— Vaginalis !!, SCHULZ, Saalebezirk S. 53. Selten: Ringgau—Arnstadt! Ca!

(136) Hippocrepis comosa. Von charakteristischer Häufigkeit auf Ca, wh.—mh. Dolomit und Ca!

(137) Onobrychis sativa in Thüringen (Saalethal) an vielen Stellen spontan; Ca!

(157) Potentilla thuringiaca !! An mehreren Stellen der südlichen Thüringer Flora; Ca?

(188) Laserpitium latifolium, wichtige Charakterpfl. mh., seltener wh., östlich bis Weiße Elster; Ca!

(192) Asperula tinctoria zerstreut; Ca!

(230) Senecio spathulifolius nicht häufig wh. (Werraland) — mh.; Ca!

[Carduus defloratus und Centaurea montana: s. Formation 18! Ca liebend, fehlen in Sachsen. — SCHULZ, Entw. II. 279.]

(289) Globularia vulgaris, an 3 Standorten Thüringens bis Halle a/S. r.!, Ca!

(331) × Melittis Melissophyllum, Isis 1885 S. 100, Nr. 46. Vom Elbhügellande bis zur Asse bei Braunschweig!

(347) (×) Teucrium Chamaedrys, Isis 1895 S. 63, Nr. 100; SCHULZ, Entw. I. 63. — Nur rr. in Sachsen an der Elbe.

(348) —— montanum !!, SCHULZ, Entw. I. 26. Gehört mit Clematis Vitalba zu den sehr wichtigen Arten, welche an den entsprechenden Standorten Böhmens fehlen. Ca!

(353) Pulmonaria mollis, seltene Standorte im südl. Thüringen; Ca!

(366) Gentiana ciliata, SCHULZ, Entw. I. 72. Sehr häufig wh.—mh. auf Ca!

(369) Polygala amara, nicht häufig vom Leinegebiet durch Thüringen; Ca!

(390) Helianthemum oelandicum *canum !! Thüringen auf Ca! (Subspec. alpestre in Süddeutschl.)

(418) × Biscutella laevigata, Isis 1895 S. 57, Nr. 83. Seltene Standorte und bodenvag vom Granit-sand bis Zechstein, Gyps.

(420) Thlaspi montanum !! wh. sehr selten, mh. spor. und r. von Arnstadt bis Freyburg an der Unstrut; Ca!

(456) × Thesium *montanum, Isis 1895 S. 59, Nr. 90; oh. selten, Si! mh. Viele Standorte; Ca!

(457) × —— *intermedium, Isis 1895 S. 60, Nr. 91. Wie vorige Art auf kalkarmem und häufiger kalkreichem Boden.

Von den hier aufgeführten 28 Arten kommen nur 7 im osthercynischen Gau vor, also ein beträchtlich kleinerer Teil als von den 80 Steppenpflanzen, und nur Nr. 102 und 331, ev. 418, sind nicht zu selten in Sachsen. Keine Art ist n u r im osthercynischen Gau vertreten, da auch Nr. 111 bei Dessau vorkommt. — Die interessantesten Arten dieser Arealgruppe sind jedenfalls die Orchideen, Leguminosen-Coronilleae und 2 Teucrium, und alle diese (ausgenommen T. Chamaedrys) haben scharfe Ostgrenze auf dem Muschelkalk des Saalegebietes.

c) ° Arten von seltenen Verbreitungsformen unter den Nr. 85—457.

Mit den Listen a)—b) sind die einzelnen Landschaften auszeichnenden Arten der Formation 15—17 noch nicht erschöpft. Es giebt außer den pontischen und präalpinen Arten noch atlantische (z. B. Linum tenuifolium), südlichere Vorposten (Ruta), und solche merkwürdige Arten, die bei sehr großem Arealumfang in Europa doch nirgends eine besondere Formationsangehörigkeit verraten (Draba, Hutchinsia); oder die große Areallücken besitzen und in ihrem Vorkommen daher schwieriger zu deuten sind, wie Siler trilobum in Österreich, Livland, Weserbergland. Von diesen Arten werden die wichtigsten kurz aufgeführt:

(187) Siler trilobum !! Im Gebiete nur wh. und zwar an 5 charakteristischen Plätzen des Weser-landes.

(229) Senecio campester !! mh. sehr selten; verhält sich wie eine pontische Pflanze, aber mit baltischen Standorten.

(257) Lactuca virosa !! Südwestliche Art, die auf dem Bilstein (N. Hessen) einen wh. Standort hat.

(277) ×Hieracium sabaudum, Plauenscher Grund bei Dresden; wh. am Meißner?

(295) Orobanche Cervariae !! Nur 2 Standorte: wh. Goburg bei Allendorf!, mh. Seeberg bei Gotha!

(345) Teucrium Scorodonia, westliche Art (WMm.) mit gemeiner wh.-Verbreitung (Haine!)

(373) Ruta graveolens !! Südliche Art, Vorgeschoben wh. zur Werra bei Witzenhausen, mh. zur Saale bei Freyburg.

376) Linum tenuifolium. Atlantische Art, vom Rhein her spor. durch Hessen (Rhön) bis Göttingen und Frankenhausen—Schwarza.

(416) ×Draba muralis, erscheint im Gebiet fast wie eine spor. Steppenpflanze: Meißen-Bodethal.

(417) Hutchinsia petraea, selten wh. und mh. (Vergl. SCHULZ, Entw. I. 37, 39.)

(431) Helleborus foetidus !! Vom WMm. bis fast atlantischem Areal zu seltenen Standorten mh. (Leinefelde!) vorgeschoben.

Die Hälfte dieser Arten ist mit dem !!-Zeichen hervorgehoben, weil in ihrem Auftreten für die betreffenden hercynischen Landschaften ein besonderes Merkmal liegt, wie es in diesen Fällen südliche oder südwestliche Arten auf sporadischen Stationen gewähren können. Während daher bei den Steppen-pflanzen die wh.-Standorte am geringsten an der Zahl waren, überwiegen dieselben in dieser letzten Abteilung, die sich durch Arten wie Potentilla Fragariastrum u. a. leicht vermehren ließe; 8 Arten sind als wh., nur 3 als oh.—mh., oder mh. allein! verbreitet zu bezeichnen.

Nimmt man nun noch die folgenden Arten der montanen Felsformation mit ihren z. T. sogar arktisch-alpinen Arealen und trotzdem verhältnismäßig niedrig gelegenen und warmen Standorten hinzu, so ergiebt sich, dass in der hier behandelten Formationsgruppe thatsächlich nicht nur die größte Menge von Seltenheiten, sondern noch mehr das bunteste Gewirr von Arealfiguren sich vereinigt hat.

3. Die Vegetationsformen und die besonderen Arten von Blüten-pflanzen in der Fels- und Geröllformation des niederen Berglandes.

Übersicht. Aus der Hügelregion eintretende Arten.

Die klippenreichen Thalgehänge und Bergspitzen, letztere am häufigsten von Basalt, Phonolith und Diabas, in den Höhen von 400—900 m sind die vornehmsten Ausbreitungsplätze dieser durch sehr bemerkenswerte Pflanzen ausgezeichneten, mit Raum aber bei uns nicht verschwenderisch ausgestatteten Formation, welche gewissermaßen als ganz schwache Ausprägung des Voralpen-Charakters sich zwischen die von Steppenarten durchzogenen wärmsten Hügelgelände und die subalpinen Bergheiden mit Felsgeröllen ein-schiebt.

Nicht die absolute Meereshöhe bildet ihr Merkmal: der Charakter der hier zusammenkommenden Arten in Areal und Association ist ein anderer,

weit mehr mitteldeutscher mit fast immer festen Grenzen gegen die norddeutsche Niederung und mit ganz wenig arktischen, den Alpen fremden Arten.
Dieser Charakter erhält sich auch noch da, wo der Meereshöhe nach F. 17
erwartet werden könnte; aber der feuchtere Abhang solcher, oft durch Wald
geschützter Thalabhänge, wie die Standorte z. B. von Dianthus Seguieri
und Saxifraga decipiens sind, lässt fast stets die Charakterarten der F. 17
fern bleiben und verteilt diese auf ganz andere Plätze. Nur selten lebt einmal
eine Steppenpflanze mit den Arten der F. 18 zusammen; Beispiele: Melica
ciliata mit Sempervivum soboliferum auf Diabas im westlichen Fichtelgebirge
520 m! oder die Silene Otites mit Alsine verna auf Geröllhalden von Kupferschiefer bei Hettstädt a. d. Wipper (Ostharz) 230 m! —

      Einige Arten sind aus der oben zusammengestellten großen Liste der
Hügelformationen (F. 15—17) zu wiederholen. Es gehören hierher zunächst
neben Cotoneaster (s. Nr. 458) einige *Felsstrauch-Arten*, die aus anderen
Formationen übertreten. Von Bedeutung sind besonders Corylus Avellana
und Calluna vulgaris, während die Dornsträucher des Hügellandes zurückgeblieben sind. Der Haselstrauch bildet massenhafte, niedere ($^1/_2$—1 m hohe)
und noch fruchtende Gebüsche auf 800 m hohen Basaltspitzen; die Heide
siedelt sich ebendort und an granitischen Steilhängen an und verbindet dadurch die Buschheiden der Niederung mit der später zu besprechenden subalpinen Bergheide. Dann steigt Ribes alpinum (siehe oben Nr. 36) häufig
auf den Basaltkegeln in diese Bergstufen empor und teilt seine Standorte in
diese und die von F. 17; nur der Umstand, dass dieser Strauch auch in die
Wälder der norddeutschen Niederung eintritt, lässt ihn weniger, als es sonst
der Fall wäre, im Charakter eines präalpinen Strauches erscheinen. Sorbus
Aria gehört seiner ganzen Verbreitung nach gleichfalls zu dieser Gruppe,
aber er besitzt sein hauptsächliches hercynisches Verbreitungsgebiet auf den
Muschelkalken der unteren Berge (siehe oben, Nr. 8).

      Die *Rasenbildner* sind schwach vertreten. Da Sesleria *varia den
Muschelkalk nicht verlässt, ist sie auch an die niederen Höhen der Trias-
formation orographisch gebunden. Auf den höheren Basaltfelsen sind die
Spalten, soweit Gräser in Betracht kommen, hauptsächlich von Festuca
ovina *duriuscula (Nr. 64) besetzt und diese Art kann es auf den rauhen
Oberflächen solcher sonniger Kuppen in 600—750 m Höhe zu einer besonderen
Facies bringen.

      Recht wichtig sind dann die Crassulaceen, welche in diese Formation
auch die besondere Form der *succulenten Rosetten* tragen (2 Sempervivum).
Aus dem Hügellande gehen aber die oben (Nr. 165—170) aufgezählten Sedum-
Arten hoch herauf; die höchsten Basaltklippen sind noch mit dem kriechenden
Stengelgezweig von S. album an den Sonnenseiten bekleidet, und auf den
höchsten Granitfelsen des »Waldsteins« im Fichtelgebirge (878 m) sind in den
Spalten üppig wuchernde, immergrüne Succulentenrasen von S. rupestre zu
Anfang August in voller Blüte.

Fast alle *Zwiebelpflanzen* fehlen (wichtig ist von diesen eine neu hinzu-
kommende Art: Allium *sibiricum); selbst Allium *montanum, dessen Auftreten man nach seiner präalpinen Verbreitung vermuten sollte, verlässt nicht
die Vorstufen der Berge.

Stauden. — Während alle seltneren und mit °-Zeichen versehenen Legu-
minosae-Papilionatae verschwunden sind, bleiben wenigstens noch gemein
verbreitete Trifolium-Arten übrig; so T. montanum, besonders häufig aber
T. alpestre. Wie dieser hübsche Klee schon so massenhaft mit T. medium
die Grastriften an den Basalthängen besetzt, so steigt er auch auf deren
obere, klippenreiche Hänge hoch empor und bedeckt z. B. massenhaft das
Phonolithgeröll an der Milseburg (Rhön) in 800 m Höhe. Wie die Calluna
aus den Heideformationen gerade hier erneute üppige Standorte findet, so
besetzen auch andere gemeine Arten jener Gruppe in Rudeln die montanen
Felsen mehr als die im niederen Hügellande; so z. B. Epilobium angustifolium.

Sodann sind bezeichnend einige durch ihre oberirdische Rhizom- und
Rosettenbildung besonders für die Besiedelung von Felsspalten oder Steinge-
röll geeignete Sileneen, die dieser Formation in Dianthus, Silene und
Gypsophila 3 interessante neue Arten liefern. Gemein ist Dianthus deltoides
(Nr. 434) und verstreut seine leuchtend roten Blüten in den aus gewöhnlichen
Gräsern (Agrostis, Festuca etc.) gebildeten montanen Gerölltriften am meisten
in 500—700 m Höhe, vom Oberharze bis zum Böhmer Walde. — D. caesius
(Nr. 436), welcher mit seinen niederen Standorten (z. B. Hohenstein im Süntel,
Weserland 300 m, und Plauenscher Grund bei Dresden 150 m) schon oben
aufgeführt wurde, ist im Gebiet häufiger ein montaner Felsbewohner: als
solcher findet er sich im oberen Saalethale, im Thüringer Schwarza-Thale, an
den Rosstrappefelsen des Bodethales im Harz, und höher montan an der
Milseburg 800 m hoch in den Phonolith-Spalten. — Auf solchen Klippen und
grasigen Triften möchte man auch die normale Standortsverbreitung der °Vis-
caria vulgaris (Nr. 442) suchen, von wo sie in die norddeutschen Gebüsche
überging und, vielleicht als Relikt, auch die heißen Schotterböden der F. 15
bis 17 besiedelt. Mit feurigem Rot schmückt sie die Lausitzer Basaltfelsen in
750 m Höhe und überzieht die montanen Kuppen auf den Vorbergen des
Erzgebirges (300—500 m) in Lagen, wo noch keine Charakterart der vorigen
Hauptliste zu finden ist. Zugleich ist ihre Gesamtverbreitung für die Hercynia
nicht unwichtig: Im Osten gemein nimmt sie nach Thüringen zu ab; an der
Rosstrappe im Unterharz gehört sie zu den vielen Arten, welche dort noch
einmal einen letzten Standort gegen W und SW haben; denn sie fehlt im
übrigen dem ganzen Gebirge. Weiter nach West hat sie auf der Höhe des
Meißner (Werraland) den nördlichsten, sehr isolierten Standort, und wird dann
erst weiter im Süden (Rhön) häufiger, so dass ihre hercynische Hauptgrenze
etwa vom östlichen Vorharz—Rhön verläuft.

Von ähnlich charakteristischer Verbreitung, aber allgemeiner wh.—mh.—oh.,
ist dann noch die stolze, mit großen gelben Blumen die Klippen von Granit,
Gneis und Grauwacke ebenso wie von Basalt bis zu 800 m Höhe schmückende

Digitalis ambigua (Nr. 308). Sie besiedelt auch zusammen mit Origanum,
Betonica, Hypochoeris maculata und sogar Lilium Martagon und Verbascum
nigrum Gebirgsschotter und bildet dort auf den kühlere Böden liefernden krystallinischen Gesteinen eine Facies, die, frei von Sedum album und Trifolium
alpestre, von den vorher genannten Arten hauptsächlich noch Dianthus deltoides
in sich aufnimmt.

Liste der montanen Blütenpflanzen in Formation 18.

a) Felsgesträuche, einschl. Halbsträucher.

458. Cotoneaster *vulgaris Lndl.: hR$^{III.}$! aufsteigend bis h mont! in der
Rhön und SÖ-Basalten, spor. mit Arealform H^5. Die »Felsenmispel« ist
bei ziemlich weiter Verbreitung im hercynischen Bezirke doch überall ein recht beachtenswerter Strauch, und ihre einzelnen Standorte werden sorgfältig notiert. Sie verbindet die
Formation 17 mit 18, indem sie von den roten Conglomeratfelsen an der unteren Saale
mit ca. 100 m Höhe bis zu den Basaltspitzen der Rhön zwischen 800—900 m aufsteigt.
Auf den Elbthalhügeln granitischer Felsarten ist die Felsenmispel nicht häufig, findet sich
aber z. B. in der Lößnitz bei Dresden, über dem Plauenschen Grunde, bei Meißen u. s. w.
in geringer Meereshöhe 150—200 m. Viel verbreiteter ist sie auf den Thüringer Muschelkalken, wo sie von der Saale bei Camburg bis zu den 500 m hohen Muschelkalken der
Goburg bei Allendorf zahlreiche Standorte hat; diese werden nach N. zu selten und so
ist einer der beachtenswertesten am Hohenstein (350 m) im Süntel, wo sie in den Spalten
der harten, senkrecht abfallenden Dolomitfelsen sich zahlreich eingenistet hat. Die Nordgrenze wird am Harze von Standorten bei Wernigerode, an der Rosstrappe und im Selkethal gebildet; im übrigen vermeidet es dieser Strauch in dem hercynischen Gebirge so,
wie in den Sudeten, Hochgipfel und subalpine Gründe zu besetzen. In der Lausitz: auf
300—450 m hohen Basaltdurchbrüchen, Landeskrone b. Görlitz, früher auch am Rothstein
b. Sohland u. a. Auf der Rhön: gemein an sonnigen Felsen der Milseburg bei 815 m
u. s. w., gerade wie außerhalb des Gebietes im SO. zahlreiche Standorte auf böhmischen
Basalten liegen.

459. ✕°Rosa cinnamomea L.: rr!! Relikt aus dem Areal BU^2 am südlichen
Harze (Alter Stollberg), wo an dem Indigenat so wenig zu zweifeln ist,
wie an dem nächst gelegenen Standorte (Milleschauer in Böhmen) und
in den süddeutschen Voralpen. Öfter verwildert. SCHULZ, Saalebez. S. 36.

460. °Salix hastata L.: rr!! Einziger präalpiner Standort am südlichen
Harze bei Stempeda am Alten Stollberg; siehe unten. — Arealsignatur
AH (Sibirien—Alpen). SCHULZ, Entw. II. 241, Saalebez. 34! Blüte im Mai, Anfang
Juni vollgereifte, aufspringende Kätzchen.

(326) Thymus Serpyllum (T. p.): cop.; besondere montane Formen aus der
Subspec. angustifolius besiedeln die hohen Basaltkegel der Rhön (Milseburg 800—830 m!) und Lausitz.

461. °Polygala Chamaebuxus L.: spor., in dem an das Fichtelgebirge sich
anschließenden südlichen Teile des Vogtlandes bis zum Nordsaum des
Pfälzer (Böhmer-) Waldes am Tillenberg, in Sachsen im oberen Elsterthal, bei Adorf und Brambach, Plauen und bei Lobenstein. Vergl. Heiden
S. 152. Höhe der Standorte 500—700 m; häufiger Anschluss an den unteren Bergnadel-
wald mit Pinus.

b) Felssucculenten; Crassulaceen-Saxifraga.

(166) Sedum purpureum bildet auf den Basaltgipfeln der Rhön (z. B. Milseburg — 830 m, Kreuzberg — 930 m!) eine besonders reiche und am
höchsten aufsteigende Vertretung dieser Gruppe.

462. °Sempervivum tectorum L.: rr. an wenigen vorgeschobenen Stellen.
Auf Granitfelsen im Kaiserwalde, mit Origanum und Cynanchum in 550 m Höhe bei Ell-
bogen-Schlaggenwald, dort in dichten Polstern trockne Kuppen überziehend. Außerdem
am Bilstein im Höllenthal bei Allendorf (Werra) mit Salvia Aethiopis und anderen Seltenheiten (siehe Abschn. IV. Kap. 3.)

463. ╳°Sempervivum soboliferum Sims.: spor. in den Vorbergen der südlichen hercynischen Gebirge in Höhen 500—700 m. Am westlichen Fichtelgebirge bei Berneck auf Diabas, auf dem Phonolith des Rothsteins und cop. auf der
Landeskrone in der Lausitz; auf krystallinischem Fels im Erzgebirge von Schwarzenberg
bis Bärenstein und Hellendorf, hier an nicht ganz wenigen Standorten. Im Norden wild
wohl nur am Falkenstein im Unterharz.

464. **Saxifraga decipiens Ehrh.!!** Als eine mit dem seltenen Areal **AE**[1] zu
bezeichnende Art erreicht sie die Alpenkette nicht und bildet daher mit
ihren hauptsächlich zwischen dem Harze und Böhmischen Mittelgebirge
liegenden Standorten ein besonderes Interesse. Den Oberharz durchaus
meidend, besetzt dieser Steinbrech in Menge die Granitfelsen des unteren Bodethales,
dann paläozoische Klippen (Thonschiefer u. s. w.) im mittleren Saalethale (Burgk-Ziegen-
rück), bei Lobenstein, Schleiz und Weida, hat im Triebischthale des Vogtlandes bei Jockela
und im Elsterthale (Diabasfelsen »im Steinicht« 300 m hoch greg.!), bei Stollberg, Nossen
(spontan?) und am Hohnsteinfelsen des Elbsandsteingebirges zerstreute Standorte, meidet
aber Erzgebirge und Oberlausitz. Südlich dringt er im westlichen Fichtelgebirge auf die
Vorberge (Diabas) des Olschnitzthales nördlich von Berneck vor (Gefrees, Stein), e r r e i c h t
d a m i t a b e r a u c h i n B a y e r n g e g e n d i e A l p e n u n d B ö h m e r W a l d hin seine
S ü d g r e n z e. Auf seinen Standorten lebt er in zahlreichen, üppig grünenden und blühenden Rasen, hat aber — vielleicht ausgenommen im Unterharze — trotz niederer Höhen
nicht Steppenpflanzen zu Standortsgenossen, sondern ist oft die einzige besondere Art auf
den von ihm eingenommenen Felsen. Gleichzeitig stellt er die einzige bemerkenswerte
Saxifraga der Hercynia vor. (Auf dem Milleschauer in N.-Böhmen liegt ihre Zone von
755—830 m.)

c) Lockere Kriechpolster bildende Caryophyllinen und Cruciferen.

465. °Gypsophila repens L.: rr. !! hauptsächlicher präalpiner Standort am
Südharz, auf den Gypsbergen südwestlich der Wieda b. Walkenried in
Fels- und Schotterboden, auf dem niederen Hügelkamm oft als einzige
Staude im Schottergestein zu bemerken. Blüht Juni, Anfang Juli schon
in Frucht! Siehe unten. — Vergl. SCHULZ, Entw. II, 241, Saalebez. 33, 34. Dann
noch im SW: Vogelsberg in Hessen, an einer Stelle angegeben.

466. °Silene Armeria L.: spor. und r.! Rhön, auf der Milseburg im beschatteten Phonolithgeröll zwischen 750—800 m, mit Dianthus caesius!
— Bodethal im Harz zwischen Treseburg und der Rosstrappe. Die von
HAMPE, (Fl. hercyn. S. 41) geäußerten Zweifel über das Indigenat an dieser Stelle erscheinen
bedeutungslos; HAMPE hält auch die Fichte am Oberharze für eingeführt.

(436) Dianthus caesius Sm.: montan in der Rhön, im Ostharze, Thüringer Wald. — Diese Art hat ein interessantes Areal, welches wohl am ehesten der Figur WMm entspricht; sie ist daher keine präalpine Art und geht auf die mittleren Kalkalpen nach S zu nur bis zur Donauhochebene bei München. Hiernach ist zu verbessern, was ich in der Isis-Festschrift 1885 S. 93 Nr. 20 von dem Areal dieser Steinnelke anführte: vergl. dort auch die genaueren Verbreitungsangaben.

467. °Dianthus Seguieri Vill.: mh.—oh., spor.! An den Felsen des mittleren Saalethales bei Lobenstein. Im oberen Egerthale zwischen Marktleuthen und Hohenberg zerstreut und nicht selten! Am häufigsten im östlichen Erzgebirge (an der Grenze gegen das Elbsandsteingebiet), Ölsengrund 400—500 m!, in der Bergheide des Spitzberges daselbst 710—720 m! bis Fürstenwalde! am Geising!, herabsteigend bis Gottleuba (380 m!) und Hellendorf. Kehrt dann noch einmal im Muldenlande auf niederen Höhen an der Mulde bei Waldheim (Kriebstein), Döbeln und Mittweida wieder und wird endlich von einem Standorte bei Dessau angegeben. —

468. °Alsine verna Bartlg.: eine Art mit einem zusammenhängenden Hochgebirgsareal der Alpen und Karpathen, (auch Riesengebirge), wo sie selten in die Thäler steigt; dann aber merkwürdiger Weise in Mitteldeutschland nur in niederen Höhen rings um den Harz verbreitet, selten in Böhmen und westlich vom Rhein. Außer einem in Thüringen (bei Wendelstein) angegebenen Standorte verbreitet in der unteren Zone des ganzen Harzes und mit den Bächen auf den Flussschottern weit in die Niederung (Braunschweiger Land, Hildesheim, Bodethal) herabsteigend! Am häufigsten auf Kupferschiefergeröll.

469. °Arabis alpina L.: rr.!! Einziger präalpiner Standort am südlichen Harze; siehe unten. Blüht im Mai; fruchttragend noch im September. — SCHULZ, Entw. II. 246; Saalebez. 51.

470. °Arabis petraea Lmk.: rr.!! Teilt die Verbreitung der vorigen am südlichen Harze. Blüht Juni—Juli.

d) Übrige Stauden, voranstehend Laub-Rosetten bildende Compositen.

471. °Aster alpinus L.: spor. und r.!! Auf Lausitzer Basalt, dem Kleis bei Haida, 700 m hoch auf Felsterrassen mit Viscaria greg. (hier als Fortsetzung der gleichen Verbreitung im Böhm. Mittelgeb., Hoher Geltsch! Rollberg! u. a.) Dann mit Überspringung von Sachsen an der Thüringer Saale im Übergangsgebiet des Waldes gegen das Hügelland; hauptsächlicher Standort unweit Saalfeld und noch an drei anderen Standorten. Endlich an dritter Stelle im Ostharz: Bodethal unweit der Heuscheune. Mit diesen hercynischen Standorten endet diese Art in Deutschland nach N, ist aber in den nördlichen Kalkalpen alpin 1700—2300 m.

472. Hieracium Schmidtii Tsch.: spor. durch die bergigen Landschaften. Besonders häufig und bezeichnend an Basaltklippen, sowohl der Rhön als der südlichen Lausitz (mit Nr. 471), in das wärmere Hügelland bis zum Plauenschen Grunde am Rande des Erzgebirges herabgehend.

Montane Basaltfelsen am Kleis, Lausitzer Gebirge. (Originalaufnahme von Dr. A. NAUMANN, Septbr. 1898.)
Der untere Standpunkt liegt bei 590 m und man kann den Anstieg zum 756 m hohen Gipfel bis gegen 700 m hin verfolgen; über Trümmerfeldern erheben sich die steilen Felsen, auf deren oberen Gesimsen und Gehängen Aster alpinus zu Anfang Juni Blumenbeete bildet; in den zurückgezogenen Schluchten und Spalten Woodsia und Allium sibiricum mit Hieracium Schmidtii. Die Buche, die von der hier ein paar kahlästige und dünne Stämme stehen, geht bis zum Berggipfel, wo sie kaum 5 m hohe, knorrige Büsche bildet.

Montane Basaltfelsen am Kleis (OLz.) mit Aster alpinus etc.

473. °H. *bifidum Kit.: spor. Harz—Thüringen, dann im Böhm. Mittelgebirge wiederkehrend.

474. °H. *caesium Fr.: spor. Rhön—Thüringen—Harz.

475. °Centaurea montana L.: wh.! und seltener mh.! Eine auf dem Trias-kalk an die Verbreitung von Cotoneaster, Aria und Coronilla montana angeschlossene seltnere Art mit präalpinem Charakter, welche Sachsen durchaus fehlt. Zerstreut von den oberen Berggipfeln der Rhön!! bis nordw. zum Meißner an der Werra, Fuldagebiet bei Kassel, und den südlichsten Weserbergen!, auch im Leinegebiet!; dann mh. zerstreut durch Thüringen von Eisenach, Gotha und Arnstadt bis Stadtilm und zur Saale bei Ziegenrück u. s. w. Endet hier nach Osten, erscheint aber auf Kalk und Basalt im Böhm. Mittelgebirge wieder. — Diese Art schließt sich hauptsächlich an den Muschelkalk an und darnach an F. 17; aber nach ihrem ganzen Areale und ihrem Auftreten in der Rhön, am Meißner und an anderen ganz von den gemischten Hügelpflanzen freien Stellen erhält sie mit der folgenden Art ihren Platz in dieser Formation.

476. °Carduus defloratus L.: wie vorige Art wh. und mh., aber nach der starken Verbreitung in den Kalkalpen und im Jura relativ selten. Häufig im Werragebirge 500 m., Goburg b. Allendorf! und andere Berggipfel, in Thüringen von Arnstadt bis Jena; endet hier an der Saale und besitzt hercynische Standorte nur auf Muschelkalk. CC.!

477. Pinguicula vulgaris, *gypsophila Wallr.: rr.! nur am südlichen Harze bei Stempeda; siehe unten. Blüht Ende Mai—Anfang Juni. Lebt hier auf dem trocknen Zechsteingyps mit Parnassia palustris L., welche in dieser präalpinen Gegend auf den Sumpfwiesen vermisst wird.

478. °Echinospermum deflexum Lhm.: rr.!! mit dem Areal H^5 (von Norwegen bis zur Dauphinée zerstreut und selten). Wiederum eine Art, welche nur einen hercynischen Standort, und zwar im Unterharze an Kalkfelsen bei Rübe-land, am Krockstein (HAMPE, Fl. h. p. 183), besitzt und dann zunächst im Böhm. Mittel-gebirge auf dessen höchsten Gipfeln, Milleschauer und Kletschen, vorkommt. Über weitere Standorte vergl. SCHULZ, Saalebez. S. 47 und Anm. S. 48.

479. °Thesium alpinum L.: oh.!!, selten mh. Zerstreut im niederen Hügellande nördlich der Elbe von Pillnitz durch die Lößnitz nach Meißen bis Torgau und weiter hinab. Dann an den Muldenhügeln (Wurzen—Grimma) und selten in Thüringen und im Vogtlande! [Die sonst alpine Art gehört dann als Seltenheit der subalpinen Bergheide am Brocken an].

Zwiebelpflanze (vergl. auch oben Nr. 106).

480. °Allium Schoenoprasum *sibiricum W. (= var. alpinum Gaud.) rr.!! Nur an 2 Stellen des Gebietes: im Bodethal des Ostharzes »in den engen Wegen, in der Nähe der Heuscheune in Menge. Die daselbst vorkommende Pflanze ist oft mehr als fußhoch, jedoch auch spannenlang, die Blätter bekleiden den Schaft 3—4 Zoll von der Zwiebel ab, die Zipfel der Blütendecke sind verlängert und drehen sich an der Spitze auswärts« (HAMPE, Fl. Hercyn. p. 276.) — Mir bekannt ist nur der andere Standort an der Südostgrenze unseres Gebietes: Kleis bei Haida 650—700 m! daselbst Anfang Juni blühend, auf feuchten, Rieselwasser in ihren Spalten haltenden Felsen mit Moosen und Woodsia ilvensis, nicht sehr zahlreich. Die nächsten Standorte liegen in den Sudeten. NYMAN unterscheidet auch dem Areal nach A. Schoenoprasum in Mitteleuropa, dessen Subspecies alpinum im Alpen- und Karpathengebiet, und A. sibiricum vom arktischen Nor-wegen bis Norddeutschland. Es scheint mir bei der Nähe der Verwandtschaft zweifelhaft,

ob diese Unterscheidung sich aufrecht halten lässt; jedenfalls scheint mir die hercynische
Form am genauesten mit der der Sudeten—Karpathen in 1300—1800 m Höhe überein-
zustimmen. Die Form der bayrischen Alpen sah ich noch nicht lebend in Blüte.

Verteilung der Arten. Die Liste der vorliegenden 23 Arten hat ein großes
Interesse, wetteifert in geographischer und florenentwickelungsgeschichtlicher
Bedeutung mit den in die subalpine Bergheide eingestreuten arktisch-alpinen
Arten. Fast alle Arten sind von der norddeutschen Niederung
ausgeschlossen; dass das eine oder andere Verbreitungsgebiet, wie z. B.
bei Thesium alpinum aus dem nördlichen Elbhügellande in die Mark
Brandenburg, die Hercynia nordwärts etwas ausdehnt, kann an dem Gesamt-
befunde nicht viel ändern.

Es giebt unter den aufgeführten Arten nur eine einzige, welche in ihrer
Arealsignatur die pontische Bezeichnung führt: dies ist Sempervivum soboliferum mit der Sign. **PM**[2], also zu der Cytisus nigricans-Gruppe zugehörig. Diese Art geht auch durch das nordöstliche Deutschland nach Lithauen
und Livland, scheint aber den Ursprung ihrer Verbreitung aus dem ostalpinen-
karpathischen Gebiete genommen zu haben; als Seltenheit auf Kalk und Schiefer
in Niederösterreich geht sie in Bayern nicht südlicher als Regensburg und
zieht sich von dort westwärts über den Jura zur Pfalz. Trotzdem weisen sie
ihre Standorte für die Hercynia zu F. 18, nach ihrem nordöstlichen Vorkommen
würde man sie zu F. 17 setzen.

Die meisten anderen Arealfiguren schließen diese Formation eng an die
südlichen Hochgebirge unter Vermittelung des Alpenvorlandes
und der Juraketten an; sie entsprechen dann den Signaturen **H**[3] (Polygala
Chamaebuxus, Gypsophila repens, Aster alpinus, Carduus defloratus etc.) oder
den Erweiterungen **H**[4], **H**[5] (Cotoneaster, Echinospermum deflexum) oder endlich **Mm** (Centaurea montana, Dianthus Seguieri). Erwägt man z. B. die europäische Verbreitung der Polygala Chamaebuxus von den Westalpen, Ligurien
und Etrurien über die Schweiz in die Voralpen Bayerns und Österreichs, ostwärts bis zum Banat, Siebenbürgen und den liburnisch-südkroatischen Hochgebirgen, nordwärts auf vielen Jura-Standorten bis Franken und von da in
die am Fichtelgebirge entwickelten Vorberge des Eger-Berglandes, so wird
daraus die Bedeutung von **H**[3] als Signatur ohne weiteres klar. Die meisten
Arten dieser Gruppe aber zeigen nicht so geschlossene Verbreitungsflächen,
wie das eben angeführte Beispiel, sondern bevorzugen in weiten Sprüngen die
Rhön, Lausitz und besonders den Harz.

Dem Harze gehören auch sämtliche Arten an, welche in ihrer
Arealsignatur **A** (= arktisch) führen, entweder ihm allein, oder mit
anderen Bergpunkten gemeinsam und zwar stets aus der **oh.**-, seltener **mh.**-
Gruppe. Dahin gehört hauptsächlich Saxifraga decipiens. Alle übrigen sind
dem hohen Norden und den Alpen bezw. Karpathen gemeinsam, in den Hochgebirgen viel stärker verbreitet als an ihren spärlichen hercynischen Stellen,
und tragen die Signatur **AH**: es sind dies Salix hastata, Arabis alpina und
petraea auf ihrem südharzer Standort, und Allium *sibiricum im Bodethal

und südlicher Lausitz. Zu dieser Gruppe gehört ferner noch Rosa cinnamomea (s. Nr. 459).

Bei dieser Zerstreutheit mannigfaltiger Areale, welche hier ganz sicherlich mit Lebensbedingungen zu rechnen haben, die nicht in der ursprünglichen Natur jener Species gelegen haben, ist es nicht zu verwundern, wenn sich Anläufe zur Entstehung eigener Formen, Anläufe zur Art-Umbildung, finden.

Am meisten tritt dies bei der Pinguicula *gypsophila hervor, welche WALLROTH[1]) als eigene, durch kleinere Blüten unterschiedene Art bezeichnet hat und die jedenfalls eine nicht unerheblich abweichende Form darstellt; A. SCHULZ (Saalebez. S. 37) hat darüber ausführlicher geschrieben. Parnassia palustris, welche gleichfalls auf den Zechstein-Gypsen ein Xerophyt geworden ist, teilt mit der Pinguicula die Besonderheit, die Ansprüche an den Standort durchaus gewechselt zu haben; im präalpinen Formationsbereich der Alpen und Karpathen wächst die P. palustris ebenso, nur dass dort der Boden nicht so austrocknet wie an der Grenze des Harzes gegen die niederschlagsärmsten Gebiete Mitteldeutschlands.

Dann ist Alsine verna in einen gewissen polymorphen Standortskreis eingetreten. Schon i. J. 1863 hat Willkomm in der 1. Ausgabe seines »Führers in die deutsche Flora« eine alpine *A. Gerardi von der *verna unterschieden und teilt letztere noch in die beiden Varietäten caespitosa und hercynica; ich glaube, dass man den Unterscheidungen Willkomms wohl beipflichten kann, wenngleich sie der morphologischen Wertschätzung einer »guten Art« nicht entsprechen.

Auch Centaurea montana variiert nicht unerheblich; was ich von hercynischen Standorten kenne, entspricht aber den gemeinen präalpinen Formen der Kalk-Karpathen und Alpen—Jura, während die schmalblätterigen Formen des Böhmischen Mittelgebirges sehr von diesen abweichen.

Auch die interessanteste Art dieser Gruppe, Saxifraga decipiens, ist nicht monomorph an ihren verschiedenen mitteldeutschen Standorten und gewisse Varietäten sind auch schon von ENGLER[2]) unterschieden. Nach meinem Vergleich arktischer und einheimischer Exemplare bildet die S. *groenlandica = caespitosa eine besondere Unterart gegenüber der S. decipiens *genuina. Letztere, bei uns allein vertreten, hat HAUSSKNECHT in mehrere Unterarten zu zerlegen versucht, die mir schwach begründet erscheinen; Variationen in der Dichtigkeit grauer Behaarung, in der Polsterbildung und Blütengröße finden aber allerdings statt. —

In Anbetracht der vielen durch weite Zerstreutheit auffälligen Standorte, welche diese F. 18 bietet, hat nun auch das in dieser Beziehung merkwürdigste Consortium von 5 Arten am Südrande des Harzes (Alter Stollberg bis Ellrich und Walkenried; Standorte auf unserer Karte durch eine starke

1) Linnaea XIV (1840) p. 533—536; Vergl. HAMPE, Fl. hercyn. p. 221.
2) Saxifraga 1872, p. 187—190.

Linie hervorgehoben!) nicht mehr so viel des Überraschenden, als es für sich
allein betrachtet haben würde. Mindestens soviel zeigt diese Formationsgrup-
pierung, dass auch in viel tieferen Stufen als 1000 m zahlreiche präalpine und
glacial-arktische Reliktenstandorte existieren. In der vielgenannten Schrift über
die Entwickelungsgeschichte des Saalebezirkes (S. 24—37) hat A. SCHULZ ausführlich sich darüber geäußert und ich darf mich hier um so kürzer fassen. Wie
und wann diese Arten hier zusammenkamen, bleibt natürlich hypothetisch
und man braucht sich dieselben nicht durchaus als Arten einer gleichen Be-
siedelungskategorie vorzustellen, wie auch jetzt Coronilla vaginalis und Nepeta
nuda oder ähnliche Arten, Thesium alpinum und Pulsatilla pratensis nahe
bei einander an gleichen Hauptstandorten wachsen. Pflanzen aus verschiedener
Herkunft verschmelzen aber auf gleichartigem Standorte durch Jahrtausende
zu einer äußerlichen Einheit.

Nach dem Südharz mit seinem Zechstein kommt dann, wie schon oben
hervorgehoben, besonders das Bodethal mit Granitwänden und Urkalk in
Betracht, wo in Aster alpinus, Allium *sibiricum, Silene Armeria, Echinospermum
deflexum und der Saxifraga eine ähnlich interessant zusammen gewürfelte
Schaar wächst.

Während unter F. 15—17 der Mangel an präalpinen Arten im osthercynischen Gau hervortrat, ist das in dieser montanen Formation nicht
so der Fall, wenn auch nicht so vereinzelt dastehende, seltene Vorkommnisse
ihn zieren; 9 Arten sind vom Fichtelgebirge bis zur südöstlichen Lausitz in
den 4 Landschaften, die in Betracht kommen, zerstreut, davon 2 sogar im
armen Muldenlande. Diese Arten sind Cotoneaster und Polygala, Sempervivum
soboliferum und Saxifraga, Dianthus Seguieri, Aster alpinus, Hieracium Schmidtii,
Thesium alpinum und Allium *sibiricum.

4. Die Sporenpflanzen der Felsformationen. F. 17 und 18.

· Als Besiedler der Felsen können hier nur solche Arten gelten, welche
frei dem Lichte und der Sonne ausgesetzt in den Spalten des Gesteins
vegetieren, ohne des schützenden Laubdaches zu bedürfen. Equisetaceen und
Lycopodiaceen sind in F. 17 und 18 gar nicht vertreten. (L. Selago tritt erst
in subalpinen Felsgeröllen auf.) Da oben auseinandergesetzt wurde, dass besondere Moose den lichten Hainen und trockenen Grasfluren fehlen, so
beschränkt sich die Anteilnahme dieser Sporenpflanzen auf die Felsen, und
naturgemäß auf die in die feuchteren Berglüfte hineinragenden montanen Fels-
standorte in erster Linie. Hier liefern Farne und Moose Charakterpflanzen
von hoher Bedeutung. Die schon in größeren Tiefen (200—500 m) auftretenden
Arten können mit den montanen Arten um so unbedenklicher gemeinsam
abgehandelt werden, als sie alle auch in größeren Höhen (bis 800 m) gefunden werden.

Die Farne.

Maßgebend ist hier die Gattung Asplenium, am weitesten verbreitet von ihren Charakterarten die erste (481), dann Cystopteris. Deren charakteristische Häufigkeit hat deshalb für die Hercynia größere Bedeutung, weil beide nördlich deren Grenze nur noch an ganz sporadischen, meist unnatürlichen Standorten (Mauern), z. B. auf Rügen, vorkommen. Wie bei den Nr. 1 bis 84 der Gesträuche und Rasenbildner sind hier die präalpinen Arten durch Sperrdruck ausgezeichnet; ihre 3 Arten haben keine weitgehende hercynische Häufigkeit. 4 andere Arten mit südlicher oder borealer Hauptverbreitung in Europa sind durch !! ausgezeichnet; in ihrer Gegenwart ist um so mehr ein wertvoller hercynischer Charakter gegeben, als sie den deutschen Kalkalpen noch fehlen. Auch das hercynisch-gemeine Asplen. septentrionale hat diesen gegenüber seine Südgrenze am Würmsee südlich München (auf einem erratischen Block).

481. Asplenium septentrionale SW. (Areal ME[2]), frq. auf Silikatfels und Basalt von 250—850 m!

482. —— Ruta muraria L., frq.-cop. auf sonnigen Felsen aller Gesteine, besonders in Reg. III.

483. —— Trichomanes Huds., frq.-cop. vom Hügellande bis zur Gebirgsregion, Dolomit, Silikate und Basalt.

(484) —— germanicum Weis., (A. septentrionale × Trichomanes) spor. und selten.

485. —— Adiantum nigrum L. !! selten, durch das Gebiet zerstreut, bis zum NO-Harz.

—— —— var. Serpentini Tsch. (= cuneifolium), noch seltener: EzG. bei Zöblitz !, Chemnitz, Fichtelgebirge.

(486) —— adulterinum Milde !! selten, auf Serpentin: EzG. (Zöblitz!), Fichtelgebirge und anstoßendes Vogtland.

487. —— viride Huds., als Seltenheit zerstreut d. G.; oh.: auf Sandstein, Granit, Syenit; mh.—wh. auf Kalk.

488. Cystopteris fragilis Brnh., sehr verbreitet an allen feuchteren Felsen von 250—1450 m (Arber!)

489. Nephrodium Robertianum Prtl. spor. und fast nur auf Ca!, daher wh.—mh. viel häufiger als oh.

490. °Aspidium Lonchitis Sw.: rr. !! angegeben südl. wh. Vogelsberg, und mh. Thüringen bei Stadtilm u. s. w. Ein sehr merkwürdiges Vorkommen dieses Farn ist von ISRAEL am basaltischen Pöhlberge des mittleren Erzgebirges bei Annaberg festgestellt worden (1868), von wo das Dresdner Herbar Exemplare besitzt; der Farn scheint seit jener Zeit verschwunden zu sein und wird in der späteren Flora von Annaberg ISRAELs (s. Litt. S. 35) nicht mehr angegeben.

491. °Ceterach officinarum W. !! (Areal Atl); rr. vom Rhein her wh. (Bilstein im Höllenthal!).

492. **Woodsia ilvensis** R. Br. !! (Areal **AE**[1]); spor. durch das Gebiet: Ober-lausitz-Harz-Rhön. Von größtem Interesse ist das Areal dieser Woodsia (Subspec. *rufidula), welche nach Süden ihr Gebiet nicht nach Bayern ausdehnt (wohl aber zum Schwarzwald) und aus diesem Grunde als hercynische Charakterart höherer Bedeutung aufgefasst wird. Sie hat ihr stärkstes Vorkommen im Böhmischen Mittelgebirge und geht von hier zum Kleis (700—730 m!), zur Lausche, Tollenstein im Lausitzer Berglande, zum Hockstein im Elbsandstein-Gebirge, zur Mulde bei Rochsburg, zur Saale bei Ebersdorf und Burgk, springt dann nach Kassel (Burghasungen) über und ist an vielen Basaltspitzen der Rhön, besonders an der Milseburg (780—830 m!), Eierhauck und Beutelstein, und endlich wieder an den Granitwänden des Harzes sowohl im Okerthale als an der Heuscheune des Bodethales. Überall sind die von diesem Farn, der in dichten Polstern aus engen Felsspalten herausbricht, besetzten Felsklippen streng montan in ihrer Flora, oft feucht berieselt, in Gesellschaft von Allium sibiricum, Aster alpinus, Dianthus caesius, Saxifraga decipiens.

Moose und Flechten.

Bei der viel weiteren Verbreitung der Sporenpflanzen ist es angebracht, die wichtigsten Thatsachen über die Verbreitung der Muscineen und Lichenen von den montanen Felsen mit denen der subalpinen im nächstfolgenden Kapitel zu vereinigen. Denn die Höhen von 400—800 m zeichnen sich in dieser Hinsicht hauptsächlich durch eine Vereinigung von Arten des Hügellandes mit denen des oberen Berglandes aus; viele der ersteren finden hier ihre obere, viele der letzteren hier ihre untere Grenze, und da diese Thatsachen auf den in der Hercynia weit zerstreuten Felsstandorten noch längst nicht mit genügender Sicherheit gesammelt und verarbeitet sind, so genügt ihre Zusammenfassung an einer Stelle, und es wird in der Hauptsache auf SCHORLERs Anhang im nächsten Kapitel verwiesen. Nur einige allgemeine Gesichtspunkte sollen hier für die Formation 18 herausgegriffen werden.

An den sonnigen Felsen der F. 17 kommen im allgemeinen besondere Moose und Flechten nicht vor; wo es der Fall ist, gestattet es eine feuchtere oder sonstwie für Sporenpflanzen geeignetere Lage des Standortes und es sind dann die Arten von F. 18. Manche Flechten und Moose, z. B. Parmelia saxatilis und Polytrichum piliferum, haben ja überhaupt selbst bei Sporenpflanzen eine selten weite Verbreitung und finden sich z. B. auch auf granitischem Steinschotter im Bereich der sonnigen Hügelfacies neben Carex humilis und Centaurea maculosa, oder an den von Asplenium septentrionale besetzen Klippen.

Sonst müssen wir auf die Vorberge, oder auf Steilfelsen über feuchteren, mit der unteren hercynischen Waldformation erfüllten Thälern vordringen, um eine reichere nieder-montane Gesellschaft von Sporenpflanzen zu finden, die hier zunächst in der Umbilicarien-Facies auftritt. Schon auf den Quadersandsteinen in 400 m finden wir mächtige Blöcke ganz überzogen mit den braunen, schwärzlich gefranzten und blasig aufgetriebenen Blätterthallomen der Umbilicaria pustulata, ebenso und noch häufiger auf Porphyr und Granit die (wie vorige selten in diesen niederen Bergstufen fruchtenden) Gyrophora hirsuta, polyphylla und deusta. Überall sind graue Lager von Parmelia saxatilis, Placodium albescens und saxicolum, oft auch Haematomma coccineum, Cladonien dazwischen zu finden, und schon hier beginnt ein reicheres Leben von Lecanoren und Lecideen (Lecanora badia, sulphurea, polytropa und petrophila, Lecidea crustulata und macrocarpa, fuscoatra — alle diese auf den allein zu F. 18 gehörigen Silikatgesteinen) mit dem ersten Auftreten von Rhizocarpum geographicum, welche Art von 400 m an nicht selten und von 600 m an aufwärts gemein auf den ihr zusagenden Gesteinsblöcken lebt.

Alle diese Lichenen können mehr sommerliche Trockenheit vertragen als die folgenden Moose, die in den Vorbergen gern den Anschluss an den die Felsen oder Rollblöcke umgebenden Wald aufsuchen, oder die in den Tiefen der Gerölle, im Schatten der Felsritzen eine gedeihliche Existenz führen. So findet sich hier in den Vorstufen des Berglandes um 600 m noch eine große Zahl von Moosen des Waldes, welche dichte Rasen auf Granitblöcken der F. 18 bilden.

Unter den Moosen erscheint besonders bezeichnend für solche montane Felsen die Gattung Racomitrium, und unter ihren Arten besonders R. heterostichum, welches als eine eigene Facies bildend angesehen werden darf. Auf den 400—600 m hohen Basaltbergen von der Rhön bis Südhannover und zur Lausitz tritt dieses Moos in seinen dunkelgrünen Polstern ebenso häufig auf wie auf Granitblöcken, welche die höheren Berge an ihrem waldumsäumten Fuße schon in Höhen von 300—400 m an aufwärts wie eine Vermittelung ihrer Formationsstufen hingestreut haben. Neben ihm, aber einer höheren Bergstufe bedürftig, erscheint dann R. aciculare in kleineren, schwarzgrünen und weniger von Wimpern grau schimmernden Polstern, ebenso R. lanuginosum, R. fasciculare und die verwandte Hedwigia ciliata, während andere Arten doch mehr dem oberen Berglande zuzurechnen sind. Dasselbe ist der Fall mit der Andreaea petrophila, welche eine neue, höhere Facies der Montanmoose anzeigt und in ihrer Hauptmasse von Standorten den subalpinen Felsen angehört; doch steigt sie auch im Harze bis zu den Sandsteinfelsen der Teufelsmauer bei Blankenburg und des Regensteines herab, findet sich gleichfalls in Sachsen und Thüringen auf niederen Höhen und hat eine zweite Art: A. falcata, neben sich, welche von den Felsen des Bode- und Okerthales im Harze zu den Porphyrhöhen am Inselsberge in Thüringen und zu den Phonolithklippen der Milseburg in der Rhön geht, damit also gerade die obere Stufe dieser F. 18 trifft. Auch die Andreaeen besiedeln nicht den Kalk, der aus öfter angeführten Gründen überhaupt nicht in dieser Formation vorkommt, soweit es sich um ihre hercynische Ausprägung handelt.

Dagegen gehören folgende Arten mit der Hauptzahl ihrer Standorte in den Bereich der unteren Facies (Racomitrium), bezw. in die unteren Grenzgebiete der oberen (Andreaea) Facies:

Rhabdoweisia' fugax Br. Schmp. und denticulata Br. Schmp.

Oreoweisia (= Dicranoweisia) Bruntoni Schmp. spor. im Ezg., ThW., Hz., Fchg., Solling, bis
    Felsen am Plauenschen Grund bei Dresden, Halle u. s. w.

Dicranodontium longirostre, Verbreitet.

Barbula muralis Timm., ruralis Hedw., hier auf natürlichen Standorten, nicht hoch steigend.

Grimmia pulVinata Sm. scheint, wie schon MILDE angiebt, ihre obere Grenze hier zu erreichen.

—— apocarpa Hedw. von den erratischen Blöcken bis oben auf das Gebirge.

Coscinodon pulvinatus Sprg. zerstreut in sehr Verschiedenen Höhenstufen, im Harz nur vom
    Bodethal, Goslar und Blankenburg angegeben, also F. 18.

Orthotrichum rupestre Schleich. u. a. A.

Bartramia ithyphylla Brid. und Halleriana Hedw.

Dazu gesellen sich aber noch die vielerlei Polster und Decken von Wald-moosen, die besonders granitische Felsen gern überziehen. Dicranum scoparium und longifolium gehören dazu mit Polytrichum piliferum und juniperinum, Bryum-Arten (z. B. auch B. pseudotriquetrum in der Oberlausitz), Thuidium tamariscinum, Hypnum cupressiforme und andere weit verbreitete Arten. Diese machen häufig den Polster bildenden, eigentlichen Felsmoosen den Platz streitig, indem unter ihrer Wirkung eine Humusdecke auf den Blöcken abgelagert wird, die schließlich mit Cladonien, Cetraria und den Zwerggesträuchen der Heide sich besiedelt.

———

Fünftes Kapitel.

Die Wiesen, Moore, Bergheiden und Borstgrasmatten.
(Gruppe VI—VIII.)

1. Allgemeines. Die Rasenbildner.

Während in Kap. 2 die durch das Baumleben bedingten Bestände zu-sammengefasst wurden, Kap. 3 die Folgen des eugeogenen Sandbodens, Kap. 4 diejenigen des dysgeogenen Felsbodens auf das landschaftliche Ge-präge zeigte, fasst dieses Kapitel die von Gräsern, Riedgräsern und Binsen zusammen mit Moosen, Zwerggesträuchen und Stauden in buntem Zusammenleben auf niemals austrocknendem, humusreichen und oft humussauren Boden geschaffenen Bestände zusammen, welche allein eine geschlossene Vegetationsdecke in dauerndem Kampfe gegen den Wald unter sich allein durchzuhalten vermögen. So verschieden auch die drei Gruppen der Wiesen, Moore, Bergheiden sich dem Auge und der botanischen Analyse darstellen, so rechtfertigt sich doch ihre gemeinsame Behandlung durch die sanftesten, von einer zur anderen gebotenen Übergänge und Verbindungen.

Es sind dies im hercynischen Berg- und Hügellande diejenigen Formationen, welche weite Räume mit einer nicht aus Holzpflanzen bestehenden, dabei aber fest geschlossenen Formationsdecke besiedeln, während die Hügel- und Felsformationen mit ihrer so bedeutsamen floristischen Rolle doch immerhin beschränktere Räume besetzen und aus gemischten, offenen Beständen bestehen. Dabei sehe ich die Wiesen zwar in ihrer jetzigen Form und Umgrenzung als durch die regulierende Thätigkeit des Menschen herbeigeführt, in ihrer Grundlage aber als durchaus auf natürlichen Bedingungen ruhend an; vergl. Deutschl. Pflanzengeogr. I, 288—289.

Es lassen sich in dieser Verbindung einige Arten nennen, welche eigene Facies in jeder ihrer Gruppen zu erzeugen vermögen, besonders das Borstgras, Nardus stricta. Durch die zwischen Moos und Gras aufgenommenen Ericaceen, zumal Calluna und Vaccinium Myrtillus, erhalten dann ferner einige dieser Formationen besonders innige Beziehungen zu den in Kap. 3 behandelten Heideformationen des eugeogenen trockenen Bodens, und die Bergheide verbindet sich mit der auf unseren niederen hercynischen Gebirgen nur schwach entwickelten subalpinen Fels- oder »Gratflora«. Zu dieser gehört im Böhmer Walde sowohl Poa alpina und Agrostis rupestris als auch Juncus trifidus, alle drei Arten in vegetationskräftigen eigenen Beständen über der Baumgrenze, eingenistet in den Spalten des zerklüfteten Gesteins; das ist aber auch das einzige Auftreten von Rasenbildnern alpiner Genossenschaft, sonst ziehen sich die Poaceen, Cyperaceen und Juncaceen der Niederung mit wechselndem Austausch und Artenreichtum bis auf die subalpinen Matten an- und über der Baumgrenze hinauf, und es fehlt den hercynischen Gebirgen der eigenartige Wechsel, den auf den Alpen und Karpathen in der Region der Oreochloa disticha die Matten über den Rasenbildnern der niederen Berge zeigen. So fein und mannigfaltig wie die Bäume des Waldes nach Höhenlage und Bodenbeschaffenheit mischen sich aber auch die Rasenbildner der 3 genannten großen Ordnungen, und die folgende Tabelle stellt dieselben daher zunächst entsprechend der Baumtabelle synoptisch zusammen.

Gruppe VI—VIII. Rasenbildende Poaceen, Cyperaceen und Juncaceen der hercynischen Wiesen, Moore und Bergmatten.

Durch ihr Auftreten sehr wichtige Arten sind durch !! hervorgehoben. Montane Charakterarten mit ×!-»Grenze« bedeutet häufigeres Vorkommen in bestimmten Höhenlagen einer Formation, der »Strich« — dagegen nur das Ausstrahlen von den benachbarten Formationsstandorten her. Die wenigen halophilen Arten siehe in Gruppe IX Formation 30.

Formation	19 Auwiese	20 Bergwiese	21 Moorwiese	22 Niederungs-Torf-Moor	23 Gebirgs-Hochmoor	24 Subalpine Matte	Bemerkungen.
Poaceae.							
Anthoxanthum odoratum L. (1). .	soc.	soc.	soc.	spor.	—	cop.	
°Hierochloa odorata Whlbg. !! (2)	.	.	r.	.	.	.	Saaleland: Schönebeck, Barby.
Phleum pratense L. (3)	soc.	Grenze	—	.	.	.	
×° —— alpinum L. !! (4) . . .	.	.	.	.	.	spor.	Böhmer Wald.
Alopecurus pratensis L. (5) . . .	soc.	soc.	.	.	.	—	
—— geniculatus L. (6)	.	.	cop.	.	.	.	
Agrostis vulgaris With. (7). . . .	soc.	soc.	soc.	—	—	cop.	
—— alba L. (8)	soc.	soc.	soc.	—	—	spor.	
—— canina L. (9)	—	soc.	soc.	—	spor.	cop.	
(×° —— rupestris All.) (10) . .	.	.	.	.	.	Felsen	Arbergipfel (F. 25).
×Calamagrostis Halleriana DC. (11)	.	.	.	.	spor.	soc.	zugleich montaner Wald.
—— lanceolata Rth. (12)	.	.	spor.	.	—	spor.	
Holcus lanatus L. (13)	soc.	cop.	soc.	—	—	.	
Deschampsia flexuosa Trin. (14) .		cop.	.	.	.	soc.	zugleich Heide, Felsen.
—— caespitosa P. B. (15)	greg.	cop.	cop.	—	—	spor.	
Trisetum flavescens P. B. (16) . .	cop.	Grenze	.	.	.	.	
Avena pratensis L. (17)	spor.	greg.	.	.	.	.	
—— pubescens L. (18)	spor.	—	.	.	.	.	
—— elatior L. (19).	cop.	—	.	.	.	.	
(Triodia[*Sieglingia] decumbens PB.)	.	.	spor.	.	.	.	aus d. Heideformat. übertretend.
Molinia coerulea Mnch. (20). . .	.	—	greg.	soc.	greg.	spor.	
Briza media L. (21).	soc.	cop.	spor.	—	.	.	
Dactylis glomerata L. (22). . . .	soc.	Grenze	.	.	.	.	
Cynosurus cristatus L. (23) . . .	soc.	soc.	spor.	.	.	.	
(×° Poa alpina L.) (24)	.	.	.	.	.	Felsen	Arbergipfel (F. 25).
—— trivialis L. (25)	cop.	spor.	greg.	.	.	.	
—— pratensis L. (26).	soc.	soc.	cop.	.	.	cop.	
Festuca ovina L. (27)	soc.	soc.	—	.	.	.	
—— rubra L. (28)	cop.	soc.	soc.	.	.	.	ersetzt montan die übrigen Festuca-Arten.
—— elatior L. (29)	soc.	soc.	—	.	.	.	
—— arundinacea Schreb. (30) . .	soc.	cop.	.	.	.	.	
Bromus racemosus L. (31)	soc.	Grenze	—	.	.	.	
—— mollis L. (32). . . . . ⊤ . .	greg.	Grenze	.	.	.	.	
°Hordeum secalinum Schreb. (33)	halophil.	.	.	.	.	.	in Sachsen fast fehlend.
Nardus stricta L. (34).	.	greg.	soc.	soc.	greg.	soc.	neigt zu einer sehr weitgehenden Bildung eigener Bestände.
Lolium perenne L. (35)	soc.	Grenze	.	.	.	.	

Formation	19 Auwiese	20 Bergwiese	21 Moorwiese	22 Niederungs-Torf-Moor	23 Gebirgs-Hochmoor	24 Subalpine Matte	Bemerkungen.
Cyperaceae.							
Eriophorum angustifolium Rth. (36)	.	.	greg.	soc.	greg.	greg.	
—— *latifolium Hpp. (37) ...	.	.	greg.	soc.	greg.	greg.	
—— gracile Kch. (38)	.	.	.	spor.	spor.	spor.	
—— vaginatum L. (39)	.	.	.	greg.	soc.	—	ist Vorwiegend montan!
×°Trichophorum alpinum Pers.!!(40) (= Eriophorum — L.)	.	.	.	.	spor.	rr.	Hz.—ThW.—BhW.
×° —— caespitosum Hartm. !! (41) (= Scirpus — L.)	.	.	.	.	wh. soc.	wh.mh. greg.	-BhW.
Scirpus silvaticus L. (42)	.	.	spor.	greg.	—	.	
Heleocharis pauciflora Palla. (43). (= Scirpus Aut.)	.	.	spor.	spor.	.	.	
Blysmus compressus Panz. (44). .	greg.	.	.	.	.	.	häufig an Sumpfstellen im sandstein-Gebiet.
°Schoenus nigricans L. (45) ...	.	.	r.	.	.	.	(cop. im Helsunger Bruch n lich vom Hz.)
° —— ferrugineus L. (46)	.	.	rr.	.	.	.	(im Saalkreise).
°Rhynchospora alba Vahl. !! (47)	.	.	—	greg.	.	.	ist im Gebiete nirgends n
° —— fusca R. & Sch. !! (48) ..	.	.	—	spor.	.	.	wie Vorige.
×Carex pauciflora Lightf. !! (49).	.	.	.	.	cop.	—	im Gebiete nur montan.
—— pulicaris L. (50)......	.	.	spor.	—	.	.	
—— dioica L. (51).......	.	.	spor.	—	.	.	
° —— Davalliana Sm. (52)	.	.	r.	.	spor.	.	fehlt oh.; selten mh.-wh. am Harze Vorkommend'
° —— chordorrhiza Ehrh. (53) ..	.	.	.	rr.	rr.	.	oh.: Görlitz; wh.: südl. He
—— teretiuscula Good. (54)...	.	.	—	spor.	.	.	an seltenen Stellen d. d.
—— echinata Murr. (55)	.	spor.	soc.	soc.	greg.	—	
—— leporina L. (56)......	.	spor.	soc.	greg.	—	—	
—— paradoxa W. (57).....	.	.	spor.	spor.	.	.	
—— elongata L. (58)......	.	.	—	spor.	—	spor.	am häufigsten im und am H
(×° —— Heleonastes Ehrh.) (?) .	.	.	.	.	.	(—)	Brocken?
—— canescens L. (59)	.	spor.	soc.	soc.	greg.	—	
—— disticha Huds. (60)	cop.	—	spor.	.	.	.	
° —— Gaudiniana Guthn. (61) ..	.	.	rr.	.	.	.	wh.: am Solling (Brambur Adelebsen!)
—— caespitosa L. (62).....	.	.	spor.	—	spor.	.	
—— vulgaris Fr., T. p. (63)... (= Goodenoughii Gay)	.	spor.	soc.	soc.	soc.	cop.	
×° —— rigida Good. !! (64)...	.	.	.	.	.	spor.	Brocken.
° —— Buxbaumii Whlbg. (65) ..	.	.	r.	r.	.	.	oh.-mh., Oberlausitz Magdeburg.
—— tomentosa L. (66)	.	spor.	spor.	.	.	.	geht in die feuchten Wälder
——vernaVill.(=praecox Jacq.)(67)	cop.	—	.	.	.	.	
- — pilulifera L. (68)	.	cop.	greg.	—·	.	.	
—— panicea L. (69)	.	—	cop.	greg.	greg.	—	
×° —— sparsiflora Whlbg. !! (70)	.	.	.	.	.	r.	Brocken.
—— glauca Murr. (71)......	spor.	—	—	.	.	r.	
—— pallescens L. (72)	spor.	spor.	spor.	—	.	—	

Formation	19 Auwiese	20 Bergwiese	21 Moorwiese	22 Niederungs-Torf-Moor	23 Gebirgs-Hochmoor	24 Subalpine Matte	Bemerkungen.
°Carex limosa L. !! (73).....	.	.	—	r.	greg.	.	fehlt im Hz.; kehrt im Nord-wes'en wieder, ist sonst im Gebiet subalpin.
✕° *irrigua Sm. !! (74)...	.	.	.	.	r.	.	BhW.
—— flava L.(incl. Subsp.Oederi)(75)	cop.	cop.	greg.	soc.	greg.	—	
° —— Hornschuchiana Hpp. (76).	.	—	spor.	.	.	.	wird oh. häufiger angegeben (?).
—— distans L. (77)......	cop.	—	—				
—— rostrata With. (78).....	.	.	—	greg.	greg.	.	} Verbinden die nassen Moore mit den Teich- und Ufer-formationen.
—— Vesicaria L. (79)......	.	.	—	greg.	cop.	.	
(—— nutans Host.) (access.)...	—	.	—	.	.	.	wie 78—79, r. im Elballuvium Magdeburger Flora.
—— hirta L. (80).......	cop.	spor.	cop.	—	.	.	

Juncaceae.

(✕°Juncus trifidus L.) (81...	.	.	.	.	.	Felsen	Arbergipfel (F. 25).
—— squarrosus L. (82).....	.	spor.	soc.	greg.	greg.	—	
—— compressus Jacq. (83)...	cop.	Grenze	spor.	.	.	.	
—— filiformis L. (84).....	.	—	grg.-soc.	greg.	greg.	spor.	
—— effusus L. (85)........	.	—	greg.	soc.	—	.	
—— conglomeratus E. Mey. (86).	.	—	cop.	soc.	—	spor.	
—— glaucus Ehrh. (87)....	spor.	bis 500m	.	.	—	.	
—— obtusiflorus Ehrh. (88)...	.	.	spor.	spor.	—	.	
—— supinus Mnch. (89)....	.	.	—	soc.	spor.	—	
—— acutiflorus Ehrh. (90)...	.	.	spor.	cop.	.	spor.	
—— alpinus Vill. !! (91)....	.	.	—	greg.	spor.	spor.	im Hz. nicht selten, sonst in der Nieder. häufiger als in Reg. IV.
—— lamprocarpus Ehrh. (92)..	.	—	cop.	soc.	greg.	—	
Luzula nemorosa E. Mey. (93)..	.	cop.	.	.	.	cop.	
—— campestris, *Vulgaris Gaud.(94)	cop.	cop.	—	.	.	..	
—— —— *multiflora Lej. (95)..	.	cop.	cop.	cop.	spor.	—	
✕—— —— *sudetica DC. (96).	.	Grenze	.	.	cop.	cop.	

2. Wiesen.

Aus der vorstehenden Tabelle ergeben sich von selbst die Combinationen, welche im Bestande der hercynischen Rasendecken auf Wiesen, Mooren und Bergmatten möglich sind.

In der Rasendecke wie in den Nebenbestandteilen ist naturgemäß wiederum die Bewässerung und der Untergrund von entscheidender Bedeutung, wovon auch die Art des Heuertrages abhängt. Die nassen Wiesen führen zu den Sümpfen durch eine Reihe gemeinsamer Arten über; auf den trockenen Berg-wiesen bei geneigtem Boden und steinigem Untergrunde ergeben sich mannig-faltige Übergänge zu den Grastriften der Hügelformationen (Form. 16), wofür als Beispiele das Auftreten von Hypochaeris maculata, Centaurea Scabi-

osa und Campanula glomerata genannt werden mag, die letzteren besonders auf fruchtbaren, vor Kalkbergen vorgelagerten Wiesen in 250—400 m Höhe
(Weserland! Thüringen!). Dahin ist auch das Auftreten von Salvia pratensis zu rechnen; an der Thüringer Saale bei Jena besiedelt sie die Thalwiesen unmittelbar am Fluss, weil der kalkige Geröllgrund ihre Vegetation
sichert, aber im stets nassen und torfigen Humus vermag sie nicht zu vegetieren.

Aus einer großen Anzahl indifferenter Arten, zu denen z. B. Anthoxanthum und auch Briza zu rechnen sind, heben sich einige die Facies der
Rasendecke viel sicherer anzeigende Arten heraus. Als solche kann man die
Avena-Arten und Trisetum für das wellige Gelände des unteren Berglandes,
Phleum mit Dactylis und die hohen Festuca elatior, arundinacea für die
breite, fruchtbare Flussniederung, Alopecurus für Berg- und Hügelland auf
nicht torfigem Boden, endlich aber Nardus, Molinia, die gewöhnlichen Carices und Juncus squarrosus für torfige Böden sowohl der Niederung als
auch des Berglandes bis hoch zu der Baumgrenze hinauf ansehen. In der
Bevorzugung von solchen, torfige Böden besiedelnden Arten stimmen die
Moorwiesen mit den Bergwiesen in den Höhenanlagen von 700—800 m überein.
Hinsichtlich der Wiesen lässt sich zunächst nach den in der Hercynia so gut wie
allgemein von W nach O verbreiteten Arten folgende Kennzeichnung der 3
unterschiedenen Hauptformationen[1]) aufstellen:

Formation 19. Auwiesen, langhalmige Thalwiesen,

in Höhen von durchschnittlich 100—400 m. Alopecurus, Dactylis, Phleum,
Festuca arundinacea, Avena elatior, Bromus mollis und racemosus mit Cynosurus u. s. w. häufig in der Grasnarbe. An feuchteren Stellen Deschampsia
caespitosa, an trockneren Trisetum flavescens.

Zahlreiche gemeine Stauden von hohem Wuchse, z. B. die Dolden An-
thriscus silvestris, Carum Carvi, Heracleum Sphondylium, Pimpinella magna,
Pastinaca; nicht überall häufig Silaus. Von Korbblütlern Cirsium oleraceum,
Crepis biennis, Leontodon hastilis und autumnalis, Centaurea Jacea.

Charakteristisch ist an manchen Stellen der Massenwuchs von Sanguisorba
und Geranium pratense; an anderen herrscht kurzes Gras und ein Vorwiegen
im Frühling von Anemone nemorosa, Saxifraga granulata, Primula, später
Orchis Morio. Wichtig ist das Auftreten von Ornithogalum umbellatum (oh.!),
auf Kalk von Salvia pratensis. Auf weiten Strichen herrscht Colchicum im
Herbst vor, fehlt auf anderen.

Die Salzwiesen stellen bei geringem Salzgehalt nur eine Facies der Auwiesen vor und
sind wenig umfangreich. Sie ziehen sich hauptsächlich in einem schmalen Landstriche westlich
von Leipzig über die Saale nach Eisleben herüber und erstrecken sich von hier nach NW
über Stassfurt (Magdeburg) in das Braunschweiger Land östlich um den Harz herum, ferner

---

1) Von den vielerlei Facies, deren Aufzählung hier viel zu weit führen würde, werden
einige bei den Landschaftsbildern in Absch. IV gekennzeichnet; vergl. z. B. Erzgebirge.

südlich vom Harze über Artern zum Fuße des Kyffhäusers, dann zur Werra (Allendorf) und zum Leinegebiet bei Salzderhelden. Während einige Salzquellen und Salzbäche zur lokalen Anhäufung von Halophyten führen (siehe Form. 30), verliert sich auf weiten Wiesenflächen in deren Umgebung die Salzwirkung und zeigt sich besonders im Beigemisch von Samolus, Trifolium fragiferum, Triglochin palustre und Erythraea pulchella im Grase. Weiteres siehe in Kap. 6, § a².

Formation 20. Die Bergwiesen.

Diese haben ihre Erstreckung von 400, bezw. 500 m an aufwärts und geben höher im Gebirge ihre Herrschaft meist an Moore und subalpine Matten mit Bergheiden ab (vergl. Harz, Erzgebirge, Böhmer Wald). Avena pratensis und pubescens steigen hoch auf ihnen, Alopecurus ist eines der gemeinsten Gräser, neben Luzula *erecta (multiflora) kommt L. nemorosa häufig vor, Nardus siedelt sich ein. Manche Wiesen haben fast nur Festuca rubra und Agrostis (cop. canina!) mit Deschampsia caespitosa als rasenbildende Narbe, auch D. flexuosa ist auf trockneren Flächen häufig.

Der Blumenreichtum an Stauden tritt bei dem kurzen Grase um so mehr hervor. Als maßgebend kann man die Vereinigung von Meum athamanticum, Trollius und Arnica, Centaurea phrygia, Crepis succisifolia und Phyteuma orbiculare ansehen; von Orchideen ist O. mascula neben Gymnadenia conopea, dann Coeloglossum viride neben Listera und Platanthera bezeichnend. Lathyrus montanus und Trifolium montanum bezeichnen eine mehr dem Hügellande, Geranium silvaticum eine mehr den oberen nassen Bergmatten sich anschließende Facies, Trifolium spadiceum moorigen Boden.

Formation 21. Die Moorwiesen der Niederung und unteren Bergregion.

Dieselben sind einerseits den Bergwiesen in ihrer Grasnarbe ähnlich, anderseits aber in unmittelbarem Anschluss an die aus Junceten und Cariceten ohne süße Gräser gebildeten Grünmoore oder Grasmoore. Ihre häufigsten Gräser sind Holcus lanatus mit Anthoxanthum, Luzula *erecta und viel Agrostis (A. canina!), dazu Nardus, Juncus squarrosus und an schlechteren Stellen Molinia mit Carex-Arten, wogegen die Avena-Arten fehlen.

Gemeinsam mit den Bergwiesen sind von Orchideen: Orchis maculata und latifolia, ferner Platanthera bifolia; Polygonum Bistorta in Rudeln und die vereinzelten Blüten von Arnica gehören ebenfalls in diese Kategorie. Dazu kommen aber Arten aus den Mooren mit atlantischen Arealen wie Hydrocotyle und Gentiana Pneumonanthe; auch den torfigen Boden zeigt hier besonders Parnassia mit Succisa pratensis an.

Zur Vervollständigung der vorhergehenden Liste der Rasenbildner und der allgemeinen Merkmale sollen im Folgenden die hercynischen Leitpflanzen (in Sperrdruck) mit den durch ihre besonderen Verbreitungsverhältnisse wichtigeren Arten, besonders auch die ×montanen, ihre mitteldeutsche Verbreitung mehr oder weniger ausgesprochen gen N mit der hercynischen Berglands-Grenze abschließenden Formationsbildner nach den 3 Wiesenformationen getrennt aufgeführt werden. Die gemeinen Arten werden nicht aufgezählt.

F. 19 und 20.   Auwiesen, Wiesen des Hügel- und Berglandes.

Formation 19.   Formation 20.

Monocotyledonen.

Gymnadenia odoratissima (97) rr.!

      (100) untere Grenze.

Spiranthes autumnalis (101) spor.

      (102) r. auf Kalktriften.

(103) auf Hügelgehängen mit kurzem Grase.

[siehe F. 21]

      (104) untere Grenze.

Orchis Morio (105) frq. greg.

—— coriophora (106) spor.

      (107) untere Grenze 200—300 m, rr.

Gymnadenia albida (98) frq.

—— conopea (99) frq. cop.!

Coeloglossum viride (100) frq.

Herminium Monorchis (102) spor.; wh. frq.

Orchis mascula (103) frq. greg.

[—— maculata bes. auf torfigem Boden.]

×—— sambucina (104) mh.-oh. spor.

      (105) obere Grenze unter 600 m.

      (106) unteres Bergland, selten.

×—— ustulata (107).

×⁰—— globosa (108) östl. Ezg. 500—800 m.

×⁰Anacamptis pyramidalis (109): wh.-mh. auf niederen Bergwiesen spor. u. r. 300—400 m.]

⁰Allium *acutangulum (110): mh. spor.

⁰Scilla bifolia (112) selten greg., oh.-mh.

⁰Ornithogalum umbellatum (113): oh. cop.!, mh. spor.]

Gagea stenopetala (pratensis, 114) spor.

⁰Gladiolus imbricatus (115): oh. in OLz.!, mh. rr.

⁰—— paluster (116) r. in mh. oh.

Iris sibirica (117) hR^{III}. spor.

×Lilium bulbiferum (111) spor. Hz.! ThW.! Ezg.!

(117) steigt im Ezg. bis gegen 500 m auf.

Formation 19.   Formation 20.

Dicotyledonen.

[Genista tinctoria, Anthyllis Vulneraria auf Hügelwiesen 300—500 m wh. mh. aus F. 16 übertretend.]

      (118) zu F. 15—16 gehörig.

(119) untere Grenze kurzgrasige Hügelwiese.

⁰Tetragonolobus siliquosus (120) spor. wh.-mh.

Sanguisorba officinalis (122) frq. cop.

Saxifraga granulata (123) frq. cop.

Trifolium medium (118): cop. bis 1100 m!

—— montanum (119): cop., greg.

[—— spadiceum: siehe F. 21].

Lathyrus montanus (121) greg. bis 800 m.

      (122) ansteigend bis 600 m.

      (123) cop. im unteren Berglande.

×Meum athamanticum (123) Hz.-Ezg.!

×⁰Peucedanum Ostruthium (125) nur obere Berg-

[wiesen Hz.-Ezg.-BhW., greg.

×⁰Myrrhis odorata (126) spor. und r., wh.!

×Arnica montana (127) frq.! cop.!

⁰Cirsium canum (128) spor. oh. !!

⁰—— rivulare (129) r. oh.! OLz. !!

⁰—— tuberosum All.(=bulbosum DC. 131) spor. mh. !!]

      (132) untere Grenze in Gebüschen.

Leontodon hastilis (133) gemein und cop.

      (134) untere Grenze im Hügellande 300 m.

      (135) bisweilen auf den Vorbergen (Hz.!)

[⁰Cirsium heterophyllum (130): Ezg. frq.!, ThW. spor.

Centaurea phrygia* (132) frq. cop.¹).

      (133) var. opimus Hz.!-BhW.!

Scorzonera humilis (134) spor. greg.

×Crepis succisifolia (135) Hz.-BhW., frq.

×⁰Hieracium aurantiacum (136) spor. BhW.!

---

1) Im hercyn. Bezirk nur die Subspecies C. *elatior Gaud. (vergl. AUG. v. HAYEK, Centaureen Österr.-Ungarn 1901, S. 153, = C. pseudophrygia C. A, MEY.

Phyteuma nigrum (137) strichweise cop.

✕°Armeria *Halleri (139) am Hz. !!

Alectorolophus minor (141), major (142)
Euphrasia Rostkoviana (143) frq. cop.

(145) in der Triftgras-Formation.
(146) in der Triftgras-Formation.

(148) auf kurzgrasigen Wiesen, selten.
(149) auf kurzgrasigen Wiesen.

(150) auf kurzgrasigen Moorwiesen.
Geranium pratense (151) cop.!
(152) in Reg. III in schattigen Wäldern.
(153) auf kurzgrasigen Hügelwiesen.
(154) Viel seltener.
Viola persicifolia (155) spor.

(156) untere Grenze in den Thälern.

(157) untere Grenze in den Vorbergen 200 m.

(158) in den Flussthälern der Hügelregion.
Thalictrum angustifolium (159)
(160)—(162) untere Grenze als Wiesenpflanze ⎰
bei ca. 300 m, sonst in Reg. III Waldpflanzen ⎱

(164) an vereinzelten Stellen d. Niederungswiesen.
(166) wie Nr. 164.

(167) auf kurzgrasigen Hügelwiesen, spor.

(137) bis ca. 1000 m ansteigend.
✕Phyteuma orbiculare (138), Werra-Ezg.,frq.
(139) im Innern des Gebirges nur in Thälern.
Orobanche reticulata (140) r. (mh. oh.)
(141) (142) bis hoch hinauf in die Gebirge.
(143); var. montana frq. cop.
✕Euphr. *coerulea (144) spor. Hz., ThW.
✕ —— *minima (144a.) r. (mh.!)
Betonica officinalis (145) frq.
Brunella grandiflora (146) Rhön! cop.
✕°Gentiana spathulata (147) spor. ThW₁-Ezg.
—— germanica T. p. (148) frq.
—— campestris T. p. (149) frq.
(°Sweertia perennis: Vergl. Formation 24, oberste
[Bergwiesen Ezg.)
Polygala vulgaris (150) cop.
(151) obere Grenze bei ca. 500 m mit Sanguisorba.
Geranium silvaticum (152) 800—1000 m frq.!
Linum catharticum (153) spor.
Hypericum quadrangulum (154) frq. cop.

Viola tricolor, var. ✕spectabilis (156) cop. be-
sonders im Hz., sonst spor.
✕°Thlaspi alpestre (157) frq. cop. nur oh. im
Ezg.! und OLz.!, sonst r.
✕Arabis Halleri (158) frq. cop. Hz., ThW.-
Ezg. und OLz.

Ranunculus auricomus (160), polyanthemus (161)
und Anemone nemorosa (162) frq. spor.
Aquilegia vulgaris (163) spor. (Waldwiese.)
✕Trollius europaeus (164) frq. cop.
Polygonum Bistorta (166) frq. cop.-soc.
Melandryum rubrum (165) frq. spor.
✕°Thesium pratense (166) Hz.!, Fchg.! spor. Ezg. r.
Ophioglossum vulgatum (167) spor. in nied. Höhen.
Botrychium Lunaria (168) haud frq. spor. in
niederen Höhen, am meisten 400—800 m.

Formation 21.

Die Torfwiesen der Niederung, Hügel- und niederen Bergregion haben
folgende Hauptarten:

Orchis maculata (169) frq. 100—1000 m.
°Tofieldia calyculata (170), mh. rr. (Leipzig).
Trifolium spadiceum (171) frq. cop. besonders
montan 400—1000 m, aber auch bei 250 m.
Parnassia palustris (172) frq. cop. bis 600 m.
[°Hydrocotyle: atlantische Art, 100—400 m OLz.]
Angelica silvestris (173) frq. cop. Reg. III—IV.
Valeriana dioica (174) frq. cop. Reg. III—IV.
Succisa pratensis (175) frq. cop. bis 600 m.

Senecio barbareifolius (176) spor. Reg. III.
°Thrincia hirta (177) r. an der Nordgrenze.
Pedicularis silvatica (178) frq. cop. Reg. III—IV.
Myosotis caespitosa (strigulosa) (179) frq. cop.
Polygala *serpyllacea (180) r. spor.
Sagina nodosa (181) spor. Niederung (OLz.).

Der schon hier in einzelnen Arten bestehende
Unterschied in den Höhenstufen verstärkt sich

noch dadurch, dass von den Mooren und Berg- | niedere und montane Moorwiesen sich unter-
wiesen die entsprechenden Charakterarten sich | scheiden lassen.
einmischen können.   Darnach würden auch |

Anhang.

Im Folgenden werden noch einige Monocotyledonen von einer besonderen
Facies angeführt, welche gewissermaßen einen Übergang zu Form. 22 (Niederungsmoore) bilden.   Da sie aber mehr nasse Stellen im Wiesenboden als
den tiefen Torfuntergrund der Hochmoore lieben, da sie oft von kalkhaltigen
Wässern im Bereich der hercyn. Triasformation benetzt werden, so ist für sie
die Bezeichnung »Moor« in den Floren voraussichtlich weniger zutreffend als
»Sumpfwiese«.   Nur Malaxis paludosa (siehe F. 22—23, Liste) erscheint von
den mit Sphagnum vergesellschafteten Orchideen als wirkliche Hochmoorpflanze,
die übrigen nebst der in der Hercynia fehlenden Microstylis hierher gehörig.
Die Orchideen sind ziemlich selten, Triglochin dagegen verbreitet.

> Orchis incarnata (182), spor. auf moorigen Wiesen in der Zwischenstufe von Hügelland und
> Niederung. So rings um den Harz (Helsunger Bruch, Teufelsbäder bei Osterode u. s. w.),
> in der Flora von Halle, Erfurt, Jena, in Sachsen.
> O. *palustris (183), spor. vom Braunschweiger Lande (Helsunger Bruch) bis in das Elster- und
> Muldenland, im Berglande angegeben von OLz. (Lausche).
> Epipactis palustris (184), spor. und häufiger als Vorige; gern an Stellen, wo in Wiesen eine
> Quelle entspringt und lokale »Moor«-Bildungen verursacht.
> Sturmia Loeselii (185), r. und spor. in den Höhenstufen 200—400 m.   Bevorzugt kleine, am
> Fuße von Hügeln der Triasformation gelegene, oft von stark kalkhaltigen Wässern be-
> nutzte Sumpfstellen, findet sich aber auch auf torfigen Wiesen, mit oder ohne Wasser-
> moose.   »Moor« an der Asse bei Braunschweig!, im Weserberglande am Holzberge bei
> Stadtoldendorf, an der Goburg bei Allendorf (Werra)!, zwischen Ostharz und Saale, süd-
> lich vom Harze bei Bleicherode!, bei Leipzig, Meißen! und ostwärts bis OLz. bei Bautzen.
> (Manche frühere Standorte sind verschwunden.)
> Triglochin palustre (186) frq. spor. durch das ganze Hügelland.

In den vorstehend genannten Pflanzen deutet sich eine ganz andere, reicher
zusammengesetzte süddeutsche Facies von Mooren an, die, in der Hercynia
nicht vertreten, zunächst der Oberlausitzer Südgrenze bei Hirschberg in Böhmen
ein sehr reizvolles Abbild besitzt und ganz anders im Gemisch sehr verschiedener Genossenschaften dasteht; sie ist am meisten in den »Moosen« Südbayerns
entwickelt.

Verbreitungsverhältnisse einiger Charakterarten.

Aus den kurz zusammengezogenen Listen leuchtet immerhin eine hübsche
Zahl von Charakterarten hervor, von denen hier nur diejenigen noch besonders
erwähnt werden sollen, welche die hercynischen Gaue mit bemerkenswerten
Vegetationslinien schneiden.

a) *hercynisch.* Zunächst sind insgesamt die niederen Berggegenden und
Waldthäler der aus den hercynischen Bergen austretenden Flüsse durch häufiges Vorkommen von (158) Arabis Halleri ausgezeichnet, die im Böhmer

Walde zwar viel seltener ist als in dem Lausitzer Berglande und den niederen Bergländern bis westwärts vom Harz, doch aber mit zu den hercynischen Charakteren des Böhmer Waldes gehört. Sie fiel A. v. HALLER bei seiner ersten pflanzengeographischen Reise zum Harze auf, ist in seinem »Iter hercynicum« trefflich abgebildet und trägt seinen Namen.

Als schwache Art von endemischem Charakter hat (139) Armeria Halleri zu gelten, welche dem nördlichen Gebirgssaum des Harzes und seinen nach SW gerichteten Flussthälern ein sehr charakteristisches Gepräge giebt. Schon Ende April stehen die weitgedehnten Schotterwiesen an der Oker, Innerste u. s. w. in kräftigem Rot von den auf kurzen, steifen Schäften in Menge neben einander aus demselben Polster entspringenden kugeligen Köpfen dieser Armeria, die dann in unregelmäßiger Zeitfolge den ganzen Sommer hindurch weiter blüht. Bei der verwickelten Verwandtschaft der Armeria-Rassen ist es schwierig, ihre nächsten Beziehungen anzugeben; wahrscheinlich stimmt sie mit skandinavischen Formen am meisten überein und ist wohl eine ebenso starke Art, als viele Hieracium- und Gentiana-Arten neuerer Floristen.

b) *westhercynisch.* Auf den niederen Bergwiesen des Westens, und zwar am üppigsten im Weserberglande nördlich des Solling und nicht über Thüringen ostwärts hinaus, ist (109) Anacamptis pyramidalis eine prächtige Zierde. Aber sie zeichnet auch in ihrem Hauptgebiete stets nur einzelne Standorte aus und ist demnach nirgends häufig.

Von launenhafter Verbreitung erscheint (166) Thesium pratense. In der Rhön und auf dem Meißner charakterisiert es die hochgelegenen Bergwiesen, im Harze tritt es besonders um Andreasberg in Menge auf, dann überspringt es weite Strecken und wird erst wieder häufig in dem Übergangsgebiete des Fichtelgebirges zum vogtländischen Berglande, wo es besonders die Wiesenschwellen im Bereich der jungen Eger östlich vom Waldsteiner Zuge auszeichnet und auch gern auf halbtorfigem Boden sich der Übergangs-Heide einmischt. Nach Ueberspringung des westlichen und centralen Erzgebirges erscheint es dann nochmals bei Altenberg.

Weit wichtiger als die vorigen Arten in Hinsicht auf die Bedeutung ihrer hercynischen Verbreitung ist (124) die Bärwurz, Meum athamanticum. Sie ist bekanntlich fast monotypisch in der europäischen Flora, denn Meum Mutellina der Alpen gehört zu der sehr viel größeren und weiter verbreiteten Gattung Ligusticum.

Das Revier der Bärwurz kann rund zu 400—1000 m in den hercynischen Bergen angesetzt werden; wohl kommt sie tiefer auf torfigen Wiesen mit kurzem Grase vor und überschreitet z. B. bei Dresden die Elbe vom Erzgebirge her nordwärts bei dem Dorfe Weißig in Höhen von 260—300 m und mischt sich auch in die subalpine Bergheide über der Waldzone ein; aber ihr Hauptvorkommen hat sie auf kurzgrasigen Bergwiesen im Bereich der oberen hercynischen Wälder. Hier zeigt sich in Höhen von 500—800 m zu Anfang Mai das frische, anmutig zarte Grün ihrer in tausende von nadelartigen Zipfeln zerteilten Blätter im Grase, Mitte Mai beginnt ihre Blüte bis zum Juni, auf

den obersten Stufen später, und der Hochsommer trifft sie überall in Frucht.
— Im Abschnitt V wird auf das Bedeutsame ihres Gesamtareals zurückzukommen sein. Nach ungemein starker Verbreitung im ganzen Harze und
einer sehr guten im Thüringer Walde hat sie nur noch im ganzen Erzgebirge
bis zum östlichen Hange gegen das Elbsandsteingebiet am Sattelberg bei Gottleuba (Ölsengrund!) ein ebenso häufiges Vorkommen wie im Harze und bricht
dann gegen das Oberlausitzer Bergland hin jäh ab, kehrt weiter ostwärts nochmals wieder. Ebenso schneidet sie nach Süden zu gegen den Böhmer Wald
hin mit dem oberen Fichtelgebirge (am Ochsenkopfe bei Grassermann, Bischofsgrün! bis gegen Warmensteinach hin) ab und ist auf dessen Bergwiesen längst
nicht mehr die vertraute Erscheinung wie im Erzgebirge. Der Böhmer Wald
aber besitzt diese Art gar nicht mehr und findet in der nächsten Formation
für sie einen Ersatz in Ligusticum Mutellina, hat also in dieser Beziehung nicht
hercynischen Charakter.

c) *mittelhercynisch.* Von großem Interesse ist die knollige Wiesendistel,
(131) Cirsium tuberosum All. (= bulbosum DC.), welche auf feuchten
Triften Thüringens, des Saalelandes bis zum Ostharze und gen O bis zum
Weißen Elsterlande hin an nicht wenigen Fundstellen vorkommt. Die Verbreitung dieser Art zieht sich östlich des Harzes von Oschersleben und Aschersleben nach Stassfurt, Allstedt bis nach Dessau, Bennstedt und Bitterfeld entlang bis in die Gegend von Leipzig, wo sie am Bienitz und bei Dölzig, Groß-
kugel und Krippehne ihre Ostgrenze erreicht; südlich dringt sie zur Flora von
Jena, Tennstädt und Erfurt vor bis zu dem Bereich von Cirsium heterophyllum,
mit welchem sie sich nie zu berühren scheint. Es ist eine westliche Art, welche
gleichwohl im Werralande fehlt und zur Flora von Hessen-Nassau nur so weit,
als diese rheinisch ist, gehört.

d) *osthercynisch.* Hier zeichnen sich zunächst auf den Wiesen des Hügellandes die beiden seltenen Gladiolus-Arten (Nr. 115—116) aus, welche aber
überall nur als sporadische Seltenheiten vorkommen, und dann (113) Ornithogalum umbellatum. Diese schöne Art ziert im Mai und Juni die nicht
zu feucht an den niederen Berghängen 200—500 m hoch gelegenen Wiesen
in Sachsen als eine gemeine Pflanze sowohl in der Lausitz als im Vorlande
des Erzgebirges, und zieht sich dann — wie es scheint, mit rasch abnehmender
Häufigkeit — am Fuße des Thüringer Waldes entlang bis Eisenach; noch an
vielen Standorten erscheint sie im Saalethal von Ziegenrück—Jena—Halle,
selten an den Thüringer Grenzen bei Sondershausen. Von da an westwärts
erscheint sie als mit Grassamen eingeführte Pflanze; dass man sie zuweilen
auch im osthercynischen Gau als »verwildert« bezeichnet findet, muss wohl
auf Irrtum beruhen.

Sodann haben wir 3 osthercynische bemerkenswerte Cirsium-Arten
(Nr. 128—130), von denen C. rivulare unser Gebiet nur im äußersten Osten
als eine sudetische Pflanze streift, C. canum dagegen mit seiner Westgrenze
bei Meißen als eine vortreffliche Art der sonst vielmehr die Hügelformationen

als die Wiesen auszeichnenden südöstlichen Genossenschaft Böhmens auftritt [1]).

In (130) Cirsium heterophyllum haben wir unter den wichtigen osthercynischen montanen Arten die erste und die gemeinste. Überall in der
Lausitz, im Erzgebirge, im Fichtelgebirge (seltener) und Böhmer Walde treffen
wir die hohen Blütenstengel mit ihren großen, purpurn blühenden Köpfen
schlank emporgehoben aus den großen Blättern des Stengelgrundes, deren
silberglänzender Filz auf der Blattunterseite die Gegenwart dieser Charakterart
auch noch leicht im Heu verrät. Sie tritt meist mit Meum bei 400 m auf,
und wie dieses mischt sich die Silberdistel in offene Waldschläge ein auf
felsigem Boden bis hoch hinauf in das Gebirge. So gemein sie im Erzgebirge
und Böhmer Walde ist, so selten wird sie schon im Thüringer Walde und
hört dann gen W ganz auf; jenseits der Saale erscheint sie am Südabhange
bei Suhl, in der Flora von Lobenstein u. s. w. Die genauere Grenzlinie in
Thüringen dürfte noch festzustellen sein.

(157) Thlaspi alpestre besitzt eine merkwürdige Verbreitung von der
Westhälfte Böhmens aus dem Egerthale bis zur Elbe und südlichen Lausitz
heraus durch das ganze Elbsandstein- und Erzgebirge mit den nördlichen
Vorbergen im Muldenlande und im Vogtlande bis zur Saale sowohl im Süden
(Flora von Burg) als Norden (Flora von Halle). Auf dem Süd- und Nordhange
des Erzgebirges liegt seine größte Häufigkeit, so dass diese zierliche Crucifere
als am meisten bezeichnender Bestandteil zur frühen Frühjahrszeit vom März
an (auf den Vorbergen 200 m hoch nahe der Elbe) bis Ende April (Kamm
des Erzgebirges 700—900 m) erscheint; zur Zeit des Grasschnittes auf den
Bergwiesen steht Thlaspi in Früchten. Soweit mir bekannt, geht es nicht zu
den höchsten Höhen am Fichtel- und Keilberge hinauf, sondern endet unterhalb 1000 m.

Es folgen nun noch zwei montane Wiesenpflanzen, die im östlichen Erzgebirge am Geising und Sattelberg ihre hauptsächlichen Standorte haben,
nämlich (108) Orchis globosa und (147) Gentiana spathulata. Das
Vorkommen beider ist sehr wichtig; die schöne Orchis ist auf viel zahlreicheren
Wiesen verbreitet (siehe Abschn. IV, Kap. 13) als der mit reichen blauroten
Blumen blühende Enzian aus der G. germanica-Gruppe, eine der wenigen
hercynischen Arten. Dieser Enzian ist mir nur von Bergwiesen am Geising
über 700 m hoch bekannt, von wo REICHENBACH die Abart S. pyramidalis
beschrieb, die, wie WETTSTEIN [2]) sehr richtig angegeben hat — nichts anderes
sein kann als individuelle Wachstumsform; der Standort »Fürstenau« liegt nicht
weit davon. Ob die G. obtusifolia W. der wenigen Thüringer Standorte mit
diesem Formenkreise zusammenfällt, geht aus WETTSTEINs Revision des

---

1) Vergl. DRUDE in Isis-Abh. 1885 (Festschrift S. 99).

2) v. WETTSTEIN in Wiener Akad. Abh. Bd. LXIV. 332, 349—351, bezeichnet die Art als
G. praecox Kern., da G. spathulata Bartl. ein für zwei verschiedene Arten gebrauchter, daher
dubiöser Name sei. Ich kann es nicht als Grund einer Namensänderung ansehen, dass die Art
vielleicht nicht im Anfang ganz richtig umgrenzt und von REICHENBACH fälschlich erweitert wurde.

Herbarmaterials nicht hervor, wohl aber das bedeutende Interesse dieses Vorkommens aus dem auf Karte II der genannten Abhandlung durch den Verbreitungskreis der G. carpathica angegebenen Areal, welches über den ganzen Bogen der Karpathen und entlang den Sudeten zum Erzgebirge ausgreift (Areal OMm.). — [G. lutea ist einer von LEIMBACH herrührenden Mitteilung an REGEL zufolge (Thüringen II, 87) in Thüringen unweit Arnstadt nur verwildert vorgekommen. ?]

3. Moore.

Allgemeines. Während auf den Wiesen die monokotyledonen Rasenbildner die unbestrittene Hauptrolle spielen und zwar überwiegend die Gräser selbst, treten auf den Mooren ganz andere Bestände in den Vordergrund, gebildet von Zwergbäumen, Gesträuchen mit z. T. immergrüner Belaubung, und besonders auch von Moosen; zahlreiche Stauden, dazwischen auch aus den Scrophulariaceen-Euphrasieen einjährige Gewächse, durchsetzen in einer weniger bunten Mannigfaltigkeit die von jenen gebildete und zusammenhängend den nassen Torf überziehende Pflanzendecke.

Die Einteilung der Moore stößt unter den mehreren dabei praktisch anwendbaren Gesichtspunkten auf Schwierigkeit. Das Moment ihrer Entstehung als »supraaquatische« und »infraaquatische Moore«[1] reicht nicht aus. In der Physiognomie macht es einen großen Unterschied, wenn wir uns einem von Birken und Sumpfkiefern, oder einem von der Moor-Heidelbeere mit Sumpfmoosen und Oxycoccus, oder endlich einem von geselligen Riedgräsern gebildeten Torfmoore nähern; aber nur wenige dieser auffälligen Faciesbildner halten Standort und Areal für sich gesondert, die große Mehrzahl tritt in weit entlegenen Mooren der Hercynia auf, sei es Niederung oder höheres Bergland. So kann ich auch besonders der Einteilung in Cariceto-Juncetum einerseits und in Sphagneto-Vaccinietum anderseits (Grünlands- und Moosmoore), so bequem sie wäre, keine praktisch durchgreifende Bedeutung für die Hercynia beilegen, nachdem die eigenartigen Bildungen zu Formation 21 (Moorwiesen oder Torfwiesen) gerechnet sind. Ich muss diese beiden Formen des Moores vielmehr als Faciesbildungen ansehen, die öfters von untergeordneten Umständen herrühren und nicht von Dauer sind. Chemisch analytische Vergleiche von Erzgebirgs- und Lausitzer Niederungsmooren haben ergeben, dass sogar der Reichtum an mineralischen Nährstoffen in Gebirgs-Hochmooren mit Caricetum nur wenig größer war als der von analogen Moosmooren, während allerdings die echten infraaquatischen Wiesenmoore einen sehr viel stärkeren Gehalt an mineralischen Nährstoffen und besonders an Kalk besitzen. Der für Oberbayern geltend gemachte Unterschied[2] bestätigt sich demnach nicht für das Erzgebirge. Danach bin ich der Meinung, dass zwar auf fruchtbar veranlagten Moorböden die geselligen Cyperaceen Bestände bilden, welche hier

---

1) Vergl. Deutschlands Pflanzengeographie Bd. I, S. 340.
2) Vergl. GUNDLACH, KENDLMÜHL-FILZ.

nicht von Torfmoosen und Vaccinien verdrängt werden, dass aber fast dieselben
Cyperaceen auch auf unfruchtbarerem Hochmoor gesellige Teilbestände zu
bilden vermögen, welche die wasserreicheren, durch Abfluss vom Sphagnetum
sumpfig erhaltenen, tieferen Stellen solcher Moore besetzen. Und daher sehe
ich solche Cariceto-Junceten, welche im Bereich der moosigen, mit Vaccinium uliginosum und Oxycoccus besetzten Hochmoore sich ausbreiten, als
eine örtliche Facies der letzteren an. Das Auftreten der Sumpfkieferbestände im Moor ist zwar an sich von entscheidender Bedeutung, um ein
solches Moor als Gebirgsmoor zu kennzeichnen, ist aber an die Arealverbrei-
tung der Pinus montana gebunden. ⚑

Unter Erwägung dieser Verhältnisse ist das Auftreten von Artengruppen
bestimmter Arealzugehörigkeit, mithin die Beurteilung nach dem Auftreten von bestimmten Associationen (Artgenossenschaften) innerhalb der
Moore, am ehesten für eine Gliederung der hercynischen Moore geeignet, und
hier durchgeführt.

Formation 22.   Niederungsmoore mit Leitpflanzen atlantischer Areale.

Dieselben liegen zerstreut vom Braunschweiger Lande nördlich des Harzes
(Helsunger Bruch, Schiffgraben Bruch u. s. w.) bis zu den die nördlichsten
Lausitzer Berge begleitenden Mooren zwischen Kamenz—Bautzen und Görlitz
und sind demnach Besiedelungen zugänglich gewesen, die nicht im strengen
Sinne »hercynisch« sind. Sie stehen größtenteils in unmittelbarer Verbindung
mit den Schilf- und Röhrichtformationen an Teichen, was bei den Hochmooren
des Gebirges nicht der Fall ist. Obwohl in der Faciesbildung das »Grünmoor« von Carex echinata, canescens, panicea, rostrata, von Juncus squarrosus, lamprocarpus und der J. conglomeratus-Gruppe, von Eriophorum polystachyum, Molinia und Nardus überwiegt, so fehlt es doch nicht an weiten
Sumpfmoosstrecken, welche sich mit Vaccinium uliginosum vergesellschaften
und in denen auch z. B. Andromeda polifolia auftritt. Aber obgleich alle diese
Moore den hercynischen Gebirgen so sehr nahe sind, dass man von den Hochmooren des Erzgebirges bis zu den nächstgelegenen Niederungsmooren in der
Lausitz in zwei geradlinigen Tagemärschen über die Elbe hinübergelangen
kann, so ist die verschiedenartige Verteilung der selteneren Arten doch viel
strenger hüben und drüben, als wenn wir alpin gelegene Moore in Betracht
ziehen. Denn z. B. beide Rhynchospora-Arten, welche nirgends hercynisch-
montan sind[1]) und hier sich streng an die Niederungsmoore halten, sind in
Kärnthen montan bei 1000—1300 m. Anderseits steigt Empetrum nigrum
nirgends von den hercynischen Bergen tiefer als etwa 600, auch 500 m an
verschlagenen Felsstandorten herab, fehlt also durchaus in Formation 22; aber

---

1) Das frühere Vorkommen von Rh. alba im Fichtelsee-Moor des Fichtelgebirges scheint
auch nur sehr beschränkt gewesen zu sein, da von der Pflanze jetzt dort nichts mehr zu finden
ist; dasselbe ist mit Ledum der Fall. Vergl. Abschn. IV Kap. 13.

hart an der NW-Grenze unseres Gebietes, bei Gifhorn und im Drömling, beginnt sein nordatlantisches Areal in der Lüneburger Heide, ausgedehnt bis
zur friesischen Küste.   Eine besondere Facies in Norddeutschland heißt bei
GRÄBNER »Empetrum-Heide«.   Im hercynischen Florenbezirk sind demnach
die Niederungs- und Berglandsmoore verhältnismäßig schärfer geschieden, und
zwar erstere durch den Besitz von Hydrocotyle, 2 Rhynchospora, Erica Tetralix (selten), Drosera intermedia, 2 Schoenus (sehr selten), auch durch den
vorwiegenden (nicht ausschließlichen) Besitz von Lycopodium inundatum,
Juncus alpinus und anderen in den Bergmooren selteneren Arten, sowie endlich durch das Eintreten von Ledum palustre in den mittleren und östlichen
Bereich dieser Formation (Lausitz) gut ausgezeichnet.

**Formation 23.   Hochmoore des Berglandes mit Leitpflanzen alpiner,
arktisch-borealer oder uralischer Areale.**

Die Hochmoore finden sich vom Harze bis zum Moldauthale im südlichen
Böhmer Walde als eine der ausgezeichnetsten Berglandsformationen, wenn auch
nur eine geringe Anzahl von Arten ihr ausschließliches Eigentum ist.

1. Verbreitung charakteristischer Blütenpflanzen.

Ganz allgemein findet sich die Sumpfbirke: Betula odorata *carpathica, deren Häufigkeit im hercynischen Florenbezirke nach SO zunimmt, so
dass sie auf den ausgedehnten Filzen des Böhmer Waldes geradezu kleine
Wäldchen bildet; diese fehlen übrigens auch nicht in den wenigen Hochmooren der Rhön.   Die charakteristische Subspecies ist durch Übergänge mit
der gewöhnlicheren *pubescens verbunden, welche rauhhaarige Triebe und
weniger lederartige Blätter besitzt und meist höheren Wuchs annimmt. —
Eine der wichtigsten Vegetationslinien im hercynischen Bezirke bildet die
Sumpfkiefer: Pinus montana *uliginosa (= obliqua Saut.).   Den südöstlichen Gebirgen durchaus angehörig überspringt sie die Oberlausitz zwischen
dem östlichen Erzgebirge und Isergebirge und endet absolut gen W auf dem
Fichtelgebirge; der Thüringer Wald und der Harz besitzen sie höchstens im
angepflanzten Zustande.   Sie ist eine durchaus montane, mit der Signatur H^3
zu belegende Art.

Die Moorkiefer erscheint im Erzgebirge und im Böhmer Walde als meist 1—2 m hohes,
dichte Bestände bildendes Waldgebüsch und sie wird daher häufig als eine eigene Facies der
Sumpfbestände zu den Wäldern gerechnet.   Sie ist aber durchaus Hochmoorgewächs und schon
von weitem gesehen erhalten die Moore des oberen Erzgebirges und Böhmer Waldes, welche
bei ihrem Besitz »Filze« genannt werden (D. Pflanzengeogr. I. S. 359), ein äußerst charakteristisches
Ansehen durch die finstergrüne Masse ihrer so häufig niedergestreckten Hauptstämme und sparrigen
untersten Äste.   Ohne Wechsel der systematischen Varietät findet man auch wirklich waldartige
Bestände mit Stämmen von 20—25 cm Durchmesser, so besonders am Hassberge im östlichen
Erzgebirge (s. unter Abschn. IV Kap. 14).

Aber in den Mooren des Fichtelgebirges 650—800 m hoch (s. Abschn. IV Kap. 13) herrscht
neben der dort viel selteneren, niederliegenden *uliginosa-Varietät noch eine zweite, höher

aufrecht wachsende, welche ich systematisch als Pinus montana, Subspec. obliqua (Saut.) *uncinata (Ram.) bezeichne, indem ich unter Subsp. obliqua alle mit ungleichseitig hakenförmigen, vorgebogenen Zapfenschuppen versehenen Formen zusammenfasse. Diese aufrechte *uncinata bildet Haine vom Habitus sparrig gewachsener, junger Zirbelkiefern in Hinsicht auf den geraden Stamm und die Form der kurzen Zweige, wodurch die ganze Krone schmal pyramidal gebaut erscheint. Ihre höchsten Exemplare überragen noch 6—8 m, und sie sind im unteren Fichtelgebirge, wo bei 650 m am Fuße des Schneeberges noch die gewöhnliche Pinus silvestris in den sich an die Moore anschließenden Wäldern in Menge vorkommt, sowohl durch die Zapfenform als durch das tiefe Grün der kurzen, gedrängt stehenden Nadeln augenfällig unterschieden, wie sie überhaupt sich in Blütezeit, Zapfenreife und anderen biologischen Merkmalen durchaus an die var. uliginosa anschließen. Unter den vielen Rassen der Pinus montana, deren systematische Gruppirung so viel Schwierigkeiten verursacht, erscheint diese als eine der seltensten und, soweit die Hercynia in Betracht kommt, wahrscheinlich nur im Fichtelgebirge.

Figur 8. Betula nana im Hochmoor bei Gottesgab (Erzgebirge) über 1000 m hoch. Die Büsche bilden üppige, die Moorheidelbeere überragende Gruppen im Vordergrunde. Nach hinten steigt das Hochmoor sanft auf und hebt sich mit zusammenhängendem Bestande von Pinus uliginosa scharf gegen den Horizont ab. — Originalaufnahme von Dr. A. NAUMANN 1900.

Es folgt dann in der Bedeutung die seltene, aber durch ihr Areal AE^2 höchst bemerkenswerte Zwergbirke: Betula nana. Sie ist im Oberharze selten, im Erzgebirge in 3 weiteren Revieren zu finden, im Böhmer Walde (Filze um Äußergefild u. s. w.) auf manchen Hochmooren geradezu gesellig zwischen der Sumpfkiefer im Moose wuchernd, fehlt aber den anderen Gebirgen. Ihre nächsten Standorte außerhalb des Gebietes sind die Iserwiese, im NO Preußen, im SW Oberbayern.

Sehr gemein. in der Hercynia ist nunmehr eine Art des AE[3]-Areals, die Krähenbeere: Empetrum nigrum; sie tritt übrigens auch als subalpine Felsenpflanze und gemeine Art in der subalpinen Heide auf und verlässt als einzige der hier zu erwähnenden Arten ihre Moorstationen, wie sie in den Alpen hohe Gratstandorte bei ca. 2300 m liebt. Die von ihr ausgeübte Besiedelung im Sumpfmoos der hercynischen Moore ist erstaunlich und erreicht vielleicht ihr Maximum im Oberharze. — Von den Ericaceen fehlt Calluna und Myrtillus nebst Vitis idaea hier so wenig als in der Bergheide; doch ist bemerkenswert nur die zierliche Andromeda polifolia, immer zerstreut wachsend und nie einen Massenbestand bildend, wie das die beiden anderen Hauptarten der Gesträuche führenden Moosmoore: Vaccinium uliginosum und Oxycoccus, in der Regel thun. —. Nun folgen monokotyle Rasenbildner mit mancherlei schilderungswerten Einzelheiten ihrer Verbreitung, zunächst die beiden Trichophorum-Arten[1]). T. alpinum (= Eriophorum alpinum L.) ist in den hercynischen Mooren wenig weit verbreitet und nirgends ein häufiger Formationsbestandteil; während es in den Hochmooren des Harzes nur am Brocken sich findet und sein dortiges Vorkommen noch dazu von berufenen Kennern wie HAMPE in Zweifel gezogen wurde (s. unter Abschn. IV Kap. 11), ist es im obersten Thüringer Walde reichlicher vertreten, immerhin aber selten, und fehlt endlich im Erzgebirge und Fichtelgebirge ganz. Im Böhmer Walde hat diese Art zerstreute Standorte von 650—1000 m Höhe, nirgends häufig. — In der Verbreitung von T. caespitosum (= Scirpus caespitosus L.) ist die große hercynische Lücke vom Fichtelgebirge zum Erz- und Lausitzer Gebirge bemerkenswert, während diese Rasenbinse in den Oberharzer Mooren den allergemeinsten, geradezu Farbe und Höhe der geselligen Halmbüschel bestimmenden Anteil bildet, der bekanntlich auch in Norddeutschland ein durchgehendes Areal besitzt. Mit dem Harze stimmen im Besitz der Rasenbinse überein sogar die wenigen Moore im Wesergebirge (Solling), dann die wenigen ausgedehnten Moore im Thüringer Walde, endlich die weiten »Filze« des Böhmer Waldes, wogegen das Erzgebirge nur in seinem östlichen Teile bei Karlsfeld einen ganz schwachen Standort besitzt. Dies. ist um so auffälliger, als die Pflanze auch wieder im Osten in bedeutenden Massen auftritt, nämlich in den Sudeten von der Iserwiese an bis zu den Sumpflehnen auf dem Kamme des Riesengebirges; auch ist sie, wie schon gesagt, ganz allgemein in der obersten Gebirgsregion des Böhmer Waldes, vom Arber bis Blöckenstein, sowie in einigen niedriger gelegenen Mooren.

Überall ist von allgemeiner Verbreitung und maßgebender Bedeutung das Eriophorum vaginatum. Seine mächtigen Polster verraten beim Besteigen der Gebirge zumeist von 600 m Höhe an die Gegenwart moosiger Tiefen, und obgleich diese Art von den Niederungsmooren nicht ausgeschlossen ist, fehlt sie doch in dem breiten zwischengelagerten Gürtel der Hügellandformationen sowie

---

1) Dieselben halte ich mit Palla für generisch von Scirpus, bezw. Eriophorum verschieden und bediene mich der von diesem Autor für die Cyperaceen eingeführten Nomenclatur.

in den unteren Stufen des Berglandes fast vollständig. Während die Artgruppe
von E. polystachyum in den Gebirgsmooren nur einzelne Sümpfe besetzt und
von der Niederung an bis zur Baumgrenze sich gleichmäßig findet, ist E.
vaginatum in den Bergmooren streng gesellig.

Dann haben wir in Carex pauciflora zusammen mit C. limosa und
Scheuchzeria palustris drei weitere Charakterarten von borealem Areal.
Die erstere ist weit im Harz—Erzgebirge—Böhmer Wald verbreitet und ist
zuweilen mit Empetrum die einzige Art, welche noch die Pflanzendecke eines
bei 800 m gelegenen hercynischen Moores schärfer kennzeichnet. Oft kommt
sie nur in kleinen Halmen eingestreut im Sumpfmoose vor, oft aber auch
bildet sie gesellige große Rasen in solcher Menge, dass sie als eine eigene
Unterfacies ausmachend betrachtet werden kann. In den Niederungsmooren
unseres Florenbezirkes findet sie sich nicht, wohl aber die beiden anderen
Arten in den nördlichen Grenzmooren als große Seltenheiten.

Diese, Carex limosa und Scheuchzeria, sind an den wenigen Plätzen
ihrer hercynischen Gebirgsverbreitung oft vereint und besiedeln dann »Moor-
·sümpfe«, welche durch tieferes Wasser und lose Moosdecke auf ihrer Oberfläche
ausgezeichnet sind; eine höchst eigenartige Facies, der sich auch noch C. pauciflora im Sphagnum anschließen kann. Die Gesträuche sind dann von diesen
Plätzen ausgeschlossen und die schwanke Decke des Moores vermag keine
größeren Lasten zu tragen, erzittert unter dem Fußtritt. Auf den Seen im
Böhmer Walde treiben zuweilen vom Rande losgerissene Stücke dieser Moosdecke mit allen 3 genannten Arten schwimmend und weiter wachsend umher
und streuen reifen Samen aus.

Die der C. limosa so nahe verwandte C. *irrigua ist im Gebiete sehr
selten und, wie es scheint, nur auf einige Fundorte in den Filzen des Böhmer
Waldes am Lusen und Rachel, Plattenhausen u. s. w., beschränkt. Ihre breiten
und schlaffen Blätter an dem diese nur wenig überragenden Halme kennzeichnen sie genügend habituell, so dass sie nicht leicht übersehen worden
wäre; aber es kommen ihr ähnliche Übergangsformen der viel weiter verbreiteten C. limosa vor. —

Zum Schluss folgt hier für Formation 22 und 23 eine nach Arealformen
geordnete Liste der beiderseitigen Leitpflanzen.

a) Niederungsmoore.

NAtl. Hydrocotyle vulgaris wh.—oh. (cop.)
» Erica Tetralix im Gebiete oh.! (OLz.)
» Drosera intermedia hauptsächlich oh.! (OLz.)

Subalpines Hochmoor auf dem Erzgebirgskamme bei 1000 m, nahe Gottesgab.
(Originalaufnahme von Dr. A. NAUMANN, Juli 1868.)

Überall treten aus der Masse von Eriophorum vaginatum, Vaccinium uliginosum u. s. w. die
niederen Büsche der Moorkiefer hervor, welche gegen den hinteren Rand des Moosmoores
in eine zusammenhängende Masse verfließen. Der hintere Rand ist dann vom oberen hercynischen Fichtenwalde eingerahmt, und im Hintergrunde erhebt sich der diese ganzen obersten
Hochmoore beherrschende Spitzberg.

Subalpines Hochmoor bei Gottesgab (Ezg.) mit Pinus montana.

ME² Rhynchospora fusca an der Nordgrenze wh.—oh.
　　»　——　alba weiter gegen das Bergland verbreitet.
BU² Ledum palustre mh. (rr.)—oh. (spor.) bis in das Bergland vordringend.
[AE³ Areale sind mit der folgenden Gruppe zum kleinen Teil gemeinsam. —]
b) Gebirgsmoore.
　　H³ Pinus montana *uliginosa Fichtelgeb., Ezg., BhW., greg.—soc.
　　»　—　—　*obliqua var. uncinata (Ram.) Fchg., greg.
　　AE² Betula nana Harz, Ezg., BhW., spor. !!
　　»　—　odorata *carpathica Rhön—Harz—Ezg.—BhW., greg.
　　AE³ Empetrum nigrum in allen Gebirgen frq.—soc.
　　»　Andromeda polifolia montan frq. cop.!, rr. in Niederungsmooren der nördl. Lausitz!
　　[»　Vaccinium Oxycoccus montan frq. soc., in der Niederung seltener.]
　　[»　—　uliginosum montan frq. soc. cop., in der Niederung selten.]
　　[»　Eriophorum vaginatum montan frq. soc. cop., in der Niederung selten.]
　　»　Trichophorum caespitosum Harz—Solling—ThW.—BhW. frq. soc.
　　»　—　alpinum Harz rr.!, ThW. r.!, BhW. frq. !!
　　»　Sedum villosum vom Meißner—Fchg.—Ezg. spor.
　　BU² Scheuchzeria palustris an wenigen Stellen Ezg.—BhW. cop.
　　»　Carex pauciflora in allen Bergländern frq. cop., nur ThW. r.
　　»　limosa (und *irrigua) im Fchg., Ezg. und BhW. spor. cop. (bez. r. !)

2. Verbreitung charakteristischer Moose[1]).

In keiner Formation spielen die Moose und besonders die Torfmoose eine so tonangebende und wichtige Rolle wie in den Hochmooren. Weite Strecken derselben sind von Sphagnen ausschließlich besetzt, oft von einer einzigen Art, meist aber von einem bunten Artgemisch. Die Feuchtigkeitsverhältnisse des torfigen Untergrundes regeln dabei das Auftreten der Arten und deren Habitus. »Bei allen Sphagnen bedingt der trockene Standort, z. B. das trockene Moor und Heideland, kompakten Wuchs, gedrungene und dicht beästelte Stämmchen, kurze und häufig aufgerichtete Äste und kürzere und breitere Blätter. Mit zunehmender Feuchtigkeit lockern sich die Bestände, die Stämmchen strecken sich, die Astbüschel rücken auseinander, die Äste verlängern sich und die Blätter werden länger, schmäler und abstehend«. (LIMPRICHT).

Die Beteiligung der Sphagnum-Arten an der Bedeckung der Hochmoore der einzelnen Bergländer ist eine ganz ungleichmäßige. Am häufigsten und massenhaftesten scheinen Sphagnum recurvum, Sph. cuspidatum, Sph. acutifolium, Sph. cymbifolium und Sph. medium aufzutreten. Sphagnum recurvum überzieht z. B. in den Mooren des Oberharzes mit Carex pauciflora und Trichophorum caespitosum oder zwischen Vaccinium uliginosum weite Strecken des festeren Bodens. Oder es füllt die sumpfigen Vertiefungen und Gräben aus, wobei ihm Sph. cuspidatum erfolgreich Konkurrenz macht und auch Sph. contortum und Sph. subsecundum in Wettbewerb treten. An anderen Orten überwiegt Sphagnum cymbifolium mit seinen Verwandten, namentlich Sph. medium, oder Sph. acutifolium, dessen rote Varietät sich oft weithin bemerkbar macht. Auch Sphagnum teres ist an manchen Stellen reichlich

---

1) Bearbeitet von Dr. B. SCHORLER.

entwickelt, während Sph. molluscum nirgends größere Flächen einnimmt,
sondern höchstens nesterweise oder auch einzeln zwischen anderen Moosen sich
findet. Nur einzelne Hochmoore zeichnen nach den bisherigen Beobachtungen
°Sphagnum rubellum (ThW. und BhW.), °Sph. fuscum (Rh. und ThW.)
und °Sph. Lindbergii (Hz.) aus. Dagegen fehlen außer den eigentlichen
Waldsumpfmoosen [wie Sph. squarrosum und Sph. Girgensohnii, das in seiner
Massenhaftigkeit den Bergwald charakterisiert] in den Gebirgsmooren gewöhnlich auch Sph. fimbriatum und Sph. molle, die in der Ebene gar keine seltenen
Erscheinungen sind.

Von den Laub- und Lebermoosen dürfte Aulacomnium palustre am
häufigsten in den Hochmooren sein, das entweder zwischen den Sphagnen
eingestreut ist, oder auch selbständige Rasen bildet. Dunkelgrüne Muster
weben in den hellen Sphagnumteppich die Polytrichum-Arten, besonders
P. commune, P. strictum und P. gracile, die immer heerdenweise auftreten.
Und Hypnum cuspidatum und Philonotis fontana rücken vom Rande
her vor.

Vereinzelte Erscheinungen, die aber überall eingestreut vorkommen, sind
Hypnum stramineum, Sphagnocoetis communis, die sich noch auf
den höchsten Mooren des Erzgebirges findet, und Scapania irrigua. Dagegen werden die Gebirgsmoore vor denen der Ebene durch das Auftreten
der folgenden Arten ausgezeichnet:

Dicranum Bergeri Bland. (= D. Schraderi W. & M.), das oft massenhaft
seine Stengel zwischen den Torfmoosen emporschiebt und im Hz., ThW., Ezg.
und wohl auch anderwärts sich findet;

Splachnum sphaericum Sw. und ✕Spl. vasculosum L.[1]). Das
erstere wird vom Hz., ThW., Ezg. und BhW., das letztere nur vom Hz. angegeben. Dieses ist auf den Torfmooren Schottlands, Skandinaviens und Lapp-
lands, überhaupt der nordischen Länder, auch auf Grönland und Spitzbergen
heimisch, scheint aber den Alpen und auch dem Riesengebirge zu fehlen,
würde also im Hz. seine südliche Verbreitungsgrenze erreichen[2]).

✕Hypnum sarmentosum Wahlbg. im Hz. und BhW. Tritt allerdings
seltener in die eigentlichen Hochmoore ein.

Jungermannia Taylori Hook. h mont. Hz.—BhW., besonders in den Moor-
tümpeln.

✕°—— socia Nees. h mont. Hz. Das zarte Pflänzchen wächst nach WARNS-
TORF am Grunde der dichten Rasen von Trichophorum caespitosum
zwischen Sphagnen im Brockenbett.

✕°—— Kunzeana Hüb. h mont. Hz. Fehlt auch dem Riesengebirge.

✕—— Floerkii W. & M. h mont. Hz. Fchg. BhW. Kehrt in Ostpreußen
wieder.

---

1) Das ✕Zeichen bedeutet wie in früheren Listen das Abschneiden der Art gegen Norddeutschland in der Hercynia.

2) Neuerdings hat QUELLE nachgewiesen, dass die Angaben von dem Vorkommen des
Splachnum Vasculosum im Hz. auf Irrtum beruhen.

✕Harpanthus Flotowianus N. v. E. hmont. Hz. Ezg. BhW. Auch 1 Standort in Ostpreußen.

Eine besondere Erwähnung verdient noch eine Gesellschaft von Moosen, welche sich in den *offenen Wasserlachen* der Hochmoore zusammen findet. Sind diese tief, so werden sie eingerahmt durch mächtige Wülste von Sphagnum cuspidatum, das einzelne Stengel in das Wasser sendet, welche zu halbmeterlangen, sehr gestreckten und flutenden Formen auswachsen können. Flache Lachen füllt diese Art entweder allein vollständig aus, oder es vergesellschaftet sich mit ihr Hypnum exannulatum, welches durch seine braunen Rasen die erstere auch ganz verdrängen kann. Dann sieht man aus dem Wasser nur die langgestielten Kapseln hervorragen. Hypnum fluitans verhält sich ganz ähnlich. Von den Lebermoosen vergesellschaften sich mit den vorigen Jungermannia inflata (bezw. Cephalozia heterostipa Carr. & Spr.), Ptilidium ciliare und die schon in der Hauptliste erwähnten Jungermannia Floerkii und Harpanthus Flotowianus.

Auch der freiliegende *trocknere Torf* am Rande des Moores oder an ausgeworfenen Gräben hat seine besondere Vegetation. Für diese Stellen ist Dicranella cerviculata ganz charakteristisch, welche aber durch Polytrichum gracile, Cladonia coccifera und Cl. rangiferina wieder verdrängt werden kann.

3. Ergänzende Liste der Gefäßpflanzen in F. 22 und 23.

Es folgt nun hier eine gemeinschaftliche Liste der die hercynischen Moore auszeichnenden Arten, welche — unter Hinweis auf die oben, S. 212 gegebene vollständige Liste der Rasenbildner — von diesen letzteren nur die wirklich wichtigsten Arten der Formation nennt und auch bei den vorhin in ihrer Verbreitung gekennzeichneten Arten nur kurze Bemerkungen aufnimmt. Die Formation 22 wird durch **N**, Formation 23 durch **B** (Niederungs- und Berglandsmoore) bezeichnet. Montanarten von Bedeutung mit ✕ Zeichen in Fettdruck, arktisch-montane gesperrt!

Immergrüne und blattwechselnde Gesträuche, Zwergsträucher, Holzstauden.

(1) ✕**Pinus montana** *uliginosa Neum.: *nur **B**, Fichtelgebirge—Erzg.— Böhmer Wald.

✕——— ——— *uncinata Ram.: nur **B**, Fichtelgebirge, siehe oben S. 225.

(2) **Betula odorata** *carpathica W. & K.: Kommt in zwei verschiedenen Formen vor, welche beide in demselben Hochmoor untermischt neben einander wachsen können:

α) Junge Zweige behaart; Rinde des Stammes dunkelbraun.

β) Junge Zweige glatt; Stammrinde hellweißlich.

Immer nur **B**! Von folgenden Hochmooren habe ich diese charakteristischen Formen gesammelt und verglichen, die sich insgesammt durch vom Juli an lederartige Blätter auszeichnen: Rhön, Rotes Moor 820 m (α und β unter einander gemischt), eigene hainartige »Sumpfbirkenfilze« bildend. — Harz, im Brockengebiet zerstreut aber nicht häufig, z. B. Hain im Trichophorum caespitosum-Moor an der Wolfswarte und von da abwärts in ca.

800 m Höhe; blüht erst um Mitte Juni! — Erzgebirge an vielen Stellen, im Osten bei
. Altenberg—Zinnwald 800 m, herab bis Schellerhau 700 m; westwärts bei Sebastiansberg—
Reitzenhain 750–800 m häufig und mit Nr. (1) vergesellschaftet; im höchsten Teile bei
Gottesgab in allen Mooren um 1000 m, Bäumchen von 1—1¹/₂ m Höhe oder kräftiger
3—5 m hoch, nicht oft fruchtend. — Böhmer Wald, gemein im Gebiet der Moldau von
der Filzau südlich von Wallern an (730 m) bis zum Königsfilz bei Außergefild (900 m), wo
diese Birke auf große Strecken das Hochmoor allein überzieht; an anderen Stellen mit Nr. (1)
vergesellschaftet, und zerstreut bis über 1100 m am Blöckenstein.

(3) **Betula nana L.**: Die Zwergbirke; Standorte nur **B.** Im Oberharz am Braunschweiger Torfhause und in dem nahe dabei gelegenen Moor am Lerchenfeld 800 m zwischen
Trichophorum caespitosum! Im Erzgebirge am Hassberge bei Sebastiansberg (Pinus mon-
tana-Hochmoor 850 m) von mir nicht gefunden; ziemlich häufig in einem Hochmoor bei
Gottesgab 1000 m! im westlichen Erzgebirge bei Frühbuß 880 m hoch mit Vaccinien u. s. w.!
Im Böhmer Walde cop.—greg. im Seefilz bei Außergefild 1050 m zwischen hohen Sumpf-
kieferbüschen, und an anderen Stellen der böhmischen Gebirgsseite im obersten Moldau-
gebiet bei Fürstenhut, Kuschwarda und Schattawa.

(4) **Salix aurita L.**: **N** und **B**, verbreitet und von den Mooren in die angrenzende Bergheide oder Torfwiese (**N**) übergehend.

(5) **Salix repens L.** (incl. rosmarinifolia): in **N** sehr verbreitet und gemein, in
die angrenzenden Torfwiesen übergehend; in **B** sehr viel seltener und in
vielen Mooren ganz fehlend, übrigens auch am Brocken!

(NB.) **S. nigricans Sm.**, angegeben von Leipzig; kommt daselbst nach KUNTZE
nur verwildert vor.

(6) **Empetrum nigrum L.**: nur **B**! hier aber stark verbreitet und eine der
am meisten bezeichnenden hercynischen Montanarten (s. oben S. 227).
Aus den Standorten der Krähenbeere hebe ich folgende Beispiele als charakteristisch
hervor: Solling a. d. Weser, Moor bei Silberborn 440 m, in Masse! Östl. Rhön, Rotes
Moor 820 m! Oberharz, Hochmoore im Brockengebiet 700—900 m soc.—cop.! Fichtelgebirge, Hochmoor des Fichtelsee 780 m cop.! Unteres (westl.) Erzgebirge, unterstes Sumpf-
kiefer-Hochmoor bei Schneeberg 600 m r.! Oberes westl. Erzgebirge, Moor des Kranichsee
915 m cop.! Höchstes Ezg., alle Hochmoore um Gottesgab—Wirbelstein 900—1000 m,
frq. cop.! Östl. Ezg., Hochmoor am Hassberg 850 m cop.! Böhm. Kaiserwald, Hochmoor
am Spitzberg b. Lauterbach 790 m cop.! Centraler Böhmer Wald, Hochmoore von Außergefild bis Unter Moldau—Filzau 750—1100 m frq. cop., fast soc. an vielen Stellen z. B.
Königsfilz bei Außergefild 915 m! — In der Mehrzahl der Fälle ist das erste Auffinden
von Empetrum in einem hercynischen Gebirgsmoor das Anzeichen, dass sich dort große
Bestände von ihm vorfinden werden; manches Mal sind kleine, hochgelegene Moore von
ihm geradezu in ihrer ganzen Ausdehnung durchsetzt; an anderen Stellen wiederum sucht
man Empetrum vergebens in stundenweiten Mooren.

(7) **Vaccinium Oxycoccus L.**: **N** und **B**!!, aber im Berglande noch viel
häufiger als in der Niederung, wo der Grünmoorcharakter überwiegt.
Übrigens eine der gemeinsten Charakterpflanzen der Torfmoore, welche auch gelegentlich
(aber selten) in der an Mooren armen unteren Bergstufe von 250—500 m Höhe angetroffen
wird und daher mehr als montane Hochmoorarten auch am Thüringer Walde Verbreitung gefunden hat (Eisenach, Blankenhain, Ohrdruff, Ilmenau, Singer Forst u. s. w.).
Bildet auf dem Arber- und Rachelsee über 1000 m hoch im BhW. im Sumpfmoos
schwimmende Polster und steigt bis 1300 m in den Mooren des Grenzkammes (z. B. Plattenhausen!), ebenso bis zum Brockengipfel.

(8) **Vaccinium uliginosum L.**: **N** spor. und selten!, **B** von den niedersten
Mooren (z. B. Silberborn im Solling 440 m!) an bis zu den höchsten am

Brocken, Keilberg und Grenzkamm im BhW. gemein! soc.—cop.[3], an Bedeutung alle übrigen Ericaceen übertreffend.

(9) Vaccinium Myrtillus L.: **N—B** frq. cop. überall eingestreut und oft in Menge. Blüht in den Bergmooren bei 800 m Anfang Juni.

(10) —— Vitis idaea L.: **N—B** frq. cop. wie die vorige Art.

(11) **Andromeda polifolia** L.: **N** spor. und r. in den an der Nordgrenze des Gebietes gelegenen Mooren (häufiger erst im Braunschweiger Lande nördlich von der hercynischen Grenze). **B** frq. spor. zerstreut in dem Bereich von Empetrum, aber seltener, zuweilen an Stelle des letzteren. Die zierlichen Blütenstengel erheben sich immer vereinzelt aus dem moosigen Torf, oft an den nassesten Stellen; Blütezeit Juni—Juli, wie es scheint weniger abhängig von der Höhenlage. Am häufigsten in den oberen Mooren um 800—1000 m, aber auch schon tiefer (Solling 450 m!) den Montancharakter bezeichnend, im Thüringer Walde eine große Seltenheit, im Ezg. häufig wie im Hz. (Brockengebiet auf allen Mooren!), dann auch Fchg.! Kaiserwald! (Moor am Spitzberg bei Lauterbach u. a. O.!), häufig im centralen BhW., besonders in den Filzen des obersten Moldaugebietes, am Arber! u. s. w.

(12) Calluna vulgaris Salisb.: **N—B** überall frq. cop.—greg. mit Nr. 8—10. Bildet in den Mooren gedrungen wachsende Zwergsträucher, welche im Vergleich mit den Heiden der Niederung nicht spät blühen (z. B. Hochmoore am Brocken 800 m Vollblüte 10. Juli!).

(13) °Erica Tetralix L.: nur **N**! und für die Randmoore im hercynischen Nordgrenzbezirk charakteristisch, besonders in der Lausitz von Königswartha westwärts über Königsbrück nach Radeburg! In diesen Mooren findet man breite, viele □Meter einnehmende Strecken ganz vom geselligen Wuchs der Glockenheide bedeckt wie in der Lüneburger Heide; dann aber können in stundenweiten Entfernungen erst die nächsten Standorte liegen.

(14) **Ledum palustre** L.: **N** spor. und r. besonders von der nördlichen Lausitz (Königswartha—Königsbrück als Südgrenze!) westwärts bis in die Thüringer niederen Moore als große Seltenheit eingestreut (Schleiz, Jena, Neustadt a. d. Orla u. s. w.). Diese Standorte verbinden **N** mit **B** im Fichtelseemoor, wo früher das Fichtelgebirge einen Standort besessen hat. Vgl. übrigens Abschn. IV. Kap. 10.

---

b) Rasenbildende, durch Geselligkeit ausgezeichnete Charakterarten.

(Minder wichtige Rasenbildner siehe in der vorangehenden gemeinsamen Liste).

(15) Molinia coerulea Mnch.: **N—B**, überall gemeinsam, cop.—greg.—soc.

(16) °Rhynchospora alba Vahl: **N**! an der Nordgrenze des Gebietes mit Nr. (7) und Nr. (13) vereinigt und sp. cop., besonders im Lausitzer Gebiet und hier bis nahe zum Elbthal bei Dresden an den südlichsten Teichen der Lausitzer Granite und Diluvialgeschiebe vordringend. Wird angegeben von Erfurt und Coburg. B: früher nach Meyer & Schmidt im Fichtelsee, siehe Abschn. IV. Kap. 13. —

(17) Rhynchospora fusca R. & Sch.: **N** mit voriger, aber seltener (sp. greg.!); hat ihre Lausitzer Nordgrenze weit nördlich vom Elbthale in der Linie Radeburg—Königswartha.

(18) Eriophorum polystachyum T.p.: beide Unterarten **N—B**, greg.! und frq. durch den ganzen Bezirk auf nassen Torfsümpfen.

(19) Eriophorum vaginatum L.: **N** nur r. und spor. besonders im nördlichen Saalelande und ostwärts durch das Lausitzer Gebiet, dann auch an zerstreuten Stellen durch das Thüringer Hügelland. — **B** frq.! soc.!! und cop. greg. Eine der besten Charakterarten hercynischer Moore zwischen 600 und 1200 m im Hz.—Ezg.—ThW., Fchg.—Kaiserwald—centraler BhW.!! Auch Rhön! — Obwohl auch hier in der Höhe von 250—500 m eine Lücke bleibt, wo dieses Wollgras fehlt, so schafft doch bei dieser Art Thüringen, die Lausitz und das niedere Erzgebirge Verbindungsstellen.

(20) °Trichophorum caespitosum Hartm.: nur **B**!! dort soc.—spor., siehe oben S. 227.

(21) —— alpinum Pers.: nur **B**, stets selten sp.—greg.! siehe oben S. 227.

(22) Carex pauciflora Lightf.: nur **B**!! in der ganzen Ausdehnung vom Harze bis zu den bayerischen Grenzgebirgen sp.—greg. Im ThW. große Seltenheit im Bereich der höchsten Rennsteig-Erhebungen am Beerberge. Sonst Vergl. oben S. 228.

(23) Carex leporina L.: **N—B** frq. cop. auf trockneren Mooren, am meisten in der Nardus-Facies der Torfwiesen (Form. 22).

(24) C. echinata Murr.: **N—B** frq. cop. in gemeiner Verbreitung.

(25) C. canescens L.: **N—B** frq. cop. oder greg. in gemeiner Verbreitung.

(26) C. vulgaris Fr.: **N—B** frq. cop.—soc., oft am Abhange der Hochmoor-Erhebungen an den sumpfigeren Abflussstellen große eigene Bestände bildend.

(27) C. panicea L.: **N—B** frq. cop.—greg. mit Nr. (26).

(28) C. rostrata With.: **N—B** frq. cop.—greg. in den Torfsümpfen der Moore verbreitet. Diese Art gehört zu den Verbindungsgliedern der Teichufer und Moore.

(29) C. limosa L.: **N—B** spor. und gruppenweise. N an sehr seltenen Stellen im Berührungsgebiet des Elbhügellandes mit der Lausitzer Teichniederung (bei Meißen und Moritzburg), auch südlich der Elbe am Fuße des Erzgebirges bei Kreischa als Übergang zu den folgenden Standorten. — B spor.!! vom Harz (Brockenfeld), zum Erzgebirge im Osten: Altenberg!, an den höchsten Erhebungen: Gottesgab!, und im Westen: Kranichsee bei Johanngeorgenstadt! Angegeben von Elster und Weißenstadt an der Grenze des Vogtlandes gegen das Fichtelgebirge. Dann häufiger im BhW.!! und dort allein ihre Subspec. ✕*irrigua: Vergl. oben S. 228.

(30) Juncus filiformis L.: **N—B** frq. cop.—soc. und die Hochmoore mit den ähnlichen Torfwiesen verknüpfend. Vergesellschaftet sich nicht gern mit Ericaceen, wie auch die folgenden Binsenarten, die zu eigenen Faciesbildungen neigen.

(31) J. alpinus Vill.: **N—B**, spor. greg. und zuweilen soc.! Westliche Lausitz in der Teichniederung; in den Bergeshöhen viel seltener und vielfach fehlend. Genauere Verbreitung bleibt noch festzustellen; Oberharz bis 1000 m am Brocken; fehlt BhW.?

(32) J. lamprocarpus Ehrh.: **N—B**, frq. cop., in den Teichniederungen häufiger.

(33) J. acutiflorus Ehrh.: **N**, frq. cop., in **B** selten (Oberharz); fehlt BhW.

(34) J. obtusiflorus Ehrh.: **N** spor. cop., tritt nur in das niedere Bergland ein.

(35) J. supinus Mnch.: **N** frq. cop., **B** im Gebirge viel seltener: Hz. bis 800 m BhW. 750 m. —

(36) J. °squarrosus L.: einzige auch den trockneren Moorboden in Massen bekleidende Binse, **N—B** frq. cop.—soc.!   Im Hz. und Ezg. gemein, erreicht seine Südgrenze für das hercynische Gebirge nördlich vom centralen Böhmer Walde!

(37) Luzula erecta *multiflora Lej.: **N—B** frq. spor.—cop.

(38) L. —— *sudetica DC.: nur **B**!! Charakteristisch auf den hochgelegenen Borstgrasmatten und von da in die Gesträuche führenden Moore eintretend, 600—1300 m (Blöckensteinmoor, BhW.!) (Siehe auch Formation 24, subalp. Bergheide).

---

c) Im Sumpfmoos, Zwerggesträuch und Grünmoor eingestreute Stauden oder einjährige Kräuter.

(39) Scheuchzeria palustris L.: **N—B**, wie Nr. (29), selten! **N** nur rr.! in der Moorniederung der westlichen OLz. im Übergange zum Elbthal (Moritzburg bei Dresden). Früher am Nordwestrande des Bezirkes bei Braunschweig gefunden (Dobensee, dort schon zum nordatlantischen Florenbezirk gehörig); fehlt jetzt in der Gesamtflora des Harzes. — **B**: spor. in einzelnen Hochmooren des Erzgebirges!! besonders bei Gottesgab und im Kranichsee bei Karlsfeld (Johanngeorgenstadt) an beiden Stellen mit Nr. (29)! Ebenso im Böhmer Walde in den am Ufer der Seen gebildeten Schwimmdecken von Sphagnum mit Nr. 22. Kleiner und Gr. Arbersee! und Rachelsee! (An beiden Stellen von SENDTNER noch nicht angegeben, dagegen aus dem unteren Bayerischen Wald unter 400 m bei Bodenwohr). Es hält sich also Scheuchzeria als hercynische Bergmoorart in den Höhen 900—1100 m; blüht Anfang Juli, fruchtet im August.

(40) Calla palustris L.: **N** spor. (besonders in Waldmooren!), und **B** bis 900 m. Im Moor am Kl. Arbersee (BhW.) mit Pinus montana, Carex limosa und pauciflora.

(41) Orchis maculata L.: **N—B** frq. spor. als eine der wenigen auffallenden und bunten Blüten.

(42) Malaxis paludosa Sw.: **N** selten und sehr vereinzelt vom Braunschweiger Lande bis Muldenland und Lausitzer Hügelland (Moritzburg). (Ist eine in Nordeuropa endemische Art).

(43) Potentilla silvestris Neck. (= Tormentilla): **N—B**, frq. cop. auf allen Höhenstufen; (gemeinsam mit Heidewiesen).

(44) P. palustris Scop. (Comarum): **N—B**, frq. greg. in den Moorgräben und an den Rändern der Torfsümpfe im Hochmoor selbst[1].

(45) Geum rivale L.: **N—B** frq., nicht selten als Bestandteil der eigentlichen Hochmoore, aber auch an vielen anderen Standorten.

(46) Sedum villosum L.: **B** spor. Meistens in Sphagnum vegetierend, an vereinzelten Standorten vom Meißner (Werra) bis Fchg. und Ezg., BhW. (auf Gneisunterlage), fast stets in 600—800 m Höhe.

---

1) Mit Nr. (44) und ebenso (48) beginnt der Anschluss einer anderen Artengruppe, welche wegen ihrer Bevorzugung tiefen Wassers und wegen ihres mangelnden Aufsuchens der moosigen Gründe in ökologischer Beziehung zu der Gruppe der Wasserpflanzen gestellt werden. Zu ihr gehört besonders außer Seggen wie Carex filiformis noch der Bitterklee, Menyanthes. Jedenfalls aber hebt aus diesen Wasserpflanzen der Anschluss an die Moore eine bestimmte Facies heraus.

(47) °Hydrocotyle vulgaris L.: **N** frq. cop.[3]!! Charakterart, welche besonders in der Lausitzer Teichniederung verbreitet vorkommt und deren südliche Vegetationslinie daselbst als Hauptgrenze gegen die Hügelformationen betrachtet werden kann. Gegen diese schneidet sie jedoch nicht scharf ab (wie Rhynchospora oder Erica Tetralix), sondern sie steigt im Hügellande bis 300 m Höhe auf torfigen Wiesen empor und hat dadurch eine Reihe isolirter Standpunkte südlich ihrer Hauptverbreitung, z. B. bei Northeim (Leine), Eisenberg (W. Elster), Schleiz, Meißen (Elbe), Bischofswerda (Südgrenze gegen das LzB. nahe dem Valtenberg!). — Fehlt in allen Hochmooren des Berglandes.

(48) Peucedanum palustre Mnch.: **N—B** spor. aus der Ufervegetation von Teichen accessorisch. Im Berglande sehr selten bis über 900 m (Arbersee).

(49) ✕ **Senecio crispatus** DC. (var. croceus, sudeticus): nur **B** vom BhW. und Ezg. bis Fchg. Als accessorischer Bestandteil spor.!! Vergl. oben S. 131, Kap. 2, Obere Bergwälder.

(50) Trientalis europaea L.: **N—B** frq. spor. Als accessorischer Bestandteil sowohl aus den Niederungs- als Bergwäldern auf Torfboden, und besonders gemeinsam mit den zur subalpinen Bergformation übergehenden Borstgrasmatten.

(51) Mentha arvensis L.: **N**, spor. greg. im Torfmoos.

(52) Scutellaria minor L.: nur **N**, r. und spor. an vereinzelten Stellen wh.— mh.—oh. Am häufigsten in den Lausitzer Mooren von Moritzburg—Radeburg—Königsbrück nördlich des Elbhügellandes.

   Bmk. Sc. hastifolia teilt ihr Vorkommen zwischen Torfwiesen und.den Mooren; in letzteren seltenes Vorkommen bei Hann. Münden (Hühnerfeld!), auf Torfwiesen in dem Weißen Elsterlande bei Leipzig. — Eine ähnliche Standortsverteilung besitzt unter den Labiaten noch Teucrium Scordium.

(53) Pedicularis palustris L.: **N—B**, frq. cop. — Wird, wie es scheint, in den über 800 m gelegenen Mooren seltener; besiedelt die Moorsümpfe und Gräben.

(54) Melampyrum pratense L.: **N—B**, frq. cop. — Sehr häufiger Bestandteil zumal in den Berglandsmooren, aber nie in Massenvegetation, sondern die Einzelpflanzen zerstreut. M. silvaticum habe ich nirgends als Bestandteil der Hochmoore bemerkt, noch weniger kann es in Grünmooren vorkommen.

(55) Pinguicula vulgaris L.: **N—B**, wh. selten, nach SO (Thüringen, Fchg., Ezg.) an Häufigkeit zunehmend, an manchen Orten cop. oder greg.! Diese Art bildet in so fern oft eine eigene Facies, als sie auf Bergwiesen mit torfigem Untergrunde an nassen Stellen, wo sich Sumpfmoose ansiedeln, eigene kleine Bestände, zwischen den Gräsern herausgehoben, bildet und neben diesen Standorten dann auch die Gesträuche führenden Moore besetzt. Geht im Harze nur bis zur Hohne herauf und ist häufiger an Gebirgsrändern; besetzt in Thüringen ähnliche Stellen in 300—500 m.

(56) Gentiana Pneumonanthe L.: **N** spor. cop. Vom Westen bis zur Lausitz, wo dieser Enzian auf manchen Mooren charakteristisch bis gegen die Elb-Wasserscheide (Radeburg) vorkommt. Geht in Thüringen bis zu torfig-sumpfigen Bergwiesen (Mooren?) in ca. 400 m Höhe, Eisenach—Orlamünde—Erfurt—Eisenberg—(Weiße Elster)—Schleiz.

(57) Viola palustris L.: **N—B**, frq. cop. und überall verbreitet. Eine der am frühesten blühenden Moorpflanzen, 1.—15. Mai in der Höhe 200—500 m. Besiedelt oft die unter Nr. (55) geschilderten Sumpfstellen in Bergwiesen.

   V. uliginosa habe ich als Bestandteil der Moorvegetation im Gebiet nicht kennen gelernt.

(58) Drosera rotundifolia L.: **N—B**, frq. cop. Im Hügellande 250—500 m nur spor. und an fremdartigen Standorten, dann aber im oberen Berglande auf allen Mooren, noch cop. im Ezg. bei Gottesgab! und im BhW., im Königsfilz u. a. Mooren 900—1100 m!

(59) °D. intermedia Hayn.: nur **N**. In den nördlichen Grenzmooren vom Braunschweiger Lande — Flora v. Halle — Lausitz stellenweise greg.—cop.[3]!!, zumal im Bereiche von Moritzburg—Königswartha.

(60) D. longifolia L.: **N—B**, r. und spor.: z. B. nördliche Lausitz, dann westl. Erzgebirge!

d) Gefäßführende Sporenpflanzen. (Equiseten-Filices).

(61) Equisetum silvaticum L.: **N—B**. Stellenweise als Nebenbestandteil cop.—greg. in den am Walde angrenzenden Mooren.

(62) °Lycopodium inundatum L.: **N** an der Nordgrenze der Hercynia allgemein (greg.!!) und im OLz. Hügellande südwärts bis gegen das Elbhügelland vordringend, auch sonst spor. **B**: Fehlt in den ausgedehnten Berglandsmooren als allgemeiner Bestandteil, aber **spor**. und r. im Brockengebiet, im Fichtelgebirge, und an vereinzelten Stellen im Bayerischen Walde (Breitenaumoor 1100 m nach SENDTNER!)

(63) Pilularia globulifera L.: **N**, nur sehr selten und spor. Als schwache Ausstrahlung von der starken Verbreitung im nordatlantischen Bezirk über die nördl. Lz. bis zum Muldenland (Chemnitz).

(64) Nephrodium cristatum Mchx.: nur **N**, r. und spor. im Grenzgebiet, bes. OLz., auch am Harz! Besiedelt häufiger Waldmoore als solche mit Zwerggesträuchen.

(65) N. Thelypteris Desv.: **N—B** spor. An manchen Stellen greg. kleine Moore erfüllend, durch das Hügelland wh.—oh. (OLz. häufiger!) zerstreut und im Hz. bis 800 m (Bruchberg) aufsteigend, sonst im höheren Gebirge (z. B. BhW., Ezg.) fehlend. —

4. Subalpine Bergheide und Borstgrasmatten, Felsen und Gerölle.

Unterschied der beiden Formationen. Schon oben ist diese Formationsgruppe VIII (s. S. 100) mit einigen bezeichnenden Beispielen von Pflanzen allgemein gekennzeichnet, und da sie die Gebirgshöhen an und über der Baumgrenze (**Hz.-Ezg.-BhW.**) umfasst, ist eine Verwechselung mit anderen nicht möglich; nur ihre Abgrenzung nach unten bleibt genauer festzustellen. Sie lässt also die Hochmoormulden des oberen Gebirges, die gleichfalls den Baumwuchs auf Legföhre und Birken beschränken, mit ihrer charakteristischen Vegetation unter sich und setzt häufig ein solches in Umprägung nach oben hin an den geneigten Flanken eines Bergstockes fort. Wo dann im Geröll des Urgesteins, Granit oder Gneis und Glimmerschiefer, ein wildes Durcheinander von Grasrasen und Ericaceen-Zwerggesträuchen mit Luzula sudetica, von Farnen (besonders Athyrium Filix femina gemischt mit Aspidium spinulosum und Athyrium alpestre!) mit einigen übrig gebliebenen Sträuchern von Salix aurita, Caprea und Sorbus aucuparia eine Reihe von Stauden mit umfasst, die entweder wenige 100 m tiefer an den Waldbächen der oberen Fichtenformation zuerst erschienen oder welche überhaupt dem aus der Tiefe aufgestiegenen Wanderer hier zum ersten Male begegnen, und wo diese Arten sogar im Borstgrasrasen gesellig und häufig auftreten, da ist Formation 24 voll entwickelt und hebt sich auch

aus den obersten Bergwiesen deutlich heraus. Diese aber können, wiewohl nur
selten und wenig ausgedehnt, in der Meereshöhe sogar noch über die tiefsten
subalpinen Matten hinaussteigen und verdanken diesen Umstand dann einer
warmen, sonnigen Exposition, während die tiefer gelegenen subalpinen· Facies
in schneereichen Gründen den Geröllboden bedecken und dort gewöhnlich in
dem obersten Walde entlang einer aus ihnen entspringenden Quellflur sich
verlieren.

    Die Formation 25 setzt größere, fest ruhende Felsblöcke oder
Klippen mit Steilgehängen in eben dieser Regionshöhe von 900—1450 m
voraus, welche in den hercynischen Gebirgen nicht eben häufig sind und
meistens nur aus granitischen Trümmerfelsen oder Gneisplatten bestehen.
Während der kiesige Detritus dieser Gesteine der Bergheide zur Unterlage
dient, siedeln sich an den fest lagernden Klippen neben einigen Ericaceen-
Zwerggesträuchen (Vaccinium uliginosum!) und Empetrum nigrum mit dem
steif aufgerichteten Lycopodium Selago zahlreiche Rasen von Moosen, am
bezeichnendsten die (übrigens schon in Formation 18 sporadisch vorkommenden) Arten von Andreaea und noch zahlreichere Gebirgsflechten an, welche
hier zwischen den feuchten Bergnebeln und unter dem Schutze einer lange
aushaltenden Schneedecke ganz anders sich zu entwickeln vermögen als in
Formation 18, auf deren Felszacken die Sommersonne oft noch heiß und un-
gemildert während 3 Monate niederstrahlt.

Wichtigste Arten. Immerhin bleibt es eine befremdliche Thatsache, dass
die hercynischen Felsformationen auf den Spitzen der 3 Gebirge, welche hier
überhaupt nur in Betracht kommen, durchaus nicht eine reichere Fortsetzung
der bei den montanen Felsabhängen ganz formenreich begonnenen Ansätze
zu einer Gratflora liefern. Die einzige Felsen bewohnende Saxifraga des Bezirkes ist montan und bleibt fern von den hohen Gebirgsstöcken. Auf der
Brockenkuppe sind zwar die Gerölle in solchen Mengen mit dem heidig-
moorigen Boden vermischt, dass man die Grenzen der eigentlichen Felsformation kaum zu ziehen vermag. Überall hat die Felsformation nur wenige eigene
Arten von Blütenpflanzen für sich, um so mehr aber Moose und Flechten.
Besondere Blütenpflanzen treten für F. 25 nur im Oberharze und Böhmer Walde
auf, am Brocken, Arber und an einigen niederen Gipfeln des Böhmer Waldes,
wie z. B. am Osser. Trotz der viel bedeutenderen Höhe der Böhmer Wald-
gipfel hat doch der Oberharz vor ihnen zwei der wichtigsten Arten von weiter
mitteleuropäischer Verbreitung voraus, nämlich Pulsatilla alpina und Hieracium alpinum, und dazu besitzt er von H. nigrescens sogar eine endemische Unterart. Der Arber aber ist der einzige Bergstock, der eine Krummholzformation von Pinus montana in richtiger, wie im Riesengebirge,
Tatra und Alpen auftretender Wuchsform und lokaler· Massenentwickelung
besitzt. Gerade als Ersatz für die fehlende Krummholzformation ist die
subalpine Bergheide auf den anderen Bergstöcken, zumal am Brocken,
aufzutreten bestimmt. Da die subalpinen Bestände im Erzgebirge unterhalb
der Baumgrenze liegen (ca. 250 m tiefer nach theoretischer Schätzung), so

bestehen sie aus derjenigen Facies, welche von allen am meisten den Bergwiesen ähnelt, nämlich aus den Borstgrasmatten mit eingestreuter Gymnadenia albida. Aber das Auftreten von Homogyne und Sweertia in denselben
Matten unterscheidet sie ebenso wie der Besitz mancher · anderer Arten
hinreichend von den blumenreichen Arnica-Wiesen. Auch quellige Gründe
und kleine Sumpfflächen giebt es noch als besondere letzte Facies in der
Formation 24, die sich phanerogamisch nur wenig von tiefergelegenen Quell-
gründen unterscheiden. So hauptsächlich am Brocken durch die seltene
Carex sparsiflora, welche hier neben C. panicea der tiefer gelegenen Moor-
wiesen vorkommt. Im Osten tritt Senecio crispatus mit Crepis paludosa,
Geum rivale und anderen gemeinen Arten an solchen Sumpfstellen auf, deren
Wasser noch mit Montia rivularis erfüllt ist.

Von kennzeichnenden Rasenbildnern sind unter den anderen oben
genannten Poaceen und Juncaceen zunächst Calamagrostis Halleriana und
Luzula *sudetica ganz allgemein verbreitet, erstere schon von Formation 14
her. Zwischen der überall wuchernden Heide ist Empetrum nigrum so
üppig wie im Moos der Hochmoore, fehlt aber in der Facies der Borstgrasmatten mit den zierlichen Stengeln der Gymnadenia albida. Mulgedium
alpinum und Ranunculus aconitifolius gehören zu den überall verbreiteten, regelrechten Arten des Bestandes, hier oben in freier Sonne oder nur im
Schutz des Abhanges. Dazu kommen als wichtigste gemeinsam vom Harz bis
Böhmer Walde verbreitete Charakterarten zwei vasculare Sporenpflanzen:
Athyrium alpestre und Lycopodium alpinum. Beide Arten übertragen
die Bedeutung ·ihrer Formation noch auf 2 niedere hercynische Bergländer,
indem der alpine Farn auch im Thüringer Walde zwischen Schneekopf und
Beerberg, der alpine Bärlapp auch auf der höchsten Rhön vorkommt; beide
wetteifern am Brocken und am Arber an Häufigkeit und sind im centralen
Erzgebirge (Fichtelberg-Keilberg) gleichfalls an vielen Standorten zu finden.
Das Athyrium besiedelt in den genannten Gebirgen auch die obersten, lückigen
Fichtenwälder und ist an vielen Stellen des Böhmer Waldes, z. B. am Osser,
in diesen so massenhaft, dass es die übrigen Bergfarne (die Oreopteris-Facies)
übertönend als letzte, oberste Facies derselben erscheint[1]). Und doch ist es
wohl richtig, A. alpestre in der Hauptsache ebenso als eine Art der Krummholzformation von subalpinem Charakter anzusehen, wie Pinus montana selbst
in der Tatra stets schon die obersten Nadelwaldungen durchdringt und zwischen
deren Stämmen eigene hohe Gebüsche erzeugt. Lycopodium alpinum aber
bleibt dem Walde fern und vergesellschaftet sich am häufigsten mit Empetrum
und anderen, seltneren Arten dieser Heideformation.

Seltnere Bestandteile. Diese bestehen aus ca. 36 Arten, die sich nun aber
nicht mehr gleichförmig über das ganze Gebiet vom Böhmer Walde bis zum
Brocken hin erstrecken, sondern in höchst unregelmäßiger Weise verstreut
sind; mehr als $^2/_3$ derselben gehören nur einem einzigen der drei Gebirgs-

---

1) Siehe oben Kap. 2, S. 145.

systeme an, und zwar zum größeren Teile dem Böhmer Walde, der hier einige Verbindungen mit den Nordalpen zeigt, dann aber zu einem noch wichtigeren kleineren Teile dem Brocken, der hierin besonders sudetische Beziehungen entwickelt, zum kleinsten Teile (Sweertia und Selaginella) dem Erzgebirge. Die Verteilung dieser Arten zeigt die folgende Liste.

Liste derjenigen Arten in der subalpinen Bergheide, welche nicht vom Harze bis zum Böhmer Walde durchgehend verbreitet sind. (Hinzugefügt sind einige alpine Fels- und über 900 m in den Hochmooren vorkommende Charakterarten.)

Harz: Brockengebiet.	Erzgebirge: Keilberggebiet.	Böhmer Wald: Arber- und Lusengebiet.
	Streptopus amplexifolius (r.).	Streptopus amplexifolius (spor.).
		Juncus trifidus, Felsen! (greg.).
Trichophorum alpinum (r.).		Trichophorum alpinum (greg.).
—— caespitosum (cop.).	[Trichoph. caespitosum fast fehlend.]	—— caespitosum (spor.).
Carex rigida (spor.).		
—— sparsiflora (r.).		Carex limosa *irrigua (spor.).
		Poa alpina (greg.).
(Phl. alpin. angebl. a. Brocken: Hampe.)		Phleum alpinum (spor.).
		Agrostis rupestris, Felsen! (greg.).
? Geum montanum (rr.).		
	Epilobium trigonum (r.).	[Epilobium trigonum (rr.) 1).]
	—— alpinum *nutans (r.).	—— alpinum *nutans (spor.).
		—— —— *anagallidifol. (spor.).
(Meum athamanticum, obere Grenze.	Meum athamanticum, obere Grenze.)	(Nur noch Fichtelgebirge.).
		Ligusticum Mutellina (spor.).
	Peuced.(*Imperatoria)Ostruthium (fq.)	Peuced. Ostruthium (r.).
		Lonicera coerulea (rr.).
Linnaea borealis (r.). •		
	Homogyne alpina (frq.).	Homogyne alpina (frq. cop.).
	Senecio crispatus (obere Grenze).	Senecio crispatus (obere Grenze).
		—— subalpinus (spor.).
	Gnaphalium *norvegicum (r.).	Gnaphal. *norvegicum (spor.).
		Willemetia apargioides (ob. Gr., frq.).
Hieracium alpinum (frq. cop.).		
—— nigrescens *bructerum (frq.).		Hieracium *gothicum, Felsen! (r.).
		Campanula Scheuchzeri (r.).
		[Pedicularis Sceptrum, Moore (r.) !!
		kommt in niedriger Höhenstufe vor!]
	Sweertia perennis (frq.).	Gentiana pannonica (spor.).
		Cardamine resedifolia (rr.).
	Aconitum Napellus (r.).	Aconitum Napellus (frq.).

1) E. trigonum wird angegeben aus dem Donauzuge des Bayr. Waldes am Hange des Hirschensteins bei Mitterfels, fehlt aber im centralen Böhmer Walde, dem alle übrigen hier gemeinten Standorte angehören.

Harz: Brockengebiet.	Erzgebirge: Keilberggebiet.	Böhmer Wald: Arber- und Lusengebiet.
Pulsatilla alpina (frq. cop.).		
Thesium alpinum (r.).	Sagina Linnaei (rr.).	Sagina Linnaei (frq.).
Rumex arifolius (frq.).	(R. arif. ob typisch vorhanden?).	Rumex arifolius (frq.).
Salix bicolor (rr.!).		
(Keine andere alpine Weide kommt in den subalp. Matten, Felsen, Heiden der hercyn. Gebirge vor!)		
	Pinus montana *uliginosa	Pinus montana *uliginosa.
	(soc. in den Mooren.).	(soc. in den Mooren.)
	[Varietäten s. WILLK., Forstl. Flora.]	—— —— *Pumilio (soc.).
Selaginella: noch vorhanden?	Selaginella spinulosa (rr.).	
[Cryptogramme crispa: Felsen in der Tiefe bei Goslar.]		Cryptogramme crispa Felsen! (r. an zwei Standorten).

Die hier für die Formation angegebene floristische Verschiedenheit zwischen den drei Haupt-Bergzügen gründet sich demnach auf 39 Arten und Unterarten. Nur in wenigen Fällen wäre der Thüringer Wald zu berücksichtigen gewesen, der übrigens dieser Formation keine neue Arten hinzufügt. Die präalpine Felsformation besitzt bekanntlich viele oben genannte Arten [1]), welche an keinem Felsen der subalpinen Formationen vom Brocken bis zum Arber vorkommen; als einzige Ausnahme von dieser vollständigen Formationstrennung ist Thesium alpinum zu betrachten!

Es bleibt nur noch übrig, den gemeinen Grundstock von Arten der Matten und oberen Heiden, die das Füllmaterial der Charakterarten bilden, noch in gedrängter Liste mit den auszeichnenden Charakterarten selbst zusammenzustellen.

Formation 24.   Liste der hercynischen subalpinen Bergheide.

Die durch Geselligkeit den Charakter in erster Linie bestimmenden Arten sind durch Sperrdruck, die durch ihre Zugehörigkeit zu alpin-arktischen Genossenschaften ausgezeichneten Arten sind durch ein dem Namen vorgesetztes liegendes ✕ hervorgehoben. Die nicht vom Harz bis Böhmer Wald gemeinsam verbreiteten Arten sind mit °-Zeichen versehen.

a) Immergrüne und blattwechselnde Gesträuche — Holzstauden.

1. Calluna vulgaris Salisb., allgemein und vorherrschend sowohl auf dem kiesig-torfigen Grunde als auch in den Felsspalten von Granit, Glimmerschiefer, Gneis und Quarzit. Zwerggesträuch von meist unter Spannenhöhe mit gedrungenem Wuchs, oft aber auch 25 cm hoch, reich- und großblütig. Blütezeit Anfang August, am Arber (1450 m) erst Mitte August. — Areal **WMb**[1].

2. Vaccinium uliginosum L., sehr verbreitet !!; im Gemisch mit anderen Zwergsträuchern auf torfigem Boden und auch auf Felsen, die sonst nur

---

1) Siehe Kap. 4 dieses Abschnittes, Liste Nr. 458—480, S. 200—203.

Flechten und Moose tragen (z. B. Granitplatten am Markstein, Blöcken-
steinmassiv im Böhmer Walde 1366 m!). Auf der ganzen Gipfelhöhe
des Brockens bis unterhalb des kleinen Brockens herab gemein! Blüht
Mitte Juni, in den kalten Gründen später (Zechgrund im Erzgeb. b. Oberwiesenthal 1050 m hoch erst Anfang Juli beginnende Blüte!), reift Früchte
im August—September. — Areal **AE**[3].

3. V. Myrtillus L., mit voriger Art sehr verbreitet aber weniger charakte-
    ristisch; Blütezeit gegen die Niederung um $2-2^1/_2$ Monate verspätet.
    — **Mb**[1].

4. V. Vitis idaea L., verbreitet im Geröll, auf torfiger Heide und ebenfalls
    in den Borstgrasmatten, sehr charakteristisch und gemein auf allen Höhen.
    Wuchs kurz und gedrungen; Blütezeit Juli! (auf der Arberkuppe 1440
    bis 1450 m hoch erst Anfang August!) und demnach erst im Spätherbst
    Früchte reifend, mit selbstverständlich nur 1maliger Fruchtreife. **MbA**.

5. ✕Empetrum nigrum L., am meisten verbreitete Charakterpflanze mit
    typischem Areal **AE**[3] !! In dieser Formation hauptsächlich am Brocken und im Böhmer
    Walde nahe und über der Waldgrenze, im Erzgebirge dagegen fast nur Mitglied der Hoch-
    moorformation und in dieser ebenso wie im Harz und Böhmer Wald sehr gesellig und
    weit Verbreitet; im Thüringer Walde und in der Rhön nur seltene Hochmoorpflanze. Be-
    siedelt in den beiden erstgenannten Gebirgen schon unterhalb der Waldgrenze die hohen
    Granitfelsen, welche mit den Nrn. 1—4 auf dünner, von Moosen erzeugter Humusdecke
    Bergheide zur Ansiedelung bringen, und kommt auch für sich allein auf ganz trocknem,
    sonnigem Fels vor, z. B. Hopfensäcke im Harz 800 m!, Blöckenstein im Böhmer Wald
    1360—1380 m!, Arberfelsen 1300—1400 m!, und überzieht zusammen mit Laubmoosen solche
    Blöcke an einzelnen Stellen. — Die gemeine Verbreitung der Krähenbeere im Hochmoor
    und Bergheide von 700—1400 m ist hercynisch und sudetisch, setzt die nordatlantische
    Hochmoorverbreitung aus der Lüneburger Heide fort; in den Alpen ist die Krähenbeere
    für diese Höhenstufen für Hochmoorbewohnerin und tritt dann erst Viel höher als Mitglied
    der Gratformationen um 2000 m auf. — Blüht im Gebirge mit dem ersten Erwachen des
    Frühlings im Mai und zeigt im Juni schon junge grüne Früchte, reift Mitte Juli—August,
    überwintert die Früchte häufig unter dem Schnee.

6. Thymus Serpyllum *Chamaedrys, verbreitet von den heidebewachsenen
    Rainen im Bereich der Fichtenwaldungen bis auf die höchsten Kuppen
    der Gebirge.

7. ✕°Linnaea borealis L., sehr selten, nur über dem Schneeloch auf dem
    Nordhange des Brockens (siehe Kartenskizze bei Abschn. IV Kap. 11)!,
    und an den Hopfensäcken ca. 800 m (Hauptm. Schambach Herb. Götting.!)
    Auch an dem ersteren, seit lange bekannten Standorte ist Linnaea sehr
    spärlich und erfordert seitens sammelnder Floristen die größte Schonung;
    an dem letzteren Standorte ist sie noch von keinem neueren Floristen
    gesammelt worden. Linnaea verhält sich in der Hercynia und in den
    Alpen wie eine Pflanze mit dem Areal **AH**, während sie nach ihrer süd-
    baltischen Verbreitung als eine Art mit dem Areal **AE**[3] auftritt; diese
    Combination der Arealfigur könnte mit **AH**[4] bezeichnet werden.

8. ✕°Lonicera coerulea L., tritt als große Seltenheit in diese Formation nur
    am Arber im Bh.W. ein. — Areal **HU**.

9. Sorbus Aucuparia L., aus der obersten Waldzone häufig in diese Formation übertretend, besonders an Granitfelsen, strauchförmig mit dünnem, zähem und wenig verzweigtem Stamm, 2—3 m hoch. Blüht Anfang bis Mitte Juli. — **MbA.**

10. Salix aurita L., häufig und verbreitet, als 20—40 cm hoher Strauch nächst dem nur am Arber vorkommenden Krummholz die einzige höhere Strauchart von allgemeiner Verbreitung; Blätter unterseits stark bläulich-grün!

11. —— repens L., zerstreut auf kiesig-torfigem Felsboden, z. B. Brocken.

12. ✗⁰ —— bicolor Ehrh. (= phylicifolia T. p.), sehr selten und nur an dem einzigen Standorte des obersten Nordhanges am Brocken (Fußsteig nach Ilsenburg). Ist nach Bertrams Flora (Aufl. 3) in jüngerer Zeit vergeblich gesucht, früher häufiger gefunden. Schon Hampe (Fl. hercyn., S. 248) giebt an, dass diese Gletscherweide nur noch in weiblichen Pflanzen gefunden sei und dass demnach ihr Verschwinden vom Harz erwartet werden könne. — Areal **AH.**

13. ✗Pinus montana *Pumilio Hke., nur am Arber in großer Menge unterhalb der höchsten Gipfelfelsen verbreitet und hier eine richtige, von der gewöhnlichen hercynischen Bergheide verschiedene Krummholz-Formation bildend, die Gneistrümmer dicht überwuchernd. Siehe Abschn. IV, Kap. 14. — Areal **H³.**

[Picea excelsa: steril! in niedrigen, mit dem Sturm kämpfenden, einseitig gewachsenen und auf dem Boden niedergestreckte Äste entwickelnden Sträuchern.]

b) Rasenbildende, trocknere oder sumpfige Stellen besiedelnde Arten.

14. Nardus stricta L., gemein auf allen Bergen und an vielen Stellen (Fichtel- und Keiberg im Ezg., Arber im BhW.!) soc. als besondere Facies die subalpine Heide in eine niedrige Matte verwandelnd, geschmückt mit Arnica, Meum, Gymnadenia albida u. s. w. Diese Borstgrasmatte enthält die Ericaceen-Zwerggesträuche nur in geringer Menge. — **MbA.**

15. ✗Calamagrostis Halleriana DC., von 900 m an gemeiner Bestandteil aller hercyn. Gebirge und hier den subalpinen Wald (s. oben S. 139) mit der Bergheide verbindend. Blüht im Juli—August; mischt sich selten in die Borstgrasmatte. — **H⁴.**

16. —— arundinacea Rth., nicht selten aus dem oberen Walde auf die freien Berggipfel tretend.

17. Agrostis vulgaris With., häufig und verbreitet.

18. —— alba L., wie vor. [Hampe unterscheidet am Brocken eine var. *β. minor.*]

19. —— canina L., seltener.

20. Anthoxanthum odoratum L., gemein und verbreitet, in einzelnen Halmen auf dem kiesig - torfigen und auch sumpfigen Boden. Die Ährenrispen erscheinen oft dunkler gescheckt und dichter gedrängt, so dass Hampe's Bemerkung nicht unpassend ist, das Ruchgras vom Brocken sei Trisetum

16*

subspicatum ähnlich. Zeigt schon Anfang Juni Blütenknospen auf spannenlangen Halmen.

21. ╳Phleum alpinum, selten! und nur auf den oberen, 1300 m übersteigenden Matten im Böhmer Walde am Rachel und Plattenhausen spärlich eingestreut. — **AH.**

22. Deschampsia caespitosa PB., verbreitet an den quelligen Stellen mit Sphagneten und Cariceten, seltener zwischen Borstgras.

23. —— flexuosa, verbreitet und häufig, ebenso in der Heide-Facies als auf Felsgeröll und auch in Sphagneten, so dass diese Formation beide Arten 22—23 auf gleicher Stelle vereinigen kann.

24. Poa pratensis L., verbreitet und formenreich (Var. vergl. HAMPE, Fl. hercyn. 317).

25. Molinia coerulea Mnch., häufig u. bes. an quelligen Stellen.

26. Festuca rubra L., häufig und verbreitet.

27. Trichophorum caespitosum Hartm., am Brocken aus den Hochmooren in die Matten übertretend.

28. Eriophorum polystachyum T. p., α und β, zerstreut in den quelligen Gründen und Matten.

29. —— gracile Kch., selten (Heinrichshöhe und Hohne am Brocken; BhW. nur Moorformation).

30. Carex leporina L., häufig und von unten herauf überall verbreitet.

31. —— echinata Murr., aus den Hochmooren übertretend. — **MbA.**

32. —— canescens L., wie vor. Auf dem Brocken eine armblütige var. brunnescens (HAMPE!).

33. —— vulgaris Fr., aus den Hochmooren übertretend.

34. ╳⁰—— rigida Good., auf dem Brockengipfel häufig, bes. auf kiesig-torfigem Boden neben Pulsatilla alpina, auch an feuchteren Hängen mit Borstgras und C. panicea. (Nächster Standort im Riesengebirge, wo diese Art ungemein häufiger verbreitet.) **AE[1].**

35. —— pilulifera L., häufig in der Borstgrasmatte.

36. —— panicea L., auf den feuchteren Plätzen kleine Moore bildend.

37. ╳⁰—— sparsiflora Whlbg., auf dem Brocken oberhalb der Waldgrenze zerstreut, am meisten an quelligen Stellen! Vergl. die Bemerkungen von HAMPE, Fl. hercyn., S. 296. **AE[2].**

38. —— *Oederi Ehrh., an quelligen Stellen.

39. —— pallescens L., in Heide und Grasmatten. Auf der Arberkuppe 1440 m hoch eine kleine, armblütige Form, höchstes Vorkommen[1]).

40. Juncus filiformis L., auf grasigen und sumpfigen Stellen truppweise verbreitet, gesellig besonders am Brocken mit Seggen, im Erzgebirge an Graslehnen.

41. ⁰—— squarrosus L., aus den Mooren übertretend. (Harz—Erzgebirge !, nicht BhW.). — Areal **MbA.**

---

1) SENDTNER giebt nur bis 1250 m an.

42. Luzula nemorosa E. Mey., verbreitet und häufig.

43. —— silvatica Gaud., aus der obersten Waldformation her in die Berg-heide eingesprengt und besonders die sterilen Fichtenbüsche begleitend. — H⁴.

44. Luzula multiflora Lej., *erecta und ×*sudetica DC., mit den Varietäten × congesta und × nigricans, häufig und verbreitet vom Brocken bis zum Arber und Blöckenstein, gemeinsam mit den Torfmooren des Gebirges. Besonders auf dem Brockengipfel sind die schwarzen Spirren-köpfe einer Charaktervarietät dieser Luzula recht bezeichnend für die Formation! — Mb¹ bis HU.

c) Zwischen Heide oder Rasenmatte eingestreute Stauden und ⊙ Kräuter.

45. Orchis maculata L., nicht selten aus den Mooren übertretend. ♃ mit Wurzelknollen.

46. × Gymnadenia albida Rich., charakteristisch auf sumpfiger Borstgrasmatte und in dieser besonders im Ezg. häufig. ♃ mit Wurzelknollen. — AE³. [G. conopea verlässt im Bezirk im allgemeinen die Bergwiesenformation nicht.]

47. Convallaria majalis L., häufig (z. B. Brocken!) — ♃ mit Kraftknospe.

48. ×⁰Streptopus amplexifolius DC.: selten auf quelligen Lehnen mit Borst-grasmatten und Weidengesträuch am Keilberge (Ezg.), viel häufiger im BhW., und dort gemeinsam mit der obersten Waldformation! — ♃ mit Kraftknospe. —

49. Potentilla silvestris Neck., allgemein verbreitet. — ♃ mit unterird. viel-köpfigem Rhizom.— Trifolium spadiceum L. tritt in quelligen Gründen von der Moor-wiese über; so an den Lehnen des Zechgrundes am Keilberge 1050 m. ⊙

50. Chrysosplenium alternifolium L. und

51. —— oppositifolium L., an den quelligen Stellen zieml. selten. — ♃ mit ausdauernden Blättern an fädlichem Wurzelstock; früheste Blütezeit!

52. ×⁰Epilobium trigonum Schrk., sehr selten auf grasigen Lehnen ca. 1000 m hoch. — ♃ mit einköpf. Rhizom. — Areal H³.

53. ×⁰—— alpinum *nutans Schmdt., ziemlich selten an quelligen Stellen im obersten Ezg. und BhW. — ♃ mit fädlichem Rhizom. — AH.

54. ×⁰—— alpinum *anagallidifolium Lmk., nur an sumpfigen Lehnen und den obersten, waldfreien Quellen im BhW. 1200—1400 m (Arberstock!). — ♃ mit Rhizom und fädlichen Ausläufern. — AH.

55. Angelica silvestris L., an sumpfigen Stellen und zwischen Fichtengestrüpp. — ♃ mit Kraftknospe.

56. Chaerophyllum hirsutum L., an den quelligen Lehnen über dem Walde. — ♃ mit Kraftknospe.

57. ×⁰Ligusticum Mutellina Crntz., nur im obersten BhW., besonders am Arber !!, 1200—1400 m auf sumpfigen Borstgrasmatten oder in der tor-figen Bergheide. — ♃ mit Kraftknospe. — H³.

58. Galium hercynicum Weig. (= saxatile), allgemein verbreitet auf Geröll, zwischen Heide und Borstgras. — ♃ mit Polsterstengeln aus dünnem Rhizom. — Areal **WMb[1]**.

59. Valeriana officinalis L., nicht selten zwischen Fichtengestrüpp. — ♃ mit Kraftknospe.

60. ✕° Homogyne alpina Cass., im Ezg. und BhW. allgemein auf Matten und den mit dem Heiden- und Fichtengestrüpp bewachsenen Lehnen, gemeinsam mit der obersten Waldformation! Da die letztere über weit größere Flächen in beiden Gebirgen verfügt, so ist das Auftreten dieser Charakterart immerhin nur ein lokales oberhalb 1200 m. — ♃ mit kriechendem Rhizom. — Areal **H[3]**.

61. Petasites albus Gärtn., häufig in den Quellfluren; blüht hier oberhalb 1000 m erst bei Beginn des Hochsommers. — ♃ mit Stockknospe auf kriechendem Rhizom.

62. Solidago Virga aurea L., ✕ var. alpestris, häufig, in allen Übergängen zur Hauptform. — ♃.

63. Arnica montana L., häufiges Mitglied in den Borstgrasmatten und zwischen Heide, vom Brocken bis über 1400 m am Arber! — ♃ mit schiefem Rhizom und Blattrosette. — **Mb[1]**.

64. Gnaphalium silvaticum L., verbreitet. — ♃ mit Stockknospe am Rhizom.

65. °———— ✕* norvegicum Gunn., selten und in zahlreichen Übergängen zur Hauptform. — **AH**.

66. Antennaria dioica Grtn., nicht selten zwischen Geröll und Heide. — ♃ mit Blattrosette.

67. ✕° Senecio subalpinus Kch., nur BhW., dort nicht selten in der obersten Gipfelzone und besonders auf quelligen Lehnen sowie zwischen den obersten Fichten am Arber! — ♃ mit Stockknospe am Rhizom. — Areal **OMm**.

68. ✕ Mulgedium alpinum Cass., auf den Quellfluren gemeinsam mit der obersten Waldformation. Hier nicht selten, oft auch den Schutz des Fichtengestrüpps aufsuchend. — ♃ Hochstaude! — Areal **H[5]**.

69. ✕ Willemetia apargioides Less., auf den Quellfluren und in der Borstgrasmatte der obersten Zone des Böhmer Waldes verbreitet und mit der obersten Waldformation gemeinsam. — ♃ Rosette. — Areal **H[3]**.

70. Leontodon hispidus L., var. ✕ opimus, ziemlich selten und am ausgezeichnetsten am Brocken beobachtet, während die Hauptform gleichfalls in die Heide übergeht. — ♃ mit Blattrosette.

71. ——— autumnalis L., kleine und gedrängt wachsende Form mit schmalen, tief schrotsägeförmigen Blättern. In Heide und Borstgrasmatten. — ♃ mit Blattrosette.

72. Taraxacum officinale Web., in kleiner Form, erscheint spontan bis zum Rasen der Arberkuppe. — ♃ Rosette.

73. Crèpis paludosa Mnch., verbreitet in den Quellfluren. — ♃ mit Stockknospe am Rhizom.

74. Hieracium Pilosella L., verbreitet. — ♃ mit Blattrosette.

75. —— Auricula L., seltener. (bis 1450 m im BhW!) — ♃ mit Blattrosette.

76. —— floribundum W. & Gr., zerstreut. — ♃ mit Ausläufern (H. pratense Bastard mit H. Auricula).

[—— aurantiacum L., kommt im Bezirke in dieser Formation nicht vor, sondern tiefer!]

77. ×°—— alpinum L., auf dem Brocken verbreitet!, daselbst in der Heide und auch besonders auf Granitblöcken, welche durch Moose und Schutt eine schwache Erdschicht in den Vertiefungen tragen, hier zuw. greg.! und den ganzen Block überziehend. Blüht voll im Juli, stimmt mit der typischen Riesengebirgsform mit dichtem, rostrotem Haarkleide gut überein. — ♃ mit Blattrosette. — Areal **AH.**

78. ×°—— nigrescens *bructerum Fr. (H. Halleri nach HAMPE, Fl. hercyn. p. 165).
Eine der interessantesten Arten der ganzen hercynischen Flora, nur auf dem Brocken mit Voriger Art, an vielen Standorten häufiger als diese (so besonders unterhalb des »Wolkenhäuschens« im Felskrater!) und bis zu der Geröll- und Heideformation des Kleinen Brockens und der Heinrichshöhe herabsteigend. Ist von HALLER im Iter hercynicum unterschieden. Blüht später als Nr. 77, vom Juli bis zum August, nach HAMPE nochmals im Spätherbst. Die kleinen Pflanzen haben eine dicht gedrängte Wurzelrosette, bei den hohen Pflanzen stehen solche Rosetten neben den über fußhohen, 1—3- (selten mehr-) köpfigen Stengeln. **Endemisch!**, Areal sich anschließend an **H²** (Sudeten).

79. Hieracium murorum *silvaticum L., verbreitet und formenreich. — ♃ mit Blattrosette.

80. —— vulgatum Fr., verbreitet und formenreich bis zum Arbergipfel. — ♃ mit Blattrosette.

81. Campanula rotundifolia L., bis zum Brockengipfel verbreitet. — ♃ mit Blattrosette.

81ᵃ. °—— *Scheuchzeri Vill., selten! auf vereinzelten oberen Waldwiesen im BhW. über 1000 m hoch, am Lusen u. s. w. [Schließt sich der Bergwiesen-Formation an.] — **AH.**

82. Trientalis europaea L., verbreitet und charakteristisch über die ganzen hercynischen Gipfel, an den sturmdurchwehten Stellen zwergig bleibend und doch in regelmäßiger Blüte (Juni—Juli); besiedelt sowohl die sumpfige Borstgrasmatte als trocknere Heide, kann im Felsschotter nicht fortkommen. Gemeinsam mit der oberen Waldformation. — ♃ mit unterirdische Ausläufer treibendem, fädlichem Rhizom. — Areal **BU²**.

83. ×°Soldanella montana W., tritt aus der oberen Waldformation des BhW. in die hochgelegenen Borstgrasmatten am Fuße der Felsgipfel ein und nimmt dann das Aussehen von S. alpina an. — ♃ mit immergrüner Blattrosette. — **H³**.

84. Veronica serpyllifolia L., vereinzelt bis Brockengipfel. — ♃ mit Stockknospe.

85. —— officinalis L., verbreitet bis zum Arbergipfel. — ♃ mit kriechenden und die Blätter erhaltenden, neu sich bewurzelnden Stengeln.

86. Veronica Chamaedrys L., verbreitet bis Brocken und Rachel. — ♃ mit Stockknospe.

87. Alectorolophus minor W. & Grab., zerstreut bis zur Brockenhöhe und zum Lusen 1100 m. — ⊙.

88. —— major W. & Grab., bis zum Brocken und Keilberge 1100 m (im BhW. nur 800 m). — ⊙.

89. Melampyrum pratense L., gemein bis zum Brocken und den Kämmen des BhW. 1400 m! Teilt das Vorkommen hier mit den Hochmooren, während M. silvaticum seine Grenze in der obersten Waldformation hat. — ⊙. — MbA.

90. Euphrasia stricta Host., spärlich bis Brockengipfel, im BhW. am Osser 1280 m. Die Form des Brockens steht durch stumpf gezähnte Stengelblätter der Eu. picta von den Sudeten nahe. — ⊙.

91. ✕°Sweertia perennis L.: nur im Ezg. in der Umgegend von Fichtel- und Keilberg bei Gottesgab und Zwittermühl, dort auf sumpfigen Lehnen nahe den Torfmooren! H⁴ — ♃ mit Stockknospe. Während in dem Riesengebirge Sweertia den oberen Sumpfmatten im Krummholzgürtel angehört, ist sie im Ezg. auf den Übergang vom Moor zur Wiese angewiesen und besiedelt auch mähbare Wiesen (s. Form. 21), die immerhin torfige Unterlage haben mögen.

92. ✕°Gentiana pannonica Scop., nur im BhW. auf grasigen Felslehnen 1300—1400 m, im Hauptzuge des Gebirges am Rachel bis nahe zum Gipfel! und am Plattenhausen!, auch am Lusen in tieferer Lage 1130 m (SENDTNER, S. 286). — ♃ mit Kraftknospe. — Areal H³.

93. Geranium silvaticum L., verbreitet und mit den Bergwiesen gemeinsam. — ♃ mit Kraftknospe.

94. Dianthus deltoides L., verbreitet bis Keilberg 1100 m und Brockengipfel. — ♃ mit oberirdisch ausdauerndem Polsterstengel.

95. Silene inflata Sm., nicht selten, großblütige Form. — ♃ mit Stockknospe.

96. Melandryum rubrum Grcke., häufiger im Fichtengestrüpp, am Arber bis 1400 m. — ♃ mit Stockknospe.

97. Cerastium triviale Lk., verbreitet. — ♃ mit Stockknospen.

98. ✕°Sagina Linnaei Prsl., nur auf grasigen Lehnen des Ezg. am Fichtel- und Keilberg, sowie im BhW. von 1000—1450 m am Rachel! Enzianberg und Arber!, wo sie stellenweise an Felsen und im Borstgrase große Flecke darstellt (am tiefsten nördlich am Hohenbogen 800 m). — ♃ Polster. — Areal AH.

99. Arenaria serpyllifolia L., zerstreut. — ⊙—⊙̈.

100. Stellaria graminea L., auf sumpfigen Lehnen bis zum Arbergipfel. — ♃ mit Stockknospen.

101. —— uliginosa Murr., in den Quellfluren verbreitet bis gegen 1400 m. — ♃ mit Stockknospen.

102. ✕°Pulsatilla alpina Schult., nur auf dem Brockengipfel, abwärts bis zu Hirschhörner-Felsen am Königsberg, bis zu der Heinrichshöhe und zum

Kleinen Brocken. Bezeichnet Ende Mai und Anfang Juni die Frühlings-
flora, blüht vereinzelt auch später und nochmals im Herbst! Zahlreich
im Geröll und zwischen der Heide mit den Hieracien und Luzula! — ♃
mit Kraftknospe. — H³.

103. Anemone nemorosa L., verbreitet; blüht im Juni. — ♃ mit Kraftknospe
am kriechenden Rhizom.

104. ✕ Ranunculus aconitifolius L., auf Lehnen und Quellfluren mit der oberen
Waldformation gemeinsam; Brocken! Fichtel- und Keilberg! Lusen und
Rachel! — ♃ mit Kraftknospe. — H⁵.

105. —— acer L., bis gegen 1300 m ansteigend. — ♃ mit Kraftknospe.

106. —— repens L., bis 1400 m hoch auf den Gerölltriften. — ♃ mit Kraftknospe.

107. Caltha palustris L., in den Quellfluren bis gegen 1300 m hoch ansteigend.
— ♃ mit Kraftknospe.

108. ✕°Aconitum Napellus L., selten im Ezg. auf Quellfluren nahe den Mooren
bei Gottesgab, dort mit der oberen Waldformation gemeinsam; ebenso
im BhW. bis 1350 m hoch bis zur Arberquelle !, viel häufiger im Walde.
— ♃ mit rübenf. Wurzel und Kraftknospe. — H⁵.

109. Polygonum Bistorta L., verbreitet bis zum Brockengipfel. — ♃ mit Kraftknospe.

110. ✕°Rumex *arifolius All., verbreitet am Brocken und in der oberen Zone
des BhW. 1000—1450 m vom Falkenstein—Arber bis Lusen-Plattenhausen.
Sehr selten im Thüringer Walde, in verwandter Form im höchsten Ezg.
Steht R. Acetosa sehr nahe! ♃ — *Areal H³.

111. ✕°Thesium alpinum L., selten in dieser Formation, am Brocken. (Vergl.
F. 15—17 für Sachsen!). — ♃ mit Wurzelparasitismus. — H⁵.

d) Zwischen Heide eingestreute Gefäfs-Sporenpflanzen.

112. Lycopodium clavatum L., spärlich am Brocken (Schneeloch!), Keilberg,
Osser (nicht Arber).

113. —— annotinum L., verlässt den Wald weniger als Nr. 112; am Brocken!

114. —— complanatum L., in der unteren Bergheide des Harzes am Königsberge.

115. —— ✕ alpinum L.: vorzügliche Charakterart vom Hz.-BhW.! **AH.**
Auf dem Brocken vom Gipfel herab bis Kl. Brocken und Heinrichshöhe zwischen Heide
und torfigem Geröll! An den Abhängen des Fichtel- und Keilberges zwischen Heide!,
auch am Spitzberg bei Gottesgab im Ezg. Im BhW. auf den Hochgipfeln vom Hirschenstein (1000 m), Falkenstein und Scheuereck (1200 m) bis Arbergipfel 1450 m in der Geröll-
heide mit Myrtillus und Vitis idaea, auf berasten Gneisfelsen im torfigen Grus zwischen
Blöcken !! Seltener im Rasen der Borstgrasmatten.

116. ✕°Selaginella spinulosa A. Br., im Bezirk eine nur höchst seltene Art,
welche (nach Hampe) ein Mal am Brocken aufgefunden wurde und ebenso
als größte Seltenheit im obersten Fichtelberg-Bereiche des Erzgebirges
dasteht, im BhW. fehlt. — **AH.**

117. ✕Athyrium alpestre Nyl., charakteristisch und gemeinsam mit der obersten
     Waldformation vom Brocken bis zum oberen Böhmer Walde, im Thüringer
     Wälde und Erzgebirge übrigens fast nur Bestandteil der hercyn. Fichten-
     waldung! Am Brocken häufig in der Bergheide zwischen Granitblöcken
     und niedrigem Fichtengestrüpp! Ebenso am Arber zwischen den dort
     ausgebreiteten Krummholzbeständen der Pinus *Pumilio. — **AH.**
118. Ath. Filix femina Rth., nicht selten und mit dem oberen Walde gemeinsam.
119. Nephrodium Filix mas Rich. (= Aspidium F. m.), wie vorige.
120. —— spinulosum Desv., häufiger als Nr. 119 und mit Nr. 117 am meisten
     vergesellschaftet. (Auch Blechnum Spicant Rth. könnte nach seinem Standort an der
     Rachelquelle fast 1400 m hoch dieser Formation beigefügt werden.)

e) Moose und Flechten[1]).

Die Hauptmasse der subalpinen Moose und Flechten besiedelt naturgemäß
die Formation 25, den festliegenden Fels. Doch findet sich in den Humus-
lagen zwischen und auf den Blöcken oder in Gesellschaft der oben erwähnten
höheren Pflanzen eine Anzahl Vertreter dieser beiden Klassen von Sporenpflanzen, die entweder durch ihre Gesellligkeit und ihr massenhaftes Auftreten
tonangebend, oder durch ihre Verbreitung für die Formation der subalpinen
Heide charakteristisch sind. Zu den ersteren gehören folgende:

Polytrichum alpinum L., das in der subalpinen Heide des Hz. und BhW.
     ausgedehnte Bestände bildet. Es gehört übrigens zu jenen Moosen, die in West-
     preußen und zwar auf Torf wiederkehren. Zu den bestandbildenden Polytrichum-Arten
     dieser Formation gehören auch noch P. commune, P. formosum, P. piliferum und P.
     juniperinum.
Oligotrichum hercynicum Lmk. und DC. bedeckt mit seinen graugrünen
     Rasen besonders die sandigen Stellen, Wegränder u. s. w.
Ditrichum vaginans Hampe bildet an ähnlichen aber feuchteren Orten wie
     vorige namentlich im Hz. Massenvegetationen.
Webera nutans Hedw., die in diesen Höhen vielfach besondere Varietäten
     ausgebildet hat, schiebt sich auch heerdenweise zwischen die anderen
     Arten ein.
Cetraria islandica Ach. gemein auf den Höhen aller hercynischen Gebirge.
     Das »isländische Moos«, welches in der Tiefebene auch keineswegs selten ist, mit zu-
     nehmender Höhe aber immer häufiger wird und im oberen Bergwalde oft mehrere
     ▢Meter große Strecken mit seinen hier graugrünen krausen Lagern überzieht, findet
     sich in der subalpinen Bergheide namentlich zwischen den Felsblöcken in riesigen
     Mengen. Hier aber, oberhalb des Waldesschattens, herrschen die braunen Farbentöne
     vor. Die Varietät platyna Hall. mit ihren breiten Lappen ist im Bergwalde und in der
     Bergheide nicht selten.
Cladonia rangiferina Hoffm. ist an trocknen Stellen und zwischen den
     Blöcken ebenso häufig wie die vorige Art. Gern tritt sie hier in der schön

---

1) Bearbeitet von Dr. B. SCHORLER.

weißen Varietät alpestris auf. In den dicken Humusschichten auf den Felsblöcken ver_
gesellschaftet sie sich oft mit Polytrichum formosum oder im Schatten noch mit Lyco_
podium Selago.

Kleine Bestände von Cladonia pyxidata Fr., Cl. coccifera Schaer. und
Cl. squamosa Hoffm. sind in der subalpinen Bergheide auch keine
seltenen Erscheinungen.

Während diese nicht auf die subalpinen Bergheiden in der Hercynia beschränkten Arten Massenbestände bilden, so können als seltene Charakterarten (bezw. »Leitpflanzen«) der Formation die folgenden 10 Moose und
8 Flechten gelten:

✕⁰ Dicranum elongatum Schleich. Nur BhW.: Arbergipfel — auch im Humus auf Felsen.

✕⁰ Desmatodon latifolius Br. & Sch. Nur BhW.: Gipfel des großen Rachel.

✕⁰ Tayloria serrata Br. & Sch. Hz.—BhW. Auf verwesenden Pflanzenstoffen und Rindviehdünger
   wie auch die folgenden.

✕⁰—— tenuis Schimp. Hz. und ThW.

✕⁰—— splachnoides Hook. Hz. Liebt mehr den Schatten.

✕ Splachnum sphaericum Sw. Hz.—BhW. auch auf Rindviehdünger, aber an sumpfigen Stellen,
   daher auch in das Hochmoor eintretend.

✕⁰ Webera polymorpha Schimp. BhW.

✕⁰—— longicolla Hedw. Bhw.: Arbergipfel und unterhalb des Rachelsees bis 1000 m.

✕⁰—— gracilis De Not. Hz. an sandigen Wegrändern in üppigen Rasen vom Brocken bis zu
   Höhen von 750 m herabsteigend. Neuerdings auch im BhW. aufgefunden.

✕⁰ Bryum arcticum Br. & Sch. Nur BhW.: Ossergipfel.

✕⁰ Thamnolia vermicularis Sw. Hz., BhW., auch in der Rh. auf dem Gipfel der Milseburg bei
   832 m. Ein pflanzengeographisch höchst bemerkenswerter niederer und warmer Standort
   dieser subalpinen Art.

✕⁰ Cladonia amaurocraea Schaer. Fchg. und BhW.

✕—— bellidiflora Schaer. Hz.—BhW., auch Lz.: Jeschken.

✕—— carneola Fr. Hz.—BhW., auch im Elbsandsteingebirge.

✕⁰—— cyanipes Smft. Nur Hz.

✕⁰ Cetraria cucullata Bell. Hz. und BhW.

✕⁰—— nivalis Ach. ThW. und BhW.

✕ Psora demissa Rutstr. Hz., Ezg., BhW., auch im Solling gefunden.

Formation 25. Ergänzende Liste der subalpinen Felspflanzen.

a) Blütenpflanzen und Farne.

Bei der geringen Entwickelung der subalpinen Formationen im hercynischen Berglande können naturgemäß die mit »Gratpflanzen« bedeckten Felsen
nur den geringsten Raum einnehmen; solche Arten, welche nicht in den Spalten
des Silikatgesteins selbst zu wurzeln pflegen, mischen sich in F. 24 ein (Hieracium alpinum und nigrescens, Pulsatilla alpina, Lycopodium alpinum)' und
haben hier ihre niedrigsten montanen Standorte. Aber einige Arten wachsen
doch wirklich nur auf freiem, nicht von Heide überzogenem Gestein, und diese,
verstärkt durch eine viel größere Zahl von felsbewohnenden Sporenpflanzen,
stellt die hier folgende Liste mit Wiederholung der specifischen Gratpflanzen
aus der vorigen Liste ergänzend zusammen.

(13) ✕°Pinus montana *Pumilio, am Arber! — **H³**.

(6) Thymus Serpyllum *Chamaedrys, z. B. Osser! Arberfelsen!

121. ✕°Agrostis rupestris All.: nur auf den höchsten Klippen des BhW., in den Spalten der Gipfelfelsen des Arber (Gneis) dichte Rasen bildend! steigt nicht tiefer herab. — **H³**.

(17) Agr. vulgaris, ersetzt vorige Art in den übrigen Gebirgen; ist am Arber seltener als Nr. 121.

(23) Deschampsia flexuosa, das gemeinste, Felsspalten besiedelnde Gras (Brocken! Osser! Arber!).

122. Poa annua L., nicht selten. Hat auf den Gipfelfelsen des Jeschken eine an Nr. 123 erinnernde Form.

123. ✕°—— alpina L.: nur BhW., etwas weiter verbreitet, aber nicht so gesellig, wie Nr. 121, hauptsächlich am Arber auf Gneis 1320—1450 m!, Enzianrücken bis zum Hochstein (SENDTNER) — **AH**.

124. —— compressa L.: verbreitet bis zum Osser 1280 m!

125. —— nemoralis L.: auf Gneis, Quarzit und Glimmerschiefer bis zum Osser 1280 m!

126. ✕°Juncus trifidus L.: nur BhW., und zwar häufig in den Gneisspalten auf dem Arbergipfel 1450 m!, sowie auf Glimmerschiefer des Ossergipfels Rasen bildend 1280 m! — **AH**.

(42) Luzula nemorosa, verbreitet bis über 1400 m (Rachel! Osser! Ezg.! Hz.!)

(62) Solidago Virga aurea, verbreitet. Auch im Fichtelgebirge die Gipfelfelsen (Granit) besetzend.

(77) ✕°Hieracium alpinum⎫ auf den Granitblöcken des Schneeloches an der Nordseite des
(78) ✕°—— *bructerum ⎬   Brockens.

127. ✕°—— *gothicum Fr.: im BhW. an mehreren Stellen, besonders Osser 1260 m! Rachel! Arbergipfel und tiefer herab zum Pfahl (vergl. SENDTNER, Bay. Wald S. 274.) — **H⁵**.

(81) Campanula rotundifolia, verbreitet.

(98) ✕°Sagina Linnaei: am Rachelgipfel 1400 m!

(102) ✕°Pulsatilla alpina: auf den Hirschhörnern und Schneelochfelsen am Brocken!

128. ✕°Cardamine resedifolia L.: sehr selten im BhW., und zwar an der Westseite des Falkensteins bei Zwiesel, auf Gneis 1300 m hoch (SENDTNER, Bay. W. S. 179.) — **H³**.

129. ✕Lycopodium Selago L.: Verbreitet als einzige Gefäßpflanze dieser Formation, welche im Bezirke für dieselbe als allgemein-charakteristisch gelten kann und von welcher die übrigen Standorte (in Torfmooren oder auf Felsblößen u. s. w. im Bereich des Waldes) als abgeleitete gelten können, die sich auch in die niederen Bergstufen fortsetzen. — **AE³**. Im hercynischen Bezirk nur montan!! Auf dem Granit des ganzen Brockengebirges von den Schnarcherklippen und Hopfensäcken an bis zum Gipfel! Im Thüringer Walde und auf den Granitfelsen des Fichtelgebirges! Im Erzgebirge von 800 m an nicht selten, Basaltklippen und Gerölle von Gneis zwischen Heide bewohnend! Im centralen Böhmer Walde von 800 m an bis auf die höchsten Gipfelfelsen am Arber verbreitet! häufig auch in dem obersten Walde auf freien Stellen und Lehnen!

130. Polypodium vulgare L.: geht bis zu den Gipfelfelsen des Arber 1440 m.

131. Cystopteris fragilis Bernh.: nicht häufig und mehr in F. 18 zu Hause; höchstes Vorkommen am Ossergipfel 1275 m!

132. Asplenium Trichomanes Huds., wie Nr. 131, im BhW. bis zum Falkenstein 1250 m.

133. ✕°Cryptogramme crispa R. Br.: sehr selten: Areal **H⁵**. Außer einem nieder-
montanen Vorkommen am Nordharze bei Goslar (welches neuerer Bestätigung bedarf) nur
im obersten Böhmer Walde, wo sie zuerst »auf quarzigen Gneisfelsen am Keitersbergrücken«
von GÜMBEL in ca. 1000 m Höhe beobachtet wurde. Im Jahre 1897 haben SCHORLER und
ich diesem Vorkommen einen neuen Standort auf den Gipfelfelsen des Arber 1454 m hoch
hinzugefügt (s. Abhandl. Ges. Isis 1897, S. 71); die Pflanze ist daselbst übrigens sehr selten
und wächst sehr verborgen.

Schlussübersicht. Unter den 133 Arten von Gefäßpflanzen der F. 24
und 25 sind demnach immerhin 42 Formen vom alpin-arktischen Verbreitungs-
charakter, die aber z. T. auch den Mooren, bezw. dem oberen Walde angehören.
Dafür fehlen in diesen Listen diejenigen Arten, welche von gleichartigem Areal
über die montanen Felsen (Form. 18) verbreitet sind und oben aufgezählt
wurden; die Gemeinsamkeiten beider beschränken sich auf gemeine Arten wie
Poa compressa und Asplenium Trichomanes.

b) Moose und Flechten[1]).

Ganz anders als in der subalpinen Bergheide ist in Formation 25 das Verhältnis der höheren Pflanzen zu den Moosen und Flechten. Hier sind die letzteren
nach Arten- und Individuenzahlen tonangebend und sehr häufig die einzigen
Besiedler der nackten Felsen. Wenn man von jenen Arten ganz absieht, die
vom niederen Berglande mit Formation 18 bis in die subalpine Region herauf
die Felsen bekleiden und sich in der Höhe nur durch größere Massenent-
wicklung auszeichnen, wie Rhizocarpon geographicum, das ganze Felsgipfel mit einem grüngelben Schimmer überzieht, oder Parmelia perlata und
Pertusaria corallina, so bleiben als subalpine Charakterarten immer noch
die folgenden 23 Laub- und Lebermoose und 33 Flechten übrig.

134. ✕°Andreaea alpestris Schimp. Hz. und Bhw.
135. ✕°——— Huntii Limpr. Bhw.: Arberkuppe, Hz.: Ockerthal bei 300 m.
136. ——— petrophila Ehrh. und A. Rothii W. & M. Rh.—BhW. steigen auch
in die Hügelregion und Ebene herab.
137. ✕°Cynodontium schisti Lindb. BhW.: Arbergipfel.
138. ——— gracilescens Schimp. BhW. und Hz. (Bodethal).
139. ✕Dicranum Blyttii Schimp. BhW. und Hz. (LOESKE 1901 !).
140. ✕——— Starkei W. & M. Hz., ThW., Ezg., BhW.
141. ✕Blindia acuta Br. & Sch. Hz., ThW., BhW. auch in der Bergregion.
142. ✕°Ditrichum zonatum Limpr. Hz. und Bhw.
143. ✕°Tortula alpina Bruch. Nur BhW.: Osser auf Glimmerschiefer. Fehlt
dem Riesengebirge und auch den nordischen Gebirgen, ihre nördliche Verbreitungsgrenze
schneidet daher den Bezirk.
144. ✕°Grimmia unicolor Hook. Hz. und BhW.

---

1) Bearbeitet von Dr. B. SCHORLER.

145. ✕° Grimmia incurva Schwägr. Hz.—BhW., fehlt jedoch dem Ezg.; steigt auch tiefer herab, so findet sie sich in der Rh. auf dem Kreuzberg und der Milseburg und im Hz. bei 450 m.

146. ✕°—— torquata Grev. BhW.: Arbergipfel; soll auch auf dem Kleis (Lausitz) vorkommen.

147. ✕°—— funalis Schimp. Bw.: Arbergipfel und Hz., hier auch tiefer.

148. ✕°Amphidium lapponicum Schimp. BhW.: Arbergipfel und Hz., hier auch tiefer; ThW. (neuer Fund! GREBE 1901).

149. °Catoscopium nigritum Brid. Nur Hz.: Brocken; hat auch einzelne Standorte in Hannover, Westfalen und Holland.

150. ✕°Plagiothecium neckeroideum Br. & Sch. BhW.: Rachel, mit nördlicher Verbreitungsgrenze im Bezirk, fehlt auch dem Riesengebirge.

151. ✕°—— pulchellum B. & Sch. Hz.: mit 1 Standort in wh. bei Stadtoldendorf.

———————

152. ✕°Gymnomitrium concinnatum Corda. Hz.: Brockenkuppe, Fchg. und Rh.: an der Milseburg bei 750 m Höhe.

153. ✕°Sarcoscyphus sparsifolius Lindbg. Hz. (?)

154. ✕ Jungermannia saxicola Schrad. Hz., ThW. und Meißner.

155. —— alpestris Schleich. Hz.—BhW. Geht in der Lausitz und im Elbsandsteingebirge ziemlich tief herab.

156. ✕°—— setiformis Ehrh. Hz. und BhW.

———————

157. ✕°Cornicularia tristis Ach. Hz. und BhW., wird neuerdings auch vom Jeschken (Lausitz) angegeben.

158. ✕°Alectoria ochroleuca Nyl. Hz., Fchg. und BhW. Auch in der subalpinen Bergheide.

159. Sphaerophorus coralloides Pers. Hz.—BhW., auch in die Bergregion herabsteigend.

160. —— fragilis Pers. Hz.—BhW., auch in der Rh.

161. ✕°Cetraria odontella Ach. Hz. und Lz. (Jeschken), eine im hohen Norden verbreitete Art, die den Alpen fehlt.

162. ✕°Parmelia encausta Nyl. Hz., Lz., Fchg., BhW.

163. ✕°—— Fahlunensis Ach. Hz., Lz. Jeschken und BhW.

164. ✕—— stygia Ach. Hz.—BhW., auch in der Rh.

165. ✕°—— centrifuga Ach. Hz. und Lz.: Jeschken; diese nordische Art kehrt an errat. Blöcken in Ostpreußen wieder.

166. ✕—— incurva Fr. Hz.—BhW., auch Elbsandsteingebirge.

167. ✕°Physcia aquila Nyl. Hz. Achtermann. Dieser subalpine Standort ist bemerkenswert, da sich diese Art nach ZOPF sonst nur an Felsen und Blöcken in der Nähe der Küsten (z. B. in Frankreich, Britannien und Skandinavien) vorfindet und nur selten (z. B. in den Tiroler Alpen) in das Gebirge hinaufgeht.

168. ✕Gyrophora cylindrica Ach., jedoch auch tiefer herabsteigend. Rh., Hz., Elbsandst., BhW.

169. ✕°Gyrophora proboscidea Ach. Hz.: Achtermann und Lz.: Jeschken.
170. ✕°—— arctica Ach. Nur Hz.: Achtermann. Nicht im Riesengebirge.
171. ✕—— hyperborea Mudd. Hz.—BhW., auch in der Rh.
172. ✕—— erosa Ach. Hz., Lz., Fchg., BhW.
173. ✕°—— torrefacta Lightf. Nur Hz.: Achtermann. Fehlt nach ZOPF den übrigen
Gebirgen Deutschlands und auch den Alpen, ist aber in der arktischen Region sowie in den
Hochgebirgen Großbritanniens und Irlands häufig.
174. ✕Haematomma ventosum Mass. Hz., Fchg., BhW., jedoch auch in d. Rh.
175. ✕°Lecanora bicincta (Ram.) Nur BhW.: Arbergipfel.
176. ✕°—— torquata Kbr. Nur Hz.: Brocken.
177. ✕Ochrolechia tartarea Mass. Hz.—BhW., auch in der Rh.
178. ✕°Catolechia pulchella Fr. Nur BhW.: Arbergipfel. Dieser Standort wird
schon von KREMPELHUBER angegeben, ich fand sie noch 1897 daselbst in einem einzigen
Exemplar.
179. ✕°Schaereria cinereo-rufa Th.Fr. Nur BhW.: Falkenstein.
180. ✕°Lecidella armeniaca DC. BhW.: Lusen.
181. ✕°—— aglaea Kbr. Hz. und BhW.
182. ✕°—— arctica Kbr. Hz., Elbsandst., BhW.
183. ✕°Lecidea sudetica Kbr. Hz. und Bhw. Fehlt den skandinav. Gebirgen.
184. ✕°—— confluens Fr. Hz. und BhW., auch in der Rh.: Gr. Wasserkuppe.
185. ✕°—— Dicksonii (Ach.). BhW.
186. ✕°Physma myriococcum Kbr. Hz. und Ezg.
187. ✕°Polychidium muscicolum Kbr. Rh., Ezg. und Fchg. zwischen Andreaea.
188. ✕°Thermutis velutina Kbr. Hz. und Ezg. an nassen Felsen.
189. ✕°—— solida Rbh. Hz. und Ezg., scheint dem Riesengebirge zu fehlen.

Sechstes Kapitel.
Die Formationen der Wasserpflanzen.
(Gruppe IX.)

Verbreitung und Einteilung. Während in den Kapiteln 2, 4 und 5 vortreffliche Höhengrenzen die zu schildernden Formationen in die der Niederung, bezw. des Hügellandes und die des Berglandes schieden und im Berglande die besonderen Züge der Hercynia deutlich hervortraten, ist das Interesse an der Flora der Gewässer und ihrer Umgebung mehr einseitig auf die Niederung und das Hügelland beschränkt, ohne dass das Bergland mit neuen kräftigen Merkmalen darin aufträte. Teiche, Weiher und Sümpfe im oberen Berglande von 600—800 m an sind meist im Wasser ganz arm an Blütenpflanzen, während von Algen besondere Arten auftreten; am Wasser aber breiten sich im Berglande an Stelle der hohen Röhrichte Torfwiesen oder sogar montane Hochmoore aus. Es giebt auch im Gebiet nicht vielerorts größere Gewässer

in den Bergen; der Böhmer Wald allein hat deren eine Anzahl, welche die
landschaftlichen Schönheiten dieses Gebirges vor den übrigen sehr auszeichnen.
Diese Seen enthalten nun allerdings einige besondere, sonst im hercynischen
Bereich nicht tiefer unten vorkommende Arten (Sparganium affine, Isoëtes
lacustris), und es ist darüber auf Abschn. IV. Kap. 15 zu verweisen. Dagegen sind solche durch Wasserstauung zum mindesten in ihrem jetzigen
großen Umfange hervorgerufene Wasserbecken in 600—800 m Höhe, wie der
Oderteich im Oberharze zwischen Oderbrück und Andreasberg und die Teiche
bei Altenberg im Erzgebirge, sehr ärmlich in ihrer Flora, da sie die Pflanzen
der Niederungsteiche durch ihr kaltes Wasser ausschließen, ohne wenigstens
hinsichtlich der Blütenpflanzen einen eigenen Ersatz dafür zu erhalten. Hinsichtlich der Algen aber fehlt es noch an zusammenhängenden vergleichenden
Untersuchungen, welche die Vegetationsgrenzen von Arten des Hügel- und
des Berglandes sicher schieden.

Nur eine besondere Formation hat das Bergland vor dem warmen Hügellande und der Niederung allgemein voraus, das sind die Quellbäche und Quellsümpfe mit Montia fontana *rivularis und die kühles Bergwasser führenden
Bäche und Flüsse innerhalb der Bergwaldzone, in deren rasch dahineilenden,
klaren Wässern die Algen Hydrurus und Lemanea, oft auch Batracho-
spermum moniliforme mit vielen kleineren Arten eine charakteristische
Vegetation bilden. Solche findet sich durch das ganze obere und untere Bergland, an manchen Stellen bis unter 400 m herab, zerstreut.

Schließen wir die Formation der montanen Wasserpflanzen (29) zunächst
aus, so bleibt die Gruppe der seichten, stehenden oder langsam fließenden
Gewässer in der nördlichen Niederung und im Hügellande bis zu dem untersten
Berglande übrig, mit den schwimmenden und untergetauchten Wasserpflanzen
und den die Teiche und Flussufer umsäumenden Röhrichten sowie Schlamm-
beständen. Als Anhang betrachten wir dann noch die Flora der Salzsümpfe.

Thermische Grenzlinien. Für die Grenzen, welche Formation 26—28 gegenüber den montanen Beständen von Bachufer-, Sumpf- und Quellpflanzen im
und am fließenden Wasser aufweisen, würde es zunächst einmal nötig sein, eine
hübsche von A. KERNER gegebene Idee weiter zu verfolgen, die derselbe in den
»Verhandl. der zool. botan. Gesellsch. in Wien« (Bd. V. 1855, S. 83) dargelegt
und durch eine graphische Tafel erläutert hat. Er hat die Quellentemperaturen
bestimmt, in deren Wasser er bestimmte Pflanzenarten fand, und hat dadurch
untere und obere Temperaturgrenzen für deren Vegetation erhalten, die natürlich mehr oder weniger direkt im Zusammenhange mit der Meereshöhe stehen.
Nicht angegeben ist von ihm, in wie weit die »Temperaturmittel« der Quellen
als zuverlässig angesehen werden können, da sie jedenfalls zu verschiedenen
Zeiten der Vegetationsperiode gemessen sind. (Über die Methode der Quellen-
temperatur-Messung hat SENDTNER im Bayr. Walde sich ausführlicher verbreitet). »Ich wurde darauf aufmerksam«, schreibt KERNER, »dass die das
Rinnsal der Quellen umgebenden Pflanzen sich zu bestimmten Gruppen ver-
banden, die, wenn die mittlere Temperatur mehrerer Quellen nahezu dieselbe

war, sich immer wiederholten, so dass ich bald im Stande war, namentlich in den Kalkalpen, deren Quellen eine in den verschiedenen Jahreszeiten nur geringen Schwankungen unterliegende Temperatur zeigen, schon im Vorhinein aus der das Rinnsal der Quelle einsäumenden Vegetation die Temperatur der Quelle beiläufig anzugeben, bei welchen Angaben ich mich nur selten täuschte.«

KERNER trifft dann folgende Gruppeneinteilung

1. Wärmegrenze bis 6,6° C. Ranunculus aconitifolius, Epilobium origanifolium u. s. w.
2. » » 8,2° C. Montia fontana, Stellaria uliginosa, Geum riVale.
3. » » 9,5° C. Senecio crispatus, Crepis paludosa.
4. » » 9,8° C. Epilobium hirsutum, Veronica Beccabunga, Mentha silvestris.
5. » » 10,5° C. Sium angustifolium, Glyceria aquatica, Cardamine amara.
6. » » 11° C. Potamogeton densa, Callitriche Verna, Lemna trisulca.

Die beigefügte Tafel giebt einige Temperaturamplituden an, und zwar:

Phragmites 9,2° C.		Caltha palustris 5 bis 10,7° C.
Typha latif., ebenso	bis 11° C. und darüberhinaus.	Cardamine amara 6,6 » 10,7° C.
Potamogeton densa 9,8		Glyceria aquatica 7,2 » 10,4° C.
Callitriche Verna, ebenso		Sium angustifolium 8,6 » 10,3° C.
Lemna trisulca 10,3		Veronica 2 spec. 6,7 » 9,6° C.

Montia fontana und Stellaria uliginosa 6,5° C. bis 8,2° C.
Epilobium origanifolium und Ranunculus aconitifolius 5,4° C. bis 6,6° C.

Dieser Auszug soll zu Beobachtungen in dem hercynischen Berglande anregen. Jedenfalls dürften einige der mitgeteilten Zahlen in Mitteldeutschland ein von den Kalkalpen verschiedenes Gepräge annehmen. Von Wichtigkeit bliebe es, festzustellen, ob die untere Grenze von Formation 29 bei ca. 8°C. liegt.

Formation 26. Schwimm- und Tauchpflanzen der stehenden oder langsam fliessenden Gewässer.

Teiche und Weiher, Sümpfe in Torfwiesen, Wassergräben und ähnliche den Wasserpflanzen günstige Stellen finden sich mit ihrer Charaktervegetation bis 600 m aufwärts, nach oben hin an Artenreichtum abnehmend und einige wenige Arten in besonderer, größerer Verbreitung zeigend. Das Gelände dafür ist naturgemäß in den Landschaften an der hercynischen Nordgrenze am geeignetsten, und da im Weserlande und im Braunschweiger Hügellande die Moorteiche zumeist nördlich der hercynischen Grenze liegen, so beginnt ein größerer Teichcomplex erst östlich vom Harz, im Anhaltischen und in dem nördlichsten Teile der Elblandschaft, die um Torgau—Wittenberg eine Reihe seltnerer Wasserpflanzen besitzt[1]). Dann aber kommt eine noch vielgestaltigere Teichlandschaft in der nördlichen Oberlausitz zur Geltung, da diese die Eigenschaften

---

1) Hier kommt besonders die westdeutsche seltene Art Ludwigia (Isnardia) palustris in Betracht, welche AUGUST LEHMANN in seiner unvollendet gebliebenen Programmarbeit »Übersicht der Flora von Torgau« i. J. 1869 ausdrücklich als »selten! im Großen Teich von Torgau« angiebt. GARCKES »Flora« giebt dagegen in ihrer neuesten Auflage den nordöstlich von Torgau schon nahe der hercynischen Grenze und dem Unterlauf der Schwarzen Elster gelegenen Ort Annaberg an. Trapa natans ist in jener Gegend mehrfach vertreten.

eines Hügellandes mit denen der Niederung in der verschlungensten Weise vereinigt (siehe Abschn. IV, Kap. 9). Dies sind dieselben Stellen, von denen im vorhergehenden Kapitel besonders die Niederungs-Moore geschildert wurden. *Niedere montane Facies.* Nun aber sind ähnliche Landschaften mit vielen Teichen im Moorwiesen-Grunde, mit Röhrichten an ihren Ufern, noch durch das ganze Hügelland zerstreut und erreichen wohl an der Grenze des Hügel- und Berglandes im Terr. 13 ihre größte Entwickelung. Das sächsische Vogtland und die zu derselben floristischen Landschaft zugezählten reußischen Lande nahe der Saale zwischen Saalburg und Ziegenrück haben z. B. bei Plothen eine solche mannigfaltige Teichlandschaft, und vielerlei Weiher schmücken die Umrandung des Fichtelgebirges im Gebiete der oberen Eger bei Kirchenlamitz—Wunsiedel, voll von Sagittaria und Nymphaea candida, während Potamogeton rufescens (= alpinus) in den die Teiche miteinander verbindenden Gräben flutet. Diese Weiher erstrecken sich, soweit ich sie verfolgen konnte, bis 580 m und zeigen nur noch wenige Arten der Röhrichtbestände an ihren Ufern. Auch Phragmites communis und Salix viminalis, fragilis werden nach oben ebenso selten; von den Blasenkräutern findet sich wohl nur noch Utricularia vulgaris spärlich bei 500 m. Ob aber die Nymphaea candida sich nur auf die montane Teich-Facies der Hercynia beschränkt, hat bis jetzt auch noch nicht sicher festgestellt werden können.

Während es den Schilderungen norddeutscher Landschaften überlassen bleiben muss, die Anordnung ihrer Wasserpflanzen genauer zu gliedern, lasse ich hier die kurz zusammengestellte Liste hercynischer Arten, Schwimmer und Taucher mit einander vereinigt, folgen. Dieselben gehören zu 25 Gattungen von Mono- und Dicotyledonen.

A. Liste der schwimmenden und untergetauchten Wasserpflanzen.
(Reg. III.)

Seltenheiten mit (r.!), solche mit wichtiger Vegetationslinie durch ° bezeichnet.

1. Potamogeton natans L.
2. —— polygonifolia Pourr. (rr.!)
3. —— fluitans Rth.
4. °—— rufescens Schrad. (= alpina)
5. °—— colorata Horn. (= plantaginea) (rr.!)
6. —— graminea L.
7. —— —— *heterophylla Kch. (r.!)
8. —— nitens Web. (r.!)
9. —— lucens L.
10. —— praelonga Wulf. (r.!)
11. —— perfoliata L.
12. —— crispa L.
13. —— compressa L.
14. —— acutifolia Lk.
15. —— obtusifolia M. & Kch.
16. —— pusilla L.
17. —— trichoides Cham. Schlt.
18. Potamogeton pectinata L.
19. —— densa L. (r.!)
20. Zannichellia palustris L.
21. Najas major All. (r.!)
22. —— minor All. (r.!)
23. Hydrocharis Morsus ranae L.
[24. °Stratiotes aloides L. (r.!)]
25. †Elodea canadensis Casp.
26. Lemna trisulca L.
27. —— minor L.
28. —— gibba L.
29. —— (Spirodela) polyrhiza Schleid.
30. Wolffia arrhiza Wimm. (r.!)
31. Sparganium minimum Fr.
32. °Elisma (Alisma) natans Buchn. (r.!)

33. °Ludwigia (Isnardia) palustris Ell. (r.!)
34. Trapa natans L. (r.!)
35. Myriophyllum spicatum L.
36. —— alterniflorum DC. (r.!)[1]
37. —— verticillatum L.
38. Ceratophyllum demersum L.
39. —— *submersum L. (r.!)
40. Callitriche stagnalis Scop.
41. —— vernalis Kütz. ⎫
42. —— hamulata Kütz. ⎬ siehe auch F. 28.
43. —— autumnalis L.   ⎭
44. Hottonia palustris L.
45. Utricularia vulgaris L.
46. —— neglecta Lehm. (r.!)
47. °—— intermedia Hayn. (r.!)
48. °—— *ochroleuca R. Htn. (r.!)

49. Utricularia minor L.
50. °Limnanthemum nymphaeoides Lk. (rr.!)
51. Elatine Alsinastrum L. (Wasserform, r.!)
52. °Subularia aquatica L. (rr.!)
53. Ranunculus aquatilis L. [incl. *paucistamineus, hololeucus, confusus].
54. —— fluitans L. (siehe Form. 28).
55. —— divaricatus Schrk.
56. °—— hederaceus L. (r.!)
57. Nymphaea alba L.
58. °—— candida Prsl. (= radiata, semiaperta).
59. Nuphar luteum Sm.
60. Polygonum amphibium L.

61. Salvinia natans All. (rr.!).

Von den durch ihre besonderen Grenzen für die Hercynia wichtigen °Arten treten naturgemäß die atlantischen in den Vordergrund, welche vom westlichen oder nordwestlichen Deutschland aus die nordhercynischen Gaue berühren oder einschneiden. Diese alle bleiben dem Berglande durchaus fern; aber Limnanthemum (Nr. 50) berührt nur das westhercynische, bergig gestaltete Hügelland von Hessen, indem es Stationen bei Cassel, Grebendorf und im Ringgau besitzt (WIGAND). Von den nordatlantischen Arten sind besonders wichtig Nr. 5, 24, 31, 32, 47 und 56, die das Innere des hercynischen Hügellandes meiden. So wie Apium inundatum die Lausitzer Grenze bei Ruhland (Guteborn!) nur berührt, so zieht sich auch Stratiotes fast nur außerhalb der Grenze hin (so in der Lausitz), schneidet in sie von Braunschweig bis Torgau und Görlitz hinein. Isnardia (Nr. 33) hat im Bezirk bei Torgau und bei Annaburg (siehe oben!) den, wie es scheint, einzigen Standort, Salvinia (Nr. 61) bei Magdeburg, Subularia dagegen im Innern der Hercynia zwischen Schleiz und der Saale (s. Absch. IV, Kap. 13). Schon aus diesen Angaben geht hervor, mit wie sehr zerstreuten Fundstellen unsere Wasserpflanzen auftreten, sofern sie nicht wie Nymphaea, Hydrocharis, Potamogetonen und Ranunculus-*Batrachium wenigstens im Bereich von 100—300 m ziemlich allgemein vorkommen. Die Standorte einiger seltnerer Potamogetonen in den östlichen Gau erscheinen dabei dringend weiterer Bestätigung bedürftig: so P. polygonifolia bei Pirna, P. nitens bei Wittenberg und Pirna, P. praelonga außer bei Leipzig »in der Weißeritz bei Schönfeld« (also im unteren Erzgebirge); P. densa, die in Süddeutschland eine in die Alpen hinein gerichtete Verbreitung besitzt, ist bei uns merkwürdig selten (z. B. Zittau und Leipzig). Potamog. rufescens scheint in hercynischer Verbreitung wirklich die obere Hügelzone in 300—400 m (und wohl noch höher) zu bevorzugen, soll aber auch im Niederlande nicht fehlen. —

1) Im Terr. 8! Vergl. Sitzungsber. Isis, Dresden 1892, S. 26. (Aufgef. von SCHLIMPERT und FRITZSCHE.)

17*

Formation 27. Die Röhricht- und Uferformationen der Teiche.

Wie MAGNIN an den Seen des Jura in besonders schöner Darstellung gezeigt hat, gliedert sich die Pflanzenwelt eines Sees nach Etagen. Die wurzellosen Schwimmer sind im tiefsten Wasser, Arten wie Nymphaea sind schon durch die Länge der Blatt- und Blütenstiele an eine nicht zu große Tiefe gebunden, da ihr Wurzelstock im Schlamme kriecht; dann kommen diejenigen Röhricht-Arten, welche wie Typha mit hohen Stengeln die Wasserschichten seichter Uferränder zu durchsetzen vermögen, während Arten, wie Heleocharis palustris, nur wenige Centimeter Wasserhöhe durchwachsen können, wenn ihr oberer Stengel noch frei in der Luft assimilieren und Blüten erzeugen soll.

Aber auch noch über dem Wasserrande des Teiches lebt auf dem durch capillar aufsteigendes Grundwasser feucht gehaltenen Schlamm und Sand eine andere Schaar von Wasserpflanzen, zu deren schließlicher Fruchtreife im trockneren Sommer und Herbst die Freiheit der Bodenoberfläche von stehendem Wasser gehört; die im Frühjahr wassererfüllten Gräben stehen im Hochsommer meist trocken da, aber der Boden trägt eine dementsprechende Gruppe von Feuchtigkeit liebenden Sandschlammpflanzen, die mit zu dieser höchsten Etage der Wasserbewohner gehören.

So teile ich denn die Uferflora der Teiche, soweit sie auf Schlick, Schlamm und Sand vegetieren, ohne etwa Torfmoore zu bilden, in 3 Facies ein, die, durch sanfte Übergänge wie gewöhnlich mit einander verbunden, als die Typha-Facies, die Heleocharis- und Littorella-Facies bezeichnet werden mögen.

Alle drei sind für die niederen Gegenden der hercynischen Reg. III zwar wichtig und auch für das floristische Gesamtbild unentbehrlich, doch zeigen sich keine besonderen Ausprägungen in ihnen und ihre genauere Schilderung müsste demnach den baltischen und nordatlantischen Gauen überlassen bleiben. Die Grenzen nach oben hin, welche die Teichufer schon in mittleren Gebirgshöhen von 600 m recht ärmlich machen, entsprechen dem vorhin von den Wasserpflanzen überhaupt entworfenen Bilde; es sei nur bemerkt, dass in dieser Hinsicht die oberen Vegetationslinien der Typha-Arten und von Phragmites communis recht taugliche kartographische Linien darstellen, die genauer festzulegen der Mühe wert erscheint. Im allgemeinen schließen sich die Arten der Form. 27 und 29 vollständig aus.

Als Seltenheiten sind in der Typha-Facies die Arten Cladium Mariscus mit zerstreuten Standorten und Scirpus (*Schoenoplectus) triqueter von Sondershausen zu nennen, die nicht an der üblichen Südgrenze so vieler Teichpflanzen gegen das sonnige Hügelland Teil nehmen. Die Zahl der letzteren ist viel größer und man kann als Leitpflanze Peucedanum palustre wählen, welche an der Nordgrenze sehr häufig aus dem atlantischen und lausitzer Heidegebiet gen Süden hin gewendet die von den Niederungsmooren

mit Erica Tetralix gebildete Vegetationslinie verstärken hilft. Im Elbhügellande zwischen Pirna und Meißen kann man z. B. nach dieser Südgrenze und
der Nordgrenze von Cytisus nigricans die Scheide zwischen Terr. 8 und 9
kartographieren. Aber südlich des Lausitzer Berglandes kehrt sowohl Peucedanum als auch Lysimachia thyrsiflora wieder, und das Peucedanum gedeiht
sogar spärlich am Arbersee im BhW.

So kommt also den Röhricht-Pflanzen, zusammen mit denen der vorhergehenden Formation, eine besondere Bedeutung für Sonderung der Territorien
oder wenigstens besonderer, natürlich begründeter Abschnitte derselben zu,
und sie helfen die bedeutungsvolle Südlinie norddeutscher Formationen im
hercynischen Diluvialgebiet verstärken.

In den folgenden Listen haben diejenigen Arten, auf welche das letztere
zutrifft, ein Zeichen ∸ erhalten, auch wenn einzelne im Innern gelegene Standorte diese Hauptregel durchbrechen. Es soll dadurch nur die Hauptlage der
Verbreitungsweise in diesen Fällen angegeben werden.

Die Listen sind nach den 3 genannten Facies unter Voranstellung der
durch ihre Geselligkeit am meisten tonangebenden Arten geordnet.

a) Das Typha-Röhricht.

Sociale Arten:

Typha latifolia L.
—— angustifolia L.
Fhragmites communis Trin.
Scirpus lacuster L.
Glyceria aquatica Whlbg.
Acorus Calamus L.
Sparganium ramosum T. p.
    (*neglectum r., *polyedrum).
Equisetum limosum L.
—— palustre L.

Seltener social auftretend:

Scirpus maritimus L.   ·
Carex stricta Good. ∸
—— lasiocarpa Ehrh. (= filiformis) ∸
Leersia oryzoides Sw. ∸
Sagittaria sagittifolia L.
Iris Pseudacorus L.

    · [Demgemäß außer Schachtelhalmen nur
Monocotyledonen.]

In Gräben von Torfmooren bis hoch
auf das Gebirge und dort frq. cop.: Menyanthes
trifoliata L.; in ihrer Begleitung Potentilla palustris Scop.

Arten cop³⁻¹ oder frq. spor.:

Scirpus silvaticus L., radicans Schk. ∸
Carex paniculata L., acuta L.
—— Pseudocyperus L. ∸
Poa palustris Rth.
Calamagrostis lanceolata Rth.
Butomus umbellatus L.
Alisma Plantago aquatica L.

Ulmaria palustris Mnch., Lythrum.
Sium latifolium L. ∸
Cicuta virosa L., Peucedanum palustre Mnch. ∸
Oenanthe Phellandrium Lmk., fistulosa L.
Bidens; Achillea Ptarmica L.
Lysimachia vulgaris L.
Naumburgia thyrsiflora Rchb. ∸
Gratiola ∸, Mentha, Lycopus.
Scutellaria galericulata L.
Stachys palustris L.
Solanum Dulcamara L.
Ranunculus Lingua L. (selten).
Stellaria glauca With.
Rumex aquaticus L., pratensis M. & K.
Polygonum lapathifolium L. u. s. w.

b) Die Heleocharis-Sümpfe.

Heleocharis palustris R. Br.
———— uniglumis Lk.
———— ovata R. B. (r. ⌣).
⁰———— multicaulis Kch. (r.! ⌣)
Carex canescens L.
———— elongata L.
———— vulpina L.
———— teretiuscula Good.
———— vulgaris Fr., acuta L.
Catabrosa aquatica P. B. ⌣

Poa trivialis L.
Agrostis alba L.
Juncus supinus Mnch.
Ranunculus Flammula L.

Außerdem in den Mooren und Sümpfen bis hoch in das Gebirge verbreitet neben anderen Carices: Carex vesicaria L.
———— rostrata With., paludosa Good.
Juncetum! (J. lamprocarpus Ehrh. u. a.)

c) Die Littorella-Sandflächen und Schlammgräben.

Charakterarten:

Littorella lacustris L. (= juncea) ⌣.
Cyperus fuscus L.
———— flavescens L.
Heleocharis acicularis R. Br.
Isolepis setacea R. Br.
Carex cyperoides L. ⌣
Veronica scutellata L.
Gratiola officinalis L.
Rumex maritimus L.
Corrigiola littoralis L.
Illecebrum verticillatum L. ⌣

Beigemischte Arten:

Juncus bufonius L.
Carex hirta L.
———— distans L.
Potentilla norvegica L. ⌣
———— supina L. ⌣
Peplis Portula L.
Lindernia pyxidaria L. (r.).
Limosella aquatica L.
Elatine spec. plur.
Gnaphalium uliginosum L.
———— luteo-album L. ⌣

Formation 28. Weidengebüsche und Uferformationen; Reg. III.

Hinsichtlich der Bedingungen des Untergrundes sind diese, in der Hercynia nicht mit besonderen Artgemisch ausgezeichneten Bestände besonders durch das fließende Wasser mit gewöhnlich recht wechselndem Wasserstande von der vorigen Formationsgruppe verschieden, welche sich an das stagnierende Wasser hielt, das die Torfbildung im Boden begünstigt. So sind denn auch die Plätze dieser Formation ganz andere: die weiten Flussauen und Flussufer mit ihren bei Stromregulierungen abgeschnittenen Buchten und Lagunen, dann die Ufer kleinerer Flüsse und Bäche bis endlich zu den wassererfüllten Gräben, alles aber in der warmen Hügelregion.

Wenige Arten giebt es, welche an den hier angedeuteten, sehr mannigfaltigen Ufern gleichmäßig durch das hercynische Hügelland verbreitet vorkommen, und keine, welche überall mit gleicher Häufigkeit aufträte; soll man nach den weitesten Arten der F. 28, welche zugleich aber auch diese mit F. 27 verbinden, suchen, so könnte man vornehmlich folgende nennen:

Phalaris arundinacea L.
Glyceria fluitans R. Br.
————————
Ulmaria palustris Mnch.

Epilobium hirsutum L.
Bidens tripartitus L.
Symphytum officinale L.

Diese kann man ebensowohl zwischen einem Weidengebüsch an der Elbe oder der Werra, Saale als auch an Bachufern in Wiesen oder gar an Wald‑ bächen mit freierer Lage finden, während die schattige Lage der Bäche zur Bildung der F. 10 führt. In der Regel ist die Wasserflora der kleinen Bäche aber eine andere als die der Stromufer, weil das seichte Bachwasser eine ganze Reihe von Pflanzen zu erhalten vermag, die der Strom fortreißt. Solches sind z. B. die Wasser-Ehrenpreisarten, Veronica Anagallis und Beccabunga, sowie Sium (*Berula) angustifolium und andere. Danach können wir als die beiden Hauptglieder dieser Formation Flussufer und Wassergräben unter‑ scheiden, deren Faciesbildung im Folgenden gekennzeichnet werden soll.

a) Flussufer und Flussauen.

Hier haben die Weiden ihre Heimat, und wenn überhaupt die Schwarz‑ pappel, Populus nigra, in der Hercynia heimatberechtigt ist, so liegen ihre Standorte in diesem Formationsgliede an den größeren Strömen. Es ist ja wieder eine Frage, über welche nach dem gegenwärtigen Zustande in unserem Lande nicht mehr sicher abzuurteilen ist; aber ich kenne besonders an der Elbe zwischen Torgau und Wittenberg, auch bei Magdeburg, weite Stromauen mit Beständen von Schwarzpappeln, wo diese letzteren eher einen vom Menschen zu gunsten der Wiesen eingeengten Eindruck als den der An‑ pflanzung hervorrufen. Theoretisch lässt sich kaum etwas gegen die Heimats‑ berechtigung von Populus nigra bei uns sagen; klimatisch ist sie in ihrer vollen Sphäre, ihr Areal umschließt sicher die Donauauen im SO und die Waldungen im westlichen Russland, so dass ihre Ausbreitungslinie so oder so gesichert erschiene, und endlich sind wenigstens an der Elbe zahlreiche Stand‑ ortsmöglichkeiten gegeben.

Von viel größerer Bedeutung ist natürlich im ursprünglichen Florenbilde die Schaar der baum- und strauchartigen Weiden gewesen, die noch heute an den entsprechenden Stellen der Flussauen mit einer Häufigkeit auftritt, dass sie aus den dort angelegten Wiesen schwer zu vertilgen wäre. Salix fra‑ gilis und alba von höheren Bäumen, S. viminalis von kleineren, dazu als Sträucher S. amygdalina, seltener purpurea, cinerea und am seltensten S. pentandra (an Gräben der nördlichen Niederung, aber auch im Gebirge) sind hier die Charakterpflanzen der Formation; oft bilden sie zwischen Allu‑ vialgeröll oder Wiesen Gebüsche für sich, oft umsäumen sie die Ufer, hängen in das Wasser hinein und gewähren Stauden wie Solanum Dulcamara, Con‑ volvulus sepium, Lythrum und Ulmaria, Chaerophyllum bulbosum und temu‑ lum, Butomus u. a. A. Raum und Aufenthalt.

In solchen Ufergebüschen haben auch die Aster-Arten Platz, von denen A. salicifolius dem Bezirke als wilde Pflanze angehören soll, während mehrere andere Arten mit nordamerikanischer Heimat eingebürgert vorkommen. Unter diesen Einbürgerungen spielt auch Xanthium strumarium besonders an der Elbe eine große Rolle. Inula britannica besiedelt die Stromufer auf dem trockneren kiesigen Boden und bekleidet daher, gerade wie Allium

Schoenoprasum, an der Elbe in Masse das höhere Ufergelände und die
von Steinen erbauten Dämme; als Seltenheit tritt Senecio saracenicus auf.
Auf denselben trocknen Stromgeschieben, welche sich zu den nassen Auen
verhalten wie die Littorella-Facies zu den Typha-Beständen der Teiche,
wachsen dann auch überall die Massen der Nasturtium-Arten, am gemeinsten
N. silvestre.   Als östliche Art besiedelt N. austriacum die Elbufer in
Sachsen herab bis nach Barby und Schönebeck, und da, wo die kiesigen
Stellen trockner Ruderalflora die Ansiedelung erlauben, gesellen sich ihnen
Atriplex- und Chenopodium-Arten bei (Anschluss an F. 31).

b) Wassergräben und Bachufer.

Dieses Formationsglied wird, wie schon vorhin gesagt, am besten durch
solche Arten bestimmt, welche wegen des seichten klaren Wassers zwar dort,
aber nicht in großen Strömen gedeihen können. Außerdem wachsen am
Rande solcher Bäche und Gräben mancherlei Arten, welche von der Bodenart
des umgebenden Erdreichs stark beeinflusst werden, so dass im westlichen
und östlichen Gau immerhin schon eine gut ausgeprägte Verschiedenheit
herrscht, trotz des sonst uniformen Charakters der Wasserpflanzenformationen.

Hiernach lässt sich folgende kurze Liste zusammenstellen, in welcher die
Bezeichnungen wh! und oh! gewisse Extreme ausdrücken, welche nicht immer
den entgegengesetzten Gau gänzlich ausschließen.

Epilobium hirsutum L.	Scrophularia aquatica L., wh.!
—— roseum Retz.	Veronica Anagallis L.
—— parviflorum Retz.	—— Beccabunga L.
—— palustre L.	Mentha silvestris L., wh.!
Sium (*Berula) angustifolium L.	—— aquatica L.
—— latifolium L. wh.! und Nordgrenze.	—— arvensis var. palustris L.
Oenanthe fistulosa L.	—— gentilis L.
Chaerophyllum aromaticum L., oh.!	Myosotis palustris L.
Bidens tripartitus L.	Nasturtium officinale R. Br.
†Rudbeckia laciniata L., oh.,	Caltha palustris L.
eingebürgert aus Nordamerika.	Polygonum Hydropiper L., lapathifolium L.

Wenn sich solche Gräben in sumpfiges Weidegelände verlieren, pflegen
Juncus-Arten eine neue Facies dieser Formation im Übergange zu Wiesen
zu bilden, bald J. bufonius, bald J. effusus, im Westen des Bezirkes aber auf
dem Triasboden ganz besonders der im Osten seltene J. glaucus. Auch
Blysmus compressus findet sich neben dieser Binse nicht selten an vereinzelten Stellen, dort aber immer dicht und haufenweise.

Der Bach oder schnell fließende Fluss, von dessen Ufern hier der Bestand
angegeben wird, enthält von eigentlichen Wassergewächsen, die in der oben
(S. 258) zusammengestellten Liste genannt waren, als Charakterart häufig
Ranunculus fluitans und, falls das Gewässer ruhiger fließt, die eine oder
andere Callitriche-Art. In der Regel aber decken die oberen Triebe der
im Wasser selbst wurzelnden großblättrigen Gewächse, Veronica-Arten und
*Berula, die Uferränder dicht zu und füllen kleinere Bäche ganz aus.

Formation 29. Bergbäche und montane Quellsümpfe.

Die Liste der unter F. 28 angeführten Charakterarten wird an den stets von uns eingehaltenen Grenzen des Berg- und Hügellandes schwach und lückenhaft; bei 500 m Höhe haben außer Caltha in gebirgigen Gegenden alle Arten aufgehört und Phalaris arundinacea habe ich nur bis 600 m Höhe als am weitesten gehende gemeine Uferart gesammelt. Nur in der Rhön steigen die von Epilobium hirsutum mit rosigen Blüten gezierten Bachfluren des Hügellandes gleichfalls bis zu 600 m herauf. Nie so im Granit-, Gneis-, Porphyr- und Grauwackengelände, wo die Bäche im Gegenteil mit dem ihnen von den oberen Bergen zuströmenden kalten Wasser montane Arten viel tiefer herabzuführen pflegen, so dass charakteristische Algen (Lemanea) noch auf den vom Bergbach überbrausten Steinen bis zu 200 m Tiefe herab in großen Scharen anzutreffen sind.

Algen und flutende Moose bilden hier die Leitpflanzen des kalten Wassers, die Blütenpflanzen beschränken sich darauf, den Saum der Bäche zu schmücken oder aber in den oberen Bergstufen, wo in freien Wiesenmulden aus flachen Sümpfen die Bäche sich sammeln oder Quellen an den Bergflanken entspringen, das noch ganz flache Wasser derartig zu erfüllen, dass ihre Wurzeln in dem wasserüberdeckten kalten Erdreich stecken und die niederen Sporenpflanzen, dann meist Desmidiaceen und Bacillariaceen, dazwischen ihre bescheidenen Plätze einnehmen. Wenn das Wasser dünn über Felswände läuft, haben an diesen ohnedies nur die braunroten, grünen oder blaugrünen Schleim- und Fadenmassen der Algen verschiedenster Ordnungen Platz; Blütenpflanzen ringen erst unten, wo die Wässer sich sammeln, mit Lebermoosen, Laubmoosen und Farnen um den nassen Standort.

a) Blütenpflanzen.

Doch bleiben immerhin einige phanerogame Charakterarten zu nennen, die der Bergwelt zu eigen doch die freie Sonne lieben und nicht zu den Waldbachfluren gehören; dies sind Montia fontana *rivularis, Stellaria uliginosa und von der Schar der Weidenröschen noch bis oben hin allein häufig Epilobium palustre. Montia und Stellaria können zusammen ganze kleine Quellsümpfe ausfüllen, wie ich es am Keilberge in 1170 m Höhe fand; auf sie folgt noch höher im Gebirge hinauf noch eine unter F. 24 genannte Gruppe, im Böhmer Walde ausgezeichnet durch Epilobium anagallidifolium, deren Standorte am Arber sich hier anschließen (als *subalpines Glied* dieser montanen Quellflur).

Bei den nahen Beziehungen, welche die unter F. 11 charakterisierte obere hercynische Waldbachflur notgedrungen zu F. 29 zeigen muss, sind wenigstens einige Arten zu nennen, die sowohl hier wie dort wachsen. Es sind dies Chaerophyllum hirsutum und Petasites albus; beide begleiten die Bergbäche weit nach unten und zeigen, auch wenn dieselben durch Wiesen-

gelände fließen, eine treue Anhänglichkeit an sie, welche den Arten wie Sium
(*Berula) und Mentha lange den Zutritt zum Wasser wehrt.

Wie Rudbeckia als schöne Zierde nordamerikanischer Flora die Ufer im
Hügellande immer ausgedehnter zu umsäumen beginnt, so ist weiter oben im
Berglande ein anderer Amerikaner an den Bächen schon jetzt vielfach angesiedelt: Mimulus luteus. Sonst beschränkt sich die übrige phanerogame
Flora an ihren Ufern auf Salix aurita als Vertreter der Weidenbüsche von
den Flussauen, auf Caltha palustris, die sehr hoch in den Gebirgen ansteigt und im alpin-karpathischen Gebiet lokale Rassenbildung zeigt; ferner auf
Achillea Ptarmica, Ulmaria, und besonders in quelligen Wiesensümpfen
auf Eriophorum polystachyum (beide Subspecies), zu denen sich noch
mancherlei Seggen und Gräser gesellen. Menyanthes und ähnliche aber besiedeln nur die aus den Mooren kommenden Torfgräben und schließen sich
an F. 23 an.

b) Wassermoose und Algen[1]).

Wie aus Obigem ersichtlich, bieten die montanen Bäche mit ihrem schnell
fließenden kalten Wasser den Phanerogamen sehr ungünstige Entwickelungs-
bedingungen. Eine höhere Pflanze ist in ihnen eine Seltenheit. Dafür gedeihen
hier Moose und Algen um so üppiger und liefern für diese Formationsfacies
ganz charakteristische Vertreter.

Die Moose fluten entweder als lange Strähne oder vließförmige Gebilde im
Wasser, oder sie überkleiden die ständig oder nur zeitweilig überschwemmten
Blöcke und Ufersteine. Als typische Vertreter der flutenden Moose können
die Fontinalis-Arten mit ihren langen dreikantig beblätterten dunkelgrünen
oder braunen Stengeln betrachtet werden. Die weit verbreitete F. antipyretica begleitet die Bäche von der Quelle bis zum Tieflande, die seltene F.
squamosa dagegen nur bis in das Hügelland, wo sie durch F. hypnoides, die
mehr ruhiges Wasser liebt, ersetzt werden kann. Auf die westliche Hercynia
allein beschränkt ist F. gracilis, die einige Rhönbäche auszeichnet. Auch
einige Amblystegium-Arten liefern flutende Wassermoose. So besonders
A. fluviatile, A. riparium und in kalkhaltigem Wasser A. fallax, während A.
irriguum und A. Juratzkanum häufiger Decken auf überfluteten Blöcken bildet.
Alle diese Amblystegium-Arten haben in der Hercynia ihre Hauptverbreitung
im Hügellande und fehlen in den oberen Gebirgsbächen gänzlich. So verhält
sich auch der ebenfalls flutend auftretende und von wh.—oh. verbreitete
Cinclidotus fontinaloides und der nur auf den Südwesten (Terr. 3 an der
fränkischen Saale) beschränkte C. riparius, der hier seinen nördlichsten Standort hat. Von den wasserbewohnenden Hypnum-Arten bildet H. ochraceum
in den oberen Gebirgsbächen Formen, die in breiten Vließen über die Felsblöcke fluten. Von Lebermoosen tritt Chiloscyphus polyanthus in kurzen
an Steinen hängenden fettglänzenden Vließen auf. Einmal habe ich diese

---

1) Bearbeitet von Dr. B. SCHORLER.

Art im Erzgebirge in einem kleinen Tümpel auch freischwimmend in recht eigentümlicher Wuchsform angetroffen. Sie füllte hier den kleinen Tümpel mit ihren feinen sehr langgestreckten Stengeln fast vollständig aus.

Zu den hauptsächlich unter Wasser deckenbildenden Moosen gehoren außer den schon genannten Amblystegium-Arten noch die folgenden: Scapania undulata, die in unseren Gebirgsbächen ausgedehnte freudig hell- bis schwarzgrüne oder braune Decken bildet, welche förmliche Fangvorrichtungen fur den beweglichen Flusssand darstellen. Ähnlich verhält sich Rhynchostegium rusciforme, das mit seinen dunkelgrünen starren Rasen sehr fest den Steinen aufsitzt. Den montanen Charakter zeigen besonders die weichen Rasen von Hypnum ochraceum und H. dilatatum (= H. molle auct.) an, während H. Mackayi und Dichodontium flavescens den Harz auszeichnen.

An den feuchten, nur periodisch überschwemmten größeren Blöcken und Ufersteinen können sich alle die nassen Felswände bevorzugenden Moose ansiedeln. Ihre Zahl ist also sehr groß und begreift Vertreter der verschiedensten Familien. Es seien z. B. genannt die Marchantiaceen: Marchantia polymorpha, Fegatella conica und Pellia epiphylla, die Jungermannien: Jungermannia albicans, J. Taylori, J. sphaerocarpa und J. obovata, Mastigobryum trilobatum und Madotheca rivularis, von Moosen noch Dicranella heteromalla und Mnium-Arten, wie M. punctatum und M. hornum u. s. w. Doch sind neben diesen auch eine Anzahl charakteristischer Bachufermoose vorhanden. In erster Linie können hier genannt werden Brachythecium rivulare und Br. plumosum, die mit ihren glänzenden hell- oder gelbgrünen, fest anhaftenden Decken sich weithin bemerkbar machen, und die beiden Dichodontium-Arten: D. pellucidum, das z. B. im Elbsandsteingebirge mit seinen kurzen sparrigen Stengeln alle niederen Sandsteinblöcke in den schattigen Waldbächen bedeckt, und das seltene der Tiefebene ganz fehlende D. flavescens.

Eine ganz charakteristische Moosvegetation findet sich an den nassen Felsen der Wasserfälle. Hier überzieht überall Thamnium alopecurum große Flächen und mit ihm vergesellschaftet sich Rhynchostegium rusciforme, seltener Fissidens crassipes, während an den von Moosen freien nassen Stellen häufig die Alge Chantransia chalybaea braune schleimige Überzüge bildet.

Den nassen Kies am Ufer der oberen nicht zu schattigen Gebirgsbäche zeichnen die dicken, weichen und hellgrünen Polster von Dicranella squarrosa aus. Doch können sich an solchen Stellen auch Bryum turbinatum und Br. Schleicheri einstellen.

Hartes, kalkhaltiges Wasser endlich fördert das Wachstum von Eucladium verticillatum, Fissidens rufulus, Philonotis calcarea und Hypnum commutatum.

Die Algen der montanen Bäche schließen sich in ihrem ökologischen Verhalten eng an die flutenden Wassermoose an. Auch sie bilden meist lange

Strähne oder breite Vließe, wellenförmig bewegt durch das rinnende Wasser. Als ganz charakteristisch für die rasch fließenden Gebirgsbäche kann in erster Linie der weit verbreitete vielgestaltige Hydrurus foetidus genannt werden, der mit seinen schleimig gallertigen Massen meist braune Strähne im Wasser bildet, die von diesem leicht losgerissen und ins Hügelland geführt werden können, wo sie dann sich festheften und weiter wachsen, und zwar zuweilen in für sie recht fremdartigen Wuchsformen. So habe ich am 19. Mai 1901 Hydrurus in der Weißeritz südlich von Dresden noch in einer Höhe von nur 200 m aufgefunden. Er bildete hier chokoladenbraune schleimige Decken, wie sie gewöhnlich die Diatomeen erzeugen, auf allen Steinen im Wasser, sodass das ganze Flussbett von ihm austapeziert wurde. Die langen Strähne fehlten dagegen hier völlig. Die sommerliche Wärme scheint aber dieser Gebirgsalge in den niederen Höhen nicht zuträglich, wenigstens war ihre üppige Vegetation am 24. Juli vollständig verschwunden und auch am 23. Oktober noch nicht wieder entwickelt. Eben so charakteristisch für die Gebirgsbäche wie Hydrurus, wenn auch nicht so allgemein verbreitet wie dieser, sind die borstigen, dunkelgrünen oder schwarzen Lemanea-Arten mit ihren büscheligen flutenden Rasen, von denen L. fluviatilis, L. torulosa, L. annulata und L. nodosa im Gebiete sich finden. Auch die violetten schlüpfrigen Büschel von Batracho-spermum moniliforme sind im Hügel- und Berglande viel häufiger als in den Bächen der Ebene. Das gilt ebenso von den verwandten Chantransia-Arten, namentlich Ch. Hermanni und Ch. violacea, gewissen Cladophora-Arten, besonders Cl. declinata und Cl. glomerata, und dem Zygnema ericetorum.

Auch zu den Deckenbildnern liefern die Gebirgsalgen einige ausgezeichnete Vertreter, nämlich die seltene Floridee Hildenbrandtia rivularis mit purpurroten Häuten und das nicht minder seltene, den Phaeophyceen zugezählte Lithoderma fluviatile mit schwarzbraunen Krusten auf Steinen im Wasser, das bisher nur im Elbsandsteingebirge aufgefunden worden ist. [Dagegen breitet Trentepohlia Jolithus, das »Veilchenmoos«, seine rotbraunen sammetartigen Überzüge überall auf den feuchten Blöcken über dem Wasser aus].

Außer den eben genannten für die montanen Bäche mehr oder weniger charakteristischen Arten, kommt natürlich in ihnen auch eine große Zahl von Formen vor, die im Tieflande ebenso verbreitet sind wie hier. So treten nach unseren Beobachtungen im Erzgebirge Draparnaldia plumosa, Stigeoclonium longipilum, Cladophora und Spirogyra spec. in großen Massen in den klaren Gebirgsbächen auf. Es muss aber einer späteren ausführlicheren Arbeit überlassen bleiben, diese Arten alle namentlich aufzuführen.

Formation 30. Salzsümpfe, -bäche und -wiesen.

Von der größten Verschiedenheit gegenüber allen anderen Formationen von Wasserpflanzen sind diejenigen des mit Salzwasser durchtränkten Bodens, welche in sehr trockene Triften überzugehen Neigung haben. Die biologischen

Verhältnisse, unter denen die Halophyten ihre Wasserversorgung zu bewerk_
stelligen haben, sind aus neueren Arbeiten gut bekannt; es kann sich hier nur
darum handeln, einen Überblick über die im hercynischen Bezirke zusammen_
gekommenen halophilen Arten und über die von ihnen besiedelten Standplätze
zu gewinnen.

Diese sind in der westlichen Hercynia spärlich und pflanzengeographisch
unbedeutend, in dem Thüringer Gau ausgedehnt und von hohem Interesse,
und sie fehlen gänzlich im sächsischen Gau ebenso wie in allen Bergländern;
man darf das höchste Vorkommen einer reicheren hercynischen Halophytenflora auf 180 m veranschlagen, und ihre Standorte liegen alle in den von der
Triasformation, dem Zechstein oder von der Trias in Berührung mit tertiärer
Braunkohlenformation besetzten Gebieten. Südlich von Braunschweig heben
solche Plätze an (Salzdahlum, Salzgitter), ohne große Mannigfaltigkeit in ihrer
Flora; auch bei Hildesheim (Salzdetfurt, Harste und Eldagsen) finden sich entsprechende Salzstellen. Auch bei Höxter im Weserlande ist eine solche.
Zahlreicher und reichhaltiger an auszeichnenden Arten werden dieselben im
nördlichen Leinegebiete (Terr. 3) bei Einbeck, wo besonders Salzderhelden
(mit Standort von Salicornia herbacea) eine interessante Flora besitzt, weniger
Moringen. Dann folgen im Casseler Lande Trendelburg, und mit viel mannigfaltigerer Flora versehen an der Werra zwischen dem Meißner und Eschwege
die Salinen von Allendorf und Soden, wo gleichzeitig Medicago *denticulata
auftritt. An allen den genannten Orten, mit Ausnahme von Salzderhelden
hinsichtlich Salicornia, fehlen aber die auszeichnenden Chenopodiaceen
und Artemisia-Arten nebst den wenigen auf enge Fundorte begrenzten
Halophyten, welche sämtlich in dem um das Harzgebirge sich herumziehenden Landstriche westlich vom Kyffhäuser anfangend über Eisleben,
Aschersleben und Blankenburg im Nordosten vorkommen und dort z. T. ihre
einzigen mitteldeutschen, ja überhaupt deutschen Standorte besitzen. Dieses
bevorzugte Halophytengebiet erstreckt sich östlich von Eisleben bis nach Halle
zum Saalethal und über dieses hinaus bis in das Mündungsgebiet der Weißen
Elster zwischen Leipzig und Merseburg (Schkeuditz), ferner geht es vom nordöstlichen Harze bei Aschersleben über Hecklingen—Stassfurt und Bernburg
nach der Elbe südlich von Magdeburg, wo bei Schönebeck und Groß Salze
eine sehr reichhaltige Salzflora ihre Standorte behauptet.

Diese zahlreichen, in einem den östlichen Harz einschließenden sehr weiten
Bogen angeordneten Standorte, in deren Mitte die beiden berühmten Mansfelder Seen östlich von Eisleben liegen, gehören zu den besonderen Reich-
tümern der Territorien 4 und 5, und sie verlegen ihren floristischen Schwerpunkt in florenentwickelungsgeschichtlicher Hinsicht auf die Landschaft der
Unteren Saale, weshalb dort im Abschn. IV. Kap. 5 die ausführliche Liste
jener Fundstellen folgen soll. Hier bleibt nur übrig, der Ausprägung der
Halophytenformationen innerhalb des Bezirkes im allgemeinen zu gedenken.

1. Schwachen Salzgehalt verratende Arten.

a^1) Gewöhnlich zeigen sich deren erste Spuren in einer Veränderung der *Wiesenflora*, welche mit großen Mengen von Hordeum secalinum, Trifolium fragiferum und Tetragonolobus siliquosus sich mischt. Von diesen Arten ist das erstgenannte Gras das gemeinste und man kann nach ihm diese leichteste Halophytenfacies benennen; sie zeigt sich oft an Orten, wo schärfer bezeichnende Salzpflanzen nicht auftreten, und macht dadurch einen schwächlichen Eindruck, wenn sie nicht über die Einleitung hinauskommt. Wenn im Buntsandsteingebiet auf trockneren Wiesen eine Quelle mit reicher Vegetation von Blysmus compressus auftritt, erblickt man wohl auch darin schon eine schwache Sulze des Bodens. Deutlicher weist darauf noch Erythraea pulchella hin.

b^1) Ist mangelnde Bodenfeuchtigkeit der Bildung von Wiesen ungünstig und lässt sie mehr eine Art von *Ruderaltrift* mit schwach halophytischem Charakter zu, so ist deren Facies gemeiniglich durch große Massen von Rumex maritimus, Atriplex hastatum (mit der Varietät *salinum=oppositifolium) und anderen Chenopodiaceen, daneben aber auch durch viele gewöhnliche Brassicaceen bestimmt, von denen nur Lepidium ruderale als gemeinste, Senebiera Coronopus (= Coronopus Ruellii) als seltene genannt werden sollen. Hier erscheinen auch häufig Standortsvarietäten gemeiner Arten, Chenopodiaceen und Compositen, wie Chrysanthemum inodorum var. maritimum mit dickfleischigen Blättern, das z. B. in großer Menge bei Salzmünde vorkommt und durch seine Tracht wie rote Stengel sehr auffällt. Zu dieser gleichen Facies ist auch wohl noch °Althaea officinalis zu zählen, die schöne stolze Hochstaude auf den Salztriften vom Kyffhäuser rund ostwärts um den Harz bis Halberstadt herum und von da nach Magdeburg, wo sie noch zahlreiche Standorte an Gräben, Wegen und auf Triften wie den Rainen an Gräben besitzt.

c^1) Auch das *stehende oder langsam fließende Wasser* selbst hat seine Pflanzen, welche den schwächsten Salzgehalt zu besonders ergiebiger Vegetation benutzen; diese Arten, welche auch einen stärkeren Prozentgehalt an Salz aushalten können — (der Salzige See im Mansfeldischen hatte 1 % ĊlNa, der Süße See daselbst weniger) — kommen übrigens auch in ganz süßen Gewässern vor und sind in so fern indifferent. Ihre Facies wird von Scirpus maritimus als gemeinster, überall soc. auftretender Art, und von Sc. Tabernaemontani als seltnerer Art bezeichnet; letztere ist besonders im Florengebiet von Magdeburg, Halle und dem Kyffhäuser zu Hause. Unter den Riedgräsern ist Carex vulpina eine häufig auf nassem, schwach salzigem Boden vorkommende Art. — In dem ganz schwach salzigen See bei Salzungen a. d. Werra (Terr. 3) bildet Scirpus maritimus fast durchgängig die Ufervegetation mit einigen großen Seggen; Polygonum amphibium schwimmt in großer Menge auf der Oberfläche, Nymphaea alba wird durch Anpflanzung erhalten. —

2. Starken Salzgehalt anzeigende Arten.

a^2) Nun kommen wir zu den *echten Salzpflanzen*, und wiederum zunächst zur *Wiese*. Hier ist die Charakterart der Facies Atropis distans (= Festuca distans, Glyceria maritima), die mit zarten Halmen und weit ausgesperrten Rispenästen immer mehr die anderen Gräser verdrängt, je mehr der Salzgehalt steigt, und die schließlich auch in die trockneren Salztriften übergehen kann. Sie kommt im ganzen Bereich der hercynischen Halophytenformation vor, von Salzdetfurt b. Hildesheim, Salzgitter, Eldagsen und einigen Stellen im Casseler Lande über Göttingen und Soden (Allendorf) nach dem nördlichen Thüringen und dem Florengebiet von Halle im Südosten, fehlt aber doch an manchen Plätzen mit sonst gut ausgeprägter Salzflora. Zu ihren Begleitern gehört häufig Samolus Valerandi nebst den vorhin genannten Leguminosen, welche nun noch durch Lotus corniculatus *tenuifolius und Melilotus dentatus verstärkt werden. Dazu kommen aber als weiter verbreitete, im Rasen beigemischte oder für sich allein mit Triglochin palustre auf sumpfiger Erde eigene Flecke besiedelnde Arten folgende drei: Aster Tripolium, Plantago maritima, Glaux maritima; ihre natürlichen Standorte konnte man besonders gut an dem ausgedehnten Ufergelände der Mansfelder Seen beobachten, wo die verschiedenen Facies breitere Flächen einnahmen und z. T. noch jetzt sich so erhalten haben. — Der Aster ist die schönste Zierde der Salzwiesen, in denen er mit hell violetten Blüten prangende Sondertriften bildet oder sich im Grase verliert. Seine wichtigsten hercynischen Standorte liegen von Eldagsen und Harste im nördlichen, Salzgitter im südlichen Braunschweiger Lande über das Magdeburger Gebiet nach Halle und Nordthüringen, nicht aber an der Werra. Fast ebenso, eher noch etwas eingeschränkter, ist Plantago maritima verbreitet, während Glaux die gemeinste dieser 3 Leitpflanzen darstellt und vom Hildesheimischen und Braunschweigischen (Salzdetfurt, Eldagsen, Salzgitter u. s. w.) zur oberen Leine (Moringen, Salzderhelden, Harste) nach Trendelburg im Casseler Lande und nach Allendorf hinaufgeht, dann natürlich in dem Haupt-Halophytengebiet rings um den Harz nirgends fehlt. — Auf diese Facies mit hinzukommenden offenen Wassergräben beschränken sich meistens die Salzpflanzen in den Territorien 1—3.

b^2) Dagegen kommen in Thüringen und an der unteren Saale die *reicheren Salztriften* zum guten Ausdruck, in einem bunten Gemisch von vielerlei selteneren Arten mit den vorigen zusammengenommen, dann aber doch besonders auf trockneren, das Salz teilweise efflorescirenden und grasfreien, lehmigen Stellen. Diese, eine Eigentümlichkeit der Territorien 4 und 5 auf beschränkten Plätzen darstellende Facies kann zweckmäßig als eine der Wermutstauden mit hohem Kräutergemisch auf stark salzhaltigem Lehmboden, und als eine von Glasschmelz-(Salicornia-) Beständen auf feuchtem Salzlehm bezeichnet werden, zwischen welchen sich die anderen auszeichnenden Chenopodiaceen bald so bald so zu verteilen pflegen. (Vergl. Abschn. IV. Kap. 5.)

c²) Die eigentliche *Salzwasserformation* beginnt nun mit Gräben, in denen
Triglochin maritimum gerade so dichte, mit den langen blühenden Stengeln
aus dem Wasser hervorragende, niedere »Röhrichte« bildet, als es etwa im
süßen Wasser die beiden gewöhnlichen Sparganien zu thun pflegen. Dieses
Triglochin ist als erste und fast einzige Leitpflanze dieser Facies anzusehen;
denn außer ihr giebt es nur noch wenige Schwimm- und Tauchpflanzen phane-
rogamer Gruppen im Wasser selbst, zwei Najadeen-Potamogetinen und einige
Wasserranunkeln, von denen aber nur eine Art, nämlich Ranunculus Baudotii, ein eigener seltener Halophyt ist. Dagegen vermag auch z. B. R.
aquatilis, zumal die Var. *paucistamineus, in den Salzgräben vortrefflich zu
vegetieren. (*Algenflora* siehe in Abschn. IV. Kap. 5.)

Siebentes Kapitel.

Die Ruderalpflanzen und Feldunkräuter.

(Gruppe X.)

Nur in Kürze soll hier derjenigen Pflanzenarten gedacht werden, welche
in ihrer heutigen Ausbreitung und in ihrem zumeist massenhaften Vorkommen
an vielen oder vereinzelten Stellen des hercynischen Hügellandes der menschlichen Besiedelung und dem Anbau künstlicher Feldbestände gefolgt sind.
Es lag bisher stets in unserer Aufgabe, die natürlichen Verhältnisse in der
floristischen Anordnung zu schildern, und diese verlassen wir in diesem Schluss-
kapitel der Formationslehre. Der hier zu behandelnde Gegenstand ist nicht
minder von großem Interesse, will aber besser von einem allgemeineren Gesichtspunkte unter Zusammenfassung eines größeren Ländergebietes erörtert sein,
und dafür habe ich die Grundsätze bereits früher gegeben[1]). Eine größere
Specialarbeit über die hier in Betracht kommenden Pflanzenarten besitzt die
deutschfloristische Literatur aus früherer Zeit[2]), die eine vortreffliche Grundlage für weitere Bearbeitung liefert, und, deren Besprechung man gleichfalls
an der ersterwähnten Stelle[1]) findet.

Hier fassen wir Ruderalpflanzen und Unkräuter auf Brachäckern wie bebauten Feldern zusammen zu den wichtigsten, die hercynische Pflanzengeographie berührenden Fragen, die sich nur darauf erstrecken können, 1. Beiträge
zu liefern hinsichtlich des für so viele dieser Arten zweifelhaften Indigenates,
und 2. Beiträge zu verschärfter Unterscheidung der einzelnen hercynischen
Gaue.

---

1) Deutschlands Pflanzengeogr. I, Abschn. IV, Kap. 9, S. 407 u. flgd., besonders S. 420.
2) F. Hellwig, Ursprung der Ackerunkräuter und Ruderalflora Deutschl. (Bot. Jahrb. Syst.
VII. 343.) In jüngster Zeit erschienen diesen Gegenstand behandelnde Arbeiten von F. Höck.

1. Das Indigenat der Arten.

Obwohl die Hercynia reich ist an warmen Standorten zwischen Kalk-gestein oder Urfels, auf denen in Jahrhunderten eine Akklimatisation und dem-gemäß Einbürgerung mancher ursprünglich fremder Arten hat erfolgen können, so giebt es doch eine nicht geringe Anzahl von Unkräutern, welche den Umkreis der Kulturflächen bei uns ebenso wenig wie in Norddeutschland ver-lassen und daher anzeigen, dass sie ihre Existenz durchaus dem Anbau ver-danken.   Diese Arten sollte man eigentlich ebenso wenig wie die Cerealien selbst zu den einheimischen Bürgern rechnen; sie besitzen jedenfalls jetzt noch viel weniger Bürgerrecht als die amerikanischen Ruderalpflanzen Galinsogaea, Xanthium oder gar die Oenotheren, welche sich vielerorts in die altange-sessene Flora eingemischt haben und keines Zuthuns des Menschen für ihre fortdauernde Erhaltung an den eroberten Plätzen bedürfen.

a) Die wichtigsten dieser nicht indigenen Arten, deren Erhaltung in der Flora mit den andauernden Feldkulturen allein zusammenhängt, bilden folgende Gruppe:

Bromus secalinus L. u. a. A.	Chrysanthemum segetum L.	Ranunculus arvensis L.
Apera Spica Venti P. B.	Agrostemma Githago L.	Adonis aestivalis L.
Lolium temulentum L.	Vaccaria parviflora Mnch.	—— flammea Jacq.
————	Papaver Rhoeas L. u. a.	Delphinium Consolida L.
Centaurea Cyanus L.	Neslea paniculata Desv.	————
Matricaria Chamomilla L.	Camelina sativa Crntz.	Polygonum tataricum L.

Daneben giebt es nun eine viel größere Gruppe solcher Arten, welche in natürlichen Beständen, besonders auf sterilen Sandflächen oder aber auf Fels-schotterboden, ebensogut wie auf Ackerfeldern vorkommen können. Veronica-Arten, Draba verna, Teesdalia nudicaulis, Arenaria serpyllifolia liefern die bequemsten Beispiele dafür. Viele dieser Arten sind in der Haupt-sache nach Sand- und Felsgesteinfeldern geschieden, manche sind daher (wie Arenaria) schon unter den sonnigen Hügelformationen oder (wie Teesdalia) unter Heide- und Sandfeldern genannt. — Man bedenke nun ferner, dass besonders das nördliche Thüringen und die Triasgebiete des angrenzenden Saalelandes reich sind an Halophyten, unter denen die Chenopodiaceen eine hervor-ragende Rolle spielen. Hier werden die gemeinen Arten der letzteren Familie gerade so wie die jetzt noch allein dort zu findenden Halophyten eine ganz normale Wohnstätte gehabt haben, und es lässt sich daher kaum ermessen, wie viele von Atriplex-, Chenopodium-, ferner von den ruderalen Brassica-ceen-Arten (Capsella, Sisymbrium, Raphanistrum, Sinapis, Brassica) an solchen Stellen ursprünglich vorhanden gewesen, wie viele erst durch den erweiterten Feldbau eingeführt worden sind. Jedenfalls hat der letztere für viele Arten, welche ursprünglich ziemlich beschrankte Standorte gehabt haben mögen, ein ergiebiges Verbreitungsgebiet geschaffen. Andrerseits sind Arten wie Lepi-dium ruderale, Amarantus retroflexus, Blitum Bonus Henricus und **Atriplex nitens** von ihren ursprünglich vielleicht beschränkten Stellen im Elbthal und Saalegebiet auf Salz- und Steinboden mehr oder weniger weit ausgewandert auf die Schuttfelder, welche die Begleitung menschlicher Besiedelungen zu bilden pflegen, und sind dadurch theilweise zu gemeinen Arten geworden.

b) Nach diesen vorhergehenden Bemerkungen wird die folgende abgekürzte Zusammenstellung allgemeiner verbreiteter Arten verständlich sein, deren hercynisches Indigenat ich als ursprünglich ansehe:

Panicum Sect. Digitaria u. Echinochloa } psammi-	Cynoglossum officinale L.
Setaria glauca P. B., viridis P. B. } tisch.	Myosotis-Arten ⊙.
Bromus sterilis L., tectorum L.	Galeopsis-Arten ⊙.
und andere Ruderalgräser.	Lamium-Arten ⊙.
Melilotus-Arten.	Nepeta Cataria L.
Vicia hirsuta Koh., tetrasperma Mnch.	Leonurus Cardiaca L., Marrubiastrum L. (selten).
—— angustifolia Reich u. a. A.	Veronica-Arten ⊙.
Aethusa Cynapium L.	Solanum nigrum L.
Caucalis daucoides L.	Hyoscyamus niger L.
Ob auch Scandix Pecten Veneris L.?	Erodium cicutarium L'Hérit.
Sherardia arvensis L.	Viola tricolor L.
Valerianella olitoria Mnch. u. a. A.	Sinapis- und Raphanistrum-A.
Erigeron acer L.	Lepidium ruderale L.
Pulicaria vulgaris Grtn.	Draba verna L.
Lappa-Arten.	Capsella Bursa pastoris L.
Cirsium arvense Scop.	Gypsophila muralis L.
Lampsana communis L.	Arenaria serpyllifolia L.
Arnoseris minima Lk. }	Holosteum umbellatum L.
Hypochaeris glabra L. } psammitisch.	Scleranthus annuus L.
	Herniaria glabra L.
	Chenopodiaceae!
	Amarantus retroflexus L.
	Urticaceae! Polygonaceae!

c) Einwanderer. Kaum bedarf es hier der ausdrücklichen Hervorhebung, dass gerade in diesen Beständen der einheimischen Flora die größte Zahl fremder Zuzügler ihre Invasion gehalten hat, und einige derselben sind schon oben (S. 273) erwähnt. **Datura Stramonium** seit Ende des 17. Jahrhunderts aus dem kaukasischen Gebiet eingewandert, **Matricaria discoidea** (= Chrysanthemum suaveolens) seit 1852 zuerst in der Umgebung Berlins beobachtet, **Erigeron canadensis** seit dem 17. Jahrhundert aus Nordamerika eingeschleppt und jetzt viel häufiger geworden als der einheimische Gattungsgenosse, **Oxalis stricta** aus Nordamerika, jetzt gemein auf den Sandfeldern im hercynischen Nordstrich, **Oxalis corniculata** aus Südeuropa viel seltener auf Gartenland zu finden, dazu die aus der Kultur verwildernden südeuropäisch-orientalen Arten wie **Medicago sativa**: sie alle geben genügende Beispiele für die Bereicherung unserer Flora durch menschlichen Einfluss.

2. Lokalisierte Charakterarten.

Abgesehen von den Einzelstandorten seltener Arten, welche wie Hype-coum pendulum bei Greußen in Thüringen durch Naturalisation ein sehr beschränktes Bürgerrecht erhalten haben, bewährt sich auch bei den Arten der Gruppe X die Scheidung nach den drei Gauen des Hügellandes und besonders auch die früher besprochene Scheide auf den Kalkböden im Saalegebiete gegen Osten. Wie die Terr. 4 und 5 die reichste Liste in den Hügelformationen aufzuweisen hatten, so besitzen sie auch die größte Anzahl von Ackerunkräutern und Ruderalpflanzen und zeigen dadurch, dass die Bedingungen, welche so vielen Arten der Gruppe V dort eine Heimstätte erhalten haben, auch fortwirkend für Besiedelung aus dem fränkischen Triasgebiete und gleichzeitig für Zuzügler aus östlichen Kontinentalgebieten sorgen.

Es fallen zunächst einige Arten auf, welche Sachsen mit den genannten Landschaften teilt, und welche dann früher oder später gegen NW oder W eine entschiedene Grenze in der Hercynia zeigen. So besonders folgende:

Atriplex nitens Schk.	Sisymbrium pannonicum Jacq.	Tordylium maximum L.[1])
Amarantus retroflexus L.	(= S. Sinapistrum Crtz.)	Nonnea pulla DC.
Isatis tinctoria L.	—— Loeselii L.	Sclerochloa dura P. B.

Viel größer ist aber die Zahl derjenigen Arten, welche auf den Kalkäckern an der Werra und oberen Leine (Göttingen — Einbeck), dann im Thüringer Becken und teilweise noch auf Zechsteingypsen an der Weißen Elster bei Gera zu Hause sind, und hier an der starken Vegetationslinie gegen Osten Teil nehmen, welche unsere Karte darstellt. Viele Arten überschreiten diese sogen. »Saalelinie« im hercynischen Bezirk überhaupt nicht nach Osten; andere aber besitzen in Sachsen spärliche Standorte in den fruchtbaren Thälern (Mulde, Elbe! und auch zerstreut in der Oberlausitz), so dass bei ihnen nur die Frequenz im osthercynischen Gau eine bedeutend geringere ist. In den gedruckten Floren zeigt sich dieser Unterschied nicht sehr deutlich, da diese gerade die Seltenheiten oft mit Umständlichkeit aufzählen; bei der Aufnahme der Formationsbestände in der Natur tritt er aber sehr grell hervor, indem selbst Arten lehmiger Äcker wie Caucalis daucoides und Scandix Pecten in Sachsen schon selten auftreten, die doch im Kalkgebiet weiter westlich so gemein sind!

Es nimmt daher die hier folgende Liste auf beide Artengruppen dadurch Rücksicht, dass sie die das Werraland und Thüringen bis einschließlich zum Weißen Elsterlande auszeichnenden Arten ohne Zeichen nennt, während die auch in Sachsen vorkommenden Arten mit (!) vor dem Namen bezeichnet sind.

---

1) Selten bei Meißen, Sulza—Eckartsberga, am Unterharz (Falkenstein).

18*

Medicago hispida *denticulata W. und *apiculata W., selten von Cassel und Allendorf bis Jena—Halle.

Bunium Bulbocastanum L., selten.

(!) Bupleurum rotundifolium L., Charakterpflanze der Kalkäcker, oh. nur äußerst
selten im Elbgebiet.

(!) Caucalis (*Turgenia) latifolia L., wie
vor., rr. bei Meißen.

Orlaya grandiflora Hffm.

Asperula arvensis L. (oh. nur eingeschleppt).

(!) Galium tricorne With. (sehr selten oh.: nur bei
Dresden—Meißen).

(!) Valerianella carinata Loisl.

(!) Filago germanica L.

Specularia Speculum A. DC.

—— hybrida A. DC.

(!) Anagallis *coerulea Schreb.

(!) Melampyrum arvense L.

(!) Linaria minor L.

—— spuria Mill. (oh. nur eingeschleppt).

(!) Stachys annua L. (oh. selten bei Pirna—
Dohna—Dresden).

(!) Euphorbia exigua L.

Conringia orientalis Andrz. (auf Kalkäckern im Westen verbreitet, oh. nur zufällig erscheinend).

(!) Lepidium Draba L.

(!) Thlaspi perfoliatum L.

Fumaria Schleicheri Soy. Will. (mh.)

(!) Adonis aestivalis L. (wh.—mh. viel häufiger
als oh. auf Kalkäckern).

—— flammea Jacq.

(!) Alsine tenuifolia Whlbg. (oh. sehr selten
bei Dresden, Bautzen; im Leinegebiet
häufig).

Spergularia segetalis Fzl.

Phleum asperum Vill.: Charaktergras wh.
im Werra—Leinegebiete, schon in Thüringen mit äußerst sporadischen Standorten gén O abschneidend, überall nicht
häufig.

Die große Mehrzahl der mit (!) bezeichneten Arten macht den Eindruck,
als ob dieselben erst allmählich unter dem Einfluss der Kultur, vielleicht
direkt durch Samenaustausch von West zu Ost, sich im osthercynischen Gau
angesiedelt hätten, während ich für die Mehrzahl dieser Arten das ursprüngliche Bürgerrecht auf den sonnigen Kalktriften Thüringens und des Werralandes annehme, soweit dieselben nicht wie Asperula arvensis wirklich
nur an den Ackerboden gebunden auftreten. Es wird schwer sein, unter den
heutigen Verhältnissen bei jeder Art darüber noch sichere Entscheidung zu
treffen: jedenfalls dienen auch sie trefflich zur Charakterisierung der west- und
mittelhercynischen Gaue.

Vierter Abschnitt.

Die Verbreitung der Formationen und deren Charakterarten in den hercynischen Landschaften[1]).

Erstes Kapitel.

Das Weser-Bergland.

Einleitung. Diese nordwestlichste Landschaft des hercynischen Berg- und Hügellandes misst von Nord nach Süd etwa 18 geogr. Meilen, hat im Norden zwischen Elze (bei Hildesheim) und Melle (nahe Herford) mit 15 geogr. Meilen ihre größte Breite und sinkt im Süden auf einen nur 8 Meilen breiten Streifen Berglandes im Grenzgebiet von Westfalen, Kurhessen, Hannover und Braunschweig herab; sie besitzt etwa 150 Quadratmeilen an Fläche mit einem erheblich geringeren Pflanzenreichtum, als auf S. 62 einer halb so großen Fläche im artenreichsten Gelände zugeschrieben wurde. Denn schon fehlt es an den östlichen Elementen, die sich im Braunschweiger Hügellande vom Ostharze her noch so reichlich finden, aber nur wenige westliche Arten (wie besonders Ilex Aquifolium und Genista anglica) haben hier als Ersatz im niederen Berglande einen natürlichen Standort. Diese Berge und Hügel an der Weser der Hercynia anzugliedern zwingt nicht nur die Gemeinsamkeit in vielen Bestandteilen mit dem niederen Harze selbst, an den zwischen Einbeck und Seesen das Weserland beinahe unmittelbar angrenzt, sondern auch noch der Umstand, dass der reiche Florencharakter vom Werralande hier nach Nordwesten seine Ausläufer hat und dass hier, an den Weserbergen

---

1) Jedes Kapitel, eine besondere Landschaft umfassend, wird von topographischen Floren-bildern (GRISEBACHS »Topographischer Geobotanik«) beschlossen, in welchen kleine Listen Aus-züge aus den Exkursionsnotizen darstellen. Diese, in möglichster Raumbeschränkung gedruckt, heben die s o c i a l e n und die c o p i ö s in der betreffenden Formation vorhandenen und gleichzeitig pflanzengeographisch w i c h t i g e n Arten durch Sperrdruck hervor; solche Arten, deren Vorkommen einer charakteristischen L e i t p f l a n z e der Formation entspricht, sind durch ! hervorgehoben, und solche, deren seltnes Vorkommen einen hohen Wert für die betreffende Landschaft besitzt, durch doppelte !! — Andere Zeichen sind bei den einzelnen Listen selbst erklärt, bez. sind es die in Abschnitt III angewendeten Signaturen wh. mh. oh. h mont. und die Arealsignaturen.

bei Höxter, schon auf westfälischem Boden Pflanzenarten auftreten, welche von hohem geographischen Werte den übrigen Teilen der Provinz Westfalen fehlen (vergl. BECKHAUS, Einleitung zu der Flora von Westfalen).

Die diese Weserlandschaften am meisten auszeichnenden, in der sonstigen Hercynia seltenen oder fehlenden Pflanzenarten sind Anacamptis pyramidalis, Ophrys apifera als Sterne eines großen Reichtums an Orchideen, Allium carinatum, Carex umbrosa und strigosa, Trifolium rubens, Rosa arvensis, Epilobium lanceolatum, Siler trilobum, Cynoglossum germanicum, Alectorolophus angustifolius, Geranium lucidum, Arabis sagittata, alle diese z. T. auch im Weserlande sehr selten, z. T. mit vielen und reichbesetzten Standorten bedacht; dazu hat von Farnen Scolopendrium officinarum hier mehrfach prächtige Entwickelung, mehr als in anderen Landschaften.

Die Flora der Bergwälder und Wiesen nimmt am Charakter des Harzes in so weit, als es die selten 400 m übersteigenden Höhen gestatten, Teil und kehrt auch besonders die befremdliche Armut an osthercynischen Arten hervor. Als solche fehlende Arten möchten besonders folgende hervorgehoben werden: Ornithogalum umbellatum; Aruncus silvester, Astrantia major, Galium rotundifolium, Cirsium heterophyllum, Prenanthes purpurea (angeblich am Holzberg bei Stadtoldendorf, wo sie nach BECKHAUS aber nicht vorkommt und auch von mir nicht gesehen wurde); Thlaspi alpestre, Viscaria vulgaris· und Euphorbia dulcis. Das Fehlen dieser Arten im westlichen Berglande vom Harze selbst an macht deren nördliche Vegetationslinien weniger geeignet zur Abgrenzung des alpin-montanen Florencharakters gegen die norddeutsche Niederung und lässt im Gegenteil ihre Scheide im hercynischen Berglande wie eine florenentwickelungsgeschichtliche Frage erscheinen.

Dazu kommt noch das Fehlen mancher, sonst in den westhercynischen Hügellandschaften charakteristischer kalkliebender Stauden, welche sich weder auf den Muschelkalken des südlichen, noch auf den zum Weißen Jura gehörigen Dolomiten des nördlichen Weserlandes finden; aus der größeren Zahl seien hier nur die beiden gar nicht zu übersehenden Dolden: Bupleurum falcatum und Laserpitium latifolium, genannt; beide sind schon im benachbarten Braunschweiger Hügellande nicht selten und erreichen dort nördlich vom Harze eine Nordwestgrenze.

1. Orographisch-geognostischer Charakter.

Im Anschluss an die auf S. 57 gegebene Grundlage sollen hier, wie in den folgenden Kapiteln, diejenigen Einzelheiten besprochen werden, welche dem botanisierenden Floristen zu wissen nötig sind; denn nur allzusehr sind die speciell-floristischen Darstellungen von den geognostischen und allgemein geographischen Unterlagen getrennt gehalten worden und bezeichnen dadurch in den größeren deutschen Floren denjenigen einseitigen Standpunkt, über den hinwegzuhelfen diese geographischen Arbeiten als floristische »Grundzüge der Verbreitung« in erster Linie bestimmt sind.

Das nördliche Berg- und Hügelland. Die diluvialen Geschiebe fehlen im Weserlande. Seine Nordgrenze wird von dem westlich der Weser bei Minden ziehenden *Wiehen*, und von dem östlich des Flussdurchbruches ziehenden *Wesergebirge* gebildet, welche beide aus den jurassischen Gesteinen des Lias, Dogger und Malm in schmaler Schichtenfolge aufgebaut sind; nördlich von Hameln schließt sich daran der *Süntel*, aus Malm und Wealden ziemlich steil aufgerichtet, und mit gleichem Gestein schließen die sanfteren *Bückeberge* im Lippeschen Gebiet sowie der Hannover schon näher tretende *Deister* die Weserlandschaft im Nordosten ab. Die Nordwestgrenze ist bei Melle—Herford in einem vorspringenden Zipfel angesetzt, da von hier die Gewässer der Werre noch direkt in kurzem, ostwärts gerichtetem Laufe sich in die Weser ergießen, und hier ist fast die einzige aus Diluvium zwischen Liashügeln gebildete Stelle des Weserlandes, soweit es zum hercynischen Bezirk gezogen wird; der schmale Streifen des Teutoburger Waldes im Südwesten bleibt ausgeschlossen.

Südlich der Weser entlang an ihrem Knie von *Hameln* bis *Minden* erheben sich weniger steil, als an ihrem rechten Ufer, schön bewaldete Hügel und Höhen der Triasformation, von der hier besonders Keupersandsteine entfaltet sind, viel seltener Muschelkalk, welcher weiter im Süden der Weserlandschaft mit Buntsandstein zusammen die Hauptmasse des ganzen Berg- und Hügellandes ausmacht. So ist denn von Hameln bis Minden das Weserthal selbst breit, eine herrliche und fruchtbringende Niederung von Kornfeldern und Wiesen, eingeschlossen von den Steilzügen des Wiehen und Wesergebirges im Norden, zwischen denen beiden hindurch der Strom sich den als *Porta westphalica* berühmten Pass im jurassischen System gegraben hat (links: Wittekindsberg 275 m, rechts die Hausberge mit dem 258 m hohen Jacobsberge).

Während die Hauptmasse dieser langgedehnten Bergketten bewaldet ist, tauchen hier und da einzelne Steilgipfel mit Felsgehängen und noch häufiger langgezogene Steilwände auf, deren jähe Abstürze aus hartem, dolomitischem Gestein von weitem ganz vegetationslos erscheinen, die aber in der Nähe beschaut sich als Fundorte seltener Felspflanzen herausstellen. So z. B. schon der kleine Iberg an der Stelle, wo der Süntel im Amelunxberge an das Wesergebirge grenzt, mit Allium *montanum und Hutchinsia petraea (!). Dann aber besonders die westliche Ecke des *Süntels* selbst, die in dem 349 m erreichenden Hohenstein (nordöstlich von Hess. Oldendorf in der Grafschaft Schaumburg) eine 50—80 m steil herunterstürzende Riffwand von mächtigen, durch enge Schluchten unter einander getrennten Dolomitklippen gebildet hat, die, nach SW und S abfallend, einen der anziehendsten Excursionspunkte in diesem ganzen Gebiete bildet.

So sind denn an die jähen Felsstürze, und nicht an die höchsten Kuppen des Gebirges hier die floristischen Seltenheiten geknüpft, obwohl die 400 m übersteigenden Erhebungen manche Montanpflanzen zeigen, die in anderen Landschaften bei so niederen Höhen kaum so sicher auftreten. Dies könnte

mit der gegen die nordwestlichen Winde viel freier exponierten Lage in
Deutschland zusammenhängen; denn an sommerlichen Regentagen sind die
Kämme der ganzen Gebirgssysteme hier in einer Weise von Nebel umlagert
und in den Bannkreis der jagenden Wolken derartig einbezogen, dass man
an eine viel bedeutendere Höhe glauben möchte, als das Ancroïd anzeigt.
Geordnete phänologische Beobachtungen sind von hier noch nicht zum Vergleich
mit Thüringen und Sachsen bekannt, aber die Einwohner zwischen dem Solling,
Hils und Ith klagen über kalte und späte Frühlinge, was der Augenschein an
den sich hier findenden Bergwiesen bestätigt; denn diese werden bei 300 bis
370 m Meereshöhe erst Ende Juli und Anfang August gemäht. Der Süntel
selbst, mit fast 440 m im nördlichen Weserlande die höchste Höhe erreichend,
besitzt keine Bergwiesen; aber seine aus der langen Riffkette von Dolomit
auftauchende Sandsteinkuppe erinnert mit Nadelwald, Luzula silvatica und
Chrysosplenium oppositifolium an kühlen Quellen eher an höhere Lagen im
Harz. Auch der *Deister* besteht hauptsächlich aus feinkörnigen Sandsteinen der
Wealdenformation und zeigt bei 300 m Kammhöhe und wenigen, darüber
hinausgehenden Höhen (Bielstein nördlich Springe, 340 m) dichten Wald; seine
südlichen Gehänge bestehen aus Dolomit, wie der Süntel, und hier herrscht
reichere Kalkflora.

   Die östlichen Bergzüge. Rings umschlossen von allen Schichten der Trias-
formation hebt sich dann noch einmal weiter südlich zwischen Weser und
Leine eine schmale, von SO nach NW gerichtete und etwa 6 geogr. Meilen
in ihrer Längsachse haltende Ellipse der ganzen Schichtenfolge vom Jura- und
Kreidesystem bis zum Tertiär (Miocän) heraus und bildet im *Ith* und *Hils* die
Wasserscheide zwischen den genannten Flüssen. Es ist ein merkwürdiges
Bergland, da ringsum die dem weißen Jura zugehörigen Dolomitfelsen gleichmäßig verlaufende Kämme und häufig nackte Abstürze bilden frei von Wald,
während die geologisch jüngeren Schichten im Innern der von diesen Kämmen
umzogenen Mulde liegen, in welche man von allen Seiten hinabschaut. Diese
Vertiefung wird als *Hilsmulde* bezeichnet und erscheint als ein Kornland von
nicht besonderem floristischen Interesse; die durch Senken und Kammeinschnitte
von einander getrennten Randhöhen führen viele Namen. Am längsten zieht
der 3 Meilen (22 km) lange Ith gen NW, um dann hakenförmig umgebogen
jäh abzubrechen; er bildet unzweifelhaft den floristisch wertvollsten Bergkamm im ganzen Wesergau, von seinem nördlichen Haken bei Coppenbrügge
bis zu seinem Südende bei Eschershausen wiederum als schmales und reich
bewaldetes Dolomitriff aufgebaut, Steilfelsen in Masse darbietend.

   Der »Obere Berg« bei Coppenbrügge mit Eulenschlucht und Fahnenstein-
felsen bietet in den Höhen von 320—380 m eine reiche, durch Scolopendrium
besonders ausgezeichnete Mischflora von Hochwald und Felsgehängen; auf
dem weiteren gen SO gerichteten Zuge bietet der bewaldete Kamm im Lauen-
steiner Berge mit 442 m die höchste Höhe und zeigt ab und zu reiche, sonnig-
grasige Höhen mit Libanotis. Nach Süden zu aber, nördlich von Eschershausen,
lehnen sich an den schmalen Kamm breiter gewölbte Abdachungen und

Hochflächen an, welche herrliche, blumenreiche Bergwiesen darbieten, ausgezeichnet durch Herminium und Anacamptis.

An dem Ostrande der Hilsmulde, schon gegen das Leinethal hin gewendet, ziehen unbedeutende Bergzüge, von denen der *Selter* bei dem Städtchen Delligsen noch eine floristische Bedeutung durch eine Reihe von Felspflanzen auf Dolomitgehängen und steinigen Triften mit Gentiana cruciata besitzt. Jenseits der Leine, an deren Ostufer bei Ahlfeld, erhebt sich ein zum Braunschweiger Hügellande zugezogenes, ebenfalls dem Jura und der Kreide zugehöriges Bergland: *die Siebenberge;* dieses bildet aber anstatt einer von schmalen Bändern umgürteten Mulde ein kuppenreiches Massiv. Sonst ist nun der ganze südliche Teil des Weserberglandes, von einigen floristisch unbedeutenden Lias-Flecken abgesehen, zwischen dem den Westrand der Hercynia bildenden *Egge-Gebirge* bei Paderborn und dem Hils bei Einbeck ein zusammenhängendes Triasland; sein Westrand gegen Westfalen, also der Kamm des Egge-Gebirges, wird wie der ganze Kern des Teutoburger Waldes gleichfalls von Hilssandstein gebildet, und die hier im Velmerstot mit 465 m auftretende höchste Erhebung südlich von Detmold wird nicht mehr dem hercynischen, sondern dem niederrheinischen Berglande zugerechnet.

Die Bergzüge an der oberen Weser bis zum Kaufunger Walde. Bei weitem die größten Flächen im südlichen Weserberglande gehören der Buntsandstein-Formation an und entbehren demnach nicht einer gewissen Einförmigkeit, aber prangen in dem Wald- und Quellenreichtum, der diese Triaslande auszuzeichnen pflegt. So ist besonders der *Sollinger Wald* rechts der Weser zwischen Holzminden und Uslar ein solches großes, zusammenhängendes und in der niederen Region von Laubwäldern bestandenes Buntsandsteingebiet, welches sich im *Moosberge* bei Neuhaus und dem kleinen Dorfe Silberborn zu 513 m erhebt und hier nicht uninteressante Bergmoore besitzt; denn den gewöhnlichen Arten der Harzer Hochmoore gesellt sich hier als Seltenheit Erica Tetralix bei, welche, als Pflanze der nordatlantischen deutschen Niederung, sonst in keinem hercynischen Hochmoore des Berglandes sich findet. Dem Solling schließen sich südlich und zu beiden Seiten des Weserstromes der *Reinhardtswald* und der *Bramwald* an mit nur 468 m erreichenden Erhebungen, aber in sonst ganz gleichartigem Florencharakter, ebenso noch südlich von Münden der *Kaufunger Wald*, in denen allen Digitalis purpurea eine nicht unbedeutende Rolle spielt. Diese südlichen Buntsandsteinberge erhalten nur durch Basaltdurchbrüche zuweilen einen neuen Reiz; sie bilden allerdings noch keine imposanten Gipfel und geben gewissermaßen nur einen Vorgeschmack von den unter Terr. 3 zu besprechenden Wirkungen. Der nördlichste Basaltstock auf dem rechten Weserufer ist die *Bramburg* bei Adelebsen, wo im beschatteten Geröll Lunaria rediviva wächst, wie weiter nördlich in den Dolomitschluchten des Ith bei Eschershausen an ihrer Nordgrenze gegen das Flachland. Viel zahlreicher sind die Basaltdurchbrüche im südwestlichsten Teile durch den Muschelkalk, südlich der bei Warburg ganz im Muschelkalk eingenagten und dann bei Carlshafen im

Buntsandstein in die Weser mündenden *Diemel*, wo schon, neben weiten
pflanzenarmen Flächen auf Keupersandsteinen, ganz die Vegetationsbedingungen
geschaffen werden, welche das Werra- und Fulda-Land so artenreich gestalten.
Ihm gehört auch in seinem südlichen Teile gegenüber Holzminden die höchste
Erhebung des ganzen Berglandes westlich der Weser an: der *Köterberg* mit
502 m Höhe[1]), der mit ziemlich steilen Gehängen zwar einen guten Aussichtspunkt, doch nicht gerade pflanzenreiche Sammelstellen bietet.

Der floristische Hauptwert der Muschelkalkberge liegt nun aber für unser
Weserland hauptsächlich in den steil zum Strome selbst abfallenden einzelnen
Rücken zwischen *Höxter* im Süden und *Bodenwerder* im Norden, sowie in
einzelnen westlich der Weser bei *Stadtoldendorf* sich als breite Massive über
Buntsandsteinsockeln erhebenden, terrassenförmig ansteigenden Bergen mit
nackten, bröckeligen Wänden und schotterigen Abstürzen, deren Beschaffenheit
sehr verschieden ist von denen der Dolomitklippen mit ihrem harten, klingen-
den Scherbengeröll. Die drei durch ihren Pflanzenreichtum am meisten
bekannt gewordenen Berge sind der *Ziegenberg* bei Höxter am linken Weserufer, und der *Burgberg*, sowie besonders der *Holzberg* bei Stadtoldendorf auf
der Wasserscheide zwischen Weser und Leine.

2. Gestaltung der Formationen.

Im Walde und in den Genossenschaften sonniger Hügel liegt der besondere Charakter des Weserberglandes ausgedrückt; ausgedehnte Heiden und
Moore, Sümpfe und Teiche fehlen und die vorhandenen besitzen eine wenig
ausgezeichnete Flora. Dann aber kommt noch ein neuer Reiz in Wiesen
hinzu, welche in niederer Lage von 300—400 m und auf warmem, kalkhaltigem
Gestein Arten der sonnigen Hügelformationen mit solchen montaner, kurz-
grasiger Wiesen mischen: diese reizvolle Mischflora ist aber räumlich beschränkt (siehe unten: Holzberg und Ith), während besonders der Wald auf
weite Strecken hin sein aus den herrschenden Arten geprägtes Bild bewahrt und
in dieses hier und da seine größeren Seltenheiten einstreut.

a) Waldformationen.

Von allen Waldbäumen überwiegt die hier übermächtige Buche, die nur
auf den oberen Erhebungen des Solling aus klimatisch zwingenden Gründen
ihren Rang an die dann herrschende Fichte abtritt. Kiefern und Birken finden
besonders auf den Sandsteinen gedeihliche Standorte; Eichen sind nicht selten
eingestreut; die Linde (Tilia grandifolia) bekleidet häufig mit reichblühenden
kleineren Bäumen die schluchtenreichen Klippen der weißen Juraformation;

---

1) So wird die Höhe auch auf der Karte des Deutschen Reiches 1:500000 (Gotha, J. Perthes)
Blatt 13 angegeben; die nach amtlichen Quellen von G. MÜLLER in Oeynhausen herausgegebene
Karte vom Wesergebiet 1:150000 giebt 520 m an und zeigt fast durchweg erhöhte Zahlen auf
den Gipfeln und Kämmen.

die Hainbuche vermisst man auf weite Strecken, aber dann bildet sie (z. B. an den Weserbergen der Porta) für sich allein weithin den Waldbestand in anscheinend natürlicher Weise. Das Fehlen der Tanne bildet •einen höchst bemerkenswerten Gegensatz gegen den östlichen Flügel in der Hercynia, und angepflanzte Bäume, welche man nur selten sieht, zeigen nichts weniger als freudiges Wachstum.

Zwei immergrüne Großsträucher gewähren dem nördlichen Wesergebirge ein besonderes Interesse: Taxus baccata und Ilex Aquifolium. Die Eibe erscheint zerstreut an den Dolomitabhängen und bildet dichte Gebüsche in den Schluchten und Geröllhängen des Hohenstein (Süntel), wo sie sich mit Quercus pedunculata, Fagus und Rhamnus cathartica vereinigt. Die Ilex (Hülsenstrauch) ist in niederen Beständen unter Buchen zerstreut in der Weserkette und leuchtet mit dunkelgrünem Glanze ihrer dornig gezähnten Blätter weithin zwischen dem jungen Buchennachwuchs hervor. Am Ith (Nordabhang bei Coppenbrügge) sah ich ihr am weitesten gegen die Leine hin gerichtetes Vorkommen; dann fehlt sie wieder auf weite Strecken; im Walde an der Paschenburg nördlich von Hess. Oldendorf steht ein einzelner, hoher Baum im Gehege einer Anpflanzung: hier soll Ilex im Walde sehr selten sein und der Pflege bedürfen, während sie im Lippeschen Walde gemein wäre. Häufiger tritt sie an der Porta auf, wo sie SCHORLER östlich der Weser (am Jacobsberge) mit Cornus sanguinea, Quercus, Carpinus, späterhin Acer campestre und Ligustrum als dichtes Gestrüpp beobachtete, im Waldschatten auf dem Kamme massenhaft für sich allein.

Für die Kräuter des Waldes folgt hier eine Liste, welche sowohl die durch ihr Vorkommen überhaupt bemerkenswerten (!) Arten nennt, als auch solche, die in ihrer Massenhaftigkeit (cop.—greg.—soc.) oder durch die Menge ihrer Standorte (frq.) die Weserlandswälder auszeichnen. Denjenigen Arten, welche in Lagen von 300—450 m eine obere Region der Bergwälder herausheben und z. T. mit den mittleren Lagen des Oberharzes übereinstimmen, ist das Zeichen (mont.) beigefügt.

Cephalanthera pallens, rubra, frq.
Epipogon aphyllus!
Cypripedium Calceolus frq.
Polygonatum verticillatum (mont.) frq.
Luzula silvatica (mont.) cop. am Süntel über 400 m und Solling.
Carex umbrosa!
—— pendula! und strigosa! [1]
Festuca silvatica (mont.).
Bromus asper frq. cop.
Hordeum silvaticum (= Elymus europ., mont.), frq.! soc.!

Rubus vestitus! formenreich und frq.
(—— *sollingiacus Utsch.!)
—— saxatilis!
Epilobium lanceolatum! (Weserthal).
Circaea alpina (mont.).
Chrysosplenium oppositifolium (mont.).
Sanicula europaea frq. cop.
Dipsacus pilosus frq.
Senecio nemorensis (mont.) frq. soc.
—— spathulifolius!
Lappa nemorosa frq.
(Melampyrum nemorosum hier als Seltenheit an wenigen Fundorten.)

1) Die gesperrt gedruckten Arten fehlen in den osthercynischen Gauen Sachsens oder berühren dieselben nur wie Aconitum Lycoctonum an der Grenze.

Digitalis purpurea (mont.) frq. greg.
Veronica montana (mont.) frq.
Atropa Belladonna frq. cop.
Lithospermum purpureo-coeruleum ! frq.
Pulmonaria angustifolia ! (Ith).
Cynoglossum germanicum ! (mont.).
Geranium lucidum !
Hypericum pulchrum frq.
Lunaria rediviva !
(Clematis Vitalba frq. auch an Waldrändern.)
Aconitum Lycoctonum ! (mont.).

Actaea spicata (mont.) frq. cop.
Helleborus viridis !

————

Equisetum maximum an einigen Stellen greg.-soc.
Aspidium lobatum !
Nephrodium montanum (= Oreopteris) (mont.).
Blechnum Spicant (mont.).
Scolopendrium vulgare an mehreren Fundorten greg.
Plagiothecium undulatum (mont.) greg.

b) Hügelformationen.

Bekanntlich liegt für die Vegetationsverhältnisse der unteren Höhenstufen in Mitteldeutschland das verhältnismäßig am meisten Auszeichnende in den trocknen Grastriften, Felsabhängen mit Dornbüschen und lichtem Walde, (Gruppe V in Abschn. III). Auch im Weserlande sind dieselben reich entfaltet und nehmen eine nicht unbedeutende Fläche ein; aber es geht durch sie hindurch doch nicht der Zug von Ansammlung verschiedenartiger und reicher Species, der besonders den südlichen Nachbargau (Rhön, Werraland u. s. w.) beherrscht, und es fehlen auch an den reicheren Stellen die östlichen Arten, von denen eine große Menge aus dem unteren Saalegebiet noch in das Braunschweiger Hügelland eintritt. Diese reicheren Stellen sind naturgemäß Kalkberge, sowohl im südlichen Muschelkalk- als im nördlichen Dolomitrevier, von denen erstere mehr Seltenheiten aufzuweisen haben als letztere. Wenn nun auch Arten wie Sesleria coerulea, Inula Conyza, Gentiana ciliata und sogar G. cruciata an vielen Stellen als soc.—cop. zu bezeichnen sind, so begleiten sie doch den Wanderer längst nicht so auf weiten Strecken, wie im Werralande oder Thüringer Becken an gleichen Standorten, und alle diese Standorte sind beschränkter, kommen oft erst in ziemlich weiten Entfernungen wieder. Nur die Clematis Vitalba geht aus den lichten Buschwäldern über alle sonnigen Abhänge mit Gebüsch in unabänderlicher Regelmäßigkeit hin und verleiht ihnen einen anmutigen Reiz. Arten wie Hippocrepis comosa sind schon auf vereinzelte Standorte beschränkt und Arten wie Bupleurum falcatum und wahrscheinlich auch Chrysanthemum corymbosum fehlen!

Es folgt hier eine tabellarische Übersicht der wichtigsten Arten, wie oben mit den Signaturen !, cop.—greg.—soc. und frq.

Orchis militaris ! (Muschelkalk).
—— purpurea, tridentata.
Ophrys muscifera frq.
—— apifera ! (mehrere Standorte).
Epipactis rubiginosa cop.
Anthericum ramosum, Liliago greg.
Allium senescens *montanum (= A fallax) !
(Wesergebirge).

Carex humilis ! (selten: Ziegenberg; Iberg im Süntel).
Sesleria coerulea soc.

————

Trifolium rubens frq.
—— montanum, alpestre cop.—greg., aber viel seltener als in den östl. Gauen.
Coronilla montana ! (Ziegenberg).

Hippocrepis comosa greg. (südl. Ith, Hohen-
 stein am Süntel, Ziegenberg).
Potentilla Fragariastrum frq.
Rosa *rubiginosa, *micrantha cop.
—— graveolens (= elliptica) !
—— canina *coriifolia !
—— tomentosa: formenreich cop.
Amelanchier vulgaris ! (rr.).
Cotoneaster integerrima ! (an mehreren Stand-
 orten zahlreich).
Sorbus torminalis frq.
Ribes alpinum frq. als Felsenstrauch, bes. in
 Dolomitspalten.
Sedum album und rupestre sind selten !
Seseli Libanotis (wenige Standorte greg.).
Siler trilobum (wenige Standorte; am Burg-
 berg bei Holzminden vergeblich gesucht).
Viburnum Lantana ! (selten).
Asperula cynanchica ! (Hohenstein).
Inula salicina frq.
Pulicaria dysenterica !
Senecio erucifolius, stellenweise gemein.
Crepis foetida frq.
—— praemorsa (mehrere Standorte).
Hieracium caesium !

Campanula glomerata frq. cop.
Specularia hybrida ! (als Ackerunkraut).
Stachys germanica ! (Weserthal).
—— annua !
(—— recta ist hier eine seltene Pflanze.)
Ajuga Chamaepitys !
Teucrium Scorodonia frq. cop. in starker
 Verbreitung von Triften bis Heide und
 Waldgebüsch, Sandsteinboden bevor-
 zugend, auch auf Dolomit.
—— Botrys frq. cop.
Alectorolophus angustifolius (bei Höxter
 und Holzminden).
Melampyrum cristatum frq.
Physalis Alkekengi !
Gentiana cruciata frq.
—— ciliata frq. greg.
Ruta graveolens ! (bei Fürstenberg).
Lavatera thuringiaca ! (bei Höxter).
Viola mirabilis !
Hutchinsia petraea ! (Nordgrenze i. Süntel)[1]).
Sisymbrium strictissimum !
—— austriacum ! (Hohenstein).
Dianthus caesius ! (Hohenstein).
(—— Carthusianorum ist äußerst selten.)

Hier wie in der vorangehenden Liste der Waldformation sind diejenigen Arten durch Sperrdruck herausgehoben, welche in den 4 osthercynischen Gauen (vom Vogtlande an bis zur Neiße, Flora von Leipzig ausgeschlossen) fehlen oder nur als viel größere Seltenheiten sporadische Standorte besitzen.

c) Übrige Formationen.

Da die *Bergwiesen* unten ausführlicher geschildert werden (s. Holzberg und Ith), so genügt von ihnen und den übrigen Beständen an dieser Stelle eine kurze Aufzählung der bemerkenswertesten und in den osthercynischen Gauen fehlenden Species.

Orchis coriophora ! und incarnata !
Anacamptis pyramidalis !
Gymnadenia albida !
Herminium Monorchis ! greg.
Spiranthes autumnalis frq. greg.
Sturmia Loeselii !
Allium carinatum ! (Holzminden).
Scirpus Tabernaemontanus.

(Lathyrus montanus ist hier selten und erreicht
 im Solling seine rel. Nordgrenze).
Oenanthe peucedanifolia !
Myrrhis odorata † (am Köterberg).
Gentiana campestris ! frq.
—— germanica ! frq. greg.
Mentha silvestris cop. an Bächen.
Scrophularia aquatica cop. an Bächen.
Aquilegia vulgaris frq. cop. auf Bergwiesen m. Kalk.

1) Anm. zu Hutchinsia petraea. — Dieselbe ist am Iberge im Süntel von SOLTMANN ent-deckt und der Standort von ANDRÉE-MÜNDER ein Jahrzehnt später im 24. Jahresber. d. naturhist. Ges. zu Hannover bestätigt; A. fand die Pflanze zahlreich in allen Felsritzen und unterhalb auf den Geröllflächen mit Sesleria coerulea und Carex humilis; Ende Mai ist sie verschwunden. Die Nordgrenze ist hier um so bedeutungsvoller, als sie den Standort südl. Holzminden um einen großen Sprung nordwärts vorschiebt.

Von Gefäßsporenpflanzen kommen noch Lycopodium Selago und Asplenium viride an *Felsen* vor; sehr selten ist A. Adiantum nigrum; Ceterach wird von einer Mauer b. Hameln angegeben, außerdem aber vom Minkenstein im Süntel.

Auf *Sumpfwiesen* ist Blysmus compressus in Rudeln häufig; an Gräben, auf nassem Boden besonders im Buntsandstein-Mergel ist von ungeheurer Verbreitung Juncus glaucus, den man im Königreich Sachsen fast nie bestandbildend zu sehen bekommt.

3. Topographische Florenbilder.

Wer sich ohne großen Zeitaufwand über die hauptsächlichsten Vorkommnisse bemerkenswerter Pflanzen im Wesergebirgslande unterrichten will, wird vielleicht von Hannover ausgehend den Deister nach seinem Südabhange bei Springe überqueren, wird von dort das die Nordostecke der Weser bei Hameln hoch überragende Süntelgebirge besteigen und den an dessen Westabfall liegenden Hohenstein besuchen, einen westwärts gerichteten Abstecher über die Weserkette nördlich von Rinteln machen, um dann wiederum von Hameln aus über den Marktflecken Coppenbrügge den oberen Haken des Ith zu erreichen und auf dessen Kamm nach SSW weiter schreitend über Dorf Holzen das Städtchen Eschershausen zu erreichen. Eschershausen und Stadtoldendorf bilden dann die geeignetsten Stationen für den südlichen Ith, den floristisch eintönigen Hils, den Holzberg und den Burgberg, welcher letztere westwärts zurück zur Weser nach Holzminden führt; hier laden außer dem Ziegenberge bei Höxter noch andere Kalkberge zum Botanisieren ein. Ob in der Umgebung von Pyrmont die Flora mannigfaltig ausgestaltet ist, ist mir aus eigener Anschauung nicht bekannt geworden. In dem weitgedehnten Buntsandsteinrevier ist dann ein Besuch der hochgelegenen Waldrücken des Solling noch von Interesse, und nach diesen das Besteigen der an der Südgrenze dieses Territoriums gelegenen Basaltberge, besonders der Bramburg bei Adelebsen.

Aus dem Leinethale nach Adelebsen und der Bramburg.

Betritt man das Weserbergland von SW her aus den Muschelkalkhöhen des Leinethales zwischen Hann. Münden und Göttingen, so zeigt sich ein lehrreicher Contrast diesseits und jenseits der floristischen Grenze: im Leinethal südlich von Göttingen anfangend und nördlich bis Northeim und Einbeck hinauf ist die Kalkflora des Werra- und Fuldalandes noch reichlich in Charakterarten entwickelt und viele derselben kehren jenseits der Buntsandsteinberge des Solling an den Kalkbergen der Weserufer gar nicht oder nur als Seltenheiten mit vereinzelten Standorten wieder. Die floristische Grenze des Weserlandes gegen den der Werralandschaft sich floristisch am engsten anschließenden oberen Leinegau wird daher zweckmäßig teils der Wasserscheide, teils der Muschelkalkgrenze gegen den Buntsandstein des Brahm-Waldes und Sollings folgend gezogen und läuft demnach von der Werra bei Hedemünden (östlich von Hann. Münden) über den 508 m hohen basaltischen Hohen Hagen südlich von Dransfeld, dann über die zur Weser fließende Anschnippe (Schwülme) zwischen Dransfeld und Adelebsen südlich der Bramburg hindurch, von dort weiter nach N und NNO auf Hardegsen zu, darauf entlang dem Westhange des aus Muschelkalk' bestehenden Weeper Bergzuges und endlich im Bogen über Fredelsloh östlich um Einbeck herum, diese Stadt nördlich an der Südecke des Selter gegen die Hilssandstein- und Dolomitzüge des Weserberglandes begrenzend. Hier tritt dann das Braunschweiger Hügelland mit seinem zwischen Weserland und Oberharz liegenden südlichsten Zipfel heran.

Um Dransfeld (15 km WSW von Göttingen) sind im obersten Thal des Anschnippe-Baches Kalkpflanzen in Hainen, auf Triften und Äckern reich entwickelt. Mit schön gerundeten Kuppen sind hier Basaltkegel vom Hohen Hagen nordwärts (Dransberg, Ochsenkopf) durch den Muschelkalk durchgebrochen; die beiden letzten dagegen, die Grefische Burg und die Bramburg, haben den Buntsandstein durchbrochen und sind daher von einem viel mächtigeren Waldgürtel aus Buchen und Eichen bekleidet. Erst diese letzteren gehören zum Weserberglande, und wenn hier einleitend auch die erstgenannten Muschelkalkhöhen Erwähnung finden, so geschieht es, um auf die Bedeutung dieser Territorialgrenze aufmerksam zu machen. In der hier folgenden Auslese von Muschelkalkpflanzen sind die im Weserlande seltenen Arten mit °, die fehlenden mit °° bezeichnet.

a) auf steinigen Triften und Äckern:

Koeleria cristata.	°Specularia hybrida.	°°Orlaya grandiflora.
Brachypodium pinnatum.	Centaurea Scabiosa.	Agrimonia Eupatoria.
°Anagallis arvensis,	Galium tricorne.	Rosa rubiginosa.
var. coerulea.	°°Asperula arvensis.	°Trifolium montanum.
Teucrium Botrys.	°Bupleurum rotundifolium.	°Hippocrepis comosa.
°Melampyrum arvense.	°Caucalis daucoides.	°°Alsine tenuifolia (findet sich
Veronica latifolia.	°° —— (Turgenia) latifolia.	bei Höxter).
Campanula glomerata.		°Lepidium campestre.

b) bemerkenswerte Wald- und Hainpflanzen:

Hordeum silvaticum, hier seltener als im Weserlande.	Orchis tridentata.	Lonicera Periclymenum.
	°°Chrysanthemum corymbosum.	Sanicula europaea.
Gymnadenia conopea.		Phyteuma nigrum.
Platanthera *chlorantha.	°°Centaurea montana.	Anemone silvestris.

Von diesen Pflanzen ist besonders die Centaurea montana bemerkenswert; die in einigen Floren zu findende falsche Angabe, dass C. montana im Solling vorkäme (was BERTRAM in seiner Braunschweiger Flora berichtigt), ist vielleicht auf diesen Standort nördlich von Dransfeld am Ochsenberg und Huhnenburg zurückzuführen, der als einer der nördlichsten von der Rhön her seine Verbindung über den Meißner an der Werra hat; dem Weserberglande ist die Art ganz fremd.

Wir betreten nun mit den Waldungen auf Buntsandstein an der nach NW fließenden Anschnippe das Weserbergland und lassen die ihm fremde

Kalkflora hinter uns: sogleich umfangen uns mit Teucrium Scorodonia und Hypercium pulchrum im lichten Walde, Scrophularia alata an den Bächen, Calamagrostis arundinacea an Waldbächen einige Arten, die auf Silikatboden im Weserberglande häufig sind und mit Galium hercynicum, Blechnum boreale und Nephrodium montanum eine tief herabsteigende untere Bergflora bilden. Naturgemäß wird der schöne Laubwald eintöniger, nehmen die Heidelbeeren zu und verdrängen die buntgemischten Stauden der hinter uns liegenden sonnigeren Gebüsche. Der breite Kegel der nördlich von Adelebsen am Südrande des Solling sich erhebenden Bramburg bietet daher seine Besonderheiten außer im Hochwalde besonders in Heiden und auf Sumpf-wiesen; die Heiden bilden hier den Ersatz der vorhin unter a) gekennzeichneten steinigen Triften.

a) Charakterarten der Heiden und Sandfluren (F. 12—13):

Festuca (Vulpia) sciuroides.	Jasione montana.	häufigen V. latifolia ge-
Triodia decumbens.	Filago minima.	treten).
Aira caryophyllea, neben den	Arnoseris pusilla.	Hypericum humifusum.
gewöhnlichsten Kiesel-	Veronica officinalis (ist an Stelle	Teesdalia nudicau'is.
boden liebendenGräsern.	der auf den Kalktriften	

b) Charakterarten des unteren Bergwaldes bis zur Basaltkuppe:

Neottia Nidus avis.	Senecio nemorensis (cop.!)	Stellaria nemorum.
Milium effusum.	Veronica montana.	Blechnum Spicant.
Carex silvatica.	Lysimachia nemorum.	Struthiopteris germanica
—— remota.	Dentaria bulbifera !	(an einem Waldbach der
Rubus Bellardii.	Lunaria rediviva !	»Försterwiesen‹) !!

c) Charakterarten der Sümpfe und Bergwiesen:

Platanthera bifolia.	Carex Oederi, panicea u. s. w.	Galium hercynicum (= saxatile).
Gymnadenia conopea.	Heleocharis (Scirpus) pauciflora.	Arnica montana !
Orchis maculata.	Isolepis setacea.	Scutellaria, Menyanthes.
—— coriophora !	Eriophorum latifolium, gracile.	Drosera rotundifolia.
Epipactis palustris !	Triglochin palustre.	Montia rivularis.
Carex pulicaris.	Lathyrus montanus.	Stellaria uliginosa.
—— Gaudiniana !!	Epilobium tetragonum.	Ophioglossum vulgatum !

Um Mitte Juli sind hier die Wiesen sämtlich gemäht, Arnica ist größten-teils abgeblüht, Epipactis palustris steht an einigen Stellen massenweise in Vollblüte, Struthiopteris steht im Vollschmuck ihrer Laubblätter und ent-wickelt die sporentragenden Wedel. Dieser schöne Straußfarn aber geht nicht weiter in das Wesergebiet hinein, findet sich sonst hauptsächlich in den Fluss-thälern des Oberharzes. Auch Ophioglossum und besonders die von Jessen zu Carex microstachya Ehrh. gerechnete C. Gaudiniana Guthn. sind selten, während die anderen Pflanzen im Weserlande weiter verbreitet oder gemein sind.

Der Sollinger Wald.

Von der Muschelkalkgrenze zwischen Hardegsen und Einbeck westwärts nimmt der Solling die ganze Breite des Weserberglandes auf dem rechten

Stromufer ein; die Weserstädte Bodenfelde im Süden und Holzminden im Norden bezeichnen seinen Anfang und sein Ende, Dassel bildet von Einbeck her sein nördliches Eingangsthor. Das weite Waldgebiet ist wenig besiedelt; zwei einsame Dörfer im Innern, Neuhaus und Silberborn, liegen nahe den höchsten Kuppen und Bergrücken bei 390 m Höhe; der Moosberg nahe dabei erhebt sich bis zu 513 m, fast ebenso hoch der Schullermann. Schmale Wiesenthäler begleiten die Bäche und durchfurchen die sanft gerundeten Berghänge, die über dem Laubwalde inmitten des Gebirges auch zusammenhängenden Fichtenwald zeigen. Hierzu gesellen sich Hochmoore, deren Erhebung bis 480 m reicht und die auf den Hochflächen am Moosberge ausgebreitet sind. Diese bilden eine besondere Merkwürdigkeit des Solling, da sie einen sonst ungewohnten Zug in die Florenphysiognomie des Weserberglandes bringen; reich an seltenen Arten sind sie nicht, vergegenwärtigen uns im Gegenteil ein gewöhnliches Hochmoor in niederen Höhen des Oberharzes. Ihre Flora besteht aus:

gemeinen Arten:	Charakterarten:
Carex canescens, Oederi, rostrata, panicea, vulgaris u. s. w.	Eriophorum vaginatum !
	Trichophorum (Scirpus) caespitosum !!
Molinia coerulea, Nardus.	Juncus squarrosus.
Salix aurita. Calluna vulgaris.	Empetrum nigrum !!
Vaccinium Vitis idaea, Myrtillus.	Vaccinium uliginosum !
Viola palustris. Galium hercynicum.	—— Oxycoccus.
Sphagneta, Polytrichum, Hypna u. s. w.	Andromeda polifolia !!

Den vorherrschenden Bestand bildet die gewöhnliche Heide mit der Rasenbinse (Trichophorum), dem Wollgrase und der Molinia; die Rasenbinse tritt hier wie im Oberharze mit maßgebender Bedeutung auf, die ihr in den osthercynischen Gebirgen durchaus abgeht, die sie aber mit den nordwestdeutschen Mooren teilt. Einige Birken sind mit Fichten im Hochmoor eingestreut, welches eine Mächtigkeit von mehr als 2 m aufweist; dazu gelegentlich eine strauchige Eberesche, Erlen an den Gräben, wie es die noch niedere Lage mit sich bringt.

In diesen Mooren habe ich, allerdings im Monat Mai, nirgends eine Spur von der nordwestdeutschen Glockenheide: Erica Tetralix, auffinden-können, die im Solling einen südlich in das Bergland vorgeschobenen Standort hat. Sie muss jedenfalls sehr wenig verbreitet sein, denn BERTRAMS »Flora« giebt an: »Torfmoor bei Schorborn, spärlich«; Schorborn, von mir nicht besucht, ist ein Dorf am Nordrande des Sollingwaldes und nur noch 6 km von Stadtoldendorf entfernt.

In den oberen Strichen des Solling im Bereich der Fichten ist der Boden noch vielfach moorig, aber von den aufgeführten Charakterarten ist dann nur noch Vaccinium uliginosum übrig geblieben. Sobald man das Hochplateau des Gebirges nach den Rändern zu überschritten hat, hören die Fichtenwaldungen mit Vaccinium uliginosum auf und werden durch den Laubwald mit seiner gewöhnlichen Flora ersetzt. Immerhin zeigt auch diese im Vergleich

mit dem östlicher gelegenen Leinethal eine phänologische Verzögerung
von ca. 2 Wochen; in ungünstigen Jahren belaubt sich hier die Buche erst
Mitte Mai, 400 m hoch erst nach dem 20. Mai; die Moorflora mit Empetrum
nigrum und Blüteneröffnung von Andromeda erfolgt um dieselbe Zeit. So
besitzt der Solling trotz seiner nur geringen Erhebung doch von allen Weser-
gebirgen am meisten das Gepräge eines besonderen Bergzuges von ausgesprochener klimatischer Abweichung gegen die Hauptthäler im Westen und
Osten, und er mag zu dem oben erwähnten rauheren Charakter in diesen
sonst durch ihre westliche Lage in Deutschland so bevorzugten Gegenden,
der sich am Hils und Ith, Burgberg und Holzberg und an den Culturen auf
der von diesen Bergketten umgebenen Hochfläche von Stadtoldendorf bemerkbar macht, besonders viel beitragen.

Ziegenberg bei Höxter.

Gegenüber dem Solling zieht entlang am linken Weserufer von Beve-
rungen bis Polle ein in viele Einzelberge gegliedertes Muschelkalkgebiet mit
Abhängen von Schotter und nacktem Fels; hier ist der eine Hauptstrich für
das Vorkommen seltnerer Fels- und Gerölltriftpflanzen im Weserlande, wo die
Orchideen der Ophrys-Gruppe ihre Plätze haben, Sesleria die steilen Wand-
gesimse bekleidet, Aquilegia mit Anemone silvestris die lichten Haine
als häufiger Bestandteil durchsetzt.

Der Ziegenberg ist einer von vielen langgestreckten Bergrücken, in
welchen das um Höxter liegende Muschelkalkland mit Steilhängen gegen die
Weser zu abfällt. Breite Thäler mit Kornbau trennen diese einzelnen Rücken,
auf der inneren Hochfläche wird ebenfalls ausgedehnte Feldwirtschaft betrieben,
die Rücken und Kuppen dagegen tragen Laubwald (Buchen, angepflanzt sind
Fichtenwälder) bis zu den schotterreichen Steilhängen, in deren Geröll nur
kleine Bäumchen (Buche, Eiche) und vielerlei Gesträuch wurzeln; die steilsten
Gehänge sind von xerophytischen Stauden und Zwiebelgewächsen besetzt. Die
schroffen Wände des Ziegenberges erstrecken sich vom oberen Waldrande bei
280 m Höhe bis etwa 120 m herab; in Terrassen aus Buntsandstein dacht sich
dann der Berg bis zum Alluvium des Weserstromes bei ca. 80 m ab. Sein
höchster Punkt liegt viel weiter landeinwärts hinter dem Walde bei nur 330 m.
Die Gehänge des Ziegenberges sind dadurch mannigfaltiger gestaltet, dass sie
nach mehreren, durch Schluchten von einander getrennten Seiten hin zur
Weser abfallen, und die von Höxter abgewendeten und sich von SO im Bogen
gegen den Strom herumziehenden Hänge sind an den vom Walde entblößten
Stellen mit ihrem lichten Gebüsch und Felsgesträuch ganz hervorragend
pflanzenreich.

Die pflanzengeographisch bedeutungsvollste Zierde erwächst ihm in der
stolzen Dolde Siler trilobum, welche sowohl an dem steil abgebrochenen
Kamme im Kalkschotter zusammen mit Libanotis, mit Anthericum Liliago,
Sorbus torminalis und Rosengebüsch, überrankt von Clematis Vitalba,

häufig ist, als auch den lichten Buchenwald am ganzen von Höxter abgewendeten Berghange gegen die Weser hin in Gruppen durchsetzt und hier
demnach mit Leichtigkeit aufzufinden ist. Sonst wächst hier im zerklüfteten
Gestein noch häufig Cynanchum Vincetoxicum, Teucrium Botrys, Epipactis
rubiginosa, Cephalanthera rubra, ensifolia und pallens blütenreich im Juli,
und für die frühere Jahreszeit finden sich hier für die 3 selteneren Orchis-Arten
sowie für Ophrys muscifera und apifera die ausgewählten Standorte. Origanum und Clinopodium bilden mit Physalis Alkekengi kleine Gruppen im
Gebüsch von Juniperus communis, beiden Rhamnus und Prunus spinosa; beide
Ononis sind häufig, Lithospermum purpureo-coeruleum findet sich
gleichfalls; die Grasrasen werden von Brachypodium pinnatum mit Carex
montana, selten C. humilis, gebildet. — Über diesen Hängen erstreckt sich
ein dichter Laubwald, wenig ansteigend und mit der in den Weserbergen allgemeinen Vegetation. An seinen landeinwärts ansteigenden Rändern dehnen
sich dann nochmals hübsche Kalktriften aus, auf denen im September zwischen
Senecio Jacobaea und erucifolius die Enzianblüten von G. ciliata und germanica
im Azurblau und Violett ganze Teppiche bilden. Dahinter steigt der Berg zu
der kahlen Feldfläche des Bossenborner Turmes bis 330 m allmählich auf.

Muschelkalkberge am östlichen Weserufer bei Holzminden.

Der Burgberg ist ein zwischen der Weser bei Holzminden und dem
140 m höher im Osten davon gelegenen braunschweigischen Städtchen Stadtoldendorf sich von W nach O erstreckender und ziemlich steil aufgerichteter
Muschelkalkzug, dessen östliche, nach N umgewendete Spitze nackte Geröllhänge aufweist; im dichten Gebüsch auf dem Gipfel wuchert in Masse Helleborus viridis, enzianreiche Triften sind auch hier dem Walde vorgelagert.
Doch ist der Holzberg, 6 km nach OSO vom Burgberg entfernt, sehr viel
pflanzenreicher und gilt mit Recht als einer der floristisch interessantesten
Punkte in dem ganzen Gebiete. Der Berg erhebt sich nur wenig nördlich der
niederen Buntsandsteinrücken des Solling aus der Hochfläche von Stadtoldendorf mit breitem Sockel, und dieser ist fast in seiner ganzen Ausdehnung
von Wiesen bedeckt. Schon bei 300 m Höhe, also nur 80—90 m über der
Stadt, nehmen dieselben einen submontanen Charakter an und erstrecken sich
so bis zu etwa 380 m Höhe, wo sie von einem dichten Buchenwalde und
zwischen diesem von steilen Kalkgehängen abgelöst werden, die sich noch
ca 40 m über dem Wiesensaum erheben. Gen W fällt der Berg mit einem
schroffen Rundteil ab, der sich weithin sichtbar als höchster Punkt zwischen
Holzminden und Einbeck (Weser—Leinethal) kennzeichnet; seine höchste Höhe
liegt hier bei 420 m. Vom Sockel an bis zu den schroffen Kalkwänden und
dem dunklen Buchenwalde über ihnen mit Aconitum Lycoctonum beherbergt der Holzberg eine bunte, von Seltenheiten durchsetzte Flora, so dass
er für diese Landschaft als ein »Paradies« der Botaniker gilt. Besonders lockt
der Reichtum an Orchideen zu Anfang Juni, und den Frauenschuh, der hier

19*

noch reichlich wächst, holen sich die Bewohner Stadtoldendorfs in Pfingst-
sträußen — hoffentlich mit weiser Beschränkung! Am Fuße des schroffen
Rundteiles gen W liegt das Dorf Braack, und in einer Nische auf etwa halber
Bergeshöhe wird hier in einem kleinen Moor der Standort von Sturmia
Loeselii und Carex dioica angegeben. Schon auf den unteren Wiesen fällt
Ende Juli der ungeheure Bestand von Ononis spinosa mit Centaurea Jacea und
C. Scabiosa auf, dazu Campanula glomerata mit Senecio Jacobaea, wodurch die
Wiesen in ungewohntem Blütenreichtum prangen und nur von weitem den
Eindruck langhalmiger, durch Agrostis und Holcus mollis in bräunlichem
Violett schimmernden Wiesen hervorrufen. Die Wiesengräser hier und am
Ith sind außerdem Dactylis, Cynosurus, Anthoxanthum, Briza, Avena pratensis,
Festuca rubra und elatior, endlich da, wo Stauden wie Genista tinctoria häufiger
werden, auch gesellig Brachypodium pinnatum und Koeleria. An Bachrinn-
salen ist Juncus glaucus auf rotem Mergelboden des unterliegenden Buntsand-
steins hier wie sonst im Weserlande unsagbar gemein, und dort ist auch
Blysmus (= Scirpus) compressus rudelweise vorhanden. Colchicum und Cirsium
oleraceum sind in den unteren und feuchteren Wiesen gemein, nach oben hin,
wo die Hänge mehr Gefälle bekommen, nehmen trockenliebende Stauden zu.
Besonders überwiegt dort Centaurea Scabiosa, und mit deren dunkelroten
Blütenköpfen mengt sich hier und da das feurigere Rot einer kugligen Blüten-
traube von Anacamptis, während zwischen niederem Grase kleine Gruppen
von Herminium eingestreut sind. Folgende Arten vervollständigen noch dies
Wiesenbild für Ende Juli:

Listera ovata.	Inula salicina, rudelweise auf trockneren
Gymnadenia conopea cop.	Hügeln in der Wiese.
Trifolium medium greg.	Campanula glomerata cop.[1]–3
(—— alpestre: fehlt durchaus!)	—— rotundifolia cop.[1]–3
—— montanum, hier und da in großen Mengen.	Thymus Serpyllum greg.
Galium verum, —— Mollugo.	Betonica officinalis cop.
Scabiosa columbaria cop.[1]	Primula officinalis (Früchte).
Melampyrum cristatum !	Gentiana cruciata, vereinzelt zwischen Bergklee!
Chrysanthemum Leucanthemum.	Linum catharticum.
Solidago Virga aurea, kleine Form.	Aquilegia vulgaris (Früchte) spor.

Alle diese genannten Arten setzen mit den Gräsern die Wiesennarbe zusammen und sind auf weite Strecken in wechselnder Menge vertreten. An
nasseren Stellen tritt zu Carex glauca noch Crepis paludosa. — Einen Monat
früher blüht die Gattung Orchis in vielen Arten auf diesen Wiesen, außer
den gewöhnlichen auch O. incarnata, Morio, militaris und purpurea, und viele
der oben erwähnten selteneren Hain- und Bergwaldarten blühen oben auf den
Kalkfelsen im Walde; Hutchinsia petraea wächst an den Felsen.

Der Ith.

Dieser lang nach N gestreckte Bergzug ist oben (S. 290) als der floristisch
interessanteste ringsum im Weserlande bezeichnet worden und verdient dies

sowohl wegen seiner Felspflanzen und im schattigen Gestein nistenden Farne, als auch wegen seiner Bergwälder und *blumenreichen Bergwiesen*, welche die eben geschilderten des Holzberges noch um manches übertreffen. Mindestens hinsichtlich ihres Reichtums an der sonst so seltenen Anacamptis pyramidalis: sie tritt auf als Zierde der 380 m hoch hinter dem Eschershäuser Kamme liegenden Bergwiesen mit niederem Grase (Trisetum flavescens soc.!, Anthoxanthum und Festuca elatior). Die sie begleitenden Orchideen sind folgende 6 Arten:

Orchis mascula cop.[1—3]	Herminium Monorchis sp. greg. !!
Listera ovata spor.	Coeloglossum viride spor. !
Gymnadenia conopea cop.	Gymnadenia albida r. !!

Die dikotyledone Staudenflora setzt sich an diesen Stellen hauptsächlich aus Daucus, Primula officinalis, Centaurea Scabiosa, Senecio Jacobaea, Solidago, Anthyllis und Plantago zusammen. Betonica, Genista tinctoria und Ononis spinosa sind an anderen Stellen vorherrschend, seltener sieht man Gentiana campestris und germanica durch einander; auch Parnassia palustris fehlt nicht und bezeichnet hier durchaus keinen moorigen Boden. Auf einzelnen Plätzen von wenigen Quadratmetern Fläche kann man Gruppen von Herminium sehen, welche in dichten Rudeln von 16—20 zusammengedrängt den kurzen Rasen ganz erfüllen[1]).

Im *Hochwalde* blüht hier sowohl im Ith als im benachbarten und über Dorf Holzen leicht zu erreichenden Hils auch Epipogon aphyllus. Die im Solling weiter verbreitete Circaea alpina hat hier einen Standort wie Lunaria rediviva im Dunkel von Dolomitschluchten. Außerdem sind noch Lithospermum purpureo-coeruleum, Pulmonaria angustifolia, Geranium lucidum und Aconitum Lycoctonum neben den überall verbreiteten Weserlands-Arten im Walde von Buchen, Bergahorn und großblättriger Linde erwähnenswert. Am Südabhange des Ith in den Gehängen und Bachthälern über Holzen ist Alles erfüllt von Equisetum Telmateja, und am Nordabfalle in dem Felsgewirr über Coppenbrügge, wo der Wald nochmals mit Senecio nemorensis, Atropa und Festuca silvatica ein montanes Gepräge annimmt, ist an den Felsen im Walde Scolopendrium der herrschende Farn in der »Teufelsküche«. Dort findet sich auch Ilex Aquifolium in kleinen Gruppen eingestreut.

Die *trockenen Felspflanzen* des Ith haben ihre Plätze sowohl an einzelnen steil vorspringenden Nasen des langgezogenen Kammes, als auch auf steinigen Triften des Waldsaumes vor dem jähen Abbruch des Bergzuges nach SW; Asplenium viride und Seseli libanotis mit Ribes alpinum über Coppenbrügge, Sisymbrium strictissimum über Ockensen an der Ostseite sind die relativ bedeutendsten Seltenheiten.

---

1) Ich verdanke es der Freundlichkeit des pflanzenkundigen Apothekers in Eschershausen, Herrn CRUSE, die besten Fundstellen in seinem Revier bezeichnet erhalten zu haben. In den Sandsteinbrüchen bei Eschershausen sammelte Herr W. MÖNKEMEYER, Inspektor am botan. Garten Leipzig, im Juli 1899 das seltene Moos Brachythecium vagans Milde.

Der Hohenstein am Süntel.

Im Vergleich mit anderen Bergketten hat der Süntel im Hohenstein die stärkste zusammenhängende Entwickelung von *Felsflora* auf Dolomitabstürzen gebracht; diese schauen als eine Reihe schroffer, wie gigantische Tonnen neben einander gestellter weißer Zinken mit gerundeten, vom Walde über ihrem Rande gedeckter Kuppen gen SW in das Weserthal hinab und sind nur durch schmale, zwischen den einzelnen Zinken steil herabführende oder jäh abgerissene Schluchten auf Kletterpfaden zu betreten. Auf einem gemeinsamen Ausfluge am 2. August 1899 hat SCHORLER die schwer zugänglichen Stellen der Felsenseite an der »Kanzel« abgesucht. Folgendes sind die wesentlichen Bestandteile ihrer Formation:

Gebüsch von Buchen und Eichen (Quercus pedunculata sogar im Geröll als kleiner Baum fruchtend), zerstreut an den Rändern und in den Spalten;
Vereinzelt mit Vorigen auch Juniperus communis.
Rhamnus cathartica in einzelnen malerischen, großen Sträuchern in den Spalten und unten im harten Geröll.
Sorbus torminalis, sowohl auf der Kuppe als am Abhang.
Cornus sanguinea, den Vorigen beigemischt.
Taxus baccata, häufig in den Kaminen und auf einzelnen Vorspringenden Kuppen des Absturzes, eigene Gebüschgruppen bildend.
Cotoneaster integerrima !! mit kleinen Sträuchern den ganzen oberen Rand umkleidend und auf den Vorsprüngen der Gesimse bis in das Geröll hinab.
Außerdem wird noch Amelanchier von hier angegeben; von uns nicht gesehen.
Zusammenhängende Rasenbekleidung der Kuppen und einzelner Vorspringender Gesimse von Sesleria coerulea (soc. !!); darin cop. eingestreut:
Hippocrepis comosa !, Asperula cynanchica !, Potentilla Verna, Linum catharticum, Thymus Serpyllum, Sedum acre und mite [1]).
Im Geröll und auf den Felsvorsprüngen:
Dianthus caesius ! in nicht häufigen Rasenflecken.
Hieracium caesium ! (in kleinen, dicht behaarten und unterseits blaugrünen Rosetten, Ende Juli verblüht, erscheint als eine im Weserberglande häufigere Unterart von H. murorum).
Inula Conyza (hier seltener als an anderen Abstürzen, z. B. am Selter).
Campanula rotundifolia, Cynanchum Vincetoxicum.
Teucrium Scorodonia ! geht hier sogar in das heiße Geröll über.
[Angegeben werden außerdem Sisymbrium austriacum !! und Biscutella laevigata !! —]
Hedera Helix klettert hoch an den Dolomitfelsen empor und umkleidet einzelne Nischen mit dunklem Grün.

---

1) Auch Sedum dasyphyllum wird vom Hohenstein angegeben und ist in seinem Vorkommen in einigen kleinen Rasen auf den Geröllhalden von ANDREE-MÜNDER (im 24. Jahresber. d. naturhist. Ges. Hannover) bestätigt. Die Art hat sich demnach dort viele Jahre spontan erhalten, doch bezweifelt ANDREE ihr eigentliches Bürgerrecht am Süntel.

Zweites Kapitel.
Das Braunschweiger Hügelland.

Einleitung. Das Braunschweiger Hügelland ist oben (S. 39) als nördliches Vorland des Harzes charakterisiert worden, und in dieser Eigenschaft ist dasselbe auch zugleich ein Vermittler zwischen dem Weserberglande und dem Hügellande der unteren Saale: letzteres ist die an östlichen Charakterarten reichste hercynische Landschaft und umrandet mit diesen z. T. seltenen Arten noch in großer Fülle den niedrigen Ostharz; von hier strahlen nun noch einzelne Glieder dieser Genossenschaft weiter nach NW bis zum Okerthale aus und bilden dadurch Bereicherungen des Braunschweiger Hügellandes, welche gegen die westlich gelegene Weserlandschaft scharf abstechen. Zwischen dem Harze und dem Hils mit Selter liegt aber ein anderer Teil dieses Hügellandes, welcher ein Gemisch gewöhnlicher Arten aus den Territorien 1 und 3 enthält; hier sind fast die einzigen Fundstellen für Rosa repens (= R. arvensis) im hercynischen Hügellande. Nach Norden tragen die Flüsse mehrere Charakterarten des Harzes bis zur beginnenden Niederung; hier sind bei der Stadt Braunschweig an der Oker die üppigsten Fundstellen von Angelica Archangelica *littoralis weit aus dem Okerthal im Harze vorgeschoben, ebenso giebt es für Polemonium coeruleum einen vorgeschobenen Standort bei Salzgitter (Liebenburg); sehr weit nach N folgt Arabis Halleri allen Harzbächen, und so bilden alle diese verschiedenen Arten, gewöhnliche und seltenere Hügelpflanzen von West und Ost mit Montanarten nordischer Areale (angeschlossen an den südlich liegenden Harz) das in Fundplätzen mancherlei Art sich auszeichnende Braunschweiger Hügelland, ein floristisches Territorium von ca. 90 ☐-Meilen. An seinem Nordrande liegt in der Mitte die Stadt *Braunschweig*, über seiner Nordwestspitze, ca. 15 km entfernt schon in dem niedersächsischen Florengau, *Hannover*, jenseits seiner Nordostspitze *Magdeburg*. Die Magdeburger Standorte teilen sich in die Zugehörigkeit zum Terr. 5 (Untere Saale) und die hierher gehörigen; die topographische Grenzbestimmung ist, wie so häufig, bis zu gewissem Grade durch Übergänge erschwert. Da aber der besondere, reiche Florencharakter der Gegend von Halle a./S. etwa am Huy seine Westgrenze findet und ebenso nordwärts um Magdeburg ausstrahlt, so wird von mir eine Blankenburg und Halberstadt verbindende Linie, welche von Halberstadt weiter östlich am Huy vorbei nach Oschersleben und Neuhaldensleben verläuft, als Grenzlinie beider Territorien angenommen. Sie umschließt bis Oschersleben die Bode; dort wendet sich dieser Hauptfluss des Ostharzes vor den Hügeln von Wanzleben scharf umbiegend nach SO zur Saale; die Grenzlinie aber durchschneidet diese Hügel im Diluvium so, dass sie links von sich das Quellgebiet der Aller mit dem ganzen aus Trias und Lias aufgebauten Höhenzuge, in dessen Mitte Helmstedt an einer tertiären Braunkohlen-Mulde liegt, als dem Braunschweiger Hügellande zugehörig lässt.

Dagegen bleibt das Verbreitungsareal der Charakterarten östlicher Steppenpflanzen, ausgenommen das Mischungsgebiet am Huy und an den Fallsteinen,
ganz bei Territorium 5 (siehe die Karte).

1. Orographisch-geognostischer Charakter.

Erhebungen. Wir haben es hier mit einem Hügellande zu thun, dessen
höchste Erhebungen an der verschwommenen Grenze gegen die Weserberge
bei Alfeld (Siebenberge 420 m) und Salzdetfurth (Griesberg 441 m) südlich von
Hildesheim liegen, und zwar sind diese — wie gegenüber am Westufer der
Leine — aus den verschiedensten Horizonten von der Trias bis zur Kreide
(Turon) gebildet und bestehen aus Sandsteinen und Kalken. Dieselben geologischen Schichten, nur noch um einige Stufen höher hinauf bis zum Oligocän
bei Helmstedt, bilden auch alle ähnderen Höhen im Braunschweiger Hügellande.
Diese sind aber wesentlich flacher gewölbt, nur mit sanften Erhebungslinien
aus der gewellten Ebene aufsteigend, und erreichen nur wenig mehr als 300 m
absoluter Höhe. Die höchsten Berge dieser selbständig vorgeschobenen Hügel
bestehen aus Buntsandstein und Muschelkalk und liegen östlich der Oker, und
zwar der *Huy* mit 311 m nördlich von Halberstadt, und der *Elm* mit 327 m
im O von Braunschweig, dicht dabei auch die kleinere, aber floristisch sehr
viel anziehendere *Asse.* Aber nicht alle wertvolleren Fundplätze gehören der
geologischen Triasformation allein an; es beteiligen sich daran auch die kleineren
und äußerlich kaum als niedere Schwellen aus dem Diluvialgeschiebe hervortretenden höheren Etagen. Die Buntsandsteine der Trias führen in ihren
wechselnden Schichten auch kalkreiche Mergel und treten daher nicht in der
vom Weserlande geschilderten Einförmigkeit auf; manche kalkliebende Pflanzen
suchen gerade sie als äußerste Standorte gegen die Lüneburger Heide auf,
wie besonders Anemone silvestris, welche nach ihrem häufigeren Auftreten am
Huy die zwischenliegenden Muschelkalkberge des Elms und der Asse meidet,
aber auf Buntsandstein-Mergeln dicht vor den Ostthoren Braunschweigs noch
einmal wiederkehrt.

Flussläufe. Der Westen des Landes wird von der *Innerste* in SO—NW-
Richtung durchströmt, und dieser bei Hildesheim endende Abschnitt ist der
landschaftlich am reizvollsten gegliederte; außer wenigen Diluvialbänken ist das
Land hier ganz aus anstehendem Gestein mit überwiegender Trias gebildet
und gleicht sehr dem südlicheren Hannover zwischen Göttingen und Einbeck;
floristische Grenzen, das Aufhören zahlreicher Charakterarten von Terr. 3 im
Leinethale südlich von Einbeck, sind maßgebend dafür gewesen, dies Hügelland zu Terr. 2 zu ziehen. Die Mitte desselben wird von der *Oker* und ihren
Zuflüssen gen Norden durchströmt, und schon dicht vor dem Harze ist man
erstaunt über die weithin gedehnten, breiten Schottermassen des Flussbettes,
die von dem spärlichen Wasser zur Sommerszeit gar nicht benetzt werden
können.

Ein sehr breiter Alluvialstreifen begleitet die Oker bis Braunschweig, und westlich davon ist fast das ganze Land bis zur Bergkette von Salzgitter, welche die Wasserscheide zur Innerste bildet, mit diluvialen Rücken und Wellen erfüllt, während östlich des Flussthales die floristisch interessanteren Höhen: die Fallsteine und die Asse, mit ihrem sedimentären Vorlande näher an dasselbe herantreten. Zwischen den Fallsteinen und Huy im Süden und der Asse mit dem Elm im Norden zieht sich wiederum eine flache und breite, mit Alluvien und Diluvialbänken ausgefüllte Niederung von W nach O zur Bode: der *Schiffgrabenbruch.* Während somit der Südosten der Landschaft durch die *Bode* zur Elbe entwässert wird, entspringt im nordöstlichen Hügellande um Helmstedt die *Aller*, welche später mit der Oker vereinigt zur Weser geht, und es gehört die Hauptmasse des Braunschweiger Hügellandes somit noch zum Stromsystem der Weser. Wie wechselreich dessen Boden- und Untergrundverhältnisse sind, mag daraus hervorgehen, dass noch auf einer, das engere Gebiet der Stadt Braunschweig mit 6 □-Meilen Fläche umfassenden geologischen Karte[1]), welche Höhenunterschiede nur bis zu 40 m enthält, 13 geologische Formationsglieder zur Unterscheidung gelangen (3 Trias, 3 Jura, 3 Kreide, 4 Diluvium). So ist der floristische Reichtum mancher Waldungen um Braunschweig gerade durch den bevorzugten Untergrund des Plänerkalkes zu erklären (Pawelsches Holz, Lechlumer H. — Rautheim), während immerhin hier schon der hauptsächliche Charakter der Gegend durch die Diluvialbildungen bestimmt wird, die dann alsbald im Norden in die Lüneburger Heide überleiten.

2. Gestaltung der Formationen und Charakterarten.

Walder und Wiesen. Montane Formationen sind im Braunschw. Hügellande nicht entwickelt, wohl aber schieben sich einzelne montane Charakterarten — ohne in gleicher Weise zu den nordwärts angrenzenden Heidelandschaften überzugehen — bis zur Nordgrenze des ganzen Gebietes und besiedeln noch z. T. die Übergangslandschaft des Drömlings. Naturgemäß halten sich diese Arten hauptsächlich an die Waldformationen, und — da die untere hercynische Nadelwaldformation im Braunschw. Hügellande als geschlossene Einheit fehlt — in erster Linie an die weite Strecken deckenden schönen Laubwälder aus Buchen, Hainbuchen und besonders auch auf feucht-thonigem Untergrunde aus Eichen. Es wäre im einzelnen sehr anziehend, den Vegetationsgrenzen nachzuspüren, welche alle diese Arten zwischen dem Nordrande des Oberharzes und der Lüneburger Heide aufweisen, und deren Zusammenhang mit der Topographie und dem Untergrunde zu erörtern; allein es würde dies über den Rahmen dieser » *Grundzüge* « weit hinausgehen und es wäre auch wohl kaum schon genügendes Material dafür vorhanden, obgleich BERTRAMs vortreffliche

---

1) KLOOS in »Festschrift« zur Braunschw. Naturforscher-Vers. i. j. 1897, S. 52.

Flora sehr viele Einzelstandorte nennt. Einige Beispiele müssen daher genügen und regen wohl zu einer eingehenderen Studie an, welche die Weser-, Braunschweiger und Saale-Landschaft mit einander vergleicht.

Von gemeinsamen hercynischen Montanarten beschränkt sich z. B. Chaerophyllum hirsutum ganz auf den Harz und tritt weder nach Westen noch nach Norden in das nächst liegende Hügelland ein.

Manche im Harze weit verbreitete und auch in den Weserbergen noch sporadisch vorkommende Arten wie Lunaria rediviva fehlen dem Braunschweiger Hügellande völlig, andere sind in beiden ebenso häufig: Actaea spicata !; wiederum andere und für das Weserland schon seltene Arten haben hier zahlreiche Standorte: Aconitum Lycoctonum! Die Nordgrenze eines der wichtigsten hercynischen Charaktersträucher, nämlich Sambucus racemosa, geht nördlich der Stadt Braunschweig und Helmstedt durch und ganz ähnlich verhält sich der viel seltnere Strauch Ribes alpinum (bis zum Drömling gehend). Ganz merkwürdig verhält sich dagegen Circaea alpina, welche nach ihrer starken Verbreitung im Harze erst wieder an der Nordgrenze der Hercynia und des Braunschweiger Hügellandes aus dem Drömling (u. bei Gifhorn) angegeben wird. Das letztere Verhalten teilen einige Wiesenpflanzen wie Arnica montana und Trollius europaeus. Aus der Brombeerstrauch-Gruppe kommen einige der hercynischen Montanarten, wie Rubus hirtus, gar nicht mehr im Hügellande vor und R. Bellardii ist sehr viel seltener geworden. Dagegen ist Hordeum silvaticum in den Laubwäldern vom Huy bis zum Elm, Oder, Rieseberg und den Gehölzen auf Plänerkalk bei Braunschweig mit Festuca gigantea und Bromus asper ein gemeines, gesellig lebendes Gras und häufiger als im Harze.

Diese Beispiele erläutern die Beimischungen, welche die hauptsächlich aus Form. 1 und 2 bestehenden Laubwälder des Braunschweiger Hügellandes durchsetzen. Das Fehlen der Tanne versteht sich aus deren oben besprochener Vegetationslinie, die alles Land nördlich von Thüringen davon ausscheidet; aber auch die Fichte erscheint in den nördlichen Strichen Braunschweigs und überall auf den Muschelkalkbergen nur selten in ursprünglichen Beständen, tritt sogar heute noch unter der Bevorzugung durch die Forstkultur gegen den Buchen- und Eichenwald stark zurück. Zur besonderen Charakteristik der Waldungen mag noch dienen, dass überall auf Muschelkalk- sowie Thonmergel-Boden Clematis Vitalba als Schlingstrauch im Vorholz eine weitgehende Verbreitung besitzt, und ebenso im schattigeren Walde Lonicera Periclymenum. Lathyrus niger, Senecio nemorensis, Lappa nemorosa, Atropa Belladonna, Calamagrostis arundinacea besitzen gleichfalls hier noch ausgedehnte Standorte.

Die Hügelformationen. Sehr anziehend ist dann ein tiefergehendes Studium der Flora auf sonnigen Triften von Muschelkalk und Mergelbänken mit Hagedorngesträuch, Schlehe und der blauen Scabiose, wo die südöstlich vom Braunschweiger Hügellande um Halle so reichlich auf den Saalehöhen vereinigten Arten der Hügelformationen zum kleineren Teile noch einmal letzte

Standorte erhalten haben, ehe ihrer weiteren Verbreitung nach NW an den Südgrenzen der Lüneburger Heide ein Halt entgegengesetzt wird. Da im Braunschweigischen zur Schotterbildung an steileren Berghängen weniger Gelegenheit geboten ist und da ein Fluss, an dessen Windungen felsige Abstürze lägen, fehlt, so sind diese Fundorte hier hauptsächlich an die lichteren Haine, aber auch an dichtere Buschwälder gebunden, vor denen dann Raine und Änger (voll von Cirsium acaule) mit Brachypodium und Gentiana ciliata die schattenfliehenden Arten aufnehmen. Nur an den besten Fundplätzen dieser Art, am Huy und an der Asse, sind weitgedehnte Gerölltriften ganz ohne Wald und Gesträuch mit Asperula cynanchica und Wolfsmilch versehen und ergänzen die lichten Haine.

Folgende Liste zählt die selteneren Arten dieser südöstlichen Genossenschaft auf, welche im Weserberglande fehlen:

Iris sibirica (Wiesen, selten) !
Gagea minima.
Carex Schreberi.

———

Medicago minima.
Astragalus Cicer !
——— danicus !!
Vicia cassubica !
——— lathyroides.
Potentilla alba.
——— cinerea.
Bupleurum falcatum !
Peucedanum officinale !!
——— Oreoselinum.
Laserpitium pruthenicum !
Asperula glauca !
Aster Amellus !! (Fallstein und Huy).
Inula hirta !
Cirsium eriophorum !!
Centaurea maculosa.
Scorzonera (Podospermum) laciniata.
Chondrilla juncea.
Hieracium cymosum !

Campanula bononiensis !!
Asperugo procumbens.
Nonnea pulla.
Lithospermum officinale.
Salvia silvestris !
——— Verticillata !
Melittis Melissophyllum !
Chaiturus Marrubiastrum.
Brunella alba !!
Veronica spicata.
Odontites lutea !!
Orobanche Picridis !

———

Dictamnus albus !
Geranium sanguineum.
Arabis Gerardi !!
Nigella arvensis.
Ranunculus sardous !
(Pulsatilla pratensis soll am Fallstein und bei Calvörde Vorkommen.)
Adonis Vernalis !!
Dianthus Carthusianorum (im Weserlande nur höchst selten).
Thesium montanum.

Die Liste dieser teils seltenen, teils über viele der bevorzugteren Hügelstandorte zerstreuten Arten mag durch eine vergleichsweise aus dem Grenzgebiet des Saalelandes zusammengestellte zweite Liste ergänzt werden, welche nur Pflanzen der Flora von Halberstadt enthält, in der sich Terr. 5 mit dem Braunschweiger Lande berührt. Hier liegen als nördliche Begrenzung des Harzes die Quadersandsteine bei Blankenburg, die sich ostwärts in dem merkwürdigen Blockwall der »Teufelsmauer« hinziehen, der Regenstein und die kleineren Höhen bis vor den Südthoren von Halberstadt, auf welchen Veronica spicata mit Potentilla cinerea die trockene Hügelformation charakterisiert; hier folgt dann nördlich von Halberstadt der Muschelkalkzug des

Huy-Waldes, auf dem zwar sehr viele Arten der obigen Liste einen mit anderen ähnlichen Hügeln gemeinsamen Standort besitzen, doch noch andere seltene sich finden, welche den Huy in direkteren Anschluss an die Untere Saale-Landschaft bringen. Dieses sind folgende, nur im südöstlichsten Teile des Braunschweiger Hügellandes vorkommende Arten, gemischt mit denen des angrenzenden Saalelandes, welchen ein S zugefügt ist.

Iris nudicaulis (= bohemica) (Huy—Hoppeln-
  berg—Quedlinburg).
Gagea saxatilis (S bis zur Klus b. Halberstadt).
Muscari comosum (Steinholz b. Quedlinburg, S).
Carex supina (Halberstadt, S).
Andropogon Ischaemum (S) ⎫ Grenzen bei
Phleum Böhmeri (S)   ⎬ Westerhausen
Stipa pennata (S)   ⎪ und
—— capillata (S)   ⎭ Quedlinburg.

Trifolium striatum (zerstreut).
Eryngium campestre (Huy !).
Seseli Hippomarathrum (Halberstadt, S).
—— coloratum (vom Regenstein—Wernigerode).
Scabiosa *ochroleuca (bis zum Fallstein !).
—— suaveolens (Halberstadt, S).
Inula germanica (Westerhausen, S).

Aster Linosyris (vom Selkethal bis zum Huy).
Jurinea cyanoides (S, Westerhausen[1])—Quedlin-
  burg—Kesselköpfe b. Blankenburg).
Centaurea Calcitrapa (zerstreut).
Scorzonera purpurea (Quedlinburg, S).
Hieracium echioides (Regenstein, S).
—— setigerum (Regenstein, S).
Verbascum phoeniceum (Hoppelnberg, S).
Linaria spuria (S: Bernburg bis Westerhausen).
Veronica prostrata (Huy, Regenstein).
Orobanche arenaria und caryophyllacea (S).

Rapistrum perenne (Quedlinburg bis zum Huy).
Alyssum montanum (S).
Sisymbrium Loeselii (bis Halberstadt).
Pulsatilla pratensis (Regenstein u. s. w., s. oben, S).
Silene Otites ⎫ (bis Halberstadt).
Alsine viscosa ⎭

Diese hier aufgezählten Arten, alle den sonnigen Hügelformationen ange-hörig und meistens auf den Sandsteinen des Regensteins, der Teufelsmauer, der Klus südlich von Halberstadt vorkommend und zum kleinen Teile auf die Muschelkalke des Huy und der Fallsteine verbreitet, sollen die scharfe Florengrenze zeigen, welche hier die artenreiche Landschaft der Unteren Saale (siehe Kap. 5) gegen das Braunschweiger Hügelland bildet.

Von geringerem Interesse als die eben berührten Formationen sind die Moorwiesen; *Moosmoore* sind überhaupt sehr selten und nur als letzte Endi-gungen des nördlichen Heidebezirkes gen S anzusehen, wo sie ja eine besonders wichtige Rolle spielen. Dicht bei Braunschweig ist ein solches Moor vor dem Dorfe Rühme: der sogen. »Dove-« oder »Dobensee«, gern besucht wegen des Vorkommens von Malaxis paludosa. In zwei sehr kleinen Mooren am Abhange der durch ihre Hügelformationen so viel bekannteren Erhebungen Asse und Rieseberg (letzerer 6 km nordwestlich von Königslutter am Elm) befindet sich als große Seltenheit Sturmia Loeselii. Andromeda polifolia wächst in einem Moor am Rieseberg, Erica Tetralix ist nördlich der Ge-bietsgrenze gemein. — Senecio paluster findet sich gesellig in Torfsümpfen zwischen dem Helsunger Bruch und dem Rieseberge, Calvörde; Sonchus paluster rings um Braunschweig und bei Helmstedt. — Euphorbia palustris

---

1) Westerhausen ist ein oft genanntes Dorf mitten zwischen Blankenburg und Quedlinburg am Zapfenbach; im Nordwesten davon beim Dorfe Börnecke liegt der Hoppelnberg.

hat im Schiffgrabenbruch bei Oschersleben einen Standort, welcher gleichfalls von den östlich viel häufigeren bei Schönebeck-Güsten ein westlich vorgeschobener Grenzposten ist.

Die Wiesen sind in der Hauptmasse langhalmig und mit Hochstauden bedeckt, gehören also meistens zu der Heracleum-, Angelica- und Cirsium oleraceum-Facies; die Kurzgrasigkeit, wie sie im Hügellande so oft mit dem Auftreten von Anemone nemorosa und Ranunculus auricomus zur Frühjahrszeit sich verbindet, ist hier nicht Regel, und die genannten Arten treten dafür als Bewohner feuchter Waldungen auf.

Auch *Halophytenformationen* in der Facies von Triglochin maritimum sind an einigen Stellen entwickelt, hauptsächlich bei Salzdahlum (1 Meile nordöstlich von Wolfenbüttel). Hier gesellt sich den dichten Triglochin-Massen in den salzigen Wassergräben Aster Tripolium bei, Glaux maritima, sogar Salicornia herbacea, Atriplex hastata in der Form salina u. s. w. — Juncus Gerardi, Bupleurum tenuissimum!!

Ergänzende Liste bemerkenswerter Arten.

Vor den Einzelschilderungen mag hier zunächst noch eine Zusammenstellung der in den früheren Listen noch nicht genannten bemerkenswerteren Arten des Braunschweiger Hügellandes Platz finden; vom Huy sind solche Arten genannt, die sich auch im Weserlande wiederfinden.

Orchis purpurea bis Braunschweig, militaris und tridentata r. ! am Huy, ebenso sambucina.
Anacamptis pyramidalis !! vom Huy bis zum Rieseberg.
Ophrys muscifera an nicht wenigen Standorten.
Herminium Monorchis und Epipogon aphyllus ! selten.
Cephalanthera alle 3 Arten an vielen Stellen; Epipactis, palustris.
Spiranthes autumnalis herdenweise; Sturmia s. oben ! Cypripedium.
Es ist also der Orchideen-Reichtum des Weserlandes abgeschwächt noch hier vorhanden.
Gagea spathacea !! frq. in feuchten Laubwäldern.
Lilium Martagon frq.
Anthericum Liliago und ramosum ! selten, bis Helmstedt und Calvörder Berge.
Allium acutangulum, *montanum ! (Huy), Scorodoprasum (Huy).
Carex humilis ! (Asse—Halberstadt).
—— elongata ! und umbrosa !, pendula: feuchte Wälder.
Festuca silvatica und gigantea, Bromus asper, Hordeum silvaticum frq. cop.

Ulex europaeus berührt das Gebiet in Heiden b. Helmstedt und Schöppenstedt; ebenso Genista anglica von Brauschweig bis Helmstedt.
Trifolium alpestre, rubens ! an mehreren Orten.
Tetragonolobus siliquosus: Asse, Westerhausen (Wiesen).
Hippocrepis comosa !!: Nordgrenze im südwestl. Muschelkalkgebiet bei Lutter a. B.!
Vicia pisiformis ! dumetorum, silvatica, tenuifolia.
Lathyrus montanus: Nordgrenze bei Helmstedt, selten.
Ulmaria Filipendula, mehrere Orte.
Rubus saxatilis ! (Helmstedt).
Potentilla Fragariastrum ! frq.
Agrimonia odorata: Wälder des nördl. Braunschweig.

Rosa repens (= arvensis) !!: südwestl. Hügelland spor. cop.

Sorbus torminalis: frq., Nordgrenze gegen die Heide Braunschweig—Helmstedt.

Peucedanum Cervaria: frq., Nordgrenze wie vor.

Laserpitium latifolium !: seltener, Nordgrenze wie vor.

Asperula tinctoria ! (Fallsteine, Huy).

[Inula Helenium: Eingebürgerte (?) Standorte im Barnstorfer Walde zwischen Helmstedt und Fallersleben.]

Chrysanthemum corymbosum: im Vergleich mit dem Weserlande frq. und cop.

Cirsium bulbosum !! auf Wiesen im NO bei Neuhaldensleben (Nordgrenze !).

Centaurea phrygia: von den Harzer Bergwiesen bis Braunschweig in den Gehölzen verbr. (Subspec. *elatior Gaud.).

Lappa nemorosa frq. !

Campanula latifolia !! im Wöhler Walde bei Burgdorf vom Unterharze her.

Gentiana campestris, germanica; ciliata frq., cruciata !

Omphalodes scorpioides !!, im Südwestteil bei Othfresen: Bärenköpfe; NW-Grenze !!

Polemonium coeruleum !! in derselben Gegend wie vor., selten.

Lithospermum purpureo-coeruleum !! Nordgrenze: Oder—Asse—Helmstedt.

Myosotis sparsiflora !: nur 1 Standort bei Walbeck a. d. Aller nördl. Helmstedt (Lappwald).

Stachys annua ! im südl. Teile; recta und germanica spor.; alpina im Südwestteil !!

Brunella grandiflora frq.

Teucrium Scorodonia frq., Scordium im nördl. Gebiete, Botrys frq.

Verbascum Lychnitis: sehr selten als Nordgrenze bei Walbeck.

Linaria Elatine, minor, arvensis frq.

Digitalis ambigua: Huy; dann überschlagend bis zur Nordgrenze bei Helmstedt.

Melampyrum cristatum: Huy—Fallstein—Asse (Nordgrenze !!).

Alectorolophus angustifolius !!: Rieseberg—Helmstedt und nördl. bei Wolfsburg.

Orobanche rubens !: Regenstein—Helmstedt—Lutter a. B.

[Ilex Aquifolium berührt das Gebiet in der Nordlinie Asse—Rieseberg—Elm—Helmstedt.]

Malva Alcea und moschata frq.

Alsine tenuifolia bis zum Rieseberge !; Dianthus Armeria frq.

Viola mirabilis frq., in den reichen Wäldern um Braunschweig: Nordgrenze.

Thlaspi perfoliatum, Conringia orientalis frq.

Aconitum Lycoctonum und Actaea spicata frq. auf Kalkbergen.

Helleborus viridis: Nordgrenze von den Fallsteinen zum Elm !!

Anemone silvestris !! (Nußberg b. Braunschw., siehe oben.)

Thalictrum minus vom Regenstein bis zur Asse.

Diese lange Liste hebt neben den früher vermerkten Arten bemerkenswerte Funde des Braunschweiger Hügellandes heraus, welche z. T. besonders durch die hier stattfindenden Nordgrenzen gegen den niedersächsischen Florenbezirk (Lüneburger Heide) höhere Bedeutung haben. Diejenigen Arten, welche eine gemeine Bedeutung für ihre Formationen haben, sind durch Sperrdruck hervorgehoben, die selteneren Standorte aber sind je nach ihrer relativen pflanzengeographischen Bedeutung für das Territorium mit ! oder !! versehen.

3. Topographische Florenbilder.

Obwohl die vorhergehenden Zusammenstellungen manche für Mitteldeutschland seltene Pflanze verzeichnet haben, so ist doch der Artenreichtum im Braunschweiger Hügellande nicht derartig, dass man auf langen Wanderungen so, wie etwa im Werralande, unausgesetzt von einer wechselnden Fülle jener genannten Arten umgeben wäre. Sehr reichhaltige Standorte sind nicht gerade zahlreich. Die besten Excursionen müssen sich daher ergänzen, und zwar aus dem Südwesten des Landes mit dem Südosten (Huy), der Mitte (Asse) und dem Nordosten (Helmstedt).

Zunächst verdient das Stück zwischen den Weserbergen (Selter-Hils) und dem Harze nähere Berücksichtigung. Es breitet sich von der Nordwestecke des Harzes in Richtung WNW bis zu den *Siebenbergen* bei Alfeld am rechten Leineufer aus; im Norden liegt Hildesheim, im Süden Seesen dicht am westlichen Harzrande; von Goslar her ergießt sich auf Hildesheim zu in gewundenem Laufe die Innerste und nimmt von Süden her die durch Bockenem fließende Nette auf, die mitten durch dies kleine Excursionsgebiet strömt. Es ist, wie fast überall an den reicheren Fundplätzen in diesem Territorium, aus den 3 Etagen der Trias aufgebaut, zeigt Kiefernheide und Sandflora auf Keuper[1]), mäßigen Reichtum auf Buntsandstein, prächtige Blumenteppiche auf Muschelkalk; dazu gesellen sich aber noch Dolomite und Sandsteine der Jura- und Kreideformation. Langgestreckte Rücken ziehen hier, wie der *Heber* zwischen Seesen und Alfeld; zerrissen sind die als *Osterköpfe* bezeichneten Abstürze bei Hahausen gegen den Harz hin; ein liebliches Bild schön verketteter Waldhöhen zeigen die Bärenköpfe (334 m) an der Nordostseite der Innerste oberhalb Salzgitter gegenüber Dorf Othfresen, deren Standorte (z. B. Polemonium coeruleum) in der Regel unter Liebenburg aufgeführt werden. In der Mitte dieser Landschaft etwa liegt Bockenem in einer als *Ammergau* bezeichneten Mulde und die im SW diese Mulde begrenzenden Höhen, über welche hinweg der Weg nach Lamspringe am Nordfuß des Heber führt, bieten reiche Fundstellen für eine der geographisch interessantesten Pflanzen dieses Territoriums, nämlich Rosa repens (= arvensis). Ebenso ist sie im NW jener Stadt (z. B. auf dem Mittelberge!) häufig und bildet große, durch die überhängend-niedergestreckten Zweige schwer zugängliche Dickichte auf freien Triften zwischen Wald; in vielen Fällen ist sie zur Fruchtzeit von großen Massen Spiranthes autumnalis im Rasen begleitet, die schon am 20. August in die Vollblüte zu treten pflegt.

---

1) Auf diesen Sandsteinen bestehen die Waldungen zumeist aus Eichen mit einzeln eingesprengten Buchen, dazwischen sind ganze Fichtenbestände in kräftigem Gedeihen, sofern es nicht an Wasser fehlt. Erythraea Centaurium, Angelica silvestris mit Convallaria majalis, Rumex nemorosus und Succisa pratensis, Epilobium angustifolium und Gnaphalium silvaticum bilden neben den Heidelbeeren die hauptsächlichen Stauden, außer den gewöhnlichsten Sandgräsern auch Calamagrostis lanceolata, an nassen Waldstellen Geranium palustre und Scirpus silvaticus; Clematis Vitalba tritt hier nicht auf, wohl aber Lonicera Periclymenum; sehr gemein ist Teucrium Scorodonia an allen den Plätzen, wo Sandsteinblöcke und -geschiebe den Boden bedecken und noch Laubhölzer Wasser genug im Boden finden. Wo das Wasser fehlt, wird die Kiefer herrschend und Calluna-Vegetation mit Hieracium umbellatum, Galeopsis versicolor und Galium silvestre nehmen überhand, Epilobium collinum ist beigemischt. Auf den dem Harze nahe gerückten Osterköpfen ist Digitalis purpurea so häufig wie höher im Gebirge.

Die Muschelkalkflora setzt sich hier aus folgenden Arten zusammen:

A. Grasige und steinige Triften.	B. Schattige Gebüsche und Vorhölzer.
Rosa repens ! Spiranthes.	Lonicera Xylosteum.
Gentiana campestris und germanica.	Hordeum silvaticum.
—— ciliata cop.	Picris hieracioides.
Brunella grandiflora.	Clinopodium, Melampyrum nemorosum.
Centaurea Scabiosa.	Astragalus glycyphyllus.
Scabiosa columbaria und Knautia.	Hypericum hirsutum, montanum.
Teucrium Botrys.	Inula Conyza, Atropa.
Trifolium montanum.	Cephalanthera rubra.
Campanula glomerata, rotundifolia.	Epipactis latifolia. —
Linum catharticum. —	Stachys alpina ! in dem Bergzuge östlich von
Stachys germanica ! in den westlich von Lam-	Bockenem, bei Dorf Nauen und dem sich
springe sich anschließenden Siebenbergen.	nach N anschließenden Heinberge.

Auf den an der Innerste liegenden Geröllflächen und Wiesen wachsen noch auf 1 Stunde Entfernung vom Flusse die beiden Charakterpflanzen des Harzes, Alsine verna und Armeria Halleri im Diluvium von Ringelheim, und in derselben Entfernung vom Harze jenseits der Salzgitter-Berge im Osten an der Oker bei Schladen ebenso häufig Arabis Halleri, die den Flüssen rings um den Harz folgt.

Die Höhen nahe der Oker bei Wolfenbüttel.

Mit dem letzten Schritte sind wir im Okerthal angelangt und hier beginnt nun die vorher geschilderte Flora mit Anklängen an den Harz ab-, die Zahl der östlichen Arten dagegen zuzunehmen. Die Oker selbst fließt in einer breiten Niederung nach Wolfenbüttel; südlich dieser Stadt breitet sich auf dem Westufer die breite, dicht bewaldete Höhe des *Oder* aus, auf welcher Hordeum silvaticum die tonangebende Waldpflanze ist. Wir überschreiten den Fluss nach SO und gelangen über Hornburg zu dem *Großen* und *Kleinen Fallstein* (283 m), deren niedere Höhen gleichfalls im dichten Walde ein mühsames Suchen nach den von hier verzeichneten Seltenheiten bieten, wo Lilium Martagon mit Neottia häufig ist und im August eine üppige Waldgrasflora von Calamagrostis arundinacea mit Festuca gigantea und silvatica, Bromus asper u. ähnl. herrscht. Hier befinden wir uns 2 Meilen im SO von der *Asse*, welche mehr als alle vorher genannten Höhen schon von weitem als wohlcharakterisierter Bergzug, mehrere Parallelrücken mit hübschen Waldthälern dazwischen, uns entgegentritt und mehr als alle anderen zu einer gründlichen Durchsuchung einladet. Im Südosten, uns am nächsten, beginnt sie mit sehr niedrigen Vorbergen (Heesberg 152 m) und erhebt sich nach WNW bei der Asseburg zu 220 m Höhe. Dem waldigen Hauptteile sind dürre Hügel vorgelagert, deren Kalktriften z. T. die besten Sammelplätze für die relativen Seltenheiten bieten; z. T. werden sie aufgeforstet, und der frühere »Kahle Berg« schaut jetzt schwärzlichgrün in das Land hinab durch ein dichtes Kleid von Pinus Laricio *nigra (P. austriaca), welche auf dem Geröllboden zunächst gut gedeiht. Hier finden wir Cirsium eriophorum an seiner Nordwestgrenze

in großen Stöcken neben C. acaule und Carduus nutans, hier ist auch Marru-
bium vulgare neben Inula Conyza häufig und zwischen den Steinchen im
Festuca ovina-Rasen gedeiht freudig Asperula cynanchica. Am Waldrande
sind ausgedehnte Triften mit Dorngebüsch, wo Brachypodium den herrschenden Grasbestand bildet; hier finden sich die seltenen Dolden Laserpitium
latifolium und Peucedanum Cervaria üppig wachsend mit Inula salicina,
Geranium sanguineum u. ähnl. gemischt; Epipactis atrorubens und Orchis
purpurea stehen im Gebüsch, wo Clematis üppig rankt. Zwei die Asse
besonders auszeichnende Stauden sind alsdann Dictamnus albus und Melittis Melissophyllum: der Diptam wird auch vom Fallstein und Elm
(Reitling) angegeben; Melittis soll auch im nahen Oder wachsen, hat aber hier
an der Asse in lichten Eichen- und Buchenhainen zwischen Gebüsch mit
Lappa nemorosa ihren Hauptstandort, der allen Floristen zur Schonung empfohlen sein mag[1]).

Die Höhen um Helmstedt.

Der langgedehnte, breite Rücken des bis 327 m Höhe ansteigenden Elm
im NO der Asse mit seinen dichten Buchenwäldern trennt uns von den östlicheren Höhen um Helmstedt an der Aller, welche sich nach N (über Öbisfelde)
in die Brüche des *Drömling* und nach NW in die Moore und Heiden von
Fallersleben verlieren. Ihr Hauptzug, der Lappwald, erreicht 205 m und ist
der Aller sehr nahe gerückt; ihr letzter Ausläufer, der Clieversberg, liegt 25 km
nordwestlich davon südlich der Aller bei Wolfsburg, daneben im W der
Klüversberg bei Fallersleben als isolierter Kalkzug in der Heide. Hier liegt
das besondere Interesse in dem Besuch der nördlichsten mit reicherer Flora
ausgestatteten Punkte, die oft durch Muschelkalk gestützt noch recht anmutige
Bilder geben und schroff gegen die Sandheiden abgrenzen.

Der Rieseberg. Ein solcher Punkt liegt nördlich von den Abhängen des
Elms, von Königslutter 6 km nordwestlich und noch von der zur Oker gehenden Schunter umflossen. Er bildet ein Bindeglied zwischen Asse und Aller-
Höhen, besitzt aber in Anacamptis pyramydalis' nördlichstem Standorte
eine seltene Orchidee vor ihr voraus. In und am Buchenwalde herrscht hier
noch eine ausgezeichnete Kalkhügelformation aus folgenden Arten:

Hordeum silvaticum im Walde.	Centaurea Scabiosa.
———	Inula salicina !
Peucedanum Oreoselinum !	Picris hieracioides.
Falcaria Rivini.	Veronica spicata !
Anthyllis Vulneraria.	Hypericum montanum, hirsutum.
Trifolium montanum.	Gebüsch von Cornus sanguinea u. a.

Das Peucedanum ist für diese Gegend recht bemerkenswert und findet
sich in der Mitte des Südosthanges am Waldrande und im Gebüsch, nicht
weit von der Veronica. Sandpflanzen, wie Helichrysum arenarium, drängen

---

1) Andere Seltenheiten Vergl. man in der Liste bemerkenswerter Arten S. 301.

sich an die Kalkflora heran und bilden auch eine Sperre gegen den im Süden
nahen Elm, während nach Norden zu die Heide im »Lehrer Wohld« die
Alleinherrschaft hat, noch ohne Erica Tetralix, aber mit viel Genista anglica
und Carex arenaria, Galium hercynicum, Dianthus deltoides, und auf den Wiesen
Trifolium fragiferum. Hier wächst im feuchten Walde bei Hattorf zahlreich
Agrimonia odorata und östlich davon, im Barnstorfer Walde, ist der seltsame
Standort von Inula Helenium, über·dessen Ursprung Unsicherheit herrscht.

Der Klüversberg. Jenseits dieser Wälder liegt in einem Durchbruch der
Lias-Schichten, südlich der Aller und 4 km östlich von Fallersleben, dieser
schon oben als letzter gegen die Heide hervorragender Punkt mit wesentlicher
Kalkformation genannte Hügel; die hercynische Gebietsgrenze läuft südlich in
der Linie Rieseberg-Weferlingen, der Klüversberg· liegt nördlich derselben als
Außenstation.

Beim Hinansteigen sieht man schon an den die Wegränder einfassenden
Arten: Betonica, Daucus, Centaurea Jacea und Scabiosa, Ononis, Agrimonia,
Cirsium acaule den Wechsel gegen die Heide. Die Kiefern werden auf dem
Gipfel durch die Buche und Hainbuche mit Fichte ersetzt, dazu Acer campestre,
Prunus spinosa und Cornus sanguinea mit Rosengebüsch. Auf den Triften
sind bemerkenswert (geordnet nach ihrer relativen Bedeutung):

Stachys germanica !	Rosa rubiginosa.
Falcaria Rivini !	Hypericum hirsutum, Malva Alcea.
Onobrychis sativa, Anthyllis.	Calamintha Acinos, Clinopodium.
Melilotus alba, Astragalus glycyphyllus mit	Allium oleraceum.
Medicago falcata.	Brachypodium pinnatum.

Der Südosten der Landschaft mit dem Huy.

Nach der Schilderung dieser Höhen, die mehr wegen ihrer vorgeschobenen
Lage als wegen ihres Reichtumes an Arten besuchenswert sind, wollen wir
uns zum Südosten, zum Grenzgebiet gegen das Untere Saale - Land
zurückwenden, dessen besonders auszeichnende Arten in der Liste (S. 299)
schon genannt sind. Es handelt sich hier um das Gebiet zwischen der Bode
(nach deren Austritt aus dem Harze) im Süden und dem Großen Schiffgraben-
Bruch bei Oschersleben im Norden, ein von der Holzemme nach NNO durch-
flossenes Gelände, in dessen Mitte *Halberstadt* liegt. Nach Norden zu wird
die wellige Fläche durch die sanft ansteigende Wölbung des Huywaldes
begrenzt, nach Süden lagern die Quadersandstein-Riffe steil und grotesk an
der nordöstlichen Umrandung des Harzes. Hier ladet besonders der *Regenstein*,
in nächster Nähe von Blankenburg und Heimburg, zum Botanisieren in der
an östlichen Arten so viel reicheren Flora ein; nicht wenige interessante Arten
fanden vorhin in der Vergleichsliste der nicht mehr das Braunschweiger Land
besiedelnden Arten der Hügelformationen kurze Erwähnung. Diese Sandsteine
ziehen sich bis vor die Südthore von Halberstadt, wo burgartig die *Klusberge*
aufragen; Kiefernwald allein kann sie bekleiden, auf den Plateaus aber sind
meist trockene Grastriften ausgebreitet, gefüllt mit Dianthus Carthusianorum,

Potentilla cinerea, Asperula cynanchica und Veronica spicata. Dies ist die Formation, welche hier die Seltenheiten zu beherbergen pflegt, wenn diese nicht an den trockenen Felsen selbst in Klüften und Löchern sich finden. Der Boden zerfällt leicht in Flugsand und ist dann nicht selten von Achillea Millefolium in einer an *setacea erinnernden, hohen Form, oder von Trifolium arvense in zusammenhängenden Beständen bedeckt.

Wundervoll sind die Blicke, welche von solchen Zinnen aus bei günstiger Beleuchtung der vom Süden bis zum Westen sich herumziehende Harz mit dem Brockengebirge im Hintergrunde bietet; wir aber eilen nordwärts, durch Halberstadt hindurch zu dem als dicht bewaldete Höhe vor uns nur schwach ansteigenden *Huy*, um hier den Wechsel der Formationen und die viel reicher zusammengedrängte Anordnung seltnerer Pflanzen auf dem Muschelkalke zu beobachten.

Vom nördlichen Elm durch die Senke des großen Bruches getrennt und kleiner an Fläche, aber ebenso dicht mit einem grünenden Kleide üppiger Buchenwälder bedeckt, ist der Huy ungleich pflanzenreicher, was wohl nicht zum geringsten der Entwickelung grasiger trockener Höhen mit Geröllen vor den Waldhügeln zu verdanken ist. Steilwände sind einige an der 304 m hohen Huysenburg zu sehen; die höchste Erhebung liegt westlich davon mit 311 m. — Im Buchenhochwalde mit 3 Ahornarten, der großblättrigen Linde und (seltener) Eiche ist in Rudeln der oft genannten Waldgräser (Hordeum silvaticum etc.) Lithospermum purpureo-coeruleum häufig, Lilium Martagon, Viola mirabilis, Senecio nemorensis. Im lichten Hain und auf grasiger Flur sind Bupleurum falcatum mit Asperula tinctoria, Hypericum montanum, Polygonatum officinale, Inula salicina, Serratula vorherschend; häufig findet man Laserpitium sowie Peucedanum Cervaria, aber selten Dictamnus und Iris nudicaulis mit Rudeln von Geranium sanguineum und Melampyrum cristatum. An den Kalkgeröll-Abhängen ist Anthericum ramosum mit Teucrium Botrys, Bupleurum und Potentilla alba, mit Asperula cynanchica und Carex humilis vergesellschaftet; die Grastriften darunter sind voll von Scabiosa ochroleuca (welche hier einer Westgrenze nahe ist), auch Eryngium campestre und Rapistrum perenne haben hier nordwestliche Endpunkte ihrer Verbreitung.

So ist hier eine Formationsgliederung zu finden, welche direkte Verbreitungslinien zur Asse hin erraten lässt, aber reichhaltiger und mehr von solchen Arten durchsetzt, welche der Saalethal-Flora angehören. Auch hier ist das Fehlen von Sesleria coerulea eine bemerkenswerte Thatsache, wenn man deren reichliches Auftreten am Südrande des Harzes dagegen hält.

Drittes Kapitel.
Hügelland der Werra und Fulda mit der Rhön.

Einleitung. Das schöne Hügelland mit den bis zu 950 m ansteigenden Basaltbergen der Rhön, welches sich entlang der Fulda und entlang der den Thüringer Wald im Südwesten umrandenden Werra nach Norden an der Leine bis nach Einbeck und Osterode a. Harz hin erstreckt, ist nicht nur der Lage nach die am meisten südwestlich gelegene hercynische Landschaft, sondern sie bringt in unser Gebiet auch am entschiedensten den südwestdeutschen Floren-charakter von Franken herein. Vom pflanzengeographischen Standpunkte aus könnte man überlegen, ob nicht alles Gebiet zwischen Eisenach und Fulda besser an Franken anzuschließen wäre; allein die Durchsetzung mit den hercy-nischen Bergpflanzen in den höheren Lagen spricht dagegen und außerdem: diese Landschaft ist eng mit dem Thüringer Becken verbunden und auf der Grenzlinie von Eisenach zum Eichsfelde von jenem nur künstlich zu trennen, indem sogar der vor dem Thüringer Walde liegende Strich von Gotha west-wärts nach der Werra entwässert wird und die Wasserscheide zwischen Mühl-hausen und dem Werragebiet nur aus unbedeutenden Höhen von westlich wie östlich gleichartiger geognostischer Unterlage mit gleichartigen Vegetations-formationen gebildet wird. Aus geographischen Gründen kann daher gar kein Zweifel bestehen, dass dieses Werraland als Verbindungsweg zwischen Franken und Thüringen offen stand, dass zumal die zahlreich in beiden Landschaften vorhandenen Muschelkalkflächen zur Besiedelung Thüringens mit fränkischen Elementen dienten, dass aus diesem Grunde das Thüringer Becken floristisch so reich ist, weil ihm sowohl die östlichen Elemente (von der Elbe und nörd-lichen Saale her) als auch die fränkisch-süddeutschen zur Besiedelung in verschiedenen Perioden zur Verfügung standen[1]).

Die Rhön wird in ihrem ganzen Charakter als »nordisch« und rauh ge-schildert. Thatsächlich muss ja ein Bergland von 950 m Erhebung manche Montanpflanze enthalten und die drei bedeutenderen Hochmoore in der Rhön entsprechen dem gewöhnlichen hercynischen Charakter; in dem Standort von Lycopodium alpinum ist die Rhön sogar dem Thüringer Waldgebirge überlegen. Aber dennoch würde es verfehlt sein, die Rhön mit diesem und dem Harze auf eine. Stufe unter die Berglandschaften zu stellen: es fehlt die ganze obere Fichtenwaldformation durchaus, nur der schöne Berglaubwald erfüllt neben den weiten Weideflächen die Bergkuppen und Abhänge, und an keiner anderen Stelle im hercynischen Bezirke rücken die Höhengrenzen der Hügelformationen[2]) so hoch an den Bergen empor als hier, wo sich Triften

---

1) Diese Anschauung habe ich für die Betrachtung der Florenbesiedelung schon i. J. 1891 in Halle kurz besprochen.

2) In der Facies von Aster Amellus und Bupleurum falcatum.

auf Muschelkalk an die Basaltkuppen anlehnen und einige ihrer bedeutungsvollen Charakterarten die Höhe von 600 m übersteigen; an keiner anderen
Stelle liegt ein so kurzer Zwischenraum in der Höhe, wo diese sonnigen
Triften noch herrschen, und derjenigen der montanen Hochmoore mit Empetrum
in 800—900 m Höhe; am Osthange der Rhön bei Roth beträgt die gerade
Entfernung zwischen den nächsten Orten der beiden genannten grundver-
schiedenen Formationen nur 3 km. Somit ist die Rhön im Vergleich ihrer
Höhe mit der des Harzes und Thüringer Waldes nicht rauh und montan zu
nennen, sondern eine von wenigen höheren Montanformationen überdeckte
reichhaltige, mit allen Reizen der Pflanzenwelt geschmückte Hügellandschaft. —

1. Orographisch-geognostischer Charakter.

a) Südlicher Abschnitt.

Die ganze Landschaft besitzt eine Fläche von ca 230 Quadratmeilen und
fällt von Süden (Vogelsgebirge und Rhön) zum Norden (Leinethal bei Einbeck)
in ihrer Gesamterhebung ziemlich bedeutend ab. Aber auch im Süden sind
die höheren Berglandschaften durch tiefe Thaleinschnitte zergliedert, in denen
die Kultur des Hügellandes sich ausbreitet.

Hier, an der Südwestgrenze des ganzen hercynischen Bezirkes, erhebt sich
als excentrischer Basaltstock, mit Radius von 18—30 km und darüber an seinen
westlichen Ausreckungen, *das Vogelsgebirge* mit 772 m Höhe, arm an Pflanzenarten und auszeichnenden Formationen, dessen nach der Fulda geneigten Osthang wir als Grenze des hercynischen Berglandes annehmen wollen. Nur
durch die Thalfurche der oberen Fulda davon getrennt erhebt sich ein neues
Basaltgebirge, teils kuppenreich, teils mit ausgedehnten grasigen Hochflächen
bis 950 m ansteigend, *die Rhön*, aus deren Schoß die Fulda selbst ihren
Ursprung nimmt, um dann durch weitgedehnte Buntsandstein-Hügellandschaften
zur Vereinigung mit der Werra zu eilen. Auch diese vollführt nach ihrem
Ursprung am Südhange des Thüringer Waldes fast ihren ganzen Lauf durch
die Triasformation; aber wechselvoll gestalten sich an ihr die Terrassen bald
aus Buntsandstein, bald aus Muschelkalk, während der Keuper fast gar nicht
in Betracht kommt. Südlich von Meiningen kommt dieses *Werraland* am
Osthange der Hohen Rhön in unmittelbare Berührung mit denselben Trias-
formationen von Unterfranken, die hier das Thal der Fränkischen Saale zum
Main hin bilden; die fränkischen Muschelkalkhöhen aber stehen ihrerseits
wieder in offener Verbindung mit dem schwäbisch-fränkischen Jura, und so ist
hier, in dem vom Werrathal gebildeten offenen Pass[1]) zwischen Rhön und

---

1) Kein irgendwie ausgezeichneter Höhenzug trennt die obere Werra von der fränkischen
Saale. Die an der Gebietsgrenze liegenden Ortschaften besitzen eine Höhe von ca. 330 m. Über
dieser braucht die Eisenbahn von Meiningen zum Main nur eine unbedeutende Wasserscheide
von etwa 30 m zu überschreiten, um dann im Thale der fränkischen Streu rascher gen Süden
zu fallen; Mellrichstadt, schon außerhalb des hercyn. Bezirks, liegt nur noch 275 m hoch.

Thüringer Wald, den südwestdeutschen, besonders kalkliebenden Genossenschaften ein Weg in das hercynische Florengebiet hinein bis zum Südwestfuß
des Harzes eröffnet. Die Rhön selbst ist als Gebirge zu warm und zu sonnig,
zu wenig hoch, um besonderen Reichtum an oberen Bergpflanzen zu beherbergen; ihre Osthänge dagegen haben den genannten Kalkformationen ergiebige Wohnplätze geboten.

Es ist zwar auf unserer Hauptkarte der oberen Rhön die Farbe des hercynischen Berglandes in zusammenhängender Ausdehnung gegeben; allein dies
rechtfertigt sich nur durch den kleinen Maßstab, welcher ein Eingehen auf
das Ineinanderschieben verschiedener, nach Regionen sich sondernder Formationen nicht gestattet. Der nordöstliche Teil der grün angelegten Rhön enthält zwischen der *Geba* bei Meiningen mit 750 m und dem *Öchsenberg* nahe
der Werra mit 627 m eine Menge hoher Basaltkegel und über 600 m gelegener
Hochtriften; aber zwischen diesen ist das Thal der *Felda* bis zu ihrem Quellgebiet bei *Kaltennordheim* (470 m) ziemlich tief eingeschnitten, das ganze Bergland gliedert sich nach N in Züge von einer Menge einzelner runder Berge
mit sanften Hängen, auf denen von montanen Beständen nur die der Bergwaldungen in reicher Artenfulle vertreten ist, meist sogar ohne Tanne und
Fichte (im ursprünglichen, jetzt durch forstlichen Anbau stark veränderten
Zustande). In wie weit die südliche Rhön von einer zusammenhängenden
Basaltmasse, die nördliche aber nur von vereinzelten Basaltmassiven gebildet
wird, lässt in sehr kleinem Maßstabe auch die geologische Skizze Thüringens
nach SCOBEL (s. d. folgende Kapitel 4!) erkennen; in diesem Umkreis der
Basalte wird der Untergrund durch wechselvolles Auftreten von Muschelkalk
zwischen Buntsandstein und Keuperschichten sehr aufnahmefähig für verschiedenartige Facies der Wald- und Hügelformation gestaltet. Dann aber
herrscht zunächst nördlich von Vacha (wo der schon genannte Öchsenberg
als »Nordcap der Rhön« bezeichnet wird) auch an der Werra da, wo sie ihr
doppeltes Knie fernab vom Nordwestende des Thüringer Waldes schlägt, die
einförmige und pflanzenärmere Buntsandsteinformation allein vor, gerade wie
sie die Westseite der Rhön an der Fulda schon immer begleitet hatte. Ausgedehnte Waldberge der niederen Höhenstufe breiten sich hier aus, wie z. B.
der *Seulings-Wald* zwischen Hersfeld a. d. Fulda und dem Werraknie, dessen
Höhen 440—480 m erreichen und ringsum wenig tiefe Thalzüge fast frei
von Ortschaften und Feldbau beherrschen. Noch einmal aber kehrt das Wesen
der Rhön mit dem Durchbruch einer großen Basaltmasse durch die Trias orographisch und floristisch wieder, in dem *Meißner* westlich der Werra zwischen
Eschwege und Allendorf. Fast bis zu gleicher Höhe (749 m), wie die Geba
bei Meiningen, ist hier ein mächtiges Basaltmassiv im Osten von Buntsandstein, im Westen von allen drei Stufen der Trias umringt, und hier erheben
sich nochmals an der Nordwestseite des Berges nahe Großalmerode in den
Höhen von 500—600 m Muschelkalkriffe mit sanfter abfallenden Triften, auf
denen eine artenärmere Facies der Hügelformationen ähnlich wie in der vorderen
Rhön den Fuß der aus Basaltgerölle gebildeten und Bergwälder mit kurzgrasigen

Wiesen tragenden Bergkuppe umgürtet. Der Meißner entspricht durchaus der Rhön, aber schon weiter der fränkischen Flora entrückt fehlen ihm manche dort gemeine Arten.

Die Umgebung des Meißner ist noch dadurch sehr beachtenswert, dass im Osten ein breiter Streifen von Zechstein entwickelt ist und sich bis zur Werra heranschiebt; auch südlich von ihm bei Sontra findet sich dieselbe geologische Formation, neben Tertiärbändern um die Basaltberge die einzige Unterbrechung der Triassedimente. Ein vom Meißner ostwärts zur Werra fließender Bach hat die Kupferschiefer der Zechsteinformation im engen »Höllenthal« durchnagt und fließt hier am südlichen Fuße des steil mit losem Schiefergeröll gegen das Thal abfallenden, durch mehrere recht merkwürdige Standorte ausgezeichneten *Bilsteins*, der nordwärts in ein nur 340 m Höhe erreichendes Plateau verläuft.

Mit dem Meißner endet im wesentlichen der südliche Teil dieses Rhön-, Werra- und Fulda-Territoriums, und zwar mit einer Grenzlinie, welche von Gerstungen a. d. Werra nordwestlich auf Sontra zuläuft, von dort dem Sontra-bache und der sich mit diesem vereinigenden Wohra bis zu ihrer Einmündung in die Werra bei Eschwege folgt und dann nordwärts um den Meißner herum nach Cassel und zur westlichsten Ecke der ganzen Landschaft bei Warburg weiter zieht; nordwärts beginnt hier um Münden und Cassel mit dem Kaufunger- und Reinhards-Walde das *Weserbergland* (Terr. 2), artenärmer und feuchter, die Waldungen auf Buntsandstein viel häufiger mit Digitalis purpurea geschmückt, im allgemeinen aber ziemlich ähnlich dem an Waldungen reichen Buntsandsteingebiet von Terr. 3, während dessen Eigenart sich auf dem Muschelkalk ausprägt. Dieser Westen des Fuldalandes ist pflanzengeographisch noch weniger gut bekannt und die Grenze gegen den rheinischen Bezirk bleibt genaueren Erörterungen vorbehalten; ich nehme für dieselbe eine Linie an von Warburg nach Süden gehend an der Grenze zwischen Waldeck und dem früheren Kurfürstentum Hessen; bei Fritzlar wird die *Eder* überschritten und die Grenzlinie läuft dann aufwärts an der *Schwalm* nach Treisa (bezw. Ziegenhain), um dann in einem südostwärts gerichteten Bogen von Alsfeld nach Schlüchtern den Nordosthang des *Vogelsberges* (im Großherzogtum Hessen) abzuschneiden und sich nordwärts über Brückenau (in Bayern) an die Südkuppen der *Rhön* anzulehnen, die im 930 m hohen Kreuzberge hier gipfeln. Zwischen dieser Westgrenze und der Fulda sind noch eine Menge Basaltdurchbrüche im Buntsandstein, von denen *der Knüll* zwischen Ziegenhain und Hersfeld einen die Vorderrhön (nördl. von Kaltennordheim) an Fläche weit übertreffenden darstellt; aber mit 636 m ist seine Höhe auch dem Meißner weit unterlegen. Muschelkalk findet sich in diesem westlichen Teile des Territoriums nur an wenigen Stellen und nur in schmalen Bändern, während von Ziegenhain bis Cassel miocäne Lager und Diluvien eine größere Rolle spielen.

b) Nördlicher Abschnitt.

(Werraland nördl. 51°· und oberes Leinegebiet.)

Nach der eben geschilderten Teilungslinie gehört die Fulda ganz zum südlichen Abschnitt des Territoriums, von der *Werra* aber bleibt der *unterhalb von Gerstungen* (an der Thüringer Westpforte nahe Eisenach) liegende Teil übrig, und dieses Gebiet erhält eine Fortsetzung durch die Trias des *oberen Leinethales* zwischen dem Eichsfelde (Heiligenstadt) und Einbeck mit dem Centrum in *Göttingen*. Dies ist also der wesentlichste Teil von Peters Flora von Südhannover, welche allerdings auf ein weit größeres Gebiet sich ausdehnt[1]).

In diesem Abschnitte des 3. Territoriums wird der Charakter nicht mehr durch Erhebungen mächtiger Basaltberge mit Bergwald und Hochwiesen bestimmt, denn nur floristisch unbedeutende Basaltkuppen (z. B. der Hohe Hagen bei Göttingen, auf dessen Gipfel Racomitrium heterostichum gemein ist) erheben sich zwischen Werra und Leine; die Flora hängt dagegen durchaus ab vom Wechsel des Buntsandsteins mit Muschelkalk, öfters auch vom Keuper, und hier sind es die frei (nicht mehr in Anlehnung an den Basalt) und vielfach in Gestalt mächtiger, steil abfallender Riffe aufragenden Muschelkalkberge, welche die bemerkenswerten Fundstellen in der Flora hauptsächlich bilden. In dieser Hinsicht teilen sie vielfach die Eigenschaften des Thüringer Beckens, und man wird sich nicht wundern, wenn die herrschenden Facies der betreffenden kalkholden Formationen in beiden Territorien bis auf den Mangel an östlichen Arten in Terr. 3 nahezu zusammenfallen. In der nordwestlichen Vegetationslinie der sogen. Steppenpflanzen, der Arten mit dem Areal **Po.** und **PM.**, liegt demnach das Entscheidende für die Abgrenzung der Terr. 3 und 4, und naturgemäß fallen dem Terr. 3 dafür gewisse westliche Arten allein oder in der Hauptmasse von Standorten zu, Arten wie Amelanchier, Helleborus, Phleum asperum.

---

1) Eine Lokalflora hat naturgemäß die Freiheit, ihre Grenzen nach Rücksichten der Zweckmäßigkeit zu ziehen und heterogene Landschaften zusammenzufassen. So scheidet zunächst im pflanzengeographischen Sinne der Harz und sein nördliches Vorland (siehe die von Peter beigefügte Karte!) aus; das Weserthal und der Hils, Deister, Solling haben eine vom Leinethal bei Göttingen sehr verschiedenartige Flora, wie oben angedeutet wurde, und bilden das Weserbergland; auch Hildesheim und Alfeld, wo schon eine Menge der Charakterarten von der Werra und dem südlichen Leinethal nicht mehr wachsen, halte ich für zweckmäßig auszuschließen und füge sie zum Braunschweiger Lande (Harzvorlande), obwohl hier die Vegetationsgrenzen sehr durcheinander gehen. Den Mühlhäuser Bezirk, in welchem Arten wie Rosa gallica ihren einzigen Standort in Peters Flora haben, halte ich für richtig an das Thüringer Becken anzuschließen. — Diese Bemerkungen bezwecken nicht eine Kritik von Peters Karte, sondern sollen deren Benutzer darüber aufklären, wie die dort angegebenen kleineren Distrikte zu meiner Territorialeinteilung stehen.

Diese Arten besiedeln die Kalk- oder Kalkmergelböden der Triasformation und es findet sich für sie die Hauptsammelstätte in dem *Werragebiete zwischen Gerstungen und Witzenhausen.* Unterhalb von Gerstungen kehrt die Werra, in engem Bogen zwischen einem Zechsteinfleck und Buntsandstein bei Salhmannshausen, ostwärts gewendet auf die Ausläufer des Thüringer Waldes bei Eisenach zurück, durchbricht die Muschelkalk- und Keuperzüge der *Horselberge* und windet sich nun mit großen und kleinen Krümmungen zwischen dem *Ringgau* im Westen und den Ausläufern des *Hainich* im Nordosten in einem der Hauptsache nach nördlichen Thalzuge mit den Städten Creuzburg, Treffurt und Wanfried. Fast das ganze genannte Stromgehänge besteht aus Muschelkalk, der in Terrassen, sanften Gehängen und Schotterfluren, oder aber in steil abgebrochenen Kämmen und einseitig abstürzenden Kuppen angeordnet ist, welche dieser Landschaft einen prächtigen Reiz verleihen, wie er im Thüringer Becken nicht ähnlich und auf der Thüringer Saaleplatte zwischen Kahla und Weißenfels nirgends schöner anzutreffen ist.

Als Typus für solche Steilfelsen, welche in diesem Teile des Werralandes nicht selten 500 m Höhe überragen, bringe ich hier die ausgezeichnete Form des *Heldrasteins* (501 m) an der Nordostecke des Ringgaues da, wo das Großherzogtum Weimar seinen nordwestlichsten Zipfel der Werra entgegenreckt, während der Fluss selbst kaum 2 km nördlich von diesem Steilhang

Figur 9. Der Steilhang des Heldrasteins nach Norden gegen die Werra. (Erklärung im Text.) Nach einer Aufnahme des Hofphotographen TELLGMANN in Eschwege Verkleinert.

ein breites Thal zwischen Treffurt und Wanfried durchströmt, welches bei letzterem Ort durch die von Nordosten her herandrängenden Kalkberge der Keudelkuppe (482 m) und Plesse (483 m) eingeengt wird. Hier beginnt dann wieder Buntsandstein, der schon nördlich vom pflanzenreichen Ringgau den mit Buchen, Eichen und Kiefern sowie mit Heide erfüllten Schlierbachswald südlich von *Eschwege* zu einer einförmigen Waldpartie gestaltet.

Aber zwischen Eschwege und Witzenhausen, wo die Werra nordwestliche Richtung hat, ist dann noch einmal ein prächtiger Reichtum kalkliebender Hügelpflanzen aufgehäuft, nahe der hessischen Stadt *Allendorf.* Das linke

Werraufer ist hier vom Zechstein gebildet und durch die Kupferschiefer des oben genannten Höllenthals führen schöne Botanisierpfade zu der Höhe des Meißner herauf, der als Basaltklotz hier der weit dominierende Berg ist. Am rechten Ufer drängen sich steil abfallende Buntsandsteine bei Jestädt und am Fürstenstein. Über ihnen steigt das Kalkgebirge der *Goburg* in einem 5 km langen, von S nach N gerichteten Steilrücken auf und gipfelt mit 566 m auf dem Kamm zwischen der steil zur Werra abfallenden *Hörnekuppe* und dem landeinwärts ziehenden Hohenstein; noch mehrere andere Kuppen dieses an tiefen Schluchten, walderfüllten Kesseln und jähen Schotterabhängen reichen Bergzuges erreichen Höhen bis 545 m, so dass hier im hercynischen Bezirke die höchsten, frei aufragenden Kalkberge zu finden sind. Sie haben vielerlei Arten mit dem Schwäbischen Jura gemeinsam, präalpine wie Carduus defloratus und Amelanchier, aber solche strengeren alpinen Charakters (wie z. B. Draba und Saxifraga Aizoon) fehlen ihnen.

Mit der Höhe und Steilheit der Muschelkalkberge nimmt dann der Pflanzenreichtum rasch ab; Buntsandstein wird überwiegend, aber noch einmal finden wir hart an der Werra im *Badenstein gegenüber Witzenhausen* einen Steilsturz von Muschelkalk, der wie so oft gegen Ströme scharf vorspringende, felsige Berge durch mancherlei Arten ausgezeichnet ist, wenngleich seine Höhe nur 355 m beträgt; hier hat Ruta graveolens einen Standort ihrer Nordgrenze.

Bald unterhalb von Witzenhausen geht die Werra, von engen Buntsandsteinwänden eingeschlossen, westwärts ihrer Vereinigung mit der Fulda entgegen und damit hat die Perle in der Triasflora vom Terr. 3 ihr Ende erreicht. Denn wenn diese ganze Landschaft wohl insgesamt als die schönste im Kranze der hercynischen Hügelländer zu gelten hat, so liegt ihr höchster Zauber einmal in den montanen Laubwäldern der Rhön und zweitens in dem bunten Pflanzenkleide der Muschelkalkberge an der unteren Werra. Es bleiben noch genug landschaftliche Schönheiten und botanische Reichtümer für den nördlichen Zipfel unserer Landschaft zwischen Weserbergen und Harz über, aber doch in verringertem Maße und ohne dass gerade Neues in besonderer Eigenartigkeit hinzukäme; denn die wenigen Arten, welche sich in diesem nördlichen Zipfel allein finden, sind teils Überläufer aus Nachbarlandschaften (wie Rosa repens), oder sie gehören wie Carex pilosa mit ihren 2 Standorten nahe dem Südwestrande des Harzes zu den Arten mit unregelmäßig-sporadischer Verteilung im Bezirk.

Der geologische Unterbau bleibt hier, in der *Göttinger Flora*, im Wechsel von Buntsandstein und Muschelkalk derselbe. Südlich der in 523 m Höhe culminierenden *Ohmberge* im Eichsfelde entspringt *die Leine*, welche nun in erst westlich, dann nördlich gerichtetem, geraden Thallaufe dieses Triasland durchströmt und, in verkleinertem Maße der Werra entsprechend, überragt wird von 250—450 m hohen Muschelkalkzügen, welche in Riffbildung und Schotterabstürzen ebenso wie in weit ausgedehnten Waldungen auf langsam ansteigenden Hochflächen oder Thalmulden sehr verschiedenartige Standorte für eine bunte Flora bieten. Auch die Buntsandsteine entbehren ihrer besonderen Reize nicht und haben z. B. im Südosten von Göttingen bei Reinhausen zu hochgelegenen (440 m) Rücken mit zerrissenen Thälern Veranlassung gegeben, in deren engen und tief zerklüfteten Schluchten besonders die Mooswelt mit einem Reichtum wiederkehrt, der sonst fern im Osten der Hercynia auf dem viel umfangreicheren Gelände des Elbsandsteingebirges gefunden wird. Schon nördlich von Göttingen sinkt die Thalsohle der Leine unter 140 m und damit verflachen sich auch ihre westlichen wie östlichen Höhen, mit ihnen nimmt die Mannigfaltigkeit der Standorte ab. So schneiden einige der Charakterarten sonniger Kalkhügel in dieser Landschaft, z. B. Bupleurum falcatum und Aster Amellus, schon auf bevorzugten Plätzen um Göttingen selbst ab und andere folgen eine nach der anderen, so dass daraus der Abschluss dieses Territoriums bei Einbeck folgert. Es ändert daran nichts, dass einige solcher Arten, wie z. B. das genannte Bupleurum, um den Ostharz herum von der Saale her bis in das Braunschweiger Land hinein gen NO vordringen können; diese gehören einer anderen Wanderungsrichtung an und weisen auf ein anderes relatives Ausgangscentrum.

2. Auszeichnende Arten der Formationen.

Vertiefen wir nunmehr den geographischen Überblick auf die Charakterarten der Landschaft und die Faciesbildung ihrer herrschenden Formationen, um an deren Kennzeichnung die Schilderung der Flora, wie sie sich auf botanischen Excursionen ergiebt, anzuknüpfen[1]).

Unter den Formationen nehmen die *lichten Haine*, *Grastriften* und *Geröllfluren* nebst den *montanen Felsen* im höheren Teile des Landes eine durch ihre floristische Wichtigkeit wie topographische Ausdehnung bevorzugte Stellung ein.

a) Montane Felsen.

Was an Montanarten existiert, ist ganz an den Basaltfels gebunden, abgesehen von denjenigen Arten des präalpinen Elementes, welche sich wie Centaurea montana, Carduus defloratus und Sorbus Aria auch in Mitteldeutschland hauptsächlich an die höheren Felsriffe von Muschelkalk halten.

---

1) Wir müssen auch bei dieser Gelegenheit der dem gleichen Gegenstande gewidmeten Abhandlung von ZEISKE erwähnen (s. Litt. S. 22 v. J. 1900). Dieselbe nennt in fortlaufender Reihenfolge vom trockensten Fels bis zum stehenden Gewässer viele bemerkenswerte Arten unserer Landschaft; es tritt etwas zu wenig hervor, welche Arten durch ihr höchst seltenes Auftreten und welche durch ihre bezeichnenden Massenbestände Aufmerksamkeit erregen. Aber bei der Jugend der speciellen Formationslehre ist jeder Versuch schätzenswert, systematische Kataloge in eine Formationsgliederung zu verwandeln.

Cotoneaster vulgaris Lindl. durchsetzt besonders den Westen der Land-
　　schaft vom Scharfenstein und Maderer Stein bei Gudensberg (nahe Fritzlar)
　　und dem Bilstein bei Albungen bis zur Milseburg, wo dieser hübsche
　　Strauch in den Phonolithspalten der obersten Felskuppe (830 m) reichlich
　　Beeren trägt.

'Sorbus Aria Crntz., gleichfalls hierher gehörig, z. B. Phonolith der Milseburg!, ist auf dem
Muschelkalk bezeichnender und daher unter die darauf bezügliche Liste S. 320 aufgenommen.)

Ribes alpinum L. vergesellschaftet sich mit voriger Art an manchen Stellen,
　　besiedelt im übrigen mehr schattige Gerölle und ist viel gemeiner.

Dianthus caesius L. tritt gleichfalls auf Basalt montan auf und findet sich
　　vom Hirschstein im Habichtswalde, am Scharfenstein, bis zu der Rhön
　　(Milseburg!, Eierhauck).

✕Silene Armeria L. gehört zu den auszeichnenden Seltenheiten, welche
　　das Fuldaland mit der rheinischen Flora verbindet (zugleich mit dem
　　Unterharze); am Meißner im N und an der Milseburg im S der Land-
　　schaft sind ihre nicht zu reichlichen Standorte.

✕Saxifraga decipiens Ehrh., deren sporadische Verbreitung durch die
　　Hercynia in Abschn. III Kap. 4 S. 201 angegeben ist, besitzt im Fulda-
　　lande nahe der Westgrenze des Gebietes bei Fritzlar an dem Scharfen-
　　stein und Maderer Stein einen formenreichen Standort, dessen pflanzen-
　　geographische Bedeutung schon von WENDEROTH als Entdecker jener
　　Fundstellen i. J. 1839 (s. Litt. Nr. 15, S. 21) festgestellt wurde. In derselben
　　Gegend hat Allium *montanum Schmidt (= fallax) seine hauptsäch-
　　lichbsten Standorte, fehlt allerdings auch nicht auf Muschelkalk (z. B. Baden-
　　stein b. Witzenhausen!).

Sedum purpureum Lk., eine im Rheingau häufig vorkommende Art, teilt
　　in der Rhön (wo Saxifraga fehlt) die Standorte der vorhin genannten
　　Pflanzen.

Sedum Fabaria Kch., gleichfalls eine westliche Art, erreicht bei Cassel seinen
　　nordöstlichen Standort in sporadischer Verbreitung (Burghasungen).

Asplenium viride Huds. kommt als Seltenheit auf der Milseburg vor,
　　während Asplenium septentrionale, selbstverständlich als gemeinsame
　　hercynische Vulgärart, auf vielen Basaltbergen zwischen Cassel und der
　　südlichen Rhön verbreitet ist.

✕Woodsia ilvensis R.Br. hat in der südlichen (fels- und kuppenreichen)
　　Rhön eine Reihe von Standorten und ist an der Milseburg durch Häufig-
　　keit ausgezeichnet.

✕Ceterach officinarum W. mit seinem einzelnen Standorte am Bilstein
　　im Höllenthal auf Zechsteinfels, wo auch zugleich Sempervivum tectorum
　　einen niederen Montanstandort hat, ist gleichfalls im rheinischen Floren-
　　bezirk viel häufiger, gehört aber hier zu den am meisten bemerkens-
　　werten Arten.

b) Die Hügelformationen.

Diese Formation ist auch im östlich angrenzenden Thüringen ungemein verbreitet, aber dort durch zahlreiche pontische Steppenpflanzen ganz anders gestaltet. In der Verbreitung vieler dieser pontischen, bezw. westpontischen Arten besteht nun die auffällige Regel, dass sie von den Westgrenzen Thüringens an (Linie Gotha—Mühlhausen) dem westhercynischen Gau fehlen, aber dann im SW am Rhein wieder auftreten! Einige solcher Arten, welche aus dieser Arealgruppe am Rhein eine ausgiebige Verbreitung gefunden haben, sind im hercynischen Bezirk sogar nur auf das westliche Thüringen beschränkt, wie z. B. Peucedanum alsaticum, haben aber alle keine Verbindungsstationen im Werralande, wo man sie von Gotha—Eisenach über Meiningen zum Main nach Mainz und Darmstadt hin erwarten sollte. Es ist unnötig, hier sich in Vermutungen über die Ursachen dieser Verbreitung zu ergehen; jedenfalls scheidet diese den west- und mittelhercynischen (thüringischen) Gau in bedeutungsvoller Weise.

Um nur einige wenige Beispiele für diese Verbreitung zu bringen, welche zugleich eine gewisse Dürftigkeit im Bereich des Werra—Fuldalandes anzeigt, sei auf die Arten von Peucedanum und Lactuca hingewiesen: P. officinale, alsaticum, Oreoselinum und palustre beginnen ein neues Areal westlich und südwestlich vom Vogelsberg zwischen dem Lahn- und Mainthal; selbst P. Cervaria fehlt im engeren Fuldalande bis auf 1 Standort westlich von Cassel, während es von der östlichen Rhön bis zum Leinegebiet b. Göttingen viele Standorte besitzt. Ebenso sind Lactuca saligna und perennis erst am Rhein und Main wieder zu finden und L. quercina überspringt nach einem äußersten Standort an der Werra im Ringgau (Grebendorf) die ganze Landschaft bis zum Taunus. Dagegen dringt die westliche L. virosa in das Gebiet östlich vom Meißner an 3 Standorten vor (Ysopsberg bei Jestädt, Hörnekuppe b. Allendorf, Bilstein im Höllenthal!).

So sind es neben den präalpinen, auf dem Muschelkalk nordwärts sich ausbreitenden Arten vom Frankenjura her besonders einige westlich vorgeschobene Arten, welche die Hügelformationen im Werra- und Fuldalande schmücken, während die Arten pontischer Areale verschwindend an Bedeutung sind: Arten, wie Carex humilis und Andropogon Ischaemum, welche von Sachsen bis zum Thüringer Becken für zahlreiche Hügelstandorte bezeichnend sind, haben im Werra—Fuldalande nur noch vereinzelte Standorte und hören nordwärts gegen den an der Leine sich anschließenden Landschaftsteil ganz auf. Dahin gehört auch das noch an der Thüringer Saale so stark verbreitete Teucrium montanum, welches in unserem Territorium nur einen einzigen Standort besitzt, nämlich an der Haun, einem Nebenbach zur Fulda nahe Hünfeld, bei Rothenkirchen auf Kalkfelsen. Selbst Salvia pratensis ist nicht mehr gemeine Art und wird mit der nur noch im Leinegebiet einige Standorte besitzenden S. verticillata auf weite Strecken vermisst. Andere Beispiele solcher als

Seltenheiten hier auftretender Arten sind Adonis vernalis (Berneburg bei
Sontra), Alyssum montanum (am Bilstein im Höllenthal), Dictamnus albus
(nur im westlichen Grenzbezirke gegen Waldeck bei Fritzlar, Gudensberg),
und die seltene Inula germanica am Ysopsberge bei Jestädt (Werra), die
westwärts bei Bingen und Mainz wieder vorkommt.

Seltene Charakterarten der Hügelformationen.

Um nun noch einige solcher Arten dieser Formationsgruppe zu nennen,
welche bald häufiger, bald seltener vorkommen und jedenfalls dieses 3. Territorium im Rahmen der übrigen Hercynia vorteilhaft auszeichnen, (auch gegenüber dem artenreichen Thüringer Becken, mit welchem das Werraland naturr-
gemäß im innigsten Zusammenhange steht), müssen wir zu solchen mit süd-
deutschem, vornehmlich präalpinen Areal greifen:

°Amelanchier vulgaris Mnch. (= Aronia rotundifolia), Cornus mas L. und
auch Berberis vulgaris L. (spontan!) bilden die wichtigsten hierher zu
rechnenden Sträucher.

Während °Ophrys muscifera Huds. durch das ganze Gelände nicht
häufiger ist als in Thüringen, besitzt !O. Arachnites Murr. (= O. fuciflora
Rchb.) einige Standorte in der Vorderrhön (bei Schenklengsfeld, Rotenkirchen
und Hessenlinde).

°Iris germanica L. soll wild vorgekommen sein auf der Blauen Kuppe südlich Eschwege, einem vereinzelt aus dem breiten Werrathal steil aufragenden, sehr merkwürdig ausschauenden Basaltfelsen, der jetzt allerdings
eine armselige Flora trägt.

!! Allium strictum Schrad. hat seinen einzigen hercynischen Standort (s. oben
Abschn. III. S. 193) auf dem Bilstein im Höllenthal (zwischen Werra und
Meißner).

°Phleum asperum Vill. ist zerstreut (vom Rhein her als westdeutsche Art)
zwischen der Vorderrhön (Fuldagebiet bei Dermbach u. s. w., Fulda) und
dem Leinegebiet bei Göttingen; Nörten erscheint als nördlichster Punkt
im Leinethal; viele Fundstellen liegen um den Meißner und reichen
ostwärts bis zum Eichsfelde, wo sie mit den östlichen Steppenpflanzen
zusammentreffen.

°Onobrychis sativa Lmk. erscheint als wilde und ursprüngliche Art an
vielen Stellen der Vorderrhön und nordwärts; durch Cultur verwildert.

!°Coronilla vaginalis Lmk. als Seltenheit an der Donopskuppe bei Meiningen
und im Ringgau (Graburg neben dem Heldrastein); diese Art besitzt allerdings im westlichen Thüringen eine weit stärkere Verbreitung.

°Lithospermum purpureo-coeruleum L. an nicht wenigen Standorten
von der Goburg an der Werra südwärts und im Fuldagebiet vom Maderer
Stein bis Fulda.

!! Salvia Aethiopis L. hat am Bilstein im Höllenthal ihren einzigen Standort; derselbe ist so sehr mit Arten der verschiedensten Areale besetzt,

dass das Auffällige in diesem Besitz nicht zu der Meinung zu führen braucht, die Salvia sei ein Rest früherer Cultur aus der Zeit der Raubritter. Diese Meinung hat wenig für sich und kann durch nichts bewiesen werden. WENDEROTH (s. Litt. 1839, S. 21) gedenkt der Salvia als der »denkwürdigsten Zierde dieses Bilsteins, die schon seit 1794 als hier einheimische deutsche Pflanzenart bekannt fortwährend die Pflanzensammler aus Näh' und Ferne herbeilockt«.

°Lactuca virosa L.: siehe oben.

°Carduus defloratus L. hat in den Muschelkalkbergen der Goburg an der Werra seinen reichsten hercynischen Standort.

°Polygala amara L. ist zerstreut durch die ganze Landschaft und wiederum an der Werra (Meißner! Goburg! Badenstein!) stark vertreten; geht in das Leinegebiet (Plesse nördl. Göttingen!).

!Helleborus foetidus L. besitzt einen ursprünglichen Standort bei Kloster Reifenstein an der Grenze des Territoriums gegen das Thüringer Becken.

°Linum tenuifolium L. gleicht in seiner Verbreitung etwa dem Phleum asperum. Dasselbe kommt von der südöstlichen Rhön her (z. B. westlich Ober-Elzungen, siehe die später folgende Skizze der Rhön!) im Meininger Lande vor (Drachenberg), hat abwärts an der Werra seltene Standorte und dann noch deren viele in der Göttinger Flora, zwischen Göttingen und Northeim an den Leinehöhen seine Nordgrenze erreichend.

Von diesen Arten ist im osthercynischen (sächsischen) Gau keine einzige vertreten.

Die Faciesbildung der Hügelformationen.

Die eben aufgezählten Arten sind zwar mit als Leitpflanzen für Terr. 3 zu betrachten, wirken aber nirgends durch ihre Masse bestimmend. Die durch ihre Frequenz wie Abundanz gleichzeitig ausgezeichneten Arten der Hügelformationen sind entweder überhaupt die gemeinen Species wie Helianthemum, Thymus, Silene inflata u. s. w., oder aber, sofern sie bestimmend für die kalkholde Facies sind, fast durchweg gemeinsam mit der entsprechenden Formation im Thüringer Becken.

1. Da haben wir zunächst in den der Besiedelung weniger günstig gelegenen Strichen eine *ärmliche Muschelkalk-Facies*, kurzgrasige Triften mit Rosa rubiginosa und Prunus spinosa, wo folgende Stauden gesellig wachsen:

Ononis spinosa soc.—greg. !	Pimpinella Saxifraga überall.
Picris hieracioides überall cop.[3]	Carlina vulgaris überall.
Brachypodium pinnatum greg.—cop.	Lathyrus pratensis spor.—greg.
Scabiosa Columbaria cop.[2]	Agrimonia Eupatorium.
Medicago falcata, lupulina cop.[2]	Centaurea Scabiosa, —— Jacea.
Sanguisorba minor cop.[1]	Malva Alcea, ⋉moschata spor.
Daucus Carota strichweise.	Helianthemum, Thymus cop.

2. Während an den Plätzen dieser ärmlichen Facies auch die früher genannten Leitpflanzen fehlen, herrscht nun auf weite Strecken und zumal an
den später genauer zu schildernden hervorragenden Fundplätzen eine »*fränkisch*« zu benennende *reiche Facies*, ausgezeichnet in erster Linie durch

> Sesleria coerulea auf den Gesimsen der Muschelkalkberge,
> Anemone silvestris auf der Trift und an bebuschten Abhängen,
> Hippocrepis comosa im Schotter und an sonnigen Abhängen.

(Diese 3 Charakterarten fehlen bis auf vereinzelte Standorte der Anemone
gänzlich im sächsischen Gau.) Zu ihnen gesellen sich dann neben den vorher
unter 1. genannten Arten, besonders neben den stechenden Ononis-Horsten und
der blauen Scabiosa (niemals S. *ochroleuca!) folgende:

Brunella grandiflora !	Epipactis rubiginosa spor.
Campanula glomerata !	Ophrys-, Orchis-Arten.
Anthyllis Vulneraria !	Anthericum Liliago.
Gentiana ciliata cop.	Potentilla Fragariastrum.
Carex montana greg.	Carlina acaulis (im Süden).

(Auch von diesen Arten fehlen einige: der Enzian und die Ophrys, gänzlich im sächsischen Gau, und die Potentilla und Brunella sind daselbst selten,
Campanula glomerata tritt daselbst nirgends cop. auf.)

3. Die *schroffen Kalkriffe* dieser reicheren Plätze sind besonders durch
Sorbus Aria ausgezeichnet, welcher Charakterstrauch allerdings im Leinegebiet fehlt.

4. Die *bewaldeten Abhänge* der Kalkriffe bezw. die lichten Haine, in
welche sich auch vielerlei der schon vorher genannten Arten einmischen, sind
in ihrem Gesträuch besonders durch Viburnum Lantana und Clematis
Vitalba (beide im sächsischen Gau fehlend!) ausgezeichnet neben den in
Abschn. III, Kap. 4 genannten gemeinen Arten; von Stauden wachsen hier
besonders Inula Conyza, Origanum, Aquilegia, Orchis purpurea u. a., von
wichtigen Leitpflanzen das große Laserpitium latifolium.

Gemeinsame Leitpflanzen der reichen Kalkfacies mit dem Thüringer Becken.

Die starke Gemeinsamkeit der auf der Trias entwickelten Hügelformationen
mit dem nächstfolgenden Territorium ist schon früher erwähnt. Dieselbe
drückt sich noch in dem Auftreten einiger Arten aus, welche auch im Werra-
und Fuldagebiete häufig so zahlreich sind, dass sie unbedenklich neben die
herrschenden Arten der soeben genannten Facies Nr. 2 und 3 gestellt werden
können; da aber dieselben das Leinegebiet nur sporadisch noch erreichen, so
stellen sie Leitpflanzen dar, welche von der Fränkischen bis zur Thüringer
Saale gemeinsam im Westen bedeutsame Vegetationslinien gen N besitzen,
während sie im Osten (Thüringer Becken) zumeist durch den Südrand des
Harzes begrenzt werden und dann im Lande der Unteren Saale früher oder
später am Ostrande des Harzes oder erst im Braunschweiger Lande ihre

weitere Grenze finden. Es sind dies, um nur die wichtigsten in absteigender Bedeutung zu nennen, folgende Arten:

°Sorbus Aria Crntz. ist schon oben als Charakterart der Felsriffe genannt. Dieser schöne Strauch, der auch in unserer Landschaft noch zuweilen zu einem 3—5 m hohen buschigen Baume heranwächst, ist noch häufig im Meininger Lande und in der östlichen Vorderrhön (z. B. an der Geba! bei Kaltennordheim! Dermbach! u. s. w.). Dann hat er noch eine Reihe von schon mehr vereinzelten Standorten im Ringgau und nördlich der Werra bei Wanfried (Boyneburg, Graburg, Heldrastein! nördlich: Plesse) und endet unter derselben geogr. Breite im Casseler Lande (Habichtswald und an der Nordgrenze der ganzen Landschaft, nämlich am Reinhardswald, wo gewisse Charakterformationen des Weserberglandes mit Trichophorum caespitosum u. s. w. beginnen). Das Leinegebiet ist ausgeschlossen, doch befindet sich ein Standort auf dem Zechsteingips am südwestl. Harzrande bei Scharzfeld.

°Aster Amellus L. steht unter den Charakterstauden voran. In seinem Auftreten an der Grenze der Landschaft gegen Franken ist dieser Aster geradezu eine gemeine Art und maßgebend für die Kalktriften von 300—500 m Höhe, bleibt der Werra treu bis zu den reichen Muschelkalkhöhen um Eschwege und geht nur in der Vorderrhön auf einigen Standorten an das östliche Gehänge der Fulda. Von der Werra nordwärts ziehen sich dann einige Fundstellen in das Eichsfeld (über die Keudelkuppe bei Wanfried zu den Ohmbergen bei Bleicherode), und nunmehr endet die weitere Verbreitung im Leinegebiete mit dem nördlichsten Fundorte an der Plesse bei Göttingen. Dort im Verein mit vielen anderen Arten dieser Formationsgruppe und Genossenschaft!

°Bupleurum falcatum L. teilt im S durchaus die Verbreitung der vorigen Art. Nordwärts geht diese Dolde über die Fulda im Casseler Lande bis zur hercynischen Westgrenze bei Fritzlar. Nördlich der Werra wird die bis dahin oft mit cop.³ und frq. zu bezeichnende Art selten und erreicht hier, ähnlich dem Aster, ihre Nordgrenze bei Bleicherode und im Leinethale nördlich Göttingen, während sie durch das ganze Thüringer Becken und um den östlichen Harz herum weit in das Braunschweiger Land hinein verbreitet ist und gegen NW bei Braunschweig endet (siehe Kap. 2).

°Laserpitium latifolium L. ist an Häufigkeit auch im südlichen Teile der Landschaft nicht mit den vorigen Arten zu vergleichen, sondern beschränkt sich auf· bevorzugtere Standorte der Muschelkalkberge von der südlichen Rhön bis zur Vorderrhön. Hier bleibt die stolze Dolde der Werra treu und hat da, wo diese nach Westen ihre starke Biegung (bei Vacha) macht, noch an den Kalkhöhen bei Schenklengsfeld (Landecker Berg 508 m, Grasburg 476 m) westlich vorgeschobene Standorte, ist dann noch verhältnismäßig häufig zwischen der Werra und dem Meißner, auf der Goburg, geht zu den Kalkbergen nördlich von Wanfried nach Bleicherode und endet, entsprechend den beiden vorigen Arten, als Seltenheit im Leinegebiet nördl. Göttingen am Wieter bei Northeim. — Darüber hinaus liegt in diesem Falle noch ein Standort bei Hildesheim, welcher aber sehr wohl mit der Zerstreuung dieser Art um den Ostharz herum vom Thüringer Becken aus zusammenhängen mag.

°Peucedanum Cervaria Cuss. ist allgemein in der östlichen und Vorderrhön von der fränkischen Saale entlang der Felda bis zur Werra, selten dagegen an der Fulda, wo noch ein einzelner Standort westl. von Cassel angegeben wird. Aus dem Ringgau (Heldrastein!) geht diese Dolde — welche gleichfalls ostwärts um den Harz herum weiter verbreitet ist — nur noch zu drei Standorten im Leinegebiet bei Göttingen (Plesse mit Aster, Rathsburg und Lengdener Burg), findet sich aber nochmals im Ith. Sie ist im Norden und Westen unserer Landschaft verhältnismäßig selten, wenigstens im Vergleich mit dem Thüringer Becken. [P. Oreoselinum fehlt in Terr. 3 gänzlich.]

Drude, Hercynischer Florenbezirk. 21

Carlina acaulis L. macht hinsichtlich der Häufigkeit von den bisher genannten Arten den größten Wechsel durch. Im Süden der Landschaft ist sie auf den sich an die Basaltberge der Rhön anlehnenden Triften eine geradezu maßgebende Charakterpflanze, welche auch in den 500 m übersteigenden Höhen übrig bleibt, wenn die anderen schon Verschwunden sind, und somit z. B. noch im obersten Fuldagebiete bei Dorf Reulbach am Abtsröder Berge von mir bis 720 m Höhe erreichend auf trockner Muschelkalkflur beobachtet wurde. Sehr rasch aber Verliert die »Eberwurz« (Silberdistel) ihre große floristische Bedeutung gen N, die sie im Thüringer Becken beibehält. Sie geht über das unter Laserpitium erwähnte Kalkgebiet um Schenklengsfeld zwischen Werra und Fulda auf zerstreuten Plätzen bis gegen Cassel im Westen und ebenso, immer seltener werdend, über die Goburg nach Bleicherode und zu einigen Plätzen an den Leinehöhen zwischen Göttingen und Einbeck. Ihre Vegetationsgrenze kann wegen ihrer weiter gehenden zerstreuten Verbreitung nur als charakteristisch für die Ausprägung der Triftformation im Süden der Landschaft gelten.

Pulsatilla vulgaris Mill. ist in der Hercynia hier allein häufig. Sie besitzt auf den Kalktriften der Rhön und zumal in der östlichen wie westlichen Vorderrhön eine starke Verbreitung; erwähnenswert ist, dass sie hier im August zum zweiten Male zu blühen pflegt. Dann bleibt sie der Werra treu, indem sie ihre bezügl. westlichste Station bei Schenklengsfeld am Landecker Berge erreicht, und geht über die Goburg und Wanfrieder Berge heraus nach Bleicherode, fehlt aber durchaus im Göttinger Leinegebiete.

Gentiana cruciata L. sei noch im Anschluss verglichen. Von der Rhön an bis zum nördlichen Leinegebiet und westwärts darüber hinaus an vielen Stellen zerstreut hat sie die Eigentümlichkeit, in dem sonst so besonders reich ausgestatteten Berglande am Meißner, im Ringgau und an der Werra von Wanfried bis Eschwege zu fehlen. Im Fuldagebiete gehen ihre Standorte von der westlichen Rhön bis zur Grenze bei Fritzlar; auf eine breite Lücke folgt dann im SW ein neues, viel stärkeres Verbreitungsgebiet von der Lahn zum Main hin.

Crepis praemorsa Tsch. Diese hat gerade die entgegengesetzte Verbreitungsweise wie Vorige, indem sie an den Werrahöhen zwischen Treffurt und Allendorf am häufigsten vorkommt und von da sowohl nach Cassel, als über die Ohmberge in das Leinethal sich erstreckt. In der Vorderrhön gehört sie zu den auszeichnenden Seltenheiten der Bergwälder in ca. 600 m Höhe auf der Grenze von Kalk und Basalt.

Noch viele auszeichnende Arten ähnlicher Verbreitungsweisen ließen sich nennen; es soll aber bei diesen bewenden, welche zugleich die gemeinsam auszeichnende Bedeutung besitzen, dass sie teils gänzlich dem osthércynischen (sächsischen) Hügellande fehlen, teils nur ganz vereinzelte, wie verschlagen erscheinende Standorte dort besitzen; zu der letzteren Kategorie gehören der Aster, das Bupleurum (nur östliche Lausitz!), Carlina und Pulsatilla.

5. *Abhänge auf Schiefer und Sandstein.* Wenig ist von diesen im Vergleich mit den mannigfaltigen Kalktriften zu sagen und es fehlt hier an auszeichnenden Seltenheiten. Die gewöhnlichste Facies besteht aus folgenden Arten:

Festuca oVina social.	Rosa canina, seltener tomentosa.
(Aira caryophyllea spor.)	Sarothamnus auf feuchteren Stellen.
Prunus spinosa überall, jedenfalls Viel häufiger als im sächsischen Gau auf gleicher Unterlage.	————
	Linaria Vulgaris, Picris hieracioides !
	Thymus Serpyllum, Teucrium Botrys !

Jasione montana, Dianthus prolifer !	Campanula Rapunculus !
Hieracium Pilosella, Cichorium Intybus.	Senecio viscosus, Jacobaea.
Hieracium perforatum, Euph. Cyparissias.	Carlina vulgaris.
Campanula rotundifolia, nicht selten auch	Pimpinella Saxifraga, Daucus.

In den mit dem Zusatz ! versehenen Arten kann man die Besonderheit der westhercynischen Facies-Ausprägung erkennen; Teucrium Botrys[1]) ist osthercynisch sehr selten, Picris findet man dort in der von der Fulda zur Werra und ostwärts sich hinziehenden Massenhaftigkeit nie. Wenn ein buschiger Hain den Felsen deckt und Heide sich dazu gesellt mit Kiefern und Eichen, dann kommt an solchen Stellen auch leicht im Casseler Lande Teucrium Scorodonia hinzu, welche Art an den westlichen Meißnerabhängen bis 600 m Höhe ansteigt.

c) Die Waldformationen.

Wenn man von einem höheren Berggipfel aus sich im Lande der Werra und Fulda umschaut, erblickt man weithin die welligen Höhen und Thalgehänge mit herrlichen Laubwaldungen bedeckt, in welchen ursprünglich die Buche fast nirgends fehlte und oft der allein vorherrschende Baum war. Derselbe prachtvolle Buchenwald deckt auch die Basaltkuppen im ganzen Lande bis auf die in der Hohen Rhön vom Walde überhaupt entblößten oberen Triften. Nach der Buche ist die Eiche wohl der wichtigste Waldbaum und übertrifft jene an Bedeutung häufig in den noch jetzt ungebrochene, zusammenhängende Waldfläche zeigenden Wäldern auf Buntsandstein, dessen Bergketten häufig in ihrer Gesamtheit als »Wald« bezeichnet sind (Kaufunger Wald, Schlierbachs Wald u. s. w.). Dazu gesellen sich viele andere Laubhölzer, deren Ursprünglichkeit häufig an den Steilhängen von Basaltfelsen, wo die geordnete Forstkultur weniger eingreifen konnte, sich deutlich zeigt. So z. B. am Meißner, wo ich am Westhange (Seesteine und Kitzkammer) folgende Bäume neben der Buche häufig bemerkte (Höhe ca. 600 m):

Fraxinus excelsior.	Ulmus montana. Populus tremula.
Tilia grandifolia, parvifolia.	Sorbus aucuparia.
Acer Pseudoplatanus, platanoides.	Nur wenig Picea excelsa, und nur angepflanzt
Carpinus Betulus.	Abies pectinata.

Die Kiefer und Birke zeigen sich häufiger in den Buntsandstein-Waldungen mit Eiche gemischt und bilden auf trockenem Boden allein die Haine. Die großen zusammenhängenden Flächen von Fichtenwald, welche man jetzt überall bis zu den oberen Bergen der Rhön bemerkt, entsprangen wohl alle dem forstlichen Anbau, obwohl die Fichte als eingestreuter Waldbaum und in den Thalschluchten nirgends gefehlt haben mag. Schwieriger ist die Heimatsberechtigung der Edeltanne zu entscheiden; sie war gewiss ursprünglich in der südlichen Rhön, erscheint aber schon sehr selten so in der Vorderrhön. In dem zusammenhängenden Buchenwaldbereich der Muschelkalkberge

---

1) Dieses Teucrium gedeiht übrigens auf Muschelkalktriften noch üppiger, ebenso wie dort Campanula Rapunculus und Picris und die anderen hinter dem Komma stehenden Arten gemein sind.

wird sie gefehlt haben, in den feuchteren Mengwäldern auf Buntsandstein kann sie vorhanden gewesen sein. Vielleicht hat die ursprüngliche Verbreitungsgrenze der Edeltanne unser Territorium 3 mitten durchschnitten.

Danach haben wir in dieser Landschaft hauptsächlich vor uns: *Geschlossene Laubwälder (F. 2)* von Buchen, Eichen und anderen hochstämmigen Arten auf Muschelkalk und besonders auch auf Buntsandstein des Niederlandes (300—500 m); dann gemischte *Laub- und Buschwälder (F. 1)* an trockneren Stellen, übergehend in die »lichten Haine« der Hügelformationen. Auf trocknerem Buntsandstein herrscht häufig der *Kiefern- und Birkenwald (F. 4)*, der mit der Eiche dann wieder in F. 2 übergeht.

Es fehlt aber im Niederlande an einer deutlichen Entfaltung der unteren hercynischen Mengwälder mit Fichte und Tanne, wie sie im sächsischen Gau so häufig vorkommen. Dann ist im Berglande, also so gut wie ausschließlich auf den Basaltbergen über 500, 600 m vom Vogelsberge und der Rhön bis zum Meißner und zu den Nordgrenzen der Landschaft bei Münden, die Formation 7 der *Berglaubwälder*, mit oder ohne Fichte und Tanne, in herrlicher Entwickelung zu schauen, wiederum unter Überwiegen der Buche, und trotz der 950 m erreichenden Bergeshöhen fehlt es an Ausprägung der Waldformationen 8 und 9 mit der oberen montanen Quellflur.

Von Interesse für die Schilderung der Landschaften sind eigentlich nur die beiden Formationen des niederen geschlossenen oder buschigen Laubwaldes und die des Berglaubwaldes; die erstere kommt in den 2 Hauptfacies der Buntsandstein- und Muschelkalk-Waldungen vor, obwohl die tiefe Humusschicht hier die Bodenwirkungen sehr ausgleicht; die letztere wurzelt auf den Basaltbergen. Ein durchgreifender Unterschied nach Begleitpflanzen ist aber in diesen Waldungen schwieriger zu finden, da die Zahl montaner Arten nicht groß ist. Sehr allmählich schließen die dem niederen Hügellande angehörigen Arten nach oben hin ab, und einige eigentlich montane Arten (wie z. B. Actaea) gehen an feuchten Stellen der Hügellandswälder entsprechend tiefer herab und bilden ein Gemenge, in welchem die Formationen 2 und 7 oft bis zur Unkenntlichkeit verschmolzen erscheinen. Formation 4 tritt, wie gewöhnlich, mit Massen von Sarothamnus und Pteridium auf.

1. Laubwälder des Hügellandes

auf Buntsandstein:	und auf Muschelkalk:
Lonicera Periclymenum frq.	Lonicera Xylosteum frq. cop.
Vaccinium Myrtillus, Oxalis, Filices cop.	Viburnum Lantana frq.
Bromus asper, Festuca gigantea.	Taxus baccata (r.), Sambucus Ebulus (r.).
Epipactis latifolia frq.	Vinca minor, Arum.
Luzula nemorosa.	Bromus asper, Brachypodium silvaticum.
Hypericum pulchrum.	Epipactis (latifolia), atrorubens, microphylla (r.).
Campanula persicifolia u. a. A.	Cephalanthera spec., Neottia.
Pirola minor, secunda, rotundifolia (r.).	Helleborus viridis (r.) } besonders im Leine-
Melampyrum nemorosum. —	Stachys alpina (r.) } gebiet bei Göttingen.

auf Buntsandstein:

Feuchte Schluchten:
Chrysosplenia ! Trientalis (r).
Lysimachia nemorum.
u. s. w.

und auf Muschelkalk:

Gemeinsam mit den Bergwäldern:
Arabis brassiciformis: r.! von der Vorderrhön
bis zur unteren Werra.
Bupleurum longifolium: r. cop. !
Sanicula europaea cop.
Asarum europaeum greg.
Atropa Belladonna spor.
Rubus saxatilis spor.
u. s. w.

2. Bergwälder auf den Basalthöhen bis 900 m.

Gemeine Arten der Formation:
Daphne, Mercurialis, Sanicula und Asperula odorata sind diejenigen Blütenpflanzen, welche keinem größeren Berge fehlen und oft allein, zusammen oder sich wechselseitig ergänzend, den Boden bedecken. Dazu:
Lonicera Xylosteum.
Sambucus racemosa.
Hordeum silvaticum (= Elymus europaeus).
Festuca silvatica.
Calamagrostis arundinacea.
Milium effusum, Bromus asper.
Asarum, Atropa, Rubus wie sub a).
Lappa *nemorosa (= macrosperma).
Polygonatum verticillatum.
Actaea spicata frq. cop.
Epilobium montanum.

Auszeichnende Arten:
Ribes alpinum.
Poa sudetica (= P. Chaixi) erscheint in keinem anderen he. cyn. Gau mit so großer Regelmäßigkeit und in so großen Massen als hier vom Meißner bis zum Dammersfeld.
Luzula silvatica zeigt die größere Höhe an.
Lilium Martagon.
Cardamine silvatica.
Lunaria rediviva. Dentaria bulbifera.
Geranium silvaticum.
Senecio nemorensis frq. greg.
Chaerophyllum hirsutum. Circaea alpina (r.).
Petasites albus (r. angegeben auch vom Heldrastein auf Muschelkalk).
Anthriscus nitida: Rhön !
Campanula latifolia.
Knautia silvatica.

Aus diesen hier aufgeführten Arten mag das dem hercynischen Floristen sich darbietende Waldbild verständlich werden; sie bieten naturgemäß nur Fragmente, zusammengesetzt sowohl aus den herrschenden wie einigen selteneren Bürgern.

Um nicht weitschweifig zu werden, mögen folgende hierher gehörige Arten nur kurz mit Namen genannt werden, auf die z. T. später noch einmal zurückzukommen sein wird, lauter auszeichnende, z. T. durch den Standort merkwürdige Seltenheiten:

Aconitum Napellus L.,
—— Stoerkianum Rchb.
—— Variegatum L., —— Lycoctonum L.
Ranunculus aconitifolius *platanifolius L.
Mulgedium alpinum Cass.
Carduus Personata Jacq.

Pleurospermum austriacum Hoffm.

Cynoglossum germanicum Jacq. ⎫
Geranium lucidum L.   ⎬ westl.
Euphorbia amygdaloides L.   ⎬ Arten
Helleborus foetidus L.   ⎭

Von Ilex Aquifolium wird ein weit isolierter Standort bei Eschwege angegeben, welcher wohl auf Anpflanzung zurückzuführen ist; dieser Strauch kommt nach meiner Meinung wild nur im niederen Weserberglande vor (siehe Kap. 1, S. 283).

d) Wiesen, Moore, Sümpfe und Gewässer.

Die übrigen Formationen sollen hier nur kurz besprochen werden, Einzelheiten folgen bei der besonderen Schilderung der einzelnen Exkursionsgebiete. —

Von den *Wiesen* geht die gewöhnliche Facies mit Silaus pratensis, Pastinaca und Cirsium oleraceum sehr hoch hinauf und mischt sich allmählich mit der durch Trollius ausgezeichneten Bergwiese bei 500—600 m. Die Hohe Rhön hat dann über den Bergwäldern weit ausgedehnte, später genauer zu schildernde kurzhalmige Bergwiesen, deren Leitpflanze Thesium pratense darstellt.

Von den höheren Bergpflanzen wachsen hier wenige: Meum athamanticum hat in der südlichen Rhön vor dem pflanzenreichen Eierhauck einen einzigen vereinzelten Standort in der ganzen Landschaft; dagegen ist an dem Bürgerrecht von !! Myrrhis odorata (Meißner) wohl nicht zu zweifeln; Crepis succisifolia ist eine dritte montane hercynische Wiesenpflanze. Dass am Südhange der Wasserkuppe Lycopodium alpinum einen Standort besitzt, zeigt den Übergang der Borstgras-Bergwiese zur subalpinen Matte in der Hohen Rhön; aber es beruht wohl nur auf Irrtum oder Täuschung, wenn in alter Zeit Rubus Chamaemorus vom Meißner angegeben wurde: WENDEROTH hat diese Thatsache schon richtig gestellt, gerade wie die Angabe der Dryas von den Basaltfelsen dieses Berges[1]). Rätselhaft bleibt mir nur noch die auch bei WIGAND (l. c. S. 360) wiederholte Angabe des Hieracium alpinum auf »Wiesen am Meißner bei Üngsterode«; es erscheint dies als eine absolute Unmöglichkeit, und so hat wohl PETER in seiner neuesten Flora aus diesem Grunde jener Angabe gar keine Erwähnung gethan.

Nicht uninteressant ist das Verhalten von Viscaria vulgaris: Diese im Osten so gemeine hercynische Art verliert sich hier auf einzelne Standorte, welche mit Bergwiesen in ca. 700 m Höhe am Meißner nach N abschließen, so dass die Klebnelke im ganzen Leinegebiete und an der nördlichen Werra fehlt; auf der Rhön sieht man sie häufiger. Dafür setzt in diesem Gebiete um so häufiger Centaurea montana ein, die — in Sachsen ganz fehlend! — ebenso auf sumpfigen Bergwiesen der Rhön bei 500—700 m als an trocknen Waldrainen daselbst oder auf Kalktriften in niederer Höhe bis in das Leinegebiet bei Göttingen verbreitet vorkommt. — Noch einer gemeinen Art ist zu gedenken wegen ihrer außerordentlichen Bedeutung: Cirsium acaule, nie fehlend auf irgend welcher kurzgrasigen Trift und die hohen Bergkuppen besteigend; ihre Bedeutung für die Faciesbildung wird erst durch den osthercynischen Vergleich klar, wo man nach einzelnen Standorten dieser im Westen bis Braunschweig als gemein geltenden Art sucht.

---

1) NÖLDEKE hat in seiner Flora Goettingensis 1886 die Angabe nach PFEIFFER wiederholt: »Zuerst von MOENCH und PERSOON vom Meißner angegeben, an dem Felsen beim Rothenburger Lusthäuschen; am 7. August 1837 ein Exemplar an den Basaltfelsen zwischen der Kalbe und dem Frau Hollen-Teiche von Dr. GRAU gefunden.«

Hercynische *Gebirgshochmoore*, besonders ausgezeichnet durch Empetrum, Andromeda und Betula *carpathica, sind später von der Hohen Rhön zu schildern; artenreich sind sie nicht, und Pinus montana fehlt ihnen wie dem Thüringer Walde. In *niedere Moore* bei Rothenkirchen verirrt sich Rhynchospora alba (früher war dort auch Rh. fusca), aber der Zug einer reicheren atlantischen Genossenschaft von Arten wie Erica Tetralix und Drosera intermedia vermeidet diese Moore, gerade wie Stratiotes aloides in den stehenden Gewässern fehlt.

Sümpfe in Torfwiesen, in denen Parnassia mit Triglochin palustre und Trifolium spadiceum vergesellschaftet zu sein pflegt, sind an nicht ganz wenigen Stellen in den Höhen von 400—600 m durch !!Carex Davalliana neben C. pulicaris ausgezeichnet, und dazu kommt in dem schon erwähnten Rothenkirchner Moor als Seltenheit !!C. chordorrhiza (früher auch bei Burghaun).

Am Ufer des Frau Hollenteichs auf dem Meißner ist das Röhricht von einer Calamagrostis gebildet, unter welcher GRISEBACH die skandinavische C. phragmitoides Hartm. ansah; die Untersuchungen darüber sind noch nicht abgeschlossen, doch hält man vielfach diese Form für zugehörig zu C. Halleriana, welche dann allein als Seltenheit auf dem Meißner auftreten würde. —

Aus den *Sümpfen und Teichen des Niederlandes* erscheint das Vorkommen von Ranunculus hederaceus an vielen Standorten, nordwärts die Leine entlang und zum Wesergebirge hinüber, bemerkenswert. Einen bemerkenswerteren Zug in der Landschaft aber bilden die bis 600 m Höhe ziemlich unverändert bleibenden Begleitpflanzen kleiner Bäche und Rinnsale zwischen Triften, welche von üppigem Kranze des rot blühenden Epilobium hirsutum und den über hellgrauem Laubwerk mit hellvioletten Quirlähren abschließenden Stengeln von Mentha silvestris, auch M. aquatica, gebildet sind. Weiter ab vom Bach auf sumpfiger Flur erscheint dann in großen Horsten Juncus glaucus. Dieses Zusammenleben erscheint als eine west- und mittelhercynische, ganz an die Triasformation gebundene Facies der Bachufer im Hügellande.

e) Endlich sind auch die *Ackerunkräuter* im Bereich der sonnigen Kalktriften, welche so oft in Felder von Esparsette und Luzerne mit wilder Medicago falcata verwandelt worden sind, z. T. recht ausgezeichnet. Ihre wichtigsten Arten sind die blutroten Adonis, 2 Specularia, Asperula arvensis, Galium tricorne, Bupleurum rotundifolium, Caucalis daucoides und (Turgenia) latifolia mit Orlaya und Scandix, Crepis foetida, Conringia orientalis und Thlaspi perfoliatum; diese Arten fehlen in Sachsen z. T. gänzlich, wie denn auch die Massen der gemeineren Arten: Delphinium Consolida, Falcaria Rivini, Lathyrus tuberosus u. s. w. nur hier in solchem dem Ackerbau oft ungünstigen Nebenbestande zu finden sind.

3. Topographische Florenbilder.

a) Die Anordnung der Formationen in der Rhön.

Erklärung zu der kartographischen Rhönskizze. Fig. 10.

Verteilung der Hauptformationen in der Rhön. Die sonnigen Hügelformationen in den Hohenlagen 400—600 m und darüber hinaus sind für die tieferen Stufen der Landschaft allein in ihrer Ausbreitung gekennzeichnet. Das unbezeichnet gelassene Gelände besitzt reiche Feldkultur, Niederungswiesen (mit Cirsium oleraceum cop.[3]) und Verschiedene Waldformationen, in diesen nicht selten die Kiefer. Im Gebiet der Werra bezeichnen die Buchstaben folgende Städte: V. Vacha, S. Salzungen; an der Ulster: G. Geisa, T. Tann, W. Wüstensachsen; an der Felda: L. Lengsfeld, D. Dermbach, K. Kaltennordheim; an der Fulda: G. Gersfeld; im Gebiet der Fränkischen Saale: F. Fladungen, Nordheim, O. Ostheim, M. Melrichstadt, O.E. Ober-Elzbach, B. Bischofsheim, N. Neustadt an der durch die Streu u. a. Gebirgsbäche Verstärkten Saale mit nur noch 250 m Thalsohle.

Oberhalb der zusammenhängend gezeichneten 600 m-Kurve sind die drei Hauptformationen des Berglandes der Rhön durch Signaturen bezeichnet; in demselben sind einige hervorragende Berge durch ihre Höhenangaben bezeichnet, und zwar bedeutet im westlichen Teile 833 m die Milseburg, davon im SO 950 m die Wasserkuppe,

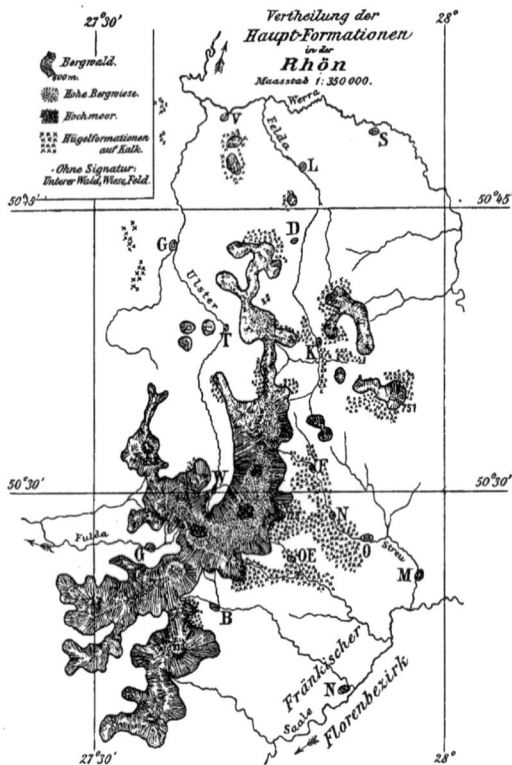

am Ostrande 723 m die Rother Kuppe, isoliert im Osten 751 m die Hohe Geba, und südwestlich von Bischofsheim in der südlichen Rhön 930 m den Kreuzberg. Die Dammersfeld-Kuppe von fast gleicher Höhe liegt zwischen Kreuzberg und Gersfeld, etwas nach Westen gerückt.

Allgemeiner Charakter. Schon in der Einleitung ist hervorgehoben, wie irrtümlich der Ausspruch von dem »rauhen Charakter« der Rhön ist, wenn

man die absoluten Meereshöhen ihrer Basalterhebungen und des an sie angrenzenden Triaslandes mit anderen hercynischen Bergländern vergleicht, wozu
auch besonders das Oberlausitzer Gebirge mit gleichfalls basaltischen Berggipfeln einladet. Dort aber ist der Basalt im Anschluss an Quadersandstein
und an ein granitisches Bergland, hier in der Rhön an Muschelkalk und Buntsandstein; dort sind ausgedehnte Fichtenwaldungen mit Calamagrostis Halleriana, in den Sandsteinthälern ist Blechnum ein gemeiner Farn: hier erheben
sich die sonnigen Hügelformationen zu den bedeutendsten Höhen in der Her-
cynïa und Laubwaldungen bilden den vornehmsten natürlichen Schmuck der
Berge von 600—800 m und höher hinauf.

Diese hauptsächliche Anordnung der Formationen zu erläutern ist die
hier gegebene kartographische Skizze bestimmt, welche von meinen eigenen
Aufnahmen 1898 und 1901 herrührt und nur im nordwestlichen Teile der
Vorderrhön bei Tann und Geisa unvollständig geblieben ist. Zunächst konnte
ich feststellen, dass die Hauptscheidelinie der Hügelformationen mit
den zugehörigen Kulturen aller Sorten Getreide einschl. Winterweizens und
Obst gegen die Bergwaldungen und solche Wiesen oder Triften, auf denen
Charakterelemente der Montanflora vorhanden sind, auf 600 m zu erhöhen
sei. Diese Linie ist bekanntlich in den granitischen hercynischen Gebirgen
durchschnittlich auf 400, an ihren Südhängen auf 500 m angesetzt und ist der
Gleichförmigkeit wegen auf unsrer Hauptkarte für die Rhön summarisch gleichfalls mit durchschnittlich 500 m angenommen worden. Unsere Skizze führt
daher zunächst in zusammenhängender Fläche die über 600 m Höhe erreichenden Bergmassen vor, deren Kuppen und Abhänge entweder mit einer reichhaltigen Bergwald- oder Wiesenflora geschmückt zu sein pflegen. Nur seltener
gehen ausgedehnte Feldkulturen in diesen Höhenbereich hinein; so z. B. an
der Geba bei Meiningen, wo die Felder des Dorfes selbst etwa bei 650 m liegenden
Dorfes Geba an der Südseite bis zur Kuppe selbst (also gegen 750 m) hinan-
reichen und auch die Hügelformationen auf dem Muschelkalk eine ganz unge-
wöhnliche Höhe einnehmen, während die Kuppe selbst von der gewöhnlichen
Bergweide mit Carlina acaulis bedeckt wird. Auch im Bereich von Kaltennordheim (im NO: am Dachstein, Hohen Rain u. s. w. in Höhen von 600—
700 m) sind weite Hochflächen über 600 m teils mit einer dürftigen Facies von
Kalktriften (wiederum mit Carlina acaulis), teils mit Feldern von Roggen,
weniger Weizen, Hafer und Kartoffeln in gutem Ertrage bedeckt, und wenn
sich auch die Ernte etwas verzögert (Roggenschnitt in der ersten Dekade des
August), so herrschen doch immer noch nicht die Verhältnisse eines kühlen
Berglandes. Am höchsten gehen die Vermengungen des Hügel- und Berglandes um die angenommene 600 m-Scheide herum oder vielmehr darüber
hinaus in der südöstlichen Rhön bei Sondheim südlich von Fladungen, wo in
engem Bergthal der kleine Ort Roth romantisch sich einschmiegt und mit der
nach ihm benannten Kuppe weithin das Land beherrscht. Diese »Rother
Kuppe« hat 723 m Höhe und stellt einen Hochwald tragenden Bergkegel mit
grasiger Basaltkuppe dar; an ihren Flanken herrscht reiche Hügelformation und

die unteren Laubwaldungen sind durchsetzt mit den Elementen der Kalkfacies lichter Haine; Aster Amellus blüht in Massen zwischen den Futterfeldern von Esparsette und an Feldrainen, Pulsatilla oben im Rasen.

An anderen Orten steigt naturgemäß der Bergwald, besonders an kühleren Nordseiten oder in engen Thälern, tiefer als 600 m herab und Arten wie Poa sudetica kann man daselbst dann tiefer finden. Aber, um zu einer erstmaligen richtigen Durchschnitts-Anschauung von der Formationsanordnung in der Rhön zu gelangen, ist doch die 600 m-Linie die am meisten brauchbare und in vielerlei Hinsicht zuverlässige; denn in den höheren Lagen kommt auch auf Muschelkalk, der naturgemäß wie immer das Ansteigen wärmerer Formationen bedingt, nicht mehr die reiche Facies-Ausbildung zu stande, und ich habe beispielsweise Peucedanum Cervaria, das in der östlichen Rhön eine allgemein verbreitete und vielerorts geradezu gemeine Pflanze darstellt, kaum 550 m je überschreitend gefunden.

Ausdehnung der Montanformationen. Dieselben haben ihr eigentliches Centrum in einem Viereck, welches von den Verbindungslinien der Ortschaften Gersfeld—Bischofsheim — Ober-Elzbach—Wüstensachsen gebildet wird; die genannten Ortschaften selbst liegen natürlich weit unterhalb der 600 m-Linie und sind von einander durch hohe Bergrücken geschieden. Wüstensachsen hat am meisten die Lage eines Gebirgsortes, rings von hoch ansteigenden Bergen umgeben, die sich in Ost, Süd und West zu einem der *Ulster* als Sammelgebiet ihrer Quellwasser dienenden Halbkreise zusammenschließen; dieser ist nur nach N geöffnet und lässt die Ulster auf der Linie Tann—Geisa zur Werra fließen. Aus einem weniger geschlossenen Bogen niederer Berge sammelt bei Kaltennordheim die *Felda* ihre Wasser, um sie, getrennt durch den nördlichen Ausläufer des höheren Rhönzuges von der Ulster im Westen, bei Vacha gleichfalls mit der Werra zu vereinigen. Südlich dieses Sammelbeckens der Felda bei Kaltennordheim gehen die Gewässer in der *Streu* über Fladungen zur *fränkischen Saale*; aber aus einem letzten geschlossenen Bogen höherer Berge, in dessen Mitte das Becken von Gersfeld liegt und der nach Westen geöffnet ist, sammelt die *Fulda* ihre Gewässer und verlässt das Gebirge noch als munterer Bergbach.

Aus diesem höchsten zusammenhängenden Rücken in dem genannten Centrum wölbt sich nordwestlich der Fuldaquelle der höchste Berg der Rhön, die 950 m hohe *Wasserkuppe* hervor, welche als breit aufgebauter, nur mit Rasen bedeckter und sanft ansteigender Berg hier die Wasserscheide zwischen Fulda und Werra (Ulster) beherrscht. In dem Bogen zwischen Wasserkuppe im Westen und dem »Hohen Polster« (880 m) im Osten auf dem geraden Verbindungswege zwischen Wüstensachsen und Roth sinkt das Gebirge nirgends unter 800 m Höhe, und hier herrscht in weiter Ausdehnung über dem Walde die kurzgrasige Bergwiese. Sie verleiht dem ganzen oberen Gebirge einen ganz anderen Eindruck, als der Wald machen würde, indem sie das ganze Gelände mit schwellendem grünen Teppich deckt und nur zuweilen bald mehr in Heide bald mehr in Sumpfflächen übergeht, die das sonst so einladende und anmutige Wandern in diesem Teile des Gebirges erschweren. Außer der Wasserkuppe treten andere Gipfel hier nur wenig als höher gewölbte Rücken mit sehr sanften Abdachungen hervor, so besonders der *Heidelstein* (927 m) und *Stürnberg* (903 m). In ihrem Bereiche liegen auch die beiden bedeutenden Hochmoore, das *Rote* und das *Schwarze Moor (Große Moor)*, während ein drittes, gleichfalls *Schwarzes Moor* genannt, noch weiter nördlich gegen Frankenheim hin[1]) schon in dem dort erniedrigten Gebirge auf 780 m Höhe sich befindet, wo sich die montane Grasflur gleichfalls bis gegen die Rücken der nördlichen oder *Vorderrhön* hin ausbreitet; diese gipfelt mit nur 813 m Höhe im *Ellenbogen* schon näher bei Kaltennordheim und Tann.

Außer diesem Hauptzuge, den man gemeinlich als *Rauhe* oder *Hohe Rhön* zusammenfasst, liegen im Süden und Westen noch bedeutende, durch schmale und nahezu auf 600 m herabsinkende Querriegel mit der Rauhen Rhön verbundene Bergketten. Der bedeutendste, ziemlich frei im SO für sich allein aufragende Bergstock ist der *Kreuzberg* mit 930 m, berühmt durch sein einsames Kloster; auf ihm geht der Bergwald an der felsigen Südseite bis nahe an den Gipfel, aber diesen selbst deckt wiederum eine weite Rasenfläche von Borstgrasmatte und Heidelbeergesträuch mit auszeichnenden Arten Serratula tinctoria und Dianthus superbus.

Von der Verbindungslinie Gersfeld—Kreuzberg im Westen liegt die ›Kuppenreiche Rhön‹ mit *Eierhauck* (910 m), *Rabenstein* (842 m), *Dammersfeldkuppe* (930 m) und anderen gerundeten Gipfeln, auf denen der Bergwald meist bis oben hin ausgedehnt ist und die Wiesenfläche nur in beschränktem Maße zum Ausdruck kommt. Hier herrscht ein hübsches Durcheinander der Formationen; auf rasiger Kuppe findet sich Poa sudetica, die sonst dem Walde treu bleibt; am Rande des Bergwaldes hat Meum athamanticum seine einzige Fundstelle; Centaurea montana besetzt den Waldrand, das Gebüsch und stellenweise in Masse die sumpfige Wiese, neben ihr dann Trifolium spadiceum. Dieser schöne, kuppenreiche und waldbedeckte Teil des Gebirges endet mit südwärts gegen den Badeort Brückenau (schon außerhalb unseres Gebietes) abfallenden Gehängen.

Nun entsendet der Hauptrücken des Gebirges von der Wasserkuppe nördlich Gersfeld einen anderen Riegel nach Nordwesten, auf welchem in einer für die Rhön ungewohnten Höhe von 700 m eine Ortschaft, das Dorf Abtsroda liegt. Jenseits dieses Dorfes erhebt sich der schönste Berg der Rhön, *die Milseburg*, zu 833 m Höhe, nach S steil in furchtbaren Trümmerfeldern von Phonolithklippen abstürzend, an der Nord- und Ostseite mit runderem, schönen Bergwald tragendem Gehänge. Die Berge, welche sich von hier aus weiter nordwärts am linken Ufer der Ulster erstrecken, sind unbedeutend und bekommen erst wieder durch das Hinzutreten des Muschelkalkes floristisches Interesse. So besonders in der Gegend von Schenklengsfeld (nördlich von

---

1) Von dem nächst gelegenen weimarischen Dorfe Birx steigt man in knapp ½ Stunde zu diesem Moore hinauf.

Geisa), wo als 500 m überragendes Kalkriff der *Landecker Berg* aufsteigt,
etwas niedriger die näher zu Geisa hin liegende *Graßburg*, wo Laserpitium
u. a. Leitpflanzen wiederum auftreten. Aber hier ist auch die Rhön zu Ende
und es herrscht der Typus der Werra-Kalkberge.

Die Milseburg.

Dieser schönste Berg ist zugleich einer der pflanzenreichsten; seine Phonolithklippen enthalten viele interessante Kräuter, einige hier allein in der Rhön
und einzig in der hier sich findenden Zusammenstellung, dazu eine große Zahl
sehr interessanter Moose, deren Führung außer der überall an solchen Orten
gemeinen Andreaea petrophila auch die viel seltnere A. *falcata über-
nimmt.

Der lehrreichste Anstieg, wenngleich der beschwerlichste, erfolgt von S,
wo ein Wiesengrund in weniger als 600 m Höhe sich hinzieht, über dem der
unten bewaldete, dann mit freien Steinfeldern aus dem Waldgrün hervor-
schauende steile Bergesgipfel mehr als 240 m hoch aufragt. Unten ist auf
Buntsandstein bis 650 m ein dürftiger Wald, montaner Kiefern—Fichten—
Birkenwald mit Heidelbeergesträuch auf dem Boden, dazwischen Rudel von
Adlerfarn und Rosetten von Nephrodium Filix femina, häufig sind Luzula
nemorosa und Agrostis, Dicranum scoparium und Hypna. Auf fruchtbarerem
Boden setzt dann bei 650 m Hordeum silvaticum, Festuca silvatica mit Massen
von Asperula und Lathyrus vernus ein, Asarum zeigt sich unter den hohen
Buchen mit Bergahorn und Ulmen, und bald tritt auch die wichtigste Leitpflanze der Rhönwälder, Poa sudetica, mit ihren Massen flach zweizeilig
beblätterter, den Boden stellenweis deckender Triebe auf.

Sie findet sich hauptsächlich auf der die obersten 80 m bildenden Kuppe,
welche nach einem schwachen Absatz, bedeckt mit offenen Weidetriften, von
neuem steil ansteigt, und hier entspricht die Waldzusammensetzung ganz dem
oben (S. 325) gegebenen allgemeinen Bilde, doch ohne Petasites, Anthriscus
und Knautia silvatica, wofür Massen von Impatiens und Oxalis, Nephrodium
Dryopteris, Filix mas und Athyrium, Ranunculus nemorosus und Geranium
Robertianum eintreten. Im Frühjahr blühen hier Adoxa, Corydalis solida und
fabacea (= intermedïa).

Die höchsten, von Kapelle und Kreuz gekrönten Felsen bergen schon in
ihren Spalten Cotoneaster, und nun können wir den bisher im Walde um-
gangenen Steilhang mit schroffen Felsen und daran sich anschließenden wüsten
Trümmermassen vom Gipfel abwärts kletternd auf seine weitere Flora hin
untersuchen.

Am Fuße der anstehenden festen Klippen haben sich Gesträuche angesiedelt, in ihren Spalten wachsen Gräser und Kräuter, aber die Geröllmassen
sind kahl oder nur auf den größeren Blöcken mit Überzügen von Racomitrium
heterostichum und Grimmia canescens bedeckt. Corylus Avellana bildet solche
Gesträuche bis hoch zum Gipfel, in seinem Gezweig steckt auch Sorbus aucuparia verborgen; aber nur Sorbus Aria und Cotoneaster gehen auf die

trocknen Grate, wo sie in Spalten Wurzeln schlagen konnten. Die übrigen Blütenpflanzen bis 800 m herab zeigt, nach ihrer pflanzengeographischen Bedeutung geordnet, folgende Liste:

✕ Silene Armeria (r. !! in voller Felswildnis blühend unter leichtem Schatten von Sorbus).
✕ Allium Schoenoprasum ! (ob nicht *sibiricum?).
✕ Woodsia ilvensis in zahlreichen starken Polstern zerstreut !
Asplenium viride.
Dianthus caesius in großen Polstern, nicht häufig.
Hieracium Schmidtii.
Sedum purpureum cop.
_____

Viscaria vulgaris.
Digitalis ambigua.
Asplenium septentrionale.
Origanum vulgare.
Cynanchum Vincetoxicum.
Trifolium alpestre.
Calamintha Acinos.
Sedum acre, mite.
Scleranthus perennis.
Thymus, Festuca ovina.
Potentilla, Campanula rotund. u. s. w.

Anhang. Die Moosflora der Milseburg und übrigen Rhön[1]).

Über die interessante Moosvegetation der Milseburg hat neuerdings der beste Kenner derselben A. Geheeb eine höchst anziehend geschriebene zusammenfassende Arbeit (s. Litt. B, 3 Nr. 52) veröffentlicht, aus der im wesentlichen das Folgende entnommen ist.

Von den 405 Laubmoosen, die aus dem Rhöngebirge bis jetzt bekannt sind, kommen nicht weniger als 222 Arten an dem Phonolithfelsen der Milseburg vor. Diese verteilen sich in der Weise, dass der Hügelregion (bis 550 m) 86, der unteren Bergregion (bis 750 m) 123 und der oberen Bergregion (bis 832 m) 13 Arten angehören. Außerdem reichen 40 Arten des Hügellandes bis in die untere und 10 Arten bis in die obere Bergregion, welch letztere auch noch 12 Arten der unteren Bergregion beherbergt, so dass die Gesamtzahl ihrer Laubmoose sich auf 35 beläuft. Den Anfang der **unteren Bergregion** an der Milseburg bezeichnet das Auftreten von **Andreaea petrophila, Dicranum longifolium, Hedwigia albicans, Grimmia ovata** und **Racomitrium heterostichum**, die als ihre Leitmoose betrachtet werden. Die Charakterarten der **oberen Bergregion** sind folgende 13 Arten:

Andreaea Rothii W. & M. (= rupestris Schpr. und *falcata Schpr.) h. subalp. Hz.—BhW.
Tortula montana Lindb. Hauptverbreitung in der Hügelregion auf Kalk, wh. und mh.
Grimmia Doniana Smith. h mont. Hz.—BhW.
—— incurva Schwägr. h. subalp. Hz.—BhW., nur vom Ezg. noch nicht nachgewiesen.
—— montana Br. & Sch. h mont. Hz., ThW., BhW., auch wh. und mh.
—— commutata Hüben. Hauptverbreitung im Hügellande von wh.—oh.
Dryptodon patens Brid. h mont. Hz.—BhW.
Racomitrium sudeticum Br. & Sch. h mont. Hz.—BhW., nur im Ezg. und OLz. noch nicht nachgewiesen.
Mnium spinosum Schwägr. h mont. Nicht vom Ezg. angegeben, aber in mh. und oh.
Polytrichum alpinum L. h mont. Hz.—BhW. (in Westpreußen auf Torf).
Leskea nervosa Myr. h mont. Hz.—BhW.
Brachythecium reflexum Br. & Sch. h mont. Hz.—BhW., aber auch wh.—oh.
Hylocomium umbratum Br. & Sch. h mont. Hz.—BhW.

_____
1) Bearbeitet von Dr. B. Schorler.

Diesen Laubmoosen gesellen sich noch von Lebermoosen und Flechten die folgenden montanen Arten hinzu:

Gymnomitrium concinnatum Corda. h. subalp. Hz. und Fchg. Während aber dieses subalpine Moos in den beiden Gebirgen nur die höchsten Punkte besiedelt und auch in den Alpen nicht unter 1000 m herabsteigt, kommt es an der Milseburg zwischen Phonolithgeröll in üppigen blaugrünen Rasen bereits bei 750 m Höhe vor.

Sarcoscyphus Ehrharti Corda (= S. emarginatus Spruce). h mont. Hz.—BhW. auch in das Hügelland herabsteigend, z. B. in oh.

Jungermannia minuta Crantz. h mont. Hz.—BhW.

Madotheca laevigata Dmrt. h mont. Hz.—BhW.

Thamnolia vermicularis Sw. h. subalp. Hz. u. BhW. nur in der subalpinen Bergheide jedoch hier auf dem Gipfel der Milseburg, wo ich sie selbst 1898 gesammelt habe, mischt sie sich bei 832 m Höhe mit warmen Hügelpflanzen wie Cotoneaster integerrima, Dianthus caesius und anderen. In der That ein pflanzengeographisch höchst bemerkenswertes Vorkommnis!

Es steht aber dieses Vorkommen auch unter den Flechten nicht vereinzelt da, denn es sind bisher von subalpinen und montanen Arten in der Rhön noch die folgenden nachgewiesen:

Stereocaulon coralloides Fr. Hz.—BhW.
—— paschale Fr. Hz.—BhW.
Cladonia bellidiflora Schaer. Hz.—BhW.
Parmelia stygia Ach. (?) Hz.—BhW.
Sticta scrobiculata Ach. ThW., OLz.
Nephromium tomentosum Nyl. Hz.—BhW.
Gyrophora spodochroa Ach. Hz.—BhW.
—— cylindrica Ach. Hz., OLz., BhW.

Gyrophora polyphylla Fw. Hz.—BhW.
—— deusta Fw. Hz., OLz.
—— hyperborea Mudd. Hz.—BhW.
Lecidella pantherina (Ach.). BhW.
Lecidea confluens Fr. Hz. u. BhW.
Mycoblastus sanguinarius Th. Fr. ThW., OLz.
BhW.
Polychidium muscicolum Kbr. Ezg. u. Fchg.

Auch die übrigen höheren Berge der Rhön beherbergen einige durch ihre Verbreitung recht interessante Vertreter der Mooswelt, namentlich westliche und südwestliche Arten, die entweder den mittleren und östlichen Teilen der Hercynia vollständig fehlen, oder nur den Harz resp. von Süden her den Böhmerwald erreichen. So haben im hercynischen Bezirk nur in der Rhön Standorte:

Dicranum Muehlenbeckii Br. & Sch. h mont. Auf trocknen Bergwiesen bis 600 m herabsteigend, durch das ganze süddeutsche Bergland und die Alpenkette verbreitet.

Cinclidotus riparius Arn., das hier (in der fränkischen Saale) seinen nördlichsten Standort in Europa erreicht und auch dem Riesengebirge, das die vorige Art noch hat, fehlt.

Tortella caespitosa Limpr. Schließt sich in ihrer Verbreitung der vorigen Art an und kommt in der Rh. auf humosem Kalkboden im Kiefernwalde der Warte bei Geisa in 500 m Höhe vor.

Fontinalis gracilis Lindbg. In einem Bache am Schwabenhimmel (Heidelstein). In den Gebirgsbächen Süddeutschlands verbreitet und mit diesen auch in tiefere Lagen herabsteigend, findet sich auch in Böhmen und Schlesien.

Hylocomium pyrenaicum Lindbg. Am Kreuzberg bei 900 m.

In der Rhön und der Westhercynia finden sich folgende Moose:

Trichostomum crispulum Bruch. Außer der Rh. noch im Wesergeb. und bei Höxter stets auf feuchten Kalkfelsen und Mauern. Das Verwandte Tr. pallidisetum hat eine ähnliche Verbreitung im Bezirk, erreicht aber bei Freyburg a. d. U. und bei Jena mh.-Areal.

Eurhynchium striatulum Br. & Sch. Diese an beschatteten Kalkfelsen im süddeutschen Bergland verbreitete Art, welche auch in der Rheinprovinz und Westfalen verschiedene Standorte hat, kommt im hercynischen Bezirk nur im Wesergebirge und in der Rhön bei 350 m
und 537 m Höhe vor. Sie ist jedoch nach Loeske auch in den Buchenwäldern Branden-
burgs wie in Schlesien nicht selten, wird aber in den nordischen Ländern sehr selten.
—— germanicum Grebe. Hat in der Rh. eine ganze Anzahl und in den Vogesen, in Westfalen und Waldeck vereinzelte Standorte. Scheint den Alpen und den nordischen Ländern
zu fehlen.

Nur in der Rhön und im Harz kommt vor:

Orthotrichum urnigerum Myrin. Ein sehr seltenes Moos, das in der Rhön an beschatteten
Basaltfelsen, am Ehrenberg bei Reulbach in 600 m Höhe, und an Gneisfelsen im Bodethal
gefunden worden ist.

Mit dem Böhmerwald endlich hat die Rhön gemeinsam:

Dicranum fulvum Hook., welches im süddeutschen Berglande und in den Alpen bis zur Baumgrenze ziemlich verbreitet und in der Rhön von verschiedenen Standorten bekannt ist.
Kehrt in Ostpreußen wieder.

Den beiden südlichen Moosen Tortella caespitosa und Cinclidotus
riparius, denen sich noch das auch in der Rhön vorkommende Mnium
spinulosum anschließt, mit nördlichen Verbreitungsgrenzen stellt sich
Thuidium Blandowii, ein Sumpfmoos vom Norden Europas, das auch in
Norddeutschland weit verbreitet ist, gegenüber, das in der Rhön die südliche
Grenze seiner Verbreitung erreicht.

Die Eube.

Kaum eine Meile im SSO der Milseburg steigt das Gebirge nach der Ein-
sattelung bei Abtsroda zu der Wasserkuppe an, welche hier den bedeutungsvollen Endgipfel des großen, Wüstensachsen mit der Ulsterquelle umschließenden
und nach N offenen Bogens der Hohen Rhön bildet. Die Wasserkuppe nun
läuft nach S in einen Bergzug von 3—4 km Länge aus, der selbst nach W
hin von zwei steilen, mit diesem Rücken hier verbundenen Kuppen abgeschlossen wird; der *Pferdskopf* bildet mit 876 m die nördlichere, die *Eube*
mit 831 m die südlichere, Gersfeld schon auf 4000 Schritte nahegerückte
Kuppe, und diese besteht aus Muschelkalk und Basalt. Ein tiefer Kessel, in
welchem man die Spuren eines ehemaligen Kraters erkennen will, trennt Eube
und Pferdskopf samt den von ihnen zum Hauptkamm hin laufenden Verbindungsrücken; ein finsterer Buchenwald deckt den nach N gerichteten Berg-
sturz (Kraterwand) der Eube, am Rande seiner jähen Wand grünt Ribes alpinum und neben Pirola minor in Menge Ranunculus platanifolius, der hier
vielleicht seinen reichlichsten Standort in der ganzen Landschaft besitzt. Steigt
man in den Kessel hinab (770 m) und richtet den Blick nordwärts, so sieht
man den dichten Buchenwald am Hange des Pferdskopfes sich auflösen und
über ihm türmt sich die rötliche Steilwand auf, an den Flanken von dürftigen
Triften mit vereinzelten, wie Krummholz erscheinenden Wachholderbüschen
bedeckt; aber darüber hinaus schweift der Blick zu der aus breiter Wiesenfläche sanft ansteigenden Wasserkuppe, ganz frei vom Wald, und dieser

floristisch lehrreiche Punkt bietet zugleich einen der schönsten Einblicke in das Gebirge.

Am Westhange der Eube als einzigem Standort der Rhön wächst in 800 m Höhe üppig die stolze Dolde Pleurospermum austriacum im jungen Schlage von Buchen und Eschen, zusammen mit weißblütiger Rosa tomentosa, Aconitum Lycoctonum, großblättriger Lappa, Lactuca muralis und Aegopodium. Zwischen 1 und 2 m hoch schießen die kräftigen Stengel auf und tragen an riesiger Mitteldolde schon vor Mitte August reichlich Früchte, während die letzten Seitendolden noch blühen; die 4fach gedreit-fiederteiligen und zierlich geschnittenen Blätter werden auf fußhohen, röhrig-zerbrechlichen Stielen emporgetragen und fangen an den blühenden Pflanzen bereits an zu vergilben.

Dieser Standort in der Rhön liegt im Vergleich mit der größeren Zahl thüringer Stellen von Pleurospermum ziemlich hoch montan und lässt die Vorstellung einer ehemaligen, vielleicht reicheren präalpinen Waldformation auf dem obersten Kalk und Basalt der Rhön zu, gerade wie wir Pleurospermum auf dem Kalk der Ostalpen oder in der Tatra finden. Von Pflanzen, welche außerdem als solcher Formation zugehörig anzusehen wären, sind hier zu nennen:

Ranunculus *platanifolius!	Mit diesen Arten vereinigt dieser Standort noch
—— nemorosus.	folgende:
Aconitum Lycoctonum.	Petasites albus.
Bupleurum longifolium.	Trollius europaeus.
Actaea spicata.	Allium ursinum.
Geranium silvaticum.	Mercurialis, Phyteuma u. s. w.
Senecio nemorensis.	Cystopteris, Dryopteris,
—— spathulifolius!	gemeine Farne u. s. w.
Centaurea montana.	

Noch andere, ähnliche Stellen enthält der südliche, kuppenreiche Teil der Rhön, zumal am Eierhauck und Dammerfeld, wo Campanula latifolia, Centaurea montana, Lunaria und (ebenso wie bei Wüstensachsen) Anthriscus nitida ihre hauptsächlichen Standorte haben. Nur sehr selten ist Mulgedium in der Rhön, und die Standorte der übrigen S. 325 genannten Aconitum-Arten, welche auch der ehemaligen präalpinen Waldformation (und Quellflur) zuzuzählen sein würden, sind in einer den Relikten eigentümlichen Weise unregelmäßig zwischen Wald und Bergwiesen geteilt. Als große Seltenheit zeigt sich in diesen Wäldern die in Sachsen durchaus gemeine, in dieser Landschaft aber bis zur Rhön sonst fehlende Prenanthes purpurea.

Die Hochwiesen.

Eine merkwürdige Facies von kurzhalmigen Bergwiesen deckt die ganzen oberen Rücken der Hohen Rhön von der Wasserkuppe ringsum bis zum Ellenbogen bei Kaltennordheim und der Klingser Hut noch weiter im N, in den Höhen von 650—950 m. Bis über die untere ebengenannte Höhenziffer hinaus, nämlich bis 680 m, habe ich bei Dorf Kippelbach südlich Gersfeld die langhalmigen Thalwiesen, auf denen hier Cirsium oleraceum mit acaule und dem Bastart rigens zusammen vorkam, in fruchtbarer Entwickelung gefunden, stark besetzt mit Crepis biennis, Sanguisorba, Angelica und Heracleum; nur Centaurea montana und Gentiana germanica verrieten den Übergang zur Bergwiese, und im Frühjahr pflegt auf solchen Wiesen Trollius sehr üppig, Phyteuma orbiculare seltener zu gedeihen. — Auf den runden Kuppen und Rücken der Basalte aber ernährt der trocknere Boden nur eine gedrungene Matte mit Halbsträuchern und kurzstengligen Kräutern, in deren dichte Grasnarbe Alchemilla als gemeinste Staude hinein verfilzt ist, und deren Zusammensetzung ein merkwürdiges Gemisch von *montaner Borstgrasmatte* mit Pflanzen der niederen Grastrift (F. 16) darstellt.

Diese Bergwiesen werden einschürig Mitte Juli gemäht und dann beweidet, wenn sie nicht ganz sich selbst überlassen bleiben; das letztere ist zumeist mit den sumpfigen Borstgrasstellen der Fall, die in moorige Cariceten übergehen und die Hochmoore umsäumen. Um Johannis, Ende Juni, soll der Blütenzauber auf diesen Hochweiden, die in dieser Ausdehnung und Zusammensetzung ganz einzig in der Hercynia dastehen, seine schönste Entwickelung besitzen.

Die folgenden Listen analysieren den Rasenteppich; zunächst die Gräser:

Carex Verna.	Festuca ovina.	Briza media.
Luzula campestris.	Agrostis spec. 2.	Avena pratensis.
Nardus stricta.	Anthoxanthum odoratum.	Triodia decumbens, u. s. w.

Als gemeine Wiesenpflanzen sind diesen folgende Rasenbewohner beigemengt, die meist kurzstenglige, dürftige Formen ausbilden, wenn sie wie die beiden ersten zur Gruppe der Hochstauden gehören:

Polygonum Bistorta.	Leontodon autumnalis.	Lotus corniculatus.
Sanguisorba officinalis.	Chrys. Leucanthemum.	Orchis mascula.
Alchemilla vulgaris.	Hypericum quadrangulum.	Anemone nemorosa.
Cirsium acaule.	Achillea Millefolium.	Primula officinalis.
Trifolium pratense.	Ranunculus acer.	Alectorolophus minor.
Cardamine pratensis.	—— repens.	Euphrasia T. p. pratensis, u. s. w.

. Das wäre nichts besonderes; aber zwischen solche Wiesenpflanzen sind Bewohner der Bergmatten und Halbsträucher, Stauden des Hügellandes so zwischengewebt, dass sie sich gleichwertig an der Zusammensetzung der Rasenfläche beteiligen und häufig nach dem Schnitt besonders sich aufdrängen:

Calluna ! Myrtillus !	Botrychium Lunaria (r.)	Betonica officinalis.
Potentilla silvestris.	Campanula rotundifolia.	Galium verum.
Thymus *Chamaedrys.	Pimpinella Saxifraga.	—— boreale.
Lathyrus montanus.	Scabiosa Columbaria.	Genista tinctoria.
Hieracium Pilosella.	Knautia arvensis.	Viscaria vulgaris (r).
Antennaria dioica.	Succisa pratensis.	Brunella grandiflora u. s. w.
Galium hercynicum (saxatile).	Senecio Jacobaea.	

Nun bleiben noch die pflanzengeographisch auszeichnenden Arten zu erwähnen, von denen die ersten 10 häufig, die folgenden 5 selten accessorische Bestandteile darstellen:

Thesium pratense frq. cop.!	Phyteuma orbiculare spor.	Coeloglossum viride (r.).
Serratu'a tinctoria spor. !	Hypochaeris maculata spor.	(Lilium Martagon.)
Dianthus superbus frq.!	Centaurea phrygia *elatior.	(Aconitum Lycoctonum.)
Arnica montana cop.	—— montana.	(Ranunc. *platanifolius.)
Trollius europaeus greg.	Geranium silvaticum.	Lycopodium alpinum rr. !

Die Hochmoore.

Umringt von solchen Grasfluren treten die 3 größeren Moorflächen auf tiefliegendem Torf, die schon oben erwähnt und auf der Kartenskizze verzeichnet sind, weniger im Landschaftsbilde hervor, als wenn sie weite Lücken im Waldbestande darstellten, wie es in anderen hercynischen Bergländern meist der Fall zu sein pflegt. Sie zeichnen sich gewöhnlich durch einen Kranz von $1^1/_2$—4 m hohen, braun- oder weißstämmigen, knorrig gewachsenen Moorbirken (B. *carpathica mit hartem, im Winde raschelnden Laub) aus, der die sumpfige Niederung an den Rändern der nach innen hochgewölbten Torfmasse bedeckt und aus dem oft eine kleine Wasserader abfließt. Diese enthält dann reichlich Menyanthes, Potentilla palustris, und die üblichen Riedgräser, besonders C. rostrata; zur Borstgrasmatte mit Pedicularis silvatica führen auch Flächen mit dem in der Rhön seltenen Juncus filiformis über. Die Bergrücken ringsum sind nur wenig höher, so dass das Moor selbst sich stellenweise als höchste Fläche gegen den Horizont abheben kann, im fahlen Braungelb seiner wehenden Büschel von Eriophorum vaginatum mit Calluna über der tiefen Decke von Sphagnum. Empetrum nigrum giebt überall die cop. 1—3 vorkommende Charakterart ab, Vaccinium uliginosum verteilt sich auf die Moorflächen an Masse verschieden und fehlt nirgends, Oxycoccus ebenso, und in oft unsäglichen Mengen glänzen die Blätter vom Sonnenthau in der Sonne; aber nur die gemeine D. rotundifolia kommt hier vor. Am 11. August 1898 fand ich die Temperatur 12 cm tief im Sumpfmoos fast 14° C. bei 17° C. Lufttemperatur, ein deutliches Beispiel für die starke Insolationswirkung in diesen Hochmooren (829 m) während des Hochsommers.

Seltenheiten sind sonst nicht viele hier, selbst Carex pauciflora fehlt; doch ist Andromeda besonders im Innern des Roten Moores reichlich vorhanden. Angegeben werden Scheuchzeria palustris und Carex limosa, welche sich gern in den tiefen Moorsümpfen zusammenhalten; doch konnten SCHORLER und ich keinen Standort dafür auffinden.

Die Kalktriften und Buchenhaine an den Abhängen.

Das Gesamtbild der Rhön würde seines Hauptreizes entbehren, wenn nach der Schilderung der montanen Elemente nicht die sonnigen Hügelformationen wieder in ihr Recht träten, wie sie oft fast unvermittelt an den Bergwald nach unten sich anschließen oder auf hoch gelegener Kalktrift die Pflanzen der

Hochwiesen (ohne Nardus u. ähnl.) mit Carlina acaulis und Centaurea Scabiosa oder mit den Massen von Campanula glomerata mischen. Dieser Charakterzug, bewirkt durch die hier in südlicher Lage höher als an irgend einer anderen Stelle in der Hercynia ansteigenden Triasschichten, ist schon oben (S. 329) genügend hervorgehoben. Vielleicht ist die interessanteste Station in der Rhön nach dieser Hinsicht *Kaltennordheim*, weil hier an der Wasserscheide der Felda und fränkischen Saale in ziemlich hoher mittlerer Lage ein großer Reichtum von Kalkpflanzen zusammenkommt. Unmittelbar nördlich der genannten weimarischen Stadt, wo die Felda soeben erst ihre Quellarme gesammelt hat, geht sie in ein zwischen 2 steilen Muschelkalkzügen tief eingegrabenes Thal, dessen Flanken von der Bupleurum falcatum- und Aster Amellus-Facies bis hoch hinauf bedeckt sind; steile Felsriffe mit Sorbus Aria und Hippocrepis in 600 m Höhe schieben sich zwischen den Fluss und das Dorf Kaltenlengsfeld, laufen zu dem basaltischen, 700 m erreichenden »Hohen Rain« in langsam ansteigenden Carlina acaulis-Triften aus und führen im Walde neben Laserpitium auch Arabis brassiciformis, Bupleurum longifolium, Campanula latifolia, Crepis praemorsa u. s. w.

Auch an der anderen Seite des Höhenrückens, welcher als Fortsetzung der »Hohen Rhön« die Felda von der Ulster trennt, aber erst auf dem linken (westlichen) Ufer der Ulster sind bei *Geisa* ähnlich reiche Standorte an dem Boxberg, Rasdorfer Berg u. a., aber weniger hoch ansteigend und weniger mannigfaltig. Nur das ist, um vor zu großen Erwartungen in dem anmutigen Bilde dieser Kalkfluren zu bewahren, noch zu bemerken, dass die S. 318 genannten auszeichnenden Seltenheiten doch nicht hier, sondern an der unteren Werra zu suchen sind, ausgenommen Phleum asperum und Linum tenuifolium (auf sehr reichen Kalkhängen nahe Ober-Elzbach mit Anthericum ramosum, Anemone silvestris und Pulsatilla). Aber sowohl die auf S. 320 unter Nr. 2) bis 4) kurz dargestellten reicheren Kalkfacies als auch besonders die dann S. 320—322 genannten auszeichnenden Leitpflanzen sind in der Vorderrhön sämtlich und z. T. in großen Mengen zu finden. Eine gleich reiche Flora bietet auch der Nordhang der *Geba* am Ostrande des Gebirges; doch ist hier nicht zugleich die Anmut des hohen Bergwaldes so ausgesprochen wie bei Kaltennordheim und Dermbach.

b) Der Meifsner.
(Vergleiche oben S. 310.)

Dieses letzte hoch nahe der Werra bei Allendorf aufragende Basaltmassiv ist für die Bereicherung der Flora im Umkreis von Göttingen—Cassel—Eschwege sehr wichtig und wird deshalb von zahlreichen Jüngern der Botanik besucht; aber wenn er, wie es durchaus richtig ist, als eine kleine, nordwärts vorgeschobene Wiederholung der Rhön betrachtet wird, vermag er nur wenig Neues zu bieten und besitzt ein mehr lokales Interesse. Dieses wird durch

die breite, massige Entwickelung des Berges mit prächtigen Buchenmeng-
waldungen an seinen Kuppen und Abhängen und einer in dieser Gegend sonst
unbekannten Ausdehnung der Bergwiesen sehr gefördert, wie gleichzeitig auch
durch kleinere Felsabstürze schön geformter Säulenbasalte, welche das bunte Bild
vermehren helfen (Seesteine, Kitzkammer, beide ca. 600 m hoch an der Westseite gelegen).. Die obere grasige Hochfläche misst 5 km in der Längsrichtung
von S nach N und etwa 2—3 km in der Breite, steigt vom S (Kahler Rain)
mit 700 m nordwärts bis gegen den Nordhang, den die Casseler Kuppe (749 m)
beherrscht, an und fällt am steilsten gen Ost (Abhang gegen die 8—9 km in
Luftlinie entfernte Werra) ab, wo sich eine stark vorspringende Kuppe, die
Kalbe mit 719 m, über dem in einer kesselartigen Vertiefung liegenden Frau
Hollenteich erhebt.

Der Westhang des Meißners entwässert über Groß-Almerode nach Cassel
zur Fulda, alle übrigen Flanken des Berges zur Werra. Von Cassel aus durch
den eintönigen Kaufunger Wald mit Digitalis purpurea, von der Werra aus
besonders durch das romantische, bei Albungen mündende Höllenthal mit dem
pflanzenreichen *Bilstein* (s. oben S. 311, 318), wo Alyssum montanum mit Sempervivum tectorum und Sedum rupestre, außerdem Geranium sanguineum,
Anthericum Liliago und Festuca *glauca die besseren Seltenheiten (Allium
strictum, Salvia, Ceterach, Lactuca, Cotoneaster) vervollständigen helfen, hat
man prächtige Anstiege. Ihre Verschiedenartigkeit wird dadurch stark vergrößert, dass der Osten Zechstein, der Westen die Trias vorgelagert enthält
und außer den auch im S (bei Waldkappel) einförmige Formationen bildenden
Sandsteinen hier auch hochansteigende Kalktriften und sogar freie, jäh abstürzende Riffe darbietet, welche aber den Pflanzenreichtum der Kalkberge an
der Werra selbst nicht· teilen. Die Triften sind in 500—540 m Höhe mit
Cirsium acaule und Carlina vulgaris nebst viel Juniperus bedeckt; Carlina
acaulis,. die in der Rhön vorhanden sein würde, fehlt! Aber im Walde schlingt
noch üppig Clematis Vitalba, und viel höher gegen das am Westhange liegende
Viehhaus hin ist Centaurea montana mit Ranunculus nemorosus dieser Bodenformation ursächlich zuzuschreiben, wie in der Rhön.

Die niedere, noch nicht basaltische Vorstufe des Berges in 400—500 m
Höhe ist in den feuchteren Mulden von Wiesen eingenommen, welche Phyteuma
orbiculare und Trollius mit Campanula glomerata mischen und darin den Beginn
montanen Charakters zeigen. In über 500 m Höhe pflegen solche Wiesen zu
Beginn des Mai mit einer Fülle von Orchis mascula, Morio und Primula offici-
nalis, Saxifraga granulata zwischen Alchemilla und dem dann schon blühenden
Anthoxanthum bedeckt zu sein; aber auf der Hochwiese sind diese Orchis selten.
Bis Mitte Mai macht die *Hochwiese* (650—750 m) einen kahlen Eindruck, indem
über der kurzberasten Fläche hauptsächlich Primula officinalis, Cardamine,
Anemone nemorosa, Viola canina, Antennaria und Alchemilla mit Carex verna
(praecox) und Luzula campestris ihre ersten Blüten entfalten, an den heidigen
Stellen Myrtillus und Galium hercynicum, Lathyrus montanus, an den sumpfigen
Stellen Myosotis palustris *strigulosa mit Pedicularis silvatica und Viola palustris

zwischen Gesträuch von Salix aurita in voller oder beginnender Blüte stehen. Dann folgt später die Entfaltung der vorhin (S. 337) genannten Hauptmasse von Arten, wieder mit Thesium pratense als Leitpflanze in großer Menge und Üppigkeit; Anfang August zeigen sich an vielen Stellen im fahl werdenden Gehälm hohe, blüten- und duftreiche Rudel von Dianthus superbus.

Drei Arten sind es besonders, welche dem Meißner eine gewisse Auszeichnung vor der Rhön geben: Gymnadenia albida, welche allgemein hercynisch-montane Orchidee hier ein vereinzeltes Vorkommen hat, Crepis succisifolia mit ähnlichem Vorkommen, und endlich Myrrhis odorata mit einem einzelnen Standort dicht am Viehhause (665 m, Westhang). Der Standort wird in seiner Ursprünglichkeit angezweifelt; doch ist zu bemerken, dass mehrere interessante Pflanzen sich hier häufen, dass hier am Westhange auch der Muschelkalk reichere Besiedelung erleichterte. An einem Wiesenbach beim Viehhause hat Viscaria vulgaris einen für die Gegend ganz besonderen Standort; zwischen Torfmoos wächst daselbst das wh. seltene Sedum villosum wie auch im Roten Moor der Rhön.

Dass man dem Meißner früher das Vorkommen von Dryas und Rubus Chamaemorus mit Unrecht zuschrieb, ist schon früher erwähnt; ebenso zweifelhaft, doch immerhin eher der Überlegung wert, erscheint das von WENDEROTH (1839, S. 78) angegebene Vorkommen von Linnaea borealis: »welche, einer zuverlässigen Angabe nach i. J. 1778 da gefunden wurde und wir von daher im Herbarium in mehreren schönen vollständigen Exemplaren, mit Wurzel, Blüten und Früchten besitzen; seitdem aber leider von Niemand wieder daselbst bemerkt wurde.« Die zerstreuten Standorte der Linnaea in Norddeutschland und am Brocken würden mit ihrem Vorkommen am Meißner in einem zwar seltsam, aber dennoch nicht unnatürlich erscheinenden Zusammenhange stehen.

Von den *Bergwäldern* des Meißners ist nur zu sagen, dass die Formation ganz dem oben (S. 325 unter 2.) beschriebenen Charakter entspricht, dass Poa sudetica besonders am Südhange in Masse wächst, Lunaria rediviva, Ribes alpinum (auf Basaltfels) und Luzula silvatica als auszeichnende Arten vorkommen, dass sonst aber gerade keine neue Art der Hauptliste zuzufügen ist; höchstens, dass Pirola media hier einen ihrer zur Grenze gegen W und SW gehörigen Standorte besitzt.

c) Das Bergland an der Werra zwischen Gerstungen und Witzenhausen.

(Vergleiche oben S. 313.)

Als floristisch hervorragende Hauptstellen in dem weiten Triasgebiet des nördlichen Werralandes bis zum Eichsfelde und oberen Leinethal sind oben besonders genannt worden der Ringgau, das Bergland nördlich von Wanfried a. Werra bis zur Thüringer Grenze an den Ohmbergen im Eichsfelde (schon dicht am Südwestrande des Harzes), und die Höhenzüge der Goburg bei

Allendorf. Auch der Badenstein bei Witzenhausen am nördlichen Werraufer schon ziemlich dicht vor deren Zusammenfluss mit der Fulda ist noch ein einzelner Berg von bedeutenderem Interesse; dann geht dasselbe auf die Leinehöhen rings um Göttingen über.

Der Ringgau.

Unter diesem Namen begreift ZEISKE, der eine sehr genaue Formations-gliederung mit Pflanzenlisten von diesem kleinen Landschaftsstücke gegeben hat, das von dem großen Werrabogen ⊐ umschlossene und nur nach Westen hin offen gelassene Land bis Eschwege; es ist wohl richtiger, diese Bezeich-nung einzuschränken auf ein kleineres Stück, welches die Werra zwischen Hörschel—Creuzburg—Treffurt als äußerste Ostgrenze, die Kalkriffe vom Iberg (437 m) bis Heldrastein (501 m), Graburg (506—522 m) und Spitzenberg (421 m) bei Reichensachsen als von Ost nach West verlaufende Nordgrenze, die Gehänge gegen den Sontrabach mit der 512 m hohen Boyneburg in ihrer Mitte als Westgrenze, und endlich die vom Erbelberg (424 m) — Dachsberg (464 m) und vielen kleinen Kuppen ähnlicher Höhe bis zum Kielforst (437 m) nach Hörschel in Richtung WNW nach OSO verlaufende Linie zur Südgrenze hat. Dadurch kommt ein unregelmäßiges Oval, ringsum mit steil abfallenden Muschel-kalkbergen besetzt, heraus, und der sich nördlich anlehnende, ganz aus Bunt-sandstein aufgebaute Schlierbachswald bleibt ausgeschlossen. Im Innern des Ovals liegt eine von Ackerbau erfüllte Hochebene, die sich nach NW zum Sontra-bach und nach SO direkt zur Werra mit 2 unbedeutenden Bächen entwässert. Schon oben wurde der imposanten Bildung steiler Muschelkalkberge gedacht, welche im *Heldrastein* den landschaftlich schönsten Ausdruck gefunden haben; von seinem jäh nach N abfallenden Grat überschaut man 350 m tiefer das sich hier breiter gestaltende Werrathal und sieht jenseits Treffurt von neuem steile Kalkberge erstehen, die zum Hainich hinauf und weiterhin gegen das Eichs-feld (Ohmberge) hinführen und das Grenzgebiet gegen Thüringen bilden, An der Steilwand wächst Sorbus Aria mit torminalis, dazu Eberesche, Rüster, Bergahorn und Hainbuche als offenes oder zusammenschließendes Gebüsch; Sesleria deckt die Gesimse. Oben auf der Plattform steht in dünnem Humus ein lichter Hain aus 6—8 m hohen Rotbuchen, die gerade so wie die beige-mischten Sommereichen schon als niedere Bäumchen stark fruchten; Sommer-linde wächst dazwischen und Rosa tomentosa bildet das Gesträuch in schier undurchdringlichen Dornmassen.

Auch hier drängen sich die Gegensätze zwischen magerem Buntsandstein und der mannigfaltigen Kalkflora häufig dicht zusammen, wie z. B. zwischen der Graburg und dem die Nordwestecke des Ringgaues bildenden Spitzen-berge. Der Sandstein trägt in der Eiche den bevorzugten Baum seiner mit Brombeergesträuchen mannigfacher Art (darunter Rubus hirtus!) geschmückten Waldungen, in denen wiederum als Charakterarten Lonicera Periclymenum und Hypericum pulchrum vorkommen; ob die sich vorfindenden Fichten-bestände nur erweitert oder durchaus angepflanzt sind, ist schwer zu entscheiden, doch halte ich das ursprüngliche Vorkommen der Fichte in den Buntsandstein-Thälern für höchst wahrscheinlich. Kiefer mit Besenstrauch bekleidet die Abhänge der zu Angerweiden benutzten runden Sandsteinberge auf roter Thonerde; Cirsium acaule, Euphorbia Cyparissias, Leontodon autumnalis u. ähnl. gemeine Arten sind hier gesellig. Die Kiefer bleibt in malerischen Zwergbäumen übrig, wenn einem breiten Sockel von Buntsandstein ein schotterreicher Muschelkalkgipfel aufgesetzt ist, wie am Spitzenberg: aber Sarothamnus ist dann durch Clematis Vitalba ersetzt, die blauen Scabiosen verdrängen Habichtskräuter und Löwenzahn; nur Cirsium acaule und Carlina vulgaris (nicht acaulis) bleiben unvermindert im Schotter, aus ihrer Mitte aber erheben sich mit graufilzigen Blättern und weißwolligen Stengeln große Horste von Stachys germanica.

Der Reichtum an hier im Ringgau zusammenkommenden selteneren Pflanzenarten ist beträchtlich und es mag daher eine Auszugsliste derselben hier folgen, geordnet nur in 2 Spalten der Xerophyten auf Kalkfels und schotterreicher Grastrift einerseits, der Arten in lichten Hainen, humosen schattigen Wäldern andererseits; fast alle in der folgenden Liste genannten Pflanzen wachsen nur auf Kalkboden im Ringgau, bei einigen anderen ist eine nach ZEISKEs Unterscheidung gemachte Bemerkung beigefügt. In der genannten Abhandlung sind auch die Wiesen- und Uferbestände zu finden, welchen ich selbst keine Aufmerksamkeit gewidmet habe. — Für den allgemeinen pflanzengeographischen Charakter des Ringgaues ist bezeichnend, dass von seltenen Charakterarten pontischer Areale Lactuca quercina, dagegen von Seltenheiten des atlantischen Westens Limnanthemum nymphaeoides hier je eine einzelne Station besitzen.

Felsen, Gerölle (Kalk), Triften.	Lichte Haine, schattige Wälder.
Facies: S. Aria! Sesleria! Hippocrepis! Brunella grandiflora! Gentiana ciliata! Arabis hirsuta! Picris!	*Facies:* Viburnum Lantana, Clematis Vitalba, Hepatica, Orchideae.
Ophrys muscifera (Gb.).	Cypripedium Calceolus (Gb.).
—— aranifera.	Cephalanthera pallens, ensifolia, rubra.
Epipactis rubiginosa.	Orchis purpurea, militaris, pallens.
Anthericum Liliago, ramosum.	Lilium Martagon (Gb.).
Allium *montanum!	Polygonatum officinale.
Muscari racemosum.	Leucojum Vernum.
Carex humilis, ornithopoda.	Hordeum silvaticum (Gb.!).
Phleum asperum (auf Si-Boden).	Bromus asper.
Melica ciliata (nach ZEISKE auf Si-Boden; bevorzugt sonst in wh. und mh. Muschelkalk).	
Coronilla vaginalis: r.!!	Coronilla montana (Gb.!).
Fragaria collina.	Trifolium alpestre, montanum.
Cotoneaster vulgaris (Gb.).	Vicia silvatica.
Bupleurum falcatum.	Potentilla Fragariastrum.
Seseli Libanotis (Gb.!).	Sorbus torminalis (und Aria).

Felsen, Gerölle (Kalk), Triften.	Lichte Haine, schattige Wälder.
Facies: S. Aria! Sesleria! Hippocrepis! Brunella grandiflora! Gentiana ciliata! Arabis hirsuta! Picris!	*Facies:* Viburnum Lantana, Clematis Vitalba, Hepatica, Orchideae.
Peucedanum Cervaria: r.!	Ribes alpinum.
Orlaya grandiflora.	Bupleurum longifolium (Gb.!).
(Caucalis 2 spec.)	Laserpitium latifolium (Gb.).
Asperula cynanchica.	
—— glauca (Gb.).	Lonicera Periclymenum (auf Si-Boden) (Gb.!).
Filago germanica.	Eupatorium cannabinum (an Quellen).
Inula germanica (bei Jestädt am Ysopsberg !!).	Inula salicina (Gb.).
Aster Amellus (Gb.).	Chrysanthemum corymbosum.
Carduus defloratus (Gb.!).	Senecio erucifolius, nemorensis (Gb.).
Crepis foetida.	Centaurea montana (Gb.!).
Scorzonera hispanica (Gb.).	Lactuca quercina: r. (auf Si-Boden)!!
Orobanche lutea (= rubens).	
Digitalis ambigua, Verbasc. Lychnitis (Gb.).	Pirola media (auf Si-Boden)!
(Linaria minor, Melampyr. arVense.).	Physalis Alkekengi.
Stachys germanica, recta.	Atropa Belladonna.
Ajuga Chamaepitys!	Lithospermum purpureo-coeruleum (Gb.!).
Teucrium Chamaedrys (rr.), Botrys.	
Cuscuta Epithymum.	Hypericum montanum, hirsutum.
Gentiana cruciata.	Viola mirabilis (Gb.).
Euphorbia platyphylla.	Corydalis fabacea.
Malva moschata.	Dentaria bulbifera.
Geranium sanguineum (Gb.).	Arabis brassiciformis: r. (Gb.)!
Reseda lutea.	Turritis glabra.
Lepidium Draba, campestre.	Lunaria rediViVa.
Thlaspi perfoliatum.	Aquilegia Vulgaris.
Diplotaxis tenuifolia!	Aconitum Lycoctonum!
Anemone silvestris.	Helleborus Viridis.
Pulsatilla Vulgaris (Gb.).	Actaea spicata.
Alsine tenuifolia!	Asarum europaeum.
Asplenium Trichomanes, germanicum. Ceterach officinarum: r. (nach ZEISKE). (außerdem Bilstein !)	Taxus baccata.
	Nephrodium Robertianum.

Die wichtigeren zugleich auf der Goburg (Hörnekuppe u. s. w.) Vorkommenden Arten sind durch (Gb.) kenntlich gemacht, denen im Falle besonderer Bedeutung für die Formation ein ! zugefügt ist.

Die Hörnekuppe.

Dem Meißner gerade gegenüber erhebt sich auf der Ostseite der Werra, steil aus dem breiteren Thale um *Eschwege* ansteigend, ein mächtiger, reich gegliederter Bergstock von Muschelkalk auf einem Sockel von Buntsandstein: *die Goburg.* Hart an der Werra, in niederer Sockelhöhe etwa nur 100 m über dem Fluss (Thalsohle hier bei 150 m), auf rotem Fels liegt der Fürstenstein, und über ihm türmen sich die Kalkberge zu steilen Gipfeln und Graten auf, die z. T. durch tiefe, walderfüllte Kessel von einander getrennt sind. Die der

Werra nächstliegende Steilspitze von 500 m Höhe mit anziehendem Blick hinunter in das erst bei *Allendorf* wieder sich verbreiternde Thal ist die *Hörnekuppe*; sie ist durch einen 15 m niedrigeren Zwischenberg mit einem jäh nach O abstürzenden Grat verbunden, dem *Hohenstein*, in welchem die Goburg bis 566 m hoch ansteigt und der mit der Hörnekuppe zusammen einen Kessel in der Tiefe bildet, welcher nördlich von dem 511 m hohen Schwengelberge geschlossen wird. Daran reihen sich weiter nordwärts bei dem Dorfe Asbach Berglehnen mit Wald und von Quellen überströmten Kalksümpfen, welche gewöhnlich in den Floren mit »Hain bei Allendorf« bezeichnet werden. Dies ganze Gebiet ist an Pflanzenreichtum den besten Stellen im Ringgau noch überlegen, abgesehen von dessen wenigen besonderen Arten, indem es zu der allgemeinen Charakterflora noch eine größere Anzahl von Arten neu hinzufügt.

Von Eschwege aus wandert man am rechten (hier nördlichen) Werraufer nach Jestädt, ersteigt vorüber am Fürstenstein in einem Thälchen die Hörnekuppe und geht durch die Waldungen des Hohensteins nordwärts, um in den Kessel bei Asbach herabzusteigen und so nach Allendorf zu gelangen; nach O läuft der Hohenstein, dessen nördliches Horn noch 545 m misst, in eine schwach geneigte Kalkfläche mit dem Weiler Goburg aus.

In den Gebüschen bei Jestädt im alten, der heißen Mittagssonne voll ausgesetzten Weinbergsgelände an Mauern von Buntsandstein ist Vitis vinifera zwischen Schlehdorn und Hartriegel verwildert; Dipsacus pilosus tritt häufig auf; Hyssopus officinalis hat an dem nach ihm benannten »Ysopsberg« gleich-falls ein Bürgerrecht erworben. Im Walde wechselt zwischen 240 und 275 m mehrmals die Bodenunterlage, mit ihr Scabiosa Columbaria gegen Jasione, Trifolium montanum gegen Genista germanica und Lathyrus montanus im Eichenhain mit Kiefer und Heide; dann herrscht Kalkflora und erreicht schon bei 375 m Höhe in lichten Hainen mit Laserpitium, Libanotis, Bupleurum longifolium und Coronilla montana ihren durchgängig reichen Ausdruck. Hier schmarotzt im Gebüsch auf Libanotis (nicht auf P. Cervaria, welches hier fehlt) die Orobanche Cervariae (= O. alsatica), die uns nur noch an einer zweiten Stelle in Thüringen, bei Gotha, nochmals in der Hercynia begegnet. Der Gipfel der Hörnekuppe ist wegen seiner felsigen Beschaffenheit mit Ge-büsch und offenen Triften bedeckt; Liguster und Eibe (r. !) mischen sich mit Esche und Eberesche unter die kleinen Buchen und Hainbuchen, während am felsigen Hange selbst einzelne große Sträucher von Amelanchier zwischen Schwarzdorn, Weißdorn und Cotoneaster wurzeln.

Unter Haselgesträuch gedeiht üppig Lithospermum purpureo-coeru-leum, und, was ja bei 500 m Höhe nicht wunderbar erscheint, es fehlt daneben nicht an Senecio nemorensis *Fuchsii. Im Geröll gegen den Hohenstein hin erfreut uns Carduus defloratus zwischen Lilium Martagon und Verbascum-Bastarten; nur Bupleurum falcatum wird vermisst und A. Amellus hat beschränktes Vorkommen am nördlichen Hange, wo auf dem oben er-wähnten quellüberrieselten Sumpflande die interessante Sturmia Loeselii üppig mit Carex Davalliana gedeiht.

Außer diesen beiden Arten, ferner außer der schon genannten Orobanche, Amelanchier u. a. zeichnet sich dieser Bergstock noch durch folgende Seltenheiten aus:

Mespilus germanica wird hier wie am Meißner und Badenstein als wild angesehen;
Cornus mas ist als seltnerer Strauch im Gebüsch der Hörnekuppe;
Senecio spathulifolius wächst bei Asbach;
Hypochaeris maculata und Crepis praemorsa an mehreren Stellen;
Pulmonaria angustifolia hier und am Badenstein (N-Grenze gegen Leinethal);
Erysimum hieracifolium *strictum;
Thesium *montanum wird von hier, wenngleich zweifelhaft, angegeben; außerdem wäre nur
    noch ein Standort am Meißner in dieser Gegend, nach N keiner;
Carex umbrosa (= polyrrhiza) und Calamagrostis varia (= montana). —

Dass Eryngium campestre in dieser sonst durch so viele Seltenheiten ausgezeichneten und der Thüringer Westgrenze so nahe gelegenen Gegend fehlt, mag noch ausdrücklich hervorgehoben werden.

Der Badenstein bei Witzenhausen.

Dieser Standort ist schon im Vorhergehenden öfters zum Vergleich herangezogen; Bupleurum falcatum, Anthericum Liliago, Carex ornithopoda und humilis, alle unter dem Ringgau (S. 343) aufgezählte Orchideen außer O. pallens, Polygala amara und Geranium sanguineum machen den Südhang dieses nur 355 m hohen und steil zur Werra abfallenden Berges schon für sich allein zu einem weiteren bemerkenswerten Fundplatz in der Facies von Anemone silvestris, Hippocrepis, Sesleria. In der Nordgrenze von Ruta graveolens liegt außerdem eine Besonderheit dieses Berges: mitten am Hange, sowohl im Gestrüpp von Wachholder, Kiefern und Buchen, als auch ganz frei auf kahlem Geröll, finden sich hier kräftig blühende Gesträuche der sonst nur bei Freyburg a. d. Unstrut wild in der Hercynia vorkommenden Art. Die Begleitpflanzen sind Anthericum, Bupleurum, Verbascum Lychnitis, Ononis, Euphorbia Cyparissias und andere gewöhnliche Pflanzen der Formation.

Noch ist °Teucrium Chamaedrys zu erwähnen als eine für diese Landschaft seltene und hier mit einem nordwestlichsten Punkte endende Charakterart, die im Gegensatze dazu im Thüringer Becken eine oft geradezu maßgebende Verbreitung in der Formation besitzt. Auch an der Goburg soll sie vorkommen, und ostwärts in den Bergen bei Treffurt und Wanfried; bei Auleben und Mühlhausen beginnt dann schon ihr sehr ausgedehntes Thüringer Areal, welches sie durch das Saalethal weit nordwärts bringt.

d) Das Hügelland an der oberen Leine bis Einbeck.

Es wurde schon oben S. 314 dieser nördlichste Abschnitt unseres Territoriums als eine Wiederholung der floristischen Verhältnisse an der Werra im verkleinerten Maßstabe bezeichnet. Dies darf man vom landschaftlichen Reiz, von der Höhe und Schroffheit der Muschelkalkberge sowie von dem Zusammentreffen seltener Arten sagen, die immer noch ihren Schwerpunkt in den Hügelformationen haben. Doch giebt es auch bemerkenswerte Wasserformationen, z. B. am Denkershäuser Teich Röhricht mit Cladium Mariscus; selbst Salzpflanzen fehlen nicht. Da aber diese sowohl bei Nörten und Salzderhelden wie an der Werra bei Allendorf nur schwache Wiederholungen der reicheren Halophytenflora vom Kyffhäuser bis Stassfurt am Ostharz darstellen, so soll ihre specielle Schilderung unterbleiben.

Die montanen Pflanzen beschränken sich auf die Hochwälder der Kalkberge; einige hübsche Basaltkegel, der Hohe Hagen und Dransberg, schauen noch nach Göttingen herüber; aber sie besitzen gerade wie die nördlichsten Berge der Vorderrhön bei Vacha—Geisa nur Interesse durch die sie begleitenden Muschelkalktriften, auf denen sowohl Centaurea montana als Melampyrum cristatum seltnere Erscheinungen darstellen.

Das pflanzenreichste Gebiet der *Göttinger Flora* liegt auf dem östlichen Leineufer. Die große Straße von hier zum Harz steigt die Uferhöhen steil hinan und geht zwischen dem hoch liegenden Dorfe Nikolausberg links und Herberhausen rechts über Roringen nach Waake. An dem höchsten Punkte dieser Straße berühren sich bei 325 m Höhe der südlich ausgedehnte weite *Göttinger Wald*, der nach Osten jäh in langer Felskante abbricht, und der gen N und NW sich hinziehende *Plesswald*, der in dem Steilberge der Rathsburg und der malerisch auf einem Vorberge zur Leine hin liegenden Ruine Plesse endet. Die Hochfläche kommt an 400 m, die höchsten Gipfel an 425 m. Diese Berge bieten während der ganzen Vegetationsperiode hindurch abwechslungsreiche Bilder, und schon früh im Jahre schimmern im dunklen Stahlblau die Kopfrispen der Sesleria coerulea, die hier mit Hippocrepis und Viburnum Lantana die Facies in voller Schärfe auszeichnet: nur Sorbus Aria fehlt von den früher genannten am Kopfe der Liste S. 343. Helleborus viridis kommt zahlreich im März schon zur Blüte, Muscari racemosum hat an der Ruine einen seltenen Standort. Dann entfaltet Euphorbia amygdaloides, deren Areal sich von hier über das Eichsfeld bis zur Thüringer Grenze an den Ohmbergen erstreckt, ihre hohen Blütenstände, Asarum tritt in Blüte mit Polygala amara, Viola mirabilis und Potentilla Fragariastrum; dazu kommt eine Menge von Orchideen, bis dann im Hochsommer neben dem gelbblütigen Aconitum Lycoctonum im Walde die grau schimmernde Stachys alpina als besondere pflanzengeographische Merkwürdigkeit reichlich zu blühen beginnt und im heißen Geröll an der Ruine die starken Stengel von Peucedanum Cervaria hoch über den violetten Strahlen von Aster Amellus ihre Dolden ausbreiten. Diesen selteneren Erscheinungen fügt die Rathsburg noch Buplcurum longifolium, Coronilla montana, Carex humilis und Polygonatum verticillatum hinzu; Anthericum Liliago und ramosum wachsen hier wie an vielen Stellen der Göttinger Flora, von seltenen Orchideen sind besonders Ophrys apifera (sehr selten geworden) und Herminium Monorchis neben früher genannten zu erwähnen, auch Epipogon aphyllus unter hohen Buchen des Göttinger Waldes.

Diese Auswahl zeigt die reiche Zusammensetzung des niederen Bergwaldes (der noch viele Arten der Rhön-Bergwaldungen enthält) und der Kalkschotter; die Liste um die vielen gemeineren Arten, wie Anemone silvestris, Inula salicina u. s. w., vervollständigen würde eine ermüdende Wiederholung der früheren sein. — Nur auf die Verbreitung von zwei Arten mag noch hingewiesen werden: Cornus mas ist ein auszeichnender, stellenweise eigene Gebüsche bildender Strauch an mehreren Stellen des Göttinger Waldbereichs (Westerberg ! Lengdener Burg ! Hengstberg !) und breitet sich ostwärts bis Heiligenstadt im Eichsfelde und bis zum Hainich bei Mühlhausen aus; dieser Strauch fehlt der ganzen südlichen Abteilung unserer Landschaft vom Meißner an, bildet demnach eine besondere Gemeinsamkeit mit dem Thüringer Becken bis zum Saalethal. — An denselben Stellen im Göttinger Walde erreicht Lithospermum purpureo-coeruleum seine letzten Stationen von der Werra bei Allendorf her und verbindet — wenn man dies so bezeichnen will — die Göttinger Flora ebenso mit der Thüringer als mit der Fränkischen Saale. —

Die Entwickelung so vieler steiler Muschelkalkhöhen in einer vom Ackerbau außerhalb des weiten Göttinger Waldgürtels stark beanspruchten Gegend bringt es mit sich, dass auf den oft nur für dürftige Weiden oder Esparsette-Anbau geeigneten Schottertriften ebenso wie auf den Getreideäckern eine Menge von verschiedenartigen Triftpflanzen, Unkräutern und Kalk-Ruderalpflanzen wächst, welche hier noch zu einer kleinen, die besondere Facies anzeigenden Liste zusammengestellt werden sollen. Als Beispiel mögen die schon erwähnten Fluren von Nikolausberg vor dem Plesswalde in Höhe von 300—360 m gewählt werden; die unsere Landschaft besonders auszeichnenden Arten sind durch Sperrdruck hervorgehoben; Jahreszeit: Ende Juni—Juli.

Koeleria cristata, Phleum asperum!
Avena pubescens, pratensis, Trisetum flavescens.
Cynosurus, Festuca ovina.
Brachypodium pinnatum.
Bromus sterilis, secalinus.
Ononis spinosa (T. p.).
Medicago falcata, sativa, ✕media.
Melilotus officinalis.
Lotus corniculatus.
Onobrychis sativa verwildert.
Prunus spinosa.
Rosa canina, tomentosa, rubiginosa.
Sanguisorba minor.
Pimpinella Saxifraga.
Falcaria Rivini.
Bupleurum rotundifolium.
Torilis infesta: selten !
Caucalis daucoides, latifolia.

Daucus Carota. Orlaya !
Valerianella, dentata, Auricula.
Galium Aparine, tricorne.
Knautia arvensis, Scabiosa Columbaria.
Anthemis tinctoria.
Centaurea Scabiosa, Jacea.
[Carlina acaulis fehlt fast vollständig und erreicht
      bei Nörten und Hardegsen ihre N-Grenze.]
Scorzonera laciniata.
Specularia Speculum, hybrida.
Anagallis *coerulea.
Cynoglossum officinale.
Linaria Elatine, minor.
(—— spuria selten.)
Veronica latifolia.
Odontites rubra.
Melampyrum arvense.
Stachys arvensis, annua.

Brunella vulgaris, grandiflora.
Teucrium Botrys.
Satureja Acinos.
Hyoscyamus niger.
Convolvulus arvensis.
Euphorbia exigua, platyphylla selten.
Geranium columbinum, dissectum.
—— pusillum, pyrenaicum.
Linum tenuifolium!, catharticum.
Viola hirta (früh im April blh.).
Hypericum perforatum.

Sinapis alba, arvensis.
Camelina, Neslea.
Lepidium campestre, Draba (rr.).
Thlaspi perfoliatum (verblüht).
Alyssum calycinum.
Conringia orientalis.
Reseda Luteola.
Adonis aestivalis, flammea.
Delphinium, Agrostemma.
Silene inflata, nutans.
Alsine tenuifolia (ziemlich selten).

Durchaus bodenvage Arten sind aus dieser Liste fortgelassen, um das Charakteristische besser herauszuheben; immerhin bleiben 80 Species, von denen einige, wie Specularia und Bupleurum rotundifolium, höchst wertvolle Vegetationslinien nach N bilden und z. T. schon südlich von *Einbeck* aufhören. Bis dahin aber bleibt der Hauptcharakter des Landes noch unverändert; der letzte bedeutendere, die Leine im Osten begleitende Bergzug ist der mehrfach genannte Wieter zwischen Nörten und Northeim, ein langgedehnter, schmaler Kalkrücken von 315 m Höhe, an dem noch Laserpitium latifolium (aber nicht mehr Peucedanum Cervaria) gefunden wird. Dicht bei Einbeck liegt Salzderhelden mit Salzwiesen, auf denen Glaux maritima noch einmal vorkommt. Dort sieht man schon den langgezogenen Bergzug des Selter, der zum Ith und Hils in das Weserbergland überleitet, und mit dem ersten Standorte der Rosa repens, welcher schon bei Nörten liegen soll, begrüßen wir diese Charakterart von der westlichen Umrandung des Harzes.

Viertes Kapitel.

Das Thüringer Becken.

1. Orographisch-geognostischer Charakter.

Umgrenzung und Aufbau. Das »Thüringer Becken« umfasst als floristische Landschaft von ca. 135 Quadratmeilen Fläche die weiten Räume zwischen dem Thüringer Walde und dem Südrande des Harzes. Am Nordrande wie am Südrande dieser Landschaft bilden auf ziemlich lange Strecken Bänder der Zechsteinformation mit riffartig stehengebliebenen Kalkbänken oder weitgedehnten Gypshöhen seine Umfassung; im Innern aber setzt sich dieses ganze

große Gebiet aus den Gesteinen der Trias zusammen, von denen die Bunt-
sandstein-Schichten fast den gleichen Anteil an der Oberflächenbildung nehmen,
als Muschelkalk und Keuper zusammengenommen. Mit dem Keuper in
innigster Verbindung sind inmitten der Landschaft im Flussgebiet der Unstrut
auch große Flächen vom Diluvium bedeckt; aber es ist dies ein Diluvium,
welches an dem Bodencharakter der zwischen reinen und thonigen Kalken,
kalkhaltigen Mergeln, sandigen Thonen und reinen Sandsteinen schwankenden
Triasgesteine überhaupt nichts wesentliches mehr zu ändern vermag. So

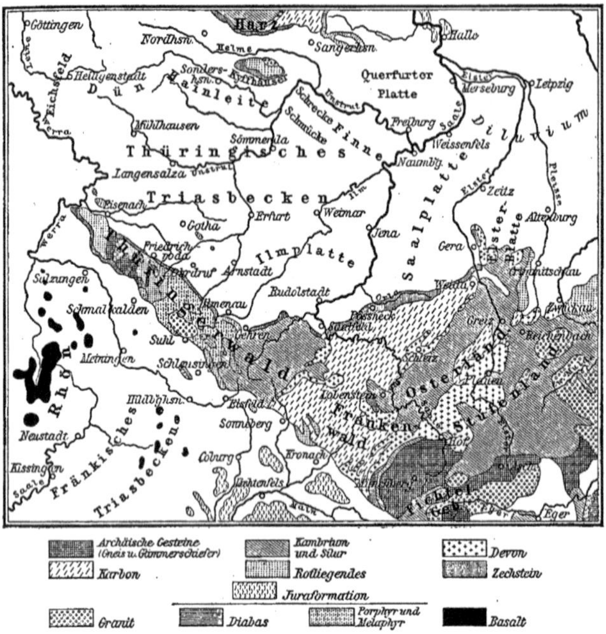

Figur 11. Geologische Skizze von Thüringen bis zum Harze, dem Fichtelgebirge und der Rhön.
(Aus SCOBELs »Thüringen« S. 5.)

würde die Bezeichnung »*Thüringer Trias-Becken*« für diese Landschaft richtig
sein und die Grundbedingung vieler seiner floristischen Merkmale verraten;
aber, wie auch SCOBELs geologische Skizze angiebt, teilt der *Kyffhäuser*, der
doch ein sehr ausgezeichnetes Stückchen dieser floristischen Landschaft bildet,
deren Aufbau nicht, sondern nimmt die Gesteine des Harzrandes für sich selbst
in Anspruch. Außerdem erscheint es misslich, einen geognostischen Charakter
einseitig anzuwenden, der auch im Werra-Hügellande schon ganz ähnlich vertreten war.

Dabei entsteht die Frage, warum es überhaupt notwendig sei, dieses Thüringer Triasbecken von dem Werra-Hügellande als besondere floristische Landschaft zu trennen. Bei sehr vielen gemeinsamen Merkmalen in der dem geognostischen Charakter zuzuschreibenden Formationsanordnung ist dennoch das Vorhandensein zu vieler besonderer Arten im Thüringer Becken und anderseits auch das Fehlen mancher anderer des westlich angrenzenden Territoriums der Grund, um deswillen hier eine Florenscheide zu setzen ist und der mittelhercynische Charakter des *Thüringer Gaues* anhebt. Durch diese floristischen Merkmale ist das Thüringer Becken mit der Landschaft an der Unteren Saale, ja auch mit der kleinen gegen Sachsen zwischengeschobenen Landschaft an der Weißen Elster, inniger verbunden als mit dem Werra- und Fuldalande, immer natürlich von den Übergängen im Grenzgebiet und einzelnen sporadischen Standorten abgesehen. Wie unsere Karte zeigt, läuft die hercynische Westgrenze der Hauptverbreitung »klassischer« Arten aus den pontischen Steppengenossenschaften in ziemlich gerader Verbindungslinie vom Harz südwärts auf den Thüringer Wald zu, vor dessen nördlichen Ausläufern sie südlich von Gotha und Arnstadt sich herumzieht. Der westlich dieser pontischen Haupt-Genossenschaftsgrenze liegende Teil des Thüringer Triasbeckens führt allmählich zu der Werra- und Leineflora über und ist durch eine Reihe von Einzelstandorten (siehe auch unter Kap. 3 bei Bleicherode und dem Ringgau) von beiden Seiten als Grenzgebiet markiert.

Niederschlagsverhältnisse. Dieser floristische Charakter wird in der Vorzeit gerade so durch besondere klimatische Umstände auf der dafür günstigen Grundlage des Triasbodens herbeigeführt worden sein, wie noch heute ein trocknes Klima den Thüringer Gau vor der westlichen und auch vor der östlichen Hercynia auszeichnet. Es ist schon oben (Abschn. II, S. 72—75) auf diesen Umstand unter ASSMANNS Autorität hingewiesen und mögen daher hier nur noch Ergänzungen angeführt werden.

Unsere Karte zeigt die Mittelpunkte der drei Trockengebiete mit nur 45—50 cm Jahresniederschlägen; an der Unstrut zwischen Nebra und Bibra liegt der eine, und das von diesem Mittelpunkt beherrschte große Trockengebiet geht westwärts bis über den Kyffhäuser und im Südwesten bis gegen Erfurt; die beiden anderen Mittelpunkte kleinerer Enclaven liegen westlich von Leipzig und nördlich von Stassfurt, gehören dem Terr. 5, bez. Grenzgebiet von 6 an. Die Karten VAN BEBBERs in den Geographischen Mitteilungen 1878[1]) lassen die jahreszeitliche Verteilung der Niederschläge schärfer erkennen. In den Wintermonaten hebt sich dieses Thüringer Gebiet als westlichste regenarme Landschaft im Herzen Deutschlands heraus; auch in den Frühlingsmonaten zieht eine regenarme Zunge aus dem östlichen Deutschland über die Elbe hinüber, zwischen Harz und Thüringer Wald mitten hindurch und endet in Hessen. Unregelmäßig ist die Verteilung im Sommer, wo sich Thüringen

---

1) Gotha, J. Perthes, Tafel 14.

nicht durch besonderen Mangel an Niederschlägen auszuzeichnen scheint; aber
im Herbst zieht wiederum aus der Lausitz und vom Fläming her eine regenarme Zunge über die Saale hinüber in das Unstrutgebiet und endet an der
Werra, ergreift auch im sächsischen Gau noch das nördliche Vogtland mit.
So scheint es denn die schon vom Herbst an beginnende größere Trockenheit,
im Frühling ausschlaggebend, zu sein, welche den Boden für die Erhaltung
von Steppenpflanzen besonders geeignet macht.

Höhenverhältnisse. — Vom Nordfuß des Waldes, wo die Bergformationen
bei 500 m ihr hauptsächliches Ende erreichen und nur noch in feuchten
Schluchten tiefer herabsteigen, senkt sich das Thüringer Triasbecken zum Thal
der *Unstrut* hin, welche alle Bäche des Westens von der Wasserscheide gegen
die Werra und Leine und zugleich eine Reihe munterer Bergwässer sowohl
vom Thüringer Walde her als vom Harze her sammelt. Das Thal der Unstrut selbst ist tief eingegraben und sinkt schon mit ihren Seitenbächen nordwärts von Cölleda und Sömmerda unter 125 m Höhe herab. Nachdem aber
die Unstrut bei Artern ihr nördliches Knie erreicht hat, muss sie sich zwischen
den Städten Nebra, Laucha und Freyburg in gewundenem Laufe einen engen
Weg zwischen Buntsandstein- und Muschelkalkhöhen bahnen, bis sie die Saale
bei Naumburg erreicht. Hier verlässt die Saale oberhalb von Weißenfels die
engere Thüringer Landschaft bei einem Niveau von 103 m, und es spielen
sich die Formationsanordnungen daher im Rahmen von 100—500 m ab. Aber
es fehlt auch an der NO-Grenze nicht an kräftiger hervortretenden Höhen.
So ist als mächtiger Buntsandstein-Riegel südlich von den soeben genannten
Ortschaften die *Finne* zwischen Unstrut und Saale eingeschoben, und es vereinigen sich eine Reihe anderer hauptsächlich von West nach Ost ziehender
Höhenrücken (wie der nördlich von Weimar sich hinziehende und bis 481 m
erreichende Rücken des Ettersberges) zu einer den Osten des Unstrutgebiets
abdämmenden Wasserscheide, hinter welcher die *Ilm* von Stadtilm her über
Weimar und Sulza zur *Saale* fließt. Dieser stolze Fluss[1] selbst aber, bei
Saalfeld aus dem Berglande getreten, fließt nach steiler Biegung zwischen
Rudolstadt und Orlamünde nordwärts auf Kösen und Naumburg zu, zuerst
von steilen Buntsandsteinfelsen oft einseitig eingedämmt, hinter denen spitze
Muschelkalkhügel hoch aufragen, dann von den grotesken Muschelkalkfelsen
selbst bei Jena, Camburg, Kösen umringt und zu den malerischsten Thüringer
Scenerien gestaltet. Die Wasserscheide zwischen Saale—Ilm und der Unstrut—
Gera (Saalplatte und Ilmplatte) von Rudolstadt bis zur Finne ist viel höher,
steigt im Gr. Kalm zwischen Stadtilm und Rudolstadt bis über 540 m und im
Singerberg bei Stadtilm bis 585 m Höhe auf, so dass hier auch von frei
stehenden Muschelkalkbergen gerade wie an der Werra die sonst als obere
Grenze der Hügelflora geltende Linie von 500 m überschritten wird. Die
Ilm- und Saaleplatte ist auch viel reicher gegliedert in Hügelketten von Sandstein

---

1) Vergl. die Skizze des Saalethales Abschn. II, S. 53.

mit übergelagertem Muschelkalk oder von letzterem allein, als das Innere Thüringens an der Unstrut bis zu deren nördlichem Knie bei Artern, und so gilt denn dieses Innere als das eigentliche »Thüringer Becken«, ein Name, der im pflanzengeographischen Sinne zur Landschaft zwischen dem Walde und Harze einschließlich der die Saale einfassenden Hügelketten erweitert ist. Dieses eigentliche *Thüringer Becken* ist in SPIESS »Physikalischer Topographie von Thüringen« [1]) übersichtlich hervorgehoben, mit seinen Eckpunkten Erfurt— Weimar—Sangerhausen—Nordhausen—Mühlhausen; der allersüdlichste Teil, nur durch ganz sanft ansteigende Höhen (Haart-Berge 363 m, und östlich die Fahnersche Höhe 410 m) von dem Unstrutgebiet geschieden, entwässert durch die von Ost nach West nördlich von Gotha auf Eisenach zu fließende Nesse und *Hörsel* zur Werra, die diese in der Ecke zwischen den grünen Ausläufern des schönen Waldgebirges bei Eisenach und den nördlich bis zu 486 m aufsteigenden, entsetzlich kahl und dürr erscheinenden Muschelkalkzügen der *Hörsel-Berge* erreicht.

Das Becken erscheint flach, oft wie eine weite Ebene, und besteht in seiner Hauptmasse aus den Keuperschichten mit Diluvien und Alluvien. Der Zusammenhang des einstigen Keuperbeckens wurde durch von NW zu SO streichende Verwerfungsspalten gestört, durch welche ältere Triasschichten eine Aufrichtung erfuhren und Höhenzüge bildeten, auf deren Kämmen die langen Jahrtausende den Keuper abtrugen und die älteren Sedimente entblößten [2]). Immer bildet im Thüringer Becken der Muschelkalk die höchsten Erhebungen, meistens mit steilen Böschungen und oft jäh abgebrochen. Die immer wieder von neuem in der Hochebene aufgesetzten, langgestreckten Höhenzüge bezeichnen den Charakter des Hügellandes deutlicher; ihre äußersten Ränder aber sind anmutiger und geognostisch vielgestaltiger, weil sie sich im Süd und Nord an die Zechsteine und paläozoischen Sedimente vom Waldgebirge und Harze anlehnen, während die Wasserscheide gegen die Werra im *Hainich* aus Muschelkalk, die der Saale gegen die Weiße Elster aber fast nur aus bewaldeten Bergen von Buntsandstein aufgebaut ist. Liebliche Hügellandschaften im Innern, aus mäßig hohen aber malerisch aufsteigenden Ketten und Riffen gebildet, schaffen die pflanzenreichen Standorte im inneren Becken, während die mächtiger aufragenden Höhenzüge an der Saale selbst durch die Mannigfaltigkeit ihres Gepräges die schönsten Florenbilder an der Ostgrenze erzeugen. Im Gegensatz zu diesem Territorium stellt das folgende (Saaleland) den Ausdruck einer hercynischen Niederungslandschaft mit nordwärts verlaufenden Hügelketten dar und ist demgemäß abgegrenzt.

---

1) Weimar 1875, Karte I.
2) Siehe außer REGELS Thüringen u. a. SCOBEL, Thüringen (Monogr. Velhagen & Klasing 1898) S. 123.

2. Allgemeincharakter der Flora und auszeichnende Arten.

Es ist schon mehrfach hervorgehoben, dass die drei Landschaften: Werra-land, Thüringer Becken und Saaleland, die floristisch am meisten unter den hercynischen Hügellandschaften hervorragenden sind. Eine Menge von selteneren Arten kommt gerade nur hier zusammen, und eine große Anzahl derselben hat nicht nur den einen oder anderen schwierig nachweisbaren Platz, sondern findet sich mit gutem und stark geltend gemachtem Bürgerrechte an weit auseinander gelegenen Stellen.

Zwischen diesen drei Landschaften besteht nun eine derartige Verkettung, dass das Werraland mit dem Thüringer Becken hauptsächlich in der Anord-nung der Formationen auf Triasboden und in den früher als *präalpin* be-zeichneten Arten übereinstimmt; das Thüringer Becken aber hat vor dem Werralande die viel größere Anzahl von Arten *pontischen Areals* voraus, die sich südlich vom Harz noch einmal besonders reich um den Kyffhäuser herum versammelt haben, gerade wie nördlich vom Thüringer Walde im Gebiet von Arnstadt—Gotha. Durch diese pontischen Arten ist nun das Thüringer Trias-Becken seinerseits wiederum viel enger mit den Standorten des Unteren Saale-landes verbunden. Auf dem Verbindungsstrich Kyffhäuser—Artern (westlich der Grenze beider Landschaften bei Querfurt) und Grafschaft Mansfeld—Eis-leben—Halle (östlich der genannten Grenze) haben eine Menge seltenerer Arten ihre hauptsächlichen Standorte, zumal die Halophyten mit Steppenareal, und überbrücken die genannte Grenze, welche die Anordnung der Formationen und den ganzen landschaftlichen Ausdruck im Verlauf des Saalelandes über Halle hinaus bis nach Magdeburg zu Grunde legte. Die Thüringer Kalk-flora stimmt an ihren reichsten Punkten am besten mit derjenigen bei Allendorf und im Ringgau an der Werra überein, die Thüringer Steppen-flora dagegen mit derjenigen des Saalelandes von Eisleben bis Halle und Wettin.

Da nun die Pflanzen mit pontischem Areal unter den Thüringens Flora auszeichnenden Arten überwiegen, so ist es zweckmäßig, eine gemeinsame Liste mit den Charakterarten des unter Kapitel 5 folgenden Saalelandes zusammenzustellen, die Halophyten aber ganz auf die Besprechung des letzteren zu versparen. In dieser Doppelzusammenstellung sind unter Zu-ziehung der Salzpflanzen nahezu 100 Arten in der Hercynia allein, oder so gut wie allein, in Terr. 4 und 5 vertreten. In den fol-genden Listen sind dieselben aber noch um 40 andere Arten vermehrt, welche sowohl wichtige Vergleiche mit der westlichen als mit der östlichen Hercynia zulassen.

a) Verzeichnis der Charakterarten Thüringens aus den Hügelformationen.

Die (eingeklammerte) Zahl vor dem Speciesnamen bezieht sich auf die in Abschnitt III Kap. 4 zusammengestellte Hauptliste der Formation; die Hinzufügung der Seite deutet auf die schon dort gegebenen Standortsnotizen hin. Bei den Stauden sind in Abschnitt III Kap. 4 solche Standortsnotizen noch nicht gegeben worden, weshalb dieselben hier für die wichtigeren Arten nachgetragen werden. Besonders durch ihre Verbreitung in Thüringen wichtige Arten sind durch S p e r r d r u c k hervorgehoben.

Dem Speciesnamen geht ferner ein Territorialnachweis voran: (1.) Weserland, (3.) Werraland, (8.) Elbhügelland, (9.) Lausitzer Hügelland für die n i c h t auf Thüringen und Saaleland beschränkten Arten, auch einige Beziehungen zu anderen Territorien; die im wesentlichen sowohl für das Thüringer Becken als das untere Saaleland charakteristischen Arten sind durch gleichmäßige Nebeneinanderstellung der zugehörigen Ziffern 4. und 5. bezeichnet.

(Terr.)	Thür.	Saale	
.	4.	5.	(2). Prunus Chamaecerasus Jacq., erscheint an vielen Stellen des Gebietes, z. B. am Seeberge bei Gotha ! und ebenso in den Gebüschen bei Schönebeck-Magdeburg !, durchaus spontan, blüht reichlich ohne Früchte zu reifen. Verbreitung s. Abschn. III S. 168.
(3.)	4.	.	(12). Amelanchier vulgaris Mnch. Siehe Abschn. III. S. 169. Über die Thüringer Standorte herrscht in der Litteratur noch nicht völlige Klarheit. »Kyffhäuser« ist nach LUTZE zu verwerfen, der ausdrücklich auf die einzige Stelle bei Bleicherode. verweist, welche zur Ostgrenze des Terr. 3 gehört und mir autoptisch gut bekannt ist! Im Schwarzburger Thal wird der Strauch auf Thonschiefer angegeben, sonst noch Obernitz, Eichicht und andere Orte genannt. BOGENHARD führt ihn nicht an. Die genaue Kenntnis des Verlaufes der Grenze unter Berücksichtigung fruherer authentischer Standorte erscheint von dieser Art besonders wichtig.
.	4.	.	Lonicera Caprifolium L., wahrscheinlich an einigen Standorten (z. B. Fahner'sche Höhe nördl. Gotha) wild, an manchen anderen Orten dagegen wohl nur verwildert.
.	4.	(5.)	(14). Rosa pimpinellifolia L.: selten ! Südl. Thüringen und bei Halle[1]); vergl. S. 170—171 für diese und andere Rosen.
(2.) (13.)	4.	(5.)	(21). Rosa repens Scop.: selten, Weimar, Jena, (Koburg,) Mühlhausen. — Zerbst für Saaleland. — Lobenstein im oberen Saalelande zu Terr. 13.

---

1) Bezüglich der mannigfaltigen Unterarten und Formen der thüringischen R o s a - S p e c i e s ist auf die eingehende Arbeit von SAGORSKI aus dem Naumburger Gebiet zu verweisen; siehe Abschn. I, S. 25, Nr. 48.

(Terr.)	Thür.	Saale	
.	?	.	Quercus pubescens W. ist für das Saalethal bei Jena zu erwähnen; vergl. BOGENHARD ! S. 334. — REGEL bezweifelt die Richtigkeit dieses Standortes und giebt an, dass A. SCHULZ ihn nicht hat bestätigen können. Trotzdem ist an der früheren Richtigkeit wenigstens für die genannte Angabe nicht zu zweifeln. Der Standort erscheint von hoher Wichtigkeit, da dieser Baum in Strauchform in den warmen Hügelformationen bei Leitmeritz in Böhmen im übrigen seinen nächsten sicheren Standort von Niederösterreich gen NW hat.
.	4.	5.	(49). Stipa capillata L. Siehe Abschn. III S. 176.
(9.)	4.	5.	(50). —— pennata L. Ebenda S. 176.
.	4.	(5.)	(56). Poa alpina *collina (= badensis Gmel.). S. Abschn. III S. 177.
.	4.	5.	(58). Agropyrum glaucum R. & Sch. Siehe Abschn. III S. 178.
.	4.	5.	(73). Carex supina Whlbg.: Jena—Frankenhausen—Halle—Aschersleben.
.	4.	.	—— nitida Host, in N.-Österr. häufiger vorkommende Speciesform der C. obtusata-Gruppe, hat seltene Standorte auf Gypshöhen am Südharz.
.	4.	.	(87). Ophrys aranifera Huds. Von der Westgrenze bei Bleicherode? an ostwärts, aber mit Überspringung des Kyffhäusergebietes, bei Waltershausen, Rudolstadt, Pforta und Jena (BOGENHARD S. 355) bis Freyburg an der Unstrut. (Vergl. auch SCHULZ, Entwickl. II, S. 408.)
.	4.	.	Ophrys arachnites Murr. (= fuciflora Rchb.) und Aceras anthropophora mit zweifelhaften Standorten.
.	4.	?	Orchis pallens L. kann den lichten Hainen beigefügt werden; ist besonders auf der Saaleplatte von Jena bis Weimar u. s. w. häufig.
.	4.	.	(88). Himantoglossum hircinum Spr.: selten; mehrere Standorte an der Saale von Gössnitz südl. Jena bis Naumburg; Freyburg; Eisenach; Seeberg bei Gotha.
.	4.	5.	(94). Gagea saxatilis Kch. (und *bohemica Schult.): von Gotha bis Magdeburg; auf den Porphyrfelsen bei Halle erster Frühlingsschmuck.
.	4.	5.	(98). Muscari tenuiflorum Tsch.: seltener als M. comosum, racemosum.
.	4.	.	(105a). Allium rotundum L.: Naumburg—Freyburg—Jena—Sondershausen—Erfurt—Gotha—Arnstadt, und bis zur Südgrenze bei Ziegenrück.
	4.	5.	(109). Iris nudicaulis Lmk.: von der unteren Unstrut und Saale bei Freyburg und Naumburg über Wendelstein nach Halle bis Quedlinburg und zum Huy!
.	4.	.	Iris sambucina L. soll bei Naumburg natürl. Standort haben.
.	.	5.	Ornithogalum tenuifolium Guss.: sehr selten · bei Halle (Schlesien, Böhmen).

(Terr.)	Thür.	Saale	
.	.	5.	(123). Trifolium parviflorum Ehrh. gehört zu den seltenen Pflanzenarealen des Saalelandes. Vergl. A. SCHULZ, Saalebez. S. 61: »In diesem wächst dieser Klee an einer Anzahl Stellen zwischen Halle und Trebitz unterh. Wettin, vorzügl. in der Nähe der Saale, sowie bei Rothenburg; früher kam er auch bei Barby und Magdeburg vor.«

(Terr.)	Thür.	Saale	
.	4.	5.	(129). Astragalus exscapus L.
.	4.	5.	(131). —— danicus Retz.
.	4.	5.	(132). Oxytropis pilosa DC.

(129). Astragalus exscapus L. | (131). —— danicus Retz. | (132). Oxytropis pilosa DC.) Diese drei Leguminosen gehören zu den wichtigsten Charakterarten Thüringens und des Saalelandes, durch ihr gemeinsames Vorkommen in beiden Landschaften sowie durch ihre scharfen Grenzen gegen den hercynischen Osten (auch schon gegen das Weiße Elsterland) und Westen (Werraland) gleich ausgezeichnet. Alle drei sind an einzelnen Stellen des östlichen Thüringens, z. B. an den Drei Gleichen bei Arnstadt (Nr. 132), im Kyffhäusergebiet (Nr. 131 und weniger Nr. 129) und an der Unstrut bei Nebra in großer Anzahl von Pflanzen oder über viele Einzelstandorte derselben Gegend verbreitet, besiedeln aber die Ilm- und Saaleplatte bei Jena—Weimar fast gar nicht (in der Flora von Jena nur Nr. 131 sehr selten nach Rchb. Fl. saxon.), während sie an der unteren Saale, z. B. Wettin—Rothenburg!, wieder Vorkommen und alle in das östliche Vorland des Harzes eintreten, z. B. Nr. 129 bei Aschersleben zahlreich!, auch als Seltenheiten die Flora von Magdeburg erreichen. Ihr gemeinsames Hauptareal zieht sich also wie ein breites Band um den Harz vom Bodegebiet über Halle zur Unstrut und zum Kyffhäuser, von wo es südlich nach Gotha und Arnstadt ausbiegt.

(Terr.)	Thür.	Saale	
(3.)	4.	.	(135). Coronilla vaginalis Lmk. Diese Art zeigt, ihrer südwestlich-montanen Arealfigur entsprechend, eine von den drei vorhergenannten Charakterarten durchaus abweichende thüringische Verbreitung, indem sie hart an der Mündung der Unstrut bei Freyburg gegen das untere Saaleland abschließt! Sie ist mit dem Werralande, wenn auch als S-ltenheit, gemeinsam und hat dort einen äußersten Standort im Ringgau nahe dem Heldrastein!, während sie im Thüringer Becken außer ihrer starken Verbreitung an den Muschelkalk-Hängen des Gerathales von Arnstadt bis zum Veronikaberge bei Martinroda nur noch bei Stadtilm und Freyburg wächst. Vergl. A. SCHULZ, Saalebez. S. 53.
.	4.	.	(154). Potentilla *pilosa W.: im südöstlichen Teile des Thür. Beckens auf wüstem Boden, Arnstadt, Gotha, Tiefthal, Erfurt. Höher als P. recta, von der diese Subspecies nicht sehr weitgehend verschieden ist; Blüten kleiner, ähnlich der P. canescens.
3.	4.	.	(157). Potentilla thuringiaca Bernh.: selten und für das eigentliche Thüringen nicht charakteristisch. Aus dem an den Thüringer Wald anstoßenden Werralande auf Porphyr und Kalk, von den Gleichbergen bei Römhild, Hildburghausen, Schleusingen, Eisfeld und Suhl (und von da nach Franken verbreitet) in das innere

(Terr.)	Thür.	Saale	
			Thüringer Becken eintretend bei Tennstedt und Erfurt, wie es scheint als Seltenheit, da SCHÖNHEITs Flora die letzteren Standorte noch nicht kennt.
.	(4.)	5.	(180). **Seseli Hippomarathrum L.**: Diese Dolde ist eine der interessantesten Arten des Saalelandes durch ihre starke Verbreitung daselbst, während sie überhaupt nur ein beschränktes südöstliches, bis Böhmen reichendes **PM**-Areal besitzt. Sie verdient daher die ihr von A. SCHULZ (Entw. II, S. 315) zu Teil gewordene ausführlichere Verbreitungsschilderung. Ihr thüringisches Areal reicht von der Saale bei Naumburg das Unstrutthal aufwärts (Freyburg ! Nebra) nach Artern und Allstedt, bildet also nur eine Ausbuchtung des Saale-Areales, in dem sie an vielen Stellen, z. B. bei Wettin ! und Rothenburg !, geradezu einen hervorstechenden Charakterzug der trocknen Abhänge und der nackten Felsen bildet. Sie erstreckt sich im Gebiet der Salzke bis Eisleben, berührt den Ostharz bei Hettstädt (Grafsch. Mansfeld) und geht über Aschersleben nach NW bis Quedlinburg ! und Halberstadt.
(6.)	4.	5.	(182). Peucedanum officinale L.: Kyffhäusergebiet—Leipzig (Weiße Elster-Wiesen) im O, Barby nach NO. Vergl. A. SCHULZ, Entw. I. 58 und Saalebez. 73.
.	4.	.	(183). **Peucedanum alsaticum L.**: eine pontische Dolde, welche an der Saale fehlt und, da sie überhaupt am Rhein eine ausgedehntere Verbreitung besitzt, dieses Endareal mit dem Grabfelde und dem SW-Thüringen in Verbindung setzt. Hier schmückt sie in nicht geringer Individuenzahl, erst Anfang August blühend, die trocknen, grasigen Hügel an der zu den Drei Gleichen gehörigen Wachsenburg nahe dem Dorfe Haarhausen !, und die von GARCKE (XVIII. Aufl., S. 262) angegebenen Standorte fallen hier zusammen. Außerdem giebt sie LUTZE als größte Seltenheit (1879 gefunden) von einem Standort Nordthüringens an.
(8.)	4.	5.	(204). Aster Linosyris Bernh.: Seeberge b. Gotha—Frankenhausen—Halle—östl. Unterharz.
.	4.	.	Buphthalmum salicifolium L. !!: soll bei Saalfeld einen (präalpinen) natürlichen Standort besitzen (vergl. die spätere Liste unter Waldpflanzen).
.	4.	5.	(210). Inula germanica L.: Wichtiges Gesamtareal. Von Martinroda und Gotha (Seeberg: Zabel ! und Fahnersche Höhe) nach Erfurt, Tennstädt, Sondershausen, Burgwenden, Umgebung von Halle, Eisleben—Stassfurt—Bernburg, östliches HarzVorland.
(7?)	4.	5.	(219). Artemisia pontica L.: seltene Pflanze ! von Frankenhausen nach Naumburg, Jena, Halle, Bernburg und Magdeburg. (Wird von Grimma im Muldenlande angegeben.)
.	4.	5.	(224). Achillea nobilis L.: vom westl. Thüringen an der Werraland-Grenze bei Witzenhausen ! bis zum Ostharz und Magdeburg.

(Terr.)	Thür.	Saale	
.	4.	5.	(229). Senecio campester DC.: seltene Art vom Kyffhäuser-gebiet und Frankenhausen bis Halle, Stassfurt, Rothehütte im Ostharz und westwärts bis Wernigerode.
(1. 3.)	4.	.	(230). Senecio spathulifolius DC.: viele Standorte im Thür. Becken von Saalfeld und Gotha bis Jena—Naumburg—Südharz (Kohnstein, Alter Stollberg).
.	(4.)	5.	Echinops sphaerocephalus L.: zweifelhaft hinsichtlich des Bürgerrechtes im Gebiet. Die Thüringer Angaben gelten meist als verwilderte Standorte; am Ostharz und in der Umgebung von Eisleben dürfte am ehesten an ursprüngliches Vorkommen zu denken sein.
(3.)	4.	.	(476). Carduus defloratus L.: Wichtige präalpine Art, welche das Werragebirge (Allendorf: Goburg u. a. Standorte) über das Eichsfeld mit dem Thür. Becken (Arnstadt, Martinroda, Hörselberge) und der Saaleplatte bei Jena verbindet, hier aber gegen das Untere Saaleland abschneidet.
(8.)	.	5.	(242). Jurinea cyanoides Rchb.: Wichtige pontische Art, deren Areal in scharfem Gegensatz zu vorigem von der Elbe (oberhalb bis Riesa und Mühlberg) zur Saale bei Halle (Lettin) und zur östlichen Umrandung des Harzes vorgedrungen ist.
.	(4.)	5.	(245). Centaurea Calcitrapa L.: in großen Mengen einheimisch auf den steppenähnlich harten Flächen von den Mansfelder Seen bis Hettstädt und Aschersleben, sonst verschleppt.
.	4.	5.	(252). Scorzonera purpurea L.: in sporadischer, vielfach sehr seltener Verbreitung vom Gebiet der Drei Gleichen und Frankenhausen bis Freyburg, Rossleben, Halle und Ostharz.
(2.)	4.	5.	(256). Lactuca saligna L.: Thüringen—Halle (ostwärts bis gegen Leipzig)—Stassfurt und außerhalb des Gebietes bei Hildesheim.
(9.)(6.	4.	5.	(259). Lactuca quercina L.: auf die charakteristische gemeinsame Verbreitung dieser Art ist ein großes Gewicht zu legen und ihr daher von A. SCHULZ (Entw. II. 397—400) auch eine längere Besprechung mit Angabe der Einzelstandorte gewidmet. Für das Werragebiet würde nur der eine, Eschwege nahe gelegene Standort (am Ysopsberge bei Jestädt, siehe Kap. 3) in Betracht zu ziehen sein; es ist auffällig, dass PETER in seiner neuesten Flora (S. 292) nur Standorte vom Harzgebiet nennt. Daher ist vielleicht unter den Anschlussterritorien Terr. (3) fortzulassen; (6.) bezieht sich auf die Flora von Gera (siehe Kap. 6), und (9.) bezieht sich auf den jetzt seit lange nicht nachgewiesenen und auch von mir autoptisch nicht zu belegenden Standort

(Terr.)	Thür.	Saale	
			bei Bernstadt nahe der Oberlausitzer Neiße. Diese Lattichart zeichnet ziemlich genau das in Karte I angegebene Hauptverbreitungsgebiet der Steppenpflanzen aus, und zwar von den Drei Gleichen bei Arnstadt bis zum Kyffhäuser als Westgrenze, dann rings um den östlichen Harz herum von Sangerhausen bis Halberstadt, an der Rosstrappe !, und an der Saale von Jena, Naumburg (einschließlich des Unstrut-Helmegebietes von Freyburg bis Allstedt), Weißenfels, Merseburg, Halle an vielen Stellen, so bis zum Elbegebiet bei Barby und Dessau.
(2.)	4.	5.	(269). Hieracium echioides Lumn.: aus dem Becken bei Erfurt und der mittleren Saale bei Jena, Naumburg um den Ostharz herum zerstreut bis Braunschweig.
(8.)	4.	5.	(282). Campanula bononiensis L.: außer 1 Standorte im Elbhügellande nur innerhalb des Thüringisch-Saaleschen Hauptsteppengebietes. Von Arnstadt—Gotha und Kyffhäuser Umkreis nach Wendelstein a. d. Unstrut, Flora von Halle, Aschersleben und Ausläufer des östlichen Harzes. Vergl. A. Schulz, Entw. I. 48.
.	4.	5.	(289). Globularia vulgaris L.: selten im östlichen Thüringer Becken (Freyburg, Tautenburger Forst) und von da bis Bennstädt und Kölme bei Halle.
.	4.	5.	(294). Orobanche elatior Sutt. = major L. zerstreut durch das Gebiet.
(3.)	4.	.	(295). Orobanche Cervariae Suard: am Großen Seeberge bei Gotha ! Das Vorkommen dieser seltenen Art wurde von Zabel erst vor kurzem festgestellt und erweiterte ihr hercynisches Areal vom bisherigen 1. Standort an der Werra (Goburg) ostwärts.
.	4.	.	(296). Orobanche Epithymum DC.: selten in Thüringen (Naumburg).
.	(4.)	5.	(297). —— loricata Rchb.: Hauptsächlich um den Ostrand des Harzes, bei Aschersleben, Halberstadt und im Bodethal bis Rübeland—Elbingerode auf Urkalk, bei Eisleben; in Thüringen auf der Saaleplatte und bei Frankenhausen.
.	4.	.	(299). Orobanche minor Sutt.: Nordthüringen vom Kyffhäuser bis Naumburg.
.	4.	5.	Verbascum montanum Schrad.: angegeben in den Floren von Freyburg a. d. Unstrut bis zu den Standorten Giebichenstein, Kröllwitz, Peißnitz bei Halle.
.	4.	5.	(312). Veronica spuria L.: sehr selten am Südwestrande des Beckens (bei Wandersleben, Gleichen); Flora von Halle und Hoppelberg am NO-Harz.
.	4.	5.	(330). Nepeta nuda L.: Seltene Art an nur drei entlegenen Standorten: 1) an der Wanderslebener Gleiche !; 2) bei Eisleben vielleicht †; 3) bei Benzingerode a/H.
.	.	5.	Dracocephalum Ruyschiana L.: sehr selten bei Oranienbaum unweit Dessau.

(Terr.)	Thür.	Saale	
·	4·	5·	(340). Brunella alba Pall.: sehr selten im Thür. Becken (am Südrande des Waldes bei Coburg); dann am Ostharz bei Blankenburg, Hoppelberg.
·	4·	(5.)	348). Teucrium montanum L.: hauptsächlich in Thüringen verbreitet ! Arnstadt, Kyffhäuser-Gebiet bis zur Westgrenze, Weimar, Erfurt, Saaleplatte z. T. häufig und gesellig !, Unstrutthal; an der Unteren Saale mit selteneren Standorten, doch oft noch greg. auf Felsen z. B. Wettin ! — Rothenburg !, Bennstädt und Kolme. Westgrenze bei Auleben gegen Terr. 3 !
(8.)	4·	5·	(351). Nonnea pulla DC. an vielen Orten verbreitet und fast ruderal.
(3.)	4·	·	(373). Ruta graveolens L.: erscheint spontan bei Freyburg a. d. Unstrut.
(2.)	4·	5·	(374). Dictamnus albus L.: Wichtige Charakterart. Im Saalethale von Jena—Naumburg (häufig!)—Halle verbreitet nach SW bis Arnstadt und Gotha, südlich vom Harze über die Sachsenburg nach Badra, Frankenhausen, Rothenburg (Kyffhäuser) als Westgrenze, nach NW über die Ausläufer des Ostharzes bei Hettstädt nach Halberstadt (Hoppelberg, Huy) und in das Braunschweiger Land (Fallsteine, Asse) als äußerste Grenzpunkte.
·	4·	5·	(382). Lavatera thuringiaca L.: besitzt einen wichtigen Verbreitungsstrich vom nördlichen Thüringer Becken (Frankenhausen, Naumburg, Badra, Sachsenburg u. s. w.) über Weimar (r.) nach Weißenfels, Merseburg und zahlreichen Standorten um Halle. In der Flora von Jena nur bei Eckartsberga.
·	4·	·	(383). Althaea hirsuta L.: diese hauptsächlich im südwestlichen Teile des Beckens auf den Drei Gleichen (Arnstadt—Gotha), ferner bei Martinroda, Eisenach, Schnepfenthal vorkommend.
(3.)	4·	5·	(388). Hypericum elegans Steph.: von Erfurt nach Frankenhausen und zum Unstrutthal bis Bennstedt bei Halle u. s. w.; siehe SCHULZ, Entw. I. 62 und II. 332. (Besiedelt das Werraland nur im SW des Thüringer Waldes bei Suhl.)
·	4·	5·	(390). Helianthemum oelandicum Whlbg.: Arnstadt—Freyburg—Naumburg—Halle.
·	4·	5·	(391). —— Fumana Mill.: Kyffhäuser—Alter Stollberg—Unstrut—Halle—Könnern.
(8.)	4·	5·	(396). Erysimum crepidifolium Rchb.: südöstliche Art ! Vom nördl. Böhmen aus (Sachsen fast ganz überspringend) im Thüringer Becken südlich zwischen Arnstadt—Gotha—Saalfeld—Rudolstadt, westlich zwischen Orlamünde, Jena, Dornburg und Kösen zerstreut, ebenfalls im Unstrutgebiet, dann wiederum nach größerer Lücke an der Saale nördlich Wettin und am östlichen Harzrande im Gebiet der Salzke, Wippe und Bode (Thale), auch im Innern der Vorberge bei Harzgerode an der Selke. Vergl. A. SCHULZ, Entw. II. 323—331.

(Terr.)	Thür.	Saale	
(3.)	4.	.	(397). **Erysimum odoratum Ehrh.**: kalkliebende Art ! Vom fränkischen Areal her ist diese Species nur im südlichen Teile des Thüringer Beckens in charakteristischer Häufigkeit der Standorte zwischen Arnstadt—Stadtilm—Rudolstadt, auch südlich auf den Zechsteinriffen bei Ranis und in die Vorberge der oberen Saale b. Ziegenrück eintretend, dann ostwärts zur Saaleplatte b. Kahla—Jena, Dornburg—Naumburg. (Südwestlich vom Thüringer Walde frq.)
.	4.	.	(405). **Arabis auriculata Lmk.**: Spor. in Nord-Thüringen (Alter Stollberg, Windehäuser Holz), am Südrande des Harzes bei Nordhausen.
(1.)	4.	(5.)	(407). **Sisymbrium austriacum Jacq.**: Erfurt—Eckartsberga—Camburg, Dornburg—Saaleck und Rudelsburg, dann bei Eisleben. (Westlich bei Hameln, Weserland.)
(8.)	4.	5.	(408). **Sisymbrium Loeselii L.**: halbruderal bis Quedlinburg an vielen Stellen zerstreut.
.	4.	5.	(411). **Erucastrum Pollichii Sch. & Sp.**: halbruderal von Thüringen bis Halle—Magdeburg.
(8.)	4.	5.	**Diplotaxis muralis DC.**: wie vor. von Greußen, Jena bis Halle—Magdeburg.
(8.)	(4.)	5.	(416). **Draba muralis L.**: Standorte im nördl. Thüringen erst im Saalegebiete (Naumburg) als Ausläufer des weiteren Areals im Gebiet von Halle, Burg, Dessau sowie am Unterharz, wo diese Art im Bodethal einzelne Felsstandorte besitzt.
(1.)	4.	5.	(417). **Hutchinsia petraea R. Br.**: Kalkfelsen und Gypsplateaus ! Viele Standorte im nördl. Thüringen zwischen der Westgrenze gegen das Eichsfeld (Auleben !) am Kyffhäuser und dem Südrande des Harzes sowie der Unstrut bei Freyburg; Eckartsberga; dann selten in der Flora von Halle und Aschersleben. (Weserberge, selten.)
.	4.	.	(420). **Thlaspi montanum L.**: präalpin ! Diese wichtige Art besitzt ein Kalkfelsareal im südlichen und östlichen Thüringen mit mehr montanem Charakter und endet mit dem Austritt der Saale aus den engen Muschelkalkwänden bei Kösen unter der Rudelsburg; Jonasthal b. Arnstadt, Berka (Ilm), Blankenburg; auf den Saalbergen um Jena »sehr häufig, verschwindet aber meist schon nach 1 Stunde landeinwärts vom Hauptthal« (BOGENHARD), und Freyburg a. d. Unstrut.
.	4.	5.	(421). **Glaucium flavum Crtz.**: ruderale Keuper- und Kalktriften in Thüringen und Saaleland.
(3.)	4.	5.	(422). —— **corniculatum Curt.**: wie vor., scheint noch seltener.
.	.	5.	(425). **Thalictrum simplex L.**, incl. Subsp. *galioides: Seltenheit am östlichen Harz (Regenstein), und an der Elbe bei Dessau auf feuchteren Triften.
.	4.	5.	(429). **Adonis vernalis L.**: Charakteristische Trift- und Kalkgeröll-Pflanze, welche die montanen Felsen (Standorte von Nr. 420) meidet. Bei Jena daher fast fehlend (r. Lichtenhain; Eckartsberga). Dagegen ist die Adonis in den inneren

(Terr.)	Thür.	Saale	
			Steppenlandschaften an den Drei Gleichen bei Arnstadt sehr häufig und am weitesten verbreitet auf dem Strich des nördl. Beckens vom Kyffhäuser-Umkreis (Gypshöhen bei Auleben Westgrenze!) über die Sachsenburg b. Artern, Heldrungen, nach Naumburg entlang der Unstrut; es folgt eine Anzahl von Standorten um Halle, am östl. Harzrande, und die Nordgrenze dieser Verbreitung liegt in der Linie Bernburg—Neuhaldensleben (Magdeburg). Vergl. SCHULZ, Entw. II. 342—350.
(8)	.	5.	(430). Ranunculus illyricus L.: Das Elbthal auszeichnende Art! Von dem mittleren Elbhügellande um Dresden her entlang dem Stromthal bis Schönebeck (Magdeburg) zerstreut, nördlich bis Neuhaldensleben, im Saalegebiet bei Wettin und Stassfurt. Über die interessante Pflanze s. A. SCHULZ, Entw. I. 63 und II. 359.
.	4.	.	(443). Gypsophila fastigiata L.: östliche Pflanze! Sie besitzt eine bemerkenswert anders gestaltete Verbreitung, indem sie trotz ihrer Bevorzugung eines lockeren, kalkarmen Sandbodens (nach A. SCHULZ, Entw. II. 359 und Saalebez. S. 69) dennoch das untere Saaleland, welches sich an ihre Standorte von der Warthe—Netze und Niederlausitz her am ehesten anschließen würde, meidet und nur den Nordrand des Thüringer Triasbeckens von der Unstrut her (Wendelstein) westwärts entlang den Gypshöhen am südlichen Harzrande und darüber hinaus die Keupergypse an der Schmücke besiedelt hält.
(11)	.	(5.)	Alsine verna Bartl.: montane Art, dringt vom Harze her nach O gegen die Saale vor.
.	4.	.	Thesium ebracteatum Hayne: Seltenheit auf Haintriften im inneren Becken, nur bei Erfurt und Allstedt.

Schlussbetrachtung über die Hügelformationen. Die hier mitgeteilte Liste enthält eine Menge für Mitteldeutschland seltener Arten und zeigt die Bedeutung Thüringens und des Saalelandes für die Formationen der sonnigen Hügel. Obgleich jede Art einer solchen Gruppe von auserlesenen Arealen eine andere, besondere Verbreitung für sich besitzt, so lassen sich doch einige Regeln ableiten, die für das Verständnis der gegenseitigen Beziehungen in den Territorien 4. und 5. wichtig sind.

1. Zunächst einmal ist eine Anzahl präalpiner Arten auf den Kalkbergen Thüringens vertreten, welche das höhere, bergiger entwickelte Triasland oder auch die Zechsteinriffe unmittelbar am Fuße der Bergwaldlandschaften und in dem Abschnitt des Saalethales von der Leuchtenburg (abwärts von Orlamünde) bis Camburg oder Naumburg bevorzugen; dahin gehören einige Orchideen, Coronilla vaginalis, Carduus defloratus, Erysimum odoratum und Thlaspi montanum.

2. Sodann besitzt Thüringen eine kleinere Anzahl pontischer Arten für sich, welche das sonst an diesen reichere untere Land der Saale nicht besitzt: diese alle aber sind entweder auf das Gebiet der Drei Gleichen (Arnstadt-Gotha incl. Seeberge) oder auf den Nordstrich des Beckens um den Kyffhäuser, Südrand des Harzes (Zechstein-Gypse), oder den Durchbruch der Unstrut

zwischen Artern und Freyburg beschränkt, und keine dieser Arten findet sich auf der Saaleplatte (in der Flora von Jena). Zu dieser Verbreitung gehören besonders Potentilla pilosa (und thuringiaca), Peucedanum alsaticum und Gypsophila fastigiata.

3. Diesen letzteren steht eine viel größere Anzahl pontischer Arten gegenüber, welche dem Saalelande allein oder wenigstens hauptsächlich angehören und von der Elbe bei Barby, Magdeburg, westwärts bis zum Ost-Harze sich finden, und nur um dieses Gebirge herum nach Thüringen eintreten. Auch diese Arten meiden in der Mehrzahl der Fälle die Saale- und Ilm-Platte von Saalfeld über Orlamünde nach Jena und Weimar. Beispiele dieser Verbreitung liefern: Trifolium parviflorum, Jurinea, Thalictrum simplex und mehrere Salzpflanzen, die dem Thüringer Trias-Becken gänzlich fehlen; außerdem aber Arten wie folgende: Iris nudicaulis, Seseli Hippomarathrum, Peucedanum officinale, Achillea nobilis, Senecio campester, Draba muralis, Hutchinsia, Lavatera u. s. w.

4. Zu den eben genannten Arten gesellt sich nun noch eine Anzahl weiterer Areale, welche ihre Verbreitung zwischen dem Unteren Saale-Lande und dem Nordrande des Thüringer Beckens, sowie dem reichen Gebiete der Drei Gleichen (Arnstadt u. s. w.) teilen; als Beispiele dafür lassen sich nennen: die 3 Astragaleen, Aster Linosyris, Scorzonera purpurea und Lactuca quercina, Campanula bononiensis, Nepeta nuda, Adonis vernalis.

5. Nicht viele solcher östlichen Arten nehmen auch zahlreiche Standorte im mittleren Saalethale bei Jena u. s. w. auf, wie z. B. Dictamnus albus und Erysimum crepidifolium.

Die unter 1. angeführten Areale zeigen naturgemäß die innigsten Beziehungen zu dem im SW und W anstoßenden Werralande, die unter 4. und 5. genannten schließen sich teils an Elb-Standorte an, teils besitzen sie Erweiterungen um den Ostharz nach N herum bis gegen das Braunschweiger Hügelland oder in dasselbe hinein.

Einmal mit der Darlegung solcher Verbreitungsverhältnisse beschäftigt, darf ich nicht versäumen darauf hinzuweisen, dass über den Rahmen der eben mitgeteilten langen Liste von Seltenheiten hinaus noch zahlreiche Arten vorhanden sind, welche besonders das Werraland mit dem Thüringer Triaslande verbinden und sich gemeinsam durch eine Ostgrenze gegen den sächsischen Gau auszeichnen. Solche Arten sind z. B. Laserpitium latifolium, Hippocrepis comosa, Aster Amellus, Bupleurum falcatum (abgesehen von Terr. 9.), Arten also, die geradezu herrschend an vielen Stellen auftreten und, wie Sesleria coerulea, maßgebend für die Faciesbildungen in den Hügelformationen sind. Diese wichtigen Arten sind größtenteils aus der Formationsliste im Abschn. III Kap. 4 zu entnehmen, die Mehrzahl der wichtigen Arten ist aber außerdem ausführlich in den Listen der Hügelformationen unter Kap. 3 (Werraland S. 317—322) besprochen, so dass eine Wiederholung derselben hier füglich unterbleiben kann; endlich wird ein kleiner Teil derselben Arten nochmals in diesem Abschnitt IV unter Kap. 6 (Weiße Elster) zu besprechen sein, weil sie noch die Floren von Gera und auch Leipzig an die Thüringer Landschaften durch ihr Auftreten angliedern. —

Die übrigen Formationen. Bei der großen Bedeutung der Bestände auf sonnigen Hain-, Trift- und Geröllfluren oder Felswänden für die mitteldeutsche Flora wurden deren seltene Arten, 85 an Zahl, in obiger Liste vorangestellt. Es folgen nun aber noch 43 Arten anderer Formationen[1]), welche z. T. die allgemeinen pflanzengeographischen Beziehungen noch in ein anderes Licht rücken.

Am wenigsten ist dies bei einigen Ruderal- und Stromthal-Arten nebst Ackerunkräutern der Fall, welche sich ja an gewisse Arten der 1. Liste (Glaucium, Erucastrum, Diplotaxis u. a.) überhaupt schon nahe anschließen. Diese bilden eine Ergänzungsliste von 10 Arten. — Sehr verschieden davon verhalten sich 13 ausgewählte Waldpflanzen, deren Areal-Schwerpunkt für die wichtigsten Arten nur auf das Thüringer Becken entfällt. — Es bleibt dann noch ein Rest von 20 den Wiesen, Teichrändern oder seichten Gewässern angehörenden Arten, deren pflanzengeographisches Gewicht wiederum bald mehr zu Gunsten des Thüringer Beckens (hier auch an anderen Stellen als auf den Kalken und Mergeln), bald mehr zu Gunsten des Saale-Landes ausfällt. In den folgenden Listen sind wiederum nur solche Arten zusammengestellt, in deren Auftreten ein besonderer, nach Maßgabe der hercynischen Gesamtflora ihre zugehörigen Formationen auszeichnender Charakter enthalten ist.

b) Verzeichnis der übrigen Charakterarten.

Unkräuter, Ruderalpflanzen.

(Terr.)	Thür.	Saale	
(8.)	4.	5.	Sclerochloa dura P. B.: Thüringen—Unterharz, Barby, Halle u. s. w.
.	4.	.	Bromus patulus M. & K.: seltenes Ackergras, Rudolstadt—Weimar—Jena u. s. w.
(3.)	4.	5.	Galium parisiense L.: (Niederhessen)—Thüringen—Halle—Dessau—Magdeburg.
.	.	5.	Petasites spurius Rchb. (= tomentosa Rchb.): bei Stassfurt; Elbstrompflanze von Dessau an bis über die hercynische Grenze weit in die Niederung.
.	.	5.	Salsola Kali L.: an manchen Stellen cop. ruderal, z. B. Flora von Halle.
.	4.	.	Euphorbia falcata L.: einjähriges Ackerunkraut von Erfurt und Weimar nach Frankenhausen, Bibra und an Unstruthöhen bis zur Saale bei Weißenfels.

---

1) Die Salzpflanzen Thüringens folgen erst im 5. Kapitel dieses Abschnittes.

(Terr.)	Thür.	Saale	
.	.	5.	Nasturtium pyrenaicum R. Br.: Elbstromthal von Dessau bis Magdeburg.
.	4.	(5.)	Fumaria Schleicheri Soy. Will.: auf Äckern und Weinbergen, zerstreut und bisher an wenigen Stellen sicher beobachtet, in Nord-Thüringen z. B. nur an der Numburg.
.	4.	.	Ceratocephalus falcatus Pers.: auf Feldern und Lehmmauern sehr selten, bei Greußen, Tennstädt und Weißensee.
.	4.	.	Sagina subulata Torr. & Gr.: sandige Brachäcker bei Blankenhain, Saalfeld, Pößneck.

Waldpflanzen.

(Terr.)	Thür.	Saale	
(3.)	4.	.	Carex pilosa Scop.: am Südwestrande des Harzes bei Dorste und Catlenburg; von dort ostwärts scheint der Isserstedter Wald bei Jena nächster Standort zu sein, dann Schlesien.
(3.)	4.	(5.)	—— umbrosa Host (= polyrhiza Wallr.): Diese von BOGENHARD als Varietät von C. praecox angesehene Art hat viele Fundstellen im Thüringer Becken von Arnstadt—Rudolstadt—Saalfeld—Ilmenau—Erfurt bis Jena—Freyburg—Naumburg—Weißenfels, dann nordwärts über Halle nach Oschersleben und Neubaldensleben im Magdeburger Gebiet.
.	4.	.	Lathyrus heterophyllus L.: eine sonst seltene Art, ist im Thüringer Becken etwa in dem vorstehend angegebenen Areal, erweitert nach Sondershausen, an einer großen Zahl von Standorten.
(1.)	4.	.	Epilobium lanceolatum Seb. & Maur.: Saalburg, Ettersberg bei Weimar.
(3.)	4.	.	Pleurospermum austriacum Hffm.: Reliktenstandorte ! Von der Rhön her zunächst im südwestl. Becken südlich von Arnstadt ! und am Gr. Seeberge bei Gotha ! (Zabel), dann bei Stadtilm, Erfurt (Steiger und Willröder Forst), gegen Jena hin nur bei Legefeld und im Troistedter Forst, sonst auf den Saalebergen sowie an der Unstrut fehlend.
.	4.	.	Buphthalmum salicifolium L.: als große Seltenheit im Gebiet von Saalfeld am Abhange des Fuchssteines und am Fuße des Bohlen gefunden (SCHÖNHEIT 1850). Diese Art gehört mit den nachher unter Wiesen aufgeführten Enzianen zu den präalpinen Vorposten und erweitert demnach ein charakteristisches Areal vom Alpenvorlande und besonders dem Schwäbischen Jura (Tuttlingen, Kaiserstuhl u. s. w.) bis in das Herz Deutschlands hinein.
(3.)	4.	5.	Geranium lucidum L. vom Kyffhäuser-Gebirge (Rothenburg !) bis Halle (Giebichenstein) und zum östlichen Harze an der Rosstrappe, an einzelnen Fundstellen häufig.
.	(4.)	5.	Corydalis pumila Rchb.: von Eisenberg nach Halle, Barby, Magdeburg, Neuhaldensleben und Helmstedt.

(Terr.)	Thür.	Saale	
(3.)	4.	.	**Arabis brassiciformis** Wallr. (= pauciflora Grck.): fehlt oh.! Bemerkenswerte Art der schattigen Waldungen in Böhmen wie in Thüringen, welche westwärts das Werragebiet an der Hörne-kuppe erreicht, aber nicht an der Saale herabgeht. An der mittleren Saale (Jena) ist sie dagegen sporadisch an vielen Stellen, südlich und westlich bis Saalfeld, Arnstadt, Eisenach, nördlich an der Hainleite, Kyffhäuser-Gebirge, Bibra und östlich bis Kösen. Areale wie dieses erweitern demnach die oben (S. 365) angegebenen specifischen Thü-ringer Areale um die niederen montanen Kalkberge im weitesten Um-kreise. —
.	4.	.	Selaginella spinulosa A. Br.: an Quellen in der Flora von Jena, wie es scheint höchst selten.
.	4.	.	Aspidium Lonchitis Sw.: sehr selten bei Stadtilm.
.	4.	.	Scolopendrium vulgare Sw.: an einem Felsen hinter Waldeck bei Jena.
(3.)	4.	(5.)	Ceterach officinarum W.: Südrand des Beckens zwischen Roda und Triptis; früher bei Halle; (wird den übrigen Farnen hier nachgetragen, obwohl Felsbewohner).

Pflanzen der Wiesen und feuchten Standorte.

(Terr.)	Thür.	Saale	
.	4.	.	Orchis Traunsteineri Saut.: selten; »auf einer Moorwiese hinter Großlöbigau mit Schoenus nigricans gesellig« in der Flora von Jena (BOGENHARD).
(9.)	4.	.	Gladiolus imbricatus L.: selten in der Flora von Erfurt, auf Waldwiesen im Steiger und Rockhäuser Forst.
.	4.	5.	Schoenus ferrugineus L.: selten bei Erfurt, Halle u. s. w.
.	4.	.	—— nigricans L.: selten auf hochgelegenen Moorwiesen an mehreren Stellen um Jena.
(6.)	4.	5.	Tofieldia calyculata Whlbg.: selten bei (Leipzig—)Jena—Halle, immer nur einzelne Stellen.
.	4.	.	Carex hordeisticha Vill.: sehr selten auf Wiesen bei Erfurt(?), Tennstedt(?), Numburg am Kyffhäuser.
.	4.	5.	—— secalina Whlbg.: sehr selten bei Erfurt und Rollsdorf am Salzigen See.
.	.	5.	—— nutans Host: sehr selten an Gräben u. s. w. bei Wolmir-stedt—Magdeburg—Barby.
.	.	5.	Hierochloa odorata Whlbg.: sehr selten auf Torfwiesen bei Schönebeck, Barby.
(6.)	4.	5.	Tetragonolobus siliquosus Rth.: auf den Wiesen vielerorts, ostwärts bis gegen Leipzig.
(6.)	4.	5.	Angelica pratensis M. B. (= Ostericum palustre Bess.) selten von Arnstadt—Erfurt—Halle—(bis Gera) und Blanken-burg am Ostharz.

(Terr.)	Thür.	Saale	
(6.)	4.	5.	**Cirsium bulbosum DC.**: Westliche Art! Wiesen und Triften von Thüringen bis zum Harz und ostwärts bis Leipzig im Gebiet von Gotha, Erfurt, Tennstädt, Weißensee, in der Flora von Jena sehr selten (nach BOGENHARD, der diese Distel dort nicht aufgefunden hat), um Halle, Benndorf, Dessau, Stassfurt u. s. w. bis Neuhaldensleben.
.	4.	.	*Gentiana lutea* L.: eine der interessantesten Arten des Gebietes, welche durch Ausrottung verloren gegangen zu sein scheint. Nach SCHÖNHEIT (p. 289) wurde ihr Wurzelstock zu Anfang des vorigen Jahrhunderts noch centnerweise am Schweinsberge bei Arnstadt gesammelt; i. J. 1850 lebte sie mit Sicherheit nur noch bei Doßdorf unweit Arnstadt. Vergl. auch ILSE, Mittelthüringen S. 197, der das frühere starke Vorkommen gleichfalls nennt, für die Zeit von 1866 aber schon den Schweinsberg, die Eremitage bei Arnstadt und die Standorte an den Gleichen ausschließt. — Diesem Vorkommen entspricht das von Gentiana verna bei Schleiz und Eisfeld.
.	4.	.	Orobanche reticulata Wallr. (= pallidiflora W. Grab.): selten, zwischen Großbrambach und Vogelsberg sowie bei Tennstedt.
(8.)	.	5.	Cardamine parviflora L.: sehr selten von Wittenberg an der Elbe an bis Wörlitz (Dessau), Schönebeck, Magdeburg und Burg.
.	(4.)	5.	Pulsatilla vernalis Mill.: sehr selten von der Lausitz her bis Dessau vorkommend, auf Heidetriften.
.	.	5.	Dipsacus laciniatus L.: sehr selten, feuchte Triften bei Magdeburg.
.	4.	.	Scirpus (Schoenoplectus Rchb.) triqueter L.: Ufer und Gräben bei Sondershausen (LUTZE).
.	.	5.	—— Holoschoenus L.: Sumpfwiesen bei Magdeburg.
.	.	5.	Salvinia natans All.: in Sümpfen bei Magdeburg und Barby sehr selten.

Unter der Gruppe der *Waldpflanzen* ist außer den durch Sperrdruck hervorgehobenen hohen Stauden besonders die Zahl von seltenen montan-subalpinen Farnen bemerkenswert, welche übrigens alle nur vereinzelte, so zu sagen verlorene Standorte haben. Sie ergänzen in lehrreicher Weise die Funde am Südrande des Harzes auf Zechstein (siehe Abschn. III, Kap. 4 und diesen Abschn., Kap. 11), und zeigen sich als Relikte einer alten präalpinen Flora zur Glazialzeit, die damals den Kalk als hauptsächlichen Standort besiedelt zu haben scheint. So wiederholt sich auch hier in allerdings sehr schwachem Maße, dass eine größere Zahl solcher Relikte auf dem Muschelkalk- und Mergelboden der Triasformation in niederen Höhenstufen sich erhalten hat, während die paläozoischen Grauwacken, Thonschiefer und krystallinischen Gesteine des Thüringer Waldes ganz andere Artengruppen montanen Charakters erhalten haben.

Dieser Eindruck wird noch verstärkt durch eine Gruppe von *Wiesen-pflanzen*, welche in Schoenus, Tofieldia und Gentiana lutea die Gipfelpunkte ihres Interesses erreicht; diese stellen gewissermaßen ein kleines Abbild von den reichen Moorformationen auf Kalkschotterboden dar, welche die südbay-rischen Donau-Moose beleben, und lassen sich auf dieselben Ursachen in viel weiter zurückliegender Zeit zurückführen, die sie unter sehr viel ungünstigeren Bedingungen bis heute erhielten. Dazu kommt dann noch die besondere Mischung aus östlichen und westlichen Arten (z. B. Gladiolus imbricatus und Cirsium bulbosum), wie sie nun einmal der Hercynia eigen ist. So ver-lockend es ist, das Gemisch der vorstehenden 126 Arten von diesen Gesichts-punkten aus weiter theoretisch zu analysieren, so zwingt doch die Menge des noch an reellen Grundlagen Hervorzuhebenden zur Kürze.

3. Die Gestaltung der thüringischen Formationen in topographischen Florenbildern.

Einleitung. Wenn wiederholt auf den für mitteldeutsche Verhältnisse be-merkenswerten Reichtum der Thüringer Flora an mannigfaltigen, durch beson-dere Areale vielfach ausgezeichneten Pflanzenarten wenigstens in einigen Hauptformationen hingewiesen worden ist, so soll damit noch nicht gesagt sein, dass jede botanische Exkursion in Thüringen so ergiebig ausfallen müsste, wie man nach den Gesamtlisten schließen könnte. Der Reichtum häuft sich vielmehr an einigen bevorzugten Stellen in besonderer Fülle auf, und die Grundsätze, nach denen sich diese beurteilen und herausfinden lassen, liegen in den vorhin (S. 358) gemachten Bemerkungen.

Dazwischen liegen weite Landstrecken mit ziemlich eintöniger Flora, und für diese fällt z. B. ein Vergleich mit den Ergebnissen botanischer Exkursionen im weiten Umkreise der Vorderrhön, der Werraberge, der Floren von Cassel oder Göttingen allemal ungünstig aus; das will sagen: das 230 ☐Meilen um-fassende Territorium 3 hat seine eigenen floristischen Schätze gleichmäßiger und anmutiger verteilt als Thüringens Terr. 4 mit nur 135 ☐Meilen Fläche. Wo im Innern des Beckens weitgedehnte Flächen sich finden, wie sie von der Eisenbahnlinie Weimar—Erfurt—Gotha vielfach ohne Unterbrechung durch Wald sichtbar sind, wo fruchtbarer Keuperboden den Ackerbau begünstigt, ist die Flora meist dürftig. Der Buntsandstein bevorzugt die Entwickelung von Waldungen, oft von einförmigen Kiefernforsten, dient aber mit seinen Anschwemmungen in den Thälern der Helme und Unstrut wiederum einem ergiebigen Ackerbau. Der Muschelkalk, von dem nur ein milder thoniger Boden für Ackerbau gut geeignet ist, hat vielfach landwirtschaftliche geringe Ergiebigkeit im Gefolge; aber an diesen Stellen sammelt die Flora ihre Schätze. Dazu ist aber noch nötig, dass die Gebirgsbildung für eine größere Mannig-faltigkeit von Standorten sorgt, wenn Berge aus allen 3 Triasschichten neben-einander oder in verschiedenen Stufen übereinander vorhanden sind, wenn der

reine Kalkboden durch die blauen und roten Thonmergel des Röt (obersten
Buntsandsteins) mit zu steppenartigen Halden herangezogen werden kann,
wenn über diesen der Berg auf schotterigen Abhängen zu einem Felsriff sich.
auftürmt! An der mittleren Saale selbst ist es die Mächtigkeit und Höhe
der Kalkberge allein, die unter ihrer günstigen Lage am Strom die Flora um
Jena zu einer so reichhaltigen machen; aber manches fehlt dort auch besonders von pontischen Arten, was auf niedrigeren, aber mannigfaltiger zusammengesetzten Höhenzügen vorhanden ist, und dieser Teil Thüringens hat in
Szenerie wie Flora die größte Ähnlichkeit mit den Werrabergen zwischen
Gerstungen und Witzenhausen.

Dem Zweck dieser »Grundzüge in der Pflanzenverbreitung« entspricht es,
die Anordnung und Ausprägung der Formationen für drei verschiedenartige
Teile Thüringens zu schildern, und zwar 1) für das Gebiet zwischen Arnstadt
und Gotha mit den 3 Gleichen und den Seebergen, 2) für das nördliche Gebiet vom Kyffhäuser bis zur Sachsenburg und Artern, 3) für das Saalegebiet
im Osten Thüringens bis zur Einmündung der Unstrut bei Freyburg[1]).

a) Die Drei Gleichen und die Seeberge.

Topographie. Von den höchsten Erhebungen des Thüringer Waldes
herunter strömt die *Wilde Gera* in einem engen, vom hercynischen Walde
mit dunklem und lichtem Grün geschmückten Thale nach N und NO und
verlässt bei *Plaue* das Gebiet der krystallinischen Felsen, um in die Trias
einzutreten. Von Plaue bis *Arnstadt* werden die Thalhöhen teils von schroffen
Kalkfelsen, teils von mit Buchen schön bewaldeten Bergen in Höhe von ca.
400—500 m gebildet und hier beginnt schon die reiche Arnstädter Flora.
Viburnum Lantana und Clematis Vitalba haben hier gegen den Thüringer
Wald ihre obere Grenze; im Waldesschatten gedeiht Pleurospermum austriacum, welcher seltenen Dolde wir an den Abhängen des Großen Seeberges
wieder begegnen; die buschigen Hänge an der »Bastei« sind voll von Coronilla montana, während C. vaginalis hier einen Hauptstandort Thüringens auf
den kahlen sonnigen Höhen besitzt. Bei Arnstadt öffnet sich das Thal der
Gera, welche nun in flachem Hügellande auf *Erfurt* zufließt; hier birgt der
Steigerwald noch manche interessante Montanart (z. B. Bupleurum longifolium
in Menge!), auch den seltenen Gladiolus imbricatus mit östlichem Areal hier
an hercynischer Westgrenze. Aber westlich des Gerathales gegen Ohrdruf
hin hebt sich das Land in schwachen Wellen zu der Wasserscheide zwischen
Elbe—Gera und Weser—Hörsel; auf den Eckpunkten eines langgezogenen
Dreiecks von Höhen erheben sich auf steileren Gipfeln die Reste dreier Burgen,
die zwischen sich ein Wiesenthal einschließen: dies sind die 3 Gleichen, so
berühmt in der Sage als reich geschmückt mit seltenen Hügelpflanzen. Die

---

1) Schreibweise »Freyburg« entsprechend der Karte des Deutschen Reiches 1 : 500 000,
Gotha, J. Perthes.

östliche Burg, die *Wachsenburg* mit 414 m, ist von den beiden anderen etwa
5 km entfernt und mit der *Mühlburg*, der südlichsten, durch einen anmutigen
Rücken mit bunten Triften verbunden, auf denen zu Beginn des Augusts das
Gelb von Medicago falcata und Bupleurum falcatum, das Rosa von dichten
Massen beider Ononis, das zarte Blauviolett von Scabiosa Columbaria mit den
tiefblauen Glocken der Campanula rotundifolia gebildet wird, während auf
grasigem Teppich ungezählte silberglänzende Sterne schimmern, die in der
Sonne weit geöffneten Köpfe von Carlina acaulis: hier so üppig wie auf
den Triften der Rhön! Eryngium campestre, dessen regelmäßig mit spar-
rigem Geäst aufgebaute fahlgrüne Stengel überall auf den steinigen Triften
außerhalb des Grasrasens erscheinen, bekleidet oft als einziger Ansiedler mit
Euphorbia Cyparissias die an der Grenze von Sandsteinmergel und Kalk auftretenden, hier weit ausgedehnten, hellblau und blaurot gefärbten, harten Flächen,
welche in pflanzenreichere Schotterhügel oder Steinbrüche übergehen. An
vielen solchen Stellen bildet Cirsium eriophorum große Massen und zeigt
uns zusammen mit dem an der Werra vermissten Eryngium die Herrschaft
der Thüringer Hügel- und Schotterfacies.

Die nordwestlichste der drei Burgen, die *Wanderslebener Gleiche*, schaut
schon auf 12 km Entfernung nach *Gotha* herüber; ein kleiner Bach, die Apfel-
stedt, schneidet dazwischen durch, und jenseits desselben steigt ein neuer
Hügelzug auf, der der *Seeberge*.

Muschelkalk und Keupersandsteine (von diesen hauptsächlich der »Rhät«)
sind hier zu einem langgestreckten, von Ost nach West bis zu den Stadtthoren
von Gotha ziehenden Bergrücken verbunden, je nach dem Boden mit prächtigem,
floristisch reichem Laubwald oder mit pflanzenarmen Nadelwäldern bedeckt, auch
Triften und zu Tage tretende Felsen zeigend; den Gipfelpunkt bildet mit 407 m
der große Seeberg im Osten, und an dessen südöstlichem Gehänge bei dem
Dorfe Seebergen befinden sich die ausgezeichneten blumenreichen Triften,
welche seit lange die Aufmerksamkeit der Botaniker erregten und auf denen
ZABEL als berufener Florist neben Pleurospermum die seltene Orobanche
Cervaria entdeckte, die uns an der Werra auf Libanotis aufstieß (siehe Kap. 3
S. 345). Hier wächst sie auf Peucedanum Cervaria selbst, welches den Hang
auf Strecken von 2—3 Hektar Größe in so geselliger Menge bedeckt, dass
man im Hochsommer zur Blütezeit dieser Dolde fast nur ihre Blätter und
Blüten mit Massen von Geranium sanguineum dazwischen und Helianthemum
am Boden erblickt, während mit solchen Staudentriften abwechselnd echte
Grastriften von Brachypodium mit Avena- und Festuca-Arten auftreten und
Gebüsche bald von Corylus, bald von Prunus Chamaecerasus (hier an
seiner Westgrenze!) sich dazwischen schieben. Nach ZABELs vieljährigen
Beobachtungen blüht die genannte Zwergkirsche hier zwar regelmäßig und
reichlich, doch setzt sie niemals Früchte an.

Nach Westen erniedrigt sich der Hauptrücken und endet nahe der Stadt
mit dem an Kalk- und Gypsbrüchen reichen kleinen Seeberge, wo auf dem
Schotter Glaucium luteum (flavum) zusammen mit Adonis vernalis nicht weit

von Potentilla *pilosa[1]) auftritt. Die genannte Adonis ist gleichfalls eine sehr
bezeichnende Charakterart dieser ganzen Gegend und hebt wiederum die
starken Verschiedenheiten des Thüringer Beckens gegenüber dem Werralande
hervor, mit dem wichtige Gemeinsamkeiten besonders in der Faciesbildung
der Wälder und überhaupt im Auftreten montaner Arten wie Pleurospermum
und Bupleurum longifolium gegeben sind. Diese Adonis bedeckt auch in
Massen die staudenreichen Triften, welche von der Wachsenburg nordwärts
gegen Dorf Haarhausen vorgeschoben sind und in denen Peucedanum alsaticum seinen ausgezeichnetsten Standort besitzt; erst im August erheben
sich bei dieser Art die rot gestreiften, geknickt aufsteigenden Stengel zur
Blüte, die mit gelblicher Farbe etwa wie bei Bupleurum einen von den übrigen
hercynischen Peucedanum-Arten weit verschiedenen Eindruck hervorruft.

Dieses ganze eben kurz geschilderte Gelände ist mannigfaltig in seiner
Pflanzenmasse und reich an einzelnen Seltenheiten, von denen einige der
wichtigsten schon besonders hervorgehoben wurden. Die botanische Schilderung
der Seeberge allein, welche in der jüngst erschienenen Festschrift des naturw.
Vereins zu Gotha (1901) S. 69—110 mit einer sehr genauen topographischen
Karte gegeben ist, zählt 13 Gefäß-Sporenpflanzen und 821 Blütenpflanzen,
zu denen das Gelände der 3 Gleichen naturgemäß noch manche Seltenheit
und gewöhnlichere Pflanzen hinzufügt, so dass man für das ganze Gelände
900 Gefäßpflanzen als einheimisch annehmen kann. Daneben treten naturgemäß die Moose stark zurück: 64 Arten zählt die Seebergsflora auf, wenn sie
auch annimmt, dass hier noch nicht alle Funde erschöpft sein werden; zwischen
solchen Gegenden wie hier und den oberen hercynischen Bergländern ist in
der Bedeutung der Mooswelt der stärkste Gegensatz.

Zu größerer Übersicht mögen nun die wichtigsten Arten der Gleichen
und Seeberge nach Formationsgruppen zusammengestellt werden; Anordnung
nach der Bedeutung der Arten.

Liste aus der Waldformation. (F. 2 mit Übergang zu 7.)

Im Buchenwalde sehr Viel:
Prunus avium;
Fraxinus excelsior (feucht!).
Tilia parvifolia,
—— grandifolia seltener.
Uralte Quercus auf Sandstein!

———

Viburnum, Lantana, Clematis,
Lonicera Xylosteum frq. überall.
Acer campestre als ♄ bis ♄.
Cornus, Ligustrum u. s. w.

———

Pleurospermum austriacum !!: Buchenwald (Arnstadt) und Gebüsch unter Linden, Eiche,
Hasel, Kreuzdorn (Seeberg).

Peucedanum officinale! neben vor. Vereinzelt am
Gr. Seeberg.
Laserpitium latifolium Vereinzelt an manchen
Stellen!
Lithospermum purpureo-coeruleum spor. häufig!
Lilium Martagon, Geranium silvaticum!
Bupleurum longifolium cop.!
Aconitum Lycoctonum mit vor. Art.
Viola mirabilis cop. im Sieblebener Holze.
Vicia pisiformis, silvatica, Lathyrus niger.
Asarum und Hepatica, Sanicula,
Actaea, Aquilegia, Ranunculus nemorosus,
Bromus asper, Brachypodium silvaticum u. s. w.
[Trientalis als Seltenheit auf Thonboden.]

———

1) Diese Art erscheint mir nur als eine stärkere Varietät der P. recta.

Hügelformation. (F. 15—17.)

Orobanche Cervariae auf Peucedanum (Gr. Seeberg !!, siehe oben).

Peucedanum alsaticum (Triften an der Wachsenburg gegen Haarhausen !!).

Nepeta nuda (Wanderslebener Gleiche !!).

Campanula bononiensis (i. J. 1869 von ZABEL an der Wanderslebener Gleiche entdeckt !!).

Oxytropis pilosa (cop. an der Wachsenburg) !!

Lactuca quercina (Wandersl. Gleiche) !!

Salvia silvestris (Mühlburg, cop. !)

Potentilla *pilosa (Kl. Seeberg) !!

Erysimum odoratum (Wandersl. Gleiche) !

Mespilus germanica (wild an der Mühlberger Schlossleithe) !

Prunus Chamaecerasus (cop. am Seeberg) !

Rosa gallica (Gr. Seeberg im Hain, r.).

Vicia cassubica (Gr. Seeberg, nahe ihrer Westgrenze spor. im Hain mit A. Cicer).

Astragalus danicus (Seeberg).

Stipa capillata (Kl. Seeberg, Steinschotter von Muschelkalk, r.)

Glaucium luteum (= flavum) (Kl. Seeberg mit Reseda lutea).

Aster Linosyris und Amellus !

Scorzonera hispanica und purpurea !

Thesium montanum.

Adonis vernalis frq. cop. !

Inula hirta, salicina.

Cirsium eriophorum greg. !

Astragalus Cicer cop. !

Anthericum Liliago, ramosum.

Pulsatilla vulgaris cop.

Gentiana cruciata spor.

Veronica spicata, *prostrata.

Hypochaeris maculata spor.

Geranium sanguineum (Seeberg cop.).

Carex humilis, P. Cervaria, Hippocrepis, Eryngium camp., Carlina acaulis, Bupleurum falcatum, Dianthus Carthusianorum, Stachys recta, Potentilla alba u. a. Faciesbildner.

Vergleicht man diese Listen mit den entsprechenden aus der Vorderrhön, dem Werralande und Leinegebiete, so tritt eine große Übereinstimmung in den Waldformationen und eine zwingende Verschiedenheit in den Charakterarten, seltenen wie gemeinen, der Hügelformationen hervor, immer aber dabei abgesehen von den die Muschelkalk-Facies anzeigenden Arten wie Hippocrepis, Sesleria u. a. A. Dieser Zug behält seine Bedeutung fast durchweg bei dem Vergleich von Territorium 3 und 4. Auch von den Wiesen ist zu sagen, dass manche ihrer seltneren Arten mit Terr. 3 gemeinsam sind, z. B. Thesium pratense; andere, wie Phyteuma orbiculare und Iris sibirica schließen die Verbindung mehr ostwärts oder erregen in diesen Höhen von nahezu 300 m Verwunderung über ihr verhältnismäßig tiefes Vorkommen.

Die steppenartig wachsenden Arten zusammen mit kalkliebenden Unkräutern bewirken aber auch ein nicht uninteressantes Pflanzengemisch an Feldrainen und verlassenen Kulturstellen; wie hier die Kletten, insbesondere Lappa tomentosa, mit einer Häufigkeit auftreten, die in merkwürdigem Gegensatz steht zu ihrer Spärlichkeit, ja geradezu Seltenheit vielerorts im sächsischen Gau, und wie Picris hieracioides diese Massenhaftigkeit teilt, so bekleidet auch Eryngium campestre mit Astragalus Cicer, Onopordon, Carduus acanthoides und Medicago falcata die Feldwege zwischen Arnstadt und der Wachsenburg.

Die Verbreitung des Eryngium und Astragalus steht wiederum im strengen Gegensatze zu der Flora des Werra- und Leinegebietes.

b) Der Kyffhäuser, die Hainleite, Schmücke und Schrecke.

Topographie. In der geologischen Übersicht wurde die besondere Stellung des Kyffhäusers schon angedeutet; thatsächlich finden wir hier Bodenarten, welche sonst nur an den Rändern des Thüringer Beckens gegen den Wald wie gegen den Harz hin größere Ausdehnung besitzen, zu einem · eigenen Massengebirge von 19 km größter Länge und 7 km größter Breite (75 ☐km Fläche) entwickelt. Während Granit und Gneis unbedeutendere, der Kyffhäuser Burg vorgelagerte kleinere Erhebungen bilden, besteht der Hauptzug mit den 450—466 m betragenden Erhebungen aus dunkelroten, an fossilen Baumstämmen reichen Sandsteinen, welche früher allgemein zum Rotliegenden gerechnet und in dieser Stellung vielfach angezweifelt worden sind. Dieser Bergzug schaut mit seinen schön bewaldeten Höhen mächtig herüber in die nördlich vorgelagerte, von der Helme durchflossene »Goldene Aue« bei Tilleda und Kelbra. Gegen *Frankenhausen* hin, welche Stadt als Hauptort südlich des Kyffhäuser Geb. im Strombereich der von *Sondershausen* her kommenden *Kleinen Wipper* liegt, sind aber um den orographischen Gebirgskern von Sandstein weite Strecken der Zechsteinformation mit besonderer Bevorzugung der Zechstein- und Kupferschiefer, Dolomite, Letten und Gypse verschiedener geologischer Horizonte gelagert, und diese Schichten, welche durchweg für sich allein oder in Verbindung mit zahlreichen Lößstreifen sehr kalkreiche Böden bilden, liefern in großer Mannigfaltigkeit Standorte für die Hügelformationèn mit zahlreichen Seltenheiten. Die Verteilung vieler Charakterarten derselben liefert daher ein ganz vortreffliches Beobachtungsmaterial für den Einfluss der Bodenarten auf deren Auftreten und ist von dem höchst sorgsamen Beobachter auf diesem Gebiete, ARTHUR PETRY (s. Litt. 1889) vortrefflich verwertet worden, so dass für das Gesamtgebiet der Hercynia nirgends so genau durchgeführte bodenanalytische und floristische Beobachtungen vorliegen, als von PETRY im Kyffhäuser und von A. SCHULZ in der näheren Umgebung von Halle. Wenn PETRY dabei zu einer allzu starken Betonung des chemischen Einflusses allein in der Bodenfrage kommt, so erklärt sich das aus einer zu einseitigen Verwendung der THURMANN'schen auf den Jura begründeten Klassifikation der Böden; man kann mit Beschränkung und unter voller Anerkennung der rein chemischen Ernährungsfaktoren ein Anhänger der sogen. physikalischen Bodentheorie sein (vergl. Deutschl. Pflanzengeogr. I.), ohne in der Einteilung THURMANNs etwa einen für alle Zeit feststehenden Codex zu sehen.

Nach NW hin setzen die floristisch hochinteressanten kahlen Flächen von Zechstein-Gyps in einer deutlichen Falte zwischen Badra und Auleben ab, und hier hat die Kyffhäuserflora ihr Ende. Südlich folgt dann auf Buntsandstein gegen Sondershausen hin der Bendeleber Forst, nach NO schließt sich an den Abhang des Kyffhäusers hier an der Domäne Numburg ein Gebiet von Salzsümpfen und einem sie entwässernden Soolgraben. Dieses ist in dem hercynischen Bezirk das westlichste reiche Halophytengebiet schon ziemlich nahe der Westgrenze des Thüringer Gaues, der nordwestlich von Sondershausen bei Bleicherode seine Herrschaft an das Leinegebiet abgiebt.

Wir schließen für unsere Zwecke an das Kyffhäuser-Gebirge noch die floristisch sehr ähnlich beanlagten Landstriche im Süden und Osten bis nach *Artern* und *Kölleda* an, wo nun wiederum die Triasformation herrscht. Ihre Höhen verlaufen an dieser Stelle Nordthüringens sämtlich von WNW nach OSO, und dies ist auch die Richtung der *Hainleite*, die von der Westgrenze Thüringens durch das Schwarzburgische Land südlich an Sondershausen vorbei gegen die von Sömmerda her nach N fließende *Unstrut* zieht und hier in jähem Abfall mit der *Sachsenburg* bei Oldisleben endet. Die Kleine Wipper, welche zuerst den nördlichen Hang der Hainleite begleitet, durchbricht dieselbe und mündet nach einem südlichen Bogen gerade unter der Sachsenburg in die Unstrut. Jenseit der Unstrut aber und die Richtung OSO genau fortsetzend erhebt sich als schmaler Bergzug aus Muschelkalk und Sandstein *die Schmücke*, ihr parallel gegen Artern hin *die Schrecke* (Buntsandstein), und zwischen diesen beiden Bergzügen von 250—390 m Höhe liegt der Ort *Heldrungen*.

Dieses Gelände in dem Dreieck Sondershausen—Artern—Kölleda stellt den floristisch bedeutungsvollsten Teil des Gebietes von LUTZES »Flora von Nordthüringen« (1892) dar. Wie der Kyffhäuser pflanzengeographisch von PETRY, so ist das größere Gebiet der Sondershausenschen Lande mit den hier angrenzenden Teilen Thüringischer Staaten von LUTZE floristisch auf Grund 30jähriger eigener Beobachtungen durchgearbeitet und bildet einen bedeutenden Beitrag zu einer noch immer fehlenden neueren Gesamtflora von Thüringen.

Schilderung der Vegetation. Der große Pflanzenreichtum des Gebietes lässt sich ähnlich wie für Arnstadt und Gotha bequem nach PETRYs Liste der im Kyffhäuser wildwachsenden Gefäßpflanzen beurteilen. Diese zählt 918 Arten, von denen 57 auf das Soolgraben- und Sumpfgebiet an der Numburg kommen; dieser Artenzahl fügt die Erweiterung durch den Umkreis um Heldrungen und Artern noch wieder einige hinzu, obwohl es sich bei dem Artenreichtum des Kyffhäusers nicht mehr um bedeutende Ausfüllung von Lücken handeln kann, und wiederum ist diese Flora am meisten bemerkenswert durch die sonnigen Kalktriften und durch die auf kalkreichem Gestein gedeihenden Haine und Wälder, zugleich auch durch die große Zahl von Ackerunkräutern und durch die — erst im nächsten Kapitel im Zusammenhang zu besprechenden — Salzpflanzen. Die langgestreckten Rücken der Bergzüge, das Grat im Kyffhäuser und weite Flächen seiner Abhänge sind bewaldet; Buchenwald und in seinem Gefolge blumenreiche Triften auf Fels und Schotter bieten sich neben den weitgedehnten und fruchtbaren Kulturflächen, welche auch besonders alle Lößflecke besetzt haben. Die Kiefer ist selten, Fichte ist kaum zu sehen; PETRY giebt diese beiden Nadelbäume sowie die Tanne nur als angepflanzt an. Die Buche hat in dieser Gegend in der spontanen Varietät a t r o p u r p u r e a, der Blutbuche im Klappenthal der Hainleite, eine Besonderheit. Dieser eine Baum daselbst besitzt 1 m im Stammdurchmesser bei 27 m Höhe; er steht umringt

von einem Kranze grünlaubiger Hochstämme und bringt reichlich Sämlinge
hervor, bald mit grünen bald mit braunroten Blättern; von letzteren ist eine
Pflanze in den Dresdner botanischen Garten verpflanzt, welche die dunkelrote
Färbung des Laubes gut behalten hat. Unter den Waldgesträuchen finden
wir im allgemeinen die schon in Kap. 3 von der Werra her genannte Facies
von Viburnum Lantana, Lonicera Xylosteum u. s. w.; aber während Cornus mas
an einigen Stellen geradezu gemeines Unterholz darstellt, fehlt schon Lonicera
Periclymenum.

Immerhin verdient es hervorgehoben zu werden, dass trotz der niederen
Höhe aller Berge $<$.460 m und der im Kyffhäuser herrschenden Armut an
Quellen folgende Arten des *Bergwaldes* hier noch Platz gefunden haben:

Blechnum Spicant.	Ribes alpinum.	Sambucus racemosa.
———	Senecio nemorensis *Fuchsii.	(Von den Brombeersträuchern
Hordeum silvaticum.	Aconitum Lycoctonum !	fehlt die montane Gruppe
Poa sudetica.	Actaea spicata.	der Rubi glandulosi mit
Carex umbrosa !!	———	R. hirtus u. s. w.)

Neben diesen sind die Arten der Kalkfacies im Walde oder schattigen
Hain am Berghange hauptsächlich durch folgende gekennzeichnet:

Cypripedium Calceolus.	Lithospermum purpureo-coeru-	Carex montana greg.
Cephalanthera 3 Spec. !	leum.	———
Orchis purpurea.	Omphalodes scorpioides !	Auf Sandstein (Rothenburg):
Lathyrus niger.	Arabis brassiciformis !	
Bupleurum longifolium !	Atropa Belladonna.	Geranium lucidum !
Laserpitium latifolium.	Viola mirabilis.	Hypericum pulchrum u. s. w.

Wenn wir zu den sonnigen Hügeln mit Fels und Triftabhängen übergehen,
so ist es bei dem gerühmten Reichtum der Flora nicht ohne Interesse, auf
das **Fehlen folgender Arten** zu achten, welche im Werralande charakteristisch sind; es fehlt:

Erysimum odoratum, während E. virgatum Bürger der Flora ist;

Linum tenuiflorum fehlt mit Phleum asperum; für letzteres ist Ph. Boehmeri ungleich häufiger
    als im Westen;

Amelanchier Vulgaris fehlt ! Irrtümlich wird die Rothenburg als Standort genannt, wo nur
    Cotoneaster Vorkommt. An der Westgrenze Thüringens in der Hainleite hat Amelanchier
    einen Vorgeschobenen Standort, besonders aber bei Bleicherode an dem ca. 500 m hohen
    Crajaër Kopf ! Im Walde wächst daselbst häufig Euphorbia amygdaloides und Helleborus
    Viridis, welche gleichfalls am Kyffhäuser fehlen.

Centaurea montana fehlt, ebenso Carduus defloratus und Cynoglossum germanicum. —

Diesen fehlenden Arten des Westens gegenüber ist die besondere *Ausdehnung der pontischen Areale* um das Kyffhäuser-Gebirge herum zu betonen.
Es besteht in dieser Beziehung zwischen den drei absichtlich so ausgewählten
Gegenden Thüringens der große Unterschied, dass das Gebiet der Drei Gleichen
und dasjenige des Kyffhäusers sich wechselseitig im Besitze solcher seltner
pontischer Arten ergänzen, während das Saalegebiet um Jena (bis zur Unstrut-
mündung) nur sehr wenige ausgezeichnete Arten dieser Kategorie besitzt. Als
Beispiele mögen die Thüringer Areale von der hercynisch seltenen S c o r z o -
n e r a p u r p u r e a und der in Sachsen viel weiter verbreiteten Pulsatilla

pratensis gewählt werden[1]): beide fehlen an der Saale südlich Naumburg; Scorzonera ist den Drei Gleichen und dem Kyffhäuser (mit einem Verbindungs- standort bei Gangloffsömmern) gemeinsam und findet sich dann noch an der Unstrut bei Rossleben, dann erst bei Halle—Barby und am Harzrande; Pul- satilla endet mit einer Südgrenze von Naumburg (Rudelsburg a. d. Saale) nach Rossleben an der Unstrut und nach Frankenhausen—Hachelbich—Badra am Kyffhäuser und äußersten Westpunkt am Heldrastein; außerdem Standorte am nordöstlichen Harz.

In den *lichten Hainen* zwischen Hagedorngebüsch ist in diesem den Botaniker äußerst anziehenden Landstrich Dictamnus albus die Leitpflanze; sie begegnet ihm auf der Schmücke, wenn er von der Monraburg zur Sachsen- burg wandert, sie bleibt ihm im Bereich von Heldrungen, von Frankenhausen treu, meistens in kleinen Gruppen zerstreut. Viel seltener erscheint Peuce- danum officinale mit Arabis brassiciformis, Crepis praemorsa und Trifolium alpestre.

Den größten Teil der bemerkenswerten Arten findet man wie gewöhnlich in der als »*Trift*« bezeichneten Formation, welche trocknes Grasland mit Steinschotter mischt und daher den Felspflanzen selbst noch zugänglich wird. Der Rasen wird von Brachypodium, Avena pratensis und elatior, Bromus (commutatus), Briza, Phleum Böhmeri unter häufiger Beteiligung von Stipa capillata und Melica ciliata gebildet, von Stauden zeichnet sich sowohl Centaurea Scabiosa als auch Scabiosa Columbaria, ihre Unterart *ochroleuca (und als seltenste suaveolens) so aus, dass als Vulgärname für diese Triften »Scabiosa-Trift« am passendsten erscheinen dürfte.

Wenn die gemeinen Begleitstauden durch die Salvien, Bupleurum falcatum, Carlina acaulis, Conyza, Centaurea maculosa, Anthyllis, Medicago falcata, Agri- monia, Campanula glomerata, Dianthus Carthusianorum und Reseda luteola zur Genüge bezeichnet werden, so dient als hervorragende Leitpflanze im Frühjahr auch hier Adonis vernalis, im Hochsommer Lavatera thurin- giaca. Die gelben Sterne des Adonisröschens sind Mitte Mai in ungeheurer Menge durch das ganze Gebiet zerstreut zu finden, selbst in aufgeforsteten Kiefernhainen verraten sie auf der Schmücke die ursprüngliche Bodendecke. Die Lavatera bildet mit ihren $1—1^1/_2$ m hohen, die großen rosa Blumen in reichlicher Fülle tragenden Stengeln einen für mitteldeutsche Vegetationsver- hältnisse überraschenden Schmuck der Landschaft, an Rainen und Abhängen selbst bis mitten in die bebauten Striche hinein und findet sich, bald mehr bald weniger häufig, rings um den roten Sandsteinkern des Kyffhäusers von Heldrungen bis Auleben.

Nun bleibt noch der *kahle Fels- und Schotterboden* zu schildern übrig, der im Gebiete am stärksten durch weite, furchtbar öde Gypsflächen vertreten ist, in der Hainleite und Schmücke natürlich auch durch kahle Riffe von

1) Man vergleiche GRÄBNERS Karte der Heideformation in Bd. V der Vegetation der Erde, welche die hercynischen Eintragungen von mir für die betreffenden Arten enthält.

Muschelkalk. Cotoneaster ist hier nicht selten; auf dem Felsgesims, welches anderen Gräsern keinen Humus mehr gewährt, nistet neben Schwingel die blaue Sesleria, in den Spalten ist Hippocrepis mit Bupleurum ·falcatum und Asperula cynanchica ganz gemein. In dieser Beziehung wäre also zunächst wenig Unterschied gegenüber der entsprechenden westhercynischen Facies, aber bald merkt man an häufigen Rudeln von Stipa pennata, an den großen Stöcken von Eryngium campestre und Rapistrum perenne, oder an dem häufigen Auftreten von Echinospermum Lappula und Sclerochloa dura die Gegenwart der östlichen Association. Zu den interessantesten Arten dieser Formation gehört die Gypsophila fastigiata auf ihren seltneren Plätzen; sie besitzt in Thüringen im wesentlichen den Umkreis von Lutzes Flora, mithin den erweiterten Kyffhäuser- und Hainleite-Umkreis, als Wohnstätte. Dies sind ferner die Stellen, auf welchen die beiden Teucrium-Arten, sowohl T. Chamaedrys als das niedriger wachsende und seltnere T. montanum gleichsam eigene Rasen über dem wenig zerstückelten Gestein bildend als Typus eigener Facies auftreten, die übrigens im südlichen Thüringer Gebiet, z. B. bei Orlamünde, auf steinigen Muschelkalkhöhen ganz ähnlich wie hier mit Thymus und Melica ciliata angetroffen werden. Und auf denselben Gypsfeldern bei Auleben haben dann noch Helianthemum Fumana mit Hutchinsia petraea ihr häufiges Vorkommen.

Ein Auszug aus den noch übrigen bemerkenswerten Arten, soweit sie sich nicht als Faciesbildner wie Gentiana ciliata u. a. A. schon von selbst verstehen, muss diese kurze Schilderung der Hügelformationen vervollständigen und wird ohne weitere Erläuterung für sich selbst sprechen[1]).

Anthericum 2 Spec.
Allium *montanum, rotundum, Scorodoprasum.
Muscari 2 Spec.
Carex humilis, ornithopoda, supina !
Calamagrostis Varia !

Astragalus exscapus !, Cicer, danicus.
·Oxytropis pilosa !
Coronilla montana.
Vicia cassubica.
Trifolium rubens.
Potentilla cinerea.
Bunium Bulbocastanum.
Seseli Libanotis, coloratum.
Peucedanum Cervaria.
Torilis infesta !
Asperula tinctoria, glauca !, cynanchica.
Aster Amellus, Linosyris !

Inula germanica, hirta, salicina, Conyza.
Artemisia pontica !!
Achillea nobilis !!
Senecio campester !!, spathulifolius !
Cirsium eriophorum !
Scorzonera hispanica, purpurea.
Lactuca saligna, quercina, perennis !
Hieracium setigerum, cymosum.
Campanula bononiensis !
Pulmonaria angustifolia.
Orobanche 8 Spec. !!
Stachys germanica.
Ajuga Chamaepitys.
Polygala amara.
Arabis auriculata, *sagittata.
Glaucium corniculatum !
Pulsatilla pratensis !!, vulgaris.
Thesium montanum, intermedium.
Atriplex hastatum.

1) Man beachte, dass dieses kleine Gebiet z. B. alle 4 Bupleurum-Arten (B. falcatum, longifolium, rotundifolium, tenuissimum) besitzt; ferner 4 Inula und 3 Lactuca der Hügelformationen u.s.w.

c) Der Mittellauf der Saale bis Naumburg.

Südlicher Abschnitt. Der Oberlauf der Thüringer Saale gehört dem Berglande an und wird in Kap. 13 geschildert. Bei *Saalfeld* wird die Grenze zum
Hügellande überschritten, die Saale gehört dann der Trias an und wird zuerst
(bei *Orlamünde*) von quaderartigen Felsen des Buntsandsteins eingerahmt, über
denen sich schon steile Anhöhen mit Kalktriften (Facies von Teucrium Cha-
maedrys und Melica ciliata, beide soc.!) von 350—400 m Höhe erheben.
Südlich von Orlamünde erscheint eine so ansprechende Kalkfacies nicht auf
Muschelkalk, sondern auf den südlich von *Pößneck* von der Saale in weitem
Bogen umschlungenen Dolomitriffen der Zechsteinformation, z. B. auf der
Altenburg und auf den 400 m übersteigenden Haselbergen. Fast sargartig und
ganz kahl schauen von Neustadt bis Pößneck diese Felsberge von grauem
Kalk in das Land hinein, bieten aber eine reichhaltigere Flora, als ihr Anblick
von Ferne vermuten lässt. Der Rasen am Fuß ist mit Carlina acaulis übersäet, Verbascum Lychnitis mit Dianthus Carthusianorum erscheinen im Schotterboden als Leitpflanzen, die Felsgesimse tragen außer Sesleria und Hippocrepis
mit Asperula cynanchica als gemeinster Art auch **Erysimum crepidifolium**,
Cotoneaster, Anthericum ramosum, Carex humilis, Pulsatilla, Thesium u. s. w.
     Von da an sammelt sich näher an der Saale der Reichtum an Arten, be-
sonders nachdem von *Kahla* an erst auf der linken Stromseite, dann von
Lobeda an auch auf der rechten Seite, der Muschelkalk näher an den Strom
herangetreten ist und nur die untersten Thalschichten noch vom Buntsandstein gebildet werden; denn dessen oberste Horizonte ergeben auch hier
wieder im Zusammenwirken und im Anschluss an den Muschelkalk die
mannigfaltigsten Standorte für eine reicher zusammengesetzte Flora. Die Thalsohle liegt hier schon im Süden unter 200 m (bei Kahla etwa 185 m) und
sinkt dann südlich von Jena auf 150 m, während die über dem Thal direkt
aufsteigenden Berge meist 250—300 m Höhe erreichen und weiter landeinwärts zu den Wasserscheiden der Ilm im Westen und Weißen Elster im Osten
rund 400 m, eine nur sehr selten und wenig auf bewaldeten Hochflächen über-
stiegene Höhe.
     Südlich von Lobeda liegt eine floristisch wie landschaftlich gleich anziehende
Gegend, indem von Osten her die Roda, von Westen die Leutra der Saale
zuströmen und enge Nebenthäler bilden, über denen, wie über dem Saalethale selbst, die Muschelkalkberge mit Steilwänden und langgedehnten, der
Kultur vielfältig ganz unzugänglichen Schotterflächen 150—200 m hoch abfallen. Unter der Lobeda-Burg ist der Abhang voll von Libanotis und Cervaria mit Geranium sanguineum und Ajuga Chamaepitys, Isatis tinctoria hat
hier spontane Standorte (und ist verbreitet durch das ganze Saalethal, stromauf bis Orlamünde), und wiederum findet man oft ganze Flächen dicht und
allein mit den niedergestreckten Halbsträuchern von **Teucrium montanum**
bewachsen, hier gemeiner als Thymus!

Im *Leutra-Thale* ist einer der wenigen Standorte von Himantoglossum,
und überhaupt sind hier zur Pfingstzeit an den niedrigen, bebuschten Thalhöhen mit Kiefern, Wachholder und Anemone silvestris wirkliche Orchideen-
gärten, in denen Ophrys muscifera ungemein häufig, Orchis purpurea, militaris
und tridentata die führenden Arten sind, während schon BOGENHARD i. J. 1850
über das Ausrotten der ehemals häufigen Ophrys aranifera und apifera durch
Salep-Gräber Klage führt[1]).   Eine Reihe seltenerer Standorte liegt gegenüber
Jena am östlichen Saalehange, an dem steil mit einem schroffen Riff nach S
gegen den Wogauer Bach abfallenden Jenzig und weiter nordwärts am Jena-
priesnitzer Forst bei dem Dorfe Kunitz.

Die Grasrasen an solchen Stellen werden von Sesleria mit Carex montana, ornithopoda, digitata gebildet, auch Stipa pennata fehlt nicht dazwischen. Auf dem Schotter bildet Onobrychis, an deren Bürgerrecht hier
nicht zu zweifeln ist, gesellige Felder, welche durch Anbau erweitert oft den
einzigen Nutzertrag des Bodens liefern, sofern nicht Weinbergspflanzungen mit
ihrem Zubehör angelegt werden konnten.   An den im Geröll aufragenden
Klippen blüht Lactuca perennis mit Scorzonera hispanica und Inula hirta;
Astragalus Cicer ist ebenso wie Bupleurum falcatum kennzeichnend für die
Facies.

Am Kunitzberge liegt auch der vereinzelte Standort von Quercus pubescens, der die Jenenser Flora in der ganzen Hercynia allein auszeichnet,
und dies führt uns zu einem kurzen Einblick in die *Haine und Waldungen*
dieses Landschaftsteiles.   Auf beiden Saaleufern zwischen Kahla (der Leuchtenburg) und bis 10 km nördlich von Jena sind über den Steilhängen die Hochflächen, und in diesen auch die quelligen Schluchten, welche kleine Bäche
zur Saale entsenden, schön bewaldet, und BOGENHARD, dessen Flora von
Jena eine für die damalige Zeit höchst vielseitig und umsichtig geschriebene
pflanzenphysiognomische Einleitung enthält, legt den Hauptreiz in diese lichten
Haine und Wälder.   »Besonderer Erwähnung verdient in dieser Beziehung die
sogen. Wöllmisse, die durch den Standort des Carduus defloratus, den LINNÉ
von hier sich senden ließ, allein schon klassische Bedeutung gewonnen hat.
In diesem botanischen Eden concentriert sich auf kleinstem Raum die Flora
eines ganzen Landes, und man findet z. B. auf einem einzigen kleinen, mit
Buschholz bewachsenen Abhange hinter dem Fürstenbrunnen (225 m hoch in
der Schlucht des Pennicken-Thales südlich Ziegenhain) die ganze nachstehend
verzeichnete Vegetation mit Ausnahme weniger Species«.   Das Verzeichnis
führt dann, nach Monaten für die Blütezeit angeordnet, eine Zahl von mehr als

---

1) Hinsichtlich seltener Orchideen, für welche die Flora von Jena die hauptsächlichsten und
zuweilen einzigen Standorte bietet, sei noch bemerkt, dass Gymnadenia odoratissima mehrfach,
besonders bei Großlöbigau vorkommt und an einer Stelle mit Tofieldia calyculata; dass ferner
Orchis Traunsteineri bei demselben Dorfe auf einer Moorwiese zusammen mit Schoenus nigricans
vorkommt.

300 Arten[1]) auf, die nun doch wohl nicht »auf dem Raume von wenigen Quadratfußen« neben einander Platz finden.   Aber an der Hand dieser Liste wollen wir diejenigen Arten nennen, welche für buschige Haine in der Flora von Jena noch besondere pflanzengeographische Bedeutung haben.

Orchis pallens !	Serratula tinctoria.
Cephalanthera 3 Spec.	Carduus defloratus ! †
Lilium Martagon.	Crepis praemorsa.
Anthericum ramosum.	[Centaurea montana †, nur bei Orlamünde.]
Allium *montanum.	Digitalis ambigua.
Calamagrostis varia.	Melampyrum cristatum.
	Melittis Melissophyllum †
Sorbus torminalis.	Lithospermum purpureo-coeruleum !
Potentilla Fragariastrum ! †	Gentiana cruciata.
Rubus saxatilis.	Polygala amara !
Rosa gallica *pumila ! †	Arabis brassiciformis !, Gerardi †,
Coronilla montana !	——— *sagittata !
Lathyrus heterophyllus †?	Thlaspi montanum † !!
Bupleurum longifolium.	Aconitum Lycoctonum.
Seseli Libanotis, coloratum.	Thesium montanum, intermedium.
Laserpitium latifolium, pruthenicum †	
Senecio spathulifolius.	Nephrodium Robertianum.

In dieser Liste sind hinter dem Artnamen mit † bezeichnet diejenigen Species, welche in der Flora des Kyffhäusers als des zuletzt besprochenen reichhaltigen Vergleichsgebietes fehlen.   Wie man sieht, sind es immerhin schon etliche bedeutungsvolle Arten, und so gliedert sich der Gesamtreichtum einer Florenlandschaft schon wieder nach den Beziehungen zu den Nachbarschaften.   Auf den Saalebergen sind schon andere Austauschwege zur Geltung gelangt als südlich vom Harze.   Nicht ohne Interesse sind demnach noch folgende Pflanzen der *höher gelegenen feuchten Waldungen* (z. T. auf Buntsandstein), welche Beziehungen zu höheren Bergwäldern zeigen und dem Kyffhäuser-Gebirge fast gänzlich fehlen (solche Arten tragen dieselbe Bezeichnung mit †):

Coralliorrhiza innata †, Epipogon aphyllus †;
Luzula silvatica † (als Seltenheit in der »Forst« !!);
Festuca silvatica, Hordeum silvaticum, Poa sudetica;
°Aruncus silvester †: berührt an wenigen Stellen von Osten her hier das Thüringer Gebiet;
°Astrantia major †: als Seltenheit von Jena bis Eckartsberga und zum Ettersberge bei Weimar;
°Prenanthes purpurea †: im Osten auf Buntsandstein (Zeitzgrund; Grenze);
Veronica montana, Senecio nemorensis (selten), Lysimachia nemorum †;
Geranium silvaticum †, Dentaria bulbifera †; von Farnen Aspidium aculeatum †. —

Nunmehr, im *nördlichen Teile des Thüringer Saalelandes*, welcher bei *Dornburg* beginnt, hören diese reicheren, submontanen Waldungen auf und es nähern sich gegen die Mündung der Unstrut bei *Freyburg-Naumburg* hin schon die Florenverhältnisse des unteren Saalelandes bei Halle.   Dieser Teil

---

[1]) Die zur sonnigen Hügelformation gehörigen Arten kehren unter den »felsigen Anhöhen auf Kalk« wieder; dort ist auch der Hauptplatz von Thlaspi montanum.

unserer Landschaft wird von der Haupt-Arealgrenze östlicher Hügelpflanzen umfasst, während der Abschnitt des Saalethales um Jena südlich
dieser Linie liegt (siehe Karte!). Die Berge werden hier niedriger; über der
Thalsohle von 130 bis 110 m Höhe erheben sie sich am Strome (meist um
100 m) als mehr oder minder steile Uferböschungen mit schroffen Felsen aus
Muschelkalk, da der Buntsandstein hier zurücktritt. Die höchsten Erhebungen
um Naumburg überragen kaum 250 m und liegen landeinwärts auf kahlen
Fluren, welche früher von der lichten Hainformation und von Triften bedeckt
gewesen sein mögen, die aber jetzt in einem oft ununterbrochenen Zusammenhange dem Feldbau dienstbar gemacht worden sind. Dazwischen liegen einige
Haine und Waldungen rings um das Mündungsgebiet der Unstrut von bedeutendem floristischen Interesse (die Göhlen bei Freyburg, Hain und Probstei bei
Klein-Jena u. a.), die zusammen mit den Steilfelsen und Ufergehängen das
Botanisieren hier noch immer höchst lohnend gestalten. Die Facies bleibt
unverändert die von Sesleria, Hippocrepis, Bupleurum falcatum, Carlina acaulis
und Gentiana ciliata; in ihr zeichnet sich neben Eryngium campestre auch
Salvia verticillata als eine dem Kyffhäusergebiet fehlende Art aus.

Da ist z. B. der Burgberg bei *Camburg* ein solcher Steilfelsen unmittelbar
an der Saale, der als beachtenswerter Durchschnitt gelten kann. Hier bilden
die 2 halbstrauchigen Teucrien mit Melica ciliata und Sesleria in einem
geradezu geselligen Bestande von Anthericum ramosum einen ungemein charakteristischen Untergrund, welcher durch die Cotoneaster-Büsche an den Fels-
rändern noch gehoben wird; Teucrium Botrys und Allium montanum, Asperula cynanchica und glauca, Reseda lutea und noch ein reichliches Dutzend
Dornsträucher, Grasrasen und einjähriger Kräuter wie Caucalis vervollständigen
mit den genannten Leitpflanzen der Facies das Bild. — Unmittelbar am Mündungsgebiet der Unstrut in die Saale bei dem Dorf Groß-Jena hat Ruta
graveolens einen reichlichen Standort auf dem den Muschelkalkfelsen unter-
lagernden Buntsandstein mit Mergeln, in einem ganz wilden und nicht bebauten Gelände; in ihrer Gesellschaft und ringsum an den Felsen des ganzen
Einganges zum Unstrutthal gedeiht Alyssum montanum. Was aber bei der
Einfahrt in das Unstrutthal vorbei an Freyburg nach Laucha zu am meisten
überrascht, sind die im August bereits hohen, wogenden Kornfeldern vergleichbaren Bestände der Stipa capillata, die schon mehr an die untere
Saale oder anderseits auch an die Gypsflächen bei Auleben erinnern.

Der Unstrut aufwärts folgen von hier mannigfache Verbindungen, welche
die floristische Landschaft der unteren Saale nicht kennt; ihrem Thal entlang
gehen besonders die Nordgrenzen von Arabis brassiciformis und auriculata, sowie von Thlaspi montanum mit Carex ornithopoda und
Globularia vulgaris als wichtiger präalpiner Arten, denen sich in der hercynischen Verbreitung Helianthemum oelandicum (mit Erweiterung nach
N um einen Standort bei Bennstedt gegenüber Halle a./S.) anschließt. Lactuca perennis hält sich zwar von Kösen an im Unstrutgebiet, weicht aber
dann zum Ostharz aus, während sich Rosa gallica *pumila und Senecio-

spathulifolius bis Frankenhausen an das Terr. 4 halten. Von gemeineren Arten ist dies sogar mit Carlina acaulis der Fall; von wichtigen Sträuchern hält sich Cornus mas ganz an diese Landschaft, Viburnum Lantana dagegen weicht am Ostharz (bei Hettstädt) etwas nach N aus. Dieses sind (außer den schon oben genannten Montanarten und Orchideen wie Himantoglossum) die wichtigsten Beispiele für die hier vorhandene Scheide gegen das Land der Unteren Saale, und diese Scheide wird in der auf S. 53 gegebenen Fig. 1 vom Lauf der Saale durch die das Nordufer der Unstrut begleitende, geknickte Linie bezeichnet.

Fünftes Kapitel.
Das Hügelland der Unteren Saale.
1. Orographisch-geognostischer Charakter.

Begrenzung. Die Landschaft der »Unteren Saale« mit den Lokalfloren von Halle, Bernburg und Magdeburg dehnt sich von der Saale bei Weißenfels bis über deren Einmündung in die Elbe aus und umfasst an der Elbe selbst noch die vom gleichen floristischen Charakter wie an der Saale selbst getragenen Landstriche bis Bitterfeld und Dessau an der Mulde, sodass ihre Gesamtfläche 125 Quadratmeilen beträgt.

Sie ist die dritte hercynische Landschaft, welche von der Quelle an gerechnet die Saale ihren beherrschenden Strom nennt, da dessen Oberlauf dem hercynischen Gebirgslande angehört, der Mittellauf sich an das Thüringer Triasbecken floristisch anschließt, der Unterlauf aber zu der Besiedlung artenreicher Genossenschaften von Steppenpflanzen geführt hat, die den wesentlichsten Charakterzug der ganzen Landschaft ausmachen. Was die hier besonders in das Gewicht fallende klimatische Eigenschaft anbetrifft, niederschlagsarme Landstrecken zu besitzen, so darf auf das früher darüber Gesagte (Abschn. II, S. 74 und Abschn. IV, Kap. 4, S. 351) verwiesen werden, wie sich überhaupt das Land der Unteren Saale naturgemäß am innigsten an das Thüringer Becken anschließt. Während aber dort am Schluss der orographischen Besprechung auf den Charakter einer reich gegliederten, von Hügelketten durchsetzten und mit 400 m überragenden Muschelkalk-Bergen ausgerüsteten Landschaft zu verweisen war, kommen für das Land der Unteren Saale nur die Eigenschaften einer flach und wellig gebauten hercynischen Niederungslandschaft in Betracht, der es an hohen Bergen fehlt und in der bei aller Mannigfaltigkeit der Gesteinsunterlagen doch das Diluvium schon den größten Teil der Höhenschwellen zwischen Saale — Bode einerseits und Saale — Mulde—Elbe andererseits ausfüllt und ganz verschiedenartige Besiedelungsbedingungen andeutet.

Der Charakter der Triaslandschaft hat also hier aufgehört, was von großem Einfluss auf die Ausprägung der Formationen ist. Die Hauptgrenze zwischen Terr. 4 und 5, über deren zweckmäßige Festlegung man in einzelnen Teilen zweifelhaft sein kann, ist eine orographische; der Kamm der im Nordosten die Unstrut zwischen Nebra und Naumburg eindämmenden und größtenteils aus Muschelkalk bestehenden Triasberge bildet bis Querfurt die Grenze, welche dann in gleicher Richtung an Eisleben vorbei auf die Grafschaft Mansfeld am Ostrande des Harzes zuläuft. Im Mansfelder Hügellande und im anhaltischen Ostharze bis Ballenstedt ist natürlich die Grenze gegen die montanen Waldformationen eine höchst verwickelte (s. in diesem Abschnitt Kap. 11) und kann auf Karten in kleinem Maßstabe nur summarisch angedeutet werden; von da springt sie aus ihrer bisherigen NW-Richtung in eine NO-Richtung über und umfasst das nördlich dem Harze vorgelagerte Hügelland bis Magdeburg.

Gegen das Braunschweiger Land (s. Kap. 2 dieses Abschnittes) ist hier eine vielfach in den Florenelementen herübergreifende Grenze, was auf unserer Karte I darin Ausdruck findet, dass die Westgrenze charakteristischer Steppenpflanzen hier wegen der Standorte am Huy bei Halberstadt über unsere angenommene Territorialgrenze etwas nach W hinübergreift.

Einschnitte der Flussthäler. Der Hauptfluss der Landschaft, *die Saale*, hat schon an deren floristischer Südgrenze eine sehr tiefe Lage, und alle Zuflüsse derselben haben gleichfalls innerhalb dieser Landschaft ein geringes Gefälle. Selbst der Ostharz, welcher gegen sie verwickelte Grenzen bildet, läuft so flach aus, dass das Gefälle seiner Bäche sich durch seine geringe Neigung höchst charakteristisch von dem der übrigen Harzbäche abhebt. In den »Mitteilungen des Vereins für Erdkunde zu Halle«, welche von dem regen und auch der Botanik so nützlichen Eifer dieser Gesellschaft in jedem Bande Zeugnis ablegen und eine Quelle der Belehrung darstellen, wie sie für kein anderes unserer hercynischen Territorien so reichhaltig fließt, findet man im Jahrgang 1886 diese Flussgefälle in einer Arbeit von KARL LEICHER zur morphologischen Charakteristik des Harzgebirges auf Taf. 4 und 5 dargestellt, wobei die Bode, Selke und Wipper die geringsten Neigungen besitzen. Dort, wo die Austrittsstelle derselben aus dem Gebirge angenommen wird, besitzt die *Bode* ein Niveau 179 m, die *Selke* 180 m, die *Wipper* 172 m, durch welche Zahlen die Sockelhöhe des östlichen Harzrandes angedeutet wird. Das Bett der *Saale* selbst hat bei ihrem Eintritt in diese floristische Landschaft bei Weißenfels schon nicht mehr ganz 100 m Höhe, bei Merseburg 90 m, bei Halle 75 m und somit geht das Niveau nordwärts in die allgemeine Niederung von rund 60 m Höhe an Saale, Mulde und Elbe zwischen Dessau und Magdeburg über, welche überhaupt die tiefsten Gelände des hercynischen Bezirkes darstellen. Der Charakter einer sommerheißen und trockenen Landschaft ist nun durchweg dem Lande der Unteren Saale aufgeprägt und ist maßgebend für seine Flora. Es ist die einzige hercynische Landschaft, welcher der ursprüngliche Besitz der Fichte abzusprechen ist, während die Nachbarterritorien nur in ihren unteren, nordwärts gesenkten und sandigen Flächen die Waldbildung ohne Fichte vollzogen haben.

Seemulde. So liegen denn schon um Merseburg und Halle in dem dort sehr flachen Lande die fast ganz vom Ackerbau eingenommenen und dörfer- reichen Ebenen nur 100—110 m hoch östlich der Saale, während sie westlich gegen 150 m ansteigen. Dann folgt aber, ehe die sanfte Schwelle zum Ost- harz sich erhebt, noch einmal eine tiefe Senke, in welcher mit früherem Niveau von 88 m der *Salzige See* und etwas höher nordwestlich von diesem der *Süße See* liegt.

Einstmals eine Perle des Mansfelder Seekreises, hat dieser an floristischen wie zoologischen Seltenheiten besonders reiche Landstrich sehr dadurch ge- litten, dass der 860 ha haltende Salzige See den Mansfelder Bergwerken zum Opfer gebracht werden musste und nunmehr eine grünende Feldfläche mit allmählich aussüßendem Erdreich darstellt, jetzt allerdings noch an sumpfigen Stellen seiner ehemaligen Ufer reichlich mit Halophytenvegetation bedeckt. Der »Süße See«, gleichfalls reich an Salzpflanzen, misst nur 265 ha und er- streckt sich mit einer verschmälerten, von den Zuflüssen erfüllten Zunge bis gegen *Eisleben* hin, welche Stadt durch Höhen bis zu 350 m von dem Thale der aus dem Ostharze hervorbrechenden *Wipper* geschieden ist. An der Wipper liegen hier die Städte *Mansfeld* und *Hettstädt*, deren Umkreis ganz zur Flora des Saalelandes gehört; dann wendet sich jene, von Sandersleben aus gen NW gewendet, nach *Aschersleben*, wo die Flora des Saalelandes in niederen (bis 200 m ansteigenden) Höhen noch ausgezeichnete Standorte mit cop.[2] auf Triften wachsendem Astragalus exscapus besitzt.

Der Landstrich von Halle bis Magdeburg. Die weiten Ebenen, von denen im Umkreis von Merseburg und Halle die Rede war, setzen sich außer aus dem Alluvium der Thäler hauptsächlich aus dem Diluvium der 1. Eiszeit, Lößlehme führend, seltener aus Kiesen und Sanden zusammen; an der Saale sind einige Buntsandstein-Schwellen. Westwärts folgen an der aus dem Salzigen See abfließenden *Salzke* wiederum steilere Uferhöhen mit Muschel- kalk, welche die Standorte bei *Bennstedt* so reichhaltig gestalten. Oligocäne Schichten mit mächtiger Entfaltung von Braunkohlenlagern trennen beide Thal- züge und verlieren sich erst südlich vom Salzigen See, von wo nach Eisleben zu rote, lehmige Erde und harte Thone bildende Gesteine sowohl vom Rot- liegenden als vom Buntsandstein auftreten, bis zu den Kupferschiefern und karbonischen Silikaten am Ostrande des Harzgebirges hinauf.

Von Halle bis über Könnern hinaus (also südlich von Bernburg) zeigt dann aber das Saalethal eine andere Beschaffenheit: an Steilufern zeigen sich mannigfaltige Standorte für Fels- und Steppenpflanzen. Es treten hier Por- phyre an beiden Ufern, nach der Einmündung der Salzke nur noch an dem rechten Ufer auf, und fernab von der Saale erheben sich einzelne freistehende Porphyrberge bis *Löbejün* hin zerstreut, unter ihnen der die Gegend nördlich von Halle weithin beherrschende, sanft zu 241 m ansteigende *Petersberg.* Von *Wettin* an der Saale stromab bis *Könnern* erstreckt sich dann eine floristisch

sehr reiche Landschaft nur auf die unmittelbar an das Saalethal gebundenen
Uferhöhen mit ihren inneren Einsenkungen und Schluchten, welche aus roten
Felsen der Dyas mit Kohlenschiefern bestehen. Hohe Berge giebt es hier übrigens
nicht; die schöne Abhangsflora erstreckt sich vom oberen Rande der Uferhöhen mit 300 preuß. Fuß (nach den Messtischblättern) herab bis zum Ufer-
rande mit etwa 200 Fuß; die obere Uferhöhe ist also nur wenig über 100 m
gelegen. — Dann beherrscht noch einmal in dem Gelände bis Bernburg der
Buntsandstein, und nördlich davon mit Einschluss des großen, von der Bode
zwischen Wegeleben und Egeln umflossenen Hügellandes der Muschelkalk das
Feld; nach Magdeburg hin endlich nimmt die Braunkohlenformation (Oligocän)
mit den Sanden und Kiesen des nordischen Diluviums mächtig zu, unterbrochen von einzelnen Inseln verschiedener Sedimentschichten.

   Die Substratverhältnisse. In etwas lässt sich die Gestaltung der Bodenverhältnisse, wie sie eben geschildert wurde, beurteilen nach der in Abschn. II,
S. 53 gegebenen Figur 1, von welcher der Saaleabschnitt im Niveau 100 bis
50 m zu diesem·Territorium gehört. Eine ganz besondere Aufmerksamkeit ist
von A. SCHULZ in seiner vortrefflichen Arbeit über die »Vegetationsverhältnisse
der Umgebung von Halle« (1887) den Beziehungen zwischen Boden und
Pflanzenwelt geschenkt, wie denn überhaupt diese Arbeit als eine grundlegend-
pflanzengeographische für den Abschnitt Merseburg—Löbejün—Salziger See
gelten muss und in den späteren Arbeiten desselben Verfassers mancherlei
Erweiterungen und Zusätze hinsichtlich der Einwanderungszeiten und -Rich-
tungen der in erster Linie charakteristischen Arten erfahren hat, welche öfters
zu sehr in das spekulative Gebiet führen. — Da der Kalkreichtum im Boden
zu den maßgebendsten Eigenschaften des Substrats gehört, sei nach SCHULZ'
Arbeit erwähnt, dass derselbe in großen Flächen des Alluviums und Tertiärs
auf nur 0,01—0,05 % sinkt, dass aber meistens die Porphyre und roten Sandsteine (Dyas) 0,1—0,2 % enthalten. Es folgen in der Stufenfolge große Alluvial-
flächen im südöstlichen Winkel des Territoriums mit 0,2—1 %, Zechsteinletten
und andere Sandsteine des Rotliegenden mit 1—2 %. Bis zu 5 % steigen
schon Kieselkonglomerate mit kalkigem Bindemittel (auch Teile des Alluviums
und Diluviums erreichen diese Höhe) — und hiermit ist je nach physiologi-
schen Prinzipien die Stufe der kalkreichen Böden ($> 3^{1}/_{2}$ %) betreten. Die
kalkreichen Buntsandsteine (z. B. an den Mansfelder Seen) haben 10 % und
können bis über 15 % steigen. Dieselbe Menge kommt in einzelnen Horizonten des Rotliegenden (z. B. in feinkörnigen Sandsteinen südlich von Rothenburg a. d. Saale) vor, wodurch deren ausgezeichnet reiche Flora sich auch nach
dieser Richtung hin erklärt. Mehr als 20 % sind nur im Muschelkalk, in den
Zechsteinkalken und im Rotliegenden mit Einlagerungen von Kalk beobachtet
worden.

   Neben dem Kalkgehalt kommen die physikalischen Eigenschaften nicht
minder in Betracht, und hier drängt sich dem Botaniker auf den oberen Feldflächen wie an den pflanzenreichen Abhängen oft die feinerdige, staubige, hell-
bräunliche Beschaffenheit des trockenen Erdreichs auf, die weit durch diese

Landschaft verbreitet auf den Diluvien, auf den Lößflächen und Braunkohlen-
sanden herrscht und sich auf andere geologische Formationen ausdehnt. Man
gewinnt den Eindruck, dass diese Bodenbeschaffenheit das wichtigste, durch die
sommerliche Trockenheit unterstützte Hülfsmittel zur Erhaltung der Relikte
aus den Steppenfloren darstellt. Keine andere hercynische Landschaft besitzt
einen solchen Boden, der schon bald nach der winterlichen Durchfeuchtung,
im März und April, einen zur Dürre geneigten Eindruck macht und auch
häufig seine Kulturen an Dürre leiden lässt. Viele Feldflächen mit solchem
Boden werden ursprünglich von den Grasflächen und lichten Hainen der F. 15
bis 16 bedeckt gewesen sein, während der Laubholzwald besonders aus Eichen
auf dem feuchteren Diluvium mit Lehm sich noch streckenweise gut erhalten hat.

2. Die Mansfelder Seen und die Thüringer Halophyten-Flora.

Standorte und wichtigste Arten.

Wenn in der steppenartige Formationen begünstigenden Natur der hauptsächliche Charakter des Unteren Saalelandes liegt, so ist ihr Markstein demgemäß in einer reichen Halophytenflora gegeben, welche neben Arten der
deutschen Küste auch solche der pontischen Steppen birgt. Und solche sind
unter der Gattung Artemisia enthalten. Allerdings muss man in dieser Beziehung unser Territorium 5 westwärts über die Salinen von *Artern* a. d. Unstrut hinaus bis zum nördlichen *Kyffhäuser* verlängern, wo an der Numburg
(s. Abschn. IV, Kap. 4, S. 374) gleichfalls eine reiche und ausgezeichnete
Vegetation von Salzpflanzen herrscht. In dieser und in anderen Hinsichten
kann man ja überhaupt den Kyffhäuser als den Ausläufer einer westwärts gerichteten Zunge der Flora von Eisleben betrachten, und wenn meine Territorialeinteilung in ihren Hauptzügen anders verfährt, so geschieht das aus
Gründen orographischer Natur und floristischer Durchschnittswerte, wie schon
öfters hervorgehoben wurde.

.   Die Verteilung der bemerkenswerten Artemisien ist kurz folgende:

A. rupestris L. fehlt an der Küste, in Deutschland (außer einem zweifelhaften Lüneburger
    Standorte) nur zwischen Staßfurt und Bernburg im Mündungsgebiete der Bode zur Saale;
    häufig bei Artern sowohl am Soolgraben als 5 km landeinwärts gegen die Dörfer Kach-
    stedt und Borxleben hin.

A. laciniata W. fehlt an der Küste, mit der Vorigen nur auf den salzhaltigen Triften im
    Mündungsgebiete der Bode und früher auch bei Artern nahe Borxleben. Dieser letzte
    seltene Standort scheint jetzt verloren gegangen zu sein; er soll an Rainen und Graben-
    rändern, welche den dortigen vor der Durchführung des Soolgrabens vorhandenen Salz-
    sumpf umgaben, noch vor einigen Jahrzehnten bestanden haben.

A. maritima L., sowohl *genuina, als auch *gallica und *salina, an der Küste von der Nord-
    see bis Pommern und Westpreußen, im Binnenlande nur am Soolgraben bei Artern, dort
    herdenweise und reichlich, spät im Jahre blühend und nicht von dem salzdurchtränkten
    Boden abgehend, außerdem selten an den Uferabhängen der Mansfelder Seen.

25*

A. pontica L. ist kein Halophyt, aber liebt die von solchen im Binnenlande besetzten Steppen-
landschaften. Im Bodegebiete bei Bernburg, bei Halle a/Saale und bei Magdeburg im
Elbgebiete; auf Feldrainen bei Oldisleben an der Sachsenburg (Hainleite nahe Artern,
und A. Bösel aufgefunden!), und am Kyffhäuser als einzige Art mit A. Absinthium, campestris und vulgaris.

Diesen Wermutarten ist noch anzuschließen als besonders wichtig durch
ihre exclusive Verbreitung in Deutschland ganz allein in dem genannten Landstrich und ohne die Küsten zu berühren:

Capsella procumbens Fr., ein ⊙ zartes, fingerhohes Pflänzchen, im Norden des Territoriums
bei Magdeburg, nach SCHNEIDER bei Sülldorf auf Triftrücken im Salzgelände zuweilen sehr
gesellig, am Stassfurt—Bernburger Wege und am Lerchenteich; bei Artern jetzt (nach
BÖSEL) †; an der Numburg schon 1822 durch WALLROTH festgestellt, nach PETRY jetzt
dort nicht mehr gefunden, wohl aber zahlreich an Mauern in Frankenhausen.

Diese wenigen Arten verraten ohne weiteres die Lage der wichtigsten
Fundstätten thüringischer Salzpflanzen, und es ist daran zu erinnern, dass an
anderen Plätzen der Hercynia eine entsprechend reiche Halophytenflora überhaupt nicht existiert, dass also der floristisch ausgezeichnete Salzgürtel südlich
von Magdeburg (Schönebeck und Groß-Salze, dann Stassfurt mit dem westlich
gelegenen Dorfe Hecklingen) durch die Grafschaft Mansfeld bis zum Westrande
des Kyffhäusers sich erstreckt. Die Verbindung, welche gerade hierdurch in
so starker Weise für die Mansfelder Seen und das nördliche Thüringer
Becken südlich der Goldenen Aue bezeichnet wird und welche in der Verbreitung so mancher seltneren Steppenpflanzen der Hain- und Schotterforma-
tionen die Fortsetzung desselben Grundzuges bildet, ist auch aus der jüngeren
Erdgeschichte recht gut zu verstehen. Die geographische Wanderlinie von
Artern an der Unstrut nach dem Gebiet der Mansfelder Seen oder in umgekehrter Richtung ist noch vorgezeichnet in dem alten Thal der Unstrut von
Artern an. Bekanntlich hat dieselbe hier (s. Abschn. IV, Kap. 4, S. 375) von
Süden herkommend an der Vereinigungsstelle mit der Sondershäuser Wipper
in der Pforte an der Sachsenburg (zwischen Oldisleben und Heldrungen) den
Triaswall durchnagt, welchen Hainleite, Schmücke und Schrecke hier aufgebaut haben, und fließt in nordöstlicher Richtung. Während sie nun jetzt
diese Richtung alsbald wieder verlässt, um nach OSO gewendet ihr gewundenes
Thal durch die östliche Triasplatte von Nebra bis Freyburg zu verlegen und
dort im Süden die Saale bei Naumburg zu erreichen, behielt sie ehemals die
nordöstliche Richtung bei und floss durch das Gebiet der beiden Seen in dem
jetzt von dem Salzkebach gebildeten Ausflussthal bei Salzmünde südlich der
Stadt Wettin der Saale zu. Trotz der Verlegung des Flusslaufes ist noch
heute kein ernstliches orographisches Hindernis innerhalb dieses alten Weges
eingetreten, welches der Pflanzenwanderung entgegenstände, und ebenso war
von Artern nach Westen (Sondershausen) hin eine solche Wanderungsrichtung
entlang dem Wipperthal sehr ermöglicht, sofern nur die Pflanzen der betreffenden Formationen in nicht zu großen Entfernungen von einander die
passenden Standortsbedingungen erfüllt fanden.

Die Salzflora von Artern.

Für die Halophyten scheint Artern das wichtigste Verbindungsglied ge-bildet zu haben. Früher waren dort ausgedehnte Sumpfflächen mit Salzwiesen, welche seit längerer Zeit trocken gelegt sind; dadurch sind Erythraea linarii-folia, Cakile maritima!! und Capsella procumbens dort verschwunden, gerade wie auf den begleitenden steppenartigen Triften beide Stipa[1]). Jetzt bildet den Hauptfundort der Salzpflanzen der Soolgraben, welcher das Wasser einer in 130 m mächtigem Steinsalzlager erbohrten Quelle in raschem Flusse befördert und sich mit anderen Ableitungen vereinigt.

Das Ausgezeichnetste an diesem Soolgraben ist jedenfalls die Wermut-trift von Artemisia maritima und ihrer Varietäten. Über der Flutmarke am Rande der Gräben bildet diese Art silbergrau schimmernde, hohe Stauden-bestände, von welchen die Form mit sparrig abstehenden Zweigen und hängenden Köpfen (= *salina W.) besonders schön ist. Starkes Aroma entströmt dem Kraute, und spät im Jahre, meistens erst im September, entfalten sich die goldgelben Blüten an den zahlreichen Köpfen. Dagegen ist A. rupestris besonders durch die grüne Rasen bildenden sterilen Sommertriebe auffallend, zwischen welchen sich, weniger dicht, die kürzeren grünen, mit Rot und Grau gezeichneten Blütenstengel erheben. Neben den Wermutstauden sehen wir besonders graue Chenopodien, Atriplex nitens und rosea, Lactuca Scariola und von niederen Pflanzen die Plantago maritima, deren grüngelbe Antheren längst vor der Blütezeit der Artemisia weithin flatternd sich zeigen.

Diese Wermutsteppe in gedrängter Form im Herzen Deutschlands ist etwas ganz einzig in seiner Art Dastehendes und es sollte, sofern dem Volke überhaupt etwas daran gelegen sein muss, seine naturhistorischen Schätze lebendig zu erhalten, alles gethan werden, um diese Halophytenflora vor dem Ruin durch Menschenhand zu schützen[2]). Jetzt erstrecken sich einzelne mit Artemisia rupestris besetzte Stellen noch gegen 5 km weit in westlicher Richtung landeinwärts vom Soolgraben, als Überbleibsel des früher weit nach Westen hin sich erstreckenden Salzsumpfes.

Die Salzsümpfe mit Salicornia haben jetzt ein beengtes Areal, be-sonders auf dem durch Grundwasser oder sich ansammelnde Regenwasser stets feucht gehaltenen Boden, auch unten am Graben im Bereich des $2^1/_2$—3 % an Salz enthaltenden Soolwassers, in welchem Ruppia mit Enteromorpha in-testinalis u. a. Algen (s. Abschn. III, Kap. 7, S. 271) ein gedeihliches Leben führt. Auf solchem von Nicht-Halophyten freien Schlammboden herrscht

---

1) Nach Mitteilung des Rektor A. BÖSEL in Artern; derselbe zählt auch Atriplex litoralis und laciniatum zu der dortigen Halophytenflora.

2) Es liegt die Gefahr vor, dass der Soolgraben unteridisch abgeleitet werden wird zur Aus-süßung der wenigen umgebenden Äcker. Wie für große Geldmittel Museen zur Aufnahme palä-ontologischer Schätze errichtet werden, sollte man die kleinen Opfer nicht scheuen, um eine kleine Vegetationsformation für die lebendige Anschauung zu bewahren, die den Geist auf den Ent-wickelungsgang unserer Flora hinlenkt.

Salicornia herbacea in allen Größenverhältnissen oft ganz allein für sich, oder
sie mischt sich den beiden anderen salzliebenden Chenopodiaceen bei, auch
mit Glaux und Aster Tripolium. Noch weiter im Wasser herrscht dann
Triglochin mit der nach ihm benannten und früher kurz geschilderten Facies.
Diese beiden Ausprägungen salzliebender Bestände treten auch besonders an
der Numburg schön in die Erscheinung, wo ihnen PETRY eine gedrängte
Schilderung widmete (s. Lit. 53, S. 25). —

Die Mansfelder Seen.

Der tiefen Senke, in welcher die beiden Mansfelder Seen liegen, ist oben
(S. 385) schon Erwähnung gethan. Die Höhen ringsum sind 150—190 m
hoch, langgezogene anmutige Schwellen, welche sich mit sanften Gehängen
zum Spiegel beider Seen neigen, deren einer jetzt in eine Feldfläche mit rings
umgebenden sumpfigen, an Salzpflanzen reichen Wiesen verwandelt wurde.
Ein schmaler Landstreifen von kaum 800 m Breite trennt auf eine Länge von
etwa 2 km beide Seebecken von einander, durchzogen von einer das Dorf
Aseleben mit Seeburg am östlichen Gestade des »Süßen Sees« verbindenden
Straße. Am Südufer des »Salzigen Sees« liegt Röblingen; an einer nördlichen
Ausbuchtung seiner Ostecke, wo die Gestade steiler aufgebaut sind und der
frühere See durch Landzungen eingeschnürt war, liegt der in den Floren
Thüringens oft genannte Ort Rollsdorf. Weinberge bekleiden in Menge die
Südgehänge zum Süßen See, schattige Wälder sieht man nicht. Die Form
der Höhen und ihre Bekleidung erinnert nicht unschwer an die Gleichen bei
Arnstadt; aber es fehlen höhere Kuppen und Spitzen, es fehlen die frischen
Wiesengründe in der Tiefe.

So ist denn alles dazu angethan, auf dem trockenen, rötlich-lehmigen
Boden eine Steppenfacies zu erzeugen, soweit dieselbe in Mitteldeutschland überhaupt Platz ergreifen und sich bis heute in gewissen stimmführenden Arten
erhalten konnte. Herrlich blüht hier im August die Lavatera thuringiaca,
während Althaea officinalis auf den salzgeschwängerten Triften eine ebenso
häufige, in großen Rudeln auftretende Charakterart darstellt. Auf langgedehnten
Hängen, wo locker gestellte Obstbäume dem Boden eine Nutzung abgewinnen
und zwischen diesen bloßes Erdreich mit Pilosella-Triften und spärlichen Weideflächen voll von Scabiosa ochroleuca abwechselt, ist alles erfüllt von dornig-
stacheligen Kräutern, unter denen Centaurea Calcitrapa mit ihren großen
kugeligen Stachelhaufen physiognomisch das bedeutendste ist. Hier ungewöhn-
lich gemein ist diese Centaurea doch in anderen hercynischen Territorien
selten oder nur durch Verschleppung ein unregelmäßiger Bürger; sie wird
durch die wohlbekannten, auch im sächsischen Gau an solchen Stellen oft
gesehenen sparrigen Blütenstände des Eryngium campestre verstärkt, dazu von
Disteln Onopordon, Carduus nutans, crispus und °acanthoides, während die
Form der Filzkräuter durch Verbascum, Centaurea maculosa, Stachys germanica und Salvia silvestris in buntem Gemisch dargestellt wird und viele

Stellen anstatt mit saftigen Gräsern von kleinen Steppenflächen der Stipa capillata und des Andropogon Ischaemum in unterbrochenen Hörsten besetzt sind. Dazu kommen noch Ruderalarten wie Lepidium, Hyoscyamus, Reseda lutea und Echinospermum Lappula, welche solche Steppentriften mit den menschlichen Besiedelungen hier verbinden und auch sehr zum Allgemeincharakter stimmen.

In diesem Rahmen liegen die Seen, und der salzärmere »Süße See« empfängt bei Aseleben noch heute seine Besucher am Gestade mit folgendem Röhricht:

soc.
{ Scirpus maritimus, weit seltener·S. lacustris;
Phragmites communis.
cop—greg. Triglochin maritimum, Aster Tripolium.

Am Strande Wiesen von Atropis mit Glaux und Triglochin palustre.

Liste der Halophyten.

Ich fasse nun die Thüringer Halophyten-Flora in folgender Artenliste zusammen, welche den im Abschn. III, Kap. 6, S. 268 gegebenen allgemeinen Formationscharakter nach der Seite aller herrschenden wie seltener vorkommenden Salzpflanzen zu vervollständigen berufen ist. Denn was an selteneren Arten im hercynischen Salzgebiet vorkommt, wächst nur auf dem genannten Verbindungsstriche der Territorien 4 und 5. — Die hauptsächlichen Standorte sind durch Abkürzungen bezeichnet, und zwar bedeutet **K** die Numburg, bezw. Frankenhausen am Kyffhäuser, **A** das Salzgebiet bei Artern, **M** dasjenige der Mansfelder Seen, endlich **S** das zwischen mehreren reichen Fundplätzen verteilte Magdeburger Salzgebiet von Schönebeck und Groß-Salze bis Stassfurt und Hecklingen.

a) Landpflanzen, beginnend mit Chenopodiaceen (Salsolaceen).

Salicornia herbacea L. . . . K A M S   (auch Salzderhelden Terr. 3.)
Suaeda maritima Dum. (=Chenopodina, Schoberia marit.). K A M S
Atriplex (*Obione) pedunculatus L. . . . . K A   S
[Kochia scoparia Schrad . .   M   nur vorübergehend eingeschleppt?]
Artemisia rupestris L. (r.) . .   A   S
—— laciniata W. (rr.) . . .   (†)   S selten mit voriger Art auf den
     Triften am Lerchenteich und östlich davon bei Stassfurt—Bernburg.
—— maritima L. (r.) . . . .   A M
Aster Tripolium L. (cop.) . . K A M S
Plantago maritima L. (greg.) . K A M S
Glaux maritima L. (cop.) . . K A M S
Samolus Valerandi L. (spor.) . K A M S (östl. bis Dölzig westl Leipzig.)
Erythraea linariifolia Pers. (r.) (K) † M S

Bupleurum tenuissimum L. (r.)   K   A   M   S
Apium graveolens L. (r).   . .   K   M   S
Lotus *tenuifolius Rchb.   . .   K   A   M   S
Melilotus dentatus Pers. .   . .   K   A   M   S
Althaea officinalis L. . . . .   K   K   S
Spergularia salina Prsl. . . .   K   A   M   S
—— *marginata Kttl. . . .   K   A   M   S
Capsella procumbens Fr. (rr.) .   (K)   S
Triglochin maritimum L. (soc.)   K   A   M   S
Atropis distans Grsb. (soc.)   ·.   K   A   M   S
Scirpus parvulus R. & Sch. =
    Heleocharis parvula Palla (rr.)   M   bei Rollsdorf.
Scirpus (*Schoenoplectus Rchb.)
    Tabernaemontani (r.) . . .   K   S in der Flora von Magdeburg nicht
    selten und stets gesellig, Oschersleben — Gr.-Salze — Döben — Heck-
    lingen — Könnern u. s. w.
Blysmus rufus LK. . . . .   M   S
Juncus Gerardi Loisl. . . .   K   A   M   S
Carex secalina Whlbg. (r.) . .   M
[—— hordeisticha Vill. (rr.) .   K   hat ihren einzigen sicheren Stand-
    ort an der Numburg und scheint mit der vorigen, ihr sehr ähnlichen
    und nächst verwandten Art ein obligater Halophyt zu sein].

b) Wasserpflanzen (Phanerogamen).

Ruppia rostellata Kch.   . . .   K   A   S (auf Soden, Terr. 3.)
Zannichellia pedicellata Fr. .   .   K   M   S
Ranunculus *Baudotii Godr. (rr.)   M   nur im Salzigen See gefunden.

c) Algenflora.

Bmk. Von großem Interesse und geographischer Bedeutung ist die Anwesenheit zahlreicher halophiler Algen in den Soolwässern des Saalelandes, zumal da deren ehemalige Verbreitung und Ansiedelung ganz andere Faktoren herbeizuland als diejenige der halophilen Landpflanzen. Die Verbreitungsstatistik der halophilen Algen ist noch nicht seit so langer Zeit und noch nicht in der Vollständigkeit wie bei jenen erforscht. Um so mehr bin ich Herrn Rektor Bösel in Artern, dem dortigen trefflichen Kenner und Hüter der halophilen Organismen, für Mitteilung eines Verzeichnisses der dortigen Algen nach den Bestimmungen von Apotheker SONDERMANN zu Dank verpflichtet. Zu dieser Liste von Arten (A) kommen nach den Arbeiten von RABEN-HORST und REICHELT (s. Litt.) andere Verzeichnisse vom Soolbade Dürrenberg und den Salzwässern bei Kötzschau zwischen Leipzig und der Saale (D), sowie von dem früheren Salzigen See und den Soolgräben in der Gegend von Halle (H). Hiernach hat SCHORLER das folgende Verzeichnis zusammengestellt, in welchem besonders die Bacillariaceen sehr formenreich hervortreten.

Liste halophiler Algen in Terr. 4.

Chara aspera Deth.
—— crinita Wallr. H.
—— tomentosa L. H. (= Ch. cerato-
phylla Wallr.).
—— hispida var. subinermis A. Br. H.
—— intermedia A. Br.
var. papillosa Ktz. H.
—— polyacantha A. Br. H.
Tolypellopsis stelligera Mig. H.
Tolypella glomerata v. Leonh. H.
—— glomerulifera v. Leonh. H.
Enteromorpha intestinalis L. A.
—— —— var. capillaris Rbh. A. u. H.
—— —— var. tubulosa Rbh. A.
—— salina Ktz. A. u. H.
—— —— var. cramosa Ktz. A.
Cladophora glomerata Ktz.
var. flavida Ktz. A. und H.
—— crispata Ktz. A.
—— —— var. brachystelecha Rabh.
A. und H.
Rhizoclonium salinum Ktz. A. D. H.
Calothrix parietina Thr.
var. salina Ktz. A. und D.
Gloeotrichia salina Rbh. H.
Microcoleus chthonoplastes Thr. A.
Lyngbya major Hansg. A.
—— princeps Hansg.
var. maxima Rabh. A.
—— salina Ktz. A.
—— pannosca Ktz. A.

(Bacillariaceen.)
Amphora ovalis var. affinis Ktz. A. D.
—— lineolata Ehrbg. D.
—— salina W. Sm. D.
—— coffeaeformis Ktz. A.
Mastogloia Dansei Thw. A. D.
Stauroneis Spicula Hickie. D.
Navicula peregrina Ktz. D.
—— salinarum Grun. D.
—— gregaria Donkin. D.

Navicula pygmaea Ktz. D.
—— incerta Grun. D.
—— formosa Gegr. D.
—— permagna Bailey. D.
—— sculpta Ehrbg. D.
Frustulia salina Ehrb. A.
Pleurosigma Spenceri Sm. D.
—— Parkeri Harr. D.
—— —— var. stauroneoides Grun. D.
—— strigilis Sm. D.
—— angulatum Sm. A. D.
—— delicatulum Sm. D.
Amphiprora paludosa Sm. D.
—— alata Ktz. A.
—— lepidoptera Greg. D.
Achnanthes brevipes A. D.
—— —— var. intermedia Ktz. A.
Cocconeis Pediculus Ehrb.
var. salina Ktz. A.
Epithemia turgida Ktz.
var. Westermanni Ktz. A. und H.
Synedra subtilis Ktz. A.
—— tenuis Ktz. A.
—— saxonica Ktz. A. und H.
Surirella ovalis var. salina D.
—— striatula Turp. A. D.
Campylodiscus noricus Ehrbg. A. D.
Cylindrotheca gracilis Grun. D.
Hantzschia amphioxys var. vivax. D.
Nitzschia Tryblionella
var. levidensis Grun. D.
—— —— var. calida Grun. D.
—— hungarica Grun. D.
—— apiculata Grun. D.
—— circumsuta Grun. D.
—— dubia Sm. D.
—— commutata Grun. D.
—— paradoxa Grun. A. D.
—— Brebissonii Sm. D.
—— Sigma Sm. D.
—— —— var. rigida D.
—— obtusa Sm. D.
Melosira salina Ktz. A. D. H.

3. Die übrigen Formationen und ihre Charakterpflanzen.

Nachdem im vorigen Kapitel S. 355 eine ausführliche Liste der seltenen Arten gemeinsam für Terr. 4 und 5 gegeben war, ist zunächst auf dieselbe zu verweisen hinsichtlich der im Lande der Unteren Saale allein sich findenden Arten. Die oft schon erwähnten Beziehungen zwischen dem Thüringer Becken und dem Saalelande lassen sich nach folgenden *drei Kategorien* trennen:

1. Seltene Arten sind beiden Landschaften gemeinsam zu eigen. Dieselben haben überwiegend **Po**- oder **PM**-Areale. Wenn solche Pflanzen wenige Standorte besitzen, stecken dieselben hinsichtlich Thüringens niemals im Bereich der Ilm- und Saaleplatte (Kahla—Jena—Camburg), sondern am häufigsten am Kyffhäuser, darnach im Gebiet der Drei Gleichen oder am Seeberge bei Gotha.

2. Das Thüringer Becken besitzt den Hauptanteil der betreffenden Standorte. Die Arten sind dann überwiegend süddeutsch und finden sich auch meistens mehr oder weniger häufig im Werralande. Sie bevorzugen Kalk und besitzen Standorte im Bereich der Saaleflora Kahla—Camburg. Im Saalelande erreichen sie meistens weit südlich von Magdeburg ihre Verbreitungsgrenze.

3. Das Saaleland besitzt den Hauptanteil der betreffenden Standorte. Die Arten sind dann überwiegend pontisch mit Hauptareal im Osten oder im (über Böhmen hinausgehenden) Südosten, und viele davon sind auch im sächsischen Gau vorhanden. Sofern es nicht Pflanzen der Wald- und Wiesenformationen sind, reichen diese Arten dann meistens weit nordwestwärts mit ihrem Areal bis über den Harz hinaus nach Magdeburg und an die Grenzen des Braunschweiger Landes. —

Beispiele zur ersten Kategorie stellen dar: Die seltene Nepeta nuda (Benzingerode a. Harz, Eisleben. — 3 Gleichen); Iris nudicaulis von Halle einerseits bis zum Unstrutthal und anderseits bis zum Huy bei Halberstadt; Veronica spuria (Ostharz, Halle; — 3 Gleichen); Campanula bononiensis; Scorzonera purpurea; die Astragaleen.

Beispiele zur zweiten Kategorie bilden folgende Arten: Teucrium montanum; Globularia vulgaris; Erysimum crepidifolium; viele Arten der präalpinen Genossenschaft in der Hügelflora wie Coronilla montana, Hippocrepis u. a.

Die Beispiele zur dritten Kategorie würden sich sehr vermehren lassen; es mögen nur erwähnt werden Pulsatilla pratensis, Centaurea maculosa, Odontites lutea von Arten, welche auch im Elbhügellande Dresden—Meißen vorkommen, und dann Seseli Hippomarathrum, Lactuca quercina, Stipa pennata, Lavatera thuringiaca von Arten, welche daselbst fehlen.

Die *nur im Saalelande vorkommenden Arten*, solche Seltenheiten wie Trifolium parviflorum, Thalictrum simplex und Dracocephalum Ruyschiana, mögen aus der gemeinsamen Tabelle in Kap. 4 (S. 355—368) mit ihrer Verbreitung ersehen werden. Wie aber die Vorführung der drei Arten wieder in Erinnerung rufen soll, sind die Standorte solcher exclusiven Seltenheiten im Saalelande in weit von einander entfernten Landschaftsstrichen verteilt: die größere Mehrzahl heftet sich an die *Saale zwischen Halle und Rothenburg*; ein anderer nicht unwichtiger Teil sitzt *am nordwestlichen Harze*, wo zwischen dem Aus_ tritte der Bode an der Rosstrappe bei Thale und den westlich davon ge_ legenen Partien auf Quadersandstein bei Blankenburg (Regenstein, Hoppelnberg, Westerhausen u. s. w.) hart an der südöstlichen Grenze des Braunschweiger Landes eine reiche Kolonie von Steppenpflanzen sitzt und Alles sonst mit dem Harze als Hort montaner Formationen Verbundene durchaus zurücktritt; ein dritter Teil endlich heftet sich an die *Elbe* nach ihrem Austritt aus dem sächsischen Hügellande, wo im Mündungsgebiete der Mulde und dann der Saale, im Anhaltischen bei Dessau und Barby, gleichfalls eine auf zerstreuten Relikten-Standorten reiche Flora sich erhalten hat, die aber naturgemäß, da es hier an felsigen und der Kultur schwer zugänglichen Plätzen fehlt, sehr im Niedergange begriffen ist.

Das hauptsächlichste Interesse beanspruchen nach allem, was über die Natur der Landschaft gesagt wurde, an allen reicheren Stellen *die Hügel-formationen* mit ihrer durch Adonis vernalis, Lavatera thuringiaca, Dictamnus albus, mehrere Astragali, Seseli Hippomarathrum mit spärlicher auftretendem Bupleurum falcatum und Inula germanica als bald hier bald dort häufiger auftretende *Leitpflanzen* charakterisierten Steppen-genossenschaft.

Unter den *Waldformationen* ist die F. 3: Unterer hercynischer Fichten-mengwald, abgesehen von dem Übergangsgebiete am Ostharz, ausgeschlossen; selbstverständlich ist der montane Wald hier durchaus verschwunden, und auch zusammenhängende Flächen der F. 2 sind im Vergleich mit den Thü-ringer submontanen Buchenwäldern auf Muschelkalk wenig zu finden. Da-gegen spielen die gemischten Laub- und Buschwaldungen (F. 1) mit besonderer Bevorzugung der Eiche eine große Rolle; Kiefern- und Birkenwälder besetzen gewisse als »Heiden« bezeichnete Striche psammitischen Landes, und, da es an Wasser in den tieferen Teilen der Landschaft, wo die Elbe schon ein Niveau unter 50 m besitzt, nicht fehlt, so sind demgemäß die Auen- und Bruchwälder dort gleichfalls zu starker Entwickelung gelangt. Bezeichnend für unsere Landschaft ist, dass sich unter den von A. SCHULZ kartographisch niedergelegten Eigentümlichkeiten auch eine partielle NW-Grenze von Oxalis Acetosella befindet; sie schneidet die Saale dicht oberhalb Wettin und läuft auf Eisfeld zu.

Schon aus der früher besprochenen Liste seltener Arten geht hervor, dass auch die *Niederungswiesen, Sümpfe* und *Gewässer* mit einer Reihe von Cha-rakterpflanzen auftreten. Tetragonolobus ist in dieser Landschaft etwas ganz gewöhnliches; Cirsium bulbosum geht durch die Anhaltischen Lande bis zu den Nordgrenzen der Landschaft nördlich von Magdeburg. Schoenus und Scirpus haben in unserer Landschaft 4 bemerkenswerte seltene Arten außer den Salzpflanzen (s. Kap. 4 S. 367—368). —

4. Topographische Florenbilder des Saalelandes.

Von jeher ist die Litteratur über diese Landschaft eine eindringende
und mannigfaltige gewesen. In neuerer Zeit sind auch physiognomische Schilderungen der früheren floristischen Litteratur hinzugefügt, wie mehrere Aufsätze in der Deutschen botanischen Monatsschrift, die Programm-Arbeiten von
OTTO über die Umgebung von Eisleben, von BENSEMANN über die Gegend
von Köthen bis zur Elbe, dann die vortreffliche Flora Magdeburgs von
SCHNEIDER (nach des Verf. Tode von seinen Söhnen mit Nachträgen aus des
Verf. Nachlass neu herausgegeben) und endlich die schon oft erwähnten vielsei-
tigen Arbeiten von A. SCHULZ 1887—1899 zeigen. Die östliche Abdachung des
Harzes gegen Eisleben und Bernburg hin ist pflanzengeographisch am schwächsten behandelt; doch hat eine unter dem Kap. 11 (Harz) zu erwähnende Arbeit
von ANDREE in Münder schon nach dem Erscheinen von HAMPES »Flora hercynica« die pflanzengeographischen Seiten dieses Gegenstandes in Hinsicht auf
die hier sich treffenden Vegetationslinien östlicher Arten mit montanen Bürgern darzustellen versucht.

Im Folgenden soll die Ausprägung der Formationen in den genannten
Hauptteilen der Landschaft kurz an der Hand der Litteratur und eigenen Aufnahmen skizziert werden.

a) Am Ostharz in der Grafschaft Mansfeld.

In langem Laufe windet sich *die Wipper* aus der östlichen Abdachung
von Stolberg durch den sich gen O verflachenden Harz und tritt bei Wippra
in ein Hügelland ein, welches von da an nur noch durch 340—360 m hohe,
breite und herrliche Laubwälder tragende Plateaus eingeengt wird, sonst aber,
besonders nach dem Austritt aus dieser Waldgegend bei Dorf Biesenrode, mit
sonnigen Höhen, trocknen Abhängen und weit offnen Feldflächen keinen Ge-
birgscharakter mehr zeigt. In dieser Linie, welche etwa auf der Verbindungslinie Ermsleben (an der Selke) und Sangerhausen (im Flussgebiet der Helme
im SO) die Wipper bei Biesenrode schneidet, scheiden sich die Ausläufer der
Harzflora von der Saaleflora, welche letztere aber bekanntlich viel tiefer in die
Harzthäler hinein, zumal auch in das Selkethal in der weiteren Umgebung von
Harzgerode, ihre Fühler erstreckte und Standorte wie von Melampyrum cristatum dort im Bergwald ansiedelte.

Diabase sind an der erwähnten Stelle in zahlreichen Massen durch siluri-
sche und devonische Sedimente durchgebrochen und rahmen mit diesen das
Wipperthal ein, während weiter ostwärts Kohlenschiefer und mit riesiger Ausdehnung von Kupferschiefern die Zechsteinformation den geologischen Rand des
Harzgebirges bei Mansfeld bilden, nachdem die floristische Grenze desselben
schon längst überschritten war. Hier liegen im Mansfelder Gebirgskreise an
der Wipper und einem kleinen Nebenbache dicht beisammen *Mansfeld, Leimbach* und *Hettstädt*; stromabwärts folgt *Sandersleben* und am Knie der Wipper,

die von NW zu NO in scharfem Haken umbiegt, liegt *Aschersleben* als äußerster Grenzort dieses Ostharz-Abschnittes vom Saalelande. Westwärts aber erstreckt sich derselbe über *Ballenstedt* und *Quedlinburg* bis zur Grenze des Braun-schweiger Hügellandes bei Halberstadt und bildet an der Nordostecke des Harzes die außergewöhnliche Mischung von Arten montaner Fels-, montaner Wald- und Hügellandsformationen mit östlicher Genossenschaft, welche im Kap. 11 dieses Abschnittes unter Bodethal- und Rosstrappe-Felsen genauer zur Besprechung gelangen. Mit wie scharfer Grenzbildung und mit welchem Reich-tum an östlichen Arten aber das Saaleland bei Halberstadt dem Braunschweiger Lande gegenüber auftritt, ist im Kap. 2 (S. 299) schon geschildert worden, wo mehr als 30 Arten aufgeführt wurden, die an jener Stelle die Grenze west- und mittelhercynischer Formationen vom Südosten her kennzeichnen, und von denen nur etwa ein Drittel noch auf die nächstgelegenen Muschel-kalkberge südlich von Braunschweig übertritt.

In den *Wäldern* der Abdachung des Mansfelder Gebirgskreises nimmt die Eiche vielerorts die erste Stelle ein; nach ihr folgt erst die Buche, ·welche aber gen W mit jedem Schritte gegen die montanen Formationen des Harzes an Bedeutung gewinnt. Mit der Eiche mischen sich Hainbuche und Feldahorn, Linden und Rüstern, die oft allein Haine an trockneren Stellen bilden. In diesen Wäldern bildet °Euphorbia dulcis einen aus der östlichen Hercynia übernommenen sehr bezeichnenden Zug mit einer Vegetationslinie gegen die Magdeburger Flora, wie auch diese Art im westlichen Harze fehlt; sie findet sich bei Halle in Wäldern auf dem Alluvium und hat ihre Nordgrenze etwa in der Linie Hettstädt—Oschersleben—Walbeck[1]). Eine andere, aber seltnere Art dieser Waldungen ist °Bupleurum longifolium, welche im Selkethal von Günthersberge bis zum Meiseberge vorkommt, dann auf dem Kalk des Bodethales zwischen Rübeland und Rosstrappe; diese fehlt in der Flora von Halle und Magdeburg. Andere Arten sind diesen westlichen Waldungen und denen an der Saale und Elbe gemeinsam, so besonders Veronica montana, Lathyrus niger, Viola mirabilis, Vicia silvatica und Asarum europaeum, welche aber alle nach Magdeburg hin sehr an Zahl der Standorte abnehmen und die dortigen Alluvialwaldungen meiden. — Folgende Arten verdienen noch besondere Hervorhebung:

Lilium Martagon vom Innern des Harzes bis Aschersleben und zur Wasserscheide der Wipper gegen Eisleben. (Bei Magdeburg im Hackel.)

Campanula latifolia! vom Bodethale bis zum Selkethale, Quedlinburg und zum Huy (fehlt bei Magdeburg).

Omphalodes scorpioides! im Selkethal am Fuße des Meiseberges; Bodethal.

Myosotis sparsiflora zerstreut vom Bodethale bis zum südlichen Wippergebiet und Aschersleben.

Melampyrum cristatum häufiger als vor. im Osten und Norden des Harzgebirges.

Aconitum Lycoctonum im Bode- und Selkethale, fehlt in der Flora von Halle und Magdeburg.

—— variegatum wie vor. Art verbreitet (Günthersberge und Falkenstein); besitzt im Hackel bei Magdeburg einen nördlich vorgeschobenen Standort.

1) Die Grenzlinie der Euphorbia dulcis verdient genauer festgestellt zu werden.

Das Gegengewicht gegen diese z. T. mit niederen Montanarten durchsetzten Waldungen, welche das Grenzgebiet gegen den Harz als solches kennzeichnen, bilden naturgemäß *die sonnigen Hügelformationen*, deren Facies durch
merkwürdige Gemische ausgezeichnet sind. In dem Strich Aschersleben—
Hettstädt ist A d o n i s v e r n a l i s noch sehr häufig auf grasigen Hügeln, und
B u p l e u r u m f a l c a t u m, welches im Wipperthale bei der Biesenroder Hauptgrenze fehlt, ist ganz gemein am linken Wipperufer westlich von Sandersleben,
findet sich zerstreut bis Magdeburg und Braunschweig.. Dann ist im oberen
Wipperthal auf Felsboden A c h i l l e a n o b i l i s so gemein, dass sie der gewöhnlichen Schafgarbe Eintrag thut; auch an C e n t a u r e a C a l c i t r a p a ist noch um
Hettstädt kein Mangel, neben ihr V e r b a s c u m L y c h n i t i s, C e n t a u r e a
m a c u l o s a, S i l e n e O t i t e s, R a p i s t r u m p e r e n n e und, wohl nur verwildert,
im Gebüsch an der Wipper zuweilen E c h i n o p s s p h a e r o c e p h a l u s. Und auf
dem heißen, trocknen Kupferschiefer, der im Bergwerksrevier zu großen Halden
neben den natürlichen Felsen sich aufgetürmt findet, wächst in Grastrift Armeria elongata mit Eryngium campestre und Alsine verna !, Cirsium acaule
mit Linum catharticum und Reseda lutea. Auf rotem und hartem Mergelboden wechseln gesellige Flächen von A n d r o p o g o n I s c h a e m u m mit den
von den Mansfelder Seen her uns so bekannten Stachelklumpen der C e n-
t a u r e a C a l c i t r a p a ab, und in den Gebüschen scheint neben Ligustrum zuweilen Prunus Chamaecerasus noch wild vorzukommen.

Aber viele der pontischen Arten, welche das Saaleland bei Halle, Wettin
und Barby auszeichnen, haben den östlichen Harzrand doch nicht erstiegen,
und so mag hier noch eine kleine Liste derjenigen Arten folgen, welche noch
als s e l t n e r e A r t e n diesen Landstrich im Gebiet der Wipper (und Selke)
zwischen Ballenstedt—Aschersleben und Mansfeld auszeichnen:

Orchis militaris, —— tridentata.	Aster Linosyris.
Astragalus danicus !, —— Cicer.	Inula germanica !!
Trifolium rubens.	Senecio campester !!
Vicia cassubica !!	Dictamnus albus !
P o t e n t i l l a c i n e r e a greg. an vielen Stellen,	Geranium sanguineum.
Wipperhöhen bis Halberstadt.	Hutchinsia petraea! (Kalkfelsen der Burg Askania
Seseli Libanotis.	bei Aschersleben).
Peucedanum officinale !, —— Cervaria,	Draba muralis.
—— Oreoselinum.	Alyssum montanum.
Laserpitium latifolium, —— pruthenicum !	Erysimum crepidifolium ! (Rosstrappe).
Scabiosa suaveolens.	Pulsatilla pratensis !! (im NW).

T h a l i c t r u m s i m p l e x (var. laserpitiifolium Willd. nach HAMPE) ist als
besondere Seltenheit vom nordöstlichen Abhange des Regensteins und vom
Hoppelnberge bei Blankenburg hier noch zu nennen, während im Übrigen auf
die unter Kap. 2 S. 300 gegebene Liste der Arten in dem Harzwinkel unserer
Landschaft verwiesen wird. Die genannte Art besitzt viele ostpreußische und
einige schlesisch-brandenburgische Standorte; ihr einziger hercynischer Standort
liegt hier, dazu kommen noch einige im südwestlichen Deutschland. Ihr nahe
verwandt ist Th. g a l i o i d e s, von feuchten Wiesen an der Elbe bei Dessau als

einzigem hercynischen Standort angegeben, übrigens eine im südwestlichen Deutschland häufigere Art. —

b) An der Saale zwischen Halle und Rothenburg.

Weit verschieden von dem eben flüchtig durchstreiften bergigen Hügel-land ist die Lage der floristisch reichen Standorte an der Saale selbst; diese zeigt, nach einem Laufe in flacher Ebene bei Merseburg, dann bei Halle zur schönen Umrahmung ihrer Gestade bald enger an den Strom herantretende Felshöhen, bald weiter von ihm entfernte rundere Berge, aus Porphyr oder unterhalb von Wettin aus dunkelroten, kalkhaltigen Sandsteinen gebildet. In der Nähe des Stromes selbst ist hier am meisten der Reiz der Flora entfaltet; oben auf dem Kamme der Felshöhen angelangt, erblickt man meistens ein schwach gewelltes, stark vom Ackerbau beanspruchtes offenes Land. Der Wald ist in zusammenhängenden Flächen von Kiefernheiden (Dölauer Heide) oder kleineren Inseln von Buschwald vertreten, nicht im Gebiet des Porphyrs, Zech-steins und der Triasformation, sondern auf tertiärem Substrat oder auf Dilu-vium neben den Stromauen selbst.

Auch hier nimmt die *felsige Abhangs- und Schotterformation* das haupt-sächliche Interesse in Anspruch, besonders unter dem Gesichtspunkte des Vergleiches mit der Flora auf den granitischen Abhängen an der Elbe, wo nördlich von Meißen eine ähnliche Scenerie herrscht (Kap. 8).

Bekanntlich ist die Flora des Saalethales von Saalfeld bis Bernburg viel mannigfaltiger mit Arten verschiedenartiger, hier zusammentreffender Areale ausgerüstet, als die Flora des Elbthales von Pirna bis Mühlberg. Ein Teil dieser Verschiedenheit kommt auf Rechnung der Besiedelungsbedingungen, ein anderer Teil auf Rechnung der sehr verschiedenartigen Wachstumsbedingungen, welche Kalkgestein gegenüber Granit und Syenit schafft. Ich habe früher (s. Litt. unter Nr. 18 S. 30) auseinandergesetzt, dass auf ziemlich kalkarmem Boden der Elbhöhen bei Meißen eine Flora von z. T. kalkliebenden Arten sich zusammengefunden hat, von Arten, welche in Mitteldeutschland sonst allgemein den Muschelkalk im Triaslande besiedeln. Da nun an der Saale, nördlich von Halle, ziemlich kalkarme Porphyre mit einer reichen Flora auf-treten, auch die Sandsteine des Rotliegenden zwischen Wettin und Könnern z. T. kalkarm sind, so sind hier Studien über die Faciesbildungen der Hügel-formationen in verschiedenen hercynischen Landschaften mit verschiedenen durch die Wanderungswege bezeichneten Besiedelungsbedingungen möglich. Der Erfolg eines solchen Vergleichs ist im allgemeinen der, dass die Facies-bildung auf kalkarmem Gestein an der Saale und Elbe vielfältig gleichartig oder wenigstens sehr ähnlich ist, dass aber einige der am meisten aus-gezeichneten Leitpflanzen des Saalethales auch auf kalkarmem Porphyr oder rotem Sandstein vorkommen und zeigen, dass Pflanzen dort, wo einmal ihre Ansiedelung aus uns im einzelnen jetzt nicht mehr ge-nauer bekannten Gründen von dauerndem Erfolge blieb, auch eine gewisse

große Anpassungsfähigkeit an verschiedene Bodenunterlagen zeigen, in denen dann gewisse physikalische Eigenschaften der dysgeogenen Erd-
krumenbildung und warmer, im trocknen Sommer sogar heißer Beschaffenheit
die chemischen Eigenschaften des Kalkes ersetzen.

Die Leitpflanzen des Saalethales, auf welche das Gesagte in erster Linie
zutrifft, sind:

^{oo}Seseli Hippomarathrum auf Boden von 0,2 % bis zu dem kalkreichsten;
^{oo}Astragalus danicus | auf allen überhaupt von SCHULZ bei Halle unter-
^{oo}Stipa capillata | schiedenen Bodenklassen und Kalkgehalten.

Auf viele andere trifft das Gesagte ebenso zu, aber sie sind nach dieser
oder jener Richtung hin nicht so charakteristisch, oder finden sich auch im
Elbthale.

Es sollen bei dieser, dem Vergleiche mit der Flora um Dresden und
Meißen (s. Kap. 8) gewidmeten kurzen Skizze vom Saalethale zwischen Halle
und Rothenburg die *an der Elbe fehlenden Arten* mit ^{oo}, und die daselbst
sehr selten und nur *vereinzelt* an einigen auserlesenen Standorten vorkommenden Arten mit ^o bezeichnet werden. Man wird dann erkennen, wie groß die
Zahl der für die Saale allein charakteristischen Arten trotz eines großen Zuges
von Gemeinsamkeit in der Faciesbildung der Hügelformation ist, ohne dass
Vollständigkeit in den Listen erstrebt wird.

Auf den »Saalebergen« gegenüber Lettin und Neu-Ragoczi mit großen
Porphyrbrüchen herrscht eine solche kieselholde Facies auf dem sehr trocknen
und stark besonnten Boden, welche in der gewöhnlichen H. Pilosella- und
Artemisia campestris-Schottertrift mit gemeinen Gräsern nebst Festuca *glauca
und Andropogon Ischaemum, mit Asplenium septentrionale in den
Spalten des Gesteins auch Calluna und Berteroa incana als Si-Bewohner zeigt.
Hier sind die hauptsächlichsten Charakterpflanzen unter den Stauden:

^oAlyssum montanum	Phleum Böhmeri, Stachys recta	^oBrunella grandiflora
Centaurea maculosa !	als gemeinere Arten,	^{oo}Astragalus danicus !!
Eryngium campestre	^oCotoneaster Vulgaris !	^{oo}Stipa capillata !
Dianthus Carthusianorum	Asperula cynanchica	Anthericum Liliago
Silene Otites	—— glauca	—— ramosum
Cynoglossum officinale	^oCampanula glomerata	als seltenere Erscheinungen.
Anthyllis Vulneraria		

Nun aber nimmt, besonders rings auf den Bergen um Wettin und an den
Saalegehängen, sowohl bei Rothenburg als gegenüber zwischen Friedeburg und
Brucke, die durch ihr enges Areal überhaupt sehr ausgezeichnete Dolde ^{oo}Se-
seli Hippomarathrum als erste Leitpflanze die Aufmerksamkeit gefangen.
So gesellig wie Peucedanum Cervaria in der Vorderrhön oder P. Oreoselinum
auf den Elbgehängen leuchten uns die kleinen weißen Dolden auf schlanken,
wenig beblätterten Stengeln im Gebüsch, auf Fels, auf den roten, harten Abhängen unter den dort stark angesiedelten Robinia Pseudacacia-Bäumen entgegen, und oft ist auf heißem, sonnendurchglühtem Porphyrfels das tief mit
seinem Wurzelstock in den Spalten versenkte Seseli der einzige anziehende

Bewohner des Blockes, vielleicht neben prächtig rot und in mancherlei Spiel. arten blühendem Thymian.

Diese interessante, nur im Terr. 5 vorkommende Art erstreckt sich von diesem ihrem jetzigen Häufigkeitscentrum an der Saale nordwestwärts über Bernburg und Aschersleben (Burg Askanien, Kalk!) nach Quedlinburg und erreicht im westlichen Anteil der Magdeburger Flora an mehreren Stellen um Wanzleben ihre äußerste Grenze gen NW; gen SW rückt sie dem Thü. ringer Becken bei Kölme, Eisleben, Allstedt und Querfurt nahe.

Auf den Porphyrhügeln um Halle ist auch °°Gagea saxatilis eine treff. liche Charakterpflanze der Formation, welche gemäß A. SCHULZ' Angaben in Jahren mit zeitigem Vorfrühling schon in den ersten Februartagen in voller Blüte zahlreich anzutreffen ist — gleichfalls ein treffliches Beispiel für den lokalen Steppencharakter, der in schlechten, feuchtkalten Jahren allerdings um fast 2 Monate später zur Geltung kommt. Diese Art geht nach Thüringen hinein; am Ostharze erreicht sie die Sandsteinformation zwischen Quedlinburg und Halberstadt, bei Magdeburg geht sie westlich der Elbe über den Umkreis von Wanzleben hinaus bis zu den Porphyrhügeln an der Veltheimsburg.

Rings um Wettin im Bereich der Seseli-Facies auf den kahlen Höhen erscheint die Hügelvegetation im Sinne der vorstehend angegebenen Zusammensetzung, wenn auch öfter hier und da Bereicherungen auffallen; bald sind es die Pulsatilla-Arten (P. vulgaris und pratensis), welche durch Blüte im April oder durch Fruchtbesen im Mai oder endlich nur durch ihre zierlich geteilten, Rosetten bildenden Blätter im Hochsommer auffallen; bald gewöhnlichere Compositen wie Chondrilla juncea, bald die wichtige Charakterart °°Lactuca quercina, welche bei Halle auf allen möglichen Bodenarten vom geringsten Kalkgehalt bis zu 10 % Kalk vorkommt und sich über Rothenburg hinaus als große Seltenheit im Hackel, auf dem 240 m hohen Muschelkalkberge der Domburg, der Magdeburger Flora nähert und im Bodethale an der Rosstrappe dem Ostharze angehört. Bald findet man die Rosetten von °°Erysimum crepidifolium zwischen großen Massen der Potentilla cinerea und begleitet von Rasen der Carex humilis; Veronica spicata bildet auf trockner Trift mit Dianthus Carthusianorum ein hübsches Wechselspiel von tiefem Blau und feurigem Rot; die Ulmaria Filipendula breitet ebendort ihre Blütenrispen zu früherer Jahreszeit aus, wenn Rosa gallica *pumila ihre großen, wundervoll leuchtenden Blumen erschließt; im Gebüsch blüht Chrysanthemum corymbosum, auf den Felshöhen findet man wild und durch Pflege erhalten große Sträucher von Cotoneaster. In steiniger Trift vergesellschaftet sich Trifolium alpestre mit Phleum Böhmeri, Sedum rupestre und acre; von den auf schlanken Stielen nickenden Scabiosa-Köpfen herrscht nur die gelbweiße Unterart (*ochroleuca): dies Alles wie in Sachsen, aber *Cytisus nigricans* fehlt. —

Noch mannigfaltiger wird die Flora auf den roten Sandsteinen an der Saale unterhalb von Wettin, deren schwankender Kalkgehalt (s. o.) allerdings die Beziehungen der Vegetation zum Substrat nicht ohne weiteres klar erkennen lässt. Nachdem man den gen S frei zur Saale abfallenden Steilhang

mit °°Stipa capillata-Büscheln, auf dem die Burg Wettin thront, nach W verlassen, kommt man unterhalb bei Trebnitz zu dem Wendepunkt des Stroms
wiederum nach N, und hier, wo ein kleiner salzhaltiger Bach bei Friedeburg
durch Wiesen mit °Silaus pratensis und °°Plantago maritima hindurch zur
Saale fließt, begrenzen bis über Rothenburg hinaus jene roten Sandsteine,
z. T. mit Kalkeinlagerungen, ihre Ufer und liefern die verhältnismäßig am
reichsten ausgestatteten Botanisierplätze mit Hippomarathrum als Leitpflanze, mit Conyza, Andropogon und °Melica ciliata, welch letzteres Gras
am ganzen Ostufer einen der wesentlichsten Gemengteile in der Hügelformation bildet.

Hier treten nun folgende wichtige Arten auf, denen ich nach A. SCHULZ'
Angaben den Kalkgehalt im Boden hinzufüge, der im Verbreitungsgebiet derselben um Halle für jede Art nachgewiesen worden ist:

°°Astragalus exscapus: Rotliegendes, Buntsandstein (und Diluv.) mit 0,2 bis über 10 % Ca.

°°Oxytropis pilosa: Rotliegendes, Buntsandstein mit 0,2 bis 10 % Ca.

°Bupleurum falcatum: Rotliegendes und Buntsandstein (r.), Muschelkalk (frq.) u. s. w. mit 0,2
bis reinem Ca-Boden.

°°Teucrium montanum: Rotliegendes und Muschelkalk mit wenigstens 5 % Kalk.

°—— Chamaedrys: Porphyr, Rotliegendes, Buntsandstein und Muschelkalk mit $^1/_2$ % bis reinem
Ca-Boden.

Odontites lutea: Rotliegendes, Buntsandstein, Muschelkalk mit 0,2 Ca bis zu reinem Kalkboden herauf; lebt im Elbhügellande (Meißen) auf kalkarmem Granitboden.

Euphorbia Gerardiana: Rotliegendes, vorwiegend aber Muschelkalk u. s. w., Böden von
$^1/_2$ % Ca aufwärts bis zu reinem Kalkboden. (Im ganzen Elbthal von Sachsen.)

°°Dictamnus albus: (Haine) selten auf Rotliegendem, vorwiegend auf Diluvium mit Kalkgehalt
niedersten Grades bis 5 %; gedeiht im Thüringer Becken und an seiner Nordgrenze im
Braunschweiger Lande nur auf Muschelkalk.

°°Stipa pennata: Porphyr, Rotliegendes, Buntsandstein, (Muschelkalk), Tertiär, Diluvium mit
0,2 bis 10 % Ca.

Unter diesen Arten würde demnach nur Teucrium montanum als eine
Kalkpflanze im strengeren Sinne zu betrachten sein; die übrigen in Sachsen
fehlenden, oder äußerst seltenen Arten zeigen durch ihr Verhalten auf den
Böden um Halle, dass ihnen ein kalkarmer Boden als Erhaltungsgebiet sehr
wohl dienen kann; dieses Teucrium aber ist eine präalpine, auf dem Kalkboden vom Jura durch Thüringen bis hierher verbreitete Art.

Verfolgen wir noch diesen Gesichtspunkt etwas weiter und suchen nun
noch die engeren Kalkpflanzen der Trias auf. Die dahin gehörenden, mir
aus eigener Anschauung nur wenig bekannten Standorte des Muschelkalkes
(vorwiegend Wellenkalk) liegen westlich der Saale, am rechten Ufer der den
Abfluss der Mansfelder Seen bildenden und bei Salzmünde sich mit der Saale
vereinigenden Salzke bei und nördlich von Bennstedt (Lieskau, Cöllme); einige
dieser Pflanzen kommen auch noch auf Zechsteinkalk vor.

Hierher gehören auch die oben angeführten seltenen Arten mit Ausnahme
der beiden Astragaleen, welche den Muschelkalk meiden und den Buntsandstein aufsuchen; dazu aber noch (außer Seseli Hippomarathrum) folgende neue
Arten:

∞Sesleria coerulea hercynisch nur reine Kalkböden mit Vegetationslinie an der Saale.

∞Poa alpina *collina (= badensis) wie Vorige Art.

∞Globularia vulgaris kommt jetzt nur noch auf reinem Kalkboden vor.

∞Hypericum elegans nur auf reinem Kalkboden von Thüringen her verbreitet; selten !

∞ʰHelianthemum oelandicum nur auf reinem Kalkboden.

∞——— Fumana nur auf Kalkboden.

∞Hutchinsia petraea nur auf Zechstein und Muschelkalk, also auf Kalkboden allein.

∞Adonis vernalis hauptsächlich auf Muschelkalk, aber auch auf kalkreichen Böden des Zechsteins und Buntsandsteins u. s. w. mit geringster Stufe von 2—5 % Ca.

In diesen 8, z. T. normal präalpinen Arten angehörigen Standorten drucken sich Bodenbedingungen aus, welche vielleicht im Elbhügellande überhaupt nicht anzutreffen sind, da die Plänermergel daselbst keinen Ersatz für Zechstein- und Triaskalke zu bieten scheinen. Aus welchem Grunde, ist allerdings nicht verständlich. Jedenfalls hat der reiche floristische Landstrich an der Saale einen guten Vorsprung vor dem östlich angrenzenden sächsischen Gau in der Mannigfaltigkeit seiner Bodenverhältnisse.

Von allen letztgenannten Arten sind als wichtigste, z. T. gar nicht seltene Leitpflanzen des Saalelandes die beiden Astragaleen und Teucrium-Arten anzuführen, weshalb noch einige Bemerkungen über deren Vegetationslinien[1]) in der Landschaft (zugleich als deutsche Nordgrenzen) folgen mögen.

Astragalus exscapus wird gen NW durch eine Linie Kyffhäuser—Eisleben (Mansfelder Seen zwischen Schraplau und Erdeborn), Burg Askania bei Aschersleben, endlich engeres Magdeburger Gebiet bei Schnarsleben begrenzt. Die Zahl der Standorte dieser interessanten Pflanze, von der im Bohmischen Mittelgebirge einzelne Berggehänge erfullt sind, ist nicht mehr groß und an ihren Standorten ist sie im Schwinden.

Oxytropis pilosa hat eine zuerst mit Voriger Linie gleichlaufende, dann aber näher an die Saale zwischen Trebnitz und Rothenburg sich haltende Grenze, deren nördlichster Punkt bei Magdeburg in der Umgebung von Wanzleben (bei Sülldorf) liegt; sie scheint ursprünglich im Mansfelder Seebecken häufig gewesen zu sein, ist an der Saale sporadisch.

Teucrium montanum (eine in Böhmen fehlende präalpine Art) erreicht schon bei Cönnern (nördl. von Rothenburg) seine Nordgrenze. Noch an der Thüringer Saale bei Camburg formationsbildend auf den Muschelkalkfelsen über dem Strom werden seine Standorte mit dem abnehmenden Kalkreichtum nach N seltener; bei Bennstedt und Kölme sowie östlich von Eisleben (Unterrissdorf) sind seine wichtigsten Fundplätze.

Teucrium Chamaedrys, ungemein häufig in Terr. 4 und von diesen Arten die einzige, welche überhaupt (als Seltenheit) im sächsischen Gau vorkommt, zugleich häufig in Böhmen, hat sein Gebiet an der Saale über Bernburg nach Westeregeln hin ausgedehnt; Bennstedt und Kölme bilden auch für diese Art wichtige Stationen. Übrigens ist merkwürdiger Weise dieses Teucrium in SCHNEIDERs Flora von Magdeburg nicht aufgeführt, obgleich die genannten nördlichsten Standorte durchaus dort hinein gehören.

---

1) Eine große Anzahl von Vegetationslinien ist auf den SCHULZ' Arbeit (Halle 1887) beigegebenen Karten in der Reihenfolge des Verzeichnisses seiner tabellarisch geordneten Arten in dem Bezirk von Leipzig im SO bis Quedlinburg im NW dargestellt (Taf. 1—2 enthaltend 8 Kartons); Karte Nr. 4 zeigt ähnliche Linien zwischen Merseburg im S und Rothenburg im N in viel genauerer Darstellung; die folgenden 4 Arten sind gleichfalls kartographisch eingetragen.

c) An der Elbe bei Magdeburg.

Nach dem eben geschilderten, floristisch äußerst anziehenden Landstrich verlässt die Saale den Bereich sie eng umschließender Felshöhen, die zuerst von Rothenburg bis Cönnern schon weit vom Ufer zurücktreten. Die Niederung wird um Bernburg noch durch eine breite Entwickelung der Triasschichten unterbrochen, welche von da nach rechts und links den Unterlauf der Bode einfassen; dann erfolgt der Zusammenfluss der Saale mit der Elbe und die auf Diluvium wie Alluvium bestehenden Formationen überwiegen an Breite der Entfaltung. Aber sie herrschen nicht allein: an der Westgrenze gegen das Braunschweiger Hügelland zieht, unmittelbar an das Diluvium grenzend, ein Streifen von Grauwacke, welchen man als eine vorgeschobene Insel des Harzes betrachtet, und zwischen ihm und dem Rande des jetzigen Harzgebirges folgen, immer vom Diluvium unterbrochen, Rotliegendes, Zechstein, die Triasschichten und Tertiär; Jura- und Kreidesedimente folgen noch auf Braunschweigischer Seite, die vom Magdeburger Gebiet hauptsächlich durch den Verlauf so vieler Vegetationslinien der pontischen Gruppe geschieden ist, genau wie am Ostharz bei Halberstadt. Zwischen den in einem Halbkreise um Magdeburg angeordneten niederen Höhenzügen und der Elbe liegt eine höchst fruchtbare, aus Lehm gebildete und ganz von intensivster Kultur eingenommene Ebene, *die Börde.* Selbstverständlich besteht eine große Verschiedenheit unter den Schwemmböden, je nach ihrer örtlichen Lage und Herkunft; die kalkreichsten Böden liegen im Süden gegen Bernburg zu, wo Muschelkalk und Tertiär abwechseln (*Bernburger Hochebene,* angeschlossen der pflanzenreiche *Hackel*). In der durchgängig sehr fruchtbaren Ebene erheben sich einige sterile Hügel aus nordischem Grand. Sandige, unfruchtbare Gegenden aber bilden im Anschluss an mächtige Porphyrdurchbrüche den anderen Teil der Grenze gegen das Braunschweiger Hügelland.

Im Diluvium nehmen von natürlichen Formationen Wald und Wiese, selbst Moor- und Torfwiesen neben reichen Flussauen des Alluviums, eine bedeutende Fläche ein; unter den Wäldern herrscht F. 4 des *Kiefern- und Birkenwaldes.* Dagegen bestehen die südlicheren, auf dem genannten kalkreichen Boden stockenden Waldungen durchweg aus *Laubholz* (F. 1 und 2) und besitzen eine reiche Flora von dem unter der 1. Schilderung gegebenen Gesamtcharakter, der sich von der Wipper über das Bernburger Land ziemlich ungestört fortsetzt. In den *Hainen,* welche sich an solche Gehölze anschließen, lebt Dictamnus; Lactuca quercina (s. oben!) erreicht aber schon im südlichsten Höhenzuge, als welchen man den *Hackel* mit der 240 m hohen Domburg betrachten muss, seine Nordgrenze mit manchen anderen Arten; die Fortsetzung dieses prächtigen Wald- und Haingebietes zwischen den Thalzügen der Selke und Bode bilden dann die schon zum Braunschweiger Hügellande gehörigen Erhebungen des Huy und der Fallsteine, welche einige Charakterzüge des Saalelandes noch weiter gen NW tragen.

Die *Hügelformationen* sind noch, wie aus den früher angegebenen Grenz‗ linien hervorgeht, recht reichhaltig entwickelt, zumal im Süden der Börde näher an Bernburg. Von besonderem Interesse ist der mittlere, vor dem Bernburger Triaslande nördlich vorgelagerte Höhenzug an der Grenze gegen Helmstedt: er hat mit dem Kalkzuge Adonis vernalis, Bupleurum falcatum, Gentiana ciliata und Brunella grandiflora gemeinsam, Cirsium eriophorum u. a. A. für sich allein und dient gleichfalls als Wanderungsbrücke derselben in das Braunschweiger, Land, während diese Arten im sächsischen Gau fast gänzlich fehlen. Auf kalkreichen Triften, westlich der Elbe bei Magdeburg und bei Wanzleben, er‗ reicht eine seltene Leitpflanze der Formation, Salvia silvestris, ihr Ende und damit ihre Nordgrenze in Deutschland, schon südlicher (an der Bode bei Egeln), ebenso Ajuga Chamaepitys.

Während wir aber in diesen Standorten gewissermaßen nur das Auslaufen der Charakterzüge erkennen, welche so viel reicher vom Thüringer Becken bis zum Mansfeldischen Gebirgs- und Seekreise entwickelt waren, liegt das Eigen‑ artige der Magdeburger Flora in einer merkwürdigen Verteilung von Stand‑ orten auf Diluvium und Alluvium an der Elbe.

Wald- und Wiesenpflanzen, einzelne der Torfmoore, viele an Teichen und Wassergräben treten hier, wo man sie erwarten darf, nicht allein auf, sondern auf kiesigen Höhen haben hier noch vereinzelte *Arten der östlichen Genossen‑ schaft* Standorte gefunden, welche z. T. wie Clematis recta sogar der Flora um Halle oder um Eisleben—Hettstädt fehlen. In dieser Gesamtmischung liegt ein ähnliches Verhältnis, wie es die Flora von Torgau und Wittenberg (Terr. 8) gegenüber der Flora von Meißen zeigen wird, und manche Arten verschmelzen hier im Elbdiluvium und Alluvium ihre Standorte aus dem sächsischen Gau und der Flora von Dessau bis Magdeburg.

Die wichtigsten Hügelpflanzen dieser Kategorie sind folgende:

Aster Linosyris !! (in Sachsen rr.) geht als Seltenheit bis z. Geb. v. Zerbst und Wolmirstedt.
Jurinea cyanoides !! (in Sachsen nur nördlich von Meißen beginnend) ziemlich häufig im Geb.
    von Neuhaldensleben und Burg, ebenso im Anhaltischen; im Geb. von Halle nur auf ganz
    kalkarmem Sandboden.
Erysimum strictum nur im Elbgebiet, hier häufig.
Biscutella laeVigata ! erscheint schon in Sachsen bei Dresden auf Sand, hat hier ihre Nord‑
    grenze, tritt sonst hercynisch als sonnige Hügelpflanze mit präalpiner Gesellschaft auf
    (z. B. bei Nordhausen am Südharz).
Draba muralis (als Seltenheit in der Flora von Meißen), spor. häufig im Geb. von Zerbst, Burg.
Clematis recta ! (in Sachsen in der Flora von Meißen nicht selten) nur im Elb-Alluvium.
Ranunculus sardous (Philonotis) im ganzen DiluVium und AlluVium zerstreut und zuweilen häufig.
Thesium alpinum ! (in Sachsen Dresden—Meißen nördl. der Elbe frq.), dann im Elb-DiluVium
    selten.

Von anderen Formationen sind besonders die *Wiesen* von nicht geringem Interesse, auf denen Euphorbia palustris mit Viola persicifolia (und lactea), Tetragonolobus u. a. als Leitpflanzen häufig oder gesellig auftreten. Thlaspi alpestre und Arabis Halleri haben sich, den Flüssen folgend, als montane Arten hierher verirrt; Cnidium venosum ist häufig auf Wiesen im Wulfener Bruch (zwischen Cöthen und der Elbe), und in derselben Gegend erreicht **Cirsium bulbosum** seine Nordgrenze. Juncus atratus ist an Wiesengräben zerstreut von dem Elstergebiet bei Leipzig bis Barby zur Saale und weiter bis Magdeburg.

Noch sind folgende Arten recht bezeichnend für den Magdeburger Elb-Umkreis:

Ufergebüsche, Wiesen, Waldbrüche.	Torfmoore und anliegende Teiche.
Fritillaria Meleagris (nur unterstes Saalegebiet).	**Ledum palustre**!! weit gen W Vorgeschobener
Carex nutans !! (Saale- und Elbgebiet).	Standort.
Cardamine parviflora (nur Elbgebiet).	Senecio paluster ! (= Cineraria der Floren).
Senecio saracenicus } (von der unteren Bode	Lysimachia thyrsiflora.
Petasites spurius ! } bis zur Elbe).	Gentiana Pneumonanthe.
Veronica longifolia ! verbr.	Scutellaria hastifolia.
Cucubalus baccifer verbr.	Carex dioica, filiformis.
	Scirpus Holoschoenus !!
Circaea alpina r. in Waldbrüchen von Zerbst bis	Hierochloa odorata.
Burgstall.	Trapa natans bei Schönebeck und Magdeburg.

Nimmt man dazu noch das Vorkommen von Arten wie **Carex ligerica** auf den Sanden, welches die Verbreitung dieser Art im NO von Terr. 8 (siehe Kap. 8) verständlich macht, so ergiebt sich aus dem allen ein Gemisch der Magdeburger Flora, welches diesen Nordsaum des thüringischen Gaues (bez. der mittelhercynischen Flora) jedenfalls zu einem weit interessanteren Bilde gestaltet, als es die Florenverhältnisse an der oberen Elbe zwischen Mühlberg—Torgau und Wittenberg darbieten. Der thüringische Gau behält von Arnstadt bis Magdeburg den ihm eigentümlichen Zug floristischen Reichtums.

Sechstes Kapitel.

Das Land der Weilsen Elster.

1. Orographisch-geognostischer Charakter.

Wasserläufe. Der Fluss, von welchem diese Landschaft den Namen trägt, entspringt unweit von dem Städtchen Asch und nahe dem nordöstlichen Bogen des Fichtelgebirges in dem mäßig hohen »*Elstergebirge*« und durcheilt zunächst eine vom niederen Montancharakter erfüllte Landschaft, das *Vogtland* (s. Kap. 13). Nachdem schon von Elsterberg an die Thalsohle unter 300 m gesunken ist, läuft allmählich in dem nordwärts gerichteten Flussthal ein Zug der Berglandsformationen nach dem anderen aus, wenn auch noch die tief eingeschnittenen, felsigen und mit Wald bedeckten Thalwindungen bis *Greiz* hin manchen Montanarten zum Standort dienen. In einer Entfernung von 16 km westlich fließt *die Weida* an *Zeulenroda* vorbei in NNO-Richtung auf die Elster zu, um sich mit der gleichfalls auf weimarisches Landesgebiet übergetretenen Elster alsbald unweit *Weida* zu vereinigen. In diesem Dreieck Greiz—Zeulenroda—Weida berühren sich montane Areale mit denen der sonnigen Hügelformationen von Süd und Nord, und südlich von Weida ist demnach die Grenze des *Elsterlandes* gegen das Vogtland gesetzt. Sie verläuft westlich nach Triptis, wo die reicheren Formationen des Thüringer Beckens ansetzen, und zieht sich südöstlich über die Höhen des Werdauer Waldes an der Grenze zwischen Reuß und Sachsen, zwischen den Städten Greiz und Werdau hin. *Werdau* ist die südlichste bedeutendere Ortschaft an der *Pleiße*; dieser Fluss entspringt an der untersten Stufe des Berglandes in dem Winkel, den die Zuflüsse zur Elster südlich von Greiz (bei Reichenbach, die Göltsch) im Westen und der Thalzug der Mulde südlich von Zwickau übrig lassen. Das ganze Pleißegebiet kommt nun zum Elsterlande hinzu; die Elster selbst fließt im Westen dieser Landschaft und hat zwischen *Gera* und *Zeitz* ihre anmutigsten Gefilde sonniger Hügel und laubwaldbedeckter Höhen, tritt dann nördlich von Zeitz mit einer unter 150 m sinkenden Thalsohle in eine flachere Niederung. Die Uferhöhen der Pleiße entfalten sich zwischen *Crimmitschau—Gößnitz—Altenburg* zu einem weniger reichgestalteten Hügelgelände mit einem Niveau von ca. 300—200 m; ihre Thalsohle hat in der Gegend von *Frohburg* nur noch 150 m Höhe und fließt nun langsamen Laufes auf *Leipzig* zu, um sich westlich dieser Stadt mit dem Hauptfluss zu vereinigen. Die somit verstärkte Elster wendet sich nunmehr, in zwei Hauptarme geteilt, in westlichem Lauf zur Saale, die sie zwischen Merseburg und Halle erreicht; ihr Mündungsgebiet aber gehört schon zum Terr. 5.

Umgrenzung. Die ganze Elsterlandschaft liegt demnach als ein unregelmäßiges Rechteck von etwa 62 Quadratmeilen Fläche nördlich vom Vogtlande ausgebreitet, wobei den von S nach N gerichteten Flussläufen der Elster und Pleiße folgend die längere Seite des Rechteckes gleichfalls von S nach N verläuft.

Geognostischer Aufbau. Der Südfuß dieses nach N abfallenden Rechteckes wird von paläozoischen Schichten gebildet (Cambrium, Silur und Carbon, dann Rotliegendes und Zechstein), von denen die bis über Gera nordwärts reichenden *Zechsteingypse* für die Flora von erhöhter Bedeutung sind. Sodann bildet die mächtige Entwickelung der *Triasformation* die Ostgrenze in Buntsandsteinschichten, welche zwischen Weida und Zeitz fast die ganzen westlichen Uferhöhen der Elster bilden und, mit Ausnahme des Gera gegenüberliegenden Zechsteinstreifens, auch die östlichen Uferhöhen. Der Buntsandstein verläuft in der Gegend von Altenburg; wäre ihm Muschelkalk beigesellt, so würden wahrscheinlich die durch Sesleria und Viburnum Lantana gekennzeichneten Formationen viel weiter ostwärts gegen die Mulde vorspringen. Nördlich der Linie Altenburg—Zeitz ist das ganze Gelände *diluvial* und wird im weiten Umkreise um Leipzig der ersten Eiszeit zugerechnet; dieser selben Bodenbildung gehört auch der bemerkenswerte Hügel des Bienitz im Westen Leipzigs an, wo sich an kiesige Höhen torfige Wiesen anschließen.

Die sonnigen Höhen in dem am meisten zerrissenen Gelände südöstlich
von Gera am rechten Elsterufer, die aus sehr verschiedenen Gesteinen aufgebaut sind, erreichen nur wenig mehr als 300 m Höhe, während am linken
Elsterufer daselbst die sanft ansteigenden Buntsandsteinschwellen zur Wasserscheide gegen die Saale auf 400 m ansteigen.

2. Allgemeiner Charakter der Pflanzenwelt.

Diese östlichste der drei den Thüringer Gau bildenden Landschaften ist
die artenärmste, aber sie ist noch immer um sehr vieles artenreicher als das
dann ostwärts zu Beginn des sächsischen Gaues folgende Muldenland. Die
ganze Landschaft gliedert sich in ein mit sonnigen Hügelpflanzen reicher besetztes Südstück und ein dem diluvialen Bodencharakter entsprechend ärmeres
Nordstück, so etwa wie die Landschaft der unteren Saale und auch die später
folgende der mittleren Elbe, die alle an den zugehörigen Flussläufen aus dem
Berglande in die norddeutsche Niederung reichend einander ähnliche zonale Verschiedenheiten durchmachen. Durch die Verbreitungsgrenzen, welche bestimmte
Charakterarten hier erreichen, ist die Landschaft ausgezeichnet, und zwar
mischen sich in die kühleren Waldungen Arten wie Aruncus silvester,
während auf den sonnigen Gypshöhen noch Clematis Vitalba im Gebüsch
schlingt, oder auf den Hügelspitzen im Schatten der Laubbäume Lactuca
quercina ihre saftigen Blätter an hohem Stengel ausbreitet.

So liegt naturgemäß um Gera das hauptsächlich Bemerkenswerte an-
gehäuft, kehrt dann aber noch einmal in anderer Weise um Leipzig wieder,
besonders auf den Diluvialhöhen des Bienitz und der seinen Fuß umgebenden
Wiesen.

Hier haben die Pflanzen der Bergwälder aufgehört; denn im breiten
Überschwemmungsgebiet der Elster und Pleiße ist die Auwaldformation maßgebend und lässt Buche wie Fichte nur an besonders geeigneten Stellen auf-
kommen; Arten wie Senecio nemorensis fehlen um Leipzig durchaus. Dafür
sind im Bereich der Torfwiesen seltene Arten wie Carex Davalliana und
Tofieldia calyculata zu finden, Phyteuma orbiculare gesellt sich zu Gentiana
Pneumonanthe.

Auch die Wasserpflanzen sind nicht zu schwach vertreten und zeigen
unter sich Arten wie Potamogeton rufescens und obtusifolius neben Ranunculus
Lingua, Hippuris und Trapa. Zu solchen Mooren aber, wie sie Terr. 9 im
Übergange der Oberlausitzer Hügel zur Lausitzer Teichniederung besitzt,
kommt es hier nicht: Ledum palustre und Erica Tetralix fehlen.

Die Formationen, welche für diese Landschaft in Betracht zu ziehen
sind, beschränken sich demnach auf folgende:

1—3. Laubwälder, selten (nur im Südteil) der unterste hercyn. Mengwald;
5. Auenwälder (im Nordteil der Landschaft vorherrschend);

15—17. Hügelformationen, im Süden auf dysgeogenen und pelitischen Felsen und Schottern, im Norden auf psammitischen Kiesen und Geschieben;

19. 21. Auwiesen und Torfwiesen;

26—27. Wasserpflanzen und Röhrichte;

(30. Salzstellen an der Nordwestecke des Gebiets, wo sie sich an die Landschaft der unteren Saale anschließen).

3. Topographische Florenbilder.

a) Die Anordnung der Formationen und die östliche Verbreitungsgrenze um Gera.

Die kleine Florenskizze vom Marinestabsarzt Dr. F. NAUMANN, welche derselbe vor einem Jahrzehnt, auf mehrjährige eifrige Praxis im Gebiete selbst gestützt, den Isis-Abhandlungen 1890 einfügte und durch welche er manche bislang gar nicht genügend beachtete Züge zum klaren Ausdruck brachte, enthält sogleich in ihrer Einleitung das Wichtigste. »In der Lokalflora von Gera«, so beginnt sie, »bezw. am mittleren Teile der Weißen Elster von Weida bis Zeitz, kommt eine gewisse Abgrenzung zum Ausdruck, welche die Thüringische Flora gegenüber derjenigen der östlich angrenzenden Gebiete, insbesondere der Flora des Königreichs Sachsen zeigt. — Eine Anzahl von Pflanzenarten, charakteristisch für die Flora Thüringens und speziell des Saalethales, welche meistens bezüglich ihrer weiteren Abstammung auf den Osten und Südosten Europas als ihre Heimat hinweisen, zeigen sich zum größeren Teile noch an der Elster. Weiter nach Osten aber, im Ostkreise von Sachsen-Altenburg und im Königreich Sachsen, sucht man dieselben vergebens, oder findet sie auffallend seltener geworden, als sie an der Elster sind.«

Die Hauptlinie, mit welcher diese wichtigsten Arten nach O. hin abschließen, ist auf unserer Karte eingetragen. Ihre Erklärung wird uns zunächst beschäftigen: sie bezieht sich nur auf Arten der Hügelformationen F. 15—17.

Bezeichnende Arten. Von Holzpflanzen ist Clematis Vitalba um Gera noch ganz häufig, Viburnum Lantana dagegen schon selten, wie ja übrigens auch in Thüringens reichsten Gegenden ganze Hügelketten vorkommen, in deren Hainen Viburnum fehlt. Nach der früher (Abschn. III, Kap. 4) genauer besprochenen Arealfigur ist V. Lantana präalpin, die Clematis dagegen überhaupt eine südl.-mitteleuropäische Hügellands-Species. Neben der Waldrebe ist noch als weiterer Schlingstrauch Lonicera Caprifolium zu nennen; von diesem Gaisblatt werden die Standorte Roschitz, Langenberg, Silbitz und Pforten angegeben, aber es herrschen natürlich über deren Ursprünglichkeit starke Zweifel. —

Von Rasenbildnern und Stauden sind zu nennen:

Stipa capillata (r.) Steppenart,
Carex ornithopoda (sp.), Arealfigur präalpin,

Gentiana ciliata (sp.), Arealfigur präalpin,
Lithospermum purpureo-coeruleum (r.) Steppenart,
Ajuga Chamaepitys (r.) Steppenart,
Malva moschata (r.) südl.-mitteleurop. Hügelart,
Viola mirabilis (rr.) mitteleurop. Hügelart,
Allium rotundum (rr.) südl.-mitteleurop. Hügelart,
Senecio spathulifolius (rr. auf den Hügeln östl. von Gera bei dem Dorfe Leumnitz:
    gefunden von REICHE !); präalpine Art,
———— campester (rr. auf den Hügeln östl. von Gera bei dem Dorfe Collis nahe der Gehren-
    Mühle); pontische Art mit baltischen Standorten von abweichender Arealform.

————

Zu diesen in der Hercynia äußersten relativen Ostgrenzen kommen drei
andere, in Sachsen nicht gänzlich fehlende wichtige Arten hinzu:

Lactuca quercina (r.) Steppenart, überspringt von ihrem äußersten thüringischen Standort
    am rechten Ufer der Weißen Elster ganz Sachsen bis zum östlichsten Lausitzer Hügellande,
    wo sie bei Bernstadt angegeben wird.
Anemone silvestris (r.) Steppenart, besitzt im Vogtlande und im Elbhügellande noch ganz
    seltene, sporadische Standorte, so dass die thüringische Hauptverbreitung an der Weißen
    Elster gleichfalls abschließt.
Asperula tinctoria (rr. im Buschwalde am Mühlberge bei Tauchlitz, aufgefunden 1892 !!), kommt
    außerdem im gleichen Territorium am Bienitz vor; wird von einem Standort nahe Dresden
    an dem südl. Elbufer angegeben, der sehr zweifelhaft erscheint.

————

Wie man aus den beigefügten Arealfiguren ersieht, mischen sich an dieser
östlichen Grenzlinie Steppenpflanzen mit präalpinen und südl.-mitteleuropäischen
ohne besondere Bevorzugung der einen oder anderen Gruppe, ebenso ausgesprochene Kalkpflanzen mit solchen, welche auf Si-Böden ebenso gut gedeihen.   Andere Arten sind im südlichen Elsterlande ebenso verbreitet wie
im Hügellande an der Elbe zwischen Pirna und Meißen, aber viel seltener als
im Thüringer Muschelkalkgebiet; dahin gehört z. B. Melica ciliata, die am
Elsterufer gegenüber Gera und südlicher bei Weida zerstreute Standorte besitzt.
NAUMANN zählt eine größere Anzahl solcher Arten auf, die im allgemeinen
an der Weißen Elster noch etwas häufiger sein sollen als im Elbhügellande;
bei manchen dieser Arten (z. B. Asperula glauca) verhält es sich aber umgekehrt.

Fehlende und seltene Arten.   Den vorhin aufgezählten Charakterarten mit
Ostgrenze gegen den sächsischen Gau steht aber ein entsprechendes Kontingent
anderer Arten gegenüber, welche in der thüringischen 4. und 5. Landschaft
ganz vorherrschend, z. T. schon im Werralande von den präalpinen und süddeutschen Arten die Formations-Facies bestimmend auftreten, und die sowohl
in der Flora um Gera als überhaupt im Weißen Elsterlande fehlen.   Sie treten
hinter dem Buntsandsteingebiet von Gera—Eisenberg westwärts dort zuerst
auf, wo die ersten Muschelkalke zwischen Eisenberg und dem Saalethale facies-
bildend sich zeigen, z. B. an einem westlich von Eisenberg gelegenen, »die
Beuche« genannten Standorte.   Die bedeutungsvollsten dieser *fehlenden Arten*
sind folgende, alle wiederum den Formationen 15—17 angehörig:

Teucrium montanum ⎱ von den Halbsträuchern; letztere Art soll früher als große Seltenheit
—— Chamaedrys ⎰ gefunden worden sein, wie sie auch dem Elbhügellande nicht völlig fehlt.

Sesleria coerulea ⎱
Stipa pennata ⎰ von den präalpinen, bez. pontischen Rasenbildnern.

Hippocrepis comosa ⎫
Bupleurum falcatum ⎪ von denjenigen Charakterstauden der Formation, welche im Abschn. III,
Aster Amellus ⎬ Kap. 4 (S. 185 flgd.) durch besonderen Druck als Leitpflanzen wh.—mh.
Ophrys muscifera ⎭ hervorgehoben wurden.

Asperula cynanchica ⎫ von solchen Stauden, welche ebendort als im ganzen hercynischen
Stachys recta ⎬ Bereich der Hauptsache nach verbreitet angegeben wurden, im Elb-
⎭ hügellande gemein sind, bei Gera aber fehlen.

Die letztere Kategorie von Arten ließe sich um solche vermehren, die sowohl in Thüringen als auch im Elbhügellande ziemlich häufig oder wenigstens an vielen, besonders guten Standorten anzutreffen sind, in der Hügelflora an der Weißen Elster aber nur mit sehr wenig Standorten auftreten; dies ist z. B. der Fall mit Peucedanum Cervaria und Coronilla varia. Von Arten aber, welche in Thüringen allein recht charakteristisch, an der Weißen Elster wiederum *sehr selten* sind, könnte man besonders folgende namhaft machen:

Orchis fusca.	Orchis tridentàta.	Viola mirabilis.
—— militaris.	Inula hirta.	Anemone silvestris.

Gänzlich sind aus der Geraer Flora *verschwunden* folgende Arten, welche vordem als Seltenheiten gesammelt sind und also die Zahl voriger Arten vermehren würden:

Ophrys apifera.	Anacamptis pyramidalis.	[Die von HOPPE 1774 angegebene Gentiana
Cypripedium Calceolus.	Gentiana cruciata.	acaulis dürfte wohl niemals im Weißen
		Elsterlande wild gewesen sein.]

Boden und Formationen. Es ist oben gezeigt, dass die Bodenverhältnisse um Gera recht mannigfaltig sind. Der Buntsandstein in seiner weiten Ausdehnung am linken Elsterufer ist der Besiedelung mit dichten Laub- und Nadelholzwäldern günstig, die hier die Scheide zwischen den Hügelformationen an Elster und Saale bilden. Letztere finden sich demnach auf dem rechten (östlichen) Gehänge der Elster und sind am artenreichsten entwickelt auf dem Zechsteinkalk nahe seiner Grenze, auf Buntsandstein mit pelitisch-kalkigem Boden und auf lehmigen Hängen, die oft ganz mit Phleum Böhmeri und Fragaria collina bedeckt sind. Nach NAUMANNs Angabe sind aber auch weite Zechsteintriften mit einer sehr einförmigen Flora bedeckt, ohne dass ein äußerer Grund ersichtlich wäre, als vielleicht der der Besiedelungsmöglichkeit (s. Abschn. V). Im Norden und Osten von Gera (Langenberg—Hain—Trebnitz) ist ein Wechsel pelitischer und psammitischer Formationen besonders in die Augen fallend. Sehr häufig sind die mit Hügelformationen bedeckten Hänge von Buschwäldern begleitet, in denen sich Espe, Linde, Feldahorn, Eiche, Birke und auch Esche mit Haselstrauch und Cornus sanguinea vereinigt finden, Sanicula und Lilium Martagon mit Pirola rotundifolia an Buchenwaldungen erinnern, Orchis maculata mit Brachypodium silvaticum an den feuchteren Stellen wachsen.

Die am meisten topographisch und floristisch in die Augen fallenden
Standorte bestehen aus einer größeren Zahl schön geformter Hügel und Steilhänge, welche, von dem Zusammenfluss der Weida mit der Elster an, an Gera
vorbei auf dem Ostufer sich bis ca. 2 Meilen nördlich von dieser Stadt verteilen, wo die Elster mit einer entschiedenen Wendung nach NO auf Zeitz
zuströmt und die Seltenheiten abnehmen. Am nächsten dem Zusammenfluss
von Weida und Elster ragt da der 285 m hohe *Zoitzberg* bei Liebschwitz und
Taubenpreskeln hervor, aus cambrischem Schiefergestein gebildet, mit hartem
und scharfkantigem Geröll bedeckt und in Steilwänden mit SW-Abfall gegen
die Elster abstürzend. Oben ist er mit Gebüsch bewachsen, in welchem Vicia
pisiformis rankt; dann lichtet sich gegen die Hänge zu der Hain von Eichen
und verkrüppelten Kiefern mit Dornsträuchern aller Art — es wurde von hier
Rosa spinosissima angegeben, die weder Dr. NAUMANN, noch ich selbst mit
Dr. REICHE habe auffinden können —, und im sonnendurchglühten, blau-
schwarzen Schotter sind große Massen von Anthericum Liliago vereinigt
mit Dianthus Carthusianorum, Anthemis tinctoria und anderen Bestandbildnern
solcher Abhangsfacies.

Nördlich von diesem Berge öffnet sich ein kleines Thal von Osten her
(von Ronneburg herkommend) zur Elster. Dieses ist von devonischen Schiefer-
hügeln, von Buntsandstein und Zechsteingehängen umschlossen, die die reichen
Standorte an der »*Lasur*« bei Zwötzen und Pforten dicht bei Gera bilden.
Im Hintergrunde des Thales auf dem Thonschiefer nahe der Gehren-Mühle
bei Collis wächst Viscaria mit Digitalis ambigua, Chrysanthemum corymbosum
und Genista germanica, während unten am Bach als Seltenheit Aruncus
silvester vereinzelt steht[1]). Dann aber näher zu Gera hin beginnt eine
reichere Kalkflora, unter ihr der seltene Senecio campester bei Collis. Hier
herrscht sowohl der Buschwald (F. 2), als lichte Haine (Quercus, Corylus,
Tilia, Acer campestre, Ligustrum, Cornus, Rosa rubiginosa), Grastriften (Brachypodium, Avena pratensis, Phleum Boehmeri und Koeleria) und Schotterfluren;
Lilium Martagon und Cephalanthera rubra zieren mit der selteneren Serratula
tinctoria und Melittis das Gebüsch. Ein hier gemachter Fund von Artemisia
austriaca bedarf erst noch weiterer Aufklärung. —

Zum Botanisieren auf den weiter nördlich gelegenen Höhen verlegen wir
bequemer unser Quartier nach *Köstritz* am linken Elsterufer, durchstreifen die
Eichenwaldungen am westlichen Buntsandsteingehänge mit Dianthus superbus,
Serratula, Laserpitium pruthenicum, und sehen auch hier große Rudel von
Scabiosa ochroleuca, die bei Weida zuerst die trockenen Grastriften gen
Süd hin auszeichnet. Uns gegenüber liegen die aus kalkreichen Mergeln auf-
gebauten Buntsandsteingehänge des Ostufers, der *Hausberg* bei Langenberg,
dann weiter nach N der *Räubersberg* bei Silbitz, endlich noch nördlicher der

---

1) Diese Art soll häufiger in den Buntsandstein-Bergen des Westufers von Gera sein.
Hier findet sich, z. B. bei Kloster Laußnitz auf der Saale-Wasserscheide, Blechnum reichlich im
Walde, Sanicula und Carex montana auf anderen Stellen, und an den Bächen wächst, bis Köstritz
hinunter, Chaerophyllum hirsutum. Dies sind die Bergwald-Ausläufer vom S her in ein Hügelland.

Mühlberg bei Tauchlitz, alles von 230—280 m am Gehänge ansteigende Höhen, hinter denen die sanften Rücken der Hochflächen 300 m überragen. Der bedeutungsvollste Punkt für die ganze Landschaft ist unstreitig der nördlichste, dessen für Besiedelung günstige Lage zur Saale F. NAUMANN hervorhebt. Der Mühlberg fällt steil gegen die Elster ab und trägt weiter ostwärts von seinem Steilhange, angelehnt an Forsten, lockere Triften mit buntester Flora, Gebüsche von Waldrebe dicht umrankt. Hier wächst auch Peucedanum Cervaria und in Masse Anthericum ramosum; Pulsatilla vulgaris besitzt hier ihren einzigen Standort im Gebiet, Orchis-Arten und Orobanche caryophyllacea wechseln im Mai und Juni einander ab, an den Felsen unten wiegt sich im Winde Melica ciliata. Oben aber, in den Lichtungen auf der Kuppe zwischen Laub-Mengwald, erheben sich im August die mannshohen, saftig-milchigen Stengel von Lactuca quercina, und weithin erstrecken sich die niederliegenden Stengel von Lithospermum purpureo-coeruleum neben Lathyrus niger und Physalis; Viola mirabilis und Asperula tinctoria bilden zwei weitere Seltenheiten dieses bevorzugten Standortes.

Die Anordnung der Formationen von Altenburg bis Leipzig.

Wenn auch die Formation der sonnigen Hügel sich noch in hübscher Ausprägung an der in nordöstlicher Richtung weiter fließenden Elster bis Zeitz erhält, so fehlen doch dort schon alle die genannten Seltenheiten und manche gewöhnlichere Arten, wie Viburnum Lantana, Teucrium Botrys, Cephalanthera rubra, Malva moschata. In Sachsen-Altenburg ist auf roter Lehmerde ein mäßiger Durchschnitt der Hain- und Triftpflanzen noch vorhanden; in den Senkungen sind viele Teiche, in denen Trapa natans öfters massenweise vorkommt, und auf thonigem Boden erstehen zwischen Altenburg und Frohburg im Bereich der durch ihre Überschwemmungen berüchtigten Pleiße die ersten ausgedehnten *Waldungen* vom ausgesprochenem Laubholz-Auencharakter, der dann um Leipzig fast zur Alleinherrschaft gelangt.

Die Eiche herrscht hier vor; mit ihren gewaltigen und schönen Stämmen sind Hainbuche, Birke, Espe, Esche und Linde vergesellschaftet; der Faulbaum (Frangula) ist mit Evonymus europaea der gemeinste Strauch und begleitet mit der Erle allein die Gräben und natürlichen Wasserläufe. In ungeheuren Massen bedeckt Carex brizoides den Waldboden mit ihren schlaff überhängenden, dunkelgrünen Blättern; seltener sind große Unterbestände von Vacc. Myrtillus, die in den ausgesprochensten Auwäldern um Leipzig fehlt. Als sonstige Bestandsbildner treten im Frühsommer auf:

Deschampsia caespitosa, Anthoxanthum.	Potentilla silvestris.
Milium effusum, Melica nutans.	Sanicula europaea (spor.).
Carex silvatica, pallescens, remota.	Circaea Lutetiana.
Luzula nemorosa, *multiflora.	Trientalis europaea in vereinzelten Exemplaren u.
Smilacina bifolia $\}$ greg.—soc. !	Rudeln durch ganze weite Waldstrecken zerstr.
Convallaria majalis	Stachys silvatica, Stellaria Holostea.
Polygonatum multiflorum.	Alliaria officinalis u. s. w.

Die Uferhöhen der Pleiße wie der Elster sind in der Linie der Ortschaften Groitzsch—Lobstädt (b. Borna) von welligen, diluvialen Kieshügeln gebildet und auf ihrem Kamm stehen reichlich Birkenhaine mit Eichen, Kiefernwaldungen, oder sind Fichten unzweifelhaft im forstlichen Interesse eingeführt; denn deren Bezirk beginnt in dieser geogr. Breite erst wieder ostwärts im Muldenland. Auch die Buche wird seltener; von ihr erinnere ich mich im Umkreise von Leipzig die nächsten hochstämmigen, sehr alten und schön gewachsenen Bäume an durchaus natürlich scheinendem Standorte auf den Pleißehöhen bei Rötha, ca. 12 km südlich von Leipzig, gesehen zu haben. In solchen Wäldern wachst auch Sambucus racemosa und erreicht hier wahrscheinlich ein Stück seiner Nordgrenze gegen die Niederung.

Solche *diluviale Höhen* enthalten neben den von den früheren Leipziger Floristen als »Hochwald« bezeichneten Wäldern der Formationen 1 oder 4 nunmehr auch die einzigen natürlichen Plätze für die Hügelformationen bis zum Bienitz, der westlich von Leipzig an der Stelle eines alten Saalebettes noch einmal durch eine Reihe seltenerer Pflanzen mit pontischem Areal diesen Teil der Landschaft in nähere Beziehung mit der Flora von Halle bringt.

Diese Standorte sind jetzt freilich spärlich; aber wir wissen nicht, wie es früher in den Quadratmeilen diluvialen Landes ausgesehen hat, die als »*Leipziger Kornebene*« bekannt zwischen der Mulde bei Wurzen und der Saale bei Halle sich ausbreiten und fast ganz der Kultur anheimgefallen sind. Nur soweit das alluviale Überschwemmungsgebiet der Elster und Pleiße dem Ackerbau hinderlich ist, kann man nach dem Charakter der Auwiesen und Auwaldungen den ursprünglichen Naturzustand noch, wie es scheint ziemlich sicher, beurteilen. Dieser ganze Bereich zeichnet sich durch das ungemein häufige Auftreten der Traubenkirsche, Prunus Padus, zusammen mit Sambucus nigra und Evonymus aus, durch das Fehlen der Nadelhölzer und Buche, durch die Entwickelung der Eiche zu riesiger Größe und malerischem Wuchs[1].

Diese *Auenwälder* sind in der kleinen Skizze der Flora von Leipzig durch REICHE anschaulich geschildert. Unter den Bäumen, die in der Reihenfolge ihrer Häufigkeit schon oben angeführt sind, nennt derselbe auch den Spitzahorn, der nur selten und nur angepflanzt vorkommt; Acer Pseudoplatanus mit A. campestre dagegen sind weit und breit in allen diesen Gehölzen verbreitet, und von den Hügelgesträuchen fehlen auch die Schlehe, der Weißdorn, Hartriegel und Liguster nicht. REICHE giebt auch Ribes rubrum, den Johannisbeerstrauch, als »unstreitig wild« an. Es ist schwierig, dies zu entscheiden; die Auffassung von WILLKOMM lässt ihn überall in Mitteldeutschland nur als verwildert erscheinen, und ich selbst finde keinen Anhalt für die eine wie die andere Meinung. Die Flora von KLETT & RICHTER[2] verweist

---

1) Die jetzt abgestorbene »Große Eiche« im Auwalde bei Leutzsch westl. von Leipzig wird zu einem Alter von 600—700 Jahren angegeben, besitzt eine Höhe von 38^1/$_2$ m und einen Durchmesser von 2 m in Meterhöhe über dem Boden; Holzgehalt 88 Kubikmeter.

2) Als zuverlässige Quelle älterer Forschung, in welcher das Indigenat der einzelnen Arten sorgfältig unterschieden ist, kann die Flora von KLETT & RICHTER aus dem Jahre 1830 gelten,

R. rubrum nicht unter die angepflanzten Gewächse, ebensowenig R. nigrum und Grossularia; es haben diese drei Sträucher demnach damals schon den Eindruck natürlichen Vorkommens gemacht.

Im Niederwuchs der Auwälder sind die Sporenpflanzen sparlich vertreten, und da ihnen die trockenen diluvialen Kieshöhen gleichfalls keine günstigen Plätze bieten, sucht man viele in diesem Teile des Elsterlandes vergebens; nach KUNTZEs Taschenflora sind z. B. für Nephrodium Dryopteris und Phegopteris die Standorte rings um Leipzig noch zu suchen — ein bemerkenswerter Unter-schied gegenüber dem ostwärts sich anschließenden Muldenlande.

Die Schönheit dieser Auenwälder mit ihrem reich gemischten Gehölz em-pfindet der Naturfreund am meisten im frühen Frühling durch das frische Grün zahlreicher Zwiebel- und Knollengewächse, zu dem sich das ebenso frische Laubwerk der Traubenkirschen unter den noch kahlen Eichen, Eschen und Ahornbäumen gesellt. Der Bärenlauch besonders ist von einer ver-hängnisvollen Häufigkeit, indem er im Mai aus zahllosen Blütensternen und später abwelkenden Laube sehr starken Knoblauchgeruch verbreitet. Folgende Arten sprießen schon Anfang April, 3—4 Wochen vor der Frühlingshaupt-phase, in dichten Mengen aus dem feuchten Waldboden und in den Ufer-gebüschen hervor:

Allium ursinum !!	Arum maculatum.	Anemone ranunculoides.
Leucojum Vernum.	Corydalis caVa !!	Veronica montana.
Gagea lutea.	—— fabacea, (solida r.).	Cardamine impatiens.
—— spathacea (r.).		Euphorbia dulcis.

Die wichtigsten Vertreter der voll entwickelten Waldflora sind schon oben unter den Waldungen von Altenburg—Frohburg genannt; nur Trientalis hat eine sehr viel geringere Verbreitung um Leipzig und gesellt sich in der Harth zu diluvialen »Hochwald«-Arten, da Melittis diesen Platz teilt. Eine Seltenheit bildet Arabis hirsuta *Gerardii in mehreren Gehölzen dicht bei Leipzig.

Somit kommen wir zu den trockenen Buschwaldungen, Eichen- und Birken-hainen auf diluvialen Höhen im Übergange vom Wald zum lichten Hain und den offenen, trockenen Grasfluren und Kiesschottern der *Hügelformationen.* Diese drängen sich mit der größten Mannigfaltigkeit der Arten an dem schon

---

ein umfangreiches, zweibändiges Buch. Schon 8 Jahre später erschien mit viel gelehrterem Apparat langer lateinischer Diagnosen die Flora von PETERMANN, die aber trotzdem an der floristischen Grundlage wenig besserte und sogar die topographische Karte aus dem Werke seiner Vorgänger kaum ein wenig verändert wiederbrachte; es war damals die Zeit breiter Species-beschreibungen in kleinen Lokalfloren ohne Rücksicht auf Naturleben, und der Versuche, einzelne abweichend erscheinende Formen als besondere Arten diagnostisch zu verteidigen. So giebt es sogar eine Carex lipsiensis Peterm. und andere, längst wieder zu den alten Formenkreisen redu-zierte »Arten«. Im Jahre 1867 hat dann O. KUNTZE, der damals von großem Eifer im Natur-studium zeugende und ernste Arbeiten machte, die Werke seiner Vorgänger umarbeitend und ergänzend eine sehr nützliche Taschenflora von Leipzig in natürlicher Anordnung der Pflanzen-familien herausgegeben.

genannten Bienitz im Westen Leipzigs zusammen, sind aber auch im Bereich
des Harthwaldes (auf der Wasserscheide zwischen den hier schon einander sehr
nahe kommenden Elster und Pleiße) südlich der Stadt bei Zwenkau und an
anderen Stellen genügend entwickelt, ohne jedoch. irgendwo den Eindruck
ganzer, im großen Stil zusammengesetzter und artenreicher Bestände zu machen.

Der Bienitz.

Dieser 129 m hohe Hügel, in etwa 1 qkm Ausdehnung von Buschwald,
lichten Hainen, Sandtriften und kiesigen Grasabhängen eingenommen und nach
W wie N von torfigen Wiesen umgeben, vereinigt auf diesem ganzen Gelände
verschiedene Formationen bis zu der ihn nördlich abschließenden Elster (»Luppe«),
somit in ca. 10 qkm Fläche über $^2/_3$ an Gefäßpflanzen der weiten Leipziger
Lokalflora bis zu der Grenze des Muldenlandes.   Die Bodenunterlage besteht
aus Kiesen der verschiedensten Körnelung bis zum Feinsande herab; Feuer-
steine und Granitgeschiebe zeigen sich oft in bedeutender Größe und, fest
verkittet, erzeugen sie eine Art von dysgeogenem Felsboden. Das geologische
Profil ist diluvialer Elsterschotter, darüber ca. 10 m Geschiebelehm, zu oberst
ca. 5 m Decksand und ähnliches.

Er hat in PETERMANNs 1841 erschienenem kleinen Excursionsbuch eine
besondere Verewigung gefunden, welche, der damaligen Zeit entsprechend,
leider die Anordnung nach Formationen gar nicht kennt.   Außer den Buschwäldern, zu denen wohl auch das schon damals ausgerottete Laserpitium
latifolium als wichtige mittelhercynische Charakterpflanze mit abgeschlossener
Grenze gegen den sächsischen Gau gehört haben mag, zeigen sich jetzt dort
die Birkenhaine mit zahlreichen Lichtungen auf welligem Kiesboden und eine
trockene, hauptsächlich aus Corynephorus und Festuca ovina gebildete Grastrift als maßgebende Standortsgruppen, die schon zu Anfang April zwischen
den Massen von Draba verna große Rasen von Carex humilis, später auch
Schreberi, montana und ericetorum zeigen.   An ähnlichen Stellen des Nordhanges wächst auch als bemerkenswerteste Art des Bienitz: Carex obtusata
(= C. spicata Schkuhr), von welcher PETERMANN damals noch mehrere hundert
Exemplare auf ein Mal sammeln konnte, die jetzt aber recht selten geworden
ist.   Sie ist häufig einer Verwechslung mit C. supina ausgesetzt, so auch bei
BEICHE (Fl. des Saalkreises 1899, S. 207); A. SCHULZ giebt in seinem sehr
genauen Verzeichnis der Flora von Halle (1887) C. obtusata gar nicht, C. supina dagegen von Porphyrboden, vom Rotliegenden und Buntsandstein, vom
tertiären und diluvialen Boden mit 0,1 bis 10 % Kalkgehalt an[1]).

Die übrigen bemerkenswerten Arten folgen hier in kurzer
Liste; einige der sonst in der hercynischen Formation F. 17 nicht allzu selten

---

[1]) C. obtusata ist außer bei Potsdam und Spandau von Dr. PLÖTTNER i. J. 1897 am Rhins-
berge bei Landin, Mark Brandenburg, aufgefunden worden; vergl. Verh. Bot. Ver. Prov. Brandenbg.
XXXIX, S. XLI.

verbreiteten Arten sind mit aufgeführt, um zu zeigen, dass dieselben anstatt auf anstehendem Felsgestein auch auf den Diluvialschottern gedeihen können.

Phleum Boehmeri.
Allium *montanum.
Anthericum Liliago !, —— ramosum !
Sedum: alle Arten, auch rupestre.
Potentilla alba.
Eryngium campestre (Verbreitet).
Asperula tinctoria (rr.): mh.[1)
—— glauca !, —— cynanchica.
Scabiosa *ochroleuca, —— suaveolens.
Inula hirta (rr.).
Serratula tinctoria.
Scorzonera (Podospermum) laciniata (r.).

Pulmonaria angustifolia (= azurea): mh. |
Veronica spicata.
Geranium sanguineum.
Arabis hirsuta (mit Berteroa incana).
Pulsatilla Vulgaris.
Dianthus Carthusianorum (cop.).
[—— Armeria und —— superbus.]
Viscaria Vulgaris (scheint am Bienitz relative N-Grenze zu erreichen).
Moenchia erecta.
Alsine Viscosa: mh.|
Sagina apetala: mh.|

Nur wenige der bemerkenswerten Arten aus dieser Formation sind abseits vom Bienitz im Nordteil des Elsterlandes zerstreut; so z. B. Potentilla rupestris bei »Zöckeritz hinter Delitzsch«, und Rosa gallica *pumila an der »Südseite der Pröse bei Werlitzsch« nach den Floren.   In der Linie Dorf Röglitz (nördlich der Elster)—Kötzschau—Lützen läuft die Grenze zwischen dem Saale- und dem Elsterlande, so dass ich die der Leipziger Flora sonst zugerechneten Standorte der folgenden Charakterarten hier ausschließe:

LaVatera thuringiaca (Kötzschau, Teuditz; nur 4 km von der Saale entfernt müssen diese und ähnliche Standorte dazu benutzt werden, um das an pontischen Arten so Viel reichere Saaleland abzugrenzen);

Lactuca quercina (Röglitz, Dürrenberg);
—— saligna (Lützen, Kötzschau, Dürrenberg);
Centaurea maculosa und Calcitrapa;

Inula germanica   } (Raine bei Röglitz);
Campanula bononiensis }
Rapistrum perenne (Dürrenberg).

In diese Kategorie fallen auch die Salzpflanzen, welche in reicherer Menge zunächst bei Kötzschau auftreten, von denen aber einige sogar schon auf den Bienitz-Wiesen sich finden, nämlich außer Scirpus maritimus in den Gräben auch Triglochin maritimum und Samolus Valerandi. Die an der Grenze selbst gelegenen Salzwiesen zeigen dagegen schon folgende bemerkenswerte Halophyten:

Aster Tripolium.
Glaux maritima.
Plantago maritima.

Bupleurum tenuissimum.
Apium graveolens.
Spergularia marina.

Salicornia herbacea.
————
Althaea officinalis, auf Salzwiesen.

Es bleibt schließlich noch die Betrachtung der Flora von den trockneren und sumpfigen *Wiesen* mit ihren *Wassergräben* und kleinen *Teichen* übrig, welche gleichfalls in dem an den Bienitz sich anlehnenden Geländeabschnitt eine merkwürdige und ziemlich reichhaltige ist.   Merkwürdig in so fern, als hier, wo das Gelände einer kräftigen Vegetationsentwickelung im Anschluss an natürlichen Fels und zwischen Felshöhen liegenden Grastriften entbehren muss, als Standorte für eine Reihe von Grastriftpflanzen diese torfigen Wiesen benutzt sind, wie sich das ja allerdings auch ähnlich z. B. auf den Torfwiesen

———

1) Mit dem Zeichen: mh.| sind diejenigen wichtigen Arten ausgezeichnet, welche im Lande der Weißen Elster ihre Westgrenze gegen den osthercynischen Gau, ganz oder so gut wie völlig, besitzen.

bei Hirschberg im böhmischen Mittelgebirge, oder noch viel großartiger auf den Bayerischen Moosen zwischen Alpenfuß und Donau zeigt. Die Peucedanum-Arten und Ulmaria Filipendula, auch Galium boreale, selbst Serratula tinctoria und Campanula glomerata können hier als typische Vertreter der trockneren Hügel- und Grastrift auf feuchtem oder gar moorigem Wiesenboden gelten, den im Frühjahr Massen von Primula officinalis als erste Blüten decken.

REICHE hat (a. a. O., S. 50) die geologische Erklärung für dieses eigentümliche Verhalten richtig, wie mir scheint, in kurzen Worten gegeben: »Die Verbreitungslinie vieler hier am Bienitz vorkommenden, mit der Flora des Saalethales (bei Weißenfels) übereinstimmenden Pflanzen bildet ein nach NO sich hinziehendes Anhängsel, welches in seiner Richtung dem präglacialen Lauf der Saale entspricht. Dies ehemalige Bett der Saale lag höher als die heutige Elsteraue; seine Schotter sind an den Muschelkalkstücken mit Terebratula deutlich nachweisbar. Durch die von diesen Schottern austretenden, mit Kalk beladenen Sickerwässer ist der Aulehm (das Alluvium) in Wiesenmergel umgewandelt worden. Infolge seiner geringen Durchlässigkeit für Wasser führte er eine Vertorfung der Vegetationsdecke und damit reichliche Moorablagerung herbei.«

Unter diesen Wiesenpflanzen finden sich daher manche Arten, welche hier ganz isolierte, eigenartige Standorte besitzen; die mit Ostgrenze gegen den sächsischen Gau auftretenden 16 Species sind in der folgenden Liste wieder (wie bei der Hügelformation) durch Sperrdruck mit der Signatur: mh.| hervorgehoben. Unter diesen befindet sich eine sehr interessante, aber in Bezug auf ihre Ursprünglichkeit angezweifelte Art: Salix nigricans; O. KUNTZE erklärt dieselbe für »angepflanzt«, doch spricht der Vergleich mit manchen anderen Arten, besonders mit Tofieldia, gegen diese Erklärung. Andere Arten vertreten auch ein montanes Element, z. B. Trollius, Crepis succisifolia.

Liste der Charakterarten von den Bienitz-Wiesen.

Carex Davalliana mh.|
—— dioica.
—— pulicaris.
—— paradoxa.
—— teretiuscula.
—— Buxbaumii.
—— tomentosa.
—— Hornschuchiana.
Schoenus ferrugineus: mh.|
Heleocharis ovata.
—— pauciflora.
Scirpus radicans.
Catabrosa aquatica.
Juncus atratus: mh.|
Allium acutangulum: mh.|
Tofieldia calyculata: mh.|

Gladiolus paluster.
Iris sibirica.
Orchis militaris: mh.|
—— laxiflora.
—— coriophora.
—— incarnata.
Gymnadenia odoratissima.
Herminium Monorchis.
Epipactis palustris.
Sturmia Loeselii.
Spiranthes autumnalis.
Lathyrus paluster.
Tetragonolobus siliquosus: mh.|
Trifolium spadiceum, fragiferum.
Ulmaria Filipendula.

Hydrocotyle vulgar:s.
Cnidium venosum: mh.|
Silaus pratensis.
Peucedanum officinale: mh.|
—— Cervaria.
—— Oreoselinum.
Galium boreale.
Arnica montana.
Pulicaria dysenterica.
Cirsium bulbosum: mh.|
Scorzonera humilis.
Sonchus paluster: mh.|
Crepis succisifolia.
—— praemorsa: mh.|
Phyteuma orbiculare.

Campanula glomerata.	Gentiana Pneumonanthe.	Thesium pratense.
Samolus Valerandi: mh.|	—— cruciata.	Salix nigricans[1]): mh.|
Lithospermum officinale.	Euphorbia palustris: mh.|	
Teucrium Scordium.	Trollius europaeus.	Lycopodium inundatum.
Scutellaria hastifolia:	Viola (uliginosa?).	Ophioglossum vulgatum.
mh.|	—— persicifolia.	Nephrodium Thelypteris.
Melampyrum cristatum.	Sagina nodosa.	—— cristatum.

Mehrere dieser interessanten, besonders durch ihr Bewohnen der gleichen Hauptformation merkwürdigen Pflanzen setzen ihre östliche Verbreitungslinie vom Geraer Hügellande her fort, so besonders Orchis militaris und Crepis praemorsa.

Endlich sind auch die *Formationen der Wasserpflanzen* früher sehr reich entwickelt gewesen, jetzt aber durch Trockenlegen der Teiche am Zusammenfluss von Elster, Pleiße und Parthe um vieles ärmer geworden. So scheint Trapa natans jetzt um Leipzig völlig geschwunden zu sein. Von wichtigen Arten, welche hier ihre Ostgrenze gegen den sächsischen Gau besitzen, soll Wolffia arrhiza einer Einbürgerung aus dem botanischen Garten ihre Gegenwart verdanken; ursprünglich dagegen sind die Röhricht-Arten Scirpus Tabernaemontani und Carex Buekii. Hippuris vulgaris und Lythrum Hyssopifolia sind zwei im sächsischen Gau sonst nur sehr selten und sporadisch vorkommende Arten; auch Veronica longifolia ist im Osten nicht häufig, Mentha Pulegium gehört überall im hercynischen Bezirk zu den Seltenheiten.

Für die Schwimm- und Tauchpflanzen mag das besondere Formationsbild durch folgende kurze Liste gezeichnet werden:

Potamogeton rufescens	Potamogeton obtusifolius.	Hottonia palustris.
(= alpinus).	—— compressus.	Ceratophyllum submersum.
—— gramineus.	Zannichellia palustris.	—— demersum.
—— praelongus.	Hydrocharis Morsus ranae (frq.)	Myriophyllum spicatum (frq.).
—— acutifolius.	Sparganium minimum.	·—— verticillatum (r.).
—— pusillus.		Nymphaea alba.
—— pectinatus.	Utricularia vulgaris.	Nuphar luteum.
—— densus.	—— minor.	

1) Die Flora von KLETT & RICHTER (Bd. II. 793) scheint diese Weide unter S. aurita, β. uliginosa, durch gestielte Narben und stärker gezähnte Blätter unterschieden, zu führen. Der Standort »auf den Parthenwiesen« stimmt gleichfalls. Dies würde jedenfalls für Ursprünglichkeit des Standortes sprechen.

Siebentes Kapitel.

Das Muldenland.

1. Orographisch-geognostischer Charakter.

Flussläufe und Höhen. Vor der ganzen Länge des Erzgebirges breitet sich
ein niederes Bergland im Übergange zum felsigen Hügellande und zur flachen
Elbniederung aus, welches sich als anmutig gestaltetes, aber pflanzenarmes Gebiet von etwa 70 Quadratmeilen Größe zwischen die durch Entwickelung der
sonnigen Hügelformationen viel reicher ausgestatteten Landschaften der Weißen
Elster und Mittleren Elbe einschiebt. Dies ist das von der *Mulde* durchströmte
und nach ihr benannte Land, dessen Ausdehnung etwa durch die Linien
Zwickau—Chemnitz—Freiberg im S, Zwickau—Waldenburg—Grimma im W,
Freiberg—Nossen—Oschatz im O begrenzt wird, soweit die felsigen Höhen in
ihm vorherrschen. Die Nordgrenze wird durch die zur Elbniederung übergehenden Höhenschwellen mit den äußersten Stationen der unteren hercynischen Waldformation gebildet, die noch nördlich von Grimma die Mulde bis
Eilenburg begleiten und nördlich von Wurzen in den *Hohburger Bergen* enden.
Aus dem Winkel, wo das westliche Erzgebirge mit dem Vogtlande zusammenstößt, kommt die *Zwickauer Mulde* hervor und fließt in einem wesentlich nach N gerichteten, vielfältig geschlängelten Laufe durch dies Territorium.
Die Stadt Schneeberg muss noch wegen ihrer Bergwälder und Hochmoore
zum Erzgebirge gerechnet werden; Kirchberg in ca. 420 m Höhe kann als
südlichste Station des Muldenlandes gelten, welche die Mulde selbst in 300 m
Niveau mit ihrem tiefer gelegenen Waldthal umgürtet. Ihre Thalränder weiten
sich bei Zwickau und Glauchau; dann aber tritt sie bei *Waldenburg* in den
durch vielfache . Krümmungen und groteske Felsbildungen am meisten ausgezeichneten Teil ihres Laufes, an welchem die Orte Wolkenburg, Rochsburg,
Wechselburg und Rochlitz liegen. Der Thallauf befindet sich hier schon im
200 m-Niveau, die Thalränder steigen von 250—300 m an, die höchsten Waldberge in weiterer Ferne haben etwa die Höhe der erstgenannten Stadt Kirchberg. Nördlich von *Colditz* erfolgt der Zusammenfluss der Freiberger und der
Zwickauer Mulde; beide zusammen erreichen *Grimma*, wo die Waldungen
manche Arten der unteren hercynischen Waldformation noch bergen, die in
den Pleiße-Wäldern bei Leipzig ganz unbekannt sind. Die den Strom begleitenden Hügel werden niedriger und bilden immer breitere, flachere Thal-
weitungen; die Hügelköpfe erreichen dem Strome näher kaum noch 200 m
Höhe, aber über die östliche Thallehne ragt jenseits des Hubertusburger Waldes
der *Collmberg* (nahe Oschatz) über 300 m hoch auf. Bei *Eilenburg* hat das
breite Wiesenthal der Mulde nur noch 100 m Höhe und gehört fortan floristisch
zum Elbhügellande ohne die auszeichnenden submontanen Charaktere. Das
Hohburger Bergland ragt hier, an der Nordecke der ganzen Landschaft, mit
z. T. felsigen und ziemlich steilen Porphyrhöhen bis 222, bez. 238 m auf.

Die *Freiberger Mulde* entwässert den östlichen und mittleren Teil des Territoriums, nachdem sie, von dem östlichen Erzgebirge herkommend, nahe der Bergstadt Freiberg in dasselbe eingetreten ist und sich mit der *Bobritzsch* vereinigt hat. Dieses an das Erzgebirge sich anlehnende südöstliche Stück ist eine gewellte Hochfläche von 350—400 m Höhe mit einzelnen, wenig höheren Kuppen; von seinem ursprünglichen, herrlichen Waldbestande geben noch Reste, wie der Zellaer Wald zwischen Hainichen und Nossen deutlichen Ausdruck. Bei *Nossen* wird der bis dahin nach NW und N gerichtete Lauf der Freiberger Mulde bis *Rosswein* westlich, dann wieder nordwestlich an *Döbeln* und *Leisnig* vorbei und so zum Zuzammenfluss mit dem Westarme. Dieser Teil des Thales zwischen Nossen und Leisnig entspricht dem Felsenthale der Zwickauer Mulde zwischen Waldenburg und Rochlitz. Über dem von 200 m auf 150 m in der Sohle sich senkenden Flussthale ragen felsige Höhen bis 300 m auf und zeigen von ihren Gipfeln eine leicht gewellte, nur selten von einem etwas höheren Berge überragte Hochfläche.

Der mittlere, sich an das Erzgebirge anlehnende Teil hat *Chemnitz* (300 m) an seinem südlichen Rande und ist durch das Thal der *Zschopau* ausgefurcht, welche von da an, wo sie die Flöha aus dem SSO aufgenommen hat, das Muldenland von S nach N bis zu ihrer Einmündung in die Mulde unterhalb Döbeln in eine West- und Osthälfte teilt und, wie die Mulde selbst, besonders zwischen *Frankenberg* (Lichtenwalde), *Mittweida* und *Waldheim* ein romantisches, durch manche bemerkenswerte Standorte ausgezeichnetes Felsenthal bildet. Ihre Thalsohle fällt innerhalb des Muldenlandes von 280 auf 160 m; die Berggipfel erreichen im Süden 450 m, bei Waldheim nur noch 280 m; der Oberlauf der Zschopau und Flöha gehört ebenso wie der beider Mulden zum Erzgebirge (Kap. 14).

Geognostischer Aufbau. Während das Erzgebirge zwischen Schneeberg und Chemnitz mit einem breiten Gürtel von Cambrium-Schichten endigt, setzt hier zunächst das südliche Muldenland mit Glimmerschiefern und Schichten des Rotliegenden an, und im Osten setzt sich der Freiberger Gneis direkt in das Muldenland hinein bis Nossen fort. Von demselben Gneis mit vereinzelten Glimmerschiefer-Streifen ist der Thalzug der Zwickauer Mulde von Waldenburg bis Rochlitz, der der Zschopau in seiner ganzen Länge und der des Striegis-Baches mit Fortsetzung an der Mulde bis gegen Döbeln gebildet; auch Granit-felsen treten vereinzelt an denselben Thalzügen auf. Die wasserscheidenden Kämme, welche bis zur Freiberger Mulde bei Döbeln—Leisnig hin wesentlich eine von S nach N abfallende Richtung haben, sind in zusammenhängenden Breiten von diluvialen Böden bedeckt. Von Rochlitz (Geithain) stromab an der Zwickauer Mulde und von Döbeln stromab an der Freiberger Mulde, dann weiter über den Zusammenfluss beider hinaus über Grimma bis Wurzen sind alle Bergeshöhen am Stromthal aus Porphyren gebildet, und diese Porphyre sind auch ostwärts von der vereinigten Mulde durch den Hubertus-burger Wald bis Oschatz, nordwärts bis zu dem »Hohburger Berglande« zu finden, wo sie die nördlichsten Höhen des Muldenlandes (238 m) bilden.

Zwischen den einzelnen Porphyrhöhen ist Diluvium, und im Norden der Landschaft (in der Linie Oschatz—Wurzen) das Geschiebe der 1. Eiszeit mächtig
ausgebreitet.

Alles in allem hat demnach unser Territorium zur Grundlage seiner Vegetationsformationen kalkarme krystallinische Gesteine mit Kiesel- und Thonschiefern (im Süden), Porphyre und diluviale Geschiebeböden wechselnder Art.
Die genannten Gesteine treten in schroffen, der Waldbedeckung unzugänglichen Felsbildungen fast nur an den genannten Flussläufen zu Tage, und hier
allein wird daher ein mannigfaltigerer Wechsel von Pflanzenbeständen zu suchen
sein. Die Höhen (200—400 m) vermitteln in der Art der felsenbildenden Gesteine, die hier ganz anders wirken als bei Trias- und Zechsteinkalken, das
Zusammentreffen von Arten der untersten Bergwaldungen und der Hügelformationen mit Laubwäldern; für Moore und Wasserpflanzen ist wenig Raum
gegeben.

2. Allgemeiner Charakter der Pflanzenwelt.

Alle diese Umstände wirken dahin zusammen, dass die Vegetationsbestände
über den allgemeinsten osthercynischen Durchschnitts-Charakter nicht heraus-
gehen und dass von allen hercynischen Landschaften der unteren Region diese die
an Pflanzenarten ärmste ist. Während alle anderen Territorien immer einzelne,
und manche natürlich sehr viele Arten enthalten, die gerade sie der hercynischen Flora hinzufügen, und während alle anderen für die hinsichtlich ihres
Areales besonders hervorzuhebenden Arten eine nicht geringe Zahl bemerkenswerter Stationen aufweisen, so ist dies in diesem Territorium nur in sehr beschränktem Maße der Fall. Ich möchte nur folgende 6 als wirklich bedeutsam nennen:

Artemisia pontica ist an den Bergen nördlich von Grimma, wo die Mulde durch einen
mächtigen Doppelhaken ihren nordwärts gerichteten Lauf unterbricht, bei dem Dorfe Böhlen
gefunden worden. Der Standort ist mir nicht näher bekannt; die Hügel erheben sich dort
bis 40 m hoch über einem nur noch 160 m hohen Sockel.

Alyssum saxatile besetzt die Felsen der »Eulenkluft« bei Wechselburg. Hier fallen steile
Felsen von Glimmerschiefer hoch und zuletzt senkrecht zu der den Sockel benetzenden
Mulde ab. Sie sind fast vegetationslos; unten stehen einige Erlen, auf Felsvorsprüngen
haben sich einige starkästige Kiefern mit Schirmkrone angesiedelt. An diesem Felsen
wächst, glücklicher Weise durch Unzugänglichkeit gut geschützt, etwa in 2 Dutzend Rosetten die hier ihre Westgrenze in der Hercynia findende Crucifere, Mitte Mai blühend.
Grasrasen von Festuca *glauca und milchige Stauden von Cynanchum wie Euphorbia Cyparissias haben sich neben ihr in den Gesteinsspalten heimisch gemacht.

Trifolium ochroleucum ist bei Penig gefunden worden.

Dianthus Seguieri, der sonst im osthercyn. Berglande vorkommt (s. Kap. 13 unter Vogtland-
Eger Bergland!, und Kap. 14 östliches Erzgebirge!) hat in den Waldgebüschen des unteren
Zschopauthales eine Reihe von sicheren Standorten. Diese liegen alle zwischen Mittweida
und der Flussmündung in die Mulde unterhalb Döbeln, wo steile und bewaldete Felsen
mit nackten Klippen gegen das Thal abstürzen (Ringethal im Süden, Kriebstein etwas
nördlicher, Limmritz nahe der Mündung).

Stachys alpina, eine sonst in Sachsen fehlende, aber wh. häufiger Vorkommende Art, hat
in demselben eben genannten Thalabschnitt, um Waldheim gelegen, zwei erst vor einem
Jahrzehnt bekannt gewordene Standorte bei Kriebstein und Dorf Steina.

Woodsia ilvensis wächst auf den Felsen bei Rochsburg an der Zwickauer Mulde, wenig
südlicher als der erstgenannte Standort des Alyssum und unter sehr ähnlichen Vegetationsbedingungen (der Ort liegt auf steiler Felshöhe südlich der Stadt Lunzenau und nordöstl.
von Penig).

Diesen bemerkenswertesten Funden lassen sich noch mehrere minder
wichtige anreihen, so besonders die durch VOGEL[1]) gleichfalls von Rochsburg
bekannt gegebenen Stellen für Dianthus Carthusianorum, Anemone silvestris,
Astragalus Cicer und Seseli annuum bei Dittmannsdorf nahe Geringswalde,
Melittis Melissophyllum am Rochlitzer Berge, endlich Anthericum ramosum
und Liliago im Umkreis von Döbeln an der Freiberger Mulde; unter den
Felspflanzen zeichnet sich auch noch außer den gewöhnlichen Asplenium-Arten
A. Adiantum nigrum, *Serpentini (bei Rosswein und Waldheim) aus.

Eine Seltenheit moosig-torfiger Standorte wird noch vom Muldenlande
in Anagallis tenella angegeben. Diese westdeutsche Art soll »im Pfaffenbusch bei
Geithain« wachsen, aber der Fund erscheint gar nicht bestätigt und wird auch in synoptischen
Floren (wie z. B. GARCKES neuester Ausgabe der Excursionsflora) nicht angeführt. Die kleine
Stadt Geithain liegt etwa 1 Meile westlich von Rochlitz, vom Muldenufer schon weit entfernt
auf einer gleichförmig-welligen Höhe, in der wohl einige Teiche und Sümpfe sich finden, aber
kein sonstwie ausgezeichnetes Moor.

Wie man sieht, ist der Arealcharakter der zuerst genannten Arten gemischt: die ersteren drei gehören zu den sonnigen Hügelformationen, die drei
letzteren zu den montanen Felspflanzen, bez. Waldpflanzen, und ihre Areale
sind oben (Abschn. III, Kap. 2 und 4) in Gruppenanordnung gekennzeichnet.
Auch sonstige bemerkenswerte Arten des Muldenlandes fallen unter die entsprechenden Gruppen, und man kann schon darnach den floristischen Charakter desselben als einen gemischten erkennen: die Eigenschaften des unteren
Hügellandes mit denen des niederen Berglandes verbunden an oft sehr nahe
gelegenen oder gleichartigen Plätzen. Trifolium ochroleucum nicht weit von
Geranium silvaticum! Somit soll das Muldenland als zwischengeschobenes, die
reichere Berg- und Hügellandsflora trennendes Glied die weiten Landstrecken
umfassen, in denen keiner dieser beiden Züge rein zum Ausdruck gelangt,
und die von Wanderungswegen oder Rückzugslinien in der jüngsten Florenentwickelung nicht gerade begünstigt worden sind.

Der Charakter des niederen Berglandes kommt bis in den nördlichen Zipfel
des Muldenlandes zum Ausdruck. Von Leipzig aus dem Weißen Elster-Lande
her ostwärts wandernd trifft man bei Grimma, in den bewaldeten Hügeln an
der vereinigten Mulde, eine ganze Anzahl von solchen in der östlichen Hercynia gemeinen Waldpflanzen, die doch immer die Nähe des Berglandes anzeigen. Auf dem direkt nach Ost gerichteten Wege von Leipzig aus berührt
man die Grenze des Muldenlandes etwa bei Brandis, von wo ostwärts bei den

---

1) Verh. bot Ver. Prov. Brandenburg Bd. XIX.

Dörfern Leulitz und Polenz bewaldete Hügel sich erheben, hinter denen einige
Kilometer entfernt das wasserreiche Muldenthal an Wurzen vorbeizieht. Schon
die Gefäß-Sporenpflanzen Nephrodium spinulosum, Equisetum silvaticum, besonders aber Nephrodium montanum (bei Grimma), Cystopteris fragilis
(Altenhain) zeichnen hier das Muldenland aus, und Pflanzen der Heideformation, wie Lycopodium clavatum und Juniperus communis, fehlen gleichfalls in
der Niederung der Weißen Elster. Besonders wichtig aber erscheinen für die
hier, an den genannten Höhen sich hinziehende Grenze Lausigk—Brandis—
Eilenburg folgende Arten:

Sambucus racemosa.	Senecio nemorensis.
°Aruncus silvester.	Chrysosplenium oppositifolium.
°Thalictrum aquilegifolium.	°Potentilla rupestris (Wurzen, Chemnitz).
Aquilegia vulgaris.	Digitalis ambigua.
°Euphorbia dulcis.	°Thlaspi alpestre (im ganzen Muldenthale).
Atropa Belladonna.	

Außerdem sind die mit dem °Zeichen versehenen Arten von osthercynischer Verbreitung im Gebiet der Weißen Elster entweder gar nicht mehr vorhanden, oder doch nur mit einzelnen Stationen, welche — wie bei Aruncus
silvester in der Linie Halle—Gera — die westwärts vorgeschobenen äußersten
Punkte darstellen, die das allgemeine Verbreitungsgebiet im Muldenlande überschreiten. .

Diese Artengruppe mit noch ähnlichen Genossen fehlt dem Weißen Elster-
Lande zwar nicht durchaus, stellt sich aber erst dort ein, wo die Berührung
des Vogtlandes (bez. des »Osterländischen Stufenlandes«) mit dem sonnigen
Hügellande südlich von Gera ihren Zuzug bewirkt hat.

So erkennen wir also den *unteren, osthercynischen Bergwald* als die das
Muldenland am meisten bezeichnende Formation; dazu kommen mancherlei
montane Felspflanzen, außer den schon genannten z. B. auch Ribes alpinum,
Sedum album und purpureum, Asplenium Adiantum nigrum *Serpentini, und selbst an Sumpfmoos- und Moorpflanzen fehlt es nicht. Denn
Malaxis paludosa hat bei Zwönitz und Colditz Standorte, Pilularia globulifera bei Chemnitz, Vaccinium uliginosum erstreckt sich bis Großbothen, doch haben Andromeda polifolia und Ledum palustre nur an
der Nordgrenze des Territoriums bei Eilenburg Standorte. Hydrocotyle
vulgaris dringt gleichfalls aus dem N gegen die Mulde bis gegen Rochlitz
vor (vereinzelt bei Geithain mit Carex teretiuscula). In den zahlreichen
Standorten von Thlaspi alpestre schließt sich unsere Landschaft an das
Erzgebirge an; aber es ist auch hier wiederum hauptsächlich das Thal beider
Mulden selbst, das mit kiesig-grasigen Standorten diesem hübschen Kreuz-
blütler zum Standort dient.

3. Skizzen der Formationen.

Die bemerkenswertesten Funde einzelner Arten sind auf den vorhergehenden Seiten schon angegeben; es ist noch notwendig, den Rahmen des Formationsbildes etwas schärfer zu umgrenzen, in welchem sich die genannten Einzelzüge abheben.

Unter den *Waldformationen* sind fast nur die Bestände von F. 1, 3 und 4 unserer Einteilung im Muldenlande zu finden. Naturgemäß überwiegt in seinem südlichen Teile F. 3, im nördlichen finden sich hauptsächlich F. 1 und 4; geschlossene Laubwälder scheinen früher verbreiteter gewesen und durch Anpflanzungen von Nadelhölzern verdrängt worden zu sein.

Die Tanne ist in der südlichen Landeshälfte überall zu Hause und vielerorts in ausgezeichneten Stämmen zu finden; so besonders im Zellaer Walde auf den breiten Erhebungen in ca. 340 m mit Fichte und Buche, Birke und Espe; ebenso auf dem Rochlitzer Berge über 300 m, wo die Buche schöne Bestände fast vom Charakter der unteren geschlossenen Berg-Laubwälder bildet, und an vielen anderen Stellen überall so zerstreut, dass ihre Heimatsberechtigung daraus hervorgeht. Wenn Fichte und Tanne nach Norden zu seltener werden, so fehlt es doch auch dort nicht an den sie meist begleitenden Arten der unteren hercynischen Waldformation, Farnen wie Nephrodium montanum, dann Calamagrostis arundinacea, Aruncus silvester und Thalictrum aquilegifolium. Die letztgenannten haben sehr viele Standorte im Muldenlande, sowohl an den Flussläufen, als an den Waldabhängen, wo z. B. das Thalictrum im Striegisthal bei Hainichen weithin sichtbar die lichten Stellen gegen den Fluss hin durchsetzt. Auch Chaerophyllum hirsutum tritt hier bis zum Nordrande des Hügellandes vor, ist häufig noch an der Mulde bei Waldenburg—Rochsburg, und wird zuweilen von Chaerophyllum aromaticum begleitet. Für die Mehrzahl der hier zuletzt genannten Arten würde die genaue Feststellung sowohl der N- als auch der W-Grenze gegen die Pleiße-Niederung von topographischem Interesse sein.

Auffallend mag sein, dass selbst im Bereich der hauptsächlich von Fichten zusammen mit Tanne und Buche gebildeten Wälder auf weite Strecken hin Vaccinium Vitis idaea oftmals zu fehlen scheint.

Die Laubwaldungen enthalten bis zur Südgrenze gegen das Erzgebirge hin neben Buche und Bergahorn sehr viel Eiche, Esche, Linde (Tilia parvifolia), Birke und Hainbuche, und auch zwischen diese mischen sich häufig Kiefern und Fichten. Es ist aber demnach das Waldbild doch ein ganz anderes als im Erzgebirge und schließt sich mehr an dasjenige im Elbhügellande an. Die Gesträuche sind die gewöhnlichsten, Corylus, Viburnum, Cornus sanguinea, Rhamnus Frangula; Sambucus racemosa vertritt auch hier noch stark das Gepräge des Bergwaldes.

Von Pflanzen, welche diese Laubwaldungen auszeichnen, seien außer den gewöhnlichsten (wie z. B. Mercurialis perennis, Circaea lutetiana, Impatiens u. s. w.) folgende genannt:

Euphorbia dulcis (häufig noch im Walde bei Großbothen), frq.,
Geranium phaeum (häufig nördlich von Döbeln), silvaticum (bei Waldenburg r.),
Festuca silvatica (z. B. bei Wechselburg),
Lysimachia nemorum, spor.,
Eupatoiium cannabinum, spor. greg. (z. B. Rochsburg),
Lathyrus (*Orobus) niger (z. B. zwischen Rochsburg und Penig cop.),
Arum maculatum   } beide z. B. zahlreich zwischen Chemnitz und Frankenberg nahe der Süd-
Sanicula europaea }   grenze der Landschaft (260—300 m),

aus welcher Liste wiederum der gemischte Charakter von Berg- und Hügelland
hervorgeht.

Carex brizoides bildet sowohl hier wie im Weißen Elster-Lande noch
mächtige Unterbestände und deckt oft den Waldboden auf thonig-feuchtem
Grunde mit dem freudigen Grün ihrer langen, dem Winde schlaff folgenden
Blätter. Sie tritt hier auch in die Kiefern-Heidewälder auf trockneren Bergesrücken mit ärmlicher Flora ein und mischt sich unter Adlerfarn, Heidelbeere
und Luzula nemorosa. Solcher *Heidestrecken* mit Nardus, Succisa, Deschampsia
und Sarothamnus giebt es im Muldenlande genug; der Besenstrauch erfüllt
mit seinen goldigen Blüten zur Pfingstzeit weite Abhänge und felsige Thal-
weitungen an beiden Mulden und hat Genista germanica als kleineren Begleiter.

Obgleich unter den oben angeführten Seltenheiten eine nicht geringe
Anzahl von Charakterarten der *Hügelformationen* sich befindet, so ist mir
doch im ganzen Muldenlande nicht ein einziger Punkt bekannt, wo wirklich
eine größere Zahl solcher Arten vereinigt oder auch nur eine derselben in
solcher Menge vorhanden wäre, wie man das aus Territorium 3—6 und 8—9
gewohnt ist. Nur als sehr große Seltenheit tritt auch Cytisus nigricans auf[1]),
und es scheint daher die Feststellung der Grenze dieser Charakterart, welche
im Umkreis des Fichtelgebirges wiederum gesellig auftritt, durch das Muldenland hindurch besonders wünschenswert.

Die Gehölze der »lichten Haine«, die nur an Felsgehängen vorkommen,
sind Birken und Espen, auch Hainbuchen; indem aber so oft nicht nur die
Eiche, sondern auch die Fichte sich hier einmengt, wird dadurch schon der
Anschluss an den Bergwald anstatt an die sonnige Felsflur angedeutet. So
ist der Besenstrauch hier häufiger als Prunus spinosa, Dornsträucher wie Rosa
rubiginosa sind nicht allgemein anzutreffen, sondern auf die günstigeren Standorte beschränkt; Dianthus Carthusianorum wagt sich kaum in das Gebiet
dieser Landschaft hinein.

So beschränkt sich der gewöhnliche Bestand sonniger Felsfluren und von
trocknen Grastriften bedeckter Gehänge auf etwa folgende Arten:

Cynanchum Vincetoxicum !	Jasione montana.
Artemisia campestris.	Sedum maximum, rupestre, acre.
Genista germanica, tinctoria.	Anthemis tinctoria.
Viscaria vulgaris, Silene nutans.	Trifolium medium (cop.).

---

1) REHDER giebt ihn in seinen Beiträgen zur Flora des Muldenthales nicht an; als nördlichster Standort gelten die Muldenthal-Gehänge bei Grimma!

Trifolium alpestre (r. gegen das Elbhügelland).	Poa pratensis.
Potentilla argentea, verna.	Anthoxanthum odoratum.
Scleranthus perennis.	Carex pilulifera.
	Viola hirta.
Asplenium septentrionale.	Ajuga genevensis.
Brachypodium pinnatum (spor. !).	Achillea Millefolium.
Festuca ovina (cop.—soc.).	Veronica officinalis.
Deschampsia flexuosa (cop.—soc.).	Hieracium Pilosella und andere gewöhnl. Arten.

In solchen nur wenig pflanzengeographisch ausgezeichneten Bestand, in dem höchstens Viscaria noch eine osthercynische Rolle spielt, sind die Seltenheiten dieser Formation eingestreut (s. S. 423).

Die *Wiesen* haben ebensowenig einen besonderen Charakter, und sie entbehren jener Seltenheiten, welche den vorher genannten Formationen beigemischt sind. Was an Pflanzen interessanterer Areale zu nennen ist, gehört wie bei dem Walde zu den die niedere Bergregion auszeichnenden Arten, und als solche gelten die zuerst in der folgenden Liste mit dem °Zeichen hervorgehobenen:

°Meum athamanticum.	Trollius europaeus.	Saxifraga granulata.
°Cirsium heterophyllum.	Phyteuma nigrum.	Orchis Morio, Coeloglossum,
°Arabis Halleri.	Geranium pratense.	Listera ovata, u. s. w.
Centaurea phrygia *elatior.	Polygonum Bistorta. —	

Die Nordgrenze von Meum durchzieht das Muldenland wahrscheinlich durchaus südlich der Linie Nossen—Waldheim—Geringswalde—Rochlitz; sie bedarf noch genauerer Feststellung wie so vieles, was die Lokalfloristen nach Veröffentlichung dieser »Grundzüge« an Beiträgen zu liefern haben werden. Nach den auf eigenen Excursionen gesammelten Erfahrungen schiebt sich Meum im Zschopauthal bis Frankenberg in 260 m Höhe vor, und so bleibt die Zschopau in jeder Beziehung der am meisten montane Arten bergende Fluss dieser Landschaft. Die Silberdistel scheint gleichfalls nur den südlichsten Strich derselben in Anlehnung an das untere Erzgebirge zu besetzen, während Arabis Halleri in den Flussthälern weiter nach N vordringt und z. B. bei Rochsburg an der Mulde ebenso häufig ist, wie unter dem Harrasfelsen an der Zschopau.

Während Trollius auf weite Strecken fehlt, z. B. nördlich von Nossen nur auf beschränktem Standorte vorkommt und dann erst wieder viel weiter im NW, ist Centaurea viel weiter zerstreut, und Phyteuma nigrum beherrscht mit Massenbeständen sowohl die Zschopauwiesen um Frankenberg als die des Chemnitzthales u. s. w. Thlaspi alpestre an der Mulde wurde schon oben erwähnt. — Die letzten Arten sind nur hinzugefügt, um einige Bestandesbildner aus dem Reich der kurzhalmigen Hügelwiesen anzuführen; die Nordgrenze von Coeloglossum viride scheint mit der von Cirsium und Meum zusammenzufallen. Auch bleibt noch zu untersuchen, in wie weit Ornithogalum umbellatum in diese Landschaft von dem Elbhügellande her eintritt.

Achtes Kapitel.

Das Hügelland der mittleren Elbe.

1. Orographisch-geognostische Übersicht des Stromthales und seiner umgebenden Höhen.

Das breite Thal der *Elbe* bildet die einzige osthercynische Landschaft, in welcher eine artenreiche Hügelflora zur Entwickelung und Erhaltung gelangt ist, und abgesehen von einzelnen Bächen mit kurzem Lauf bis zur Einmündung in die Elbe sind es nur die an diese angrenzenden Thalwände selbst, welche die artenreichsten Standorte bilden. Sie stellen zusammenhängende Ketten oder größere, in sich geschlossene Massive dar, unterbrochen durch breitere Senkungen und am Strome ausgebreitete Auen; aus engen Schluchten dieser Ketten und Bergstöcke fließen der Elbe kleine Wasseradern zu, und dieses Wasser im Verein mit dem felsigen Steilhang der walderfüllten Gründe und Schluchten bewirkt im südlichen Teil dieser Landschaft eine starke Einmischung von Elementen der niederen Bergflora, während die frei von der Sonne bestrahlten Kämme und Felszacken frei davon sind. Während im Bereich der Triasformation die meisten solcher kleiner Bäche und Zuflüsse von breiten Wiesengründen begleitet waren, ergießen sich hier dieselben in starkem Gefälle über Blöcke von Urfels in dichtem Waldschatten zur Elbe, bis sie das breite Hauptthal erreicht haben. Erst stromabwärts gegen Meißen hin werden so, wie die Thalgehänge sich verflachen, auch die Bachthäler breiter und zeigen sanftere Bahnen, und im Umkreis von Riesa enden diese schönen, steil gegen den Strom hin gerichteten Gehänge mit ihren kurzen Querthälern.

Aber die Elbe hat da, wo sie in Sachsen ihre anmutige Hügellandschaft durchströmt, schon ein ungleich reicheres und durchaus originelles Florenbild hinter sich, dasjenige des *Böhmischen Mittelgebirges*. Im Riesengebirge als wilder Bergstrom mit allen Zügen der subalpinen und montanen Formationsausprägung entsprungen, verlässt sie die aus krystallinischen und paläozoischen Gesteinen aufgebauten Berge, um ihren Weg nach NW durch breite Strecken eines warmen Hügellandes einzuschlagen, welches aus verschiedenen Horizonten des Kreidesystems und darunter vorwaltend aus gewaltigen Quadersandsteinbänken gebildet ist. An der Grenze von Böhmen und Sachsen sind diese in ein Land sonniger Bergkegel aus Basalt und Phonolith mit Tuffen, Sandsteinen und Kalken aller Art verwandelt; die Höhe dieses »Böhmischen Mittelgebirges« ist nicht bedeutend genug, um die oberen hercynischen Waldformationen einzulassen, aber Bergpflanzen mancherlei Arealform mischen sich hier mit reichster Entfaltung der lichten Laubgehölze, trockener Grastriften und weitgedehnter Schotterfelder, über denen kühn gezackte Felsschroffen aufsteigen, die an jäher Phonolithwand oder auf zernagten Basaltklippen trockene Grasrasen und in die Spalten eingedrängte Gesträuche und Rosettenstauden der heißen Sonne zum Trotz in üppiger Fülle zeigen. Dies ist das uralte Erhaltungsgebiet der pontischen, besonders der westpontischen Florengenossenschaften nahe an der hercynischen Ostgrenze. Viele der jetzt zerstreuten Arten dieser Arealform mögen in die Hercynia von hier aus eingewandert sein in den verschiedensten Perioden prä- und post- glacialer Entwickelung.

Zwischen diesem an malerischen Landschaftsbildern ebenso reichen wie durch seine wechselvolle Flora entzückenden Mittelgebirge von Leitmeritz bis Tetschen und dem abwärts folgenden sächsischen Hügellande an der Elbe, welches hier zur Schilderung gelangen soll, liegt noch ein breiter Querriegel von neuen Quadersandsteinbergen eingeschaltet, die sogen. *Sächsisch-Böhmische Schweiz*, die das westlichste Glied des Lausitzer Berglandes bildet (s. Kap. 10). An ihren Wänden hat die sonnige Hügelformation so gut wie keine Sitze ge- funden; Tannenmengwald und üppige Farne füllen die vom Strome seitlichen Gründe, in denen kleine Bäche ihr Bett tief im weichen Sandstein ein- genagt haben. So bildet dieses Elbsandsteingebirge, zwischen dem Gneis- massiv des östlichen Erzgebirges und dem Granitmassiv des Lausitzer Berg- landes im SW und NO umschlossen, noch eine letzte schwache Berglands- formation in rein osthercynischer Ausprägung, bis dann an den Steilabstürzen der Sandsteinfelsen schon oberhalb Pirna und südlich der Elbe bei Berggieß- hübel die Bergpflanzen schwinden, humose Laubwälder die feuchten Thal- senkungen kleiner Bachbetten füllen und überall an den buschreichen Gehängen und auf steilen Klippen die sonnigen Hügelformationen sich zum anmutigen Landschaftsbilde gestalten. Hier, an der Grenze von Elbsandsteingebirge und dem Elbhügellande, setzt sich zwar die geologische Kreideformation noch weiterhin fort; aber an Stelle der mächtigen Quadersandsteinfelsen und -Hoch- flächen sind nunmehr Plänerkalke in weitem Umfange entwickelt und an krystallinische Gesteine angeschlossen, welche aber (siehe Litt. S. 30, Nr. 18), keine floristisch berühmte Rolle spielen. Es ist im Gegenteil schon aus dem vorhergehenden Abschnitt III (Kap. 4, S. 162—163) bekannt, dass die kalkholde Facies der Schotterböden von Sesleria, Bupleurum falcatum, Hippocrepis comosa mit Viburnum Lantana u. s. w. dem Elbhügellande fehlt. —

Einteilung der Landschaft. Der Südostrand unseres Terr. 8 schiebt sich im Umkreis der Städte Pirna und Dippoldiswalde—Berggießhübel in den vom Elbsandsteingebirge und Erzgebirge frei gelassenen Winkel, der durch einen vom Erzgebirge, von Freiberg her entlang der Weißeritz bis nach Tharandt vorgeschobenen Riegel alsbald stark eingeengt wird. Hier liegen im Bereich der kleinen Gebirgsflüsschen, der Gottleuba, der Müglitz und des Lockwitz- baches, die größeren Erhebungen (300—400 m) mit einigen Basaltbergen, darunter der Cottaer Spitzberg mit mancherlei seltenen Arten. Sonnige Fels- pflanzen treffen hier mit solchen der Bergwiesen zusammen. Meum athaman- ticum ist natürlich auf die Erzgebirgsgrenze beschränkt und hat nur einzelne ganz sporadische Standorte nördlich der Elbe.

Die Beigabe von Montanarten aber verliert sich rasch in dem weiteren Zuge des Elbthales gen NW. Die ganze Landschaft erscheint auf der Karte wie eine lange Zunge, welche bei Pirna ihre Wurzel hat und ihre schmale Spitze gegen Magdeburg ausstreckt, übrigens bald hier, bald dort eingeschnürt und dann wieder verbreitert. Die ganze Länge beträgt 29 geographische Meilen bei einer Breite von 3—6 Meilen, so dass eine Gesamtfläche von fast 100 ☐ Meilen (genauer 98 ☐ Meilen) herauskommt. Vom Nordfuße des Erzgebirges bei Tharandt an begleitet das Muldenland seine südwestliche Grenze, während gen NO das Lausitzer Hügelland seine Grenze bis über Großenhain hinaus bildet und sich durch Armut an Pflanzen der Formationen 15—17, dagegen durch Reichtum an Niederungsmooren und Teichpflanzen auszeichnet. Nachdem die Mulde aus den letzten Waldhügeln herausgetreten ist, gehört auch ihr Lauf zu dem Elbhügellande, welches nun bis Magdeburg selbst die hercynische Nordgrenze bildet und dabei naturgemäß vieles von seinen hervorragenden Eigenschaften in den Floren von Dresden und Meißen einbüßt.

Der Spiegel der Elbe liegt in der ganzen Erstreckung von Pirna bis Roslau schon tief (Pirna—Meißen von 100—90 m fallend, Belgern 80 m, Roslau a. d. Grenze des Territoriums 56 m), aber die Höhen, welche das bald enge, bald weitere und nördlich von Riesa—Mühlberg zur weiten Niederung ausgedehnte Thal umschließen, sind nur bis über Meißen hinaus kräftig aufragend, formenreich und aus anstehendem Gestein gebildet. Die Uferhöhen überragen im südlichen Teile den Wasserspiegel in direktem Anstieg durchschnittlich um 100 m, nördlich von Meißen noch um die Hälfte dieser Höhe; nachdem sie sich als Felshöhen verloren haben, steigt das ganze Land nur noch in flachen, vom Diluvium überschütteten Schwellen von meist 20—30 m relativer Höhe an. Dadurch zerfällt die ganze Landschaft in einen pflanzenreichen südöstlichen, und in einen pflanzenärmeren nordwestlichen Teil, deren Grenze etwa in der Linie Riesa a./Elbe—Großenhain liegt.

a) Der südöstliche Teil der Elblandschaft.

Dieser erscheint zwar als der kleinere, aber naturgemäß ist er in jeder Beziehung der anziehendere; er enthält die *Lokalfloren von Dresden und Meißen*, und die Mehrzahl der oben (Abschn. I, Kap. 2, § 8) für diese Landschaft genannten besonderen Florenarbeiten bezieht sich auch nur auf diese Teile Sachsens. Dieser Abschnitt des Elbhügellandes gliedert sich nach seinem Anschlusse gen S und gen N wiederum in zwei leicht zu kennzeichnende Unterteile, die man am besten durch die auf der Karte dargestellte Nordgrenze der Verbreitung der Tanne mit den sich anschließenden Bergwaldarten abtrennen kann. Südlich der Elbe giebt es im Elbhügellande noch viele Höhen von 300—400 m Erhebung[1]), Hochflächen, die sehr an das untere Erzgebirge erinnern, aber durch sonnige Abhänge mit Cynanchum, Rosa rubiginosa u. s. w.

---

1) Der Wilisch nahe Dippoldiswalde ist mit 477 m der höchste Berggipfel, ein Vorberg des Erzgebirges.

unterbrochen werden. Auf den Höhen schweift der Blick von hier frei herüber zu den langsam aufsteigenden Wellenlinien der Erzgebirgsterrassen, über denen einzelne Basaltkuppen, besonders der Geising bei Altenberg, mit kräftigem Umriss hervorragen. Nicht selten blüht an den sonnigen Gehängen schon Carex verna oder näher zur Elbe die seltenere C. humilis mit Viola odorata im Buschwald, während die südlichen Bergterrassen des Erzgebirges im weißen Schneegewande glänzen und im Weißeritzthale bei Tharandt die Teiche noch am Abthauen ihrer mächtigen Eisdecke arbeiten: so kennzeichnet sich hier die klimatische Grenze der beiden Landschaften. Und um die Schönheit der Ansichten zu vervollständigen, sieht man dann im Osten die Quadersandsteinfelsen der sächsischen Schweiz, den Lilienstein und seine Genossen, wie Burgen von Giganten herüberschimmern. Sie täuschen ein viel gewaltigeres Gebirge vor, als wie das Erzgebirge erscheint; aber selbst in der phänologischen Entwickelung steht die Pflanzenwelt auf ihren niederen Höhen im Schutze sonniger Kiefernheidewaldungen nicht viel gegen die Hügel des Elbthales zurück.

Hieraus kann man verstehen, dass die Lokalflora um Meißen geographisch die besten Anlagen zur Entfaltung der Hügelformationen hat. Hier sind die Höhen in der Nähe des Stromes auf ca. 200 m gesunken, dennoch aber sind die reichen Abwechselungen der Standorte noch vorhanden, welche Felsabstürze gegen den Fluss, für den Weinbau geeignete sanftere Gehänge, trockene Kuppen mit Schotterböden von Plänerkalk, und andererseits feuchte Niederungswiesen und humose Thalgründe bieten können.

b) Der nordwestliche Teil der Elblandschaft.

Dieser größere Abschnitt umfasst die *Lokalfloren von Torgau und Wittenberg.* Hier sinkt der Elbspiegel unter 80 m Niveau herab; die Niederung von 80—110 m, welche bis dahin nur auf die nächste Umgebung des Stromes beschränkt und durch die felsigen Höhen eingedämmt war, zieht sich nunmehr breit über den Hauptstrom hinaus zu seinen Nebenflüssen und umspannt daher von der Schwarzen Elster her im Osten (Elsterwerda) das ganze Land an der Elbe selbst und am Unterlauf der Mulde. Keine Berge mehr senken sich gegen den von kiesigen Ufern eingedämmten Strom; die Erhebungen auf den Wasserscheiden bilden niedere, vom Heidewald bedeckte Schwellen, von bedeutenderer Höhe ist nur vereinzelt der Tannenberg mit 181 m in der Dübenschen Heide zwischen Elbe und Mulde im NW von Torgau. Dann folgen Erhebungen bis zu gleicher Höhe erst wieder da nordwärts der Elbe, wo dieser Strom durch die zusammenhängende Schwelle des Fläming aus seiner nordwestlichen Richtung in eine rein westliche durch Anhalt hindurch gedrängt wird. Es ist hier also ein ähnliches Verhältnis wie im Territorium der Weißen Elster, wo das Hügelland von Gera in die Leipziger Niederung übergeht. Aber es fehlt in dem nördlichen Elbhügellande, ehe es jenseit der hercynischen Nordgrenze zu einem vollständig norddeutschen Niederungsgebiete wird, an einem so hervorragenden Einzelstandorte, wie wir ihn im Bienitz bei Leipzig

für das Elsterland kennen lernten, und somit ist der floristische Charakter hier
ärmlicher. Die Besonderheiten sind für die Vereinigung des Saalelandes mit
dem der Elbe zwischen Barby und Magdeburg aufbewahrt, oder sie sind zerstreut oberhalb von Barby bis zur Muldenmündung bei Roslau (Dessau). Ausgedehnte. Wälder von Kiefernheide sind hier vorhanden und bezeugen den
ehemaligen Zustand des Landes. Schon an der sächs.-preußischen Grenze
zwischen Strehla und Torgau, in der Verbindungslinie Dahlen—Belgern, beginnen diese Waldungen mit der Reidnitzer und Torgauer Ratsheide, dann
folgt weiter nördlich am rechten Elbufer und die hercynische Grenze hier
bildend die Annaburg—Lochauer Heide, und besonders liegt zwischen Düben
an der Mulde (nördlich von Eilenburg) und Kemberg (südlich von Wittenberg)
ein sehr ausgedehntes Waldrevier, in welchem sogar jetzt noch die Ortschaften
spärlich zerstreut sind. Zwischen Wittenberg und den Anhaltischen Landen
(Zerbst) werden die Kiefernheiden eingeschränkt, auf dem fruchtbaren Boden
tritt prächtiger Laubwald (Eichen) streckenweise auf, und blumenreiche Grastriften mischen sich ein. Die hercynische gen NO gerichtete Grenze bilden in
diesem ganzen Verlaufe die Höhenschwellen des *Fläming*, der gen SW seine
kleinen Wasser zur Elbe, gen NW aber zur Havel entsendet und dort weitgedehnte Brüche bildet.

2. Allgemeiner Charakter der Flora und auszeichnende Arten.

Das wesentliche Interesse für das Elbhügelland liegt in dem Vergleich
seiner auszeichnenden Arten mit dem Böhmischen Mittelgebirge im SO und
mit dem Lande der unteren Saale im Westen. Es ist dann noch in ganz
anderer Beziehung von Interesse, die durch Boden und klimatische Standorts-
lage bedingten Vegetationslinien zu verfolgen, welche das ganze mannigfaltige
Gelände vom Fuße des Erzgebirges bis zu den Wittenberger Heiden und
Dessauer Triften durchziehen, und von denen der Verlauf der Tannengrenze
als hervorragendes Beispiel schon oben genannt wurde. Von besonderem Interesse ist dann auch noch die Untersuchung der Arealgrenzen bestimmter
Charakterarten am Lauf des Elbstromes zwischen Wittenberg (Coswig in Anhalt) und Barby bezw. Magdeburg. Für die grundlegende Pflanzenverteilung
nach Formationen sind hier die seit einem Jahrzehnt begonnenen Arbeiten
der Anhalter Botaniker von besonderem Wert, so besonders die von PARTHEIL
(1893) über die Formationen des Flämings an der Territorialgrenze, im Vergleich mit derjenigen von BENSEMANN (1896) über das Gebiet zwischen Köthen
und der Elbe. Die Grenzlinie, welche hier auf unserer Karte zwischen
Terr. 5 und 8 gelegt ist, geht schon aus A. SCHULZ's sorgsamen Arealzusammen-
stellungen hervor, erhält aber durch die genannten Arbeiten — auf welche
hierdurch hingewiesen sein soll — ihr nachhaltiges Verständnis. Die Formationen an der Elbe zwischen Mühlberg und Wittenberg sind recht ähnlich
denen im Dessau—Köthener Lande, aber diese letzteren sind durchsetzt von
jeweilig besonderen Arten des Terr. 5 mit z. T. seltenen Standorten. Unter

diesen möchten **Ophrys muscifera**, **Cirsium bulbosum**, **Astragalus danicus**, **Nonnea pulla**, ja selbst das vereinzelte Auftreten von **Lavatera thuringiaca** als solche, die den osthercynischen Gauen Nr. 7—9 fehlen, voranstehen. Dann treten in Anhalt Pflanzen wie Anthericum, Melampyrum cristatum u. a. auf, welche zwar im oberen Elbhügellande, aber nicht im unteren bei Torgau—Wittenberg die Formationen der Triften zusammensetzen. So geht aus einem Wechsel im Bestande der Formationen und ihrer Leitpflanzen die Richtigkeit hervor, hier eine Territorial_ scheide einzusetzen.

Es ist schon in Abschn. III, Kap. 4 auseinandergesetzt, dass der thüringische Gau die Hauptmasse der pontischen, bezw. westpontischen auf den SO des mitteleuropäischen Florengebietes weisenden Arten besitzt, denen der sächsische nur eine kleinere Anzahl hinzufügt. Dieses sind folgende:

†Hierochloa australis; Waldpflanze im südlichen Elbhügellande.

Symphytum tuberosum; Waldpflanze im südlichen und mittleren Elbhügellande. — (Verbreitung s. Isis 1885, S. 102, Nr. 53.)

†Loranthus europaeus; Holzparasit auf Eichen im südlichsten Elbhügellande.

Cirsium canum; Wiesenpflanze im mittleren Elbhügellande; auch im Lausitzer Hügellande bei Zittau. — (Verbreitung s. Isis 1885, S. 99, Nr. 41.)

†Alyssum saxatile; Felspflanze im mittleren Elbhügellande, auch im Muldenlande a. d. Mulde (s. oben S. 422). — (Verbreitung s. Isis 1895, S. 57, Nr. 84.)

†Lactuca viminea; Hügelschotter-Pflanze im südlichen und mittleren Elbhügellande, auch im östl. Lausitzer Hügellande. — (Verbreitung s. Isis 1895, S. 61, Nr. 95.)

†Silene *nemoralis; Hügelschotter und Haine im südlichen Elbhügellande.

†Anthemis austriaca; ⊙ Pflanze auf sandigen Flusshöhen im mittleren und nördlichen Elbhügellande (Dresden, Torgau—Wittenberg).

Der letzteren Art schließt sich mit fast gleicher Verbreitung und hercynischer Beschränkung an: †Androsace septentrionalis; ⊙ Pflanze auf Sandfluren.

Noch einige andere Arten lassen sich nennen, welche durch die Art und Weise ihrer Verbreitung zeigen, dass sie in erster Linie von osthercynischer Artgenossenschaft und aus dem Elbthal heraus nur wenig nach Westen über diese Landschaftsgrenzen hinausgegangen sind, nämlich:

†Ranunculus illyricus; Pflanze der kiesig-sandigen Flussschotter im mittleren und nördlichen Elbhügellande (Dresden—Riesa—Mühlberg); von da westwärts bis Magdeburg und im Saalethal aufwärts bis Halle. (Verbreitung s. Isis 1895, S. 49 und S. 58, Nr. 88.)

Cytisus nigricans; Charakterpflanze der lichten Haine im südlichen und mittleren Elb- hügellande, von da mit südwestlicher Vegetationslinie über Grimma (Mulde) zur oberen Saale, zum Fichtelgebirge (Vogtland) und westlichen Thüringer Wald (submontan). Fehlt im Thüringer Becken und an der Unteren Saale. (Verbreitung s. Isis 1885, S. 88, Nr. 1.)

†Trifolium ochroleucum; Pflanze der lichten Haine im südlichen und mittleren Elbhügellande (im südlichen Gebiete Juni 1900 neu aufgefunden nahe dem Cottaer Spitzberg !!) fehlt um Halle u. s. w.; nur seltene und zweifelhafte Standorte für Thüringen angegeben. (Verbreitung s. Isis 1895, S. 49 und 52, Nr. 69.)

†Cerinthe minor; Triften und kiesige Flussschotter im mittleren Elbhügellande (Dresden; außerdem nur an wenigen Standorten Thüringens; fehlt im unteren Saalelande.

†Lycopus exaltatus; Seltenheit am Flussufer im südlichen Elbhügellande (Pillnitz); außerdem angegeben aus der Flora von Magdeburg, aber nicht von der Saale.

Alle vorstehend aufgeführten Pflanzen sind im nördlichen Böhmen mit mehr oder minder großer Häufigkeit anzutreffen; viele sind dort formationsbestimmend (z. B. Cerinthe, Trifolium ochroleucum, Hierochloa, Alyssum saxatile und Cirsium canum, an manchen Orten selbst Lactuca viminea), im Elbhügellande sind aber nur zwei der durch Sperrdruck hervorgehobenen Arten ihrer Häufigkeit nach als maßgebende Formationsbildner anzusehen, die anderen sind Seltenheiten. Die Standorte rufen daher den Eindruck von Relikten oder durch jüngere Einwanderung hervorgerufener sporadischer Besiedelung hervor und sind für die Mehrzahl der wichtigsten Arten auch unter den vorher genannten höchst spärlich; diese sind durch ein vorgesetztes † bezeichnet. —

Die vorstehend genannten Arten gehören den verschiedensten Formationen des Hügellandes an und bezeugen damit eine gleichmäßige Invasion südöstlicher Einwanderer auf verschiedene Standorte; die »böhmische Genossenschaft« steckt mit der Hauptmasse ihrer Arten in den drei Hügelformationen, um welche sich das hauptsächliche Interesse beim Botanisieren in der Flora um Dresden und Meißen dreht. Die überhaupt mit bestimmtem Charakter gut vertretenen *Formationen* sind folgende:

1. 2. Busch- und Laubwälder des Hügellandes, hauptsächlich zwischen Dresden und Riesa.
3. Untere hercynische Mengwälder im südlichen Teile bis zur Tannengrenze.
4. Kiefern- und Birkenwälder, überall mit 1—3 vereinigt.
5. Auenwälder besonders im nördlichen Teile der Landschaft.
10. Untere Waldbachformation, hauptsächlich im südlichen Teile der Landschaft.
12—13. Sandfluren und Heiden mit Birke und Kiefer, besonders im Norden weit ausgedehnt.
15—17. Hügelformationen auf anstehendem Gestein und Triften auf Diluvialkiesen u. s. w., hauptsächlich zwischen Dresden und Meißen— Riesa entwickelt.
19. Auwiesen. (20. Bergwiesen nur schwach ausgeprägt im südlichsten Teile.)
26—28. Wasserpflanzen, Röhrichte, Weidengebüsche im Anschluss an die Stromufer und in der Niederung.
31—32. Ruderal- und Ackerpflanzen.

Da sich in der nach NW lang ausgedehnten Zunge dieses Territoriums der Bestand an selteneren Arten ebenso wie der Allgemeincharakter der in der Landschaft vorherrschenden Bestände schrittweise ändert, so sollen zur richtigen Auffassung seiner Flora diese Veränderungen hier kurz nach Formationen gekennzeichnet werden. Dabei ist es zweckmäßig, den südöstlichen Teil nochmals zu teilen, und zwar in die Flora von Pirna—Dresden im Bereich der Tannengrenze, und in die Flora von Meißen—Strehla außerhalb derselben; darauf folgt die nordwestliche Strecke Mühlberg—Wittenberg bis zur Grenze des Saalelandes.

a) Waldformationen.

Zahlreiche Montanarten im Abschnitt Pirna—Dresden voihanden, welche mit der Wald_ flora des Muldenlandes (Terr. 7) größtenteils übereinstimmen.

Die sandigen Kiefernwälder, Vorher nur ganz spärlich Vorhanden, setzen in großer Aus_ dehnung in der Flora von Meißen ein; Montanarten Verschwinden.

Nordwestliche Strecke: Keine Montanarten; alle Wälder sind uberwiegend Kiefernheiden und auf feuchterem Niederungsboden Eichenforsten oder Bruchwaldungen.

b) Standorte der östlichen Genossenschaft.

Zahlreiche Arten im Abschnitt Pirna—Dresden vorhanden, hauptsächlich auf Granit und Syenitboden oder Fels. Sandfluren nur als Standorte im Elballuvium.

Der größte Reichtum an östlichen Arten ist im Bereich der Meißner Flora entwickelt, und zwar sowohl auf Granit und ähnl. krystall. Gesteinen, als auf Plänerkalken, als endlich auf diluvialen Kiesen und Sanden bez. Lößlehm. Echte psammitische Arten wie Corynephorus, Anchusa und Helichrysum werden häufige Begleiter.

Abnehmender Reichtum an östlichen Arten von Mühlberg—Wittenberg; dieselben haben ihre Standorte auf diluvialen Schottern, Kiesen, Lehmen und sind stark mit psammitischen Arten zusammengesetzt.

c) Wiesen.

Während die Auwiesen im Strombereich der Elbe im wesentlichen ungeändert bleiben, besitzt nur der südöstlichste Abschnitt Pirna—Dresden seitab vom Elbthal auf den Hügelgehängen kurzgrasige Wiesen vom Charakter der untersten Bergwiesen.

d) Wasserpflanzen-Bestände.

Arten wie Hottonia, Lysimachia thyrsiflora haben keine Standorte im südöstlichsten Ab- schnitt Pirna—Dresden, treten im Bereich der Meißner Flora in den die Kiefernheiden be- gleitenden Gräben u. s. w. auf und werden charakteristisch im nordwestlichen Abschnitt, wo sie von der Mündung der Schwarzen Elster an sogar in den Lachen seitlich am Strome in den Wiesen zwischen dem gemeinsamen Röhricht sich finden.

e) Ruderalpflanzen und Unkräuter.

Dieselben erreichen ihren größten Artenreichtum in dem mittleren Abschnitt zwischen Meißen und Strehla, sowohl nahe dem Stromthal als seitab auf verschiedenen Böden.

3. Anordnung der Formationen in den Floren von Dresden und Meifsen.

Allgemeines. In dieser Hügellandschaft fallen, besonders bis Dresden hin, vom SW die Vorberge des Erzgebirges in sanfter abgedachten Höhenschwellen und vom NO her die Bergzüge des Lausitzer Granitmassivs steiler gegen das in wechselnd breiter Wiesenau sich hinziehende Elbthal ab; vom SW her kommen größere Bäche des Erzgebirges zur Einmündung, vom NO her nur kleine Gewässer. Die gegen den Strom abfallenden Berge, meist 60—100 m über seinen Spiegel emporragend, sind von den Wald-, Hain- und Felsforma- tionen eingenommen, die im bunten Wechsel liebliche Bilder erzeugen; aus lichten Hainen und steinigen Triften hat die Kultur bis über Meißen hinaus an den südlichen Lagen zahlreiche Weinberge geschaffen, die hier einen

28*

Hauptpunkt der jetzigen nördlichen Weingrenze bilden[1]). Über den Auwiesen aus saftigen Gräsern liegen am Fuße der ansteigenden Hügel häufig trockne, kiesig-sandige Triften mit Rudeln von Carex Schreberi, in die sich vereinzelt Sandpflanzen wie Teesdalia und Holosteum einmischen, auch Euphorbia Cyparissias sehr häufig ist. Schon auf diesen niedrig gelegenen Sandtriften haben einige seltene Pflanzen ihre Standorte, die allerdings stets mehr dem Häuserbau zum Opfer fallen: die beiden Androsace-Arten dicht bei Dresden, Euphorbia Gerardiana, Biscutella laevigata, auch Pulsatilla pratensis.

Beim Eintritt in die Thäler der Südseite und in die Bachschluchten der steiler gebauten Nordseite herrscht der Wald, vorwiegend feuchter Buschwald und schöne Laubgehölze mit häufig herrlichen Buchen.

Wo solcher Wald in die lichten Haine übergeht, begünstigt er zunächst das Gedeihen der Winterlinde (T. parvifolia) und Hainbuche mit Birke; immer häufiger wird dann die Betula verrucosa, und sie vergesellschaftet sich mit kurzstämmigen, knorrig gewachsenen Kiefern, welche auf den trocknen, sonnigen Felshöhen in nur 3—5 m hohen, malerisch dastehenden Stämmen dann als letzte Vertreter des Baumlebens über trocknen Gräsern sich erheben und die Sedum-Facies der Geröllformation schwach beschatten.

Dort, wo sich die Felskuppen aus Granit oder Syenit und Porphyr steiler zu schroffen Klippen und Spitzen erheben, wo an der Felswand sich Asplenium septentrionale zahlreich in den Spalten zeigt, ist gewöhnlich das Signal für die reicheren Standorte der Hügelformation gegeben, ebenso auf den höheren Bänken der Plänerkalke. Hier sind von Holzgewächsen die Dornsträucher vorherrschend; Heidegesträuch und Heidelbeere, welche sich unter Birken und Kiefern oft noch auf freie Höhen hinanwagen, sind durch die xerophilen Stauden ersetzt. Auf der sonnigen Höhe liegen hinter dem steinigen Abhang noch etwas höher ansteigende Hügel, welche den Festuca ovina-Triften mit Dianthus Carthusianorum, Peucedanum Cervaria und Andropogon Ischaemum Platz gewähren. Hat man so die höchste Erhebung über dem Elbspiegel erreicht, so befindet man sich auf einer wohl angebauten und stark besiedelten Hochfläche, mit Wiesen in den feuchteren Mulden und Wäldern an den nach innen gewendeten Einschnitten. Einzelne Berge erheben sich über die Durchschnittshöhe dieser Hochfläche, zeigen aber seltner schroffe Felsbildungen als vielmehr flach geneigte und meistens dicht bewaldete Abhänge.

Die Waldformationen.

Das oben angedeutete Waldbild mag noch durch Angabe bezeichnender Nebenbestandteile ergänzt werden, unter denen sich die montanen Bestandteile neben den zur südöstlichen Buschwald-Genossenschaft gehörigen auszeichnen.

---

1) Bei Mühlberg a./E. im nördl. Abschnitt ist noch ein schwacher Weinbergsbestand an der »alten Elbe«.

a) Montane Genossenschaft.

Glyceria plicata (r.) (Bachthäler).
Cypripedium Calceolus (früher spor.).
Orchis purpurea (rr.).
Lathyrus niger (spor.)
Aruncus silvester (frq.).
Astrantia major (spor. bis nördl. v. Meißen).
Chaerophyllum hirsutum (Bachthäler).
Prenanthes purpurea (frq.).
Campanula latifolia (r.).
Dipsacus pilosus (spor.).
Melittis Melissophyllum (spor.).
Euphorbia dulcis (frq.).
Geranium divaricatum (rr.).
Actaea spicata (frq.).
Helleborus viridis (rr.).
Equisetum Telmateja (r.).

b) Südöstliche Genossenschaft.

Hierochloa australis (r.) .

Chaerophyllum aromaticum.

Omphalodes scorpioides (r.).
Symphytum tuberosum (spor. cop.).
Myosotis sparsiflora (spor.).

Thesium montanum (r.).
Loranthus europaeus (rr.).

Die montane Liste ergiebt ein Vordringen mancher recht wichtiger Arten nach NW entlang dem Elblauf, deren genauere Verbreitungsgrenze für die topographische Kartographie der Landschaft festzustellen ist. So besonders von Aruncus, Euphorbia dulcis und Prenanthes als osthercynischen Arten, während Helleborus viridis als westliche Art an der Elbe bei Niederwartha seine östliche Grenze findet. An der Grenze des Territoriums zwischen Wittenberg und den Waldungen des südwestlichen Flämings ist von allen aufgeführten Arten wohl nur noch Myosotis sparsiflora übrig geblieben. — Die Gruppe Aruncus, Euphorbia und Prenanthes zusammen mit Actaea ist nicht etwa auf das Land südlich der Elbe beschränkt, sondern sie ergänzt die Verbreitungslinie der Tanne in mannigfachen Stücken und dringt weiter über sie hinaus; aber in vielen Thalgründen der Buschwaldungen herrscht nur ein üppiger Bestand von Impatiens, Festuca gigantea, Galeopsis versicolor, Ulmaria palustris und Angelica, denen sich am Wasser beide Chrysosplenien, hauptsächlich aber Ch. alternifolium zugesellen; häufig sind an manchen Stellen im tiefen Humus zur Frühlingszeit Lathraea und Adoxa. Von größerem Interesse noch sind die Pflanzen der zweiten (östlichen) Kategorie. Von denselben ist Loranthus die seltenste, Chaerophyllum aromaticum die häufigste und reichlich an den Waldbächen oder in Wiesengebüschen zu findende Art. — Von auszeichnender Wichtigkeit ist Symphytum tuberosum, da dieses die Standorte des Böhmischen Mittelgebirges in das sächsische Hügelland hinein fortsetzt. Schon vor der Frühlingshauptphase erblüht diese Staude mit blassgelben Blumen, und große Rudel derselben sieht man zerstreut an den waldigen Elbabhängen, vom Westrande des Elbsandsteingebirges bis gegen Meißen; auch die Thäler der Nebenflüsse sind von den Standorten nicht ausgeschlossen, z. B. die Waldufer an der Gottleuba südlich von Pirna und die Gehänge des Plauenschen Grundes an der Weißeritz. Aus dem Grunde, weil diese Staude viele Standorte im Gebiete Dresden—Meißen hat und weil sie hier mit scharf ausgesprochener Nordwestgrenze endet, ist sie eine der am meisten kennzeichnenden Arten für diesen Abschnitt des Elbhügellandes. Soweit ich die Verbreitung dieser Art bis jetzt verfolgte, hat sie ihre

äußerste Nordwestgrenze in den Hainen bei Schloss Schieritz am Lommatzscher Wasser (Kätzer-
bach) jenseits Meißen, welche unter den Standorten der Hügelformation (Nr. 8) später geschildert
werden. Am rechten Ufer besiedelt sie auch noch die feuchten Gebüsche unter der Bosel.

Hierochloa australis ist viel seltener; nur südlich der Elbe nahe
Dresden und Meißen sind sichere Standorte bekannt. Auch hier kann es
sich daher nur um Erweiterung des großen Standortsareales· dieser Art im
Böhmischen Mittelgebirge handeln, die noch an den hercynischen Grenzen,
auf den Basalten bei Tetschen im Hochwalde der Kolmer Scheibe, ausgedehnte
Häufigkeit besitzt.

Die beiden einander in manchen Beziehungen ähnlichen Boragineen: Omphalodes scorpioides und Myosotis sparsiflora, verhalten sich darin
abweichend von den 2 vorher genannten Arten, dass sie auch im Lausitzer
Hügellande Standorte besitzen (s. Kap. 9 dieses Abschnittes), während Symphytum und Hierochloa ganz allein das Terr. 8 im hercynischen Bezirke besiedelt haben. Omphalodes, das zierliche »Denkmein« mit blassblauen Blumen, die zwischen Himmelfahrtstag und Pfingsten schon wieder vergehen, ist die bei weitem ausgezeichnetere
Art; sie teilt einige Standorte mit dem Symphytum tuberosum, besonders bei Pirna und Dohna
— woselbst auch Melittis vorkommt —, geht im Weißeritzthal über Plauen und Potschappel bis
zu den Landschaftsgrenzen bei Tharandt und endet somit schon in der Linie des untersten
Weißeritzthales gegen W. Es ist daran zu erinnern, dass diese Omphalodes nach Überspringen
des Saalelandes um Halle dann am Ostharze wiederkehrt und endlich im Braunschweiger Lande,
an den Bärenköpfen bei Othfresen (Terr. 2) ihre wirkliche Nordwestgrenze erreicht, im SW bei
Schweinfurt. In diesem ganzen Gebiet besitzt sie kein eigentlich zusammenhängendes Areal, sondern nur Einzelstandorte, oft mehrere nahe an einander, dann wieder weite Lücken.

Die sonnigen Hügelformationen.

Was oben in Abschn. III Kap. 4 S. 191 in tabellarischer Kürze dazu be- ·
stimmt war, die Verteilung der wichtigen pontischen und präalpinen Arten im
sächsischen Gau im Vergleich mit dem darin so vorzüglich ausgestatteten
Thüringer Gau zu erläutern, bezieht sich fast alles auf die näher und ferner
der Elbe bei Dresden und Meißen gelegenen Höhen, ihre Schotterabhänge
und heißen Wände, über denen sich die grasigen Triften oft nur in Gestalt
schmaler Grasbänder hinziehen und an die sich, durch dichte Gebüsche von
Rosen und Schlehdorn vermittelt, dann lichte Haine aus Kiefern und niederen
Eichen anlehnen. In solcher Verbindung ist den Hügelformationen eine ausgedehntere Beschreibung in den beiden Isis-Abhandlungen 1885 und 1895
(siehe Litt. § 8, Nr. 17, 21) zu Teil geworden, und hier kommt es darauf an,
das Wesentliche daraus zusammenzufassen.

Dabei beschäftigt uns weniger die in der Isis gegebene Verteilung der
Arten auf Felsspalten und Schotterboden, Grastrift oder im lichten Hain, da
diese Formationen bei ihrer jetzigen Einschränkung stark in einander greifen;
von höherem Interesse ist die Verteilung der auszeichnenden Arten im ganzen
Elbthal, die Lage der Standorte daselbst, die Frage nach durchgehends anzutreffenden Charakterarten.

Die letzteren habe ich in den genannten Abhandlungen »Leitpflanzen«
genannt und als solche Cytisus nigricans für die Haine, Andropogon

Ischaemum, Peucedanum Oreoselinum, Pulsatilla pratensis und Scabiosa ochroleuca für die grasigen Triften, Centaurea maculosa und Verbascum Lychnitis für die Schotterböden bezeichnet; diesen musste man wenigstens noch Allium *montanum (= fallax) als hauptsächlichen Felsspaltenbewohner hinzufügen; die Lactuca-Arten und auch die 2 Anthericum sind zu selten. Dagegen erfreut sich die an anderen Orten seltene Rose R. Jundzillii in dieser Landschaft einer ausgedehnteren Verbreitung und nistet auf den heißesten Felsköpfen, wo sie auf niederem Stengel ihre großen, der R. gallica an Breite und Farbenschmuck ähnlichen Blumen zu entfalten pflegt, und so mag auch diese die genannten Leitpflanzen ergänzen.

An diese Arten schließen sich die vielen seltenen und auf einen kleinen Teil der ganzen Hügellandschaft beschränkten Arten an, ebenso die viel gemeineren und nach Norden weit über die Hercynia auf Sandboden verbreiteten (wie z. B. Dianthus Carthusianorum). Die bemerkenswerten Arten bilden folgende Gruppen nach ihren hauptsächlichen Standorten

im a) Felschotter	in der b) Grastrift	in dem c) lichten Hain
	Carex humilis.	!!Orchis tridentata.
Melica ciliata.	—— Schreberi.	
Anthericum Liliago.	Phleum Boehmeri.	Trifolium ochroleucum.
—— ramosum.	Ornithogalum nutans.	!—— rubens.
		Vicia lathyroides.
Vicia cassubica.	Astragalus Cicer.	
!Rosa gallica *pumila.	Ulmaria Filipendula.	!(Rosa gallica *pumila).
Cotoneaster vulgaris.	!Potentilla rupestris.	Potentilla alba.
!Potentilla arenaria.	Eryngium campestre.	!!§ [—— Fragariastrum †].
—— recta.	Seseli coloratum.	!!Seseli Libanotis.
Sedum album.		
. Peucedanum Cervaria.	Asperula cynanchica.	!!Campanula bononiensis.
!!Tordylium maximum.	Achillea Millefolium*setacea.	Inula salicina.
		!—— hirta.
§!![Aster Amellus].		Chrysanthemum corymbosum.
§ ——Linosyris.		
Anthemis austriaca.		Serratula tinctoria.
Artemisia Absynthium.		
Asperula glauca.		
Hieracium cymosum.	Hieracium praealtum.	
—— *Peleterianum.	!![Jurinea cyanoides] bei	
—— Schmidtii.	Strehla unterhalb Meißen.	
!!§—— Sabaudum.		
Lactuca perennis.		
—— viminea.		
Stachys germanica.	!Brunella grandiflora.	Melittis Melissophyllum.
—— recta.		
Salvia silvestris.	Salvia verticillata.	
Teucrium Chamaedrys.	!Veronica spicata.	(!)Melampyrum cristatum.
!Verbascum phoeniceum.	!—— Teucrium *prostrata.	
	!Odontites lutea.	

im	in der	in dem
a) Felsschotter	b) Grastrift	c) lichten Hain
!! Orobanche arenaria.	Orobanche caryophyllacea.	Geranium sanguineum.
! Rapistrum perenne.		Hypericum montanum.
§ Erysimum hieracifolium.		§ Silene nemoralis.
—— *virgatum.		Corydalis solida (Isis Abh.
§ ——. canescens.		1895 Nr. 86).
§ —— crepidifolium.	! Silene Otites.	!! Anemone silvestris.
!! Draba muralis.	Ranunculus illyricus.	! Clematis recta.
!! Alyssum saxatile.	Biscutella laevigata (auch auf	! Thesium montanum.
! —— montanum.	Sandfluren).	!! § [Loranthus europaeus].
!! § Dianthum caesius.	Thesium alpinum.	
	! —— intermedium.	

Mit !! sind diejenigen Arten bezeichnet, welche zwischen der Mündung der Weißeritz in das Elbthal (Plauenscher Grund) und Riesa nur einen hauptsächlichen Standort besitzen, mit ! die außerhalb der Tannengrenze (bes. um Meißen—Lommatzsch) und mit § die innerhalb der Tannengrenze (hauptsächlich um Pirna—Pillnitz) allein sich findenden Arten.

Die Standorte und Verteilung der Arten. Im Gegensatz zum Böhmischen Mittelgebirge, von dessen Pflanzenreichtum die soeben mitgeteilte Liste wie ein dürftiger Auszug erscheint, können hier nur wenige Standorte aufgezählt werden, an denen eine starke Anhäufung vieler seltener Arten zugleich stattfindet, und alle diese halten sich ziemlich nahe an das Stromthal. Ein einziges kleines Bachthal, das von *Lommatzsch* her sein spärliches Gewässer nach Osten zur Elbe sendet und bei Schieritz—Zehren eine Meile stromab hinter Meißen in den Strom einmündet, besitzt einen größeren Pflanzenreichtum auf seinen Höhenrücken und Bachlehnen als die gegen die Elbe selbst gekehrten Gehänge und greift mit dieser reichen Flora etwa 12 km weit in das Innere gegen die Stadt Lommatzsch ein[1]).

Mit dem Landescharakter, der im Süden bergig und waldig und über Meißen hinaus so viel flacher, trockner und reicher an Sandfluren ist, lösen sich auch die Hauptgruppen der Leitpflanzen gegenseitig ab. Die Grenze gegen das Erzgebirge hin wird hauptsächlich durch die Haine gebildet, in denen im Juni und Juli auf felsigen Höhen zwischen Kiefern und Heidekraut Cytisus nigricans seine goldigen Blütentrauben entfaltet und weithin leuchtend mit seinen Massen den Abschluss der Erzgebirgsformationen verkündet; aber dieser hübsche und leicht bemerkbare Strauch wird über Lommatzsch und Hirschstein hinaus selbst an den Elbhöhen selten, wenngleich seine Grenze erst im nordwestlichen Landesabschnitt liegt. Dann folgt der Hauptbezirk von Allium *montanum, der sich enger an das Elbthal anschließt und noch vor dem Cytisus daselbst endet. Andropogon Ischaemum beginnt sein Auftreten an den Elbgehängen bei Pillnitz zwischen Pirna und Dresden, sowie südlich der Elbe am Plauenschen Grunde, erreicht seine größte Häufigkeit bei Meißen und nimmt dann mit dem Schwinden der Felshöhen rasch ab;

---

1) Vergl. die genauere Standortskarte der Genossenschaft in der II. Abhandlg., Isis 1895, Taf. II.

an der Stelle seines ersten Auftretens ist auch an den gleichen Elbhohen Lactuca viminea und der erste reiche Standort für Anthericum Liliago zu finden. Peucedanum Oreoselinum wird erst von hier an auf den Grastriften häufiger und geht dann als eine der bleibenden Leitpflanzen an der Elbe weit herab; Centaurea maculosa, die zuerst nur vereinzelt auf den Felsen sich zeigt, wird erst unterhalb Dresdens typische Leitpflanze und bleibt dann gleichfalls dem Stromthale treu.

Die Zerstreutheit der Standorte tritt auch klar aus den Zeichen der oben (S. 438) zusammengestellten Tabelle hervor, die doch nur die wesentlichsten Verteilungsgruppen enthält. Nicht weniger als 13 Arten unter der Gesamt‑ zahl von 84 haben einen einzelnen Standort und einige sind davon im Ver‑ schwinden. Potentilla Fragariastrum scheint schon verschwunden zu sein von ihrem einzigen Standort nahe dem Plauenschen Grunde; 8 Arten haben ein Zeichen erhalten, nach welchem ihr Vorkommen auf den südlichen Ab‑ schnitt der Landschaft im Bereich der Tannengrenze beschränkt ist, 20 Arten dagegen sind auf den Landschaftsteil zwischen der Lößnitz und Riesa (Meißner Flora außerhalb der Tannengrenze) beschränkt, und die Mehrzahl der erst‑ genannten 13 (bez. 14) Arten mit Zeichen !! gehören ebenfalls zur Meißner Flora. Die letztere stellt demnach bei weitem den reichsten Ab‑ schnitt in der gesamten Hügellandschaft dar.

Es ist im allgemeinen die Annahme durchaus statthaft, dass dieser größere Reichtum in der Meißner Flora mit der größeren Nähe der Saaleflora bei Halle, bez. der Elbflora bei Barby zusammenhängt, und sie äußert sich auch darin, dass gerade solche Arten, welche in der Flora des östlichen Thüringens und des Saalelandes sehr verbreitet und charakteristisch sind, im nördlichen Elbhügellande auf den Hügeln um Meißen ihre einzigen Standorte besitzen. [Vergl. die Erklärung dazu unten in Abschn. V.] Aber diese Erscheinung wird durch die Nähe des Böhmischen Mittelgebirges mit seiner reichen Flora, aus welcher zahlreiche Arten in den südlichen Abschnitt des Elbhügellandes bis Dresden vordringen konnten, verschleiert, und es stehen demnach für Wan‑ derungshypothesen hier ein stromauf und ein stromab gerichteter Weg sich ergänzend zur Verfügung.

Jedenfalls ist gerade unter solchen Überlegungen der Verfolg des Auf‑ tretens dieser Arten, also die genauere Einsicht in die Verteilung der Relikten und Vordringlinge südöstlicher Genossenschaften im Elbhügellande von größerem Interesse, als es sonst die einfache Beschreibung gewähren würde. Die hier folgende kurze Schilderung soll daher die Formationsbildung an den 8 wich‑ tigsten Standorten kennzeichnen[1]).

---

1) Es wird hinsichtlich vieler Einzelheiten auf die Standortslisten in den Isis‑Abh. 1885 (Litt. Nr. 17 und 21) S. 88—106, und 1895 S. 52—67 unter den Speciesnummern hingewiesen.

1. Umgebung von Pirna bis Dohna, südliches Elbufer.

Die westlichen Ausläufer des Elbsandsteingebirges gegen die Elbe hin sind nicht mehr mit Bergwald, sondern mit Hügelformationen bedeckt, und der gleiche Charakter erhält sich an der Mündung der Gottleuba und Müglitz, welche letztere bei Dohna an steil abfallenden Plänerkalk-Höhen entlang fließt. Hier haben wir die östlichsten Stationen mit bemerkenswerten Arten: noch im Bereich des Elbsandsteins oberhalb Pirna hat Teucrium Chamaedrys (Isis 1895, Nr. 100) spärliche Standorte; in feuchten Waldungen an der Gottleuba findet sich Omphalodes scorpioides ein, an einem Berghange, der zugleich (wohl mit Unrecht!) als ein ursprünglicher Standort für Ulex europaeus gilt; die Erysimum-Arten und auch Geranium sanguineum beginnen hier als echte Vertreter der Schotter- und Hainformation. Die Wälder um Dohna enthalten Melittis neben Astrantia und Carex montana; auf den Plänerabhängen tritt zum ersten Male Chrysanthemum corymbosum in Menge auf, um stromabwärts kalkarme Granithänge zu besiedeln, doch bleibt die Art im Elbhügellande immerhin selten. Dazu noch folgende:

Medicago falcata cop³!,	Ligustrum vulgare ist bezeich-	Veronica latifolia,
Brachypodium pinnatum,	nend für den Bestand.	Leonurus Cardiaca,
Bromus inermis,	Trifolium alpestre,	Campanula Cervicaria, häufig
Cynanchum Vincetoxicum,	Viola hirta,	eingestreut.
Anthemis tinctoria,	Fragaria collina,	

Zwischen der Gottleuba und Müglitz erhebt sich in diesem Grenzgebiet als Basaltkegel der *Cottaer Spitzberg*, auf dessen 387 m hohem Gipfel Melica ciliata ihren südlichsten Standort im Territorium hat, während auf den Bergwiesen der Umgebung noch Scorzonera humilis sich mit Orchis mascula und Primula officinalis mischt; von anderen bezeichnenden Pflanzen sind in der Umgebung Trifolium ochroleucum, Seseli coloratum, Potentilla recta vereinzelt zu finden. Nach Süden zu im Gebiet der am Rande des Erzgebirges liegenden Städte Berggießhübel und Gottleuba mischt sich in den Grenzformationen Cytisus nigricans üppig mit Centaurea phrygia und Dianthus Seguieri (siehe Kap. 14).

2. Der Plauensche Grund und die südlichen Elbhöhen bei Niederwartha.

Die Wilde und Rote Weißeritz gehören fast bis zu ihrer Vereinigung den Erzgebirgsformationen an. Erst der vereinigte Fluss durchsetzt noch ein der Elbe nahe liegendes, mächtiges Syenitmassiv und durchbricht dasselbe gegen Dresden hin in den prächtigen Felsbildungen des Plauenschen Grundes, deren Steilwände einer reichen Besiedelung von Hügelformationen Platz boten. Die senkrechten Abstürze des dunklen Gesteins sind hoch über der Weißeritz, die an ihnen entlang rauscht, mit den blaugrauen Rosetten von Dianthus caesius dicht besetzt, der schon Anfang Juni seine hellrosa gefärbten Blüten aus den frischen Polstern erhebt; oben auf der Höhe der Klippen nistet Cotoneaster. Hier ist der einzige Standort von Aster Amellus in Sachsen, bez. im osthercynischen Gau, leider im Verschwinden. Alte Floren geben **Stipa pennata** von hier an, die jetzt nirgends mehr in Sachsen wild wächst außer bei Nieda an der Wittig (Terr. 9).

Außer diesen Arten sind folgende wichtig, die von hier an stromabwarts an mehreren Stellen auch am Südufer der Elbe anzutreffen sind und gegen Meißen hin zunehmen:

Asperula cynanchica.	Stachys recta.	Anthericum ramosum.
—— glauca.	Polygonatum officinale.	Allium montanum.
Stachys germanica.	Anthericum Liliago.	Andropogon Ischaemum.

Von diesen und den gemeineren Arten findet hier südlich der Elbe, und zwar vom Strome noch 6 km entfernt, die erste stattliche Versammlung nach den Engpässen des Quadersandstein-Gebirges statt. Nach der breiten Thalweitung um Dresden treten dann auch am Südufer die Höhen dichter an den Strom heran, tragen am Osterberge bei Niederwartha hübsche Wälder mit Aruncus im Gemenge von Actaea und Symphytum tuberosum, und an den lichter bebuschten Stellen seltnere Hügelpflanzen wie Clematis recta, zugleich auch den fast einzigen sächsischen Standort des **Helleborus viridis**.

3. Die Höhen bei Pillnitz am nördlichen Elbufer.

Noch oberhalb Dresdens lehnt sich an den Porsberg (356 m) ein Höhenzug vom Lausitzer Granit an, der mit seinem gen SW gerichteten Steilhange der Anlage von Weinbergen auf den Standorten der Hügelformationen zahlreiche Plätze bietet; am Fuße seiner höchsten Erhebung liegt Pillnitz, gegen die Elbe hin mit zahlreichen Besiedelungen von Carex humilis und Schreberi unter den Leitpflanzen, im Hintergrunde umrahmt von den Waldungen der unteren hercynischen Bergformation im Uebergange zum Laubholz; an den Bächen wächst hier noch Calamagrostis Halleriana mit Chrysosplenium oppositifolium, noch herrscht Aruncus im Schatten der Bergulme und Tanne. Auf den felsigen Granitgipfeln des Weinbergsgeländes und hoch über den rasch ansteigenden Bachgründen sind hier Standorte seltener Felspflanzen, zumal gedeiht Lactuca viminea üppig auf beschränkten Schotterplätzen im lichten Gebüsch und erhebt im Juli seine rutenartigen Blütenstengel, an denen erst der September die letzten Früchte reift. Erst weit unterhalb Meißens bei Diesbar hat diese in Sachsen sonst nur noch aus Terr. 13 (Netschkau) angegebene Art einen anderen Standort im Elbhügellande. Die zweite seltene und zugleich wie Lactuca viminea nicht im Saalelande wiederkehrende Art ist Silene nemoralis; sie beschränkt sich auf den südlichsten Teil des Elbhügellandes im Pillnitzer Umkreis, sowie zwischen Pirna und dem Cottaer Spitzberg; unterhalb Dresdens wird nur noch ein Lößnitzer Standort für sie angegeben. Noch folgende Arten zeichnen diesen Höhenzug aus:

Anthericum Liliago zahlreich am Friedrich August-Stein.
Lactuca perennis an den Felsen bei Wachwitz.
Astragalus Cicer, eine Seltenheit im Elbhügellande.
Potentilla alba hier zuerst, dann nach NW (Lommatzsch) zunehmend.

Vicia cassubica und lathyroides häufig.
Asplenium septentrionale mit Allium montanum frq. in den Felsspalten.

4. Die Standorte der Lößnitz.

Unterhalb Dresdens geht am Nordufer der Elbe der Bergwaldcharakter
in den Höhenzügen rasch verloren, während die buschigen Hänge, Laubwaldungen, Kiefernhaine, Grastriften und kahlen Schotterfelder zunehmen. Mit
ihnen der Weinbau, der in der Lößnitz bis zum Auftreten der Reblaus vor
12 Jahren eine ergiebige Pflegestätte besaß.

Ihr an der Elbe gelegener Hauptort ist *Kötzschenbroda*. Die feuchten
Bachthäler sind selten; trockne Wiesengründe mit Armeria elongata und häufig
Corynephorus wechseln mit den mannigfaltig aufsteigenden Höhen, die nach
N zu in die Sandfelder und Kiefernforsten des Friedewaldes bis Weinböhla
überführen; nur ein tiefer Thaleinschnitt, der Lößnitzgrund, ist gut bewässert,
und über ihm steigt steil die Höhe des Todsteines auf, dessen Kuppe und
Felsgehänge Hieracium cymosum mit Anthericum ramosum und Cotoneaster
tragen.

Während demnach auf dem Südufer der Elbe die montanen Ausprägungen
der Waldformationen auch zwischen Dresden und Meißen noch festgehalten
werden, herrscht hier in der Lößnitz schon der Charakter der Flora von Meißen,
und es ist richtig, die Lößnitzer Funde ihrem Auftreten nach zu dieser zu
rechnen, wie das in der Abhandlung Isis 1895 geschehen ist. Hier beginnt
demnach der Reichtum an Rosenformen in größerer Mannigfaltigkeit; von hier
an wird Phleum Böhmeri in den Triften gemein, überziehen oft die grauen
Blattrosetten der Potentilla cinerea die Klippen zusammen mit P. verna- und
opaca-Formen; von hier an findet man große Strecken mit Geranium sanguineum bewachsen, hat im Geröll Asperula glauca neben cynanchica viele
Standorte, ist Crepis foetida eine Ruderalpflanze in den Weinbergen. Merkwürdig ist auch das Auftreten von Thesium alpinum nur auf dem Nordufer
der Elbe auf den Grastriften, wo man doch seine Gegenwart viel eher auf den
stromaufwärts gelegenen Bergwiesen vermuten sollte. Einige Arten sind noch
besonders aufzuführen:

Seseli Libanotis hat hier seinen einzigen sicheren sächsischen Standort; neben ihm wird
    noch ein zweiter im Elbhügellande bei Copitz nördl. Pirna angegeben. Dann tritt diese
    Art erst weit im Westen auf und wird stellenweise gemein (Isis 1895, Nr. 77).
Peucedanum Cervaria beginnt hier aufzutreten, wird nach Meißen zu und Lommatzsch
    häufiger (Isis 1885, Nr. 17).
Alyssum montanum hat hier seinen ersten Standort im sächsischen Elbgebiet und findet
    sich von da an spärlich bis zum Torgauer Bezirk (Isis 1895, Nr. 85).
Biscutella laevigata[1] | haben schon bei Dresden in sandigen Birkenhainen Standorte, welche
Pulsatilla pratensis | durch Bebauung jetzt verloren gehen, und beginnen in der Lößnitz,
    zumal die letztere, an den Abhängen oder in Grastriften zahlreicher aufzutreten (Isis 1885,
    Nr. 29).

---

1) Den Standorten in Isis 1895, Nr. 83 sind nach neueren Funden Riesa und Mühlberg
hinzuzufügen.

5. Die Spaarberge mit der Bosel bei Meißen.

Nachdem der Lößnitzer Höhenzug gegen Weinböhla hin als Sandrücken verlaufen ist, erhebt sich aus dem flachen Elbthal kurz oberhalb von Meißen ein neuer, reich gegliederter Bergzug mit grasigen Kuppen, bewaldeten und felsigen Abhängen: die Spaarberge. Ihr gen S gerichteter Steilhang gipfelt in der *Bosel*, um welche die Elbe einen großen Bogen beschreibt, und wie gewöhnlich ist dieser gegen den Strom vorspringende Eckpfeiler am pflanzen_ reichsten. Ihre Flora zusammen mit derjenigen der sich stromabwärts Meißen gegenüber an sie anschließenden Uferhöhen bietet ein vortreffliches Bild des Mittelpunktes im ganzen Elbhügellande und enthält an der Elbe selbst die größte Zahl relativ seltener Arten, wird darin allerdings von den Höhenzügen am Lommatzscher Wasser noch übertroffen. Hier ist demnach auch der günstigste Ort zum Studium der biologischen Grundlagen in der sächsischen Hügelvegetation, und wie meine Abhandlung über das Vorkommen von Kalkpflanzen in dem nur 1—2 % an Kalk enthaltenden Granitschotterboden zunächst an die Bosel anknüpfte, so auch die hübsche Darstellung der Schutzeinrichtungen gegen Verdunstung in dem heißen Boden während trockner Sommermonate durch ALTENKIRCH (s. Litt. S. 29, Nr. 22).

Im steten Wechsel während der Vegetationsperiode lösen sich hier an dem Abhange, welchen das nebenstehende Bild darstellt, und auf den grasigen Triften der Kuppe die Charakterarten ab. Der wechselnde Boden begünstigt ihre Verschiedenheit: am Geröllhang enthält er nur 20 % Feinerde zwischen dem groben Kiesskelet, in welchem Peucedanum Cervaria hier wurzelt; die Triftgrasfläche auf der Höhe, wo P. Oreoselinum gemein ist, enthält davon 60—70 %. Da die Ostseite nach innen mit Buschwald und Eichenhain bedeckt ist, so haben auch Pflanzen wie Melampyrum cristatum Plätze zur Besiedelung.

Schon der März zeigt frisches Treiben in den Gras- und Seggenbüscheln; noch zwischen den welken Rasen des Vorjahres stäuben die unscheinbaren Blüten der Carex humilis. In der Grastrift oben erblüht frühzeitig zu Beginn des April Pulsatilla pratensis und steht zu Anfang Mai fast nur noch mit ihren Fruchtbesen da; zu Ende Mai erschließt Anthericum Liliago seine großen Milchsterne, und $^1/_2$ Monat später folgen diesem die schönen blauen Zungenblumen von Lactuca perennis. Um diese Zeit stehen die Halme der hier blühenden Form von Anthoxanthum schon wie gelbes Stroh verdorrt, indes die Dolden und Korbblütler sich erst zur Blüte rüsten. Die Mitte Juni bringt die Menge der Rosenformen, zwischen denen Clematis recta im Gebüsch durchdringt. Leuchtend stehen die hell schwefelgelben Blumen von Verbascum Lychnitis auf hoher Rispe zwischen einzelnen Sträuchern von Cytisus nigricans, die sich aus dem Eichengebüsch in den Schotterabhang herausgewagt haben. Erst nach dessen Abblühen, im Juli, beherrscht Centaurea maculosa mit bleichem Rosa das Feld, und noch viel später, im August, erblühen die hochstengligen Dolden von Peucedanum Cervaria, die bis zu Ende September ihre Früchte reifen, wenn auch schon Andropogon Ischaemum seine violetten, weich bebärteten Ähren als letztes Gras voll entwickelt hat.

Unter den selteneren Arten dieser Hügelgruppe mit Höhen von nur 100 bis 260 m Erhebung zeichnet sich besonders Orobanche arenaria neben der häufiger vorkommenden O. caryophyllacea aus; alle diese Schmarotzer sind in Sachsen selten und es giebt ihrer nicht viele Arten. Trifolium rubens hat hier und in der Lößnitz seine seltenen Standorte. Besonders an der Knorre blüht die seltene Odontites lutea, die auf demselben Ufer noch etwas stromab bis Zadel oft in großen Haufen zwischen Rasen mit Pulsatilla, Carex humilis und Andropogon wächst und erst im October ihre Kapseln reift.

An dieser Stelle mag der Rosa-Arten gedacht werden, die in SCHLIMPERT eine sehr sorgsame Einzelbearbeitung gefunden haben (Litt. Nr. 24). »Wenn CHRIST die schweizerische Jurakette vom Salève bis zum Schaffhauser Hügelland den Rosengarten Europas nennt«, sagt SCHLIMPERT in der Einleitung zu seiner Abhandlung, »so dürfte das Meißner Land ein herrliches Bosquet in demselben bilden, ja nach Aussage einiger bekannter Rhodologen soll dasselbe sogar jenem Rosengarten mindestens sehr nahe kommen«. Doch ist dabei der Zusatz notwendig, dass manche wichtige Arten wie R. pimpinellifolia, arvensis, cinnamomea, alpina, deren organisch tiefe Verschiedenheit die Rosenflora des Vergleichslandes belebt, im Elbhügellande nur in Gärten gezogen werden, Es beschränkt sich daher der Formenreichtum auf die R. canina-, tomentosa-, rubiginosa- und trachyphylla-Gruppe; dazu kommt von Rosa gallica die Subspec. *pumila (oder forma typica Chr.) als eine der seltneren Erscheinungen besonders am linken Elbufer. Die Rubiginosa-Gruppe ist mit Formen der R. rubiginosa selbst, mit R. micrantha, graveolens und sepium vertreten; unter der Trachyphylla-Gruppe unterscheidet SCHLIMPERT zwischen R. trachyphylla selbst und R. Jundzilliana (letztere besonders in den Spaarbergen); die Hundsrosen weisen Formen von R. glauca (Reuteri), coriifolia, dumetorum und den Lutetiana-Varietäten der R. canina auf. Zusammen zählt SCHLIMPERT 70 Formen, unter denen die Caninae allein mit der größeren Hälfte vertreten sind. Drei besondere Formen derselben, als interposita Schlimp., Schlimperti Hfm. und endlich Missniensis Schlimp. bezeichnet, bekunden eine junge eigenartige Entwickelung unter diesem Formenheer. — Das Herbar des botan. Instituts der Technischen Hochschule bewahrt eine von diesem leider jetzt verstorbenen Floristen herrührende Sammlung der von ihm selbst bestimmten Rosen in besonderer Anordnung als Beigabe zur Formationsdarstellung auf.

6. Die Plänerhöhen bei Niederau und Oberau.

Eine starke Meile landeinwärts von der Elbe bei Meißen kommt ein kleines Gewässer von den im NO das Thal begrenzenden Höhen, welchen Plänerschichten vorgelagert sind. Das Bächlein fließt mit anderen von Weinböhla herkommenden durch die »Nasse Aue«, schöne fruchtbare Wiesen, auf

---

Die Bosel im Elbhügellande bei Meißen, vom rechten Elbufer aus gesehen. — (Original-Aufnahme von Dr. A. NAUMANN, Juni 1898.) Der dem Beschauer zugewendete südöstliche Hang ist durch den Abbau eines Steinbruches in seiner Steilheit vergrößert. Die Kuppe umgürtet lichtes Eichen-, Haselstrauch- und Dorngebüsch mit mancherlei Rosen, auf der kahlen felsigen Spitze wächst Pulsatilla pratensis, am südwestlichen Geröllhang gegen die Elbe hin Peucedanum Cervaria, Anthericum Liliago und Clematis recta in Menge.

Die Bosel im Elbhügellande bei Meissen.

denen mit Iris sibirica als eine der bedeutungsvollsten Arten Cirsium
canum im Gelände üppig, wie im böhmischen Egerthal am Südhange des
Erzgebirges, wächst. Auf dem Pläner zeigt das Ackerfeld die in Sachsen
seltenen Unkräuter Melampyrum arvense und Scandix Pecten Veneris in
Masse, selbst schon am Eisenbahntunnel blüht Rosa gallica. Oberhalb der
Fluren von Oberau liegt ein kleiner Eichenhain mit Weinbergen davor, Busch-
land mit Liguster und Sorbus torminalis umgiebt ein kleines Wiesenthälchen:
dies ist der *Ziegenbusch* als einer der besten vom Elbthale abgelegenen Standorte. Hier wächst Melittis neben Orchis fusca auf Filipendula-Triften; Clematis recta und Peucedanum Cervaria erinnern an die Bosel, neben Inula salicina ist der Hain mit Serratula tinctoria gefüllt.

7. Das Seitenthal von Schieritz bis Lommatzsch.

Vom Plauenschen Grunde an waren alle bedeutenderen Standorte an den
rechtsseitigen Hügelketten des Elbstromes gelegen. Aber eine Meile unterhalb Meißens mündet nun ein von Lommatzsch herkommender Bach (Kätzer-
bach) in die hier nach N umbiegende Elbe bei Schieritz und Zehren, und die
diesen Bach auf etwa 10 km von der Elbe landeinwärts nach WSW begleitenden
Höhen bilden einen floristischen Glanzpunkt, der von seltenen Arten noch
wieder einige neue hinzufügt und auch alle unter der Herrschaft der Leitpflanzen stehenden Formationen zum kräftigen Gesamtausdruck bringt. Den
Mittelpunkt dieser Hügelkette bildet das Dorf Wachtnitz.

Diese Hügelkette ist flach und nicht durch besondere Felsbildungen ausgezeichnet; erst um Schloss Schieritz sind die Hügel reizvoller gegliedert und
die Felswände an der Thalmündung bei Zehren steil. Aber ein ausgezeichnet
steppenartiger Boden ist hier an flachen Gehängen ausgebreitet und deckt oft
Feldraine, an denen dann Sedum rupestre mit Potentilla rupestris[1])
sich zusammen findet.

Außer durch diese Potentilla, die aber auch an anderen Orten Sachsens
sich findet, ist der Thalzug durch die Funde von Campanula bononiensis,
Verbascum phoeniceum, Inula hirta und Anemone silvestris[2]) besonders ausgezeichnet. Diese Art hat einen ängstlich kleinen Platz südlich von Schloss
Schieritz im lichten Walde mit Melittis; nach vielen Zweifeln, ob das Elbhügelland wirklich
Anteil an dieser im fränkischen Thüringen gemeinen Pflanze habe, hat sie SCHLIMPERT im Mai
1892 dort wieder entdeckt. Schon der Umstand, dass der Platz weitab von der Elbe hoch im
Hügelterrain des Seitenthales liegt, lässt ihn als Relikt einer größeren Ausbreitung erscheinen,
die mit jüngerer Besiedelung von Böhmen her unter Vermittelung des Elbstromes gar nichts zu
thun hat. Von diesem Platze aus westwärts die Bachgehänge entlang bis zum Dorfe
Piskowitz zeigen die grauen Porphyrwände zu Ende Mai und Anfang Juni

---

1) Diese Art (s. Isis 1895, Nr. 74) charakterisiert in Sachsen wiederum die Meißner Flora
von der Lößnitz bis abwärts zu der Schanze bei Nünchritz (Riesa) und ist am 7. Standort besonders häufig.

2) siehe Isis 1885, S. 79—81 und 1895, S. 58, Nr. 87, die übrigen Arten daselbst Nr. 92,
94 und 101.

prächtige Formationsbilder im Zusammenwuchs der rosettenbildenden Potentillen (verna, opaca, cinerea) mit den Silberstengeln der P. argentea und
den weißen Blumen der P. rupestris (auch P. canescens und recta fehlen hier
nicht, während P. alba feuchtere buschige Abhänge thalaufwärts besiedelt hat);
das Blau der Salvia pratensis wird abgetönt durch die violetten Blütenschäfte
von Verbascum phoeniceum, und zwischen das feurige Rot des Dianthus
Carthusianorum bringt Anthericum Liliago seine Milchsterne; hoch breitet
Ulmaria Filipendula ihre Blütensträuße über den blaugrünen Festuca-Rasen
aus, in dem noch die Besenstiele der Pulsatilla pratensis-Früchte zwischen
Carex humilis stehen. In diesem Rasen entfaltet im August auch die Brunella grandiflora ihre großen Lippenblumen, und es ist merkwürdig genug,
dass diese Art überhaupt als Seltenheit des Elbhügellandes genannt werden
muss. Daran, dass Artemisia Absynthium hier in Menge wirklich wild
ist, darf nach meiner Meinung nicht gezweifelt werden.

8. Die nördlichen Felshöhen bei Seußlitz und Riesa.

Nach kurzem nordwärts gerichteten Laufe wird die Elbe noch einmal
durch steile, unmittelbar gegen den Strom abfallende Granitfelsen zu einem
steilen Bogen nach Ost gezwungen, und hier, zwischen den Orten Muschütz
links und Diesbar—Seußlitz rechts ist an den »Schanze« und »Bastei« genannten Felsen Alyssum saxatile (Isis 1895, Nr. 84) weit von seiner böhmischen Mittelgebirgs-Verbreitung am einzigen Elbhügelstandorte in Sachsen; hier
also noch eine der wenigen die Elbe nach W nicht überschreitenden Arten!
Melica ciliata, Stachys germanica und Centaurea maculosa bilden
hier die bezeichnenden Begleiter; aber schon mischen sich sandige Hügel, mit
Festuca sciuroides und Myurus, Berteroa incana u. ähnl. zwischen Andropogon
Ischaemum und Eryngium campestre. Bald treten die nördlich folgenden,
aus Gneis gebildeten vereinzelten Höhen vom Strom zurück und lassen das
Thal sich gen Riesa zu weiten, so wie sie selbst verflachen. Salvia sil-
vestris (Isis 1895, Nr. 99) zeichnet diese nördlichen Gneisfelsen aus, während
auf den vor Riesa schon breit an den Strom herantretenden Sandfeldern, mit
Helichrysum und Teesdalia in heideartiger Trift, Verbascum phoeniceum und
Silene Otites Standorte besitzen und unterhalb von Riesa mit dem Auftreten
von Jurinea cyanoïdes der zweite, weit weniger interessante Abschnitt des
Elbhügellandes beginnt.

4. Anordnung der Formationen in der Niederungslandschaft von Torgau und Wittenberg.

Nach dem oben (S. 430 und 435) besprochenen landschaftlichen und Formationscharakter lassen sich in diesem nordwestlichen Abschnitt unseres Territoriums, über den auch nur eine geringfügige Litteratur Aufschluss giebt, nicht
viele besondere Reize der Flora erwarten. Mit wenigen allgemeiner verbreiteten

Repräsentanten der südöstlichen Hügelflora erhält sich der Charakter entlang der Elbe, um dann zunächst im Anhaltischen und über Barby hinaus bei Magdeburg so viele neue Anziehungspunkte zu gewinnen.

In den *Waldformationen* ist alles ausgeprägt Montane verschwunden; Arten wie Circaea alpina und Euphorbia dulcis treten erst an den Grenzen gegen das Muldenland (Terr. 7), z. B. bei Schildau östl. von Eilenburg auf, oder erst nach langer Unterbrechung in den anhaltischen Grenzwäldern am südwestlichen Abhange des *Fläming*, die sich auch im Umkreis von Medewitz und bei den Dörfern Hundeluft und Düben ansehnlich erheben, da der Fläming im Hagelberg nahe bei Belzig am Rande der auf unserer Karte angenommenen hercynischen Nordgrenze bis rund 200 m ansteigt.

Mit Rücksicht auf einige hercynische Waldpflanzen, besonders auf die zahlreichen Standorte des in Brandenburg fehlenden Galium rotundifolium (PARTHEIL a. a. O., S. 66, Nr. 1!) und Senecio nemorensis *Fuchsii (a. a. O., S. 70, Nr. 18!), muss man den Fläming durchaus zur Hercynia ziehen, und es ergiebt sich aus dieser Notwendigkeit die ganze Gestaltung der Territorialgrenze für das Elbhügelland im besonderen. PARTHEIL schildert (S. 46) diese von mir noch nicht besuchten Waldungen, die sich teils aus F. 4 (dürre Nadelwälder) und teils aus F. 2 (Laubwald mit Anklängen an F. 3) zusammensetzen, mit großer Anschaulichkeit. Auf weitem Flächenraum des Fläming herrscht die Buche; zu ihr gesellen sich beide Eichen, Esche, Hainbuche und in einigen Revieren Fichte und Tanne! (Siehe Abschn. III, S. 110). Im Unterholz dieser prächtigen Waldungen von Fagus und Corylus haben sich bisweilen angeflogene Samen von Pinus silvestris und Betula alba entwickelt; an den Eichenstämmen wächst breit angeheftet Sticta pulmonacea. Selbst Daphne findet sich hier wieder. Von hercyn. Montanarten, die aber auch im Brandenburgischen Territorium zerstreute Standorte besitzen, sind noch hervorzuheben:

×Cephalanthera rubra.	Sanicula europaea.	Lycopodium Chamaecyparissus.
×—— ensifolia.	Asperula odorata.	Nephrodium Dryopteris.
×Epipactis atrorubens.	Actaea spicata.	
Lathyrus Vernus.	×Pirola uniflora.	In lichten Kiefernhainen:
Astragalus glycyphyllus.	×Chimaphila umbellata.	×Peucedanum Oreoselinum.
Circaea alpina.	Blechnum Spicant.	×Rubus saxatilis.

Die mit × bezeichneten sieben Arten sind an F. 4 (Pinus silvestris) hauptsächlich angeschlossen. — Die *dürren Kiefernwaldungen* bilden aber die hauptsächliche Facies der F. 4 auf weite Strecken des Elb-Diluvialgebietes in den Bezirken Torgau und Wittenberg. Die kleineren Haine und die ausgedehnten Forsten setzen sich so ausschließlich aus Kiefern und Birken, dazu seltener aus Eichen an den feucht-humosen Strecken, zusammen, dass für weite Flächen dieses nordwestlichen Abschnittes bis zum Fläming die Ursprünglichkeit der Buche, selbst der Hainbuche sowie des Bergahorns, zu bezweifeln steht; Fichten sieht man nicht einmal angepflanzt auf weite, weite Strecken solcher Heidewaldungen, in denen heute gelegentlich in anmutiger

Unterbrechung Haine von Robinia Pseudacacia angelegt sind, deren Blüten zu Anfang Juni durch ungewohnten Schimmer und süßen Duft erfreuen. Außer den Vaccinien erblickt man wenig blühende Sträucher und Stauden beigemischt, hauptsächlich Sarothamnus, Genista pilosa und germanica. Bei Torgau ist einmal Aruncus silvester beobachtet, aber durch Hochfluten der Elbe dorthin geführt.

Ein viel größeres Interesse knüpft sich an die *trockenen Grastriften*, welche entlang dem Stromthal der Elbe hier die besondere Facies der Hügelformationen darstellen. Da die Fels- und Geröllformation fehlt, so sind die betreffenden Arten darauf angewiesen, buntblumige grasige Triften auf den hohen Uferböschungen oder kiesigen Schwellen zu bilden, die durch menschliche Hand an vielen Stellen zu langen Stromdämmen mit steilen, grasigen Lehnen umgewandelt sind. Öfters lehnen sich solche Fluren an buschige, Kiefernwald-gekrönte Hügel und bilden dort die nördliche Facies der Haine.

So findet man diese Formation besonders gut ausgeprägt bei Mühlberg a./Elbe und bei Belgern südlich von Torgau, dann wiederum bei Prettin und gegenüber am westlichen Ufer bei Dommitzsch zwischen dieser Stadt und Wittenberg, wo zu Anfang Juni die Raine von großen Trupps der Salvia pratensis blau schimmern und in Masse die roten Köpfe von Dianthus Carthusianorum erglühen, während dort, wo der Boden lockerer sandig wird, diese Hügeltrift in eine richtige, durch Anchusa officinalis ausgezeichnete Sandflur übergeht. Aber es fehlt auch nicht an Anpassungen xerophiler Felspflanzen an Sand, die erklärend wirken für manche im südlichen Balticum stattgehabte Besiedelung: so namentlich das üppige Beisammenwachsen von Sedum rupestre, acre und mite mit Sandpflanzen wie Helichrysum u. a. A.

Die häufigsten Gräser sind hier Festuca ovina mit großen, dicht und büschelförmig gewachsenen Trupps von Koeleria, von welcher Gattung hier in ganz ungewohnt blau-grau schimmernden, niederen Büscheln die Form *glauca auftritt; Poa pratensis, überall auch Corynephorus u. a. A. vervollständigen das Bild; nicht selten ist Bromus inermis auf den Elbdämmen, die nach unten in fruchtbare Wiesen übergehen.

Außer den schon genannten Salvia-, Dianthus- und Sedum-Arten erscheinen noch folgende als sehr bezeichnend oder durch ihr Vorkommen wichtig:

° Jurinea cyanoides, selten.	Achillea Millefolium * setacea.
° Pulsatilla pratensis, selten.	Centaurea Scabiosa, häufig.
° Cytisus nigricans, selten (Hain).	Chondrilla juncea, am häufigsten als Sandpflanze.
° Verbascum phoeniceum, selten.	Eryngium campestre, entlang der Elbe in
° Centaurea maculosa, zerstreut entlang der Elbe.	großen Massen.
Stachys recta, nicht häufig.	Veronica spicata.
Ajuga genevensis, zerstreut.	Peucedanum Oreoselinum (Hain).
Verbascum Lychnitis.	° Potentilla rupestris, selten (Hain).
—— thapsiforme, häufig.	—— recta, selten.
Asperula cynanchica, an mehreren Orten truppweise.	—— alba, selten.
	Fragaria collina, an manchen Stellen cop.

Ulmaria Filipendula, nicht häufig.

Vicia cassubica im südl. Teil bis Prettin.

—— lathyroides, nicht selten.

Trifolium alpestre, selten (Hain).

—— medium, viele Standorte.

—— montanum, nicht häufig.

Medicago falcata, gemein.

Coronilla Varia, häufig.

Geranium sanguineum, selten (Hain).

°Silene otites, selten (bis zur Schwarzen Elster!).

Viscaria vulgaris, spor. (Hain).

Dianthus Carthusianorum.

—— Armeria, spor.

—— deltoides, tritt hier häufig neben der bezeichnenderen Art D. Carthusianorum auf, was im südlichen Elbgelände nicht der Fall ist.

Biscutella laevigata, selten ⎰(im Grenzgebiet gegen
Alyssum montanum, selten ⎱die Meißner Flora, bei Mühlberg).

Anthericum Liliago scheint in diesem Abschnitt des Elbgeländes nur an der Nordwestgrenze, nämlich im Fläming Vorzukommen. von wo es PARTHEIL (a. a. O., S. 55, Nr. 9) als seltenes Mitglied seiner »pontischen Genossenschaft« anführt.

In der vorstehenden Blumenlese der Arten sind einige der als wichtigste erscheinenden vorangestellt, so besonders Jurinea, Pulsatilla und Cytisus. Pulsatilla pratensis hat einige Standorte in der Dübener Heide zwischen Elbe und Mulde, und nahe Wittenberg, scheint aber doch überall recht selten zu sein; sie gehört dann noch zu den Charakterarten im südwestlichen Fläming, nach PARTHEIL (a. a. O., S. 54) an wenigen Stellen dieses Höhenzuges, nämlich am Steinberge bei Grimme, am Sernoer Felde, und auf den Höhen nördlich von Göritz, Apollensberg. — Jurinea hat nur entlang der Elbe, die sie von Böhmen bis Mecklenburg begleitet, einige wenige Standorte bei Strehla (schon in Berührung mit der Meißner Flora) und an den nördlich von Mühlberg gegen das Dorf Köttlitz sich hinziehenden Weinbergen, wo ihr Vorkommen jüngst durch MÜLLER bestätigt ist[1]). Cytisus nigricans wird von LEHMANN an den Abhängen der sogen. Dipschkauer Heide südlich von Belgern angegeben. Verbascum phoeniceum beobachtete ich selbst nördlich von Röderau auf dem östlichen Elbufer. Potentilla rupestris und Geranium sanguineum treten an der Grenze gegen das Muldenland (Hohburger Berge) auf, gehören aber ihrer Verbreitungsform nach zum Elbhügellande.

Die reinen *Sandfluren* mit Corynephorus und Cladonia rangiferina, sandliebenden Grimmien, Polytrichen, Hypnen, mehren sich schon von der Dresdner Flora nordwestwärts in das Meißner Gebiet hinein und haben im Bereich von Torgau—Wittenberg die größte Ausdehnung; oft bilden Thymus *angustifolius, Hieracium Pilosella, Myosotis, Chondrilla, Helichrysum hier die einzige Blumenausschmückung, gelegentlich findet man auch von Eryngium campestre große Gruppen im Sande. Carex hirta besiedelt mit ihrer Masse weite Sandstrecken; aber an der Nordwestgrenze des Torgau—Wittenberger Umkreises treten neue Seggen in eigenen Beständen auf, welche die Flora von Dresden unter ihren seltensten Arten an einzelnen Standorten zählt: C. arenaria und ligerica. Die Sandsegge ist um Torgau—Annaburg—Elster a. d. Elbe, wo ich diese Fluren genauer kennen lernte, nicht entfernt so häufig, als die mit westlichem Areal bis Südschweden und Norddeutschland auftretende C. ligerica, welche REICHENBACH mit sehr treffendem Namen C. Pseudo-arenaria benannte. Ich habe Flächen von losem Sande durchstreift, wo auf Hunderten von ☐Metern diese Segge als einzige Pflanze stand und schon Anfang Juni das ganze Feld von den Halmen mit grünlich-braunen, ziemlich dicht gedrängten Ährenrispen locker bedeckt erschien. Fast eine Spanne tief im Boden kriecht der braune Wurzelstock, aus dem die im Vergleich mit C. arenaria viel schlankeren Halme mit feinen, tief grünen Blättern entspringen, während die Anordnung der Ährchen und die Farbe der Spelzen bei dieser Segge viel mehr

1) Siehe SCHORLER in Abh. der Isis 1898, S. 99 unter Silene Otites.

an die C. Schreberi erinnert, mit der sie wohl häufig verwechselt sein mag. Diese letztere die
Flora von Dresden und Meißen stark besetzende Art ist aber wiederum viel feinhalmiger und
hat eine sehr schwache Ährenrispe von 5 dicht gedrängten Ährchen, braun wie bei C. ligerica.
Auf solchen C. ligerica-Feldern wächst auch Asperula cynanchica und Dianthus Carthusianorum.

Von ähnlicher Arealform ist noch eine Seltenheit, das merkwürdige Vorkommen von Helianthemum guttatum im lichten Kiefernwalde auf be-
grastem Sandboden bei Zeithain nahe Riesa; die Pflanze ist daselbst erst 1898
von MÜLLER entdeckt[1]), und zwar liegt ihr Standort im Grenzgebiet der
Torgauer und Meißner Flora.

Naturgemäß ist die *Landeskultur* im Bereich solcher weiten Sandfelder eine
andere geworden, als sie auf den schwereren Böden im südlichen Elbhügellande herrschend ist; herrlich duftende Felder von Vicia villosa erheitern Anfang Juni mit ihrem Blau, solche von Lupinus im Hochsommer mit ihrem
Gelb den Blick über die Felder; selbst Anthyllis Vulneraria gedeiht als
Gründüngungs- und Futterpflanze auf den Torgauer Sanden besser, als im
Bereich ihrer im Süden liegenden, nicht allzu häufigen natürlichen Vegeta-
tionsplätze und verbindet dadurch Kalk- mit Sandanbau.

Am wenigsten geändert erscheinen die natürlichen und künstlichen Bestände an dem großen Elbstrome selbst, der sich hier im Norden ein *Inundationsgebiet* von gewaltiger Breite geschaffen hat und in diesem durch kost-
spielige Dammbauten erhalten wird; da diese Dämme um Mühlberg, Prettin u. s. w.
oft weitab vom heutigen Strombett liegen, so umschließen sie weite Flächen
von Auwiesen, deren üppiger Graswuchs und Staudenbeimischung bei Pirna,
Meißen und hier in Haupt- und Nebenbestandteilen übereinstimmt.

Oft sind diese weiten Wiesenflächen von kleineren Vertiefungen mit
stehendem Wasser durchsetzt, in denen Nymphaeen sich entfalten und an
deren Rande Butomus im Scirpetum blüht. Solche Orte sind dann zumeist
von zahlreichen Weidengebüschen mit oder ohne Schwarzpappeln (s. Abschn. III,
Kap. 6, S. 263) und Feldrüstern besiedelt, die dem Landschaftsbilde ein anmutiges Bild des Wechsels von Gras- und Baumwuchs geben, vielleicht nirgends
mehr als in dem weiten, vom stark gebogenen Elblauf umschlossenen Wiesengelände der Ortschaft Elster, am linken Stromufer oberhalb Wittenberg.

Die bezeichnendste Stromuferpflanze ist Allium Schoenoprasum in
seiner Hauptform, in der Verbreitung ungemein verschieden von der montanen
Form *sibiricum. Der Schnittlauch begleitet die Elbe durch die ganze östliche Hercynia
von Böhmen bis weit über ihre Nordgrenze hinaus; aber seine mächtigste Entfaltung zeigt er im
nördlichen Elbgau. Große Strecken auf den losen Sanden und Kiesbänken der Ufer bei Mühlberg und Dommitzsch erschimmern zu Anfang Juni bereits im zarten violetten Rot der dicht
aneinander gereihten Lauchköpfe, und landeinwärts kann man sie so weit in den Wiesen oder
auf den Dämmen verfolgen, als die höchsten Flutmarken der Stromüberschwemmungen reichen.
Noch lange in den Hochsommer hinein blüht diese hübsche Pflanze, wenn auch mit verminderter
Üppigkeit. Neben ihr bildet Alopecurus geniculatus die ersten eigenen, gleichfalls schon Anfang
Juni voll blühenden Grasplätze auf dem feuchten Stromkies; überall mischt sich Nasturtium und

---

1) Siehe Abh. der Isis 1898, S. 99.

truppweise Euphorbia Esula[1]) ein, und große Rudel von Phalaris arundinacea entwickeln dann um Johannis ihre schimmernden Rispen, während Phragmites nur seitab vom Strom in den Lagunen häufiger ist.

Auf dem Elbufersand ist ferner Corrigiola nicht selten, wie sie mit Cyperus-Rasen auch schon bei Meißen sich findet; auch Potentilla supina stellt sich ein. Häufiger aber besiedeln diese Pflanzen feuchte Sande im Heidegebiete auf etwas torfigem Boden, und dort gesellen sich noch andere zu ihnen:

Illecebrum Verticillatum.	Peplis Portula.	Elatine Alsinastrum (r. !).
Sagina nodosa.	Potentilla norwegica (r. !).	Lythrum Hyssopifolia (r. !).

Das Vorkommen von Tillaea (Bulliardia) aquatica, der seltenen und unscheinbaren Crassulacee, auf überschwemmten Sandfeldern an der Elbe bei Wittenberg und noch weiter unterhalb bei Coswig bleibt durch genauere Nachforschung für den jetzigen Zustand der Flora zu erhärten; schon FICINUS und HEYNHOLD scheinen sich auf Überlieferungen durch andere zu beziehen. LEHMANN hat diese Art bei Torgau nicht gefunden.

Auf den Elb-Wiesen gegenüber Prettin ist bei dem Dorfe Polditz ein Standort für Euphorbia palustris, die sonst nur weiter westwärts und in Sachsen nur auf den Weißen-Elsterauen bei Leipzig vorkommt.

Die *Teiche* in Wiesen und Waldungen haben hier im Vergleich mit der Dresdener und Meißner Flora einen ungleich größeren Reichtum und zeichnen sich durch das Auftreten westlicher Arten aus, welche von hier aus auch in das Territorium 9 hinein teilweise weitergehen. Isnardia palustris und Stratiotes aloides stehen in dieser Beziehung voran, erstere bei Torgau und Annaburg vorkommend, letztere Art von Dessau her über Wittenberg bis nahe Prettin a./Elbe verbreitet (Teiche des Dorfes Großtreben!). Trapa natans gehört mehreren Fundorten als sicher an. — Alle diese Teiche und auch die langgedehnten Wassergräben zwischen Heidewäldern, besonders nahe der Nordostgrenze an der Schwarzen Elster bei Annaburg—Jessen, zeigen die hochentwickelte Hydrocharis-Facies, deren Träger H. Morsus ranae sowohl als besonders Hottonia gegen die Dresdener Flora eine bestimmte Südgrenze zeigen. Im Geschilfe der gelben Schwertlilie und der hohen Blätterbüschel von Carex paniculata, stricta und acuta breiten Peucedanum palustre und Phellandrium ihre zierlichen Blätter aus, blüht mit goldigem Schimmer im Juni Lysimachia thyrsiflora, kriecht weithin die Calla palustris in einer Fülle von weiß leuchtenden Blütenscheiden zwischen dem kräftigen Grün ihres breiten Blattwerks. Das niedere Wasser selbst ist von gelben Teichrosen bedeckt, aber mehr als diese tragen zum Blütenschmuck des Frühsommers die ungeheuren Mengen der Hottonia palustris bei, die aus der Rosette von zerteilten Laubblättern ihre weißen Blütenquirle auf hohen Stengeln aus dem Wasser hebt. Eine Seltenheit bildet Osmunda regalis, welche an mehreren Orten die Kiefernbrüche des Fläming ziert.

Schließlich muss noch das Interesse hervorgehoben werden, welches an der Nordgrenze des Elbhügellandes durch die Mischung nordatlantischen und

---

1) Euphorbia Gerardiana ist am südlicheren Elbufer vom Elbsandsteingebiet bis Diesbar nördlich von Meißen zerstreut und scheint hier zu fehlen.

baltischen Charakters in den *Moorformationen* hervorgerufen wird. Dies ist geographisch in so fern wichtig, als durch diese Standorte auch die Fortsetzung solcher Mischung in dem nördlichen Abschnitt des Lausitzer Hügellandes verständlich wird. An die auch dort — wie es scheint in größerer Ausdehnung — auftretenden Arten: Glockenheide und Sumpfporst, sind alle bemerkenswerteren Moorfunde angeschlossen. Für Erica Tetralix giebt PARTHEILs genaue Florendurchforschung des Fläming eine große Anzahl von Standorten (a. a. O., S. 58), und die Kartenskizze zeigt für sie innerhalb der hercynischen Nordostgrenze ein im Bereich der zur Elbe fließenden Bäche (Nuthe und Rossel) zusammenhängendes, zungenförmiges Gebiet nördlich von Coswig und Rosslau; dagegen ist Ledum palustre daselbst selten geworden und seine Ausrottung steht zu befürchten (Tuchheimer Forst und Weidensche Mühle). Dass auf diesen Mooren Eriophorum vaginatum vorkommt, ist wie bei der sehr seltenen Andromeda polifolia eine Wiederholung nordwestdeutscher Verhältnisse. Aber Trichophorum caespitosum fehlt hier durchaus, bekanntlich in der Hercynia nur montan. Dass Hydrocotyle, Gentiana Pneumonanthe, Pinguicula vulgaris mit Arnica und Vaccinium Oxycoccus solche Moore besiedeln, entspricht den oben (Abschn. III, Kap. 5, S. 224) geschilderten allgemeinen Verhältnissen der hercynischen Randniederung.

Neuntes Kapitel.
Das Lausitzer Hügelland.
1. Orographisch-geognostischer Charakter.

Der besondere Aufbau dieser am meisten gen Osten gelegenen hercynischen Hügellandschaft mit Flächeninhalt von ca. 70 ☐ Meilen [1]) ist in ihrer innigen Verbindung mit dem im Süden sich kräftig erhebenden Lausitzer Gebirge gegeben, mit dem sie alle wesentlichen Züge derartig teilt, dass eben nur die durch die Meereshöhe bedingten Unterschiede zur Grenzbildung benutzt werden können. Basaltkegel durchsetzen die ganze Lausitz; im Gebirge führen sie seltene Montanarten wie Aster alpinus und gemeine wie Senecio nemorensis und Aruncus, im Hügellande führen sie seltene Steppenpflanzen wie Artemisia scoparia und gemeinere Hügelpflanzen wie Laserpitium pruthenicum und Malva Alcea. Aus Granit bestehen große Massen des Lausitzer Berglandes, und derselbe Granit dient dann auch ärmeren Hügelformationen zur Grundlage, ist aber nach Norden stets mehr von den Diluvialgeschieben überschüttet. Hier geht die Landschaft unmerklich zur *Niederlausitz* über.

---

1) Es sind dabei etwa 5 ☐Meilen gegen den auf der Karte eingetragenen ungefähren Umriss mit eingerechnet, welche in der Gegend Warnsdorf und Groß-Schönau sowie bei Schirgiswalde z w i s c h e n einzelnen Hochpunkten des Lausitzer Berglandes dem Hügellande zuzuzählen sind.

Die Schwierigkeit einer genaueren Grenzbildung nach Süden hin ist ebenso groß, wie nach Norden hin das anmutige, an schönen Bergformen und Felsthälern reiche Hügelland sich ganz allmählich in der Niederlausitzer Teichlandschaft verliert und dabei Charakterzüge annimmt, die ganz dem untersten Teile des Elbhügellandes in der Gegend von Wittenberg entsprechen. Um die Grenze kurz zu kennzeichnen, so beginnt sie am Mündungsgebiet der aus dem Isergebirge herkommenden *Wittig*, welche bei Nieda noch wesentliche Standorte der interessanten Basaltflora darbietet. Über die östlichen Thalhöhen der *Neiße* läuft die Ostgrenze um *Görlitz* herum und wird von hier an zur Nord-, bezw. Nordostgrenze.

Zwischen den Dörfern Hennersdorf und Ludwigsdorf nördlich von Görlitz, wo die Neiße aus dem Lausitzer Hügellande austritt, und dem schon jenseit der Spree am *Schwarzwasser* gelegenen Orte Königswartha bildet etwa 15 km nördlich von Bautzen die Gebietsgrenze eine die nördlichsten Höhen von Granit und Untersilur verbindende Linie, welche sich ähnlich weiter westwärts in das Gebiet der *Schwarzen Elster* fortsetzt. In dieser nördlichen Linie haben sich aber alle Höhen, welche nur noch isoliert aus Diluvium hervorragen und keine äußerlich zusammenhängenden Kämme mehr bilden, auf 150—222 m (Gemeindeberg bei Steinölsa westlich von Niesky) erniedrigt, bis vom Lausitzer Berglande her über *Bischofswerda* gegen *Kamenz* hin weiter westlich wieder etwas bedeutendere Hügelketten und Gipfel aufragen (Hutberg bei Kamenz i. S. mit 295 m als nördlichster Endpunkt derselben).

Diese setzen sich im *Keulenberge* (409 m) südöstlich von *Königsbrück* noch als ein letztes, breit ansteigendes und weithin sichtbar die Diluvialwellen überragendes Granitmassiv fort und verlieren sich dann westwärts bei *Großenhain* zum Anschluss an die Elbhügellandschaft. Hier endet unsere floristische Oberlausitz mit den bedeutenden Moor- und Teichbildungen um *Moritzburg* und *Radeburg* gegen das Dresden—Meißner Gebiet hin.

Die *Westgrenze der Oberlausitz* verläuft in schräger Linie von Großenhain bis Pirna—Wehlen entlang den rechtsseitigen Elbhöhen und wird floristisch durch die Charakterarten des Terr. 8 bestimmt; solche dort gemeine Pflanzen, wie Dianthus Carthusianorum und Centaurea paniculata, gehen nicht in die Oberlausitz über.

Die *Südgrenze* soll in möglichst kurzer Umgrenzung das Bergland ausschließen; zu diesem gehört zunächst die sogen. »Sächsische Schweiz«, das granitische Land westlich und nördlich vom Valtenberge, weiterhin die ähnlichen Gelände um *Bautzen*, *Löbau* und *Görlitz*, südlich bis *Zittau*. Es ist klar, dass hier eine genaue Trennung von Terr. 9 und 10 insofern nicht möglich ist, als die höheren Basaltdurchbrüche, wie besonders der *Rothstein* (453 m), in ihren Höhenlagen vielerlei Montanpflanzen des Lausitzer Berglandes führen, doch aber mit Rücksicht auf ihre felsigen Gehänge und ihre weitere Umgebung der Hügellandschaft zugezählt werden müssen. In dieser Weise will demnach die im Bogen hin und her verlaufende Südgrenze des Lausitzer Hügellandes verstanden werden. —

Die Bodenarten desselben werden von einem ausgezeichneten, hellgrauen und harten Granit, von wenigen silurischen Schiefersedimenten und von einzelnen Basaltdurchbrüchen gebildet: nur letztere zeigen eine wirklich reiche Felsflora an einzelnen Stellen und beherrschen auch mit floristisch bemerkenswerten Arten ihre weitere Umgebung. Der Granit nimmt die Hauptmasse des Landes vom Elbsandstein bei Hohnstein und Sebnitz im Westen bis zu beiden Ufern der Neiße und besonders westlich von Görlitz ein; dazwischen sind im nordwestlichen Teile der ganzen Landschaft breite Diluvialflächen und an ihrem Nordrande um die dort liegenden Teiche vielerorts Torfmoore. Kalkarmut zeigt sich überall außer in der Umgebung der Basalte.

2. Formationen, Charakterarten, Einteilung.

Die Lausitz ist in mehrfacher Beziehung durch Vereinigung in der Hercynia seltener Arten, anderseits auch durch Fehlen osthercynischer Florenelemente, welche man bestimmt erwarten dürfte, bemerkenswert. Unter den letzteren kann man Dianthus Carthusianorum voranstellen, welcher, so weit meine eigenen Beobachtungen reichen, an keinem im Innern des Lausitzer Hügellandes gelegenen Standorte vorkommt und überall durch Dianthus deltoides da ersetzt wird, wo man im Elbhügellande die Karthäuser Nelke findet. Cytisus nigricans hat nur ganz vereinzelte seltene Standorte, z. B. bei Königswartha, ebenso nördlich der Grenze bei Senftenberg.

Von der Nordgrenze der Hercynia her dringen in die Lausitzer Sumpf- und Teichformationen, in ihre Torfwiesen und kleinen Moosmoore norddeutsche Florenelemente ein; es begegnen sich hier atlantische Arten der Erica Tetralix-Gruppe mit nordbaltischen, wie Ledum palustre. Während einige dieser Arten nun thatsächlich im nördlichsten Sachsen Halt machen, durchsetzen andere das Lausitzer Bergland an den verschiedensten Stellen und sammeln sich südlich desselben zu neuen, reichen Moorformationen. Daraus geht hervor, dass die nördlichen Moordistrikte der Lausitz mit vollem Rechte hier im Anschluss an das Berg- und Hügelland eine nebensächliche Schilderung erhalten. Nach der Eiszeit wird voraussichtlich ein Zug von Arten der Moorformationen aus den Niederungen Nordböhmens, wo auch Ligularia sibirica ihr vereinzeltes aber reiches Vorkommen besitzt, durch die niederen Sättel nach NW gegangen sein; derselbe begegnete hier dem Zuge atlantischer Arten vom Westen her, und diese letzteren sind mit wichtigen Vegetationslinien gegen das Lausitzer Hügel- und Bergland dauernd abgeschieden geblieben.

Gegen die Kiefernheidewälder und Waldbrüche mit Moorwiesen hebt sich das mittlere Hügelland der Lausitz zunächst dadurch ab, dass die Hauptmasse jener eben erwähnten Elemente verschwindet, dafür aber die lichten Haine und trockenen Grastriften einsetzen; auch an eigentlichen Felsgeröllpflanzen fehlt es nicht. Diese Hügelformationen haben aber keine jener beschränkteren Charakterarten, welche (wie z. B. Andropogon Ischaemum u. s. w.) die

Elbhügelformationen auszeichnen und zumal im Umkreise von Meißen stärker vertreten sind. Es ist schon von Loew festgestellt, dass eine große Zahl östlicher Arten Schlesien und Königreich Sachsen umgehen, nördlich davon an Weichsel und Oder vorkommen und sich dann im Gebiet um Halle wieder vereinigen (s. Abschn. V). Diese pflanzengeographische Bemerkung gilt im besonderen von der Lausitz, welche sich jener Genossenschaft gegenüber ganz exklusiv verhält. Die Hügelformationen, viel ärmer an Arten, haben daher ihre wenigen Charakterpflanzen einer wahrscheinlichen Einwanderung aus dem böhmischen Mittelgebirge zu verdanken, die unregelmäßig und selten war, sich auch auf andere Pflanzen erstreckte, als es die mit dem Hügellande um Dresden bestehende Elbverbindung gestattete. Als Beispiel dafür mag Bupleurum falcatum dienen, als Pflanze mit nur zwei Standorten nahe der Neiße und sonst in der ganzen Osthercynia fehlend; als Beispiel einer gemeineren Verbreitung sei Laserpitium pruthenicum angeführt, welche Dolde das ganze sonnige Lausitzer Hügelland auszeichnet und im Elbhügellande nur sporadisch als Seltenheit auftritt. Ihnen schließt sich Muscari botryoides (r.!) an.

Mit Artemisia scoparia und Lactuca quercina werden dann zwei weitere Arten der sonnigen Hügelformationen genannt, welche die Oberlausitz vor dem Elbhügellande auszeichnen und im ganzen übrigen Sachsen fehlen; die von Ascherson auf der Landskrone entdeckte Artemisia hat hier überhaupt ihren einzigen hercynischen Standort und endet gegen West, während L. quercina die große Arealbrücke zwischen östlicher Oberlausitz (Bernstadt) und der Weißen Elster bei Gera aufweist. Stipa pennata, erst westwärts auf den Thüringer Kalken wiederum häufig, teilt die Hauptstandorte des Bupleurum falcatum. Sempervivum soboliferum zieht sich aus dem hohen Basaltgebiet der Oberlausitz (Landskrone) über das östliche Erzgebirge (Altenberg, Hellendorf u. s. w.) zum Fichtelgebirge bei Berneck mit einer gegen NW gerichteten Vegetationslinie. Mit den seltenen Arten der Hügelformationen um Meißen besitzt die Oberlausitz fast nur Verbascum phoeniceum gemeinsam, welches von Löbau angegeben wird.

Die feuchten Waldwiesen und Triften haben in Gladiolus imbricatus eine Lausitzer Charakterart; allerdings eine recht seltene, da es uns auf unseren Streifzügen bisher noch nicht gelang, einen der zerstreuten Standorte (im Quellgebiet des Löbauer Wassers, am Rothstein, bei Nieda, bei Groß-Schönau, an der Landskrone und Jauernick) festzustellen. Cirsium canum bei Zittau teilt die Lausitz mit dem Elbhügellande bei Meißen; Cirsium rivulare hat zwei seltene Standorte im Neißethal (Zittau, Görlitz) und rückt von den Sudeten hierher herüber, wie C. canum aus dem nördlichen Böhmen.

In den Waldformationen treffen sich Arten des Buschwaldes mit solchen der niederen Bergwaldungen, ohne dass dies Terr. 9 gerade eine besondere Art für sich allein besäße; bemerkenswerte Verbindungen in dieser Beziehung geben besonders Omphalodes scorpioides mit Sambucus Ebulus, Astrantia und Campanula latifolia. —

Noch eines merkwürdigen Vorkommens ist hier in der Lausitz von den Granitbergen bis zu den Kiefern- und Erlengebüschen an den Teichen nahe der Nordgrenze zu gedenken, nämlich der als »eingebürgert« geltenden Grünerle: Alnus viridis. Nach ihrer ersten genaueren Feststellung durch Betriebssekretär ALWIN SCHULZ in der Umgebung von Königsbrück (siehe Litt. S. 28, Nr. 15) ist sie auch von mir und SCHORLER noch an vielen anderen Standorten beobachtet worden, so dass man sagen darf, die Grünerle lebe zerstreut durch das Lausitzer Gebiet von Rumburg und vom Unger bei Neustadt (Stolpen) in 410 m Höhe bis zum Pulsnitzbache bei Königsbrück und in den Kiefernwaldungen daselbst am Nordabhange des 409 m hohen Keulenberges, ostwärts in dem Heidegebiete zwischen Elstra und Kamenz, und besonders zahlreich und kräftig entwickelt an den Merks-Teichen bei Schönau (westlich von dem zur Schwarzen Elster bei Wittichenau gehenden Klosterwasser zwischen Kamenz im W und Königswartha im O). Hier findet sie sich zwischen Hochmoor am Teiche und dem Walde mit anderen Gebüschen, auch A. glutinosa, so vereinigt, dass sie einen genau so ursprünglichen Eindruck macht wie jene und, wenn sie nicht am ursprünglichen Standorte sich befindet, jedenfalls völlig eingebürgert aus früheren Anpflanzungen sich selbst dort neben Sumpfporst und Glockenheide angesiedelt hat. Eine Bemerkung von forstlicher Seite soll zwar vorliegen, nach welcher die Grünerle in dem Gebiet Königsbrück—Kamenz mehrfach um die Mitte des vorigen Jahrhunderts angebaut würde; doch ist dem Forstassessor R. BECK (siehe Litt. S. 29, Nr. 28) keine Notiz über die Grünerle zugegangen und diese Species hat nur die Bemerkung erhalten: »fehlt«. Der Umstand, dass diese Lausitzer Standorte die einzigen im ganzen mitteldeutschen Hügellande nördlich von Passau wären als Erweiterung ihres großen alpinen Hauptareals, zwingt zu der größten Vorsicht in einer Annahme, welche sonst die Zahl glacialer Relikte um ein treffliches Beispiel vermehren würde. —

Einteilung der Lausitzer Landschaft. Die oben kurz gekennzeichnete Formationsausprägung enthält gleichzeitig für die ganze, mannigfaltig von den Berggipfeln bis zu den Teichniederungen abgestufte Landschaft die Grundzüge einer inneren Gliederung. Für die gesamte Lausitz von Großenhain bis Reichenberg nehme ich vier mit natürlichen geognostischen und floristischen Grenzen versehene Teile an, nämlich 1. den nördlichsten Teil, welcher wegen seiner Verschmelzung von Teichniederung mit den nördlichsten waldgekrönten Bergen und niederen Höhen als »Teich-Hügellandschaft« bezeichnet werden mag; dann 2. das granitisch-basaltische Hügelland im engeren Sinne; dann 3. das Elbsandsteingebirge und 4. das Lausitzer Gebirge mit dem Jeschken. Von diesen vier Abschnitten bilden 1. und 2. das Terr. 9, Abschnitt 3. und 4. dagegen das erste hercynische, rein ausgesprochene Berglands-Territorium 10.

Wir wenden uns der besonderen Betrachtung der beiden erstgenannten Abschnitte zu. 1. Die Teich-Hügellandschaft. In diesem nördlichsten Landstrich haben die Formationstypen der Niederlausitz starken Eingang gefunden. Er erstreckt sich von der Nordgrenze unseres ganzen Gebietes am Flusslauf der Schwarzen Elster zwischen Elsterwerda und Ruhland nach Süden bis zu einer verschlungen an den Höhen nördlich von Radeberg, Pulsnitz und Bischofswerda — Bautzen verlaufenden, im einzelnen schwierig festzustellenden Linie, südlich von welcher Moore mit Drosera intermedia, Lycopodium inundatum u. s. w. fehlen und auch Hydrocotyle nur noch als seltenerer Bestandteil montaner Moorwiesen auftritt. Die Teichhügellandschaft nähert sich dem Elbthal bei Dresden auf die kürzeste Entfernung von nur 7—8 km in der Teichniederung um Schloss Moritzburg, wo vom Thal der Röder her bei Radeburg die Sümpfe und Teichmoore weit nach Süden ausgedehnt sind. 2. Das granitisch-basaltische Hügelland. Während im ersten Landschaftsteile die diluvialen Geschiebe zwischen Inseln von Granit und besonders auch Grauwacke überwiegen, ist dieser zweite Teil neben Zungen und Inseln diluvialer Bildung von zusammenhängendem Granit in niederer Höhenlage gebildet, welche nur ausnahmsweise die als Hügellandsgrenze geltende 400 m-Linie überschreitet (Sibyllenstein 445 m, Löbauer Berg und der basaltische Rothstein 453 m); einige Basaltdurchbrüche geben Gelegenheit zu besonderen Florenansiedelungen (im östlichsten Sachsen um Bernstadt). So umfasst dieser Landschaftsteil ein schön gewelltes, mit höheren, stark bewaldeten Bergrücken und einzelnen Kuppen besetztes Hügelland, in welchem die Fichte schon nach den natürlichen Bodenbedingungen mit der Kiefer um die Oberherrschaft zu streiten beginnt, die Buche aber und die Tanne sich auf bevorzugtere Punkte beschränken. Hier verlaufen, bald mehr bald weniger weit nach Norden gegen die Teich-Hügellandschaft vorgeschoben, die Vegetationsgrenzen der montanen Bergwaldarten wie Aruncus und Prenanthes, Senecio nemorensis, die der Bergfarne, an den Bachläufen Chaerophyllum hirsutum, und hier sind an den niederen Höhen Gerölltriften ausgebildet, welche durch Conyza, Rosa rubiginosa, Malva Alcea u. a. A. den sonnigen Hügelformationen gut entsprechen und an auserlesenen Punkten Seltenheiten einschließen.

3. Anordnung der Formationen in der Teich-Hügellandschaft.

Allgemeiner Überblick. Versetzen wir uns zunächst in das Land südlich der Schwarzen Elster, an ihre von SO kommenden Nebenflüsse, die Pulsnitz und Röder. Die Pulsnitz bildet noch bei Königsbrück enge, anmutige Thalschluchten, in denen Calamagrostis arundinacea mit Luzula nemorosa gesellig vorkommen, Melica uniflora selten, Teucrium Scorodonia stellenweise häufig ist, Thalictrum aquilegifolium seine Nordgrenze findet, an den Felsen zwischen brüchiger Grauwacke Cynanchum Vincetoxicum mit Asplenium Trichomanes, septentrionale und germanicum wächst. Nur 6 km südöstlich der Stadt erhebt sich mit Fichten- und Tannenbergwald 410 m hoch der Keulenberg, der weit herüberschaut über die noch jetzt auf meilenweite Strecken zusammenhängenden reinen Kiefern- und gemischten Nadelholzwaldungen mit streckenweise eingestreuten Eichen, Eschen und wenigen Buchen. In diesen Wäldern erreicht die Tanne ihre nördlichste, früher unbekannt gebliebene, Verbreitung in der

Niederung (siehe Abschn. III, S. 111). Die Kiefern aber stehen vielfach auf
dem dürrsten Sande, seltener auf noch trockeneren Anhöhen von zerbröckelter
Grauwacke mit viel Jasione montana, Verbascum phlomoides, Helichrysum,
Sedum mite (sexangulare) und einzelnen interessanteren Hügelrosen, und es führen
wegen der in den Wald eingestreuten weiten Flächen mit geselliger Calluna
die weiten Waldflächen meistens die Bezeichnung »Heiden«. Die größte ist
die Laußnitzer Heide zwischen der Röder und Pulsnitz mit den oben genannten
Städten; die südlichste ist die Dresdener Heide, noch ähnlich im Allgemeincharakter, aber ohne die auszeichnenden norddeutschen Moorpflanzen. In diesen
beiden »Heiden« ist das seltene Vorkommen von Arctostaphylus Uva ursi
zu verzeichnen. Es ist nun noch daran zu erinnern, dass die hier vorkommenden norddeutschen Arten nicht etwa hier alle eine absolute Südgrenze
haben; die gemeineren sind weit in das Lausitzer Bergland hinein südwärts
zerstreut, die Mehrzahl der selteneren aber kehrt merkwürdiger Weise erst
südwärts der Lausitzer Bergregion im nördlichen Böhmen zwischen den Basaltbergen des Mittelgebirges wieder und verbindet sich dort mit anderen
Moorpflanzen zu einigen der interessantesten Formationen für dieses Hügelland mit südostdeutschem Florencharakter. Dort kehrt Ledum wieder (Tham-
mühl und Habstein!), Vaccinium Oxycoccus und uliginosum bestandbildend,
Lycopodium inundatum, Hydrocotyle, Rhynchospora alba und fusca, viele
Carices; Carex lasiocarpa beherrscht schon einige Teiche bei Böhm.-Warten-
berg zwischen dem Roll und Jeschken am Südrande des Lausitzer Berglandes
und geht von da noch etwas weiter südwärts vor; nur Erica Tetralix mit
Drosera intermedia und Scutellaria minor fehlen völlig und dringen also als
atlantisch-norddeutsche Arten wirklich nur bis zum Lausitzer Hügellande vor.

Wer aus dem mannigfaltigen Hügellande an der Elbe und auch noch am
Oberlauf der Röder bei Radeberg (an der Ostseite der Dresdener Heide) in
die Sanddünen und Kiefernheiden der nördlichen Oberlausitz hin versetzt wird,
fühlt sich in ein anderes Land verschlagen. Es fehlt an den munteren Bächen
im Schatten mannigfaltiger Bäume, die von Chaerophyllum hirsutum umsäumt
sind; in sanfteren Wellen ist die Oberfläche des Landes gewölbt und gewährt
vielfach weite Fernblicke, die dann über breite Wiesen mit meistens moorigem
Untergrunde und mächtige Waldkomplexe schweifen, zwischen denen vereinzelter als im mittleren Sachsen die Ortschaften zwischen Korn- und Kar-
toffel-, Lupinen- und Serradella-Feldern liegen, die Häuser mehr von Eschen,
Eichen und Linden beschattet als von Ulmen und Buchen, an den sandigen
Landstraßen krumme Birken zum Schmuck gepflanzt. Dann trifft der Botaniker zu seiner Freude oft auf malerisch an die Kiefernwälder angeschlossene
Teiche, die auf ihrer Abflussseite in der Regel einen starken, Eichen-bepflanzten
Damm führen, während sie auf der oberen Seite in ein Sumpfgelände von
Juncetum und moorigen Wiesen übergehen, in denen Hydrocotyle vul-
garis die gemeinste Charakterart ist. Auf dem ruhigen Wasserspiegel tauchen
zahlreich die Blüten von Nymphaea auf, in dem undurchdringlichen Röhricht
von Phragmites, Typha und Scirpus mit Carex-Arten und Peucedanum

palustre nisten ganze Schwärme von Enten.   Wo nicht die größere Wasser-
menge im Boden zur Bildung von Bruchwäldern geführt hat, in denen Birken,
Erlen und Espen im gedrängten Bestande Rhamnus Frangula und Sorbus
Aucuparia als Unterholz führen, und wo Salix aurita mit repens im dichten
Gestrüpp von Lysimachia vulgaris und Ulmaria palustris mit Lythrum Sali-
caria die Sümpfe umranden, da sind die herrschenden Wälder einförmig. Jetzt
in der Forstkultur sind sie oft allein aus der Kiefer gebildet und ihre Bodendecke setzt sich auf weite Strecken nur aus Heidel- und Preißelbeergesträuch
zusammen, zwischen denen oft Monotropa, seltener Pirola-Arten wachsen, einschließlich der seltenen Chimaphila umbellata.   Hier hat Sambucus racemosa seine Bedeutung als hercynischer Charakterstrauch verloren, seine nördlichsten Standorte bleiben näher festzustellen; nicht selten findet sich dagegen
Sambucus nigra ein.

　　Sandflora. Auf den dürren Diluvialkiesen ebenso wie auf den spärlich zu
Tage tretenden Grauwackegeröllen niederer Hügel sind die gemeinen nord-
deutschen Sandgräser bestandweise vertreten, zumal oft allein für sich ganze
Fluren überdeckend Corynephorus canescens, dann Aira caryophyllea
und praecox, und auf torfigem Boden Triodia decumbens.   Selten ist
Carex arenaria, welche vom Westen her (Elsterwerda) bis zum Osten bei
Görlitz (Schönberg) an einzelnen Punkten das Gebiet berührt.   Folgende
Kräuter können als maßgebend angesehen werden:

Trifolium arvense cop.3—soc.	Veronica officinalis spor.
Ornithopus perpusillus (nicht häufig).	Echium vulgare spor.
Potentilla verna und argentea frq.	Armeria elongata greg.
Pimpinella Saxifraga cop.1	Hypericum humifusum (feuchter Sand).
Achillea Millefolium cop.	Teesdalia nudicaulis cop.3
Artemisia campestris spor.—cop.	Auf anstehendem Gestein: Sedum mite,
Helichrysum arenarium cop.1	Silene inflata, Viscaria vulgaris.
Carlina vulgaris spor.	Auf Brachäckern: Arnoseris minima und
Leontodon autumnalis cop.	Hypochaeris glabra, Oxalis stricta.
Hieracium Pilosella greg.	Als große Seltenheit: Astragalus arenarius,
Jasione montana spor.—cop.	Pulsatilla vernalis.
Thymus Serpyllum greg.	

　　Wo das Erdreich torfiger und feuchter wird, erscheint Calluna, oft auch
Sarothamnus und Genista pilosa; Agrostis-Arten ersetzen Corynephorus.   In solchem Heiderasen ist Dianthus deltoides häufig, dort wachsen
auch Illecebrum verticillatum und Radiola linoides, Thrincia hirta,
Gnaphalium luteo-album und Potentilla supina mit norvegica besiedeln herdenweise den Sand an Teichrändern; alles hängt von dem Grade
der Feuchtigkeit und dem Torfgehalt im Boden ab.

　　Moorwiesen, Moosmoore. Wiesen mit torfigem Untergrunde sind in dem
ganzen nördlichen Landschaftsstriche vorherrschend, die Rasendecke demnach
hauptsächlich von Holcus lanatus mit Anthoxanthum, Briza, Festuca ovina
und rubra, zuweilen auch auf große Strecken von Nardus mit Luzula *multiflora und vielen Carex-Arten gebildet.   Juncus squarrosus zeigt zwischen

Nardus eine sehr schlechte Wiese an; dort blüht dann häufig Arnica. Calluna ist in diesen weiten Strecken als niedriges Sträuchlein eingenistet, ebenso Salix repens. Im übrigen kann hinsichtlich der gemeinen Arten auf die
. Formationsliste in Abschn. III hingewiesen werden.

In der Umrandung der Teiche gehen vielfach die Wiesen in weite Bestände von Juncus lamprocarpus über, an noch feuchteren Stellen in Grünmoore aus Carex vulgaris und rostrata; Viola palustris ist dann neben Hydrocotyle und Pedicularis sehr gemein, Juncus filiformis zeigt eigene Bestände, J. supinus mischt sich ein.

Die floristisch interessantesten Plätze sind aber Moosmoore von geringerer Ausdehnung, in denen dichte Polster von Sphagnum und Aulacomnium (Gymnocybe) palustre erfolgreich den Gräsern gegenüber den Platz behaupten. Sie bieten den Sonnenthau-Arten ein häufiges Vorkommen, und fast nie fehlt an solcher Stelle neben Drosera rotundifolia die in viel größeren Schwärmen auftretende D. intermedia, während D. longifolia sehr selten ist. Lycopodium inundatum begleitet sowohl die Moos- als die Grünmoor-Facies auf Schlamm, aber den Moosmooren eigentümlich sind die Rhynchospora-Arten, Erica Tetralix und Ledum palustre.

Von ersteren ist Rh. alba viel weiter verbreitet als Rh. fusca, deren in sich selbst geschlossene kleine Bestände erst nördlich unserer Gebietsgrenze oft erscheinen. Auch Rh. alba hat in der nördlichen Oberlausitz eine beschränktere Anzahl von Standorten, so dass ihr Auftreten jedesmal von floristischem Werte ist. Auch dringt sie in Sachsen viel weiter nach Süden vor, indem sie im Elbsandsteingebirge (südlich der Elbe unweit Königstein) auf den Moorwiesen bei Leupoldishain noch einen einzelnen Standort hat. Im Norden, in der Teichniederung an ihren besten Plätzen, pflegt sie mit Erica Tetralix ihre Verbreitung zu teilen, diese ist aber noch mehr im Vorkommen beschränkt. Die Glockenheide bildet hier keine eigene Moorfacies wie im nordwestlichen Deutschland, sondern findet sich auf Plätzen von ca. 1 Ar Größe am Übergange niederer, krüppelhafter Kiefernbestände gegen das Moosmoor und Rhynchospora-Sümpfe. Der südlichste mir bekannt gewordene Standort liegt unter 51° 15′ am Niederen Teich bei Würschnitz (5 km nordöstlich von Radeburg) nahe den Zschornaer Teichen. Viel häufiger aber tritt sie 1 Meile nördlich von diesem Standorte zwischen den Dörfern Welxande und Röhrsdorf auf und hat dann weitere Standorte an der sächsischen Nordgrenze bei Grüngräbchen u. a. O. Übrigens ist sie auch nördlich der Grenze im Bereich der Elster bei Ruhland und Hoyerswerda durchaus noch nicht allgemein zu finden, fehlt auf weite Strecken, wächst aber an den nordwärts immer zahlreicher werdenden Standorten in größeren Mengen (z. B. am Schieferteich bei Peickwitz zwischen Ruhland und Hosena). Alles in allem ist E. Tetralix außer ihrem Vorkommen am Solling (Territorium 1) eine nur in Braunschweig und in der Lausitz die Hercynia berührende Art, eine Zierde der Moore, die sie mit dem zarten Rosa ihrer Blütenköpfe über dem zart bewimperten Laube schmückt.

Der Sumpfporst, Ledum palustre, trifft sich als Glied einer nordbaltischen Artgenossenschaft hier mit der atlantischen Glockenheide, ist aber innerhalb der gezogenen Territorialgrenzen weit seltener. Während um Ruhland und Wittichenau auf den Moospolstern zwischen ehrwürdigen Kiefern am Rande der Teiche und offenen Moore schon zahlreiche Sumpfporst-Sträucher sich finden, hoch und rund gebaut wie ein frei gewachsenes Rhododendron, sind diese Plätze bei uns nur in der nördlichsten Oberlausitz zu finden, besonders zwischen Schweppnitz (bei Königsbrück) im Westen und den Teichen nördl. von Königswartha im Osten, also in demselben Gebiete, wo zugleich die nördlichsten Tannenbestände im Walde eingesprengt sind. Ledum wächst hier an kleinen Waldteichen, welche Röhrichte im Kiefernbruch bilden, auf Sphagneten mit Vacc. Myrtillus, Vitis idaea und uliginosum; mehr im Freien stehen daneben die Rudel von Erica Tetralix vergesellschaftet mit Rhynchospora fusca. — Während hier also Ledum mit einer weit nördlich von Königsbrück—Kamenz gelegenen relativen Südgrenze abbricht, kehrt dieser Kleinstrauch dann im Elbsandsteingebiet als Felsenpflanze wieder (s. Kap. 10) und erreicht, das hohe Lausitzer Bergland überschlagend, die Moore Nordböhmens nahe der hercynischen Südgrenze bei Weißwasser und Hirschberg (am Kummergebirge in den Niederungsmooren).

Die überhaupt in den Grünlands- und Moosmoorwiesen an den Teichen sich findenden bemerkenswerten Arten sind tabellarisch geordnet folgende:

Platantbera bifolia spor., Heleocharis pauciflora !
Rhynchospora alba !, fusca ! (siehe oben).
Carex *lepidocarpa cop. [1]).
Juncus filiformis frq. greg.
Calla palustris zuw. greg., ebenso an moorigsumpfigen Waldrändern als an offenen Stellen zwischen Moosmoor und Röhricht, auch im Moosmoor selbst.
Peplis Portula frq.
Potentilla palustris cop.—fast soc.
Hydrocotyle Vulgaris frq.—cop.—soc.
Arnica montana frq.
Senecio aquaticus ! selten cop.
Thrincia hirta spor.

Scutellaria minor ! an wenigen Stellen.
Veronica scutellata frq. cop.
Gentiana Pneumonanthe frq. !
Andromeda polifolia ! nicht häufig.
Erica Tetralix ! (siehe oben).
Ledum palustre ! (siehe oben).
Vaccinium uliginosum ! selten greg.
—— Oxycoccus frq. cop.
Drosera intermedia ! cop.—fast soc.
—— longifolia !, selten.
Salix repens cop.

Lycopodium inundatum frq. und oft greg.
[Pilularia globulifera berührt das hercynische Gebiet nahe Görlitz bei Hennersdorf.]

Teichflora. Die Röhrichte mit ihren oben kurz erwähnten verschiedenartigen Schilfbeständen und die im Wasser selbst schwimmenden Gewächse bilden zusammen mit den am Ufer im nassen Sande oft gesellig lebenden und die Teiche gewissermaßen begleitenden Arten die letzte Formationsgruppe von bedeutungsvollem Interesse für diese Landschaft. Zwischen Radeburg und dem der Elbe schon zugekehrten Höhenzuge der Lößnitz befindet sich noch südlich von der Röder eines der größten Teichreviere unseres Gaues, welches nach dem königlichen Jagdschloss Moritzburg benannt ist und aus vier großen Teichen mit mehreren kleinen besteht; der größte erreicht etwa 1 qkm an Fläche. Noch größer ist der Hauptteich bei Zschorna nördlich der Röder, und dann sind in dem ganzen der Nordgrenze nahe gelegenen Striche zwischen Großenhain und Königsbrück, ferner in dem Gebiet zwischen Kamenz—Wittichenau—Königswartha und endlich im Nordosten bei Bautzen zahlreiche (ca. 40) größere Teiche oder Komplexe kleinerer von $^1/_2$—1 qkm Größe zerstreut, an denen häufig auch Moore liegen, die aber alle die gemeine Röhrichtformation ernähren und den Schwimmpflanzen zur Besiedelung dienen.

---

1) Eriophorum vaginatum scheint in diesem ganzen nördlichen Strich zu fehlen; ich kenne dasselbe zunächst nur aus der Dresdner Heide, wo auch Polygonatum Verticillatum Vorkommmt.

Unter den die Röhrichte mit bildenden Riedgräsern sind die bedeutungsvollsten Arten Carex stricta, deren mächtige Polster sich oft aus den flachen
Teichen erheben, und Carex lasiocarpa (= filiformis der meisten Floren[1]),
deren dünne, raschelnde Halme und Blätter mit ihrem fahlen Grün an einigen
wenigen Teichen das gewöhnliche Röhricht von Scirpus lacustris oder auch
maritimus, von Typha oder Phragmites ablösen. Ich kenne diese Carex von
den Teichen bei Großgrabe im Norden bis zu dem Moritzburger Frauenteich
im Süden, dann erst weit im SO im Gebiet des Jeschken (OLz. Bergland!);
immer besiedelt sie nur einzelne Teiche, so dass ihre Verbreitung nicht häufiger
sein wird als die etwa von Rhynchospora. An einem dieser Teiche bei Großgrabe habe ich auch am 22. Juni 1895 die seltene Heleocharis multicaulis
gefunden, die sich dann auch weiter ostwärts, nämlich in den zwischen Königswartha und der hercynischen N-Grenze gelegenen Landstrichen als nicht so
sehr selten verbreitete Art zeigte; sie besiedelt die südliche Niederlausitz bei
Ruhland, und es erklären sich alle diese Standorte sehr gut unter der Betrachtung von GRÄBNER (V. d. E. Bd. 5, Karte!), dass gerade hier die südlichste Ausdehnung eines norddeutschen Heidemoorgebietes stattfindet.

Die gemeinen Arten ergeben sich aus der früheren Aufzählung der
Wasserpflanzenformationen; die geographisch bedeutungsvollen ordnet die
folgende Liste:

Acorus Calamus frq. soc. in großen Massen
  und eigenen Beständen an vielen Teichen,
  besonders häufig um Moritzburg.
Sparganium natans ! frq.
Potamogeton: alle Arten der sächsischen Flora
  außer polygonifolia, ? praelonga, nitens
  und densa.
Sagittaria und Butomus frq.
Hydrocharis Morsus ranae frq. soc.
(Stratiotes aloides berührt unser Gebiet nur bei
  Görlitz, am Moyser Hofe und bei Ludwigs-
  dorf; die Pflanze soll hier selten blühen.)
Leersia oryzoides an einzelnen Teichen soc.
Heleocharis ovata r. greg. !
—— multicaulis (r.) siehe oben !
—— pauciflora ! (in Vorhergehender Liste).
Scirpus maritimus frq. soc.
Cyperus flavescens ! und fuscus ! zuweilen cop.
Carex cyperoides frq.
—— paniculata frq. cop.
—— teretiuscula !
—— stricta frq.
—— lasiocarpa (siehe oben !).
—— Pseudo-Cyperus frq.

Trapa natans in großer Menge in den Moritzburger Teichen[2] ! (Dort so reichlich
  fruchtend, dass die Nüsse auf dem Markte
  zu Dresden verkauft werden.)
Cicuta virosa frq.
Peucedanum palustre überall frq. cop.
(Hydrocotyle: siehe vorstehende Liste.)
Bidens: alle 3 Arten.
Utricularia neglecta !
—— intermedia !
—— *ochroleuca R. Htm. ! rr.
—— minor und vulgaris frq.
Littorella lacustris spor. greg.
Hottonia palustris frq. cop. bis zu der Süd-
  grenze der Teichlandschaft.
Naumburgia thyrsiflora frq. und an ein-
  zelnen Stellen cop., doch viel seltener
  als vor.; verdient in ihrer Südgrenze
  genauer festgestellt zu werden.
Elatine 3 Species !
Ranunculus Lingua spor. ! (Moritzburg).
Rumex maritimus frq.
Salix pentandra (an Torfgräben).

1) Die aus sachlichen Gründen von ASCHERSON & GRÄBNER eingeführte Umänderung dieses
Speciesnamens findet unsern vollen Beifall.

2) Über das Vorkommen von Trapa in den nördlichen Teichen ist mir nichts bekannt geworden.

4. Das granitisch-basaltische Hügelland.

a) Charakterarten der Hügelformationen.

Das Interesse lenkt sich hier naturgemäß auf die warmen Hügelformationen, die in der nördlichen Teichniederung keine Standorte mehr finden. Dieselben sind allerdings nirgends so typisch entwickelt, wie es von einzelnen Teilen des benachbarten Elbhügellandes oben geschildert wurde. Bei alledem erscheint der beste Teil dieses Hügellandes nördlich des Lausitzer Gebirgswalles bei Zittau mit seinen vielen prächtigen Bergkegeln von Basalt wie ein kleines Abbild des Böhmischen Mittelgebirges, in welchem die Seltenheiten der Flora auf einzelne Punkte reliktenförmig verstreut sind, hier die eine Art und dort eine andere, manche jetzt nur noch an einem einzelnen Punkte. Die hier folgende Liste soll sowohl dies als auch den starken Unterschied gegenüber den Hügelformationen an der Elbe in Sachsen zeigen.

Artenliste der trockenen Triften, Haine und Geröllfluren.

Wichtige Arten in Sperrdruck; die in Terr. 8 fehlenden Arten mit ° bezeichnet.

°Stipa pennata (rr.: Niedaer Berg)!
Brachypodium pinnatum frq. greg.!
°Gymnadenia odoratissima (rr.).
Orchis sambucina frq.! (zugleich Bergwiese).
°Muscari botryoides (Bernstadt, Herrnhut, Görlitz).

⎯⎯⎯⎯

Medicago falcata greg.!
Vicia cassubica spor.!
Trifolium striatum (5 Standorte).
⎯⎯ montanum, nicht frq.!
⎯⎯ medium frq. cop.!
⎯⎯ alpestre spor.!
Potentilla recta (r.: Bernstadt!).
⎯⎯ argentea, cop.³, frq.!
⎯⎯ opaca spor.!
Rosa sepium, an einzelnen Stellen cop.!
⎯⎯ graveolens = elliptica spor.!
⎯⎯ glauca r.!
⎯⎯ coriifolia r.
°Rubus bifrons r.
⎯⎯ macrophyllus spor.!
Cotoneaster integerrima: rr. Landskrone! (noch
    von 3 anderen Standorten genannt).
Sedum album spor.!
°Sempervivum soboliferum, Landskrone!
Saxifraga tridactylites r.
⎯⎯ granulata frq. cop.!
°Bupleurum falcatum: cop. Nieda!
Seseli coloratum frq.!

Laserpitium pruthenicum frq.!
Scabiosa ochroleuca r.
Inula Conyza frq.!
⎯⎯ salicina: Jauernick! Großhennersdorf.
°Artemisia scoparia: r. Landskrone!!
Senecio vernalis spor.!
Centaurea Scabiosa spor. (z. B. Nieda).
Carlina acaulis spor. (3 Standorte).
°Lactuca quercina rr. (Bernstadt?).
Verbascum Lychnitis spor.! (Spree).
⎯⎯ phoeniceum rr. (Löbau).
⎯⎯ nigrum frq. cop.³!
Digitalis ambigua nicht frq.!
°Orobanche coerulea (rr. Stolpen).
Stachys arvensis r.
Calamintha Acinos, Clinopodium frq.!
Salvia pratensis rr. nur bei Görlitz (?).
°Gentiana Amarella var. axillaris unter dem
    Gipfel der Landskrone.
Hypericum montanum spor.!
Malva Alcea frq. cop.³!
Arabis arenosa frq.!
Viscaria vulgaris frq. cop.³!
Dianthus Armeria r.
⎯⎯ deltoides (nicht Carthusianorum!) frq.
    cop.³!

⎯⎯⎯⎯

Asplenium septentrionale frq. cop.! sowohl in
    den Spalten vom Basalt als Granit.

Wie die Anordnung der Tabelle ergiebt, sind die Standorte von Stolpen bis Nieda a. d. Neiße unregelmäßig zerstreut und sind die pflanzengeographisch bedeutungsvollsten Arten nirgends häufig. Bald dieser, bald jener Berg hat an seinen passenden Plätzen dies oder jenes aufzuweisen; die Zahl derjenigen Punkte, welche zu eigenen Exkursionen auffordern, ist nicht allzu groß, und die umfangreicheren Berge weisen auch sehr starke Waldbedeckung auf.

b) Topographische Florenbilder.

Das Bernstädter Hügelland.

Auf den Basaltbergen lohnt es zu botanisieren, und so beginnen wir unsere Exkursionsskizzen mit dem *Hutberg bei Schönau* (1 Stunde nordöstlich von Bernstadt). Er verbirgt hinter einem hübschen Buschwald von Eichen, Eschen und Linden mächtige basaltische Klippen, auf denen Rosa sepium mit R. canina und Prunus spinosa dichte Dorngebüsche bildet, wo Malva Alcea im Juli alles in Blütenflor kleidet, Seseli coloratum gar nicht selten wächst und früher sogar Cotoneaster gefunden wurde. Auf dem Rasen leuchtet überall Dianthus deltoides neben Verbascum nigrum; Brachypodium pinnatum, Potentilla recta gesellen sich zu Erythraea und Betonica, und in den Gebüschen klettert Vicia dumetorum neben Astragalus glycyphyllus, erblüht die hohe Agrimonia odorata, und hat Lilium Martagon noch einen einsamen Standort. Dieser zu einem Sattel mit zwei Kuppen ausgezogene Berg trägt seine Gipfelflora in nur 290—308 m Höhe, während andere Standorte höher und steiler sind. Aber er verdient vorangestellt zu werden, weil von ihm noch drei weitere Seltenheiten zu den eben aufgeführten Pflanzen genannt sind, deren Feststellung trotz dreifach wiederholtem Besuche uns noch nicht gelungen ist; dies sind die in der Liste genannten Muscari und Gymnadenia, ferner Lactuca quercina. Besonders die Lactuca erschien einer sicheren Feststellung sehr bedürftig, weil das Gewicht dieses einzelnen Standortes fernab von seinem nächsten Punkte auf den Höhen bei Crossen (nördlich von Gera an der Weißen Elster) um so größer ausfällt, je mehr die Vegetationslinie dieser Art mit in die führenden Arten des thüringischen Gaues und seiner pontischen Pflanzen eingereiht worden ist. Allein es ist trotz des Durchsuchens der ganzen auf dem Berge gelegenen Haine und der zugänglichen Gebüsche noch im letzten Juli nicht möglich gewesen, etwas von Lactuca quercina aufzufinden, und' es scheint nicht unmöglich, dass sie durch den Weiterbau eines in den Buschwald der höchsten Spitze hineindringenden Steinbruchs verloren gegangen ist. — Der Hutberg taucht als Standort für L. quercina in WÜNSCHES 1. Auflage der Exkursionsflora von Sachsen i. J. 1869 auf; der Entdecker bleibt unbekannt. Bei REICHENBACH, HEYNHOLD, RABENHORST (Fl. Lusatica) und FECHNER ist sie nicht genannt. Sie fehlt in Schlesien!

Dieser hübsche und pflanzenreiche »Hutberg«, einer der vielen kleinen rund aufgebauten Berge gleichen Namens in dieser Landschaft (— der westlichste liegt bei Weißig gegenüber der Dresdener Heide und ist durch Orchis sambucina-Triften ausgezeichnet gerade wie der Schönauer Hutberg —) hat uns gerade in den Mittelpunkt des anziehendsten Teiles vom Lausitzer Hügellande hinein versetzt, den wir nach diesem Mittelpunkte als *das Bernstädter Hügelland* bezeichnen wollen. Während nämlich der westliche Flügel gegen das Elbhügelland hin weder landschaftlich noch floristisch (außer etwa

um Stolpen) sich auszeichnet, wird nach dem Überschreiten der Spree bei
Bautzen die Scenerie der Berge bewegter, ihre höheren, schön bewaldeten
Gipfel zeigen zumeist nach S hin Steilabstürze mit mächtigem Basaltgeröll,
und hier sind die wichtigsten Plätze für den Floristen. Fast alle diese anziehenden Berge sind von dem Städtedreieck Löbau—Görlitz—Zittau umspannt,
aber jede dieser Städte liegt schon außerhalb des Gebietes der bunt bewegten,
höheren und niederen Bergkegel, und Zittau bezeichnet in seiner Lage die
Grenzscheide zwischen dem Lausitzer Hügellande und dem südlichen Berg-
wall, der hier mit Hochwald und Lausche im imposanten Zuge nahe an die
basaltischen Vorberge herantritt. Eine große Zahl derselben ist noch westwärts von Zittau gegen Warnsdorf und Rumburg hin gelegen und macht diesen
Teil der Lausitz zu Enclaven des Terr. 9; da sind die vielen »Spitzberge« bei
Warnsdorf selbst, bei Oderwitz, bei Großhennersdorf (mit einem der wenigen
Inula salicina-Standorte) und eine Menge kleinerer Höhen, die aber der allgemein verbreiteten Flora wenig zufügen, vielleicht auch schon mit ihren zwischen 400 und 500 m erreichenden Gipfeln für die sonnige Hügelflora etwas zu
hoch gelegen sind.

Nach N und der Neiße zu erniedrigt sich das Gelände sowohl in der
Hochfläche als in seinen Gipfeln. Kleine Bäche gehen von hier ostwärts zur
Neiße, deren Sohle unterhalb Ostritz unter 200 m sinkt und ein breites Wiesenthal bildet. Die hercynische Ostgrenze hält sich von Friedland in Böhmen
bis zu den Ortschaften Nieda und Wilka an den Uferhöhen der *Wittig*, und
an dieser Stelle, wo der Isergebirgsfluss nun schon träge geworden gen W
sich wendet, um mit kurzem Nordwestlauf dann bei Radmeritz die Neiße selbst
zu erreichen, erhebt sich im *Niedaer Berge* nördlich der mit starken Windungen seinen Fuß umspülenden Wittig eine 280 m hohe Basaltkuppe, nur
78 m über dem Flussspiegel, als einer der reichsten Standorte dieser Landschaft.
Der Berg setzt sich aus einem niederen Vorberge unmittelbar am Nordufer
der Wittig und aus der dahinter liegenden, durch einen dichten feuchten
Wald abgetrennten Hauptkuppe zusammen; diese hat schroffere Abhänge mit
einzelnen Basaltblöcken, ist aber dann zu einer weiten, öde erscheinenden
Grastrift mit lose liegenden Felsgeröllstücken ausgedehnt, deren höchster Teil
magere, wohl durch Aufforstung entstandene Kiefernwaldungen trägt, in ihrer
Mitte zwei riesige, um Mitte Juli den Wald mit ihrem Blütenduft füllende
Winterlinden. Hier erscheinen in der Grastrift von Avena pratensis und
Brachypodium pinnatum zwischen Schlehengesträuch Bupleurum falcatum
und Stipa pennata. Bupleurum erscheint in dem von Thüringen und der
Rhön her gewohnten Gepräge am Südhange der obersten Kuppe: magere
Pflanzen im kurzen Rasen und Geröll, hoch aufgeschossene Stengel zwischen
dem Gebüsch mit Ginster, Flockenblumen und Kleearten. Hypericum mon-
tanum mit dem Seseli, Laserpitium, Senecio Jacobaea, Pimpinella Saxifraga,
Conyza und sehr viel Medicago falcata vervollständigen das Faciesbild dieser
für die Lausitz reichhaltigen Trift, die in ihrer Zusammensetzung durchaus
kalkreichen Boden bezeugt.

Die höheren Basaltgipfel.

Die Landskrone. Von weit bedeutenderer Erhebung steigen als nördliche Eckpfeiler des Bernstädter Hügellandes die Landskrone im Osten und der Rothstein im Westen auf; sie besitzen einen mächtigen, frisch grünen Waldgürtel von verschiedener Faciesbildung auf dem Granitsockel und auf der Basaltkuppe, und sie besitzen endlich, was der Niedaer Kuppe fast ganz abgeht, langgedehnte' Geröllhänge mit festem Basaltfels und losem Geschiebe, so steil und unzugänglich, dass weder Grasbänder noch andere Gehölze als Schlehe und Hagedorn zwischen den von der Sonne durchglühten, harten Blöcken sich ansiedeln konnten. Es erscheint demnach auch die 420 m hohe Landskrone schon von weitem wie ein dunkelgrüner, der sonnigen Feld- und Wiesenlandschaft frei aufgesetzter stumpfer Kegel, in dessen Waldkleid von dem thurmgekrönten Gipfel nach S wie nach NW hin schwarzgraue Felder von Basaltgeröll eine düstere Unterbrechuug wie zwei von oben herabgeflossene Lavabänder einzeichnen. Auf den der Spitze nahe gelegenen Basaltblöcken hat Cotoneaster sich einen sicheren Standort erhalten, während man diesen aus dem Böhmischen Mittelgebirge her so bekannten Felsenstrauch weder am Hutberge bei Schönau noch am Rothstein bei Sohland in jüngerer Zeit auffinden konnte. In den heißen Felsnischen der südlichen Abhänge nisten große Rosetten von Sempervivum soboliferum; am unteren Gehänge wird auch von diesem Berge über den Gehängen des nach Dorf Biesnitz gehenden Bächleins ein Standort für Bupleurum falcatum angegeben; als seltenste Pflanze aber für den ganzen Berg ist die auf seiner Kuppe im mageren Geröllboden zerstreute Artemisia scoparia anzusehen, welche um Mitte Juli erst noch spannen- bis fußhoch kaum die Blütenknospen andeutet und die ünteren Stengelblätter von weißwolliger Beschaffenheit zeigt. Zur Zeit von WIMMERS »Flora von Schlesien« Verwechselte man diese sehr bedeutungvolle Art noch mit Artemisia campestris; es war P. ASCHERSON Vorbehalten, den richtigen Speciesnachweis zu erbringen.

Der Rothstein und Löbauer Berg. Westlich von der Landskrone und den ihr nahe gelegenen Jauernicker Bergen steigt das Gelände schwach an zur Wasserscheide zwischen Neiße und Spree; ihre Höhe bezeichnet der Spitzberg bei Deutsch-Paulsdorf, an dem Cirsium heterophyllum einen weit gen N vorgeschobenen Standort auf waldiger Wiese erreicht. Wir kommen nun in das Gebiet des parallel zur jungen Spree nach NNW abfließenden Lòbauer Wassers, und dieses beherrschen zwischen der Stadt Löbau und dem langgestreckten Dorfe Sohland der Löbauer Berg (450 m) und der Rothstein (453 m). Beide sind stark bewaldet und greifen mit viel breiterem Sockel in das Hügelland ein, bilden auch nicht einen einzigen Steilkegel, sondern langgezogene Rücken und Kämme, denen aber beim Rothstein ein östlicher steiler Basaltgipfel aufgesetzt ist mit mächtig nach S abstürzendem Geröllfeld und senkrechten Basaltwänden. Diesem Umstande verdankt der Rothstein seine viel größere floristische Bedeutung gegenüber dem Nachbarberge, dem mit der besonderen monographischen Behandlung durch R. WAGNER (Litt. Nr. 20) fast zu viel Ehre angethan worden ist. Doch ist die Waldflora auch auf diesem zur schönen Ausprägung gelangt und so wollen wir zunächst der in diesem Gebiete sich bietenden Facies der *Waldformationen* gedenken.

Die Laubhölzer wiegen auf vielen Plätzen mit reicherer Flora noch heute vor, während im oberen Gebiete der höheren Berge von 350—450 m die Waldungen in den Charakter der unteren hercynischen Nadel-Mengwälder übergehen. Nur die Buche erscheint hier in verhältnismäßiger Seltenheit, so dass Waldformation 2 wenig zum Waldkleide beiträgt, auf diesen Bergen sich vielmehr F. 1 und 3 hauptsächlich ergänzen und ablösen. Aber auch der vortrefflich entwickelte Kiefernwald (F. 4) hat fernab von den basaltischen Gipfeln eine große Bedeutung im Landschaftsbilde und erscheint auf den Höhenschwellen des Bernstädter Hügellandes (z. B. im Nonnenwald und Klosterwald) mit montanen Rubus-Formen, Blechnum Spicant, massenhafter Entfaltung von Carex brizoides und eingemischten Baumarten der F. 1—3.

Unter den Laubgehölzen sind Hainbuche, Esche, Eiche und Linde die am meisten vorwaltenden, wozu auch beide Ahornarten, Ulmen, Ebereschen und Massen von baumartig entwickeltem Haselgesträuch kommen, welches sich auch in die Dorngesträuche der Basaltklippen hineinwagt. Überall schimmern in den Höhen 300—450 m im Juli die roten Beeren von Sambucus racemosa an den Abhängen und, mit S. nigra vereint, auch im Innern des Waldes, während dieser Strauch schon in der nördlichen Teichlandschaft seine Grenze erreicht. Auf dem Rothstein sind auch noch einzelne kleine Gruppen von starkstämmigen Taxus baccata erhalten. In solchem Mengwalde mit Fichte und Tanne finden wir nicht selten große Rudel von Senecio nemorensis; die Brombeeren der Rubus hirtus-Gruppe sind gleichfalls als montane Besiedler noch massenhaft vorhanden, und außerdem sind in diesem Teil der Lausitz besonders R. scaber, Bayeri, Koehleri, sowie die Subspecies *lusaticus, *macrophyllus und *bifrons als auszeichnende Arten zu finden. Weiter sind folgende Arten für die drei Waldformationen hier und im Bernstädter Hügellande bemerkenswert:

Aspidium lobatum selten, z. B. Landskrone.

Nephrodium montanum, soweit als die Edeltanne reicht.

Struthiopteris im Gebiet des Erlig-Baches östlich von Herrnhut, selten.

Campanula latifolia selten, im Gebiet der Neiße an der Berührungsstelle von Terr. 9 und 10 (Hainewalde westlich von Zittau, ostlich von Herrnhut; auch im Spreegebiet bei Bautzen).

Valeriana sambucifolia an seltenen Standorten.

Lathyrus niger nicht häufig, z. B. Hutberg, Landskrone, Rothstein; Laubwald!

Astrantia major wird von Nieda angegeben.

Dentaria enneaphylla (in Terr. 10 charakteristisch) bis zum Löbauer Berge spor., Laubwald!

Equisetum Telmateja (= maximum) am jauernick.

!Prenanthes, Aruncus, Thalictrum aquilegifolium, Actaea, Euphorbia dulcis und Calamagrostis Halleriana in Bachschluchten und an feuchten Gehängen nicht mehr so häufig als im eigentlichen Berglande, so dass schon jeder einzelne Standort als zur N-Grenze gehörig Verzeichnet zu werden Verdient.

Carex ·brizoides vielfach gesellig den Waldboden weithin bedeckend.

Juncus tenuis in neuerer Zeit durch das ganze Lausitzer Hügelland ungemein weit Verbreitet,
in kleiner Form auf Waldwegen J. bufonius Vertretend und Verdrängend, in üppiger Form
auf feuchteren Lichtungen, überall geradezu gemein!

Calamagrostis Epigeios sehr häufig und rudelweise an den Abhängen der Basaltberge.

Lilium Martagon, selten in Laubwaldungen: Hutberg bei Bernstadt!, Rothstein!

Coralliorhiza innata: vom Berglande Terr. 10 (nicht selten!) zum Rothstein Vorgeschoben.

!Omphalodes scorpioides: eine für den Rothstein charakteristische Pflanze, welche in
Massen den ganzen östlichen Kamm bekleidet und die Gebüsche der obersten Basaltkuppe
selbst um Mitte Mai massenhaft mit ihren hellblauen Blumen schmückt. —

Alle Basaltberge besitzen hier ferner eine Massenvegetation von Asarum,
Hepatica, Mercurialis, Lathyrus vernus und Daphne Mezereum; häufig rankt
Vicia dumetorum im Haselgebüsch. Schließlich ist von besonderem Interesse,
dass durch den östlichen Teil des Lausitzer Hügellandes die Vegetationslinie
des in Schlesien so häufigen Galium aristatum (= Schultesii) durchläuft,
welches die mitteleuropäische Hauptform von Galium silvaticum dort ablöst;
jene Subspecies ist wenigstens schon recht verbreitet im Gebiete der Neiße
bei Ostritz—Görlitz, erreicht aber daselbst nicht ihre absolute hercynische
Grenze, sondern findet diese erst viel weiter westwärts an der oberen Saale
im westlichen Terr. 13.

Wenden wir uns nach diesem Studium der Waldflora zu einem letzten
Rundblick zurück auf die sommerlichen Felshöhen des Rothsteins! Wir verlassen den Wald in fast 400 m Höhe am Fuße der riesigen Basaltblöcke,
zwischen denen hindurch ein kleiner Steig mit mühsamem Klettern zu der
vom Schlehdorn umsäumten Spitze führt, wo um Mitte Juli die Winterlinde
so reichlich ihre Blüten öffnet, dass jeder Baum wie mit weißlichem Gewande
angethan erscheint. In den Spalten stecken Asplenium Trichomanes und
septentrionale; längst haben die Frühlings-Potentillen an die Sedum-Flora, hat
Viscaria an Cynanchum und Anthemis tinctoria die Führung abgetreten. An
der Stelle, wo Cotoneaster vielleicht noch immer einen verborgenen Platz
zwischen den Dornsträuchern sich erkämpft, reifen Rosa tomentosa und
*graveolens ihre kugeligen Stachelfrüchte. Als schönste Zierde der Jahreszeit
tritt auch hier wieder die Malva Alcea mit ihren großen, in zartem Rot gestreiften Blüten rudelweise auf dem steilen Gehänge auf. — Wir haben die
Spitze erklommen und übersehen in der Runde, vom Löbauer Berge und der
Landskrone gen Süd uns wendend, die mancherlei pflanzenreichen Höhen und
weiten Waldungen, von denen die vorstehenden Seiten berichten. Hinter
diesen aber erhebt sich in festgeschlossenem Zuge ein gipfelreicher Bergkamm:
an die im blauen Dunst verschwimmenden runden Kuppen des ʼIsergebirges
schließt sich die steile Spitze des Jeschken an, und auf sie folgen der Hochwald, die Lausche, der Tollenstein und weiter gen SW die die Quadersandsteine
einschließenden Basaltberge um Kreibitz. Wenn in unserer Umgebung eine
warme Hügelflora sich mit dem niederen Bergwalde paart, so fühlen wir: dort
im Süden, im Lausitzer Gebirge, ist die eigentliche Heimat dieser montanen

Arten, dort ersteht ein kräftiger Ausdruck von Bergwaldungen im östlichsten Gebirge der gesamten hercynischen Gruppe. Seine Schilderung gehört dem nächsten Kapitel an.

Zehntes Kapitel.
Das Lausitzer Bergland und Elbsandstein-Gebirge.

1. Grenzen und Beziehungen zu den benachbarten Landschaften.

Das Rückgrat der hercynischen Territorien 9 und 10 wird von dem Lausitzer Gebirge gebildet; seinem im Süden zusammenhängenden Hauptzuge schließen sich noch breit ausgedehnte niedere Bergmassen und gegen Bautzen hin einzelne, floristisch diesen durchaus gleichartige, sehr monotone Waldberge mit bedeutenderer Höhe an, so dass (nach Abzug der zwischen diesen einspringenden Zungen des wärmeren Hügellandes) die Gesamtfläche dieser Oberlausitzer Berglandschaft etwa 30 Quadratmeilen beträgt. Sie ist demnach die kleinste der hercynischen, da das Fichtelgebirge mit dem vorgelagerten Vogtlande zu einem floristischen Ganzen vereinigt wird.

Die Hauptrichtung des Lausitzer Gebirgszuges zwischen seinen Eckpfeilern: dem Valtenberg (586 m) nahe Bischofswerda und dem Jeschken (1013 m) bei Reichenberg i. B. ist OSO, wobei seine Höhe gegen die sudetischen Pässe hin zunimmt. Wir haben es demnach hier mit einem niederen Berglande zu thun, von Waldformationen der mittleren und oberen hercynischen Stufen bedeckt, mit Wiesen und Kornfeldern bis hoch zu den an 800 m heranreichenden basaltischen Kuppen hinauf. Diese, zahlreich und mit herrlichem Buchenwald bestanden, bringen auch in das hercynische Kleid Abwechslung hinein, indem sie einige Florenzüge des reizvollen Böhmischen Mittelgebirges nach N verpflanzen.

Sind auch dieses wild zerrissenen Mittelgebirges Hauptberge um Leitmeritz und Außig: der 835 m hohe Mileschauer (Donnersberg) westlich der Elbe und der mit 725 m östlich der Elbe mehr breit als spitz aufgebaute Hohe Geltsch, in weiterer Ferne, so rücken doch andere prächtige, durch den Quadersandstein als breite Kegel durchgebrochene Basaltberge nahe genug an das Lausitzer Bergland heran, um hier einen Austausch der Flora zu bewirken. So namentlich der gegen 700 m hohe Roll (Ralsko) bei Niemes, dessen auf Quadersandstein aufgebauter, zackiger Kegel kühn zum Jeschken hinüberschaut.

So sehr weisen die dem Lausitzer Zuge angehörigen Basaltberge in ihren seltneren und sie auszeichnenden Florenbestandteilen auf diesen hervorragendsten Bestandteil Nordböhmens, auf das Mittelgebirge und seine Vorposten, hin, dass die Grenzbestimmung zwischen beiden nur durch den monotonen hercynischen Waldcharakter der granitischen Hauptmasse im Lausitzer Gebirge

bewirkt werden kann. Und dazu kommt noch als weiteres verbindendes Merkzeichen beider, dass im angrenzenden Nordböhmen rings um Böhm. Leipa
gerade so wie im Lausitzer Berg- und Hügellande die merkwürdigen geologischen Formationen des Quadersandsteins einförmige Kiefernwälder und
Heiden mit Sandgräsern erzeugen, die erst in tief eingerissenen und durch
murmelnde Bäche selbst während des heißen Sommers feucht gehaltenen
Schluchten und Felsspalten zu wundervollen Wechselwirkungen von Tannen-
und Buchenmengwald mit riesigen Farnen und wassertriefenden Moosdecken
an senkrechtem Quadergestein abgelöst werden. Fast von keinem deutschen
Gau sind diese bizarren Felsformen, diese unwegsamen Schluchten und Steil-
gehänge, diese Kletterpartien mit Steigeisen und auf eingebauten Treppen in
Meereshöhen von nur 300—500 m, so bekannt als von der »sächsisch-bohmi-
schen Schweiz«, dem Elbsandstein-Gebirge. Dieselben Quadersandsteine kehren
mitten in dem Lausitzer Gebirge südlich von Zittau am Oybin und weiter von
da bis zur Lausche und Hochwald wieder, sie bilden auch weiterhin, zwischen
Auscha und Hirschberg in Böhmen und im Polzenthal südöstlich von Leipa
mit Besenstrauch und Heidedecke einen verbindenden Zug zwischen Lausitz
und Nordböhmen. Diese ganzen Quadersandstein-Landschaften zwischen dem
Jeschken bei Reichenberg, dem Hochwald bei Zittau und der sächsischen
Schweiz bis Pirna an der Elbe müssen in inniger Verbindung mit dem Lausitzer Berglande verstanden und floristisch zu diesem gerechnet werden; sie
bilden demnach bei Tetschen und Bodenbach, wo das Sandsteingebirge im
721 m hohen Schneeberg links der Elbe seine höchste Erhebung zeigt, den
westlichsten Ausläufer des Lausitzer Berglandes, das sich am Nollendorfer
Pass und bei Königswalde gegen das Erzgebirge und böhmische Mittelgebirge
steil und unvermittelt abscheidet.

Die Südgrenze des Lausitzer Gebirgslandes gegen das Böhmische Mittelgebirge kann daher nur da gesucht werden, wo sowohl auf den Felsgipfeln
als im Bereich der sandigen Triften die nicht hercynischen Pflanzenarten des
Mittelgebirges, welche fast überhaupt in Sachsen (und auch in Schlesien) fehlen
und größtenteils einen südöstlicheren Florencharakter verraten, ihre Nordgrenze
erreichen. Nach Osten hin wird das Lausitzer Gebirge ziemlich scharf vom
sudetischen Charakter des Isergebirges abgegrenzt, welches schon in unmittelbarer Nähe des floristisch immer noch hercynisch-monotonen Jeschken mit Vera-
trum, Streptopus und Krummholzbeständen anhebt. Es wird daher der Flusslauf der Wittig bei Friedland als Grenzpunkt gelten können, von dort bis
Reichenberg die von einer Eisenbahn durchzogene Senkung zwischen Iser- und
Lausitzer Gebirge.

2. Orographisch-geognostischer Charakter.

So ist die Hauptmasse des ganzen, hier zum floristischen »Berglande der
Oberlausitz« gerechneten Geländes von Granit und Quadersandsteinen gebildet.
Diese letzteren gehören den geologischen Formationen des oberen Kreide-

systems (Turon, im Grenzgebiet gegen das böhmische Mittelgebirge Senon) an, und in ihn ist das Elbbett zwischen Tetschen und Pirna eingenagt. Die Möglichkeit der Schluchtenbildung bringt es mit sich, dass nördlich der Elbe die Thäler der mit südlichem Laufe zu ihr eilenden Bäche in ihrem oberen, von Granit gebildeten Teile oft nur geringe Spuren von Bergwaldformationen zeigen, während ihr Unterlauf nahe der Elbe im feuchten Sandstein mit schroffen, nahe an einander gerückten Wänden davon viel schönere Ausprägungen besitzt und zudem die floristischen Seltenheiten, z. T. glaciale Relikte, beherbergt. Wenn man von den nördlich der Elbe im Lausitzer Granit gelegenen Städten (z. B. Neustadt bei Stolpen, Sebnitz) südwärts zum Elbthal wandert, so gelangt man über sanfte Rücken und Höhenschwellen mit Feldern, Wald und Wiese hinweg plötzlich an die steil aufgerichteten Sandsteinwände nahe der Elbe, welche nicht höher sind als jene, aber ungleich mehr geeignet zur Erhaltung des Bergwaldes; eine Art nach der anderen stellt sich in den Thalzügen ein, während die Gipfel der Felsen als eine breite Hochfläche mit Kiefernheidewald erscheinen. — Auch zwischen Löbau und Zittau ist der Granit durch eine breite, nach Süden sich erstreckende Zunge von diluvialen Geschieben durchbrochen, welche hier bis dicht zu den höchsten Spitzen des Lausitzer Berglandes zwischen Jeschken und Lausche heranreicht. Hier ist das Centrum der Basalte und Phonolithe, deren nach N vorgeschobene, bemerkenswerte Flora wir im vorigen Kapitel, soweit sie zu den niederen Höhen gehörte, als »Bernstädter Hügelland« besprachen; die oberen Höhen aber haben den Quadersandstein durchbrochen und zeigen Bergwald mit präalpinen Felspflanzen, da sie 600—700 m Höhe besitzen, und sie liegen an der Südgrenze des Gebietes. Der Jeschken selbst ist aus dem Untersilur und Cambrium als breiter Rücken von NW nach SO aufgebaut und trennt damit das granitische Isergebirge von den nördlichsten Ausläufern des böhmischen Mittelgebirges, welche hier gleichfalls aus Sandsteinen der oberen Kreide mit sehr zahlreichen Basaltdurchbrüchen bestehen.

Orographisch, geognostisch und floristisch besitzt das Lausitzer Bergland seine eigenen Charakterzüge; mit dem Erzgebirge durchaus nicht in ein gemeinsames floristisches Gebiet zusammenzuziehen, darf es auch nicht mit dem Isergebirge vereinigt werden, wenn auch seine Rolle in der Florenentwickelungsgeschichte die gewesen sein mag, den Austausch der Sudeten nach Westen hin mit dem Erzgebirge zu vermitteln. So finden wir denn gerade im Terr. 10 mancherlei zerstreute Standorte, viele in merkwürdig niederen Höhen; sie weisen auf solchen Austausch zur Glacialzeit hin, wo nach meiner im Abschn. V zu begründenden Anschauung im niederen Lausitzer Berglande der obere hercynische Fichtenwald in einer subalpinen Facies ausgebreitet war.

Dass das ganze Gebiet vom Elbhugellande bei Pirna im Westen und dem Bernstädter Hügellande im Nordosten bis zum Schneeberg und Jeschken im nördlichen Böhmen zu einem floristischen Territorium gemacht wird, bedarf keiner längeren Erklärung. Das Ganze ist aus Granit und Quadersandsteinen mit einzelnen Basaltdurchbrüchen aufgebaut, hat dieselbe Florenentwickelung

gehabt, zeigt heute denselben Charakter eines milden Berglandes in Vermittelung sudetischen und erzgebirgischeń Florengemisches, und der Westen, die
sogen. »Sächsisch-Böhmische Schweiz« bildet für uns nur die niedere Terrasse
dieses von Ost nach West gesenkten Berglandes, dessen Eigenart durch Zer-
rissenheit der Sandsteinwände und Vertiefung der Schluchten zu feuchten
Relikten-Standorten das ersetzt, was ihm an Meereshöhe abgeht. So ist diese
Sächsische Schweiz floristisch viel reichhaltiger (besonders in Hinsicht auf
Sporenpflanzen) als die ihr sonst so ähnlichen Quadersandsteine bei *Zittau*,
der landschaftlich so malerische Oybin u. a. Berge, die doch in unmittelbarer
Verbindung mit dem höchsten Rücken des Lausitzer Gebirges am Hochwald
und der Lausche stehen.

Ist also auch diese Vereinigung floristisch berechtigt und sogar notwendig,
so erfordert doch der geographische Takt eine Schilderung dieser Landschaft
in zwei getrennten Hauptgliedern.

1. *Das Elbsandstein-Bergland.* Es endet dasselbe im Westen an der
Elbe bei Stadt *Wehlen* und den kleinen, dort in den Hauptstrom direkt
gehenden Gründen und Schluchten, umfasst nördlich der Elbe das Land in
der Linie Hohnstein—Sebnitz—Böhmisch Kamnitz mit den Unterläufen der
Polenz und Sebnitz, mit der Kirnitz und Kamnitz, und südlich der Elbe das
ganze Quadersandsteingebiet von einer Stadt Wehlen gegenüber liegenden
Linie zum Ostgehänge der *Gottleuba* unterhalb *Berggießhübel*, und so weiter
bis zur Ostgrenze des Erzgebirges zwischen Gottleuba in Sachsen und Königswald in Böhmen; nahe dieser Ostgrenze liegt die höchste Erhebung des aus
Quadersandstein gebildeten Berglandes im böhmischen *Schneeberg* (721 m), und
von dort fällt dasselbe mit steilen Gehängen gegen die hier von S nach N
strömende Elbe ab; den Südpunkt bilden hier an beiden Ufern die Ortschaften
Bodenbach (W) und *Tetschen* (O-Ufer). Soweit östlich der Elbe der Sandstein
zu den Turon-Schichten gehört, erstreckt sich das Elbsandsteingebirge oder
die »*Sächsisch-böhmische Schweiz*«, hier schon von zahlreichen Basaltkuppen
durchsetzt.

2. *Das Lausitzer Gebirge.* Dasselbe nimmt den südöstlichen Rest der
ganzen Landschaft ein, vom *Jeschken* im SO bis zum *Valtenberg* im NW aus
Cambrium-Grauwacken, aus Granit, Basaltmassen in größerer Ausdehnung und
Sandsteinen der Senon-Formation zwischen den böhmischen Ortschaften *Zwickau*
und *Böhmisch-Kamnitz*, um die Ortschaft *Gabel* herum auch wieder vom Turon
gebildet. Hier ist der Mittelpunkt der Bergpflanzen dieses ostelbischen Gaues
zu suchen, deren Anlehnung an die Sudeten leicht verständlich ist. Trotz
mancher südlich seiner Wasserscheide zwischen Quadersandsteinen durch-
gebrochenen hohen Basaltkegel sind die auffallenden Züge des böhmischen
Mittelgebirges mit ihrem Reichtum an Arten der warmen Hügelformationen
gerade durch dies Lausitzer Bergland an ihrer weiteren Verbreitung nach N
zurückgehalten worden.

3. Das Elbsandstein-Bergland.

Überblick. Die gewöhnlich auf den Karten gebrauchte Bezeichnung: »Elb-sandsteingebirge« erweckt etwas zu großartige Vorstellungen; wir haben es orographisch und floristisch mit einem über der Elbe meistens nur um 200 bis 350 m ansteigenden, niederen Berglande zu thun, dessen Stromgehänge fast senkrecht um 100—200 m abstürzen und das Hauptthal demnach in seiner ganzen Länge einengen; es trägt auf seiner Hochfläche einzelne Steilmauern, Felskegel und gigantische Riffe aufgesetzt, deren Gipfel in 400—700 m abso-luter Höhe, flach, breit und sandig, teilweise noch dürren Kiefernheidewald erzeugen und nur in den oberen Lagen naturgemäß die untere hercynische Fichtenwaldung als herrschendes Gewand angelegt haben. Nur da, wo Basalt-kegel durchgebrochen sind, ist über dem Sandstein auf dem tiefgründigen Humus des Basaltschotters der montane Buchenwald üppig entwickelt und bringt ein reicheres Pflanzenleben mit sich. Dies ist am weitesten westlich bei Schandau a./Elbe in dem großen *Winterberge* der Fall, dessen oberste 556 m erreichende Gipfelhöhe allein aus Basalt besteht und damit die lang-gezogene Sandsteinwand überragt, aus der das plutonische Gestein hervor-brach; wie ein mächtiges, in seiner ganzen Länge steil abstürzendes Felsriff stellt sich diese Wand dem aus den nördlich liegenden Granitbergen von Sebnitz her kommenden Wanderer dar und zeigt den Basalt als stumpf auf-gesetzten Kegel; aber mit zerrissenen Felsgraten und tief eingefurchten Schluchten stürzt dieselbe Wand auch noch tiefer südwärts zur Elbe ab. Viel ruhiger sieht es am Südrande des Quadersandstein-Plateaus rings um den *Hohen Schneeberg* bei Eulau aus, dessen sehr weit gedehnte und bis 723 m an-steigende Hochfläche nur aus Sandstein, bedeckt mit eintönigem Fichtenwald, besteht: im Süden, jenseit des kleinen Eulaubaches erheben sich die schön-geformten Basalt- und Phonolithkegel des böhmischen Mittelgebirges aus der fruchtbaren, nordböhmischen Elbniederung mit Laubwäldern und schotterigen, grauschwarz gefärbten Abstürzen einer hinter dem anderen frei in die blaue Luft; aber rings um den Schneeberg dehnen sich allein die Flächen und steilen Hänge des Sandsteins, welche zur Elbe abfallend deren Lauf gegenüber Tetschen zum Engpass einschnüren.

Der Hohe Schneeberg ist durch keine besonderen Pflanzen ausgezeichnet; 120 m unter seinem rechteckigen, in größter Länge auf ca. 1 $^1/_2$ km ausgedehnten, allseitig mit Steilmauern abfallenden Gipfel liegt das Dorf Schneeberg, dessen phänologische Retardation gegen das Elb-thal bei Dresden fast 1 Monat im Frühjahr beträgt; hier stand am 6. August 1896 Tilia grandi-folia noch in Vollblüte, an den Wiesenbächen grünten die mächtigen Blattrosetten von Imperatoria. Prunus avium ist dann noch nicht reif, aber Kernobst liefert gleichfalls noch Erträgnisse. Wo beim Aufstieg zum Berggipfel kleine Bäche den finstern Wald durcheilen, steht cop. Calama-grostis Hallerlana und Blechnum Spicant; im Moos-Caricetum ist Juncus squarrosus gesellig. An den Wänden haben sich Fichten und Tannen eingenistet, ab und zu eine kleine Eberesche, sonst die gewöhnliche Staudenflora von Epilobium angustifolium u. a. A. Oben im Fichtenwald sieht man auf weite Strecken nur Myrtillus und Calluna; im Frühjahr blüht 550—600 m hoch im üppigen Tannenwalde die gewöhnliche Flora von Mercurialis mit Oxalis Acetosella, Anemone nemorosa u. s. w. — Der Große Winterberg dagegen besitzt als Basaltberg eine viel reichere

Flora von Hordeum silvaticum, Veronica montana u. ähnl. Arten. Auf seinem Gipfel erblüht gen W Vorgeschoben im frühen Frühling Dentaria enneaphylla, im Sommer Lilium Martagon (in Sachsen stets nur an beVorzugten Standorten!), und hier hat das sehr seltene Botrychium Matricariae Spr. (= rutifolium) seinen einzigen Standort in Terr. 10 neben einem anderen im hochsten Erzgebirge und einem vogtländischen bei Greiz. —

In seinen höheren Teilen ist dies ganze Bergland bewaldet, wobei sich Kiefer und Fichte je nach der Lage als vorherrschende Bäume ergänzen und der Kiefer die Birke, der Fichte aber Buche und Tanne beigemischt sind; auch die Eiche fehlt nicht und besiedelt sogar trockene Sandsteinfelsen an schroffen Abhängen; die Tanne ist hier in vielen Thälern und felsumrahmten Schluchten schöner als irgendwo sonst in Sachsen entwickelt, und kerzengerade streben oft mächtige Stämme unmittelbar an die feuchten Sandsteinquadern angelehnt und lotrecht wie diese aus finstern Schluchten empor, die im Frühjahr von einem brausenden Bergbach erfüllt sind, im Hochsommer dagegen nur wenig Wasser auf der sandigen Sohle besitzen. Länger erhält sich Schnee und Eis in diesen engen Thälern, als man nach ihrer geringen Meereshöhe von oft nur 200—300 m erwarten sollte, und nach zwischen Schnee, Regen und Frost wechselnden Wintern findet man häufig an langen Felswänden die schönsten Cascaden in Form von Eis die Felsen überdeckend. Dadurch wird in allen tief eingeschnittenen Thälern und Nebenthälern auf einen feucht-kühlen Frühling hingewirkt und der trockene Sommer, der auf den Hochflächen Kiefernheide findet, dringt in diese Schluchten nicht hinab. An diese knüpft sich daher auch das floristische Hauptinteresse, indem hier den Arten des Lausitzer Bergwaldes Gelegenheit zu sehr tief gelegenen Standorten geboten wird. Hier erreicht Petasites albus seine niedrigsten Thalplätze 150 m über der Elbe, hier sind die Gehänge gegen den Strom mit Arabis Halleri im Wiesengrase versehen. Besonders aber ist der die feuchten Felswände überziehende Moosteppich bemerkenswert.

a) Seltene Sporenpflanzen im Uttewalder und Amselgrunde.

Hymenophyllum tunbridgense Sm. — In einem der feuchten, moosigen Gründe gedeiht eine der größten Seltenheiten von ganz Sachsen und dem hercynischen Florenbezirk, ein Vertreter der Hymenophyllaceen. Dieser zarte, winzige Farn ist Mitte vorigen Jahrhunderts am Felsenthor des Uttewalder Grundes entdeckt worden; aber dieser erste Fundort ist durch den Leichtsinn von zugereisten Sammlern, die von der pflanzengeographischen Bedeutung eines solchen Fundes kaum eine Ahnung hatten, vernichtet. Dann wurden lange Zeit Jugendformen von Polypodium oder anderen Farnen für Hymenophyllum ausgegeben, bis im Oktober 1885 Herr C. SCHILLER-Dresden einen neuen Fundort in demselben schluchtenreichen Teile des Gebirges entdeckte[1]).

---

1) Ich Verdanke diesem eifrigen Floristen die Autopsie des seltenen, an der neu entdeckten Stelle sorgfältig zu hütenden Farns sowie die persönliche Bekanntschaft mit allen Fundstellen

Der Uttewalder Grund liegt nahe der Westgrenze des Elbsandstein-gebirges nördlich vom Elbthal und bildet von Dresden her das erste kleine Bachthal, welches nach einem Laufe von nur ca. 5 km bei Wehlen zur Elbe geht; das Felsenthor stellt die engste Stelle des oberen Grundes dar, in welchem überhängende Blöcke den schmalen Thalweg sperren. Außer dem Hymeno-phyllum befindet sich noch mancherlei von seltenen Moosen in diesem Grunde, auch ist er ausgezeichnet durch das tiefe Vorkommen von Bergpflanzen wie Lunaria, Petasites albus, Pirola uniflora und überhaupt durch eine immerhin auffallende Vereinigung von mancherlei Standorten so nahe am westlichen Ausgange des Elbsandstein-Berglandes, zumal wenn man erwägt, dass dieselben um eine Meereshöhe von nur 200 m herumliegen. Auf den Höhen oberhalb der Thalwände im O und W verzeichnet die geologische Karte Geschiebe der ersten Eiszeit, der Grund selbst verläuft im gewöhnlichen Quadersandstein (Turon). Nach meiner Ansicht hat das Hymenophyllum als einer der seltensten Relikte früherer Tertiärflora (bez. der Interglacialflora) an dieser Stelle die zweite Eiszeit überdauert; es erscheint ganz ausgeschlossen, dass von seinen jetzigen atlantischen Standorten Sporen ungefährdet und ohne irgend welche Zwischenstation zu finden in diese einsame Schlucht gelangt wären.

Aspidium *Braunii Spenn. Dieses stellt einen zweiten sehr seltenen Farn, wenn auch an pflanzengeographischer Bedeutung mit vorigem nicht zu vergleichen, vor, im nahegelegenen Amselgrunde gedeihend. Es ist wahr-scheinlich, dass derselbe hier im Elbsandsteingebirge seine einzigen, an die Sudeten sich anschließenden Standorte besitzt; denn der von GARCKE an-gegebene andere hercynische Standort »Meißner« wird durch WIGAND nicht bestätigt, der von dort nur Asp. aculeatum (= lobatum) nennt. Dieses ist zwar eine sehr ähnliche Art, doch nach Form und Areal als Subspecies ver-schieden, beide als zu einer Hauptform gehörig zu betrachten. So bildet dieser Farn eine seltene Zierde an mehreren Stellen gerade dieses Teiles vom Elbsandsteingebirge, zwischen Blöcken in dem Schluchtenwalde der Thalsohle.

Moose. — Um die Natur dieser am tiefsten liegenden montanen Stand-orte zu verstehen, soll sogleich hier ein Blick auf die Mooswelt im Wehlener—Uttewalder und dem ihm zunächst östlich parallel gehenden Amselgrunde ge-worfen werden, als gedrängte Probe der Reichhaltigkeit im Elbsandsteingebirge überhaupt. Auch diese Standorte montaner Moose liegen tief, zwischen 150 bis 250 m; es ist dies dadurch erklärlich, dass die entweder sehr engen Schluchtenwände oder die in weiteren Thälern bis zu 80—120 m höher auf-strebenden Thalwände so sehr die sommerliche Wärme und Trockenheit ab-halten, dass montane Pflanzen in den am tiefsten eingeschnittenen, also die relativ geringste Meereshöhe aufweisenden Gründen die am meisten gesicherten Standorte finden. Im Amselgrunde fließt dazu ein ziemlich starker Bach, der

seltener Moose im Gebiete Wehlen—Hohnstein—Rathen, die teils von ihm wieder aufgespürt teils durch neue Fundstellen ergänzt worden sind, da mancher früher angegebene Standort ver-loren gegangen ist.

aus einer durch riesige, zusammengeworfene Blöcke natürlich erzeugten Thal-
sperre in verborgener Schlucht hervortritt und dabei zu einem künstlichen
Wasserfall umgestaltete Cascaden bildet, welche triefend nasse Felswände erzeugen und in ihrer Wirkung durch kleine Nebenbäche verstärkt werden.

Pterygophyllum lucens Brid. (= Hookeria) ist an diesen letzteren Stellen
eines der interessantesten Moose. Es bekleidet im Uttewalder wie Amselgrunde
einige spärliche Stellen zwischen Marchantiaceen und Mnium-Rasen, denen es mit dem
leuchtenden Grün seiner großen, flach ausgebreiteten Blätter einen Glanzpunkt verleiht.
Auch in Schlesien kommen einige ähnlich tiefe Standorte dieses Bergmooses vor, immer
aber an Gebirgsbächen, am weitesten nordwärts bei Niesky (Lausitz) außerhalb unserer
hercynischen Grenze. Im Bezirk gedeiht es im Fichtelgebirge, Thüringer Wald, an Bächen
und Flussufern des Oberharzes (an allen nach N abfließenden Bächen); im Bohmer Walde
und in den Alpen liegen seine Standorte zwischen 400—1400 m (Juratzka).

Tetrodontium Brownianum Schwg., eine von T. repandum nur schwierig
zu unterscheidende Art. Sie hat zwischen Riesengebirge und Westfalen drei hercynische Standorte, den östlichsten im Amselgrunde, dann folgt das Fichtelgebirge und
der oberste Thüringer Wald; im Oberharze (Ilsethal und Rehberger Graben) wächst nur
das nicht so seltene T. repandum Funck: letzteres lebt in den österr. Alpen an manchen
Stellen, aber unser T. Brownianum fehlt daselbst.

Dicranodontium longirostre Schmp., *aristatum Schmp. ist i. J. 1892
von C. SCHILLER im Polenzgrunde als neue sächsische Art aufgefunden
worden[1]. Es besitzt hier seinen ersten hercynischen Standort westlich der Sudeten.
Der Polenzgrund bildet das auf den Amselgrund wenige Kilometer weiter östlich folgende
Hauptthal, welches von Hohnstein südwärts den Quadersandstein, nordwärts den Granit
durchfurcht.

Schistostega osmundacea W. & M., das »Leuchtmoos« unserer Gebirge.
Es besitzt zwar sein üppigstes Vorkommen in von Granitblöcken gebildeten Höhlen des
Fichtelgebirges und auch des Oberharzes, hat aber auch im Quadersandstein einzelne stark
besetzte Standorte und bekleidet einzelne Felswände im Uttewalder Grunde reichlich fruchtend, wie es im Amselgrunde Leuchthöhlen besetzt. Wenn auch die Verbreitung dieses
Mooses in den mitteleuropäischen Bergländern eine weite genannt werden muss, so hat
doch jede einzelne, besonders eine tief gelegene Station ihre Bedeutung für deren Montancharakter.

Rhabdoweisia fugax Br. & Schmp. Ein von der Bergregion bis in die höchsten
Alpen verbreitetes Moos, welches MILDE als besonders charakteristisch für die schlesischen
Sandsteingebirge bezeichnet; es tritt auch in dieser Eigenschaft bezeichnend in der sächsischen
Schweiz auf und bedeckt nahe dem ersten Hymenophyllum-Standorte wie weiter ringsum
ganze Felswände, hier wie auf dem Buntsandstein bei Göttingen.
[Rh. denticulata Br. & Schmp., ein viel selteneres Moos mit stärkerer Verbreitung im Thüringer
Walde, hat als große Seltenheit im Kirnitzschthal an der sächs. bömischen Grenze gleich-
falls einen Standort.]

Fissidens crassipes Wils. Dieses an nassen Felsen zumeist nur in der niederen Bergregion mit vereinzelten Standorten auftretende Moos besetzt den dem Amselfall gegenüberliegenden und von dessen Sprühwasser benetzten Felsen mit dichten Rasen. Es hat in der
Hercynia außerdem zwischen dem Waldstein (Fchbg.) und der Weser bei Höxter Stationen.

Campylopus fragilis Br. & Schmp. (= C. densus *fragilis). Gleichfalls ein selt-
neres Moos, dessen Standorte zumeist auf Sandsteinfelsen liegen, in Steyermark 1000—1200 m

---

1) Siehe Abh. der »Isis« in Dresden, botan. Sektion, 3. Nov. 1892.

hoch, in Salzburg und Tirol; auf den Quadersandsteinen des nördlichen Bohmens allgemeiner verbreitet, auch in Schlesien auf Sandstein und Granit, am Harze bei Blankenburg
und in Thüringen, bedeckt dieses sparrig-beblätterte Moos ganze Felsblöcke im Amselgrunde und dem nahen Polenzthale.

Die folgenden Moose sind als montane Arten durch ihre tiefen Standorte in den genannten
Gründen ausgezeichnet:

Plagiothecium undulatum Br. & Schmp. Verbreitet in Formation 9 der ganzen
oberen hercynischen Gebirge, wie überhaupt in der deutschen Berg- und subalpinen Region
mit ganz vereinzelt vorgeschobenen norddeutschen Standorten, erreicht es im Uttewalder-
und Amselgrund die unterste hercynische Grenze.

Bartramia Halleriana Hedw. Verbreitet in der präalpinen und montanen Region der
Alpen (seltener im Hochgebirge); hat am Felsenthore des Uttewalder Grundes einen niederen
Standort.

Dichodontium pellucidum Schmp. Eine Art besonders der niederen Bergregion,
besetzt zahlreiche Felsblöcke im Amselgrunde mit dichten, gelbgrünen Rasenflächen;
fruchtet selten.

Tetraphis pellucida Hedw., ein Charaktermoos für das Sandsteingebirge,
bis zu 1000 m nach MILDE. Dasselbe bekleidet auch außerhalb der genannten
Gründe große Felswände feuchter Thalschluchten mit zuerst frischgrünem, später im Herbst
wie rostbrauner Filz erscheinenden Rasen, erfüllt mit Pseudopodien mit Brutknospen.

Rhynchostegium rusciforme Br. & Schmp. } beide in der niederen
Thamnium alopecurum Br. & Schmp. } Bergregion an den Gewässern verbreitet, bedecken mit dichten Decken einzelne vom Wasser
übersprühte Felsen.

Zu diesen charakteristischen Laubmoosen gesellt sich nun eine große Auswahl mehr oder weniger bezeichnender *Lebermoose*, unter denen allen voran
wohl die Jungermannia Taylori Hook. zu nennen ist. Diese montane
Art ist in den genannten Thälern gemein und man findet von ihr ganze Felswände mit schwellenden Polstern von 3—10 cm Dicke überzogen, deren frisch
grünende Oberfläche auf den abgestorbenen Resten der unteren Stengel vege-
tiert. Von gemeinen Arten ist Mastigobryum trilobatum besonders durch
seine hohen, dunkelgrünen Rasen in Masse auffallend, und dazu kommen an
den hohen, steilen Felswänden oder auf deren schräg geneigten Gesimsen Calypogeia Trichomanis, Alicularia scalaris, Jungermannia albicans, exsecta, minuta u. s. w., die Scapanien, während an den feuchtesten sandig-thonigen
Plätzen an den Bächen, unter tropfenden Felsen und an den das Wasser umgürtenden Steinen die breiten Lager von Marchantia, noch häufiger von Pellia
epiphylla, Fegatella conica und seltener auch Aneura palmata eine einzige,
wie dicke Häute abziehbare grüne Decke bilden, in welcher Generationen
verschiedener Jahre sich überwuchern. — An den ständig nassen Felsen fallen
schon aus der Ferne die häufigen chokoladebraunen schleimigen Überzüge
auf, die von der *Bacillariacee* Frustulia rhomboides Ehrbg. var. saxonica Rbh.
gebildet werden, deren reine und massenhafte Bestände für die nassen schattigen
Felsen des Elbsandsteingebirges ganz charakteristisch sind. Neben ihnen

finden sich noch graugrüne oder grünbraune gallertige Decken von Gloeo-
capsa polydermatica Ktz., mit der sich Scytonema crustaceum Ag. und Sc.
Hofmanni Thr. vergesellschaften. Sind die schleimigen Überzüge dünn und
dunkelgrün, so werden sie von Mesotaenium Braunii D. B. oder auch von M.
chlamydosporum D. Bar. hauptsächlich gebildet (SCHORLER).

In größerer Höhe, wo schon das Sonnenlicht nicht mehr durch die
Wipfel der schlanken Tannen, die zwischen den Sandsteinblöcken aufstreben,
gebrochen wird, da schimmern die mauerähnlichen Felswände und Zinnen oft
mit stark schwefelgelb gefärbter Oberfläche weithin sichtbar, und dieser dünne,
fein-pulverige Überzug wird dem einfachen Lager der fast niemals fruchtenden
Flechte Calycium chlorinum Ach. zuerkannt, während man früher darunter
unentwickelte Zustände von Parmelien vermutete. Erst die dem Regen, Sturm
und freien Sonnenschein ausgesetzten Zinnen sind dann mit Parmelia saxatilis, Placodium saxicolum, Haematomma coccineum, mit den Gyrophoren und
Umbilicaria pustulata stellenweise dicht besetzt, tragen niedere, malerisch geformte Kiefern mit breiten Schirmkronen, gelegentlich eine Birke und etwas
Heide als einzige Blütenpflanzen, die sich in dem weichen Sandstein mit wenig
organischem Detritus ernähren können, und hier in luftiger Höhe ist nichts
von dem anziehenden Artgemisch montaner Moose, Farne und Stauden zu
verspüren.

　　b) Bemerkenswerte Blütenpflanzen im Elbsandsteingebiet.

Viola biflora L. Diese in den Sudeten schon sehr häufige alpin-nordische Art
　　hat bis zu den eben geschilderten Thalschluchten einzelne, weit in die
　　Tiefe nach Westen vorgeschobene Standorte. Als Verbindungsstation kann die
　　Lausche im Lausitzer Berglande genannt werden, wo sie als Seltenheit an der Westseite
　　vorkommt. Auch sie ist im Uttewalder Grunde gefunden, und erreicht dort ihren west-
　　lichsten Punkt im Gebiete; nicht weit davon entfernt ist ein bekannterer Standort, wo sich
　　der Amselbach in enger Schlucht über Sandsteinblöcke stürzt, nördlich von Stadt Wehlen.
　　Noch einige andere Stellen bergen die gelbe Viola mehr im Centrum der sächsisch-böhm.
　　Schweiz im Kirnitzsch- und Kamnitz-Thal (Hinterhermsdorf, Dittersbach, Herrnskretschen),
　　immer an gleichen berieselten Felsen in 160—250 m absoluter Höhe.

Ledum palustre L. Diese, die Hochgebirge meidende nordische Art ist
　　oben als Seltenheit der Teichniederung genannt (S. 462); ihre Standorte
　　setzen sich nun merkwürdiger Weise in das Elbsandsteingebirge hinein
　　fort, ohne dass es hier irgendwo entsprechende Kiefernbrüche mit nassem
　　Torfboden gäbe. Ledum nistet hier vielmehr an den Gesimsen steiler Thalwände
　　zwischen Moosen, Cladonien und Calluna; an einigen Stellen (»Raubschloss« bei Dittersbach!)
　　ist auch sein Vorkommen dem in nordischen Mooren ähnlicher, indem dichte Sphagnum-
　　Polster ein kiefernbewachsenes Berggehänge überziehen und zahlreichen, freier entwickelten
　　Sumpfporst-Stöcken Wohnstätte bieten. Sonst sind dieselben kleiner und einseitig ver-
　　zweigt, blühen auch seltener; in finsteren Schluchten stehen sie nie, sondern können
　　wenigstens einseitig vom Sonnenlichte voll getroffen werden. Der nördlichste Standort liegt
　　im Polenzthale und ist von dem nächsten mir aus der Teichniederung bekannten nahezu
　　50 km entfernt. Am zahlreichsten findet sich Ledum etwas weiter nach Osten zwischen
　　Herrnskretschen und Tetschen; aber alle diese Standorte, wie auch die von Viola biflora,
　　liegen am rechten Elbufer nördlich und östlich von deren Knie.

Streptopus amplexifolius DC. Diese in den Sudeten gleichfalls sehr häufige Art
greift von dem Isergebirge über den Jeschken und die Lausche zum Elbsandsteingebirge
in die Tiefe, dann aber wieder zum Erzgebirgskamm auf 1000 m in die Höhe hinüber.
Im Elbsandsteingebirge ist sie spärlich an wenigen Standorten, gleichfalls am rechten Elbufer zwischen den Schluchten des Großen Winterbergs und Hohenleipa auf böhm. Seite.

Empetrum nigrum L. Vom großen und kleinen Winterberge, sowie aus
dem wild zerrissenen Felsgebiet der Schrammsteine bei Schandau wird
diese sonst nur in den Hochmooren des Erzgebirges in Sachsen verbreitete Charakterart angegeben. Genauere Standortsangaben finden sich bei
SCHMIDT (siehe Litt. Nr. 25: »Glacialrelikte« S. 164), der hierin richtig einen weiteren
interessanten Beleg für »Glacialrelikte« in der sächsischen Schweiz findet, als welche wir
die vorher genannten 3 Arten gleichfalls anzusehen haben.

Digitalis purpurea L. So gemein diese Art im Harz und Thüringer Walde
ist, so selten ist sie in Sachsen, und bei der Bedeutung ihres westlichen,
die Alpenkette vermeidenden Areales stellt sie demnach einen die
Lausitz mit dem mitteldeutschen Westen verbindenden Charakterzug dar,
während sie dem Muldenlande und Erzgebirge ganz fehlt. Im Elbsandsteingebirge besitzt sie ausgedehnte Standorte auf dem linken Elbufer östlich von Königstein,
auf den Hängen und Waldschlägen der Zschirnsteine in 400—500 m Höhe mit Atropa
Belladonna.

Die gemeine Waldflora in den feuchten Schluchten und den höher gelegenen Bergwäldern mit Buche und Tanne entspricht einem vortrefflichen
Durchschnitt der osthercynischen psammitischen Facies von Formation 3
(vergl. Abschn. III, S. 136).

4. Das Lausitzer Gebirge.

a) Bemerkenswerte Arten der Formationen.

Der *Bergwald* hat hier naturgemäß eine herrschende Stellung, nächst ihm
kommt die *Bergwiese* sowohl in hoch gelegener Abhangsfacies als in Torfsümpfen, welche die fehlenden Hochmoore ersetzen[1]). Die Arten des nördlichen Teich-Hügellandes auf Moos- und Wiesenmooren gehen nicht in das
Gebirge hinein, sondern finden sich höchstens an seinem Südfuße wieder,
dann aber nicht mehr im hercynischen Florenbezirk, sondern zwischen den
Basalten des böhmischen Mittelgebirges. Die interessanteren Arten der unter
Kap. 9 geschilderten Hügelformationen haben im höheren Berglande keine
passenden Stationen finden können. Dafür kommt aber eine neue, kleine und
sehr bemerkenswerte Gruppe von Arten dazu: die der *präalpinen Felsabstürze;*
sie heftet sich an die steilen Gehänge der höheren Basaltberge, wo gleichzeitig die gewöhnlichen sonnigen Hügelpflanzen lichter Gebüsche (wie Clinopodium und Origanum) am höchsten heraufsteigen und über den Thalgründen

---

1) Meum athamanticum, so äußerst kennzeichnend für die Bergwiesen des Erzgebirges, fehlt
in der Lausitz. Der einzelne Standort bei Nixdorf nahe dem nordwestl. Ende des Gebirgszuges
erscheint als Verschlagung. — Astrantia ist hier auf das böhm. Mittelgebirge beschränkt. Thlaspi
alpestre ist im Vergleich mit den Erzgebirgswiesen selten. .

mit Blechnum und Coralliorrhiza hoch oben sonnigwarme Standorte besetzt halten.

Für diese drei Formationsgruppen gilt die hier folgende gemeinsame Liste der bemerkenswerteren Arten, welche durch Zusätze ihre Standortsbeziehungen verdeutlicht erhält.

Orchis sambucina frq., Bergwiesen.
—— globosa!! Bergw. b. Georgswalde, Lausche.
Epipogon aphyllus! moosige u. humose Wälder, r.
Listera cordata!! selten: Lausche, Jeschken, Kleis.
Coralliorrhiza innata! in humosen Nadelwäldern am Lauf kleirer Bäche zerstreut.
Streptopus amplexifolius!! selten: Jeschken und Lausche.
Polygonatum verticillatum frq., Wald.
Allium sibiricum!! Kleis (präalp. Felsen).
Luzula silvatica! sehr selten; fehlt auch im Elbsandsteingebirge und ist erst im Erzgebirge für die Bergwaldregion charakteristisch.
Carex pendula!, teretiuscula!, elongata!, lasiocarpa! als Seltenheiten, die letztere hier bei Georgswalde und bei Böhm. Wartenberg sich an ihre nördlichen Standorte (Terr. 9) anschließend.
Eriophorum vaginatum!: auf Hochmooren von Böhm.-Kamnitz bis Haida und Zwickau (fehlt in der nördl. Teichlandschaft!).
Calamagrostis Halleriana: in den Bergwäldern sehr verbreitet und oft schon bei 400 m geradezu soc.
Poa sudetica *remota! spor. Kaltenberg—Jeschken.
Hordeum silvaticum truppweise häufig.

———

Aruncus silVester: weniger häufig als im Elbsandsteingebirge, doch gesellig an felsigen Abstürzen und Schluchten bis zum Jeschken; fehlt im böhm. Mittelgebirge.
Rubus hirtus *Kaltenbachi!, Güntheri!, silesiacus!, scaber!, serpens! u. a. A.
Epilobium alpinum *nutans!! Lausche.
Circaea alpina greg. in Laubwäldern.
Ribes alpinum: präalpin, Fels.
Lonicera nigra! obere Bergwälder: zahlreich auf einzelnen höheren Gipfeln des Lausitzer Granit- und Basaltgebirges, z. B. am 732 m hohen Buchberg, am Tannenberg,

am Kleis und am ganzen Bergstock der Lausche mit ihren Bachgründen.
Valeriana sambucifolia!
Petasites albus frq., Bergwälder, Bäche.
Homogyne alpina!! obere hercynische Nadelwaldungen am Jeschken, sonst fehlend.
Aster alpinus!! Kleis, präalpine Felsen.
Arnica montana frq. cop. Bergwiesen.
Senecio crispatus!! an wenigen Stellen.
Cirsium heterophyllum, nasse Bergwiesen.
Mulgedium alpinum! Bergwälder, sehr selten: Thal unter der Lausche.
Prenanthes purpurea: frq. cop.
Hieracium Schmidtii! präalpine Felsen.
Veronica montana, Atropa, Trientalis, Lysimachia nemorum, Euphorbia dulcis: wie im Elbsandsteingebirge häufig.
Viola biflora!! moosige Bergwälder nur an der Lausche.
Dentaria bulbifera: frq. cop. montane Laubwälder.
—— enneaphylla: greg. im Basalthumus der Laubwälder.
Arabis Halleri! grasige Abhänge.
Ranunculus *platanifolius! nur am Jeschken als Seltenheit.
Thalictrum aquilegifolium an den Waldbächen frq., gilt gegenüber dem böhm. Mittelgebirge als Charakterpflanze des Bergwaldes.
Viscaria vulgaris frq. cop. Wiesen.

———

Lycopodium Selago! präalpine Felsen.
Woodsia ilvensis!! präalpine Felsen.
Aspidium lobatum! Bergwälder.
Botrychium ramosum (= matricariifolium)!! Bergwiesen am Kleis.

———

Pinus montana *Pumilio: Vergl. Anmerkg. 1).

———

Geum montanum und Aconitum Napellus siehe unter Skizze vom Jeschken.

1) Vergl. Abhandl. der naturf. Ges. Isis, Dresden 1881, S. 102. Die Bergkiefer in der sudetischen Rasse ist von A. WEISE in Ebersbach aufgefunden und ihr Standort geschildert worden: »in Tausenden von Exemplaren nach Art der Waldunkräuter, nicht nur als herdenweise auftretendes Gestrüpp an unkultiVierten Plätzen, sondern auch vereinzelt zwischen den Stämmen neuerer Fichten- und Kiefernbestände, mit armsdicken bis 2 m hoch emporstrebenden Stämmen.«

Dies alles macht einen ursprünglichen Eindruck, und es braucht nicht Wunder zu nehmen, wenn hierdurch die Zahl sudetischer Florenelemente in verhältnismäßig geringer Meereshöhe noch um eines vermehrt wurde. Der Standort liegt nämlich nur 420 m hoch und ist ein an Quarzbrüchen reicher, in den Mulden mit Geschiebesand erfüllter Bergrücken im Herzen der Ob. Lausitz westlich von Zittau, da wo die bei Gersdorf, Georgswalde und Schluckenau sich sammelnden Quellbäche der Spree von der südwärts nach Zittau zur Neiße abfließenden Mandau sich scheiden; nördlich liegt der 469 m hohe Kuhberg.

b) Topographische Florenbilder.

Westecke des Lausitzer Berglandes.   In raschem Fluge einer $1\frac{1}{2}$ stündigen Eisenbahnfahrt führt die Linie Dresden—Zittau aus dem Elbthale in großem Bogen ostwärts durch das Lausitzer Hügelland über Bischofswerda nach dem Dorfe Niederneukirch, wo wir uns am Fuße des ersten, breit aufgebauten Eckpfeilers des Lausitzer Berglandes befinden, der sich südlich vom Dorf mit steilem Hange, übersät von nackten oder moosüberdeckten Granittrümmern bis gegen 600 m erhebt. Dieser Pfeiler ist der *Valtenberg*, an dessen Südlehne die Wesnitz entspringt. Tannen durchsetzen am ganzen Berge den Fichtenwald, die Buche hat besonders an der Südlehne weit ausgedehnte Bestände, der Bergahorn fehlt nicht: alles so, wie es im Oberlausitzer Berglande von 500—700 m Regel ist. Hübsche Pflanzen trägt der Valtenberg, mehr Arten als seine nächsten Nachbaren im Süden und Südosten; Senecio crispatus *rivularis, Pirola uniflora, Veronica montana, Hordeum silvaticum, Circaea alpina, Lysimachia nemorum, Dentaria enneaphylla, Blechnum Spicant bieten hier eine gute Probe der Bergwaldflora. Im Laubwald auf der Kuppe, der sich erst in der zweiten Hälfte Mai belaubt, ist zahlreiche Corydalis fabacea schon früh in Blüte, und unten an der Wesnitz ist Ende Juli einer der seltenen Standorte von Epipogon aphyllus. Hier murmelt der noch kleine Bergbach unter hohl liegenden Granitblöcken, die von Hypnen, Thuidium, Mnium undulatum und punctatum mit dicht grünem Teppich überzogen sind, und hier wächst im stets durchfeuchteten Waldhumus von Fichtennadeln und Laub die seltene Orchidee. Noch vier andere Standorte besitzt sie im Lausitzer Lande: der nächste liegt am 500 m hohen Picho bei Tautewalde nahe Bautzen, dann folgt je ein Standort bei Warnsdorf und Georgswalde, endlich einer an der Lausche.

Lassen wir den Blick von der Höhe des Valtenberg-Turmes über den Wald hin schweifen, so ist besonders anziehend der Gegensatz des im S und SO sich auftürmenden Berglandes zu der Verflachung nach N und NW, wo noch einmal der *Sibyllenstein* zwischen Elster und Pulsnitz, weiter im NW der *Keulenberg* schon nahe Königsbrück erhabenere Bergstöcke in den Wellen des Hügellandes bildet. Nach ONO ziehen sich die Bautzen südlich umgürtenden, durch das Thal der jungen Spree vom Valtenbergstock getrennten Rücken des 500 m hohen *Bileboh* und des 554 m hohen, Bautzen am nächsten kommenden *Czerneboh* hin. Alle diese Höhen zeigen die uns hier an den Wesnitz-Quellen umgebende Flora viel mehr abgeschwächt; deutlich bemerkt man, zumal an den letztgenannten höheren Gipfeln, in der an montanen Arten armen Flora

31*

die Folgen vom Mangel an Quellbächen; die Granitblöcke liegen oft kahl, Blechnum ist selten, auf weite Strecken fehlt die sonst im ganzen SO Sachsens mit Aruncus tonangebende Prenanthes purpurea; doch ist Senecio nemorensis mit Galium rotundifolium noch herrschend im Hochwalde, Luzula silvatica findet sich ab und zu, die Formen der Rubus glandulosus-Gruppe bedecken den Waldboden noch wie im Hauptstocke an der Lausche; auf Triften aber erscheint schon Laserpitium pruthenicum. —

Die nächsten nach S und SO sich an den Valtenberg anschließenden Gipfel halten sich in fast gleicher Höhe; sie liegen dicht am Nordrande des Elbsandstein-Berglandes, an dessen Südostende wie die Kuppel eines mächtigen Domes der 620 m hohe Basaltdurchbruch des *Rosenberges* weit über die flachen Sandsteine hinüberragt. Dieser herrlich aufgebaute Rosenberg kann in seiner Flora als Typus eines mittelreichen Lausitzer Basaltstockes gelten, wie sie sich weiter ostwärts vom *Kaltenberge* (737 m) bis zur *Lausche* hin reichlicher finden. Ein wundervoller Buchenwald wölbt sich über uns beim Aufstieg; Circaea alpina mit Festuca silvatica, Sanicula, Hordeum silvaticum sind oben vorherrschend, Ribes alpinum wächst im basaltischen Trümmergestein, während in der Region 450—550 m Dentaria bulbifera und enneaphylla, Cardamine silvatica und impatiens, ferner Aspidium lobatum (und Braunii?) charakteristisch sind.

Die Lausche bei Waltersdorf. Von Zittau 10 km nach WSW gelegen steigt der Steilgipfel der Lausche mit 792 m am höchsten unter den Basaltbergen auf. — Zur Lausche muss man nicht aus der nördlich hoch hinanreichenden Getreidegegend von Zittau heraufwandern; vom SW her, vom *Großen Buchberg* bei Röhrsdorf ist sie schöner zu erreichen auf Pfaden, die aus endlosen Buchenrevieren über Kämme und Rücken von 600—700 m Höhe und Lichtungen mit Heide und Heidelbeergestrüpp, Lehnen mit Nardus und Deschampsia hinweg in schattige Thäler an ihrem Fuße führen, wo dann das wohnliche Lauschenhaus aus stolzer Höhe herab in den Fichtenwald des Thalgrundes schaut. Überall begleiten uns auf diesem Wege die Horste von Festuca silvatica und Hordeum silvaticum, Massen von Senecio nemorensis, Dryopteris und Aspidien in üppigster Entwickelung. An der Lausche steigt Gebüsch und Mischwald bis zur geröllreichen Dolerit-Kuppe empor; Maiblumen und Heidelbeeren blühen um Pfingsten, Lathraea Squamaria blühend bei 700 m bindet sich an den Buchenhumus, Carex digitata wächst in Geröllspalten, Lilium Martagon ist hier wie auf anderen Basaltbergen eine Zierde lichter Wälder, und Ribes alpinum nebst Circaea alpina kennzeichnen hier wiederum mit Petasites albus die montane Region. Die verschiedenartigen Standorte zeigen dem entsprechend einen charakteristischen Ausdruck in den Gegensätzen zwischen Wind- und Leeseiten, zwischen Sonne und Schatten: am 6. August 1892 vorm. 10^h bei Lufttemperatur 13,3° C. und einer Bodentemperatur von Moospolstern im nicht besonnten Felsgeröll von 10° C. zeigten die Polster von Grimmien und Cladonien auf Blöcken mit Umbilicarien und Lecideen in vollem Sonnenlicht 30,3° C

Trotz der Höhe von 650 m zeigen die sonnigen Bergwiesen keinen bemerkenswerten Unterschied gegenüber tiefer gelegenen; die Grasnarbe besteht
aus Festuca rubra und ovina, Anthoxanthum, Briza, Agrostis vulgaris, Deschampsia flexuosa, einzelnen Nardus, und viel Luzula *multiflora. Die Steilheit der Wiesenhänge lässt ihre Pflanzendecke über Geröll öfters im Trift-
charakter erscheinen; wo sich dagegen Einsenkungen mit überdauerndem
Schmelzwasser und häufigen Regenansammlungen finden, wird der Boden torfig,
und Juncus squarrosus nebst J. filiformis zeigt mit gemeinen Riedgräsern den
hercynischen Allgemeincharakter; Trientalis europaea wagt sich dann auch aus
dem Walde in solche freie Flächen hinein.

Bei dem Interesse, welches die Lausche als höchster Punkt im Zittauer
Gebirge und ihrem Untergrund aus Dolerit bietet, werden ihre selteneren
Montanarten, deren Fundorte sich über den ganzen Gipfel und seine Thalgründe zerstreuen[1]), in der hier folgenden Liste vereinigt; die häufigeren sind
schon oben genannt.

Listera cordata (im schattig-moosigen Walde).
Orchis globosa (auf den Bergwiesen).
Lilium Martagon.
Polygonatum Verticillatum (bis 780 m).
Streptopus amplexifolius, sehr selten.
Luzula silvatica.
Epilobium alpinum *nutans, sehr selten und vielleicht neuerer Bestätigung bedürftig.
Lonicera nigra (Etschbach 500 m).
Senecio crispatus (var. sudeticus).
Mulgedium alpinum (im Thalgrunde des Etschbaches, 600 m im Fichtenwald, wo

Calamagrostis Halleriana mit Blechnum u. s. w. häufig).
Pirola uniflora.
Viola biflora selten.
Cardamine impatiens; 2 Dentaria.
Thalictrum aquilegifolium.
Aquilegia Vulgaris.

Botrychium Lunaria.
Aspidium *lobatum, *Braunii rr.
Woodsia ilvensis selten.

Der Kleis bei Haida[2]). Noch anziehender als die Lausche und pflanzenreicher durch die Standorte seiner imposanten Phonolith-Abstürze mit riesigen
Trümmerfeldern erhebt sich steil wie ein Zuckerhut mit 756 m erreichendem
Gipfel nahe dem Südrande des Lausitzer Gebirges der Kleis. Er bildet die
höchste Erhebung auf der Scheide zwischen dem Kamnitz- und Polzenbach,
so dass er vom Süden aus auf allen Aussichtspunkten als ein unverkennbares
Merkzeichen in dem nördlich das bunte Landschaftsbild begrenzenden Ge-
birgszuge in die Augen fällt. Der steile Kegel setzt auf einem breiten Sockel
von 500 m Höhe auf, und in diesem Niveau liegt auch am Grunde des Absturzes das sogen. »Steinmeer«, wilde Gesteinstrümmer mit Stereocaulon, Racomitrium und Andreaea, unter dem im schattigen Walde die Kleisquelle
entspringt.

Vorbei an zerzausten, bei 700 m hier am höchsten stehenden Wetter-
tannen (s. Fig. 4, S. 111) geht es zu dem aus scharfkantigem Phonolith gebildeten Gipfel, an dessen einer Seite sich ein Waldgebüsch aus nur 5 m

---

1) Dieselben sind zum kleinen Teil Dr. E. HANTSCHELS »Botanischem Wegweiser« entlehnt,
soweit ich sie bei zweimaligem Besuche des Berges nicht selbst feststellen konnte.
2) Siehe das Landschaftsbild S. 202.

hohen Krüppelbuchen mit kleinen Eichen, Bergahorn und Eberesche bis zum
nackten Fels hinanzieht. Auch Corylus Avellana bildet hier Gebüsche und
steht in Frucht; gerade wie an der Milseburg in der Rhön erreicht er an
solchen sonnigen Basaltgipfeln seine größten Höhen in stürmischen Lagen der
Oberlausitz. — Im Juni ist der nackte Fels mit schönen Blumen geschmückt,
die seinen Spalten entsprießen; folgende Arten setzen diese »warme« Vegetation zusammen, in der Woodsia die einzige boreale Felspflanze darstellt:

Festuca oVina und *duriuscula.	Digitalis ambigua.	Hypericum perforatum.
Poa nemoralis.	Veronica officinalis.	Viscaria Vulgaris.
Calamagrostis arundinacea.	Thymus Serpyllum.	Rumex Acetosella.
Sedum maximum.	Cynanchum Vincetoxicum.	Asplenium septentrionale !
Galium silVestre.	Calluna Vulgaris.	Woodsia ilvensis !!
Hieracium Pilosella.	Euphorbia Cyparissias.	Cotoneaster Vulgaris.

Im September ist diese Felsflora fast verdorrt, nur Sedum maximum blüht
noch in kleinen, an S. purpureum erinnernden Kopfdolden in dunklem Rot-
braun mit den letzten Blütentrauben des Heidekrautes.

An den Steilhängen der Süd- und Südwestseite bei etwa 700 m bilden
kleine Absätze des Phonoliths hübsche blumenreiche Terrassen, zu Anfang
Juni nur mit Aster alpinus in blassem Violett und Viscaria im feurigen
Rot geschmückt. Zwischen den Spalten der steilen Klippen selbst, welche
diese Blumenteppiche nach oben abgrenzen, ist hier alles voll von üppig
wachsender Woodsia mit Cystopteris fragilis und Asplenium septentrionale;
hier kommt auch an den feuchteren Stellen, wo Schmelzwasser länger anhält
und Regenrinnsale herabgehen, auf den Felsgesimsen nicht selten das Allium
Schoenoprasum *sibiricum vor (am 10. Juni vollblühend!). Dieser Standort
setzt die Gebirgslinie nach NW fort, welche von den Karpathen ausgehend
das Mährische Gesenke und Riesengebirge hier mit der Oberlausitz verbindet,
und ist der einzige bis zum Bodethal im Harz.

Auch Allium strictum wird vom Kleis angegeben, Vielleicht irrtümlich? und von mir
dort ebenso wie von Hrn. Jos. ANDERS, Bürgerschullehrer in Leipa, meinem freundlichen botanischen
Führer in den interessanten Mooren um Hirschberg, Vergeblich gesucht. Diese seltene Art besitzt zwei gute Standorte im böhmischen Mittelgebirge, besonders am Rollberg auf der höchsten
Zinne ! Das Vorkommen von Cotoneaster am Kleis entspricht ebenfalls einem weiter vorgeschobenen Mittelgebirgs-Standorte.

Gleichzeitig blüht höher oben an trockeneren Steilwänden im vollen
Sonnenschein neben Sedum album eine zarte, schmalblätterige Form des
Hieracium Schmidtii. Hoch über den Felsen ist das Waldgebüsch mit
Lilium Martagon zwischen Calamagrostis Halleriana, Digitalis ambigua und

Subalpiner Felsschotter auf dem Jeschken gegen 1000 m hoch. — Die Fichte als Kampfform mit
dem Sturme; links oben am Felsrande kleine, im Winde schwankende Gesträuche der Eberesche.
Breite Flecke der Heidelbeere breiten sich in dem sonst nur spärliche Grasrasen zulassenden,
auf größeren Blöcken ganz mit buntfarbener Flechtenvegetation (Rhizocarpon !, Parmelia encausta,
fahlunensis u. a., Umbilicaria- und Gyrophora-A.) überzogenen Felsgerölle aus. —
Aufnahme von Dr. A. NAUMANN, September 1898.

Subalpiner Felsschotter auf dem Jeschken bei Reichenberg.

Cynanchum Vincetoxicum erfüllt, deren Blütenschmuck der Hochsommer mit großen Trupps von Inula salicina, Clinopodium und Origanum ablöst; tief unter ihnen aber folgt den lotrechten Felsabstürzen das chaotische, vegetationslos erscheinende Trümmerfeld des »Steinmeeres«.

Das Jeschkengebirge.

Es bleibt nun noch der östliche und höchste Abschnitt des Lausitzer Gebirges zu schildern übrig, der Zug des Jeschken bei Reichenberg an der Florengrenze gegen die sudetischen Bergländer. In einer 22 km langen, wenig hin und her gewundenen Kammlinie zieht derselbe von NW nach SO und erhebt sich über archäischen Schiefern inmitten des ganzen langgestreckten Kammes zu steiler Kuppe von 1013 m Höhe; an der Südseite erstreckt sich ein fast vegetationsloses, nur Steinflechten und einige Geröllpflanzen aufweisendes Trümmerfeld scharfkantiger Quarzfelsblöcke. Von 600—650 m an aufwärts deckt eintönige obere hercynische Nadelwaldformation mit Plagiothecium undulatum den ganzen Berg rings um die Kuppe, aber während im nordwestlichen Drittteil namentlich um Christofsgrund sein Rücken vielfach mit schönen Laubwaldungen bekleidet ist, so ziehen sich über die Höhen des südöstlichen Drittteils Wiesen und Felder von einer Seite auf die andere. Bis 600 m begleiten uns die Sanguisorba-Wiesen, in denen neben dem gemeinen Bärenklau sich Chaerophyllum aromaticum häufig findet, und es grünen bei 650—700 m um Mitte August noch die letzten Sommerkorn- und Haferfelder. Zwischen Fichtenwald mit Melampyrum silvaticum in großen zusammenhängenden Rudeln dehnen sich die gewöhnlichen montanen Riede von Carex leporina, canescens, Calamagrostis Halleriana, beiden Deschampsia, Juncus squarrosus und filiformis zwischen dem Fichtenwald, und noch bis gegen 800 m erblicken wir einzelne Buchen: da plötzlich im Gemoose an murmelndem Bach winken zwischen gelben Strahlen von Crepis paludosa die Köpfe von Homogyne alpina hervor aus dunklem Grün und verkünden die Nähe des Gipfels. Die untere Grenze dieser Charakterstaude habe ich am Westhange zu 880 m, am Osthange zu 920 m bestimmt; es ist der einzige bekannte Punkt im Lausitzer Gebirge, wo sie sich findet, und hier gar nicht selten. Im Osten tritt sie an der Iser schon massenweise im unteren feuchtkühlen Fichtenwalde auf, im Westen aber muss man auf dem Kamm des Erzgebirges viele Meilen weit bis Reitzenhain wandern, um sie am nächsten Standorte wieder zu finden. Noch zwei andere hochmontane Arten werden vom Jeschken genannt, von denen ich aber keinen Herbarbeleg gesehen habe: Geum montanum und Aconitum Napellus, ebenfalls häufige Sudetenarten. HANTSCHEL's »Wegweiser« bezeichnet beide als »große Seltenheiten«. — Andere noch vereinzelt am Jeschken sich findende Arten, deren Vorkommen durchaus ihrer Verbreitung im Lausitzer Gebirgslande entspricht, sind: Epipogon aphyllus, Listera cordata und Coeloglossum viride, ferner Streptopus amplexifolius; Senecio crispatus in der mehrfach genannten Sudetenform; Ranunculus platanifolius, Thalictrum aquilegifolium und Trollius europaeus, welcher sonst in der Lausitz selten ist.   Neben Lycopodium Selago, das im Geröll treffliche Standorte besitzt, wird noch L. inundatum genannt.

Oben auf der Bergeshöhe stehen die Fichten zerzaust im Sturm und bieten zwischen den Blöcken prachtvolle Kampfbilder dar mit Kronenbrüchen und Bewurzelung ausschlagender Äste; 985 m hoch habe ich die letzte fruchtende Fichte beobachtet, dann folgen nur noch Bäumchen von weniger als Manneshöhe, oft mit 3—5 aus Gabelungen dicht neben einander hervorgegangenen Trieben.   Die Formation der Bergheide hat kaum subalpinen Charakter, da außer Homogyne sonst nur Prenanthes purpurea, die kleine gedrängte Form von Solidago Virga aurea (alpestris) und die beiden Melampyrum-Arten die Massenvegetation der Calluna und beider Vaccinien begleiten; nicht selten erhebt sich ein schwanker Strauch der Eberesche zwischen dem Geröll, auch hier die fruchtende Fichte an Zähigkeit übertreffend, und schon im August rötet sie ihre Beeren.

So bietet der Jeschken bei einer viel geringeren Höhe, als die Gipfel des Erzgebirges erreichen, das interessante Bild einer durch die Gewalt der Stürme und wahrscheinlich auch durch die zur Bodenbildung wenig geeignete Härte der Felsen tief herabgedrückten Baumgrenze, noch unter 1000 m, während man sie theoretisch als 1350 m erreichend veranschlagen könnte.

Elftes Kapitel.

Der Harz.

Einleitung.   Unter den Gebirgen unseres Bezirkes ist der Harz bei geringster Flächenentwickelung das seit lange am meisten beachtete und floristisch gewürdigte Gebirge.   Obwohl nur bis 1142 m ansteigend, ist doch seine relative Höhe bedeutend, indem der Spiegel der Oker bei Braunschweig (nur ca. 50 km vom Brocken entfernt) 86 m, der Spiegel der Elbe bei Magdeburg (in ca. 75 km Entfernung) nur 54 m ü. d. M. misst und dabei der Nordsaum des eigentlichen Gebirges 10—30 km von dem Brocken in Luftlinie entfernt sich in Höhen von nur 200—300 m bewegt.   Auf diese Weise ist dem Harze das nordische Landeis in der Glacialperiode unserer Gebirge sehr nahe gekommen; am ganzen Nordsaume des Gebirges ziehen sich die diluvialen Geschiebe hin, und die geologische Karte giebt solche Ablagerungen der ersten Eiszeit bei Wolfenbüttel in kaum 30 km Entfernung vom nördlichen Gebirgsrande an.   Hierin bietet also der Harz ein Analogon zu dem Riesengebirge, dem das Inlandeis vom Nordosten her noch näher rückte und dessen Gebirgskuppen eigene Gletscher und ausgedehnte Firnfelder besaßen, während über eigene Gletscher im Harze nicht so Sicheres bekannt ist.

E. KAYSER hat in den Verh. d. Ges. f. Erdkunde zu Berlin im Dezember 1881 (VIII.
345—349) auseinandergesetzt, dass das neben dem Rehberger Graben vom Oderteich hergehende
Stück des Oderteiches in seinen Blockanhäufungen durchaus den Eindruck von Seitenmoränen
ehemaliger Gletscherbildung mache und er bezeichnet als das Firnfeld dieses Gletschers die
flache, weite Mulde von 750—800 m zwischen dem Westabhange des Brockens und der sich
gegenüber erhebenden Wolfswarte am Bruchberge. Da die Firnlinie der Haupteiszeit im Riesengebirge nach PARTSCH etwa 1100 m hoch gelegen haben soll, würde auf den Harz eine solche
von 750 m wohl zutreffen, Vorausgesetzt, dass der Harz damals ähnliche Erniedrigungen in seinen
Firnfeldern zeigte, wie wir sie jetzt bei dem Vergleich der Baumgrenzen in Harz und Sudeten
feststellen.

Klimatisch ist das obere Harzgebirge durch sehr starke Temperaturdepressionen ausgezeichnet (s. unten: Brocken), welche schon von GRISEBACH[1])
mit ähnlichen Erscheinungen an der den feuchten Seewinden ausgesetzten
norwegischen Westküste verglichen worden sind; sie haben sehr tiefe Höhengrenzen der Buche und Fichte im natürlichen Gefolge. Wenn man außerdem
in den Jahrestemperaturen das oberste Harzgebiet, seine Brockenstation, mit dem
Klima des nördlichen Europas am Weißen Meere, z. B. mit Archangelsk, vergleicht, so übersieht man dabei den bedeutenden, in den Temperatur-Extremen
liegenden Unterschied. Denn während die subarktischen Gegenden viel kältere
Winter als der Brocken haben, übertreffen sie dessen Sommermonate um
4—5° C. im Temperaturmittel und bieten daher die Möglichkeit einer viel
üppigeren Vegetation, leisten hierdurch vielleicht auch dem weiten Vordringen
des Kiefern- und Birkenwaldes Vorschub. Der Vergleich der Jahresmittel
allein, wie er so oft noch angewendet zu werden pflegt, ist demnach ein sehr
unzutreffender.

So hat denn der Harz in einigen maßgebenden Pflanzenarealen mehr als
die anderen hercynischen Gebirge nordeuropäische, der Glacialzeit entstammende
Elemente aufzuweisen und hat gewiss für viele weiter verbreitete als Eingangspforte in Mitteldeutschland bei der Verdrängung früherer Wald- und Wiesenpflanzen durch nordische Zuzügler gedient. Dass er in dieser Periode auch
alpinen Elementen zugänglich war, beweist das Auftreten von Pulsatilla
alpina auf der Brockenhöhe und das merkwürdige Auftreten einiger anderer
alpin-nordischer Arten am Südrande des Harzes auf den Hügeln der Zechsteinformation nördlich von Nordhausen, wo vermutlich während der Haupt-
glacialperiode ein reiches Pflanzenleben in buntem Gemisch an den gen Süden
gekehrten Gypsbänken statthatte. Die dort seit dem Eintritt der postglacialen
Steppenzeit eingewanderten Bewohner sonnig-warmer Hügel- und Geröllfluren
gehören dagegen dem nördlichen Grenzbezirk des Thüringer Beckens oder der
Hügellandschaft der Unteren Saale an, sind dort schon besprochen und haben
mit dem eigentlichen Harzgebirge nichts zu thun, zu welchem nur die wenigen
besonderen Arten glacialer Herkunft gerechnet werden müssen. Auch im
Nordosten wird die Harzflora wesentlich dadurch beeinflusst (s. S. 395 unter
Terr. 4), dass die östlichen Genossenschaften des Saalelandes von ihrem Haupt-
verbreitungskreise um Halle das ganze niedere Vorland des Unterharzes

---

1) Vegetationslinien des nordwestlichen Deutschlands, S. 546.

besetzt und sogar im Bereiche der Engpässe des Bodethales sich an gleichen
Standorten angesiedelt haben.

Die Grenzen der eigentlichen Harzflora sind daher nur im Norden und
Westen, wo der Oberharz steil und mächtig gegen das Braunschweiger Hügelland abfällt, scharf; sie verwischen sich durch die vorgelagerten Zechstein-
Hügelketten im Süden und verlieren sich im Ostharze gänzlich gegen das
Wipperthal in der Grafschaft Mansfeld hin. Die hier angenommene Grenze
hebt am Nordrande des Gebirges südöstlich von Ballenstädt an und umkreist
den Ausfluss der Selke bei Meisdorf, geht dann südwärts auf die Höhen bei
Mölmerswende zu, von wo sie — ein klein wenig mehr südöstlich — das Thal
der Wipper bei Wippra überquert und über Grillenberg—Obersdorf Anschluss
an die Südgrenze im Bereich der Zechsteinformation eine Meile nördlich von
Sangerhausen findet. A. ANDREE (s. Litt. E. 11, Nr. 19) unterschied in dem
Gebirge drei Terrassen: die erste (bis Harzgerode und Günthersberge), von
der Selke durchschnitten, mit mittlerer Erhebung von 350 m oder etwas darüber, entspricht etwa dem durch diese Grenzlinie der Unteren Saalelandschaft
zuerteilten Landstücke.

Die Artenzahl des Gebirges schränkt sich natürlich hierdurch sehr ein.
Ich zähle darnach auf einem Flächenraum von etwa 36 ☐ Meilen 710 Gefäß-
pflanzenarten, welche Zahl durch Hinzufügung der am Südrande auf der Zechsteinformation angesiedelten Arten vom xerothermischen Charakter auf fast
800 steigen würde. HAMPE's »Flora Hercynica« dagegen, welche solche Unterschiede nicht gemacht und das Gebiet geographisch viel zu weit gegriffen
hat, zählt von Gefäßpflanzen 1343 Species. Zu der Zahl von 710 Gefäßpflanzen des Harzes kommen dann ungefähr 500 Laub- und Lebermoosarten,
von denen nicht weniger als 26 Arten für den Harz charakteristisch sind und
den übrigen hercynischen Bergländern fehlen. Die Areale dieser Charakterarten sind meist nach Oberharz (Brockengebirge), Bodethal oder südlichem
Zechsteingürtel geschieden.

1. Orographisch-geognostischer Charakter.

Seit LANSIUS' »Beobachtungen über das Harzgebirge«, welche zu Hannover
1789 erschienen, erklärt die Geographie, dass das ganze Gebirge gleichsam
nur ein Berg ist, der durch eine fast unzählbare Menge von Thälern in viele
einzelne Anhöhen geteilt wird.

Dieses imposante Centrum, das *Brockengebirge*, ist eine zusammenhängende
Granitmasse, deren Gipfelhöhen alle von 900 m bis mehr als 1000 m Höhe
liegen, während die Thalgehänge und Seebecken (Oderteich) sich auf 600 m
Höhe halten. Die Rücken und Gipfel sind meist sanft gerundet, aber einzelne
Riesen von Granitfelsen liegen wie hingeworfen auf den Hochflächen (Hopfensäcke, Schnarcher u. s. w.) und an anderen Stellen stürzen ihre Flanken jäh
zu Thalschluchten herab. Doch sind nicht gerade diese Granitfelsen durch
reiche Fels- und Geröllflora ausgezeichnet; nur ein einziger Berg von scharf

gezeichneter Kegelform, die 926 m hohe, aus Hornfels bestehende *Achtermanns-*
höhe im Südteil des Brockengebirges, deren hartes Trümmergestein von Andreaea und Umbilicarien übersäet ist, hat wenigstens eine reiche Flora von
Sporenpflanzen; von hier beschrieb EHRHARDT seine **Jungermannia
setiformis**, die im Harze außerdem noch an den Hohneklipen vorkommt.
Sonst liegt das Charakteristische für diesen obersten Teil des Harzes in dem
eintönigen Vorherrschen der oberen Nadelwaldformation bis zur Baumgrenze
und in der gewaltigen Ausdehnung von Hochmooren in den weitgedehnten
Mulden und Abdachungen, welche den Brocken selbst von seinen Nachbar-
gipfeln trennen. Die größte Ausdehnung haben diese Moore im sogen. *Brocken-*
felde, einer über 800 m gelegenen Hochebene südlich vom Brocken, die in
ihrem ganzen Umfange von höheren Bergen umgeben ist und sich im Westen
an die Moore des *Bruchberges* anlehnt. Das öde Gepräge dieser Torfmoore,
ihr Wasserreichtum, ihre braune, im Hochsommer durch Verbleichen von
Trichophorum caespitosum fahle Farbe mit den wehenden Wollköpfen von
Eriophorum vaginatum, macht auf alle Besucher des Gebirges einen
starken Eindruck und giebt dem Brocken von Süden her den Anstrich einer
gewissen Unnahbarkeit, wie das in gleicher Weise bei seinem mit dichten
Waldungen bedeckten nördlichen Steilabfall gegen das Braunschweiger Hügelland nicht wiederkehrt. Wenn wir vom südlichsten Ende dieses centralen Granitmassivs östlich
der Stadt Andreasberg eine etwa nach Sachsa im Zechsteingürtel hin gerichtete
Südlinie ziehen, so scheidet diese in der landläufigen Weise die beiden im
Harzgebirge unterschiedenen Teile: den *Oberharz* im Westen, den *Unterharz*
im Osten. Floristisch gehört das Brockengebirge als wichtigster Bestandteil
zum ersteren. Zwischen Ober- und Unterharz giebt es keine scharfe und keine
natürliche Grenze; der erstere, in bedeutender Mittelerhebung von fast 600 m
in seinen Hochebenen um Klausthal, hat vorwaltend die obere hercynische
Nadelwaldformation und nimmt die gemischten Laubwälder erst in den Vorbergen dazu; der letztere, unter 400 m in der Hochebene um Harzgerode,
setzt sein Waldkleid hauptsächlich aus den Laubwaldformationen zusammen
und entbehrt gänzlich der oben gekennzeichneten Hochmoore. Prächtig ist
die Scenerie der Granittrümmer im oberen Teile des Brockengebirges, die gelegentlich als schroffe Zacken oder aber als klotzige Massen aufragen; reizvoll
sind die tief eingeschnittenen Thäler, in denen das Wasser in hunderten kleiner
Cascaden über die Blöcke brausend seinen Weg sich erobert hat. Es ist in
jüngster Zeit ein für weitere Kreise bestimmtes, geschmackvoll ausgestattetes
Buch von H. HOFFMANN[1]) erschienen, dessen Bilderschatz die hier nur angedeuteten landschaftlichen Reize vielseitig von der Steinernen Renne bis zu
den Rabenklippen und dem Brockengipfel vorführt. In ihm sind auch neben
fachmännischen Aufsätzen über Gebirgsbau, Klima und Tierwelt die Schilderungen der Pflanzenbestände durch A. PETER in Göttingen verfasst. —

---

1) Der Harz; Leipzig 1899, 352 S. in 4°.

Im *Oberharze* verläuft die einzige, im ganzen Gebirge überhaupt sich findende längere Bergkette, nämlich der Bergrücken des Ackers und Bruchberges in Höhen von 700—926 m. Unteres Silur und ein langgestreckter Streif von Diabas setzen diese von SW (aus der Gegend von Osterode) nach NO streichende Kette zusammen, welche die umrandenden Zechsteine mit dem Granitmassiv nahe am Brocken verbindet und in raschem Anstiege aus der Randflora des Südwestens über eintönige Nadelwälder und moorige Heiden mit Molinia, Juncus squarrosus und Empetrum hinweg zu den höchsten Stellen des Gebirges hinleitet. Sie endet im NO mit der »*Wolfswarte*« am Bruchberge, einem Punkte, der in 880 m Höhe über die zum Oderteich hinleitenden Gehänge hinweg nach Osten hin frei den Blick auf die Torfmoore und das Brockenfeld am Abhang der Hirschhörner bis zum Brockengipfel selbst schweifen lässt und ein kleines, birkenführendes Moosmoor auf seinem Scheitel trägt; nach Westen hin fällt sie steil zu den Quellbächen der Oker in das Hauptthal von *Altenau* ab. Dies ist eine der sechs Bergstädte des Oberharzes im NW von der Kette des Ackers, während die siebente, *St. Andreasberg*, südöstlich vom Acker und an dem Südrande des Brocken-Granitmassivs eine floristisch bevorzugte Lage durch Entfaltung reicher Bergwiesen in 600—700 m Höhe besitzt und dabei an den Steilgehängen des Rehberges, wo Granit mit Grauwacke zusammentrifft, eine für den Harz verhältnismäßig reiche Hochwaldflora zeigt. Die Bodenunterlage wird hier überall von massigen Grauwacken und Thonschiefern, Quarzfelsen, Grünsteinen und Diabasen gebildet, und so reich der Harz an verschiedenen Gesteinsarten und erzfuhrenden Schichten mit seltenen Mineralien ist, so wenig bemerkt man davon einen Einfluss auf irgend welche Verteilung der Gewächse, abgesehen natürlich von der Besiedelungsfähigkeit der nackten Felsen für Moose und Flechten. Durch solche Felsen von verschiedenen Gesteinen ist im Oberharze besonders das neben dem Brockenmassiv im Westen hinziehende *Okerthal* ausgezeichnet, welches nach romantischen Durchbrüchen nordwärts das Gebirge dort verlässt, wo es den steilsten Abfall gegen das Braunschweiger Hügelland besitzt; denn als solcher gelten die Berge um *Goslar*, zumal der Rammelsberg, und ebenso die dem Brocken nördlich vorgelagerten Grauwackenberge des unteren Silurs. Die westliche Umrandung des Oberharzes ist in der Linie der Randstädte Seesen—Osterode—Herzberg—Lauterberg von der Zechsteinformation gebildet, aber ohne starke floristische Eigentümlichkeiten; sie hören an der Nordwestecke des Gebirges gänzlich auf, wo sie durch unbedeutende Streifen von Trias- und Jura-Gesteinen ersetzt werden. Floristisch erhalten auch diese aber erst eine Bedeutung weiter nördlich im Braunschweiger Hügellande, wo zunächst dem Harze der Rücken des Harly-Berges bei Vienenburg mit reicher Kalkvegetation sich erhebt.

Im *Unterharze* treten alle schon genannten Gesteine in noch reicherer Mannigfaltigkeit mit Hinzutritt von Porphyrmassen (bedeutendes Massiv des *Auerberges* östlich von Stolberg mit 576 m Höhe) und Kalken im Bereich der Silur-, Devon- und Carbonformationen auf. Diese Kalke gestatten schon

gelegentlich einigen Hügelpflanzen des Saalelandes Eintritt in das Gebirge auf
niederen Höhen, wie z. B. Anemone silvestris bei Rübeland auf den die
berühmten Höhlen bildenden Hügeln vorkommt. Nur wenige höhere Bergkuppen giebt es im Unterharze, nur zwei erreichen 612, bezw. 635 m Höhe
im Südteil bei *Ilfeld*. Floristisch ist noch der 582 m hohe *Ramberg* im anhaltischen Harze bemerkenswert, zugleich die einzige etwa 1 □ Meile an Fläche
haltende Granitmasse zwischen den Thälern der *Bode* und *Selke*. Dieser Bergstock ruft die in jeder Hinsicht anziehende Einengung der Bode hervor, kurz
bevor sie aus dem Nordrande des Gebirges austritt, welches hier nur noch etwa
200 m Höhe besitzt. Die Bode ist der bedeutendste Fluss des Harzes, der
eine größere Gebirgsstrecke im Innern von West nach ONO in gewundenem
Laufe mit wechselnder Scenerie durchströmt, während die übrigen Harzbäche
in ziemlich gerader Richtung das Bergland rasch durchfurchen und verlassen;
sie hat ihre Quellen im Brockengebirge am Königsberge da, wo die Wasserscheide zwischen Weser und Elbe im Hochmoorbereich liegt, und sie vereinigt
sich aus mehreren kleinen Armen an der Südostgrenze des Granitmassivs nicht
weit von Elbingerode, dessen Hochfläche mit 485 m als zum Westrande des
Unterharzes gehörig gilt. Sie berührt Rübeland mit den bekannten Tropf-
steinhöhlen, nimmt bei ihrem weiteren, durch die verschlungensten Windungen
ausgezeichneten Laufe aus dem Unterharze von Süden her noch die Rapp-
und Lupbode auf und erreicht bei Treseburg das Granitgebiet des Ramberges,
welches sie in schluchtenartig engem Thale durchbricht, um dann zwischen
den um 200—230 m höheren, in groteske Pfeiler und Wände zerklüfteten
Thoren der *Rosstrappe* und des *Hexentanzplatzes* (435 m Höhe) das Gebirge
zu verlassen. Diese Engpässe und die Felsabhänge der genannten Berge sind
es nun, welche ein absonderliches Gemisch von Arten beherbergen, Relikte
und Ansiedelungen aus anscheinend weit verschiedenen Perioden. Hier findet
sich neben der Eibe die Rosa Hampeana Grsb. (Form von R. trachyphylla);
hier sammelte HAMPE die in der »Flora hercynica« als Hieracium subauri-
culiforme und Scheffleri bezeichneten Formen, und von hier hatte er
schon in den Berichten des naturwissenschaftlichen Vereins des Harzes 1846/47
als wertvolle Moosfunde Timmia austriaca, Eurhynchium crassinervium
und Orthotrichum Sturmii neben der nordischen Jungermannia cordifolia bezeichnet.

So ist dieser Teil des Unterharzes von größter floristischer Bedeutung und
ihm lassen sich nur noch anreihen die hochinteressanten Standorte am *Südrande* des Gebirges, wo die Zechsteinformation mächtige Gypshöhen abgelagert
hat. Diese haben ein warmes, sonniges, Gerölltriften bildendes oder von
Buchenwaldungen geschmücktes Hügelland erzeugt, auf welches der Name
»Harzgebirge« im Sinne der dort herrschenden Formationen keine Anwendung
mehr finden kann.

2. Die obere hercynische Fichtenwaldung[1]).

Auf allen hercynischen Gebirgen vom Harz bis Jeschken und Böhmerwald ist auf mehrere hunderte von Metern Erhebung bis zu der durch örtliche
Einflüsse stark beeinflussten Baumgrenze die Fichte der allein herrschende
Waldbaum. Über den Buchen- und Tannenbeständen mit Bergahorn und
Bergulme bedeckt sie allein mit finsterem Grün die aus Granit, Gneis, Glimmerschiefer oder Grauwacke gebildeten Gipfel und breiten Abhänge bis zu den
sturmdurchwehten Höhen, wo ihre eigene Existenz bedroht ist und die letzten
niederen Stämme, mit breitem Geäst den Boden bedeckend, einseitig ihre
zähen Äste vom Westen abkehren; selbst auf höheren Basaltbergen ringt sie
dem Buchenwald oft die Spitze ab. Überall ist sie von einigen wenigen geselligen
Zwerggesträuchen und Kräutern nebst dichtem Moosteppich begleitet: Vaccinium Myrtillus, Vitis idaea, Oxalis Acetosella, Melampyrum silvaticum, dazu
von Farnen besonders Nephrodium Filix mas, montanum, Blechnum, Athyrium Filix femina und im obersten Gebirge A. alpestre. Nach den Farnen
könnte man leicht in den hercynischen Bergen die Höhenstufe bestimmen; nur
die beiden gemeinsten Farne der feuchten Wälder, nämlich Nephrodium Filix
mas und Athyrium Filix femina, sind bis gegen die A. alpestre-Zone hin
ziemlich allgemein verbreitet und fehlen auch nicht im Buchenhochwalde neben
Dryopteris.

Ist die Fichte schon in der unteren hercynischen Waldformation ein besonders im Osten unseres Florenbezirkes häufiger Waldbaum, so ist sie also
in den oberen Bergwäldern allein maßgebend, unstreitig überall in dem hercynischen Gebirgssystem uransässig gewesen und hier in den oberen Regionen
wohl nur wenig durch die Forstkultur auf Kosten anderer Waldbäume im
Arealumfang verbreitet, höchstens auf Kosten von Mooren. Auch beteiligt
sich nur auf Moorland die nordische Birke an dem Aufbau dieser oberen
Fichtenwälder. Unter diesen Umständen ist schwer verständlich, wie ein so
guter Kenner der Harzflora, wie E. HAMPE, in seiner 1873 erschienenen »Flora
Hercynica« (S. 253) diesem nördlichsten und rauhesten Gebirge den ursprünglichen Besitz der Fichte absprechen konnte[2]). Er sagt darüber: »Die am
Harze in großen Beständen allgemein kultivierte Fichte, die seit Jahrhunderten
immer mehr die Laubhölzer verdrängt, ist aus dem Vogtlande eingeführt,

---

1) Diese Besprechung ergänzt das in Abschnitt III Kap. 2 über die Waldformationen und
die Verbreitung der Fichte Gesagte.

2) ANDREE hat sich in seiner ein Jahr später erschienenen Abhandlung diesem Standpunkte
angeschlossen. A. PETER (siehe S. 491) tritt HAMPE nicht entgegen,‘ bringt aber in einer v. J.
1785 herrührenden Angabe, die den Brockengipfel ganz dem heutigen Aussehen gemäß schildert, eine Mahnung zum Gegenteil und betont die Unsicherheit früherer Aussagen. Gewiss mag
das Laubholz früher sich an günstigen Stellen höher hinauf erstreckt haben, aber nach dem
Vergleich mit dem Erzgebirge (siehe Abschn. III, Kap. 2, § 3 am Schluss) kann die Bestandes-
grenze für die Buche in historischer Zeit am Harz kaum höher als 800 m gelegen haben.

nachdem man zum Bergbau alle Stämme von Eichen, Buchen, Birken und Haseln verbraucht hatte; denn aus diesen Laubhölzern, nebst Linde und Weide, bestanden die früheren Wälder am Harze. Von Nadelhölzern ist ursprünglich nur Taxus und Juniperus dem Harze angehörig . . . . .« Es ist nicht möglich zu glauben, dass der ganze Oberharz vor wenigen Jahrhunderten einen Wald_wechsel hätte erfahren können, vor dessen gewaltigem Umfang die heute hoch vorgeschrittene Forstwirtschaft zurückschrecken würde — wenn ein solcher Wechsel überhaupt klimatisch zulässig wäre. Da aber HAMPE auf in ge-schichtlicher Zeit verzeichnete Vorgänge hinweist, so ist es erfreulich, dass er in dieser Beziehung längst durch die gewissenhaften Urkundensammlungen in F. GÜNTHER's Werk: »Der Harz in Geschichts-, Kultur- und Landschafts-bildern, Hannover 1888« widerlegt worden ist. Schon das erste auf den Harz etwas näher eingehende Buch von JOHANN RAUWS 1597 leitet dessen Namen »Hercynia Sylva, auff Teutsch der Hartzwaldt« von »Harz«, lateinisch Resina, ab. Dabei kann es sich der regionalen Lage nach also nur um Picea excelsa handeln. Aus viel älterer Zeit, nämlich aus den Zeiten 1323—1574, sprechen alte Urkunden in Verpfändungen von Wäldern u. s. w. von den »Dannen«. Nur das scheinen die von GÜNTHER (S. 538) angeführten Urkunden in der anderen Hinsicht zu besagen, dass ursprünglich die Laubhölzer (Buchen, Birken, Bergahorn, Linden, Eschen) weiter hinein in die jetzt meist reine Fichten-bestände aufweisenden Berglandschaften des Harzes verbreitet gewesen sein mögen, und diese selteneren oder eingesprengten Laubhölzer mag ja auch der Bergbau von Clausthal und Andreasberg rasch vernichtet haben. Wer die schönen Laubwälder um Wernigerode und Harzburg heutigen Tages sieht, wird sich nicht wundern, dass auch im 14.—16. Jahrhundert so viel von »hartem Holz« in den Städten am Harzrande die Rede sein konnte; diese ge-hören aber alle zur unteren hercynischen Formation. — Diese Streitfrage, sehr ähnlich dem jüngst um das ursprüngliche Vorkommen der Kiefer im nord-atlantischen Florenbezirke Deutschlands geführten Erörterungen, bringt uns zu einer kurzen entwickelungsgeschichtlichen Studie über die prä- und post-glaciale Verbreitung der Fichte als dem Hauptbaume unserer oberen Gebirgs-wälder. Sie ist auch in der Beziehung wichtig, als nach SERNANDER und GUNNAR ANDERSSON, in der Florenentwickelung Schwedens die Fichte, scheinbar der am meisten berufene nordische Baum, als letzter bestandbildender Wald-baum und ziemlich gleichzeitig mit der Buche in Skandinavien eingezogen ist, vielleicht sogar erst von Finnland her; daraus wäre den Schluss zu ziehen möglich, dass die Fichte im Bereich der südlich von Schweden liegenden Be-siedelungsherde unmittelbar nach der Eiszeit fehlte oder sehr fern war[1]).

In Ermangelung genauer phytopaläontologischer Untersuchungen aus den hercynischen Hochmooren in den der Waldgrenze nahe gelegenen Höhen ist man auf die im sonstigen Deutschland gewonnenen Resultate zurückzugreifen gezwungen, wie sie in sehr kurzer, deutlicher Weise C. WEBER in POTONIÉS

---

[1]) Siehe den kurzen Bericht im Geograph. Jahrb. Gotha 1899, XXL 429.

Naturw. Wochenschrift 1899, Nr. 45 u. 46 zusammenstellt[1]). Darnach ist die
Fichte in jeder der den Eisbedeckungen vorangehenden oder folgenden Perioden
in dem unserem Harze vorgelagerten nordwestdeutschen Flachlande vorgekommen, was auf eine weitgehende Wanderungsfähigkeit durch Deutschland
hin und zurück schließen lässt. In der zweiten Interglacialzeit ist die Fichte
im Norden des Harzes in Holstein und Lauenburg festgestellt. Ihr postglaciales Wiedererscheinen in vom Eise bedeckt gewesenen Ländern ist natürlich das pflanzengeographisch bedeutsamste, und in dieser Hinsicht liegt vielleicht in den von CONWENTZ aufgefundenen Waldformationen der südlichen
Lüneburger Heide mit recent-fossilen Fichten, Eiben, Eichen, Birken und
Erlen ein trefflicher Beleg vor. WEBER macht allerdings zu dieser Veröffentlichung von 1895 zwei Jahre später die Bemerkung, dass das Alter dieser
Warmbüchener Moorreste nach seinen Beobachtungen einer weit ferneren Vergangenheit angehöre, als CONWENTZ anzunehmen scheine.

Bei Überlegung der hypothetischen Wanderungen, zu denen die Fichte
während der wechselnden Eiszeiten gezwungen gewesen sein muss, erscheint
es als ganz naturgemäß, dass ihre Wanderung in die südliche Lüneburger
Heide hinein aus dem Harzgebiete und dem Braunschweiger Hügellande erfolgt
sein wird. Da der Harz nur im Brockengebirge vergletschert gewesen sein
mag, so liegt auch nach meiner Meinung nichts im Wege, sich die Flora des
südlichen Harzes während der letzten, schwächeren Eiszeit so vorzustellen,
dass eine arktisch-alpine Glacial- und Steppenflora (wie sie im Jahre 1899
R. POHLE in Archangelsk auf Kalkboden aus Dryas und Anemone silvestris
mit Helianthemum oelandicum gebildet südlich der Waldgrenze des Samojeden-
landes vorfand) auf den südlichen Gypsvorbergen am Harzrande herrschte,
während auf den Grauwacken und Thonschiefern dicht daneben der Fichtenwald in einer der jetzigen Hochgebirgs-Baumgrenze ähnlichen Facies seine
äußersten Vorposten aufgestellt hatte. Von der Zeit an rückte dann die
Fichte in das Gebirge hinein und bereitete allmählich ihre heutige obere
Waldformation bis gegen 1000 m Höhe vor. — Wie sie dort unter Wind-
und Schneebruch zu leiden hat, erläutert durch Wort und Bild PETER in seiner
»Flora des Harzes« S. 36—37, ebenso wie er eine höchst bemerkenswerte
»Cypressenform« der Fichte (S. 33) darstellt; diese spontane Varietät schließt
an andere durch C. SCHRÖTER neuerdings in eigener Abhandlung gesammelte
Fichtenformen Mitteleuropas an.

[1]) Dort findet man auch die zum Folgenden gehörigen Litteraturangaben, die als nicht zum
hercynischen Bezirk gehörig hier fortgelassen werden; vergl. auch Geogr. Jahrb. a. a. O.
S. 432—433.

3. Die oberen Bergformationen im Umkreise des Brockens.

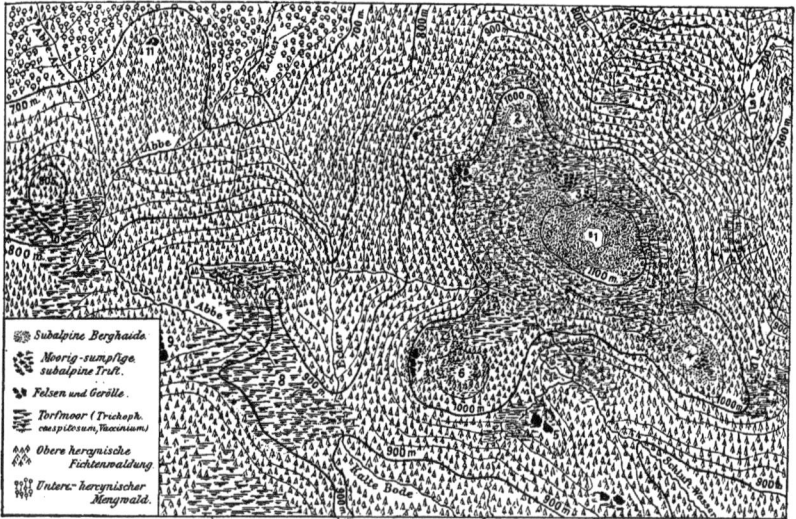

Figur 12. Das Brockengebiet und seine Abdachungen bis 800 m.

Die Kartenskizze stellt die Vegetationsdecke im Quellgebiet der vom Brocken und von den westlichen Hochmooren abfließenden Bäche (Bode, Abbe, Ecker, Ilse) dar; die subalpinen Bergformationen herrschen von 1000 m aufwärts über der hercynischen Fichtenwaldung, deren obere Grenze möglichst genau eingezeichnet worden ist. Die Bergnamen sind durch folgende Ziffern bezeichnet: 1. Brocken (Haus) 1142 m; 2. Kleiner Brocken; 3. Schneeloch; 4. Heinrichs Höhe; 5. Rabenklippe; 6. Königsberg; 7. Hirschhörner; 8. Brockenfeld (Hochmoor); 9. Hopfensäcke; 10. Lerchenfeld (Hochmoor); 11. Abbenstein; 12. Quitschenberg.

Am meisten lohnend ist der Anstieg zum Gipfel durch die Hochmoore des Brockenfeldes hindurch, wo nach schlüpfrig-torfigen Pfaden auf weichem, vom Fußtritt zitterndem Boden noch einmal die letzten Fichten am Gipfelhange sich erheben, das Granitgeröll sich mehrt, Convallaria majalis mit Anemone nemorosa im Juni zwischen Heidegesträuch blüht und plötzlich die entzückende Blume der Pulsatilla alpina an die errungene Meereshöhe von 1100 m mahnt. In den Klüften zwischen flechtenbewachsenen Steinblöcken wuchern üppige Farne, auf dem torfigen Boden mischt sich Empetrum massenhaft in die Heide ein, Carex rigida tritt auf: und dann erscheint auch das schwer aus Steinen erbaute Brockenhaus, die beliebte Stütze wissenschaftlichen Interesses in dieser Bergwelt, dessen Aussichtsturm uns den Umkreis des floristischen Brockengebietes klar erkennen lässt.

Dieses ist von VOIGTLÄNDER (Litt. E. 11, Nr. 30, S. 90—91) gut gekennzeichnet und es mag auf seine ausführlichen Schilderungen verwiesen werden;

Drude, Hercynischer Florenbezirk.   32

in die Grenzlinie ist noch die Wolfswarte am Bruchberg einzubeziehen. In
diesem Umkreise gerechnet stellt das Brockengebiet eine unregelmäßig aus-
gezackte Ellipse mit ungefähr unterer Höhengrenze von 700 m dar, deren
längerer Durchmesser (W—O) von der Wolfswarte bis zu den Hohneklippen
über Wernigerode etwa 15 km misst, während der kürzere Durchmesser
(N—S) vom Scharfenstein oberhalb Harzburg bis zum Südhange des Wurm-
berges und der Achtermannshöhe nur 10 km Ausdehnung hat. In diesem
Gebiete giebt es keinen Ackerbau, nicht einmal zusammenhängende Bergwiesen, nur Wald, Moor, Bergheide und Fels mit den quelligen Ursprungs-
stellen zahlreicher Bäche; hier herrscht die lange und hohe Schneebedeckung
bis spät in das Jahr hinein, auf welchen dann ein kurzer, regen- und sturm-
reicher Sommer folgt.

Klima des Brockens. Als eine wichtige Station ist im Abschn. II unter Klima schon
wiederholt der Brocken in Rede gewesen; hier nur noch einige Ergänzungen[1]). Die Temperaturen schwanken mit 56° Extremamplitude um die Mitteltemperatur von 2,4° C., vergleichbar
der norwegischen Insel Tromsö unter 70° n. Br.; Extreme — 28° C. und + 28° C. Im Mittel
bleiben etwa 4 Monate frostfrei, nämlich zwischen V. 30 und X. 7 als letzten und ersten Frost-
tagen; Ausnahmsjahre haben aber auch schon am VI. 25 und IX. 22 Fröste verzeichnet. Perioden
langandauernder Kälte finden sich im allgemeinen auf dem Brocken nicht häufiger als in der
Ebene; die längste fand im Januar 1838 mit 18 auf einander folgenden Tagen unter — 19° C.
Tagesmittel statt, bei Windstille und Sonnenschein. Die Zahl der Nebeltage wird mit jährlich
275 angegeben; ein Viertel aller Tage im Jahre bleibt der Brockengipfel während des ganzen
Tages in Wolken gehüllt! Die enorme Regenhöhe vergl. S. 73—75; Schwierigkeiten hat die Be-
stimmung der Schneehöhen dabei gemacht, da der heftige Sturm genaue Messungen verhindert.
Assmann glaubt, dass die Gesamtniederschläge sich noch auf mehr als 190 cm jährlich belaufen.
Hertzer hat über die jährliche Schneeschmelze genauere Mitteilungen gemacht (siehe Geogr. Mitt.,
Litteraturber. 1887, Nr. 163), nach denen der mittlere Termin für die vollendete Schneeschmelze
der 7. Juni ist (Extreme V. 28—VI. 20, absolute Extreme V. 1 und VII: 8). Der durchschnitt-
liche erste Schneetag ist der 17. Oktober, aber es schneit auch sehr ausnahmsweise in allen drei
Sommermonaten (VII. 23, 1838!).

Am 1. Oktober 1895 ist ein neues, sehr gut eingerichtetes Observatorium auf dem Brocken
eröffnet worden (1141 m Höhe), über welches die Geogr. Zeitschr. 1897, S. 51, die ersten Mitteilungen bringt. Das Klima der vier Jahreszeiten in dem ersten Beobachtungsjahre war:

Winter — 5°, Frühling + 0,6°, Sommer + 9,6°, Herbst + 2,6°.
Jahresmittel + 1,9° war um einen halben Grad gegen das langjährige Mittel zu kalt.
Extreme: Februar — 16,6° und Juli + 23,4° C.
Temperaturabnahme zwischen Klausthal in 592 m Höhe und dem Brockengipfel im Mittel 0,64° C.
       auf je 100 m (früher zu 0,68 berechnet).
Niederschlagshöhen des Jahres 193¹/₂ cm, Maximum im August mit 28¹/₃ cm.

Geordnete klimatische Beobachtungen vom Brocken datieren von den Zeiten des rührigen
braunschweigischen Physiographen W. Lachmann; die ersten mir bekannten Veröffentlichungen
sind in dem »Bericht des naturwiss. Vereins des Harzes 1846/47«, S. 21—33 enthalten und geben
als Mitteltemperatur des Brockens für die Jahre 1839—1845 in Réaumur + 1,04° an, also
beträchtlich weniger als das jetzige Mittel nennt. — Im Jahresmittel berechnet sich die Tempe-
raturerniedrigung auf 100 m Höhe nach dem Brocken hin: von Wernigerode 0,65° C.; von Goslar
0,66° C.; von Klausthal 0,68° C.; von Osterode (SW-Rand) 0,71° C.

---

1) Vergl. Hellmann in Zeitschr. für wissenschaftl. Geogr. (Heft 1 u. 2); Assmann in Mitt.
d. Ver. f. Erdk., Halle 1883. S. 1.

Unter 51° 45' n. Br. ist der Brockengipfel bis zum Arber unter 49° 6'
n. Br. der einzige Punkt unseres ganzen Gebietes, welcher frei über die klimatische
Baumgrenze der Fichte sich erhebt. Es ist den mitteldeutschen Gebirgen der
in Skandinavien die Fichte oder Kiefer ablösende Birkengürtel versagt geblieben; die Birke besetzt nur in unter der Baumgrenze gelegenen Mooren den
quelligen Torfboden, so z. B. an der Wolfswarte bei 880 m. Da dem Harze
auch die von Pinus montana gebildete Krummholzformation fehlt, so wird
die subalpine Heide nur von der Strauchform der nicht mehr fruchtenden
Fichte durchsetzt, und diese verliert sich auch am Brocken sehr allmählich,
immer kleiner werdend und stets mehr dem Boden angepresst mit weit über
der Erde ausgebreiteten unteren und vom Weststurm einseitig zerpeitschten
oberen Zweigen; so findet man sie noch nahe am Brockenhause selbst (Fig. 13).

Figur 13. Strauchende, vom Weststurm einseitig gepeitschte Fichten unterhalb des Brockenhauses.
(Originalaufnahme von Prof. Dr. H. Nitsche 1895.)

Sonst aber erhebt sich zwischen den Blöcken umgeben von üppigen Blättern
der Nephrodien und Athyrien nur hier und da ein dürftiger Stamm der
Eberesche als einziger Baum, der auf schwach belaubten Zweigen und kaum
mehr als doppelte Manneshöhe erreichend im Juli einzelne volle Blütenschirme
entfaltet, wenn das Wahrzeichen des Brockens, die liebliche Blume der Pulsatilla alpina, längst zu »Hexenbesen« sich umgeformt hat.
      Die große Flächen bedeckenden *Formationen* lassen sich in ihrer Aus-
dehnung auf der Kartenskizze Fig. 12 übersehen; einige andere nehmen nur
kleine Räume ein. Hier folgt ihre Aufzählung unter Hinweis auf die in
Abschn. III gegebene Charakterisierung: ·

32*

1. (F. 9.) Die obere hercynische Fichtenwaldung nimmt die größten Flächen ein. In ihr ist Digitalis purpurea, die unterhalb ganze Abhänge in feuriges Rot kleidet, selten; die Vaccinien, Luzula- und Carex-Arten bilden den Unterwuchs mit zahlreichen Sporenpflanzen.

2. (F. 8.) Fichtenauwälder mit üppigen Sphagnum-Polstern umkränzen öfters die Niederungen der Hochmoore gegen den waldbedeckten Abhang hin, oder sie füllen versumpfte Thalgründe.

3. (F. 24.) Oberhalb der Waldgrenze deckt die subalpine Bergheide als wichtigste Formation den Brockengipfel.

4. (F. 11.) Im Grenzgebiet von F. 24 gegen F. 8 und 9 sind die quelligen Lehnen und Bachthäler von der oberen Quellflur erfüllt, die dann im Bereich des Waldes (F. 9) weiter thalwärts sich erstreckt; häufig ist Mulgedium!

5. (F. 25.) Die subalpinen Felsen und Gerölle sind als klippige Standorte teils überall in die subalpine Bergheide eingestreut, teils überragen sie auf frei liegenden Granitfelsen von bedeutender Höhe den Wald.

6. (F. 23.) Von den weitgedehnten Mooren finden sich zwei durch zahlreiche Übergänge verbundene Facies:

a) quellige Binsenmoore von Trichophorum caespitosum mit Carex echinata, canescens, vulgaris und panicea. Diese ziehen sich bis in F. 24 hinein.

b) Zwergsträucher führende, echte Moosmoore von Vaccinium uliginosum, Oxycoccus und Eriophorum vaginatum mit Calluna u. s. w.

Die durchführbare Unterscheidung beider Facies finde ich übrigens in den Arbeiten von HULT[1] und SERNANDER[2] über skandinavische Moore bestätigt. SERNANDER unterscheidet (a. a. O., S. 54—55) vier Arten von Torfentstehung, nämlich zwei »Grastorfsorten«: 1. Phragmites- und 2. Carex-Torf, und zwei »Moostorfsoorten«: 3. Sphagnum- und 4. Amblystegium-Torf. Der letztere bildet sich aus Moosen, welche zu der Amblystegium-Form gehören mit Resten von Carices und anderen Cyperaceen, also z. B. aus der von HULT für das nördliche Finnland (a. a. O., S. 41) »Chordorrhizeta amblystegiosa« genannten Facies. Soweit meine Excursionsnotizen reichen, sind im Oberharze die in den nassen Scirpeten und Cariceten hauptsächlich eingemischten Laubmoose Hypnum fluitans, commutatum und (Amblystegium D. N.) filicinum, während Amblystegium irriguum und riparium in den Gebirgsbächen häufiger sind.

Von besonderem pflanzengeographischen Interesse ist auch noch, dass hier im Oberharze Lycopodium inundatum und Drosera intermedia Begleiter, wenn auch seltene, der Moorformationen (am Renneckenberge, Heinrichshöhe, Rothenbruch u. s. w., also bei ca. 900 m Erhebung) sind: im übrigen hercynischen Bezirk gehen diese nicht in das obere Bergland hinein, sondern charakterisieren die Niederungsmoore vom nordatlantischen Charakter.

7. (F. 14.) Riedgrasfluren bedecken oft weite Abhänge zwischen Wald und Geröll in derjenigen Gebirgshöhe, wo F. 24 noch nicht zur Entwickelung gelangen kann, und sind oft durch Kahlhieb unnatürlich vergrößert.

[1] Försök till analytisk Behandl. af Växtformationerna, in Meddel. af Societas pro Fauna et Flora fennica VIII, 1881.
[2] Die Einwand. d. Fichte in Skandinavien, in Bot. Jahrb. f. Syst. u. Pflzgeogr. XV, 1893.

8. (F. 20.) Bergwiesen sind im Brockengebiet nur in geringer Ausdehnung an den Grenzen der Riedgrasfluren und Binsenmoore zu finden und scheinen im ursprünglichen Zustande durch die Bergheide und die ähnliche Arten enthaltenden Moore ersetzt gewesen zu sein.

Die *Höhenstufen* dieser Formationen sind nach meinen und VOIGTLÄNDERs Beobachtungen etwa folgende:

Grenzgebiet des unteren und oberen hercynischen Waldes 600—750 m.

Obere hercynische Fichtenwälder 750—1000 m; Zungen der letzten vereinzelten Fichtengruppen, welche Zapfen tragen 1000—1040 m.

Subalpine Bergheide 950—1142 m, die untersten Zungen gen N in den Wald eingreifend.

Bergwiesen werden zwischen 700—800 m von Mooren abgelöst.

Langhalmige Riedgrasfluren bis 950 m (übergehend in subalpine Bergheide).

Moore 700—1080 m, nach oben häufiger quellige Cariceten als die zwischen 800—900 m vorherrschenden Moosmoore mit Gesträuchen.

Subalpine Felsen und Geröllfluren 900—1120 m; in Höhen unter 900 m geringere Entwickelung der charakteristischen Sporenpflanzen.

Die 24 seltneren oder kennzeichnenden *Arten der Brockenflora* mit ihrer Zugehörigkeit zu den eben genannten Formationen lassen sich in folgender Tabelle zusammenfassen:

[Listera cordata, F. 8.]	[Andromeda polifolia, F. 23ᵇ.]
[Epipogon aphyllus, F. 9.]	? Pinguicula alpina, F. 25 ?
[Trichophorum caespitosum, F. 23ᵃ !! – 23ᵇ.]	Pulsatilla alpina, F. 24 !!
Trichophorum alpinum, F. 23ᵃ.	[Empetrum nigrum, F. 23ᵇ !!—25.]
[Carex pauciflora, F. 8 ! und 23ᵇ !]	**Rumex arifolius**, F. 24.
? —— Heleonastes, F. 23 ?	**Thesium alpinum**, F. 24.
—— **rigida**, F. 24 !	**Salix bicolor**, F. 24.
—— **limosa**, F. 23ᵃ.	Betula nana, F. 23ᵃ⁻ᵇ in ca. 800 m Höhe.
—— **sparsiflora**, F. 23ᵃ.	**Lycopodium alpinum**, F. 24 !
Geum montanum, F. 24—25 ?	**Selaginella spinulosa**, F. 24.
Linnaea borealis, F. 25.	Athyrium alpestre, F. (9), 24 !! herabgehend bis
Hieracium alpinum, F. 24—25 !!	unter 900 m.
—— **nigrescens *bructerum**, F. 24—25 !!	

Die nur auf dem eigentlichen Gipfel oberhalb der Fichtengrenze vorkommenden Arten sind gesperrt gedruckt, die charakteristischen Formationsbildner sind mit ! versehen, die in [Klammern] eingeschlossenen Arten gehen nur wenig weit über das weitere Brockengebiet heraus und sind in diesem für den Oberharz charakteristisch.

Einige der hier genannten Arten haben ein *zweifelhaftes Bürgerrecht*. Geum montanum ist wenige Jahre vor dem Erscheinen von HAMPES Fl. hercynica zuerst aufgefunden worden und stellt den einzigen Standort dieser Art in der Hercynia nordwestlich der Sudetenflora (vergl. Jeschken S. 487) dar. Sie ist von PETER wiederum beobachtet, welcher die Spärlichkeit des Vorkommens bestätigt (Flora S. 147). Auch Linnaea findet sich ja an derselben Nordseite

des Gipfels nur in sehr wenigen, fast nie blühenden Stöcken, ist aber allerdings
schon seit lange vom Brocken bekannt.

Schwieriger ist es mit Carex Heleonastes und Pinguicula alpina;
auch diese haben im ganzen hercynischen Bezirk sonst keinen Standort. —
Dass es aber im Brockengebiet Blütenpflanzen giebt, welche mit sehr sporadischen Fundorten und vielleicht selten eintretender Blüte sich einer häufigeren
Beobachtung entziehen, beweist Trichophorum alpinum. Diese Seltenheit
besitze ich in unzweideutigen Exemplaren von G. EGELING am Brocken gesammelt in meinem Herbar; der Standort ist von VOIGTLÄNDER (l. c. S. 99
Anm.) mitgeteilt, und der Entdecker hat in den Sitzungsberichten des botan.
Vereins von Brandenburg unter dem 28. März 1878 mit Nachtrag seinen Fund
selbst bekannt gegeben. Die Linnaea habe ich an ihrem Standorte im
Schneeloch am nördlichen Brockenhange stets nur steril getroffen; sehr selten
soll sie dort blühen; aber ausgezeichnet reichblütige Exemplare sammelte
SCHAMBACH etwa um 1873 auf den Hopfensäcken, welche steil-zerklüfteten
Granitfelsen ich auf das genaueste zweimal durchsucht habe, ohne Linnaea
zu finden, und nicht glücklicher war VOIGTLÄNDER-TETZNER.

Salix bicolor — wie ich nach Vergleich KERNER'scher Exemplare mit
kritischer Etikette über die Nomenclatur die S. phylicifolia des Harzes richtiger
zu nennen glaube — ist nur in weiblichen Exemplaren auf der Nordseite des
Brockens gefunden worden (vergl. HAMPE, Fl. hercyn. S. 248) und scheint dem
Sammeleifer der Floristen jetzt zum Opfer gefallen zu sein, wie es fast auch
mit Carex sparsiflora der Fall werden kann; auch diese beiden Arten sind
im hercynischen Bezirk nur vom Brocken bekannt geworden und es kann die
Pflicht, solche Relikte zu schonen und zu hüten, nicht stark genug betont
werden.

Glücklicher Weise sind die beiden Hieracien mit Pulsatilla alpina,
Carex rigida und Lycopodium alpinum noch häufig in der Bergheide
des Brockengipfels, der seine reiche Mannigfaltigkeit erst über 1100 m Höhe
entfaltet. Lycopodium alpinum findet sich noch auf anderen hercynischen Gebirgen, alle anderen nur hier, und das Hieracium nigrescens *bructerum
bildet sogar eine dem Brocken durchaus eigentümliche· Form, die übrigens in
naher Verwandtschaft mit Formen der Sudeten und Skandinaviens steht.
Schon HALLER erkannte auf seiner i. J. 1738 vollführten Brockenreise zwei
verschiedene Arten in den auf dem Gipfel wachsenden Habichtskräutern, und
lange Zeit wurde daher die von dem gemeineren H. alpinum verschiedene
zweite Art als H. Halleri Vill. bezeichnet (HAMPE, Fl. hercyn. S. 165), bis
FRIES sie als selbständige Art (zur H. nigrescens-Gruppe gehörig) kennzeichnete;
doch lässt PETER in seiner Flora (S. 296) dafür wieder den ersteren Namen
mit dem Zusatz »= H. alpinum-silvaticum« gelten und unterscheidet· davon
*bructerum als Unterart mit sehr verlängerten Blattzähnen und langen schmalen
Zipfeln am Blattstiel.

H. *bructerum besitzt überhaupt eine größere Grundrosette von breiteren
und fiederspaltig gezähnten, lang in den Stiel herablaufenden· Blättern, hat die

Zungenblüten doppelt so lang, als die schwärzlich behaarten Hüllblätter, aus dem Korbe ausgebreitet und bildet am Stengel öfters 1—3 armleuchterartig abstehende Blütenzweige. Seine schönste Entwickelung fand ich besonders am Nordhange des Berges in dem Blockgewirr von Granit, auf dessen Kies es sich kräftig entfaltet, ohne den torfigen Humus der nahen Bergheide zu verschmähen.

Zu diesen Habichtskräutern gesellen sich hauptsächlich die Gipfelformen von Luzula *sudetica, Carex rigida, das im Gasthaus als »Brockenmyrte« in Sträußen angebotene Empetrum, winzige Formen der schüchtern zwischen Heide blühenden Trientalis, die aus dem Walde bis hierher aufsteigt, und endlich als Hauptzierde der Flora die »Brockenblume« Pulsatilla alpina.

Wer den Brocken vom Südwesten aus (Oderbrück, Torfhaus) besteigt, trifft die Pulsatilla zum ersten Male am Fuße der »Hirschhörner« genannten steilen Granitfelsen in 1030 m Höhe, zusammen mit Luzula nemorosa und Smilacina bifolia; von dort senkt sich der Pfad in das 1000 m hoch gelegene obere Hochmoor des »Brockenfeldes«, und dann sieht man die Pulsatilla am Südhange des Brockengipfels erst bei 1080 m wieder, wo sie reichlich blüht (Juni); im Juli und August schimmern ihre grauen, als »Hexenbesen« bekannten Fruchtstände zwischen dem Heide- und Vaccinium-Gesträuch. Auch ihnen ist im letzten Jahrzehnt durch die Brockengäste gefährlich nachgestellt und strenge Schutzmaßregeln sind am Platze.

Fernab vom Gipfel wächst die nächste Art: Die Zwergbirke, Betula nana, bleibt in einer um 800 m liegenden Höhe am Abhange des Brockenfeldes und nahe der braunschweigischen Oberförsterei Torfhaus, in deren auf nassem Moor gemachten Gartenanlagen sie früher einen leicht zu erreichenden Standort hatte. Sie zeichnet besonders ein Moor in der Nähe aus, welches fast nur aus Trichophorum caespitosum gebildet ist mit viel Empetrum, und in dem die Zwergbirke ungleich niedriger und weniger strauchig verästelt bleibt, als in den Sphagneten des Erzgebirges oder Böhmer Waldes. In jenem Harzer Binsenmoor sind außerdem Juncus squarrosus, Carex canescens und vulgaris, einige Flecke von Calluna sowie einige spärliche Andromeda und Vitis idaea Stengel mit sporadischem Sphagnum zu finden. —

In der vorstehenden Tabelle ist hinter der bis über Klausthal und Altenau hinausgehenden Listera cordata als Seltenheit auch noch Epipogon genannt, und zwar wegen seines merkwürdigen Vorkommens am Reneckenberge, östlich vom Brockengipfel in mehr als 900 m Höhe; diese Orchidee aber hat kein arktisches Areal und hält sich in Europa in der Erlengrenze

Neben den Gefäßpflanzen drängen sich im Brockengebiet überall mit Macht die Moose auf Mooren und Felsen, auch im Walde, die Bartflechten im Fichtenwalde und die felsbewohnenden Flechten auf den freien Höhen in den Vordergrund. Schon VOIGTLÄNDER-TETZNER (S. 109—111) hat den Anteil der Sporenpflanzen an den herrschenden Formationen gebührend berücksichtigt, da HAMPES Flora wenigstens ausführliche Listen der Moose angehängt besitzt; viele wertvolle Beiträge lieferte LOESKE (Litt. E. 11, Nr. 32). In jüngster Zeit macht sich QUELLE durch tüchtige Untersuchungen auf diesem Gebiete bemerklich, der auch das Vorkommen von Splachnum vasculosum am Harz als irrtümlich zurückgewiesen hat. Es folgt hier eine selbständige Darstellung nach eigenen Formationsaufnahmen im Brockengebiet von B. SCHORLER, denen ein Excurs über die gesamte Moos- und Flechtenflora des Harzes vorausgeschickt ist.

Die Moos- und Flechtenflora[1]).

a) Die Moosflora des Harzes.

Wie die höheren Pflanzen des Harzes, so erfreuten sich auch die niederen, besonders Moose und Flechten, schon seit anderthalb Jahrhunderten der eingehenden Beachtung der Botaniker.. Die ausgedehnten üppigen Moosrasen, in denen der Fuß des Wanderers auf den Mooren und im Schatten der Wälder tief versinkt, und die bizarr gestalteten Flechten, welche die kahlen sonnendurchglühten Granitfelsen zur Besiedelung aufsuchen, mussten ja den denkenden Naturfreund zur Beobachtung herausfordern. Und mit der Üppigkeit in der Entwickelung geht Hand in Hand eine Formenfülle, wie sie in den mitteldeutschen Gebirgen nicht wieder zu finden ist. Sind doch auf diesem verhältnismäßig kleinen Raume, wie schon erwähnt, bis jetzt über 500 Moosspecies, nämlich 21 Sphagnen, 117 Lebermoose, 4 Andreaeen, 250 acrocarpe und 120 pleurocarpe Moose, nachgewiesen worden, von denen 26 Arten für den Harz charakteristisch sind. Diese im hercynischen Bezirk nur auf den Harz beschränkten Charakterarten sind folgende:

*Hymenostylium curvirostre.	*Rhynchostegium hercynicum.	*Jungermannia pumila.
*Fissidens rufulus.	*Hypnum Mackayi.	*—— riparia.
*Tortula canescens.	——	—— Mülleri.
*Grimmia arenaria.	Gymnomitrium concinnatum.	—— socia.
—— elatior.	*Sarcoscyphus sparsifolius. (?)	Harpanthus scutatus.
*Orthotrichum rivulare.	Scapania uliginosa.	*Lejeunia calcarea.
Tayloria splachnoides.	*—— Bartlingii.	Frullania fragilifolia.
*Catoscopium nigritum.	*jungermannia cordifolia.	*Clevea hyalina.
*Timmia austriaca.	—— oboVata.	*Riccia Bischoffii.

Im Anschluss an diese Liste seien hier weiter gleich diejenigen montanen Arten genannt, welche zwar nicht ausschließlich dem Harze angehören, aber in den übrigen hercynischen Bergländern selten und meist nur noch auf ein Territorium beschränkt sind, das bei jeder einzelnen Art genannt ist:

Andreaea alpestris BhW.	*Grimmia unicolor BhW.	Plagiobryum Zierii Fchg.
—— Huntii BhW.	Amphidium lapponicum BhW.	*Webera gracilis Bhw.
*Hymenostomum tortile ThW.,	. . und. ThW.	Ptychodium plicatum Rh.
Fchg., mh.	Ulota Drummondii Fchg.	Plagiothecium pulchellum
Ditrichum zonatum BhW.	Orthotrichum urnigerum Rh.	wh. und BhW.

---

1) Bearbeitet von Dr. B. SCHORLER.

*Amblystegium Sprucei Fchg.	Scapania aequiloba Ezg.	Jungermannia setiformis BhW.
Hypnum Halleri wh.	Jungermannia saxicola ThW.	Madotheca laevigata Ezg.
—— sarmentosum BhW.	—— nana OLz.	Fimbriaria pilosa OLz. (Kleis).
	—— tersa Ezg.	*Targionia Michelii mh.
Sarcoscyphus adustus Fchg.	—— Floerkii BhW.	(Plauenscher Grund).

Die Sphagna wurden in den beiden Listen nicht berücksichtigt, weil es heutigen Tages wegen des noch immer in beständigem Flusse befindlichen Speciesbegriffes bei denselben nicht möglich ist, etwas über deren Verbreitung festzustellen. Die mit einem * ausgezeichneten Arten fehlen sämtlich dem Riesengebirge. Es sind im ganzen 22 Species und zwar 13 Laub- und 9 Leber-moose. Unter den letzteren erscheint Sarcoscyphus sparsifolius zweifelhaft; er wird von LIMPRICHT[1]) als am Brocken vorkommend angegeben, aber in dem Verzeichnis von KNOLL (S. 33, Nr. 29) nicht erwähnt. Die meisten derselben, wie überhaupt der aufgezählten Arten, sind alpin-nordische, die auch in den west-lichen Bergländern, namentlich in Britannien sich finden. Eine kleine Anzahl aber hat bemerkenswerte andere Areale, so Orthotrichum rivulare ein west-liches, Tortula canescens und Hymenostomum tortile südwestliche, Fissidens rufulus, Grimmia arenaria und Riccia Bischoffii südliche und endlich Ulota Drummondii und Jungermannia cordifolia arktisch-boreale. Die Grenzlinien der Verbreitung dieser Arten schneiden sämtlich den Harz. Rhynchostegium hercynicum scheint dagegen endemisch zu sein.

Als Beispiel der Hauptgruppe mit nordisch-alpiner Verbreitung möge Hymenostylium curvirostre dienen, das auf Kalkfelsen und kalkreichem Gestein durch die ganze Alpenkette von der niederen Bergregion bis zu 2500 m Höhe wie auch nördlich der Alpen in Bayern, Württemberg und Baden, in der Rheinprovinz und Westfalen, in Frankreich und Luxemburg verbreitet ist und auch Grönland, Skandinavien und Spitzbergen erreicht, aber im mittel-deutschen Berglande nur auf den Harz beschränkt ist, den es unter Über-springung der Rhön erreicht und in den Gipsbergen des Südharzes an ver-schiedenen Stellen besiedelt hat. Wie Thüringen, Sachsen und Schlesien wird auch der Böhmerwald und das Fichtelgebirge von ihm gemieden, obgleich die Standorte im fränkischen Jura nahe an dasselbe heranreichen.

Orthotrichum rivulare fehlt dagegen dem Süden und Norden voll-ständig und ist ausschließlich auf den Westen beschränkt. Es breitet sich von England, Irland und Frankreich bis zum Saar- und Rheingebiet aus und erreicht am Bodeufer bei der Rosstrappe seinen östlichsten Standort.

Mehr nach Süden dehnt sich das Areal von Tortula canescens aus, das dem Norden auch gänzlich fehlt, dagegen in den Mittelmeerländern häufig ist und sich zerstreut auch in Dalmatien, Steiermark, Tirol, der Schweiz, in Baden, im Rheingau und in Luxemburg überall in niedrigen Höhen findet und, soviel bis jetzt bekannt, im hercynischen Bezirk seinen nordöstlichsten Standort bei Goslar hat.

---

1) COHN: Kryptogamen-Flora von Schlesien. I. S. 234.

An die letzte Art schließt sich in seiner Verbreitung das im hercynischen Bezirk zerstreute Hymenostomum tortile eng an, dessen nördliche Verbreitungsgrenze im Harz von Treseburg nach Quedlinburg und Ballenstedt verläuft und sich dann westlich und östlich vom Harz nach Süden wendet, um im Westen die Rhön, im Osten Sachsen und Schlesien, das Erzgebirge und das Riesengebirge vom Areal auszuschließen. In West- und Südeuropa ist die Art verbreitet, in Istrien und Dalmatien sogar gemein.

Eine ähnliche Verbreitung scheint Grimmia arenaria zu haben. Sie ist bisher immer nur selten in Oberitalien, Frankreich, den Pyrenäen, der Schweiz, Kärnten und Tirol gefunden und von HAMPE auf dem Quadersandstein des Regensteins bei Blankenburg nachgewiesen worden. Neuerdings haben aber BOMANSSON und BROTHERUS[1]) von dieser Art auch einen Standort im südwestlichen Finnland angegeben.

Riccia Bischoffii hat ein mehr südöstliches Areal. Sie ist bisher aus Niederösterreich, Ungarn und Baden bekannt, fehlt aber Steiermark und auch den nördlichen Ländern gänzlich. Für die Flora des Südharzes wird sie bereits von WALLROTH und HAMPE angegeben und ist von WARNSTORF und RÖMER an den sonnigen nordöstlichen Vorbergen des Harzes bei Quedlinburg gesammelt worden.

Ulota Drummondii ist eine nordische Art, sie tritt aber nicht in die eigentliche arktische Zone ein, sondern ist besonders in den südlichen Teilen Skandinaviens und Finnlands verbreitet, findet sich dann weiter in Schottland und Irland, in den Vogesen, der Rheinpfalz und Westfalen und erreicht ihre südliche Verbreitungsgrenzlinie in den Hohneklippen des Brockengebietes und auf dem Nusshardt im Fichtelgebirge, von wo diese sich ostwärts zum Riesengebirge und zur Tatra wendet.

Jungermannia cordifolia, die über die arktische Zone zerstreut ist, aber Steiermark und den übrigen Alpenländern fehlt, wächst nach HAMPE in dem Bodethal an verschiedenen Stellen herdenweise und ist von SPORLEDER auch auf dem Meineckenberge aufgefunden worden.

Über die Verbreitung von Hypnum Mackayi, das neuerdings von QUELLE (S. 33) im Bodethal gefunden wurde, lässt sich zur Zeit noch nichts angeben, da diese Art bisher nur aus der unteren Bergregion von Irland und Steiermark bekannt ist.

Rhynchostegium hercynicum ist bisher nur im Harz gesammelt worden. Es läge demnach hier eine endemische Art vor. Diese ist aber seit HAMPE, der sie an den Sandsteinfelsen bei Blankenburg in Gesellschaft von Brachythecium populeum und Rhynchostegium confertum in wenigen Individuen entdeckte, nicht wieder aufgefunden worden. Sie ist dem Rhynchostegium confertum sehr ähnlich und nur durch geringe Unterschiede von diesem getrennt, also ihr Artcharakter zweifelhaft.

---

1) Herbarium Musei Fennici. (Ed. II.) II. Musci curantibus Bomansson et Brotherus p. 58. Helsingforsiae 1894.

b) Die Flechtenflora des Harzes.

Die Flechtenflora beherbergt folgende Charakterarten:

Cladonia cyanipes.	*Physcia speciosa.	Lecanora torquata.
*Cetraria commixta.	*Gyrophora torrefacta.	*Lecidella assimilis;
*Physcia aquila.	*—— arctica.	

außerdem die folgenden seltenen Arten:

Stereocaulon denudatum BhW.	Sticta linita wh.	Lecidea confluens BhW.
Cetraria cucullata BhW.	Gyrophora proboscidea OLz.	*Physma myriococcum Ezg.
*—— odontella OLz.	Lecidella aglaea BhW.	Thermutis velutina Ezg.
Parmelia hyperopta OLz.	Lecidea sudetica BhW.	*—— solida Ezg.

Die * bedeuten auch hier ein Fehlen im Riesengebirge. Demnach besitzt der Harz mindestens neun Arten, die dem Riesengebirge fremd sind. Es bedarf wohl nicht erst des Hinweises, dass die beiden Listen noch viel mehr der Ergänzung bedürftig sind als die Mooslisten. Unsere Kenntnisse der Verbreitung der Flechten sind heutigen Tages eben noch viel zu lückenhaft. Es existieren noch zu wenig Florenlisten, und ältere Sammlungen lassen sich für diese Zwecke auch nicht verwenden, da sie, ganz abgesehen von der Nomenclatur und Speciesumgrenzung, meist gar keine Standortsangaben enthalten. Ich beschränke mich deshalb bezüglich der folgenden allgemeinen Verbreitungsangaben in der Hauptsache auf die Feststellungen von ZOPF.

Wie bei den Moosen lassen sich auch bei den Flechten des Harzes ihrer Verbreitung nach nordisch-alpine, oder nordische und südliche Arten unterscheiden. Die meisten alpinen Flechten der Harzgipfel finden sich auch auf den skandinavischen Gebirgen und denen der britischen Inseln, mit Ausnahme der Lecidea sudetica, welche den Harz nach Norden und Westen nicht überschreitet. Den Alpen fehlen jedoch die nordischen Cetraria odontella, Gyrophora torrefacta und Lecidella assimilis gänzlich, während Gyrophora arctica, G. erosa und G. proboscidea, die in den nordischen Ländern, auch in der arktischen Region und den britischen Inseln häufig sind, in den Alpen seltene Erscheinungen darstellen.

c) Moos- und Flechtenflora des Brockengebietes.

Von den in obigen Listen für den Harz als charakteristisch und selten angeführten Moosen gehören 24, also über die Hälfte dem Brockengebiet, 15 dem Bodethal und 2 den südlichen Gipsbergen ausschließlich an, während die aufgezählten Flechten mit wenigen Ausnahmen nur dem Brockengebirge eigentümlich sind. Die 24 nur im Brockengebiet vorkommenden Moose sind, auf die Formationen verteilt, die folgenden. (Ein den Felsbewohnern vorgesetztes △ zeigt feuchte oder nasse Standorte an.)

1. An subalpinen Felsen (F. 25):	Ditrichum zonatum.
	Amphidium lapponicum.
△ Andreaea alpestris.	Ptychodium plicatum.
△ —— Huntii.	Plagiothecium pulchellum.
△ Grimmia unicolor.	△ Gymnomitrium concinnatum.

△ Sarcoscyphus adustus.
  Scapania aequiloba.
△ —— uliginosa.
△ Jungermannia oboVata.
△ —— pumila, teres, Floerkii.
△ —— nana, setiformis.

2. Auf den Hochmooren (F. 23):
Hypnum sarmentosum.
Jungermannia socia.

3. Im Walde (F. 9—11):
Tayloria splachnoides. Catoscopium nigritum.
Webera gracilis. Jungermannia nana.
Ulota Drummondii.

Im Brockengebiet sind es also besonders die aus dem Walde hervorragenden Felspartien, an denen die montanen Arten sich häufen und auf
deren Vegetation hier etwas näher eingegangen werden soll. Wir wählen als
Beispiel die Achtermannshöhe und legen unserer Schilderung die Beobachtungen
von ZOPF, VOIGTLÄNDER, LOESKE und die eigenen zu Grunde.

Wenn wir unseren Weg nach dem 926 m hohen Achtermann vom Forsthaus Oderbrück aus nehmen, das schon 769 m hoch liegt, so spendet uns
mit nur kurzer Unterbrechung bis zum Fuße unseres Hornfelskegels der obere
Fichtenwald angenehmen Schatten. Noch bevor wir in den Wald eintreten,
überraschen uns schon an den Wegrändern drei interessante Harzbürger, die
Webera gracilis in 3—5 cm tiefen großen Rasen, die bisher von den mitteldeutschen Bergländern nur aus dem Harze bekannt war, neuerdings aber auch
im Böhmerwalde aufgefunden wurde, während sie im Riesengebirge fehlt; dazu
erscheint das graugrüne Oligotrichum hercynicum, das an anderen
Stellen bis zu 400 m herabsteigt, aber erst von 600 m an häufig wird, und auf
dem feuchten Kies- und Sandboden Ditrichum vaginans. In dem Walde
bilden Hypnum crista castrensis, Plagiothecium undulatum, Jungermannia albicans mit Polytrichum formosum und Mastigobryum trilobatum oder auch
Dicranum majus und Hypnum arcuatum durch ihre Massenvegetation die
Bodendecke, unter die sich auch viel seltener Jungermannia lycopodioides
mischt.

Auf den Felsblöcken im Walde bildet Polytrichum formosum mit Cladonia
rangiferina dicke Decken, in denen sich Cladonia bellidiflora und Lycopodium
Selago ansiedeln. In dem durch jene erzeugten Humus aber wuchert üppig
Stereocaulon tomentosum. Andere Blöcke wieder umkleidet Jungermannia
albicans oder die montane J. Floerkii, die in gleicher Weise, oder Gesteinsspalten ausfüllend auch auf der Wolfswarte vorkommt. Und an den schattigen
Hornfelsblöcken am Fuße des Achtermann, wo von den Flechten Endocarpon
miniatum seine blattartigen genabelten Lager ausbreitet, entdeckte EHRHARDT
und nach ihm HAMPE drei bemerkenswerte Jungermannien, nämlich Jungermannia orcadensis, minuta und setiformis, von denen die letztere auch
noch auf dem Brocken wächst.

Wenden wir uns nun dem sonnigen Bergkegel über dem Schatten des
Waldes zu, so fällt uns beim Überklettern der mächtigen Blöcke neben der
Armut der Moosarten die Formenfülle der Flechten sofort in die Augen. Zähl-
reiche kleine fast schwarze Räschen von Andreaea petrophila, daneben
solche von Racomitrium lanuginosum, mit R. microcarpum Grimmia

Doniana und Gr. contorta stellen den ganzen Moosreichtum auf dem nackten Fels dar, während Grimmia incurva sich in die schattigen Spalten versteckt. Dafür entschädigt aber die höchst interessante Flechtenflora reichlich. Neben den gemeinen, alle Regionen gleichmäßig bevölkernden Flechten, wie Parmelia saxatilis, P. olivacea, P. conspersa und Pertusaria rupestris auf dem nackten Gestein, ferner Cladonia rangiferina mit Cl. gracilis, Cl. pyxidata, Cl. coccifera, Cl. squamosa, Cornicularia aculeata und Evernia furfuracea in der auf den Blöcken gebildeten Humusschicht, endlich der Cetraria islandica in den Gesteinsspalten und den mit Humus ausgefüllten Zwischenräumen zwischen den Trümmern, finden sich hier eine ganze Reihe echter Bergformen besonders aus der Familie der Nabelflechten, der Umbilicarien. So hat ZOPF am Achtermanngipfel nicht weniger als acht Gyrophora-Species beobachtet, von denen Gyrophora proboscidea, G. erosa, G. polyphylla, die bis auf die Vorberge des Harzes herabsteigt, G. deusta und G. cylindrica in besonders großer Individuenzahl, G. hyperborea weniger häufig und G. torrefacta, die der G. erosa habituell außerordentlich ähnlich ist und sich nur durch chemische Reagentien von ihr sicher unterscheiden lässt, und G. arctica nur selten vertreten waren. Ganz gemein ist auf den Blöcken Sphaerophorus fragilis, sehr selten Stereocaulon coralloides. Neben dem üppigen spannengroßen Thallus von Cetraria fahlunensis wächst sehr vereinzelt C. commixta, dagegen in zahlreichen jungen und alten, oft 8 cm Durchmesser haltenden Exemplaren Cornicularia tristis. Von montanen Parmelien finden sich Parmelia stygia und P. encausta zahlreich, P. incurva seltener, von Lecideen Lecidea confluens und Lecidella tenebrosa. Außerdem kommen noch Haematomma ventosum, Ochrolechia tartarea, Catocarpus alpicolus und nach WALLROTH auch Physcia aquila auf den Blöcken vor. Mit der Cetraria islandica auf dem Humus zwischen den Felstrümmern endlich vergesellschaften sich Alectoria ochroleuca, Thamnolia vermicularis und Stereocaulon denudatum in den beiden Varietäten genuinum und pulvinatum.

Die meisten der hier aufgezählten Flechten und Moose kommen auch an den kahlen Granitblöcken des Brockengipfels vor. Doch weist dieser in dem Besitz von Lecidea sudetica, Lecidella arctica, Cetraria odontella, Andreaea alpestris, Ditrichum zonatum, Gymnomitrium concinnatum, Sarcoscyphus adustus, S. densifolius und Jungermannia ventricosa eine Anzahl ihn dem Achtermann gegenüber auszeichnender Eigentümlichkeiten auf.

Für die ausgedehnten Hochmoore des Oberharzes können außer den auf der vorigen Seite genannten zwei Arten, nämlich Hypnum sarmentosum und Jungermannia socia, noch als mehr oder weniger auszeichnend genannt werden: Scapania uliginosa, Jungermannia inflata (— Cephalozia heterostipa Carr. & Spr.), J. Kunzeana, J. Taylori, Sphagnoecetis communis, Harpanthus Flotovianus, Hypnum stramineum, H. exannulatum und H. aduncum. Bezüglich der übrigen Arten sei auf die Formationsschilderung (S. 229) verwiesen.

4. Die unteren Bergformationen im Ober- und Unterharz.

Wenn auch in den nordischen und alpinen Relikten aus der Glacialzeit, welche die Tabelle der Brockengebiets-Arten durchsetzen, ein pflanzengeographisches Hauptinteresse des ganzen Gebirges enthalten ist, so sind damit seine bemerkenswerten Arten noch längst nicht erschöpft. Es ist im Gegenteil eine besondere Merkwürdigkeit des Harzes, dass viele gleichfalls recht interessante Arten dem Brockengebiet fern geblieben sind, sich hier und da an niederen Hängen und z. T. in der vollen Buchenregion zerstreuen, oder aber in bemerkenswerter Anhäufung sich an dem von der Bode durchbrochenen zweiten, östlichen Granitmassiv versammeln, oder gar allein auf den Zechsteinhügeln des Südrandes vereinzelte Stationen gefunden haben.

Diese niederen Gelände des Harzes ähneln in der Anordnung ihrer Wald- und Wiesenformationen mehr dem Thüringer Walde und dem unteren Erzgebirge, haben nur allgemein tiefere Höhengrenzen für Hügelpflanzen. In grün umrahmten oder von steilen Felsmauern eingefassten, sanft ansteigenden Thälern mit üppigem Graswuchs führen zahlreiche Pfade aus dem Hügellande ringsum in das Gebirge hinein; Arabis Halleri und die prächtige ausdauernde Form von Viola tricolor (var. spectabilis) blühen im Grase, später folgt Meum athamanticum und da, wo das Thal zu den Hochwiesen bei ca. 600 m geführt hat, zahlreiche Bergorchideen und Thesium pratense mit Geranium silvaticum. Der Wald ist in diesen Höhen überall voll von Senecio nemorensis und Digitalis purpurea, auf Quellfluren wächst Ranunculus *platanifolius mit Luzula silvatica, häufiger wird dann Calamagrostis Halleriana an Stelle von arundinacea, Mulgedium stellt sich endlich ein. Auf den höheren Rücken, wie besonders auf der oben (s. S. 492) erwähnten einzigen langgestreckten Bergkette des Ackers, herrscht der obere hercynische Nadelwald mit torfigem Boden, der ganzen Beständen von Juncus squarrosus an den Lichtungen Platz giebt, und hier stellt sich auch auf nassen Stellen Empetrum ein. Die gemeineren Arten stimmen im allgemeinen sowohl mit dem Weserberglande im Westen als mit dem Thüringer Walde im Süden; vom Erzgebirge, der Lausitz und dem Böhmer Walde wie Fichtelgebirge unterscheidet sich der Harz nicht unwesentlich durch den Mangel von Aruncus, Prenanthes, Thalictrum aquilegifolium, während als westliche Art Euphorbia amygdaloides in ihm auftritt.

Für die waldbildende Buchengrenze im Gebirge habe ich bei Aufstiegen vom Süden zum Bruchberge und Brocken den Durchschnitt von 600 m beobachtet, wobei die Buche schon von 550 m an selten zu werden beginnt; auch im Centrum des Oberharzes (Forsthaus Schluft 545 m!) herrscht dieselbe Grenze, indem die letzten Buchenhorste mit Bergahorn zwischen 550—600 m dort auftreten. Am Nordhange des Brockengebirges giebt VOIGTLÄNDER die Höhe von 620 m als die Linie des Verschwindens der Buchen an, rechnet aber gleichwohl die Grenze des unteren hercynischen Nadelmengwaldes bis zu

750 m Höhe. Die allerhöchsten stämmigen Buchen fand ich an den Hahnen-
kleeklippen in etwa 750 m Höhe, entsprechend dieser Angabe.

Bemerkenswerte Arten der unteren hercynischen Waldformationen.

Cephalanthera ensifolia (Vorberge).

[Epipogon aphyllus einzelner Standort am Nordrande des Gebirges oberhalb Wernigerode.]

! Coralliorhiza innata, nicht häufig.

Polygonatum Verticillatum.

Luzula silvatica: obere Region! frq.! cop.!

! Carex umbrosa: nur am Rande des Gebirges r.

! Poa sudetica.

Festuca silvatica.

Hordeum silvaticum.

Vicia silvatica.

Rubus saxatilis.

—— candicans, vestitus, *hercynicus !!,
Bellardii, hirtus.

! Sorbus domestica (Nordrand des Gebirges).

Circaea alpina.

! Anthriscus nitida.

Chaerophyllum hirsutum frq. cop. !!

Galium rotundifolium.

Petasites albus in den Bachthälern und
Quellfluren.

Lappa macrosperma (Vorberge).

!! Prenanthes purpurea (als große Seltenheit bei
Stollberg außerhalb d. NW-Veget.-Linie).

! Campanula latifolia (Bode- und Selkethal).

Pirola uniflora, chlorantha.

!! Polemonium coeruleum (bei Rübeland und im
Bodethale).

!! Cynoglossum germanicum (an mehreren Stellen
des Südharzes und des Bodegebietes zerstreut).

!! Omphalodes scorpioides (Ostharz und Terr. 2).

! Myosotis sparsiflora (von den Vorbergen des
Unteren Saale-Landes bis Schierke an den
Rand des Brockengebietes).

Lithospermum officinale (Vorberge).

Digitalis purpurea frq. cop. !!

Veronica montana.

Melampyrum silvaticum (obere Stufe).

! —— cristatum (Ostharz).

! Geranium lucidum (Ostharz).

Euphorbia dulcis (Nordharz, nicht häufig).

!! —— amygdaloides (im Westharz bis Andreasberg im Verein mit der Buche).

Lunaria rediviva.

Dentaria bulbifera.

Cardamine hirsuta, silvatica.

! Aconitum Lycoctonum (bis Rehberger Graben
im Ostharze).

! —— Stoerkianum (selten).

—— Variegatum (Gebiet der Bode u. Selke).

Ranunculus platanifolius (in feuchten Flussthälern vom Oberharze her).

Aspidium lobatum frq.

Asplenium Adiantum nigrum (selten in den
östlichen Vorbergen).

Blechnum Spicant frq. cop. !!

! Scolopendrium officinarum (Bodethal).

! Struthiopteris germanica (zerstreut nahe dem
Rande des Gebirges).

Hylocomium loreum frq. cop.

Hypnum Crista castrensis frq. cop.

Plagiothecium elegans.

Heterocladium heteropterum.

! Oligotrichum hercynicum.

Buxbaumia aphylla.

Bryum alpinum frq.

Tayloria *tenuis.

! Amphidium Mougeotii.

Fissidens exilis.

Dicranum longifolium frq.

Dicranella squarrosa frq.

! Fossombronia cristata.

Jungermannia alpestris, ventricosa, exsecta.

! Harpanthus scutatus.

Bemerkenswerte Arten der Bergwiesen.

! Orchis ustulata; mascula, Morio frq. !

Gymnadenia albida; conopea frq. !

Coeloglossum viride.

! Lilium bulbiferum.

? Polygonatum verticillatum.

Carex fulva (×).

! —— Hornschuchiana im Gebirge seltener als
im Vorlande.

Trifolium montanum, spadiceum.

Lathyrus montanus frq.

!! [Saxifraga Hirculus: nach HAMPE, Fl. hercyn.
S. 104 auf Torfwiesen bei Zorge 1809
aufgefunden, später nicht wieder beobachtet. Fehlt in dem ganzen hercyn.
Bezirk !]

Meum athamanticum frq. !!

Peucedanum Ostruthium r.; wild?

!! Myrrhis odorata r.

Galium hercynicum.

Arnica montana.

Centaurea phrygia *elatior.

Leontodon hispidus, var. opimus.

Crepis succisifolia.

! Hieracium *gothicum (Wiesen bei Hüttenrode).

Phyteuma orbiculare.

—— *nigrum (früher blühend als spicatum).

!! Armeria Halleri auf dem an den Harz-
flüssen gelegenen Wiesen meist nicht

höher als 350 m gehend, dort oft gesellig.

! Alectorolophus angustifolius (West- und Südharz bes. auf Gyps; selten).

! Pinguicula vulgaris.

Geranium silvaticum frq.! auf d. oberen Wiesen.

—— pratense auf den unteren Wiesen.

!! Alsine Verna (besonders in den Thälern auf
Flusskies, aber auch bei Hohegeiß u. s. w.).

Viola tricolor β. spectabilis (= sudetica).

Arabis Halleri, verbreitet und mit den
Flüssen weit über die Vorberge in die
Niederung tretend !!

Trollius europaeus cop. !!

! Thesium pratense inmitten des Gebirges
cop. !

Botrychium Lunaria frq.

—— rutaceum (selten und unsicher).

Es fehlt nunmehr noch eine wichtige Abteilung, nämlich die *Felsflora des Bodethals.* Es ist schon oben (S. 493) die große Bedeutung dieses Flussthales in seinem unteren Durchbruch durch das Granitmassiv des Ramberges hervor-gehoben, die wesentlich in der Wildheit seiner Felsmassen begründet liegt. Unterhalb Altenbrak verengt sich das Thal so, dass an Entfaltung der bis dahin die Bode begleitenden Wiesen nicht mehr zu denken ist, und auch der Wald schränkt sich an den Steilfelsen des Stromgehänges auf geringen Um-fang ein, so dass harte Granitwände und Gerölle von großen Blöcken und von kiesigem Gefüge in weiter Ausdehnung auftreten. Und nun hat die niedrige Höhenlage, im Anschluss an ein so mannigfaltig entwickeltes Gebirgsland im Hintergrunde, hier die seltsamsten Genossenschaften vereinigt. Dieses sind zunächst gewöhnliche Arten der mitteldeutschen Hügelformationen, als deren Typus Cynanchum Vincetoxicum mit der mehr auf montanen Geröllen vorkommenden Digitalis ambigua genannt werden kann; außerdem aber sind zahlreiche Vertreter der südöstlichen Genossenschaften, die im östlich angrenzenden Saalelande ihre breiteste Entwickelung gefunden haben, hier zu-sammen gekommen, als deren Beispiele Lactuca perennis und Allium *montanum (fallax) für die Felsbewohner zu nennen sind; dann sind Berg-pflanzen von weiterer deutscher Verbreitung, die aber im Harze sonst fehlen und ebenso in den ganzen nordwestlichen Territorien der Hercynia äußerste Seltenheiten sind, ebenfalls hier zu finden, wofür als Beispiel Viscaria vul-garis zu nennen ist, und endlich einige besondere und seltenere Arten mit arktisch-montanen Arealen; nämlich außer der schon genannten Archangelica am Fluss besonders die Saxifraga decipiens in ihren grau behaarten, dichten Rosetten an den Granitwänden, wo sie neben gewöhnlichen Hügel-pflanzen wächst. Nimmt man hinzu, dass außerdem noch die Waldflora des Harzes überall da, wo sie Platz hat finden können, im Thal und in den Seitenschluchten mit den beiden Chrysosplenien am Wasser sich eingenistet

hat und auf Felsnischen mit Ribes alpinum ihren Standort behauptet, dass
Pflanzen wie Prunus Padus von den Gehölzen, Ranunculus platanifolius mit
Lunaria rediviva und Geranium lucidum von den Stauden, Scolopendrium von
den Farnen dort häufig sind, und nimmt man nun die reichhaltige entsprechende
Flora der Moose und Flechten hinzu, so ergiebt sich aus dem allen dasselbe
anziehende Bild für die Pflanzenwelt des Bodethales, wie es die großartigen
Felsscenerien physiognomisch bewirken.

Die Saxifraga decipiens hat im Bodethale eine nicht unbedeutende
Verbreitung und geht in das Innere des Gebirges hinein, indem sie über den
Granit- und Grauwackenbezirk des unteren Thales westwärts am Fluss hinauf
zwischen Neuwerk und Rübeland auf den Urkalken sich findet (an der Marmormühle), zugleich auch in den Nebenthälern der Rapp- und Luppbode auftritt.
Sie variiert mannigfach in der Behaarung, wobei die zottigsten Formen an
den sonnigsten Felsen zu wachsen pflegen; ENGLER hat in seiner Monographie
von Saxifraga 1872 (S. 187) ihren Formenkreis sowohl zu var. vulgaris gezogen,
die auch im Fichtelgebirge, im Vogtlande (Elsterthal, s. unten Kap. 13) und im
böhmischen Mittelgebirge vorkommt, als auch zur var. palmata. Einzelne
Formen auch, wie ENGLER will, zur hochnordischen var. groenlandica zu
ziehen, erscheint mir nach eigenen Herbarvergleichen mit arktischen Exemplaren
weniger statthaft; es wäre dies die einzige Stelle südlich von Schottland—
Island und Labrador.

Eine zweite Blütenpflanze mit nur boreal-arktischem, die Alpen aus-
schließenden Areal giebt es im Bodethal nicht, wohl aber noch eine Anzahl
anderer boreal-alpiner Felspflanzen von mehr oder weniger hoher Bedeutung
in ihrem Auftreten. Die wichtigen sind:

Allium Schoenoprasum *sibiricum		Sempervivum soboliferum (oh.).
Aster alpinus	vergl. OLz.	
Woodsia ilvensis		Arctostaphylus Uva ursi (auch bei Ilseburg und
		Goslar vorkommend).
Dianthus caesius	vergl. Rhön.	Cotoneaster *vulgaris (auch im Selkethale und
Silene Armeria		bei Wernigerode).
		Potentilla rupestris.
		Seseli Libanotis.

Die kleine Liste ist in Gruppen geteilt, welche durch Territorialsignaturen
auf ähnliche Vorkommnisse im Osten und Westen der Hercynia hinweisen.
Die letzte Gruppe von Arctostaphylus, Cotoneaster, Potentilla rupestris und
Libanotis hat zwar noch nieder-montanen Charakter, zerstreut sich aber weithin
im hercynischen Hügellande an den verschiedensten Plätzen.

Hier mag als Abschweifung von den Funden im Bodethal des sehr interessanten Standortes von Gymnogramme (Allosorus) crispa am Königsberge
bei Goslar (entdeckt i. J. 1853) gedacht werden; dieser arktisch-alpine Farn
hat sonst nur im Böhmer Walde noch auf den höchsten Gipfeln einen bescheidenen Platz und sein Vorkommen in niederer Lage am Harz ist daher
sehr bemerkenswert.

Drude, Hercynischer Florenbezirk.

Die wichtigsten östlichen Arten, welche das Bodethal erreichen, sind Rosa trachyphylla *Hampeana, Draba muralis, Asperula glauca und tinctoria, Lactuca perennis und quercina, auch Carex humilis, Anthericum Liliago und ähnliche von weiterer Verbreitung; endlich werden die in der Liste der Waldpflanzen schon genannten Boragineen: Cynoglossum, Omphalodes, Myosotis noch wesentlich durch das als Felspflanze auf dem Kalk an der Marmormühle und am Krockstein sich findende Echinospermum deflexum bereichert: diese Pflanze hat hier ihren vielleicht einzigen Platz im hercynischen Bezirk und tritt zunächst erst wieder sparsam im (Terr. 13?) böhm. Mittelgebirge und mährischen Gesenke auf. — Im unteren Thal, auf den Felsen des Bodedurchbruchs zwischen Rosstrappe und Hexentanzplatz, ist außer den zuweilen in Fußlänge auftretenden Exemplaren der Draba und dem Reichtum an Lattich-Arten besonders die genannte Rosa wichtig, welche als Seltenheit an den nach Treseburg zu gelegenen Felsen auftritt und nach ihrer Auffindung durch HAMPE zunächst in den Formenkreis der R. alpina gezogen wurde. Sie gehört zu dem gemeinsamen Stamme der Rosa trachyphylla und Jundzillii, und erscheint als eine Lokalvarietät derselben Rasse, die als südöstliche Pflanze die Elbgehänge durchsetzt und weiter nordwestwärts sich verbreitet hat. Mit diesem Standort hat im hercynischen Bezirk der Formenkreis R. trachyphylla gen NW seine äußerste Grenze. — Es kann hier der Hinweis auf das Eindringen zahlreicher östlicher Arten in den Unterharz (Grafschaft Mansfeld, Campanula bononiensis bei Hasselfelde u. ähnl.) unterbleiben, da ja schon unsere Karte deshalb diese Abdachung zu Terr. 5 gezogen hat. Nur im Bodethal sollte dieses Gemisch näher gekennzeichnet werden, da hier die Standorte besonderer östlicher und besonderer boreal-montaner Arten auf die gleiche Felsformation angewiesen sind. —

Die Moosflora des Bodethales[1]). — Von den auf S. 504 aufgezählten *Charaktermoosen* des Harzes sind die folgenden 16 Arten auf die felsigen Standorte des Bodethales beschränkt. Durch das (Ca) sind die Standorte auf Kalkfelsen bezeichnet.

Hymenostomum tortile (Ca).	Plagiobryum Zierii, auch auf	Jungermannia riparia (Ca).
Fissidens rufulus (Ca).	nassen Gypsfelsen.	—— Mülleri (Ca auch auf den
Seligeria tristicha (Ca).	Timmia austriaca (Ca).	Gypsfelsen).
Grimmia arenaria.	Amblystegium Sprucei (Ca).	Lejeunia calcarea (Ca).
Orthotrichum rivulare.	Hypnum Halleri (Ca).	Frullania fragilifolia.
—— urnigerum.	—— Mackayi.	Fimbriaria pilosa.

Von sonst weiter verbreiteten montanen Arten haben hier, also in Höhen von nur 200—300 m, Standorte:

Rhabdoweisia denticulata.	Fontinalis squamosa.	Madotheca laevigata.
Cynodontium polycarpum.	Pterigynandrum filiforme.	—— rivularis.
Oreoweisia Bruntoni.	——————	Preissia commutata (Ca).
Seligeria Doniana (Ca).	Plagiochila interrupta (Ca).	Reboulia hemisphaerica (Ca).
Ditrichum glaucescens.	Jungermannia cordifolia.	Grimaldia barbifrons (Ca und
Grimmia montana.	—— *subapicalis.	Gyps).

1) Bearbeitet von Dr. B. SCHORLER.

Natürlich drängen sich bei einem Gang durch das Bodethal diese Moose dem Beschauer nicht gerade auf, sie wollen gesucht sein. Dafür fallen uns auf den schattigen, feuchten oder nassen Blöcken in die Augen die ausgedehnten Decken von Hypnum cupressiforme mit H. uncinatum, Jungermannia albicans und Frullania Tamarisci, oder von Scapania undulata mit Wehera nutans und Racomitrium heterostichum, oder von Metzgeria furcata mit Mnium punctatum und Brachythecium plumosum, oder von Ptilidium ciliare mit Plagiochila asplenoides, Lejeunia serpyllifolia, Sarcoscyphus Ehrharti und Lophocolea bidentata, oder endlich von Dicranum longifolium und Hylocomium splendens mit Camptothecium lutescens, Neckera complanata und Anomodon viticulosus, zwischen denen sich dicke Polster von Webera cruda und Tortella tortuosa einschieben.

Auf dem den Blöcken aufliegenden Humus stellen sich Plagiothecium denticulatum und Mnium cuspidatum reichlich ein.

Aus den Gesteinsspalten aber lugen neben den großen, dicken Polstern von Bartramia pomiformis hervor Distichium capillaceum, Fissidens adiantoides, Encalypta ciliata, Brachythecium velutinum, Didymodon rubellus und Barbula subulata.

Die trockenen sonnigen Felsblöcke überziehen Racomitrium heterostichum, Webera nutans, Barbula subulata mit Brachythecium velutinum, Oreoweisia Bruntoni oder Coscinodon cribrosus, die Kalkfelsen dagegen Hypnum molluscum mit Encalypta contorta und Ditrichum flexicaule.

An den grasigen Hängen auf Geröll, wo Arabis Halleri wächst, bilden Hylocomium triquetrum oder H. loreum mit Plagiochila asplenoides Massenvegetationen.

Die Flechten sind wenig vertreten. Am häufigsten noch kommt Gyrophora spodochroa, vereinzelt Peltigera canina auf den Blöcken vor, während auf Kalk Pertusaria rupestris (oder corallina?) ausgedehnte graue, aber weiche buckelige Krusten bildet in Gesellschaft einer Gallertflechte, des Synechoblastus flaccidus, und an nassen Stellen herdenweise Endocarpon miniatum wächst.

Allgemeine Rückschlüsse. — Die Hervorhebung jenes Umstandes, dass der Unterharz vom Osten her Ansiedelungen des östlichen Florenelementes erfahren hat, ist das besondere Verdienst der öfters genannten Abhandlung von ANDREE, der in derselben den beklagten Mangel von HAMPEs Flora ausbessern wollte, keine Übersicht über die allgemeinen physikalischen Verhältnisse gegeben zu haben. »Der wesentlichste Unterschied zwischen der Flora des Unter- und Oberharzes (wenn wir den Brocken vorläufig außer Betracht lassen) beruht auf der Zugehörigkeit des Unterharzes zum Elbgebiete.« Weil man damals noch nicht die verschiedenen Florengemische als aus geologischen Perioden entstanden zu verstehen pflegte, so finden wir bei ANDREE die im Anschlusse an GRISEBACHs »Vegetationslinien des nordwestlichen Deutschlands« erklärbaren Versuche, den Harz auch in seiner Verschiedenheit von West zu Ost auf klimatologische Ursachen allein zu verweisen: »das Gebiet liegt in der Übergangszone zwischen See- und Continentalklima; die große Vegetationslinie

Stettin—Trier schneidet dasselbe in zwei ganz gleiche Hälften. Sehr scharf zeigt sich die Vegetationslinie an dem Gypswall des südlichen Gebirgsrandes, wo bis Niedersachswerfen vom Osten her die reichste Flora herrscht, während diese z. B. schon bei Osterode u. s. w. sehr ärmlich wird.«

Diese Ausführungen hatten damals einen hohen Wert, nachdem gerade HAMPES »Flora Hercynica« ohne die geringsten geographischen Erklärungen alle heterogenen Florenelemente von Eisleben bis zum Brocken wie etwas Einheitliches neben einander gestellt hatte. Die Territorialeinteilung unserer Karte, dazu der allgemeine Unterschied zwischen Gebirgsformationen oberhalb und unterhalb der Buchengrenze, bringt jene Darstellung jetzt in gesetzmäßige Normen der Pflanzengeographie und lässt auch dem Klima, wenn auch mehr in geologischer und daraus hervorgehend in für die Jetztzeit erhaltender Hinsicht, sein notwendiges Recht. Wohl mögen diese klimatischen Verhältnisse eine bedeutende Rolle bei der durch andere Besiedelungsbedingungen herbeigeführten Florenverschiedenheit spielen, aber eine zusammenhängende, klimatisch wirkende Vegetationslinie Trier—Stettin giebt es durch den Harz hindurch gewiss nicht, sondern lokale Ursachen verschiedener Art verbinden sich öfters zu einer gleichsinnigen Wirkung auf die Verbreitungsgrenzen. Nur auf den Unterharz erstreckt sich der Einfluss gemeinsamer Besiedelung mit dem Unteren Saalelande, bezw. mit dem Thüringer Becken; das Brockengebirge ist in seiner Art selbständig und der in ihm entwickelte Florencharakter kehrt sich den Hügelpflanzen entgegen, setzt diesen noch im Bodethale ebenso wie auf den südlichen Zechsteinhöhen ein anderes Besiedelungselement gegenüber.

5. Die Gebirgsränder.   Glaciale Elemente auf dem Zechstein.

Flussthal-Schotter. Nach allen Seiten eilen die klaren Wässer der zahlreichen Bäche in das Vorland des Harzgebirges und breiten sich, aus den engen Pforten ihrer Berge herausgekommen, oftmals zu mächtigen Schotterfeldern aus, in denen sie vielfach ihren Lauf ändern und dadurch stets aufs neue Anlass zu Besiedelungen für einige ihnen folgende Pflanzen geben. Unter diesen wenigen Arten halten drei merkwürdig fest zusammen: Armeria *Halleri, Alsine verna, Arabis Halleri, dieselben drei Arten, welche in den Waldthälern des unteren Harzes überall durch ihr Zusammenwachsen die Plätze früherer Kohlenmeiler anzeigen, wie von BELING auch in der floristischen Litteratur bekannt gegeben wurde[1]).

Diese Arten haben ein häufiges Vorkommen nur auf den Flussschottern und ihre Anteilnahme an der Wiesenformation beschränkt sich auf grasüberwachsene Gerölle, wo ja auch Armeria elongata besser als im tiefgründigen Wiesenboden gedeiht. Arabis Halleri kommt in allen hercynischen Bergländern vor; Alsine verna, in der ganzen Alpenregion und in den Karpathen auf Kalk verbreitet, ist eine seltene mitteldeutsche Pflanze, Armeria *Halleri ist eine endemische Subspecies des Harzes, welche aber vielleicht mit A. alpina

---

1) LEIMBACHS D. bot. Monatsschrift II. 4. (Jan. 1884.)

näher als mit A. vulgaris (elongata) verwandt ist. Während die Alsine mit
ihren weißen Sternen in dem niederen Ostharz, in der von der Wipper durchströmten Bergwerkslandschaft der Grafschaft Mansfeld, die zahlreichen ganz
trockenen Trümmerhalden von Kupferschiefer schmückt, geht Armeria Halleri
besonders im Norden über den Gebirgsrand hinaus und besetzt die Fluss-
gerölle mit einer dichten Matte grüner Polsterrasen, die schon im April mit
dem leuchtenden Rot ihrer auf niedrigeren Schäften stehenden Blütenköpfe
weithin sichtbar prangen und von da an noch lange Zeit hindurch unausgesetzt weiter blühen.

Diese drei Arten gehören dem Brockengebirge nicht an; Alsina verna
geht im Thale der Sieber bis gegen Forsthaus Schluft in das Innere vor, dort
von Silene inflata begleitet; Armeria Halleri fängt in demselben Thal erst bei
350 m Höhe an gesellig aufzutreten; auch Arabis Halleri, welche am weitesten
den Flüssen abwärts folgt, ist in den Thälern von 300—500 m häufig und
verliert sich dann höher hinauf. Durch diese drei Genossen setzt sich der
Harz auch nordwärts der steil und im Waldkleide unvermittelt gegen die
warmen Hügel abfallenden Berge noch etwas fort und umringt die auf diesen
Hügeln auftretende ganz andere Flora. So erhebt sich z. B. nördlich von Oker
und von den hier das Okerthal einschließenden letzten Vorbergen des Harzes
nur durch einen kleinen Bachlauf getrennt, mit einer relativen Höhe von mehr
als 150 m der Sudmer Berg zu steilem Gipfel aus jüngeren Kalken: hier ist
nichts mehr von Harzflora, sondern es herrscht Grastrift von Brachypodium
mit Acinos, Gentiana ciliata und Reseda lutea; nur das zwischenliegende Thal
trägt die Armeria Halleri-Matte.

Aber das größte floristische Interesse knüpft sich an den *Südrand des
Harzes*, an die in ihrer Gesteinsbildung schon oben (s. S. 493) charakterisierte
Zechsteinformation, von welcher ANDREE richtig hervorhebt, dass sie am West-
harz ärmlich, von Sachsa an weiter gen Osten reich an bemerkenswerten
Arten sei. In ihrem Bereich liegt als interessantester Punkt wohl der »*Alte
Stolberg*« bei Steigerthal, Stempeda und Rottleberode, etwa 6 km südöstlich
von Neustadt bei Ilfeld. Die glacialen Relikte, welche hier im Vorder-
grunde der Betrachtung stehen, sind: Salix hastata, Rosa cinnamomea,
Pinguicula vulgaris *gypsophila, Arabis alpina, Arabis petraea,
Biscutella laevigata, Gypsophila repens, zu welcher Sammlung selten
vereinigter Areale noch die aus östlichem Areal herübergreifende und im süd-
lichen deutschen Gebiet fehlende Gypsophila fastigiata mit einer größeren
Anzahl anderer seltenerer Hügelpflanzen sich hinzugesellt. Die Standorte und
Areale aller dieser Arten sind jüngst von A. SCHULZ (s. Litt. 5, Nr. 32,
S. 29—39) so ausführlich behandelt, dass hier eine um so größere Kürze
gestattet ist.

Dies ganze Randgebiet des Harzes macht den Eindruck eines stark zerklüfteten Kalkhügellandes teils mit kahlen, von Gyps weiß schimmernden
Höhen, teils ist es mit Grastriften bedeckt, teils endlich von schönen Laubwäldern eingenommen, aus deren Schoße zahlreiche Bäche in die Helme und

in deren von Ellrich her aus dem Gebirge tretenden Nebenfluss, die Zorge,
fließen, während über den Thalschluchten jähe Felsabstürze sich steil, aber
nicht hoch erheben. Die Eisenbahn durchschneidet mit Tunneln und Via-
dukten dies an Gesteinstrümmern reiche Gelände von Sachsa nach Nordhausen;
die ganze Längslinie von Sachsa bis zu der östlich vom Alten Stolberge nach
SO fließenden Thiera misst etwa 30 km. Die oben genannten Charakterpflanzen
sind teils nur an einem einzigen Hauptstandorte (z. B. Biscutella am Kohn-
stein), teils an mehreren, immer aber an nicht gerade zahlreichen Plätzen verteilt, so dass ihr Auftreten ein lokal beschränktes ist. Den merkwürdigsten,
man darf sagen: unnatürlich erscheinenden Standort hat Salix hastata dort
inne, indem sie im Buchenwalde heidelbeerartig wachsende Gebüsche bildet
und dort zu Ende Mai oder Anfang Juni blüht. Möglich, dass ihr der Wald.
Schutz gewährt, wie wir ja viele Arten der subalpinen Bergheide in tieferen
Lagen den Wald aufsuchen sehen; man denke z. B. an Homogyne alpina im
Erzgebirge. An den Felsen blüht dort auch Hutchinsia petraea und am
Westhange nach Steigerthal zu die schöne Rosa cinnamomea, später im
Jahre Pinguicula *gypsophila. Um die Waldflora, welche Pflanzen von
so abweichenden Arealen umschließt, näher zu charakterisieren, seien als
einige Mitglieder genannt:

Neottia Nidus avis.	Orobus niger.	Actaea spicata.
Coralliorhiza innata.	Cornus mas.	Pulmonaria angustifolia.
Carex montana.	Viburnum Lantana.	Lithospermum purpureo -
Potentilla alba.	Asarum europaeum.	coeruleum.

Auf lichten Felshöhen ist alles bedeckt von Sesleria, dazwischen wächst
Asperula glauca mit Trifolium montanum, Polygala amara, Gebüsche von
Rosa rubiginosa. —

Zu den sieben genannten seltenen Blütenpflanzen kommen nun auch noch
merkwürdige Lebermoose, deren systematische und Verbreitungsverhältnisse
jüngst SOLMS-LAUBACH in besonderer Abhandlung[1]) veröffentlicht hat. Es
wachsen hier an den Gypsbergen bei Steigerthal beisammen (in der Bezeichnung von HAMPES Flora hercyn. S. 373):

Sauteria alpina = Grimaldia punicea Wallr. = Clevea hyalina in korrekter Bestimmung (SOLMS!).
Preissia commutata, zugleich im Unterharz auf den Urkalken bei Rübeland verbreitet.
Reboulia hemisphaerica = Grimaldia ventricosa Wallr., wie vorige zugleich im Bodethal.
Grimaldia barbifrons = Gr. inodora Wallr. = Gr. fragrans nach HAMPE (1840) und SOLMS-
    LAUBACH !
Fimbriaria umbonata = Marchantia umbonata Wallr. = Fimbriaria fragrans N. v. E. (SOLMS!).
Riccia Bischoffii Hüb. als einzige Riccia unter den Vorigen 5 Marchantiaceen.

Es ist durch Untersuchung anderer Standorte festgestellt, dass sich ähnlich heterogene Lebermoos-Genossenschaften aus alpin-borealen und südeuro-
päischen Arealen auch sonst zusammengefunden haben; so z. B. bei Sitten im

---

1) Botan. Zeitg. 1899, I. Abtlg., Hft. 2 (S. 15—37). Die erste Veröffentlichung stammt von
WALLROTH in Linnaea XIV (1840) 686.

Wallis dieselbe »Sauteria« mit Fimbriaria und Grimaldia fragrans, ferner auf dem dürren »Alvaret« auf der Insel Öland dieselbe »Sauteria« mit Grimaldia pilosa, Reboulia hemisphaerica und Preissia commutata. Auch G. v. BECK machte jüngst auf entsprechende Moosgesellschaften in der Wachau aufmerksam. Diese »Sauteria« wurde von SOLMS in seiner eingehenden Untersuchung zu Clevea hyalina gezogen, welche ein breites alpin-boreales Areal besitzt und sich darin von den in viel engeren Grenzen gehaltenen Sauteria alpina und Pelto-lepis grandis der Cleveiden-Lebermoose unterscheidet. Ihr Areal ist von SOLMS (S. 34) eingehend behandelt. »Die heutige Verbreitung der Clevea hyalina, welche mit der so vieler anderer arkto-alpinen Gewächse zusammen-fällt, weist uns darauf hin, dass die ganze Gruppe nordasiatischen Ursprungs ist, dass sie sich von dort nach Europa einer-, nach Nordamerika anderseits verbreitet hat.« Grimaldia fragrans und Fimbriaria fragrans galten vordem nur als Arten mit mediterran-centraleuropäischem Areal (Typus von Castanea, Ostrya), sind aber jetzt beide aus Westsibirien, Daurien, Amurland und Kamtschatka bekannt geworden; beide sind aber empfindlich gegen Feuchtig-keit und weichen darin von den »eurytopischen« Lebermoosen Reboulia hemi-sphaerica und Preissia commutata stark ab. So sehen wir auch in diesen Lebermoosen die Reste einer sonst zerstreuten Genossenschaft, welche durch die die Eiszeit begleitenden Entwickelungsverhältnisse am Südharz vereinigt gehalten wurde.

Ein ebenso buntes Gemisch verschiedenartiger Areale zeigen auch die übrigen Laub- und Lebermoose der Gypsberge, die vor kurzem QUELLE (Litt. E. 11 Nr. 36) zusammengestellt hat. Nach ihm haben die Gypsberge vor den eigentlichen Südharzbergen voraus:

Ca Phascum curvicollum.	Ca Cylindrothecium concin-	Ca Hypnum rugosum.
» Hymenostylium curvirostre.	num[1]).	» Jungermannia acuta.
» Distichium capillaceum.	» Amblystegium fallax.	» —— Mülleri.
» Tortella inclinata.	» —— confervoides.	» Scapania aequiloba.
» Aloina rigida.	» Rhynchostegium murale	! Fimbriaria fragrans.
! Plagiobryum Zierii.	var. julaceum.	Ca Clevea hyalina.
	» Hypnum commutatum.	

Außerdem zeichnen sie sich durch die Massenvegetation von Preissia commutata, Ditrichum flexicaule, Thuidium abietinum, Hypnum molluscum und H. chrysophyllum aus. Die beiden letzteren bilden an manchen Stellen große Decken auf den weißen Gypsböcken oder im Geröll, denen sich dann Hypnum cuspidatum und H. stellatum var. protensum, oder Hylocomium splendens, Homalothecium sericeum, Hypnum purum, Leskea nervosa und von den Flechten Solovina saccata zugesellen können.

Die hier aufgezählten Arten kommen mit wenigen Ausnahmen anderwärts entweder ausschließlich oder doch vorzugsweise auf Kalk vor. Daher kommt

---

1) Diese Art hat nach QUELLE zwar im Harz ihren nördlichsten Standort in Deutschland, aber sie erreicht hier nicht ihre nördliche Verbreitungsgrenze, da sie in Skandinavien wiederkehrt.

es wohl auch, dass einige von ihnen auf den Urkalken des Bodethales wiederkehren. Dass gerade diese Stellen auf den Zechsteinhöhen am Südrande des
Harzes so mancherlei Relikte dauernd erhalten konnten, liegt unzweifelhaft in
der Natur des Gesteins und in der hier ziemlich wilden Form der Hügel mit
begründet, hat aber wohl seine direkte Ursache in bestimmten Verhältnissen
zur Besiedelungszeit, in die wir noch keine klare Einsicht haben und vielleicht
auch nie gewinnen werden. — So wie die Zechsteinformation westlich von
Sachsa, bei Scharzfeld und Herzberg, weniger reich orographisch gegliedert
erscheint, wird sie auch pflanzenärmer, obwohl immer noch einige neue Erscheinungen auftreten. So besonders am Bett der Oder daselbst ein reiches
Gemisch von Mentha-Formen, darunter die Mentha *crispata, welche ANDREE
für die einzige endemische Art des Harzes erklärte. Dass auf den hier zahlreichen kahlen Gypsfelsen Parnassia palustris ein von ihrer sonstigen Formationszugehörigkeit in der Hercynia ganz abweichendes Verhalten als trockenste
Triftpflanze zeigt[1]), entspricht mit den übrigen dargelegten Thatsachen der in
Abschn. V, Kap. 2 allgemeiner zu erklärenden, hier stattgefundenen präalpinen
Florenbesiedelung, aus welcher sich nur solche Arten auf dem Zechsteingyps
erhalten konnten, welche unter dem Schutze dieses Gesteins in ein viel trockeneres
Klima übergingen.

Zwölftes Kapitel.

Der Thüringer Wald.

1. Orographisch-geognostischer Charakter.

Der Thüringer Wald stellt eine anmutig aufgebaute und im Schmucke
frisch grüner Bergesrücken prangende Landschaft dar; aber floristisch ist diese
von allen hercynischen Bergländern die ärmste und fügt dem Bestande montaner Arten keine einzige hinzu, die nicht auch in den übrigen Berglandschaften schon meistens viel reicher und an der Formationsbildung üppiger
Anteil nehmend zu finden wäre. Dies erklärt sich aus seiner geringen Höhe
und seinem einfachen Aufbau; der höchste Berg erreicht nur 983 m, auch
fehlt es an schroffen Felsabstürzen mit einem tief eingenagten Flussbett, wie
es das Bodethal im Harze zeigt, und ebenso fehlt im obersten Teil des Gebirges die mächtige Entfaltung höherer Berggipfel mit Mulden und Hochflächen, wie sie zur Entwickelung der Hochmoore bei wenigstens 800 m absoluter Höhe in der Hercynia nötig sind.

---

1) Siehe meine frühere Mittlgn. in Isis, Abh. Jahrg. 1890, Nr. 11. HAMPE, Fl. Hercynica, S. 36.

Umfang und Grenzen. Der von NW nach SO lang hingestreckte Rücken des Thüringer Waldes ist etwa 15 geographische Meilen lang in der hier angenommenen Umgrenzung; während er als ganz schmale Zunge bei Eisenach ansetzt, misst seine Breite bei Ruhla westlich vom Inselsberg $1^1/_2$ Meilen, steigt in der Mitte des Gebirges um die höchsten Erhebungen auf 2—3 Meilen Breite und endet dort, wo dieses ganz allmählich in den Frankenwald übergeht, als 4 Meilen breites und wiederum verflachtes Bergland nicht weit von der oberen Saale. Seine Gesamtfläche beträgt danach etwas mehr als 40 ☐ Meilen.

Die Grenze gegen den *Frankenwald*, welcher floristisch von mir mit dem sächsischen Vogtlande und dem Fichtelgebirge als das *Bergland der oberen Saale* vereinigt wird, stellt sich in der Litteratur verschieden dar[1]); sie ist hier der Darstellung in STIELERs Handatlas[2]) folgend über die Passlinie der Haslach (gen SW) und Loquitz (gen N) mit ihrem Durchbruch bei Eichicht zur Saale hinaus etwas nach SO ausgedehnt bis zum Thal der Rodach, weil hier noch ein letztes Mal das Gebirge sich im Wetzstein auf 785 m Höhe erhebt und damit ein dem einfachen Charakter der oberen Waldformationen Thüringens entsprechendes Bild erzeugt. Der Frankenwald aber besteht nur aus Höhen vom Charakter der niederen Montanflora, welche naturgemäß auch im Thüringer Walde die breiteste Entfaltung besitzt. Denn die Höhenscheide der unteren und oberen Bergwaldungen liegt, beurteilt nach den herrschenden Bäumen und dem Auftreten von Stauden, zwischen 700 und 800 m je nach Lage wechselnd, womit auch die von RÖSE in seinen Moosstudien über den Thüringer Wald angegebene Höhe von 2250 Fuß = 729 m gut übereinstimmt.

Aufbau der Berge. Wie alle hercynischen Gebirge baut sich auch der Thüringer Wald nur aus krystallinischen, archäischen und paläozoischen Gesteinen auf. Die scharfe Grenze, welche sowohl an seinen gen NO als auch gen SW gerichteten Abhängen die Trias mit diesen harten Silikatgesteinen bildet, die ist im Gegensatz zum Fichtelgebirge, dem Vogtlande, Erzgebirge und Böhmer Walde die Ursache der scharf und eng zusammengedrängten Vegetationsgrenzen, welche die Arten sonniger Hügelflora nach oben und die Pflanzen feuchter Bergwaldungen nach unten zeigen. Ein Blick auf die oben (s. Abschn. IV, Kap. 4, S. 350) nach SCOBEL gegebene geologische Skizze von Thüringen wird dies verständlich machen, da der Thüringer Wald wie eine schmale Zunge aus der Trias hervorragt, während vor dem Fichtelgebirge die gleichen Cambrium- und Silurschichten weit zur Mulde und Weißen Elster vorgestreckt sind, hinunter in die niederen Stufen des Hügellandes. Dieselbe Skizze zeigt auch den Wechsel der Sedimentär- und krystallinischen Gesteine im Thüringer Walde selbst: die Mitte, in welcher Granite und Porphyre zusammenstoßen, bietet im *Beerberg* (983 m) und *Schneekopf* (978 m), beide im

---

1) Vergl. z. B. F. SPIESS, Phys. Topographie von Thüringen, Weimar 1875, S. 6.

2) Auch in dem vortrefflichen älteren SYDOW'schen Atlas: »Mittelgruppe des norddeutschen Berglandes«.

Süden und Südosten der gegen 800 m hoch gelegenen Ortschaft *Oberhof*, die höchsten Erhebungen des ganzen Gebirges; eine ganze Reihe von Kämmen und Rücken, fast alle flach gewölbt und lang gedehnt, hat in dieser Gegend eine 900 m überragende Höhe, und hier liegen auch die schwach entwickelten Hochmoore des Gebirges.

Es giebt noch 10 andere Gipfel im Gebiet vom Beerberg und Schneekopf, welche höher sind als der Inselsberg, welcher vor der Zeit genauer Messungen wegen seines steileren Aufstieges aus weiterer Ferne für den höchsten Gipfel des Gebirges gehalten wurde; der 3. höchste ist der südl. Teufelskreis mit 963, der 4. der wilde Kopf mit 946 m, und der 5. der Sommerbachskopf mit 945 m u. s. w., aber alle diese sind vor ihrer Umgebung nur wenig bedeutend ausgezeichnet und lenken die Blicke nicht auf sich.

Im nordwestlichen Teile des Gebirges ist noch einmal eine starke Granitmasse mit Gneis und Glimmerschiefer in Berührung mit dem nordwestlichen Porphyrrande: hier erhebt sich das Massiv des *Inselsberges* bis zu 914 m in verhältnismäßiger Steilheit; hier sind auch hochgelegene mächtige Porphyrfelsen an seinem Gehänge, wie der Thorstein u. a., die das lange und enge »Felsenthal« abschließen; dieses ganze für den Thüringer Wald recht schroff aufgebaute schöne Bergland zieht sich vom Bergesgipfel gen Ost auf *Friedrichroda* hin, an der Grenze vom Granit und Gneis gegen den Porphyr. Am Nordwesthange des Waldes selbst hört der bisher die Gipfel und Felsen bildende Porphyr auf: *Ruhla*, nur 10 km von *Eisenach* an der *Hörsel* unweit ihrer Mündung in die Werra gelegen, liegt in einem von Glimmerschiefer gebildeten Thale, dessen Quellbäche aus dem westlichsten Granitmassiv zufließen; von da bis Eisenach zieht sich eine breite Fläche vom Rotliegenden mit einem schmalen Zechsteingürtel, mit dem das Gebirge dann gegen den Buntsandstein an der Hörsel wie Werra endet. Somit zeigt Eisenach auf einem Umkreis von weniger als 10 km die bunteste Musterkarte aller vom Walde her gegen die 3 Triassedimente den Gebirgsabfall bildenden Gesteine.

Der südöstlichste Teil des Gebirges baut sich im Anschluss an die centralen Porphyrmassive in der ganzen, nunmehr von 3 auf 4 Meilen wachsenden Gebirgsbreite aus Schiefern der Cambrium-Formation auf, welche dann noch weiter ostwärts im Gebiet der gen Franken strömenden *Haslach* und *Rodach* von den mächtigen Schichtenmassen der Kulmschiefer, beiderseits der Haslach von Rotliegendem überlagert, abgelöst werden.

Diesem Kulmschiefer-Gebirge gehört der schon oben genannte *Wetzstein* mit nur 785 m als äußerster höherer Grenzpfeiler gegen den Frankenwald an; um 200 m niedriger als die höchsten Berggipfel in der Mitte des Waldes, welche selbst kaum die zur Entfaltung der oberen Montanformationen genügende Höhe besitzen, kann er naturgemäß nicht mehr besondere Eigentümlichkeiten in seiner Pflanzendecke aufweisen. Auch die im Cambrium sich erhebenden Berge sind wenig bedeutend, weil das Gebirgsganze hier verhältnismäßig hoch und flach aufgebaut ist: hier liegt die höchste Ortschaft Thüringens, Igelshieb in 838 m Höhe, nahe bei Neuhaus am Rennsteig (812 m); die Feldkulturen erstrecken sich von der nur 1 Meile nördlich gelegenen Feldmark von Ober-Weißbach hier gegen den Gebirgskamm hinauf, während im Dorfe Igelshieb, wo die Sperlinge fehlen, die Bewohner auf der waldumrahmten Hochfläche sich hauptsächlich durch Hausindustrie ernähren. Zu beiden Seiten der Kammlinie liegen um die Ortschaften Neuhaus und Limbach die höchsten Berge dieses südöstlichen Waldabschnittes, alle von fast gleicher Höhe und stark bewaldet: das *Kieferle* (868 m) und *Blessberg* (864 m) in südwestlicher, der *Wurzelberg* (866 m) in nordwestlicher Richtung nur 2—6 km entfernt. Durch den westlichsten Teil dieses cambrischen Schiefergebirges fließt auch die junge *Werra* nach Süden herunter in das Gebiet des fränkischen Buntsandsteins; ihre Quelle liegt in 824 m Höhe an dem Porphyrstock des Zeupelsberges.

Da die Kammlinie des Waldes, durch den berühmten »Rennsteig« in Länge von 168 km bezeichnet, näher an der fränkischen Trias im SW als an der Trias des Thüringer Beckens im NO verläuft, so sind — wie im Erzgebirge — die nach S abfließenden Gebirgsbäche viel kürzer und unbedeutender, als die nach N zur Saale, bez. auf dem Umwege über Eisenach im NW zur Werra gehenden Bäche. Zwei Gebirgsbäche mit nach NO und N gerichtetem Laufe sind für die Physiognomie des Waldes und für seine Floristik von besonderem Interesse, die Schwarza und die Gera. Die *Schwarza* entspringt nicht weit von der Werra auf der Nordostseite des Gebirges und hat im cambrischen Schiefergebirge ein wild zerklüftetes, in großen Bogen hin und her sich windendes Thal, dessen landschaftliche Schönheiten in den Vorstufen des Berglandes bei *Schwarzburg* gipfeln; auch einige kleinere Seitenthäler von ihrem Lauf sind ähnlich als wilde Bergeinschnitte ausgezeichnet und zeigen senkrechte Wände von Schieferfels (Meurastein in einem Seitenthal der Lichte, u. a.). Schon kurz nachdem die Schwarza in der Nähe von Saalfeld in das Buntsandsteingebiet des Beckens eingetreten ist, wird sie von der hier dicht an das Waldgebirge in steilem Knie herangedrängten Saale aufgenommen, so dass ihr Lauf fast ganz dem Walde angehört.

Anders bei der *Gera*, deren Hauptlauf als »Wilde Gera« bezeichnet erst weit nördlich von Erfurt in die Unstrut eintritt. Die Gera entspringt in der höchsten Erhebung des Waldes am Schneekopf, von welchem aus man durch den von ihr gezeichneten Thallauf einen prächtigen Blick zwischen den nahe liegenden Porphyrhöhen hindurch auf die Muschelkalkfelsen genießt, zwischen denen sich die Gera nach dem Verlassen des Waldgebirges bei Plaue und Arnstadt ein Wiesenthal gegraben und dort schon die reichen Hügelformationen mit Coronilla montana und vaginalis neben sich hat.

2. Charakterarten und pflanzengeographische Stellung.

Die Lage des Thüringer Waldes lässt an sich schon vermuten, dass er zwischen der westlichen und östlichen Hercynia vermittle, und so stellt es sich auch bei genauerer Zusammenstellung der Charakterarten heraus. Zum Beweise mögen zunächst folgende Verbreitungsareale verglichen werden von Arten, deren allgemein hohe Bedeutung im Abschnitt III hervorgehoben worden ist:

1. *Meum athamanticum*, welche Dölde durch die Hercynia bis zum Ostrande
des Erzgebirges geht und dort gegen die Lausitz ebenso wie gegen den
Böhmer Wald schon nach SO am Fichtelgebirgsknoten abschneidet, ist
noch auf den Thüringer Waldwiesen verbreitet, besonders auf
Borstgrasmatten in Höhen von 700 m an aufwärts.

2. *Digitalis purpurea*, welche vom Westen her verbreitet in den Bergwaldungen gemein ist, aber am Fichtelgebirge abschneidet und dem Erzgebirge ganz fehlt, dann noch im Elbsandsteingebirge einige sich mehrende
Standorte (nicht frei vom Verdachte der Verschleppung durch Saatkämpe)
besitzt und hier gegen O abschneidet, gehört im Thüringer Walde
zu den herrschenden Charakterpflanzen, erscheint am üppigsten
in den Höhenlagen 500—700 m und meidet mit ihren ausgedehnten Beständen die oberen Fichtenbestände (über 800 m).

3. *Trichophorum caespitosum*, eine Binse, welche in dichten Polstern und
geradezu gesellig auf den Hochmooren wachsend den Oberharz mit dem
atlantischen Nordwesten Deutschlands verbindet, auch auf den kleinen
Solling-Mooren im Wesergebiet gefunden wird, dagegen den Strich der
östlichen herc. Gebirge (Fichtelgebirge—Oberlausitz) bis auf ganz vereinzelte
Standorte meidet, besetzt gleichfalls die geringfügig entwickelten
Hochmoore des Thüringer Waldes in ziemlicher Menge. —

Mit dem Harze teilt ferner der Thüringer Wald das Fehlen sowohl der
bis zum Fichtelgebirge in Masse verbreiteten Pinus montana *uliginosa, als
auch der den oberen Böhmer Wald und das obere Erzgebirge auszeichnenden,
im Fichtelgebirge dagegen nur noch ganz spärlich vorkommenden Homogyne
alpina. Ebenso fehlt Streptopus. —

Folgende Arten aber verbinden durch ihr Areal den Thüringer Wald mit
dem Böhmer Walde und Erzgebirge, während sie dem Harze und Weserberglande fehlen:

1. *Senecio crispatus*, als eine von den Karpathen her verbreitete osthercynische
Charakterart, ist im Thüringer Walde sehr selten; genannt wird der an
mäncherlei Standorten reiche Südhang des Waldes im Gebiete der oberen
Schleuse oberhalb Suhl.

2. *Gentiana spathulata* (*praecox). Diese sich im Verbreitungsgebiete der
G. carpathica Wettst. haltende Art geht nur an wenigen Punkten in das
osthercynische Bergland; die von WETTSTEIN[1]) gegebene und auf dessen
autoptischer Herbar-Revision beruhende Arealangabe endet mit dem östlichen Erzgebirge; aber es ist schon nach den von SCHÖNHEIT (Flora
S. 291) gemachten genauen Angaben über seine »G. obtusifolia Willd.«
nicht daran zu zweifeln, dass im Thüringer Walde dieselbe Art vorkommt.
Auch hier gilt als vornehmster Standort die Flora von Suhl, und zwar Bergwiesen um
Heidersbach zwischen dieser Stadt und dem nördlich auf dem Kamm sich hinziehenden
Rennsteige, dann das Dorf Winterstein im Bereich des Inselsberges im nordwestlichen Wald-
abschnitt, und noch einige andere Standorte.

---

1) Europ. Arten d. Gatt. Gentiana-Endotricha, Denkschr. Wien. Akad. LXIV (1896) S. 350.

3. *Cirsium heterophyllum* ist im Thüringer Walde zwar an mehreren Stellen zerstreut, besitzt aber nicht entfernt die dieser Distel im Erzgebirge zukommende Häufigkeit; sie geht über den Rand der Porphyr- und archäischen Felsen in das Thüringische Triasbecken (Willröder Forst bei Erfurt) hinein.

4. *Prenanthes purpurea*, am häufigsten im östlichen Walde an seiner Berührung mit dem Vogtlande und dem Oberlauf der Saale, deren Quelle am Waldstein des Fichtelgebirges selbst von dieser Waldlattich-Art umsäumt wird, geht weiter gen NW bis Ilmenau, Gräfenroda an der Wilden Gera, am Südhange des Waldes nach Suhl, u. s. w. Der Südharz besitzt einen wie Verschlagung aussehenden Standort; siehe Kap. 11. —

5. *Aruncus silvester* ⎫ Diese drei für die osthercynischen Berg-
6. *Thalictrum aquilegifolium* ⎬ waldungen und Haine an der unteren mon-
7. *Cytisus nigricans* ⎭ tanen Grenze so sehr bezeichnenden Arten durchsetzen den Thüringer Wald mit ihren Verbreitungsgrenzen, welche durch lokalfloristische Beobachtungen um vieles genauer festgestellt zu werden verdienen, als es bis jetzt geschehen ist. Sie zeichnen den östlichen Wald aus, besonders sein Grenzgebiet gegen den Frankenwald, wo im Gebiet des Wetzsteins bei Wurzbach und Lehesten in rauher Gegend von 600 m Höhe Nr. 6 seine Standorte besitzt, während die Arten 5 und 7 das Schwarza-Thal durchsetzen und sich auch in der Flora von Suhl finden. Der Cytisus gehört bekanntlich in der Hauptsache zu den Pflanzen sonniger Hügelformationen, aber gerade im Fichtelgebirge besiedelt er Bergwaldungen mit Kiefer und Heide in ca. 500—600 m Höhe und steigt ebenso in das feuchte Saalethal (bei Ziegenrück!) hinab, wo er die Felsvorsprünge gegen das Flussthal hin besetzt. Und an ganz ähnlichen Standorten beobachtete ich ihn im Gebiet der oberen Schwarza, z. B. zwischen Schwarzburg und Unter-Weißbach.

8. *Chaerophyllum aromaticum* schließt sich den vorigen Arten mit seinen Standorten auf den Thonschiefern bei Wurzbach, Lehesten und Weißbach (im Schwarza-Gebiet) gleichfalls an.

Nach dieser Kennzeichnung des Thüringer Waldes durch einzelne, mit wichtigen Verbreitungslinien im hercynischen Bezirk auftretende Arten bleibt noch ein Blick zu werfen übrig auf die im Abschn. III, Kap. 5, S. 240 zusammengestellte Liste subalpiner Arten, in welcher Thüringen wegen der geringen Bedeutung seiner subalpinen Anklänge unberücksichtigt geblieben war.

Trichophorum alpinum, Seltenheit im höchsten Teile am Schneekopf.
—— caespitosum in derselben Gegend viel mehr verbreitet.
(Meum athamanticum, siehe Vorstehende Liste S. 524, Nr. 1.)
? Peucedanum (*Imperatoria) Ostruthium, ob wirklich wild? [1])
Senecio crispatus (siehe zweite Liste, S. 524, Nr. 1).
Rumex arifolius im Quellgebiet der Wilden Gera selten (METSCH giebt Bot. Ztg. 1852 an: »zahlreich an verschiedenen Stellen des Hochgebirgs«).

---

[1]) Eine den Thüringer Wald wirklich ganz besonders auszeichnende und sonst in der Hercynia fehlende Art war Primula farinosa, welche nach SENFT auf der Wiese des Dürrenhofes bei Eisenach früher häufig gewesen ist und nunmehr verschwunden zu sein scheint (Naturf. Vers. in Eisenach 1882).

Die Moose, welche in anderen hercynischen Bergländern die Reihe auszeichnender Arten stark vermehren, bringen im Thüringer Walde auch nur wenig Eigenartiges hinzu. Als bemerkenswerteste Art wurde Oreoweisia serrulata genannt, welche für Nord- und Mitteldeutschland einzig und allein ihren Standort in der Landgrafenschlucht bei Eisenach haben sollte; allein es giebt dort nur eine Kümmerform von Dichodontium pellucidum. Dann ist Neckera turgida ein nur an der Rhön, am Waldstein im Fichtelgebirge und im Dietharzer Grunde zwischen Oberhof und Tambach Vorkommendes, seltenes deutsches Moos, welches demnach nördlich der Alpen nur in der westlichen Hercynia seine Standorte besitzt.

Aber außer den 14 Arten, welche bisher als auszeichnende Gefäßpflanzen des Thüringer Waldes genannt wurden und von denen viele nur an vereinzelten Stellen leben, giebt es noch eine größere Anzahl von Pflanzen der Bergwälder und oberen Bergwiesen, einige auch der Bergmoore, die durch ihre öfter etwas größere Verbreitung erst die Facies der Formationen richtig kennzeichnen; dies sind folgende:

Wald.	Wiese.
Luzula silvatica.	Gymnadenia albida, Coeloglossum Viride.
Calamagrostis Halleriana.	Lilium bulbiferum.
Poa sudetica.	Phyteuma orbiculare, Arnica montana.
Listera cordata.	Crepis succisifolia.
Senecio nemorensis.	Arabis Halleri, Trollius europaeus.
Mulgedium alpinum (r., verschwunden?).	Viscaria vulgaris, Thesium pratense.
Petasites albus (Quellflur).	
Knautia silvatica (Vorberge).	Hochmoor.
Melampyrum silvaticum.	Carex pauciflora !
Viola biflora (Bachthal, rr.) !!	Scheuchzeria palustris (r., verschwunden?).
Geranium silvaticum.	Empetrum nigrum.
Lunaria rediviva.	Andromeda polifolia.
Ranunculus aconitifolius !	Sedum villosum.
Aconitum Stoerkianum.	Betula odorata *carpathica !
—— Variegatum.	(Moose werden unter den Formationsskizzen
Athyrium alpestre (r.).	aufgezählt; s. unten!)

Von diesen Arten ist unstreitig Viola biflora bei ihrer Seltenheit im Bezirk die bei weitem am meisten bedeutungsvolle.

3. Ausprägung der Formationen und topographische Florenbilder.

Aus allem vorher Gesagten musste sich der wenig ausgesprochene Reichtum der Thüringer Waldflora von selbst ergeben und hängt naturgemäß mit seinem milden Klima zusammen. Die höchstgelegenen meteorologischen Stationen haben noch sämtlich wenigstens einzelne »Sommertage« (mit Maximum $> 25°$ C.) aufzuweisen, nämlich[1]) Neuhaus am Rennsteig (806 m) noch 7, der Inselsberg (906 m) noch $1^1/_2$, die Schmücke (911 m) noch 5 solcher Tage im Jahresdurchschnitt. Früher öfter gebrauchte zu starke Ausdrücke der Berglands-

---

1) Nach REGEL, Thüringen I. 327.

Eigenschaften für Thüringen sind demgemäß zurückzuweisen. Kein boreal-subalpines Element im eigentlichen Sinne ist vorhanden außer Trichophorum alpinum, das ja auch in Ostfriesland u. s. w. vorkommt.

So vereinigt sich alles, um die unteren hercynischen Waldungen kräftig zu gestalten, und da bekanntlich diese Formation in ihrem prächtig grünenden Gewande von Buche, Tanne und Fichte wenig Platz für besondere Seltenheiten bietet, so passt alles in diesen Hauptcharakter hinein, was vorher in den drei verschiedenen Listen über die pflanzengeographische Stellung des Thüringer Waldes gesagt wurde. Seinem dunklen Waldkleide verdankt dies hercynische Gebirge seinen Namen, und dieses Waldkleid setzt sich haupt-sächlich aus Form. 2 unten (im Anschluss an die Laubwälder des Thüringer Beckens), und dann nach oben hin aus Form. 3, 7 und 9 zusammen.

a) Die Zusammensetzung der Waldungen.

LUISE GERBING hat im Jahre 1900 (s. Litt. E. 12, Nr. 16) eine große Waldkarte des Gebirges zwischen der Werra bei Eisenach und der obersten Ilm bei Manebach und Ilmenau veröffentlicht, auf welcher nach urkundlichen Quellen die Verteilung von Laub- und Nadelwald im 16. und 17. Jahrhundert abgegrenzt ist. Es sind drei Zonen abgeteilt: die unterste umfasst den Nord-westteil des Gebirges vom Hörselbach bis hinauf nach Ruhla, Winterstein und Brotterode einschließlich des Inselsberges, die mittlere umfasst das Gebiet von Waltershausen im N über Friedrichroda bis Schmalkalden und Steinbach-Hellmberg im S, die höchste das centrale Gebiet von Tambach im NW bis Manebach im SO mit Oberhof und den Mooren. Es fällt auf, dass diese drei Zonen in der Richtung von NW nach SO sich ablösen, während man erwarten sollte, dass die höchste Zone: »vorherrschend Nadelwald« von den höchsten Erhebungen des Gebirges aus und diese breit umfassend mit einer gen NW gerichteten und allmählich sich verschmälernden Zunge von Tambach bis über den Inselsberg hinaus sich erstreckte. Allein eine so genaue Abgrenzung wird auf Grund alter Urkunden ohne genaue Karten überhaupt nicht möglich sein und es ist der Nachweis schon verdienstvoll, dass in den Forsten von Eisenach bis Winterstein die Eiche ihren Hauptplatz besessen haben soll, dass zwischen Inselsberg und Tambach vorherrschend Laubwald mit eingemischtem Nadelwald (Tanne und Fichte) sich ausgebreitet hatte, und dass in dem genannten centralen Teile des Gebirges der Nadelwald vorherrschend war. Ich deute die über die Verbreitung einzelner Holzarten im begleitenden Texte gemachten Angaben so, dass die nordwestliche Zone (abgesehen von den bei Ruhla beginnenden höheren Erhebungen) hauptsächlich an den Ausläufern des Waldgebirges die Formationen 1, 2 und 3 getragen hat, dass in der mittleren Zone sowohl F. 3 als besonders der Berglaubwald (F. 7) mit eingesprengter Tanne und Fichte herrschte, und dass rings um Oberhof nicht nur die obere hercynische Fichtenwaldung (F. 9) weite Ausbreitung besaß, sondern dass auch in dem Berglaubwalde mit Tanne und Fichte den beiden Nadelbäumen und

besonders der Tanne eine starke Vorherrschaft zukam. In dieser Weise gedeutet stimmen die älteren Überlieferungen[1]) sehr gut zu dem orographischen
Bilde und den Voraussetzungen, welche man von den einzelnen Waldformationen
zu machen hat; es ergiebt sich ein ähnliches Bild, wie wir es noch jetzt in den
unter 1000 m gelegenen Zügen des Böhmer Waldes finden, weil dort die Forstkultur später eindrang und einer gewaltigeren Natur gegenüber steht.

Im einzelnen sind von Interesse die Nachweise über die massenhafte Verbreitung der Eiche am Nordwestfuß des Gebirges, verfolgt an Bergnamen
bis Ruhla und Winterstein, während die Eiche weiter ostwärts nur am äußersten
Saum der Vorberge aufgetreten zu sein scheint. Die vorherrschende Stellung
der Buche auch in früherer Zeit bedarf keiner weiteren Erklärung. Von
größerem Interesse ist es, zu erfahren, dass die Edeltanne hier, so nahe an
ihrer hercynischen Nordgrenze, in früheren Zeiten viel ausgedehntere Bestände
gebildet zu haben scheint als heute. Sie besitzt noch jetzt reine Bestände
am Ostabhange des Wolfsstieges bei Friedrichroda und im Krawinkler Forst
und zeigt entsprechend den Voraussetzungen von ihrem früheren Überwiegen
am Südhange des Gebirges besonders um Suhl und Schleusingen noch heute
eine kraftvolle Einmischung in die Waldbestände um 600, 700 m Höhe und
mehr, wenn man von Zella St. Blasii zu den höchsten Erhebungen des Waldes
am Beerberge hinaufsteigt. Zella liegt etwa bei 450 m Höhe, und die wie
urwüchsig erscheinenden Mengwälder von Tanne und Fichte stehen hauptsächlich um 650 m, bis ca. 100 m höher die Tanne aufhört oder selten wird
und in reinem Fichtenwalde Blechnum und Calamagrostis Halleriana überhand
nehmen. Man findet aber auch kraftvolle Einzelstämme als Reste größerer
Bestände in größerer Höhe. Als Beispiel sei die »Königstanne« am Südabhange des
866 m hohen Wurzelberges genannt, die, kurz über der Erde unverhältnismäßig verdickt, schön
und kräftig bei 750 m den Stürmen und Winterkälten trotzt. Nach den Inschriften an Ort und
Stelle beträgt das Alter dieser Tanne über 460 Jahre, ihr Stammdurchmesser in Brusthöhe 2,05 m,
ihre Gesamthöhe i. J. 1889 maß 44,3 m und ihr Schaftinhalt 62,3 cbm. An dem dicht unterhalb
entspringenden Bächlein wachsen Luzula silvatica, Nephrodium moutanum, Phegopteris und
Blechnum im Verein mit Plagiothecium undulatum; auf heidiger Waldblöße steht Lycopodium
Selago und auf den nahen Waldwiesen Meum mit Trollius und Crepis succisifolia.

In gleicher Höhe wie die Tanne hält sich auch die Buche; so stehen
am Wurzelberger Jagdhaus in 710 m Höhe knorrige alte Buchen, welche an
Höhe und Kraft des Wuchses auserlesenen Bäumen des Hügellandes nicht
nachstehen, nur die Spuren langsamerer Verdickung aufweisen, und sie übertreffen an Vegetationskraft hier die mit ihnen vergesellschafteten 300jährigen
Tannen; erst der Nordhang dieses Berges hat reinen Fichtenbestand.

Das gewöhnliche Beigemisch von Halbsträuchern, Stauden und Farnen ist
hier folgendes:

---

1) Wenn zu diesen von L. GERBING in ihrer verdienstlichen Arbeit auch die Funde von
Eicheln und Haselnüssen, Birken u. s. w. in den Torfmooren des oberen Gebirges gerechnet
werden, so werden damit nicht zusammengehörige Dinge unter gleiche Gesichtspunkte gebracht; ·
die Moorfunde gehören der geologischen Vergangenheit an, während der Vergleich früherer
Jahrhunderte nur den Kultureinfluss eliminieren hilft.

soc. Vaccinium Myrtillus.	cop. Senecio nemorensis.	spor. Lycopodium annotinum.
greg. Calamagrostis Halleriana.	spor. Sambucus racemosa ♄.	» —— clavatum (r.).
cop.³ Oxalis Acetosella.	» Digitalis purpurea.	» Nephrodium spinulosum.
» Smilacina bifolia.	» Trientalis europaea.	» —— Dryopteris.
cop.¹⁻² Luzula nemorosa.	» Milium effusum.	» —— Phegopteris.

Aus dieser einfachen Bergwaldflora bei 700—800 m steigt man rasch hernieder, gen Süden zu dem reichen fränkischen Hügellande nach SW oder in die nicht minder reiche Trias des Thüringer Beckens nach NO. Aber besonders bei den *Abstiegen zum Südhange des Gebirges* drängen sich die Vegetationsgrenzen hart und eng an einander; so, wenn man aus dem Bereich des Wurzelberges (von Limbach) durch den herrlichen Theuerngrund nach Schalkau in das Coburger Gebiet wandert[1]). Noch sind in 550—525 m Höhe die Felsen im Grunde mit Chroolepus Jolithus bekleidet, wächst Blechnum am Bach, Arnica mit Trollius und Meum auf den Wiesen. Aber bei 500 m wird die aromatische Gebirgsdolde, Meum athamanticum, auf den Wiesen im Bachgrunde durch Anthriscus silvestris, Pimpinella magna und Carum Carvi ersetzt, während sich am Wasser selbst noch zwischen hohen Tannen Chacrophyllum hirsutum und Geranium silvaticum halten. Im Dorfe Theuern ist die hercynische Waldflora bei ca. 400 m geschwunden; Walnussbäume beschatten die Gehänge, auf den Triften herrscht Anthemis tinctoria mit Centaurea Scabiosa, auf den Äckern findet sich Euphorbia exigua, Caucalis und Adonis mit Orlaya grandiflora und Bunium Bulbocastanum. Hier wechseln Kiefernhaine mit den Fichten. —

Die Kiefer kommt in LUISE GERBINGs Arbeit über die frühere Verteilung von Laub- und Nadelwald etwas schlecht weg, z. T. vielleicht nach BORGGREVEs unbewiesenem Urteil. An ihrem kräftigen Indigenat außerhalb der hier angenommenen floristischen Grenzen von Terr. 12 ist gar nicht zu zweifeln, aber ich möchte auch ihr Bürgerrecht in der unteren Region (etwa 400—600 m) im Thüringer Walde selbst nicht anzweifeln, immer dort, wo der trocknere Felsboden die kräftige Entwickelung von Formation 1—3 hindert. An den nördlichen Gehängen des centralen Waldes von Oberhof gegen Plaue hin und an ähnlichen Stellen vermitteln ausgedehnte Kiefernbestände den Übergang von den Bergwäldern (Terr. 12) gegen den geschlossenen Laubwald hauptsächlich von Buchen im Territorium 4.

b) Das Nordwestende des Waldes bei Eisenach.

Von besonderem Reiz ist noch heute, trotz der mannigfaltigen und unschönen Veränderungen, die der Mensch geschaffen, das durch seine mannigfaltigen geognostischen Unterlagen so abwechslungsreiche Gelände in dem

---

1) Es sei darauf hingewiesen, dass schon RÖSE in Peterm. Geogr. Mittl. 1868 S. 408 vor der Auffassung warnt, das an der Südwestseite des Thüringer Waldkammes liegende Land geographisch zu Thüringen zu rechnen, weil die sächsischen Herzogtümer öfters damit identifiziert werden; nach Volk und Flora beginnt dort ein anderes Gebiet, was auch unsere Territorialeinteilung ausdrückt.

Drude, Hercynischer Florenbezirk. 34

Winkel zwischen der Werra im Westen und dem Hörselbache im Norden,
ein spitzes Dreieck, angelehnt an das Massiv des *Inselsberges* im Hintergrunde
des oberen Gebirges, umschlossen von Muschelkalk im N und einem breiten
Zechsteinbande im W, mit Glimmerschiefer und Rotliegendem. SENFT hat
noch i. J. 1882 auf die mannigfaltigen Bodengemische hingewiesen, die hier
entstehen, sowie darauf, dass die kalkliebenden Pflanzen nicht bloß auf eigent-
lichem Kalksteinboden, sondern überhaupt auf den Böden aller Kalknatron-
feldspat-, Hornblende- oder Augit-haltenden Felsarten und deren Schwemmböden gedeihen können. Dadurch wird bewirkt, dass einige Pflanzen der
sonst die Triasberge bewohnenden Facies von Form. 2 hier auch in die untere
Montanregion des Waldes übergehen konnten, wie sich solche Berührungen
auch an anderen Stellen des Nordwestrandes in schwächerem Maße finden.
Aus der hier sich zusammenfindenden Flora im Bereich von F. 2—3 sind
folgende Arten als die niedere Stufe des Waldgebirges kennzeichnend zu nennen:

Neottia Nidus avis.	Paris quadrifolia.	Atropa Belladonna.
Cephalanthera rubra, pallens.	Sanicula europaea.	Vinca minor.
Arum maculatum.	Centaurea montana.	Dentaria bulbifera.
Leucojum Vernum.	Pirola rotundifolia.	Asarum europaeum.
Lilium Martagon.	Digitalis purpurea.	Daphne Mezereum.
Allium ursinum.	Melampyrum cristatum.	

Dagegen trägt schon die auf Rotliegendem aufgebaute *Wartburg* an den
oberen felsigen Gehängen ihres historisch so berühmten Berges die sonnige
Hügelformation: Dianthus Carthusianorum, Anthericum, Allium montanum,
Geranium sanguineum im Gebüsch mit Sorbus Aria und torminalis bezeichnen
den Charakter, das montane Element wird nur schwach von Digitalis ambigua
angedeutet.

Anderseits reicht gerade hier in den feuchten Gründen mit ihren tief
eingerissenen Schluchten die Montanflora mit einigen selteneren Charakterarten
zu niederen Meereshöhen herab (— Hohe Sonne und Wartburg liegen etwa
400 m hoch und überragen die Schluchten zu ihren Füßen beträchtlich —)
und birgt hier in der Landgrafen- und Drachenschlucht mit einem Dutzend
Farne und einer großen Menge von Laub- und Lebermoosen auch die oben
genannte Viola biflora an ihrer einzigen Thüringer Stelle zwischen den
beiden Chrysosplenien. Dieser Standort gleicht in seinen äußeren Verhältnissen
der Felswände und Tiefe der Lage in feuchtkühler Waldesluft sehr den unter
Terr. 10 geschilderten Standorten im Elbsandsteingebirge, wird aber in den
Floren öfters als »angepflanzt« angegeben. Man muss aber SENFTs Schilderungen der Flora von Eisenach 1865 und 1882 dahin verstehen, dass das
gelbe Veilchen in dieser Schlucht einen ganz ursprünglichen Standort besaß
und erst später, als durch Anlegen eines Weges Gefährdung seiner Fort-
erhaltung eintrat, auf unzugänglichere Felsen übertragen wurde. — Auch
andere Veränderungen sind zu beklagen, so der Verlust von Lilium bulbiferum,
dessen feuerrote Trichterkronen in SENFTs gemütvoller Schilderung als zahlreich den »Liliengrund« an der Eisenacher Burg schmückend genannt werden.

c) Die Moosflora im Walde, in Schluchten und an den Felsgehängen.

Es ist schon öfters hervorgehoben, dass gerade in dem Bereich der an Gefäßpflanzen ärmeren Bergregion in der Hercynia die Mooswelt einen für die Pflanzengeographie höchst wichtigen Bestandteil bildet. So hat denn auch im Thüringer Walde, wo die subalpinen Lüfte überhaupt nicht zur Geltung kommen, die Mooswelt frühzeitig die Interessen geographischer Floristen geweckt und ist durch den einstigen Lehrer in Schnepfenthal A. RÖSE dazu benutzt worden, einen regionalen Aufbau Thüringens zu konstruiren mit der ersten speziellen Karte einer hercynischen Landschaft (siehe Abschn. I, Kap. 1, § 2); diese Arbeiten sind dann von RÖSEs kundigem Nachfolger in der thüringischen Bryologie RÖLL trefflich erweitert worden und haben dann für REGELS Bearbeitung von Thüringen die merkwürdige Folge gehabt, dass in Hinsicht auf regionale Gliederung und kennzeichnende Arten die Moose in führende Stellung gedrängt sind.

RÖSE verfolgte mit seiner Kartographie und Unterscheidung von 4 Moosregionen, von denen nur die beiden obersten auf Terr. 12 entfallen, den von MOLENDO für Bayern auf breiter Grundlage entwickelten Gedanken, die Moose für die Erforschung der Pflanzenregionen heranzuziehen und ihnen eine Bedeutung zuzuerteilen, »wie sie beim Zurechtfinden in der alten Erdrinde jener artenreichen Sippe der Ammoniten zukommt«. Die Bildung von Moosregionen sollte sich auf die thatsächliche Artenanhäufung in gewissen Höhenlagen, auf das Verschwinden und Erscheinen gewisser Formen mit unteren und oberen Grenzen gründen.

Und diese Arbeit ist in den Waldformationen der deutschen Mittelgebirge ebenso dankbar als in den Alpen, aber um so notwendiger, je ärmer die Welt der Gefäßpflanzen ist. Es kommen dabei den Moosen bei ihrer besonderen Organisation einige Umstände zu Hülfe, welche eine bessere Ausnutzung besonders der Felsklippen im Bereich des Waldes gestatten, als es Blütenpflanzen leisten können, denen es entweder an Licht durch die Konkurrenz der Bäume, oder an Bodenkrume für ihre Wurzeln fehlt. So ist es denn gerade die Zahl der feuchtes Gestein oder starke Baumwurzeln besiedelnden Moose, der bei der montanen Formationsbildung vom untersten Rande der Waldform. 3 mit ihren felsigen Bächen bis zur geschlossenen oberen hercynischen Fichtenwaldung eine besondere Vermehrung regionaler Charakterarten zukommt.

RÖSE zählte i. J. 1868 für ganz Thüringen 374 Laubmoose, von denen 263 in unserem 4. Territorium (Thüringer Becken) und 280 Arten in dem an Fläche um vieles kleineren 12. Territorium vorkommen; 82 Arten des Beckens fehlen im Walde, und 89 andere Arten gehören dem Thüringer Berglande nach RÖSEs Zählung ausschließlich an. Die 280 Laubmoosarten des Thüringer Waldes zerfallen in 248 Arten der unteren Höhenstufe (bis 2250 Fuß) mit 24 nicht weiter nach oben und unten verbreiteten Arten, und in 175 Arten der oberen Höhenstufe mit 29 nur allein in diesen oberen Gebirgspartien und oft als größte Seltenheiten vorkommenden Arten. Die erstere Zahl änderte RÖSE

34*

in seiner zweiten geographischen Abhandlung i. J. 1877 nach den neuen Durch-
forschungen ab und RÖLL gab in seinen eigenen Arbeiten (1876) ebenfalls
eine größere, ca. 420 Species Laubmoose (incl. Sphagna) erreichende Zahl an,
wozu noch etwa 100 Lebermoose kommen. Indem hier auf die von REGEL
mitgeteilten Auszüge aus den genannten Arbeiten (in Thüringen II. 66 und 74,
dann im Generalverzeichnis mit den Arten des Thüringer Beckens vereinigt
S. 99—106) verwiesen wird, welche einzelne für Bryologie besonders nützliche
Punkte und die Gesteinsunterlage nennen, mag hier nur ein kurzes Verzeichnis
der Moose folgen, soweit deren Vorkommen pflanzengeographisch von Bedeutung erscheint.

Hauptsächlich freiliegende Felsen.

Andreaea petrophila (= rupestris).

—— falcata (Inselsberg—Harz—Rhön).

—— rupestris.

Brachyodus trichodes.

Racomitrium aciculare, protensum, sudeticum,
fasciculare, heterostichum, microcarpum,
lanuginosum.

Amphoridium Mougeotii, lapponicum.

Grimmia Donniana, ovata.

Ulota Hutchinsiae.

Orthotrichum Sturmii.

Bartramia Halleriana, ithyphylla.

Pterigynandrum filiforme.

Leskuraea striata.

Hauptsächlich Schluchten, schattige Felsen, Waldboden.

Schistostega osmundacea.

Dicranoweis·a Bruntoni.

Dicranella curvata.

Dicranodontium longirostre.

Bryum pallescens, alpinum.

Oligotrichum (Catharinea) hercynicum.

Buxbaumia aphylla, indusiata.

Pterogonium gracile.

Pterygophyllum lucens.

Leskea nervosa.

Pseudoleskea atrovirens.

Heterocladium (Hypnum) dimorphum.

Heterocladium heteropterum.

Orthothecium intricatum.

Hypnum dilatatum Wils (= H. molle Dicks.).

—— brevirostre.

Rhynchostegium confertum.

Brachythecium reflexum.

Eurhynchium Stokesii.

Plagiothecium undulatum führend und
allgemein verbreitet im Bereich der auf
S. 524—525 angeführten Gefäßpflanzen.

—— silvaticum, Roeseanum.

Neckera turgida (siehe oben S. 526).

d) Der obere Fichtenwald und die Moore am Schneekopf.

Im Südwesten umkreist von einem die Ortschaften Tambach—Steinbach—
Zella—Schmiedefeld verbindenden Bogen und nach NO in die Lehnen der
Quellbäche der Wilden Gera abfallend erhebt sich der Centralstock des ganzen
Waldgebirges mit dem Schneekopf in der Mitte; nirgends sinkt er unter 800 m
herab und trägt demnach auch in zusammenhängender, breit über die ganzen
Kämme, Rücken· und Hochthäler ausgedehnter Fläche artenarme Fichten-
waldungen mit ihrem einförmigen Beigemisch von Vaccinien und Calamagrostis
Halleriana. Kein weit vorragender Punkt, wie der Brocken im Harz, beherrscht
hier die Landschaft; nur der *Schneekopf*, obwohl um 6 m niedriger als der
nur durch eine tiefe Einsenkung von ihm getrennte *Gr. Beerberg* (983,6 m
= 3028 Fuß) zeichnet sich durch schönere Gestaltung und etwas schärfere
Umgrenzung aus, ist ein turmgekrönter Aussichtsberg mit freiem Rundblick

über die im gleichmäßigen Grün der Fichten dunkel daliegenden Hochkämme und gewährt besonders nach N hin das anziehende Bild, die Thalgründe der Wilden Gera als tiefen Einschnitt in das Bergland verfolgen zu können bis zu dessen unteren Stufen, wo auf die Silikatgesteine des Waldgebirges die Trias folgt und wo man an steil abfallenden Schichtenköpfen die Muschelkalkhöhen von Plaue bis Arnstadt bemerkt. Diese Linie bezeichnet einen nördlichen Abstieg aus dem Gebirge, der den bemerkenswertesten Formationswechsel Thüringens enthüllt: von Fichtenwald und Torfmooren am Schneekopf durch den unteren Bergwald im helleren Laubwaldkleide zu den Klippen, wo sich Pleurospermum in reinem Buchenbestande findet, wo auf steilem Fels Coronilla montana und vaginalis wachsen, wo weiter nach Gotha zu die von drei Burgruinen gekrönten Höhenschwellen mit Oxytropis pilosa und Salvia silvestris folgen.

Am Südosthange des Schneekopfes liegt, in gleicher Höhe mit dem Inselsberge, die vielbesuchte Schmücke an der Kreuzung der den obersten Wald durchsetzenden Straßen, und in ihrer Nähe finden sich die unter dem Namen »Teufelskreise« bekannten höchsten Torfmoore Thüringens, zwei flachgewölbte Kuppen mit bis über 6 m tief lagerndem Torf und Moosmoor-Vegetation. Noch einige andere Hochmoorflecke hat dieser höchste Teil des Gebirges aufzuweisen, so den »Langen Rain« am Nordhange des Schneekopfes, zwei Moorsümpfe zu beiden Seiten des Rennstieges an der Möst und am Donnershauck; aber diese beherbergen nur die gewöhnlichsten Arten der hercynischen Hochmoore, besonders Eriophorum vaginatum im Fichtenwalde auf Moorboden. Und auch die Teufelskreise haben außer Trichophorum alpinum keine über den Normalbestand herausgehende Art zu eigen. Sie erscheinen als eine sumpfig-moosige Waldblöße, hin und wieder mit kleinen, gelbgrünen Fichten in Buschform besetzt, und schließen besonders zur Zeit der Schneeschmelze tiefe Torflachen ein, in denen die flutenden Formen der Sumpfmoose mit den charakteristischen Algen wachsen. Das Hochmoor ist besonders an dem tiefer gelegenen Nordende der Waldblöße frei entwickelt, und unterhalb, wo der Berg zu Kesseln und Schluchten abstürzt, entspringt die Wilde Gera aus einem solchen »Schneetiegel« genannten Kessel.

In diesem Hochmoor bildet (nach SCHORLERS Aufnahmen August 1898) Trichophorum caespitosum große Rudel, während spor. cop. Empetrum nigrum in den Moospolstern wächst. Hier ist auch der Standort für Trichophorum alpinum. An den Torflachen, die bis in den Wald hinein gehen, bilden die Sphagna mit Hypnum exannulatum und im Verein mit Calluna die Bodendecke; zu ihnen gesellen sich:

cop.[3] Vaccinium Myrtillus, Vitis idaea.	cop.[2]—greg. Eriophorum vaginatum.
cop.[2] —— uliginosum.	cop.[1] Drosera rotundifolia.
spor. —— Oxycoccus.	spor. Carices, u. s. w.
· » Andromeda polifolia.	[Vaccinium macrocarpum angepflanzt.]

Carex pauciflora konnte zu dieser Jahreszeit nicht nachgewiesen werden; sie hat jedenfalls in diesem Gelände ihren Thüringer Fundort »in Moorsümpfen am Gr. Beerberge und an der Zellaer Leube.«

Von Torfmoosen werden aus dem oberen Walde ursprünglich 15, jetzt
19 Arten (bez. Formen) angegeben; dazu gesellen sich noch folgende wich-
tigere Arten der Sümpfe und Quellfluren:

Dicranella squarrosa.	Bryum Duvalii, turbinatum, Schléicheri.
Dicranum Schraderi.	Hypnum filicinum.
Paludella squarrosa.	
Meesea longiseta, tristicha.	Splachnum ampullaceum.

Von der *Waldformation* dieses obersten Gebirgsteiles lässt sich nach dem
Früheren wenig neues sagen. Die Charakterart der Form. 9: Athyrium
alpestre, ist so selten, dass sie sich unter den vielen Standorten der gemeinen
Farne A. Filix femina, Nephrodium spinulosum, Filix mas und montanum
verbirgt. Nur Luzula silvatica verfügt von den höher-montanen Arten über
zahlreiche Standorte. Wo am Saume der Fichtenwaldungen in 900 m Höhe
Borstgrasmatten sich zeigen (hier als schwache Vertreter der subalpinen Bergheide), sind sie von Luzula *sudetica mit Meum und Gnaphalium silvaticum
zwischen Carex vulgaris, leporina und echinata besiedelt, und an anderen
Plätzen bemerkt man nicht selten Vaccinium uliginosum.

Die Grenzscheide zwischen oberer und unterer Bergwaldung liegt hier im
Mittel bei 750 m; in dieser Höhe bildet, wenn man im Gerathal oder von
Zella her zum Schneekopf oder Beerberg heraufsteigt, die Buche auf dem
Kamme keine Bestände mehr, und dieselbe Höhe der Grenzscheide findet man
auch weiter westwärts um Oberhof, wo z. B. auf der Möst über 800 m die
normale obere hercynische Fichtenformation mit viel Juncus squarrosus herrscht,
Tormentilla, Blechnum, Calamagrostis Halleriana und Rudel von Senecio
nemorensis die gewöhnlichen Begleiter bilden. Am höchsten scheinen in
diesem centralen Walde die Buchen an dem schon weit gegen Ilmenau nordwärts vorgeschobenen Kickelhahn (861 m) aufzusteigen, wo über den großen,
bis 700 oder 750 m reichenden Beständen einzelne kräftige Stämme eingesprengt bis zum Turm sich finden.

Dreizehntes Kapitel.

Vogtländisches Bergland, Frankenwald und Fichtelgebirge.

1. Geographische Übersicht und geognostischer Charakter.

Zwischen dem Ostrande des Thüringer Waldes und dem westlichen Erzgebirge um Eibenstock ist ein zerrissenes, aus krystallinischen Gesteinen und
den ältesten Sedimenten aufgebautes, über 100 Quadratmeilen umfassendes
Bergland eingeschaltet, welches zunächst an seinem Südwestrande den Zug

des Thüringer Waldes und ebenso an seinem Südostrande denjenigen des
Erzgebirges fortsetzt, bis sich dann in dem Schnittpunkte dieser beiden Ge-
birgsrichtungen und im südlichen Winkel des eingeschalteten Berglandes über
sanfter abgedachten Hochflächen mit kräftig abgehobenen Kämmen, Rücken
und schön geschwungenen, über 1000 m Höhe erreichenden Kuppen ein neues
hercynisches Gebirge zum vollen Ausdruck seiner Wald-, Wiesen- und Moorformationen erhebt. Es ist dies das *Fichtelgebirge*, sein vorgelagertes niederes
Bergland ist das *vogtländische*, auch wohl als *Osterländisches Stufenland* bezeichnet, die Flügel, mit denen sich dieses an den Thüringer Wald im Westen
und an das Erzgebirge im Osten anlehnt, sind der *Frankenwald* und das
Elstergebirge.

Weder orographisch, noch geognostisch und ebensowenig floristisch giebt
es zwischen den eben genannten Bergländern scharfe Grenzen. Das Fichtelgebirge bildet den Schlussstein in den Sachsen und Thüringen südlich gegen
Böhmen und Franken mit ihrem süddeutschen Florencharakter begrenzenden
Bergketten und vermittelt in seiner Flora mannigfach zwischen Erzgebirge und
Thüringer Wald. Das Vogtland und das im Osten vom Fichtelgebirge sich
abdachende Eger-Bergland verhalten sich ihm gegenüber wie etwa der Unterharz zum Oberharz. Am. Nordwestrande des Fichtelgebirges entspringt die
Saale; ihr Oberlauf bis Saalfeld, der im Abschn. II, S. 52 geschildert wurde,
gehört zu diesem Territorium bis zur Grenze der montanen Formationen gegen
die Zechsteinhügel (siehe Karte). Dazu kommt aber noch das montane Gebiet
eines anderen Gebirgsflusses. Es entspringt nämlich 32 km östlich von der
Saale, dort wo das südliche Vogtland im 740 m hohen Elsterwalde und dem
757 m erreichenden Kapellenberge (nahe dem Städtchen Schönberg) seine
höchsten Erhebungen erreicht und sich als sogenanntes »Elstergebirge« ostwärts über Gossengrün und Bleistadt an die Thalfurche der Zwodau heran-
drängt, die *Weiße Elster;* ihr gleichfalls tief eingeschnittenes Thal verliert
nördlich von Greiz den Charakter des unteren Bergwaldes, den ihr bis dahin
die 400 m übersteigenden Höhen gaben, und die Elster durchströmt von da
an das erst bei Gera zu vollem Reize warmer Hügellandschaft entwickelte und
nach ihr benannte 6. Territorium. Bis zu der Linie *Greiz* und *Zeulenroda*
herrscht jener niedere Montancharakter im Vogtlande überall deutlich vor;
die sonnigen Hügelformationen sind auch kaum andeutungsweise entwickelt.
ARTZT, dessen fleißige Arbeiten die floristischen Funde des engeren (sächsischen)
Vogtlandes am gründlichsten zusammengestellt haben, begrenzt sein Gebiet
durch eben diese Linie. Wenn unsere vogtländische Florengrenze nordwärts
bis gegen *Weida* im Elsterthal abwärts geführt wurde, so geschah dies, um
in den geognostischen Formationen einen festen Anhalt zur Grenzführung zu
gewinnen. Denn dort setzt, von Saalfeld her kommend, jener schmale Streifen
von Zechsteinkalken ein, die bei Neustadt und Pößneck die prächtigen Bilder
Thüringer Hügelformationen mit Anthericum und Carlina acaulis erzeugen, die
sich auf die Gera gegenüberliegende Seite der Elsterhöhen hin fortsetzen und
dort die wichtigen, oben geschilderten Florengrenzen (s. Kap. 6, S. 409)

bewirken; nördlich von Weida beginnt zugleich die Triasformation mit Buntsandstein und bei der Bedeutung, welche dieser geognostischen Bodenformation
für die Vegetationslinien an der Saale und Elster zukommt, muss ihr in der
territorialen Florenabgrenzung da, wo orographische Linien versagen, der
Vorrang eingeräumt werden.

Es bleibt nun noch der westliche Bergflügel des Gebietes zu betrachten,
der als *Frankenwald* sich zwischen den Thüringer Wald und das Fichtelgebirge
einsetzt. Während die vorigen Teile eine breite Nordabdachung darstellten,
hat der Frankenwald bedeutendes Gehänge gegen SW, und die Wasserscheide
zwischen Main und Saale liegt weit gegen die Saale bei Lobenstein vorgeschoben nahe an der politischen Grenze zwischen Reuß und Bayern. Die
Flussrinne der *Haslach*, welche als Grenze gegen den Thüringer Wald gilt,
und die der *Cronach* und *Rodach* sind tief in die breiten, aus Carbonschichten
gebildeten, fränkischen Abhänge des Waldes eingegraben, und die Höhe dieses
Bergzuges wird vom Cambrium und Silur gebildet, von wo wiederum Carbonschichten gen NO zur Saale hin abfallen. Unten im Frankenlande aber, an
der hercynischen SW-Grenze, stoßen diese alten Sedimente auf die Trias, der
auch bald der fränkische Jura sich anschließt, und diese umranden unsere
Grenzlandschaft bis zu dem Westflügel des Fichtelgebirges, wo wiederum das
Cambrium durchbrochen von den centralen Bergstöcken aus Granit herrscht.

Granite, Gneiße und Glimmerschiefer, umgeben von einem breiten Mantel
aus Cambrium und den folgenden paläozoischen Sedimenten, bilden demnach
auch hier wie überall in den hercynischen Bergländern den Kern im Fichtelgebirge und die quellenreichen, waldbedeckten Abdachungen reichen bis zu
dem Gebiete sonniger Hügelformationen. Im Süden, nicht mehr zur hercynischen
Flora zugehörig, treten diese nahe an den Kamm des Gebirges heran, da wo
dieses nach W sein Wasser zum *Main* gesammelt hat und ebenso an der
nach O abfließenden *Eger*, die schon in dem böhmischen Winkel zwischen
Eger und Falkenau tertiäre Oligocänschichten durchbrochen hat. Der nördliche
Böhmer (bez. Oberpfälzer) Wald ist vom Fichtelgebirge nur durch den
schmalen *Pass von Waldsassen* im Thal der Wondreb bei etwa 500 m Höhe
getrennt, ohne dass die monotone hercynische Landschaft irgendwo von einer
Thalfurche mit fränkisch-böhmischen Hügelformationen durchbrochen wäre.

· *Das Fichtelgebirge* pflegt samt seiner »inneren und äußeren Hochebene«
(bei Weißenstadt und Gefrees) als eigener Landesteil angesehen zu werden,
und ist es auch nach seinen erreichten Höhen, nach seinem Aufbau aus
Granitkuppen mit kolossalen Felsbildungen und nach seinem wasserscheidenden
Charakter an den Quellen von 4 Flüssen. Aber floristisch bildet es dennoch,
mit seinen Hochebenen direkt an das Elstergebirge im NO und an den
Frankenwald im NW angeschlossen, mit diesen und dem von 600 m zu 400 m
und tiefer in den Thalfurchen sich herabsenkenden Vogtlande eine organische
Einheit.

Allerdings bildet es denjenigen Bestandteil dieses ganzen Territoriums, in
dem allein der floristische Montancharakter in Wald, Wiese und Hochmoor

rein zum Ausdruck gelangt; aber viele seiner Arten haben zerstreute Standorte auch im Vogtlande, manche (z. B. Thesium alpinum!) kommen sogar nur in dem höchsten vogtländischen Berglande vor, und was das Eindringen einzelner Bestandteile der Hügelformationen anbetrifft, so besetzen deren sehr spärliche Glieder die Felsabhänge des westlichen Fichtelgebirges in 500 m Höhe über dem Zusammenfluss der Öltzschnitz mit dem Weißen Main ebenso wie einzelne Urkalkstreifen bei Plauen i. V. in gleicher Meereshöhe. Dazu kommt, dass die beiden interessantesten, auf diese Landschaft in der Hercynia allein beschränkten Arten von präalpinem Charakter: Polygala Chamaebuxus und Erica carnea, in ihrer Verteilung sowohl dem Rande des eigentlichen Fichtelgebirges als auch dem Elstergebirge und den ferneren Teilen des Vogtlandes angehören, dass sie daher gleichfalls die natürliche Verbindung beider bezeugen. Indem ich daher das Fichtelgebirge so, wie auf der Karte angegeben, auf die eigentlichen, steil aufsteigenden Kämme und Hochgipfel im Quellengebiet der Saale, Eger, Nab und des Weißen Mains beschränke und dieses hercynische Gebirge als Schlussstein des Territoriums 13 zwar gesondert betrachte, aber seine vorgelagerte Hochebenenflora ohne weiteres an die Gesamtbetrachtung der niederen vogtländischen Bergstufe anschließe, gebe ich der Aufeinanderfolge und dem Anschluss dieses anziehenden Stückes deutscher Lande den, wie mir scheint, pflanzengeographisch einzig richtigen Ausdruck. Die Besiedelungsgeschichte der Flora muss, wenigstens nach den jetzt sich darbietenden zerstreuten Standorten beurteilt, eine einheitliche gewesen sein; die Teile verhalten sich wie Unterharz zum Oberharz.

Flora. Trotz einer gewissen gemeinsamen Dürftigkeit der Flora ist die Gesamtzahl der hier zusammengekommenen Arten nicht so ganz gering. ARTZT zählt in seiner Liste v. j. 1884 nicht weniger als 857 Nummern von Blütenpflanzen und diese Zahl ist im letzten Nachtrage (Isis 1896) unter Hinzufügung sowohl neuer Standorte als neu aufgenommener Bastarde, stärkerer Varietäten, Einschleppungen u. s. w. auf 900 Arten gestiegen, eine allerdings zu hoch erscheinende Angabe. Reduciere ich die Species-Umgrenzung auf das hier stets angewendete Maß, lasse ich Bastarde fort und schließe ich endlich die Adventivflora der Ackerfelder von der Zählung der natürlichen Formationen im weitesten Sinne aus, berücksichtige ich anderseits die durch die höhere Montanflora des Fichtelgebirges, durch die Hochebene des Egerthales mit Dianthus Seguieri und durch das Saalethal von Burg bis Saalfeld zu den vogtländischen Arten hinzukommenden neuen, so beträgt die wahrscheinliche Zahl der Blütenpflanzen dieses Territoriums 800 Species, wahrscheinlich aber noch darüber; dazu kommt ein großes Heer interessanter Sporenpflanzen, besonders interessantere Farne und viele Moose. Unter der Gesamtzahl von Blütenpflanzen und Farnen sind 20—30 Arten, die in der Hercynia nur höhere Gebirge zu bewohnen pflegen, oder die, wie Saxifraga decipiens, auf niederen Bergstufen doch an die Bergländer gebunden erscheinen. Ein großer Teil dieser letzteren hat aber durch Frankenwald und

Vogtland hindurch ebensowohl zerstreute Standorte wie im oder am Fichtel-gebirge selbst.

Für die folgende nähere Betrachtung dieser bemerkenswerten Arten teilen wir das ganze Gelände in a) Vogtland mit den das Fichtelgebirge einschließenden Hochebenen, Elstergebirge und Eger-Bergland; b) Frankenwald; c) Fichtelgebirge.

2. Das Vogtland, Elstergebirge und das Eger-Bergland.

Dieser Teil umfasst die Hauptmasse der ganzen Landschaft, von der Nordgrenze bei Weida und Greiz über den wasserscheidenden Kamm des Gebirges südwärts hinunter bis Eger, und wiederum im Egerthal aufwärts bis zu den Hochebenen von Kirchenlamitz—Weißenstadt. Die eigenen höchsten Erhebungen dieses vogtländischen Teiles liegen in seinem östlich an das Erzgebirge sich anschließenden Grenzgebiete (Falkenstein—Schöneck), wo ziemlich genau bei 800 m Höhe die Wasserscheide gegen das Quellgebiet der Zwickauer Mulde liegt, während 100 m tiefer die *Göltzsch* ihre zur Elster nach NW hin gehenden Wasser sammelt. Schon oben ist angedeutet, dass hier die Flora des Erzgebirges in das vogtländische Bergland übergeht, und die hier etwa sich findenden vereinzelten Standorte von höheren Montanarten werden der ersteren zugerechnet. Auf 600—700 m Höhe hält sich dann auch weiter nach SW der Grenzkamm, der die *Weiße Elster* selbst nahe dem Kapellenberge von den nach S gerichteten Zuflüssen der Eger trennt, sinkt aber weiter westwärts gegen die hier durchbrechende *Saale* hin wieder um 50—100 m. Immerhin haben wir es hier überall mit einem hochgelegenen Berglande zu thun, in das die Hauptflüsse tiefe Rinnen gegraben haben, die mehr der Ansiedelung unterer Montanarten (wie Digitalis ambigua) als einer eigentlichen wärmeren Felsflora Platz gewähren können.

ARTZT führt einen Ausspruch von REICHENBACH in der »Gäa von Sachsen« an, wonach das Vogtland ein äußerst pflanzenarmes Gebiet wäre, und aus dem dieser nur 9 bemerkenswerte Arten aufzählt; er bemerkt mit gerechter Freude, wie sehr sich diese Zahl gehoben habe. Ist das auch durchaus richtig, so bleibt doch das Urteil einer gewissen allgemeinen Dürftigkeit in der Zusammensetzung der Formationen bestehen und wird durch die sorgsam geführten Standortsverzeichnisse von ARTZT selbst bestätigt; denn diese ver-weilen mit Ausführlichkeit auch bei Arten, welche sonst mit einer gemeinsamen Verbreitungsnotiz abzumachen wären. So ist z. B. Sedum rupestre, welches sogar im Fichtelgebirge hoch auf den Granitfelsen des Waldsteins u. a. O. ansteigt, im Vogtlande selten. Monotone Formationen mit überall je nach der Zugänglichkeit verschieden eingestreuten bemerkenswerteren, aber seltenen Art-Standorten bilden demnach hier das Gelände botanischer Exkursionen.

Unter den Formationen ist der *mittlere hercynische Mengwald* die bedeu-tendste, Nadelwald mit sehr viel Kiefern, Fichten und wenig Tannen, während Laubhölzer (Buche) selten sind. Die starke Beimischung der Kiefer zur Fichte fällt im Gegensatz zu anderen hercynischen Bergen sehr auf und setzt sich auf das Fichtelgebirge und auf den Böhmer Wald südwärts fort; sie scheint natürlich zu sein.

Somit sind niedere Bergpflanzen wie Arnica montana hier in üppiger Fülle, während die Seltenheit der humosen Laubwälder Arten wie Dentaria bulbifera und enneaphylla auf die östlicher gelegenen Erzgebirgswaldungen beschränkt.

Die Masse der Wälder ist noch jetzt bedeutend; die an das Erzgebirge angrenzenden Sektionen der topographischen Karte von Sachsen zeigen auf ganzen Blättern noch fast ununterbrochenen Wald, und andere verraten durch die dutzendweise in sie eingestreuten Ortsnamen mit der Bezeichnung »Grün«, dass hier Rodungen im ursprünglich zusammenhängenden Walde angelegt wurden.

Es werden in der folgenden Liste die bemerkenswerten Waldpflanzen einzelner Standorte aufgeführt, und zwar solche von höher-montanem Charakter in der linken, von nieder-montanem Charakter in der rechten Spalte.

°Erica carnea !!	°Echinospermum deflexum (?) !!
°Polygala Chamaebuxus !!	———
———	°Aconitum Lycoctonum !!
°Homogyne alpina !	Lilium Martagon !
Listera cordata (?) !	Cephalanthera rubra !
Goodyera repens !	Vicia pisiformis.
Calamagrostis Halleriana.	Chaerophyllum aureum spor. cop. bis 550 m.
Festuca silvatica frq.	———
———	Galium rotundifolium frq.
Ranunculus aconitifolius, °platanifolius.	Asarum europaeum.
°Thalictrum aquilegifolium frq.	Carex pendula (Greiz).
Geranium silvaticum.	Atropa Belladonna.
°Aruncus silvester.	Aspidium lobatum.
Prenanthes purpurea frq.	———
Chaerophyllum hirsutum an den Bachläufen und in den Thalschluchten verbreitet.	Neottia Nidus avis.
	Pirola chlorantha frq. !
———	—— rotundifolia.
°Lonicera nigra frq.	—— uniflora.
	Chimaphila umbellata (seltenste Pirolacee im Vogtlande: ARTZT).
	Viscum album *austriacum Wiesb. (nur auf Tannen; das V. album genuinum fehlt nach Angabe von ARTZT).

Die bemerkenswertesten Arten sind in jeder Spalte vorangestellt und mit ! versehen. Eine derselben, Echinosp. deflexum, früher angegeben von Elsterberg und Auerbach, hat in den letzten Jahrzehnten nicht nachgewiesen werden können; Listera cordata wird von Plauen angegeben und hätte dann in ca. 350—450 m Höhe den niedrigsten montanen Standort. Homogyne hat am nördlichen Abhange des Kuhberges bei Wernesgrün und am Schneckenberg b. Elster gleichfalls vereinzelte vorgeschobene Standorte (ca. 600 m), welche hier um so wertvoller erscheinen, als diese osthercynisch-sudetische Bergpflanze auch im Fichtelgebirge nur noch höchst spärlich vertreten ist. Aconitum Lycoctonum ist dadurch wichtig, dass seine Standorte über die Saale—Elsterlinie ostwärts hinausgehen, welche sonst diese wie viele andere präalpine Pflanzen in Schranken hält. Lilium, Goodyera, Cephalanthera sind im übrigen im kalkarmen sächsischen Berglande ziemlich seltene Arten, daher gleichfalls mit ! bezeichnet.

Die beiden wichtigsten Arten aber sind unstreitig die Polygala und Erica, welche den besonderen Charakter dieser hercynischen Landschaft floristisch ausmachen und im Vergleich mit vielen anderen Arten derselben sogar recht zahlreiche Standorte haben.

Die Erica ist im Vogtlande als »Schneeheide« den Leuten wohl bekannt und erfreut durch ihre frühe Blütezeit, schon im März in sonnigen Lagen, sonst im April. Ihre Standorte sind hier auschließlich montane Kiefernmengwaldungen mit mehr oder weniger Beigemisch von Fichte und Tanne; meist wächst sie im Schatten mit Calluna und den beiden Vaccinien, an Abhängen tritt sie auch auf Lichtungen heraus. Sie mischt sich sogar mit Cytisus nigricans, der hier eben so hoch ansteigt, als die Schneeheide tief geht. So findet sie sich z. B. im südlichsten Sachsen bei Brambach an den Nordhängen des Kapellenberges ca. 600 m hoch; dichtes Gestrüpp von Preißelbeere (cop.[3]), Heide (cop.[2]) und Schneeheide (cop.[1]) mit Renntierflechte, Peltigera und gewöhnlichen Hypnaceen bedeckt den halbschattigen Waldboden; an anderen Stellen überwiegt die Heidelbeere (cop.[3]) an Häufigkeit, dann folgt Erica carnea (cop.[2]), und die anderen Arten stehen ihr nach. Wieder an anderen Stellen, und zwar am Südhange des ganzen Elstergebirges über der Eger (in Bayern bei Thierstein), habe ich in 540—560 m Höhe große Strecken des Kiefernwaldes fast nur von der Schneeheide erfüllt gesehen.

Ihre Gesamtverbreitung in dieser Landschaft ist nicht gering, aber das eigentliche Fichtelgebirge meidet sie. MEYER und SCHMIDT geben aus dessen Umgebung Selb, Neustadt a/C., Arzberg und Rösslau an, von Rösslau ostwärts folgt sie aber den Egerhöhen bis Hohenberg, tritt auch nochmals im Kaiserwalde (Kap. 15) auf. Aus dem Quellgebiete der Elster bei Brambach und Schönberg geht sie nordwärts im Elsterthale herab, ist bei Adorf und im Seitenthal bei Markneukirchen noch häufig (ca. 500 m), und scheint bei Hundsgrün oberhalb Ölsnitz in einer Meereshöhe von 450 m ihre vogtländische (und überhaupt deutschfloristische) Nordgrenze zu erreichen. Ihre Gesteinsunterlage ist sowohl Granit, als Gneis und cambrische Kieselschiefer.

Der Verbreitungsbezirk von Polygala Chamaebuxus ist ein ähnlicher, aber noch umfangreicher und tiefer herabgehend; denn als Nordgrenze gilt die Holzmühle bei Plauen, wo das Elsterthal nach seinem großen westwärts gerichteten Bogen sich schon dem Niveau 300 m nähert. Auch diese Art hat zahlreiche Standorte bei Adorf, Markneukirchen, bis Schöneck hinauf zur Ostgrenze des Gebietes, bei Elster und Brambach u. s. w. und südwärts an den Rändern des Fichtelgebirges bei Maiktleuthen, Kirchenlamitz, Wunsiedel und Weißenstadt; sie liebt aber mehr offene, heideartige Lichtungen, wenn sie auch den Rand der montanen Kiefernwälder nicht meidet, und so habe ich sie nirgends mit Erica carnea gemischt gefunden, wohl aber mit Besenheide, Preißel- und Heidelbeere, zwischen denen sie viel mehr vereinzelt steht. Ein einziger, von SCHMIDT schon in der Linnaea beschriebener Standort östlich von Wunsiedel und Ober-Rösslau ist aber dadurch bemerkenswert, dass hier, auf sehr hartem, zu Kalkbrüchen benutztem Dolomithügel von ca. $^1/_4$ □ km Größe mit lichtem Kiefernhain die Polygala so gesellig wächst, wie sie nur in den Voralpen gefunden wird, und hier mit Rubus saxatilis, Helianthemum, Trifolium medium u. s. w.

Vergesellschaftet, also in einer normalen »Hügelformation« wächst. Nach den viel zahlreicheren Standorten im Kiefernheidewalde wurde sie hier unter den Waldpflanzen mit aufgeführt.

Noch ist eine seltene, für das Vogtland lange Zeit mit Zweifel auf_gesuchte Pflanze dieser Verbreitungskategorie zu erwähnen, nämlich Thesium alpinum, welches am Capellenberge 600 m hoch vereinzelte Standorte hat.

Hügelformationen, Felspflanzen. Obwohl zahlreiche Flüsse und Bäche, von den Hochflächen in breite Thäler herabkommend, gegen den Nord- und Südrand der Landschaft hin enge Felsthäler erzeugt haben, in denen Klippen und Steilhänge nicht selten sind, und obgleich der niedere Teil des Vogtlandes einen zerrissenen Eindruck macht, durch den Landstraßen wie Eisenbahnen nur mit kühnen Überbrückungen der steilen Gehänge haben geführt werden können, so sind dennoch die Plätze für sonnige Hügelformationen gering und besonders haben sich Grasflächen von steppenartigem Charakter nirgends festsetzen können. Diese beginnen schwach bei Weida und zeigen einen Territorialwechsel an. Immerhin sind, den Thälern aufwärts folgend, Felspflanzen von Interesse eingestreut; ich teile dieselben in 2 Kategorien: die in der linken Spalte stehenden gehören zu der wärmeren, größtenteils pontischen Artengruppe, die in der rechten Spalte stehenden dagegen zu der montanen Felsformation. Es ist für das Vogtland charakteristisch, beide Kategorien so neben und durcheinander gebracht zu haben, wie wir es im Unterharze, zumal in dem so viel artenreicheren Bodethal kennen gelernt haben.

Cytisus nigricans spor. greg. !!	Cotoneaster vulgaris r. soc. !
————	Ribes alpinum spor.
Avena tenuis.	————
Phleum Boehmeri.	Saxifraga decipiens !! greg.
Carex Schreberi.	Dianthus caesius r. Nelkenstein.
————	—— Seguieri, Egerthal.
Potentilla recta, canescens.	—— Armeria spor.
Seseli Libanotis.	Sedum rupestre r. im Vogtl., aber frq. am und
Asperula cynanchica.	im Fichtelgebirge !
Carlina acaulis.	Allium *montanum (fallax) r. bei Plauen.
Teucrium Botrys.	
Tunica prolifera.	Rubus saxatilis frq. greg.
Anemone silvestris.	Trifolium alpestre (nur bei Greiz).
Gentiana ciliata.	(—— medium frq. cop.)
	Hypericum montanum spor.
	Digitalis ambigua spor.

Die Floren geben besonders noch drei andere Arten an, welche unter die vogtländischen Pflanzenbürger doch wohl nicht eingereiht werden dürfen: Achillea nobilis, von der ARTZT an-giebt, dass sie in den paläozoischen Kalkbrüchen von Plauen »eingebürgert« sei (Ber. D. bot. Ges. 1885); Centaurea maculosa, von der ARTZT versichert, dass er ihren Standort bisher nie habe selbst sehen können; Lactuca viminea, welche von KELL bei Netschkau (im Göltzschgebiet) beobachtet sein soll, aber welche ich ohne weitere Bestätigung in so abnormer Verbreitung nicht aufzunehmen wage.

Noch möchte auf das hier gen Osten stattfindende Vordringen von Anemone silvestris und Gentiana ciliata hingewiesen werden; der genannte Enzian endet bekanntlich als wh.—mh.-Pflanze (s. oben Abschn. III,

Kap. 4) und hat, einer neueren Entdeckung zufolge, auf dem Kulmkalk bei Kürbitz (Plauen) einen vorgeschobenen Standort, während er dann erst in der südlichen Umrandung des Fichtelgebirges auf entsprechender Bodenart bei Wunsiedel, Sinnatengrün u. s. w. wiederkehrt. Ähnlich verhält es sich mit der Anemone, die ja auch im Elbhügellande nur einen einzigen Standort besitzt; sie wird angegeben: auf einem kahlen Hügel bei Reusa (Plauen); Schleiz. —

Einige der aus 12 Arten bestehenden montanen Gruppe haben zahlreichere Standorte, einige sind sehr selten. Zu den ausgezeichnetsten gehört die aus dem Bodethal bekannte Saxifraga. Sie hat Standorte am westlichen Fichtelgebirgsrand (Gefrees), bei Weida an der Gebietsgrenze und im Elstergebiet unweit der Stadt Elsterberg. Von diesem nahe Greiz gelegenen Städtchen führt ein Pfad in das romantisch-enge Elsterthal südwärts hinein, in dem am steilen Westufer in ca. 300 m Meereshöhe nahe dem Dorfe Cossengrün ein etwa 60 m hoher Diabasfelsen sich auftürmt. Diese Stelle, das Steinicht genannt, ist ein Hauptstandort der S. decipiens, welche besonders an den gen N gekehrten Klippen feuchte Polsterrasen bildet mit Hepatica und Dryopteris, während an den sonnigen Seiten Origanum, Silene inflata, Cynanchum und Festuca glauca die Bekleidung bilden. Auf diesem gleichen Felsen, in großer Höhe und schwer erreichbar, ist der von LUDWIG in Greiz festgestellte Standort des Cotoneaster. Etwa 1 Meile weiter südlich mündet von Osten her die Trieb in die Elster und bildet mit Steilabstürzen (»Loreley-Felsen«; Vicia pisiformis und Cytisus nigricans) ein enges Schluchtenthal, in welchem wiederum die Saxifraga, minder reichlich und üppig, zwei neue Standorte besitzt. Auch im Elsterthal machen wir wie im Bodethale die Beobachtung, dass die Verbreitung des Steinbrechs sich auf den unteren, wenngleich schon mit feuchter Bergluft erfüllten Teil enger Gebirgsthäler beschränkt.

Bergwiesen. Da die Charakterarten der Wiesenformationen alle zur montanen Gruppe gehören, so bedarf es hier einer Teilung — wie unter Wald und Fels — nicht. Es verdient sogleich hervorgehoben zu werden, dass einige Arten unter den montanen Wiesenpflanzen vertreten sind, welche zwar im Erzgebirge häufig, doch im Fichtelgebirge spärlich oder gar nicht vertreten sind (Thlaspi alpestre, Arabis Halleri fehlen; Meum selten), sodass in dieser Beziehung das Vogtland den Katalog dieses Territoriums um solche Arten vermehrt. Im oberen Teile des Landes, an den Wasserscheiden gegen die Eger, Saale und Mulde, sind breite Wiesenplane mit quelligen und trocknen Abhängen vorhanden, die solchen Arten Platz gewähren; im Unterlande gegen die Grenzen der Landschaft hin sind dagegen die nördlichsten Fundstellen derselben meistens auf die Flussthäler beschränkt und so sind es auch hier wieder rasenbedeckte Felsvorsprünge oder kiesige Geröllflächen im Göltzsch-, Trieb- und besonders im Elsterthale, welche bis Greiz hin diesen Montanarten sichere Standorte gewähren. Am letzteren Orte sind dieselben vielfach erst in neuerer Zeit durch LUDWIG festgestellt. Folgende sind die bemerkenswertesten Arten:

°Peucedanum (Imperatoria) Ostruthium (oberes Vogtland, r.!).	°Cirsium heterophyllum.
°Meum athamanticum.	Centaurea phrygia *elatior.
°Thlaspi alpestre.	Scorzonera humilis.
°Arabis Halleri.	Phyteuma spicatum *nigrum.

Gentiana campestris, germanica.	Iris sibirica.
Lathyrus montanus.	Orchis ustulata, coriophora, sambucina.
	Gymnadenia odoratissima.

Die Standortsverbreitung der erstgenannten 5 Arten ist besonders wichtig, weil diese mit charakteristischen Vegetationslinien das hercynische Bergland durchziehen, Imperatoria gegen den Harz, Meum gegen den SO, Thlaspi und Cirsium gegen Thüringen, Arabis als allgemein wichtige Art der hercynischen unteren Montanstufen gegen die südlichen Hügellandschaften.

Peucedanum Ostruthium hat nur im obersten Berglande einige seltene Standorte, die sich an das Erzgebirge anlehnen; so besonders bei Auerbach, von wo die Berge auf 700 m Höhe und mehr südwärts zur Wasserscheide gegen die Mulde aufsteigen. Dann auch bei Elster, wo Torfwiesen in 500 m Höhe vorhanden sind, und der Standort »Schönlind«.

Meum athamanticum wird von etwa 10 verschiedenen Standorten angegeben, welche sich sämtlich von der hohen Ostgrenze bei Auerbach und Falkenstein (600 m) westwärts nach Elster hinziehen, nach Norden und Nordwesten aber dem Abhange des Gebirges bis über Lengenfeld hinaus (Pechtelsgrün nahe 500 m), nach Adorf (Freiberg nahe 500 m) und in die zwischen Schöneck und Ölsnitz gelegenen Berge (Brotenfeld und Kottengrün 500—600 m) hinein folgen. Diese Verbreitung erscheint demnach wie eine Fortsetzung der erzgebirgischen und lässt zwischen ihr und der nicht sehr starken Verbreitung im oberen und südlichen Fichtelgebirge eine breite Lücke. Nur ein Standort wird westlich der Elster und in der Breite von Plauen gegen Schleiz hin angegeben, nämlich zwischen Schönberg und Rodau bei Mühltroff, wo die Wasserscheide zwischen Elster und Saale in einer von Wald, Moorwiesen und einer Menge kleiner Teiche bedeckten Hochfläche von ca. 470 m Höhe liegt. —

Thlaspi alpestre folgt dieser Verbreitung von Osten her gleichfalls und bildet im Vogtlande eine von Elster nach Greiz nördlich verlaufende Grenzlinie gegen das Fichtelgebirge (und den Frankenwald?). Häufig ist diese niedliche Wiesenpflanze auch nicht im Vogtlande; etwa 10 Standorte zwischen 600 m (Markneukirchen) und 300 m (Greiz) werden angegeben, die meistens nahe dem Elsterthale liegen.

Arabis Halleri wird nur von 2 Standorten in demselben Flussgebiet angegeben, nämlich am Raunerbach b. Elster (Raunergrund 500 m) und bei Mylau im unteren Göltzschthal schon nahe Greiz.

Cirsium heterophyllum endlich hat die weiteste Verbreitung von diesen Arten, sowohl gegen das Fichtelgebirge hin zum direkten Anschluss als nach Norden aus dem Göltzschthal bei Reichenbach mit 400 m Höhe bis nach Greiz mit 300 m Höhe abwärts. Am häufigsten ist auch diese Art in dem östlichen, an das Erzgebirge sich anlehnenden Landesteile von Zwota (700 m), Wernesgrün—Schnarrtanne (650 m), Falkenstein und Schöneck (650 m) her; um Plauen hat sie tiefer gelegene Standorte, auch westwärts von dort gegen Reuß hin bei Pausa (Linda—Thierbach 500 m) u. s. w.

Wasser- und Moorformationen. Als Bergland aufgefasst ist diese Landschaft vielleicht die einzige, welche einen nicht unbeträchtlichen Reichtum an
Wasserpflanzen in Weihern aufweist, welche überall hin zerstreut auch noch
bis gegen das Fichtelgebirge hin auf die dasselbe umrandenden Hochebenen
in 500 m Höhe vordringen. An den Ufern sind vielfach weitgedehnte Moore
der Borstgras-Facies ausgebreitet, die Cariceten und nicht selten Pinguicula
enthalten, im übrigen nicht gerade sehr ergiebig sind. Doch finden sich am
Fichtelgebirgssaume bei Weißenstadt und anderen Orten in dieser Formation
Carex dioica und Davalliana, limosa und cyperoides, am Ufer des Plassen-
weihers Carex filiformis. Gesträuchführende Hochmoore sind viel seltener
und auf das Innere des Fichtelgebirges beschränkt; Betula *carpathica fehlt
und Pinus montana *uliginosa wird nur aus dem Vogtlande zwischen
Treuen und Eich (nach jüngerem Funde von SCHÖNFELDER), also westlich
vom Göltzschthal in vielleicht 480 m Höhe, angegeben. — Die Weiher und
langsam fließenden Bäche in den Wiesen enthalten eine zahlreiche Menge von
Potamogeton-Arten; überall sieht man im südlichen Gebiete der Landschaft
große Mengen von Sagittaria, und während im Vogtlande von den Seerosen
nur Nymphaea alba angegeben wird, ist in den Weihern an der oberen
Eger und im Gebiet von Wunsiedel alles erfüllt mit Nymphaea candida,
deren kleinere, weniger weit geöffnete Blumen mit Tausenden schimmernder
Sterne die ruhige Wasserfläche bedecken.

Es folgt auch hier noch eine kurze Liste der bemerkenswerten Arten
beider Formationsgruppen im engeren Vogtlande.

Potamogeton rufescens (= alpinus): (Vogtland selten, an der oberen Eger mehrfach !!).	Rhynchospora alba (rr.).
Hydrocharis Morsus ranae (r.).	Calla palustris (300—500 m, spor.).
Typha angustifolia (Vogtland, rr.).	Triglochin palustre (r.).
Sparganium natans (Gefrees, r.).	Carex teretiuscula (spor.).
	—— paradoxa (r.).
	—— paniculata (r.).
Ceratophyllum demersum (r.).	—— limosa: »bei Bad Elster« (rr.).
Myriophyllum Verticillatum (rr.).	Juncus capitatus (r.).
—— spicatum (r.).	
Callitriche stagnalis (r.).	Sedum villosum (spor).
Hottonia palustris (zweifelhaft, ob noch vor- handen).	Hydrocotyle vulgaris (r., bei Lengenfeld und Treuen).
Utricularia vulgaris (spor.).	Peucedanum palustre (r.).
—— minor (rr., bei Selb).	Gratiola officinalis (rr.).
Ranunculus divaricatus (r.).	Limosella aquatica (r.).
Nuphar luteum (r.).	Pinguicula vulgaris (spor.).
Nymphaea alba (spor.).	Ranunculus Lingua (rr.).
—— candida (im südlichen Teile der Landschaft frq. soc.).	Drosera intermedia (rr.).
	(Subularia aquatica rr.: bei Plothen, s. nächste Seite.)

3. Der Frankenwald und das obere Saale-Thal.

Den Kamm in der Lücke zwischen Thüringer Wald und Fichtelgebirge bildet der Frankenwald, welcher sich bei *Münchberg* an die westlich das Fichtelgebirge (Waldstein) umrandende Hochebene anlehnt; die Nordgrenze gegen das Thüringer Becken bilden die Höhenrücken, welche um Pößneck—Ranis herum die Saale zu dem großen Bogen zwingen, in dem sie von *Ziegenrück* bis *Saalfeld* ihre nördliche Richtung mit einer westlichen vertauscht, um alsbald an Rudolstadt vorbei nach O und NO weiter zu strömen.

Der Frankenwald ist ein stark bewaldetes Bergland mit Höhen zwischen 6—700 m, dessen nicht reiche Flora sich zwischen die des Thüringer Waldes und Elster Berglandes stellt; das Saalethal, welches ihn nach NO umschlängelt, bildet in jeder Beziehung den bemerkenswertesten Teil dieser ganzen Landschaft, der durch die steilen Felsbildungen am Flusse (besonders zwischen Saalburg und Ziegenrück) ebenso romantisch sich gestaltet, wie er floristisch reichhaltiger ist. Den nordöstlichen Anschluss an das Vogtland selbst bildet die schon zur Saale ihre Bäche entsendende Hochfläche von *Plothen* im NNW von Schleiz, ein merkwürdiges, durch zahllose Seen zerteiltes Stück Land, in dem die Nadelwälder (teils Fichte, teils Kiefer) mit Gesträuch von Heidelbeeren u. s. w. an das Röhricht der Teiche angrenzen, wenn sich nicht ein Gürtel von Wiesenmooren dazwischen schiebt[1]. Lonicera nigra in diesen Waldungen gehört noch zum osthercynischen Montancharakter wie im Vogtlande; die Teichvegetation aber enthält Arten, die wir viel häufiger in der Lausitzer Teichniederung antreffen. Von solchen, die dem Vogtlande fehlen, führt SCHORLER an:

Carex cyperoides.	Heleocharis ovata.	Bidens radiatus.
Scirpus maritimus.	Potentilla norvegica.	Litorella lacustris.

Dazu kommt aber als besondere große Seltenheit für das Gesamtgebiet der Hercynia die Crucifere Subularia aquatica, deren Auffindung wohl aus neuerer Zeit bestätigt werden möchte. Ihr Vorkommen hier scheint nicht vereinzelt denn außer Plothen selbst werden die Ortschaften Crispendorf und Ekmannsdorf angegeben, welche schon im SW der zahlreichen Teiche zwischen den Bächen Wiesenthal und Plothengrund nur etwa 3 km von dem Saalethale entfernt liegen. Die Angaben in den Floren: »Thüringen« für Subularia gehören hierher, zum Terr. 13.

In schroffem Wechsel steht die Flora der südlichsten sonnigen Höhen des Thüringer Beckens (Terr. 4) zwischen *Pößneck* und *Ranis* zu den mit feuchten Bergwäldern bedeckten Hochflächen, die zwischen Ranis und Ziegenrück die nördliche Wasserscheide der Saale bilden und damit die Nordgrenze von Terr. 13. Hier kann leicht eine stärkere Florenscheide festgestellt werden, zum mindesten die Häufung von Vegetationslinien derjenigen Charakterarten, die im Abschn. III und bei Besprechung der Thüringer Landschaften als Auszeichnung der trocknen Felsschotter genannt wurden. Südlich von Pößneck

---

1) Vergl. SCHORLERS Abh. in Isis 1894, S. 53—55.

erheben sich steile Dolomitriffe, die aus der gesunkenen Zechsteinumgebung
über 400 m hoch aufragen. Dann steigt das Gelände langsam zu den aus
unterem Carbon gebildeten Waldbergen auf (etwa 500 m bei den Dörfern
Schmorda und Moxa), und fällt dann plötzlich steil und jäh bei Ziegenrück
(310 m) zu der tief unten, in scheinbar zu sich selbst zurückkehrenden Windungen fließenden Saale herab. Südlich der Dolomitriffe sind alle früheren
Charakterarten verschwunden; eine monotone Silikatflora hält Lichtungen und
Heiden im Fichtenwalde besetzt und bildet so einen Kontrast, der in folgender
Vergleichsliste sich ausdrückt:

Sonnige Hügelformation (Terr. 4).	Heide und Wald (Terr. 13).
Rhamnus cathartica.	Sambucus racemosa.
Clematis Vitalba	Lonicera nigra.
Sesleria coerulea	Deschampsia caespitosa.
Carex humilis	Carex leporina.
Anthericum ramosum	——
Ophrys muscifera.	Epipactis latifolia.
Hippocrepis comosa	Lathyrus montanus.
Asperula cynanchica	Gnaphalium silvaticum.
Scabiosa Columbaria	Knautia arvensis.
Chrysanthemum corymbosum.	Hieracium laevigatum.
Carlina acaulis.	Cirsium acaule.
Dianthus Carthusianorum	Dianthus deltoides.
Cotoneaster vulgaris	Digitalis purpurea.

Wir befinden uns im engen Saalethale selbst in einem merkwürdigen
Gemisch von Arten der montanen Felsformation mit solchen des unteren
hercynischen Waldes. Dort winken von Felsgesimsen ganze Reihen fröhlich-
gelb blühender Fleischstengel des Sedum rupestre herab, und in den
Lichtungen der Büsche darüber stehen große Horste dunkelblättriger Cytisus
nigricans. Unten am Flusse, unter den Kronen breitästiger Buchen und hoch-
wüchsiger Fichten, sind die kräftigen Stengel von Aruncus silvester schwer
mit Fruchtrispen behangen, und ihre breiten Blätter mischen sich mit der
schwarzfrüchtigen Lonicera, neben der aber auch L. Xylosteum nicht
fehlt. Und aus diesen Büschen heraus streckt der rote Fingerhut seine
großen, gesprenkelten Blumen dem Lichte zu, bekleidet ganze Gehänge am
Fluss, wie er schon oben bei Moxa den Wanderer als Typus des Bergwaldes
begrüßte!

Digitalis purpurea hat hier ihre Grenze gegen Osten; das Vogtland
besitzt sie nur als Gartenpflanze. (Ihr Vorkommen im Elbsandsteingebirge
siehe unter Kap. 10.) Aber in allen den übrigen Charakterverbreitungen
schließt sich diese Montanflora doch an den osthercynischen Gau an und
vermittelt für Lonicera nigra, Aruncus und Cytisus nigricans das Eindringen
in den angrenzenden östlichen Thüringer Wald.

Zwei wichtige montane Felspflanzen besitzt dies obere Saalethal aber
noch vor dem Vogtlande voraus: Aster alpinus an der Landschaftsgrenze

gen NW und Woodsia ilvensis an den romantischen Saalefelsen bei Burgk
am Greizer Streitwald, letztere außerdem angegeben von den westlich der
Saale bei Ebersdorf (nahe Lobenstein) gelegenen Höhen. Die Arealbedeutung
beider Pflanzen ist oben (Abschn. III, Kap. 4, S. 204 u. f.) besprochen; SCHORLER
fand jenen seltenen Farn zahlreich an steiler Felswand an den sogen. Blei-
bergen oberhalb Burgk, in der Nähe der als »Saalburger Eisloch« bekannten
Höhle, zusammen mit Dianthus caesius, und den genannten Steinbrech
etwas weiter stromauf an mehreren Stellen.

Von der Ecke des Saalethales bei Blankenberg, wo reußische und bayerische
Lande zusammenstoßen, zeigt das von Selbitz und Naila aus dem Süden her-
kommende Thal der Selbitz den Weg an, um aus einer 400 m hohen Thalsohle auf 500 m (bei Naila) und dann westwärts ansteigend auf die 600—700 m
hohen Hochflächen des Frankenwaldes selbst zu kommen. Zahlreiche Bäche,
die sich nach NO zur Selbitz und Saale, nach SW zur Rodach und Cronach
in das Maingebiet ergießen, durchfurchen die Hochfläche und bilden langgestreckte Spaltenthäler, mit oft schluchtenartiger Verengerung. Hier kehren
die allgemeinen Vertreter der niederen Bergflora, die oben (S. 539—543) besprochen
wurden, besonders Meum, Cirsium heterophyllum, Centaurea phrygia,
wieder, dazu auch der hier schon häufiger werdende Sambucus Ebulus. Für
andere Arten ist noch die genauere Grenzlinie ihres Vorkommens festzustellen
und die Arbeit, welche für das Vogtland so gut durchgeführt ist, bleibt für
dieses Bergland noch großenteils zu erfüllen, bis auf die jüngsten Arbeiten von
Pastor HANEMANN (Litt. Nr. 20).

4. Das Fichtelgebirge.

Höhen, Flüsse. Dieses in seinen höchsten Erhebungen ganz aus Granit
mit Anschluss von Gneis und Glimmerschiefer aufgebaute Gebirge erhebt sich
im *Schneeberg* zu 1053 m, im *Ochsenkopf* zu 1023 m. Kein dritter Höhenpunkt
übersteigt die für die hercynischen Bergländer bedeutungsvolle 1000 m-Linie;
am nächsten kommt ihr noch der *Nossert* (auch »Nußhardt« genannt) mit
972 m, gleichfalls im Mittelpunkte des Gebirges gelegen, dann folgt mit 920 m
die *Kösseine* im südlichen Zuge. Durch das Quellgebiet der Eger von den
breiten Massiven des Schneeberges und Ochsenkopfes getrennt, schließt sich
an das genannte Centrum der langgestreckte Zug des *Waldsteiner Gebirges*
in nordöstlicher Richtung an, dessen Höhe nur 879 m erreicht und jenseit seines
Kammes die *Thüringer Saale* nach N entsendet, während die ganze von dem
gen O geöffneten Horne des Gebirges umschlossene Hochebene von der *Eger*
entwässert wird. Der Westen gehört den Quellbächen des Mains, von denen
der nördlichste, die *Ölschnitz*, ganz nahe der Saale gleichfalls am Waldsteiner
Zuge seinen Ursprung hat und dann zwischen Grünsteinen und jüngeren
Thonschiefern sich hinwindend bei Berneck den *Weißen Main* erreicht. Höher
als 900 m entspringt endlich am Südostfuß des Ochsenkopfs die *Fichtelnab*
dicht neben der Quelle des vorigen, am höchsten entspringenden Flusses.

35*

Die Formationen der Bergwälder und bewaldeten Felsen.

Alle diese Quellen liegen im dichten, noch in vollster Kraft grünenden Fichtenwalde; die Buche ist selten in der obersten Höhenstufe, steht aber bis fast 1000 m Höhe am Schneeberge als fruchtender Baum vereinzelt eingesprengt, und zwischen 700—800 m gedeihen dazu mächtige Tannen, bezeugen einzelne Riesen die in früheren Jahren nicht gestörte Urkraft des Gebirges[1]. Senecio crispatus, im Quellwaldgebiet des oberen Erzgebirges noch verbreitet, wächst hier nicht und überspringt demnach mit seiner Westgrenze im Thüringer Walde das Fichtelgebirge; genau so geht es mit der Verbreitung des hier gleichfalls fehlenden Athyrium alpestre. Nur Homogyne alpina ist als wichtigste Leitpflanze des oberen Bergwaldes vorhanden, besiedelt aber nicht wie im Erzgebirge den obersten Wald über 1000 m, sondern hat sich als Seltenheit in ein feuchtes Thal am Fuße des Schneeberges (650—700 m)[2] zurückgezogen. Nirgends ist für die Entwickelung einer subalpinen Bergheide die geeignete Höhenlage vorhanden und die sanften Wölbungen der höchsten Berge zeigen nur den gewöhnlichsten Wald, während die finstern Schluchten hoch gelegener Granitfelsen und Blocktrümmer nur Moose und Lebermoose bemerkenswerter Art bergen, am bekanntesten Schistostega osmundacea.

Angegeben wird von subalpinen Arten noch »Epilobium alpinum« beim Fröbershammer, der am obersten Bachlauf des Weißen Mains nahe Bischofsgrün liegt; vielleicht ist E. *anagallidifolium darunter zu verstehen — jedenfalls ein wichtiger Vorposten vom centralen Böhmer Walde.

Die *Luisenburg*, berühmt durch ihre den Touristen bequem zugänglich gemachten Felsengänge und Schluchten, besitzt dann zwei weitere wichtige Montanarten in Mulgedium alpinum und Listera cordata; es wirkt in der hercynischen Flora fast befremdlich im Vergleich mit dem Harze, Erzgebirge und centralen Böhmer Walde, wie spärlich im Fichtelgebirge und Thüringer Walde der blaue Waldlattich vertreten ist, während die Listera immerhin zu den größeren Seltenheiten auch im Harze zu rechnen ist. Ranunculus *platanifolius ist besonders am Ochsenkopf (Grassermann!) vertreten, und damit sind die wenigen Seltenheiten an Gefäßpflanzen im Bergwalde schon genannt. Von gemeiner verbreiteten Arten der mittleren und oberen Stufe sind noch zu nennen:

---

1) Nach MEYER & SCHMIDT, Flora d. F. S. 37, lebt die Tanne besonders auf dem Grauwacken- und Thonschiefergebiet (Silur), welches sich im Westen an das Massiv des Ochsenkopfes anlehnt. Nach meinen Wahrnehmungen zwischen hier und Goldkronach kann ich dies bestätigen; Tannen von $3/4$—$1^1/4$ m Stammdurchmesser stehen daselbst im »Weiher Loh« bei ca. 750 m Höhe.

2) Das vermutete Thal habe ich mit Dr. SCHORLER auf Homogyne durchsucht, ohne einen Standort auffinden zu können. Nähere Angaben über ihr Vorkommen scheinen wünschenswert.

Coralliorrhiza innata.

Luzula silvatica.

Calamagrostis Halleriana [1]).

Circaea alpina (bis zur oberen Tannengrenze).

°Aruncus silvester nicht häufig und nicht in die Gipfelwaldungen eintretend.

°Sambucus Ebulus nicht häufig.

°Lonicera nigra bes. auf freistehenden Felsen in ca. 600—800 m Höhe.

Petasites albus.

Senecio nemorensis *Fuchsii spor. soc.

°Prenanthes purpurea frq.

Vaccinium uliginosum frq. bis zum Bereich der Kiefernwaldungen 500—700 m.

Trientalis europaea, cop.!

Hypericum montanum bis zu 800 m (Epprecht. stein).

Aconitum Variegatum.

Ranunculus nemorosus.

°Thalictrum aquilegifolium, Thalgründe bis 850m.

Blechnum Spicant.

Lycopodium annotinum.

Prächtig sind trotz der geringen Mannigfaltigkeit an Arten die landschaftlichen Bilder da, wo sich der Wald mit bemoosten Felsblöcken vereinigt. So besonders auf dem 972 m hohen Nossert südlich vom Schneeberg, wo zwischen riesigen Felsen und wirr durcheinander geworfenen Trümmern mit Leuchtmoos in dunklen Spalten die schwer hängenden Fichten nebst einzelnen Tannen, Ebereschen und Buchen ein kleines Urwaldbild liefern, mit gestürzten Stämmen und dem auf ihnen freudig grünenden Nachwuchs der herrschenden Fichte.

Unterhalb dieser Stufe erscheint dann in den Höhen von 500—700 m, wo sich schon an das Fichtelgebirge die vogtländischen Formationen anschließen, die starke Beimischung, ja sogar die häufige Vorherrschaft der Kiefer auf moorigem, von Pirola, Coralliorhiza und Vaccinium uliginosum in Nebenbeständen besetztem Boden ganz besonders beachtenswert.

Ein hervorragendes Bild eines solchen *montanen Bruchwaldes* liefert in 650 m Höhe die Umgebung des früheren »Meyerhofer Weihers« am Nordhange des Schauberges (NO vom Schneeberg).

Diese gleiche Höhenstufe von etwa 700 m scheidet auch die so bedeutsam im Landschaftsbilde hervortretenden Felsen. Diese sind noch bei 500 m mit Melica ciliata neben Sempervivum soboliferum, Sedum album mit rupestre und acre, Asplenium septentrionale und Trichomanes, auch cop. Viscaria besetzt (Berneck! und Kapelle Stein!); dann bleibt ein ärmlicher montaner Charakter durch Sedum rupestre mit Ribes alpinum und Lonicera nigra erhalten, das genannte Sedum bildet üppig blühende Polster noch in den Spalten der höchsten Felsen des Waldsteins, 878 m hoch. Im Gebiete des Ölschnitzbaches zwischen Berneck und Gefrees ist diese Felsflora am reichsten auf Diorit und Diabas entwickelt, zählt hier Saxifraga decipiens und sogar Aspidium Lonchitis zu ihren Besiedlern [2]).

---

1) Die Flora von MEYER & SCHMIDT giebt irrtümlich C. montana dafür an; es erklärt sich dies dadurch, dass von C. Halleriana eine durch merkwürdige Grannenbildung ausgezeichnete Form das obere Fichtelgebirge besiedelt hat.

2) Die Standorte von Polygala Chamaebuxus, Dianthus Seguieri, Cotoneaster und die Mehrzahl der Standorte von Rubus saxatilis gehören schon dem höchsten Teile des sich anschließenden Egerer Hochlandes östlich von Kirchenlamitz an, welches am Rande des Gebirgskammes auch bis 600 m ansteigt.

Über der Stufe von 700 m beginnen die montanen Felsen im Anschluss an den oberen Wald, von wenigen Gefäßpflanzen wie Lycopodium Selago besetzt, mit dem reichen Teppich von Flechten und Moosen der Umbilicaria- und Racomitrium-Facies bis zu Andreaea und Stereocaulon paschale herauf. Deren Schilderung erfolgt hier im Zusammenhange mit der Moosflora der Bergwaldungen nach den Formationsaufnahmen von B. SCHORLER.

Die Moose und Flechten.

Will man sich ein richtiges Bild von der Üppigkeit der Moosvegetation auf den schattigen montanen Felsen im oberen Walde verschaffen, so muss man das Blockgewirr auf dem Nossert und die 15—20 m hohen senkrechten Mauern der Weißmainfelsen besuchen. Die ersteren liegen auf dem Kamme bei 950 m Höhe, die letzteren an der Ostseite des Ochsenkopfes bei 890 m und zeigen enge feuchte Schluchten, welche einen vollständig geschlossenen Moosbehang aufweisen.

An den trocknen schattigen Blöcken bildet neben Hypnum cupressiforme, das in dieser Höhe noch recht häufig ist, besonders Dicranum longifolium in reinem Bestande oft □ m große plüschartige Decken. Auch Hypnum uncinatum, Hylocomium loreum und H. splendens mit H. Schreberi und Hypnum purum können für sich allein oder mit einander ausgedehnte Überzüge bilden. Zu ihnen gesellt sich noch, aber weniger häufig, Thuidium delicatulum. In diese Decken weben kleinere oder größere Haufen von Ptilidium ciliare, Jungermannia quinquedentata, J. lycopodioides, Lepidozia reptans, Cladonia rangiferina und Gyrophora hyperborea hellere oder dunklere Muster. Wo die Humusschicht auf dem Fels etwas dicker geworden ist, stellen sich dann in Masse Polytrichum formosum und Dicranum scoparium ein und verdrängen das Dicranum longifolium. In ihre Gesellschaft mischen sich dann von den Blütenpflanzen nur Oxalis Acetosella, Vaccinium Myrtillus und Vitis idaea und auch Sphagnum acutifolium, das sich gern dem Ptilidium anschließt.

An den feuchten und nassen Wänden der Weißmainfelsen überwiegen die Lebermoose, besonders Jungermannia albicans und J. ventricosa, Mastigobryum trilobatum, Ptilidium ciliare und Lepidozia reptans, zwischen denen dann vereinzelt auch ein Lycopodium Selago wächst. Eine interessante Gesellschaft von Moosen fand ich um Marchantia polymorpha gruppiert an der feuchten Decke und den Wänden in der Höhlung des »Backöfele« auf dem Schneeberg in 1050 m Höhe, nämlich Cynodontium polycarpum, das auch im Erzgebirge an schattigen Felsen verbreitet ist, Mnium stellare und Amblystegium subtile, das man in unserer Bergregion an alten Buchen zwar öfters, auf Steinen aber recht selten antrifft.

Ragen die Granitfelsen wie auf dem Nossert aus dem Schatten des Waldes empor, so erhalten sie vielfach einen gelbgrünen Schimmer durch die Massenentwickelung von Rhizocarpon geographicum, in deren Gesellschaft sich vereinzelt oder häufiger Parmelia saxatilis, Gyrophora hyperborea, die, wie wir

gesehen haben, auch auf schattige Felsen übergeht, und Racomitrium lanuginosum mit Cladonia gracilis finden, während Plagiothecium denticulatum hier
die engen Spalten in dem Gestein aufsucht.

In den flachen Vertiefungen auf den obersten Granitplatten und -blöcken
des Nossert sammelt sich das Regenwasser an, und diese Pfützen liefern dann
einem weiteren Gebirgsbewohner der »Kleinflora« günstige Existenzbedingungen.
Am 2. August 1900 fand ich das Wasser vollständig grün gefärbt durch die
seltene Volvocinee Stephanosphaera pluvialis, welche im lebenden Zustande durch ihre wunderbaren Bewegungen ein höchst anziehendes mikro-
skopisches Bild liefert, das schon durch einen kleinen Algensucher beobachtet
werden kann.

Der trockne Boden im oberen Walde wird charakterisiert durch Plagiothecium undulatum, das erst bei 800 m Höhe aus den trocknen Fichtennadeln seine hellgrünen Stengel vereinzelt hervorschiebt, die sich dann bei
ca. 850 m zu breiten glänzenden, dem Boden dicht anliegenden Geflechten zusammenschließen. So fand ich es am Ochsenkopf und am ganzen Schnee-
bergszug. Auch in den übrigen Bergländern der Hercynia zeichnet dieses
Moos, das in den Alpen nur sporadisch auftritt und den Gebirgen Nordeuropas
ganz zu fehlen scheint, den oberen Bergwald aus. Ein zweiter häufiger Bewohner des trocknen Waldbodens ist Hylocomium loreum, während Hypnum crista-castrensis die humosen und feuchten Stellen aufsucht, aber im
Fichtelgebirge nicht zu der üppigen Entwickelung kommt wie im Böhmer
Walde, wo es häufig viele Quadratmeter große Decken in reinem Bestande
bildet. Charakteristisch für den oberen Fichtelgebirgswald sind auch die großen
Bestände von Mastigobryum trilobatum, das auf dem feuchten Boden in
Abwechselung mit Sphagnum-Arten Decken bildet, besonders aber die sandig-
humosen Ufer der Bergbäche und Rinnsale mit einem mehrere Meter breiten
freudiggrünen Streifen einsäumt. Auf weite Strecken lassen sich diese
Mastigobryum-Säume an den Rinnsalen auf der Ostseite des Schneeberges
nach Meierhof zu verfolgen. Hat sich das Wässerchen dagegen bereits ein
kleines Thal ausgewaschen, so zeigt sich der Boden vielfach versumpft und
dann kleidet ein dicker Teppich von Polytrichum commune und Sphagnum recurvum mit S. squarrosum die Vertiefung aus.

Im unteren Walde verschwinden die montanen Moose allmählich und da,
wo er auf dem sandigen Granitgrus in trockne montane Kiefernheide übergeht, bleiben nur Dicranum scoparium, Hylocomium Schreberi und
Hypnum purum als hauptsächlichste Bodenmoose übrig.

Auf den Hochmooren ist die Moosvegetation zwar üppig, aber auch recht
einförmig. Große Bestände von Sphagnum, namentlich S. cuspidatum, und
Polytrichum commune und in den Moorlachen Hypnum exannulatum, das ist
das gewöhnliche Bild.

Im Folgenden seien nun noch diejenigen montanen Moose und Flechten
zusammengestellt, die das Fichtelgebirge vor den übrigen hercynischen Bergländern mehr oder weniger auszeichnen. *Nur im Fichtelgebirge finden sich:*

Grimmia anodon.	und von den Flechten:
Timmia baVarica	Acarospora flava.

Außerdem hat das gut durchforschte Fichtelgebirge einige sehr seltene Moose und Flechten, die bisher meist nur *in einem der übrigen Bergländer* der Hercynia nachgewiesen sind, so besonders:

Ulota Drummondii, auch im Hz.	Neckera turgida, Rh. und ThW.
Encalypta rhabdocarpa, Hz. und BhW.	Alectoria ochroleuca, Hz. und BhW.
Plagiobryum Zierii, Hz.	Cladonia amaurocraea, BhW.
Bryum obconicum, BhW.	Mosigia gibbosa, BhW.
—— elegans, Rh.	Polychidium muscicolum, Ezg.

Diese Moose und Flechten finden sich zumeist auch im Riesengebirge und in den Alpen. Den letzteren fehlt jedoch die nördliche Ulota Drummondii, welche in Norwegen besonders in den südlichen Teilen weit verbreitet ist und im Fichtelgebirge die Südgrenze ihrer Verbreitung erreicht. Sie wurde hier von MEYER am Nossert an Sorbus und auch an Granitfelsen in 2—3 Zoll langen Exemplaren gefunden. Bryum obconicum, Timmia bavarica und Neckera turgida fehlen dagegen dem Riesengebirge.

Die Bergwiesen.

Während die Massive der mehrfach genannten Hauptgipfel und auch die sie verbindenden Rücken, wie z. B. die südlich von Weißenstadt beginnende Berglinie Rudolfstein (866 m)—Schneeberg—Nossert-Platte (885 m nahe dem Orte Fichtelberg) von einem zusammenhängenden mächtigen Walde bedeckt sind, finden sich kleinere natürliche Wiesengelände besonders am Ochsenkopf in der Gebirgsmitte, welche im Quellgebiet des Weißen Main um Bischofsgrün wohl durch Rodung zu einer breiten Kulturblöße erweitert sind. Weite Torfwiesen erstrecken sich dann auch im Quellgebiet der Eger zwischen dem Rudolfstein und der Waldsteinkette; sie umfassen die Mehrzahl der im W und SW von Weißenstadt gelegenen ärmlichen Ortschaften, erscheinen noch ziemlich urwüchsig und gehen mit wenig verändertem Charakter in die Torfwiesen zwischen Kirchenlamitz und Marktleuthen über, in denen das Egerer Land mit seinen prächtigen Nymphaea candida-Weihern gegen das Gebirge zwischen 500—600 m endet.

Diese Wiesen haben alle den Charakter von reichlich mit Borstgras durchsetzten Riedwiesen, oft sogar Grünmooren, so lange bis sie in der ordnenden Hand des Menschen zu fruchtbaren süßen Wiesen geworden sind, und diesem Charakter entspricht auch die hier als Beispiel folgende Zusammensetzung ihrer Narbe in 750 m Höhe an den Abhängen des Ochsenkopfs und bei Grassermann, sehr ähnlich den ausgedehnten Torfwiesen des Erzgebirges bei Scheibenberg—Schlettau in gleicher Höhe und bei Sebastiansberg 850 m hoch.

Borstgrasmatte, Nardus oft ganz allein soc., gelegentlich über verborgenen Blöcken mit Calluna, greg. Sphagnum. Außerdem in Menge zerstreut oder rudelweise beigemischt:

Juncus squarrosus.	Arnica montana zahlreich.	[In den Sphagneten:
—— filiformis.	Hieracium vulgatum.	Pinguicula vulgaris.
—— supinus.	Polygonum Bistorta.	Drosera rotundifolia.]
Luzula *erecta, *sudetica.	Trifolium spadiceum.	
Deschampsia flexuosa.	Hypericum quadrangulum.	
Carex vulgaris, echinata u. a.	Campanula, Caltha, Potentilla	Selten:
	palustris u. s. w.	Meum, Cirsium.

Der durch die angegebenen Arten im wesentlichsten gekennzeichnete Bestand wird durch einige seltenere Arten gehoben, von denen die wichtigsten sind:

°Meum athamanticum, cop. bei Grassermann, südl. bis Warmensteinach, nicht entfernt von der Bedeutung, die der Bärenwurz vom Harz bis zum Erzgebirge sonst zukommt; doch immer gerade hier deshalb interessant, weil sie hier ihre Südgrenze hat und im centralen Böhmer Walde fehlt.

°Cirsium heterophyllum viel häufiger als vor., von Gefrees—Weißenstadt—Fichtelberg und Warmensteinach, aber nur auf hochgelegenen Wiesen; schließt das Fichtelgebirge an die .osthercynischen Bergländer an.

°Peucedanum Ostruthium bes. bei Bischofsgrün auf den Mainwiesen; Geiersberg.

Thesium pratense von Gefrees nahe der obersten Saale entlang der ganzen Eger, mehr im Gebiet der unteren Montanwiesen (500 m) und dort zuweilen in großen Mengen (wie im Oberharz).

Gymnadenia albida nicht häufig.

Coeloglossum viride viel weiter verbreitet als Vorige, auch tiefer herab.

Orchis coriophora selten (Gefrees u. s. w.).

Trollius europaeus erscheint merkwürdig selten !

[Gentiana campestris und germanica an vielen Stellen der unteren Höhenstufen zerstreut.]

Die Hochmoore.

Das bedeutungsvollste liegt südlich vom Ochsenkopf, 780 m hoch im Becken des seit lange durch Entwässern verschwundenen »*Fichtelsees*«, über welchem sich die Umgebung bis 940 m hoch emporwölbt (Seehaus). Es bot bei seinem Abbau auf Torf ein ausgezeichnetes Bild von einem aus 7 Schichten auf thonig-kiesigem Schlamm aufgebauten Hochmoor: die unterste Schicht flach und blätterig, dann Torf mit Birke und Hasel, dann eine Lage mit schilfartigen Resten, darauf Torf mit Resten der Kiefer in Zapfen und wohlerhaltenen, starken Stämmen, als fünfte eine dünne Filzschicht, darüber eine mächtige schwarze Torfschicht mit wenig Holzresten aber viel Vaccinien, endlich zu oberst der jüngste Moostorf mit den Wurzeln von Pinus montana. (Aufnahmeskizze vom August 1885.) Kleinere Moore liegen rings um den Schneeberg zerstreut, besonders ein durch wunderschöne Pinus montana-Bestände ausgezeichnetes am Südende des früheren Meyerhofer Weihers in 650 m Höhe; kleinere Sümpfe mit Carex pauciflora und der genannten Bergkiefer ziehen sich von da an bis gegen 800 m am Schneeberge selbst hinauf und sind ganz vom Walde umschlossen. Endlich sind viele kleinere Hochmoor-Sphagneten ohne Pinus montana in die vorhin geschilderten Borstgrasmatten (Torfwiesen) eingestreut und stellen wahrscheinlich die letzten Reste

einer früheren großen Hochmoorbedeckung dar, welche nur noch ihren Torf-
grund·in wechselnden Schichten hinterlassen hat.

Die erste und hauptsächlichste Leitpflanze ist wiederum *Pinus montana
selbst, in den beiden oben (Abschn, III, Kap. 5, S. 225) genauer geschilderten
Formen, von denen die aufrechte »Pyramidenkiefer« — wie sie im Gebirge
von den Forstleuten[1]) genannt wird — die häufigere ist. Im Filz des Fichtelsees kommen daneben große Gruppen von $1^1/_2$—2 m hohen Moorbirken vor,
welche durchaus der Betula odorata *carpathica des obersten Erzgebirges
entsprechen.

Dann bestand früher ein weiterer Charakter der Fichtelgebirgs-Moore
darin, daß hier einige Arten vorkamen, die sonst zu den Niederungsmooren
zu rechnen sind. Die wichtigste noch anmerkungsweise in der Flora von
MEYER & SCHMIDT (p. 115) aus dem Jahre 1854 angegebene Art war unstreitig
Ledum palustre (»Fichtelsee, Torfmoor, Hölle, Heiselloh u. s. w.«), die durch
den Torfstich verschwunden ist. So haben sich demnach die mittelhercynischen
sporadischen Standorte von der Saale her (Dölauer Heide) über Jena und
Neustadt a. d. Orla, ostwärts über Schleiz bis hierher zum Gebirge hoch hinauf-
gezogen, während jetzt diese Verbindung von baltischem Niederungsmoor und
montanen Formationen hauptsächlich noch in der Lausitz gewahrt worden
ist. In gleicher Weise giebt die genannte Flora noch Rhynchospora alba als
früher am Fichtelsee gesammelt und jetzt verschwunden an (S. 149); Lycopodium inundatum ist noch jetzt an einer ganzen Reihe von Standorten vorhanden, kommt aber auch in anderen hercynischen Gebirgsmooren vor, wenngleich seine Hauptverbreitung zur Niederung gehört.

Die übrigen interessanten Arten lassen sich zu folgender kleinen Liste
zusammenstellen:

Empetrum nigrum, in den Torfmooren am Fichtelsee noch jetzt an vielen Stellen cop.!
Vaccinium uliginosum, Oxycoccus gemein verbreitet.
Andromeda polifolia in den nassesten Sphagneten, auch auf Torfstich sich verjüngend!
Carex pauciflora in starker Verbreitung in den Mooren am Schneeberg und Fichtelsee greg.!
—— Davalliana Zeitelmoos, Voitsumra nahe der Egerquelle, u. a. O. spor.
—— pulicaris   } scheinen die oberen Hochmoore zu meiden und sich im Umkreise der Torf-
—— teretiuscula } wiesen 500—650 m hoch zu halten.
—— limosa wird von Torfmooren bei Weißenstadt angegeben.
Juncus squarrosus: noch cop.—greg., was mit Bezug auf sein Fehlen in den oberen Filzen des
    Böhmer Waldes von Bedeutung ist.
Eriophorum vaginatum Bestände erzeugend von 600—800 m.
Luzula *sudetica hauptsächlich in dem zu Grünmooren übergehenden Bestandteil der Formation.
Sedum villosum spor. auf den Mooren am Schneeberg (Meyerhof!) bis Wunsiedel und Gefrees
    herab.
Accessorisch Lycopodium Selago (aus der subalpinen Felsformation).

Vielfach gestalten sich die Facies dieser Hochmoore so, dass in dem unteren,
die Moorwässer sammelnden Teile Pinus montana *uncinata waldartige
Bestände bildet, die sich oft unmittelbar an einen aus Erlen, gewöhnlichen

---

1) Oberförster HARTUNG in Bischofsgrün, Mitteilung, Sommer 1885.

Kiefern und Fichten dicht zusammengesetzten montanen Bruchwald anschließen (so am Meyerhofer Weiher 650 m); daran schließt sich dann breites Sphagnetum mit Oxycoccus, Andromeda, Drosera rotundifolia und gewöhnlich auch Carex pauciflora als Seltenheit oder in Menge, während Polytrichum strictum besondere dunkelgrüne Massen bildet. Hier setzt dann auch Vaccinium uliginosum ein mit den großen Polstern von Eriophorum; mit diesen und Calluna bildet im Fichtelsee Empetrum häufig dichte Massen, daneben Haine von Betula *carpathica. Der oberste Teil des Moores ist dann als Grünmoor aus Nardus mit Luzula sudetica, Carex vulgaris und echinata, Anthoxanthum und Tormentilla ausgestaltet; Gnaphalium silvaticum und Carex leporina treten besonders hier ein, auch Juncus squarrosus.

Vierzehntes Kapitel.
Das Erzgebirge.
1. Einleitung.

Vom Fichtelgebirge bis zum Elbsandsteingebirge läuft die Grenze des hercynischen Florenbezirkes gegen Böhmen 16 geographische Meilen hindurch entlang am Südhange des von SW nach NO ziehenden Erzgebirges. Breit dacht sich dasselbe mit wald- und wiesenreichen Hochflächen sehr allmählich gegen das Muldenland und gegen das Elbhügelland im sächsischen Gebiete ab mit so allgemach wechselndem Florenbilde, dass das ganze Terr. 7 wie ein Vorland des Erzgebirges erscheint, in welchem die nach unten hin tiefer eingeschnittenen Flussläufe von Felshöhen mit niederster Montanflora und Zuzüglern der trocknen Hügelformationen umgeben sind. Steil ist der Absturz des Erzgebirges dagegen zum Egerthal in Böhmen, und ein jäher Florenwechsel tritt hier in Erscheinung für denjenigen, der von den Hochmooren im höchsten Teile des Gebirges herab dorthin in die sonnigen Gefilde wandert, deren üppige Kultur mit Obst- und Nussbäumen an der floristischen Grenze der Hercynia durch buntgemischte Laubwaldungen abgelöst wird, welche der Steilheit des Hanges ihren unverwüstlichen oder vom Menschen verschont gebliebenen Bestand verdanken.

Seine größte Breite, etwa 7 Meilen oder mehr als 50 km, erreicht das floristisch nach maßgebenden Formationen abgegrenzte Erzgebirge zwischen den beiden Muldenarmen, zwischen den Stellen also, wo Chemnitz jenseits seiner Nordabdachung liegt und wo im Süden zwischen Karlsbad und Kaaden der Lauf der Eger ganz hart an den jenseitigen Hang des Gebirges herantritt. Im Osten verschmälert sich das Gebirge auf 15 km und weniger. Seine Gesamtfläche misst etwa 80 ☐ Meilen, auf denen in den wechselnden Höhen von 300 m an den nördlichsten Thaleinschnitten bis zu mehr als 1200 m auf

den Gipfeln ungefähr die gleiche Artenzahl von Gefäßflanzen wie im Ober-
und Unterharze wächst.

An auszeichnenden Seltenheiten, zumal in F. 24—25, ist der Harz
unbestritten reicher, aber die Lage des Erzgebirges hat es mit sich gebracht,
dass im Anschluss an das Lausitzer Bergland mit dessen vermutlich in den
Glacialperioden wirkungsvolleren Zwischenstationen eine Anzahl sudetischer
Gebirgspflanzen sich auf ihm festsetzen und bis zum Fichtelgebirge verbreiten
konnten. Diesem Umstande darf man die Gegenwart von Homogyne,
Sweertia, Streptopus und Pinus montana zuschreiben, wenn auch die
vom SO über den Böhmer Wald her wirksam gewordene Wanderlinie hin
und her gleichfalls zum Austausch solcher osthercynischer wie borealer Pflanzen
beigetragen haben mag.

Zur Beurteilung der klimatischen Verhältnisse ist ein Vergleich
von *Annaberg* mit *Klausthal im Harz* nicht ohne allgemeineres Interesse.
Beide liegen fast genau im 600 m Niveau und beide haben ein Jahresmittel
von 6° C., das von Annaberg wird nur um $^3/_{10}$ Grad höher sein als das der
Harzer Bergstadt. Dass trotzdem im oberen Erzgebirge die Kultur eine
leichtere Wirtschaft hat, wird durch den Unterschied in der Jahreskurve vom
Sommer zum Winter bedingt, die im Erzgebirge extremer liegt. So steht der
Julitemperatur von 16° C. in Annaberg nur eine solche von 14,5° C. in Klausthal gegenüber, während allerdings die Januartemperatur mit etwas unter
— 2° C. wiederum bei beiden gleich ist und die Differenz des Sommers durch
andere Monate ausgeglichen wird. Da nun nach BERTHOLD's Berechnungen
die Temperatur im Erzgebirge auf 100 m Erhebung um 0,65° C. sinkt, während
für den Harz zwischen Klausthal und dem Brocken für die gleiche Erhebung
die Temperaturdifferenz zu 0,64° oder 0,68° angegeben wurde, so hätten wir
eigentlich, bei ganz gleichen Durchschnittsgrundlagen im Mittel, auf der Höhe
des Fichtel- und Keilberges, welche doch den Brocken noch um 100 m übertrifft, ungünstigere Vegetationsverhältnisse zu erwarten als auf dem Brocken.
In Wirklichkeit liegt der Keilberg im Vollbesitz der obersten hercynischen
Fichtenwaldformation, die am Brocken bei ca. 1100 m aufhört. Auch hier
ist also der thatsächliche Unterschied in der Waldgrenze auf die lokalen Verschiedenheiten in der Ausgestaltung des Sommers zurückzuführen, der mit viel
mehr Sonnenschein und durch ihn gehobener Vegetationstemperatur das obere
Erzgebirge begünstigt.

So kann sich FRISCH in seiner Arbeit über das Pöhlberg-Gebiet um
Annaberg dahin aussprechen, dass das Klima hier im allgemeinen ein unwirt-
liches und rauhes kaum zu nennen sei, abgesehen von den Kälterückfällen im
April und Mai; aber freilich, das »sächsische Sibirien« beginnt erst auf der
höheren Gebirgsstufe und liegt in dem Zuge von Johanngeorgenstadt bis
Reitzenhain. Um Annaberg gedeiht neben allen Cerealien mit vielfältigem
Ertrage der Obstbau in Äpfeln und Kirschen, obwohl es auch noch zuweilen
in die Kornblüte hinein schneit, oder schon wieder schneit, wenn der Hafer
noch auf dem Felde steht. Im 20jährigen Mittel fällt der letzte Schnee am

11. Mai, der erste am 20. Oktober (Extreme III. 26.—VI. 2. für den letzten, IX. 15.—XI. 10 für den ersten Schnee). Im Durchschnitt sind 161 Tage frei von Nachtfrösten.

Einteilung. Dort, wo das Gebirge seine größte Breite entfaltet, liegen auch seine Haupterhebungen, sanft ansteigende, breite Gipfel über Hochflächen von 1000 m Höhe. Dieses obere Erzgebirge schließt zwar nicht vereinzelte Buchen, wohl aber zusammenhängende Laubwaldungen aus und besteht also aus den Formationen der Fichte, aus den oberen Bergwiesen und Hochmooren. Seine Grenze nach unten hin kann man im Durchschnitt zu 800 m ansetzen, meistens 750 m an Nord- und 850 m an Südhängen, in kalten Thälern tiefer. Rings um diesen Kern des hohen Gebirges, der die Kammlinie zwischen dem Quellgebiet der südwärts zur Eger fließenden *Zwodau* im SW und den von *Katharinaberg* her nordwärts zur Flöha eilenden Bergbächen im NO in langgestreckter, schmaler Fläche einschließt, liegt das durch die niederen Bergformationen weniger scharf gekennzeichnete untere Erzgebirge, welches demnach im Durchschnitt einen um 400 m weiter nach unten reichenden, am Nordhange sehr breiten und am böhmischen Hange recht schmalen Gürtel bildet.

Etwas selbständiger gliedert sich das östliche Erzgebirge zwischen Katharinaberg im *Flöhagebiet* und der NO-Grenze des Erzgebirges am *Nollendorfer Pass* ab. In ihm herrscht nicht mehr die bedeutende Erhebung; nur bis 956 m steigen die Höhen an und sinken immer mehr gen NO, wo zuletzt nur noch schön geformte Basaltkegel als dominierende Gipfel übrig bleiben. Abgesehen von dem einen im W gelegenen höchsten Bergstock, dem Wieselstein im Quellgebiete der Flöha, wird dieses ganze östliche Erzgebirge durch direkt zur Elbe gehende Bergflüsse entwässert und gehört hauptsächlich zur *Weißeritz*, deren Ausgang bei Dresden den pflanzenreichen »Plauenschen Grund« bildet. Die Beziehungen dieses östlichen Erzgebirges sind demnach dadurch etwas andere, dass hier das südlichste Elbhügelland zwischen Dippoldiswalde und Pirna mit dem Cottaer Spitzberg (siehe Kap. 9, S. 442) die Grenze gegen den eigentlichen Gebirgssaum bildet, und die unteren Bergformationen sind hier um einige Charakterarten bereichert.

2. Orographisch-geognostischer Charakter.

Die 4 Hauptgesteine. Das ganze Erzgebirge ist eine langgestreckte und breit zusammenhängende Masse archäischer Gesteine und der ältesten Sedimente. Überwiegend ist der Gneis, von der Ostgrenze des Gebirges an in scharfer Abhebung gegen die Quadersandsteine der südelbischen »Sächsischen Schweiz« bis zu den höchsten Erhebungen des Gebirges bei Oberwiesenthal hin und breit gegen das Elbthal vorgestreckt, wo die untersten Stufen von der warmen Hügelflora besetzt sind. Von Niklasberg im S bis gegen Dippoldiswalde im N befindet sich in dieser Gneismasse eine Unterbrechung durch Porphyre, außerdem finden sich noch einzelne zerstreute Durchbrüche

von Basalten bis nach Annaberg. Am höchsten erhebt sich dann das Erzgebirge in einem den Gneis westwärts ablösenden Bande von Glimmerschiefer, dessen Auftreten am Südrande bei Joachimsthal beginnt und am
Zschopauthale nördlich der gleichnamigen Stadt endet; während die Hoch-
berge: *Fichtelberg* in Sachsen (1213 m) und *Keilberg* in Böhmen bei Gottesgab
(1244 m) aus diesem Glimmerschiefer selbst gebildet sind, befinden sich auch
in ihrer Umgebung wiederum Basaltdurchbrüche (Spitzberg 1111 m,
Plessberg 1027 m, beide auf böhmischer Seite), kleine Durchbrüche im Vergleich mit den gewaltigen Basaltmassen des böhmischen Mittelgebirges auf
der Südseite des hier die hercynische Grenze bildenden Stromlaufes der Eger.
Westlich folgt nunmehr auf den centralen Glimmerschiefer drittens der
granitische Teil des Erzgebirges, der im Süden am Egerthal nahe bei
Karlsbad beginnt und sich in nordwestlicher Richtung von dort bis Eibenstock
und Kirchberg in Sachsen hinein erstreckt. Um diese Granitmasse herum
lagert ringsum im Westen, Osten und Norden das älteste Silur als die einzige
große sedimentäre Gesteinsmasse des ganzen Gebirges, und diese setzt sich
auch über seine orographisch gezogene Westgrenze hinaus fort in das angrenzende Vogtland, welches in dem sich zunächst anschließenden *Elstergebirge*
noch einen vom niederen Erzgebirge kaum unterscheidbaren orographischen
und floristischen Charakter bei geognostischer Gleichartigkeit zeigt. Den
Grenzpunkt bildet hier besonders *Schöneck* bei ca. 700 m Höhe und das etwas
weiter gen NNW gelegene *Werda*. Östlich von diesen Städten liegt in erz-
gebirgischer Waldeinsamkeit die Quelle der *Zwickauer Mulde*; die Thalflanken
ihres nach NO gerichteten Laufes bilden bis Aue, wo über Schwarzenberg der
südliche Quellfluss, das Schwarzwasser, einmündet und der vereinigte Fluss
bei 400 m das Erzgebirge in enger Thalbucht verlässt, gegen NW die Grenze
gegen das Vogtland, während von Schöneck bis Falkenau an der Eger der
Lauf der nach SO gerichteten *Zwodau* Erzgebirge und Vogtland scheidet.

    Floristische Grenzen. Eine Kombination von Gesteins- und Höhenlinien
ist es also, die die floristischen Grenzen des Erzgebirges umschreibt: im
Norden senkt sich die Grenze unter die 400 m-Linie nur in dem vorgeschobenen
Thal der Wilden Weißeritz bei *Tharandt* (< 300 m) und in dem anstoßenden
Durchbruch der Rothen Weißeritz in dem Rabenauer Grunde, weil sich hier
die unteren Bergwald-Formationen des Erzgebirges noch einmal im vollen
Charakter wiederfinden; sonst liegt die Nordgrenze auf den sanfteren Böschungen
des Gebirges häufig oberhalb 400 m und hält sich an das gesellige Auftreten
von Meum athamanticum auf Wiesen zwischen 400—500 m und an ähnliche Formationstypen bis über das Thal der Zwickauer Mulde hinaus im
Umkreise der Stadt *Schneeberg*, südlich welcher sich in niederster Lage (550 m)
ein ärmliches, aber wohl charakterisiertes Hochmoor mit Pinus montana
und Empetrum vorfindet. Die Südgrenze verläuft parallel mit dem Gebirgs-
fuße im nordwestlichen Böhmen und hält sich an die niedersten entschiedenen
Montanformationen zwischen 400—600 m; der Gebirgsfuß selbst liegt auch
hier. meistens in der Linie von 400 m oder sogar noch niedriger.

Eigenart der Basaltberge. Die oben besprochene Verschiedenheit der Massengesteine drückt sich im Landschaftscharakter wenig, im Florencharakter gar nicht aus. Nur der Basalt bringt hier, wie auch sonst in Umgebung von Silikatgesteinen, einigen Wechsel hervor, aber doch merkwürdig wenig in floristischer Beziehung. Es sind nämlich auf der weiten und sehr eintönigen mittleren erzgebirgischen Hochebene (600—700 m) im Umkreis der Städte Annaberg—Elterlein—Scheibenberg—Jöhstadt einzelne breite und mächtig auf‑ ragende Basaltmassive aufgesetzt mit einem Umkreis tertiärer Sande und Thone auf sanft ansteigendem Gneissockel. Dahin gehören der 807 m hohe *Scheiben‑ berg* und der 832 m hohe *Pöhlberg* (230.m über dem Marktplatz von Anna‑ berg), während der höchste und schönste dieser mächtigen Basalrücken mit steil abfallenden Säulenwänden, der 898 m hohe *Bärenstein* zwischen Annaberg und Wiesenthal, schon den Rand des oberen Gebirgsteiles nach N zu bildet. Im Westen erreichen andere Gipfel bei Schneeberg nur gegen 700 m, im Osten übersteigen sie südlich von Zöblitz kaum 800 m; aber alle diese Berge führen keine eigentliche montane Flora. Sie sind mit dem gewöhnlichen artenarmen Walde bedeckt, und ihre felsigen Abhänge zeigen solche Arten, welche wie Dianthus deltoides, Linaria vulgaris, Silene inflata, Cystopteris und Asplenium septentrionale auch noch in höheren Lagen der Hügelformationen häufig sind; oder sie besitzen geradezu vorgeschobene Stationen der wärmeren Felsarten, wie FRISCH in seiner Arbeit über den Pöhlberg[1]) (Litt. 14, Nr. 22) dort einen merkwürdigen Standort von Dianthus Carthusianorum beschrieb, der früher mit D. Seguieri verwechselt zu sein scheint. Fels‑ flora ist überhaupt im Erzgebirge sehr gering entwickelt, ungleich geringer als am Harz, und so wird der Schwerpunkt auf die Wirkung der Bergformen mit flachen, für Hochmoorbildung geeigneten Mulden oder engeren Thälern, durchbraust von schäumenden Bächen, und auf die absolute Meereshöhe verlegt. Diese letztere ist maßgebend für die Abscheidung des oberen Erzgebirges als einer langgedehnten Insel zwischen Katharinaberg und Schöneck.

Ausdehnung des oberen Erzgebirges. Es giebt, wie für den Thüringer Wald so auch für das Erzgebirge, eine vortreffliche orographische Arbeit[2]),

---

1) In der Felsflora dieses Bergstockes bilden Ribes alpinum und besonders Lycopodium Selago die einzigen der 800 m Höhe entsprechenden Montanarten; die sonstige Flora ergiebt sich noch aus folgender Liste von bedeutungsvollen Arten:

Brachypodium pinnatum (rr. !).	Origanum vulgare. Verbascum thapsiforme, nigrum.
Luzula nemorosa als gemeinster Felsrasen mit	Rhamnus cathartica (r. !). Helianthemum vulgare
Deschampsia flexuosa u. a. Gräsern.	(rr. ! oberste Grenze am Gebirgs-Nordhang).
Trifolium medium. Lathyrus montanus.	Arabis hirsuta. Turritis glabra.
Potentilla argentea. Senecio Jacobaea.	Viscaria vulgaris (rr. !).
Carlina acaulis (r. !). Campanula glomerata (r. !).	Asplenium septentrionale, germanicum (r.).
Jasione montana. Satureja Clinopodium.	—— Trichomanes.

Auf dem Basalt des Scheibenberges hat man von Hügelflora Gentiana cruciata gefunden und REICHE beobachtete daselbst das lokalisierte Auftreten von Cirsium eriophorum.

2) Dr. J. BURGKHARDT, Das Erzgebirge, in Forschungen z. deutsch. Landes- u. Volkskunde,

welche die Höhenregionen in zusammenfassender Weise behandelt. Diese ist
zur naturgemäßen Abgrenzung der oberen Gebirgsregion im Vergleich mit
den Vegetationsformationen daselbst benutzt worden, indem die Ausdehnung
der oberen hercynischen Fichtenwaldungen mit solchen Wiesen, welche die
Niederungsstauden nicht mehr besitzen, und in Verbindung mit den reicher
ausgeprägten Hochmooren der Pinus montana- und Empetrum-Facies zur
floristischen Grundlage gemacht wurde. Bei dieser kartographischen Arbeit
ergiebt sich eine zusammenhängende obere Gebirgspartie vom westlichen
Grenzpunkte bei Schöneck bis zur Einsenkung bei Katharinaberg, woselbst
die Kammlinie fast auf 700 m sinkt. An den verschiedensten Punkten, von
den feuchten Bachschluchten bis zu den Borstgrasmatten der höchsten Berglehnen und zu der obersten Fichtenwaldzone, findet sich hier — aber so gut
wie nirgends in tieferer Lage als 800 m — als Charakterart die hier und im
Lausitzer Gebirge ihre Nordgrenze erreichende Homogyne alpina. Die
Länge dieser oberen Region beträgt fast genau 60 km entlang der Kammlinie des Gebirges gemessen, ihre mit Thaleinschnitten und Bergzungen
wechselnde Breite misst, von den verschmälerten westlichen und östlichen
Flügeln abgesehen, durchschnittlich 10 km. Die Mitte wird vom *Fichtel*- und
Keilberg in Niveaus von 1100—1244 m beherrscht; außerdem sind an 20
selbständige Gipfel durch die ganze Gebirgskette mit Höhen von 900—1100 m
zerstreut, aber ihre Flora ist nirgends so besonders ausgezeichnet als in der ·
kaum 1 ☐ Meile umfassenden höheren Region von *Oberwiesenthal* westwärts
über *Gottesgab*, den beiden höchsten Bergstädten (900, bez. 1024 m), bis zu dem
1000 m hoch liegenden Bergdorfe Seifen an den Quellen des *Schwarzwassers*.
Auch hier bestätigt sich wieder, dass nicht die höchsten Punkte an sich immer
eine besondere Flora hervorrufen — es sei denn, dass sie wie am Brocken
einen Regionswechsel bedingen —, sondern eine zusammenhängende Erhebung,
in welcher Berglehnen und hohe Quellgründe unter dem Schutze höherer
Gipfel lange Zeit Schnee halten und nach dessen später Schmelze in steter
Sommerkühle gehalten werden. Der 1013 m hohe *Auersberg* im westlichen
Gebirge als höchster Gipfel in dem westlich von *Johanngeorgenstadt* liegenden
Teile hat eine sehr unbedeutende Flora im Vergleich mit den in gleichem
Niveau liegenden Hochmooren und Berglehnen am Keilberg. Im östlichen
Teile der oberen Region liegen um *Sebastiansberg* (sächs. Reitzenhain) noch
wieder bedeutendere Höhen, bes. der *Hassberg* mit 990 m: diese Partie ist
wiederum floristisch ausgezeichnet durch die hier noch einmal sehr breit aus-
gedehnten Hochmoore, begleitet von starker lokaler Depression der sonst im
Erzgebirge gewöhnlichen Höhengrenzen.

Diese lassen sich durch Hinweis auf die hohen Kulturgrenzen in ihrem
milderen Charakter bezeichnen. Welch ein Unterschied zwischen dem Oberharz im Brockengebirge und dem Erzgebirge um Oberwiesenthal! Bei einem

---

Bd. III, Hft. 3, 1888. Der Zweck dieser Arbeit ist der, den Einfluss der Gebirgshöhen und
-lagen auf die Dichtigkeit der Bevölkerung kennen zu lernen.

Unterschiede in der geogr. Breite von nur $1^\circ 24'$ haben wir über dieser am höchsten gelegenen sächsischen Bergstadt noch in den Stufen von 900—1000 m Felder von Sommerkorn und Futterwiesen an den sanften Berglehnen, wo im Oberharz die weiten Hochmoore des Brockenfeldes sich dehnen und der Fichtenwald an vorspringenden Gipfeln der subalpinen Bergheide Platz zu machen beginnt.

So kommt es, dass die Reize des Erzgebirges ungleich gemäßigter er‑ scheinen als die des rauhen Harzes, wie ja das in langgezogenen Terrassen ganz allmählich nach Nord abfallende Erzgebirge das verhältnismäßig am stärksten besiedelte in Mitteleuropa ist[1]). Auch in der oberen Region fehlt es nicht an Bergstädten mit vielen kleineren Siedelungen, die alle Ackerbau treiben, wenn auch der Bergbau zu ihrer Gründung Veranlassung gab. Tief eingeschnittene Thäler fehlen hier, nur die Quellbäche der zum unteren Ge‑ birge strömenden Flüsse nehmen hier ihren Ursprung, die *Mulde* im Westen, die *Zschopau* unter dem Fichtelberge, die *Flöha* und *Freiberger Mulde* schon im östlichen Gebirgsteile. Felsklippen und jähe Abstürze mit nacktem Gestein sieht man selten. Ehe die Kultur hier einzog, wird die eintönige obere her‑ cynische Waldformation die Hauptmasse der ganzen oberen Region in ihren dunklen Fichtenmantel verhüllt und nur für die Hochmoore, quelligen Matten, die Borstgraswiesen und kleine eingestreute Bergwiesenflecke Platz gelassen haben.

3. Charakterarten und ihre Verbreitung.

Die hier folgende Tabelle sucht die wichtigsten Arten, welche das Erz‑ gebirge innerhalb der Hercynia auszeichnen, je nach dem ihnen zukommenden Anteile mit bestimmten Zeichen versehen zur Veranschaulichung der in Terr. 14 herrschenden Flora zu benutzen. Dabei kommt es sowohl auf die Stellung des Erzgebirges im osthercynischen Gau als der engeren Heimat vieler Berg‑ pflanzen, welche wie Prenanthes, Aruncus und Astrantia selbst noch weit jenseits der Elbe auftreten, an, wie auch auf den Vergleich dieses Ge‑ birges mit allen übrigen der Hercynia, besonders auch auf den Florenkontrast gegenüber dem Harze und Böhmer Walde.

Das Wichtigste in dieser Beziehung geht aus dem Vergleich der sub‑ alpinen Formationstabelle in Abschn. III, Kap. 5, § 4 hervor, wo allerdings hauptsächlich ein gewisser Mangel für das Erzgebirge sich zeigt, weil es an quelligen Lehnen und Bergheiden über der Waldgrenze fehlt. Die Hauptmasse seiner auszeichnenden Arten liegt demnach etwas tiefer und zeigt sich also z. B. ebenso im Mangel von Digitalis purpurea gegenüber Terr. 11 und 12, oder im Mangel von Doronicum austriacum gegenüber Terr. 15, wie in dem reichen Besitz von Thlaspi alpestre, welche Montanart im osthercynischen Gau mit dem Erzgebirge als Rückgrat überall etwa ebenso charakteristisch

---

1) Vergl. BURGKHARDT a. a.̓ O., S. 87 [7].

Drude, Hercynischer Florenbezirk.   36

auf den Bergwiesen auftritt, wie der rote Fingerhut rings um den Harz. Es sind ferner folgende Arten hervorzuheben: Meum athamanticum, Orchis globosa, Gentiana spathulata und Phyteuma orbiculare, gleichfalls wie das Thlaspi Wiesenpflanzen, fehlen dem oberen Böhmer Walde; nur Meum und Phyteuma besitzt von diesen auch der Harz, die Gentiana auch der Thüringer Wald. Gegenüber dem oberen Böhmer Walde, wo Juncus squarrosus fehlt, ist auch die sehr starke Verbreitung dieser Binsenart auf Moorboden in Gemeinsamkeit mit allen hercynischen Bergländern Terr. 10—13 unter die Florenkontraste zu rechnen. Dianthus Seguieri, Rosa alpina u. a. seltnere Arten des Gebirges teilt dasselbe mit dem Böhmer Walde, aber sie treten nördlich vom Fichtelgebirge nicht mehr auf; der schöne Senecio crispatus aber erreicht im Thüringer Wald seine hercynische Nordgrenze. Von dem in Homogyne liegenden Charakter ist schon häufig gesprochen.

Liste der Erzgebirgs-Charakterarten.

Dieselbe ist in der Reihenfolge des floristischen Systems angeordnet. Die Standorte in den Formationen werden kurz angedeutet durch die Signaturen:

W. für Waldpflanzen,	SF. für die Arten der subalpinen Formationen,
M. für Moorpflanzen,	bez. die höher gelegenen quelligen Gründe und der Bergheide entsprechenden Borst-
Bgw. für Bergwiesen,	grasmatten.

Von den l ier angegebenen 85 Arten bilden 27 den näheren Florenkontrast (vergl. SENDTNER, Bayr. Wald; DRUDE, Deutschl. Pflanzeng. I. 11) gegenüber den angrenzenden osthercynischen Territorien (Sachsen) und sind mit ! Versehen, mit !! die zugleich frq.—cop.—soc. auftretenden Arten; 25 weitere Arten von geringerer Bedeutung, entweder zu selten im Ezg. oder auch in der OLz. und Fchg. bez. Vgt. vorkommend, haben dann das Zeichen (o) erhalten. Alle Charakter- arten der Formationen sind gesperrt gedruckt.

(o) Orchis globosa, Bgw. nicht selten im östlichen Ezg. Geising—Spitzberg 500—750 m. (Gleichzeitig in der OLz. vorkommend.)

Herminium Monorchis, Bgw. selten am Fichtelbg. und bei Annaberg.

Coeloglossum viride, Bgw. frq. cop.

!! Gymnadenia albida, Bgw.—SF. in der oberen Zone frq.

(o) Listera cordata, W.—SF. selten.

Coralliorhiza innata, W. in der Nähe der Bäche spor.

! Lilium bulbiferum, Bgw. an einzelnen Stellen spor.

(o) Streptopus amplexifolius, SF. nur am Keilbergsabhange (Zechgrund).

Polygonatum verticillatum, W.—SF. frq. cop.

!! Luzula silvatica, W. in der oberen Zone frq. cop.

!! —— *sudetica, M.—SF. frq. cop.

(o) Trichophorum caespitosum, M.: r. im westl. Ezg. am Kranichsee.

!! Carex pauciflora, M. frq. greg.

? [—— rigida: diese Angabe beruht wohl auf Verwechslung!]   [700 m.

(o) —— supina: sehr selten, Basaltfelsen am Spitzberg im östl. Ezg. bei Ölsa,

(o) —— limosa, M. an wenigen Stellen des oberen Ezg., dort greg.

(o) Calamagrostis montana: selten, am Südabhange des Gebirges an 2 Stellen. Poa sudetica (= silvatica), W. nicht frq.
(o) Scheuchzeria palustris, Torfsümpfe im M., selten und nur an 2 Stellen cop. 700—1060 m.

Aruncus silvester, W.—SF., im unteren Ezg. frq.—cop.
! Rosa alpina, W. in Bachthälern: Ölsengrund im östl. Ezg., Schwarzenberg im unteren Ezg.
(o) Sedum villosum, M. bei 600 m an einzelnen Stellen cop.
(o) Sempervivum soboliferum, Felsen im unteren und östl. Ezg., spor.
Ribes alpinum, Felsen im Anschluss an Wald, liebt Basalt im östl. Ezg.
! Epilobium *nutans, SF. selten im Keilbergs-Gebiet.
! —— trigonum, SF. sehr selten im Zechgrunde bei Oberwiesenthal.
Circaea alpina, W. frq. greg.
Astrantia major, Bachthäler im unteren W. greg., auf große Strecken fehlend.
(o) Bupleurum longifolium: sehr selten, Basaltfelsen am Spitzberg 700 m.
Meum athamanticum, Bgw. frq. cop. von 400 m aufwärts.
! Peucedanum Ostruthium, Bgw.—SF. nur im oberen Ezg.
Galium hercynicum, Bgw.—M.—SF. verbreitet.
(o) Lonicera nigra, W. frq.
. Solidago Virga aurea *alpestris, Bgw.—SF. frq.
! Gnaphalium *norvegicum, W.—SF. selten im oberen Ezg.
Petasites albus, Bachgründe im W. verbreitet und cop.
!! Homogyne alpina, W.—SF. von Reitzenhain bis Auersberg (in der Oberlausitz am Jeschken !).
Senecio nemorensis genuinus und Fuchsii, W. verbreitet.
(o) —— crispatus und var. *rivularis, Bgw.—SF. frq.
(o) Cirsium heterophyllum, Bgw.—SF. von 350 m an aufwärts verbreitet.
Centaurea phrygïa *elatior, Bgw. in der unteren Zone frq.
Hypochaeris maculata, Bgw. spor. bis 700 m.
!! Mulgedium alpinum, Bachgründe im W.—SF. an vielen Stellen cop.
Crepis succisifolia, Bgw. frq. cop. besonders um 600—800 m.
Prenanthes purpurea, W.—SF. überall frq.
(o) Hieracium flagellare = stoloniflorum, Bgw. im östl. Ezg. selten.
—— floribundum, Bgw. selten: bei Weipert.
(o) —— Schmidtii, selten: im oberen Flöhagebiet bei Seiffen.
(o) Phyteuma orbiculare, Bgw., besonders um 400 m bei Gottleuba cop. u.a.O.
Pirola uniflora, W. frq.
(o) Andromeda polifolia, in den Sphagneten spor. von Schneeberg—Gottesgab, hauptsächlich 800—1060 m.
Vaccinium Oxycoccus, M. in allen Sphagneten cop.
—— uliginosum, M. in allen Sphagneten greg.—soc.
. Melampyrum silvaticum, W. frq. cop.

Pinguicula vulgaris, Bgw. an einzelnen Stellen greg., fehlt im östl. und
    obersten Ezg.

Gentiana campestris *genuina, Bgw. bis 1150 m am Keilberg.

! —— spathulata *praecox, Bgw. besonders im östl. Ezg. (Geisingwiesen cop.)

!! Sweertia perennis, M.—SF. nur im obersten Ezg. Gottesgab—Seiffen.

!! Geranium silvaticum, Bgw. frq. cop.

!! Empetrum nigrum, M. mit Andromeda und den Vaccinien cop. 580 bis
    1100 m, in vielen Mooren massenhaft.

!! Thlaspi alpestre, Bgw. sehr verbreitet vom unteren bis oberen Ezg. !!¹)
    Cardamine silvatica, W. frq.

Lunaria rediviva, W. im unteren Ezg. in den Thalgründen.

Arabis Halleri, Bgw. besonders des unteren Ezg.

(o) Drosera longifolia, M.: selten im westl. Ezg., Kranichsee—Frühbuß.

Ranunculus nemorosus, W. frq.

!! —— aconitifolius *platanifolius, W.—SF. durch das ganze Gebirge frq.

(o) Thalictrum aquilegiifolium, W. bes. Waldthäler an Bächen frq.

Trollius europaeus, Bgw. greg. besonders von 500—700 m.

! Aconitum Napellus, SF. auf Torfmoorgrund, selten und nur im obersten Ezg.

! —— Störkeanum, W. selten, im östl. Ezg. bis Frauenstein westwärts.

(o) —— variegatum, W. weniger selten, frq. im Thal der Wilden Weißeritz.

(o) Dianthus Seguieri: Basalt und anderes Geröll auf Bgw. des östl. Ezg.,

! Sagina Linnaei, SF. sehr selten: Fichtelberg und Zechgrund. [dort greg.

! Rumex Acetosa *arifolius, SF. und oberste Bgw. spor.

(o) Thesium pratense, Bgw.: sehr selten im östl. Ezg. (Altenbg.—Sayda).

Alnus incana, W. an Bächen frq. und anscheinend ursprünglich.

!! Betula nana, M. 800—1100 m, Reitzenhain bis Kranichsee-Gebiet im Westen.

---

1) Schon oben wurde diese zierliche Crucifere als eine der für den besonderen Montancharakter Sachsens bezeichnendsten Arten genannt. Schon früh im Frühling blühend schmückt
sie oft als erste und einzige Blume (im Thale im März, auf den Bergen im April) die kurzgrasigen
Triften. Von ihren Gebirgsstandorten aus ist sie in das Hügelland über die Elbe vorgedrungen
und besetzt z. B. die Abhänge des Porsberges gegen Pillnitz hin massenhaft, ebenso wie sie
gemein im Elbsandsteingebirge ist. Aber das hindert nicht, in ihr dennoch eine wesentliche
Charakterart des Erzgebirges zu erblicken. »Nach dem Abschmelzen des Schnees an allen Rainen«
sagt die Flora von Annaberg. Ich selbst habe Thlaspi zwischen Reitzenhain und Sebastiansberg
bei 800 m in dem günstigen Jahre 1892 schon am 10. April, als der Schnee noch massenhaft
Hochmoor und Wald deckte, erblühend an Rainen gefunden, deren Rasen auf Gneis schon am
Morgen 8ʰ in der Sonne an Temperatur 22° C. aufwies, auch auf kurzgrasigen, moorigen Wiesen
jener Gegend schon damals in Menge seine Knospen entfaltend. Bei 900 m fand ich es im Juni
mit reifenden Samen auf Bergwiesen im Fichtelberggebiet. Jedoch scheint seine Hauptverbreitung
in den Höhenlagen 300—700 m zu liegen, am Nord- und Südabhange des Gebirges, mehr im
Osten als im Westen, da es im Vogtlande zu den Seltenheiten gehört. Die Art kommt außer
in Nordböhmen auch in Schlesien und der Niederlausitz vor, besetzt das sächsische Bergland bis
zum Muldenthal zahlreich, überspringt dann aber die mittlere und westliche Hercynia, bis sie im
Rhein-, Nahe- und Ahrthale und in Westfalen wieder auftaucht. In Schlesien gehört Thlaspi
gleichfalls zu den Seltenheiten und vermehrt dadurch, ähnlich wie Meum athamanticum, die
Unterschiede des Erzgebirges und der Sudeten; am Jeschken (OLz.) greg. in 400—500 m Höhe!

!! Pinus uncinata var. uliginosa, M., soc. auf den bedeutenden Hochmooren des oberen Ezg. mit Empetrum.

! Selaginella spinulosa, SF. sehr selten am Fichtelberg.

! Lycopodium alpinum, SF. im obersten Ezg. zwischen Oberwiesenthal und Gottesgab.

(o) Botrychium Matricariae: Bgw. sehr selten am Keilberge (auch OLz. u. Vgt.).

(o) Asplenium adulterinum: auf Serpentin bei Zöblitz, dort cop.

Nephrodium montanum, W. frq. im unteren Ezg.

—— spinulosum incl. var. dilatatum, W.—SF. frq. cop.

Aspidium lobatum, W. spor.

!! Athyrium alpestre, oberste Zone der W. und SF., dort frq.

4. Die Gestaltung der Formationen in topographischen Florenbildern.

a) Das östliche Erzgebirge im Gebiet der Weifseritz.

Allgemeiner Charakter. Nordöstlich von der Katharinaberger Senke erhebt sich das Gebirge noch einmal zu bedeutenderen Gipfeln, deren höchster der *Wieselstein* mit 956 m an der Stelle des Gebirges ist, wo an seiner Zusammensetzung sich Granit, Porphyr und Gneis neben einander beteiligen. Die höhere Partie endet hier bei den Bergstädten *Zinnwald* (850 m) und *Altenberg* (750 m) in einem breiten, vom Süden bis in das Elbhügelland bei Dippoldiswalde vorgeschobenen Porphyrbande, auf welches hin östlich noch einmal der Gneis bis zur Gebirgsgrenze folgt. Die floristische Bedeutung dieses Ostteiles beruht aber großenteils auf zwei an Umfang geringen Basaltdurchbrüchen: der *Spitzberg* oder *Sattelberg* südlich Ölsa mit 719 m, dann weiter im W der glockenförmig mit mächtiger, schön bewaldeter Kuppe aufgebaute *Geising* bei Altenberg mit 824 m. Bergwiesen mit Orchis globosa und Gentiana spathulata, Bergheiden mit Geröll, in dessen Spalten oder grasüberwachsenen Halden Dianthus Seguieri eine prächtige Zierde bildet, Triften mit Scorzonera humilis, eine Thalschlucht mit Rosa alpina neben Meum athamanticum auf dem Bachgeröll — das sind besondere Vorzüge dieses östlichen Gebirgsteiles. Derselbe hat den Charakter eines niederen Berglandes und die strenge Abgrenzung eines innerhalb der 700—800 m-Kurve liegenden oberen Teiles fällt hier fort; nur das einzige Hochmoor von Bedeutung, nämlich das von *Zinnwald* in 860 m Höhe, gehört ihm an. Dieses Hochmoor ist allerdings gegenüber denen um Gottesgab und Johanngeorgenstadt ein artenarmes, hat aber den gewöhnlichen vollen Bestand von Pinus montana *obliqua. Sonst ist dieses östliche Erzgebirge durch die stärkere Ausprägung von Gipfeln und Thalschluchten ausgezeichnet, mit welcher es sich anderen Besiedelungen von Böhmen her zugänglich zeigte (z. B. Bupleurum longifolium am Spitzberg, einziger Standort des höheren Erzgebirges!), und umfasst daher auch am Ostrande des Gebirges, an seiner

Grenze bei Gottleuba—Rosenthal—Königswald am Eulau-Bache, nur niedere, öfters unter 400 m sinkende Höhen. Die mittlere Kammhöhe beträgt östlich von Zinnwald nur 600, bez. 700—800 m; sie steigt dann westlich von Zinnwald auf mehr als 800 m und fällt in der Senkung von Katharinaberg. Der besonders ausgeprägte Charakter ist aber in dem östlichsten Stücke mit niederer Kammlinie enthalten, welches der Müglitz und den beiden Quellbächen der Weißeritz den Ursprung giebt; westlich von Zinnwald liegt das Quellgebiet der Freiberger (östlichen) Mulde und der mit westlichem Laufe zur Zschopau fließenden Flöha.

Der Nordsaum des östlichen Erzgebirges.

Die Weißeritz bricht aus dem Nordfuße des Gebirges dicht vor Dresden durch das Felsenthor des Plauenschen Grundes, nachdem sie ihre beiden Arme: *Wilde Weißeritz* von *Tharandt* her, *Rote Weißeritz* von *Dippoldiswalde* her, kurz zuvor bei Hainsberg vereinigt hat. Landstraße und Eisenbahn sind diesem aus mächtigen Syenitwänden aufgebauten Felsenthore durch umfangreiche Sprengungen abgewonnen und der Florist kann vom Dampfwagen aus die zahlreichen graugrünen Rosetten des Dianthus caesius erkennen, welche mit Sträuchern von Cotoneaster auf den Zinnen hoch oben, mit Anthericum Liliago im Steingeröll, Allium *montanum und Arten der östlichen Genossenschaft die begrasten trockenen Hänge und Felsspalten besetzt halten. Aber nur kurze Zeit begleitet uns auf südwärts gerichteter Fahrt dieses Bild. Eine breite Thalebene mit den Spuren vieler Geröll herabführender Hochwasser umgiebt den Zusammenfluss beider Arme, und von ihr aus schauen wir in die zwei genannten engen Thalschluchten hinein, aus denen im Frühjahr nach der Schneeschmelze die beiden Gebirgsbäche dem Wanderer wasserreich entgegen brausen. Aber diese Thalschluchten sind nunmehr schon von der *untern Bergwaldformation* besetzt; an den Felsen, die sich dicht an den Bach herandrängen, blüht Lunaria rediviva mit Ranunculus *platanifolius und Thalictrum aquilegifolium, in quelligen Nischen blüht aus dunklem Grün der Chrysosplenien im April rasch Petasites albus hervor, alle die Farne der Oreopteris-Gruppe entfalten ihre breiten Rosetten: so sind wir, kaum 15 km von Dresden entfernt, aus dem sonnigen Hügellande in das feuchtfrische Bergland versetzt und finden hier die untersten montanen Stationen in etwa denselben Niveaus, wie in den engen Schluchten des Elbsandsteingebirges. Doch nur im Bereich des Gebirgsbaches mit seinem engen und reich bewaldeten Thale sind alle Hügelpflanzen verschwunden; oben an den sonnigen Lehnen begleitet ein Rest von Arten wie Cynanchum Vincetoxicum, Cytisus nigricans, Rosa *dumetorum u. s. w. uns über die Thalschluchten hinweg. Besonders an dem von O nach W gerichteten Stückchen des Wilden Weißeritz-Thales von Hainsberg stromauf nach Tharandt lässt sich dieser Gegensatz je nach der Sonnenlage gut beobachten, wo steil abfallende, wie riesige Festungstürme alter Zeit sich erhebende Felsen des

Rotliegenden den nördlichen Thalschluss bilden und demnach eine stark sonnige Exposition haben, während drüben auf dem nach Norden abfallenden Ufer der feuchte untere hercynische Mengwald herrscht. Hier luftige Gruppen von Kiefern und Birken, lichte Gebüsche von Haseln und Dornsträuchern, drüben schöner Buchenwald mit Bergahorn, Fichten und Tannen.

In diesem Sinne ist die Flora der Umgebung von Tharandt und Dippoldis. walde voll von Interesse; man beachte die verschlungenen und eng an einander gerückten Grenzen der Terr. 9 und 14, welche unsere Karte hier zeigt, die geringen Erhebungen für einen solchen sich rasch vollziehenden Wechsel von Hügel- zu Bergformationen! Und welche Verhältnisse mögen in vergangenen Perioden hier geherrscht haben am Nordhange des Gebirges; denn zwischen dem Weißeritz-Zusammenfluss und dem Plauenschen Grunde liegt die durch NATHORST's Entdeckung einer fossilen Glacialflora in Sachsen berühmt gewordene Stelle bei *Deuben*[1]).

Der Flora um Tharandt und Dippoldiswalde sind die folgenden Pflanzenverzeichnisse entnommen. Ein genaueres Eingehen darauf verdient besonders in der Hinsicht Beachtung, welche Arten nach oben hin an Häufigkeit zunehmen, welche dort aufhören. Es ergiebt dieser Vergleich besonders eine Abschätzung der *unteren* gegen die *obere hercynische Waldformation*, welche letztere wir südlich von Annaberg und auch schon um Altenberg betreten. Die nach oben bis zur oberen hercynischen Fichtenformation zunehmenden Arten des Erzgebirges, welche um Tharandt ihre unteren Stationen haben, sind demnach in Fettdruck, dagegen sind die im oberen Erzgebirge fehlenden Arten, die nur in den unteren Lagen charakteristisch sind, gesperrt gedruckt.

1. Untere Erzgebirgs-Waldformationen.

Paris quadrifolia (spor.) endet bei ca. 800—900 m auf den Basalten.
Polygonatum verticillatum (r.) erreicht um 700—800 m im Maximum bis zum subalp. Walde.
Arum maculatum (spor.) verschwindet etwa bei 600 m.
Calamagrostis arundinacea (frq. cop.) wird im oberen Erzgeb. seltener (subalpine Matten).
—— Varia, var. acutiflora (rr.)
Milium effusum (frq.) geht nicht über den Bereich der Buchenwaldungen hinaus.
Carex brizoides (greg.) endet schon bei ca. 400 m.
Lathyrus vernus (frq. cop.) endet auf den Basalten (Pöhlberg u. s. w. 830 m).
Vicia silvatica (spor.) geht nicht über 400 m.
Circaea alpina (spor.) geht bis 900 m.
Prenanthes purpurea' (spor.).
Veronica montana (spor.) geht nicht bis Annaberg hinauf.
Trientalis europaea (r.) unten Waldpflanze, oben Wald und Bergmatte.
Atropa Belladonna (spor.) geht in der Lausitz viel höher als im Erzgebirge.
Euphorbia dulcis (frq.) verliert sich bei ca. 600 m oberhalb Schmiedeberg.
Mercurialis perennis (frq. greg.) geht bis ca. 900 m.
Asarum europaeum (frq.) erreicht nicht die Höhe von Annaberg, wahrscheinlich kaum 500 m.

---

1) Die Entdeckung einer fossilen Glacialflora in Sachsen am äußersten Rande des nordischen Diluviums; Kgl. Vetenskaps-Akad. Förhandlingar 1894, Nr. 10, S. 519—543.

Daphne Mezereum (spor.) tritt in den oberen gemischten Bergwald ein.
Hepatica triloba (spor.) endet unterhalb 600 m.
Actaea spicata (spor.) geht bis ca. 900 m.
Ranunculus lanuginosus (frq.) endet bei ca. 500 m.
Cardamine silvatica (spor.) ist noch bei 800—900 m häufig.
Dentaria bulbifera (r. r.), verschlagener Standort aus dem Lausitzer Berglande.
Abies pectinata (frq. cop.) (Tannengrenze siehe oben S. 121—122).
Nephrodium Phegopteris (cop.) bleibt in der Häufigkeit gleich.
—— Dryopteris (frq. greg.) tritt in der oberen Region gern in das Freie, auf Gerölle.

Der in der vorstehenden Liste noch schwach vertretene Montancharakter findet sogleich seine Ergänzung durch die folgende. In der unteren Bergregion sind es eben die *Thalzüge* mit ihren schattigen, vom Wasser stets feucht gehaltenen *Gründen* und die kleinen *Rinnsale* der munteren Bächlein, die mit starkem Gefälle über moosiges Gestein zu der Weißeritz gehen, an denen die Montan-Arten ihre tiefsten Standorte erreichen.

2. Untere hercynische Quellfluren und schattig-feuchte Thalgründe.

Aruncus silvester (spor. cop.) überall verbreitet.
Chrysosplenium alternifolium } (frq. greg.) bis in die subalpinen quelligen Gründe.
—— oppositifolium
Chaerophyllum hirsutum (frq. soc.) in gleichmäßiger Häufigkeit bis 1100 m.
—— aromaticum (spor.).
Cirsium heterophyllum (spor.) in den unteren Stufen des Gebirges an schattigen Bächen, in den oberen Wiesenpflanze.
Petasites albus (r. greg.).
Eupatorium cannabinum (frq. cop.) erreicht im Erzgebirge eine viel geringere Höhe als im Böhmer Walde.
Thalictrum aquilegifolium (frq.).
Aconitum variegatum (r. an einzelnen Uferstrecken, endet im Zschopauthale bei ca. 500 m).
Ranunculus aconitifol. *platanifolius (r.).
Arabis Halleri (frq.), unten in Thälern, oben auf Rain und Wiese.
Lunaria rediviva (spor.) endet unterhalb von Annaberg bei Wolkenstein.
Alnus incana (frq. wild?) bildet stellenweise Gebüsche.
Nephrodium montanum (spor.) } beide hier weniger stark als nördlich der Elbe vertreten.
Blechnum Spicant (r.)
Struthiopteris germanica (rr., nach WILLKOMM früher im Zeisiggrunde).

Es wird hieraus ersichtlich, wie viele den Wald begleitende Arten im Erzgebirge an dessen untere Stufen gebunden sind. Mit Recht hebt WILLKOMM gegenüber der von SACHSE (Litt. zu 14, Nr. 4, 7) gegebenen Einteilung des Erzgebirges in die 3 Höhenstufen: Vorgebirge 500—1000 Fuß, Mittelgebirge 1000—2000 Fuß, Hochgebirge 2000—3800 Fuß, hervor, dass sich eine Scheidelinie bei 1000 Fuß nicht rechtfertigen lasse, und es ist auch ersichtlich, dass SACHSE dieselbe festgesetzt hat, um damit die äußersten Positionen des warmen Hügelgeländes zu bezeichnen. Für diese haben wir aber die eigenen Territorial- und Formationsgrenzen; innerhalb des Erzgebirgs-Anstieges selbst finden wir die erste bedeutende Scheide um 2000 Fuß, oder in unserer etwas höher gewählten Festsetzung bei 700 m. WILLKOMM hat daher durchaus das Richtige getroffen, wenn er im Tharandter Gebiete nur durch den Gebirgsbau bedingte Standortsgruppen unterscheidet, und zwar als wesentlich verschieden die Vegetation der *Thäler* von denen der *Plateaus und Bergkuppen;* nur in ersteren ist die unter 2 verzeichnete Artengruppe zu Hause.

Die *Wiesen* im Thalgrunde haben auf frischerem und fruchtbarerem Boden einen kräftigeren Gras- und Kräuterwuchs als auf den Hochflächen, aber im allgemeinen gleichen Artenbestand.

3. Untere Erzgebirgs-Bergwiesenformation;
(bemerkenswerte Arten)

Gräser: Alopecurus, Anthoxanthum, Agrostis, Briza, Dactylis, Holcus, Poa pratensis, Phleum.

Avena elatior (cop.) endet in den Thälern bei ca. 500 m Höhe.
Trisetum flavescens (greg.) meidet feuchte Thalgründe und endet in der unteren Bergstufe.
Cynosurus cristatus (cop.) noch bei 700—800 m spor., dann aufhörend.
Festuca elatior (cop.) endet auf fruchtbaren Wiesen bei ca. 800 m.
Nardus stricta (frq. greg.) auf trocknem-torfigem Boden.

Orchis Morio (frq.) endet unterhalb 700 m.
—— mascula (spor.) erreicht die oberen Erzgebirgswiesen.
Colchicum autumnale (spor. cop.).
Ornithogalum umbellatum (cop.) scheint 400 m nicht als Wiesenpflanze zu überschreiten.
Luzula campestris incl. multiflora (greg.—spor.), wird auf den Bergwiesen oberhalb 700 m durch L. nemorosa ersetzt.
Sanguisorba officinalis (spor.) bis ca. 700 m.
Lathyrus montanus (an kurzgrasigen Abhängen greg.) erreicht nicht das obere Gebirge.
Trifolium spadiceum (auf torfigem Boden spor.) bis zum Keilberge!
Saxifraga granulata (cop.) auf der Annaberger Stufe selten, soll um Oberwiesenthal (900 m)
[Meum athamanticum: tritt bei 400 m südl. Tharandt auf.]   [häufig sein.
Carum Carvi (cop.) bis ca. 700 m(?).
Heracleum Sphondylium (cop.) endet im oberen Erzgebirge.
Cirsium oleraceum (cop.) endet im oberen Erzgebirge.
Centaurea Jacea (cop.) bis ca. 700 m.
Campanula patula (cop.) bis 700 m(?).
Geranium pratense (stellenweise cop.) bis 400 m(?), wird oben durch G. silvaticum ersetzt.
Lychnis Flos Cuculi (cop.) erreicht das obere Erzgebirge.
Thlaspi alpestre (cop.; Verbreitung siehe oben!).
Polygonum Bistorta (spor. auf torfigem Boden) bis zu subalpinen Matten!

In der trockenen *Felsflora* werden die Grasrasen von Festuca ovina *glauca an sonnigen Höhen bald durch die gemeine Deschampsia flexuosa ersetzt. Asplenium septentrionale dagegen bleibt von der Hügelregion an bis zu den Basalten des oberen Gebirges gleichmäßig häufig, ebenso A. Trichomanes und Cystopteris fragilis. Einen wesentlichen Anteil an der Felsflora nehmen Sileneen, außer Silene nutans und inflata besonders die nur für das untere Gebirge charakteristische Viscaria. Die Klebnelke geht vom Terr. 8 bis zu etwa 400—500 m erreichenden Felshöhen auf den die Thäler begleitenden

Klippen, dann verschwindet sie. Die Flora von Annaberg giebt noch einen Felsstandort zwischen Schönfeld und Wiesa in etwa 450 m Höhe an und Viscaria geht gewiss höher am Spitzberg und Geising; es fehlt diese wichtige Charakterart somit dem oberen Erzgebirge. Vergl. Abschn. III, Formation 18, S. 199.

Die Formationen am Geisingberg.

Etwa 12 km weiter nach Süden und 400 m höher, als diese Streifzüge um Tharandt uns führten, sind um die Bergstadt *Altenberg* auf rauher Hoch-fläche schon die Charakterzüge des oberen Gebirges anzutreffen, wenn auch nicht in der starken Ausprägung wie um Oberwiesenthal. Bergwiesen und Sommerkorn bilden die hauptsächlichsten Einkünfte der Bewohner, und weit-hin ist der Wald geschwunden; aber mit schön gerundeter Kuppe ragt der *Geising* mit dem obersten Mengwald von Laubgehölzen, Tannen und Fichten in 824 m Höhe dunkel über diesen Fluren empor und stürzt an seiner Ostseite steil zu dem Thale der Müglitz ab, wo in buntem Wechsel sumpfige und trocknere Bergwiesen mit üppigen Wäldern sich ablösen.

Die *Bergwiesen* (750 m) lenken hier die Aufmerksamkeit der Floristen besonders auf sich. Spät zieht der Frühling auf ihnen ein; um den 10. Mai blühen die Schlüsselblumen (Primula elatior) voll mit Thlaspi alpestre, die Anemonen erscheinen, Equisetum silvaticum tritt in Rudeln hervor, das Erdreich kleidet sich durch die überall hervorsprießenden Grundblätter von Meum mit freudig zartem Grün; nur Petasites albus ist schon abgeblüht.

Im Juni erblüht die Rasennarbe mit Nardus, Anthoxanthum, Carex pilulifera, Luzula *multiflora und nemorosa; um die Julimitte sind weit mehr hochhalmige Gräser aufgeschossen: die beiden Deschampsia, Agrostis vulgaris und canina, Holcus, Festuca ovina mit rubra und elatior, Cynosurus, Alopecurus und Briza, und auf breiten Plätzen erblickt man zahlreich Avena pratensis mit A. pubescens.

Eine besondere Facies-Ausprägung liegt in dem Beigemisch trockener Gräser zu solchen, die feuchten Boden lieben, besonders in dem gemeinsamen Auftreten beider Deschampsia und Wiesenhafer neben Borstgras. So machen sich auf den Wiesen in der gemeinen Grasnarbe Sonderstandorte bemerkbar; die einen entsprechen kurzgrasig-trockenem Boden:

Antennaria dioica,	greg. Luzula nemorosa,	spor. Dianthus Seguieri!!

Andere Standorte entsprechen feuchtquelligem Boden und vereinigen mit gemeinen Arten wie Cirsium palustre, Myosotis palustris und Orchis latifolia solche Arten im Rahmen der Bergwiese, die tiefer unten an Bachläufen auf-traten

Equisetum silvaticum.	Orchis maculata.	Petasites albus.
Geum rivale.	Chaerophyllum hirsutum.	Astrantia major!
Ulmaria palustris.	Polygonatum Verticillatum.	Trifolium spadiceum.

Das bunte Bild der blühenden Pflanzen ergänzt sich zu Ende Mai und Anfang Juni durch Scharen von Saxifraga granulata und Orchis mascula darauf folgt gegen Mitte Juni die Blüte von Trollius und Meum, Lathyrus montanus und Crepis succisifolia; von Mitte Juni bis Mitte Juli blühen die Bergorchideen Coeloglossum viride, Gymnadenia conopea und Orchis globosa, später Listera ovata und als Seltenheit und Vorbote des centralen oberen Erzgebirges Gymnadenia albida!, dann tritt auch Lilium bulbiferum! vereinzelt in Blüte gleichzeitig mit Arnica, und Mitte Juli erblühen die Köpfe von Centaurea phrygia *elatior, Cirsium heterophyllum nebst dem gemeinen Senecio Jacobaea und Hypericum quadrangulum, ebenso die einjährigen Kräuter Rhinanthus, Euphrasia, Melampyrum sowie die zweijährige Gentiana spathulata *praecox !! In spannenhohen und reich verzweigten, die Äste in spitzen Winkeln aufrichtenden reichblütigen Pyramiden steht dieser schöne und nicht häufige Enzian zerstreut zwischen dem Gehälm; wenige Wiesen sind durch ihn ausgezeichnet, außer denen am Geising noch einige bei dem 6 km entfernten Orte Fürstenau.

Der schattige *Hochwald* des über den Wiesen sich ziemlich steil erhebenden Gipfels hat oben noch schöne Buchen und sturmzerrissene Tannen; im Basaltgeröll erblüht schon gegen Mitte Mai Ribes alpinum, später im Frühling Lonicera nigra; an den Flossgräben ist Mulgedium üppig, doch ist das Vorkommen von Homogyne hier nicht sicher gestellt.

Die Formationen am Spitzberg bei Ölsen.

Der Zinnwalder Filz (siehe S. 565) liegt nur 5 km vom Südrande des Gebirges bei Eichwald entfernt, wohin über eine steil abstürzende Lehne hinweg die breite Straße in enger Schlucht führt. Unsere Schilderung führt dagegen auf dem Kamme nach Osten, wo in 10 km Entfernung die Quellarme eines anderen gen N nach Sachsen strömenden Gebirgsbaches, der *Gottleuba*, sich sammeln. Auf ihrer rechten Seite steigen die Gehänge des *Spitzberges* steil hinauf; mit einer nur 719 m hohen, sattelförmig ausgestalteten Spitze von kahlem Basaltfels und Geröll weithin sichtbar, beherrscht dieser das ganze vor ihm liegende östlichste Erzgebirge bis zu den nur 8 km entfernten Steilwänden der Quadersandsteine bei Tissa-Königswald. Der Wald bleibt seinem Geröllhange fern und wird an den breiten Lehnen durch prächtige Bergwiesen ersetzt, auf denen Orchis globosa bis 530 m Tiefe herab in zahlreichen Gruppen mit Gymnadenia conopea vereinigt blüht; die basaltische Steilspitze führt dürftige Rasen und Sonne liebende Felspflanzen. Hier hat Bupleurum longifolium den einzigen spärlichen Fundplatz, den WÜNSCHES Flora von Sachsen angiebt; weiter von der Landesgrenze findet sie sich noch an mehreren Stellen bis Komotau hin zum Südhange des Erzgebirges verschlagen. Am üppigsten aber wächst hier im Basaltgeröll zwischen Heidelbeeren der feurig rot blühende Dianthus Seguicri, der auch um Fürstenwalde zwischen den Wiesen zu finden ist, wo basaltisches Gestein im Untergrund steckt. Er ist in dieser Gegend eine der auffallendsten Charakterpflanzen, voll erblüht zu Ende Juli, variabel in der Länge, Farbe und blaugrünen Bereifung seiner Blätter, zuweilen so blaugrau wie Dianthus caesius.

So findet sich hier ein hübsches Gemenge von montanen Arten mit solchen des wärmeren Hügellandes, und wiederum sind die Stufenanordnungen durch die sonnige Lage scheinbar verkehrt: Sedum album wächst über 700 m hoch auf dunklem Fels, unten im Thale aber finden wir nach NW vom Spitzberg herabsteigend im Ölsengrunde auf den quelligen Gottleuba-Wiesen tiefer als 500 m Senecio crispatus, und nach NO herabsteigend in der nach Bienhof führenden Schlucht an einziger Stelle im östlichen Erzgebirge Rosa alpina im Gebüsch auf Bachgeröll-Wiesen mit Meum. Diesem Bache noch weiter abwärts folgend, treffen wir auf neue, durch Iris sibirica ausgezeichnete Wiesen.

Figur 14. Blüte der Iris sibirica auf den unteren Bergwiesen (500 m) bei Bienhof, um Mitte Juni; neben ihr die Hochstauden Lysimachia vulgaris und Stachys palustris cop. beigemischt. (Originalaufnahme von Dr. A. Naumann 1900.)

In der Vereinigung lichter Gebüsche mit quelligen Wiesen an den Bergabhängen und an kleinen Bächen in den Thalgründen liegt hier der besondere landschaftliche wie floristische Reiz, und die niedere Lage von 450—500 m Höhe erlaubt den Pflanzen des Hügellandes wie denen des unteren Berglandes eine gesellige Formationsbildung. Hier wachsen Petasites albus und officinalis neben einander, dort mischt sich Ornithogalum umbellatum zwischen die steifen Blütenstengel von Trollius; von zahlreichen Knabenwurz-Arten sind die Wiesen erfüllt, näher am Bach Orchis latifolia, oben am Hang alles voll von O. mascula und Morio, zwischen diesen in Rudeln von dunkelroter und häufiger von gelbweißer Blütenfarbe O. sambucina, zwischen diesen wiederum

Scorzonera humilis; auf anderen, höher (500—600 m hoch) gelegenen Wiesen tritt Coeloglossum viride mit Gymnadenia conopea neben den breiten Blatt-rosetten von Hypochaeris maculata auf, die etwas früher als die Arnica nach der Orchideen-Zeit erblüht. Auch auf den Iris sibirica-Wiesen hat Orchis globosa noch vereinzelte Standorte, doch besiedelt die Iris in der Regel eine hochwüchsig-langhalmige Facies mit Cirsium heterophyllum, Polygonum Bistorta, Crepis succisifolia und Phyteuma orbiculare, wächst in geselligen Hörsten oder mischt sich, wie unsere Fig. 14 zeigt, zahlreich den Halmbildnern bei.

Die Gebüsche, welche solche Wiesen umranden, zeichnen sich noch durch folgende Arten aus (Höhe gleichfalls um 500 m):

Polygonatum verticillatum.	Lilium Martagon.	Corylus Avellana.
Thalictrum aquilegifolium.	Lunaria, Astrantia.	Viburnum Opulus.
Corydalis cava, Aconitum varieg.	Carex brizoides.	Lonicera nigra.

Wie am Nordsaume des Gebirges bei Tharandt, so und in noch höherem Grade neigt der Ostsaum des Erzgebirges gegen den Rand des Elbsandsteins zu einer anmutigen Mischung verschiedenartiger Berg- und Hügelelemente und entfaltet darin seine Besonderheiten. Während aber der Durchbruch der Weißeritz seine Montanarten in dem feuchten Grunde von Felsthälern einschloss, baut sich hier in sanfter gerundeten Höhen und Terrassen ein Landschaftsbild grünender Wiesen durchsetzt von Mengwäldern auf, welches nach oben von der basaltischen Zacke des Spitzberges schon unterhalb der oberen Bergformationen abgeschlossen wird.

b) Das obere Erzgebirge.

Allgemeines. Schon oben (S. 560) ist der Gebirgsbau und die Ausdehnung des oberen Erzgebirges zwischen Sebastiansberg (Reitzenhain) im Osten und Johanngeorgenstadt (Karlsfeld) im Westen besprochen. Steht man vor seiner Mitte auf der mittleren Hochebene bei *Annaberg* (s. oben S. 556) und schaut das kuppenreiche Gebirge im Süden von einem der hier schöne Aussicht gewährenden Basaltberge an, so erscheint es fast, als ob über dieser Hochebene von ca. 600 m erst das eigentliche Erzgebirge beginnen würde, da man erst über ihr die weiten Kulturstätten mit Kornbau verlässt. In dieser Höhenstufe liegen auch die Scheiden der Bergformationen. Bis dahin haben die hier im Umkreis von Elterlein—Scheibenberg in großer Ausdehnung vorhandenen Moorwiesen den Charakter höchst eintöniger Nardeto-Cariceten, auf denen außer Meum, Arnica, Trifolium spadiceum und Sedum villosum sich fast nur die gemeinen Arten der Lausitzer Niederungs-Moorwiesen finden; erst bei 800 m Höhe liegen die Hochmoore mit arktisch-alpinen Relikten. Umgekehrt reichen die Kolonien der unteren hercynischen Waldungen bis hierher, und es ist in dieser Beziehung von Interesse, wichtige Arten aufzuzählen, die auf den Basalten bei ca. 800 m ihre obere allgemeine Grenze finden:

Neottia, Lathraea.	Lathyrus Vernus.	Lamium maculatum.
Platanthera chlorantha.	Selinum carvifolia.	Pulmonaria officinalis.
Paris quadrifolia.	Galium cruciata.	Vinca minor (rr.).
Melica nutans.	Campanula persicif.,Trachelium.	Mercurialis, Impatiens.
Carex brizoides.	Melampyrum nemorosum.	Viola Riviniana.

Nach diesem Rückblick auf die Flora im Bereich des Pöhlberges und Scheibenberges wenden wir uns nun den *oberen Erzgebirgsformationen* zu, welche im Osten und Westen durch bedeutende Hochmoorgebiete sich abgrenzen und im Centrum, im *Fichtel- und Keilbergsgebiet*, den reichhaltigsten Zusammenschluss von Hochmoor mit Wiese, Matte, Wald und quelligen Gründen entfalten.

Es häuft sich der charakteristische Formationsausdruck des oberen Erzgebirges am meisten um *Oberwiesenthal* und *Gottesgab*, beides die höchstgelegenen Bergstädte bis zu den Alpen überhaupt, erstere (925 m) in Sachsen, letztere (1025 m) in Böhmen. Sie liegen nur 4 km von einander entfernt in einem zwischen den höchsten Erhebungen (s. oben) sich erstreckenden Sattel, der von dem im SO aufragenden Keilberge durch eine im Bogen von N zu O hin geöffnete Schlucht, den »Zechgrund« (siehe Vollbild), getrennt ist.

Auf der von Oberwiesenthal nach Gottesgab in westlicher Richtung führenden, zur Sattelhöhe bei 1100 m ansteigenden Hauptstraße erblickt man dann plötzlich vor sich die weitgedehnten Hochmoore, deren Torf liefernde Fläche mit Sumpflehnen abwechselnd sich zu den Gehängen der waldbedeckten 1111 m hohen Spitzbergskuppe hin erstreckt (s. Vollbild, S. 228); im Rücken steht das Fichtelberghaus, zur Linken erscheint der Keilberg mit schlankem, rundem Turm; an seinem Abhange liegen noch einige vereinzelte Gehöfte, die Sonnenwirbelhäuser, auf einer Blöße; sonst reicht dichter Wald an seinen Abhängen bis zu den Borstgrasmatten und Quellfluren des Zechgrundes hinab, dessen Wasser gen Oberwiesenthal eilen.

Dieses höchst gelegene, floristisch am meisten ausgezeichnete Gelände im oberen Erzgebirge kann zwischen dem Plessberg (1027 m) im SW, dem Hahnberg (1004 m) nördlich von Dorf Seifen im NW, dem Wirbelstein (1094 m) und Hohen Hau (1003 m) im SO und O, dem Duratzsch (1025 m) im NO liegend abgegrenzt werden und umfasst dann nahezu 2 Quadratmeilen an Fläche. Die nördliche Begrenzungslinie Hahnberg—Fichtelberg—Duratzsch ist nur 10 km, die südliche Plessberg—Wirbelstein—Hoher Hau dagegen 15 km lang; die quer über den Kamm gemessene Ausdehnung beträgt 7 bis 8 km. Die Durchschnittserhebung liegt trotz der Thalfurchen wohl ziemlich

---

Matten und quellige Gründe mit Gebüsch im Zechgrunde bei Oberwiesenthal 1050 m ü. d. M. — Der Bach geht nach NNO; im Hintergrunde beherrscht der Fichtelberg die Landschaft. Im Vordergrunde: Petasites albus mit Mulgedium alpinum, Chaerophyllum hirsutum, etwas weiter zurück erscheinen die zahlreichen Blütensterne von Ranunculus *platanifolius mit Epilobium angustifolium. An den begrasten Hängen Borstgrasmatte mit Homogyne und Vaccinium 3 spec. — (Originalaufnahme von Dr. R. POHLE am 4. Juli 1898.)

Drude, Hercynischer Florenbezirk.

Der Zechgrund mit dem Fichtelberg.

genau bei 1000 m. Doch fehlt es an stärker hervortretenden Einzelgipfeln, denn nur 4 derselben erreichen eine dem Brocken vergleichbare oder ihn überragende Höhe (Spitzberg 1111 m, Schwarzfels südlich vom Keilberg 1129 m, Fichtelberg 1213 m und Keilberg 1244 m).

Breit gedehnt ziehen sich die Rücken hin, zu jeder Höhe führen bequeme Steigungen, in die weiten Flächen von Wald und Bergmatte konnte auch hier noch der Feldbau eindringen und besonders um Oberwiesenthal (am Fichtel- berge bis ca. 1050 m) Sommerkorn einführen; besonders stark aber tritt der Anbau von Futterwiesen hervor, die 4—8 Jahre in buntem Blumenwechsel bis zum reinen Grasbestande erhalten werden und sich dann mit Hafer, Roggen oder Kartoffeln bestellen lassen. Die Heerstraßen in 950—1000 m Höhe sind mit starkstämmigen Ebereschen besetzt, deren Vollblüte an der Wende von Juni und Juli liegt, $1^1/_2$ Monate später als im Elbthale bei Dresden; bis zum Frühlingsanfang bleibt der tiefe Schnee der Straßen unberührt, dann beginnt man eine Fahrbahn auszuschaufeln, die der April noch oft genug wieder zu- deckt. Im Hochsommer sind die Moorflächen umgürtet von prächtig blühenden Bergwiesen.

Ersteigt man eine der Bergeshöhen südlich dieser Straße, unterhalb welcher im steilen Engthal das berühmte Joachimsthal liegt, besonders also den Spitzberg, Keilberg oder Wirbelstein, so übersieht man mit einem Blicke die Verschiedenartigkeit des Erzgebirgsabfalls nach Nord und Süd: nördlich dehnen sich bis zum Verschwinden in blauer Ferne die allmählich gesenkten Hoch- flächen, aus denen die breiten Basaltrücken des Pöhlberges bei Annaberg, des Bärensteins bei Weipert dunkel emporragen, ohne eine Wiederkehr der oberen Gebirgsformationen zu bewirken; südlich fällt das Gebirge so steil ab, dass man nur selten Einblicke in die tiefer liegenden Thalschluchten gewinnen kann, während die südlich der Eger zwischen Schlackenwerth und Klösterle ebenso steil sich erhebenden Gipfel, in denen das westliche böhmische Mittel- gebirge hier ausläuft, in prächtiger Nahsicht erscheinen. Vom Keilberggipfel bis zum Egerthal am Abhange des Hauensteins und Himmelsteins sind nur 9 km Luftlinie, der Abfall beträgt fast genau 900 m und ist am steilsten in der dem Egerthal genäherten unteren Hälfte, wo kühn geformte Basaltschroffen auftreten und wo in Zusammenwirkung von Insolation und Bodenbeschaffen- heit die oberen Grenzen der warmen Hügelpflanzen um etwa 200 m höher liegen, als auf dem Nordabhang in den zur Mulde, Zschopau oder Weißeritz abfallenden Thalzügen. Es gehören daher die Wanderungen von den genannten Höhenpunkten hinab in das Egerthal und wieder hinauf zu den floristisch interessantesten Regionswechseln im hercynischen Bezirk, welche dem Botaniker zugleich reizvolle landschaftliche Schönheiten enthüllen. Nach dem Austritt aus dem Kaiserwalde bei Elbogen ist das Thal der Eger nirgends so eingeengt von den einander zugekehrten Hängen als eben hier zwischen Schlackenwerth und Kaaden.

Oberste Formationen.

Waldformation. Die klimatische Baumgrenze wird im Erzgebirge nirgends erreicht, und es lässt sich ihre theoretische Höhe auf 1300—1350 m schätzen. Demgemäß ist auch subalpine Bergheide, welche auf dem Brocken über der Baumgrenze die vornehmste Formation bildet, hier nur als Verbindungsglied mit der Borstgrasmatte wenig ausgeprägt entwickelt, und die subalpinen Waldpflanzen wie Mulgedium alpinum, Ranunculus *platanifolius und endlich besonders Homogyne alpina wachsen sowohl im Walde wie in dieser Matte und auf den Quellfluren. Fast allein aber gehören dem Walde Athyrium alpestre und Luzula silvatica an, wenn sie auch an Felsgehängen wie im Zechgrunde in das Freie treten; der genannte Farn ist an vielen Stellen der Fichtel- und Keilbergsabhänge auf moosigem Grunde häufig, mit ihm Pirola uniflora und Polygonatum verticillatum, aber nur sehr selten Listera cordata. — Die zweite Hauptformation ist die der *Bergwiesen;* sie mischt sich an den der Kultur nicht unterworfenen Lehnen im größten Maßstabe mit der subalpinen Borstgrasmatte und tritt über Gneis- oder Glimmerschieferblöcken mit dicht angesiedeltem Zwerggesträuch von Vaccinium Vitis idaea und Myrtillus auf; Arnica, Meum, Gymnadenia albida sind ihre hervorragendsten Begleiter und besonders neben der auf die Moorböden nicht übergehenden Gymnadenia conopea auch als seltnere Art Lilium bulbiferum. In den Thalgründen überwiegen aber saftige Gräser: Alopecurus und Festuca rubra, Briza und Agrostis; hier steht das auch im Borstgrase kaum je ganz fehlende Polygonum Bistorta in solchen Massen, dass die Wiesen zu Beginn des Juli von den gleich lockeren Kornähren nebeneinander stehenden fleischroten Blütenwalzen wie mit einem bunten Gewande überdeckt erscheinen.

Matten. Die kräuterreichsten Sammelplätze aber ergeben sich aus einer Verbindung von lockerem Gebüsch, Wiese, Sumpf und Bach zu der als »subalpine hercynische Quellflur« bezeichneten Formation. Knorrige, wenig über mannshohe Büsche von Salix Caprea stehen hier zerstreut zwischen kleinen Fichtengruppen; die Borstgrasmatte wird überall von kleinen mit Caricetum erfüllten Sumpfflächen unterbrochen, deren Wässer sich zu munteren Bergbächen sammeln. An diesen wachsen Chaerophyllum hirsutum und Peucedanum Ostruthium, Ranunculus *platanifolius, Mulgedium und Petasites albus mit Geum rivale und Chrysosplenium im üppigen Vereine, zuweilen auch Senecio crispatus in der hochgelben Sudetenform, während auf den Sumpfwiesen neben Trifolium spadiceum auch Sweertia perennis in großen Trupps sich einstellt und mit ihren schwarzvioletten Blütensternen die blaugrünen Rasen von Carex panicea und vulgaris überstrahlt. Hier wachsen auch die Seltenheiten des obersten Gebirges an zerstreuten Standorten, besonders bezeichnend für die gering entwickelte Bergheide Lycopodium alpinum. Diejenigen Charakterarten, die nicht wie Meum und Homogyne über das ganze oberste Gebirge zerstreut sind und die zum kleineren Teile arktisch-alpines, zum größeren Teile alpin-montanes·Areal in Europa besitzen, stellt die hier folgende Liste zusammen. Die Mehrzahl der Arten findet sich an den Hängen des langgestreckten Zechgrundes beisammen, manche nur dort (mit Z !! bezeichnet), einige haben zerstreute Standorte zwischen Seifen und dem Moor am Wirbelstein.

Gymnadenia albida frq. greg. !

Streptopus amplexifolius (Z. !!) erreicht hier den äußersten nordwestlichen Standort in Deutschland; ist mit Überspringung von Skandinavien arktisch. Zweifelhafte Angabe »bei Schlackenwerth« in Böhmen.

Luzula campestris *sudetica frq. cop.

———

Epilobium trigonum (Z. !!).

—— alpinum *nutans, spor. an wenigen Stellen, z. B. Sonnenwirbel.

Peucedanum (Imperatoria) Ostruthium greg. über das oberste Gebirge zerstreut.

Senecio crispatus an quelligen Stellen.

Gnaphalium silvat. *norvegicum, an wenigen sicheren Fundstellen.

[Pinguicula vulgaris: tritt hier spor. in die quelligen Matten ein.]

Sweertia perennis, frq. greg., besonders auf den die Hochmoore umgrenzenden Matten.

Aconitum Napellus, r. an wenigen Stellen neben Voriger.

Sagina Linnaei r.

———

Lycopodium alpinum, am Fichtel- und Keilberge.

Selaginella spinulosa (selaginoides) r.

Athyrium alpestre: aus dem subalpinen Walde in die Matten unter Gebüsch von Lonicera nigra und Salix aurita übertretend.

Moorformation. Nun bleiben noch als letzte Hauptformation die Hochmoore übrig, welche insgesamt durch Pinus montana *uliginosa, Betula odorata *carpathica, Andromeda, Vaccinium uliginosum und Oxycoccus neben den gemeinen Heidel- und Preißelbeeren und Heide, ferner durch Empetrum nigrum und Eriophorum vaginatum in Massen, und unter der Seggen großer Zahl hauptsächlich durch Carex pauciflora ausgezeichnet sind; bezeichnende Seltenheiten bilden Betula nana, Scheuchzeria palustris, Carex limosa. Alle diese Hochmoore lagern auf mehrere bis viele Meter tiefen Torfschichten; häufig rufen sie mit ihrem Buschwald von Sumpfkiefern in dichtem Anschluss und den weißen Wollgrasköpfen den Eindruck richtiger Gesträuchsmoräste auf Moosgrund hervor; öfters aber stehen die Sumpfkiefern licht oder treten ganz zurück, und die weiten Flächen sind hauptsächlich durch gemischten Rasen von Carex vulgaris, canescens und pauciflora erfüllt; die Vaccinien sind spärlich, nur Empetrum und Oxycoccus wuchern gesellig über die eingestreuten Sumpfmoospolster hinweg. So entsteht dann der Eindruck eines Grasmoores, es ist dies aber nur eine andere Facies der gewöhnlichen tieftorfigen Hochmoore, mit wassererfüllten Tümpeln im Torf selbst.

Die Verbreitung der Hochmoore mit Pinus montana.

Es ist schon in Abschn. III, Kap. 5 unter Formation 23 der allgemeine Charakter und die pflanzengeographische Bedeutung der Hochmoore im Gebirge beleuchtet, und gerade aus dem Erzgebirge ist der physiognomische Eindruck im Vollbilde S. 228 und in Fig. 8 (S. 226) wiedergegeben. Daher soll hier nach den Schilderungen der Hochmoore am Brocken die osthercynische Facies etwas genauer noch beschrieben werden.

Die Charakterpflanzen von allgemeinster Bedeutung sind naturgemäß Sumpfkiefer und Moorbirke, die keinem ordentlichen Hochmoor des oberen Erzgebirges fehlen; dann von hier seltenen Arten die Zwergbirke.

Von den beiden Zwergbaum-Arten ist die erstere viel mehr bestandbildend als die zweite. Die durch beide zusammen charakterisirten Hochmoore sind auf dem ganzen Kamme von Zinnwald bis an die Westgrenze desselben zwischen Graslitz (in Böhmen) und Eibenstock (in Sachsen) zerstreut, und SACHSE[1]) zählt 13 Stellen dafür auf, die man entweder zu 5 größeren Gruppen vereinigen oder in der Angabe der Einzelstandorte vermehren muss. Die Gruppen sind: 1. Zinnwald-Georgenfeld (s. oben); ferner Einsiedel, an der Westgrenze des östlichen Hochkammes wenige Kilometer nordöstl. von Katharinaberg; diese beiden Moore wenig bedeutend als Gruppe im östlichen Erzgebirge. 2. Die ausgedehnten Moore bei Reitzenhain (Sachsen), Sebastiansberg (Böhmen) und von da westwärts bis zum 990 m hohen Hassberg nahe Pressnitz und Jöhstadt, welche in der sachkundigen Schilderung von BINDER[2]) mit Recht besonders berücksichtigt sind. 3. Die höchstgelegenen Moore im Centrum des Gebirges in den Mulden am Wirbelstein, Keilberg, Spitzberg und Plessberg, also im Bereich der Bergstädte Wiesenthal, Gottesgab, Joachimsthal und Abertam; hier sind alle seltneren Arten eingestreut zu finden. 4. Die weniger hoch gelegenen Moore im westlichen höheren Gebirge mit dem »Kranichsee« in der Mitte, also zwischen Carlsfeld (südlich von Eibenstock) im N und Frühbuß im S; auch hier ist die Mehrzahl der seltneren Arten vereinigt. 5. Die letzte, sehr unbedeutende Gruppe wird im nordwestl. unteren Erzgebirge von zwei Mooren am Filzteich nahe der Stadt Schneeberg in 550 m Höhe gebildet; hier ist aber Pinus montana noch einmal in vollem Bestande.

Während fast überall der Massenbestand der Sumpfkiefer nur $1^{1}/_{2}$—3 m Höhe erreicht und ihre gebogenen Zapfen gewöhnlich in Brusthöhe des Menschen, oft aber auch tiefer, sich befinden, giebt es in der sub 2. genannten Moorlandschaft am Hassberge zwischen Sebastiansberg und Jöhstadt höhere »Wälder« dieser Art, welche BINDER beschrieben hat und deren Beschreibung auch jetzt noch ziemlich zutreffend ist. Die Dresdner Sammlung besitzt einen Stammquerschnitt aus diesem Sumpfkieferbestande von 15 cm (gegenüber dem gewöhnlichen Durchmesser von 3—5 cm in Fußhöhe über dem Erdboden). BINDER sah dort Stämme von 20—50 Fuß Länge und mehr als 1 Fuß im Durchmesser, »in so dichten Massen, dass man sich mit Mühe hindurcharbeiten konnte, der Boden schwankte fortwährend unter den Füßen; oft brach man bis an die Knie durch vermoderte Baumstämme ein, welche über und durcheinander nach allen Richtungen geschichtet lagen. Stämme von 15—30 Fuß Länge lagen über und durcheinander teils im Moderprozess begriffen, teils

---

1) Z. Pflzgeogr. d. Erzgeb., a. a. O. S. 12—13.
2) Allgem. deutsche naturh. Zeitung, herausg. von SACHSE (Ges. Isis in Dresden) Bd. I (1846), S. 359—370: »Über Pinus obliqua Saut. in Bezug« u. s. w.

noch fröhlich fortgrünend, und junge Bäume sprossten kräftig dazwischen auf;
allein je tiefer hinein, um so gefährlicher wurde das Vordringen .... In
diesem weichen, wasserreichen Boden scheint diese Kieferart am besten zu
gedeihen.« Aber auch hier sind die Stämme durchgehends schief geneigt, was
schon mit einer Gabelteilung an der jungen Pflanze seinen Anfang nimmt;
niemals bemerkt man Übergangsformen zu Pinus silvestris hin.

Die Moorbirke pflegt auf den etwas trockneren Stellen der Moore zu
wachsen, wo auch schon verkrüppelte Fichten einsetzen; oft bildet sie da
eigene kleine Bestände, noch öfter ist sie mit Sumpfkiefern gemischt und
pflegt dieselben dann an Höhe zu überragen. Da sie weniger auffällt als die
Bestände von jener, so ist ihre Verbreitung nicht ebenso genau bekannt geworden; sie scheint jedoch in keinem obererzgebirgischen Hochmoor zu
fehlen und anderseits auch nur in der Verbreitungssphäre der Sumpfkiefer
zu leben.

Die Zwergbirke ist im oberen Erzgebirge von ca. 880 m bis 1020 m
viel häufiger als im Oberharz am Brocken zu finden, wenngleich auch hier
eine seltene Pflanze. Am zahlreichsten kommt sie in einem bei Gottesgab
gelegenen Torfstich der am Abhange des dortigen Spitzberges gelegenen
Hochmoorfläche vor, wo sie das Vaccinium uliginosum-Gestrüpp überragt und
stellenweise ersetzt (Fig. 8, S. 226). Auch in dem Hochmoore bei Abertam
ist sie in dem Gebirgscentrum beobachtet, ebenso im Osten am Hassberge
(selten!) und im Westen südlich vom Kranichsee bei Frühbuß.

Eine der interessantesten lokalen Facies bilden die Moorsümpfe: tiefe,
wie kleine Lachen und Teiche erscheinende Wasseransammlungen, die nur
vom Rande aus mit großer Vorsicht zu betreten sind. Hier tritt die Sumpfkiefer mit allen Zwerggesträuchen der Ericaceen in weitem Umkreise zurück;
bis weit auf das Wasser hinaus wagt sich eine Schwimmdecke von Sphagnum,
und in diese eingebettet wachsen hauptsächlich 3—4 Arten:

cop.—greg. Carex limosa! (eine kleine Form derselben im westlichen Erzgebirge, Moor
    im Kranichsee, mit die Blätter nur wenig überragenden Rispen, kommt der arktischen
    C. irrigua Sm. sehr nahe !!).
spor. Scheuchzeria palustris!
cop. Drosera rotundifolia, auch sonst im Moor zerstreut.
spor. greg. Carex pauciflora! auch sonst cop. im Moor.

Gelegentlich wagt sich eine kleine Andromeda in diese Sümpfe auf den
Schwimmdecken hinein, welche übrigens für Carex limosa und Scheuchzeria
die einzigen Erzgebirgsstandorte bilden.

Abstieg in das Egerthal.

Wenn mit Recht die eben geschilderten Hochmoore des oberen Erzgebirges als dessen am meisten boreal-montanen Charakter bewahrende Formation bezeichnet werden, so wirkt um so überraschender der schnelle
Vegetationswechsel von ihnen hin zu dem warmen Südrande des Gebirges.

In gerader Linie gemessen ist das Moor am Hassberg 9 km, das am Gottes-
gaber Spitzberg ebenso weit, die Moore bei Abertam und am Wirbelstein nur
6 km von den die südlichen Abhänge vollständig beherrschenden Hügelformationen in 450—500 m Höhe entfernt. Welch ein großer Unterschied
daher in dem Aufstiege zu dem erhabenen Gebirgspanorama am Keilberge
von Tharandt aus an den Schluchten der Weißeritz, und in dem Abstiege von
hier in das Egerthal! Unvermittelt reihen sich die wechselnden Waldformationen an einander, eine montane Art nach der anderen verschwindet,
eine Laubwaldpflanze nach der anderen erscheint; oft wachsen noch einmal
beide Artengruppen durcheinander, die sich sonst zu sondern pflegen, wie
z. B. bei diesem Abstiege vom Keilberge die untere Grenze von Homogyne
bei 840 m um mehr als 100 m tiefer liegt als die obere Grenze von Festuca
silvatica (950 m) im Laubmengwalde prächtiger Buchen mit Lonicera nigra,
Senecio nemorensis, Polygonatum verticillatum, Prenanthes und Impatiens. Zu
einer Ausgleichung mittlerer Höhenbestände, wie sie auf dem nördlichen
Plateau zwischen Annaberg—Schlettau—Elterlein in Wald und Moor sich
bietet, ist am Südhange gar kein Raum gegeben, und auf die südlichsten
Hochmoore mit Pinus montana in 900—1000 m Höhe folgt am Südhange kein
eigentlicher Ersatz derselben Formation mehr.

So vollzieht sich ein greifbarer Wechsel nur in dem Gemisch von Wald-
und sonnigen Hügelformationen, und zwar hauptsächlich in den Höhenlagen
von 640—670 m zwischen Schwarzfels—Wirbelstein und Schönwald—Hauen-
stein einige km oberhalb des Egerbettes am Gebirgsabfall selbst, ähnlich an
anderen schroffen Abhängen. Bis 725 m Höhe herrscht noch der vollkommene
Erzgebirgscharakter, dann beginnen an Rainen die Heidelbeerhaufen sich mit
Hieracium Pilosella zu vergesellschaften und bei 670 m blüht in ihrer Gesellschaft mit Briza und Festuca rubra Viscaria! Und 30 m tiefer tritt uns
auf Triften zwischen Gebüsch mit Melampyrum silvaticum ein seltsames
Gemisch rötlich leuchtender Arnica mit den helleren Blütentrauben von
Cytisus nigricans entgegen, daneben im Rasen von Racomitrium canescens
zwei Wintergrüne, Pirola minor und secunda. Zwischen 600—580 m endet
dann das seltener gewordene Melampyrum. In dieser Höhe liegen auch die
Gipfelfelsen steiler Basaltdurchbrüche, welche einige Begleitpflanzen höher ansteigen lassen, und so herrscht dann bei 450 m mit dem Abschluss der
niedrigst wachsenden Bergpflanzen eine bunte *Hügelflora* von Campanula
glomerata, Helianthemum, Veronica latifolia, Coronilla varia, in den Felsspalten
nisten große Massen von Sedum acre und S. rupestre, überall breitet sich im
Geröll Anthemis tinctoria und Satureja Acinos aus. So führt uns eine schnelle
Wanderung von etwa dreistündiger Dauer aus den Gebirgs-Hochmooren in
die sonnigwarme Felsflora eines mit allen landschaftlichen Reizen geschmückten
Flussthales.

Fünfzehntes Kapitel.

Der Kaiserwald, Oberpfälzer, Böhmer- und Bayerische Wald.

1. Umgrenzung, floristischer Charakter und Einteilung.

Wir haben vom Harze bis zum Erzgebirge den hercynischen Gebirgs-charakter als einen, trotz seiner Verschiedenheit in einzelnen subalpinen Bestandteilen ziemlich gleichmäßigen und artenarmen kennen gelernt, getragen von der oberen Fichtenformation mit Calamagrostis Halleriana, Luzula silvatica, Mulgedium, Bergfarnen u. s. w. Dieser monotone Charakter erstreckt sich nun noch viel weiter nach Süden, bis zu den den Oberlauf der Moldau einfassenden Gebirgszügen an der böhmisch-bayerischen Grenze, und erleidet nur in seinem südlichsten Teile unter dem Einflusse von über 1400 m hoch aufragenden Berggipfeln und sie verbindenden langen Rücken und Ketten eine geringe Änderung. Während nämlich hier einige Arten, die sonst in der Hercynia ganz allgemein waren, wie Meum athamanticum und Juncus squarrosus, auf den Gebirgs- und Moorwiesen schon nördlich dieser Berge ihre Südgrenzen erreichen, so treten in den mittleren und oberen Bergwäldern einige neue, durch ihre Häufigkeit recht bezeichnende Arten südlicheren, alpenländischen Charakters auf, und auch die an der Baumgrenze gelegenen Matten weisen solche neue alpestre Arten auf. Um von diesen durch ihr Areal wichtigen und später noch genauer zu vergleichenden 17 Arten nur die am meisten auffallenden zu nennen, sei Doronicum austriacum mit Soldanella montana, für die Bergmatte aber Gentiana pannonica aufgeführt, welche letztere hier die Gentiana punctata der Hochsudeten vertritt; gleichfalls zur subalpinen Bergmatte gehörig tritt auch im Böhmer Walde, wie in den Hochsudeten Ligusticum Mutellina nicht selten auf. Die Zahl der so hinzutretenden neuen Charakterarten ist aber nicht groß und wird hinsichtlich der Frage nach dem hercynischen Allgemeincharakter reichlich aufgewogen durch die gleichförmige Beschaffenheit der Hochmoore mit Betula nana, durch die Anteilnahme des Böhmer Waldes an der gegen die Alpen von N her sich abgrenzenden Verbreitung von Arabis Halleri *typica und anderes. Am besten lässt sich der Allgemeincharakter des Böhmer Waldes beurteilen nach den Aussprüchen von Floristen, welche in ihrem Urteil von den Nordalpen ausgehen. »Das Waldgebiet Bayerns (d. h. Böhmer Wald—Fichtelgebirge—Frankenwald) dürfte hauptsächlich durch seine Armut an Pflanzenformen charakterisiert sein, welche in Deutschland ihres Gleichen kaum mehr finden dürfte«; so spricht sich PRANTL (Exk.-Fl., Einl. S. X) darüber aus und übersieht dabei, weil er die übrigen hercynischen Gebirge nicht aus eigener Anschauung kannte, dass ganz allgemein diese Mittelgebirge der in den Alpen auf Schritt und Tritt sich vordrängenden Mannigfaltigkeit entbehren und die nordische Gleichförmigkeit zum Grundton ihres Formations-Aufbaues machen.

Nach diesem Maßstabe ist es richtig, die hercynischen Gebirgssysteme floristisch bis etwa Wuldau a. d. Moldau auszudehnen, wie ja auch — allerdings in etwas weiterem Sinne — SENDTNER den hercynisch-floristischen Begriff in der Skizze vom Bayerischen Walde begründete. Es besteht nun die ganze, hier als Schlussstein des hercynischen Systems zusammengefasste Gebirgslandschaft aus 4 an Größe und floristischer Bedeutung recht ungleichen Stücken: Im NO tritt ein sehr kleines, von Königswart und Marienbad nordöstlich in dem Winkel zwischen Eger- und Tepl-Fluss vorgeschobenes Bergland dem westlichsten Erzgebirge gegenüber und bildet hier die hercynische Grenze gegen Karlsbad im Osten; dies ist der *Kaiserwald*. In dem zwischen Königswart und Waldsassen gelegenen Berglande beginnt dann mit dem 939 m hohen Tillenberg der nördliche Böhmer Wald, der als schmales Gebirge von wenig interessantem Bau zuerst nach S, dann nach SO weiter zieht und endlich im Czerkow seine höchste Höhe nördlich von der tiefen Gebirgsfurche erreicht, welche die alte Straße von Böhmen nach Bayern über Taus, Furth und Cham benutzt hat; dieses Stück wird als *Oberpfälzer Wald* bezeichnet. Nunmehr folgt endlich in weiter sich erstreckender südöstlicher Richtung der südliche oder »eigentliche« *Böhmer Wald*, der höchste, physiognomisch und floristisch bei weitem am meisten ausgezeichnete Gebirgsteil, das ganze Bergland über 600 m Höhe an der Grenze Böhmens und Bayerns bis Wuldau an der Moldau umfassend, wo das österreichische Mühlviertel ihm gegenüber tritt. Nach NO hat der Böhmer Wald kein weiteres hercynisches Vorland, wohl aber nach SW. Hier pflegt man ihn durch den geologisch sehr bemerkenswerten »Pfahl« abzugrenzen, d. i. eine das Gebirge auf 130 km Länge durchsetzende, gleichfalls von SO nach SW ziehende Ader von Quarzfels im Gneis; diese verläuft in einer durchschnittlichen Höhe von 500—600 m und gipfelt im höchsten Felsen des Weißenstein mit 760 m, hier und an anderen Stellen schroff aufgetürmt. Südwestlich von diesem »Pfahl« steigen nochmals Gebirgskämme von weniger bedeutendem Charakter bis über 1200 m auf und bilden den auch in floristischer Hinsicht wiederum abgeschwächten engeren *Bayerischen Wald*, dessen Abhänge zum niederbayerischen Hügellande an der Donau abfallen. Die 3 letztgenannten Hauptteile fasst man auch wohl als *böhmisch-bayerischen Wald* im weiteren Sinne zusammen.

Geognostischer Aufbau. Obwohl eine Linie vom östlichen Kaiserwalde an über den Tillenberg nach S und SO bis zum Dreisesselstein und zur Moldau bei Oberplan gemessen 35 geogr. Meilen Länge besitzt, ist doch das ganze entlang dieser Linie sich erhebende Gebirge sehr gleichmäßig aus Gneis in der Hauptsache, aus Granit in überall dazwischen eingestreuten oder zusammenhängenden größeren wie kleineren Massen, und endlich aus Glimmerschiefer in großen Flächen im Centrum und im NO gebildet. Auch hierin also wieder der gemeinsame hercynische Charakter und der für die Felsbildungen vorherrschende Grundton im Urfels aus Silikat und unter Ausschluss von Kalkstein wie Basalt. Die Granit-, Gneis- und Glimmerschiefer-Felsen treten aber oft recht bemerkenswert hervor und bilden im centralen Böhmer

Walde subalpine Gratfloren mit den wenigen hierfür vorhandenen Arten der Juncus trifidus-Facies (Osser !, Arber !, Rachel !, Blöckenstein !), geben hier auch die Grundlage für die in diesem Gebirgsteile schwach entwickelte Krummholz-Formation der Pinus montana. Die geognostische Grenze dieser Gesteine fällt aber wiederum (wie bei dem Erzgebirge) nicht etwa mit der floristischen der Bergwald-Formationen zusammen, sondern erstreckt sich besonders an der inner-böhmischen Seite weit in das niedere, dem Gebirge vorgelagerte Hügelland hinein.

In Folge der Kalkarmut fehlen auch hier viele gemeinere Arten, welche in den reicheren Waldformationen der Hügelländer von Mitteldeutschland verbreitet zu sein pflegen. RAESFELDT (a. a. O. S. 93) fällt dies auf und auch er hält diese Armut für bemerkenswert, obwohl sie stets den Unterschied in den hercynischen Bergwaldformationen auf Urgebirge gegenüber den Hügelwald-Formationen auf verschiedenen Bodenarten ausmacht. Und diese Charakteristik hat v. RAESFELDT auch damit getroffen.

Formationen. Die Bergwälder und Bergwiesen, Hochmoore zugleich mit einigen hochgelegenen Wasserbecken, die subalpinen Bestände der Bergheide und Matten, Spuren von Krummholz und subalpinen Felspflanzen setzen die Pflanzendecke dieses großen Gebirgslandes zusammen.

Zum Zweck einer kürzeren floristischen Schilderung seiner ganzen etwa 124 ☐ Meilen umfassenden Berge werden zunächst zweckmäßiger Weise der floristisch unbedeutende Kaiserwald und Oberpfälzer Wald zusammengefasst, dann der centrale Böhmer Wald mit dem Bayerischen Walde als Anhang ausführlicher behandelt.

2. Die nördlichen niederen Waldgebirge.

a) Der Kaiserwald.

Ehe die *Eger* nach dem Verlassen des Fichtelgebirges in das warme böhmische Hügelland am Südhange des Erzgebirges tritt, windet sich ihr Lauf auf eine Länge von 20 km in Luftlinie zwischen den äußersten Bergen des Vogtlandes im Norden und dem Kaiserwalde im Süden hindurch bis zu dem Engpasse der Stadt Elbogen, wo sie in mehrfachen, fast völlige Kreise darstellenden Kurven dem Gebirge enteilt und bald darauf, nahe Karlsbad, von Süden her die *Tepl* aufnimmt, deren gleichfalls vielfach gewundener Lauf den Kaiserwald zwischen den Städten Schlaggenwald und Tepl im Osten begrenzt, während seine südliche Grenze von dem 846 m hohen Bergstock des *Podhorn* (Boder) und der Umgebung von Marienbad gebildet wird. Dieses ganze Bergland hat ca. 10 geogr. ☐ Meilen an Fläche und besteht aus einem breiten mittleren Hochlande von 600—750 m Höhe, auf welchem noch höhere Rücken und einzelne Gipfel aufgesetzt sind und welches zur Eger (Falkenau 400 m) und Tepl (500 m) ziemlich steil abfällt. Außer dem schon genannten Podhorn sind die höchsten Berge der Krudum (835 m) am nächsten bei Elbogen, der Knock (856 m) und Spitzberg (825 m) etwas weiter südlich bei Lauterbach, endlich schon näher bei Marienbad der Wolfsstein (880 m) und als höchste der *Glatzberg* (978 m) und *Judenhau* (987 m) wenige Kilometer nördlich der 660 m hoch gelegenen Stadt Königswart. Auf der Hochfläche wird viel Feld- und Futterbau in zahlreichen, meistens ärmlichen Ortschaften getrieben, ein mächtiger und schöner Wald vom unteren Tannenmengwald bis zur oberen Fichtenformation deckt die Berge und vielfach die Abhänge. Sonderbarer Weise ist dies hübsche Bergland fast nur in der näheren Umgebung von Marienbad bekannt geworden, obgleich seine Höhen bedeutender sind als die nächst gelegenen im Oberpfälzer Walde (939 m Tillenberg). Der floristische Charakter hält hier die Mitte zwischen dem Terr. 13, mit dem es einige seltnere Arten, und dem westlichen Erzgebirge, mit dem es die Hochmoor- formation und anderes gemeinsam hat; von den Charakterarten des engeren Böhmer Waldes tritt noch keine einzige auf.

In den Thälern und an den felsigen Abhängen steigt die Hügelflora mit Cytisus nigricans und Verbascum Lychnitis bis 600 m und noch höher. Niedere Bergheiden mit Juniperus, Pinus silvestris in Krüppelformen, Nardus mit Juncus squarrosus sind in 700 m Höhe häufig; dazu gesellt sich Arnica montana und an feuchteren Stellen Vaccinium uliginosum, Oxycoccus, Drosera rotundifolia, Parnassia in nur wenig bedeutenderer Höhe.

Von besonderem Interesse ist das Vorhandensein richtiger *Hochmoore* mit Sumpfkieferbestand, schön entwickelt am Fuße des Spitzberges bei 790 m Höhe. Es liegt dort ein sehr breites Moosmoor ohne die grüne Caricetum-Facies: in seinem unteren Teile sehr zerrissen und mit tiefen Torfsumpflachen wird es nach oben gleichmäßig fester und trägt dort in weiten Abständen zerstreute Bäumchen von Pinus montana *uliginosa, und zwar in einer Form mit gar nicht oder kaum schiefen Zapfen. Den socialen Bestand bilden in den Sphagneten Vaccinium uliginosum und Vitis idaea, Oxycoccus, Calluna, Poly- trichum, in großen Massen Empetrum nigrum, überall eingestreut Andro- meda, und dichte Massen von Eriophorum vaginatum; an den Moor- lachen ist das letztere zu den größten Polstern entwickelt, fructificiert und mischt sich zum Bestande mit Carex rostrata und vulgaris.

Das Herbarium von FRIEDRICH AUGUST II. VON SACHSEN enthält aus den Mooren des Kaiserwaldes außerdem noch Pinguicula, Sedum villosum, von Carices die seltene C. Davalliana, elongata, teretiuscula, paradoxa und pulicaris. Noch ist Juncus squarrosus häufig und wird erst im centralen Böhmer Walde selten.

Der Wald am Krudum in 750 m Höhe und wohl auch noch an manchen anderen Stellen birgt in großen Mengen die seltene Zierde des Elster- und Eger-Berglandes: Erica carnea, welche aber nur in diesem nördlichsten Abschnitte vom Terr. 15 vorkommt. Tannen und Fichten bilden hier mit Beigemisch von Kiefer und noch seltner der Buche einen hochstämmigen Wald, in dessen Preißelbeer-Gestrüpp an den Lichtungen die »Schneeheide« auf viele Quadratmeter Fläche den Boden als geschlossener Unterwuchs deckt;

Cladonien und Lycopodium clavatum vervollständigen den Eindruck dieser montanen Waldheide, welche sich geradezu als Gemisch von Formation 4 und 7 unserer Aufzählung (S. 94—95) darstellt. Andere interessante Waldpflanzen der Formationen 7, 8 und 9 sind nach dem oben genannten Herbar F. A. II. und nach GÜNTHER V. BECKs Samm_ lungen i. j. 1878 (Sitzungsber. Zool.-bot. Ges. Wien, S. 33) folgende:

Listera cordata !	Circaea alpina.	Veronica montana.
Coralliorrhiza innata (r.).	Scabiosa silvatica (wichtig !).	Dentaria enneaphylla.
Calamagrostis Halleriana.	Lonicera nigra.	Aquilegia, Actaea.
Polygonatum verticillatum.	Senecio crispatus.	Ranunculus *platanifolius (nur
Lilium Martagon.	Mulgedium alpinum (selten:	am Glatzberg).
Rosa alpina !	G. v. BECK !).	Aconitum variegatum.

Auf den *Wiesen* erscheint schon Cirsium acaule in der im südlicheren Böhmer Walde bemerkenswerten Häufigkeit. Von Charakterarten ist Scorzonera humilis mit Dianthus Seguieri, auch Thesium pratense (BECK!) beobachtet worden, während Trollius durch Seltenheit auffällt und Meum athamanticum durchaus zu fehlen scheint: dieser Charakterart würde mit Bezug auf ihre südliche Grenze in der Hercynia noch weiterhin Aufmerksamkeit zu schenken sein.

b) Der Oberpfälzer Wald,
bez. der Böhmer Wald nördlich der Cham.

Ein langgestrecktes, schmales Verbindungsstück zwischen dem Terr. 13 mit dem Fichtelgebirge und dem hohen, centralen Böhmer Walde ist dieser Teil des böhmisch-bayerischen Grenzgebirges, etwa 8 km südlich der Stadt *Eger* beginnend und bei *Furth an der Cham* endend. Dieser Fluss tritt in einem großen, von NW nach SW gekrümmten Bogen aus dem Gebirge. Die Bastritz mündet von N herkommend bei Furth ein, nur wenig höher als 400 m, und entströmt der Ostflanke des 1039 m hohen *Czerkov*, der als einziger bedeutender Berg hier die Aufmerksamkeit auf sich lenkt und als Aussichtspunkt berühmt ist. Von ihm aus sieht man nach N die flachen, waldbedeckten Kuppen und Rücken des Oberpfälzer Waldes und des angrenzenden nördlichen Böhmer Waldes sich aneinander reihen, die Mehrzahl der Gipfel in 700—800 m Höhe, und nur der nördlichste Eckpfeiler gegenüber Eger, der *Tillenberg* mit seinen von Waldsassen bis nach Marienbad herüberreichenden Vorbergen, erhebt sich in von S nach N langgedehntem Rücken zu einer felsentragenden Kuppe von 939 m Höhe. Es versteht sich demnach, dass dieser Teil des Gebirges nur monotone Wald- und Wiesenformationen der mittleren Stufe darbietet; auch die Hochmoore fehlen. An den Flanken des Gebirges ziehen sich vielfältig Kiefern-Heidewälder bis 550 m herauf, die im Eger-Waldsassener Bereich höchstens durch die hier an offenen Stellen eingestreute Polygala Chamaebuxus einen spärlichen Reiz erhalten. Pteridium, Dianthus deltoides, Jasione, Juniperus und auch Helianthemum vulgare bilden die Begleiter solcher

Heiden an felsigen Abhängen, bis dann bei 600 m der eigentliche untere Bergwald einsetzt.

Aber selbst auf dem Gipfel der Czerkov erscheint dieser weniger im Gewande der oberen hercynischen Fichtenformation, wie als üppiger Tannenmengwald, ein Gebirgswald von gleich starken Anteilen der Buche, Fichte und Tanne. Gerade die letztere bildet schon von 500—600 m vielfach den Hauptbaum, nach oben nimmt sie an Menge ab. Was man vom Aussichtsturme aus ringsum in der Höhe von 900—1000 m an Wald erkennen kann, stellt ein Meer von Buchen mit viel Bergahorn dar, aus dem vereinzelt die Spitzen von Fichten, weniger zahlreich die von Tannen hervorragen. Also schon anders wie bei gleichen Höhen im Erzgebirge.

Bei dieser anderen Gestaltung der oberen Waldformationen sind auch die Charakterarten von Formation 9 spärlich vertreten (Ranunculus *platanifolius von 800 m aufwärts spor., Polygonatum verticillatum über 1000 m, Circaea alpina u. a. A.). Hier bedarf es noch genauerer Angaben über den Verlauf der Standortsgrenzen, besonders für Homogyne alpina und Rosa alpina. Südlich von Furth treten diese schon am Hohenbogen in Menge auf, Rosa alpina geradezu Untergebüsch bildend. Es erscheint demnach von tiefer liegender Bedeutung für den ganzen Gebirgszug, genauer festzustellen, für welche Montanarten das Thal der Cham, die tiefe Einsattelung zwischen dem Czerkov im Norden und dem Hohen Bogen im Süden, eine Wanderungssperre gebildet hat.

3. Der südliche Bayerische und Böhmer Wald.

a) Topographie und Höhenstufen der Formationen.

Ausdehnung. Hydrographie. Gipfelhöhen. — Südöstlich der Linie Furth—Neumark erhebt sich das reich gegliederte Hauptgebirge, der engere oder eigentliche *Böhmer Wald*, und erstreckt sich bis zum österreichischen Mühlviertel. Über seine Centralkette entlang läuft die politische Grenze von Bayern und Böhmen; in seiner Mitte liegt die Wasserscheide zwischen Elbe und Donau am Hochplateau von Mader und dem an den Rachel sich anschließenden Querriegel des Rinchnacher Hochwaldes, von wo aus gen SO die Gewässer zur *Moldau* sich vereinigen, während nach NO auf bayerischer Seite die vielen Quellarme des *Regen* sich zum stattlichem Bergfluss vereinigen; dieser nimmt bei Cham den von Furth herkommenden Grenzbach auf und erreicht mit rechtwinklig nach S umgebogenem Unterlaufe die Donau bei Regensburg, wo die letzten Hügelketten des *vorderen bayerischen Waldes* enden. Die Moldau aber tritt nach ihrem südöstlich gerichteten Oberlaufe, schon jenseit der hercynischen Grenzen mit steilen Krümmungen und Windungen zwischen Hohenfurth und Rosenberg nordwärts strömend, bei Krumau aus dem Berglande heraus. Hier berührt sie fast noch einmal den Ostabhang des hohen, centralen Böhmer Waldes, dessen Gipfel hier, gegenüber dem Plansker Walde, 900 bis 1200 m Höhe erreichen und den hercynischen Florencharakter noch einförmig zur Schau tragen.

Die Hohe des »Schöningers« im Plansker Walde zeigt die südöstlichste Ecke des ganzen, hier unter hercynischer Flora vereinigten Berglandes in reizvoller Ansicht gen W: ein düsteres Waldgebirge mit den blauen Kuppen des *Blöckensteins* im Hintergrunde, während nach O der Blick in das böhmische Hügelland um Budweis und nach S über die österreichischen Berge hinweg bis zu der Alpenkette schweift.

Figur 15. Skizze des centralen Böhmer Waldes zwischen dem Regen bei Viechtach in Bayern (NW) und der Moldau bei Obermoldau in Böhmen (SO), enthaltend den Arber, Grenzkamm zwischen Osser und Schwarzberg, den nördlichen Ast des Kubany und die Quellen der Wattawa bis Unter-Reichenstein. Die Grenze der oberen und unteren hercynischen Waldformation folgt im allgemeinen der 1000 m-Kurve und ist durch stärkere Schattengebung hervorgehoben. Die floristisch ausgezeichneten Hochmoore, Filze mit Pinus montana, liegen fast alle oberhalb 1000 m, nur diejenigen bei Kaltenbach liegen im Rahmen der Kartenskizze tiefer, noch viel tiefer die Filzauen bei 740 m am Zusammenfluss der Warmen und Kalten Moldau. Subalpine Formationen liegen höher als 1300 m; nur der Osser mit 1283 m ist von den niedrigeren Gipfeln mit ihrer Signatur belegt. Ortschaften: 1. Eisenstein, 2. Mader, 3. Außergefild, 4. Unter-Reichenstein und 5. Ober-Moldau auf böhmischer Seite; 6. Viechtach, 7. Bodenmais, 8. Regen, 9. Zwiesel, 10. St. Oswald, 11. Grafenau, 12. Freyung auf bayerischer Seite; S. Stubenbach am Lakaberge. Gipfel: A. Arber, O. Osser, B. Brenner (1070 m), S. Seewand, F. Falkenstein, L Lakaberg, R. Rachel, P. Plattenhausen, L. Lusen (nahe St. Oswald, K. Kubany in der Südostecke der Skizze. Die Gipfelhöhen siehe Figur 16.

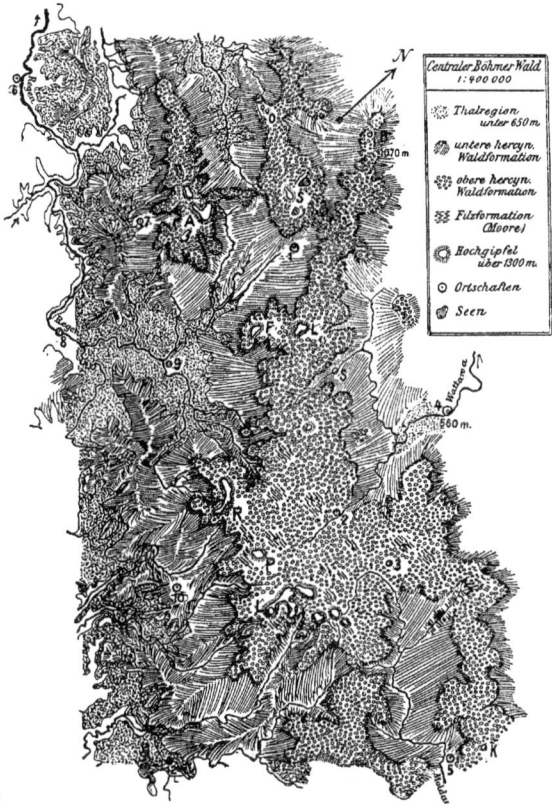

Der Grenzkamm enthält eine Reihe hervorragender und floristisch mehr oder weniger ausgezeichneter Gipfel , besonders den *Osser* (Ossa 1283 m),

Lakaberg (1339 m), *Rachel* (1450 m), *Lusen* (1372 m) und endlich in größerem
südlichen Abstande den eben genannten Blöckenstein mit dem *Dreisesselstein*
(1378 m); aber wie sich mehrere Querriegel von dem Grenzkamm abgliedern,
im Norden gegen Furth hin besonders der *Hohebogen* (1073 m), so gehört
auch die höchste Erhebung des ganzen Gebirges einer solchen Abgliederung
an, nämlich das *Arbergebirge* (1458 m) mit einer ganzen Reihe neben einander
liegender Hochgipfel.

Wie die von GÜMBEL nach SENDTNERs Entwurf ausgearbeitete Karte des
Bayerischen Waldes, welcher sich unsere Kartenskizze unter Benutzung der
österreichischen Generalstabskarte anschließt, zeigt, beginnt im N des Grenzkammes eine schmale Zunge mit dem Osser in die Höhenkurve von 3000 bis
4000 Fuß = 1000—1300 m (rund) sich zu erheben, und an dieser hängt mit
schmalem Verbindungssattel in gleichem Niveau der große, wie die Hauptkette
von SO nach NW gerichtete Stock des *Arber*. Ringsum entströmen ihm
Quellbäche, die sich direkt oder auf weiten Umwegen zum Regen hin ergießen,
dessen Thalfurche jenseits vom oben (S. 582) genannten »Pfahl« und dahinter
von der Donaukette des Bayerischen Waldes begrenzt wird. Der Arberstock
mit seinen beiden kleinen Seen und dem Hauptgipfel des großen Arbers
hängt durch den Scheibensattel mit dem nördlich ziehenden Grenzkamme
zusammen, und in diesem gipfelt hier die *Seewand* (1343 m), welche die
beiden berühmtesten Seen des Gebirges, den *Teufels*- und *Schwarzen See*
mit ihrem nordöstlichen Hange beherrscht. Hier bildet der Grenzkamm
die unter 800 m sinkende Eisensteiner Depression. Dann ᾿aber folgt die
hoch erhobene centrale Masse des Grenzkammes in weiterer südöstlicher Richtung, in der vom Falkenstein und Scheuereck an bis zu den
von W nach O nahe bei einander gelegenen Hochgipfeln des Rachel, Plattenhausen, Lusen und Siebensteinfelsens die breite Kammfläche nirgends unter
1000 m sinkt und sich nördlich dieser Hochgipfel das hohe Sumpfplateau
von *Mader-Außergefild* mit den höchst gelegenen »Filzen« im hercynischen Gebirgssysteme anschließt. Von da an weiter nach SO sinkt die
Kammlinie wiederum und erhebt sich zu bedeutender Höhe nur noch im
Blöckensteingebirge, welches als südöstlicher Eckpunkt der wohl ausgesprochenen oberen Bergformationen, unter denen sogar Krummholz nicht fehlt,
anzusehen ist.

Überall im Böhmer Walde ist die erreichte Höhe von 1000—1300 m die
Voraussetzung dafür, dass montan-subalpine Arten von interessanter Areal-
beziehung auftreten; auch die Hochmoorformation ist nur in diesem Bereich
floristisch bedeutend; die seltneren Standorte solcher Arten, wie Gentiana
pannonica und Ligusticum Mutellina, sind nur an der oberen Grenze dieser
Höhenschichte und zwar da, wo ihr noch um 100—200 m höhere Bergstöcke
aufgesetzt sind, zu finden. Im Harze war die Demarkationslinie, über welcher
das Gebirge floristische Relikte von Bedeutung aufweist, ca. 800 m, im Erzgebirge ca. 1000 m, im centralen Böhmer Walde ca. 1200 m; der viel mächtigeren Entfaltung des Böhmer Waldes im Bereich der Höhenschichte von

1000—1300 m ist es überhaupt zu verdanken, dass derselbe vielfältige sub-alpine Standorte besitzt.

Höhengrenzen der Formationen. Wie sich nun die hauptsächlichen Höhen-grenzen auf den mehrfach genannten Ketten und Gipfeln darstellen, erläutert nebenstehende Figur 16, deren orographischer Aufriss nach GÜMBELS Zeich-nungen zu SENDTNERs Werke (in verkürzter Form) wiederholt ist. Wir sehen über dem Donauspiegel zunächst die vordere Kette des Bayerischen Waldes

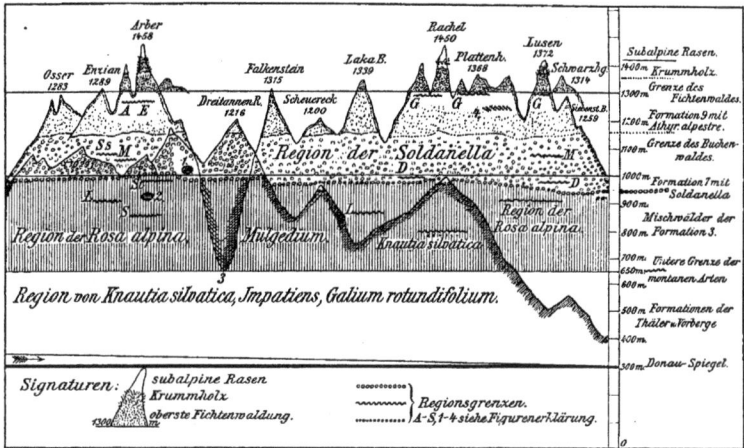

Erklärung zu Figur 16.

Profil des centralen Böhmer Waldes vom Osser bis zum Siebenstein-Felsen im Quellgebiet der Kleinen Moldau bei Fürstenhut. Das Profil ist von SW aus, von der bayerischen Donau aus, gesehen und daher die niedere Kette des (vorderen) Donauzuges vom Bayerischen Walde mit dem Hirschenstein und Dreitannenriegel vorgelagert dargestellt, infolge davon auch die Grenze der Mischwälder von Formation 3 dort einen Tief hinauf gelegt. Von den wichtigen Gipfel-punkten des Böhmer Waldes fehlt nur das Massiv des Blöckensteins, welches nach breiter Ein-sattelung weit rechts vom Lusen sich mit 1362 m Erhebung zeigen würde. Geographische Bezeichnungen: 1. Höhe der Seen an der Seewand; 2. Höhe der Arber-Seen; 3. Thal des Regen; 4. höchster Filz (mit Carex irrigua). Abkürzungen der Pflanzen-Standorte: S. Soldanella montana; L. Listera cordata; St. Streptopus amplexifolius; M. Ligusticum Mutellina; Ss. Senecio subalpinus; AE. Aconitum Napellus und Epilobium anagallidifolium; G. Gentiana pannonica; D. Doconicum austriacum. Weitere Erklärungen im Text.

sich erheben, hinter ihren niederen Gipfeln ragen die hohen Massive des Grenzkammes und Arbergebirges hervor; zugleich wird die Einsenkung zwischen Osser—Arber und Rachel—Lusen deutlich, während der tiefe Einschnitt des Gebirges zwischen Arber und Falkenstein im Thale des Regen oberhalb der nur 570 m hoch gelegenen Ortschaft Zwiesel als Einsenkung hervortritt, hinter welcher man sich die Seewand hoch emporragend vorzustellen hat. Gezeichnet ist dann weiter nach vorn der Gipfelkamm des Bayerischen Waldes (Donauzug)

mit dem Gipfel des Dreitannenriegels, welcher das Thal des Regenflusses
zunächst von der Donau absperrt und ihn zu nach NW gerichtetem Laufe
zwingt. Gebirgsprofile, welche man vordem wegen der Unbestimmtheit pflanzengeographischer Linien nur im nackten geographischen Styl zu zeichnen wagte,
müssen der heutigen Floristik durch Eintragung eben dieser Linien dienen,
wenn auch die Einzelheiten bei kleinem Maßstabe sich nicht genau ausdrücken
lassen. Somit ist dies hier auf Grund eigener Messungen in den Sommern
1888 und 1897 wie bei der vorhergehenden Übersichtskarte des Gebirgskammes geschehen.

Die Höhenlinie von 650 m schneidet mitten durch die, der unteren Waldstufe von Formation 3 entsprechende Zone der Knautia silvatica hindurch; wo
sie aufhört (gegen 800 m), beginnt Rosa alpina besonders häufig zu werden,
eine gute Charakterpflanze für den unteren Bergwald.

Während nun eine montane Staude nach der anderen mit zunehmender
Höhe auftritt und anzeigt, dass die Formation 3 nunmehr in die Formation 7:
Berglaubwald mit Tanne und Fichte, übergeht, bleibt der Baumbestand selbst
zunächst noch unverändert, und gerade zwischen 970—1000 m herrschen oft
noch fast reine Buchenbestände und erreicht die Tanne riesige Dimensionen.
Der kartographisch festgelegte Wechsel bezieht sich also nicht
auf den Baumschlag, sondern auf die Gesamtformation im Bei-
gemisch der Stauden und Moose. Besonders wird von nun an neben
Homogyne alpina, welche übrigens die weite Höhenschicht von 750—1450 m
besitzt, in dieser Formation 7 die Soldanella montana zur maßgebenden
Charakterpflanze. Die nächste wichtige Grenze liegt um 1150 m und oft noch
etwas höher, wo der Buchenwald als solcher sein Ende erreicht. An der
Bedeutung dieser Linie ändert der Umstand, dass vereinzelte Buchen und
Bergahorne sich noch 50—100 m höher eingesprengt finden, natürlich wenig.
Als wichtigster Nebenbestandteil tritt von 1150 m an nunmehr eine Massen-
entfaltung von Athyrium alpestre auf, welcher stets streng montane
Farn in keinem hercynischen Gebirge so tonangebend wirkt als im centralen
Böhmer Walde. Hier gesellt er sich in Formation 9 zu der schließlich
allein noch als Waldbaum übrig bleibenden Fichte, nachdem schon bei
Beginn der Formation 7 an der 1000 m-Linie seine untersten Standorte be-
merkbar wurden, und über die Fichtenwald-Region hinaus geht Athyrium als
Massenbestandteil in·das Krummholz.

Die Höhenlinie von 1300 m bezeichnet den Kampf des Fichtenwaldes mit
den wenig unterhalb einsetzenden subalpinen Rasen, zumal den Borstgrasmatten mit eingestreuten basalalpinen Arten; diejenigen Gipfel, welche über
1300 m keine Flächenentwickelung für Felsgerölle und Matten mehr aufweisen,
entbehren daher auch fast aller Arten dieser Gruppe. Noch ist aber der
Fichtenwald kräftig; erst bei 1360 m kann man seine allgemeine obere
Grenze ansetzen, von der wieder wie sonst·einzelne Zungen zu den günstigen
Standorten der Höhe sich erstrecken. Krummholz von Pinus montana
herrscht dann beiläufig von 1350—1420 m, verliert sich zwischen den einzelnen

Felsblöcken der noch höher aufragenden beiden Berggipfel Arber und Rachel, und wird durch die subalpine hercynische Bergmatte und durch felsenbewohnende Rasenbildner von alpinem Areal ersetzt. Auf den höchsten 80—100 m von *Arber* und *Rachel* drängen sich demnach die Gemenge der obersten Fichtenwald-, Krummholz-, Matten- und Felsgeröllformation zusammen, und während die Fichte hier oben ihre unzweifelhaft richtige klimatische Grenze findet, entscheidet über die Plätze der übrigen die Form und Lage des Gipfels mit seinen sturmumbrausten Klippen.

Überschaut man nach dieser Besprechung die Kartenskizze S. 587, so tritt erst recht deutlich hervor, wie gering an Fläche die diesen oberen Formationen eingeräumten Plätze auch im Böhmer Walde sind, da die dort ausgezeichnete 1300 m-Kurve den größten Umfang, der überhaupt in Betracht kommen kann, darstellt.

b) Die Waldformationen.

Verhältnis der Waldbäume zu einander. Der Harz im Norden, der Böhmer Wald im Süden stellen die hercynischen Landschaften mit den reichsten und noch immer am meisten in urwüchsigem Zustande erhaltenen Waldbildern vor. Während aber im Harz Buche und Fichte in den unteren, die Fichte in den oberen Stufen diese Bilder allein beherrscht, besitzt der Böhmer Wald eine größere Mannigfaltigkeit und in der Tanne einen mit der Fichte durchaus rivalisierenden Baum bis zu den Höhen, in denen der Harz schon seine subalpine Bergheide zu entwickeln beginnt.

Während in den unteren, dichter bevölkerten Distrikten die Kultur schon seit lange an dem ursprünglichen Waldbestande genagt und neue, z. T. einseitige Bestände geschaffen hat, steht der Wald auf seinen oberen Höhenstufen noch in einem recht natürlichen, wenn auch forstlich geregelten Zustande. Frhr. v. RAESFELDT giebt in seiner vorzüglichen Arbeit über den Wald in Niederbayern einen Vergleich der natürlichen und künstlichen Waldformationen, wie folgt:

a) natürliche Formationen			b) künstliche Formationen			
Filz- u. Auwald	Hochwald	Fichten-, Tannen- u. Buchen-Mischwald	reiner Fichtenwald	reiner Kiefernwald	Birken- wald	sonstige Waldform.
8%	9%	33%	24%	6%	16%	4%
	zusammen 50%			zusammen 50%.		

Während RAESFELDT die beiden Gruppen zu gleichen Teilen (50 %) ansetzt, kommen für uns viel höhere Sätze, vielleicht 80 % an natürlichen Formationen in Betracht, da die Höhen unter 650 m nicht zum hercynischen Florenbezirk zu rechnen sind. In den Höhen 600—750 m sind aber eigentlich nur die Kiefern- und Birkenwaldungen auf schlechtem, heideartigem Boden solche, welche von RAESFELDT mit Recht als eine Folge der Siedelungen und ihrer Waldbenutzung hingestellt werden.

Der montane hercynische Mischwald hat die Thalschluchten und niederen
Berge, Abhänge bis meistens 900 m, inne und bietet an seiner oberen Grenze
die prächtigsten Tannenbestände; im oberen hercynischen Bergwalde (Buche,
Tanne, Fichte) erscheint neben den Fichten die Buche in reineren Beständen
als die Tanne, bis endlich nur die Fichte übrig bleibt. RAESFELDT nennt
diese letzte Höhenstufe »Hochwald« und macht die Unterscheidung zwischen
Formation 3 und 7 meiner Liste nicht; vom forstlichen Standpunkte aus
könnte dieser Unterschied auch nur schwierig aus Menge- und Wachstums-
verhältnissen hergeleitet werden, während die beigemischten Stauden ihn leicht
ersichtlich machen. Als »Filzwald« bezeichnet der Verf. die Pinus montana-
Bestände, als »Auwald« meine Formation 8 auf sumpfig-moorigem Boden im
oberen Gebirge.

Die Tanne erreicht im Böhmer Walde eine Entwickelung, wie sonst
nirgends im hercynischen Bezirk, und scheint im früheren Urzustande noch
häufiger gewesen zu sein als jetzt; in ganzen Beständen gilt für sie die Höhe
von 1100 m als äußerste Grenze, versprengt zwischen anderen Bäumen 100 m
höher. Mehrfach sind noch Stämme mit über 50 m Höhe (besonders im
Deffernik—Eisenstein—Zwieseler Revier) bekannt.

Die Buche hat im Böhmer Walde für die Formation 7 an vielen Stellen
eine Bedeutung wie in der obersten Rhön und auf den Basalten der Oberlausitz, so dass der hercynische Waldcharakter auf Granit, Gneis und Glimmerschiefer dadurch geradezu umgeändert wird. Auch sie erreicht das Maximum
ihrer Verbreitung in mittleren Höhenlagen des Gebirges und nimmt dort wie
die Tanne mit Exemplaren, deren Stammhöhe zwischen 40 und 50 m liegt,
gewaltige Wuchsverhältnisse an. Das Beigemisch der Buche im Nadelwald
sucht die bayerische Forstverwaltung nach Möglichkeit zu erhalten, »weil sie
sich wohl bewusst ist, welchen Wert diese Holzart durch Erhaltung der Boden-
frische und durch Erhöhung der Widerstandskraft gegen Stürme für die Waldbestände besitzt«.

Dabei ist aber auch die sich aufdrängende Gewalt der Buche von all-
gemeinerem Interesse. Es wird in den neueren Arbeiten über die Flora der
nördlichen Balkanländer, besonders Serbiens, von berufener Seite hervorgehoben, dass ihr besonderes pflanzengeographisches Merkmal gegenüber dem
mittleren und nördlichen Europa in dem Mangel eines die Buche nach oben
abschließenden Nadel- und Zwergkieferngürtels liege, dass die obere Stufe der
breit ausgedehnten Buchenwaldungen im Gegenteil schon die subalpinen
Elemente an Stauden, zumal die dort zahlreichen endemischen Gebirgsarten
enthalte. Unter den mitteldeutschen Bergländern lässt der Böhmer Wald
eine Neigung für diese Vorherrschaft der Buche im westpontischen Florenbezirk erkennen, indem dieser Baum hier die sonst beobachtete, weit ausgedehnte
Vorherrschaft der Fichte einschränkt.

Die Kiefer fehlt in dem Baumgemisch der feuchten hercynischen Waldformation über 650 m und erst recht im oberen Bergwalde; dagegen hat sie
die oben bezeichneten naturgemäßen Standorte bis zu Höhen von ca. 800 m

und erreicht ihre größte Höhe auf dem Donauzuge des Bayerischen Waldes (Rusel—Breitenau 950 m). Am Rande der unteren Berglandsmoore, sowohl an der Moldau als auf den Filzen um St. Oswald, mischt sie sich dem im Innern von Pinus montana gebildeten Sumpfkieferbestande bei.

Der Ahorn ist in beiden Arten, sowohl A. Pseudoplatanus als auch in minderem Maße A. platanoides, für das Gebirge von Bedeutung. Zumal vom Bergahorn giebt es prächtige alte Bäume im Böhmer Walde, wie schon der 4,4 m im Umfang haltende Baum in Bodenmais zeigt, dessen breite Krone vom Arbergipfel aus wahrgenommen wird. In einzelnen, gedrungenen Bäumen steigt er hoch in die Zone der hercynischen Fichtenwaldungen hinauf und trägt noch in dieser Höhe Frucht, noch häufig bis 1200 m und die höchsten Höhen nahe der Fichtengrenze mit 1340 m erreichend. RAESFELDT erklärt ihn für einen besonders wertvollen Bestandteil in Formation 9, die ohne ihn fast reiner Fichtenwald wäre, und so sehen wir auch hierin die den Laubbäumen günstigeren Verhältnisse.

Von den Linden ist nur Tilia grandifolia im Gebirge wild, scheint von Natur sehr vereinzelt vorgekommen zu sein und erreicht ihre Grenze meistens bei 700 oder höchstens 900 m.

Noch seltener scheint die Esche beigemischt zu sein, deren höchstes Vorkommen SENDTNER am Hohen Bogen zu 950 m angiebt. Häufiger erscheint die Bergulme, die auch höher hinauf, nämlich bis über 1050 m hoch, vereinzelt angetroffen wird.

Der Urwald am Kubany. Die Sicherheit in der Beurteilung der Waldbilder vom Standpunkte natürlicher Formationslehre wird dadurch wesentlich erhöht, dass am Bergstocke des Kubany nordöstlich von Obermoldau eine Waldfläche von 86 Hektar durch Bestimmung der Fürsten v. SCHWARZENBERG-KRUMMAU im Zustande völlig wilden Urwaldes erhalten geblieben ist. So abweichend vom gepflegten Forst nun auch der Boden von gestürzten Stämmen überlagert und der Hochwald mit bleichen Stammleichen zwischen grünenden Bäumen erscheint, und so lehrreich hier die natürlichen Verjüngungsverhältnisse des Waldes vom biologischen Standpunkte hervortreten, so erhält die geographische Verteilung der Arten an diesem Punkte keine andere Richtschnur als in ihren Beobachtungen durch das ganze obere Gebirge, und es festigt sich dadurch auch das Vertrauen auf die Zuverlässigkeit geographischer Ableitungen in anderen, minder gut geschonten Gebirgen wegen der dort zu Tage tretenden Analogie.

Von Kuschwarda, Obermoldau—Schattawa aus ist dieser herrliche Urwald durch die zum 1362 m hohen Kubany langsam ansteigende »Luckenstraße« in 1000—1100 m bequem zugänglich. In seinen Bestand teilen sich Fichte, Tanne und Buche mit abwechselnder Häufigkeit ziemlich gleichmäßig. Der Raum verbietet, auf eine Schilderung der Scenerie, des Wechsels zwischen üppigstem Leben und Verfall, des Entsprießens fröhlich wachsender Bäumchen in langen Reihen auf modernden Riesenstämmen, der Schwierigkeit des Wanderns zwischen wüst durcheinander geworfenen Baumleichen einzugehen. GÖPPERT

hat durch Wort und Bild schon i. J. 1868 für eine wissenschaftliche Behandlung dieser Waldung in anziehendster Weise gesorgt (Litt. zu 15, Nr. 6)[1]).
Wenn er bei der Besprechung der Verjüngung der Urwaldbäume hervorhebt,
dass die Tannen- und Buchenbestände sich oft schwieriger selbst erhalten und
der häufiger samentragenden, leichter keimenden und den natürlichen Hinder-
nissen in höherem Grade trotzbietenden Fichte nachstehen, so dass auf den
sich selbst überlassenen Blößen diese rasch die Oberhand gewinnt, so deckt
sich seine Ansicht mit derjenigen von RAESFELDT (S. 61); in einem anfangs
scheinbar reinen Buchenbestande kann sich im Stangenholzalter die Fichte
zum herrschenden Bestande heranbilden. Es scheint, als ob auch aus natürlichen Gründen die Fichte eine noch immer stärker werdende Verbreitung
erhielte.

Die Stauden-, Farn- und Moosvegetation des schönen Urwaldes am
Kubany ist eher ärmlich als reich zu nennen im Vergleich mit derjenigen, die
bei den Aufstiegen zum Arber, Rachel und Lusen sich zeigt; gerade hier
steigt auch Knautia silvatica unverhältnismäßig hoch in Begleitung von
Sanicula, Soldanella und Prenanthes, Homogyne und Daphne.

c) Florenbilder der Hochgipfel und Moore.

1. Der Arber.

Der Arber hat den Vorzug, von den verschiedensten Seiten aus mit stets
gleichem Interesse bestiegen werden zu können. Sein Gipfel beherrscht den
Eisensteiner Pass von der Westseite her, während sich über *Bodenmais* der
ganze Arberzug als finsteres, schluchtenreiches Gebirge im NO erhebt und
den Wanderer rasch aus dem Wiesenthal mit kaum 700 m Höhe in einer
Luftlinie von nur 5 1/2 km Länge zum höchsten Gipfel des ganzen hercynischen
Systems, 760 m hoch über dem Städtchen, führt. Betreten wir von Bodenmais
oder auch Eisenstein aus den Arber-Abhang, aus dessen dunklem Walde
zahlreiche Bäche uns entgegen eilen, so finden wir im Buchenwalde 770 bis
830 m hoch eine gewöhnliche Flora von Galium rotundifolium, Impatiens,
Epipactis latifolia, Paris und Circaea alpina, auch schon Pirola uniflora neben
P. secunda und minor. Aber in den Schluchten am Bach tritt schon in diesen
Höhen sowohl Homogyne, als auch Soldanella montana mit Petasites
albus zuerst auf, indem wie immer die oberen Waldformations-Glieder an den
Wasserläufen tiefer nach unten vordringen.

Wir haben 880 m erreicht und finden auf kleiner Sumpfwiese mit dem
gewöhnlichen Wollgrase die ersten Rosetten von Willemetia apargioides,
welche gleichfalls zu den auf den Böhmer Wald beschränkten Arten der
Hercynia gehört (s. u.), in ihm aber weit zerstreut in Menge vorkommt und am
liebsten berieselte, moosige Felsen oder Wiesen an der Fichtenwaldgrenze

---

1) S. 9 teilt GÖPPERT auch andere Litteratur mit, besonders die in treffender Naturmalerei
sich ergebenden Schilderungen aus früherer Zeit (1855) von F. HOCHSTETTER.

bewohnt. Bei 900 m (vergl. das Profil bei S. L.) sammeln sich die Vertreter des höheren Bergwaldes an vereinzelten unteren Stationen; am Rießloch nach Bodenmais hin erscheint schon Aconitum Napellus und zwar in reicher Gesellschaft von Soldanella; auch Homogyne wird nun allgemein. In gleicher Höhe liegt am Abhang nach N sumpfiger Bruchwald in der Umgebung des Kleinen Arbersees, durchsetzt von Listera cordata, und schon hier unten ist im überrieselten Moos Epilobium anagallidifolium angesiedelt, während wenig unterhalb des Sees an den nahe gelegenen Wohnstätten frei von der Thalschlucht Sommerkorn und Hafer auf den Feldern grünt. — Wir nähern uns der als Grenzmarke für den oberen Berglaubwald mit Tanne und Fichte festgesetzten 975—1000 m-Linie, und in dieser Höhe tritt unweit des Großen Arbersees ein herrlicher Mengwald auf, dessen Boden überwuchert ist von Farnen, Torfmoosen mit der zierlichen Listera; die Rosetten von Athyrium alpestre breiten sich hier schon üppig zwischen Blechnum und Nephrodien aus, Streptopus amplexifolius lehnt sich an tropfende Felsen an, Mulgedium blüht neben Prenanthes, und die Gebüsche sind von Rosa alpina und Lonicera nigra gebildet; auf den Klippen im Moos steckt Lycopodium Selago. In Beständen von Buchen oder im Mengwald von urwüchsigem Nadelholz und großen Bergahornen geht es aufwärts, und schon treten an Lichtungen zwischen 1050—1080 m berieselte Plätze von wiesen-artigem Charakter auf, wo Ligusticum Mutellina seine untere Grenze zusammen mit Senecio subalpinus findet. Bei 1120 m grünt der höchste, starkstämmige und in der Rinde wie Ahorn erscheinende Buchenwald; aber bis 1200 m finden sich dann noch einzelne Vertreter beider Bäume zerstreut in kräftigen Stämmen, und bei dem Aufstiege von Bodenmais her stehen diese vereinzelt, aber noch reich fruchtend am Rande der hier am Abhange weit herabreichenden, öden *Borstgrasmatte*. Mit Veronica officinalis, Potentilla silvestris, Carex pilulifera, Agrostis, Hieracium Pilosella und Myrtillus gemischt, erregt diese Matte keine Gedanken an die gewonnene Höhe, nur da, wo Homogyne und Trientalis sich reichlich zwischen sie einmengen. Der *Fichten-wald* ist hier reichlich mit · Ranunculus *platanifolius, Luzula silvatica und Mulgedium durchsetzt und endet bei 1360 m an der Südlehne mit Streptopus und Aconitum Napellus.

Die obersten zapfentragenden Fichten stehen am Arber nach meinen Aneroid-Berechnungen:

1375 m am N-Hange zwischen Pinus montana,
1385 m am SW-Hange im Borstgrase,
1395 m am NO-Hange zwischen Borstgras und Mutellina-Wiese,
1400 m am O-Hange.

Der Arber ist ein mächtiger Bergstock und nicht etwa nur ein isolierter Gipfel, daher in seinem Formationsgewande nicht leicht zu überschauen. Gen NW ist er durch breiten, auf 1277 m sich senkenden Sattel mit dem Kleinen Arber verbunden, an den sich andere Gipfel: Enzianberg, Schwarzeck und endlich der nur 1038 m hohe und durch den schon länger bekannten Standort der Gymnogramme crispa ausgezeichnete Keitersberg anschließen. Gen

SO stürzt der Kessel des Großen Arbersees (934 m) ab; sumpfige und gras-
bedeckte Lehnen breiten sich vor dem Felsgipfel im N und S aus· und erzeugen mannigfaltige Übergänge der oberen Formationen. Ein geschlossener
Krummholzgürtel rings um die Kuppe tritt nicht auf, wohl aber bedeckt hohes
Gebüsch von Pinus montana stellenweise die oberen Gehänge mit derselben
Dichtigkeit, wie sie z. B. den Floristen in den westlichen Sudeten am Reif-
träger begrüßt. Auf die Höhengrenzen von 1350—1420 m beschränkt sich
das Krummholz am Arber und ist am üppigsten in breit gedehnten Beständen
am NO- und O-Hang entwickelt, hier auch frei von eingestreuten höheren
Fichten. Zwischen den niedergebogenen Latschenstämmen sind hauptsächlich die Vaccinien,
von ihnen am meisten Myrtillus, als niedere Holzpflanzen eingestreut, auch Salix aurita, Rubus
idaeus und Sorbus aucuparia fehlen nicht, während die häufigsten Kräuter Athyrium alpestre
(meist steril), Homogyne und selbst hier noch Soldanella mit Ranunculus *platanifolius, Potentilla
silvestris, Luzula *sudetica und Hieracium murorum darstellen, die Gräser aber durch einzelne
große Borstgras-Hörste und Calamagrostis Halleriana vertreten sind; sporadisch finden sich auch
Nephrodium montanum, Solidago var. alpestris und Senecio nemorensis. Bei 1360 m am NO-
Hange mischt sich in das Krummholz der oberste kräftige Fichtenwald hinein und bis 1350,
stellenweise 1340 m herab überwiegt ersteres auf den Gneisfelsen wuchernd rings vom Fichtenwalde umgeben; auf dem Wege zum Kleinen Arbersee geht man von der Schutzhütte am Arbergipfel aus ca. 500 Schritte durch ein solches bedeutend ausgedehntes Krummholzfeld.

Sonst nehmen sumpfige Graslehnen, trocknere Borstgrasmatten, überraste
Trümmer oder nackte und steil aufgerichtete, wild zerklüftete Gneisfelsen die
breit aufgebaute *Gipfelfläche* ein, welche besonders von 4 breit und massig
entwickelten höchsten Felsgruppen zu einer vierzackigen Krone ausgestaltet
wird; die höchste Stelle des Berges liegt auf der nordöstlichen Felskuppe.
Auf dem südlichen Felsen fand SCHORLER tief in den Gneisspalten neben
Asplenium viride versteckt das seltenste Farnkraut der oberen Hercynia,
Cryptogramme crispa. In den oberflächlichen Spalten gedeiht dort massenweise Juncus trifidus, der noch einmal auf den Glimmerschieferklippen
der obersten Osserspitze 1283 m hoch wiederkehrt; Agrostis rupestris hat
auf diesen Felsen ihren einzigen hercynischen Standort, seltener ist Poa
alpina, welche gleichzeitig auch am nahen Enzianrücken wie auch am Rachel
(auch am Hochstein im Blöckensteingebirge?) vorkommt. Sonst sind die gewöhnlichen Besiedler dieser Gneisfelsen die nie fehlende Deschampsia flexuosa,
Lycopodium Selago, Hieracium vulgatum, Polytricha, Racomitria und viele
Flechten.

Die gemeinen Arten der Borstgrasmatte sind schon oben (S. 595) genannt;
auf ihnen pilgernd, kann ja allerdings in 1400 m Meereshöhe eines borealen
Gebirges der Gedanke an die Pflanzenarmut des Böhmer Waldes noch wieder
Platz greifen, da in den nördlichen Alpen schon zahlreiche auszeichnende
Arten den Teppich schmücken würden. Hier finden wir noch manche Arten
der Tiefe wieder, vielfach in niedergedrückten Bergformen (siehe Abschn. III,
Liste zu Formation 24). Melampyrum pratense, Leontodon autumnalis und
Arnica montana sind unter diesen noch erwähnenswert. Reicher wird das
Bild auf quelligem Boden; der geneigte Hang gestattet nicht die Bildung eines

Sumpfmoores, aber zwischen den Gliedern der Borstgrasmatte siedeln sich dann Sphagneten an mit Crepis paludosa, in denen Willemetia üppig gedeiht, Trientalis mit Soldanella den Frühjahrsschmuck aus Primulaceen bildet, und die schwarzbraunen, dichtgedrängten Spirren der Luzula *sudetica zwischen Wollgräsern aufschießen. Hier sind dann auch Plätze für **Epilobium anagallidifolium** und **Aconitum Napellus**, und als häufigste Charakterart finden wir im üppigen Grün der dunklen Blätter die steifen Dolden von **Ligusticum Mutellina**: dies alles dicht über der Waldgrenze und schon im Bereich der höchsten zapfentragenden Fichten, nicht auf der alleroberstein Felskuppe mit ihren trockneren Graslehnen. —

2. Der Rachel, Lusen, Blöckenstein.

So wie es vom Arber ausführlich geschildert wurde, gestalten sich auch der Hauptsache nach die Aufstiege zu den übrigen Hochgipfeln; doch wie immer im hercynischen Berglande, sind auch im Böhmer Walde sogar allgemeinere Charakterpflanzen an verschiedene Massive verteilt, so dass auch noch andere Aufstiege lohnen. Weiter nach SO tritt zunächst, vom *Scheuereck* an bis zum *Blöckenstein*, als Charakterart **Doronicum austriacum** hinzu, welche Art dem Arbergebirge und dem ganzen Zuge der Seewand—Osser bis zum Hohen Bogen im NW völlig fehlt. Im südöstlichen Anteil des Gebirges aber ist sie zahlreich an vielen Standorten, und goldig leuchten ihre großen Blütensterne aus den Büschen des unteren Bergwaldes hervor, wo sie z. B. östlich vom Blöckenstein zwischen Hirschbergen und Tusset in der Höhe von 800—900 m als über meterhohe Staude kräftig auftritt. Am *Rachel* und *Lusen* erscheint sie bei 1040 m allgemeiner, auf dem *Kubany* ist sie bei 1360 m Höhe nahe am Gipfel eine der wenigen floristisch anziehenden Arten, die dieser durch seinen Urwald berühmte Berg bietet. Auch am Lusen beginnen schon in verhältnismäßig geringer Höhe von 1080 m die Waldwiesen mit **Ligusticum Mutellina**; bei 1150 m setzt die Waldformation 9 bis 1180 m mit dem Wechsel der Bäume und Farne (Athyrium alpestre) ein; die obersten Buchen verschwinden bei 1220, und etwas höher sind die gemeinsten Bergstauden hier Geranium silvaticum und Aconitum variegatum. Auf dem Lusener Grenzkamm (1265 m) haben vor dem großen Windbruch 1868—70 noch Fichten gestanden, die bei einem Alter von 400 Jahren bis über 1 m Stammdurchmesser besaßen; jetzt stehen deren Reste in der langhalmigen Bergtrift von Calamagrostis Halleriana, zu der sich hier auch sporadisch Phleum alpinum gesellt. Auf den Gneisfelsen des 1360 m hohen Gipfels blüht in Rudeln, gerade wie auf dem Glimmerschiefer des um 80 m niederen Osser, das **Hieracium gothicum**. Den höchsten Reiz aber besitzen Lusen und Rachel in der bei 1300 m erscheinenden und, wie es scheint, nur auf Triften im Bereich der obersten Fichtenformation und hier in Gesellschaft von Streptopus, Lilium Martagon, Willemetia auftretenden **Gentiana pannonica**, einer kräftigen Hochstaude mit dichten Quirlen trüb gefleckter purpurner Blüten.

Auf dem Gipfel des Rachel bei 1450 m ist Poa alpina nochmals als Fels-
pflanze vertreten; etwas unterhalb sind die Triften wie am Arber voll von
Mutellina, und vom Gipfel bis hinab zum Rachelsee findet sich als kleiner
Felsrasen Sagina Linnaei.

Am *Blöckenstein* tritt noch einmal in weit südlich vorgeschobener Lage
der obere hercynische Wald in voller, einförmiger Urwüchsigkeit hervor, doch
fehlt es dem nur 1378 m Höhe erreichenden Massiv an Fähigkeit die subalpinen Formationen über dem Walde zur Entwickelung zu bringen; dieselben
beschränken sich auf kleinere Felder von Krummholz. Der ganze, im Westen
mit dem Hohenstein (1330 m) beginnende und im Osten mit dem eigentlichen
Blöckenstein (1378 m) endende Bergstock hat eine ungefähr 7 km lange Kammlinie, die sich zwischen 1310 und 1350 m Höhe hält; steile Granitfelsen sind
an den beiden Eckpunkten und am Markstein (Bayerischer Blöckenstein
1362 m) aufgetürmt, Blöcke von Höhe und Spaltengefüge mit tiefen Klüften,
wie sie im Böhmer Walde selten, im Oberharze häufig zu sehen sind. Der
westliche Aufstieg von Freyung-Waldkirchen führt über Wiesen bei 820 m
mit Carlina acaulis, Scorzonera humilis und Phyteuma nigrum und durch Feldkulturen bei 900 m mit Hafer, Kartoffeln, Winter- und Sommerkorn zu den
waldbedeckten Gehängen des Bergstockes, dessen Waldsaum oberhalb 900 m
dann sogleich Homogyne und Willemetia darbietet. Der Osthang, an welchem
tief unter dem Steilhange der höchsten Felsspitze in 1090 m Höhe der
Blöckenstein-See seinen von schlotterigen Krummholzbüschen umkränzten
Spiegel ausbreitet, fällt auf eine Meile nach O zur vereinigten Moldau bei
ca. 720 m Höhe nahe Oberplan ab und ist von den am Zusammenfluss der
Warmen und Kalten Moldau im N gelegenen Mooren der »Filzau« durch den
1044 m hohen Bergstock des Hochwald getrennt. Im Walde setzt bei 1050 m
Athyrium alpestre ein, von 1100—1150 m wird die Buche durch Fichte ersetzt,
wobei gleichzeitig Soldanella mit Luzula silvatica und Homogyne an Masse
zunehmen; aber an den warmen S- und SO-Hängen sind bis gegen die
Gipfelhöhe, nämlich bis über 1300 m, einzelne Laubbäume im Fichtenwalde
eingestreut, und die Fichte selbst steht bis auf die höchsten Felsen dieses
Massivs reichlich in Zapfen. Am Bayerischen Blöckenstein ist in 1350—1360 m
Höhe, eingeschlossen vom ringsum grünenden und fruchtenden Fichtenwalde,
auf den Granitblöcken eine durch die Bodenunterlage geschaffene, dichte und
gleichfalls reichlich in Zapfen stehende Krummholzformation eingeschoben, an
Gesamtfläche vielleicht 1 ha erreichend, die südlichste unseres ganzen Bezirkes.
Es ist auch hier die stark niederliegend-verästelte Pumilio-Form mit länglichen,
ovalen Zapfen wie am Arber. Der torfige Boden ist hauptsächlich mit Cetraria
und Myrtillus über den Blöcken bedeckt: auf den höchsten sonnigen Klippen
finden sich alle 3 Vaccinien beisammen, und zwar am reichlichsten fruchtend
V. uliginosum, dazu Empetrum nigrum, und an ihren Seitenwänden ist die
Parmelia saxatilis- und Umbilicaria-Facies der Lichenenformation in prächtiger
Entwickelung, während sich die grünen Moosrasen der Racomitrium-Facies
mehr in die feuchteren Spalten zurückziehen.

In den Einsenkungen des Kammes befinden sich bei ca. 1320 m Höhe kleine Moosmoore mit Carex pauciflora und Trientalis, oder kleine Cariceten und Nardeten mit Trichophorum: der Rasen des sumpfigen Grünmoores wird in der Hauptsache von Eriophorum vaginatum, Trichophorum caespitosum und Luzula *sudetica gebildet, aber in ihm wird noch eine seltene hercynische Leitpflanze der arktischen Gruppe verzeichnet, nämlich Trichophorum alpinum.

3. Die Filze an der oberen Moldau.

Wir finden in der breitesten Entwickelung des centralen Gebirges oberhalb 1000 m und nördlich der durch Rachel und Lusen bezeichneten Linie des Hauptkammes weite Flächen ausgezeichnet durch *Hochmoore*, welche in der Sprache des Böhmer Waldes allgemein als »Filze« bekannt sind. Sie liegen in ihrer breiten Ausdehnung auf böhmischer Seite zwischen den Städten Kuschwarda (Obermoldau) und Winterberg im Osten, Bergreichenstein im Norden und ziehen sich bis zu den Gipfelhöhen des Grenzkammes hinauf; hier ist vielleicht der höchste der »Markfilz« am Plattenhausen-Gipfel mit 1240 m. Diese Filze zeichnen sich insgesamt wieder durch den Besitz von Pinus montana *uliginosa und von Betula odorata *carpatica, oft aber auch von B. *pubescens in hochstämmiger, kleine Wäldchen bildender Form aus, sofern nicht sumpfige Cariceten die Moosmoore mit ihren Holzpflanzen ersetzen.

Diese ganzen Filze entwässern zur Moldau hin und dieser Fluss ist innerhalb des Berglandes bis gegen 720 m herab überall von Mooren begleitet, gerade so wie das Verfolgen seiner Quelladern nach oben hin in die floristisch interessantesten Filze führt[1]). Die unteren Moore werden als »Auen« bezeichnet und stellen ein Gemisch von echten Hochmooren mit Torfwiesen in allen Übergängen vor; sie werden als Wiesen und Weiden benutzt, soweit ihre Zugänglichkeit nicht durch die Moorgehölze oder durch die Tiefe der Moorwässer unmöglich gemacht wird. Die beiden Arme der Moldau, auch im regenreichen Hochsommer mit Macht eilfertig ihre braunen Wasser zu Thale wälzend, sind vor ihrer Vereinigung durch den nach SO abfallenden Zug des 1065 m hohen Tusset-Berges getrennt, in dessen Gipfelwaldungen Knautia silvatica und Sanicula sich noch reichlich mit Thalictrum aquilegifolium, Actaea und Doronicum mischen; das Kreuz der Kapelle schaut hoch hinab auf das Dorf Tusset, wo die Kalte Moldau ihre Arme gesammelt

---

1) Schon GÖPPERT hat dies Verhältnis in seiner Abhandlung über die »Urwälder« 1868 richtig angegeben (S. 12): »Das ganze obere Moldauthal, also recht eigentlich der Hauptteil des Gebirgszuges von Unterwuldau aufwärts bis nach Ferchenhaid in mehr als 7 Meilen Länge und durchschnittlicher Breite von $^1/_2$ Meile, einschließlich der Thäler der in diesen Hauptstrom mündenden Flüsse und Bäche, und zwar hinauf bis fast zu ihrem Ursprunge im Gebirge, ist mit einem zusammenhängenden 3—4 Klaftern tiefen Moor erfüllt und bedeckt mit wahren Urwäldern von Knieholz, welches hier in beiden Formen als P. montana rostrata und Pumilio vorkommt.«

hat und nun westwärts eilt, der größeren Schwester entgegen. Hier liegt am
Hange des Berges und zwischen beiden Moldauarmen die »Filzau« in 730 bis
740 m Höhe, ein breites Feld von Hochmooren und Torfwiesen, auf welchem
man stundenlang in der zwar charakteristischen, doch eintönigen Flora watend
und springend oder Gebüsche durchquerend die Nässe der Sphagneten er-
proben kann. Von einem höheren Punkte am Rande der Filzau überblickt
man weite, von Trichophorum caespitosum oder Nardus fahlgrün schimmernde Strecken ohne Sumpfkiefer; andere Flächen sind mit sehr niedriger,
geselliger Kiefer in kleinen Haufen bedeckt, die nur wenig das Moosheidelbeer-
gestrüpp überragen; dann folgen streckenweise mannshohe Sumpfkiefern in
weiteren Abständen oder endlich schon von fern her wie Wäldchen erscheinende
Bestände von 4—5 m hohen, in der Biegung der Äste jungen Zirbelkiefern
vergleichbaren Bäumen, an denen die Zapfen sowohl in der geraden, als auch
ịn der gekrümmten Form hoch in der Krone zahlreich sitzen. Diese hoch-
stämmige Varietät machte denselben Eindruck wie die Pinus montana am
Fichtelseemoor des Fichtelgebirges (s. o.). Betritt man einen solchen höheren
und dichten Bestand, so befindet man sich in einem Gewirr abgestorbener
Äste; bis gegen die Mitte des Stammes hin sieht man keine grünen Nadeln,
sondern bleichgraue Usneaceen das Gezweig bedeckend. Am Rande gegen
die nicht mehr von Torf erfüllten Lehnen gehen solche Sumpfkieferbestände
zumeist durch Sumpfbirken über in einen gewöhnlichen Birken-Erlen-Kiefern-
wald, dem sich dann an den steileren Bergflanken der Fichten- oder der untere
hercynische Mengwald anschließt.

 Die von den hohen Moorsträuchern freien Stellen werden von tiefgründigem Sphagnetum
oder von Torfwiesen eingenommen. Im ersteren überwiegt häufig der Rasen von Trichophorum
caespitosum, hier noch einmal so üppig wie im Harz oder wie in der Lüneburger Heide; heerdenweise wächst Eriophorum vaginatum oder Vaccinium uliginosum, oder es sind kleine Gestrüpp-
inseln zwischen dem Sumpfmoos gebildet von Calluna, Vacc. uliginosum und Oxycoccus mit viel
Polytrichum; sehr häufig eingestreut ist Andromeda, viel seltener Drosera rotundifolia und
V. Vitis idaea. Seltenheiten giebt es hier wohl kaum.

 Die Wassergräben am Auenrande haben gesellige Vegetation von Carex rostrata und filiformis, und die höher gelegenen Torfwiesen glänzen im August durch die Sterne der Parnassia
und dichte braunköpfte Rudel von Trifolium spadiceum; die Carices sind hier durch leporina,
die Hochstauden durch Angelica silvestris am reichlichsten vertreten, also lauter gewöhnliche
Arten.

 Bei *Ober-Moldau* ist im Thal der Warmen Moldau die 800 m-Linie nach
aufwärts überschritten; die Berge rücken näher gegen den Fluss zusammen
und bilden damit die Grenze zwischen den tief gelegenen »Auen« und den
hoch gelegenen »Filzen«. Bei Ferchenhaid, einem ärmlichen Dorfe an dem
sich hier aus mehreren Quellbächen bildenden Hauptarme der Moldau in 900 m
Höhe, stehen wir am Rande dieser oberen Filze. Hundert Meter höher entspringt der Thierbach am Hange des Buckelsteins, und sein ganzer, kaum
7 km langer Lauf geht zwischen Mooren, dem sogen. »Königsfilz«.

 Wieder begegnen uns in ihm die Bestände von Moorkiefern und Moorbirken, rein oder gemischt, und große Strecken sind von freiem Sphagnetum
eingenommen, in welchem Empetrum, Carex pauciflora und Pinguicula

neben den vorher genannten Arten häufig wachsen. Die Massenhaftigkeit von Empetrum drängt sich hier als echter hercynischer Bergcharakter dem Beob= achter auf.

Noch zwei andere, viel bedeutungsvollere Arten gilt es aber in diesem Moorrevier aufzusuchen, Betula nana und Salix myrtilloides. Die Zwerg= birke ist in mehreren Filzen nicht selten; angegeben wird für sie als Standort sogar schon Kuschwarda, dessen Filze zwischen 800 und 900 m liegen, besonders aber Fürstenhut (über 1000 m) und Außergefild (1050 m). Fürstenhut liegt von Ferchenhaid gen SSW am Grenzkamm hinauf, und in seinen Filzen entdeckte PURKYNE zuerst die Salix myrtilloides, die seltenste Filzspecies des Böhmer Waldes, welche auf bayerischer Seite ebenfalls in einem Filz bei St. Os= wald am Hange zwischen Rachel und Lusen gefunden worden ist. Dieser Teil des Gebirges stellt demnach in Hinsicht der Speciesverteilung den bemerkenswertesten Abschnitt dar. *Außergefild* liegt 6 km nördlich der Moldauquelle am 1260 m hohen Hanif= Berge auf der höchsten Plauteauerhebung des Gebirges, und zu diesem an natürlichen Hilfsquellen armen, zwischen grünen Wiesenmatten gelegenen Marktflecken mit hölzerner Kirche gelangt man durch den obersten Teil des Moldauthales, von Ferchenhaid entlang an felsigen Abhängen mit Aconitum Napellus und Doronicum. Nördlich vom Orte liegt der »Seefilz« (1050 m), in dessen Pinus montana-Gebüsch die Zwergbirke mit starken, hohen Sträuchern eine ungewohnte Üppigkeit erreicht, umgeben von den schon genannten anderen Charakterarten dieser Formation.

Nur Trichophorum alpinum scheint in diesem Distrikt zu fehlen; es zeigt sich erst im schwimmenden Moor des Lakasees (1096 m) und dann in ver= schiedenen, auf bayerischer Seite in viel geringerer Höhe liegenden Filzen um St. Oswald. Aber eine andere höchst seltene Cyperacee birgt der 1240 m hoch gelegene Markfilz am Plattenhausen, ein anderer am Rachel, wieder ein anderer hoher Filz am Lusen und endlich am Spitzberg, welche der Pinus montana-Formation entbehren. Hier ist im quelligen Rasen von Trichophorum caespitosum und Eriophorum vaginatum die Carex *irrigua mit limosa und C. pauciflora vereint, während sonst in den Sphagneten der Hercynia immer nur die gemeine Hauptform der C. limosa vorkommt. Der Gipfel des *Platten= hausen* (1368 m) ist rings von Filzen umgeben, deren eintöniges Scirpeto= Caricetum hier ganz den Eindruck der Moore am Brockenfelde macht, da die herrschenden Arten die gleichen sind. Aber hier liegt das Hochmoor nahe der Waldgrenze und in Folge davon ist es an seinem Rande auf trocknerem Rasen nur von verkrüppelten Fichten mit Unterwuchs von Cladonia rangiferina umgeben. Reich an Sumpfkiefer sind dagegen wiederum die Filze auf der Hochfläche von *Mader* (980 m) im Quellgebiete der Wattawa.

4. Der Bayerische Wald.

Der Bayerische Wald im engeren Sinne, d. h. der durch die oberen Thalläufe des Regen und der Ilz vom centralen Arber- und Grenzgebirge abgetrennte Vorderzug des ganzen Gebirges, zwischen den Ortschaften Viechtach, Regen und Grafenau in den genannten Thalzügen einerseits und den Donaugehängen um Deggendorf andererseits, kann natürlich nach den in

§ 1 gemachten Auseinandersetzungen nur ein schwacher Abglanz derjenigen floristischen Züge sein, welche bisher das hauptsächliche Interesse boten. Das niedere Hügelland aber zwischen Regensburg und Passau, oder enger umgrenzt zwischen Straubing und Vilshofen, welches SENDTNER in seinem berühmten Werke mit bearbeitet hat, gehört nicht mehr zum hercynischen Bezirke. Hier finden sich interessante Areale, deren Grenzen gegen das niedere Bergland wohl unsere Aufmerksamkeit verdienen, solche wie Teucrium Botrys, Chamaedrys und montanum, oder von Polygala Chamaebuxus, Globularia und Draba Aizoon, sogar von Cyclamen und Gentiana verna; aber deren Betrachtung gehört nicht hierher.

Das in Betracht kommende Gebiet ist demnach klein; aus der breiten, die Hauptfläche bildenden Umrandung von 500—700 m Höhenschicht an den nördlich zum Oberlauf des Regen und östlich zu dem der Ilz abfallenden Gehängen erheben sich zwei Hauptmassive: Predigtstuhl, Glashüttenriegel und *Hirschenstein* (1092 m), mitten zwischen Viechtach und der Donau sich erhebend, bilden das eine, der Muschenrieder Berg, Geiskopf und *Dreitannenriegel* (1216 m) südöstlich davon das andere. Vom Dreitannenriegel geht dann nach O ein breiter Hochrücken in 700—800 m Erhebung mit den floristisch ausgezeichneten Sumpfflächen der Rusel zur Wasserscheide zwischen Regen und Ilz bei Kaltenbrunn; an diesen schließt sich mit steigender Erhebung noch einmal ein dritter Gipfelpunkt mit 1000 m an: der Sonnenwald bei Zenting mit dem niederen Vorsprunge des Büchelsteins. Nach S und SSW bildet dann etwa die 600 m-Höhenkurve um diese 3 genannten Bergstöcke herum die Grenze gegen das Donauhügelland, während im Westen das kleine Thal der Kiesach und im Osten die westlichen Quellbäche zur Ilz die Umgrenzung dieses engeren Bayerischen Waldes bilden, soweit derselbe zur hercynischen Bergflora gehört.

Es ist oben auseinandergesetzt, dass im Böhmer Walde nur dort eine reichere Entwickelung von oberer Bergflora stattgefunden hat, wo in einer breit zusammenhängenden Fläche über 1000 m Höhe zugleich Gipfel, welche 1300 m überragen, vorhanden sind, und wo in ihrem Umkreise ausgedehnte Moore sich finden. Hochgipfel von dieser Höhe sind überhaupt nicht vorhanden, Moore nur gering ausgedehnt, eher Sumpfwiesen. Demnach ist von den auszeichnenden Arten nur wenig zu erwarten, und es nehmen hier die erste Stelle ein:

Epilobium trigonum (r.).	Willemetia apargioides (frq.).	Rumex arifolius.
Homogyne alpina (spor.).	Pedicularis Sceptrum Carolinum	————————
Senecio subalpinus (r.).	(r.); Vergl. unter d).	Soldanella montana (auf der
—— crispatus (spor.).	Andromeda polifolia.	Rusel).

Dazu viele Arten von der gemeinsam weiten hercynischen Verbreitung, solche wie Calamagrostis Halleriana, Crepis succisifolia mit C. paludosa, Scorzonera humilis, Veronica montana; Digitalis ambigua steigt bis über 800 m empor, Atropa Belladonna und Arten ähnlicher Genossenschaften sind im Vorderzuge häufiger als im centralen, Walde.

Wenige Standorte versammeln solche Arten in größerer Zahl um sich. Die häufig genannte »Rusel« schließt sich nach SO an den Dreitannenriegel an und bildet mit der Breitenauerplatte (nahe dem Pfarrdorfe Bischofsmais) die am meisten durch häufigeres Auftreten montaner Arten ausgezeichneten Partien, wie das Dorf Oberbreitenau entsprechend Gottesgab im Erzgebirge mit 1064 m Höhe das höchstgelegene Kulturland im Donaugebiete bildet.

Am Hirschenstein ist in ca. 1000 m Höhe das »Langmoos« bei Ödwies, einem einsamen Forsthause, ausgezeichnet, wo Rumex arifolius mit Senecio subalpinus zusammen seinen Standort hat. Sehr merkwürdig erscheint dagegen die Angabe des Standortes »Mitterfels« (PRANTL, Exc. S. 306) für Epilobium trigonum, da der genannte Ort schon außerhalb der Südwestgrenze unseres Berglandes liegt.

Außer dem Senecio crispatus, der als bezeichnend montan-hercynische Art im Vorderzuge nicht selten ist, erscheint demnach besonders Willemetia apargioides in diesem Teile des hercynischen Berglandes von Bedeutung. Sie ist an vielen Stellen vorhanden, wenn auch nicht so häufig als im Hauptzuge, und da sie sogar südlich der Donau am rechten Innufer bei Passau schon in 300 m Höhe auftritt, so erscheint sie als ein aus der Glacialzeit her hier über die Donau vorgeschobener Relikt, der es verstand, sich im ganzen Waldgebirge bis zu der oft erwähnten Senke am Hohenbogen festzusetzen und auf den geeigneten Plätzen überrieselter Felsen und quelliger Waldwiesen zu erhalten.

d) Charakterarten der Formationen und ihre Verbreitung.

Ergänzende Angaben über Höhenverbreitung. Es bedarf noch einiger Ergänzungen für solche bemerkenswerte Höhenstandorte, die bei den vorhergehenden Schilderungen nicht gestreift werden konnten. Anziehend sind da zunächst die *Seen des Böhmer Waldes*[1]), deren nach Höhen geordnete Folge lautet: Kleiner und Großer Arbersee (910, bez. 934 m), Schwarzer See (1008 m), Teufelssee (1030 m), Rachelsee (1060 m), Stubenbachersee (1079 m), Blöckensteinsee (1090 m), Lakasee (1096 m). Folgende auszeichnende Arten finden sich in ihnen:

Isoëtes lacustris, Teufelssee und Schwarzer See. (Aus letzterem unter dem Namen Bistritzer oder Eisenstraßer See macht SENDTNER Angaben über dies Vorkommen, S. 391; entdeckt wurde hier Isoëtes durch TAUSCH 1816.)

Sparganium affine, Schwarzer See, Blöckensteinsee.

Nuphar luteum, gesellig im Großen Arbersee.

Auf schwimmenden Sphagnum-Decken in diesen Seen finden sich

Scheuchzeria palustris, Gr. Arbersee !, Rachelsee ! (Von dieser Art giebt SENDTNER noch einen tiefen, außerhalb unserer Gebietsgrenze gelegenen Standort um Bodenwöhr unterhalb 400 m nach VOITH an.)

---

1) Vergleiche zur geographischen Orientierung über diese in keinem anderen hercynischen Gebirge derartig entwickelten Landschaftsformen die Abhandlung von Dr. P. WAGNER, Die Seen des Böhmer Waldes, eine geol.-geogr. Studie u. s. w. mit Abbildungen; S. A. der Wiss. Veröff. des Vereins für Erkunde in Leipzig, Bd. IV, 1897.

Carex limosa, Kl. und Gr. Arbersee !, Rachelsee !
—— pauciflora: dieselben Seen !
Trichophorum caespitosum: dieselben Seen !

Am Rande dieser Seen sind teils sumpfige, Moos erfüllte Gestade, welche vielfach richtige kleine *Moore* darstellen; oder es giebt hier Weidengebüsche mit Hochstauden montaner Art, unter welche sich aber auch Teichuferpflanzen aus niederen Regionen mischen. Solches sind:

Rhynchospora alba, am Großen Arbersee im Sphagnetum ! Dies ist der von mir beobachtete höchste Standort in den hercynischen Gebirgen, welche die im übrigen durch ihr
atlantisches Areal ausgezeichnete Pflanze (vergl. Teichniederung der Lausitz in Kap. 9)
sonst meidet. Ihr Vorkommen im Böhmer Walde entspricht demnach schon mehr ihrer
Verbreitung in den Ostalpen. SENDTNER giebt für sie nur Standorte zwischen 400 und
750 m in den Mooren von Bodenwöhr, Cham, Freyung und Wegscheid an, welche beide
Verbreitungsareale verbinden.
Lycopodium inundatum, am Kleinen Arbersee im Sphagnetum ! Auch diese Art verbindet im Böhmer Walde tiefe Standorte mit hochgelegenen, und von ihr giebt SENDTNER
als höchstes Vorkommen das Hochmoor auf der Breitenau mit 1050 m an.
Peucedanum palustre, am Ufer des Großen Arbersees und Rachelsees ! Erreicht hier im
hercynischen Berglande, welches sonst von dieser sich im Areal ähnlich wie Rhynchospora verhaltenden Art gemieden wird, die größeste Höhe.
Calla palustris, am Ufer des Kleinen Arbersees; zugleich bei St. Oswald am Rande des
großen Filzes (SENDTNER) 750 m und in anderen Mooren bis gegen 1000 m.
Drosera rotundifolia steigt in den Moosmooren bis zu 1200 m auf; höchstes Vorkommen
im Filz zwischen Lusen und Spitzberg an der böhmisch-bayerischen Grenze.
Pinguicula vulgaris ist nicht so zahlreich im Böhmer Walde wie im Fichtelgebirge, findet
sich auf den Lusener Waldwiesen bei 1100 m als höchstem Standorte, an mehreren Stellen
zwischen 900—1000 m, am tiefsten (nach SENDTNER) bei 450 m.
[Geum rivale dagegen, welches im Harz und besonders im Erzgebirge hoch in die quelligen
Gründe unterhalb der Waldgrenze ansteigt, endet hier schon bei 650 m und geht nicht
in die Hochmoore und nicht an die Ufer der Seen. —]

Andere bemerkenswerte Wasserpflanzen:

· Callitriche stagnalis, var. cophocarpa Sendtner, in montanen Bächen mit Montia rivularis bis
gegen 900 m.
Sparganium natans steigt bis zum Moor bei Höhenbrunn (St. Oswald) in Höhe von 740 m in
die untere Bergregion auf.

————————

Es folgen nun einige Charakterarten der *Wiesenformationen.*

Pedicularis Sceptrum Carolinum L. Dies ist eine der seltensten Arten des Gebirges und zugleich der Hercynia, von welcher bisher noch nicht die Rede war. Sie hat im centralen Böhmer Walde nur einen einzigen sicheren Standort, nämlich auf Sumpfwiesen zwischen Bodenmais und Rabenstein. Bodenmais am Südhange des Arberstockes ist vom Thale des Regen bei Zwiesel durch den Bergstock des 951 m hohen Hühnerkobels geschieden, an den sich nordwärts noch höhere Berge anschließen; am Osthange dieses Kobels liegt das Dorf Rabenstein. Der Berg ist stark bewaldet und in ihm steigt Knautia silvatica bis 800—900 m. An diesen Standort schließen sich jenseits des die linke Uferhöhe des Regen bildenden »Pfahls« zwei andere im Vorderzuge des Bayerischen Waldes an, auf der Breitenau und bei Dosingried (SENDTNER, S. 302), so dass die ganzen Standorte hier, nahe der Donau, zwischen dem Hirschenstein bei Schwarzach und dem Hochzellberg bei Bodenmais liegen.

Hieracium aurantiacum L., nicht häufig auf Bergwiesen von Grafenau an (600 m) bis über St. Oswald (800 m) zu den Wiesen am Lakasee! (1100 m). An seinen Standorten immer vereinzelt beobachtet, obwohl diese sonst in der Hercynia nur aus dem Ostharz angegebene Art in niederen Lagen sich durch die Kultur leicht verbreitet.

Die nun folgenden Bemerkungen beziehen sich auf Arten der Wiesen, welche in der Hercynia eine weite, schon in früheren Kapiteln besprochene Verbreitung zeigen.

Peucedanum Ostruthium, nicht so häufig im Böhmer Walde als im oberen Erzgebirge. Als unzweifelhaft natürlichen Standort giebt SENDTNER die Lusener Waldhauswiesen über 1100 m hoch an.

Carlina acaulis, nicht selten auf quelligen Wiesen noch zwischen 800—850 m (z. B. cop.² bei Freyung!, auch bei Schönbrunn auf trocknerem Heiderasen!). SENDTNER erwähnt 5 Standorte auf Granit bis 850 m, deren Boden kaum 1% an Kalk enthält, während das häufige Vorkommen näher zur Donau hin dem Kalkkies angehört.

Scorzonera humilis durch den Vorderen Wald hindurch über dessen höchste Torfwiesen zerstreut bis zum Lusenhang 1000 m.

Phyteuma nigrum hat Ph. orbiculare zu ersetzen und ist auf den Wiesen im Bereich des Urgebirges von niederen Vorbergen bis 1000 m, selten bis 1200 m, verbreitet.

Crepis succisifolia zerstreut von 600—1000 m.

Gymnadenia albida erscheint viel seltener als in der Borstgrasmatte des oberen Erzgebirges zerstreut auf den Gipfeln, z. B. am Rachel.

Coeloglossum viride ist auf den Bergwiesen merkwürdig selten. Von SENDTNER wird es als fehlend bezeichnet; ich selbst beobachtete es mit PRANTL auf einer niederen Bergheide ca. 750 m hoch bei Höhenbrunn (St. Oswald) neben Thesium pratense!, Arnica und Dianthus deltoides.

Cirsium heterophyllum, wie im Erzgebirge häufig von 600—1100 m verbreitet.

Viscaria vulgaris meidet ähnlich wie im Erzgebirge die obere Region und endet bei 900 m auf trocknen Wiesen, grasigen Lehnen und steinigen Gehängen.

Zum Schluss folgen noch einige Bemerkungen über Arten der *Bergwälder* und *subalpinen Heiden.*

Aruncus silvester tritt weniger häufig als im Lausitzer und Erzgebirge auf und fehlt auf weite Strecken. In den höheren Regionen um 1000 m selten, z. B. am Abstieg vom Plattenhausen und am Rachelsee-Bach.

Prenanthes purpurea durch die ganze Waldregion 600—1400 m verbreitet.

Mulgedium alpinum durch den ganzen Hauptzug in den Höhenstufen 800—1000 m vereinzelt, dann bis zur Waldgrenze besonders an den Gipfeln vom Osser bis zum Blöckenstein häufiger.

Calamagrostis Halleriana, verbreitet von 700 m bis zum Krummholzgebüsch, auch in die Filze eintretend.

Var. mutica SENDTNER (p. 378). Diese merkwürdige, am Lakaberg und Blöckenstein zuerst aufgefundene Form habe ich auch weiter nördlich im Hauptzuge an der Seewand über dem Teufelssee beobachtet.

Listera cordata geht von ihrer normalen unteren Grenze bei 800 m bis zu dem Hochmoor am Spitzberg über 1300 m; nirgends in der Hercynia ist sie so verbreitet als hier.

Willemetia apargioides hat im centralen Walde ihre Hauptverbreitung, obgleich sogar einzelne Standorte den Vorbergen nicht fehlen, und steigt von durchschnittlich 800 m bis gegen die höchsten Gipfel in die Mutellina-Wiesenfacies.

Rumex arifolius auf Waldwiesen und dann auf der oberen Bergheide von 1000 m bis zum Rachelgipfel im Borstgrase verbreitet.

Die Charakterarten der Moose und Flechten[1]).

Überall drängen sich im Böhmer Walde mit maßgebender Bedeutung
diese beiden Pflanzenklassen auf, und so versetzen wir uns, um die früheren
Schilderungen zu vervollständigen, nochmals in den Aufstieg zum Arber
zurück. An seinen unteren Stufen rings um sein Felsenhaupt finden wir zunächst im Walde nur die gewöhnlichen Moose wie Hylocomium Schreberi,
H. splendens, Dicranum scoparium und Polytrichum commune an feuchten
Stellen, die eine zusammenhängende grüne Bodendecke bilden, in welcher
sich vereinzelt kleine Haufen von Hypnum crista castrensis, Hylocomium
loreum und graugrüner Cetraria islandica eingestreut finden. Die so zusammengesetzte Bodendecke zieht sich ohne nennenswerte Verschiedenheit bis zu 900
und 1000 m Höhe hinauf, namentlich im hochstämmigen geschlossenen Nadelwalde. Dann aber wird ihre Zusammensetzung eine andere. Hylocomium
loreum breitet sich auf Kosten der anderen Bodenmoose mehr und mehr
aus und bildet schließlich bei 1100 m Höhe auf weite Strecken für sich allein
den grünen Waldteppich. Auf dem Wege vom Schwarzen See zum Teufelssee
z. B. hat man fast eine volle Stunde lang diese Hylocomium-Decken zu beiden
Seiten des Weges. Hier mischt sich auch reichlich ein anderes charakteristisches
montanes Moos ein, das aber im Böhmer Walde nicht so allgemein verbreitet
ist wie das vorige, nämlich Plagiothecium undulatum; dieses steht entweder herdenweise zusammen und webt dann mit seinen auf und zwischen
den Fichtennadeln kriechenden Zweigen hellgrüne glänzende Flecke in den
Hylocomium-Teppich, oder es wächst in engster Gemeinschaft zwischen diesem
und richtet dann seine dunkler gefärbten Zweige aufwärts. Nur sporadisch
mischen sich die graugrünen dickeren Rasen von Cetraria islandica und das
Mastigobryum trilobatum bei, welches zwar nicht in der Färbung, wohl aber
durch sein struppiges Aussehen von dem dunkelgrünen weichen Hylocomium-
Teppich absticht. In dieser Höhe sind von Gefäßpflanzen die gewöhnlichsten
Begleiter Lycopodium Selago, Blechnum Spicant und Homogyne.

Der Übergang der Moosvegetation des unteren Waldes zu der des oberen
ist gewöhnlich ein ganz allmählicher, indem Hylocomium loreum immer
häufiger den vorhandenen Waldmoosen sich hinzugesellt. Nicht selten aber
wird er dadurch ein plötzlicher, dass in den oberen Partien des unteren
Waldes, also etwa von 800—1000 m, die Buche sich häuft und in unver-
mischten Beständen auftritt, welche mit ihrer Laubdecke auf dem Boden jeg-
liche Moosvegetation erstickt. Dann tritt mit dem Aufhören der Buche, also
mit dem Beginn von F. 9 sogleich die Massenvegetation von Hylocomium uns
entgegen.

Nicht immer haben die Moosdecken des oberen Waldes die geschilderte
große Ausdehnung. An Hängen mit großem Blockgewirr oder auch an der
oberen Grenze wird dieser sehr lückig. An den ersteren Stellen bedecken

---

1) Bearbeitet von Dr. B. Schorler.

Heidelbeergesträuche oder üppige Farnrosetten besonders von Nephrodium montanum den spärlichen Boden zwischen den Blöcken, an den letzteren schieben sich Bestände von Calamagrostis Halleriana oder Nardus-Matten zwischen die Reste˙ des oberen Waldes. Da Hylocomium loreum auch nicht mit den eigentlichen Felsmoosen konkurrieren kann, so ist hier sein Areal recht zerfetzt, aber immer wieder trifft man im Schatten von Baumgruppen auf größere oder kleinere Herden desselben, die sich hier oft mit den feinen Blättern von Deschampsia flexuosa zu charakteristischen Beständen vereinigen.

Dieses |Hylocomium muss ganz allgemein mit seinen Massenbeständen als auffälligstes Charaktermoos des oberen Waldes betrachtet werden, dem sich als zweites weniger allgemein verbreitetes Plagiothecium undulatum anschließt. Daran ändert auch die Thatsache nichts, dass beide mit den Blütenpflanzen tief herabsteigen und in engen feuchten Bachthälern Massenvegetationen bilden können. Solche habe ich z. B. in einem engen Bachthale bei Regenhütte in 660 m Höhe gefunden, wo sich beide Moose mit großen Haufen von Pterygophyllum lucens, Trichocolea tomentella und Aneura multifida vergesellschaftet zeigten (F. 11). An den benachbarten trockneren Hängen des weiteren Regenthales fehlten die beiden Charaktermoose im unteren Walde vollständig, oder es war wie auch anderwärts Hylocomium loreum nur ganz sporadisch vertreten.

Wenden wir uns nun den anderen Facies zu. In lichten Waldstellen, auf Schonungen und an Waldrändern wachsen auf trockenem Boden verschiedene˙ Flechten, wie Cladonia rangiferina mit Cl. degenerans, Peltigera polydactyla und P. horizontalis, die auch mit den dünnen Humusschichten auf den Blöcken vorlieb nehmen. Oder es bilden hier Cladonia squamosa mit Ceratodon purpureus und Bryum capillare, Cladonia gracilis mit Cl. furcata kleine Gemeinschaften. Und Dicranella rufescens mit Diphyscium sessile umsäumen die schattigen Waldwege, auf denen an humusreichen Stellen die flachen Rasen von Plagiothecium denticulatum glänzen.

Üppig entwickelt sind im oberen Walde die *Epiphyten*. Neben den langen Bärten von Bryopogon jubatum und Usnea barbata, den breiten blaugrauen Blättern von Cetraria glauca, den braunen der Sticta Pulmonaria und verschiedenen Parmelien (P. physodes, saxatilis und perlata), die auf allen möglichen Rinden sich finden und vom Fuße des Gebirges bis zu den Gipfeln reichen, deuten Menegazzia pertusa an Buchen, Pannaria triptophylla und Parmelia diffusa den Bergwald an. Von Moosen bilden Leucodon sciuroides, Lescuraea striata mit Brachythecium reflexum, Amblystegium subtile und Hypnum cupressiforme förmlich grüne Mäntel um die alten Stämme der obersten Bergahorne bei 1200 m, während die alten Buchen in dieser Höhe Pterigynandrum filiforme und Orthotrichum patens als grünen Schmuck auf ihrer grauen Rinde tragen, denen sich auch Leskea nervosa, Neckera complanata, N. crispa, Isothecium myurum und Plagiothecium denticulatum zugesellen können.

Auf den gestürzten Baumleichen und den alten *faulenden Stümpfen* siedeln
sich gern Dicranodontium longirostre, Tetraphis pellucida, Plagiothecium
denticulatum mit Pl. silesiacum und selten Buxbaumia indusiata an, oder es
bilden Hylocomium splendens, H. Schreberi, Polytrichum commune und verschiedene Dicranum-Arten, wie D. scoparium, D. fuscescens und D. montanum,
weiche Sitzplätze für den müden Wanderer, oder es überwuchern Aneura
palmata in großen Rasen mit Jungermannia trichophylla und J. curvifolia das
faule nasse Holz.

Die *Überkleidung der Felsblöcke* zeigt vielfach im unteren und oberen
Walde die gleichen Moosbilder. Auf der Oberseite der Blöcke bilden Polytrichum commune, Dicranum scoparium, Hylocomium splendens, H. Schreberi
und seltener Hypnum crista castrensis weiche Kissen, welche in Verbindung
mit den sich hier ansammelnden Fichtennadeln schließlich für Cladonia rangiferina, Oxalis Acetosella und Vaccinium Myrtillus günstige Existenzbedingungen
schaffen. An den steilen Seitenwänden dagegen breiten sich die dünnen
Decken von Hypnum cupressiforme, Plagiothecium denticulatum, Isothecium
myurum, Jungermannia albicans und Plagiochila asplenoides aus. Diesen gemeinen Felsbewohnern mischen sich nun besonders reichlich im oberen Walde
eine Anzahl montaner Arten in einem nach dem Standorte wechselnden
Häufigkeitsgrade bei. Das sind Cynodontium polycarpum, Dicranum longifolium, D. montanum, Racomitrium sudeticum, R. fasciculare, Antitrichia
curtipendula, Brachythecium reflexum, Hypnum uncinatum und Hylocomium
umbratum. Einige von ihnen können an Blöcken des oberen Waldes die
gemeinen Arten vollständig verdrängen und allein die Überkleidung der Felsen
übernehmen. Das ist z. B. am Arber mit Racomitrium sudeticum der
Fall, welches auf dem Wege vom großen Arbersee zum Gipfel um alle Blöcke
seinen braungrünen festsitzenden Mantel legt. Aus Felsspalten und -höhlen,
wo gewöhnlich nur Tetraphis pellucida und Calypogeia Trichomanis sich ver-
stecken, leuchtet auch dem Wanderer einige Male Schisostega osmundacea
entgegen, so im Riesloch da, wo Aconitum Napellus beim Aufstieg zum ersten
Mal auftritt, und auf dem Ossersattel.

An *überrieselten Felsen* bilden Scapania undulata und Jungermannia
lanceolata nasse Decken, zwischen denen sich oft auch grüne Algenfäden von
Ulothrix subtilis, U. *compacta, U. *mucosa mit Phormidium und Mougeotia
spec. nebst Staurastrum punctulatum finden. An nassen Steinen im Bache
breitet sich neben Scapania undulata auch Sc. nemorosa aus. *Im Wasser*
selbst aber fluten Hypnum ochraceum und Fontinalis antipyretica, zuweilen
aber auch die durch ihre Verbreitung bemerkenswerte Fontinalis squamosa,
welche sowohl den Alpen als auch dem hohen Norden zu fehlen scheint.
Das ›Veilchenmoos‹ Trentepohlia Jolithus heftet seine duftenden sammetartigen Überzüge besonders an Blöcke um die Seen, kehrt aber auch anderwärts in feuchten Thälern sporadisch wieder.

Besonders reich an interessanten Arten sind nun aber die den oberen Wald
überragenden *Gipfelfelsen des Arber.* Neben den gemeinen felsbewohnenden

Flechten, die hier zuerst genannt werden sollen, wie Parmelia saxatilis und physodes, Cetraria islandica mit Cladonia rangiferina und Bryopogon jubatum und den Krusten von Rhizocarpon geographicum mit Pertusaria rupestris und Lecanora sordida, die von der Ebene bis zu diesen Höhen überall die sonnigen Felsblöcke überziehen, finden sich hier oben die folgenden montanen Arten:

Cornicularia tristis.	Gynophora cylindrica, in großer Menge auch
Alectoria ochroleuca.	auf dem Osser.
Stereocaulon denudatum.	Haematomma ventosum, auch auf den übrigen
Sphaerophorus coralloides, fragilis.	Gipfeln nicht selten.
Parmelia Fahlunensis, auch auf dem Osser und	Lecanora bicincta.
Dreisessel in Menge.	Catolechia pulchella und Lecidella arctica, die
—— stygia.	beide Andreaeen überziehen, aber selt. sind.
Gynophora vellea, sehr zahlreich.	Lecidella marginata, aglaea, cyanea.
—— erosa, hirsuta, deusta,	Lecidea confluens, Dicksonii, sudetica (r.).

Da wo sich bereits dickere Humusdecken auf den Blöcken gebildet haben, oder in Felsspalten und auf den begrasten Lehnen treten uns dagegen neben weit verbreiteten Cladonien folgende charakteristische Bergformen entgegen

Thamnolia Vermicularis, auch auf den anderen	Cetraria cucullata, nivalis.
Gipfeln nicht selten.	Bilimbia milliaria.
Cladonia bellidiflora, carneola.	Psora demissa, Biatora granulosa.

Von den genannten Flechten des Arbergipfels beanspruchen Lecanora bicincta, Catolechia pulchella und Lecidella marginata pflanzengeographisch das meiste Interesse, da sie, wie es scheint, den Böhmer Wald vor allen übrigen Bergländern des hercynischen Bezirkes auszeichnen, aber auch im Riesengebirge vorkommen. Ich habe von- ihnen nur die grünlichgelben dicken faltigen Krusten der Catolechia über Andreaeen sich ausbreitend in einem einzigen Exemplare aufgefunden zusammen mit der Gyrophora vellea. Zwei andere Flechten des Böhmer Waldes teilen mit den dreien die gleiche Verbreitung, nämlich die auf dem Falkenstein vorkommende Schaereria cinereorufa und die Lecidella armeniaca vom Lusen. Dagegen hat das böhmischbayerische Grenzgebirge 3 Arten der obigen Liste mit dem Harze gemein, die den übrigen Bergländern fehlen:

Lecidella aglaea.	Lecidea sudetica.	Lecidea confluens.

Das Vorkommen von Thamnolia Vermicularis teilt der BhW. mit Hz. und Rh. (Milseburg).

Von den Moosen bedecken Andreaea petrophila mit A. Rothii, Grimmia montana, Racomitrium sudeticum, lanuginosum, fasciculare, microcarpum und Polytrichum alpinum große Flächen der nackten Gneisfelsen des Arbergipfels, von denen das letztere auch auf die grasigen Lehnen und in Felsspalten übergeht.   An feuchten Stellen und in Gesteinsspalten trifft man Rasen von Jungermannia Taylori mit J. ventricosa und J. albicans mit Lophocolea heterophylla, auch Webera nutans, W. elongata und Grimmia incurva; auf steinigem Boden Massenvegetationen von Didymodon rubellus.   Im Schatten der Krummholzgebüsche sind dagegen die Blöcke noch vielfach mit Hypnum crista

castrensis dicht überzogen. Auf dem nassen Gneis an der Arberquelle schiebt
sich zwischen die dicken Rasen der Dicranella squarrosa das Sphagnum
squarrosum in einzelnen Exemplaren oder kleinen Haufen ein. Und die
Hochmoore bestehen nach SCHILLER aus Sphagnum acutifolium, Sph. Girgensohnii, Sph. recurvum, Sph. subsecundum, Sph. cymbifolium und Sph. medium
mit Hypnum stramineum und Bryum uliginosum. Die für den Böhmer
Wald charakteristischen Moose seien gleich an dieser Stelle zusammen-
fassend aufgezählt:

a) Felsbewohner:
Dicranum Blyttii[1]).
—— elongatum.
Desmatodon latifolius.
Tortula alpina.

Grimmia elongata.
—— torquata.
Bryum arcticum.
Plagiothecium neckeroideum.
Cynodontium Schisti.

b) Auf grasigen Plätzen:
Webera polymorpha.
——longicolla (auch auf Felsen).
c) Baumbewohner:
Hypnum fertile.

Die meisten Arten dieser Liste sind Gebirgsmoose, die sowohl in den Alpen wie im hohen
Norden vorkommen, nur Plagiothecium neckeroideum und Hypnum fertile machen
davon eine Ausnahme. Sie sind Alpenbewohner, die nicht nur dem Riesengebirge fehlen (Hypnum fertile findet sich dagegen im Gesenke), sondern auch im Norden nicht wieder auftreten,
also im Böhmer Wald ihre nördliche Verbreitungsgrenze finden zusammen mit dem Enzian, der
Mutellina und dem österreichischen Doronicum.

Außer diesen sind einige andere erwähnenswert, die nur noch in einem der
übrigen Bergländer Standorte aufweisen. So hat der Böhmer Wald mit dem
Harz gemeinsam Andreaea Huntii, Grimmia unicolor, Amphidium lapponicum[2]),
Webera gracilis und Hypnum sarmentosum, mit dem Fichtelgebirge Bryum
obconicum, mit dem Frankenwald Dicranum Sauteri und Campylopus subu-
latus, die beide dem Riesengebirge fehlen wie auch die Webera gracilis, und
mit der Lausitz und dem Harz Grimmia funalis, die erst in neuester Zeit auch
auf dem Kleis aufgefunden wurde. Die weiteren montanen Arten des Böhmer
Waldes sind aus der Liste im Abschn. III, Kap. 5 unter F. 25 zu ersehen.

Zusammenfassung der floristischen Eigentümlichkeiten.

Es ist schon im Abschn. III, Kap. 5 unter den subalpinen Formationen
eine vergleichende Liste für die obersten Höhenstufen des Böhmer Waldes
mit dem Erzgebirge und Harze gegeben, welche sowohl dort als im Vorhergehenden von SCHORLER hinsichtlich der Moose und Flechten ergänzt worden
ist. Aus der Liste der Blütenpflanzen und Farne geht hervor, dass im obersten
Gebirge 12, mit Einschluss von Cryptogramme 13 Arten dem Böhmer Walde
in der Hercynia allein angehören, wozu die hier genannten 12 Moose und
3 Flechten sehr charakteristischer Art hinzukommen. Die früher mitgerechnete
Cystopteris regia (angegeben vom Lusen) kommt im Böhmer Walde nicht vor.

Es fragt sich nun bei diesen 12 oder 13 Arten um ihr Verhältnis zu den
benachbarten höheren Bergländern, zu den Sudeten und Alpen. Nur 2 von
ihnen fehlen in den schlesischen Gebirgen gänzlich, nämlich Willemetia und

---

1) Ist 1901 von LOESKE im Harz gefunden worden.
2) Von GREBE 1901 im Thüringer Walde entdeckt.

die Gentiana pannonica. Die übrigen sind teilweise sowohl im Riesengebirge als auch im Hochgesenke zu Hause, nämlich Phleum alpinum, Juncus
trifidus, Cardamine resedifolia, Epilobium anagallidifolium, Campanula Scheuchzeri und Hieracium ·gothicum, teilweise gehören sie nur einem der genannten
Bergsysteme an und sind auch oft, wie z. B. Ligusticum Mutellina im
Gesenke und Glatzer Gebirge, viel weniger häufig; Poa alpina ist nur im
Gesenke, Agrostis rupestris nur im Riesengebirge zu Hause; Senecio
subalpinus kommt erst auf den Beskiden, der Barania im Teschener Kreise,
vor und gehört also eigentlich dem karpathischen, nicht dem sudetischen
Florenbezirke an. Alle 13 dagegen sind in den gerade südlich vom Blöckenstein gelegenen österreichischen Kalkalpen an vielen Standorten verbreitet;
nur einige, welche das Urgebirge dem Kalk vorziehen, wie Cardamine resedifolia, haben in den österreichischen Kalkalpen geringe Verbreitung. Die
Häufigkeit gilt aber auch vorzüglich von Gentiana pannonica, der Willemetia,
dem Ligusticum, Senecio und den subalpinen Grasrasen; Willemetia ist auf
Sumpf- und Moorwiesen von den Voralpen bis in die Krummholzregion verbreitet und fehlt auch auf dem Granitplateau des niederösterreichischen Wald-
viertels nicht; Senecio subalpinus ist auf Kalk und Schiefer in der oberen
Voralpenregion häufig; Gentiana pannonica besiedelt die Wiesen und
buschigen, steinigen Stellen der Voralpen- und Alpenregion Niederösterreichs.

Da nun auch solche in den Sudeten ganz allgemein vorkommende und
höchst bezeichnende Arten, wie Hypochoeris uniflora und Crepis grandiflora,
die in den Alpen eine relativ geringere Rolle einzunehmen pflegen, dem Böhmer
Walde fehlen, so ist klar und war ja auch von vornherein so zu erwarten, dass
die Areale der genannten 13 Species von den österreichischen Nordalpen her
eine einseitige Erweiterung nach dem centralen Böhmer Walde empfangen haben
und dass somit die Depression nördlich vom Hohen Bogen bei Cham—Furth—
Taus eine Florenscheide darstellt, welche vermutlich während der glacialen
Pflanzenwanderungen in Wirksamkeit war, wenn nicht die genannten Arten
erst einer jüngeren Einmischung in den vom Norden her beeinflussten Florencharakter (Betula nana, Scheuchzeria, Empetrum, Trichophorum u. s. w.) ihr
Dasein verdanken. Das letztere erscheint aber um so weniger wahrscheinlich,
als auch südlich der hier angenommenen hercynischen Bezirksgrenze die Spuren
einer aus alten Perioden bunt zusammengesetzten Mischung vorhanden sind.
Darüber hat die kleine Abhandlung von G. v. BECK[1]) über die »Wachau«
einen hübschen Aufschluss gegeben. Es lässt sich vermuten, dass der Böhmer
Wald ein viel stärkeres Kontingent von Reliktenpflanzen der nördlichen Kalkalpen aufzuweisen hätte, wenn nicht sein Aufbau aus Urgestein der Ansiedelung präalpiner Formationen so sehr ungünstig gewesen wäre und sein um so
üppiger entwickeltes, dichtes Waldkleid das, was vielleicht unmittelbar nach
der letzten Eiszeit noch an präalpinen Beständen vorhanden war, in der Hauptsache vernichtet hätte.

---

1) Verein für Landesk. Niederösterr. Wien 1898.

Wie der Reliktenstandort von Alnus viridis an den Donaugehängen bei
Passau beweist, ist auch dieser subalpine Strauch in früheren Perioden angesiedelt gewesen, hat sich aber im Gebirge nicht gehalten. Pinus montana
ist dagegen in mehreren Varietäten vertreten, über deren systematische Zu-
sammengehörigkeit noch nicht die letzten Entscheidungen getroffen sind.
Die Form ihrer Zapfen erscheint veränderlich und trennt wenigstens nicht,
wie man nach den Formationsgewohnheiten erwarten sollte, die Bestände der
Filze von den in den subalpinen Felsgeröllen vorkommenden Knieholzgebüschen
mit ausnahmsloser Sicherheit, so dass schon die Meinungen über die korrekte
Rassenbezeichnung von SENDTNER, GÖPPERT, WILLKOMM und RAESFELDT
verschieden sind.

. Es bleibt nur noch übrig, auf das *Fehlen* einiger sonst in der Hercynia
gewohnten Montanarten, welche nicht auf Kalkboden angewiesen sind, zurückzukommen, von denen Meum athamanticum ja unzweifelhaft die wichtigste
Art ist. Dem schließt sich das Fehlen von Phyteuma orbiculare, Euphorbia
dulcis, Stachys alpina und Archangelica an, von denen die letztere allerdings
in dem ganzen hercynischen Gebiete zwischen Sudeten und Harz (Braunschweiger Land, s. oben!) fehlt, Stachys alpina auch in Sachsen nur als Seltenheit des Vorgebirges (Muldenland an der Zschopau, s. oben!) vorkommt.

Dann ist Centaurea phrygia *elatior, sonst allgemein-hercynisch auf
niederen Bergwiesen und in den nördlichen Landschaften sogar Pflanze der
Vorberge, im Böhmer Walde nur Seltenheit, wiewohl sie dann in Niederösterreich wieder häufig wird. Ähnliche Unterschiede zeigen sich noch bei
folgenden Arten:

Trollius europaeus wächst nur im Vorbergslande bis ca. 400 m;
Dianthus Seguieri (s. östl. Erzgebirge !) nur in 400 m Höhe bei Cham;
!Alsine Verna des Harzgebietes fehlt gänzlich, wie überhaupt jede Alsine-Art;
Saxifraga granulata endet bei ca. 600 m und damit die einzige Saxifraga des Böhmer Waldes,
     dem also auch S. decipiens völlig fehlt;
Trifolium montanum (häufig auf den Harzer Bergwiesen) endet bei 500 m;
Lathyrus Vernus endet bei ca. 550 m;
Prunus Padus endet bei ca. 600 m.

Fünfter Abschnitt.
Die hercynischen Florenelemente und Vegetationslinien.

Einleitung. Es handelt sich in diesem letzten Abschnitte um kurze Zusammenfassungen und abschließende Betrachtungen über die früheren und
gegenwärtigen Ursachen, welche die Flora der hercynischen Landschaften so,
wie sie sich heute darbietet, herbeigeführt und bis zu gewissem Grade der
Beständigkeit erhalten haben. Die zur Begründung nötigen Belege und Ausführungen sind in den früheren Abschnitten enthalten; aber die Quintessenz
der floristischen Merkmale, welche die Stellung der Landschaften zwischen
Weser und Neiße als »hercynisch« auszeichnen, in ihrer merkwürdigen Ausgleichung zwischen nordatlantischen, südbaltischen, pontischen und alpinen
Sondergenossenschaften und den Bedingungen von deren Lebenserhaltung,
die wird dabei in das rechte Licht gestellt werden, um so freier, je mehr die
Einzelheiten aus den Schilderungen der Gaue und dem Bestande der Formationen als bekannt vorausgesetzt werden dürfen. Denn die hercynische Pflanzengeographie ist nicht deswegen auf der Grundlage der Vegetationsformationen
aufgebaut worden, um diese sichere und natürliche Grundlage nunmehr bei
den entwickelungsgeschichtlichen Fragen der Flora zu verlassen; die Standorte, welche diese oder jene seltene Art in einer bestimmten, meistens durchaus
einseitigen Formation gefunden hat, sind gleichfalls maßgebend für die Gedanken, welche man über die Ansiedelung dieser Arten in der hercynischen
Flora äußern darf[1]).

1) Der hier folgende Gedankengang bezüglich der Florenentwickelung ist in der Hauptsache schon in einer vorläufigen Abhandlung der Dresdner Isis, Jahrg. 1900, Heft 2 (16 S.)
veröffentlicht worden. Während des Druckes dieses Bandes VI erschien noch eine jüngste Abh.
von A. SCHULZ »Über d. Entwickelungsgesch. d. gegenwärtigen phan. Flora und Pflanzendecke
Mitteldeutschlands« (Ber. Deutsch botan. Ges. 1902, XX. 54—81) in Ergänzung zu dessen Buch
in den »Forschungen z. d. Landes- u. Volkskunde« 1899 (siehe oben S. 167, Anm.), in welcher
derselbe seinen jetzigen Standpunkt nochmals zusammenfasst und gegenüber meinen abweichenden
Meinungen (siehe besonders S. 78 oben) verteidigt. Eine Discussion hierüber muss einer anderen
Gelegenheit vorbehalten bleiben. Nur das sei von meinem Standpunkte hier betont, dass auch
ich die Wirkung der (1.) Haupteiszeit für viel größer gewesen als die letzten halte, dass ich
aber immer nur von der letzten spreche, weil die (größere) Wirkung der ersten durch die mit
wärmerem Klima und arktotertiären Pflanzen wie Brasenia ausgerüstete Interglacialperiode als in
der Gesamtwirkung aufgehoben zu betrachten ist und es sich nicht sicher beurteilen lässt, welche
Elemente aus der 1., und welche aus der 2. Haupteisperiode als Relikte heute erhalten sind.

Erstes Kapitel.

Die Stellung des hercynischen Berg- und Hügellandes im mitteleuropäischen Florengebiete.

Eine Wanderung durch recht verschiedene Formationen der Pflanzenwelt zwischen Weser und Neiße haben wir in dem vorhergehenden Abschnitt unternommen; neben vielem Gemeinsamen traten uns öfters so bedeutsame Verschiedenheiten, besonders in den Hügelformationen, entgegen, dass man z. B. bei den Excursionen an der Werra im nördlichen Hessen und an der Elbe bei Dresden oder im Bernstädter Hügellande nicht immer in einem einheitlichen »Florenbezirk« zu sein wähnte.

Seine Einheitlichkeit wird aber in erster Linie durch die Gemeinsamkeit der Montanregion zusammengehalten, welche vom Harz zu den Weserbergen und der Rhön herüberstrahlt und sich auf dem durch das Fichtelgebirge verknoteten Gebirgswall vom Thüringer Walde bis zum Erzgebirge und Böhmer Walde weit südwärts forterstreckt.

In dem Umkreise dieser Bergländer war eine gewisse gleichmäßige Entwickelungsgeschichte der Flora bedingt, aber die sich an sie anlehnenden Hügellandschaften boten verschiedene Berührungspunkte für den Zuzug wärmerer Arten aus Südost und aus Südwest, wiederum anderer Arten aus Nordost und Nordwest. Diese Besiedelungen mussten verschiedenartig ausfallen 1. *nach dem orographischen Aufbau*, welcher von dem genannten großen Gebirgswalle ein im allgemeinen nach N sich verflachendes Land schafft, und 2. *nach dem geognostischen Substrat*, welches in unserem Bezirk die »edaphischen« Momente[1]) zu solchen von großer Bedeutung macht. Denn an die krystallinischen Hauptgebirge schließen sich an den Flügeln basaltische Erhebungen an, und außerdem zerfällt das gesamte vor- und zwischengelagerte Hügelland in eine größere westliche Hälfte mit bevorzugter Entwickelung von kalkreicher Trias, und in eine kleinere östliche Hälfte, deren Hügellandboden sich nicht wesentlich von dem des aus krystallinischen Gesteinen gebildeten hercynischen Gebirgsrückens unterscheidet.

Was besonders von den *Hügellandschaften* in Abschn. IV, Kap. 1—9, gesagt worden ist, stellt in der Hauptsache die Einzelheiten zu den eben angeführten Gesichtspunkten dar, die Wirkung der verschiedenen Berührungspunkte für Besiedelung und die Wirkung des orographisch-geognostischen Aufbaues.

Die innere starke Verschiedenheit der Formationsbildung, wie wir sie etwa beim Vergleich der subalpinen Bergheide des Brockens und der Schotterflora auf Muschelkalkgehängen bei Freyburg a/Unstrut erblicken, wo wir kaum eine

---

1) D. h. also die Bodenwirkungen in dem von SCHIMPER dafür gebrauchten allgemeinen Ausdrucke.

gemeinsame Art außer Hieracium Pilosella beobachten, muss uns schließlich veranlassen zu der Frage, welches Band denn nun eigentlich den hercynischen Bezirk zusammenhält? eine Frage, die um so mehr berechtigt ist, als schon die 'einfache Einteilung in »Vegetationsregionen« auf Karte I von Deutschlands Pflanzengeographie die oberen hercynischen Berglandschaften (Terr. 10—15) in einer anderen Vegetationsregion zusammenfasst als die Hügellandschaften. Wir sehen, dass die »Hercynia« als Einheit aufgestellt nicht dem Begriff solcher Vegetationsregionen entspricht, dass die Einheit vielmehr eine geographische, und zwar nach Vegetationsgrenzen sowohl im Hügellande als nach dem Artgemisch im Berglande abgesteckt, ist.

a) Die Begründung der hercynischen Abgrenzung nach außen und ihre Gliederung nach innen.

Bei der Bedeutung, die solchen Überlegungen für die konsequente Übertragung auf andere Gebiete und schließlich auf eine zu erstrebende floristische Kartographie in größerem Maßstabe innewohnt, mag es erlaubt sein, die Begriffsbildung solcher Teilung, wie sie in den Landschaften des Abschn. IV sich ausspricht, zu erklären.

Bekanntlich geht durch die ganze Botanik gesondert der physiologische und der systematische Gesichtspunkt und hat in der Pflanzengeographie darin seinen Ausdruck gefunden, dass man die »Vegetation« und »Flora« eines Landes in wechselseitiger Ergänzung zur Charakteristik verwendet. Während die Vegetation die *biologischen Merkmale* der Bestände auseinandersetzt und dabei des Wechsels der Jahreszeiten gerade wie der Einflüsse von Boden und Wasser eingedenk bleiben muss, stellt die Flora den systematischen Artenkatalog zusammen und vergleicht die diesen Arten aus der Erdgeschichte überkommenen *Areale*, deren Umfang jedoch biologisch begründet ist. Bei dem Überblick über die ganze Erde und ihre Gliederung in größte pflanzengeographische Einheiten entstehen daher nach den beiden getrennt zu haltenden Gesichtspunkten *Vegetationszonen* und *Florenreiche*[1]). Beide Gesichtspunkte sind einer weitergehenden Gliederung fähig, die zunächst bis zu gewissem Grade unabhängig von dem anderen gehalten werden muss, um ihr Wesen beizubehalten.

Die Florenreiche gliedern sich zunächst nach dem Hauptbestande selbständiger Arten in *Florengebiete*, diese wiederum in *Florendistrikte*. Die Distrikte des mitteleuropäischen Florengebietes sind im Handbuch der Pflanzengeographie 1890 auf Karte S. 364 dargestellt, aber ohne feste Grenzen: bei dem allmählichen Übergange der Arten eines Distrikts in einen anderen gewinnt man die festen Grenzen durch Verwendung biologisch begründeter *Zonenabteilungen*, und so durchdringen sich nunmehr beide zur Einteilung der Erde verwendeten Gesichtspunkte zu gemeinsamer Leistung. Hierdurch entstehen kleinere Stücke sowohl von floristischem als von Vegetationscharakter,

---

1) Vergl. Handb. d. Pflanzengeogr. S. 69 und 154.

wie es im Text zum Atlas der Pflanzenverbreitung[1]) 1892 ausgedrückt worden
ist: »Wird dieser Grundgedanke weiter ausgeführt, wobei dann auch auf
schwächere klimatische und physiognomische Abstufungen der Zonenabteilungen zu achten ist, welche sich besonders durch wichtige Vegetationslinien zu erkennen geben, so erhält man eine große Anzahl durch ihre
pflanzliche Bodenbedeckung leicht zu bestimmender »Regionen«. Dies ist der
von mir gegebene Begriff der *Vegetationsregionen*, wie sie in Deutschlands
Pflanzengeogr. Karte I praktischen Ausdruck gewonnen haben. Diese Regionen
können in der Ebene nebeneinander und im Gebirge übereinander liegen;
wesentlich ist, dass sie biologisch in Vegetationslinien oder phänologischen
Stufen oder Ausprägungen bestimmter Formationen ihre Begründung finden.

Der Charakter einer Vegetationsregion erfordert das Vorwiegen bestimmter,
biologisch (ökologisch) nach gewissen klimatischen Hauptbedürfnissen ab-
gerundeter Vegetationsformationen mit durch den Distriktscharakter gegebenen
kennzeichnenden Arten. Wenige Arten, bez. Formen sind bei uns auf die
betreffende Vegetationsregion beschränkt; andere aber verleihen derselben
durch ihre besondere Arealzugehörigkeit einen besonderen geographischen
Zug, z. B. pontisch, atlantisch, boreal (skandinavisch) u. s. w. Solche durch ihr
gleiches Areal verbundene »Leitpflanzen« in den Vegetationsformationen bezeichnen wir als eine *geographische Genossenschaft*, »*Association*« (LÖW), und
es dürfte sich empfehlen, den Namen Association nicht anders als in diesem
Sinne anzuwenden.

In der Hercynia gehört nun die obere Höhenstufe über 400, bez. 500
oder 600 m zu der Vegetationsregion IV auf Karte I in Deutschl. Pflanzengeogr. Bd. I, welche — unter Betonung der oberen Nadelwald-Formationen —
als die der (subalpinen) Bergwälder bezeichnet ist, während die untere Höhenstufe zu der Vegetationsregion III gehört, welche das Hügelland und niedere
Bergland umfasst. Wie sich die Formationen scheiden, ersieht man ohne
weiteres aus einem Blick auf die Tabelle in Abschn. III, S. 102, wenn man auf
die Formationsverteilung in Terr. 1—9 und 10—15 achtet. In den Formationen
des Hügellandes treten Leitpflanzen südeuropäischer, pontischer, westpontischer
oder atlantischer Zugehörigkeit auf, in denjenigen des Berglandes solche
arktisch-borealer, karpathischer, alpiner oder auch westeuropäisch-montaner
Herkunft. Aber auch die herrschenden Arten der Wälder, Wiesen, Felsgehänge
verteilen sich oben und unten ganz verschieden, weil die Länge der Vegetationsperiode und die in ihr herrschende Luft- und Bodenfeuchtigkeit, ebenso
die Luft- und Bodenwärme, sehr verschieden ausfallen.

Deswegen geht eine innere Verschiedenheit durch die Hercynia, und wenn
diese trotzdem hier als äußere Einheit dargestellt ist, so geschieht das, indem
unter Berücksichtigung der geogr. Lage zur Florenentwickelung und Besiedelungsgeschichte bestimmte T e i l e b e i d e r V e g e t a t i o n s r e g i o n e n sich noch-
m a l s z u e i n e r f l o r i s t i s c h e n E i n h e i t, dem *Florenbezirk* vereinigen lassen.

---

1) BERGHAUS' physikal. Atlas; Abtlg. Pflanzenverbreitung S. 4.

Die Florenbezirke sind entweder durch lokalisierte endemische Species (z. B. in den Alpen), Subspecies und vorherrschende Varietäten, oder aber durch das Zusammentreffen bestimmter, aus gleichen in der geographischen Lage begründeten Wanderungsrichtungen sich ergebender Genossenschaften (Associationen) unterschiedene Teile der Florendistrikte. An der Grenze des großen Alpenlanddistrikts gegen den baltischen und nordatlantischen Distrikt liegen 3 verschiedene deutsche Bezirke: der rheinische, der hercynische und der sudetische.

Trotz der Verschiedenheit zwischen Hügelregion und Bergregion im hercynischen Bezirk sind doch gewisse Gemeinsamkeiten in seiner geographischen Lage begründet; westliche Arten dringen im Hügellande rings um den Harz vor und ebenso, wie Digitalis und Meum zeigen, treten andere von W her in das Gebirge; östliche Arten herrschen im Elbhügellande, aber auch das Erzgebirge oder die Lausitz mit dem karpathisch-ostalpinen Senecio crispatus verhält sich viel »östlicher« als der Harz oder die Rhön. Das geographisch Einheitliche muss, auch über die durch verschiedene Höhenstufen bewirkten inneren Verschiedenheiten hinweg, einer einheitlichen Darstellung unterworfen werden.

Die weitere Einteilung der Hercynia in *Gaue* und *Landschaften* erscheint dann von selbst gegeben: zunächst macht die Höhenscheide ihre Rechte geltend, der hercynische Berglandsgau scheidet sich über dem zusammenhängenden Hügellande aus, nicht als zusammenhängendes Ganze, sondern in die Terr. 10—15 gegliedert. Und in dem Hügellande waren nunmehr die wichtigsten Genossenschaften aufzusuchen, nach deren Grenzlinien wie Vegetationsscheiden wichtiger Formationstypen zunächst die drei Gaue sich von einander trennen liessen, dann in diesen die einzelnen Landschaften Terr. Nr. 1—3, 4—6, 7—9.

So stellt sich die Teilung, wie sie im fertigen Zustande in Abschn. IV vorgeführt ist, als eine aus ganz bestimmten Rücksichten überlegte heraus, welche bis in die letzten Einheiten hinein der Vegetation und Flora als den beiden Gesichtspunkten pflanzengeographischer Forschung gleichmäßig gerecht werden soll. Die Ausführungen nach diesen Gesichtspunkten erfüllten die vorhergehenden Abschnitte III und IV. Eine vergleichende Arealstatistik der Arten, welche in der Hercynia ihre deutsche Grenze gegen die Niederung erreichen oder welche die Alpenkette nach S nicht erreichen, wird später in Deutschlands Pflanzengeographie Bd. II zu finden sein.

b) **Die Bedeutung der äußeren Faktoren für die innere Gliederung der Hercynia.**

Die Verschiedenheit in der Flora und Vegetation der 15 in Abschn. IV geschilderten Landschaften ist oft genug im Vorhergehenden auf einzelne auffällige Erscheinungen hingelenkt worden; jetzt kann es sich nur noch um ein zusammenfassendes Urteil handeln. In Frage kommen überhaupt 1. die

Bodenwirkungen für sich allein betrachtet; 2. die klimatischen Einflüsse sowohl für sich allein als in Zusammenwirkung mit dem orographischen und geognostischen Aufbau betrachtet; 3. die Besiedelungsmöglichkeiten durch geographische Lage in einer gegebenen Hauptflora [1]).

1. *Die Bodenwirkungen* unter Zuziehung der den Abfluss oder das Stagnieren des Wassers regelnden Oberflächengestaltung bestimmen hauptsächlich und fast für sich allein die Verteilung und Faciesbildung der Formationen innerhalb jeder einzelnen Landschaft. Denn die Besiedelungsmöglichkeiten sind innerhalb derselben gleich gewesen, und das herrschende Klima zeigt wenigstens keine großen Verschiedenheiten. Nur ist naturgemäß das Gesetz der Wärmeabnahme mit der Höhe und die Zunahme der winterlichen Schneedecke, der sommerlichen Nebel und Feuchtigkeit in derselben Richtung derartig zwingend, dass in den Territorien 11—15, wie dort ausführlicher gezeigt wurde, die Höhenlage für die Standorte der boreal-alpinen Genossenschaften und ganzer Formationen (besonders der Moosmoore) in erster Linie in Betracht kommt. Die Bodenwirkungen aber entscheiden im übrigen über das Verhältnis von Land- und Wasserformationen, rufen Halophyten, kalk- oder kieselliebende Bestände hervor, bestimmen unter der Mitwirkung der seit Jahrtausenden von der Pflanzenwelt selbst geschaffenen Humusdecke die Verteilung von Wald, Wiese, Moor und sonnigen Schottergehängen, soweit der Mensch sie nicht mit Überlegung künstlich geschaffen hat.

Mit welchen Mitteln der Boden diese seine Gewalt ausübt, gehört nicht hierher; es mag aber auf die ausgezeichnete Darstellung dieses Kapitels vom Boden in WARMINGs »Lehrbuch der ökologischen Pflanzengeographie« verwiesen werden, wo unter den ökologischen Faktoren von dem Nährboden, seinem Bau, der Luft und dem Wasser im Boden, von seiner Wärme, von seinen chemischen und physikalischen Eigenschaften die Rede ist und die einzelnen Züge der Bodenwirkungen erläutert sind.

Über diese Verteilung bestimmter Formationen innerhalb der einzelnen Territorien heraus treten aber die Bodenwirkungen dann noch vollwichtig in Kraft bei dem Unterschiede des thüringischen gegen den sächsischen Gau, wo auf die Bedeutung der Triasformation und der dem Zechstein angehörenden Kalkriffe oft und ausführlich hingewiesen worden ist. Die Florenscheide an der Saale, welche A. SCHULZ die am meisten im Herzen von Mitteleuropa in die Augen springende nennt, ist wohl in erster Linie als eine solche »edaphische« zu bezeichnen. Gleichfalls zu dieser Kategorie gehört die scharfe Nordgrenze so mancher süddeutscher, in der Hercynia noch allgemein oder seltener verbreiteter Arten an den nördlichsten, aus Kalk- oder Silikatgestein gebildeten Höhen von Braunschweig bis Görlitz gegenüber den weiter nördlich sich anschließenden sandig-kiesigen Diluvialflächen. Endlich ist noch

---

1) Die vielen in den drei vorhergehenden Abschnitten geschilderten Einzelheiten können im Inhaltsverzeichnis hauptsächlich unter den Stichworten Boden, Klima, Vegetationslinien, Entwickelungsgeschichte, aufgesucht werden.

von gewiss nicht zu unterschätzender Bedeutung die Natur der Basaltfelsen im hercynischen Südwesten wie Südosten; mindestens würde der Vegetationscharakter der Hohen Rhön mehr dem monotonen hercynischen Bergcharakter in 600—900 m Höhe entsprechen, als er es jetzt thut, wenn sein Untergrund wie im Thüringer Walde aus Porphyren, Granit und Gneis bestände.

2. *Die klimatischen Faktoren* treten naturgemäß am reinsten in ihrer Wirkung auf die Höhenschichten der Vegetationsformationen hervor, wie schon vorhin angeführt wurde. Die ganze Unterscheidung der oberen Montanregion von der des Hügellandes und der Niederung ist klimatisch! Aber selbstverständlich ist in dieser Hinsicht das Klima in Zusammenwirkung mit der gegebenen Bodenunterlage oder der Oberflächengestaltung aufzufassen: nur bergiges Land ruft den Unterschied zwischen Süd- und Nordexposition hervor, nasser Boden erwärmt sich langsamer als trockener, die Wirkung der Sonne auf Granitfels, Basalt oder auf nackte Wände von Muschelkalk in Abwechselung mit Befeuchtungen durch Regen oder Nebel ist verschieden. Aber diese Verschiedenheiten lassen sich auch am Thermometer ebenso gut als an der empfindlichen Pflanze nachweisen, und somit dürfen sie dem Klima direkt zugeschrieben werden. So erklärt es sich, dass die Vegetationsgrenzen von Hügelpflanzen nirgends höher gehen im Bereich der Hercynia, als in der Rhön auf Kalk und Basalt, und dass auf einigen Basalten der Lausitz hinsichtlich montaner Arten wie Blechnum und Hügelpflanzen wie Inula salicina geradezu eine Umkehr der Höhenlage zum Ausdruck gelangt.

Schwieriger ist der genaue Nachweis rein klimatischer Einflüsse auf die Abscheidung der hercynischen Gaue und Landschaften. Die Verteilung der Niederschläge und die relative Häufigkeit sowohl excessiver Kälteperioden wie trockener Hitze kommen hier am ersten in Betracht und verstärken sich gegenseitig in ihrem Einfluss. Schon wiederholt ist auf die Trockenheit in Terr. 5 hingewiesen worden und darauf, dass diese der Erhaltung von Steppenpflanzen einen so besonders günstigen Faktor hinzufügt. Wenn diese Trockenheit, durch edaphische Wirkungen verstärkt, sich auch noch nach Terr. 4 hinein fortsetzt, so darf man wohl bei der Gleichheit des geognostischen Aufbaues von Terr. 4 und Terr. 3 diesen klimatischen Faktor in erster Linie für die Florengrenze verantwortlich machen, welche vom Kyffhäuser nach Gotha—Arnstadt durchläuft. Ebenso ist die Hauptmasse des Landes im ganzen sächsischen Gau, und zumal sein Nordrand, feuchter als Terr. 4, und wie dieser dadurch der Erhaltung pontischer Arten z. T. ungünstiger sich zeigt, so öffnet er seine Landschaft dem Niederlausitzer Heidegebiet, welches hier eine südliche Insel atlantischer Arten weit vorgeschoben hat. Wenn nun auch einzelne sporadische Standorte atlantischer Arten, z. B. Helianthemum guttatum und Stratiotes, sich hier ansiedeln konnten, so bleiben diese doch dem welligen Hügellande, welches zum Lausitzer- und Erzgebirge hin aufsteigt, fern, wahrscheinlich weil hier die strengeren kontinentalen Gegensätze winterlicher trockener und feuchter Perioden herrschen.

Diese sind im gleichmäßigeren Westgau der Hercynia ausgeschlossen, und hier wagt sich daher auch Genista anglica in die Heiden des Hügellandes, Erica Tetralix sporadisch auf ein niederes Bergmoor, Ilex in die Laubwaldungen. Alle diese Besiedelungen bestimmter Formationen durch atlantische Arten gehen hier westlich vom Harze vor sich, wo, unzweifelhaft der größeren Feuchtigkeit und Bewölkung folgend, die Bergwiesen mit Anacamptis und Herminium in niederen Höhen eine starke Entfaltung zeigen, während in derselben geogr. Breite östlich vom Harze das Seebecken bei Eisleben die große Entfaltung pontischer Genossenschaften auf dem staubig-trockenen Trias- und Lößboden zeigt.

Alles, was im Abschnitt II über das Klima gesagt wurde, muss zum Verständnis dieser floristischen Unterschiede herangezogen werden und noch manches mehr, was bis jetzt kaum in den meteorologischen Annalen enthalten ist. Die Pflanzenkultur im Freien lehrt uns auch mancherlei direkt; derselbe Ilex, welcher im Weserlande mancherorts wild wächst, erfriert in harten Wintern südöstlich vom Harz öfters als dort. Diejenigen Landschaften und Plätze, an denen die pontischen Arten ihre reichsten Standorte entfalten, schließen die Kultur der deutschen Edeltanne ebenso wie die der Nordmanns- tanne u. a. am ehesten aus[1]). Gegen Regen empfindliche Cerealiensorten, z. B. feine Braugersten, gewähren im Gebiete die besten Ernten im Lande der unteren Saale und in dem sich anschließenden Thüringen; auch in der Reife- geschwindigkeit des Kornes zeigt sich die Bevorzugung des heißeren östlichen Sommers gegenüber dem kühleren atlantischen Klima.

3. *Die Besiedelungsmöglichkeiten*, deren Jahrtausende lang währende, wechselvolle Wirkung jetzt vor uns liegt, verbinden endlich unsere floristischen Betrachtungen mit der Geologie.

Die Vorstellungen, welche wir uns von dem Entwickelungsgange der Flora unserer hercynischen, im Norden während der *Eiszeiten* von den Wir- kungen des großen Inlandeises noch direkt berührten Gaue machen können, sind nicht zu trennen von der Gesamtvorstellung über die Eiszeiten und das durch diese in Deutschland geschaffene Bild, an dessen Enträtselung so viele tüchtige Kräfte unausgesetzt arbeiten. Vieles Zweifelhafte ist dabei noch übrig geblieben; noch haben die Geologen hinsichtlich der Zahl, Dauer und Ab- lösung der einzelnen Eiszeitperioden längst nicht einen endgültigen Abschluss erreicht, Pflanzengeographen wie A. SCHULZ-Halle nehmen an deren Arbeit über diese Fragen positiven Anteil und der letztere behauptet sogar, dass die Geologie ohne eingehende Berücksichtigung der auf Grund biologischer Unter- suchungen gewonnenen Ansichten über die Entwickelung der gegenwärtigen Flora nie zu einem Verständnis der Geschichte in unserem Gebiete gelangen werde. Aber es ist hier nicht der Ort, auf derartige Streitfragen näher ein- zugehen. Für die hercynische Flora ist zunächst besonders die eine Thatsache

---

1) Vergl. meine Abh. über die Herkunft der in der deutschen Dendrologie verwendeten Gewächse in Abh. der Gartenbau-Ges. Flora zu Dresden, III (1898/99) S. 53, mit Karte.

wichtig, dass in Übereinstimmung fast aller fachmännischer Urteile mehrere Vergletscherungsperioden in Deutschland abgewechselt haben und dass besonders die beiden großen Hauptperioden durch eine Interglacialzeit getrennt sind, welche an vielen Stellen die unzweideutigsten Spuren einer reichen, von wärmerem Klima als in der Jetztzeit zeugenden Flora zurückgelassen hat. Durch die unzweideutigen Spuren dieser wärmeren »Interglacialflora« wird praktisch bewirkt, dass wir mit unseren florenentwickelungsgeschichtlichen Untersuchungen nicht mehr an die erste, stärkste Vergletscherungszeit anzuknüpfen brauchen, da eben diese von einer Extremperiode nach der anderen Richtung hin abgelöst worden ist. Diese wärmere Flora wurde ihrerseits durch eine zweitmalige Hauptvergletscherung zurückgedrängt, welche weniger weit ihre Wirkungen erstreckte als die vorhergegangene; an diese zweite Hauptvergletscherung und deren erneute Ablösung durch Steppen-, Wiesen- und Waldvordringlinge hat demnach unsere pflanzengeographische Betrachtung anzuknüpfen, oder, wenn die Zahl der Hauptvergletscherungen nach anderweiten geologischen Forschungen als größer angenommen werden sollte, jedenfalls an deren letzte. Für diese letzte Hauptvereisungsperiode, deren Zustand beispielsweise von PARTSCH aus dem Riesengebirge und von WAHNSCHAFFE in der Veränderung der nordostdeutschen Flussthal-Linien in einer die hercynische Pflanzengeographie beeinflussenden Weise geschildert ist, sehe ich entsprechend einem früheren Aufsatze über die hypothetischen Einöden zur Eiszeit[1]) keinen Grund zu der Annahme, dass Deutschland ein Grönlands heutigem Zustande vergleichbares Land gewesen sei, sondern beanspruche die oberste Waldformation und subalpine Heiden mit Mooren als Vegetationsgürtel in einem mehr oder weniger großen Abstande vom Inlandeise südwärts in den hercynischen Hügelländern. In der Hauptmasse einzelner Fragen und Anschauungen stehe ich übrigens auf dem gemäßigten Standpunkte, den NEHRING in seinem bekannten, vortrefflichen Buche über Tundren und Steppen i. J. 1890 eingenommen und seitdem verteidigt hat.

Für die klimatischen Bedingungen am Südrande des letzten großen Inlandeises müssen wir an andere bewiesene Darlegungen anknüpfen, welche, zunächst dem osthercynischen Gau, sich aus PARTSCHs Studien über die Gletscher des Riesengebirges[2]) ergeben. Nach diesem Forscher erzeugte die erste größere Eisbedeckung eine klimatische Firnlinie zwischen 1100—1200 m Höhe und ließ aus einer 84 qkm großen Gletscherfläche im Weißwasser- und Aupathale bis zu 800 m Tiefe Gletscherzungen herabreichen; die Grenze des nordischen Landeises aber lag 6¹/₂ km vom Riesengebirgsgletscher entfernt bei Hermsdorf in 350—380 m Höhe. Die Firnlinie zur 2. Haupteiszeit aber glaubt PARTSCH nur bei 1350 m Höhe annehmen zu sollen, ca. 200 m höher als erstmalig. Hiernach lassen sich auch die physikalischen Verhältnisse in den hercynischen Bergländern vom Jeschken westwärts einigermaßen beurteilen; denn

---

1) Peterm. geogr. Mittlg. 1889 S. 282.
2) Forschungen z. deutsch. Landes- u. Volksk., VIII, Hft. 2, Karte Taf. 6.

so unzweideutige geologische Relikte wie in den Sudeten liegen hier nicht
vor. (Vergleiche übrigens auch BAYBERGERs Geogr.-geolog. Studien aus dem
Böhmer Wald [1]).)

Die Schneelinie liegt bekanntlich da, wo die Wärme der sommerlichen
Jahreszeit eben noch die Schneemassen des Winters zu schmelzen vermag;
sie liegt also in sehr schneereichen Gebieten bei gleichen Sommertemperaturen
tiefer als in schneearmen, muss daher in den Perioden mitteldeutscher Eisbedeckung (im Riesengebirge) sehr tief gelegen haben. Ihre Lage in den
Centralalpen zur Jetztzeit trifft etwa auf eine Höhe (2750—2860 m), in der die
Jahrestemperatur zwischen — 3° und — 4° C. zu liegen pflegt, in der Schweiz
bei — 2,8° C. [2]). Die Schneelinie kann aber in feuchten Klimaten, wie wir
sie auf der südlichen Hemisphäre antreffen, so tief herabgehen unter dem
Einfluss der so viel stärkeren Schneefälle und der an Sonnenstrahlung armen
Sommer, dass diese tiefe Lage auf eine mittlere Jahrestemperatur von + 3° C.
trifft. Im Erzgebirge herrscht jetzt bei 1200 m Höhe eine mittlere Jahrestemperatur von + 2,3° C., welche Ziffer man bei Eiszeithypothesen nicht
überschätzen soll. Aber bekanntlich wird Mitteleuropa jetzt von einer Temperatur-Isanomale des Jahres von < 4° C. geschnitten; um so viel ist es bei
uns jetzt zu warm, und zweifelsohne war die Temperatur-Isanomale der Eiszeit
bei uns zu Gunsten anderer Länder negativ. Nehmen wir die jetzigen (kontinentalen) Klimaverhältnisse der Alpen zum Muster und beurteilen die Temperatur an der schlesischen Firnlinie bei 1200 m darnach als etwa um — 3° C.
liegend, so würde das einer Temperaturdepression im Erzgebirge von etwa
5 bis 6° C. gegen das heutige Jahresmittel entsprechen. Unter Vergleichung
der thatsächlichen Verhältnisse in feuchten Klimaten kann man demnach die
obere Fichtenwaldgrenze der Haupteiszeiten in dem zwischen Erzgebirge und
Sudeten liegenden Landstriche auf 300—500 m Höhe als möglich ansetzen,
welche den hier vorkommenden Relikten von Streptopus und Viola biflora
(Lausitzer Bergland und Elbsandstein) entspricht. Allein schon bei der Fort-
nahme des jetzigen Temperaturüberschusses von + 4° C. würde das Klima
im jetzigen sächsischen Elbthale den Charakter vom heutigen Erzgebirge in
800 m Höhe, also um Altenberg und Reitzenhain, erhalten.

Nach dieser Berechnung hätten wir also damals beispielsweise in den
Schluchten des niederen Elbsandsteingebirges und ähnlich auch am Südrande
des Harzes bei Nordhausen eine subalpine Wald-, oder auf Zechsteingyps eine
präalpine Hainformation entwickelt gehabt, deren Gegenwart einzelne, ganz
schwache und nur auf Sporenpflanzen beschränkte Überreste aus der wärmeren
Interglacialzeit schützend umfangen konnte. Dahin rechne ich den Standort
von Hymenophyllum tunbridgense im Uttewalder Grunde (s. Abschn. IV,
Kap. 10, S. 476) und einige Bryophyten des Südharzes (s. Absch. IV, Kap. 11,
S. 518). Relikte wie Hymenophyllum müssen eben zum Beweise dienen, dass

---

1) Geogr. Mittlgn., Ergänzungsheft Nr. 81, Gotha 1886.
2) Vergl. HEIM: Gletscherkunde. Tabelle S. 18—19.

die letzte Eiszeit im Bereich des hercynischen Hügellandes nicht alle Reste
der vorhergehenden Periode vernichten konnte, dass demnach auch Platz für
mikrothermische Formationen im feuchten Klima vorhanden sein musste. Meine
Meinung, die ich in dieser Beziehung von jeher verfochten habe, hat eine bedeutungsvolle Stütze erhalten durch G. v. BECK in seinem Aufsatze über die
Wachau [1]), in welchem dieser Pflanzengeograph sowohl mehrere Laub- und
Lebermoose als auch die mediterrane Notochlaena Marantae (an ihrem in der
Wachau, also südlich der Südostgrenze des hercynischen Böhmer Waldes einzigen österreichischen Standorte) »als Relikte einer schon vor der Glacialzeit
bestandenen Flora« hinstellt. —

Soweit Zungen des nordischen Inlandeises sich lokal südwärts vorgeschoben
haben oder kleine Gebirgsvergletscherungen in Thälern vorgedrungen sind,
sind damit selbstverständlich besondere Temperaturdepressionen auch zur
2. Eiszeit verbunden gewesen. Aber das allgemeine Temperaturbild braucht
dadurch nur wenig modifiziert worden zu sein. In wie weit aber früher, zur
Zeit der größten Eisbedeckung, arktisch-alpine Glacialflora in den niederen
Vorbergen des Erzgebirges, und zwar nachgewiesen am Ausgange des
Weißeritzthales gegen das Elbthal bei Dresden, formationsbildend auftreten
konnte, zeigt die Abhandlung von NATHORST voll des höchsten Interesses über
die fossile Glacialflora von Deuben (vergl. oben S. 567).

Ohne auf Einzelheiten einzugehen, welche um so breiter und weitschwei-
figer begründet werden müssen, je mehr es an positivem Wissen fehlt, will
ich nur als meine Anschauung über die sächsisch-thüringische Flora gegen den
Schluss der letzten Haupteiszeit kurz angeben, dass damals Betula odorata
und Picea excelsa als Repräsentanten der Waldbäume gemischt mit den
Arten unserer heutigen Hochmoore und des obersten Bergwaldes und vielen
jetzt fortgewanderten Glacialpflanzen das hercynische Hügelland besonders in
den östlichen Gauen besetzt hielten [2]), während im Südwesten ein reicherer
Bestand von Wald- und Wiesenarten herrschte und hier vielleicht Tanne und
Buche ihre damaligen NO-Grenzen hatten. Die gesamte »südöstliche Genossen-
schaft« aber wird sich damals viel weiter südwärts, vielleicht von Kroatien—
Bosnien und den illyrischen Hochgebirgen an zerstreut bis Niederösterreich,
Mähren und Böhmen als äußersten Vorposten, zurückgehalten haben.

Deren Zeit und Einwanderung folgte dann später, und es genügt hier
auf NEHRINGs Schilderungen hinzuweisen, um den Gang und die Entwickelungs-
möglichkeit zu verstehen. Wenn auch die Altersbestimmungen für viele der
Reste von Steppentieren auf die Interglacialzeit fallen oder nicht scharf auf
einen bestimmten jüngeren Zeitabschnitt deuten, so lässt doch die ganze Idee

---

1) Blätter d. Ver. f. Landesk. in Niederösterreich 1898 (S. A. S. 13—15).

2) Als Relikte aus dieser Zeit betrachte ich auch die vornehmsten Arten des Verzeichnisses
von R. SCHMIDT über die Glacialrelikte in der Flora der Sächsischen Schweiz: Empetrum,
Streptopus, Ledum, Viola biflora, Eriophorum vaginatum; Saxifraga decipiens erscheint überhaupt
für das Elbsandsteingebiet zweifelhaft, und auch SCHMIDT, der in seiner Arbeit die genaueste
Kenntnis einzelner Fundstellen verrät und diese sehr anschaulich verwertet, hat sie nicht gesehen.

von alternierenden Eiszeit- und Wärmeperioden die Deutung zu, dass ein von
Steppenpflanzen einmal genommener Weg auch ein zweites Mal ähnlich ent-
stehen konnte, und deshalb ist die für das Land der Unteren Saale und
Braunschweig gewonnene genaue Bekanntschaft mit den Steppentierresten in
Westeregeln und Thiede (im Braunschweiger Lande, nahe der jetzigen
deutschen Nordwestgrenze von Dictamnus, Anemone silvestris,
Cirsium eriophorum u. a. A.) von großer und weiter gehender Bedeutung.
Es ist durchaus notwendig, der Zoologie mit ihren gut erhaltenen Resten von
Steppentieren in der Beurteilung dieser Periode den Vortritt zu lassen, und
NEHRING entwickelt darüber folgendes Bild der Wechsel:

Lemming-Periode   ⇌ Ausbreitung arktischer Tundra;
Pferdespringer-Periode = Ausbreitung nördlicher Steppenflora;
Eichhörnchen-Periode   = Zurückdrängung der letzteren durch Waldflora.

Erscheint ein solcher Wechsel interglacial annehmbar, so ist ebenso wahrscheinlich, dass im Bereich der hercynischen Gaue eine postglaciale Steppenzeit die letzte größere Eisbedeckung ablöste, immer aber in der von NEHRING
selbst betonten maßvollen Weise. Die Steppen können weite Strecken im
sonnigen Hügellande eingenommen haben, auf den Gebirgen und in den
feuchten Thälern braucht um deswillen der Wald- und Wiesenbestand nicht
erheblich eingeschränkt gewesen zu sein. Gewiss werden sich die hercynischen
Territorien darin verschieden verhalten haben; die Ausbreitung weiter Grassteppen im Sinne unserer F. 16 mag damals besonders in denjenigen Gebieten
stattgefunden haben, welche die hercynische Karte als jetziges Areal der
seltenen Steppenflanzen bezeichnet; hier mag der Wald hauptsächlich im
Sinne unserer F. 15 als ›lichter Hain‹ geherrscht haben und vielleicht waren
die Felsgehänge erfüllt von jetzt verschwundenen Xerophyten; aber außerhalb
dieser Umrahmungen konnten auch damals andere Formationen sitzen und
die gegenwärtige Periode vorbereiten.

Bei Annahme solcher maßvoller Anschauungen, welche nicht damit
rechnen, dass insgesamt Glacialtundren nur von Steppen, und diese dann
erst von Wiesen- und Waldflora abgelöst wurden, kann man begreifen, dass
noch heute Relikte dieser verschiedenen Perioden friedlich neben einander
wachsen und sich an einigen Stellen zu Bildern von merkwürdig gemischten
Genossenschaften vereinigt haben. —

Unter den vielen geologischen Fragen, welche für unsere Vorstellungen
von der Florenentwickelung zu berücksichtigen sind und auf welche auch noch
später wird zurückgegriffen werden müssen, spielt auch diejenige über die
Lößbildung mit. Der Löß ist in dem ganzen, der Invasion von Steppenpflanzen eröffneten Gebiete von Sachsen (besonders um Meißen!) bis zur
Magdeburger Börde und darüber hinaus in das Braunschweiger Land hinein
verbreitet und gilt als ein von der Besiedelung mit Steppengräsern zeugendes
Gebilde. Über seine Entstehung sind die Ansichten der Forscher zwischen
äolischer (subaërischer) Bildung und Wassersediment geteilt; es erscheint ja

auch gar nicht unwahrscheinlich, dass beide Entstehungsarten an verschiedenen Orten statthatten, wenn man die verschiedenen Stellen seiner heutigen Erhaltung schaut; an vielen Stellen mag er abgewaschen sein und zeigt vielleicht die ihn früher besiedeln'den Steppenpflanzen jetzt im Gesteinsschotter. Auch hat :WAHNSCHAFFE gegenüber NEHRING, der die Ablagerung des Löß unter Wirkung der Winde als eine sich von selbst aus dem steppenartigen Hauptcharakter der Landschaft ergebende Schlussfolgerung betrachtete, darauf hingewiesen, dass die Wolgasteppen ebenfalls oberflächliche Bildungen von sehr verschiedenartiger Entstehung aufweisen[1]). WAHNSCHAFFE spricht seinerseits in seiner neuesten wertvollen Abhandlung die Überzeugung aus, dass der Löß der Magdeburger Börde, sowie überhaupt am Rande des norddeutschen Flachlandes, als ein Wasserabsatz zu betrachten ist, entstanden in mehreren, miteinander in Verbindung stehenden Staubecken, welche sich in der Abschmelzperiode der letzten Vereisung zwischen dem zurückschmelzenden Eisrande und dem Nordrande der deutschen Mittelgebirge bildeten, und hervorgegangen aus den von den Mittelgebirgen nach N fließenden Wassern und den vom Eisrande kommenden, von ihrem groben Material bereits befreiten Gletscherschmelzwassern. Der Kalkgehalt des Löß erklärt sich aus dem feinen Abhub der kalkhaltigen Grundmoräne. Erst nach Trockenlegung dieser Gebiete entstand auf dem fruchtbaren Absatz eine üppige, steppenartige Grasvegetation, welche ihrerseits eine Anreicherung des Humusgehaltes verursachte.

Dabei fasst also WAHNSCHAFFE (wie er S. 195 ausdrücklich hervorhebt) diesen Löß als eine jung-glaciale Bildung auf, spricht es als ungewiss aus, welchen Vereisungen die an einigen Stellen klar unter dem Löß aufgedeckten Grundmoränen (aus 2 Geschiebemergelbänken mit zwischengelagertem hercynischem Schottermaterial) zuzurechnen sind, erklärt es aber als seine Ansicht, dass die letzte Vereisung noch in das Gebiet der Magdeburger Börde hineinreichte.

Hier hätte demnach die Eiszeit den schon vorhandenen Substratverschiedenheiten noch ein ganz neues »edaphisches Moment« hinzugefügt, und es ist keinem Zweifel unterworfen, dass auch für die Erhaltung der Steppenpflanzen auf anderem als Triasboden der Löß eine besonders günstige Rolle spielt.

---

1) WAHNSCHAFFE, Die Ursachen der Oberflächengestaltung des norddeutschen Flachlandes; 2. Auflage der »Forschungen z. d. L.- u. Volkskunde« VI. Hft. 1, Stuttg. 1901, S. 193—194.

Zweites Kapitel.

Überblick über die Hauptformationen im Sinne der florengeschichtlichen Entwickelung und Besiedelung.

Wenn wir die Spuren der vergangenen Florenentwickelung, so wie sie auf den vorigen Seiten geschildert wurde, in der gegenwärtigen Flora verfolgen wollen, so müssen wir unsere Excursionen in ganz bestimmte Formationen richten, während andere, erfüllt von den Arten mit gewöhnlichem mitteleuropäischen Areal, darin nichts leisten. Die Spuren der Eiszeiten verfolgen wir in den montanen Formationen der subalpinen Bergheide an der Baumgrenze und der Hochmoore, in geringerem Grade auch noch in den montanen Felsformationen (F. 18) und sogar im Bergwalde F. 9, F. 7 und herab bis zu F. 3 in den letzten Spuren; die Spuren der Steppenausbreitung verfolgen wir naturgemäß in den sonnigen Hügelformationen vom Hain bis zum trocknen Fels (F. 15—17), sowie auf der Salztrift; die Wiesenflora liefert nach beiden Richtungen hin einige ergänzende Beiträge. Die Ausbreitung atlantischer Arten lässt sich in der Hauptsache nur in den Mooren der Niederung am Nordrande der Hercynia, in Sümpfen und Teichen nebst Heiden verfolgen. Während glaciale und pontische Relikte nicht nur geographisch, sondern auch topographisch auf engstem Orte verbunden vorkommen — es ist dies schon früher sowohl vom Südrande des Harzes als von den Felsen des Bodethales im nordöstlichen Harze geschildert —, so stehen die pontischen und atlantischen Ausbreitungen im direktesten Gegensatze zu einander und meiden einander nicht nur in den Formationen, sondern auch nach ganzen Landstrichen. Nur auf den Kiesen und Sanden im Bereich der Elbe von Torgau bis Magdeburg kreuzen sich verlorene Posten dieser beiden gegensätzlichen Areale, wie das Vorkommen von Helianthemum guttatum und Carex ligerica nicht weit von den Standorten der Centaurea maculosa, Eryngium campestre und Jurinea cyanoides bezeugt.

a) Die Spuren der Eiszeiten in der subalpinen Bergheide und in den Moosmooren der hercynischen Gebirge.

Wenn am Schlusse der letzten Eiszeit die Grenze des Fichtenwaldes (mit Birke und Eberesche) zwischen Harz, Erzgebirge und Isergebirge etwa 300 bis 500 m hoch lag, dann müssen in demselben Niveau und noch ein wenig höher weite Bestände der im Abschn. IV unter Formation 23 und 24 geschilderten Artgenossenschaften vorhanden gewesen sein, und auf den bloßen Felsen war dann, wie sich vermuten lässt, damals eine ungleich artenreichere Genossenschaft von dem unter F. 25 gegebenen Charakter vorhanden, dessen Blütenpflanzenwelt sich weniger als die der Moose und Flechten erhalten hat. Man kann ahnen, wie bei der Wiederkehr längerer Vegetationsperioden und wärmerer Sommer allmählich diese Bestände, gefolgt vom Fichtenwalde, höher in die

Gebirge hinaufrückten und so ihre heutigen Plätze erreichten, welche, weil sie die kühlsten im ganzen Bereiche ringsum sind, den mikrothermen Genossenschaften auch während der nachgewiesenen wärmeren Zwischenzeiten als Zufluchtsstellen dienen mussten.

In der subalpinen Bergheide und im Gebirgs-Moosmoor sind nicht nur manche Arten (z. B. Vaccinium uliginosum) gemeinsam, sonders es herrscht auch dieselbe Gruppierung von Arealgenossenschaften, und so können wir beide hier zweckmäßig vereinigt durchmustern. Der floristische Charakter der Hercynia bringt es mit sich, dass auch in diesen Gebirgsformationen einige westeuropäisch-boreale Arten von herrschender Bedeutung sind, welche vielleicht ehemals, am Ende der Eiszeit, in der damaligen Formation fehlten. Dahin gehören z. B. die mit der Arealfigur WMb[1] zu bezeichnenden Charakterarten Calluna vulgaris und Galium hercynicum.

Weniger anspruchsvoll — beurteilt nach ihrem heutigen Areal — erscheinen Arten mit dem Areal Mb[1] wie Vaccinium Myrtillus und Luzula *sudetica, noch weniger solche mit dem Areal MbA wie Vaccinium Vitis idaea, Melampyrum pratense, Juncus squarrosus, Nardus stricta und Carex leporina. Dies sind Proben aus den gewöhnlicheren Arealen, sowohl für F. 23 als für F. 24 gültig, von denen die letzteren schon die arktische Arealerweiterung zeigen. Nunmehr folgen die besser auszeichnenden Areale der *boreal-uralischen*, diejenigen der *arktisch-mitteleuropäischen*, und endlich diejenigen der *europäischen Hochgebirgs-Gruppe*, welche alle drei in vielerlei Abstufungen bei uns zu den genannten Formationen vereinigt sind. Es ist klar, dass durch die Eiszeiten die alpine Gebirgsflora zu tiefen Lagen heruntergedrückt wurde, dass ebenso der alte Stock skandinavischer Arten, der sehr reich gewesen sein mag, schon durch das erste nordische Landeis südwärts abgeschoben wurde, dass endlich an der langen Inlandeis-Grenze von der Elbe durch Preußen in nordöstlicher Richtung herauf ein Austausch eben solcher Arten erst herab, dann wieder hinauf zum Norden und zu den höheren Bergstufen erfolgen musste, so dass ein im Wechselspiel dieser Richtungen liegendes Hügelland, wie das hercynische, wechselseitig skandinavische, boreal-uralische, alpin-karpathische Pflanzen erhalten und später zur Weiterwanderung wieder abliefern konnte. Aus dem Wechselspiel solcher Wanderungen mussten neue Areale sich herausbilden, welche die ursprüngliche Heimat kaum noch verraten; aber da die Arten der mitteleuropäischen Hochgebirge doch zu einem großen Prozentsatz in Mitteleuropa verblieben, ohne nach dem hohen Norden überzutreten, so ist für die hercynische Pflanzengeographie die Unterscheidung der arktisch-uralischen, die Hercynia einschließenden Areale von denjenigen, die noch heute als alpin-karpathisch im weitesten Sinne zu bezeichnen sind, von größter Wichtigkeit und soll in den beiden folgenden Zusammenstellungen sich ausdrücken.

1. Pflanzen mit arktisch-uralischen, auf die hercynischen Gebirge übergreifenden Arealen, welche nach S seltener werden und zum kleinen Teile den Alpen fehlen.

Arealfigur HU.
Lonicera coerulea 1—1.

Arealfigur BU².
Moosmoore bewohnend:
Trientalis europaea auch cop. in der Berg-
    heide 5—5.
Scheuchzeria palustris 3—3.
Carex pauciflora 5—5.
—— limosa 3—3 und *irrigua 1—1.

Arealfigur AE³.
Moosmoore bewohnend:
Empetrum nigrum 5—5.
Andromeda polifolia 5—3.
Vaccinium Oxycoccus 5—5.
—— uliginosum 5—5.
Eriophorum vaginatum 5—5.
Trichophorum caespitosum 2—5.
—— alpinum 2—2.
[Sedum villosum 5—2.]

Bergheide und Felsen bewohnend:
Empetrum nigrum 5—4.
Gymnadenia albida 5—3.
Lycopodium Selago 5—4.

Arealfigur AE².
Moosmoore bewohnend:
Betula nana 3—2.
—— *carpathica 5—5.

Bergheide bewohnend:
Carex sparsiflora 1—2.

Arealfigur AE¹.
Carex rigida 1—3.

Arealfigur AH⁴.
Linnaea borealis 1—1.

Arealfigur AH.
Arten der Bergheide:
Streptopus amplexifolius 2—3, einzige, in
    Skandinavien fehlende Art dieser Gruppe.
Salix bicolor 1—1.
Hieracium alpinum 1—4.
Gnaphalium *norvegicum 2—3.
Epilobium alpinum.
—— *nutans 2—3.
—— *anagallidifolium 1—2.
Sagina Linnaei 2—2.
Campanula Scheuchzeri 1—2.
Selaginella spinulosa 1—1.
Lycopodium alpinum 5—3.
Athyrium alpestre 5—5.

Arten der subalpinen Felsen:
Poa alpina 1—2.
Juncus trifidus 1—3.

Die besonderen Standorte der hier genannten Arten sind in den Listen des Abschn. III unter den beiden Formationen 23 und 24, bez. 25, gegeben und auch in Abschn. IV, Kap. 11—15, je nach ihrer Bedeutung länger oder kürzer besprochen; in der hier nach Arealen geordneten Liste ist nur eine die Häufigkeit bezeichnende Doppelziffer hinzugefügt (n—n), deren erste die Verbreitung in den hercynischen Bergländern, und die zweite die Reichhaltigkeit (Abundanz) an ihren Standorten daselbst nach 5 Graden ausdrückt.

2. Pflanzen mit alpin-karpathischen Hochgebirgsarealen, welche nach N auf die hercynischen Bergländer übergreifen und daselbst entweder ihre äußerste Station finden (H³), oder welche in die baltischen Länder hinein (H⁴) und darüber hinaus auf das Bergland Skandinaviens (H⁵) ihr erweitertes Areal erstrecken.

Endemisch mit Anschluss an die
Arealfigur H² (Sudeten).
Hieracium nigrescens *bructerum, nur¹ Hz. 1—4.

Arealfigur H³ mit Beziehung zu den
Karpathen und Ostalpen (OMm).
Senecio subalpinus 1—2   ⎫
Gentiana pannonica 1—1   ⎭ nur BhW.

Allgemeine Arealfigur H³.
Pinus montana !! 3—5.

Pulsatilla alpina 1—3.
Rumex arifolius 3—4.

Homogyne alpina 3—4   ⎫
Epilobium trigonum 2—1   ⎭ bis zum Ezg.

Ligusticum Mutellina 1—3   ⎫
Willemetia apargioides 1—3   ⎪
(Soldanella montana 1—4)   ⎬ nur BhW.
Cardamine resedifolia 1—1   ⎪
Agrostis rupestris 1—2   ⎭

Arealfigur H⁴.	Arealfigur H⁵.

<table>
<tr><td>

Arealfigur H⁴.

Calamagrostis Halleriana 5—5, von der sub-
alpinen Heide weit herab Verbreitet in der
oberen und unteren hercynischen Wald-
formation.

Luzula silvatica 5—5, häufiger in der oberen
Waldformation als in der subalpinen
Heide Verbreitet.

Sweertia perennis 1—3, im Ezg. nur in der
höchsten Bergstufe.

</td><td>

Arealfigur H⁵.

Ranunculus aconitifolius !! 5—5.

Mulgedium alpinum !! 5—4.

Aconitum Napellus 3—2.

Hieracium gothicum 2—2, hält sich nicht streng
an die höchsten Felsstufen.

Cryptogramme crispa 2—1.

Thesium alpinum 2—1 in F. 24, dazu weit aus-
gedehntere Verbreitung im Hügellande
nördlich der Elbe.

</td></tr>
</table>

Die hinter dem Artnamen folgenden Ziffern beziehen sich wiederum auf die Häufigkeit und erreichen ihr Maximum unter den Arealen H⁴ und H⁵. Diese schließen einige Arten ein, welche sich nicht streng an die obersten hercynischen Berglandschaften halten, sondern tief herab gehen im Schutze des Waldes, Thesium sogar in den sonnigen Felstriften. Es ist überhaupt eine leicht erklärliche Erscheinung, dass der schattige Wald bei gleichmäßig kühler Feuchtigkeit sich bei nicht zu lichtbedürftigen Arten ebenso gut zur Erhaltung glacialer Relikte eignet als die subalpine Bergheide; wir sehen dies an den tiefen Standorten von Streptopus im Elbsandsteingebirge, und Viola biflora hat ihre Relikte überhaupt nur an nassen Felsen im Waldbereich ebendort und nicht weit von dem interglacialen Reliktenstandort des Hymenophyllum. Auch Erica carnea mit präalpinem Areal, eine sonst frei auf Bergeshöhen wachsende Pflanze, hat an ihrer hercynischen Nordgrenze den Kiefernwald (montan!) aufgesucht und ist dementsprechend im Abschn. III, S. 127, unter dieser Formation aufgeführt worden.

Es gilt also das, was wir von der Entwickelungsgeschichte der Hochmoore und Bergheide aus den unterschiedlichen Arealfiguren ihrer Charakterarten lernen wollten, in dieser Hinsicht auch für die montanen Waldformationen (F. 3, 7—9), und es scheint die Vorstellung auch gar nicht unangebracht, dass während der Schwankungen im Verlauf der letzten Eiszeit und namentlich in der Periode des Rückzuges des Eises, an den für feuchtliebende Pflanzen günstigeren Plätzen sich schon damals ein solches Gemisch von oberstem Walde und niedersten subalpinen Formationen herausbildete.

Ehe wir nun die Waldpflanzen weiter verfolgen, insofern sie noch selbständige Ergänzungen zu dem schon Gesagten bieten, wollen wir uns zu den Hügelformationen mit Einschluss der montanen Felsen bis 800 m Höhe wenden; denn in diesen ist, begünstigt durch die Trockenheit und den steinigen Charakter der Unterlage, ein ganz besonders merkwürdiges Gemisch von Arealen an bevorzugten Standorten zu erkennen, indem Glacial-, präalpine und Steppenrelikte öfters dicht neben einander wachsen.

b) Die Spuren der Eiszeiten und der Steppenperiode in den trocknen Hügelformationen und Felspflanzen.

Die vorher geschilderten Glacialrelikte hatten das Gemeinsame, an verhältnismäßig feuchten Standorten zu leben. Selbst die subalpinen Felspflanzen wie Juncus trifidus, Agrostis rupestris des Arbers, die Pulsatilla und die Hieracien des Brockens leben in einer nebelfeuchten Atmosphäre, in der auf die Sommersonne mit jähem Umschlage der Witterung häufige Niederschläge folgen.

Man hat in den Alpen häufig die Beobachtung gemacht, dass die Glacialpflanzen mit arktisch-borealem Areal auch dort die feuchteren Regionen und
Standorte besiedeln, gerade wie auch dort gewisse Hochmoore die Hauptplätze
von Arten der oben genannten BU²-, AE³-, AE²-Gruppe sind; solche Plätze
machen in den Alpen einen geradezu »hercynisch« zu nennenden Eindruck.
Diesen gegenüber wächst eine Hauptmasse von Arten im nördlichen Zuge
der Kalkalpen, selbst wenn sie bedeutende Höhen ersteigen und die Baumgrenze überschreiten, unter der starken Insolation des mit vielen Sonnentagen
rechnenden Klimas der Alpenwelt auf verhältnismäßig trocknen und warmen
Standorten, deren trockne Eigenschaften durch die dysgeogenen Eigenschaften
des Kalk- und Dolomitbodens erhöht zur Geltung gelangen. Hier herrscht
von den zuständigen Waldbäumen: Buche, Fichte, Tanne und Lärche, mit
den in breitem Höhenintervall sie begleitenden Sträuchern Sorbus Aria und
Amelanchier vulgaris, eine den hercynischen »lichten Hainen« entsprechende
bunte Formation, in welcher eine ebenso mannigfaltige Stauden- und Gräser-
flora wie in jenen herrscht, aber aus hauptsächlich alpinen Arten gebildet.
Diese Formation heißt »präalpin«; ihre Unterlage bildet ein humusarmer,
schotterreicher Boden von Kalkfels, wechselnd warm und trocken oder durch
lichte Beschattung schwach feucht gehalten.

Versetzt man sich in die Erdperiode zurück, wo nach der warmen Interglacialperiode eine erneute Eisbedeckung die nordalpinen Bergketten ver-
gletscherte, so liegt nichts näher als die Annahme, dass die dortigen präalpinen Hain- und Felspflanzen vor dem Eise in die Tiefe wichen und auf
anderen Kalkbergen in niederer Meereshöhe sich ansiedelten. Diese Kalkberge
fanden sie im ganzen süddeutschen Jurazuge und nordwärts von diesem in
den Triaskalken des Werralandes, der Leine und des Thüringer Beckens.
Bei der Besprechung dieser Landschaften (Abschn. IV, Kap. 3 und 4) ist
wiederholt auf die Gegenwart solcher »präalpiner« Arten hingewiesen und das
jetzige Areal von Sträuchern wie Sorbus Aria und Viburnum Lantana
als der Umfang der glacialen Ausdehnung jener präalpinen Formation bezeichnet, die Grenze derselben an der Saale gen Ost auf edaphische Momente
zurückgeführt.

Wenn nun hier zu ungefähr derselben Zeit, wo auf Granit- und Sandstein-
hügeln in 300—500 m Höhe der oberste Fichtenwald mit subalpinen arktischen
und alpinen Genossenschaften sich ausdehnte, eine anderweite *kalkliebende
präalpine Genossenschaft* südlich vom Harz die Triasmulde erfullte, so musste
diese in der nachfolgenden Steppenzeit einerseits viele Pflanzenarten wieder
südwärts an die Alpen abgeben, anderseits aber sich mit Pflanzen aus *pontischer Heimat* mischen, da auch diese hauptsächlich die trocknen bunten
Mergel und Kalkböden zu ihren Standorten benutzten. Es mag dabei zurück-
verwiesen werden auf das früher in Abschn. IV, Kap. 4, Gesagte, dass bei
aller Mischung der Arten in Thüringen doch die Hauptplätze der pontischen
und der präalpinen Genossenschaften geschieden sind: jene besiedeln die
niedrigsten und heißesten Boden z. B. an den Mansfelder Seen, diese aber

die mehr vom Buchenwald überdeckten Kalkberge an der Saale von Saalfeld bis nördlich von Jena[1]).

Diese pontischen Bürger kamen selbstverständlich von Osten, und sie werden ihren ersten Einzug vielleicht schon frühe in der Periode gehalten haben, als das nordische Landeis noch den pommersch-preußischen Landrücken besetzt hielt und die vom Süden kommenden Flüsse mit der Weichsel beginnend am Südrande dieser Gletscherlandschaft westwärts bis zum heutigen Elbbett strömten, wodurch in den wichtigen, durch große Stromläufe ausgeübten Vermittelungen der Pflanzenwanderung ein breites Thor für östliche Einwanderer in das Herz Deutschlands eröffnet blieb. War damals das Hauptgemisch, sehr langsam und allmählich, entstanden, so konnten sich die präalpin-pontischen Genossenschaften bei der Einkehr heutiger Verhältnisse an die Plätze begeben, wo wir sie heute teils zusammen, teils nahe bei einander finden, und die merkwürdige Gruppe am Südrande des Harzes wird wohl seit jener Periode kaum. vom Fleck gewichen sein. Wenn dabei von starken biologischen Anpassungen an veränderte Verhältnisse die Rede ist, so betrifft dies besonders die präalpinen Arten, welche die Steppenperiode überdauern mussten. Und gerade in dieser Gruppe finden sich so auffallende Erscheinungen wie die der Parnassia und Pinguicula, welche als eigentliche Bewohner der Torfwiesen doch am Südrande des Harzes auf den trocknen Zechstein-Gypsen freudig leben.

Diesen präalpinen Arten schließen sich merkwürdiger Weise auch einige wenige arktisch-boreale an, unter denen Saxifraga decipiens die bedeutungsvollste in Hinsicht auf Areal und Ausbreitung in der Hercynia ist. Sie streift im Bodethal nahezu die Plätze pontischer Arten, hält sich aber in Sachsen mehr an das niedere Bergland, welches pontische Areale ausschließt.

Es ist im Abschn. III unter Kap. 4 (Hügelformationen) schon im voraus Rücksicht auf diese entwickelungsgeschichtlichen Zusammenfassungen genommen worden und es sind deshalb die Arealsignaturen nach Bedarf hinzugefügt, öfters auch (siehe S. 129—134 und S. 228) ganze Artgruppen nach diesem Gesichtspunkte geordnet. Unter Hinweis auf dieses Kapitel kann hier als summarischer Rückblick eine Aufzählung der Charakterareale mit typischen Beispielen genügen:

Präalpine Arten.	Arktisch-boreale und arktisch-alpine Arten.
Arealfigur H[3].	
Polygala Chamaebuxus.	Arealfigur AE[1].
Aster alpinus.	Saxifraga decipiens.
Carduus defloratus.	Woodsia ilvensis.
Gypsophila repens.	

---

1) Wie sehr aber Charakterarten der osteuropäischen Steppen in die nordeuropäischen Tundrengebiete, welche einem frühen Stadium im postglacialen Thüringer Becken zu vergleichen sein mochten, einzudringen und Mischformationen zu erzeugen vermögen, beweisen z. B. die Funde von R. Pohle i. j. 1899 im nördlichsten Waldgebiete nahe dem Weißen Meere, wo Anemone silvestris und Helianthemum oelandicum ihre äußersten nördlichen Standorte besitzen.

Fünfter Abschnitt.

Präalpine Arten.	Arktisch-boreale und arktisch-alpine Arten.
Arealfigur H⁵.	**Arealfigur AH.**
Cotoneaster vulgaris.	Allium *sibiricum.
Echinospermum deflexum.	Rosa cinnamomea ⎫
	Arabis alpina ⎬ nur am Südharz.
Arealfigur Mm.	—— petraea ⎬
Centaurea montana.	Salix hastata ⎭
Dianthus Seguieri.	

Zu diesen Relikten, von denen ein Teil von H^3 mit allen AE^1 und AH-Arealen wohl sicher durch die Eiszeitwanderungen und nicht erst durch nachträgliche Verschlagungen zusammengekommen ist, gesellen sich nun die aus den Po^1-, bez. Po^2-, PM^2- und PM^3-Arealen zusammengesetzten pontischen Elemente in größter Anzahl, für welche die ausführliche Liste (S. 193) einzusehen ist[1]).

Von den dort aufgeführten 93 Arten, welche durch die Signatur **PM** oder **Po** ihre pontische Zugehörigkeit anzeigen, besitzt

Sachsen östlich des Weißen Elster-Gebietes (also mit Ausschluss
der Floren von Gera bis Leipzig) . . . . 48 Arten,
von den dort unter F. 18 aufgezählten 36 Arten mit präalpinem
Areal dagegen nur . . . . 7 Arten;

von der ersteren Gruppe also die größere Hälfte, von der letzteren kaum $^1/_5$. Sachsen ist demnach relativ viel reicher an pontischen, als an präalpinen Arten!

Diese Thatsache ist schon oben auf edaphische Momente (Mangel an geeignetem Kalkboden) zurückgeführt; sie ist aber auch zu berücksichtigen bei der Discussion über *die Wanderungswege beider Artengruppen.* In der Verteilung der pontischen Arealspecies nämlich ist die Landschaft der Unteren Saale allen über, teilt aber ihren Reichtum mit den Trieslandschaften des Thüringer Beckens bis in die Gegend von Arnstadt und Gotha, wo auf den Drei Gleichen und den Seebergen noch einmal prächtige Artgenossenschaften pontischen Charakters auftreten. Es ist nun mit Recht die Frage aufgeworfen[2]), wie das zu verstehen sei, dass der hercynische Osten und besonders das sächsische Elbhügelland so viel ärmer an Arten pontischer Herkunft sei, als das westlicher gelegene Saaleland, da doch der hypothetische Zuzug dieser Arten nach Schluss der letzten Haupteiszeit durch ·Sachsen hindurch anzunehmen sei. Denn im Böhmischen Mittelgebirge ist wiederum der größte Teil der um Halle a. d. Saale vorhandenen, bei Dresden—Meißen a. d. Elbe aber fehlenden Arten in reicher Standortsvertretung zu finden.

---

1) Die dort sich ergebende Artstatistik ist nochmals in übersichtlicher Form in der Isis-Abhandlung 1901 über die »postglaciale Entwickelungsgeschichte der hercynischen Hügelformationen und der montanen Felsflora« zusammengestellt.

2) A. SCHULZ: Vegetationsverh. d. Umgeb. v. Halle. Mitt. d. Vereins f. Erdkunde zu Halle 1887, S. 30—124.

Zunächst ist nochmals darauf hinzuweisen, dass von den 93 P-Arten mit beschränkt-hercynischem Vorkommen Sachsen die größere Hälfte mitbesitzt, das Werra- und Weserland überhaupt nur sehr wenige. Diese Gesamtzahl erscheint nun für Sachsen gar nicht so klein, wenn man die geringe Ausdehnung der Standorte bedenkt, die dafür in Betracht kommen. (Siehe unsere Karte und Schilderung der Hügelformationen in Abschn. IV, Kap. 8.)

Vergleicht man mit dieser eng umgrenzten Landschaft an den Elbhöhen die weiten Gefilde der sonnigen Hügelformationen im Thüringer und Unteren Saalelande und nimmt die dort herrschende Mannigfaltigkeit der Schotter bildenden Gesteine in Vergleich mit der Einförmigkeit der nur durch Plänerzüge unterbrochenen Bildung krystallinischer Gesteine an der Elbe in Sachsen, so kann es keinem Zweifel unterliegen, dass die Thüringer Lande weit mehr befähigt sind, eine große Zahl von empfindlicheren Steppenpflanzen zu erhalten. Auch darauf ist unter Herbeiziehung eines klimatischen Momentes hingewiesen, dass dies letztere Gebiet östlich vom Harze zugleich die regenärmsten Landschaften der ganzen hercynischen Gaue enthält. Endlich hat der Besitz von *Salzstellen* im Terr. 4—5 auch die große Anzahl der Steppenrelikte durch Halophyten vermehren können, welche wiederum zwischen Stassfurt und dem Kyffhäuser um den SO-Harz herum einige ganz besondere Seltenheiten in sich enthalten. Wie bezüglich der Halophytenflora gerade sehr deutlich der Eindruck einer Reliktenflora sich aufdrängt, hat PETRY in seiner oft gerühmten Abhandlung über das Kyffhäusergebirge sehr klar gezeigt (l. c. S. 54—55); es ist dieselbe überhaupt für entwickelungsgeschichtliche Betrachtungen jenes thüringer Landesteils ein vortreffliches Muster. —

Es giebt aber noch ein wesentlicheres Moment zur Erklärung der geringeren Anzahl in Sachsen. Es braucht gar nicht daran gedacht zu werden, dass der Wanderungsweg für die vielen bemerkenswerten pontischen Arten an der Thüringer Saale und westlich von ihr bis zum Kyffhäuser und den Gleichen bei Arnstadt nur die Elbstraße entlang von Böhmen durch Sachsen hindurch gegangen wäre. Dieser Wanderungsweg mag für viele Arten die Einzugslinie gewesen sein, teils im Flussthal selbst nach Überwindung der waldbedeckten Elbsandsteingehänge, teils (auf dem Wege Sattelberg [Spitzberg] bei Ölsen—Cottaer Spitzberg—Gottleubathal—Elbe) entlang der zur Heerstraße benutzten Einsattelung zwischen dem östlichen Erzgebirge und westlichen Elbsandsteingehänge bei Hellendorf. Diese letzte Wanderungslinie wird durch Bupleurum longifolium, Melica ciliata, Trifolium ochroleucum und andere für das Grenzgebiet des Elbsandsteingebirges und Erzgebirges am Cottaer Spitzberg sehr gut im Sinne von ganz vereinzelten Reliktenstandorten ausgezeichnet: aber sie ist nicht die einzige!

Die geologischen Forschungen haben uns mit den Veränderungen bekannt gemacht, welche die ostdeutschen Ströme vor und nach dem Abschmelzen des südbaltischen Inlandeises durchgemacht haben. KEILHACK hat nach vielen vorhergegangenen Einzelstudien eine zusammenfassende Abhandlung darüber bei Gelegenheit des VII. Internationalen Geographenkongresses zu Berlin 1899 veröffentlicht[1]), der eine zur Beurteilung der so oft den Flussthälern folgenden Wanderungswege äußerst wichtige Karte beigefügt ist. Sie enthält die Still-standslinien des Inlandeises zur letzten Eiszeit, deren südlichste (unsicher) südlich von der Oder bei Glogau nach Magdeburg verläuft, während die dritte (gesicherte) von der Warthe nördlich von Posen über Frankfurt a./O. und dann nordwestwärts durch Mecklenburg auf Schwerin zu zieht. Zur Zeit dieser dritten Stillstandslinie ergossen sich die Wasser des Bug, der Weichsel, Warthe, Oder und Spree durch das Rhinthal in das heutige Elbbett; aber auch die Flussthallinien des ersten (südlichsten) und zweiten (mittleren) Stillstandes werden für die Besiedelung ebenso in Thätigkeit gewesen sein.

Dies lässt voraussetzen, dass ein nördlicher Zug von pontischen Steppen-pflanzen von der Weichsel her westwärts bis an die Elbe bei Magdeburg gelangen konnte, und thatsächlich hat LOEW schon seit langer Zeit eine Reliktenflora dieses Charakters im südlichen Baltikum mit den interessanten Standorten zwischen Frankfurt a./O. und Oderberg bekannt gemacht. Die Wanderungslinien sind allmählich von Süden nach Norden zu vorgeschritten, wie eben schon kurz bemerkt wurde; die erste und zweite Flussthallinie der ersten und zweiten Eisrandlage umgiebt — erst südlich, dann nördlich — das heutige Elbgebiet um *Magdeburg*. Wird nicht das Zusammentreffen so vieler östlicher Arten in der Flora dieser Stadt, wie es im Abschn. IV, Kap. 5 ge-schildert wurde, dadurch um vieles verständlicher?

Sobald Einzelheiten erklärt werden sollen, wird ein dunkles, hypothetisches Gebiet betreten, auf welchem viel behauptet und wenig bewiesen werden kann. Nur als ein Beispiel, wie man sich gewisse Eigentümlichkeiten in den her-cynischen Arealen erklären könnte, mag daher daran erinnert werden, dass im Neißegebiet der Oberlausitz neben Cotoneaster und Artemisia scoparia auch Stipa pennata und Bupleurum falcatum auf Basaltbergen wachsen, welche weiter westlich in Sachsen fehlen und dann erst an der Saale in Masse wieder auftreten. Die Stipa und das Bupleurum besitzen Po²-Areale, ausgedehnt bis Castilien und Belgien. Nehmen wir ihre westwärts gerichtete Einwanderung schon südlich der 1. Stillstandslinie des Gletschereises an, so wurde dabei das nördliche Schlesien am Bober und Queis und die Lausitz im Gebiet der Görlitzer Flora geschnitten, wo sich Standorte auf kalkreichen Basaltböden u. ähnl. ansiedeln konnten; das Thal der heutigen Elbe aber wurde erst nördlich der die Wasserscheide gegen die Röder und Schwarze Elster bildenden Höhen im Gebiete von Torgau—Wittenberg berührt; das Elbhügel-land lag also südlich der direkten Flussthal-Wanderungslinie. Schon damals aber wurden die Höhen im Mündungsgebiete der Mulde und Saale in die Elbe, also die Gegend von *Dessau* und *Barby*, von dieser südlich der ersten Stillstandslinie angenommenen Einwanderung direkt berührt; hier war also schon damals Veranlassung zur Ausbreitung pontischer Genossen-

---

1) Thal- und Seebildung im Gebiet des Baltischen Hohenrückens, veröffentlicht von der Ges. für Erdkunde zu Berlin.

schaften an den Uferhöhen westlich um *Aschersleben* gegen den Ostharz hin und bis *Halle* hinauf.

Wenn sich nun die zweite Flussthallinie weiter nördlich über Glogau und die mittlere Spree nach Luckenwalde zum jetzigen Elbbett *nördlich von Magdeburg* ausbildete, so blieben die freien Lößhöhen im Süden der ersten doch weiterhin geeignete Besiedelungsorte für dieselben pontischen Genossenschaften, und die südwärts zur Saale und zum Kyffhäuser hin gerichtete Ausbreitung konnte bei abnehmender Menge des abschmelzenden Eises um so stärker stattfinden.

Unter Berücksichtigung dieser ersten und zweiten postglacialen, nordhercynischen Flussthallinie wird es also verständlich, dass *an der Elbe bei Magdeburg*, und von da sich strahlig ausbreitend, eine Ansammlung pontischer Arten stattfinden konnte, und diese konnte nun auch stromauf an der Mündung der Mulde vorbei *in das Elbthal nach Meißen* sich mitteilen. Hierdurch würde es ferner verständlich, dass an der Elbe um Meißen herum eine größere Zahl pontischer Relikte sich findet als weiter stromauf, da der durch Berglander erschwerte Verbindungsweg aus dem Böhmischen Mittelgebirge nach Dresden vielleicht weniger wirksam war als der eben bezeichnete stromauf gerichtete. Das kleine Gebiet von bemerkenswerten Pflanzen östlicher Arealform in der Oberlausitz zwischen dem Neißethal und Bautzen nimmt naturgemäß gleichfalls Anteil sowohl an der Verbindung mit Böhmen im südlichen Grenzgebiet, als auch an der erwähnten postglacialen südlichsten Wanderlinie von der Oder westwärts zur Elbe.

Auf ganz anderen Wegen wird der oben (S. 630) geschilderte Einzug der **präalpinen Arten** erfolgt sein, wie wir ihn auch in eine andere Zeit zu versetzen haben, und zwar voraussichtlich in die der letzten Steppeneinwanderung vorausgehende Vergletscherungszeit der Alpen. Bei Schilderung des westhercynischen Gaues und besonders der *östlichen Rhön* in Abschn. IV ist stets der offene Verbindungsweg, der Mangel irgend welcher trennenden Schranke gegen Franken hervorgehoben, und meiner oben (Kap. 1) geäußerten Anschauung zufolge wurde dieser Weg zur Periode der nordalpinen Vergletscherung zur Besiedelungsstraße einer kalkliebenden präalpinen Flora benutzt, welche von hier über Gotha in das Thüringer Becken und bis zum Südharze gelangte, wo sie die zwar wenigen, aber um so bedeutungsvolleren Relikte auf dem Zechsteingyps hinterließ. Selbst **Dryas octopetala** auf dem Basalt des Meißner in Hessen würde unter dieser Anschauung verständlich sein, wie andere alpine Relikte auf dem Schwäbischen Jura. Nach Osten erreichte diese präalpine Flora ihre Grenze ebenfalls auf Zechstein, und zwar *östlich der Weißen Elster bei Gera* in Terr. 6 (siehe unsere Karte mit eingetragener Grenzlinie!).

In ausgezeichneter Weise sind diese Relikte von FERD. NAUMANN (siehe Litt. zu 6, Nr. 30) hinsichtlich der Flora von Gera zusammengestellt und nach noch heute gültigen Verbreitungswegen erklärt. »Dem Centrum der thüringischen Kalkflora gegenüber charakterisiert sich dieselbe als eine

Grenzflora (gegen Osten); viele an der Saale sehr verbreitete Arten sind bei
Gera Seltenheiten, und manche andere, dort ebenso ausgezeichnet durch ihr
häufiges Vorkommen, fehlen an der Elster ganz.« Die seltenen oder ganz
fehlenden Arten sind nun teils präalpinen, teils pontischen Charakters; zu
ersteren zählen besonders Sesleria, Ophrys muscifera, Teucrium
Chamaedrys, Hippocrepis comosa, zu den letzteren Bupleurum falcatum, Aster Amellus, Stachys recta. Pontische und präalpine Arten
verhalten sich hier in ihren Besiedelungen so gleichartig, dass sie wie eine
geschlossene Genossenschaft auftreten, deren Wanderungswege von der Saale
gen O gerichtet sind und an der Grenze zum Muldenlande völlig Halt machen.
»Am dichtesten gehäuft«, sagt NAUMANN weiter, sind die Standorte von jenen
Saalepflanzen an der Elster nicht da, wo die kalkhaltigen Gesteine hier ihre
größte Ausdehnung haben, sondern vielmehr an den Orten, welche bei
passender Bodenbeschaffenheit am leichtesten erreichbar waren für die Pflanzen
der Saale«. Diese Erreichbarkeit hängt von der Lage waldfreier Nebenthäler
ab; in der Linie von Crossen westlich nach der Saale zu sind Saale und Elster
um 10 km mehr genähert, als zwischen Gera und Jena, zumal ein isoliertes
Muschelkalkplateau noch 7 km von Crossen auf der genannten nahen Verbindungslinie liegt. »Es ist sehr auffallend, dass gerade in dieser Richtung
nach Osten zu diejenigen Hügel an der Elster liegen, deren Süd- und West-
abhänge in ihrem Pflanzenkleide die Flora der Saalberge am vollkommensten
abspiegeln.« — In diesem Sinne ist auf unserer begleitenden Karte die Ostgrenze der präalpinen Arten von der Saale zur Weißen Elster übergeführt;
die begleitenden pontischen Arten halten sich auch wohl an dieselbe Linie,
aber sie kehren bekanntlich großenteils im Elbhügellande bei Meißen—Dresden
weiter im Osten wieder. — So ergänzen sich die geographisch vorgezeichneten
Verbindungswege als Grundlage der postglacialen Besiedelung mit den bedeutungsvollsten edaphischen Momenten unter der Wirkung begünstigender
klimatischer Werte zu den Faktoren, nach denen die hercynische Besiedelungsgeschichte zu beurteilen ist.

Das Klima wird sich allerdings dabei in vielerlei Oscillationen bewegt
haben. Es braucht nur daran erinnert zu werden, dass im Wechselspiel
kühlerer und wärmerer, feuchterer und trocknerer Perioden noch die Begünstigung bald dieser bald jener im hercynischen Umkreis vorhandenen Genossenschaften statthaben musste, und dass sich dies erst besser beurteilen lassen
würde, wenn auch nach dieser Seite hin die Erdgeschichte seit Eis- und
Steppenperiode genauer bekannt wäre. AXEL BLYTT hat in Benutzung der
recenten Fossilien in den postglacialen Torfmooren eine ausführliche Be-
siedelungstheorie für die norwegische Flora ausgearbeitet und danach die
Arten der letzteren gegliedert; aber der ganze Aufbau dieser Gliederung steht
und fällt naturgemäß mit der »Theorie der wechselnden feuchten und kontinentalen Klimate«, welche weit davon entfernt ist, nach Anzahl und Länge
der Perioden sicher zu sein. Dass überhaupt solche klimatische Schwankungen
stattfanden, glaube ich annehmen zu sollen; aber anstatt nach solchen oder

anderen Schlüssen eine Einteilung der hercynischen Flora durchzuführen, halte ich es für richtiger, die Areale der Arten, welche bekannt sind und sich notwendiger Weise auf solchen verschiedenen Klimaperioden aufbauen, als vorläufig genügende Grundlage zu benutzen.

Denn schon die Relikte der ersten und der letzten Hauptvereisungsperiode können wir ebensowenig wie die Relikte der interglacialen und postglacialen Steppenperiode anders als nach gewissen Voraussetzungen hypothetischer Art unterscheiden, und müssen doch nach Arten wie Hymenophyllum auch in wenigen Fällen mit solchen Fragen rechnen. Ganz summarisch muss man wohl alle pontischen Arten für jünger im hercynischen Bürgerrecht ansehen als die arktisch-borealen und präalpinen Elemente. Es könnte allerdings auch bis zu gewissem Grade umgekehrt sein. Neigt man einer Annahme von einer größeren Zahl oscillierender kühler (Eiszeit-) und wärmerer (Steppen-, bez. atlantischer) Perioden zu, so hätte auch eine der letzten postglacialen Haupt-Steppenperiode folgende kühlere Periode vom Charakter einer schwächeren Eiszeit die präalpinen Bürger in die schon vorhandenen Genossenschaften der Steppenbürger hineinbringen können; dann wären also die letzteren älter im Bürgerrecht als die Teucrium montanum-Genossenschaft. Nach dieser Anschauung würde man sich die Besiedelung der montanen Felsen mit Saxifraga dicipiens u. a. A. so vorzustellen haben, dass solche Standorte in den höheren Bergstufen sich gebildet hätten im Zurückweichen glacial-borealer und alpiner Arten vor der pontischen Association in der auf ihre Einwanderung folgenden wärmsten Periode, wo sie eine Zuflucht an kühleren Felsen suchen mussten. Erst in der dann folgenden wiederum kühleren Periode wären dann neue montane Arten, dieses Mal aber nicht mehr aus dem hohen Norden, sondern nur aus den südlicher liegenden Hochgebirgen, eingewandert und hätten sich mit denjenigen Arten der pontischen Association, welche aushalten konnten, zu neuen Mischformationen verbunden. Diese Anschauung würde also die Besiedelung mit arktisch-alpinen und alpin-montanen Arten in 2 verschiedene, durch eine Steppenperiode getrennte Zeiten verlegen. — A. SCHULZ hat ein verwickeltes System von 4 solchen, mit wärmeren Perioden wechselnden Eiszeiten aufgebaut und bemüht sich, die Perioden der Einwanderung und den Weg der Besiedelung für die einzelnen Arten genau zu bestimmen. Das erscheint mir unmöglich, und wir müssen zufrieden sein, wenn wir nur erst einmal die Hauptperioden des Zuzuges neuer Associationen und die klimatischen Verhältnisse während derselben genauer kennen. Eines allzu bestimmten Urteils enthält man sich am besten noch so lange, als auch die Geologie mit der Beschaffung allseitig gesicherter Unterlagen noch nicht fertig ist, — und das ist sie noch nicht.

c) Entwickelungsverhältnisse in den Waldformationen, den Wiesen und Niederungsmooren.

Die hier zum Schlusse unserer entwickelungsgeschichtlichen Betrachtungen zusammengefassten Formationen enthalten als Hauptarten solche, deren Areale

am wenigsten bedeutende Abweichungen zeigen und am meisten dem Grund-
stocke des jetzigen mitteleuropäischen Florengebietes, und zwar in der Zone 5
und 6 in der Florenkarte von Europa[1]) angehören. Allerdings sind diese
Formationen nicht ganz gleichartig; während die Waldbäume 5 verschiedenen
Arealgruppen angehören, sind die herrschenden Wiesengräser ziemlich einheit-
lich und es fällt auf, dass abgesehen von Arten wie Nardus, Anthoxanthum,
Carex canescens und panicea, welche ihr mitteleuropäisches Areal weit nach
Norden ausgedehnt haben und die arktische Zone berühren, kein bezeichnendes
Gras der Alpenmatten auf den hercynischen Wiesen sich findet.

Von den *Bäumen* sind die Areale in der Formationsliste des III. Abschn.
S. 107 mitgeteilt. Nur eine Art gehört zu der weitesten pontischen Ausdehnung
(PM[3]), nämlich die Flatterulme; Kiefer und Zitterpappel haben die weiteste,
über die Grenzen des mitteleuropäischen Gebietes weit hinausgreifende Erstreckung auch von S zu N; mitteleuropäisch im Sinne des Buchen- und
Eichenareals sind außer diesen beiden verschieden weit nach NO sich erstreckenden Typen noch die Hainbuche, Birke, Erle, 2 Ulmen, 2 Linden,
2 Ahorn und die Esche; mitteleuropäisch-montan (**Mm**) sind die Tanne und
der Bergahorn von wesentlichen Waldbäumen bei uns allein; ein nach N bis
zur Baumgrenze ausgedehntes Areal besitzt die Fichte, Eberesche und Grauerle
mit nordischer Birke dehnen dasselbe noch weiter in die angrenzende arktische
Zone aus. Darnach darf man auch die postglaciale Besiedelung derartig sich
vorstellen, dass auf die letztgenannten Bäume erst später und allmählich
Buche, Tanne und Bergahorn, Kiefer, Eiche und Erle gefolgt sind. Über die
Einwanderungszeiten der einzelnen Bäume selbst ist für den hercynischen
Bezirk nichts Genaueres zu sagen, selbst die Befunde in den Mooren des
Gebirgslandes (wie z. B. im »See« des Fichtelgebirges) müssen erst noch unter
einheitliche Gesichtspunkte gebracht werden.

Das Beigemisch der *Waldstauden* ist wiederum ein recht buntes hinsichtlich der Arealgenossenschaft, Schon oben (S. 628) sind unter den Arealfiguren **AH** bis **H**[3], **H**[4] und **H**[5] mehrere Arten genannt, welche der subalpinen
Bergheide und der durch sie mit gekennzeichneten obersten Fichtenformation
gemeinsam sind; Streptopus, Mulgedium, Homogyne und Calamagrostis Halleriana bezeichnen diese Gruppe auf das Deutlichste. (Vergl.
auch die Arealsignaturen in der Formationsliste, Abschn. III, S. 129—131.)

Außerdem giebt es naturgemäß im Bergwalde eine größere Anzahl von
Arten, welche das Areal der Fichte **Mb**[1] teilen und den Wald, eventuell sogar
die Formation 7, niemals verlassen; solche sind Circaea alpina, Polygonatum verticillatum, Poa sudetica, Melampyrum silvaticum. Von
dieser Gruppe darf man annehmen, dass sie bald nach der Zeit der letzten
Glacialperiode die Heimat des den Waldsaum gegen das nordische Eis und
gegen das kühlere Bergland im Innern bildenden Formationsgemisches teilte

---

[1]) BERGHAUS' Physik. Atlas Nr. 47 (Pflanzenverbreitung Karte Nr. IV).

und in diesem mit dem Abschmelzen des Eises nach N sowie in das obere Bergland einzog.

Listera cordata, wegen ihres Vorkommens auch in der deutschen Niederung mit der Arealfigur AE³ bezeichnet, ferner Viola biflora, Polemonium coeruleum und Pleurospermum austriacum mit ihren AH- und BU²-Arealen sind aber Relikte des Nordens, welche vermutlich entlang an den Moränenformationen des nordischen Landeises aus dem uralisch-skandinavischen Europa nach Süden gewandert sind und im Walde vereinzelte, durch die Verschiedenartigkeit ihrer Lage ganz den Eindruck von Relikten hervorrufende Standorte behalten haben. Es mag daran errinnert werden, dass dieses Pleurospermum ebenso wie Polemonium, Linnaea und Lonicera coerulea zu den waldbildenden Bestandteilen bis 63° n. Br. in der sibirischen Obj-Flora gehören, dass auch Echinospermum deflexum ebendaselbst seine heutige Heimat hat, eine seltene Boraginee im hercynischen Bezirk, dann im Riesengebirge und weiter südwärts bis Österreich verbreitet. Viola biflora, in den Sudeten viel häufiger und in den Karpathen wie Alpen gemein, hat nach dieser Deutung ihres Areals über die mitteldeutschen Bergländer hinaus nach S postglacialen Einzug gehalten; auch Pleurospermum ist in den genannten Hochgebirgen ungleich häufiger in viel bedeutenderen Höhen. Seine Standorte im Hügellande von Arnstadt und Gotha 300—400 m hoch geben demnach weiter Zeugnis von der glacialen Ausbreitung des Voralpenwaldes im Thüringer Becken, als Mischung borealer und alpiner Arten.

Der mitteleuropäisch-montane Charakter, welcher mit dem Einzuge der Tanne und Buche in ihre heutigen Reviere zur Geltung gekommen sein wird, spricht sich dann in mittleren Waldeshöhen der Hercynia bei Arten wie Arabis brassiciformis, Astrantia, Aconitum Lycoctonum, Aruncus und Prenanthes aus, wobei freilich die Frage noch offen bleibt, ob die bei diesen Arten vorliegenden Verbreitungsgrenzen klimatischer Natur sind oder in der Besiedelungsgeschichte ihre Erklärung finden werden. Von großem Interesse ist ferner das mit OMm bezeichnete Areal von Senecio crispatus (montan im östlichen Berglande Mitteleuropas); ihm schließt sich mit beschränkterem Areal Dentaria enneaphylla an, und vielleicht haben diese sich gleichzeitig mit Prenanthes, Aruncus, Thalictrum aquilegifolium von Osten her verbreitet, indem diese gerade denjenigen hercynischen Bergländern fehlen, welche in der Gruppe von Digitalis purpurea der westlich montanen Besiedelung ausgesetzt waren.

Endlich sind auch die pontischen Relikte im Walde, alle in der Form PM² oder PM³, vertreten und äußern sich in der Verbreitung von Symphytum tuberosum, Omphalodes scorpioides und Myosotis sparsiflora, welche sich an viele Arten der lichten Hainformation (Dictamnus, Lithospermum purpureo-coeruleum u. s. w.) anschließen.

Wiesenpflanzen. Unter den bedeutungsvollsten westlich-montanen Arten ist Meum athamanticum aufzuführen, dessen Besiedelungsweg und -zeit ich

mit Digitalis purpurea zusammenstellen möchte. Das hercynische Areal ist
in Abschn. III und IV genügend besprochen; sein ganzes Areal darf im Sinne
der Entwickelungsgeschichte als westeuropäisch mit dem Mittelpunkt Pyrenäen—
Cevennen—Westalpen angesehen werden, von wo einmal ein Zug den Süd-
alpen entlang bis Illyrien (und Österreich. Alpen) sich verlor, zweitens ein Zug
über die Ardennen nach NO und O in die Hercynia eintrat, und endlich
drittens ein nördlicher Ast in Großbritannien sich festsetzte. Der Harz beherrscht also die mittlere Zunge dieses Areals, und es ist bedeutungsvoll, dass
diese Bergpflanze z. B. den ganzen Bayerischen Alpen fehlt. — Ein ähnliches
Areal zeigt die im Saalegebiete gegen Sachsen bereits endende knollige Distel,
Cirsium tuberosum (vergl. Abschn. III, S. 221).

Trollius und Phyteuma, Iris sibirica, Tofieldia. — Es giebt noch
eine ganze Reihe anderer Verbreitungsareale, die aber nicht ausgeprägt genug
erscheinen, um sie zu Beispielen der Wanderungsrichtungen zu erheben wie
die vorigen. Dass das **Mm**-Element auch auf den Wiesen stark vertreten ist,
erscheint selbstverständlich; Trollius europaeus und Phyteuma orbiculare erscheinen als dessen verschiedenartige Vertreter in allen Gauen.
Auch das pontische Element hat auf den Niederungswiesen, selbst bis in die
Vorberge, seine Spuren hinterlassen; neben Arten wie Cirsium canum,
welche schon im osthercynischen Gau Halt machen (bei Meißen), ist in Iris
sibirica ein weites **Po²—BU**-Areal vorhanden. Diese Art geht durch ganz
Sibirien (Amurland—Altai—Kaukasus), durch Russland bis Bayern und Hannover
mit Südwestgrenze im Elsass und Jura. Aber überall in Deutschland sind im
Areal dieser Iris weite Lücken und auch in der Hercynia ist die Gesamtzahl
ihrer Standorte nicht groß.

Während alpine Relikte sonst nicht auf Niederungswiesen auftreten, macht
Tofieldia calyculata bei uns und an anderen Orten eine Ausnahme: als
höchst seltene Art wächst sie in Hessen, Thüringen, im Mündungsgebiet der
Weißen Elster, und von diesem letzteren Standorte auf den Torfwiesen bei
Leipzig ist in Abschn. IV, Kap. 6, S. 418 das merkwürdige Gemisch von Arten
besprochen, welches — in sehr verkleinertem Maße — an die reichen Stand-
orte im nördlichen Böhmen bei Habstein erinnert, wo Ligularia sibirica zu
Tausenden die Moorwiese bedeckt.

Nordatlantische Arten. — Um nicht eine Lücke in dem Vergleich der
Areale und der Besiedelungsrichtungen zu lassen, ist noch an die Gruppe von
Erica Tetralix, Gentiana Pneumonanthe, Drosera intermedia u. s. w.
zu erinnern, welche unter den Niederungsmooren (Abschn. III, Kap. 5, S. 228)
Erwähnung fanden und deren Standorte in der Teichniederung der Lausitz
ausführlicher geschildert waren. Hier treffen wiederum zwei ganz verschieden-
artige Genossenschaften zusammen und vereinigen sich friedlich in derselben
Formation, nämlich die *boreale Association* mit Arten wie Andromeda,
Eriophorum vaginatum, Ledum, und die genannten westlichen Arten.
Auch hier ist daher eine verschiedenzeitige Besiedelung anzunehmen: die
boreale Association muss zuerst am Platze gewesen sein und fand auch in

den wärmeren Perioden ihre biologischen Bedürfnisse durch die Beschaffenheit der Moore erfüllt, als die atlantische Association unter der Begünstigung feuchter Perioden ihren Zug in Norddeutschland bis Ostpreußen, in der Hercynia bis in die Lausitz hinein ausdehnen konnte. Auch in dieser Formation hat demnach die Theorie der Florenentwickelung eine Analyse der Genossenschaften vorzunehmen, welche biologisch ähnlich, aber nicht gleich gestimmt erscheinen.

Drittes Kapitel.
Die Vegetationslinien der Jetztzeit.

Einleitung. Nachdem die erdgeschichtlichen Verhältnisse im vorigen Kapitel auseinander gesetzt sind, bleibt noch ein letzter Rückblick auf die durch Klima und Boden jetzt erreichten positiven Verbreitungsverhältnisse zu werfen, ein Rückblick, den die ältere Pflanzengeographie über alle anderen Untersuchungen vorangestellt haben würde. Denn es war der zuerst in den »Göttinger Studien« vom Jahre 1847 veröffentlichten Abhandlung GRISEBACHs vorbehalten, in den »Vegetationslinien des nordwestlichen Deutschlands« zuerst die klimatische Methode auf solche speciell floristische Verhältnisse anzuwenden, die größtenteils zu unserem Bezirke gehören. Was in jener Abhandlung über »die Gliederung des Gebietes in engere Vegetationsbezirke« (l. c. S. 532) gesagt ist, die Pflanzenlisten, welche dort als charakteristisch für die Elbterrasse mit Clematis recta anfangend bis zu den Gräsern Stipa und Andropogon aufgezählt werden, das Alles bietet thatsächlich die ersten Grundzüge einer die Weserlandschaften, den Harz und das ostwärts angrenzende Unstrut—Saale—Elbegebiet umfassenden, pflanzengeographisch wohl durchdachten Florendarstellung (vergl. Abschn. I, S. 13).

Hieran ist jetzt nochmals anzuknüpfen, nachdem das grundlegende Material ebenso wie die Ideen rationeller Pflanzengeographie sich so bedeutend vermehrt und vertieft haben. Schon GRISEBACH deutete in der Einleitung zu seiner Abhandlung auf das Vorhandensein anderer als klimatischer Vegetationslinien hin: »dahin gehören alle die Erscheinungen, wo die mögliche Ausbreitung der Gewächse auf dem Erdkörper nicht verwirklicht ist, wo ihre Wanderung uns unvollendet entgegentritt und ihre klimatischen Grenzen nicht erreicht hat« (l. c. S. 466). Aber er hat diese angedeutete andere Reihe von »erdgeschichtlichen (geologischen) Verbreitungsgrenzen«, wie ich sie im Gegensatze zu den »klimatischen Vegetationslinien« bezeichnen will, niemals weiter ausgeführt und in jener Abhandlung auch diejenigen Pflanzen, welche sicher (wie Salix bicolor und Artemisia rupestris) viel weniger ein klimatisches als ein geologisches Zeugnis abgeben, unter seinen Vegetationslinien südlicher, nördlicher, nordwestlicher und südöstlicher Gruppe mit behandelt.

A. Schulz hat sich in seinen während des letzten Jahrzehnts erschienenen Arbeiten an der Hand einzelner Beispiele bemüht, den Nachweis zu führen, dass viele »Vegetationslinien« nicht nach klimatischen Einflüssen aussehen, sondern auf andere Ursachen hinweisen. Dies betrifft hauptsächlich die glacialen, pontischen und präalpinen Relikte, obwohl die Standorte, welche sie noch heute besitzen, immerhin in klimatisch-edaphischer Hinsicht ihrer Erhaltung am Platze entsprechen müssen. Aber es ist voranzustellen, dass erst einmal die Pflanzen überhaupt eingewandert sein mussten, ehe von ihrer Erhaltung die Rede sein kann, dass also zumal für die sporadischen Fundorte weitab vom Hauptareal einer Art die klimatischen Momente nur auf die Fragen der besonderen, rettenden oder erhaltenden, Eigenschaften einer kleineren Lokalität sich beschränken. Und somit ist auch im Vorhergehenden der geologischen Entwickelung die notwendige Tragweite eingeräumt.

Dabei ist dann allerdings nicht zu übersehen, dass auch in der Vorzeit klimatische und edaphische Momente für die damalige Pflanzenwanderung und Besiedelung maßgebend waren, und dass seit der Eiszeit das Hauptbild hercynischer Orographie sich nicht geändert hat. Wenn wir heute im Lande der Unteren Saale die trockenste hercynische Landschaft erblicken, so ist es sehr wahrscheinlich, dass diese zur Zeit der pontischen Einwanderer durch ein relativ stark vortretendes Steppenklima dieselben mehr als andere hercynische Landschaften begünstigte, und dass die gleichen Triasböden, die sich heute als günstige Erhaltungszustände zeigen, damals günstige Besiedelungsbedingungen boten. So bedeutet demnach der Verfolg der Florenentwickelung nach rückwärts nichts anderes als den Versuch, die uns unbekannten klimatischen und edaphischen Momente einer vergangenen Periode aus dem damaligen Zustande des Landes ungefähr zu ermitteln und auf die biologischen Bedürfnisse gewisser Pflanzenformationen anzuwenden.

In den Ausbreitungsverhältnissen derjenigen Genossenschaften, die nur noch in Bruchstücken erhalten sind, haben wir also gewissermaßen fragmentarische Vegetationslinien der letzten verschwundenen Erdperioden vor uns, welche den damaligen klimatischen und edaphischen Bedingungen entsprachen. — Je mehr wir uns der Gegenwart nähern, desto mehr erhalten die vergangenen Zeiten den Anstrich der heute herrschenden Vegetationsbedingungen; aber diese letzteren können doch genügende Abweichungen besitzen, um diese oder jene Formation zur Einschränkung, diese oder jene andere zur Ausbreitung zu veranlassen. Verschiebungen in den Arealen einheimischer Pflanzen brauchen daher nicht einer in uralter Zeit unvollendet gebliebenen Wanderung zu entsprechen, sondern können durch sehr jugendliche periodische Veränderungen des Klimas veranlasst sein, und somit besteht zwischen den oben bezeichneten fragmentarischen Vegetationslinien der Vorzeit (also den erdgeschichtlichen Verbreitungsgrenzen) und den heutigen, auf Klima und Substrat begründeten »eigentlichen« Vegetationslinien ein continuirlicher, durch mancherlei Übergänge vermittelter Zusammenhang.

Um nun die Rolle der Vegetationslinien im Sinne GRISEBACHs weiterhin als bedeutungsvollen pflanzengeographischen Faktor eintreten zu lassen, wird es zweckmäßig sein, ihre Untersuchung einmal auf die Ausbreitung ge. wisser geselliger und vorherrschender Arten, zweitens aber auf die Grenzbildungen gemeinsamer, durch bestimmte Artgenossen- schaften gut gekennzeichneter Formationen zu beschränken, weil sich erwarten lässt, dass diese die durch die Zufälligkeiten im Leben der einzelnen Art hervorgerufenen Schwankungen und Abnormitäten ausgeglichen haben werden. Auch hier soll also in der Formation die festere Einheit pflanzen. geographischer Grundlagen gegeben sein, wenn auch ihr Typus durch die Namen der charakterisierenden Einzelarten bezeichnet werden muss und von diesen die eine früher, die andere später eine Grenze in bestimmter Richtung erreicht.

a) Vertikale Vegetationslinien (Höhengrenzen).

Schon oben (S. 619) wurde der klare Ausdruck, welchen das Klima als grenzbildender Faktor in den Bergregionen darbietet, betont und, nachdem die Einzelheiten besonders im Absch. IV, Kap. 11—15 besprochen sind, bedarf es hier nur noch einer zurückschauenden Zusammenfassung ohne Nennung von Höhenzahlen.

Im Berglande zeichnen sich vornehmlich zwei Linien der Massenverbreitung von Bäumen durch ihre klimatische Wichtigkeit aus, nämlich die oberen Grenzen der *Fichte* und der *Buche*, welche in den hercynischen Gebirgen unter sehr gleichartigen Bodenverhältnissen zur Anschauung gelangen.

Diese beiden Baumarten sind daher auch als stimmführende besonderer Formationen anerkannt, wobei der Buche noch Tanne und Bergahorn bei- gesellt sind. In der Grenzbildung der echten, das wärmste Klima aufsuchenden Hügelwaldungen besitzen wir keine einzelne Baumart, welche wie Buche und Fichte zum Feststellen der klimatischen Bedingungen ihres obersten Gebietes aufforderte; aber das Gemisch von Carpinus, Quercus, Pinus silvestris mit Tilia parvifolia und je nachdem mit Betula verrucosa oder Acer campestre (Form. 1) kann sehr wohl als Formation dafür benutzt werden. Die *Kiefern- wälder* der Form. 4 sind wenig für Konstruktion klimatischer Grenzlinien ge- eignet; für gewöhnlich der Niederung angehörig, besitzen sie im Böhmer Walde, Fichtelgebirge und besonders im Vogtlande bis 600 m ausgedehnt eine mon- tane Facies, welche in etwas an die nordeuropäische Ausdehnung der Kiefer weit nach N erinnert.

Während die Höhengrenzen der *Wiesenfacies* im hercynischen Rahmen bisher kaum untersucht sind, haben die reich entwickelten *Hügelformationen* (F. 15—17) ihre oft dargelegte Höhengrenze auf Silikatboden unter 400 m, auf Muschelkalk bei etwa 500 m oder wenig höher (Rhön 600 m). Ferner ist bei der Schilderung der *Moorformationen* dargelegt worden, wie diese sich nach der Besiedelung durch bestimmte Genossenschaften in 2 verschiedene Haupttypen

sondern lassen (s. Abschn. III, Kap. 5, S. 224); von diesen hat die atlantische
Genossenschaft eine niedrig liegende, obere Höhengrenze von etwa 300 m,
die montane Formation mit Eriophorum vaginatum, Vaccinium uliginosum,
Empetrum und Pinus montana dagegen eine untere Höhengrenze von etwa
600 m; zwischen beiden Höhenzahlen liegt eine Zwischenzone, in der die
Moorbildung ohne jedes floristische Sonderinteresse bleibt.

Die Formationen der *Wasserpflanzen* endlich sind vielleicht diejenigen, in
welchen die klimatischen Parallellinien zu ziehen am leichtesten durchführbar
sein wird, und es sind in Abschn. III, S. 257 einige Beispiele dafür mitgeteilt.
Es möchte noch gesagt werden, dass selbst auf dem Gebiete der Höhengrenzen in den Gebirgen, von Fichte und Buche an bis zu den Wasserpflanzen,
die biologische Pflanzengeographie in der positiven Ermittelung der maßgebenden klimatischen Faktoren noch recht wenige Fortschritte erlebt hat. —

b) Horizontale Vegetationslinien im Hügellande und in der Niederung.

Genossenschaft der Fichte und Tanne. Wenn GRISEBACH, wie schon
vorhin gesagt wurde, unter seinen klimatischen Vegetationslinien manche
Pflanzenart aufführt, welche in ihrem disjunkten Areal überhaupt keine »Linie«
darstellen kann, so hat er andererseits mancherlei Arten nicht mit aufgenommen,
deren Areal bei uns sicherlich klimatisch begrenzt ist, aber nach weiter Lücke
eine erneute Fortsetzung in anderen Gauen findet. Als wichtigstes Beispiel
erscheint in dieser Beziehung die Fichte, und um auch hier nicht die einzelne
Art sondern den Formationstypus hervorzuheben, kann deren hercynisches
Areal durch tonangebende Begleiter in der Waldformation Nr. 3 wie Sambucus racemosa, Actaea racemosa, Chaerophyllum hirsutum, auch
Lunaria rediviva und andere seltnere Erscheinungen vervollständigt werden.
Ihre Nordgrenze gegen die zunächst angrenzende nordwestliche Heide und
gegen die trockene Elbniederung (Terr. 5, 6, 8) ist eine wichtige klimatische
Linie, die dann in nicht uninteressanter Weise nach NO durch die Niederlausitz hindurch mit großer Lücke auf Ostpreußen losgeht. Wenn die Fichte
und ihre nicht zur **Mm**-Arealfigur gehörigen borealen Begleiter in Skandinavien
wiederkehren, so sind das zu den oberen hercynischen Waldungen gehörige
Analogien, deren Betrachtung nicht weiter hierher gehört.

Der Verlauf der unteren hercynischen Waldformationsgrenze gegen N ergiebt sich ziemlich gut aus dem auf unserer Karte dargestellten Verlauf der
Fichtenlinie selbst; wie es sich in klimatischer Hinsicht mit der Vegetationslinie der Tanne verhält, welche gleichfalls als wertvolles Indicium auf unserer
Karte dargestellt ist, erscheint noch etwas zweifelhaft. Warum schließt der
Harz die Tanne aus, und warum fehlt sie im ganzen Nordteil des westhercynischen Gaues, wo man doch im Vergleich mit Frankreich einerseits und
der Lausitz andererseits ihre klimatischen Vegetationsbedingungen erfüllt finden
sollte?

Es wäre nicht ganz unwahrscheinlich, dass es sich um eine unvollendete Wanderung handeln könnte, deren Grund in jüngerer geologischer Vergangenheit liegt und sich noch nicht ganz ausgeglichen haben würde. Die auffällige Erscheinung der Tannen-Nordgrenze, von der man eine ziemliche Übereinstimmung mit der Vegetationslinie der Fichte voraussetzen sollte, fällt zusammen mit dem Verlauf einer ganzen Reihe anderer Vegetationslinien aus dem osthercynischen Gau gegen SW auf die Rhön oder deren Umkreis zu, nachdem sie den Thüringer Wald meistens in seinem östlicheren Teile geschnitten haben: solche Arten sind besonders Aruncus silvester, Prenanthes purpurea, Thalictrum aquilegifolium, weniger Euphorbia dulcis, welche schon etwas weiter nach Westen in die Hercynia hineingreift, auch einige Wiesenpflanzen wie besonders Cirsium heterophyllum. Ist es auch einstweilen nicht möglich, eine bestimmte Begründung für den Verlauf dieser kombinierten Vegetationslinie zu geben, welche der südöstlichen Hälfte der Hercynia einen ganz bestimmten Leitpflanzencharakter im Bergwalde verleiht, so muss doch die pflanzengeographische Bedeutung derselben hervorgehoben werden, da sie ein wesentliches Stück der territorialen Unterschiede mit liefert. Ihr Verlauf ist bei uns ein von ONO in der Lausitz gen WSW sich senkender.

Östliche und südliche Vegetationslinien der atlantischen Association.

Größtenteils den beiden vorigen Linien genau entgegengesetzt verlaufen die atlantischen Vegetationslinien: die Gruppe der Fichten- und Tannenlinie gehört der Hercynia an und bildet sogar einen ihrer wesentlichsten Bestandteile in den montanen Formationen; die atlantische Gruppe dagegen ist der Hercynia im Wesen fremd, schließt das engere hercynische Gebiet aus und umrandet nur seinen Saum. Was von ihr Bergland liebt, besiedelt im westlichen Deutschland den Rheinischen Bezirk; was von ihr Niederungsmoore und -heiden liebt, charakterisiert die Formationen der Lüneburger Heide. Arten dieser letzteren Gruppe umschließen die Hercynia von Norden her und werden zumal noch im Osten von der Niederlausitz her ziemlich weit nach S in die Oberlausitz vorgeschoben, wo gleichzeitig mit Erica Tetralix und Rhynchospora auch Ledum palustre aus den *baltischen* Mooren zusammentrifft und sich südwärts in das Elbsandsteingebirge verliert. Die atlantische Hydrocotyle vulgaris geht von dem auf unserer Karte bezeichneten Lausitzer Niederungsmoorgebiet am weitesten südwärts, auf Torfwiesen bis gegen den Rand des Lausitzer Berglandes (Terr. 10). Im übrigen brauchen diese Arten nicht genauer bezeichnet zu werden, zumal die wichtigsten von ihnen, welche die vom Braunschweiger Lande her nach der Lausitz sich senkende Südgrenze auszeichnen, auf GRÄBNERs Karte der norddeutschen Heide[1] dargestellt sind.

---

[1] Vegetation der Erde Bd. V.

Von größerem Interesse, weil sie wirklich in das Innere des west-
hercynischen Gaues eintreten, sind solche atlantische Arten, welche das niedere
Bergland und Hügelland zu besiedeln pflegen, also besonders Teucrium
Scorodonia, Genista anglica (im Weserberglande), Rosa arvensis.
Diese gedeihen dort, wo die vorhin genannten Arten der Aruncus- und
Edeltannen-Gruppe fehlen! Zu ihnen gehört auch Ilex Aquifolium im
äußersten Westen der Hercynia und die tief in unseren Bezirk um den Harz
herum eingreifende Euphorbia amygdaloides.

Nordwestliche Vegetationslinien der pannonischen Association.

Unter allen in GRISEBACHs grundlegender Arbeit genannten Linien hat
sich keine zum so durchgängigen Gebrauch der späteren Pflanzengeographen
Deutschlands erhoben, als diese, unter welcher er (S. 514—531) fast 100 Arten
aufzählt. Diese setzen sich in der Hauptsache aus der entwickelungsgeschichtlich auf die Steppenzeit zurückzuführenden Association zusammen, deren
Charakter nur durch gewisse präalpine Elemente (wie Carduus defloratus)
verdunkelt wird. Wenn diese letzteren auch einmal wirklich eine nordwestliche Vegetationslinie zeigen, so kann das nur ein Zusammenfallen ihrer
edaphisch-klimatologischen örtlichen Bedingungen an den äußersten Stationen
beider Gruppen bedeuten; in Wirklichkeit bilden letztere dennoch eine der
Hauptsache nach nördliche Vegetationslinie. Die wichtigsten richtig angeführten
Arten aus GRISEBACHs Liste sind (unter Anführung ihrer laufenden Ziffer
daselbst) folgende:

(1) Clematis recta.	(31) Oxytropis pilosa.	(53) Artemisia rupestris.
(4) Pulsatilla pratensis.	(32) Astragalus exscapus.	(59) Scorzonera purpurea.
(6) Adonis Vernalis.	(35) Coronilla Varia.	(60) Lactuca perennis.
(9) Ranunculus illyricus.	(37) Potentilla cinerea.	(61) —— quercina.
(13) Sisymbrium austriacum.	(39) Bupleurum longifolium.	(64) Hieracium echioides.
(14) —— Loeselii.	(40) —— falcatum.	(69) Myosotis sparsiflora.
(17) Erysimum crepidifolium.	(41) Seseli Hippomarathrum.	(70) Verbascum phoeniceum.
(21) Rapistrum perenne.	(43) Peucedanum Oreoselinum.	(73) Salvia silvestris.
(24) Dianthus Carthusianorum	(45) Asperula glauca.	(79) Plantago arenaria.
(II. Linie).	(47) Scabiosa ochroleuca.	(92) Carex supina.
(25) Lavatéra thuringiaca.	(49) Aster Amellus.	(93) Andropogon Ischaemum.
(26) Hypericum elegans.	(50) Inula germanica.	(94) Stipa pennata.
(29) Dictamnus albus.	(51) —— hirta.	(95) —— capillata.

An der Hand der historischen Abhandlung haben wir uns die reiche
Genossenschaft, über welche so viel unter Formation 15—17 im Abschn. III
und unter der Schilderung von Terr. 4, 5 und 8 gesagt ist und über deren
Standorte in den jüngeren Arbeiten von A. SCHULZ so viele sorgsame Zusammenstellungen zu finden sind, wieder vor Augen geführt und können nun
nochmals ihre Standorte im Sinne der Bildung von Vegetationslinien kurz
zusammenfassen.

Bekanntlich erreichen die Arten der östlichen (Po)- und diejenigen der
südöstlichen (PM)-Genossenschaft in den drei auf unserer Karte angegebenen

Hauptarealen sehr verschiedene Grenzen, welche zwar in der Hauptsache gegen NW gerichtet sind, die aber dadurch, dass nach der hier verfolgten entwickelungsgeschichtlichen Anschauung die Elbe an der Saale- und Muldenmündung als postglaciales Ansiedelungsgebiet diente, im Innern der Hercynia auch zu ganz anders gerichteten Linien, nämlich zu solchen gegen Osten (Sachsen) hin gerichteten, werden können. Hieran braucht nur nochmals erinnert zu werden; die Verschiedenheiten der drei genannten Hauptareale von Steppenpflanzen sind ja noch in diesem Abschnitt wieder zur Sprache gekommen. Dadurch sehen die Grenzlinien der hier zusammengefassten Arten aber sehr verschieden aus. Arten, welche wie Carex humilis, Peucedanum Oreoselinum und Andropogon von Sachsen nach Magdeburg durchlaufen, haben in der Hauptsache nördliche Vegetationslinien und sind deshalb von GRISEBACH öfter unter eine andere Kategorie gestellt oder unberücksichtigt gelassen. Solche Arten, welche wie Cirsium canum und Symphytum tuberosum nur im sächsischen Gau vorkommen, besitzen eine von Böhmen aus zungenförmig vorgeschobene Grenzlinie; andere wie Cytisus nigricans schließen Terr. 3—5 aus und zeigen eine auf anderen klimatischen Gründen beruhende von NO nach SW verlaufende Vegetationslinie (Mühlberg—Grimma—Rudolstadt), als die von GRISEBACH genannten Arten. Der Verlauf der Vegetationslinie der letzteren ist, wenn sie dem engeren Hauptareal angehören, ungefähr die westliche Grenzlinie des Thüringischen Steppenareals unserer Karte, nämlich die Linie von Quedlinburg—Halberstadt durch den Ostharz hindurch nach dem Kyffhäuser und Gotha; oder, wenn die betreffenden Arten zu der Gruppe der weiteren pontischen Areale gehören, hält sich der Verlauf an oder parallel zur Grenze von Terr. 5 gegen Terr. 2 im Norden, und in südwestlicher Fortsetzung an der Grenze von Terr. 4 gegen Terr. 3 von Bleicherode zum Ringgau (Eschwege) und südwärts von da weiter nach Eisenach. Über diese Linien hinaus gehen nur wenige weit nordwestlich vorgeschobene, vereinzelte Stationen, z. B. nach dem Hohenstein und Höxter an der Weser.

Nördliche Vegetationslinien der präalpinen und südlichen Arten in den Hügelformationen.

Die Zahl derselben ist am größten und wie selbstverständlich zu verstehen, wenn man die bei den Formationen überall stückweise aufgeführte große Liste von hercynischen Charakterarten vergleicht. Hier ist die Mannigfaltigkeit am größten, indem neben einzelnen vorgeschobenen Stationen wie die beiden von Ruta graveolens (Terr. 3 und 4), welche gar nicht als ›Linie‹ aufgefasst werden können, andere Arten in breiter Phalanx gegen die Lüneburger Heide vorrücken, um sich nordostwärts weiterhin nach N auszudehnen (z. B. Helianthemum vulgare). Die Menge der präalpinen Arten, welche gleichfalls hierher gehört und welche der südlichen Eingangspforte zwischen Rhön und Werra ihre vorgeschobenen Wanderungslinien verdankt, wird dabei mit vielen anderen Arten von der vereinigten Wirkung des Klimas und Substrates in den Terr. 3—6 festgehalten, viele von ihnen in einer Hauptlinie von Göttingen—Südharz (Nordhausen)—Naumburg—Gera, so dass die zuerst von West nach Ost verlaufende, edaphisch-klimatische Vegetationslinie sich gegen die Saale zu senkt und östlich derselben sich in eine südlich ziehende Grenzlinie verwandelt. In diesem letzten Stücke stellt sie unsere Karte im Gebiete der Weißen Elster bei Gera ausdrücklich dar, während man für viele Arten die Hauptgrenze gleichzeitig in der Nordgrenze von Terr. 4 südlich vom Harze verlaufend findet, für die nördlichste Gruppe aber irgendwo nördlich vom Harze. Nicht auf die einzelnen Grenzlinien kommt es dabei so sehr an als darauf, dass die Artenassociationen richtig festgestellt und ihre biologischen Bedürfnisse im Anschluss an die herrschenden Formationen des Landes nach Klima und Bodenbedingungen erkannt werden; daraus ergiebt sich dann der Verlauf der kombinierten Vegetationslinien von selbst in Abhängigkeit von dem topographisch-geognostischen Bilde des Landes und der durch dieses geschaffenen Modifikation des der geographischen Lage entsprechenden Klimas.

Erklärung der Karte.

Das Kartenbild soll Auskunft über die zahlreichen im Texte enthaltenen Orts-, Fluss- und Gebirgsnamen geben und zunächst die Grenzen der im Abschn. IV geschilderten Landschaften veranschaulichen. Um die Karte im Format des Buches zu halten, ist die ohnehin floristisch wenig scharf ausgeprägte Westgrenze abgebrochen gezeichnet; außerdem fehlt der weit nach Südosten sich vorreckende Hauptteil des Böhmer Waldes, für welchen die floristische Kartenskizze im Abschn. IV, Kap. 14, S. 587, eintritt.

Das hercynische Bergland ist grün angelegt. Vor den südlichen Bergländern von Hessen bis zur Lausitz zieht sich die Nordgrenze der wildwachsenden Edeltanne (vergl. Abschn. III, Kap. 2, S. 110) hindurch; diese zeigt gleichzeitig die Grenze für eine große Anzahl nieder-montaner Arten an, welche im Hügellande und in der genannten Niederung kaum noch sporadisch auftreten; wohl aber kommt ein Teil der letzteren nördlich von der Tannengrenze in der Umrandung des Harzes nochmals vor, sowie in den Weserbergen, und hält sich hier in dem Grenzbereich der natürlich vorkommenden Fichte.

Von besonderer Wichtigkeit sind die mit schwarzen Signaturen eingetragenen Hauptgebiete besonderer Artgenossenschaften.

1. Die Rhynchosporeten in der Oberlausitz setzen die Niederlausitzer Teichlandschaften südwärts nach Sachsen hinein fort, wie dort im Bereich der Edeltanne Hügelpflanzen (Cytisus nigricans) nordwärts vordringen. Außer Rhynchospora alba und fusca sind besonders Erica Tetralix, Drosera intermedia und Ledum palustre, in den flachen Teichen Carex filiformis unter dieser Genossenschaft verstanden, die hier zusammentreffen, und zwar — wie die beiden Ausbreitungspfeile an der hercynischen Nordgrenze andeuten — sowohl aus dem nordatlantischen als dem südbaltischen Gau (Ledum!). Zu dieser Genossenschaft gehört auch Hydrocotyle, welche Art aber über die gezeichnete Grenze viel weiter südlich hinaus bis gegen das vollgrün angelegte Bergland vordringt und die nördliche Hauptgrenze der Edeltanne weit nach S hin überschreitet.

2. Die »präalpinen Felspflanzen am Süd-Harz« haben ihre Standorte hart an der Grenze des unteren Berglandes und des warmen nordthüringischen Hügellandes im Bereich von Nordhausen. Es werden unter dieser Bezeichnung Rosa cinnamomea, Salix hastata, Arabis alpina und petraea, Gypsophila repens, Pinguicula *gypsophila zusammengefasst; vergl. Abschn. III, Kap. 4, S. 204 und Abschn. IV, Kap. 11, S. 517. Hierher gehören auch die interessanten Marchantiaceae-Cleveideae.

3. Die Ostgrenze der »Kalkliebenden Hügelpflanzen«, welche sich von der Saale bei Weißenfels gen SW nach Kamburg—Apolda, dann ostwärts an Eisenberg vorbei nach Krossen über das Ostufer der Weißen Elster hinzieht, erreicht an diesem Flusse im Gebiete von Gera ihren äußersten östlichen Verlauf und folgt dann den Zechsteinkalken gen SW nach Triptis, Neustadt a. d. Orla und südlich von Pößneck an der Südgrenze des Thüringer Beckens. Es sind unter dieser Genossenschaft hauptsächlich die in Sachsen ganz fehlenden präalpinen Arten verstanden Clematis Vitalba, Viburnum Lantana, Gentiana ciliata, Carex ornithopoda, mit pontischen Arten wie Anemone silvestris, Lactuca quercina u. a. A., während die Bestände der präalpinen Arten Sesleria coerulea und Hippocrepis comosa nicht bis an diese äußerste Ostgrenze herangehen, sondern an der Saalelinie Jena—Naumburg selbst anhalten.

4. Die »Hauptbezirke der selteneren Arten pontischer Genossenschaft« bilden drei Abteilungen von sehr verschiedener Größe. Der kleinste Bezirk liegt im Osten. Der mittlere im Terr. 8 umschließt das Elbgelände Pirna—Riesa, welches von der Tannengrenze mitten entzwei geschnitten wird; hier sind Lactuca viminea, Cirsium canum, Andropogon Ischaemum und Cytisus nigricans die wichtigsten Charakterarten der Genossenschaft.

Der größte Bezirk hat eine mächtige Ausdehnung von der Elbe nördlich Magdeburg bis Weimar und Gotha im Thüringer Becken und umfasst bis zu der schon zum Braunschweiger Lande gezogenen Flora von Halberstadt die artenreichsten Gelände von Terr. 4 und 5, greift auch mit dem Bienitz bei Leipzig in das Weiße Elster-Land hinein. In ihm liegen die drei regenarmen Centra mit > 45—50 cm jährlicher Niederschlagshöhe, durch $\otimes$ angedeutet. Es erschien aber durchaus geboten, die Grenzlinie dieser Genossenschaft nach Südosten hin bis zu der Flora der Drei Gleichen bei Arnstadt und der Seeberge bei Gotha auszudehnen.

Die »Ausbreitungsrichtungen aus den benachbarten Florengauen« fassen das in diesem V. Abschnitt Gesagte bildlich zusammen. Die Wanderrichtung vom Riesengebirge her zur Oberlausitz kommt, da die Karte im Osten am Isergebirge abbricht, nur unvollkommen zum Ausdruck. Die Hauptverbindung von Böhmen und dem Terr. 8 folgt der Elbe, eine Nebenverbindung dem Nollendorfer Pass Außig-Pirna. Vom Fränkischen Jura zum Egerlande strahlt

Grenzen der hercynischen Territorien
und
Verbreitungslinien bestimmter Genossenschaften.

Mafsstab 1:1500000

```
30   0    10    20    30    40    50    70 Km.
```

Zeichenerklärung

‒‒‒ Territorial - Grenzen	▶▶▶ Nordgrenze der Fichte (im vermuthet. wilden Zustande)
Hercynisches Bergland bis zur Durch- schnittshöhe von 400 m. (nach N.) oder 500-600 m (nach S) herab	⇢⇢ Ausbreitungs-Richtungen aus den benachbarten Florengauen
▲▲▲ Nordgrenze der Edeltanne	⊗ Mittelpunkte niederschlagsarmer Gebiete (45-50 cm jährliche N.-Höhe)

Grenzlinien charakteristischer Genossenschaften

1 ◆◆◆ Rhynchosporeten in der Ober-Lausitz, Südgr.		3 ⌇⌇ Kalkliebende Hügelpflanzen(v. d. Saale zur Weiß Elster vorgeschobene Ostgrenze)	
2 ◆◆◆ Präalpine Felspflanzen am Süd-Harz		4 ⌇⌇ Hauptbezirke der selteneren Arten pontischer Genossenschaft in Torn 8, 4-5 u.9	

zig.

eine Verbindung aus, die sich in den Standorten von Polygala Chamaebuxus u. s. w. daselbst ausdrückt, während die Hauptverbindungen von Ober- und Unterfranken aufwärts der Itz und Fränkischen Saale zwischen Rhön und Thüringer Wald das dortige kalkreiche Hügelland durchsetzen.

Es sind nur Wanderungswege angedeutet, welche auch noch in der Gegenwart wirksam sind, wenngleich ihre Wirkung hauptsächlich in der Vergangenheit ruht und damals auch ebenso in umgekehrter Richtung hervortreten konnte, wenn die Erdgeschichte es so mit sich gebracht hat.

I. Geographisches und Sachregister.

II. Register der lateinischen Pflanzennamen[1].

---

1) Dasselbe umfasst sämtliche Gattungen der Gefäßpflanzen, denen die Zahl der hercynischen Species (in Klammern) hinzugefügt ist. Beträgt diese Zahl nur (1), so ist an Stelle derselben der Speciesname genannt. Falls dieser nicht an sich schon im Text in Verbindung mit
Verbreitungsangaben vorkommt, weist der Zusatz »zu S....« auf diejenige Vegetationsformation
in Abschn. III hin, unter welcher die betreffende Species ihre hauptsächlichen Hercynischen
Standorte hat. Bei den übrigen Gattungen, sowie bei den Moosen und Flechten, sind nur die
mit besonderen Verbreitungsbemerkungen im Text versehenen Species genannt, während die
kurzgefassten Listen im Register I unter ihren Formationen aufzusuchen sind. — Die Autoren
der Speciesnamen sind in den geordneten Formationslisten des dritten Abschnittes beigefügt.

Alyssum montanum 193, 300, 318, 444.
—— saxatile 195, 422, 448.
Amarantus retroflexus 273—275.
Amblystegium 266.
Amelanchier vulgaris 169, 285, 318, 345, 355.
Ammophila arenaria, zu S. 155.
Amphidium lapponicum 254.
Anagallis (2) 276.
—— tenella 423.
Anacamptis pyramidalis 217, 220, 285. 293, 301, 305.
Anchusa officinalis 155.
Andreaea 253.
—— falcata 209, 332.
—— petrophila 209, 332.
Andromeda polifolia 227, 229, 233, 424.
Andropogon Ischaemum 175, 300, 391, 398, 440.
Androsace (2) 187.
—— elongata 153, 194.
—— septentrionalis 153, 194.
Anemone (incl. *Hepatica 4) 135, 136.
—— nemorosa 218, 249.
—— silvestris 190, 195, 302, 320, 410, 447, 541, 624.
Angelica (3)
—— Archangelica *littoralis 89, 295.
—— pratensis 367.
—— silvestris 137, 218, 245.
Antennaria dioica 157, 186, 246.
Anthemis (5) 186.
Anthericum (2) 160, 184, 192, 301.
—— Liliago 451.
Anthoxanthum odoratum 179, 212, 243.
Anthriscus (3)
—— nitida 130, 139, 325, 336.
—— silvestris 135, 215.
Anthyllis Vulneraria 184.
Antirrhinum Orontium (†) zu S. 274.
Apera Spica venti 273.
Apium (incl. *Helosciadium 2.) 392.
Aquilegia vulgaris 129, 215.
Arabis (9) 189.
—— alpina 202, 517.
—— auriculata 195, 362, 382.
—— brassiciformis 130, 325, 339, 367, 377, 382.
—— Halleri 131, 140, 218, 219, 295, 304, 516, 543.
—— hirsuta *Gerardii 415.
—— petraea 202, 517.
Arctostaphylus Uva ursi 156, 460.

Arenaria serpyllifolia 190, 248, 273, 274.
Aristolochia Clematitis (†) zu S. 274.
Armeria (2) 218.
—— elongata 183, 187.
—— *Halleri 220, 304, 516.
Arnica montana 137, 140, 217, 246, 338, 539.
Arnoseris minima 274.
Artemisia (8) 186, 387—389, 391.
—— Absynthium 448.
—— laciniata 89, 194, 387.
—— maritima 387, 389.
—— pontica 194, 358, 388, 422.
—— rupestris 194, 387.
—— scoparia 194, 457, 468.
Arum maculatum 135, 137.
Aruncus silvester 132, 412, 450, 525, 605.
Asarum europaeum 135, 136, 138.
Asparagus officinalis 184.
Asperugo procumbens, zu S. 274.
Asperula (5) 186.
—— arvensis 276.
—— cynanchica 151, 299.
—— glauca 193, 194.
—— odorata 135, 138, 323.
—— tinctoria 196, 302, 410.
Aspidium (4) vergl. Nephrodium.
—— aculeatum *lobatum 143.
—— *Braunii 142, 477.
—— Lonchitis 207, 367, 549.
Asplenium (7) 207.
—— Trichomanes 252.
—— viride 316.
Aster (5) 186, 263.
—— alpinus 202, 486, 546.
—— Amellus 192, 194, 315, 321, 330, 339, 347, 442.
—— Linosyris 194, 300, 358, 405.
—— Tripolium 271, 391.
Astragalus (5) 184.
—— arenarius 151.
—— Cicer 193.
—— danicus 193, 357, 400.
—— exscapus 193, 357, 402—403.
—— glycyphyllus 135.
Astrantia major 132, 139.
Athyrium (2) 144.
—— alpestre 145, 239, 250, 534, 577, 590.
—— Filix femina 144, 250.
Atriplex (incl. Obione 6) 273, 391.
—— hastatum 270.

---

1) Übersehener Druckfehler S. 513, 595,
lautet Gymnogramme.

Polygala amara 196, 319.
—— Chamaebuxus 152, 166, 200, 537.
540, 585.
Polygonatum (3) 135, 184.
—— verticillatum 131, 138— 140.
Polygonum (11) 190, 261.
—— amphibium 259.
—— Bistorta 218, 249.
—— Hydropiper 137.
—— tataricum 273.
Polypodium vulgare 144, 252.
Polytrichum 230.
—— alpinum 250.
—— piliferum 208.
Populus (2)
—— nigra 263.
—— tremula 107, 118.
Potamogeton (19) 258, 259, 464.
Potentilla (18) 155, 185, 262, 448.
—— canescens 194.
—— Fragariastrum 285, 301, 441.
—— palustris (= Comarum) 235.
—--- *pilosa 357.
—— recta 194.
—— rupestris 417, 447, 451.
—— silvestris (= Tormentilla) 235,245.
—— thuringiaca 196, 357.
Prenanthes purpurea 132, 336, 525, 605.
Primula (2) 215, (337).
Prunus (4)
—— avium 108, 119, 168.
—— Chamaecerasus 168, 355, 371.
—— Padus 124, 414.
—— spinosa 168.
Pteridium aquilinum 144.
Pterygophyllum lucens 150, 478.
Ptilidium ciliare 231.
Pulicaria (2) 274.
Pulmonaria (3) 188.
—— angustifolia 346.
—— mollis 196.
Pulsatilla (4) 190.
—— alpina 86, 238, 248, 502, 503.
—— pratensis 165, 195, 299, 300,
377, 444, 451.
—— vernalis 368.
—— vulgaris 322.

Quercus (2) 115.
—— pubescens 356, 380.
—— Robur *pedunculata 107.
—— *sessiliflora 107.

Racomitrium 148.
—— heterostichum 209.
Radiola linoides, zu S. 189, 216.
Ranunculus (21) 135, 218, 249.
—— aconitifolius *platanifolius   86,
130, 139, 141, 239, 548.
—— aquatilis 259, 272.
—— Baudotii 272, 392.
—— divaricatus 259.
—— fluitans 259, 264.
—— hederaceus 259, 327.
—— illyricus 190, 195, 363, 433.
—— nemorosus 129, 138.
—— sardous 405.
Raphanus Raphanistrum 273, 274.
Rapistrum perenne 189, 195, 300, 307.
Reseda (2) 189.
Rhabdoweisia fugax 478.
Rhamnus (2)
—— cathartica 124, 174.
—— Frangula 124.
Rhizocarpon
—— geographicum 209, 486, 550.
Rhynchospora (2) 213, 229, 462.
—— alba 233, 554, 604.
—— fusca 233.
Rhynchostegium
—— hercynicum 148, 506.
—— rusciforme 267 479.
Ribes (4)
—— alpinum 173, 198, 298, 316.
—— Grossularia 173.
—— nigrum 125.
—— rubrum 125.
Riccia Bischoffii 506.
Rosa (17) 169—171, 446.
—— alpina 124, 126, 572.
—— cinnamomea 200, 518.
—— gallica *pumila 382, 417.
—— Hampeana (= trachyphylla) 493,
514.
—— Jundzillii 439.
—— pimpinellifolia 355.
—— repens 295, 302, 303, 349, 355.
Rubus (26) 124, 126, 172, 283, 469.
—— Chamaemorus 326.
—— hirtus 298.
—— saxatilis 185.
Rudbeckia laciniata 266.
Rumex (10) 261.
—— Acetosa *arifolius 130, 140, 249,
605.

Druck von Breitkopf & Härtel in Leipzig

Neuigkeiten!

Die

pflanzengeographische Gliederung Nordamerikas

erläutert

an der nordamerikanischen Anlage des neuen Königlichen
botanischen Gartens zu Dahlem-Steglitz bei Berlin,

mit einer Verbreitungskarte und einem Orientirungsplan

von

A. Engler.

gr. 8. 1902. $\mathcal{M}$ 2.40.

(Appendix IX des Notizblattes des Königl. botanischen Gartens und Museums
zu Berlin. In Kommission.)

Vegetationsansichten aus Deutschostafrika

insbesondere

aus der Khutusteppe, dem Ulugurugebirge, Uhehe,
dem Kingagebirge, vom Rungwe, dem Kondeland
und der Rukwasteppe

nach 64 photographischen Aufnahmen von

Walther Goetze

auf der Nyassa-See- und Kinga-Gebirgs-Expedition der Hermann-
und Elise- geb. Heckmann-Wentzel-Stiftung zur Erläuterung der
ostafrikanischen Vegetationsformationen

zusammengestellt und erläutert

von

A. Engler

Direktor des Königl. botanischen Gartens und Museums zu Berlin.

Herausgegeben mit Unterstützung der Stiftung.

64 Lichtdruckbilder mit Text in Leinwandmappe. gr. 4. 1902. $\mathcal{M}$ 25.—.

Sinnesorgane im Pflanzenreich

zur Perception mechanischer Reize.

Von

Dr. G. Haberlandt,

o. ö. Professor an der Universität Graz.

Mit 6 lithographirten Doppeltafeln und einer Figur im Text.

gr. 8. 1901. $\mathcal{M}$ 9.—.

Über

Ähnlichkeiten im Pflanzenreich.

Eine morphologisch-biologische Betrachtung

von

Friedrich Hildebrand,

Professor der Botanik zu Freiburg i. B.

8. 1902. $\mathcal{M}$ 1.60.

Verlag von **Wilhelm Engelmann** in **Leipzig.**

Das

Pflanzenreich.

Regni vegetabilis conspectus.

Im Auftrage der Königl. preussischen Akademie der Wissenschaften
herausgegeben von

A. Engler.

Lex. 8.

Das Unternehmen erscheint in einzelnen für sich paginirten Heften.
Jede Familie ist ein in sich abgeschlossenes Ganzes mit eigenem voll-
ständigem Register. Text des systematischen Teiles in lateinischer
Sprache. Familien von mehr als 2 Bogen Umfang bilden ein Heft
für sich; kleinere werden in Heften von 2—4 Bogen vereinigt.
Preis jedes Bogens $\mathcal{M}$ —.80.
Durchschnittlich erscheinen jährlich 50 Bogen.

Bis zum Sommer 1902 sind erschienen:

Heft 1 (IV. 45.) **Musaceae** mit 62 Einzelbildern in 10 Figuren von
K. Schumann. $\mathcal{M}$ 2.80.

Heft 2 (IV. 8. u. 10.) **Typhaceae** u. **Sparganiaceae** mit 51 Einzelbildern in 9 Figuren von **P. Graebner.** $\mathcal{M}$ 2.—.

Heft 3 (IV. 9.) **Pandanaceae** mit 193 Einzelbildern in 22 Figuren,
darunter 4 Vollbilder, von **O. Warburg.** $\mathcal{M}$ 5.60.

Heft 4 (IV. 101.) **Monimiaceae** mit 309 Einzelbildern in 28 Figuren
von **Janet Perkins** und **E. Gilg.** $\mathcal{M}$ 6.—.

Heft 5 (IV. 75. u. 76.) **Rafflesiaceae** mit 26 Einzelbildern in 13 Figuren
und **Hydnoraceae** mit 9 Einzelbildern in 5 Figuren von **H. Graf
zu Solms-Laubach.** $\mathcal{M}$ 1.40.

Heft 6 (IV. 242.) **Symplocaceae** mit 65 Einzelbildern in 9 Figuren
von **A. Brand.** $\mathcal{M}$ 5.—.

Heft 7 (IV. 12.) **Naiadaceae** mit 71 Einzelbildern in 5 Figuren von
A. B. Rendle. $\mathcal{M}$ 1.20.

Heft 8 (IV. 163.) **Aceraceae** mit 49 Einzelbildern in 14 Figuren und
und 2 Verbreitungskarten von **F. Pax.** $\mathcal{M}$ 5.—.

Heft 9 (IV. 236.) **Myrsinaceae** mit 470 Einzelbildern in 61 Figuren
von **G. Mez.** $\mathcal{M}$ 23.—.

Heft 10 (IV. 131.) **Tropaeolaceae** mit 91 Einzelbildern in 14 Figuren
von **Fr. Buchenau.** $\mathcal{M}$ 1.80.

Heft 11 (IV. 48.) **Marantaceae** mit 137 Einzelbildern in 23 Figuren
von **K. Schumann.** $\mathcal{M}$ 9.20.

Im Druck befinden sich:

Heft 12 (IV. 50.) Orchidaceae-Pleonandrae von **E. Pfitzer.**
Heft 13 (IV. 30.) Eriocaulaceae von **W. Ruhland.**

☞ Ausführliche Ankündigungen, die über Einrichtung, Gliederung
und Erscheinungsweise des Unternehmens Auskunft geben, sind durch
alle Buchhandlungen oder direkt von der Verlagsbuchhandlung erhältlich
Die beiden ersten Hefte legen die Buchhandlungen zur Ansicht vor. ☜

Druck von Breitkopf & Härtel in Leipzig.

Lightning Source UK Ltd.
Milton Keynes UK
UKHW021806031218
333380UK00014B/625/P

9 781332 480388